핵심 금속·용접야금

JN446533

이 책의 차례

[제 1 편] 금속재료

CHAPTER 1 금속재료 기초

제1절 ▌금속재료의 개요 3

1. 금속 / 3
2. 경금속과 중금속 / 7
3. 합금 / 7

제2절 ▌금속재료의 주요 성질 8

1. 기계적 특성 / 8
2. 물리적 특성 / 11
3. 화학적 특성 / 15

CONTENTS

제3절 ‖ 금속 조직과 상태도 ······ 21

1. 금속의 응고 / 21
2. 결정의 생성과 성장 / 24
3. 금속의 응고 조직 / 27
4. 고용체와 확산 / 31
5. 소성가공과 회복, 재결정 / 43
6. 포정, 공정, 공석, 금속간 화합물 상태도 / 44

제4절 ‖ 금속의 결정 ······ 51

1. 원자 구조와 원자 결합 / 51
2. 금속의 결정체 / 55

제5절 ‖ 전위론과 시효, 금속의 강화기구 ······ 63

1. 원자 결합과 전위 / 63
2. 시효 / 74
3. 금속의 강화기구 / 76

CHAPTER 2 열처리와 표면 경화

제1절 ‖ 열처리 기초 ······ 80

1. 열처리 기술의 개요 / 80
2. 열처리 기술의 종류 / 83
3. 탄소당량과 경화능지수 / 85

제2절 ‖ 일반 열처리 ······ 87

1. 풀림 / 87
2. 불림 / 93
3. 담금질 / 96
4. 뜨임 및 Sub-zero 처리 / 117

제3절 ‖ 특수 열처리 ······ 127

1. S 곡선과 CCT 곡선 / 127
2. 항온(염욕) 열처리 / 131
3. 진공 열처리 / 135

제4절 ‖ 표면 경화 열처리 ······ 137

1. 물리적 표면 경화법 / 137
2. 화학적 표면 경화법 / 140
3. 기타 표면 경화법 / 145

제5절 ▌열처리 응용과 열처리 결함 ······ 150
1. 탄소 공구강의 열처리 / 150
2. 공구강의 열처리 / 151
3. 열처리 결함과 방지 대책 / 157

CHAPTER 3 철강 및 비철재료

제1절 ▌철강의 제조법 ······ 172
1. 철강의 분류 / 172
2. 제철법 / 173
3. 제강법 / 176

제2절 ▌철강의 종류와 특성 ······ 180
1. 순철 / 180
2. 탄소강, 합금강, 주철 / 181

제3절 ▌금속의 변태 ······ 183
1. 상과 계, 상률과 자유도 / 183
2. 금속의 변태 / 185
3. Fe-C계 평형 상태도 / 190

제4절 ▌탄소강 ······ 194
1. 탄소강의 특성과 조직 / 194
2. 탄소강의 성질 / 196
3. 탄소강의 종류와 특성 / 199

제5절 ▌특수(합금)강 및 주강, 주철 ······ 200
1. 특수강의 개요 / 200
2. 구조용 특수강 / 202
3. 공구용 특수강 / 211
4. 특수 용도(목적)용 특수강 / 213
5. 스테인리스강 / 217
6. 주강 / 239
7. 주철 / 241

제6절 ▌비철 금속재료 ······ 247
1. 알루미늄과 그 합금 / 247
2. 동과 동합금 / 252
3. 니켈과 그 합금 / 258
4. 마그네슘과 그 합금 / 259
5. 티타늄과 그 합금 / 260
6. 기타 합금 / 265

CONTENTS

[제2편] 용접야금

CHAPTER 1 화학 야금과 열유동

제1절 ‖ 화학 야금과 열유동 ······ 271

1. 화합물의 반응, 열화학적 평형 / 271
2. 용융금속의 화학 반응 / 275
3. 슬래그와 금속 / 277

제2절 ‖ 용접금속과 가스 성분 ······ 279

1. 금속과 가스의 반응 / 279
2. 용융금속과 수소 / 282
3. 용융금속과 산소 / 288
4. 산소, 질소가 미치는 영향 / 290
5. 다공성, 탈산, 탈황, 탈인 반응 / 292

제3절 ‖ 용접 입열과 열유동 ······ 296

1. 용접 입열과 용융(열) 효율 / 296
2. 용융열량과 용융속도, 모재의 희석률(도) / 298
3. 용접 열영향부의 열 사이클 / 302
4. 용접부 온도분포와 열유동 / 309
5. 열영향부의 냉각속도, 냉각시간 / 315
6. 예열과 후열 / 327

CHAPTER 2 고상 야금과 변태

제1절 ▌용접금속의 응고와 조직 ········ 333

1. 용접금속의 응고특성) / 333
2. 응고시 결정의 성장 형태 / 342
3. 조성적 과냉 / 345
4. 용접부의 주상정 발생과 성장 / 360
5. 용접금속의 편석, 기공 생성 / 362
6. 용융금속의 결정립 미세화 / 363

제2절 ▌각종 금속의 용접부 조직 ········ 365

1. 용접부 조직의 개요 / 365
2. 탄소강 및 저합금강 용접부의 조직 / 368
3. 스테인리스강 용접부의 조직 / 370
4. 주철 용접부의 조직 / 372
5. 덧살과 표면 경화 조직 / 374
6. 비철합금 용접부의 조직 / 376

제3절 ▌용접 열영향부 조직 ········ 378

1. 용접 열영향부(HAZ) / 378
2. 용접 열영향부(HAZ)의 조직 / 383
3. 강 용접 HAZ의 기계적 성질 / 390

제4절 ▌용접부 고상변태 ········ 396

1. $\delta - \gamma$ 상변태 / 396
2. $\gamma - \alpha$ 상변태 / 398
3. 펄라이트 변태 / 403
4. 마텐사이트 변태 / 407
5. 베이나이트 변태 / 410
6. 냉각속도와 합금 원소량에 따른 변태의 영향 / 412
7. 상변태에 미치는 개재물의 영향 / 417
8. ESW 용접부의 형태 및 유형 / 421

CONTENTS

CHAPTER 3 용접 잔류응력과 변형

제1절 ▎잔류응력과 분포 ······ 426

1. 잔류응력 발생 기구 / 426
2. 잔류응력 분포 / 430
3. 잔류응력의 영향 / 435

제2절 ▎잔류응력 경감과 완화 ······ 441

1. 잔류응력 경감 / 441
2. 잔류응력 완화법 / 443

제3절 ▎잔류응력 측정법 ······ 448

1. 잔류응력 측정법의 분류 / 448
2. 유한 요소법 / 449
3. 정성적, 정량적 잔류응력 측정법 / 450

제4절 ▎용접 변형과 방지, 교정 ······ 455

1. 잔류응력 및 변형의 발생 / 455
2. 수축 변형 발생과 그 종류 / 457
3. 용접 변형의 방지 대책 / 463
4. 변형 교정법 / 470

CHAPTER 4 각종 금속의 용접

제1절 ▎철강의 용접 ······ 473

1. 순철 및 저탄소강의 용접 / 473
2. 중 · 고탄소강의 용접 / 474
3. 고장력강의 용접 / 475
4. 주강의 용접 / 476
5. 저온용강 용접 / 476
6. 내열강 용접 / 477
7. 클래드강 용접 / 478

제2절 ▎주철의 용접 ······ 480

1. 주철의 용접 개요 / 480
2. 회주철의 용접 / 481
3. 고급 주철 기타 주철의 용접 / 482
4. 주철의 보수 용접 / 483

제3절 ‖ 스테인리스강의 용접 484

1. 스테인리스강의 용접성 / 484
2. 스테인리스강의 용접법 / 486
3. 스테인리스강의 종류별 용접법 / 488
4. 쉐플러 선도(schaeffer diagram)에 따른 용가재 선택 / 494

제4절 ‖ 구리와 그 합금의 용접 496

1. 구리 및 구리 합금의 용접성 / 496
2. 구리 및 구리 합금의 용접 / 497

제5절 ‖ 알루미늄과 그 합금의 용접 498

1. 알루미늄의 용접성 / 498
2. 알루미늄 및 그 합금의 용접 / 499

제6절 ‖ 티타늄과 그 합금의 용접 500

1. 티타늄 용접의 개요 / 500
2. 티타늄 및 그 합금의 용접 / 502

CHAPTER 5 용접 결함과 방지 대책

제1절 ‖ 용접 결함 507

1. 용접 결함의 개요 / 507
2. 용접 결함의 종류 / 510
3. 용접 결함 방지 관리기법 / 520

제2절 ‖ 고온균열 521

1. 용접 균열 / 521
2. 고온균열의 개요 / 524
3. 고온균열의 발생 기구 / 526
4. 위치와 형상에 따른 고온 균열 / 529
5. 액화 균열 / 531
6. 기타 고온 균열 / 533
7. 고온 균열의 방지 대책 / 534

제3절 ‖ 저온균열 537

1. 저온균열의 개요 / 537
2. 저온균열의 발생 경향 / 539
3. 저온균열의 종류와 방지 대책 / 542

제4절 ‖ 기타 균열 548

1. 라멜라테어와 라미네이션 / 548
2. 재열 균열 / 553

CONTENTS

제5절 ‖ 각종 금속의 용접 균열 559

1. 탄소강 및 저합금강의 용접 균열 / 559
2. 스테인리스강의 용접 균열 / 560
3. 구리(동) 합금의 용접 균열 / 561
4. Al 합금의 용접 균열 / 562

제6절 ‖ 수소 취화 564

1. 철강에서의 수소 취화 / 564
2. 수소 취성의 발생 학설 / 565
3. 철강에서 수소 취성 방지 대책 / 566
4. 용접부의 수소 취화 / 557

CHAPTER 6 용접부 검사 및 용접성 시험

제1절 ‖ 검사의 개요 569

1. 검사의 의의 / 569
2. 검사의 분류 / 570

제2절 ‖ 파괴 시험법 573

1. 파괴 시험의 종류 / 573
2. 기계적 시험 / 574
3. 화학적 시험 / 581
4. 야금(금속)학적 시험 / 583

제3절 ‖ 비파괴 검사법 585

1. 비파괴 검사의 개요 / 585
2. 표면 결함 비파괴 검사법 / 586
3. 내부 결함 비파괴 검사법 / 592
4. 기타 비파괴 검사법 / 601
5. 비파괴 검사법의 적용 / 604

제4절 ‖ 주요 용접성 시험법 613

1. 용접성 시험 방법의 종류 / 613
2. 용접 균열 시험 / 614
3. 용접부 연성 시험 / 617
4. 노치 취성(안성) 시험 / 619

부 록 ‖

■ 용접기술사 문제(용접야금 분야) 623
■ 찾아보기 665
■ 참고문헌 673

머리말

'핵심 금속·용접야금학개론' 교재를 펴면서

요즈음 용접기술은 눈부시게 발전하였으며, 모든 산업분야에서 금속의 필수적인 접합방법으로 그 중요성이 더욱 높아지고 있다.

이러한 용접법의 응용은 전자제품의 납땜에서 조선, 해양 플랜트, 건축, 교량, 원자로, 발전설비, 항공 우주 분야까지 모든 산업에 매우 다양하게 적용되고 있으며, 갈수록 단순한 탄소강의 용접보다는 특수금속의 용접이 절실히 요구되고 있으며, 정밀도와 섬세함이 요구되는 고난도 기술의 필요성이 대두되고 있다.

따라서 용접에 따른 금속의 물성이나 기계적, 화학적 성질의 변화, 그리고 변형, 결함 발생 등이 구조물의 강성이나 피로수명에 미치는 영향, 파괴역학의 특성 등을 파악하는데 필요한 깊은 지식과 경험이 요구되고 있으며, 이러한 사항들을 이해하고 조치하는데 필요한 기본 지식이 바로 금속재료 분야와 용접야금 분야가 아닌가 생각된다.

'금속재료'는 일반적으로 재료의 물리적, 기계적, 화학적 성질의 특성과 용도 등을 알기 위해 필요하며, '용접야금'은 이들 재료들이 구조물로 사용되기 위해 조립과정에서 필요한 용접법을 적용할 경우에 일어나는 가열, 용융, 응고, 냉각 등의 열적 변화와 잔류응력, 함유 가스의 영향 등에 대한 학문으로서 용접의 야금학적 현상의 체계를 새우고 그에 대한 대책을 세울 수 있는 기본적인 학문이며 매우 난해하고 어려운 분야이며, 반드시 알아야할 학문이기도 하다.

본 교재의 구성은 용접에서 금속재료와 용접야금의 중요성을 인식하여 '제1편 금속재료' 부분에서 금속재료 기초, 열처리와 표면 경화, 철강 및 비철재료 부분을 기술하였으며, '제2편 용접야금'에서는 화학 야금과 열유동, 고상 야금과 변태, 용접 잔류응력과 변형, 각종 금속의 용접, 용접 결함과 방지대책, 용접부 검사 및 용접성 시험 순으로 기술하였으며, 지면상 본 교재에서 매우 깊고 난해한 부분까지 기술하기엔 한계가 있기 때문에 더 깊은 부분이나 부족한 부분은 다른 교재를 보면서 이해하기 바란다.

따라서 본 교재는 대학교 금속, 기계공학부 학생들의 교육용으로 충분하며, 금속재료 관련 기술사, 용접기술사, 비파괴기술사 등의 시험 자료 준비서로 사용할 수 있으며, 기업체에서 금속재료나 용접야금과 관련된 분야를 연구하는데 참고서로서의 활용이 충분한 교재가 될 수 있다고 생각한다.

끝으로 본 교재의 출판에 적극적으로 도움을 주신 도서출판 구민사 대표 조규백님과 이하 직원분들에게 깊이 감사를 드린다.

저자 씀

PART

1 금속재료

Chapter 01 금속재료 기초

Chapter 02 열처리 표면 강화

Chapter 03 철강 및 비철재료

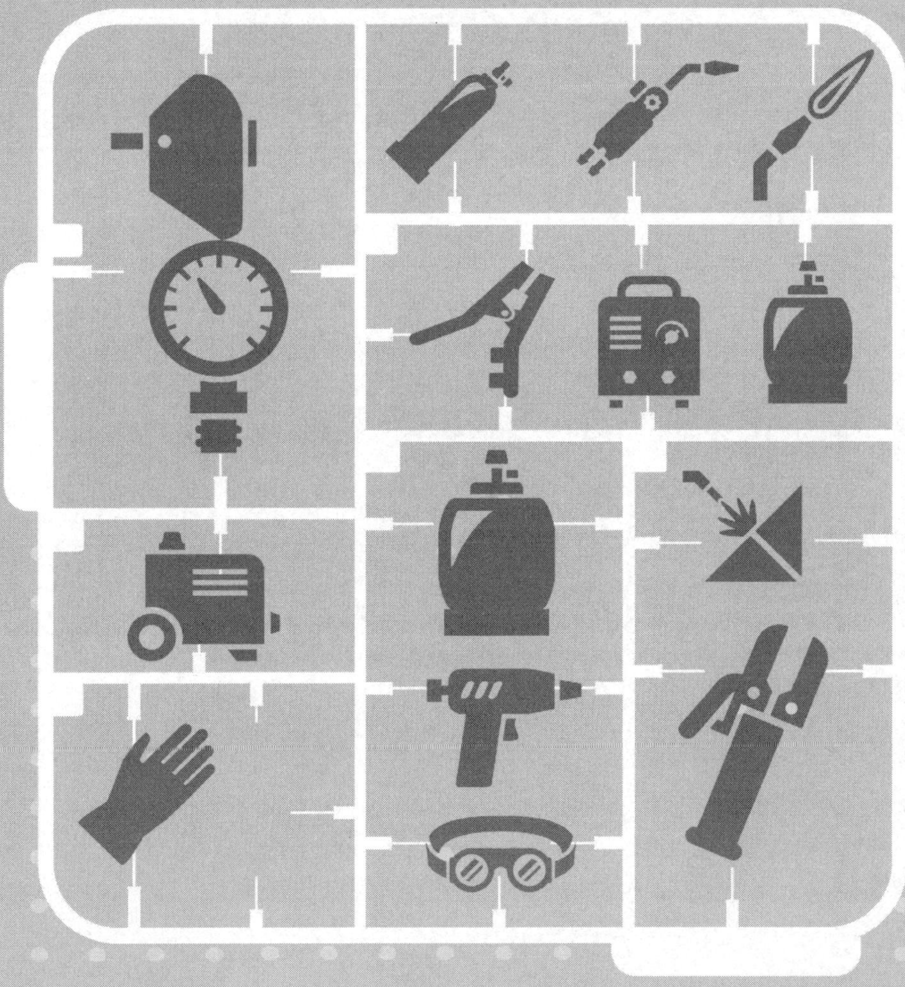

핵심 금속 · 용접야금학개론

01 금속재료 기초

제1절 ▌금속재료의 개요

1 금속

가. 금속의 의의

금속의 역사는 기원전 5천년 이상 고대 이집트의 유물에서 금목걸이가 발견된 이후부터로 보며, 우주 간에 존재하는 물질의 원소 중에서 원자번호 93번 이상은 인공적으로 만들어진 것들이므로 자연적인 원소는 약 92여종이 있으며, 이 중에서 할로겐족 원소(F, Cl, L, Br)와 가스(O, S, N, H, C, Ar, Ne, Kr, Xe, Kn) 등을 제외하면 금속 원소는 약 68종이 된다.

금속은 그 구성 원자가 모두 규칙적으로 배열된 결정이며, 그 결정을 구성하는 원자끼리 금속 특유의 결합 방식을 갖고 있으며, 금속의 성질은 이를 구성하는 원자의 종류에 따라 정해지지만, 원자의 배열 상태에 따라 성질이 현저하게 차이가 나며, 강도 역시 규칙적인 배열 상태에서 이탈됨에 따라 현저히 달라진다.

금속은 금속의 공통적 성질을 구비한 것을 말하며, 일부분을 구비한 것을 준금속, 거의 구비하지 않은 것은 비금속이라고 칭한다. 대부분의 금속은 상온에서 고체이지만, 수은(Hg, 융점 -38.4℃)은 액체이며, 아직까지는 상온 부근에서 기체인 금속은 발견되지 않았다.

나. 금속의 분류

1) 철강재료와 비철 재료

철강재료는 철(Fe)을 주성분으로 하는 금속재료이며, 순철, 탄소강, 특수강, 주철 등이 여기에 속한다.

비철 재료는 철을 제외한 금속으로, 망간, 코발트, 몰리브덴, 바나듐, 티탄, 알루미늄, 구리, 마그네슘, 백금, 금, 은 등이 여기에 속한다.

2) 준금속과 비금속, 신 금속

① 준금속(準金屬, metalloid)

금속과 비금속을 구별하기 어려운 중간적인 금속, 즉 금속적 성질과 비금속적 성질을 갖춘 것(불완전하게 구비한 것)으로 반금속이라고도 부르며, B(붕소), Si(규소) 등이 이에 속한다.

② 비금속

금속의 공통 성질을 거의 구비하지 않은 금속으로, 유기 재료와 무기 재료 등이 여기에 해당한다.

③ 신금속

신금속이란 우주, 항공, 자동차 및 수송기기, 정보, 전자, 에너지, 의료 기기 등 첨단 산업 분야에서 획기적인 요소가 되는 새로운 금속을 말한다.

다. 금속의 기본 특성

1) 금속은 전기가 잘 통한다.

금속의 양 끝에 직류를 연결하면 금속의 자유전자는 (+)쪽으로 계속 이동하면서 (-) 전기를 운반하여 전기를 통하게 한다. 그러나 플라스틱 등 비금속의 경우 그 속에 자유전자가 없기 때문에 전기를 운반하지 못하여 부도체가 된다.

2) 열이 잘 전달된다.

금속은 가열하면 자유전자가 열에너지를 받아서 매우 빠르게 이동하면서 열을 전달하게 된다. 그러나, 플라스틱, 유리 등은 가열하면 재료 속으로 열에너지가 들어와 원자를 심하게 진동하고 인접 원자와 충돌하면서 에너지를 전달하면 인접 원자는 그 에너지를 받아 진동하는 과정을 반복하므로 열전달이 미약하다.

3) 금속은 특유의 빛이 난다.

금속은 불투명하나, 빛이 금속 표면에 닿으면 이 빛(-)은 자유전자 구름(-)에 막혀서 거의 대부분 반사하기 때문에 금속 표면이 빛나는 것이다.

금, 은 등과 같이 자유전자가 많은 금속은 전기 및 열도 잘 통하며, 빛의 반사율도 크지만, 철과 같은 금속은 자유전자의 수가 금, 은보다 적어 전기도 덜 통하고 금속적 광택도 떨어진다.

4) 금속은 변형이 잘된다.

금속의 한쪽에서 힘을 가하면 이온이 이동하여 다음 이온으로 이동하지만 자유전자 구름이 공유하므로 변형이 일어난다. 그러나 소금의 경우 이온 결합이므로 소금의 한쪽에 힘을 가하면 옆으로 이동하면서 같은 종류의 이온이 만나게 되며 같은 이온의 경우 서로 반발하게 되므로 분리하려는 힘이 작용하게 되며 이온의 결합이 파괴되어 균열이 생기게 된다.(그림 1.1 참조)

그림 1.1 소금(Nasal)의 변형 과정

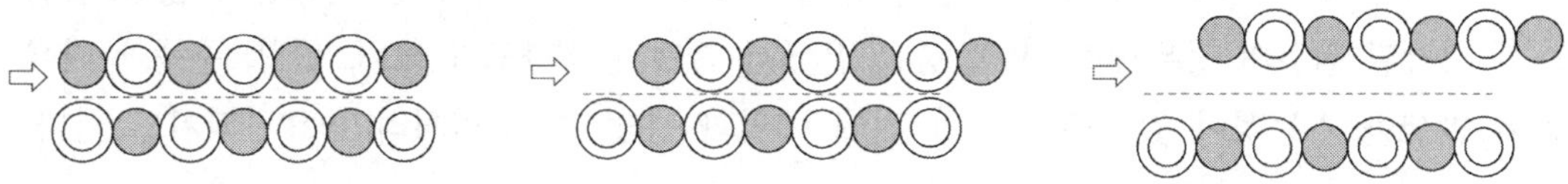

이와 같은 기본 특성들은 합금이나 특별한 전처리 혹은 후처리를 통하여 변화시킬 수 있으므로 금속재료는 필요한 기술적인 요구에 효과적으로 대응할 수 있다. 예를 들면 금속은 온도가 상승함에 따라 전기 전도도가 감소하지만, 비스무트, 안티몬 등의 반도체 재료는 상온에서는 비교적 낮은 전기 전도도를 갖으나 온도가 상승함에 따라 전기 전도도가 상승하게 된다.

라. 금속의 구비 조건(공통적인 성질)

(1) 수은(Hg)을 제외하고 상온에서 고체이며 결정체이다.(고상에서 결정 구조를 가짐)

대부분의 금속은 상온에서 대부분 고체이지만 수은(Hg)은 용융점이 -38.4℃이므로, 상온에서는 액체이다.

(2) 열과 전기의 양도체이다.

대부분의 금속은 전기를 잘 통하며, 전기가 잘 통하면 대부분 열도 잘 전달하는 물질이다. 이 때문에 열교환기나 전기 부품 등에 활용된다.

(3) 비중이 크고 경도 및 용융점이 높다.

(4) 가공이 용이하고 전 · 연성이 크다.

금속은 잘 펴지거나(전성) 잘 늘어나는 성질(연성)이 크므로 소성 가공이 쉽다.

① 연성이 큰 순서 : Au > Ag > Al > Cu > Pt > Pb > Zn > Fe > Ni

② 전성이 큰 순서 : Au > Ar > Pt > Al > Fe > Nv > Cu > Zn

(5) 빛을 반사하고 고유의 광택이 있다.

금속마다의 고유의 금속적 광택을 갖는다.

(6) 이온화하면 양(+)이온이 되므로 산화 방지를 위해 표면 처리나 도금이 가능하다.

마. 용접재료

용접 구조물은 주로 철강재료를 모재로 한다. 그러나 철강재료라 해도 그 종류가 다양하고, 용접성에도 많은 차이가 있다. 강에는 철에 C, Si, Mn, P, S(철강의 5원소) 등을 함유한 탄소강과 5원소 이외에 Cr, Ni, Mo, V 등 특수 원소를 첨가하여 제조한 합금(특수)강으로 구분하며, 용접 구조물에는 탄소가 0.3% 이하로 함유된 강(저탄소강)이 주로 사용되며, 용접성이 우수한 편으로 특별한 조치를 취하지 않고 용접을 해도 별 문제가 없다.

그러나, 0.3%C 이상의 탄소강이라해서 용접을 못하는 것은 아니며, 탄소량이 많고 합금 원소가 첨가된 철강의 경우 일반 용접 중 고온에서 급랭시 경화도가 크며, 팽창, 수축에 따른 균열이 발생할 가능성이 있으므로 용접 전에 예열과 용접 후 후열처리가 요구되기도 한다.

1) 저합금 고장력강(HSLA, high strength low alloy)

산업이 발전하면서 요즈음은 고강도이며, 피괴인성이 높은 재료가 요구됨에 따라 탄소 함유량을 줄이고 Mn, Nb, V, Ti, Mo 등의 특수 원소를 첨가하여 인장강도를 높인 저합금 고장력강이 용접 구조재로 많이 사용되고 있다.

저합금 고장력강은 주로 ferrite+pearlite의 조직으로 높은 항복강도와 저충격 천이온도, 우수한 용접성 및 가공성 등을 가지고 있으며, 용접 전, 후에 특별한 열처리 없이 사용할 수 있으며, martensite계 고장력강과 달리 연성이 양호하며, 용접 균열이 적다.

항복강도는 대개 294~372N/mm^2, 인장강도 441~686N/mm^2 범위의 강으로 ASTM 규격에서 규정하는 구조용 고장력강으로는 A36, A242, A572, A588 등이 있다.

2) 조질 열처리 고장력강(QT강, 조질강, 담금질 뜨임강)

용접성을 높이기 위해 탄소량을 적게 하고 강도, 연성을 높이기 위해 다른 유효 원소를 첨가한 강으로 용접 전에 담금질과 뜨임 열처리를 하여 martensite 조직을 가진 고장력강으로, 인장강도, 피로강도, 노치인성 등의 기계적 성질과 내식성, 용접성이 우수하며, 용접 후에도 응력제거가 특별히 요구되지 않아 많이 사용된다.

이 강재는 항복강도 343~686N/mm^2, 인장강도 539~980N/mm^{2}범위를 가지며, 종류별 용도를 보면 A533-B, A537-B 등급의 강은 주로 핵 발전시설의 압력용기의 제작에 사용된다.

특히 A537-B 등급의 강은 높은 강도와 우수한 노치인성을 가지고 있어 많이 사용되고 있다.

A514/517 강은 중장비 구조물, 압력용기, 교량, 제강시설, 철탑, 선박 등 매우 광범위하게 사용되며, A543 강(HY80, HY100 등)은 원자로, 잠수함, 병기 등의 고성능 구조물에 사용된다.

3) 후열처리 고장력강

용접 후에 반드시 열처리가 요구되는 강으로 열처리강보다 강도면에서는 훨씬 높으나 노치 인성이 부족하고 균열에 민감하다.

여기에 속하는 종류는 AISI, SAE 번호로 4027, 4037, 4130, 4135, 4140, 4320, 4340, 5130, 5140, 8630, 8640, 8735, 8740 등이 있으며, 주로 단위 무게당 높은 강도가 요구되는 항공기, 로켓, 전자, 화포 등 특수 성능이 요구되는 기계부품에 많이 쓰인다.

4) 스테인리스강

부식 방지용으로 많이 사용되며, 조직에 따라 오스테나이트계, 페라이트계, 마텐사이트계, 듀플럭스계, 석출 경화계 등이 있다.

2 경금속과 중금속

가. 경금속

금속을 무게에 따라 경금속과 중금속으로 구분하는 경우가 있으며, 그 구분은 편의상 비중으로 한다. 금속의 비중이 4.5(또는 5.0) 이하의 가벼운 금속을 경금속이라 하며, Mg(마그네슘 1.74), Be(베릴륨 1.83), Al(알루미늄 2.7), Ti(티타늄 4.5) 등이 있다.

나. 중금속

비중 4.5 이상의 무거운 금속을 중금속이라고 하며, Cr(크롬 7.19), Fe(철 7.89), Ni(니켈 8.85), Cu(구리 8.96), W(텅스텐 19.3), Au(금 19.3), Pt(백금 21.4) 등이 있다.

3 합 금

순금속이란 이론적으로 100% 순도의 금속을 말하나 실재로는 거의 존재하지 않으며, 한 가지 금속에 한 가지 이상의 다른 금속 또는 비금속을 첨가하여 기계적, 물리적, 화학적 성질을 개선시킨 금속을 합금이라 한다.

합금이 되는 경우는 특별한 첨가 목적이 없이 제조 공정 중에 예를 들면 제련 중에 연료나 첨가물에 의해서 자연적으로 들어가는 경우와 어떤 유용한 성질을 부여하기 위해 다른 원소를 첨가하는 경우를 들 수 있으며, 일반적으로 합금은 후자에 속한다고 말할 수 있다.

합금의 제조법에는 금속과 금속, 또는 금속과 비금속을 용융 상태에서 융합시키는 경우와 압축, 소결에 의해 제조되는 경우, 침탄처리 등과 같이 고체 상태에서 확산을 이용하여 부분적으로 합금을 만드는 경우 등 무수히 많이 있다.

합금은 성분 원소의 수에 따라 2원 합금, 3원 합금, 다원 합금으로 분류하며, 합금 원소란 모체 금속의 성질을 확실하게 변화시키고 기계적 성질, 화학적 성질 등의 개선 효과가 있을 경우를 말하며, 그렇지 않는 경우는 불순물이라 한다.

일반적으로 합금이 되면 순금속에 비해 강도나 경도, 내마모성, 주조성, 내식성, 내열성, 내산성 등이 향상되나 용융점, 비중, 전기 및 열전도율, 연신율, 단면 수축률 등은 낮아지게 된다.

제2절 | 금속재료의 중요 성질

1 기계적 특성

기계 및 구조물을 제작할 때 사용할 재료의 기계적 성질을 알아야 되며, 이러한 성질을 파악하는데 재료 시험을 하게 된다. 재료 시험은 한국공업규격 KS D 0801~0811에 규정되어 있으며, 해당 재료의 일부를 채취하여 필요한 성질의 실험을 하게 된다. 이때 채취 장소나 방향에 따라 시험 결과치가 달라질 수 있으므로 사용할 재료의 상황에 가장 가까운 부분을 선정하여야 된다. 기계적 성질에 대한 재료 시험에는 인장 시험, 압축 시험, 굽힘 시험, 전단 시험, 충격 시험, 비틀림 시험, 피로 시험, 경도 시험, 크리프 시험, 마모 시험 등이 있다.

가. 강도와 경도

1) 강도(strength)

강도란 재료에 외력이 작용하여 재료가 파단하려고 할 때 재료의 단면적에 대한 최대 저항력을 말하며, 정적 강도와 동적 강도가 있으나 일반적으로 정적 강도를 의미한다.

정적 강도는 외력의 작용 방법에 따라 인장 강도, 굽힘 강도, 전단 강도, 압축 강도, 비틀림

강도 등이 있으며, 동적 강도에는 피로 강도, 충격 강도 등으로 구분하며, 일반적으로 강도라 하면 인장 강도를 뜻하나 인장 강도가 크다 해서 압축 강도도 크다고 할 수는 없다. 예를 들면 주철은 압축 강도는 매우 크나 인장 강도는 매우 적다.

2) 경도(hardness)

경도란 재료의 국부 소성 변형에 대한 재료의 저항성을 나타내는 정도를 말하며, 인장 시험과 더불어 널리 사용하는 시험이다.

(1) 압입에 의한 경도 시험

정적 하중에 의해 강구(강철볼)나 원추 또는 피라미드형 다이아몬드 압입자를 사용하여 압입하여 압흔(壓痕, 압입 자국)에 의해 경도를 판단하는 브리넬 경도, 로크웰 경도, 비커스 경도, 마이어 경도 시험 등이 있다. 일반적으로 공석강(0.85%C) 이하에서는 인장 강도와 브리넬 경도는 거의 비례관계를 갖는다.

$$\text{탄소강의 브리넬 경도(HB)} = \text{인장 강도}(kg_f/mm^2)/0.32 \sim 0.36$$

(2) 반발에 의한 경도 시험

다이아몬드 추 등을 일정 높이에서 낙하시킨 후 그 튀어 오르는 높이 정도에 의하여 경도를 판정하는 시험으로 쇼어 경도 시험법 등이 있다.

(3) 긋기에 의한 경도 시험

다이아몬드 또는 다른 경(단단)한 물체로 시험체의 표면에 긁었을 때 생기는 흠의 정도에 의해 경도를 판단하는 경도 시험법을 말하여 마르텐스 긋기 경도계가 있다.

나. 인성과 피로, 크리프 한도

1) 인성(toughness)

금속재료에 외력을 가했을 때 소성변형을 하지 않고 파괴되는 성질을 취성(脆性, 여림, 메짐, brittleness)이라 하며, 이에 반대적인 용어로는 연성(延性, ductile), 인성(靭性, tough) 등이 있다. 인성은 충격에 대한 재료의 저항력을 뜻하며, 소성구역에서 재료가 파괴할 때까지의 에너지를 흡수할 수 있는 능력이다. 연신율이 큰 재료가 일반적으로 충격 저항도 크므로 인성도 좋다고 할 수 있다. 인성을 알기 위한 충격 시험은 일정한 시험편에 실제로 충격을 가하여 그 시편이 파괴하는데 필요한 에너지로부터 인성을 산출한다.

2) 피로(fatigue)

재료의 인장강도나 항복점으로부터 계산한 안전하중 상태에서도 작은 하중(힘)이 오랜 시간에 걸쳐 연속적으로 되풀이하여 작용시키면 결국 파괴하는 경우가 있는데, 이와 같은 파괴를 피로 파괴(fatigue failure)라고 한다.

그러나 어떤 값보다 작은 하중이 작용할 때에는 무수히 많은 반복 하중을 작용하여도 파괴되지 않고 충분한 내구력을 가질 수 있는 최대 한계를 피로 한도(fatigue limit)라고 하며, 이 한계점을 구하는 것을 피로시험이라 한다.(그림 1.2 참조)

그림 1.2 S–N 곡선

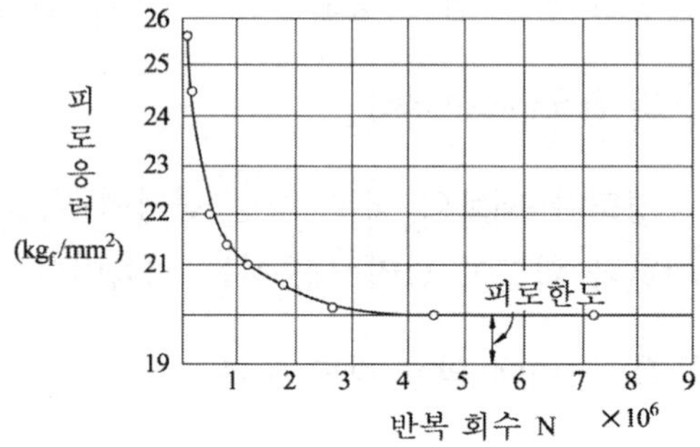

3) 크리프 한도(creep limit)

금속재료는 고온에서 많은 변화를 가져오게 되므로 열기관 등에 사용되는 재료의 경우 특히 이점에 대한 조사가 필요하다.

크리프 시험은 장시간 동안 고온에서 탄성 한도 내의 각종 하중 하에 작용하는 시험편의 연신에 대하여 관찰하는 시험으로, 장시간 경과하면 변형이 증가하는 현상이며, 변형이 증대될 때의 한계 응력을 크리프 한도라 한다.(그림 1.3 참조)

크리프 응력이 비교적 적은 경우에는 시간이 경과함에 따라 서서히 변형하지만 큰 응력이 작용하면 변형은 갑자기 커져서 파괴하게 된다. 이때 크리프율이 0이 되는 응력의 한도를 크리프 한도라고 한다.

그림 1.3 크리프 시험 곡선(0.4%C 탄소강, 450℃)

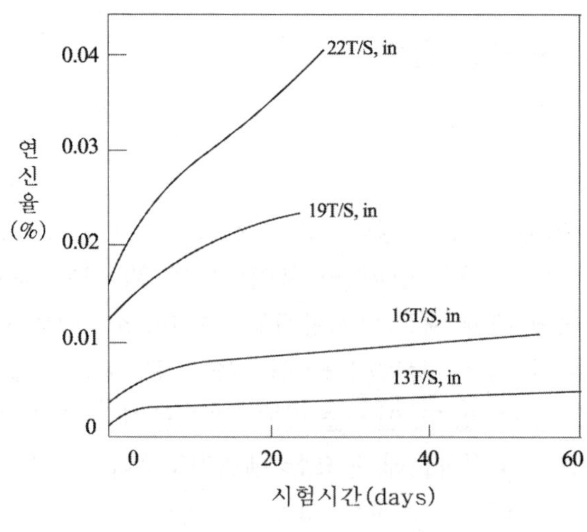

표 1.1 주요 금속의 물리적 성질

금속명	용융점 (℃)	비열(20℃) (cal/g·℃)	비등점 (℃)	비중	평창계수 (20℃) (10^{-6}/℃)	열전도율 (20℃) (cal/s·cm·℃)	전기비저항 (20℃) ($\mu\Omega$·cm)	영계수 (103kg/mm²)
유황 S	119	0.175	445	2.07	64	6.31×10^{-4}	2×10^{23}	-
주석 Sn	232	0.054	2270	7.3	23	0.150	11	4.3
납 Pb	327	0.009	1725	11.34	29.3	0.083	20.65	1.4
마그네슘 Mg	650	0.245	1107	1.74	27.1	0.363	4.45	4.45
알루미늄 Al	660	0.215	2450	2.67	23.6	0.53	2.655	6.7
게르마늄 Ge	937.4	0.073	2830	5.32	5.75	0.14	46	-
은 Ag	961	0.056	2210	10.5	19.68	1.0	1.59	7.7
금 Au	1063	0.0312	2970	19.3	14.2	0.71	2.35	8.2
동(구리) Cu	1083	0.092	2595	8.9	16.5	0.94	1.673	11.2
우라늄 U	1132	0.0279	3818	19.07	6.8~14.1	0.071	30	17
망간 Mn	1245	0.115	2150	7.3	22	-	185	16.1
베릴륨 Be	1277	0.45	2770	1.85	11.6	0.35	4	29.5
규소 Si	1410	0.162	2680	2.33	2.8~7.3	0.2	10	11.5
니켈 Ni	1453	0.105	2730	8.8	11.3	0.22	6.84	21
코발트 Co	1495	0.099	2900	8.85	13.8	0.165	6.24	21.0
철 Fe	1538	0.11	3000	7.87	11.76	0.18	9.71	20.0
토륨 Th	1750	0.034	3850	11.66	12.5	0.09	13	-
티탄 Ti	1668	0.124	3260	4.5	8.41	0.036	42	11.8
지르코늄 Zr	1852	0.073	3580	6.49	5.75	0.040	40	9.6
크롬 Cr	1875	0.11	2665	7.19	6.2	0.16	12.9	25.2
바나듐 V	1725	0.119	3400	5.6	8.3	0.074	2.5	13
니오브 Nb	2468	0.065	4927	8.57	7.31	0.125	12.5	-
탄탈 Ta	2996	0.034	5425	16.6	6.5	0.130	12.45	19
텅스텐 W	3410	0.033	5930	19.1	4.6	0.397	5.65	35
탄소 C	3727	0.165	4830	2.25	0.6~4.3	0.057	1375	0.5

2 물리적 특성

가. 비열(specific heat)

비열이란 단위 물질 1gf을 1℃ 올리는데 필요한 열량을 말하며, 물질에 따라 다르다. 예를 들어 물 1gf을 1℃ 높이는데 필요한 열량은 1cal이다.(단위 : cal/gf℃, kcal/kgf℃)

일반적으로 금속의 비열은 작지만 Mg(0.2475 cal/gf·C), Al(0.223 cal/gf·C) 등은 크고, Pt(0.032 cal/gf·C), Au(0.131 cal/gf·C) 등은 작다.

일반적으로 질량이 m(gf)인 물질이 Q(cal) 만큼의 열량을 공급받을 때 $\triangle T$(°C) 만큼의 온도변화가 발생했다면 이 물질의 비열은 다음의 식에 의해 얻어진다. [표 1.1]은 주요 금속의 물리적 성질을 나타낸 것이다.

$$c = \frac{Q}{m\triangle T}(\text{cal/gf} \cdot ℃)$$

나. 비중(Specific gravity)

비중이란 어떤 물질의 질량과 그것과 같은 체적의 표준물질의 질량과의 비율을 말하며, 고체나 액체의 경우에는 4℃의 순수한 물을 기준으로 한다.

금속의 비중은 종류 및 순도에 따라 다르며, 단조나 압연 가공한 것이 주조한 것보다 크다. 금속의 무게를 알려면 체적에 비중을 곱하면 된다.(표 1.2 참조)

(1) 가장 비중이 작은(가벼운) 금속 : Li(리튬 0.53)

(2) 가장 비중이 큰(무거운) 금속 : Ir(이리듐 22.5)

$$\textbf{비중} = \frac{\text{제품의 무게}}{\text{제품과 같은 체적의 물 무게}}$$

표 1.2 주요 금속의 비중

원소 기호	원소명	비중	원소 기호	원소명	비중	원소 기호	원소명	비중
Li	리튬	0.53	Mn	망간	7.3	Ag	은	10.5
Mg	마그네슘	1.74	Cd	카드뮴	8.64	Pb	납	11.34
Al	알루미늄	2.67	Fe	철	7.89	Hg	수은	13.5
Ti	티타늄	4.5	Ni	니켈	8.8	W	텅스텐	19.1
V	바나듐	5.6	Co	코발트	8.85	Au	금	19.3
Sb	안티몬	6.67	Cu	구리	8.9	Pt	백금	21.4
Zn	아연	7.13	Bi	비스무트	9.8	Ir	이리듐	22.5
Sn	주석	7.3	Mo	몰리브덴	10.2			

다. 선(열)팽창 계수

금속은 일반적으로 가열하면 팽창하고, 냉각하면 수축하는 성질을 가지고 있다. 이때 단위 길이의 봉을 1℃ 증가시킬 때 팽창한 길이와 원래 길이에 대한 비율을 선(열)팽창 계수라 한다.

$$\text{선(열)팽창 계수} = \frac{\ell' - \ell}{\ell(t' - t)}$$

(ℓ' : 늘어난 길이, ℓ : 처음 길이, t' : 가열된 온도, t : 처음 온도)

(1) 선(열)팽창 계수가 큰 순서 : Zn > Pb > Mg

(2) 선(열)팽창 계수가 작은 순서 : Ir < W < Mo

라. 용융점(용융 및 응고점, melting point)

고체 금속재료를 가열하면 어떤 온도에서 액체로 변하는 용해 현상이 생기며, 냉각하면 응고 현상이 생기는 온도점을 용융점이라 한다.

용융점은 압력에 따라 변화하지만, 보통은 1기압 하에서의 온도를 가리킨다. 고체가 융해하기 시작하면 고체 전부가 융해하기까지는 온도가 일정하게 유지된다. 따라서 동일한 순수 물질인 경우에는 녹는점과 응고점이 동일하며, 일반적으로 이물질(다른 원소)이 함유되면 용융점은 달라지며, 저하된다.

(1) **용융점이 가장 낮은 금속** : 수은(Hg : -38.4℃)
(2) **용융점이 가장 높은 금속** : 텅스텐(W : 3410℃)

표 1.3 주요 금속의 용융점

원소 기호	원소명	용융점 ℃	원소 기호	원소명	용융점 ℃	원소 기호	원소명	용융점 ℃
Hg	수은	-38.4	Al	알루미늄	660	V	바나듐	1725
Li	리튬	180	Ag	은	961	Pt	백금	1769
Sn	주석	232	Au	금	1063	Cr	크롬	1875
Bi	비스무트	271	Cu	동(구리)	1083	Ir	이리듐	2464
Pb	납	327	Mn	망간	1245	Mo	몰리브덴	2610
Zn	아연	420	Ni	니켈	1453	W	텅스텐	3410
Sb	안티몬	630.5	Co	코발트	1495			
Mg	마그네슘	650	Fe	철	1538			

마. 용융 잠열(melting latent heat)

어떤 물질이 고체에서 액체로 또는 액체에서 기체로 상변화가 일어날 때 열을 흡수하는데 이러한 열적 에너지를 잠열(숨은 열, latent heat)이라 한다.

반대로 액체에서 고체로 또는 기체에서 액체로 변화할 때는 같은 열을 방출한다. 액체와 기체간의 상변화로 물질이 열을 흡수하는 현상을 흡열, 방출하는 현상을 발열이라 한다.

또한 액체에서 고체로 될 때의 열을 증발잠열이라 하며, 고체와 액체간의 상변화에 따르는 열의 양을 용융잠열이라 한다.

예를 들면, 알루미늄을 가열하여 용융점에 이르러도 바로 용융되지 않고 660℃의 고체가 같은 온도의 액체 알루미늄이 될 때까지 온도가 올라가지 않는데 이때 소비되는 열량을 말한다.

바. 열전도도(heat conductivity)

길이 1cm에 대하여 1℃의 온도차가 있을 때 $1cm^2$의 단면적을 통하여 1초간에 전해지는 열량을 뜻하며, 단위는 cal/cm·sec℃이다.

열전도도(율)는 전도체 내에서 인접한 분자와 전자들 사이의 에너지 교환과정과 밀접한 관계가 있다.

물체에서 그 열전도량은 물체의 단면적과 양끝 사이의 온도차에 비례하며 물체의 길이에 반비례한다. 즉 열전도량 H는 단면적 A와 물체의 길이 l의 비율의 온도차(T2-T1)와 -k(k는 열전도도)를 곱한 것과 같다. －부호는 열이 항상 높은 곳에서 낮은 곳으로 이동하기 때문에 붙인 것이다. 열전도도 k가 큰 물질은 열의 양도체이며 열전도도가 작은 물질은 좋은 단열재이다.

열의 양도체인 구리의 열전도도는 0.94cal/s·cm·℃, 즉 390W/m·K, 단열재인 목재의 열전도도는 0.00003kcal/s·m·℃ 또는 0.12W/m·K이다. 모든 기체 중에서 수소의 열전도도가 가장 높다.

1) 열전도율이 큰 금속의 순서

Ag(은) > Cu(구리) > Au(금) > Al > W(텅스텐) > Mg(마그네슘) > Mo > Zn(아연) > Ni(니켈) > Fe(철)

사. 전기 전도율

전기 전도도란 전기를 얼마나 잘 통하느냐의 여부를 나타낸 것으로 일반적으로 열전도율이 좋은 금속이 전기 전도율도 좋다.

금속이 전기를 잘 통할 수 있는 것은 자유전자 구름이 양이온 사이를 자유롭게 이동할 수 있기 때문이며, 전기를 통해주면 전기장의 방향에 따라 흐르게 되고 전기적 하중이 이 방향에 따라 쉽게 이동할 수 있게 된다.

전기 전도도는 온도가 상승하면 전자들의 상호 작용이 증가하여 이동성이 떨어지므로 전기 전도도는 낮아지게 된다.

1) 전기 전도율이 큰 순서

Ag(은) > Cu(구리) > Au(금) > V(바나듐) > Al(알루미늄) > Mg(마그네슘) > Mo > W > Co > Ni(니켈) > Fe(철)

아. 색(Color)

금속에 따라 태양 광선의 각종 파장을 일정한 비율로 반사하게 되는데, 빛을 잘 반사하는 금속은 은백색(Al 등)을, 반사가 적은 금속은 회색(회주철)을 띠게 되며 각각의 고유의 색을 갖고 있다.

또한 색이 다른 금속끼리 합금을 할 경우 동일한 비율로 합금을 하더라도 어느 한쪽의 금속 색깔로 많이 치우치는 경우가 있는데 이것을 탈색력이라 한다. 금속 중에 탈색력이 가장 큰 것은 주석이라고 하며, 일반적으로 금속의 탈색력 크기 순서는 다음과 같다.

- 탈색력이 큰 순서 : Sn(주석) > Ni > Al > Fe > Cu > Zn > Pt > Ag > Au

자. 자기적 특성(자성체)

일반적으로 금속은 자기적 성질을 갖는 것과 전혀 갖지 않는 것이 있으며, 자성의 성질을 조금이라도 갖는 것을 상자성체, 그 중에서 강하게 갖는 것을 강자성체라 하며, 전혀 갖지 않는 것을 비자성체라 한다. 또한 이러한 자성의 성질은 온도에 따라 달라지는데 자성체가 일정 온도에서 자성의 성질이 급변하는 경우 이러한 변태를 자기변태라 한다. 또한 비자성체라 해도 어느 온도에서는 자성의 성질을 강하게 갖는 금속도 있다.

(1) **상자성체** : 자장의 강도와 자화의 강도가 같은 방향으로 작용하는 것을 말하며, Fe, Ni, Co, Sn, Pt, Mn, Al 등이 있다.
(2) **강자성체** : 상자성체 중에서 자화의 강도가 큰 것을 말하며, Fe, Ni, Co 등이 있다.
(3) **비자성체** : Bi, Sb, Au, Hg, Cu 등 자성의 성질을 전혀 갖지 않은 금속을 말한다.

3 화학적 특성

가. 부식(腐蝕)

1) 부식의 원리

부식(corrosion)이란 금속이 어떤 환경에서 화학적 반응에 의해 손상되는 현상 즉, 물 또는 대기 중에서, 또는 가스 중에서 그 표면이 비금속성 화합물로 변하는 것을 뜻한다.

자연계의 물질은 안정된 상태로 존재하며, 금속재료는 그 환경 속에서 가장 안정된 상태로 돌아가려는 성질을 갖고 있다. 따라서 대부분의 금속은 산소나 황 등과 결합해서 화합물의 형태, 예를 들면 철의 녹(녹슴)은 철이 물과 공기가 존재하는 환경 하에서 가장 안정된 상태를 취한 결과라고 할 수 있다. 이처럼 금속이 부식되는 반응은 금속과 환경과의 조합에 의해 정해지며, 진공 속에 있는 철은 부식되지(녹슬지) 않는다.

부식의 원리는 금속 이온의 용출에 의해 결정되며, 금속 용출의 용이함의 정도는 그 금속이 수용액 속에서 이온화 용이성이 어떻게 되느냐에 달려 있다.

알루미늄(Al)과 같은 이온화 경향이 큰 금속은 동시에 전자를 많이 방출하므로 표준 전극 전위는 수소이온(H^+)의 경우를 기준으로 해서 마이너스 값으로 낮아져 저급으로, 백금과 같이 이온화 경향이 적은 금속은 전자의 방출도 적어지므로 표준 전극 전위는 높은 플러스 값을 나타내서 귀금속으로 분류된다.

상대적으로 표준 전극 전위가 낮은 금속과 높은 금속을 전해질 용액 속에 담그고 외부에서 전기적으로 접속하면 두 금속의 전위가 다르므로 두 금속간의 전위차에 의해 전자의 흐름(전류)이 일어난다. 이때 전위가 낮은 쪽에서는 금속이온의 용출($M \rightarrow M^+ + e$) 현상이 일어나고, 다른 쪽에서는 방출된 전자를 받는 반응이 동시에 일어나 결국 전위가 낮은 금속 쪽만 용해가 일어나게 되게 된다.

이러한 현상은 동일 금속 면에서도 존재한다. 동일 금속 면에서도 원자의 배열 상태나, 입자의 크기, 결함이나 불순물의 존재 여부 등에 따라서 국부적으로 전위의 차가 발생할 수 있으며, 국부전지가 형성되면 부식 반응이 일어나게 되는 것이다.

2) 부식에 미치는 환경의 영향

우리가 생활하는 주위에서 흔히 볼 수 있는 부식 현상은 철(Fe)의 붉은 녹이나, 구리(Cu) 합금의 푸른 녹, 아연(Zn)의 흰 녹 등이 있으며, 여러가지 화학 약품을 다루는 환경에서는 특히 부식 반응이 급속히 일으키는 경우가 있다.

이러한 부식 반응은 온도, 농도 및 여러 조건에 따라 가속화되기도 하고 안정 상태와 비교해 다른 부식 현상도 나타난다.

(1) 용존 산소의 영향

용존 산소(dissolved oxygen)란 물속에 녹아있는 산소를 뜻하며, 이것이 금속에 대해 산화제로 작용하여 화학반응에 의해 수산화이온(CH^-)을 생성하게 되는데 이것이 Fe원자와 반응하여 수산화제일철[$Fe(OH_2)$]을 생성하므로 녹이 생기게 된다.

$$O_2 + 2H_2O + 4e + 4O$$
$$Fe + 2OH + Fe(OH)_2$$

탄소강의 경우, 용존 산소 농도의 영향에 따른 부식 현상을 보면 처음에는 산소 농도에 비례해서 부식 속도가 증가되지만, 일정한 농도를 넘으면 부식이 잘 진행되지 않게 되는데, 이 현상은 금속 표면에 생긴 피막이 표면을 단단히 덮고 있으므로 금속과 액체 사이가 차단되어서 일어나는 '부동태(不動態, passive state)' 현상 때문이며, 스테인리스강은 이런 현상이 잘 반영된 강종이다.

(2) 유속의 현상

물이 흐르고 있는 환경에서는 금속 표면에 도달하는 산소의 양이 증가하고 부식 속도는 유속에 따라 비례해서 증대하게 된다. 그러나 유속이 어느 정도 충분이 커지면 금속표면에 도달하는 산소가 과잉하게 되어 금속을 부동태화시키는데 충분해지기 때문에 반대로 부식의 진행이 저하된다.

(3) 용액의 pH 농도의 영향

용액의 pH(수소이온 농도지수)는 금속이 용액 속에서 나타내는 전위와 그때의 pH에서 그 금속의 안정상태를 알 수 있다. 일반적으로 크롬(Cr)은 강한 산성 영역에서 주로 부식의 현상이 나타나고 있으나, 철(Fe)의 경우는 모든 pH 영역에서 부식을 일으키고 있다.

실험에 의하면 스테인리스강의 pH에 따른 부식도를 보면 4%의 90℃ 용액의 강한 산 부분에서 심한 부식도를 나타내고 있으며, 알칼리 영역에서도 상대적으로 낮기는 하지만 부식이 일어날 수 있음을 알 수 있다.

나. 부식의 종류

부식은 부식 환경에 따라 습식(습부식)과 건식(건부식)으로 대분류하며, 부식 부위에 따라 전면부식과 국부 부식으로 분류한다. 국부 부식은 공식, 틈 부식, 이종금속 접촉부식, 입계 부식, 응력부식 균열, 수소 침식, 탈아연 부식, 케비테이션 현상 등이 있다.

1) 건부식(dry corrosion)

수분의 작용없이 고온의 증기나, 가스 등과 반응하여 일어나는 부식으로, 산화, 질화, 황화 등을 말한다.

2) 습부식(wet corrosion)

전기 화학적 부식이며, 해수, 유기산, 무기산, 알칼리 등에 접촉되어 금속 표면에 국부 전지가 생기는 현상을 말한다.

3) 국부 부식(그림 1.6 참조)

그림 1.4 공식 모형도

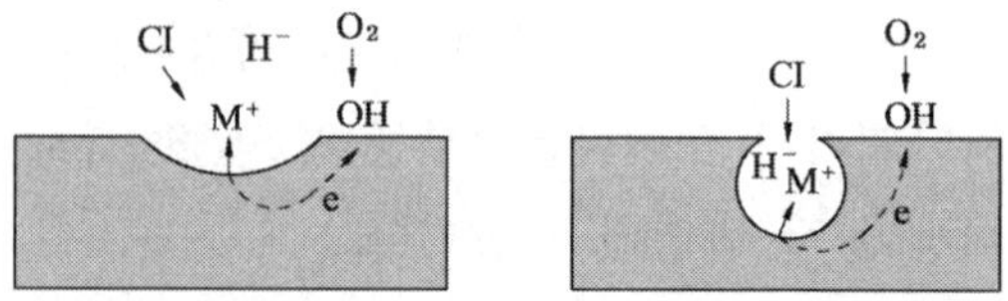

(a) 개방형 (b) 밀폐형

(1) 공식(孔蝕, pitting)

티타늄(Ti), 스테인리스강 등 표면에 생성된 부동태막에 의해 내식성을 갖는 금속의 표면 일부가 파괴되어 노출되면 그 일부가 용해하여 국부적으로 부식이 진행하게 되는 현상이다.

① 개방형 공식 : [그림 1.4 (a)]와 같이 공식(孔蝕) 내의 용액은 외부로 유출되기 쉬우며 내면은 재부동태화하여 공식이 정지하기 쉽다.

② 밀폐형 공식 : [그림 1.4 (b)]와 같이 외부로부터 염소(Cl) 이온이 공식 내부로 침입 농축함에 따라 용액의 pH는 저하하여 1.3~1.5까지도 되면서, 공식이 성장하여 가는 형태의 공식이다.

(2) 틈 부식(crevice corrosion)

스테인리스강 등의 표면에 이물질이 부착되거나, 구조상으로 틈 부분은 다른 곳에 비해 현저하게 부식하게 되는 공식의 일종이다. 틈 부식은 틈 내부의 금속 이온의 농도 차나 산소 농담 전지작용에 의해 일어난다.

(3) 이종금속 접촉부식

2종의 금속을 서로 접촉시켜 두면 전위가 낮은 쪽의 금속이 양극이 되어 이와 접촉한 음극의 전자가 양극으로 이동하기 때문에 비교적 빠르게 부식된다.

(4) 입계부식

오스테나이트계 스테인리스강을 고온(500~850℃)으로 가열하면 결정립계에 $Cr_{23}C_6$ 등의 탄화물이 생성하여 인접부분의 크롬(Cr)량은 감소하게 되므로 크롬 결핍층이 형성하게 되는데 이러한 현상을 만드는 것을 예민화처리라 한다. 이렇게 예민화된 강을 산성 용액 중에 넣으면 크롬 결핍층이 현저히 부식되어 떨어져 나가게 되는데 이것을 입계부식이라 한다. [그림 1.5]는 스테인리스강의 입계부식(intergranular corrosion) 과정을 나타낸 것이다.

① (a) : 고순도강으로 깨끗한 입계를 나타낸다.

② (b) : 스테인리스강을 1050~1300℃로 가열하여 용체(고용)화 처리한 것인데, 일부 소량의 입계 편석이 나타나 있다.

③ (c) : 스테인리스강을 500~850℃로 유지함에 의해 입계에 $Cr_{23}C_6$ 등이 석출하여 Cr 결핍층이 형성되어 입계부식을 유발한다.

④ (d) : 스테인리스강을 800~900℃로 가열함에 의해 탄화물이 안정화되어 Cr 결핍층이 회복되었기에 입계부식이 생기지 않는다.

그림 1.5 **입계부식의 구조**

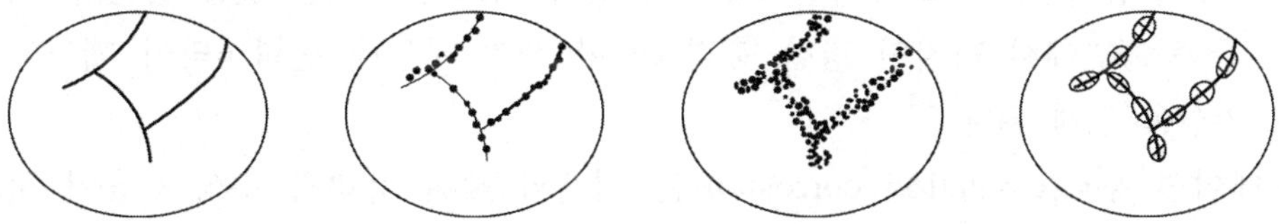

(a) 순수 입계　(b) 미세 편석　(c) 석출　(d) 안정화

(5) 응력부식 균열

용접부에 응력이 존재할 경우 부식이 촉진되는 경우가 많은데 이것을 응력부식이라 한다.

용접 잔류응력은 항복점에 가까운 큰 인장응력이 존재하는 경우가 있으므로 이것이 응력부식의 원인으로 되는 위험이 있다. 만일 이러한 재료에 인장응력이 가해지면 부식이 생긴 노치에 응력이 집중하여 선단에 작은 균열이 생기고 그 균열의 선단이 선택적으로 부식되어 어느 정도 여려지면 응력집중 때문에 새로 균열이 진행된다.

응력부식 균열(SCC, stress corrosion cracking)은 내식성이 좋은 재료에서만 발생하는 것과 같이 재료, 부식 환경, 응력의 크기 3가지가 특정 조건을 만족하는 경우에만 발생한다.

해결 방안으로는 용접부의 잔류응력 경감, 부식 방지를 위한 용접부의 보호(수동태 금속 도금)를 행하여야 되며, 모서리부 및 구석진 곳의 용접은 피하여야 한다.

또 다른 해결책은 가까이에 위치 에너지의 음성 전위가 높은 금속을 부착하여 부식침투를 유도 하는 것이다.

응력부식이 생기기 쉬운 재료는 Al합금, Mg합금, 강합금, 오스테나이트계 스테인리스강 및 연강 등이며, 선박의 프로펠라 샤프트 등의 용접에서 많이 발생한다.

(6) 피로부식

부식 피로는 부식에 의한 침식과 주기적 응력, 즉 빠르게 반복되는 인장 또는 압축응력의 상호 작용에 의해 생긴다. 부식 피로는 응력부식 균열과 달리 이온과 금속의 특수한 조합과 관계없이 거의 모든 수용액에서 생긴다.

부식 피로는 음극방식에 의해 양극을 불활성화하거나 부식 억제제(크롬산염)에 의해 부동태화함으로서 방지할 수 있다. 특히 Ti 합금강의 경우는 질화에 의한 표면 경화가 유효하다.

(7) 캐비테이션 부식

캐비테이션(cavitation)이란 유속이 매우 커서 베르누이 법칙($P+\frac{\rho u^2}{2}$=일정)에 의한 정압 P가 액체의 증기압보다도 낮아질 때, 액체 중에 기포가 생기는 것을 말한다. 이와 같은 기포가 금속 표면에서 터지면 강한 충격작용이 생겨 부동태 산화피막이 깨지고 원래의 금속도 손상을 입게 된다.

캐비테이션 부식(cavitation corrosion)은 액체의 빠른 유속과 부식 작용이 서로 복합작용에 의해 생기므로 음극 방식이나, 부식 억제제에 의해 줄일 수 있으며, 연수(軟水)보다도 경수(硬水)에서 촉진된다.

(8) 마찰 부식(찰과 부식)

마찰 부식(fretting corrosion)은 접촉면에 윤활제가 없으며, 진동, 수직응력 등에 의해 움직이는 2개의 고체 중에 한 개 또는 2개가 금속적인 계면에서 한쪽 표면의 요철이 다른 표면의 산화물층을 벗겨내어 노출된 금속은 산화하고, 새로 생성한 산화물은 금속에서 떨어져 나간다. 이와 같은 과정에서 습기(수분)는 필요하지 않고 산소가 필요하며, 습기는 오히려 침식을 지연시키는 효과를 갖게 된다.

그림 1.6 각종 부식의 종류 모식도

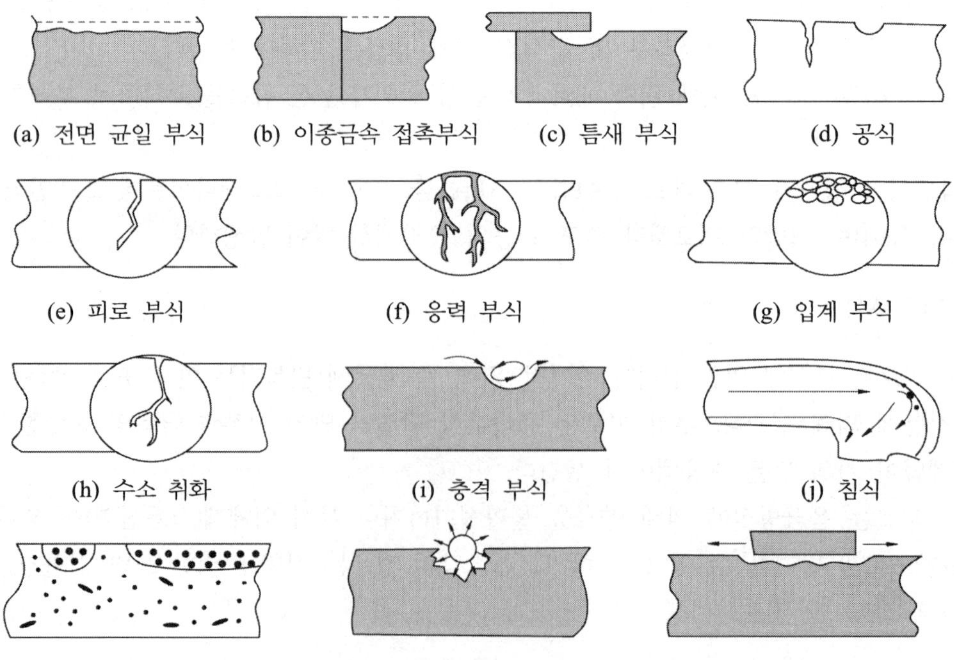

(a) 전면 균일 부식 (b) 이종금속 접촉부식 (c) 틈새 부식 (d) 공식
(e) 피로 부식 (f) 응력 부식 (g) 입계 부식
(h) 수소 취화 (i) 충격 부식 (j) 침식
(k) 탈합금 부식 (l) 케비테이션 부식 (m) 마찰(찰과) 부식

제3절 | 금속의 조직과 상태도

1 금속의 응고

가. 순금속의 응고

1) 순금속의 응고과정

용융금속이 응고할 때는 단결정이 되지 않고 다수의 결정립이 불규칙한 상태로 집합이 된다. 그것은 액체 상태에서 금속 원자는 서로 접근하고 있으며 불규칙적으로 이동하고 있으나 용융상태의 순금속이 냉각되어 온도가 그 금속의 응고점보다 낮은 온도(과냉상태)가 되면 가장 온도가 낮은 부분부터 결정핵(nucleus)이 생기게 되며, 이 핵들이 성장하여 인접 성장된 결정들 사이에 액막이 존재하게 된다.

이러한 액막은 결정의 계속적인 성장으로 결정립간에 서로 부딪쳐서 액막이 파괴되면서 결정립계를 형성하며 성장이 멈추게 된다. 이렇게 금속이 용해 온도보다 높은 액체 상태로부터 냉각하여 응고점에 도달하면 고체화되는 현상을 응고라 하며, 응고 후는 다수의 결정 집합체가 된다.

응고시 결정핵의 발생 장소는 보통 용기의 벽이나 용융금속 중에 미세한 고체 불순물 같은 것에 의하는 경우가 보통이다.

가열된 순금속이 냉각 중에 일정한 온도에서 응고하기 시작하여 전체가 응고할 때까지 일정한 온도로 유지하게 되는데 이 현상은 용융 잠열(숨은 열)의 영향이며 이점을 용융점이라고 한다.

2) 순금속의 응고 방법

순금속은 용융점이 일정하며, 용융부와 응고부의 성분은 항상 같다고 할 수 있다. 따라서 고상과 액상의 경계면은 약간의 과냉은 일어나겠지만 거의 융점의 온도로 유지된다고 본다.

이러한 경우의 응고 방법은 다음과 같다.

(1) 고상과 액상의 경계면 앞부분의 용융액 중의 온도구배가 정(+)이며, 응고에 따른 잠열은 응고 고체를 통하여 제거되고, 잠열의 전도가 결정 경계면의 성장속도를 좌우한다. 이 경우 응고 경계면이 평활하여 평활 경계면을 이루며, 일반적으로 성장속도는 작고, 성장에 우선하는 방향이 있다.

(2) 경계면의 전방 용융액 중의 온도 구배가 부(-)이며, 온도 반전과 응고잠열은 응고부와 전방의 용융액 중에 전도에 의해 제거된다.

결정 경계면 전방에 과냉각이 존재하므로 경계면에 우발적으로 돌출부가 형성되면 그 끝은 보다 큰 과냉 영역에 들어가므로 용융액 중에 더 깊게 성장하고 있다. 이 성장으로 방출된 잠열이 돌출부 주변 경계면의 열적 과냉을 낮추고 이 부분의 성장속도를 늦게 한다.

따라서 이 돌출부는 불꽃(spike) 모양으로 발달한다. 그 후의 발달과정에서 이것에 가지가 나온 것을 수지 상정이라 한다.

나. 냉각 곡선(cooling curve)

용융금속을 일정한 조건하에서 고온의 용융 상태에서 냉각시킬 때 일정한 시간을 두고 그 온도와 시간의 관계를 기록한 곡선을 냉각 곡선이라 부르며, 이것을 열분석 곡선이라고도 한다. 이때 냉각 중에 변태나 응고 등의 상태 변화가 없을 때는 완만한 곡선이 형성되지만, 변태 등 상태 변화가 있을 때에는 곡선의 형태가 시간이 경과해도 수평을 이루는 등으로 달라진다. 따라서 냉각 곡선을 구함으로서 용융점이나 변태 온도를 파악할 수 있다.

냉각 곡선에서 수평을 이루는 이유는 물질의 액체를 냉각시켜 온도를 낮추면 고체 상태로 응고되면서 방출한 용융잠열로 말미암아 잠시 온도가 일정하게 유지되는 구간이 나타난다.

즉 온도를 낮추는 조건을 계속하여도 온도가 내려가지 않고 일정하게 유지하게 되는데, 그 이유는 액체가 고체로 될 때 응고열이라는 열에너지를 방출하기 때문이며, 이때 방출된 열이 액체에서 고체로의 상태변화에 써지면서 일정한 온도가 유지하게 되는 것이다.

이것은 액상의 분자 사이의 인력을 끊고 고체 상태로 분자의 재배열이 일어나는데에 이 응고열이 쓰이기 때문이며, 응고가 일어나면서 온도가 일정하게 유지되는 구간에서는 액체와 고체가 공존하게 되는데 이때의 온도를 응고점이라 한다.

[그림 1.7 (a)]는 순금속의 냉각 곡선을 나타낸 것으로, 온도가 내려가 점 a에 도달하면 응고가 시작되며, 응고잠열(latent heat of freezing)이 발생하면서 온도가 내려가지 않고 수평선을 유지하다가 점 b에 도달하면 응고가 완전히 끝나 고체 상태에서 온도가 내려가게 됨을 알 수 있다.

[그림 1.7 (b)]는 합금의 냉각 곡선으로 냉각시에 a점에서 응고하기 시작하여 b 점에서 응고가 끝나므로 합금의 용점과 응고(융)점은 동일하지 않음을 알 수 있다.

그림 1.7 **냉각 곡선**

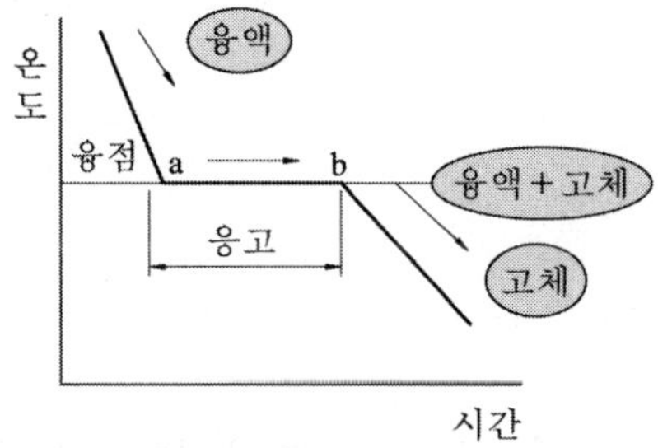

(a) 순금속의 냉각 곡선

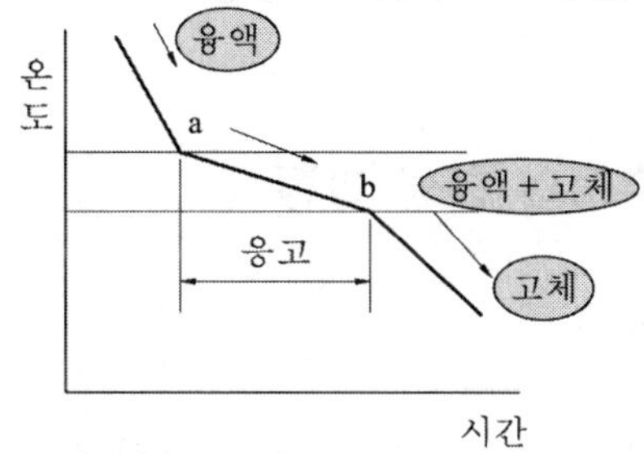

(b) 합금의 냉각 곡선

다. 과냉(super cooling)

용융금속의 응고는 실질적으로는 응고 시작점(응고점) 이하 부분에서 바로 결정핵이 생성되지 않고 용융점보다 ΔT만큼 낮은 온도에서 고상의 핵 생성이 급격히 일어나게 되며 용융잠열의 방출에 의해 다시 평형 온도까지 온도가 상승하게 된다. 이와 같이 응고점보다 낮은 온도에서 핵 생성이 생기는 현상을 과냉이라고 하며, 일반적으로 금속의 과냉은 응고점보다 0.1~0.3℃ 이하에서 생기며, 응고 진행 중 열방출(열전달)이 클수록 액상금속 중에 결정핵을 형성할 수 있는 합금성분이 적을수록 즉, 과냉도가 클수록 결정 입자는 미세해진다.

[그림 1.8]은 과냉도에 따른 핵 생성과 성장 관계를 나타낸 것이다. 그림에서 ①의 과냉은 결정핵의 생성수가 적으므로 결정립의 크기는 조대한 상태가 되며, ③과 같은 과냉의 경우는 결정핵의 생성수가 많으므로 결정립의 크기는 미세한 모양이 됨을 보여주고 있다.

그림 1.8 **과냉도와 핵생성–성장 관계**

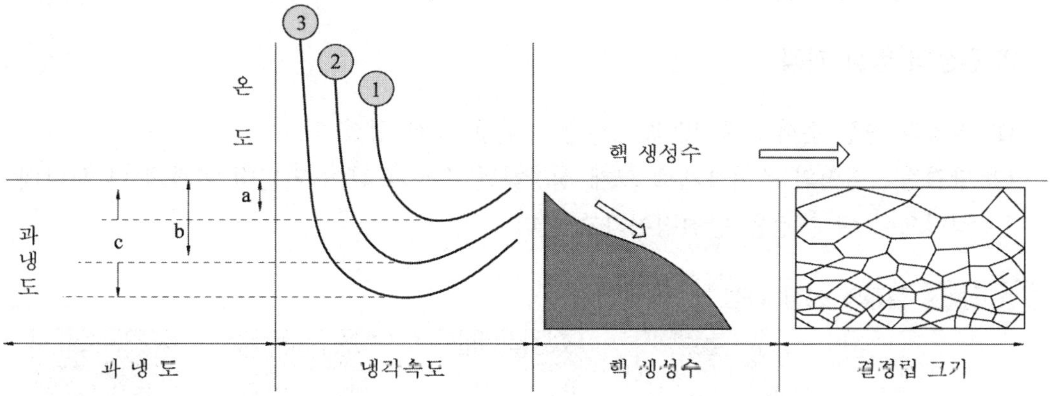

2 결정의 생성과 성장

가. 결정의 형성 과정

1) 결정

결정(結晶)이란 공간적으로 3차원에 규칙적으로 배열된 원자의 집합체이며, 그 구조가 규칙적으로 결합되어 있다. 이때 가장 주목할 것은 원자의 크기이다.

금속의 결정 구조는 극히 미시적인 크기의 단위이므로 현미경을 통해서는 볼 수 없고 X선 회절을 통해서 그 형태를 확인할 수 있을 뿐이다. 그러나 금속의 한 면을 경면(鏡面)상태로 연마한 후 나이탈(nital)과 같은 산으로 부식시키면 조직을 관찰할 수 있다.

이 조직을 보면 무수히 많은 작은 입자들이 모여서 고체상태의 금속을 이루고 있다는 것을 알 수 있는데, 이 하나 하나의 입자를 결정립(grain)이라 하고, 결정립간의 경계를 결정립계(grain boundary)라고 하는데, 결정립계는 복잡한 원자 배열을 갖는 몇 원자 두께의 층으로 이루어져 있으며, 많은 격자 결함을 갖고 있다.

결정핵은 수많은 원자들이 규칙적인 배열을 형성하여 만드는 것으로, 용융금속이 응고할 때는 먼저 온도가 가장 낮은 부분에서부터 이러한 작은 결정핵(nucleus)이 생기고 이 핵을 중심으로 결정핵이 성장하며, 여러 개의 성장된 결정핵이 더 이상 성장할 수 없도록 고체화될 때 결정립과 결정립 사이에 결정립계가 형성된다.(그림 1.9 참조)

이러한 결정립계는 다른 부분보다 가장 늦게 응고하게 되며, 용융점이 낮은 불순물이 있을 때는 응고점이 낮아져 입계에 모이는 경우가 많다.

2) 결정의 형성 과정

(1) **결정의 형성 순서** : 핵 발생 - 성장 - 결정 경계 형성

(2) **단결정** : 결정의 핵이 1개로 크게 성장하면 수정과 같이 되는데 이렇게 단 하나의 결정립으로 된 결정을 단결정이라고 한다.

그림 1.9 결정의 성장 과정

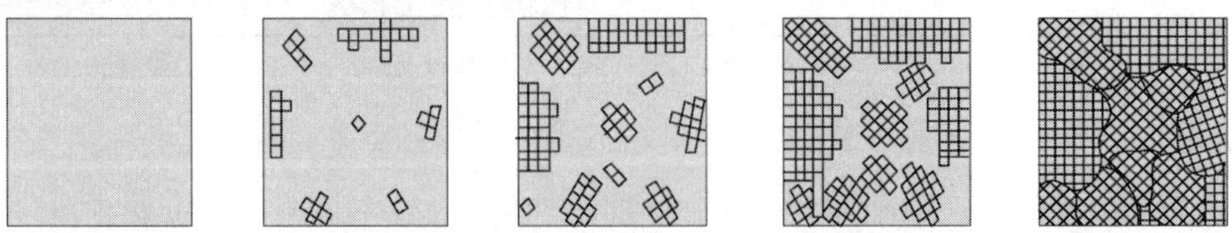

(a) 용융 금속 (b) 결정핵 생성 (c) 결정 성장 초기 (d) 결정 성장 (e) 결정 경계 형성

3) 결정립계 구조

금속은 결정립자의 크기가 10^{-2}~10^{-5}cm쯤 되며, 대부분 이러한 단결정체(single crystal)가 다수 집합된 다결정체(poly crystal)로 형성되어 있다. 이때 결정체와 결정체 상호간의 경계를 결정립계(grain boundary)라 하는데, 이 결정립의 경계는 매우 복잡한 원자 배열을 갖고 있으며, 많은 층의 영역을 형성하고 있다. 이 층 영역 내, 즉 입계에서의 미세적인 원자의 배열의 방향이나 입계면 자체의 미시적인 형상을 입계구조라 한다.

입계구조를 지배하는 요소의 하나는 입계를 사이에 둔 2개의 결정 방위치(misorientation)이다. 방위차를 같게 하여 2개의 결정이 어떻게 결합하는가 또는 입계면 자체가 결정에 대하여 얼마만큼 기울어지는가 하는 문제도 입계구조를 정하는 중요한 요소이다.

(1) 경사나 비틀림 강도가 10° 이하일 경우 저각도 결정경계(low angle grain boundary)라 하며, 10~15° 이상일 경우를 고각도 결정경계(high angle grain boundary)라 한다.
(2) 결정 방위치(misorientation)가 클수록 결정립계의 표면 에너지는 증가하여 불안정하게 되는데, 이처럼 결정립계는 높은 에너지 준위를 가지고 있다.

나. 결정립의 대소와 기계적 성질

1) 결정립의 대소

그림 1.10 결정핵 생성과 성장

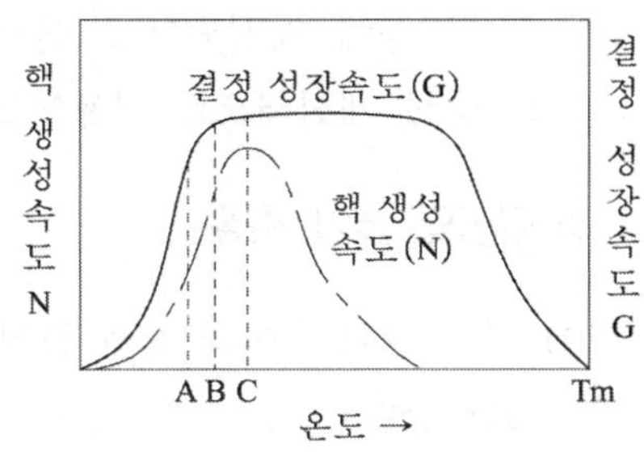

용융금속의 단위 체적 중에 생성한 결정핵의 수, 즉 핵의 생성 속도(rate nucleation)를 N, 결정 성장속도를 G로 할 때 결정립의 크기 S와의 관계는 'S = f·G / N'가 된다. [그림 1.10]은 단위시간에 단위체적 중에 생기는 핵의 생성속도 N과 냉각온도, 결정 성장속도 G 관계를 나타낸 것이다. 결정핵이 생긴 후 결정의 성장속도 G는 곡선과 같으며, G는 과냉도가 크면 갑자기 커지게 되며, 어떤 온도 범위에서 일정하게 유지하게 되며, 과냉이 매우 현저해지면 다시 작아져서 0이 된다.

따라서 결정립의 대소는 성장속도 G에 비례하고 핵 발생 속도 N에 반비례하게 되므로 급랭하면(N/G가 클수록) 결정립이 미세화하고, 서랭하면 조대화된다.

또한, 금속의 순도가 높을수록 결정립의 크기가 크게 되는데 그 이유는 금속이 순도가 높을수록 액상 금속 속에 결정립의 핵이 될만한 합금 첨가 원소가 적어 결정핵의 형성이 어렵기 때문이다.

(1) G가 N보다 빨리 증대할 때는 소수의 핵이 성장해서 응고가 끝나므로 결정립이 조대화된다.

(2) N의 증대가 G보다 현저할 때는 핵 수가 많기 때문에 미세한 결정이 된다.

2) 결정립 크기와 기계적 성질

결정립 크기(grain size)는 금속의 종류, 불순물 등에 의해서 영향을 받는다. 따라서 순철보다 탄소가 소량 함유된 저탄소강의 결정립이 훨씬 미세하다는 것을 알 수 있다. 또한 결정립 크기는 냉각속도에도 관계하는데, 일반적으로 냉각속도가 클수록 결정립은 미세해진다.

이러한 결정립의 크기에 따라 기계적 성질에 많은 영향을 주는데, 항복응력과 결정립 크기와의 사이에는 다음과 같은 관계식이 성립된다.

$$\sigma_y = \sigma_i + kd^{-\frac{1}{2}}$$

여기서, σ_y = 인장 항복강도

σ_i = 입내에서 전위의 이동을 방해하는 마찰응력

d = 결정립의 직경

k = 결정립계의 상대적인 강화 기여도를 나타내는 상수

이 식을 Hall-Petch 관계식이라 하는데, 대부분의 결정질 재료의 항복강도는 결정립 크기가 미세할수록 증가하며, 같은 결정립 크기에서도 온도가 상승할수록 항복강도는 내려간다는 것을 나타내고 있다. 이와 같이 결정립이 미세할수록 금속의 항복강도뿐만 아니라 피로강도 및 인성이 개선되므로 실제로 금속재료 분야에서 결정립의 미세화는 매우 중요한 기계적 성질 개선책으로 이용되고 있다.

3) 결정립 크기 측정

(1) 어느 단위 길이의 직선 중에 포함되는 결정립의 수를 세어서 평균의 결정립 지름으로 표시한다.

(2) 어느 단위 면적 중에 포함되는 결정립의 수를 세어서 평균 결정립의 면적으로 표시한다.

(3) 오스테나이트 상태에서의 결정립으로 결정한다.

(4) ASTM NO. : 100배의 현미경 사진에서 1in^2 내에 포함되는 결정립의 수가 n개라면 N은 다음과 같이 표시한다.

$$2\text{N-}1 = n$$

$$\text{N} = \frac{\log n}{0.3} + 1$$

(여기서 N : ASTM NO.)

예제 $n = 615$라면 N은 얼마가 되는가?

풀이 ➡ $N = \frac{\log n}{0.3} + 1 = \frac{\log \times 615}{0.3} + 1 = 9.27$

따라서 N=10(N은 절상한 정수치로 표시한다.)

3 금속의 응고 조직

금속의 조직은 결정립자가 서로 강하게 연결된 상태의 여러 결정립으로 구성되며, 금속의 특성을 이해하는데 중요한 부분이다.

금속의 조직 검사를 위해서는 금속 시편의 절단면을 경(거울)면처럼 연마하여 적절한 화학 부식을 시킨 후 육안 또는 현미경으로 관찰한다.

현미경 조사는 대개 50~1000배의 배율을 이용하며, 좀 더 자세히 관찰하기 위해서는 광학 현미경 외에도 100000배까지 확대 가능한 전자 현미경을 이용하면 미세한 불균일 조직이나 석출물, 아결정립 등을 확실하게 관찰할 수 있다.

가. 결정격자 형성

금속을 가열하면 용융온도 이상에서 원자 배열이 무질서해지면서 결정상태를 잃고 액체가 된다. 이 용액을 응고온도까지 냉각시키면 원자는 다시 불규칙적인 다면체의 결정격자를 형성하게 된다. 이때 원자들은 응고시에 서로 잡아당김으로써 가능한 밀집된 형태로 정렬하는 것이다.

나. 1차 조직과 2차 조직

1) 1차 조직(응고 조직)

1차 조직(Primary Structure)이란 용융 상태의 금속 또는 합금이 응고할 때 이루어지는 조직을 말하며, 응고조직(solidification structure)이라고도 한다.

2) 2차 조직

2차 조직(secondary structure)은 응고시에 일단 형성된 1차 조직이 응고 후 냉각하는 사이에 변태하거나 압연, 단조, 기타 기계적, 화학적 처리 등에 의해 1차 조직을 변화 파괴한 조직, 또는 열처리에 의해 새로운 결정 조직으로 변화시킨 조직을 말한다.

다. 수지상 조직과 주상 조직

1) 수지상 조직

결정핵의 성장은 어떤 방향에 대하여 선택적으로 행해지는 것이 보통이며, 어떤 면에 대하여 직각 방향으로 성장하기 쉽다. 용융금속이 응고할 때 최초에 생긴 핵으로부터 성장해가는 결정은 구형에 가까운 다면체의 형상으로 성장하여 나뭇가지 모양으로 발달하게 되는데 이러한 결정을 수지상 조직(수지상 결정, dendrite)이라고 한다.(그림 1.11 (a) 참조)

일반적으로 합금은 수지상 결정으로 성장하며, 성장하는 가지들은 전체가 완전히 고체가 될 때까지 진행하여 서로 맞부딪치게 되며, 각각의 간격이 메워져서 서로 접촉하는 것처럼 보이지만 각각의 결정 방향이 다르므로 합체(合體)하여 [그림 1.11 (b)]와 같이 다결정체가 되며 결정경계를 형성하게 되는데 이 결정립계에는 입자 내에 고용하지 않은 불순물이 많이 모여 결정립 내와 다른 상태가 되며 결국 금속 전체에 현저한 영향을 주어 결정립도 및 형상 등이 기계적 성질에 영향을 주게 된다.

수지상정이 생기는 이유는 핵에서 성장한 작은 결정립의 각진 돌출 부분은 다른 부분보다 열을 빨리 잃어버리기 때문에 그 부분의 응고가 빠르게 진행하게 됨에 따라 그 방향으로 성장이 발달하게 되며, 도중에서 또한 돌출 부분이 생기게 되면 그 방향으로 가지가 생기게 되어 결국 수지상정이 생기게 되는 것이다.

그림 1.11 수지상 결정의 생성, 성장 과정

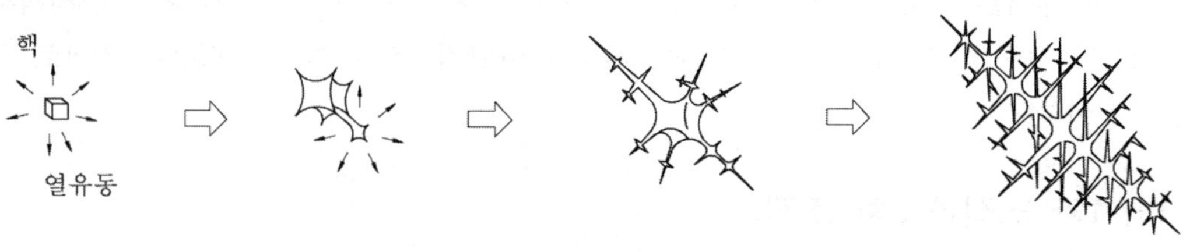

(a) 수지상정 생성 과정

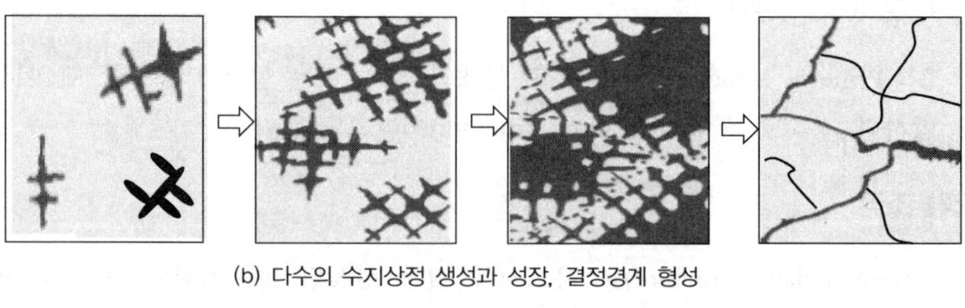

(b) 다수의 수지상정 생성과 성장, 결정경계 형성

2) 주상(주조) 조직

용융금속을 금속 주형에 주입하여 냉각시킬 때 금속 주형에 접촉하는 주형 벽면 부분은 급랭하게 되고, 급속한 냉각 효과에 의해 다수의 결정핵이 생성하게 되며, 온도가 낮은 주형 벽면에서 중심 방향으로 결정이 성장, 즉 일반적으로 열방출 방향과 반대 방향으로 성장하여 흔히 구상이 아닌 주상(막대) 형태로 성장하게 된다. 따라서 이 핵은 주형의 중심을 향하여 가늘고 긴 서릿발(막대) 모양으로 발달하게 되는데 이것을 주상 조직(주상 결정, columnar structure)이라고 말한다.(그림 1.12 (a) 참조)

이러한 주상 조직은 서랭 조직이나 중심부에는 거의 생기지 않으며, 모서리 부분은 주상 조직의 결합력이 약하고 다른 부분보다 두께가 두꺼워 늦게 응고하기 때문에 불순물이 모이기 쉬우므로 거의 편석이 생기게 된다. 따라서 다른 부분보다 매우 취약하므로 주조할 때 [그림 1.12 (b)]와 같은 라운딩이 필요하다.

주조 조직에서 중심부에서는 보통 등축정이 형성되며, 이 등축정이 나타나는 범위를 등축대라 한다.

그림 1.12 **주상 조직과 수지상 조직**

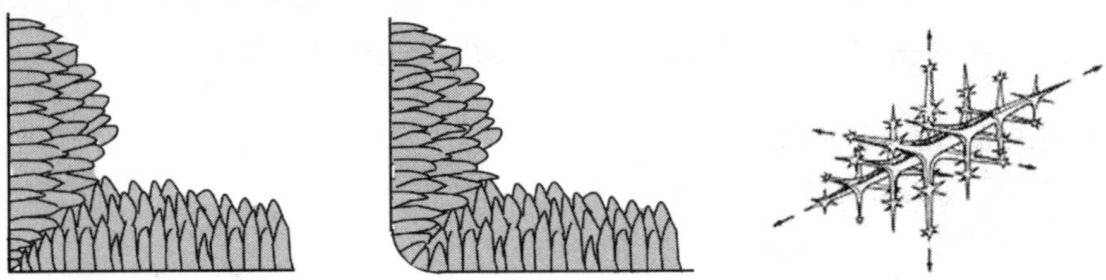

(a) 주상 결정 (b) 주상 결정(라운딩) (c) 수지상 결정

라. 편 석

융체가 응고할 때 각기 다른 분리 현상이 나타나며, 불균질 조직이 생기게 된다. 예를 들면 비중의 차이에 의해 층상으로 나타나는 중력(수직) 편석, 원심력에 의해 생기는 원심력 편석, 용융점 차이에 의해 생기는 열흐름 편석 등이 있다.

편석 현상은 농도 차이에 의해 일어나며, 결정 편석의 크기는 냉각속도, 합금을 이루고 있는 원소의 확산 속도, 응고 구간의 크기에 따라 좌우된다.

주괴 편석(偏析)의 경우 큰 강괴(鋼塊) 등에서 용탕이 응고할 때 주형의 외곽 등 온도가 낮은 부분에서부터 응고를 시작하여 차례로 중앙으로 응고가 진행하게 되며, 이때 용융점이 낮은 불순물은 계속 미응고된 액체 속으로 밀려서 중앙 부분 등 가장 최후에 응고하는 부분에 많이 모이게 되는데 이것을 말한다. 이러한 편석 부분에는 인(P)이나 유황(S)의 양이 많으며, 이러한 불순물들이 띠 모양으로 형성된 경우가 있는데 이것을 고스트 라인(ghost line)이라고 한다.

용접할 때 용접부가 편석 영역이 되지 않도록 주의해야 되며, 편석 영역이 용접부에 포함될 경우 아무리 용접을 잘하였더라도 그 품질을 보증할 수 없다.

마. 수축공과 기공

1) 수축공

금속이 용융 상태에서는 체적이 커지게 되나 온도가 내려가 고체로 되면 수축이 생기게 된다. 예를 들면 용융금속이 실온으로 냉각할 때 주조 온도로부터 응고온도까지 지속적으로 수축하는 액상수축,(그림 1.13 a 참조) 응고온도에서 액체금속과 고체와의 원자 충전밀도 차이에 의해 급격한 체적 차이를 나타내는 응고수축,(그림 1.13 b 참조) 응고온도에서 실온까지 결정화되는 사이에 일어나는 고체수축(그림 1.13 c 참조)이 생기게 되며, 응고수축 > 액상수축 > 고체수축 순으로 수축이 생기게 된다.

이때 최후에 응고하는 부분에서 응고할 때에 생기는 수축 부분을 보충할 용액이 부족하면 오목하게 빨려 들어가는 모양이 생기는데 이 상태를 수축공이라 한다.

그림 1.13 온도에 따른 비체적(Cu)

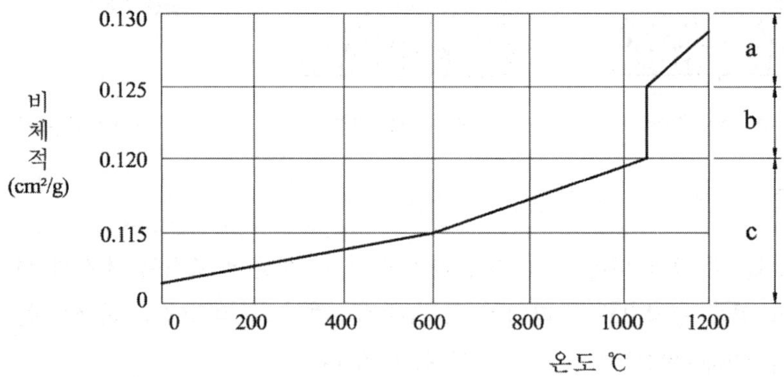

2) 기 공

용융금속 상태에서는 대기 중의 수소, 산소 등의 가스를 다량 흡수하게 되며, 응고할 때는 배출하게 되나 다량의 흡수된 가스가 응고시에 다 배출되지 못하고 한곳에 집중되어 빈 공간을 만드는 경우가 있는데 이것을 기공(blow hole)이라 한다. 이러한 기공이 다수 모여 기공이 크게 형성된 경우는 공동이라고도 한다.

4 고용체와 확산

가. 용해도와 고용도

1) 용해도

용해란 액체 상태에서 두 종류의 물질의 원자들이 균일하게 혼합되는 현상을 말한다.

예를 들면 물에 설탕을 조금 넣으면 전체가 설탕물이 되나 어느 한계 이상 넣으면 그 이상은 설탕이 녹지 않고 설탕으로 남아 설탕물+설탕 상태로 되며, 온도가 증가할수록 설탕의 용해량이 증가하게 된다. 이러한 관계를 온도와 설탕의 용해량을 측정하여 그린 것이 용해도 곡선이며, 이 용해도 곡선 왼쪽은 완전 설탕물이지만 용해도 곡선 우측은 설탕물+설탕이 된다. 이때 용해도 곡선의 각 점에서의 물에 설탕이 용해할 수 있는 최대의 량을 각 온도에서의 용해도라고 한다.

2) 고용도

액체에서의 두 물질의 용해와 같이 고체 상태에서도 두 개 이상의 원자들이 균일하게 섞이는 현상을 고용(固溶)이라 하며, 이 고용량을 측정하여 그린 것이 고용도 곡선이다.

고체 상태에서 A 금속에 고용될 수 있는 B 금속의 최대량을 고용도라고 한다.

나. 고용체(solid solution)

1) 합금이 되는 현상

합금(alloy)은 최소한 2가지 이상의 원소로 되어 있으며, 그 중에 한 가지는 금속이어야 된다. 합금을 구성하고 있는 원소(금속 또는 비금속)를 성분이라 하며, 성분수에 따라 2성분 합금을 2원계, 3성분 합금을 3원계, 다수의 성분 합금을 다원계 합금이라고 한다.

합금에는 항상 약간의 불순물이 함유되어 있으나 그 양이 적을 경우 미치는 영향이 적기 때문에 특별한 경우를 제외하고는 고려하지 않는다.

용융금속을 냉각시키면 고용체와 금속간 화합물이 생성되므로 완전 응고된 합금은 근본적으로 순금속, 고용체, 금속간 화합물 등으로 이루어지며, 각 상은 균질하고, 조성이나 밀도, 경도, 전기 전도도 등을 가지게 된다.

금속이 합금되는 방법에는 금속끼리 또는 금속과 비금속간 합금되는 경우로 생각할 수 있으며, 합금 후는 압력과 온도에 따라서 순수한 성분의 특성과는 서로 다른 상을 나타낼 수 있다.

일반적으로 재료는 서로 다른 결정 또는 비정질 구조를 갖는 범위들이 존재하게 되며, 동일한 종류의 구조를 갖는 경우 열역학적 특성이나, 화학조성, 물리화학적 특성이 같게 되지만, 어떤 범위에서는 화학적 조성이 같다고 해서 전체 범위에서 하나의 상이 아닐 수 있다. 예를 들면 순철에서 온도와 압력에 따라 α-Fe(BCC 구조), γ-Fe(FCC 구조), δ-Fe(고온에서 BCC 구조) 등이 되는 경우와 같다.

고체 상태에서 합금이 되는 경우는 합금 중에 합금 원소들이 Fe-Pb, Cu-Pb 등과 같이 원자 범위에서 전혀 혼합하지 않고 순수한 상으로 분리되어 있는 경우와, 원자적인 차원에서 합금될 때 성분들이 기지 금속의 격자점 위치나 격자점 사이의 공간(침입형 자리)에 분포하여 합금되는 경우를 생각할 수 있는데 이러한 경우를 고용체라 한다.

고용체의 혼합 현상은 Cu-Zn 등과 같이 제한적으로 고용하는 한률 고용체와, Ni-Cu 등과 같이 모든 범위에서 완전 고용하는 전율 고용체가 있다.

2) 고용체의 종류

용체란 한 물질 중에 다른 물질이 용해하여 균일한 물질을 형성한 것을 말하며, 액체의 경우는 용액(solution)이라 하고, 고체인 경우는 고용체라고 한다. 즉, 대부분의 금속들은 격자 결합 내에 다른 금속원자 또는 금속이온을 수용하는 성질을 갖고 있어 다른 금속의 원자를 수용하여 균일한 단상의 고체를 만든다. 이때 수용되는 금속(용질원자)은 한 개 한 개의 원자가 되어 수용하는 금속(용매원자)의 결정격자 속으로 들어가게 된다. 이와 같은 고체를 고용체라 한다.

원리는 A 금속에 B 금속을 첨가할 때 어느 정도까지는 A금속의 격자 중에 B 원자가 들어가도 격자 모양이 유지된다. 이때 순금속 A(용매)와 그 중에 들어간 B(용질)가 일정하게 분포되어 고용된 결정체로 한 성분 금속이 다른 금속과 혼합되어 용융 상태나 고체 상태에서도 기계적 방법으로는 각성분 금속을 구분할 수 없는 상태가 된다.

$$\text{고체 A} + \text{고체 B} \rightleftarrows \text{고체 C}$$

고용체의 종류에는 침입형 고용체, 치환형 고용체로 크게 분류하며, 규칙적으로 치환하는 형을 특별히 규칙 격자형 고용체라 한다.

고용체를 만드는 데는 다음과 같은 복잡한 법칙이 있다.

① 원자 반경의 크기가 15% 이상 차이가 날 때는 상호 고용도가 극히 제한적이다.

② 원자의 크기 비가 적당할 때는 1원자 %에 대한 응고점 강하는 용질의 원자가에 비례한다.

③ 고용한도는 원자 농도의 일정치에 비례한다.

(1) 침입형 고용체

두 원자의 원자 반경이 15% 이상 현저하게 차이가 있을 때, 예를 들면 통 안에 핸드볼공과 핸드볼공 사이에 탁구공을 넣은 것과 비슷한 현상과 같이 녹아 들어가는 원자(용질)가 모체의 원자(용매)의 공간격자의 침입형 자리 사이에 들어가 형성된 고용체를 말한다.(그림 1.14 (a) 참조) 예를 들면 Fe-C 합금의 경우와 같이 Fe의 원자 반경은 1.26Å(Å : angstrom) 정도이며 탄소(C)의 원자 반경은 0.76Å 정도이므로 침입형 고용체를 만들 수 있다.

탄소 이외에도 질소(N, 0.71Å), 붕소(B, 0.46Å) 등은 침입형 고용체 형성이 가능하다.

순금속의 결정 구조에서 원자 충진율은 면심입방격자나 가장 조밀한 육방정의 경우 74%, 체심 입방정의 경우 68%를 나타내며 원자와 원자 사이에는 자유공간(침입형 자리, 격자 공간)가 있게 된다. 이러한 자유공간 사이에 원자 반경이 현저하게 작은 탄소(0.076nm, 0.76Å), 질소(0.071nm, 0.71Å) 등의 원자들이 침입할 수 있다.

침입형 고용체의 전형적인 예는 오스테나이트 상태(FCC)의 강으로서 이 면심입방격자의 (1/2, 1/2, 1/2)의 곳이 가장 큰 공간(침입형 자리)이 있어 0.52Å 정도 반경을 갖는 원자를 수용할 수 있어 탄소(0.76Å), 질소(0.71Å) 등이 여기에 고용하게 된다. 즉, 면심입방격자나 조밀육방격자의 원자 충진율이 74%로 체심입방격자의 원자 충진율 68%보다 크기 때문에 침입형 고용도가 더 크게 된다. 그 일예로 면심입방격자인 γ -Fe(오스테나이트)의 탄소 고용도는 723℃에서 0.8%, 최대 1130℃에서 2.01%C이지만, α -Fe(페라이트, 체심입방격자)은 723℃에서 불과 0.025%C이다.

침입형 고용체가 되려면 침입형 원자가 가능한 격자 변형이 적게 격자 공간 자리를 차지해야 되며, 격자 변형이 적을수록, 즉 원자 반경의 차이가 작을수록 고용도가 커지게 된다.

침입형 고용체의 특징은 단위 결정 내에 존재하는 원자의 평균수가 기지 금속과 비교하여 증가하며, 침입 원자의 수가 증가함에 따라 격자상수도 증가하며, 침입 원자와 기지 금속 사이의 원자 반경이 현저하게 차이가 나기 때문에 왜곡(뒤틀림) 현상도 크게 된다.

결정격자에 변형이 생기면 원자면에 슬립이 어렵게 되어 강도가 증가하고, 전도전자의 산란이동이 방해되므로 전기 저항이 증가하게 되어 전기 전도도가 저하하게 된다.

(2) 치환형 고용체

합금하는 성분의 원자가 위치적으로 무질서하게 기지 금속의 원자와 치환하는 것, 즉 용질 원자와 모체(용매) 원자의 위치가 바뀌는 고용체를 치환형 고용체라 한다.(그림 1.14 (b) 참조)

두 원자의 크기가 비슷한 경우, 예를 들면 콩과 팥을 혼합하는 것과 같이 원자 반경이 1.26Å인 철에 원자 반경이 1.25Å인 Ni을 첨가한 경우 원자 반경이 비슷하므로 Ni 원자가 철의 원자가 있던 위치에 그대로 들어가는데 그다지 곤란하지 않다.

치환형 고용체가 되려면 두 성분 금속이 동일한 결정 구조를 갖거나 유사해야 되며, 원자 반경의 차이가 10~15%를 넘지 않아야 되고, 성분 간에 화학적 특성이 유사(최외곽 전자의 구조가 유사)해야 된다. 그러나 이러한 조건들이 꼭 지켜져야만 되는 것은 아니며, 정량화하기도 어렵지만 이 규칙을 통해 고용체 형성에 대한 예측을 할 수 있다.

치환형 고용체의 특징은 단위 결정 내에 존재하는 원자의 수가 변하지 않으며, 기지 금속 원자와 합금 원자의 원자 반경의 크기가 비슷하지만 완전 같지 않기 때문에 치환되어 들어가는 원자의 주위에 격자의 왜곡(뒤틀림)이 생기며, 격자상수가 달라진다.

원자 반경은 순금속일 때와 고용체 상태일 때 서로 다를 수 있다. 예를 들면 순금속 Cu의 반경은 0.1278nm인데 Al-Cu 고용체에서의 Cu의 원자 반경은 0.1246nm가 된다. 이처럼 원자 반경이 변하는 것은 전자의 구조가 변함을 알 수 있으며, 이상적인 고용체의 거동에서 벗어남을 뜻한다.

(3) 규칙 격자형 고용체

원자와 원자가 치환할 때 원자 배열이 규칙적으로 일어나는 경우를 규칙 격자형 고용체라고 한다.(그림 1.14 (c) 참조) 규칙 격자형 고용체를 만들려면 서랭하거나 한계 온도보다 약간 낮은 온도로 장시간 가열하여야 한다. 규칙 격자형 고용체의 대표적인 예로는 Cu_3Au, Ni_3Fe가 있다.

규칙적으로 배열된 상태의 용매 원자와 용질 원자가 온도나 가공으로 인하여 원자가 이동하여 원자 배열이 규칙에서 불규칙으로 전환하는 온도를 천이온도(transition temp.)라 하며, 일반적으로 규칙격자가 되면 전자의 산란이 작아져 전기 전도도가 증가하게 되며, 경도, 강도도 증가한다.

그림 1.14 고용체의 종류

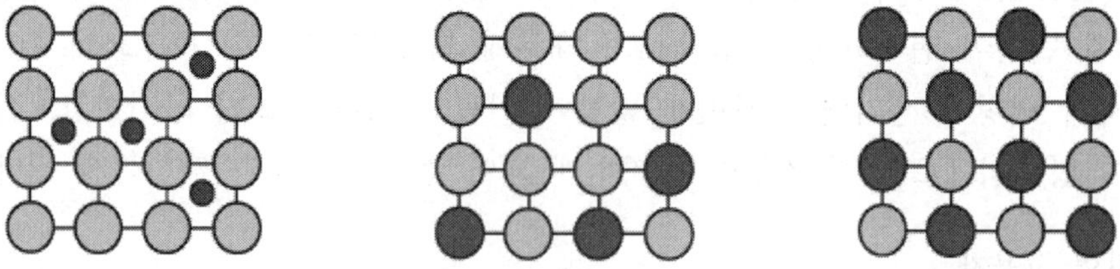

(a) 침입형 (b) 치환형 (c) 규칙 격자형

다. 전율 고용체와 한률 고용체 상태도

1) Hume-Rothery의 이론

고용체를 만들 때 모든 비율로 고용체를 만드는 것(전율 고용체)과, 어느 정도 까지만 고용체를 만드는 것(한율 고용체), 또는 전혀 고용체를 만들지 않는 것이 있으며, 이것을 결정하는 중요한 인자는 다음과 같다.

(1) 일반적으로 용질 및 용매원자 직경의 차이가 15% 미만이면 고용체를 형성하려는 경향이 있으나, 두 원자 직경의 차가 15%를 넘으면 고용도는 1% 이하로 제한된다.

(2) 원자가가 작은 용매금속 중에 원자가가 큰 용질금속이 고용되는 경우의 고용도가 그 반대의 경우 보다 크다.

(3) 서로 강한 화학적 친화력이 없는 금속들은 고용체를 형성하려는 경향이 있지만, 전기음성도의 순서에서 서로 멀리 떨어져 있는 금속들은 금속간 화합물을 형성하는 경향이 있다.

(4) 전율 고용체를 형성하기 위해서는 용질금속과 용매금속이 같은 결정구조를 가져야 한다.

2) 합금에 따른 고용도의 비율

(1) 원자 반경 차이에 따른 고용도

소금이나 설탕을 물에 넣으면 많은 양이 용해되어 소금물이나 설탕물이 되지만 기름을 물에 넣으면 용해되지 않는 것은 기름과 물의 용해도가 다르기 때문이다.

금속도 마찬가지이다. 합금하는 두 금속의 원자 크기가 다르면 결정 구조가 왜곡(歪曲)된다. 특히 원자 반경의 차이가 크면 더욱 심하게 왜곡된다. 따라서 원자 반경의 차이가 적은 금속끼리는 고용도가 증가하지만 원자 반경의 차이가 커질수록 고용도는 적을 수밖에 없다.

니켈과 구리, 백금은 원자 반경이 거의 비슷하므로 거의 100% 고용되지만, 납의 경우 니켈과 원자 반경이 40%나 차이가 나므로 거의 고용되지 않는다. 이와 같이 원자 반경이 15% 이상 차이가 나면 거의 고용되지 않는다.

(2) 결정 구조의 차이에 따른 고용도

결정 구조가 다른 금속끼리는 고용도가 감소한다. 예를 들면 면심입방격자인 니켈, 구리, 금 등은 거의 100% 고용(완전 고용체)을 하지만 면심입방격자인 구리에 조밀육방격자인 아연을 혼합하면 결정 구조가 다르기 때문에 33%까지만 고용하고 나머지는 CuZn이라는 화합물을 만들어 한율 고용체가 된다. 이와 같이 결정격자의 종류나 원자 반경의 차이에 따라 고용도는 현저히 달라진다.

3) 전율 고용체 상태도

서로 다른 성분 금속 A와 B가 액체 상태나 고체 상태에서 어떠한 비율로도 고용체를 만들 때

이를 전율 고용체(continuous solid solution)라고 한다. 이러한 전율 고용체를 형성하기 위해서는 A원자와 B원자의 결정격자가 같고 원자 직경의 차가 거의 없어야 한다. 만약 원자 직경의 차가 15% 이상일 경우 변형이 크므로 전율 고용체를 형성하지 못한다. 즉 결정격자가 같고 원자 직경의 차가 클 때, 또는 결정형이 상이할 때에는 A금속의 격자점에 B금속이 치환되는 수가 많아짐에 따라 응력이 크게 되어 결국 A금속의 격자가 존속할 수 없는 한계에 이르게 되는데, 이 한계를 A금속에 대한 B금속의 용해한도라고 한다.

[그림 1.15 (a)]는 각 점에 따른 열분석 곡선을 나타낸 것이며, (b) 그림은 순금속 구리(Cu)와 니켈(Ni)의 합금 조성에 따라 액상선과 고상선이 연속한 하나의 곡선을 구성하고 있는 전율 고용체 상태도를 나타낸 것이다.

전율 고용체의 상태도는 액상선이나 고상선이 연속한 하나의 곡선으로 되어 있다. 그림에서 A'$\ell_4\ell_2\ell_1$B' 곡선은 용액에서 초정으로 고용체의 결정으로 되기 시작하는 변태 개시 온도곡선으로서, 이것을 액상선(liquidus)이라 한다. 그리고 A'S5S4S3B'곡선은 용액이 응고를 완료하는 고체의 변태완료 온도곡선으로서 이것을 고상선(solidus line)이라 한다.

순금속은 정확히 일정한 온도에서 응고 또는 용융되지만 고용체에서는 이러한 특정온도는 존재하지 않는다. 고상선과 액상선간의 온도 구역은 액체와 고체가 공존하는 영역으로 응고 구간(solidification range)이라 한다.

그림 (a)의 A', B'는 순금속의 열분석 냉각곡선으로 수평선은 용융점을 나타낸 것인데, 순금속은 이렇게 정확히 일정 온도에서 응고 또는 용해하지만, 고용체(합금)에서는 이러한 특징은 존재하지 않는다.

전율 고용체를 형성하는 금속은 Ag-Au, Ag-Pd, Cu-Ni, Bi-Sb, Co-Ni 등 그 종류가 대단히 많다.

그림 1.15 **합금의 전율 고용체 상태도와 열분석 곡선**

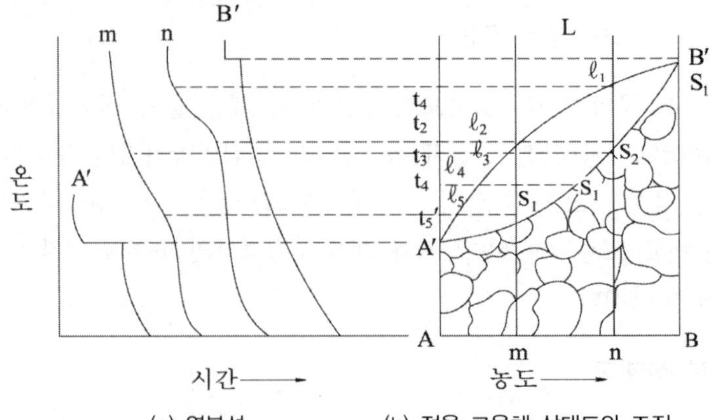

(a) 열분석 (b) 전율 고용체 상태도와 조직

4) 한율(부분) 고용체 상태도

2성분의 원자 직경의 차가 15% 이상이 되면 변형이 크므로 전율 고용체가 되지 못하고 A금속의 격자가 존속할 수 없는 한계에 도달하게 되며 이 한계를 A금속에 대한 B금속 고용체의 용해 한도라 하며 이와 같은 고용체를 한율 고용체라 한다.

실용합금 중에서 이러한 상태도를 만드는 합금계에는 Cu-Au, Al-Si, Ag-Si, Bi-Sn, Ag-Cu, Au-Ni, Au-Co, Cd-Sn, Pb-Sn계 등이 있다.

라. 순철의 결정 구조와 강의 고용체

1) 순철의 결정 구조

순철을 가열하면서 그 체적 변화를 측정해보면 910℃(A_3 변대점) 및 1410℃(A_4 변태점)에서 큰 변화가 일어나는 것을 볼 수 있는데, 그 이유는 이 온도를 경계로 하여 결정격자가 갑자기 변화하기 때문이다.

순철은 이 A_3 변태점 이하의 온도에서는 입방체의 각 꼭지점 8개에 1개씩, 그리고 입방체의 중심에 1개의 원자가 존재하는 체심입방격자(BCC : body centered cubic)의 형태를 나타내는데, 이것을 금속조직학에서는 α철(α-Fe)이라고 부른다.

또한 A_3 변태점과 A_4 변태점사이의 온도에서 순철은 면심입방격자(FCC : face centered cubic)의 형태를 나타내는데, 이 결정격자의 원자배열은 8개의 꼭지점에 각각 1개씩의 원자가 존재하는 것은 체심입방격자와 같지만 입방체의 중심에는 원자가 없고 입방체의 6면의 중심에만 각각 1개씩의 원자가 존재하는 입방체가 되는데 이것을 γ 철(γ -Fe)이라고 한다.

A_4 변태점 이상 융점(1538℃)까지는 재차 체심입방격자의 구조로 변하는데, 이것을 δ 철(δ -Fe)이라고 부른다. 이와 같이 동일한 물질(동일한 원소)이 어느 온도를 경계로 하여 가역적으로 결정구조를 바꾸는 변태를 동소변태(同素變態, allotropic transformation)라고 한다.

2) 강의 고용체

강(steel)은 철과 탄소의 합금이므로 철의 결정격자의 틈 사이에 소량의 탄소가 함유된 형태로 되어 있다. α철이나 γ철이나 모두 고체이고, 여기에 고체탄소를 함유할 수 있으므로 이러한 상태를 고용체라고 부른다.

고용체에는 2종류가 있다. 하나는 용매원자인 Fe 격자 사이에 비교적 원자반경이 작은 탄소원자(용질원자)가 들어가 있는 침입형 고용체이고, 또 하나는 Fe 격자 내에 Cr이나 Ni과 같이 거의 원자반경이 비슷한 원자가 용매원자인 철원자의 일부를 대치한 치환형 고용체이다.

α철에 탄소가 함유된 고용체를 페라이트(ferrite), γ철에 탄소가 함유된 고용체를 오스테나이트(austenite)라고 부른다.

페라이트 내에 탄소의 고용한계는 상온에서 0.008%, 723℃에서 0.025%인 반면에, 오스테나이트 내에 탄소의 고용한계는 723℃에서 0.8%, 1130℃에서 2.01%로서 오스테나이트 속에는 탄소가 많이 고용한다.

탄소량이 더욱 많아져서 페라이트나 오스테나이트에 대한 고용한계를 넘어서면 Fe와 C가 일정한 원자비로서 결합된 화합물인 시멘타이트(cementite : Fe_3C)가 형성된다. 이 시멘타이트는 철(Fe)과 탄소와의 화합물이므로 탄화물이라고 하며, 전술한 고용체와는 근본적으로 다른 상이다. 즉 페라이트나 오스테나이트와 같은 고용체는 일반적으로 온도에 따라 용질원소인 탄소의 고용한계가 변화되지만 시멘타이트는 어느 온도에서든 항상 중량%로 6.67%(원자 %로는 25%)의 탄소를 가지고 있다.

이와 같이 성분금속 원자들이 비교적 간단한 정수비로 결합되고, 복잡한 결정구조를 가지는 합금을 금속간 화합물이라고 하며, 경도가 높고 매우 취약한 특징을 갖고 있다.

3) 침입형 자리(interstitial site)

페라이트나 오스테나이트나 모두 Fe격자 내에 탄소원자가 함유되어 있는 침입형 고용체이고, 용매원자인 Fe격자 사이의 틈자리에 탄소가 존재한다는 것도 알았다. 그런데 여기서 우리는 실제로 탄소원자가 존재하는 자리가 어디인가를 파악할 필요가 있다.

8면체 틈자리와 4면체 틈자리의 크기에는 큰 차이가 있다. [표 1.4]는 면심입방격자와 체심입방격자의 침입형 자리와 그 크기를 나타낸 것이다.

Fe 원자의 형상이 구형이고 서로 접촉해 있다고 가정할 때 오스테나이트(FCC)에서 8면체 틈자리의 크기(반경)는 0.52Å이지만, 4면체 틈자리의 크기는 0.28Å에 불과하다.

즉 오스테나이트에는 4면체 틈자리보다 8면체 틈자리에 침입형 원자가 침입하기 쉽다는 것이다. 따라서 탄소원자는 8면체 틈자리에 쉽게 침입할 수 있지만, 이 틈자리의 크기(0.52Å)보다 탄소원자의 반경(0.76Å)이 더 크기 때문에 격자팽창을 피할 수는 없다.

페라이트에서의 침입형 자리의 크기는 오스테나이트에서보다 훨씬 작다. 즉 8면체 틈자리의 크기는 0.19Å, 4면체 틈자리의 크기는 0.35Å에 불과하다.(표 1.4 참조) 이와 같이 체심입방격자의 구조인 페라이트 내의 침입형 자리의 크기가 작기 때문에 오스테나이트보다 탄소를 수용하기가 어려워진다. 따라서 페라이트 내에 탄소의 고용한계는 오스테나이트에서보다 훨씬 작을 수 밖에 없는 것이다.

만일 오스테나이트의 8면체 틈자리(0.52Å)에 존재하는 많은 탄소원자가 급랭시에 체심입방격자의 8면체 틈자리(0.19Å)에 갇혀 있게 되면 격자변형은 피할 수 없게 되어 결국 입방정 구조(cubic structure)가 정방정 구조(tetragonal structure)로 변하게 된다. 이렇게 해서 형성된 조직을 마텐사이트(martensite)라고 부르며, 강을 경화시키기 위한 열처리의 궁극적인 목적은 바로 이 마텐사이트 조직을 형성시키기 위한 것이다.

표 1.4 면심입방격자와 체심입방격자의 침입형 자리와 크기

		침입형 자리	크기(반경), Å
면심입방격자 (FCC)	8면체 틈자리	$(0\ \frac{1}{2}\ 0)$, $(\frac{1}{2}\ \frac{1}{2}\ \frac{1}{2})$	0.52
	4면체 틈자리	$(\frac{1}{4}\ \frac{1}{4}\ \frac{1}{4})$	0.28
체심입방격자 (BCC)	8면체 틈자리	$(0\ \frac{1}{2}\ 0)$, $(\frac{1}{2}\ \frac{1}{2}\ \frac{1}{2})$	0.19
	4면체 틈자리	$(0\ \frac{1}{2}\ \frac{1}{4})$	0.35

마. 확 산

1) 확산(擴散, diffusion)

확산이란 기체 분자나 원자, 고체/액체 상태를 구성하는 원자가 화학 전위의 차이에 의해 화학 전위가 높은 곳에서 낮은 곳으로 이동하는 현상을 말하며, 대부분의 경우 화학 전위는 농도에 비례한다. 즉, 대부분의 경우에는 농도가 높은 곳에서 낮은 곳으로 확산을 하게 된다.

그림 1.16 확산기구의 예

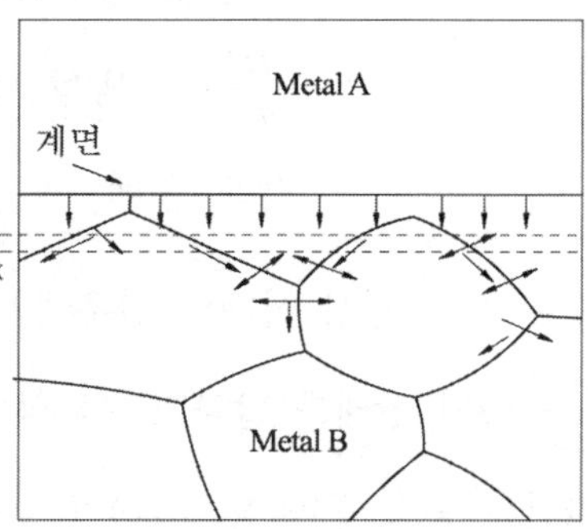

일반적으로 액상이나 고상 내에서 어느 성분의 농도 차가 존재하면 그 성분은 농후한 부분에서 희박한 부분으로 이동하게 되는데, 보통 금속의 열전도에는 원자의 열운동 외에 금속 내의 전도의 주역인 자유전자의 열운동이 크게 기여하고 있다고 본다. 그리고 다른 금속을 밀착시키면 고온에서는 원자가 상대방의 금속 중에 확산한다. 이것을 화학 확산이라 한다.

일반적으로 결정은 어느 온도에서도 어느 정도의 공공을 가지고 있으며, 그 양은 대략 용융점에 비례한다. 결정 내의 원자는 계속적인 열진동을 하며 온도가 상승할 경우 결정 내 원자의 열진동 진폭도 더 커지며, 공공의 발생 및 원자의 이동이 더욱 활발하게 일어나게 된다.(그림 1.16 참조)

확산은 원자의 이동이므로 이동하는 원자의 크기가 중요하며, 확산 온도에 따라서 확산 속도의 차이가 크다.

확산의 양은 거리에 따른 농도 차(농도 기울기)가 클수록, 거리가 가까울수록 증가한다. 이러한 확산은 용매 중에 용질(solute)이 녹아들어간 상태에서 국부적으로 농도 차가 있을 때 시간의 경과에 따라 농도의 균일화가 일어나는 현상으로 열의 전도 이론에 따라서 확산을 지배하는 두 개의 법칙을 피크(Fick)의 법칙이라 한다.

2) 피크의 제1법칙

확산이 고농도에서 저농도로 물질이 이동하는 현상이기 때문에 확산 운동을 일으키는 힘은 농도 차가 될 것이다. 따라서 단위 시간당 단위 단면적을 통과하는 물질의 양을 유동량이라 하는데 이 양은 이동 거리에 따른 농도 차에 비례하게 된다. 이때 비례계수 D를 확산 상수(확산 계수)라 하며, 이는 온도, 압력, 용매의 성질, 확산제의 화학적 성질에 따라 달라진다.

이 식에서 (-)기호는 확산할 때 농도가 높은 곳에서 낮은 곳으로 이동됨을 의미한다.

유동량 J는 농도 기울기(차) $\frac{dC}{dx}$에 비례한다. 이때 1차원인 경우 제1법칙은 다음과 같이 나타낼 수 있다.

$$J = -SD\frac{dC}{dx}\ \text{cm}^2/\text{sec}$$

여기서, J는 단위 시간당 단위 면적을 지나는 원자의 수를 나타내는 유동량

S는 농도

D는 원자의 확산 계수(cm^2/sec)

C는 용질의 농도

$\frac{dC}{dx}$는 x방향으로의 농도 변화량

농도 구배

이 식은 정상 상태의 경우에만 적용할 수 있다. 정상 상태란 시간에 따른 농도의 변화율 $\frac{dC}{dx}$=0인 상태를 말하며, 이 식으로부터 정상 상태에서 유동량은 일정하게 유지되고, 이때 확산은 농도 구배(농도 차)가 클수록 잘 일어나며 농도가 높은 곳에서 낮은 곳으로 확산이 일어난다는 것을 알 수 있다.

3) 피크의 제2법칙

피크의 제2법칙은 피크의 제1법칙에 시간의 개념을 추가한 방정식이다. 즉, 어떤 특정한 점의 농도 기울기는 시간이 지남에 따라 제1법칙에 따라 농도가 변하므로 그 일시적인 농도 기울기의 시간에 대한 변화율을 반영한 식으로 거리에 대한 2차 미분 방정식이 된다.

어떤 평면을 지나는 확산의 유량은 거리에 대한 유량의 변화와 시간에 대한 농도의 변화 즉, -c/t 이다.

확산상수 D가 농도에 의존하지 않는 독립적인 일정한 값일 경우에는 식이 성립한다.

특정한 지점에서 시간에 따른 농도의 변화는 그 지점에서의 농도 경사의 변화에 비례한다. 어떤 지점에서 확산되는 물질의 시간에 따른 농도 변화는 그 지점으로 돌아온 물질의 양에서 그 지점에서 밖으로 나간 양을 뺀 값과 같다고 할 수 있다. 따라서 가늘고 긴 환봉상의 물체를 길이 방향에 농도의 차이가 있다고 생각하였을 경우 봉의 길이 방향을 x축, 농도를 C로 나타내면 길이 방향에서의 농도구배는 $\frac{dC}{dt}$ 이다. 즉 농도 차가 클수록 거리에 가까울수록 확산의 량은 증가한다.

제2법칙은 비정상 상태(시간에 따라 농도가 변화하는 경우 $\frac{dC}{dt}$값이 0이 아닌 경우)의 경우에 시간에 따른 농도 변화를 예측하는 법칙이다.

$$\frac{dC}{dt} = \frac{dJ}{dx}$$

J값은 제1법칙과 같이 표현되는데, 확산 계수 D가 농도에 상관없이 일정한 경우 위의 식은 다음과 같이 표현할 수 있다.

$$\frac{dC}{dt} = \frac{dJ}{dx} = D\frac{d^2C}{dx^2}$$

위 식에서 농도의 2차 미분항이 양(+)의 값을 가질 때 그 위치에서 시간에 따라 원자의 농도가 높아짐을 의미한다. 즉, 위치에 따른 농도를 그래프로 나타냈을 때, 위로 볼록한 부분(2차 미분값이 0보다 작음)은 시간이 지남에 따라 농도가 감소하고, 아래로 볼록한 부분(2차 미분값이 0보다 크다)은 시간이 지남에 따라 농도가 증가하여 전체적으로 농도가 일정하게 됨을 알 수 있다.

4) 확산 기구(mechanisms of diffusion)의 종류

(1) 침입형 기구

침입형 기구란 침입형 자리에 위치하는 침입형 원자가 용매 원자들의 위치는 변화시키지 않고 최인접 침입형 자리로 이동하는 기구를 말한다.

[그림 1.17 (a)]는 면심입방격자의 (100)면에 침입형 원자 1이 침입형 자리 2로 이동하기 위해서는 용매 원자인 3과 4가 약간씩 바깥쪽으로 이동해야 된다.

이와 같은 장애물이 극복되는 속도가 결국 침입형 원자의 확산 속도를 결정해 주는 것이다.

따라서 이 침입형 기구에 의해서 확산하려고 하는 원자는 용매 원자에 비해서 크기가 작아야만 된다. 실제로 탄소(C)나 질소(N)와 같이 비교적 크기가 작은 원소의 이동은 침입형 확산이라 할 수 있고, 이 침입형 기구에 의한 확산은 공공 기구에 의한 확산보다 비교적 쉽게 일어난다.

그림 1.17 확산 기구

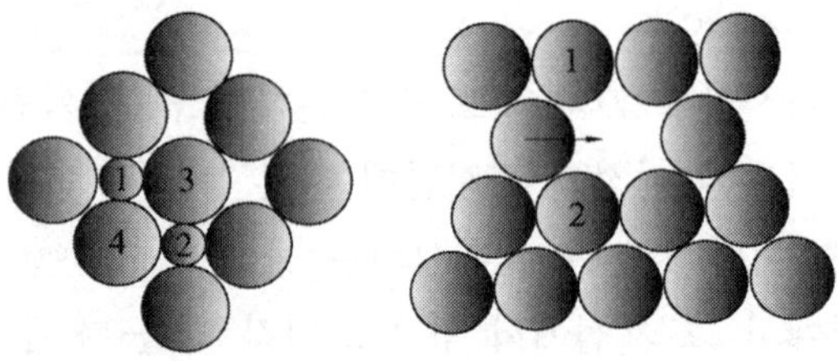

(a) 침입형 확산 (b) 공공형 확산

(2) 공공 기구

금속 결정은 절대 온도 K(-273.15℃)에서 완전 결정(결정격자에 완전히 원자가 배열된 상태) 구조로 되어 있다. 그러나 온도가 상승하면 원자가 격자점으로부터 방출되어 비어있는 격자점이 생기게 된다. 이와 같이 원자가 방출되어 비어 있는 격자점을 공공(空孔, vacancy)이라고 한다. 이 공공에 인접한 어떤 원자가 공공으로 점프하여 이동할 때 공공 기구에 의해서 확산하고 있다고 말한다.

[그림 1.17 (b)]는 면심입방격자(FCC)에서 공공에 인접한 원자가 공공으로 점프하여 이동하는 과정을 보여주는 것이다. 원자 직경을 0.52라 할 때 1번 원자와 2번 원자 사이의 간격은 0.73이므로 주어진 원자가 그림의 화살표와 같이 인접한 공공으로 이동할 때 요구되는 1번 원자와 2번 원자의 변위는 그다지 크지 않다. 그럼에도 불구하고 공공 기구에 의해서 확산하는 철 원자가 침입형 기구에 의해서 확산하는 탄소 원자에 비해서 훨씬 느리게 확산하는 이유는 탄소 원자 주위에는 침입형 자리가 항상 존재하지만 철원자 주위에 공공이 존재할 확률은 희박하기 때문이다.

5) 확산의 이용

강의 열처리는 상변태를 일으키는 조작 방법이고, 또한 강의 상변태는 마텐사이트 변태와 같은 무확산 변태(無擴散 變態)를 제외하고는 다른 확산을 동반하는 확산 변태이므로 매우 중요한 현상이다. 특히 침탄(浸炭)이나 질화(窒化) 처리는 확산 현상을 직접 이용하는 방법이므로 그 중요성은 매우 크다. 이외에도 결정립 성장, 석출(시효), 확산 풀림(균질화 풀림) 등도 확산과 직접적으로 관련되는 현상이다.

6) 확산에 영향을 주는 인자

원자들은 서로 강하게 결합되어 있기 때문에 고온으로 가열하여 원자들의 결합력보다 진동 에너지가 강해야 확산이 일어나게 되므로 원자의 확산에는 많은 에너지가 필요하다.

이 에너지에 영향을 미치는 인자는 다양하나 특히 온도와 밀접하다. 온도가 높아짐에 따라 원자의 움직임이 활발해지므로 확산 속도가 빠르게 되고, 또 가공 변형이 있는 경우에 확산은 용이하게 일어난다. 특히 조직이나 첨가 원소의 종류나 양에 따라서 확산 속도가 변화된다.

예를 들어 철(Fe)의 확산온도를 구하는 방법은 철의 용융점 1538℃+절대온도 273℃ =1811k이다. 따라서 1811×2/3=934℃, 즉 철은 934℃ 이상 가열해야 확산이 일어나게 된다.

5 소성 가공과 회복, 재결정

가. 소성 가공

소성 가공은 크게 냉간 가공과 열간 가공으로 나누며, 재결정 온도 이하에서 가공하는 것을 냉간 가공, 재결정 온도 이상에서 가공하는 가공법을 열간(고온) 가공이라 한다.

냉간 가공을 하면 결정 내부의 전위가 10^6~10^8에서 10^{11}~10^{12}로 증가하여 변형 에너지가 금속 내부에 축적되어 전위의 이동의 방해로 전위의 집적현상이 생겨 경화하게 되는데 이를 가공 경화라 한다.

일반적으로 냉간 가공을 하면 공공의 증가에 의해 자유전자의 이동이 방해되고 산란하여 전기 저항이 증가하게 되며, 부피의 감소로 밀도가 낮아진다.

나. 회복과 재결정

냉간 가공에 의하여 가공 경화되고 내부 응력을 일으킨 결정 입자가 가열에 의하여 원자 배열 상태는 변하지 않으나 물리적, 기계적 성질이 변하여 내부 응력이 감소되는 현상을 회복(recovery)이라 한다.(그림 1.18 참조)

특히 회복 구간 이상 가열하면 파괴된 결정에서 새로운 결정이 생성되어 성장하게 되는데 이것을 재결정이라 하며, 재결정이 시작되는 최저 온도를 재결정 온도라고 하나, 가공도 등에 따라 재결정이 일어나는 양상이 다르므로 실제로는 한 시간에 100% 재결정이 완성되는 온도라는 의미로 쓰이고 있다.

재결정의 생성 과정 : 결정핵의 생성 → 결정핵의 성장 → 결정 경계 형성

이와 같이 가공 경화된 금속을 재결정 온도 이상에서 적당한 시간 동안 가열하여 변형된 결정 입자가 완전히 재결정이 일어나게 하여 경화됐던 재료의 성질을 연화(軟化, softening) 시키고, 정상적인 성질로 회복시키기 위한 열적 조작을 풀림(annealing)이라 한다.

재결정 온도 이상이 되면 기계적 성질이 급격히 변화하여 인장 강도와 항복 응력은 급격히 감소하는 반면 연신율과 단면 수축율 및 충격값은 급증하게 된다.

그림 1.18 회복, 재결정 및 결정립의 성장

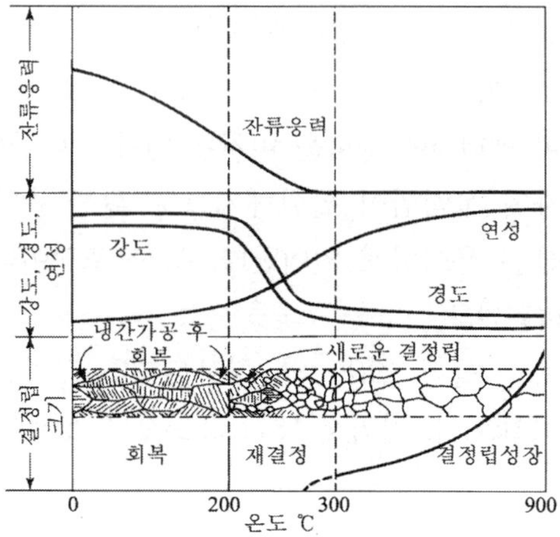

이러한 재결정 온도는 금속의 종류, 가공도와 가열시간에 따라 다르다. 즉, 동일 금속이라 해도 그 금속의 순도가 높을수록, 가공도가 클수록, 가공 전의 결정 입자가 미세할수록, 가공 시간이 길수록 재결정 온도는 낮아진다.

[표 1.5]는 주요 금속의 재결정 온도를 나타낸 것이다.

표 1.5 주요 금속 원소의 재결정 온도

금속 원소	재결정 온도(℃)	금속 원소	재결정 온도(℃)
W(텅스텐)	1000	Au(금)	200
Mo(몰리브덴)	900	Ag(은)	200
Ni(니켈)	600	Al(알루미늄)	180
Fe(철)	450	Zn(아연)	18
Pt(백금)	450	Pb(납)	-13
Cu(구리)	200	Sn(주석)	-10

6 포정, 공정, 공석, 금속간 화합물 상태도

가. 상태도

어떠한 계가 압력, 온도, 성분 조성 등의 상태 변수에 따라 열역학적으로 평형을 이루고 있을 때 그 상태에서 나타나는 상과 조성은 영구적으로 변화하지 않으므로 이러한 계의 상

태를 상태 변수에 따라 도식적으로 나타낼 수 있으며, 이 도식을 평형 상태도(equilibrium diagram)라 한다.

상태도는 주어진 상태조건에 대하여 각 상이 가지는 성분 조성과 상분률 등을 표현해야 되며, 1개의 상 또는 다수의 상의 존재를 나타내는 상의 영역과 이를 구분하는 경계들을 나타내게 된다.

열역학적으로 물질의 양은 몰(mol)로 표시하며, 성분 조성을 나타내기 위해 몰분률을 이용하지만, 실제에서 상태도 표시 방법은 물질의 양을 무게 단위로 표시하며, 성분 조성도 무게분률 wt, %가 적용된다. 그리고 본래는 압력, 온도, 성분 조성의 3가지 변수에 대해 3차원적으로 표현해야 되지만 특별한 경우를 제외하고는 일정한 압력(대기압) 하에서 이루어지며, 응축상의 평형에 대한 압력은 매우 적으므로 무시하고 세로축은 온도를, 가로축은 성분 조성 %를 나타낸다.

상태도 내의 선은 상이 존재하는 영역을 나타내며, 부호들은 해당 영역에 존재하는 상을 표시한다. [그림 1.19]는 물과 철의 온도, 압력에 따른 1성분계 상태도를 나타낸 것이다.

그림 1.19 물과 철 1성분계에 대한 온도, 압력과의 관계 상태도

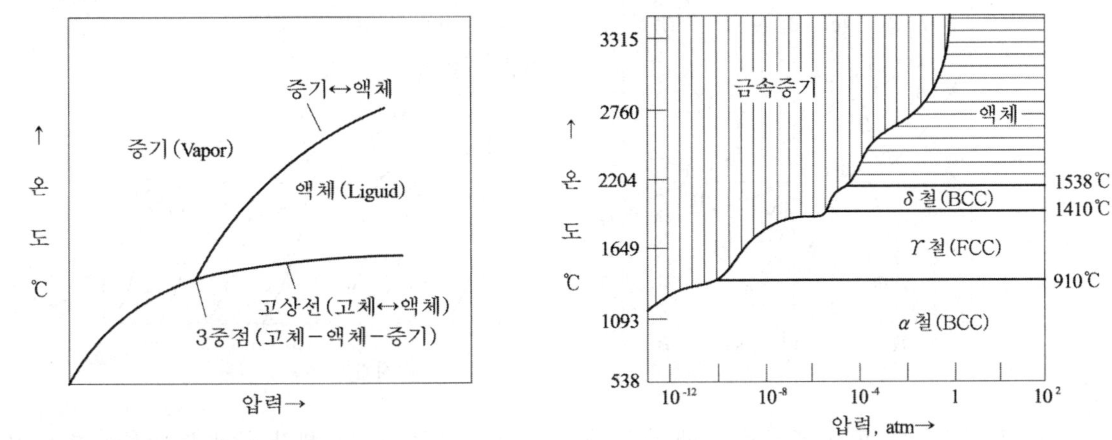

(a) 물 1성분계의 상태도 (b) 철 1성분계의 상태도

나. 포정(peritectic) 상태도

[그림 1.20]과 같이 금속 A에 금속 B를 첨가하였을 때 그 용융점은 점점 내려가(반대의 경우 올라감) E점이 되며, E점 이상에서는 α고용체가 안정하고, E점 이하에서는 β 고용체가 안정하다. 즉, 냉각할 때는 E점에서 용융체 E와 동시에 공존하는 α고용체(G)와 융액(E)의 2개로 분해된다. 즉, GFE선(포정 온도선)의 t온도에서는 다음과 같은 반응이 일어난다.

$$\text{E(용액)} + \text{G}(\alpha\text{고용체}) \leftrightarrows \text{F}(\beta\text{ 고용체})$$

이때의 반응은 α고용체와 융액 E와의 사이에서 일어나므로 α고용체의 외측이 화합물화하여 β 고용체를 만들며, 내부는 원상태(α 고용체)로 남는다. 즉 고용체 α정은 β정에 의해서 보쌈(포위)된 상태가 되기 때문에 포정(포석정)이라 하며, F점은 포정 온도에 대한 β의 포화점, G는 포정 온도에 대한 α의 포화점이라 한다. 다시 말하면 용융 상태에서 냉각하면 일정한 온도에서 정출된 α고용체와 함께 이와 공존된 융액 E가 α고용체+E 용액의 혼합체가 일정 온도로 전혀 별개의 β 고용체가 되는 결정화의 형식을 포정 반응(包晶 反應)이라 한다.

α고용체의 주변에서 β 고용체의 발생이 우선하므로 확산에 시간이 걸리며, α고용체의 둘레를 β 고용체가 둘러싸는 형태로 되는 것이 많기 때문에 포정이라고 불리며, 이때 충분한 시간을 준다면 모두 β 고용체가 되는 것은 물론이다

포정 반응만을 포함한 2성분계 합금의 상태도는 존재하지 않지만, Fe-C, Au-Fe, Cd-Hg, Ag-Cd, Ag-Pt, Ag-Sn, Al-Cu계 합금 등과 같이 복잡한 상태도의 일부분에 포정을 포함하는 것은 매우 많다.

그림 1.20 포정 합금의 상태도와 냉각곡선

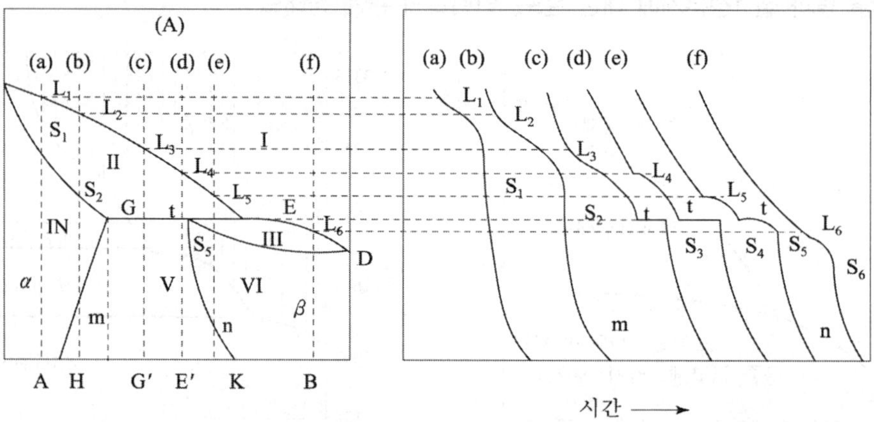

[그림 1.21]은 포정 조직의 발생 순서를 나타낸 것으로 α고용체가 융액과 반응하여 β 고용체가 되는 반응을 포정 반응이라 한다.

그림 1.21 포정 조직의 발생

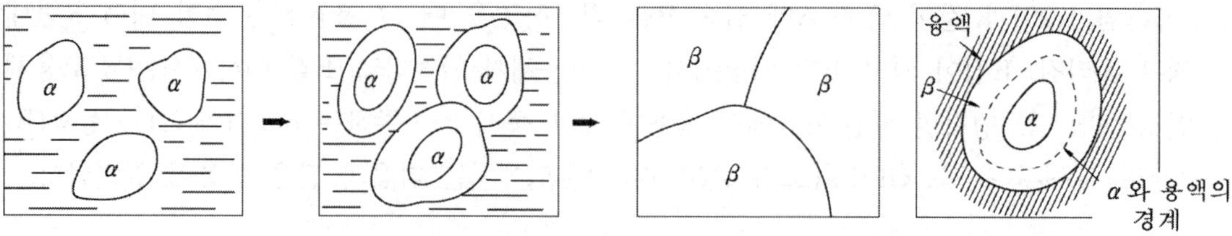

(a)포정 발생 초기 (b) 포정 발생 중기 (c) 포정 발생 완료 (d)포정의 형상

다. 공정(eutectic) 상태도

서로 다른 성분 금속 2개가 어떠한 조성으로 합금할 때 액체(용해된 상태)에서는 균일한 용액으로 되어 있으나, 서서히 냉각하여 일정 온도에 도달하면 액체 상태에서 두 개의 서로 다른 고용체(α 고용체와 β 고용체)가 동시에 정출되어 2개의 성분 금속이 기계적으로 혼합된 조직으로 되는 현상을 공정 반응이라고 하며, 이때의 조직을 공정 조직(eutectic structure), 이때의 온도를 공정점이라고 한다.

정출이란 일정한 온도에서 용융액으로부터 고용체가 나오는 것을 말하며, 공정이 나오는 현상을 그림으로 나타낸 것을 공정형 상태도라고 한다.(그림 1.22 참조) 공정 반응은 다음과 같다.

$$\text{공정 반응 : 용액 L} \underset{\text{가열}}{\overset{\text{냉각}}{\rightleftarrows}} \alpha \text{ 고용체} + \beta \text{ 고용체}$$

공정 조직은 두 성분 금속이 동시에 응고되는 결과 높은 배율의 현미경이 아니면 검출이 어려운 미세한 박편(薄片)이 서로 층모양으로 되어 있는 것(層狀共晶)과 한쪽 성분 금속이 점 또는 입상(粒狀)이 되어 산재하고 있는 것(粒狀共晶)의 두 가지가 있다. 공정은 혼합물이지만 단순한 기계적 혼합물이 아니고 두 결정 입자 상호간에는 결합력이 작용하고 있다.

철과 탄소의 합금에서는 그 공정을 레데브라이트(ledeburite)라고 하며, 1130℃, 탄소량 4.3%일 때 생긴다.

레데브라이트 조직은 오스테나이트 조직과 시멘타이트 조직의 혼합 조직이다.

그림 1.22 공정형 상태도 및 냉각 곡선

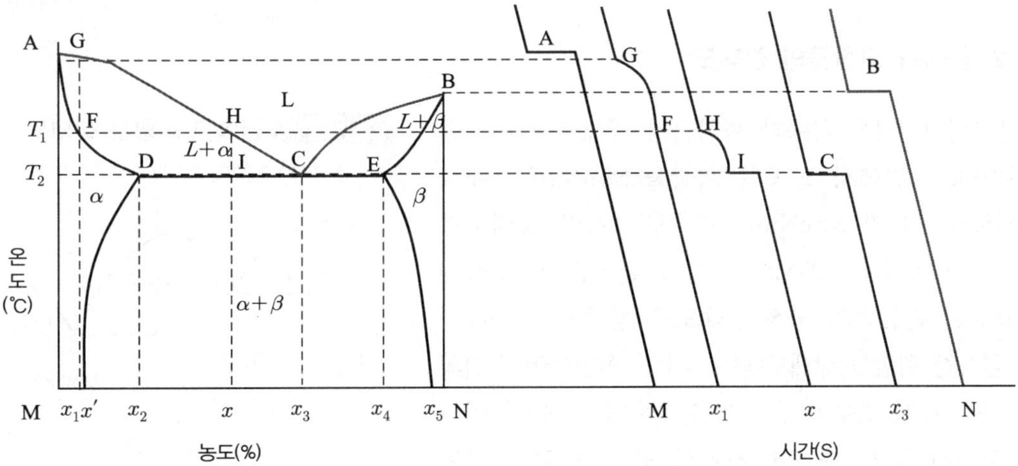

(a) 공정형 상태도 (b) 열분석 곡선

라. 공 석

공정이 액체 상태에서 2개의 고체가 동시에 정출되어 나온 조직을 말하듯이, 공석은 고체 상태에서 2개의 고상 조직이 동시에 석출한 조직을 공석이라고 하며, 이때 얻어진 조직을 공석 조직, 이때의 반응을 공석 반응이라 한다.

철강의 공석점은 0.8(0.85)%C, 723℃ 부분에서 일어나며, 공석 조직은 펄라이트(페라이트와 시멘타이트의 층상 조직)이다.

마. 금속간 화합물

1) 금속간 화합물의 생성

금속간 화합물(intermetallic compound)이란 금속과 금속사이의 친화력이 클 때, 2종 이상의 금속 원소가 간단한 원자비로 결합되어 어느 성분과도 같지 않은 결정 구조를 나타내며, 본래의 성분 금속과는 전혀 다른 성질을 가지는 중간상의 독립된 화합물을 형성한 조직을 말한다.

따라서 금속간 화합물은 결정격자 내에서 성분 금속 원자의 상대적인 관계가 항상 일정한 고용체이며, AmBn의 화학식으로 표시한다.

금속간 화합물에는 Fe_3C, Cu_4Sn, Cu_3Sn, $CuAl_2$, Mg_2Si, $MgZn_2$ 등이 있으며, Fe_3C는 Fe와 C의 원자 비가 3:1로 구성되어 있으며, 성분 금속인 Fe과 C와는 전혀 다른 성질을 나타내고 있다. 이 금속간 화합물의 특징은 본래의 물질과는 전혀 성질이 다른 별개의 화합물로 비금속성 성질을 가지며, 일반적으로 취약하고 견고하며, 보통은 융점이 비교적 높으나, 성분의 융점보다도 낮은 온도에서 분해하는 불안정한 것도 있다.

2) 금속간 화합물의 상태도

[그림 1.23]은 금속간 화합물형 상태도를 나타낸 것이며, 그림에서 점 C는 화합물 MmNn을 1개의 성분으로 보면 MmNn을 경계로 2개의 상태도로 나눌 때 왼쪽은 M-MmNn계, 오른쪽은 MmNn-N계로 된 순금속의 공정 상태도로 생각할 수 있다.

금속간 화합물 상태도에는 금속간 화합물이 자기의 융점을 가진 경우와 금속간 화합물이 그 융점 이하에서 분해하기 때문에 자기의 융점을 갖지 않는 경우가 있다.

그림 1.23 금속간 화합물 상태도

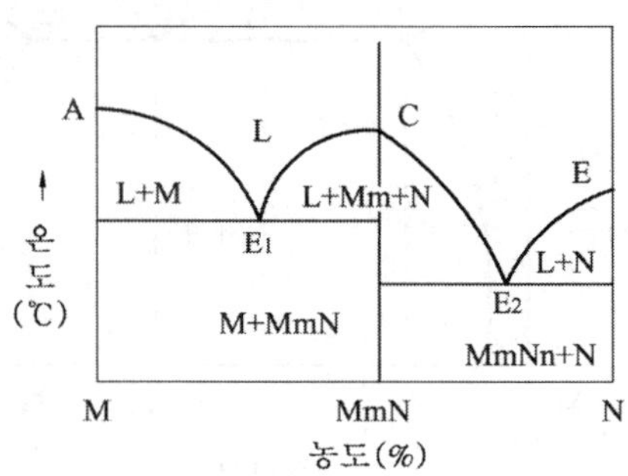

3) 금속간 화합물과 고용체와의 차이점

(1) 일반적으로 복잡한 결정 구조를 가지며, 매우 경취하다.
(2) 성분 금속의 원자가 결정의 단위격자에서 일정한 위치를 차지한다.
(3) 규칙 - 불규칙 변태가 없다.
(4) 금속으로 구성되어 있으나, 일반적으로 전기 저항이 크다.
(5) 주기율표 중의 동족 원소와는 거의 화합물을 만들지 않는다.
(6) 일반적으로 각각의 성분금속 특징을 잃어버리며, 성분 금속보다 융점이 높다.
(7) 고온에서 불안정하며, 분해되기 쉽다.

바. 편정 상태도

일반적으로 2개의 합금 성분의 금속이 액상에서는 완전히 용해하여 균질계가 되어 있으나, 물과 기름과 같이 액상이나 고상에서 전혀 용해하지 않는 것도 있다.

그림 1.24 편정 상태도

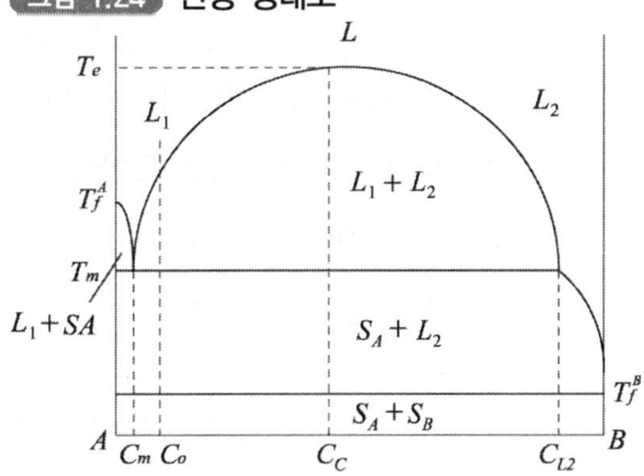

이때에는 각 성분이 각각 고유의 응고점에서 응고하므로 오직 2개의 수평선을 가지는 상태도가 된다. 이것이 완전 분리형 상태도이다.(그림 1.24 참조) 하지만 실질적으로 이러한 합금은 거의 없으며, 있어도 별로 실용되지 않는다. 그러나 액상에서 부분적으로 용해하고, 성분에 따라서 2상의 융체상태로 분리하는 때가 있다.

이 경우 다음과 같은 반응이 일어나게 되는데, 이 반응을 편정 반응(monotectic realtion)이라 한다.

$$\text{융체 } L_1 \rightarrow \text{결정 } A + \text{융체 } L_2$$

편정 반응이란 2종의 융체 L_1, L_2로 분리되었을 때 서로 비중차가 있으면 상하 2층으로 분리될 것이며, A는 그중 한쪽에서만 정출되게 되므로 이와 같은 명칭이 붙은 것이다.

편정에 속하는 합금으로는 Cr-Cu, Bi-Zn, Ag-Ni 등이 있다.

사. 2원 합금의 농도 표시

1) 2성분계의 농도 표시법

물질(금속)은 전체가 1개의 상으로 구성되어 있는 경우도 있으나, 대부분은 2종 이상의 상이 모인 집합체이며, 이러한 집합체의 성질은 각 상의 종류와 상호 농도 및 온도에 따라 변화하며, 경우에 따라서는 현저한 변화를 갖게 된다. 이때 각 상의 농도 %에 따라 조직이나 성질이 어떻게 달라지는지를 알고 있음으로서 합금을 만드는데 중요한 자료가 된다.

[그림 1.25]에서 나타난 바와 같이 A, B 두 성분을 갖는 합금에서 A 성분의 농도(%)를 Y축, B 성분의 농도(%)를 X축으로 하면 $x+y=100$의 관계가 성립된다. 예를 들면 A가 45%, B가 55%인 농도는 점 P로, A 80%, B 20%는 점 q로, 그리고 A 30%, B 70%는 r로 나타낸 직선의 양끝 A, B는 순수한 A 성분과 B 성분이고 점 p와 q, r은 항상 반대쪽 길이를 고려하는 성분의 농도를 나타낸다.

이 그림에서 선 AB 위에 임의의 점 p(X,Y)는 A의 농도(%)와 B의 농도(%)의 비가 $\overline{Ap} : \overline{Bp}$ 로 나타낸 것을 뜻한다.

즉, $\overline{Ap} : \overline{Bp} = X : Y$

$\overline{Ap} \times Y = \overline{Bp} \times X$

로 되는데 이 관계를 지렛대 관계(lever relation)라고 한다. 임의의 점 p가 A에 가까워지면 A의 농도가 증가하고 B의 농도는 감소하며, 반대로 B에 가까워지면 B의 농도는 증가하고 A의 농도는 감소한다.

상태도는 이러한 농도 표시를 중량 %나 용적 % 등으로 나타내며, 일반적으로 중량 %를 많이 사용한다. 2성분계 상태도에서는 각 성분의 농도 %에 따라 용융점이 어떻게 변하는가를 알 수 있다.

그림 1.25 2성분의 농도의 표시

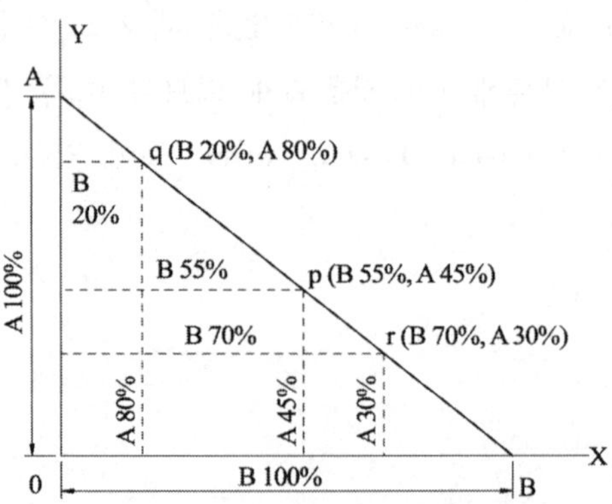

2) 중량 백분율

하나의 계에서 성분의 상호 관계의 량 또는 그 비율을 농도라 하고, 그 농도를 중량 백분율(%)이나 원자수의 백분율로 표시할 수 있다. 합금의 함유량을 중량 농도로 표시하는 경우, 예를 들면 2성분 합금에서 중량 백분율과 원자 백분율은 다음과 같은 관계식이 성립된다.

$$P=\frac{\frac{a}{W_a}}{\frac{a}{W_A}+\frac{b}{W_B}}\times 100,\quad \text{또는 } a=\frac{PW_A}{PW_A+QW_B}\times 100$$

$$Q=\frac{\frac{b}{W_b}}{\frac{a}{W_a}+\frac{b}{W_b}}\times 100,\quad \text{또는 } b=\frac{PW_B}{PW_A+QW_B}\times 100$$

여기서, a, b : 각각 A 성분과 B 성분의 중량 백분율(%)
W_A, W_B : 각각 A 성분과 B 성분 원자량
P, Q : A 성분과 B 성분의 원자 백분율(%)

제4절 | 금속의 결정

1 원자의 구조와 원자 결합

가. 금속의 구성

지구상의 모든 물질은 매우 작은 원자들의 집합체로 이루어져 있으며, 금속도 동일하다. 다만, 금속은 다른 물질과 달리 구성 원자가 모두 규칙적으로 배열되어 있으며, 이들 결정들의 구성이 금속 특유의 결합방식을 하고 있으며, 원자의 배열 상태에 따라 성질이 현저하게 달라진다.

나. 원자의 구조

원자의 핵은 인접 원자의 전자를 잡아당기는 성질이 있으며, 같은 전자끼리는 반발하게 되는데 이러한 원자간의 인력, 반발력이 고체 물질의 강도나 경도의 기초가 된다.

금속의 전자 중에 외곽 전자는 언제나 그 원자에서 자유로이 운동해서 나갈 수 있다. 즉 다른 원자 중으로 출입할 수 있으며 이와 같은 자유전자가 있는 것을 금속, 그렇지 못한 것을 비금속이라 한다.

원자는 내부에 공간이 전혀 없는 고체는 아니며, 무거운 정전하(正電荷)의 핵과 핵의 주위를 회전하는 부전하(負電荷)의 전자로 구성되어 있다. 즉, 양(+)전기를 띤 원자핵을 중심으로 그 주위에 그 원자번호에 상당하는 수만큼의 음(-)전기를 띤 전자가 규칙적으로 돌고 있는 구조를 갖고 있으므로 원자 전체가 전기적으로는 중성이다.

원자의 핵은 양자(+ 전하), 전자(- 전하), 그리고 전기적으로 중성인 중성자로 되어 있으며, 1개의 원자 속에 양자의 수와 전자의 수가 같으므로 모든 양자의 전기량과 전자 전기량은 같다. 예를 들면 염소(Cl, 원자 번호 17)는 양자 17개와 전자 17개가 존재하므로 전기적으로 중성이다.(그림 1.26 참조)

그림 1.26 염소의 원자 구조

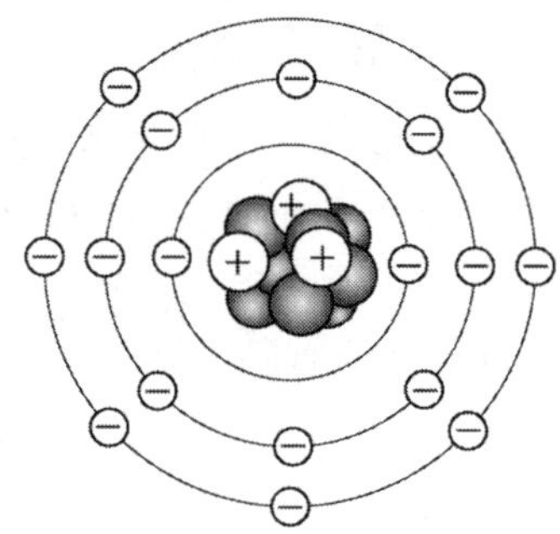

그리고, 원자핵은 원자 질량의 대부분을 차지하고 있음에도 불구하고 항상 많은 전자에 둘러싸여 있어 핵 자신의 움직임을 직접 나타냄은 거의 없다.

전자 중에 가장 외부에 있는 전자는 가장 높은 에너지를 갖고 있는 전자이다. 즉, 원자의 최외곽 궤도를 도는 최외곽 전자는 원자핵에서 가장 멀리 있기 때문에 원자핵으로부터 구속력이 약하고, 에너지 상태가 변화되기 쉬우므로 물질의 물리, 화학적 성질에 큰 영향을 미친다.

다. 원자의 크기

원자의 크기는 수 Å(옹그스트롱, 10^{-8}cm), 즉 1억분의 1~3cm로 극히 적으며, 원자의 중심에 있는 원자핵은 원자에 비해 훨씬 작아 10^{-13}cm 정도로서 원자 직경의 1/10만 정도이며, 전자의 크기는 양자 크기의 약 1/20 이하(10^{-15}cm) 정도이다.

양자와 전자의 질량비는 1836:1로서 원자의 질량은 거의 전부가 원자핵에 집중되어 있다.

라. 원자(금속) 결합의 종류

물질의 고체나 결정체에서 구성 성분 사이에 작용하는 힘은 화학적인 결합의 형태와 그들 사이의 거리, 즉 결합상의 전자 구조에 따라 결정된다. 물질의 강한 결합에는 이온 결합, 공유 결합, 금속 결합, 반 데어 발스 힘에 의한 결합 등이 있으며, 그 외에도 이들의 중간상태 및 2가지 결합방식이 혼합한 결합도 있다.

이들 결합은 금속뿐만이 아니고 이온 결합, 공유 결합의 주된 결합인 산화물, 황화물, 질화물상도 포함되기 때문에 금속분야에서 매우 중요하다.

금속이 소성 변형능이 크거나 금속적 광택을 나타내는 근본적인 원인은 원자간의 결합 방식에 있다.

1) 이온(ion) 결합

원자의 결합력은 원자 상호간에 전자를 주고받아 (+)(-)의 이온으로 되었을 때 생기며, 2개의 이온 사이의 정전기적 힘에 의한 이온 결합의 대표적인 것에는 NaCl 결정이 있다.

철, 나트륨 등 금속 원자의 최외곽 전자의 수는 3개 이하이나, 준금속의 최외곽 전자의 수는 이보다 많으며, 최외곽 전자의 수가 적을수록 핵이 이 전자들을 당기는 힘이 약하다. 따라서 금속과 준금속 원자가 접근하면 금속의 최외곽 전자가 준금속 원자의 최외곽 전자로 이동하여 금속은 중성에서 양이온으로 변하고 준금속은 전자 수가 늘어나 음이온이 되며, 음이온과 양이온은 강한 정전기적 상호작용으로 접근하여 서로 끌어당기는 힘이 생겨 결합하게 되는데 이러한 결합을 이온 결합이라 한다.(그림 1.27 참조)

이온 결합은 전자가 2개의 이온 사이에 고정되므로 금속과 같이 전기 전도는 불가능하지만 이온 전도는 약하게 일어나며, 외력을 가하면 금속과 달리 일정한 원자면을 따라 취성 파괴가 일어난다.

그림 1.27 **이온 결합 과정**

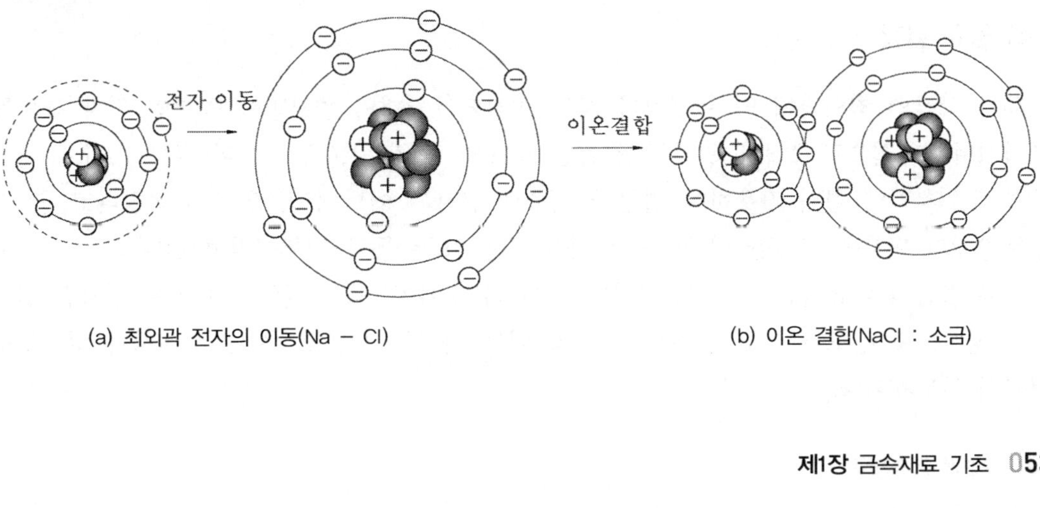

(a) 최외곽 전자의 이동(Na – Cl)

(b) 이온 결합(NaCl : 소금)

2) 금속 결합

(1) 금속 결합의 원리

그림 1.28 금속 결합

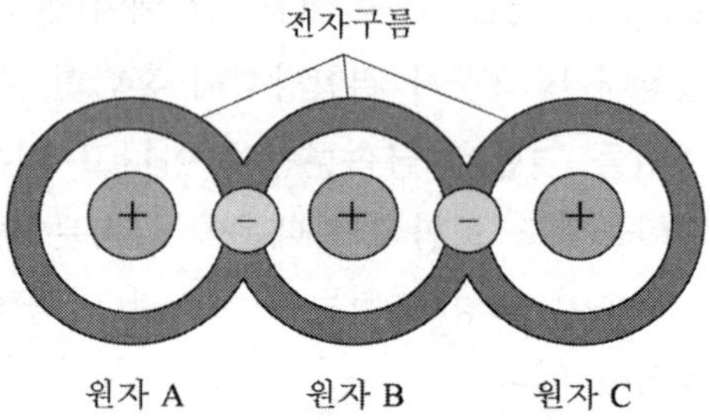

금속 원자의 전자도 정상적으로 원자 궤도를 회전하고 있으나 금속 원자의 핵은 최외곽 전자의 수가 적으므로 이들 전자를 끌어당기는 힘이 약하다. 그러므로 A, B 2개 이상의 금속 원자가 겹치면 A 원자를 회전하던 전자가 이탈하여 B 원자의 주위를 회전하게 되며, B 원자의 전자는 A원자의 주위를 회전하는 등 한 원자에 고정하지 않고 자유롭게 이동하게 되는데, 이렇게 자유롭게 이동하는 최외곽 전자를 자유전자라 하며, 금속의 특성에 중요한 역할을 한다.

이와 같이 최외곽 자유 전자가 특정한 원자 사이에만 공유하지 않고, 자유 전자 무리(전자 구름) 속에서는 전자가 결정 전체를 자유롭게 이동할 수 있는 원자 결합을 하게 되는데 이것을 금속 결합이라 한다.(그림 1.28 참조)

(2) 금속 결합을 갖는 물질의 특성

① 금속은 이러한 전자 구름(electron cloud)의 자유로운 이동에 의해 열 및 전기 전도도가 높다.
② 전자의 공유를 의미하며 비방향성이고, 배위수가 비교적 높다.
③ 결합 에너지는 수은(68 KJ/mol)과 같이 낮은 것부터 텅스텐(850 KJ/mol)에 이르기까지 다양하다.
④ 원자가 모두 등가이고 외적 응력을 받으면 어느 장소에서 이 결합이 파괴되어 슬립이 일어나지만 다시 쉽게 결합될 수 있으므로 소성 변형이 가능하다.
⑤ 가시광선이 금속에 닿으면 전자구름에 의해 산란되어 금속적 광택을 나타낸다.

3) 공유 결합

원자 각각의 최외곽에 있는 전자가 서로 연결되어 2개의 원자만에 공통인 전자 궤도를 움직이며 그 힘으로 2개의 원자를 결합한 상태의 경우로서(예 : 다이아몬드) 서로 같은 종류의 원자간에 힘이 작용하여 결합한 것으로 전자는 어느 한쪽 원자에 속한다고 할 수 없는 2개의 원자에 공유한 형태이므로 공유 결합 또는 동극 결합이라고 한다.

공유 결합의 대표적인 것 중의 하나가 다이아몬드이며, 공유 결함의 특성은 원자간 결합력이 강하므로 경도가 크고 투명하며, 결정 내부 전체를 회전할 수 있는 전자가 없으므로 전기의 부도체이다.

4) 반 데어 빌스(Van der Waals) 힘에 의한 결합

어떤 원자가 다른 원자와 화합하는 힘을 거의 갖고 있지 않지만, 전기적으로 중성인 원자들이 접근하면 그 원자 내부에서 순간순간에 ⊕와 ⊖로 분극이 일어나며 인접 원자 사이에 약한 전기적 인력이 생기게 되는데, 이것을 반 데어 발스 힘에 의한 결합이라 한다.

분자의 크기가 작은 경우에는 극저온에서만 원자의 열진동보다 우세하여 원자끼리 결합할 수 있으나, 힘이 약하므로 매우 낮은 온도에서도 쉽게 풀어지게 된다. 그 대표적인 예로 아르곤(Ar) 고체는 -190℃에서 융해하며, -186℃에서 기체로 변하게 된다.

2 금속의 결정체

가. 브라베의 결정격자

결정이란 규칙 정연하게 배열한 원자의 집합체로서 전부 7 결정계와 14개의 Bravis 결정격자가 있으며, 결정격자의 원자 배열은 금속의 종류와 온도 및 대칭선에 따라 다르며 성질도 다르다.

표 1.6 7 결정계의 축 길이와 축각

7 결 정 계	축 길이	축 각	14 Bravis 격자
입방정계(cubic system)	$a=b=c$	$\alpha=\beta=\gamma=90^o$	단순, 체심, 면심
정방정계(tetragonal system)	$a=b\neq c$	$\alpha=\beta=\gamma=90^o$	단순, 체심,
사방정계(orthorhombic system)	$a\neq b\neq c$	$\alpha=\beta=\gamma=90^o$	단순, 체심, 저심, 면심
삼방정계(trigonal system)	$a=b=c$	$\alpha=\beta=\gamma\neq 90^o$	단순사방6면체
육방정계(hexagonal system)	$a\neq b\neq c$	$\alpha=\beta=90^o,\ \gamma=120^o$	단순,
삼사정계(triclinic system)	$a\neq b\neq c$	$\alpha\neq\beta\neq\gamma\neq 90^o$	단순,
단사정계(monoclinic system)	$a\neq b\neq c$	$\alpha=\gamma=90^o,\ \beta\neq 90^o$	단순, 저심

브라베는 [표 1.6]과 같이 광물의 모든 결정은 단위격자의 축 백터 a, b, c 와 축 사이각 a, β, γ 사이의 관계를 기본으로 하여 $a=b=c$, $\alpha=\beta=\gamma=90^o$인 입방정계, $a=b\neq c$, $\alpha=\beta=\gamma=90^o$인 정방정계, $a\neq b\neq c$, $\alpha=\beta=\gamma=90^o$인 사방정계, $a=b=c$, $\alpha=\beta=\gamma\neq 90^o$인 삼방정계, $a=b\neq c$, $\alpha=\beta=90^o$, $\gamma=120^o$인 육방정계, $a\neq b\neq c$, $\alpha\neq\beta\neq\gamma\neq 90^o$인 삼사정계, $a\neq b\neq c$, $\alpha=\gamma=90^o$, $\beta\neq 90^o$인 단사정계 등으로 구분하고 있다.

금속에서의 대표적인 결정 구조는 체심입방격자, 면심입방격자, 그리고 조밀육방격자가 있다.(그림 1.29 참조)

그림 1.29 14종의 브라베 결정격자

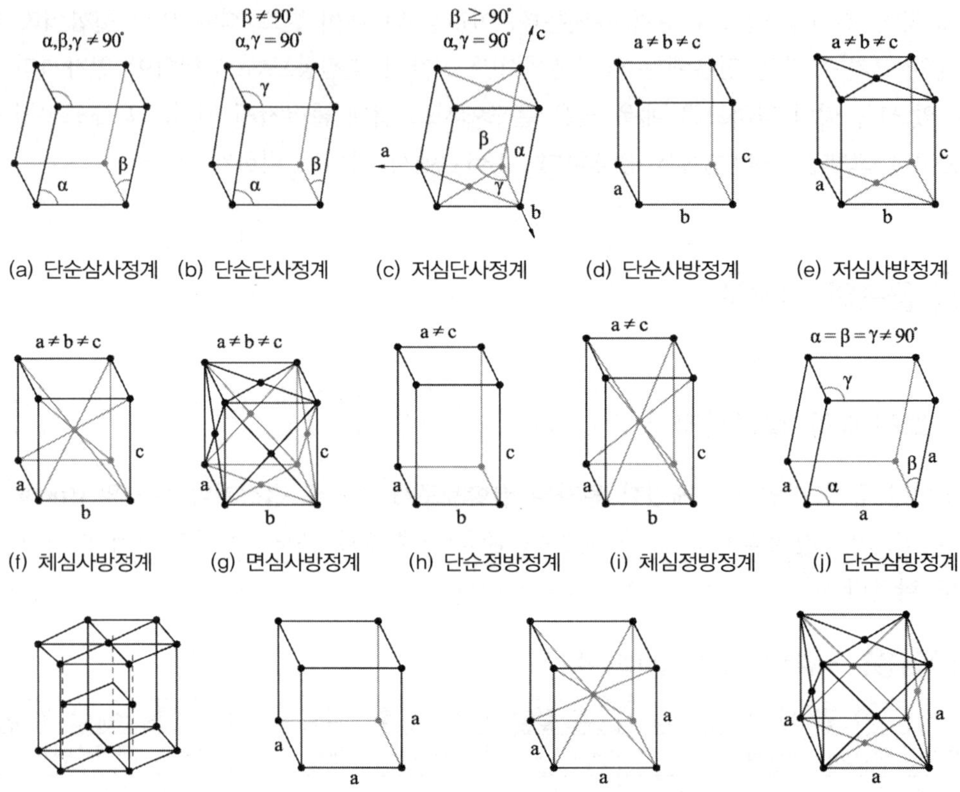

(a) 단순삼사정계 (b) 단순단사정계 (c) 저심단사정계 (d) 단순사방정계 (e) 저심사방정계

(f) 체심사방정계 (g) 면심사방정계 (h) 단순정방정계 (i) 체심정방정계 (j) 단순삼방정계

(k) 단순육방정계 (l) 단순입방정계 (m) 체심입방정계 (n) 면심입방정계

나. 결정의 구조

1) 결정체

모든 물질은 등방질(isotropic substance)과 이방질(aniotropic substance)로 크게 나눌 수 있다. 등방질이란 여러 성질이 모든 방향에 대하여 같은, 즉 무향성인 것을 말하며, 이방질이란 어떤 성질은 유향성(有向性)이고 어떤 성질은 무향성(無向性)인 것을 말한다.

자연 상태에서 기체, 액체는 모두 등방질이지만 고체는 등방질(아스팔트, 유리 등)과 부등방질(금속, 수정)이 있다. 모든 결정은 부등방질이며, 비정질(非晶質)은 등방질이다.

일반적으로 결정입자(crystal grain)란 결정체를 이루고 있는 작은 입자이며, 이들 결정

입자와의 경계를 결정립계라 한다.

금속의 결정은 매우 미시적인 것이므로 육안으로는 볼 수 없고 X-선으로 조사해야만 확인할 수 있다.

2) 결정격자

일반적으로 금속은 크고 작은 결정들이 무수히 많이 모여 집합체를 이루고 있는 다결정체(polycrystaline)이지만, 개개의 금속을 보면 특별한 경우(비정질)를 제외하고는 고체 상태에서 규칙적인 원자 배열을 하고 있다. 이와 같은 원자들의 배열을 결정격자, 또는 공간격자(space lattice)라고도 한다.

공간격자의 형상 및 치수는 그 결정의 특성인 최소 용적 요소 사이의 실효로 표시한다.

3) 단위포

결정격자 중 소수의 원자를 택하여 간단한 기하학적 형태를 만들어 낸 것으로 평행 6면체의 가장 기본 격자의 형태를 단위포(unit cell) 또는 단위격자라 한다.(그림 1.30 참조)

그림 1.30 공간격자와 단위격자

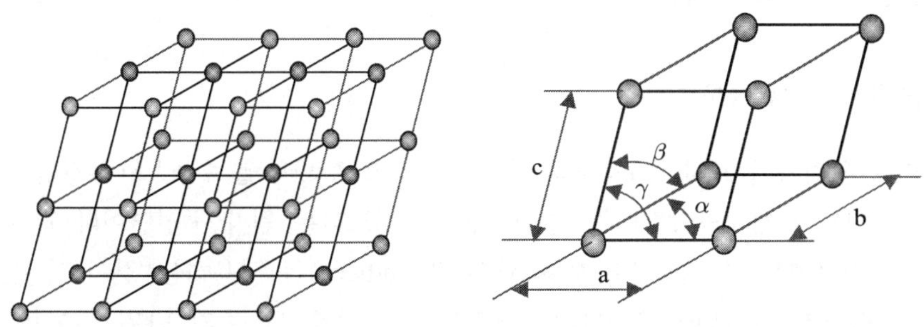

(a) 공간격자 (b) 단위격자

4) 격자상수와 배위수

단위포의 한 모서리의 원자에서 서로 인접한 모서리의 원자와의 거리나 단위포의 3축 방향의 길이를 격자상수(정수)라 하며, 그 크기는 수 Å(옹그스트롱) 정도이다.

* 1 Å = 10^{-8}cm(1/1억 cm)(금속의 격자상수 : 2.5~3.3 Å)

또한 배위수란 1개의 원자를 중심으로 생각할 때 그 원자의 주위에 있는 최근접 원자의 수를 말한다. 최근접 원자는 서로 근접하고 있기 때문에 원자의 직경이 근접 원자간 거리가 되는 것이며, 결정의 격자상수를 알면 구할 수 있다.

5) 백터와 백터계수

결정은 결정방향과 결정면에 따라 전기적 및 물리적 성질이 다르다. 결정은 규칙적이고 반복적이므로 결정방향과 결정면은 3차원적으로 벡터식으로 표현한다.

$$r = \alpha x + \beta y + \gamma z$$

(α, β, γ : 단위벡터(unit vector), x, y, z : 벡터계수)

원자면(격자면)은 [그림 1.31]과 같이 축각 α, β, γ를 갖는 좌표축 X, Y, Z와 원점 O에서 각각 x, y, z의 거리에 있는 점 A, B, C에서 만나고 있으며, 각각의 축의 단위 길이는 그 방향에 배열하고 있는 원자의 간격 a, b, c를 사용하는 것으로 하고, x, y, z는 각각의 방향의 원자 간격에 대하여 $x = ma$, $y = nb$, $z = pc$(단, m, n, p는 정수 또는 분수)와 같은 배수관계로 되어 있는 것으로 한다.

그림 1.31 2면 표시법

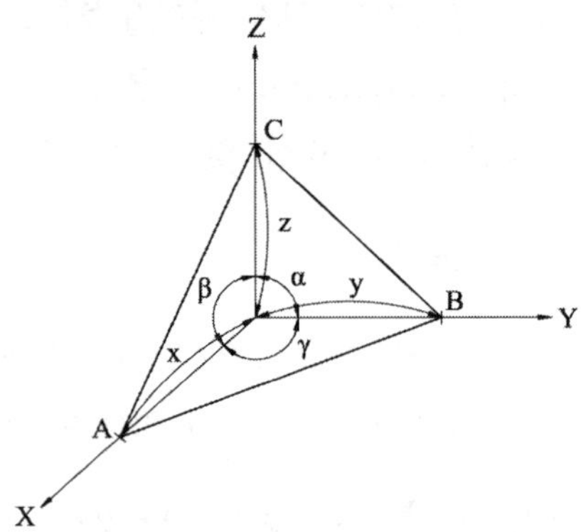

다. 결정 면지수와 방향

1) 면지수(facial indices)

입방정의 단위격자의 표시를 3차원의 좌표계 형식으로 나타낼 수 있으나 결정 구조의 대칭성과 반복성 때문에 개개의 원자 위치를 나타내는 것보다는 원자 구성면이나 원자 배열 방향의 표시를 결정학에서 쓰이는 밀러지수((Miller'S indices)를 사용하는 것이 더 편리하다.

결정면의 밀러지수는 면에 교차되는 좌표축의 길이를 그 축의 단위 길이로 나눈 값의 역수의 최소 정수비로 나타내며, 그 지수가 h, k, l이라면 (hkl)로 나타낸다.

면지수(hkl)를 그 면과 X, Y, Z축과의 교점이 좌표 원점에서 각각 a/h, b/k, c/l인 것과 같은 면이 되며, 좌표축에는 정부(正負)의 방향이 있고 그것에 대응하여 면지수에도 $(\overline{h}kl)$, $(\overline{hkl})$ 등의 표시가 사용된다. 여기서 $\overline{h}$는 $-h$의 의미이다.

면지수는 면의 위치가 아니고 경사를 주는 것이므로 (022), (003)이라는 표시는 사용하지 않고 (011), (001)로 표시한다.

결정격자의 성질에서 지수는 달라져 있어도 같은 성질을 가진 격자면이 많이 있고 같은 값이 된다. 같은 값의 면의 조를 나타내려면 면지수의 정부(正負)의 부호 변화만으로도 되므로 h, k, l의 조로 나타내면 된다. 입방격자에서 [그림 1.32]와 같이 면(100), (010), (001), $(\overline{1}00)$, $(0\overline{1}0)$, $(00\overline{1})$은 모두 같은 값이므로 모든 면의 조가 {100}으로 표시된다.

그림 1.32 체심입방격자에서의 원자면 2, 3

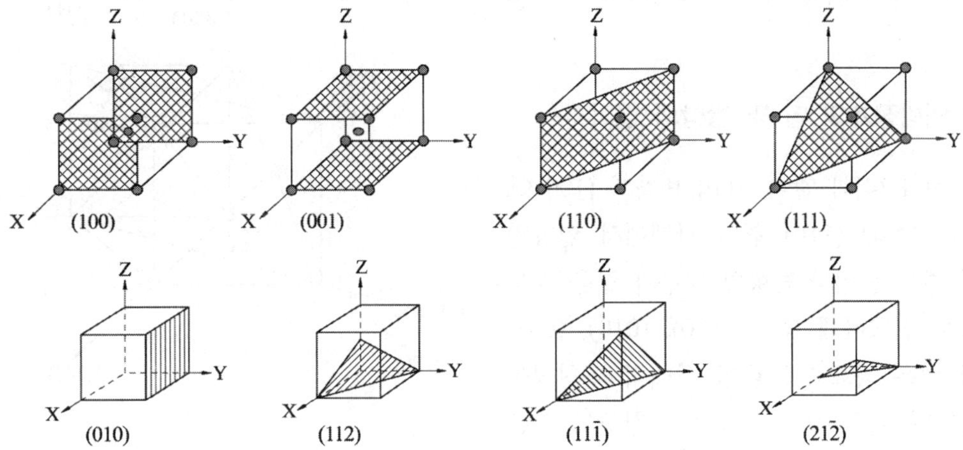

2) 결정 방향의 밀러지수

그림 1.33 방향의 밀러지수

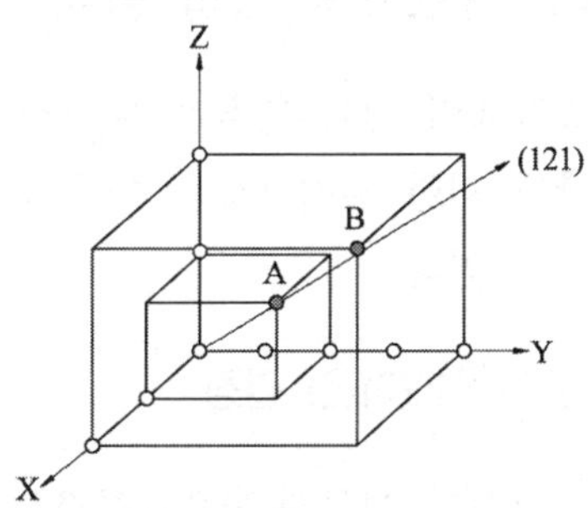

결정 방향의 밀러지수는 결정 방향을 나타내는 직선이 원점을 지난다고 가정할 때 직선상에 있는 임의의 한점 좌표의 최소 정수비로 나타내며, 그 지수가 u,v,w이라면 (uvw)로 나타낸다.

[그림 1.33]과 같이 그 방향과 평행이며, 원점을 지나는 직선을 가상하고 그 위의 적당한 점 A를 택한 좌표가 1,2,1이라면 (121)로 표시하며, B점의 좌표는 2,4,2이므로 (242)가 되지만 이러한 방법은 사용하지 않고, 밀러지수는 최소 정수비를 택하므로 방향과 밀러지수는 (121)이 된다. 따라서 결정 내에서의 이 직선과 평행한 모든 방향은 같은 지수로 표시된다.

면지수와 방향지수의 관계에서 방향지수(h,k,l)를 가진 방향은 면지수(h,k,l)를 가진 면에 수직으로 되어 있다. 예를 들면 입방격자에서 (100) 방향은 X축의 방향이고, (100)면, 즉 YZ 평면에 평행한 면에 수직으로 되어 있다.

결정면 표시는 (hkl)로 나타내며 밀러지수(miller index)로 알려진 정수의 집합으로 표시하게 되는데 이를 구하는 순서는 다음과 같다. 등가면은 $\{hkl\}$을 나타낸다.

(1) x,y,z축 상에서 각 좌표축과 만나는 섬에서 원섬과의 거리를 u,v,w로 나타내며, u,v,w의 역수를 취하여 $\frac{1}{u}, \frac{1}{v}, \frac{1}{w}$로 나타낸다.

(2) h,k,l의 최대 공약수를 곱하여 가장 작은 정수값을 만들어 ( )안에 넣는다.

(3) 결정축과 음의 축 상에서 만나게 되면 밀러지수 위에 음의 부호 표시(-)를 붙인다.

3) 입방정계의 면 및 방향의 밀러지수

그림 1.34 입방정계의 면 및 방향의 밀러지수

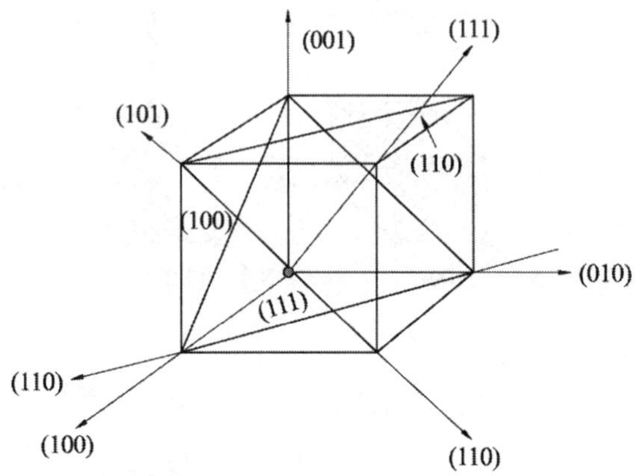

[그림 1.34]와 같이 [100] 방향과 (100)면, [110] 방향과 (110) 면의 관계에서 입방정계의 경우는 면과 방향의 지수가 같을 경우 반드시 직교하게 되며, (100), (010), (001) 등의 면은 좌표축에 대한 상대적 대칭성이 동일한데 이와 같이 상대적 대칭성이 같은 면이나 방향을 결정학적으로 등가(equivalent)라 하며 등가인 일군의 방향은 방향족을 나타내는 < >를 사용하여 <*uvw*>로 쓴다.

라. 결정체의 결합 형식

결정체의 결합 형식은 일반적으로 원자 및 분자 결합에 의한 결정으로 구분한다. 원자 결합에 의한 결정으로는 이극성(이온) 결정, 동극성(원자가 또는 공유 원자가) 결정, 금속 결정이 있다.

1) 이극성(이온) 결정

이상적인 이극성(이온) 결정은 강한 전기적 양성 금속원자와 산소 또는 유황, 할로겐과 같은 강한 원소와의 정전기적 인력에 의한 결합으로 생긴 염류, 탄산염 및 질화물 또는 암모니아의 할로겐 화합물과 같은 복잡한 염류 등을 말한다.

이극성(이온) 결정은 양호한 벽개성(壁開性)을 가지며, 고온에서 이온적 전도성이 양호하고, 적외선 스팩트럼을 현저하게 나타내는 것이 특징이다.

2) 동극성(원자가) 결정

금강사, 금강석 등과 같은 결정으로 고응집 에너지를 가지고 있으며, 전기적 및 이온적 전도성이 나쁘고 경도가 높으며, 벽개성도 좋지 않다.

3) 금속 결정

전기적으로 양성인 원소의 원자 결합으로 구성되어 있다.

4) 분자 결정

분자 결합에 의한 결정으로 희유기체와 같은 불활성 원자 및 수소나 메탄과 같은 포화된 분자로 형성된 고체로서 융점 및 비등점이 낮고 안정한 분자상태로 증발하는 성질이 있다.

마. 금속의 결정격자의 종류

금속의 대부분은 체심입방격자, 면심입방격자, 조밀육방격자의 결정 구조 중의 하나이며, 대칭성이 큰 결정 구조로서 비교적 단순한 결정 구조를 갖고 있다.

1) 체심입방격자(BCC : body centered cubic lattice)

(1) **구조** : 단위격자의 모양은 정육면체의 각 모서리에 원자 8개가 존재하고 중심에 1개의 원자가 존재하며, 가로, 세로, 높이가 동일하며 3 축각이 90°인 결정 구조를 갖는 격자이다.[그림 1.35 (a) 참조]

(2) **배위수** : 배위수란 1개의 원자를 중심으로 생각할 때 그 원자 주위에 있는 최근접 원자의 수를 말하며, BCC 격자의 경우 배위수는 8이 된다.

(3) **총원자수** : 단위격자 중에 포함하고 있은 원자수는 각 격자점의 원자에 인접하고 있는 다른 7개의 입방격자, 즉 합계 8개의 입방격자와 공유하고 있는 원자이므로 이 원자의 기여도는 1격자점당 1/8개에 해당되며, 각 구석부가 8개 있으므로 각 구석부에 있는 원자의 기여도는 1/8×8=1개가 되며, 중심부의 원자는 이 입방격자에만 전유되어 있으므로 1개, 따라서 격자 내의 총원자수는 2개가 된다.

(4) **원자 반경** : 체대각선상에 3개의 원자가 서로 접촉하고 있으므로 체심입방격자의 격자상수를 a라 하면 체대각선 길이는 $\sqrt{3a}$가 된다. 이 길이는 원자 직경의 2배이므로 원자 반경은 $\frac{\sqrt{3}}{4}a$이 된다.

(5) **체심입방격자의 원자 충진율** : 원자 충진율이란 단위격자가 차지하는 부피의 비율을 말한다. 체심입방격자의 격자상수가 a이므로 격자의 부피는 a^3이며 원자 반경이 $\frac{\sqrt{3}}{4}a$이므로 원자 1개의 부피는 $\frac{4\pi}{3}\left(\frac{\sqrt{3}}{4}a\right)^3$가 된다. 따라서 체심입방격자의 원자 충진율은 다음의 계산에 의해 68%가 된다.

$$\frac{\text{단위 격자 내 원자의 부피}}{\text{단위 격자의 부피}}\times 100 = \frac{\frac{4\pi}{3}\left(\frac{\sqrt{3}}{4}a\right)^3\times 2}{a^3}\times 100 = 68.02\%$$

(6) **특성** : 전연성이 적고 용융점이 높으며, 강도가 크다.

(7) **금속의 종류** : Mo, W, Cr, V, α 철, δ 철, Na, Li, Ba(바륨), Cs, K, Nb, Ta

2) 면심입방격자(FCC : face centered cubic lattice)

(1) **구조** : 정육면체의 각 모서리에 8개의 원자와 각 면의 중심에 1개의 원자가 위치하며, 3 축각이 90°인 결정 구조를 갖는 격자이다.[그림 1.35 (b) 참조]

(2) **배위수** : 면의 중심에 있는 원자를 생각할 때 최근접 원자는 각 꼭지점 및 4방에 있는 원자들이 되므로 배위수는 12가 된다.

(3) **총원자수** : 입방체의 8개의 모서리의 원자가 체심입방격자의 경우와 같이 다른 8개의 원자와 공유하고 있으므로 1/8×8=1개와 6개의 면의 중심에 각각 1개씩 6개의 원자가 인접 격자와 1/2씩 공유하고 있으므로 6×1/2=3개가 되므로 총원자수는 4개가 된다.

(4) **원자 반경** : 이 단위격자에서는 면 대각선상에 3개의 원자가 서로 접하고 있으므로 원자의 직경(최근접 원자간 거리)은 단위격자의 면대각선 길이의 1/2이 된다. 따라서 격자상수를 a라 할 때 원자 반경은 $\frac{\sqrt{2}}{4}a$가 된다.

(5) **면심입방격자의 원자 충진율(A.P.F)** : 다음의 계산에 의해 74%가 된다.

$$\text{원자 충진율 A.P.F} = \frac{\frac{4\pi}{3}\left(\frac{\sqrt{2}}{4}a\right)^3 \times 4}{a^3} \times 100 = 74.06\%$$

(6) **특성** : 전연성과 전기 전도도가 크며 소성 가공성이 우수하다.

(7) **금속의 종류** : Ni, Cu, Al, Ag, Au, Pb, γ 철, Pt, Ca, Ir, Pd, Th

3) 조밀육방격자(HCP : Hexagonal Close Packed lattice)

(1) **구조** : 6각형 모양의 6각 모서리에 6개의 원자와 그 중심에 1개의 형상을 갖은 면이 상·하 같은 구조로 되어 있으며 6개의 삼각기둥 중 1개씩 걸러서 3각형 모양의 원자 3개가 구성된 결정 구조의 격자이다.[그림 1.35 (c) 참조]

조밀육방격자의 크기는 육각기둥을 이루고 있는 면의 1변만으로는 나타낼 수 없으므로 격자상수로서 밑면의 길이 외에 기둥의 높이를 정의해주어야 된다. 따라서 격자상수로서 밑면의 1변의 길이 a 외에, 육각기둥의 높이 c로 표시하게 되는데 보통 c는 $\frac{c}{a}$의 값으로 나타낸다. 여기서 $\frac{c}{a}$는 축비라고 한다.

(2) **배위수** : 육각기둥의 밑면의 중심 원자를 보면 배위수는 12가 됨을 알 수 있다.

(3) **총원자수** : A원자 1/6×4=2/3개, B원자 1/12×4=1/3개, 합해서 1개이며, C원자 1개이므로 합하여 2개이다.

(4) **조밀육방격자의 충진율** : 다음과 같은 계산에 의해 74%가 된다.

$$\frac{\frac{4\pi}{3}\left(\frac{a}{2}\right)^3 \times 2}{2\times\frac{1}{2}a^2 \cdot \sin 60^\circ \times c}\times 100 = \frac{\frac{4\pi}{3}\left(\frac{a}{2}\right)^3 \times 2}{2\times\frac{1}{2}a^2 \cdot \sin 60^\circ \times \sqrt{\frac{8}{3}}a}\times 100 = 74.06\%$$

(5) **특성** : 전연성이 불량하여 소성 가공성이 좋지 않고, 접착성도 적다.

(6) **금속의 종류** : Mg, Zn, Ti, Cd, Be, Hg, Zr, Te

4) 체심 정방 격자(body centered tetragonal lattice)

(1) **체심 정방 격자** : 이것은 밑면은 정방형이지만 c의 길이는 a, b와 다르며, 원자는 8개의 각 구석부와 중심부에 각각 1개 배열하고 있으므로 단위격자 중에 포함되는 원자수는 체심입방격자와 마찬가지로 2개이나, c의 길이는 a, b와 다르다.

(2) **금속의 종류** : 인듐, 주석(Sn)

그림 1.35 결정격자의 종류

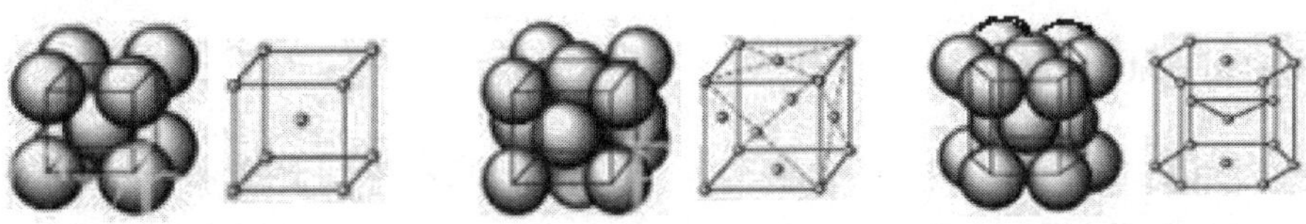

(a) 체심 입방 격자 (b) 면심 입방 격자 (c) 조밀 육방 격자

제5절 | 전위론과 시효, 금속의 강화기구

1 원자 결함과 전위

가. 원자 결함(격자 결함, 전위)

금속의 강도는 이론적으로 계산한 강도가 실제 강도보다 상당히 높은 값을 나타내는데

그 이유는 실제의 금속 결정의 내부에는 규칙성을 잃은 결함들이 무수히 많이 존재하기 때문이다. 즉, 이론적인 계산은 원자나 분자가 규칙적으로 배열하여 조금도 결함이 없는 이상적인 완전 결정(perfect crystal)을 기준으로 강도를 계산한 것이며, 실제 강도는 금속 내부에 결함이 무수히 많은 불완전 결정이기 때문에 강도가 이론적인 계산 값보다 현저히 낮게 나타나는 것이다.

그러나 결함이 없는 완전 결정은 거의 존재하지 않으며, 실존 결정의 경우는 여러가지 원인에 의해 상상할 수 없을 정도로 많은 결함을 포함하고 있으며, 이러한 결함이 있기 때문에 금속을 소성가공 등을 할 수 있고 확산 거동을 이용할 수도 있으며, 반도체를 만들기도 하므로 재료공학에서 매우 중요한 부분이 될 수 있다.

학설에 의하면 금속의 1cm^2 속에는 적어도 수천만개에서 수억개(10^{-7}~10^{-8}개)의 원자결함(전위)이 존재하며, 대부분의 전위는 원래부터 존재하고 있거나, 공공이나 결정의 경계면에서 생기게 되는데, 실제 모든 결정체는 원자들의 규칙 배열을 부분적으로 혼란시키는 여러 형태, 즉 점이나, 선, 면 또는 체적 등의 결함 형태를 갖고 있다.

따라서 고체의 어떤 성질, 즉 기계적 강도, 반도체의 전기 전도도 등은 이러한 원자 결함에 의하여 많은 영향을 받고 있으며, 소성가공이나 반도체를 만들 수 있다.

나. 결함의 종류

1) 점 결함(Point defect)

0차원 결함이라고도 하며, 원자 크기 혹은 원자보다 약간 큰 범위의 결함으로, 완전 결정에서 원자 하나를 움직여서 생길 수 있는 결함이다. 공공이나, 이종의 원자가 격자간 위치에 존재하거나, 이종 원자의 치환 등에 의해 생긴 결함을 말하며, 이런 경우 어떤 종류의 점 결함이 존재하든지 점 결함 주위의 결정 구조가 왜곡된다.

(1) 원자 공공(vacaney)

완전 결정에서 하나의 원자가 없거나 다른 곳으로 이동하게 되면 원자가 있던 곳은 하나의 원자 크기만큼의 빈 공간으로 남게 되는데 이 부분을 원자 공공이라 한다.[그림 1.34 (a) 참조] 공공은 열적인 조건에 따라서 이리저리 움직이는 이동 속도가 달라진다. 온도가 낮아지면 이동 속도도 현저하게 낮아지며, 용융점 직전에서는 1초에 10^7번 이동하지만, 용융점의 40% 부분에서는 10^5초 또는 하루에 하나의 자리를 이동할 정도이다. 다수의 공공이 하나로 합해질 수 있으며, 이와 같이 많은 공공이 합쳐지면 미세한 기공이 될 수 있다.

결정 중에 전체 원자수를 N, 공공의 수를 n이라고 하면 공공의 수 n은 다음 식으로 나타낼 수 있다.

$$n = N\exp(\frac{-Q}{RT})$$

R : Boltzmanm 상수

T : 절대 온도

Q : 하나의 원자를 격자 위치로부터 금속 표면으로 이동시키는데 필요한 에너지

이 식에서 알 수 있듯이 결함의 농도는 온도 상승과 함께 급격히 증가한다. 따라서 풀림, 석출, 표면처리, 산화, 확산, 크리프 등 고온에서 금속을 취급할 경우 공공에 대한 고려가 절대적으로 필요하다.

(2) 침입형 원자(결함)

침입형 원자란 원자가 없어야 할 장소에 원자가 존재하는 경우 즉, 원자와 원자 사이의 틈에 탄소, 질소, 산소 등 본래 원자보다 원자 반경이 매우 작은 원자가 침입하여 생긴 결함을 말한다.[그림 1.34 (b) 참조]

그런데 침입형 원자가 존재할 수 있는 장소는 매우 좁다. 그러므로 침입형 원자가 될 수 있는 원자는 금속 원자보다 매우 작은 수소(H), 탄소(C), 질소(N), 산소(O) 등이 철(Fe) 등 각종 금속의 결정 속에 침입하는 경우이며, 금속의 여러가지 성질에 큰 영향을 미친다.

결정을 구성하고 있는 원자가 격자 사이에 침입한다는 것은 그 격자 사이를 들어갈 수 있을 정도로 큰 에너지가 있어야 된다. 따라서 침입이 가능하려면 형태 변화과정이 있거나 높은 에너지, 방사선 조사 등의 에너지가 필요하다.

(3) 치환형 원자

이종 원자라고도 하며, 완전 결정에서 원자가 있던 자리에 다른 종류의 원자와 자리를 바꾸는(치환)하는 형태의 결함을 말한다.[그림 1.34 (c, d) 참조] 치환형 원자는 본래의 원자의 크기와 비슷한 원자에서 일어난다.

(4) Frenkel 결함

결정의 격자점에 있던 원자가 튀어나와 격자 사이로 침입한 형태의 결함으로 공공과 침입형 결함을 합한 것과 같은 결함을 말한다.

(5) 불순물 결함

격자점을 불순물 원자가 대신 치환한 경우를 말한다.

2) 점 결함의 왜곡

자유전자에 의해 결합된 금속 원자들은 일정한 간격을 유지하면서 안정한 상태로 있게 되는데, 어떤 원인으로 서로 가까워지면 (+) 이온끼리는 서로 반발하여 멀리 떨어지도록 하며, 너무 떨어져 있으면 (-) 전하의 자유전자들이 금속 이온(+)을 잡아당겨서 원자들이 가까이 있게 한다. 그러므로 금속 원자들은 마치 스프링처럼 너무 압축하면 반발하고 너무 인장되면 수축하려고 하면서 원자들은 균형을 유지하고 적당한 거리에서 안정하고 편안하게 존재한다.

(1) **공공의 왜곡** : [그림 1.36 (a)]와 같이 공공이 생긴 곳은 원자가 없기 때문에 반발력이 작용하지 않으므로 결정 구조가 공공 안쪽으로 왜곡 현상이 생긴다.

(2) **침입형 원자의 왜곡** : 원자와 원자 사이의 침입형 자리에 침입형 원자가 있는 경우 침입형 자리는 아무리 커도 침입형 원자의 크기보다는 작기 때문에 원자들이 외부로 밀려나면서 압축응력을 주어 결정격자에 변형을 일으키게 된다.[그림 1.36 (b) 참조]

(3) **치환형 원자의 왜곡** : 치환형의 경우 치환되는 원자(용질)의 크기가 본래의 원자(용매)보다 작을 경우 주위의 원자들이 안쪽으로 왜곡되며 인장응력이 작용하고[그림 1.36 (c) 참조], 본래의 원자보다 클 경우 바깥쪽으로 휘어지게 되며, 압축응력이 작용하게 된다.[그림 1.36 (d) 참조]

그림 1.36 점 결함의 종류와 결정 왜곡

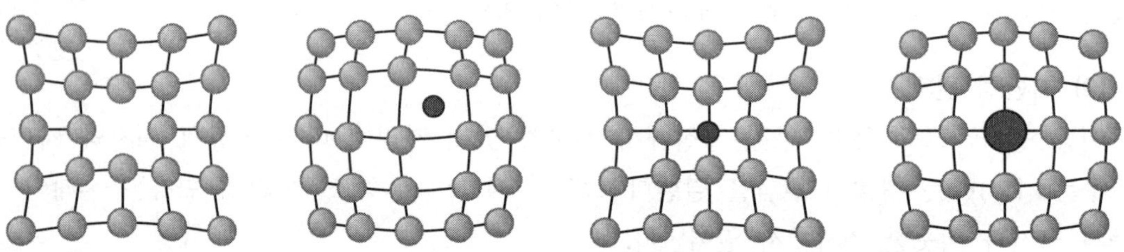

(a) 공공　(b) 침입형 원자　(c) 작은 치환형 원자　(d) 큰 치환형 원자

3) 선 결함(Line defect)

1차원 결함이라고도 하며, 결함 영역에서 공간의 한 방향으로만 원자 차원보다 크게 발달한 전위나, 점 결함의 사슬 등 즉, 원자 결정 중에 원자들의 줄이 하나 더 생겼거나 빠졌거나 삐뚤어져서 비정상적으로 배열된 결함을 선 결함이라 한다.

실제 모든 결정체는 원자들의 규칙 배열을 부분적으로 혼란시키는 여러 형태로 점이나, 선, 면 또는 체적 결함을 갖고 있으며, 이 결함의 존재는 고체 결정체의 성질을 바꿀 수 있게 된다.

선 결함에서 칼날 전위, 나사 전위, 혼합 전위에 대한 언급은 아래 '다' 항에서 설명하기로 한다.

4) 면 결함(Plane defect)

2차원 결함이라고도 하며, 액체가 응고할 때 결정핵이 생겨 성장이 완료되기 직전에 결정립과 결정립 사이에 아주 얇은 액막이 생기고 이 액막이 파괴되면서 결정립과 결정립 사이에 결정립계가 생기게 된다.

이때 결정립은 여러 방향으로 규칙적으로 배열되어 있으나, 결정립계(결정 경계)에 있는 원자들은 불규칙하게 배열되어 있으므로 곳곳에 많은 결함들이 있게 된다.

면 결함이 되는 형태들은 대체적으로 다음과 같으며, 이러한 결함 중에서 면을 이루고 있는 결함을 면 결함이라고 한다.

(1) **결정(상)경계(grain boundary)** : 양쪽 면의 결정은 본질적으로 동일하지만 결정 방위가 크게 다른 결함

(2) **아결정경계(sub grain)** : 결정(상)경계와 비슷하나 결정 방위의 차가 조금 적은 결함

(3) **적층 결함(stacking fault)** : 양면의 결정은 본질적으로는 동일하고 결정 방위도 같으나 원자의 쌓임 순서가 다른 결함

(4) **쌍정경계(twin boundary)** : 양면의 결정은 본질적으로 동일하나 결정 방위가 대칭관계에 있는 결함

(5) **역위상계면** : 화합물 또는 규칙격자의 경우에 일정하게 배열되어 있는 2종류의 원자가 어느 면에서 급격히 그 순서가 반대로 되어 있는 계면 결함

5) 체적(부피) 결함(Volume defect)

3차원 결함이라고도 하며, 점 결함이 집합되어서 생긴 결함으로 수축공, 기공, 석출물, 개재물 등이 있으며, 주조 결함처럼 일정한 체적을 가지는 결함을 말한다.

다. 슬립 기구와 전위

1) 슬립(slip) 기구

금속의 소성 변형은 결정면의 슬립에 의해 생기게 되며, 이 슬립은 미끄럼면 전체가 동시에 슬립하는 경우와 슬립면의 일부가 슬립을 일으켜서 점점 넓어지는 경우로 생각할

수 있다. [그림 1.37 (a)]는 양탄자 전체를 바닥에 밀착시키고 슬립변형을 주는 경우이며, (b) 그림은 양탄자를 역Z형(루프형)으로 구부려서 양탄자의 일부만 접촉시켜 슬립하는 경우인데, 동일하게 이동하더라도 전단력의 크기는 크게 차이가 나게 될 것이다.

슬립력(전단강도)에 대한 계산시 완전 결정에서의 슬립 전단강도는 [그림 1.37 (a)]와 같으며, 실질적으로 불완전한 결정의 슬립력은 [그림 1.37 (b)]와 같다고 생각하면 된다.

이와같이 슬립 변위와 전단력을 슬립면 전체가 동시에 슬립된다고 가정하고 계산한 값과 실측값과 비교해보면 실측값이 현저하게 적게 나오는 이유는 슬립 변형이 부분적으로 일어나는 경우가 대부분이기 때문이다.

그림 1.37 접촉 면적에 따른 슬립력의 크기 비교

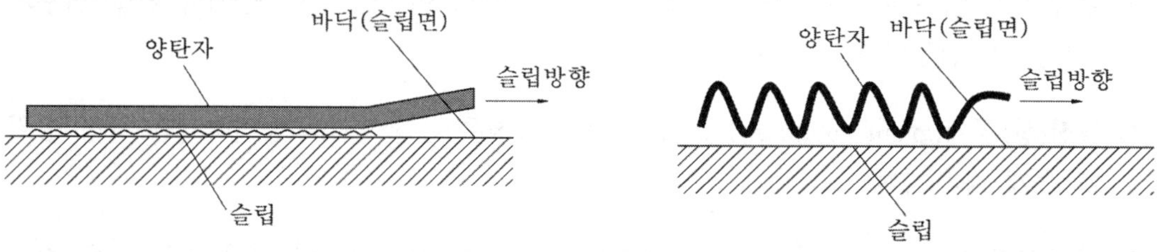

(a) 양탄자 전체가 미끌리는 경우

(b) 양탄자 일부가 접촉되어 미끌리는 경우

이러한 결정의 슬립(slip)이 특정한 면 및 방향에서 일어나는 이유는 슬립에 필요한 응력이 적기 때문이다.

일반적으로 슬립은 원자 밀도가 최대인 면에서 원자 밀도가 최대인 방향, 즉 원자 간격이 가장 작은 방향으로 생기게 되며,(표 1.7 참조) 온도가 증가될 경우 원자의 열진동도 증가하여 다른 면에서도 슬립이 일어나게 된다.

슬립면과 슬립 방향의 조합을 슬립계(slip system)라 하며, 슬립계가 많을수록 소성 변형이 쉽게 일어난다. 따라서 조밀육방격자는 슬립계가 적기 때문에 소성 변형이 어렵게 되며, 조밀육방격자의 변형기구로 쌍정(twin)이 있다. 쌍정은 원자의 전단적 이동으로 특정 면을 경계로 처음의 결정과 경면(거울면)적 대칭관계를 갖는 원자 배열을 갖는 결정 부분이다.

슬립의 최소 단위는 1원자간 거리이다.

표 1.7 결정체별 슬립면과 방향, 슬립계

결정의 종류	슬립 면	슬립 방향	슬립계	
			1면당 방향수	
체심입방격자(BCC)	(110)	<111>	2개 방향	6면 = 12개
면심입방격자(FCC)	(111)	<110>	3개 방향	4면 12개
조밀육방격자(CPH)	(0001)	<2110>	3개 방향	1면 2개

2) 전위(轉位, dislocation)

금속에 외력을 가하면 슬립면을 중심으로 슬립(slip)이 일어나는 부분과 일어나지 않는 부분으로 나누어지게 되며, 이때 원자의 배열에 혼란을 일으키게 되는데, 이 경우 정상적인 위치에 있던 원자들이 이동하여 비정상적인 위치에서 새로운 원자의 줄이 생긴 경우의 결함을 선 결함이라고 말하며, 다른 말로 전위라고 한다.

전위(轉位)는 결정이 성장 조건이나 소성 변형 등에 따라서 생기거나, 공공이 모여서 눌려 부서져서 형성된다. 이러한 결정을 풀림하면 전위가 손실(없어짐)하려고 하지만 풀림을 충분히 하여도 $10^6 \sim 10^8$ 개/cm^3 정도의 전위가 $10^{-4} \sim 10^{-3}$/cm 간격으로 결정 내에 존재하고 있다. 따라서 완전 결정은 실존하지 않으며, 가공도가 심할 경우 전위 밀도는 더 증가하여 10^{12} 개/cm^3정도나 되기도 한다.

이러한 전위를 움직이는 힘을 임계전단응력이라 하는데, 그 최소값은 이론적인 강도보다 1/100~1/1000의 힘으로도 전위가 쉽게 움직일 수 있으므로 이론치와 실제치의 차가 크다는 것을 쉽게 알 수 있다.(그림 1.37 참조)

전위의 종류에는 무수히 많으나 그 형태에 따라 크게 칼날 전위, 나사 전위, 혼합 전위로 구분하여 설명하고자 한다.

(1) 칼날(인상, edge) 전위

칼날 전위란 완전 결정 속에 잉여 반면이 마치 칼날을 박아놓은 것처럼 보인다 해서 붙여진 이름이다.(그림 1.38 참조)

그림 1.38 칼날 전위의 여러가지 예

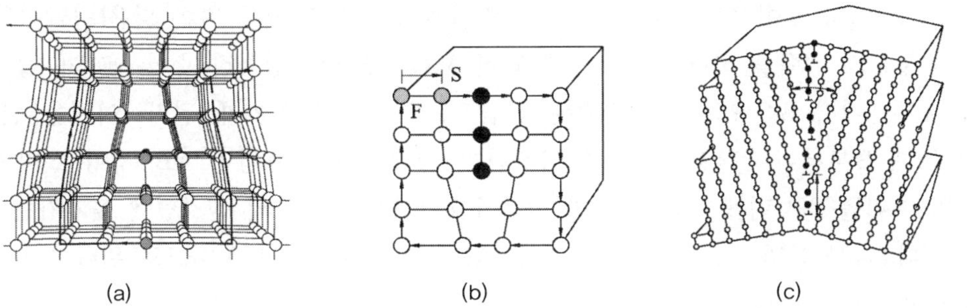

[그림 1.39]에서 가운데 (a)의 미끄럼 변형 전의 결정을 우측 (b)와 같이 왼쪽 상부에 하중(P)을 가할 경우 왼쪽에서 오른쪽으로 미끄러짐이 진행하는 도중에 원자 변위는 (b)의 중간과 같이 미끄러진 부분과 미끄러지지 않은 부분의 경계에 여분으로 들어간 1줄의 원자면(N)이 생기게 되는데 이것이 칼날 전위이다. (c)는 칼날 전위가 변형을 일으켜 정상으로 된 상태이다.

또한 (a)의 하단을 (d)와 같이 하중(P)을 가하면 위의 (b)와 같은 현상이 (d)의 중심과 같이 여분으로 들어간 원자면(N)이 생기게 되고, 변형을 진행하여 (e)와 같이 변형이 완료하게 된다. 이때 (b)와 같이 위 부분에 여분의 원자면(N)이 포함된 경우를 정(+)의 칼날 전위라 하고, (d)와 같이 여분의 원자면(N)이 하단에 포함된 경우를 부(-)의 칼날 전위라 한다. 이러한 (+) (-) 전위가 미끄럼이 진행되면서 합체되면 거기에 새로운 원자면이 삽입된 것과 같은 효과를 갖게 되며 전위는 소멸된다.

그림 1.39 2차원(평면)적 미끄럼의 진행에 따른 칼날 전위 생성

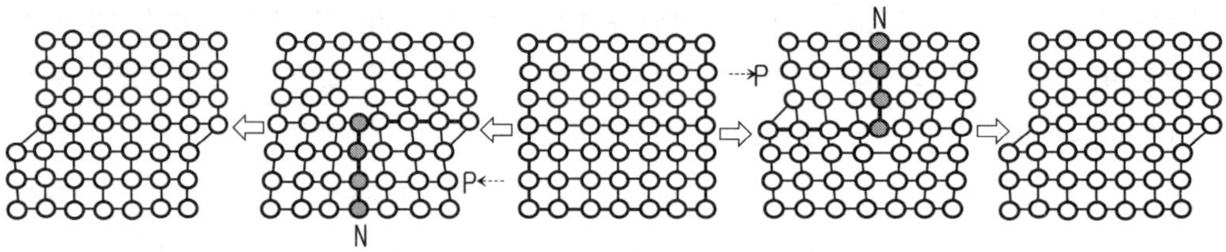

(e) (d) 부(−) 칼날(인상) 전위 (a) (미끄럼 변형 전) (b) 정(+) 칼날(인상) 전위 (c)

(2) 나사(screw) 전위

나사 전위는 칼날 전위보다 복잡하고 이해하기 어려운 선 결함으로, 슬립 방향과 전위선이 평행하며, 전위의 주위를 원자면을 따라 1회전하여 다음의 원자면으로 옮겨진, 즉 나사 모양으로 되는 전위이다.

이것은 원자의 줄이 조금씩 어긋나기 시작하여 마침내 한 원자 간격만큼 비스듬히 어긋나 있는 선 결함을 말한다.

[그림 1.40]과 같이 4각 고무 지우개의 중심에 면도칼로 반쯤 자른 다음(칼날전위 모양) 잘려진 부분의 왼쪽을 하단으로 누르게 되면 AB를 경계로 경사진 층이 생기게 될 것이다. 이때 A부분에서 B쪽으로 멀어질수록 점점 층의 높이가 커지게 된다. 이것을 결정이라 가정할 때 B부분이 1결정입자만큼 미끄럼이 생겼다면 미끄럼면 AB 사이는 마치 나사 전위의 주위를 원자면에 따라서 돌면 나사가 1회전마다 다음의 원자면에 옮겨가는 것같이 될 것이다.(나사 전위) [그림 1.40]은 왼나사와 같이 원자면이 변화하므로 왼나사 감기 나사 전위에 해당되며, 이와 반대인 경우 오른나사 감기 나사 전위가 된다.

나사 전위의 특징은 전위선이 미끄럼 방향과 평행하다는 것이다.

그림 1.40 **나사 전위의 여러가지 예**

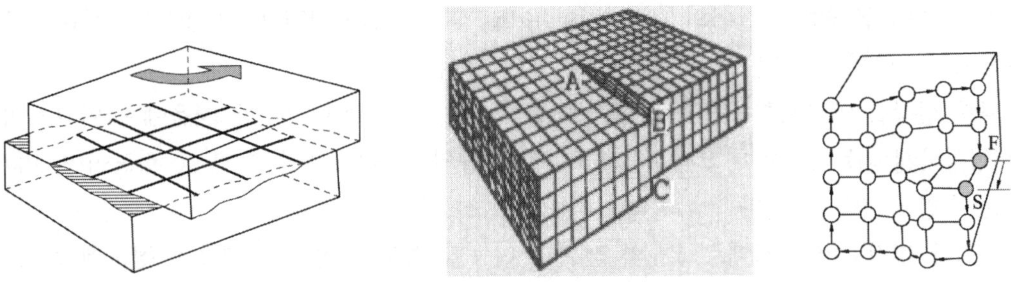

(3) 혼합(mixed) 전위

혼합 전위는 칼날 전위와 나사 전위가 혼합된 전위, 즉 미끄럼 방향과 전위선이 이루는 각도가 0°와 90° 사이에 있는 것 같은 전위를 말하며, 위와 같은 칼날 전위와 나사 전위의 양쪽 성분을 가지고 있으므로 이것을 혼합 전위라 한다.

3) 전위의 생성과 증식

(1) 공공에 의한 전위 생성

고온의 액체 상태에서 원자들이 불규칙하게 움직이다가 고온의 고체로 냉각되는 동안 공공들은 서로 합쳐지거나 금속 표면으로 이동하여 없어지기도 하지만 그 일부는 서로 합쳐져서 공동을 형성하거나, 공동의 중심으로 인근 원자가 이동할 경우 잉여 반면을 만들면서 칼날 전위를 만들기도 한다.(그림 1.41 참조)

그림 1.41 **공공이 칼날 전위를 만드는 과정**

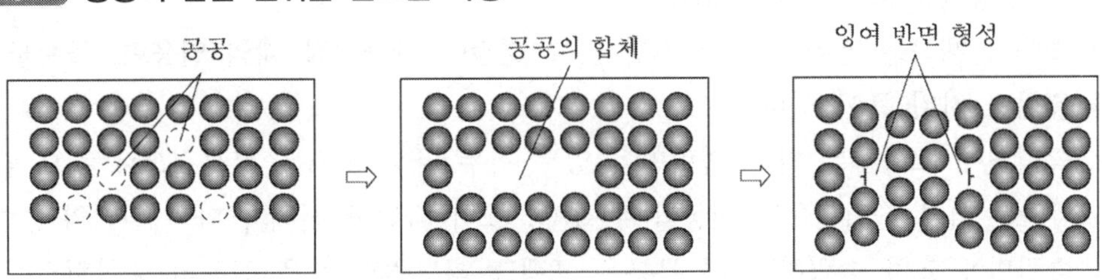

(2) 결정과 결정 경계면에 의한 전위 생성

결정과 결정이 약간 비틀어져 만날 경우 그 틈 사이에 다른 원자가 선을 이루면서 이동하여 채워지거나, 불규칙한 결정의 결합으로 비틀림이 많은 결정 경계 사이에 다른 결정들이 채워지는 선 결함을 말한다.(그림 1.38 (c) 참조)

(3) 전위의 생성 원인

결정 중에 존재하는 전위의 생성 원인은 그 결정이 만들어질 때의 열응력, 불순물 등과 공공(vacancy)의 집적된 전위, 결정의 경계면 등이 있다.

환봉 형상을 인장시험하면서 변형 상태를 상세하게 관찰해보면 맨 처음에는 미끄럼 밴드가 형성하게 되는데, 이 미끄럼 밴드가 형성된 층의 두께는 수십~수백 Å 정도이며, 미끄럼 층은 수천Å 정도가 된다.

그러나 미끄럼면을 경계로 1개의 전위가 이동할 경우 변형량은 약 3Å 정도에 불과하므로 수천Å 정도의 미끄럼층이 생기기 위해서는 많은 전위가 존재해야 되기 때문에 전위의 증식이 필요하게 된다.

(4) 전위의 운동

금속 중의 고용 원소 및 석출물이 전위의 이동을 방해하게 되며 이것에 의해 강도는 증가하게 되는데, 이것이 코트럴(cottrell) 효과이다. 순수한 금속에서도 전위가 움직일 수 없는 경우가 있다. 예를 들어 적층 결함으로 둘러 쌓인 전위 루프는 움직일 수 없는데, 이것을 부동 전위(sessile dislocation)라 한다. 또 2개의 서로 다른 슬립면 상의 전위가 만나 움직일 수 없는 부동 전위도 있다.

칼날 전위의 운동은 슬립면으로부터 움직일 때 공공(vacancy)에 의해 슬립면에 수직 방향으로 움직이는 경우가 있는데 이것은 전위선이 하나의 면으로부터 한 원자 간격만큼 사이를 둔 후 다음의 슬립면으로 이동하는 것으로 전위 조그(jog)가 있다.

나사 전위는 전위의 이동 방향과 슬립면이 평행이므로 어느 방향으로도 이동이 가능하다.

(5) 전위의 증식(Frank read source)

결정 중에 존재하는 전위의 발생 원인은 그 결정이 만들어질 때의 열응력, 불순물 등과 공공의 응집된 전위 등이 있다.

주요 슬립면에 교차하는 다른 슬립면이 있는 경우 나선 전위는 부분적으로 주요 슬립면에서 교차하는 다른 슬립면으로 이동할 수 있다. 교차 슬립한 전위가 다시 원래의 슬립면과 평행한 슬립면에 교차 슬립하면 이 부분은 프랭크 리드원과 같은 전위의 증식원으로 작용하고, 외부의 힘에 의해 점차 전위 루프를 형성, 증식을 하게 되며, [그림 1.42]와 같은 과정을 반복하여 많은 전위 루프가 증식하게 되는데, 이와 같은 전위의 증식을 2중 교차 슬립에 의한 증식기구라고 한다. 이 외에도 결정경계, 석출물, 부동 전위 등에서도 전위 증식이 발생하게 된다.

그림 1.42 **전위의 증식 과정(2중 교차 슬립에 의한 증식 기구)**

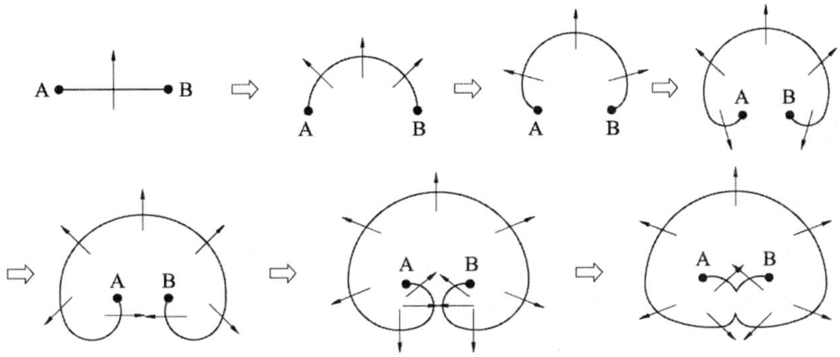

4) 전위의 중요 특성

(1) 가장 작은 격지 백티 또는 최소 버거스 벡터(Burgurs vector)를 가져야 된다. 전위 결함이 있는 결정에서 버거스 벡터란 원자 배열의 어긋난 정도의 크기와 방향을 표시하는 백터를 말한다.

단위 길이당 전위 에너지 = $\frac{1}{2}Gb^2$, (G : 금속의 전단탄성계수)

(2) 결정 내에서 끝날 수는 없으며, 표면과 경계면 또는 전위 매듭에서 끝날 수 있다.

(3) 압축응력(수축)이 작용하는 부분과 인장응력(팽창)이 작용하는 부분이 있을 수 있으며, 넓은 범위의 찌그러짐 및 응력장으로 둘러싸여 있다. 이때 응력장의 성분은 전위선으로부터의 거리 r에 반비례한다.

(4) 슬립면에서 버거스 벡터에 평행하게 작용하는 전단응력 r은 전위선의 단위 길이당 $F = br$의 힘이 작용하며, 힘(응력)이 임계값을 넘으면 힘의 방향으로 전위가 움직인다.

(5) 전위와 전위의 상호 응력작용으로 인해 전위 밀도가 상승하면 전위를 이동시키는데 필요한 전단응력도 증가한다.

(6) 변형 중에 서로 다른 슬립면에서 전위들이 움직이기 때문에 전위 상승이 발생하며, 절단될 수 있으며, 전위 상승이 계속되면 격자간 원자 혹은 공공 등의 점 결합이 생성할 수 있다.

(7) 전위는 가공을 하게 되면 이동을 하게 되는데 결정립계나 석출물 등의 장애물로 인하여 전위의 이동이 중지되고 집적(pile-up)되는 경우나, 다른 전위에 의해 전위의 이동이 고용된 이종원자 혹은 합금원자, 석출물, 미세하게 분포된 다른 상, 경계면에 의해서 전위의 이동에 방해를 받을 수 있으며, 이로 인해 경화현상이 발생하게 되는데 결정입자 강화, 가공 경화 또는 석출 경화 등은 이 원리에 의한다.

2 시효

가. 시효 현상

시효 현상(aging phenomena)이란 합금을 어떤 온도로 유지할 경우에 시간의 경과에 따라 그 내부 구조가 변화함으로써 합금의 여러가지 성질이 변화하는 현상 즉, 강을 급랭, 냉간가공 등을 한 후 비교적 낮은 온도에서 가열하면 시간의 경과에 따라 강도, 경도 등이 증가하고, 연성(延性)이 감소하는 현상을 변형 시효라 한다.

시효 현상에는 자연적으로 일어나는 자연 시효(natural aging), 실온 이상의 적당한 온도로 가열했을 때 일어나는 인공 시효(artificial aging), 그리고 담금질 시효, 변형 시효 등이 있다.

1) 코트렐 효과

코트렐 효과(cottrell's effect)란 탄성적 상호작용으로 불순물 원자나 점 결함(point defect)이 전위선에 가까이 당겨져 전위를 고착시키는 효과를 말한다. 하지만, 칼날(인상) 전위에서는 모격자 원자보다 작은 점 결함은 격자의 압축측의 전위 중심에 가까운 격자점에 들어가고, 큰 점 결함은 반대로 팽창측과 동일한 격자점에 들어가는 것이 가장 안정하다.

그러나 나사 전위의 경우 제1 근사에서는 격자의 압축 팽창이 없으므로 이 종류의 상호작용은 매우 작다. 이와 같이 결정 내의 불순물 원자나 공격자점(空格子點)은 전위 주위의 변형 응력장에 이끌리는 경향이 있는데, 이렇게 열평형상태로 이들 점 결함의 일정한 농도의 분위기에 둘러 쌓이는 것을 코트렐 분위기라고 부르고 있다. 또한, 어떤 종류의 점 결함의 집합상태에 따라서는 격자에 이방적 일그러짐을 생기게 할 수 있지만, 그 때는 나사 전위와 함께 그 층의 밀기 변형력을 통하여 상호작용을 일으키게 된다.

2) 변형 시효

변형 시효는 보통 항복점 현상과 깊은 관련이 있다. 즉 금속을 상온에서 소성 변형을 가한 후 비교적 낮은 온도에서 가열하면 강도가 증가하고 연성은 감소하는 현상을 변형 시효라고 말한다.

인장 시험의 경우를 예를 들어보면 [그림 1.43 (a)]와 같이 시험편에 힘을 가하여(A-B) A-B-C로 인장 후 하중을 제거하면(C-D) A-D만큼 변형되어 늘어나게 된다. 즉시 시험편에 하중을 가하여 인장하면(D-C) C-E로 변형되며, 하중을 제거하면(E-F) D-F만큼 연신이 생기게 된다.

그러나 시험편에서 하중을 제거한 후 150℃ 정도로 몇 시간 가열하거나, 상온에서 며칠 방치한 후에 다시 하중을 가하면 [그림 1.43 (c)]와 같이 곡선이 F에서 G로 상승하면서 새로운 항복점이 생성되며, E-G만큼 강도가 증가하게 되는데 이와 같이 시간이 지남에 따라 강도, 경도 등 기계적 성질이 변하는 현상을 변형 시효라 한다.

그림 1.43 **변형 시효가 일어나는 현상**

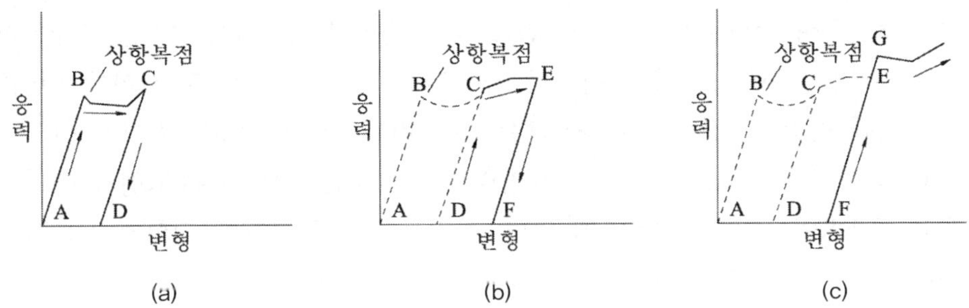

(1) 변형 시효가 생기는 이유

자동차가 출발하여 계속 가속할 때는 큰 힘을 가하지 않아도 속도가 증가하지만, 정지상태에서 출발하려면 큰 힘이 필요하게 되는 것과 같이 시험편을 인장 중에는 전위들이 계속 이동되지만, 인장을 멈춘 후 시간이 경과하면 움직이던 전위들이 생긴 부분에 탄소, 질소 등이 침입하여 전위가 안정화되는 경우나, 가열을 하는 경우에도 전위 부분에 탄소, 질소 등의 침입이 쉬워져 전위가 안정화되므로 인장을 하려면 더 큰 힘이 필요하게 되는데, 이와 같이 강도가 증가하는 현상이 변형 시효이다.

(2) 변형 시효 방지법

변형 시효는 강재 내부에 존재하는 탄소나 질소, 기타 합금 원소가 전위의 부분에 침입하여 일어나기 때문에 이러한 탄소, 질소 등을 제거하기 위해 제강할 때 탈산제를 첨가하여 완전 제거하면 된다. 그러나 이렇게 해도 변형 시효를 완전 제거할 수는 없으며, 최대한 억제할 뿐이다.

나. 석출 시효

석출 시효(析出 時効)란 온도가 상승하면 용해도가 증가하는 용질원자를 함유한 금속 또는 화합물을 고용하는 합금을 급랭하면 용질원자는 과포화 상태로 고용하게 되며, 이 상태에서 장시간 유지하거나, 재가열하면 고용 원자의 석출이 생기게 되며, 이 석출은 일반적으로 전위나 격자 결함의 유무에 따라 영향이 있으며, 온도가 높을수록 촉진하게 된다. 이때 석출이 생기면 경도나 항복점이 변화하게 되는 현상을 말한다.

석출 초기에는 미세한 석출물이 작은 간격으로 접근하여 존재하고 있는 상태이므로 석출의 진행에 따라서 경화의 경향이 적으나, 석출물이 성장하여 그 평균 간격이 25~50 Å의 원자간 간격에 달하면 최고 경도를 나타내고, 그 이후로는 석출물의 응집과 함께 연화(軟化)하게 된다.

[그림 1.44 (a)]와 같이 석출 초기에는 미세 석출물이 매우 근접 분포되어 있으므로 전위의 진행에 대한 저항이 비교적 작고, 전위선은 이러한 석출물을 지나쳐서 진행하게 되지만, 석출물이 어느 정도 커지면 그 부분에 직면한 전위선의 진행이 저지되며, 국부적으로 굽힐 수 있으므로 석출물에 직면하지 않은 부분은 그대로 진행하려고 하여 곡선을 형성하며 전위선의 길이는 커지게 된다. 이때 전위선이 가지고 있는 에너지는 그 길이에 비례하므로 에너지의 증가에 따라 경도도 증가하게 되는데, 이러한 현상을 시효 경화라 한다.

시효가 더 진행되어 석출물 사이의 평균거리보다 커지면 [그림 1.44 (b)]와 같이 전위선은 석출물을 둘러쌓은 루프를 형성하게 되며, 전위선의 진행에 대한 저항의 정도가 낮아지므로 그 물체는 변형이 쉬워지게 되는데 이 과정을 연화 과정이라 한다.

그림 1.44 석출물(방해물) 사이의 전위의 이동

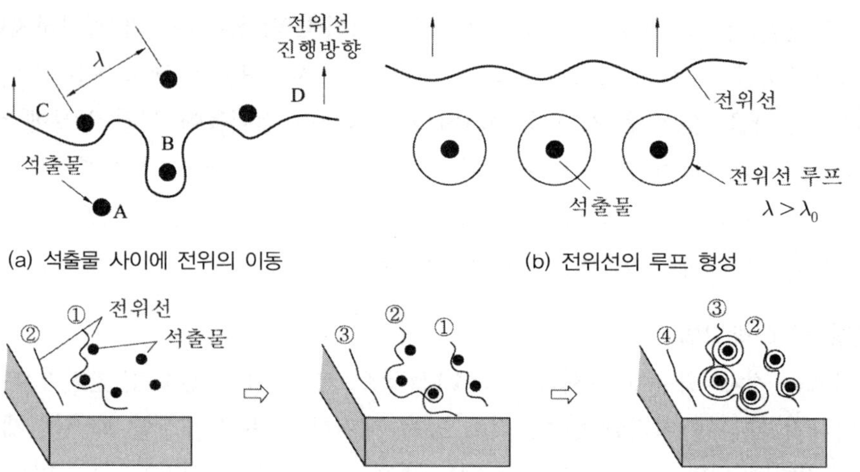

(a) 석출물 사이에 전위의 이동

(b) 전위선의 루프 형성

3 금속의 강화기구(strengthening mechanism)

가. 금속의 강도

금속의 강도란 소성변형에 대한 저항성을 나타내는 말이다. 즉 어떤 강도를 갖는 물질을 영구 변형시키거나 눈에 띄는 변형을 야기시키기 위해서는 어떤 응력이 필요하다. 또한 강도라는 말은 파단응력(U.T.S), 압축강도 또는 파단강도 등을 의미한다.

나. 강화 기구

금속결정에 외력이 가해지면 전위의 이동에 의해 변형이 일어나기 때문에 이상적인 전단 강도보다도 훨씬 작은 응력에 의해서도 금속결정의 변형이 생기는 것이다. 따라서 모든 강화기구는 특별히 높은 온도의 크리프(creep)에서 부가되는 인자인 입계의 이동을 방해하는 것을 제외하고는 일반적으로 전위의 이동을 감소시키고 전위가 결정 내에서 어떤 거리만큼 움직이는데 필요한 응력을 상승시키는 것이라고 할 수 있다.

다. 금속의 강화기구의 종류

1) 금속재료의 항복현상

구조물의 기계적 성질 중에서 가장 중요한 것의 하나가 소성변형을 일으키는 항복응력이며 이는 설계자가 특히 알아야 할 중요한 사항이다. 우리가 어떤 재료에 어떤 응력을 가할 때 그 응력이 항복응력보다 훨씬 낮은 경우에는 전위가 불순물 원자, 제2상, 입계 또는 다른 전위와의 상호작용에 의해, 또한 전위와 결정격자와의 상호작용에 의해 고정되어 있기 때문에 전위는 이동하지 않으므로 이같이 낮은 응력에서는 탄성변형만 발생한다.

그러나 응력이 높아져서 전위가 움직이게 되면 재료는 소성변형을 시작하게 되며 이때의 소성변형률(E_P)은 $E_P = \frac{1}{2} Pb\overline{V}$ 이다 .

여기서 P는 Burgers Vector b를 갖는 가동전위의 밀도, $\overline{V}$는 전위의 평균속도이다.

큰 응력 하에서 전위가 움직이기 시작하면 재료는 탄성변형과 소성변형이 동시에 일어나는데, 초기에는 가동전위의 수가 적고 이동속도도 느려서 응력변형 곡선의 기울기는 탄성변형 영역의 기울기에서 약간 벗어날 뿐이나, 계속 응력이 가해지면 전위의 증식이 일어나고 전위의 평균속도도 증가하여 소성 변형률이 탄성 변형률보다 훨씬 커져 응력-변형률 곡선이 소성 변형에 의해 지배받게 된다. 이처럼 재료의 항복현상은 재료 내에서 전위의 이동도와 관계가 깊고 재료 내에서의 전위의 이동도는 전위와 다른 결합과의 상호작용에 의해 좌우하게 된다.

따라서 재료 내에서 전위 이동을 억제시키는 여러가지 방법이 재료의 강화기구가 될 수 있을 것이다.

2) 고용체 강화

(1) 격자 변형 효과에 의한 강화

용매 원자의 격자에 용질 원자가 고용되면 격자 변형으로 동일(순) 금속보다 전위를 움직이는데 더 많은 에너지가 필요하게 되어 더욱 강한 합금이 된다. 이는 고용체를 형성하면 그것이 치환형 고용체이건 침입형 고용체이건 간에 격자의 뒤틀림 현상(왜곡)이 생기게 되어 용질 원자의 근처에 응력장(stress field)이 형성된다. 이 용질 원자에 의한 응력장이 가동 전위의 응력장과 상호작용하여 전위의 이동을 방해하여 재료를 강화시킨다.

(2) 규칙 격자 효과에 의한 강화

용질 원자가 격자 내에 불규칙하게 분포되어 있을 때보다 규칙 격자 상태일 때 전위가 통과하는데 그만큼 큰 에너지가 필요하기 때문에 합금은 강화하게 된다. 직선의 전위선과 완전한 불규칙도를 갖는 용질 원자의 분포에서는 전위에 가해지는 힘의 합이 영(0)으로 되는데, 실제적으로는 용질 원자가 완전한 불규칙도를 이루지 못하고, 전위선이 직선을 유지하고 있지 않고 휘어지기 쉽기 때문에 전위에 힘을 작용하여 전위의 이동을 억제하게 되어 강화되는 것이다.

3) 코트렐(cottrell) 효과에 의한 강화

코트렐 효과란 불순물 원자나 점 결함(point defect)이 탄성적 상호작용으로 전위선에 가까이 당겨져, 전위를 고착시키는 효과를 말한다. 칼날 전위에서 큰 점 결함은 팽창 측과 동일한 격자점에 들어가 안정하게 되어 강하게 고착하게 된다.

나사 전위의 경우 격자의 압축 팽창이 없으므로 상호 작용은 매우 작다. 이와 같이 결정 내의 불순물 원자나 공격자점(空格子點)은 전위 주위의 변형력장에 이끌리는 경향이 있다.

4) 분산 강화와 석출 경화

(1) 분산 강화

분산 강화란 제2상이 고용체로부터 석출이 아닌 다른 과정(분말 야금법, 내부 산화법 등)에 의해 형성될 경우의 강화현상을 말한다. 금속은 기지 내에 미세하게 분산된 불용성의 제2상에 의해 강화된다. 이때 분산된 제2상의 도입 방법에 따라 과포화 고용체 석출에 의한 강화와 분산 강화로 구별하고 있다.

분산 강화계에서는 고온에서도 제2상이 기지 중에 용해하지 않으므로 고온에서도 우수한 기계적 성질을 유지하게 된다.

분산 강(경)화형 합금은 미세하고 경질의 금속 또는 합금기지에 고온에서도 안정한 입자를 분산시켜 강화한 복합합금으로 비중이 낮고 내열성이 높으며 열팽창계수가 적고 전기 전도도가 양호하며 내식성 및 내피로성이 양호하여 내연기관의 피스톤재 및 콤프레셔 부품, 고온가스의 유량 제어변(밸브), 열교환기용, 항공기용 부품 등에 사용된다.

(2) 석출 경화(Precipitation Strengthening)

경화라는 것은 재료의 경도(굳기)가 증가하는 것으로, 재료 내부에 존재하는 전이(轉移)를 일으키기 어렵게 함으로써 이루어진다. 즉 전이의 운동을 방해하는데에 적합한 크기로 석출이 일어나면 경화가 발생한다.

석출 경화란 고체의 내부에서 조성 구조가 서로 다른 새로운 상(相, 제2상)이 과포화 고용채로부터 석출에 의해서 형성되고, 이 석출상의 형성으로 합금이 경화하는 현상이다.

상세한 사항은 제1편 제2장 제4절 3. 다항을 참조하기 바란다.

5) 결정립 미세화에 의한 강화

일반적으로 다결정 재료에 있어서 결정립계 그 자체는 고유의 강도를 갖고 있지 않지만, 결정립계는 결정립 내의 슬립을 상호 간섭함에 의해 전위의 운동에 장애물이 됨으로써 강화가 일어난다고 알려져 있다. 따라서 결정립계가 많아질수록, 즉 결정의 입도가 작아질수록 재료의 강도는 증가한다.

이러한 결정립의 크기와 항복강도와의 관계는 Hall-Petch 관계식이 성립함으로써 발견되었다.(제1편 제1장 제3절 2. 나. 2) 참조)

6) 가공 경화(加工硬化 work hardening)

금속을 상온(냉간)에서 소성 변형을 주면 변형 정도가 늘어남에 따라 금속 내부의 결정 입자가 가공 방향으로 슬립(slip) 변형이 생기게 된다. 이때, 결정 방향이 서로 다른 수많은 결정 입자의 슬립 방향이 서로 달라 결정입자간에 상호 간섭을 일으켜 슬립에 대한 저항이 점차 증가하고, 잔류응력이 발생하게 되며, 금속재료에 경도와 강도가 증가하게 되는데, 이것을 가공(변형) 경화(work hardening)라 한다.

이 소성 변형(가공 경화)을 지배하는 인자로는 재료 중의 전위 운동, 쌍정 변형, 미끄럼 변형 등을 들 수 있는데, 가공 경화는 전위(dislocation)가 크게 관여한다. 즉 소성 변형에 따른 전위가 증식되고, 그것이 불균일하게 분포되어 서로 뒤얽힘으로써 운동하는 전위에 대한 장애가 되어서 그 이상의 전위 운동이 억제되기 때문에 변형저항이 늘어난다. 따라서 한번 소성 변형을 받은 재료는 그 응력 범위에서 탄성한도가 높아지고, 본래의 재료보다 항복점(소성변형 개시점)이 높아져 소성변형을 일으키기 어려워짐과 동시에 재료가 파괴되는 성질이 적어져 경도 및 강도가 증가하는 성질을 나타내게 된다.

이 경화의 정도는 가공하는 온도에 따라 다르다. 즉, 가공 온도가 높아지면 가공 경화의 정도가 작아지므로 열간 가공시에는 가공 경화가 일어나지 않는다.

02 열처리와 표면 경화

제1절 | 열처리 기초

1 열처리 기술의 개요

가. 열처리 기술이란(정의)

기업의 경쟁력 확보를 위해서는 고품질, 저가격, 짧은 납기에 고도의 기술력을 가해서 부가 가치가 높은 제품을 생산하여야 된다. 따라서 독자적인 기술력과 노하우가 한데 모아져서 외관부터 내용물에 이르기까지 재료, 열처리, 표면개선, 표면처리가 주 기술이 되어야 된다고 생각한다.

열처리 기술은 금속재료, 기계부품, 금형공구에 요구하는 기계적, 물리적 성질을 부여하기 위해 가열과 냉각을 반복함으로써 특별히 요구되는 성질(내마모성, 내충격성, 사용수명 연장 등)을 갖게 하여 기계의 기능 향상 및 수명을 연장할 수 있는 열적 조작 기술로서 제조 공정의 중간 또는 최종단계에서 이루어지고 있으며, 금속 또는 합금의 재결정, 원자의 확산, 상변태(相變態)를 이용하는 것이다.

특히 공구강, 고속도강, 금형용강 등의 합금강은 원료 자체가 고가(高價)이고 제품 설계와 가공에 있어서 기술적인 어려움이 많아 부품 제조에 소요되는 생산 원가가 높기 때문에 이러한 부품의 열처리는 그 결과가 매우 중요하다.

만일 열처리에 의해 불량이 발생된다면 그 손실은 크다. 한 예로서 금형과 같은 고가이며 고도의 정밀도를 요구하는 제품이 마지막 열처리 과정에서 불량이 생겼다면 그 금형은 폐기되어야 되기 때문에 그 손실은 매우 크다 하겠다.

열처리는 값싼 소재의 성능을 향상시켜 값비싼 고급 재료에 상응하는 기능을 발휘시킬 수 있으므로 제품의 원가 절감에도 기여하는 중요한 분야이다.

열처리 분야가 타 산업과의 관련 및 파급 효과를 보면, 제조, 성형, 가공 등의 공정을 거쳐 생산된 제품의 성능 향상을 위해 처리하는 기술이므로 다른 공정이 아무리 잘 이루어졌다고 하여도 열처리가 따라주지 못하면 완제품으로서의 제 성능을 발휘할 수 없다.

열처리가 가장 많이 이용되는 산업분야는 자동차, 산업 기계, 철도 차량, 금형, 섬유 기계, 전기, 전자, 광산 기계, 건설 중장비, 농기계, 선박·항공기 부품 및 일용품 등이 있다.

나. 열처리의 목적

(1) 냉간 가공 및 불균일 냉각에 의한 응력 제거(중간 풀림, 연화 처리)
(2) 열간 가공된 강의 결정립 미세화, 방향성 최소화, 편석 방지, 조직의 균일화(불림)
(3) 경도 감소와 연성 향상에 의한 기계 가공성 향상(풀림, 탄화물의 구상화 처리)
(4) 경도, 인장력을 증가시켜서 내마모성을 향상(담금질, 담금질 후 뜨임)
(5) 사용 중 충격에 견딜 수 있도록 인성의 향상(뜨임)
(6) 기계 가공에 의한 제품의 비틀림 또는 사용 중 파손의 발생 방지(응력제거 풀림)
(7) 공구강의 절삭 능력을 향상
(8) 강의 전기적 및 자기적 성질의 개선(규소강판의 풀림)
(9) 강 중으로 확산 용해된 수소를 제거하여 수소 취화의 최소화(150~300℃로 가열)
(10) 조직 안정화(풀림, 뜨임, 심랭처리 후 뜨임) 및 내식성 개선, 표면 경화

다. 열처리시 고려 사항

1) 열처리에 의한 기대 성능 결정

고내마모성, 고인성, 내피로도, 내충격성, 내열성, 내식성, 탄성, 열피로도, 내한성 등 요구 성능에 따라 재질, 열처리 기술의 종류, 경도 값을 결정한다.

2) 제품의 사용 온도, 사용 조건, 사용 빈도, 경제성 감안

주위의 환경(제품의 사용 온도, 마찰열, 부식 조건, 진동 등)에 따라 혹은 사용 빈도를 감안 적정한 강재를 선정한다.

3) 사용 경도 지정

원제품의 경도값인가? KS, JIS 참고값인가? 제품에서 요구하는 인장 강도 계산값인가를 지정해야 되며, KS, JIS에 표기된 각 재료별 경도값을 도면에 그대로 사용하면 안 된다.

통상 KS, JIS 값은 각 재료별 ø25mm 환봉에 대한 실험값으로 재질별 조질 또는 담금질, 뜨임한 참고 값이다. 도면SPEC은 제품이 요구하는 강도, 경도, 충격치 등 정확한 값을 표기해야 된다.

4) SM45C의 열처리

SM45C는 탄소량이 0.35~0.50% 정도 함유한 탄소강으로 각종 기어, 축, 체인, 롤러, 금형, 핀 등에 많이 사용되나, 열처리가 잘되는 크기는 ø15 이하나, t10mm(수냉하면 ø25, t20mm) 정도이며, 그 이상은 경도가 점차 낮아져 HRC50 이상은 얻기 어렵다. 따라서 체적(질량)이 커질수록 점차 고합금강으로 사용한다.(질량 효과 때문임) 단 고주파, 중주파 열처리는 체적에 관계없이 SM45C가 많이 쓰인다.

5) 열처리 변형 고려

완제품 가공 후 열처리는 변형 등 불량을 초래하므로 후 공정을 감안해야 한다.

6) 림드강재(비 탈산처리)로는 열처리 제어 곤란

중요 제품은 모두 킬드강을 사용한다. SS41, SPC 등 림드강(저급 소재)은 KS 비열처리 소재로서 불순물 제거가 안되어 열처리 후 경도 제어가 곤란하다.

7) STC3, STC5(탄소 공구강)도 질량 효과가 큼

탄소 공구강은 질량 효과가 커서 열처리가 잘 안되므로 대형부품, 금형류 등은 합금강재로 바꾸는 것이 좋다. 소형 부품, 수냉용 단순부품은 관계없다.

8) 복합 열처리 기술의 활용

(1) 조질 + 고주파, 중주파
(2) 조질 + 연질화, 가스질화
(3) 풀림 + 침탄, 조질
(4) 진공 열처리 + 연질화, 가스 질화
(5) 침탄 + 고주파

9) 적정 재질과 적정 열처리 기술의 선택이 최고 품질 제조

10) 질량과 형상이 불균형한 제품은 항상 변형과 균열의 위험 발생

2 열처리 기술의 분류

가. 일반 열처리

(1) **불림(소준, Normalizing)** : 가공시 발생된 이상 조직의 균질화 및 가공성 향상, 조직 개선 및 표준화, 응력 제거, 가공성 향상을 위한 열처리이다.

(2) **풀림(소둔, Annealing)** : 부품의 연화, 기계 가공성 향상 및 잔류응력 제거가 목적이며, 종류에는 온도 고저에 따라 고온 풀림, 저온 풀림이 있으며, 방법에 따라 완전 풀림, 확산 풀림, 구상화 풀림, 응력 제거 풀림, 중간 풀림, 연화 풀림, 2단 풀림, 등온 풀림 등이 있다.

① 고온 풀림 : 강을 A_3(아공석강) 또는 A_1(과공석강)변태점보다도 약 50℃ 고온으로 가열하여 일정시간 유지한 후 서랭하는 풀림

② 저온 풀림 : A_1 변태점보다 다소 낮은 온도로 가열하여 유지한 후 적당히 냉각시키는 풀림

(3) **담금질(소입, Quenching)** : 부품의 경화(담금질시 경도는 3배 정도 증가)를 위한 열처리이다.

(4) **뜨임(소려, Tempering)** : 담금질 처리된 부품의 잔류응력 제거, 조직 및 기계적 성질의 안정화가 목적이며, 저온 뜨임, 고온 뜨임이 있다.

(5) **조질 처리** : 중탄소강, 구조용 합금강재에 담금질-뜨임하여 소르바이트 조직을 얻는 열처리이다.

(6) **심랭처리** : 고탄소강의 담금질시 잔류 오스테나이트를 모두 마텐사이트로 변화시키기 위해 영하 이하로 냉각하는 열처리이다.

나. 특수 열처리

(1) **항온(염욕) 열처리** : 일정 온도에서 항온(동온)으로 유지하는 열처리로 종류에는 항온 풀림(ausannealing), 오스템퍼링(Austempering), 마템퍼링(Martempering), 마퀜칭 등이 있다.

(2) **진공 열처리** : 고진공 속에서의 열처리법이며, 고합금 공구강재(STD, STF, SKH, STS 등)의 열처리에 적용한다.

다. 표면 경화 열처리

1) 부분 가열 표면 경화

대부분 물리적 표면 경화법의 일종이다.

(1) **고주파 표면 경화**(Induction surface hardening) : 고주파 유도장치를 사용한 열처리

(2) **화염 표면 경화**(Flame surface hardening) : 대형 가스 토치를 사용하여 구조물 용접 부분의 표면 경화를 위한 간이 열처리

(3) **레이저 표면 경화**(Laser surface hardening) : 마모가 심한 부위 등 필요 부분만의 표면 경화

(4) **전자빔 표면 경화**(Laser surface hardening) : 마모가 심한 부위 등 필요 부분만의 표면 경화

2) 전체 가열 표면 경화

대부분 화학적 표면 경화법의 일종이다.

(1) **침탄**(Carburizing) : 부품 표면에 탄소의 확산 침투에 의한 표면 경화(고체 침탄, 액체(염욕) 침탄, 가스 침탄, 플라스마 침탄, 진공 침탄

(2) **침탄 질화**(Carbonitriding) : 부품 표면에 탄소와 소량의 질소를 동시에 침투시켜 표면 경화

(3) **질화**(Nitriding) : 부품 표면에 질소의 침투에 의한 표면 경화(가스 질화, 연 질화, 액체 질화)

(4) **침질 탄화**(Nitrocarburizing) : 부품 표면에 질소와 소량의 탄소를 동시에 침투시켜 표면 경화

(5) **침붕**(Boriding) : 부품 표면에 붕소의 확산 침투에 의한 표면 경화, 고내마모성을 요구하는 부품, HV1500 이상의 고경도를 얻을 수 있다.

(6) **기타** : CVD(화학 증착법), PVD(물리 증착법), 플라스마 용사법

3) 금속 침투법

부품 표면에 금속 원소와 탄소에 의한 탄화물 층을 형성하는 표면 경화법으로 세라디이징(Zn 침투), 칼로라이징(Al 침투), 크로마이징(Cr침투), 보론 나이징(B 침투), 실리코 나이징(Si 침투) 등이 있다.

라. 기타 열처리

(1) **용체화 처리** : 스테인리스강의 강도, 가공성 향상, 내식성 개선, 수명 연장 등을 위한 열처리
(2) **취성 제거 처리** : 도금에서 발생된 수소 취성을 제거하는 열처리
(3) **수인 처리** : 고 Mn강의 강도 가공성 향상
(4) **가공 열처리**

3 탄소당량과 경화능지수

가. 탄소당량과 경화능지수 관계

철강에서 탄소 함유량은 경화능을 표시하는 중요한 지표가 된다. 그런데 합금의 경우는 탄소 이외의 원소들도 함유되어 있으며, 탄소 함유량이 적더라도 합금원소의 양에 따라 경화의 정도가 매우 달라질 수 있다.

따라서 합금 원소들도 탄소와 같은 역할을 하게 되므로 합금화 거동에 대해 탄소와 더불어 다양한 합금 원소(Alloy Element)들의 영향의 관계를 지수로 나타낸 것이 탄소당량이며, C, Mn, Mo, Cr, V, Ni, Si 등 합금원소의 경화능(Hardenability) 정도를 나타내는 지수로 탄소당량이 쓰이고 있다.

합금강 열처리의 경우 온도 설정과 열처리 방법 선정, 그리고 용접에서도 예열온도나 입열량, 냉각속도와 최고 경도 등 다양한 부분에서 탄소당량값이 적용되고 있으므로 용접을 한다는 사람은 탄소당량(Carbon Equivalent)의 뜻과 계산방법, 용도 정도는 알고 있어야 할 것이다.

나. 탄소당량 계산 공식

합금 원소들의 경화능(硬化能)을 표시하는 방식으로 각 합금 원소의 효과를 탄소 함유량의 효과로 환산한 것이 탄소당량(Ceq)이며, 수많은 실험식이 있으나 가장 많이 사용되는 것은 다음과 같다.

(1) **AWS에서 채택**
: Ceq=%C+1/4%Mn+1/20%Ni+1/10%Cr+1/40%Cu-1/50%Mo-1/10%V
(2) **미국 바텔 연구소에서 채택** : Ceq=%C+1/6%Mn+1/24%Si

(3) I.I.W 국제용접협회 채택 : Ceq=%C+1/6%Mn+1/5%(Cr+Mo+V)+1/15%(Ni+Cu)

(4) 일본, JISZ 3106 채택

: Ceq=%C+1/6%Mn+1/24%Si+1/40%Ni+1/5%Cr+1/4%Mo+1/14%V

(일본 기하라, 스즈끼, 다무라의 식)

(5) 주철의 탄소당량 간편식 : Ceq=C% + (Si + P)/3

다. 탄소당량 공식의 적용

(2)식은 미국의 바텔 연구소에서 용접부의 비드 및 터짐에 대한 척도로 사용한 식이다.(Ceq = 0.37% 이상) 구조용강 재료는 (1)식에 의하면 탄소당량이 0.4%를 초과하면 언더비드 균열(Under bead Crack)이 일어날 가능성 있다고 하여 소재의 재질 성분에 제한을 할 필요가 있다.

어떤 규격에서는 탄소당량치를 최대 0.60%까지 규정하고 있는 것도 있다. 위의 식에서 공통된 것은 탄소가 중요하다는 점이다. 즉 탄소가 철강의 경화에 제일 큰 역할을 한다는 점이며, 탄소당량치를 일정 값, 예컨대 0.40%로 제한한다면, 이 중에서 탄소의 량이 0.35%를 초과한 재료는 사용 못하도록 제한할 필요가 있게 된다.

실제로 ASME Code의 Section I인 발전 보일라 규격에는 탄소량이 0.35%를 초과하는 재료는 사용 못하게 제한하고 있기도 하다. 한편, 탄소당량값과 용접부의 최고 경도(Hmax)와의 관계식은 아래와 같다.

$$Hmax(Hv)=(666Ceq+40)\pm 40$$

여기서 탄소당량값이나 최고 경도값을 제한하면 용접하고자 하는 재료의 화학 성분을 제한할 수가 있다는 상관관계를 현장 용접에서는 상당히 유용하게 이용할 수가 있을 것이다.

제2절 | 일반 열처리

1 풀림

가. 풀림(소둔, annealing)의 개요

풀림은 주조, 압연, 단조 등으로 거칠고 불균일한 조직 등을 연화하고 균질화하며, 잔류 응력 제거 및 구상화를 목적으로 Ac선 또는 A_1 변태점 이상 20~30℃로 가열하여 일정시간 유지한 후 가열된 로 내에서 서랭하는 열처리를 말한다.(그림 2.1 ① 참조)

풀림의 종류는 풀림의 목적에 따라 완전 풀림, 응력 제거 풀림, 확산 풀림, 항온 풀림, 구상화 풀림, 연화 풀림, 저온 및 중간 풀림 등이 있다.

나. 풀림의 일반적인 목적

풀림의 목적은 경도 저하(연화), 절삭성 향상, 냉간 가공성 향상, 결정 조직의 미세화, 기계적, 물리적 성질 개선에 있으며, 가스 및 불순물의 방출과 확산을 일으키고 내부 응력을 저하시키는 것이다.

그림 2.1 완전 및 응력제거 풀림 열처리 곡선

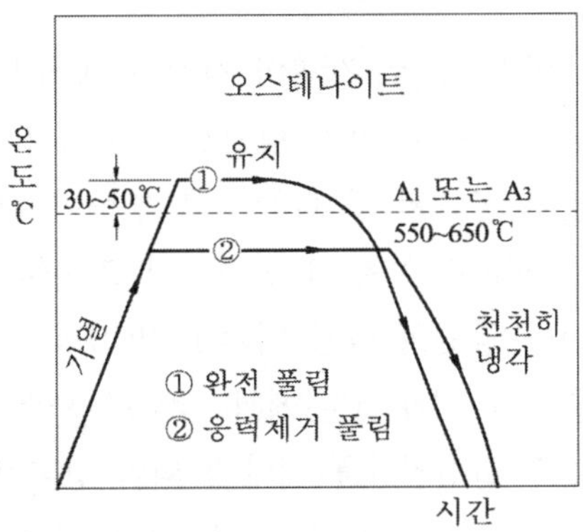

다. 풀림(annealing)의 종류

1) 완전 풀림(full annealing)

일반적으로 풀림이라 하면 완전 풀림을 말하며, 아공석강은 A_3 변태점 이상 20~30℃, 과공석강의 경우는 A_1 변태점 이상 20~30℃ 높게 가열하여 일정시간 유지한 후 로에서 서랭하는 열처리를 말한다.(그림 2.1 ① 참조)

완전 풀림의 목적은 강을 연화하여 피삭성이나 소성 가공성을 개선하거나, 잔류응력의 제거, 결정 입자나 조직을 조정하기 위함이다.

풀림이 효과는 불림과 거의 같으나 오스테나이트하 온도에서 550℃까지의 냉각속도에 좌우된다. 불림의 경우 공랭에 의해 조금 단단해진 미세 펄라이트 조직인데 반해 풀림의 경우는 로냉에 의해 층상 펄라이트 조직이 된다.

서랭 방법은 보통 로 중에서 행하나 550℃가 되면 공랭 또는 수냉해도 무방하므로, 550℃에서 급랭시켜 냉각하는 2단 풀림처리를 하여 시간을 단축시키고 있다.

그러나 0.3%C 이상의 탄소강으로 형상이 복잡한 경우는 550℃ 이하라도 냉각이 너무 빠르면 불균일 냉각으로 큰 변형 발생이나 경도의 불균일이 일어날 수 있다.

2) 항온 풀림

경화능이 좋은 구조용 합금강(SNC)의 봉강이나 대형 단강품, 고속도강, 다이스강 등의 강종은 완전 풀림하려면 장시간 서랭이 필요하지만, 항온(등온) 풀림하면 비교적 단시간에 처리할 수 있다.

방법은 풀림 온도로 가열한 강을 S곡선의 코(nose) 혹은 이보다 높은 온도(600~650℃)에서 항온처리한 후 공랭 및 수냉하는 열처리이며, 비교적 빨리 연화시킬 수 있으며, 노를 순환적으로 이용할 수 있다.

항온 풀림은 펄라이트 층간 거리를 균일하게 하여 절삭성을 좋게 하는 이점이 있으며, 자동차 부품, 기계 구조용 저합금강에 많이 이용되고 있다.

3) 확산 풀림(diffusion annealing)

일반적으로 강괴의 결정 경계에 P, S, C 등의 불순물 편석이 있는 주괴를 단조나 압연하면 편석들이 가공 방향으로 늘어나 섬유상 편석이 나타나며, 인(P)이나 몰리브덴(Mo) 등이 많이 함유된 강에서는 그 경향이 더 두드러진다.

이와 같은 주괴 편석이나 황화물의 편석은 적열(고온) 메짐의 원인이 되므로, 응고 편석이나 잉곳의 결정 내에 P 및 S의 편석을 확산 소실시켜 균질화하거나, 황화물의 농도 차를 줄이기 위해 고온에서 장시간 가열하여 확산시키면 파괴시 결정 경계에 따라서 파괴하지 않고 결정입자를 지나게 되어 강화하게 된다. 가열 온도는 주괴 편석 제거시에는 1200~1300℃, 고탄소강은 1100~1200℃, 단조나 압연재의 섬유상 편석 제거시에는 900~1200℃ 범위가 적당하다.

4) 응력 제거 풀림(stress relief annealing)

(1) 응력 제거 풀림

저온 풀림이라고도 하며, 주조, 단조, 압연, 용접 및 냉간 가공, 열처리 후에 생긴 열응력과 내부 응력을 그대로 두고 담금질을 하게 되면 이 잔류응력 때문에 변형이 발생되고 이로 인해 사고가 발생될 수 있으므로 이를 제거할 목적으로 A_1 변태점 이하(보통 550~650℃)로 가열하여 적당한 시간 유지한 후에 로에서 서서히 냉각시키는 열처리이다. 응력 제거 풀림 온도를 A_1 이하로 하는 이유는 잔류응력은 가열 온도 약 450℃에서부터 소멸되며, A_1 변태점을 넘으면 변태가 일어나면서 응력이 생기게 되기 때문이다.(그림 2.1 ② 참조)

잔류응력이 남아 있는 금속 부품을 그대로 사용하면 시간이 경과함에 따라 차차 응력이 완화되어 치수나 모양이 변화될 수 있으며, 이를 기계 가공할 경우 물체 내부의 응력이 평형을 유지할 수 없어 새로운 평형상태로 변형이 나타나게 된다.

이 열처리시 가열은 통상 재결정 온도(450℃) 이상, A_1점 이하에서 행하며, 두께 25mm 당 1시간 유지하고, 두께 25mm당 200℃/h로 서랭한다.

일반적으로 가열 온도가 높을수록 재료는 연해지며, 잔류응력에 의해 소성 변형이 일어나므로 응력이 완화 제거된다.

(2) 재료별 응력 제거 풀림

① 주철 : 500~600℃로 3~6시간 가열 후 로냉(인공시효)하거나, 장시간 방랭하면 자연 시효한다.

② 구조용강 : 625±25℃로 25mm당 1시간 가열 후 로냉한다.

③ 페라이트계 스테인리스강 : 780~840℃로 25mm당 2시간 가열 후 공랭한다.

④ 마텐사이트계 스테인리스강 : 700~790℃로 25mm당 2시간 가열 후 공랭한다.

⑤ 오스테나이트계 스테인리스강 : 고용화 열처리는 1100±50℃로 가열 후 급랭하며, 응력부식 균열 방지를 위해서는 800~900℃로 25mm당 2시간 가열 후 공랭한다.

⑥ PH(석출 경화)계 스테인리스강 : 고용화 열처리 후 급랭한다.

5) 구상화 풀림(spheroidizing annealing)

(1) 구상화 풀림

아공석강에서 펄라이트 중에 시멘타이트가 층상 또는 망상으로 존재하면 경도가 매우 높아져 가공성이 나쁘고 담금질할 때 변형이나 균열이 생기기 쉬우며, 여리고 약하게 된다.

또한 과공석강의 피삭성 및 소성 가공성과 기계적 성질의 개선과, 담금질 후의 인성을 증가시키며 담금질 균열 방지를 위해 미리 층상 펄라이트 조직을 파괴하여 구상 탄화물로서 페라이트 기지에 분산시키는 것이 좋다.

구상화 정도는 가공성을 증가시킬 경우는 비교적 크게, 담금질 균열 방지나 인성을 증가시키기 위해서는 미세하고 균일하게 하는 것이 바람직하다.

일반적으로 구상화 탄화물의 크기는 0.5~1.μm 정도가 좋으며, 3μm 이상의 탄화물이나 크고 작은 탄화물이 혼재하면 좋지 않다.

(2) 구상화 풀림의 목적

시멘타이트가 구상화되면 단단한 시멘타이트에 의해 차단된 연한 페라이트 조직이 상호 연속적으로 연결되고, 구상 시멘타이트도 서로 응집하여 페라이트의 연속성이 커져 경도가 저하되고 소성 및 절삭 가공성이 좋아진다.

(3) 구상화 풀림 방법

[그림 2.2]는 구상화 풀림에 의해 망상 시멘타이트가 구상 시멘타이트로 변하는 과정을 나타낸 것이며, 다음의 설명과 [그림 2.3]은 각종 구상화 풀림 방법을 나타낸 것이다.

① 그림 2.3 (a) : A_1 변태선 아래 650~750℃로 장시간 가열, 유지한 후 서랭하는 법이다. 냉간 가공한 강의 구상화나 담금질한 재료에 적용되며, 아공석강에서도 냉간 가공을 30% 이상 행한 경우는 이 방법으로 구상화시키면 되지만, 조대한 망상 시멘타이트는 구상화되지 않는다.

② (b) : Ac_1 변태선 상하 20~30℃ 사이에서 가열과 냉각을 반복하는 방법이다. 아공석강이나 작은 공구강의 구상화에 가장 적합하며, 가장 빨리 구상화할 수 있다. 아공석강과 공석강은 3회, 과공석강은 2회 정도면 균일한 탄화물 조직으로 된다.

그림 2.2 구상화 과정

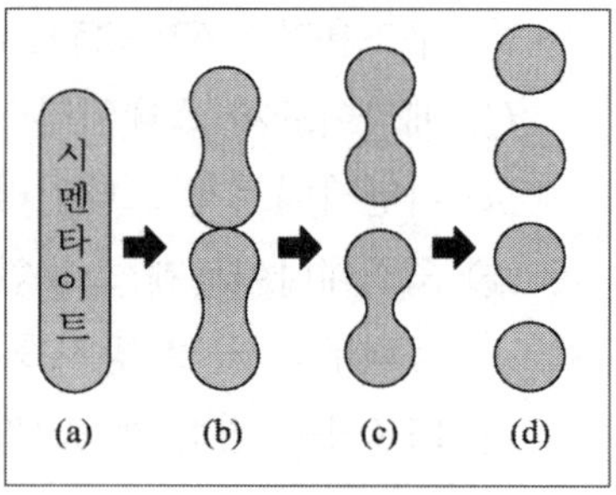

③ (c) : 아공석강은 A_1 변태선, 공석강과 과공석강은 Acm 선 이상으로 가열하여 시멘타이트를 완전 고용 후 급랭하여 망상 시멘타이트 석출을 억제하고 다시 (a)나 (b) 방법으로 구상화하는 법이다. 망상 탄화물이 존재하는 과공석강의 구상화에 적합하며, 미세하고 균일한 구상화 조직을 얻는데 효과적이나 구상화 속도가 느리다.

④ (d) : A_1 변태선 바로 위 또는 A_1과 Acm선 사이의 온도로 가열한 후 대단히 천천히 냉각하거나 A_1 변태선 바로 아래의 온도에서 장시간 유지 후 냉각하는 방법이다. 탄소 공구강은 처리가 간단하고 구상화 속도도 비교적 빠르므로 이 방법을 적용하며, 냉각속도는 30℃/h 이하로 하나, 냉각속도가 너무 빠르면 층상 조직이 생긴다.
[그림 2.4]는 구상화 과정 중의 조직 사진을 나타낸 것이다.

그림 2.3 **구상 풀림 곡선**

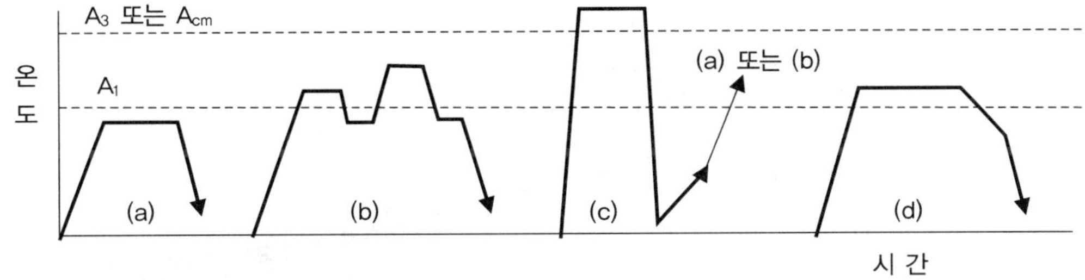

그림 2.4 **과공석강을 700℃에서 구상화 풀림시 구상화 과정**

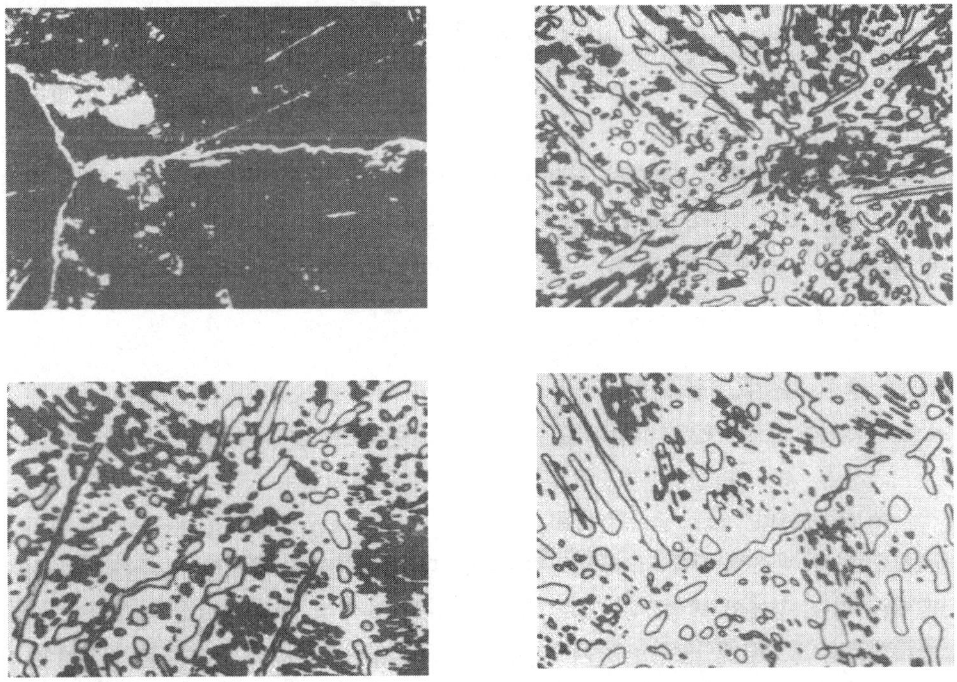

6) 연화 풀림(softening annealing)

(1) 연화 풀림 방법

대부분의 금속 및 합금강은 냉간 가공하면 가공 경화에 의하여 경취해저서 더 이상 가공이 어렵고 깨지게 되며, 탄소량이 많을수록 가공 경화도가 커진다. 이와 같이 가공 경화된 재료를 절삭 가공이나 냉간 가공하고자 할 때는 가공 중에 A_1 변태점 이하로 가열한 후 일정시간 유지하여 가공 조직을 완전히 회복시키거나 재결정 생성 및 성장시킨 다음 서랭하여 연화시키는 열처리를 연화 풀림 또는 중간 풀림이라고 한다.

그림 2.5 **냉간 압연한 0.08% 탄소강의 풀림에 의한 기계적 성질의 변화**

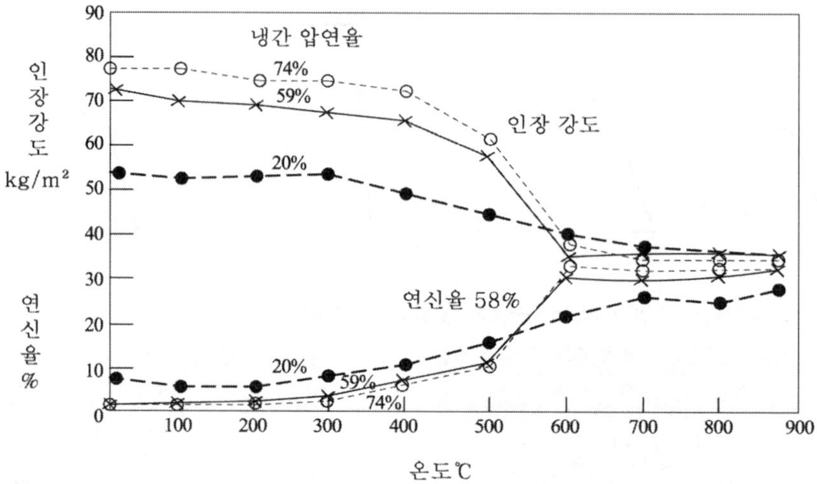

연화 풀림은 A_1 변태점 이하(600~650℃)에서 행하기 때문에 강의 조직 변화는 없으나, 경도가 저하되므로 소성 가공이나 절삭 가공이 쉽게 된다.(그림 2.5 참조)

연화 과정은 3단계로 이루어진다. 즉, 가열 온도의 상승과 함께 회복, 재결정, 결정립의 성장의 과정으로 변화된다.

(2) 연화 풀림 3단계(그림 2.6 참조)

① 제1단계(회복 단계) : 풀림할 재료를 노에 넣고 일정 온도까지 가열하면 가공에 의하여 증가된 전위 밀도의 감소와 전위의 재배열로 내부 응력이 제거되는 회복이 일어난다.

② 제2단계(재결정 단계) : 재료의 두께에 따라 일정시간 유지하면 회복기를 지나 변형된 입자 속에서 변형되지 않은 새로운 결정 입자가 생성(재결정 생성)하는 단계이다.

③ 제3단계(결정립 성장 단계) : 더욱 온도가 높아지거나 장시간 유지되면 미세한 입자가 응집되어 결정립이 성장하게 된다. 이러한 단계를 지난 후 로 내에서 서랭하여 풀림처리를 한다.

그림 2.6 **어닐링과 기계적 성질 관계**

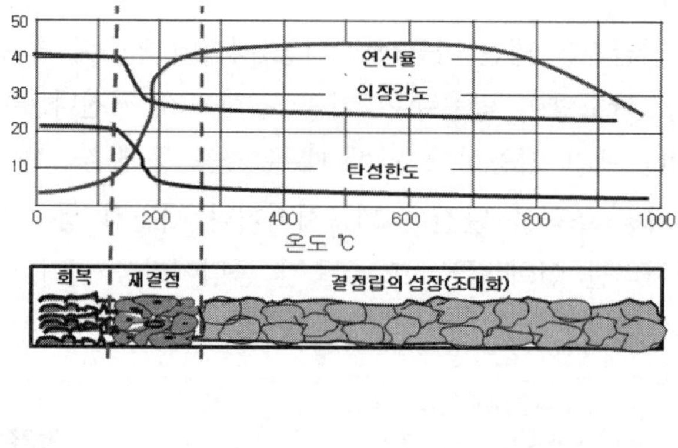

2 불림

가. 불림(소준, normalizing)이란

고온에서 장시간 유지된 주강이나 압연재, 단조품 등은 오스테나이트 입자가 크게 성장하여 조직이 거칠고 불균일하며, 기계적 성질이 좋지 않은 것을 아공석강의 경우는 Ac점 이상, 공석강, 과공석강의 경우는 A_{cm}선 이상 40~60℃로 일정 시간 가열해서 미세하고 균일한 오스테나이트 조직으로 만든 후 공기 중에서 서랭시키면 미세한 α고용체와 Fe_3C로 조직이 변화하여 기계적 성질이 향상하게 되는데 이러한 열처리 조작을 불림이라 한다. (그림 2.7 ① 참조)

가열 후 유지시간은 장입한 열처리품의 내부까지 승온된 후 유지시간으로 하며, 열처리품의 두께, 형상, 가열원, 가열 방식, 장입량 등에 따라 다르다. 실제로 관리할 수 있는 것은 균일한 가열시간과 유효 유지시간을 합친 외견상의 유지시간이지만 열처리품의 표면색과 열전대 보호관의 선단 색이 동일해진 후로 하며 환봉의 경우 25mm당 30분~1시간으로 하는 것이 일반적이다.(그림 2.8 참조)

또한 오스테나이트 온도에서 냉각시에도 변태점을 통과할 때의 속도가 빠를수록 결정입자가 미세화되므로 완전 풀림보다 높게, 가열 속도를 빠르게 하고 냉각시에는 노외 공랭에 의해 냉각속도를 빠르게 한다.

그림 2.7 불림, 담금질, 완전 풀림 온도 곡선

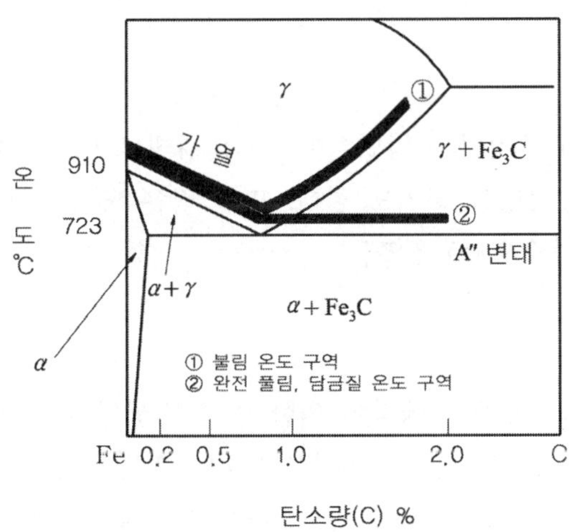

그림 2.8 가열 및 유지시간

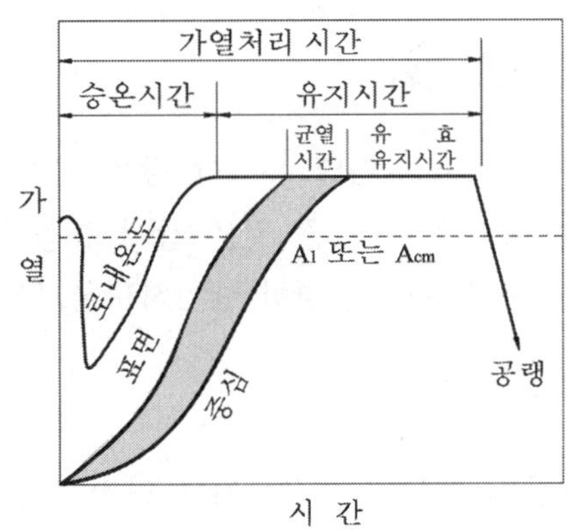

나. 불림의 목적

결정 입자의 균일화와 미세화하며, 냉간 가공 등으로 생긴 내부 응력의 제거 및 가공 조직의 균일화로 기계적, 물리적 성질을 향상시킨다.

강의 취성이 저하되고 주강의 경우 주조 상태에 비해 연성이나 인성 등 기계적 성질이 현저히 개선된다.

1) 단강품

단강품은 대부분 저탄소 또는 중탄소강으로 열간 가공 온도가 높거나 살 두께가 불균일하기 때문에 결정립 크기가 불균일하고 조대할 경우가 많다. 이 경우 제차 오스테나이트화 시킨 후 공랭하면 잔류응력이 제거되고, 결정립이 미세화되어 강도와 인성이 좋아진다.

대부분의 단강품은 불림 또는 풀림하여 사용해야 되며, 강도 향상에도 상당한 효과를 얻을 수 있다.

2) 주강품

주강품은 응고시 편석이나 서랭에 의한 결정립 조대화가 크며, 단면 치수가 클수록 그 경향이 현저하다. 편석이 심할 경우 불림 온도를 높이고 유지시간도 길게 하여 확산, 균질화시킨 뒤 공랭시키고, 제차 A_3 변태점 직상으로 가열하여 새로운 오스테나이트를 형성시킨 후 공랭하면 미세한 펄라이트가 생긴다.

다. 냉각 방법에 따른 불림의 종류

1) 보통 불림

설정 온도로 가열 유지한 강을 대기 중에서 냉각하는 방법이며, 냉각 형태는 형상, 단면적의 대소에 따라 큰 것은 강제 송풍에 의한 공랭을 하기도 한다. 또한 작은 제품은 재나 석회 속에 넣어 천천히 냉각하도록 한다.[그림 2.9 (a) 참조]

2) 2단 불림

부품의 형상이 복잡하거나 단면적의 차이가 큰 것은 냉각에 의한 변형 발생이 쉬우므로 전체가 균일하게 냉각되는 방법을 생각해야 된다. 따라서 A_1 변태점 이하의 화색이 없어지는 500℃까지는 빨리 냉각하고, 그 이후는 로 속에 넣어 천천히 냉각한다.[그림 2.9 (b) 참조]

3) 등온(항온) 불림

불림 온도에서 C곡선의 코 부근의 550℃까지는 열풍 공랭시킨 후 등온로 속에서 등온 변태(550℃에서 1시간)시킨 후 상온까지 공랭시킨다.

4) 2중 불림

대형 주강품의 조대화 조직이나 단강품의 과열 조직을 미세화하는데는 1회의 불림으로 불충분하다. 이때 첫 번째는 확산에 의한 조직의 균일화를 도모하기 위해 비교적 고온에서 행하며, 두 번째는 결정 입자의 미세화를 도모하기 위해 보통의 불림 온도에서 행하면 좋은 결과가 일어난다.[그림 2.9 (c) 참조]

그림 2.9 불림의 종류

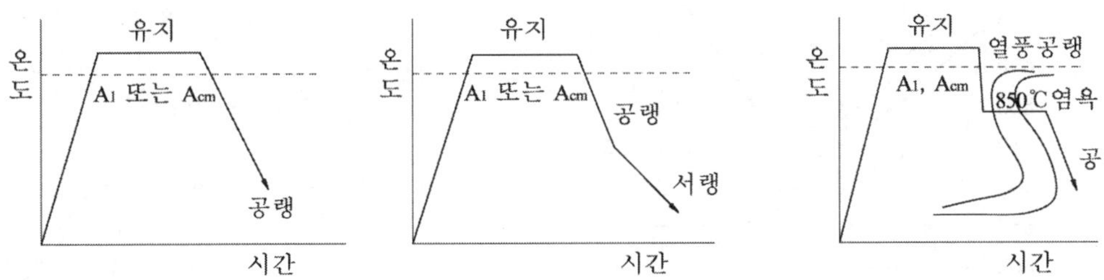

(a) 보통 불림　(b) 2단 불림　(c) 항온 불림

3 담금질

가. 담금질(quenching)

철강에서의 담금질이란 A_3 변태점 이상 30~50℃(아공석강) 또는 A_1 변태점 이상(과공석강) 30~50℃(탄소 함유량이 많을수록 낮아짐)로 가열하여 탄화물을 고용시켜 균일한 오스테나이트가 되도록 충분한 시간 유지한 후 급랭하여 마텐사이트 조직으로 변태시켜 경화하는 작업이다.(그림 2.10, 2.11 참조)

그림 2.10 담금질 가열 냉각 작업도

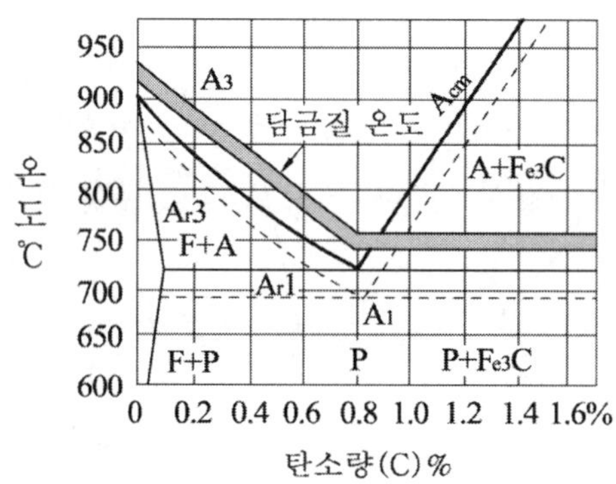

그림 2.11 담금질 가열 냉각 작업도

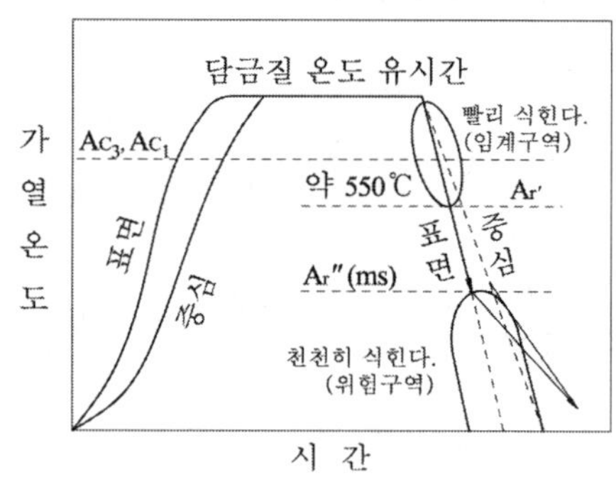

나. 강종에 따른 담금질

1) 공구강의 담금질

공구강은 다른 금속재료를 절삭 가공하기 위해 가능한 단단하거나 내마모성이 커야 되므로 고탄소 마텐사이트의 경도를 그대로 이용해야 한다. 따라서 150~200℃ 정도로 저온 뜨임하거나, 고합금강처럼 500~600℃로 고온 뜨임하여도 담금질 상태와 거의 같거나 높은 경도가 얻어지도록 하여야 한다.

2) 구조용강의 담금질

구조용강은 강도와 높은 인성이 요구되는 경우가 많으므로 일단 담금질해서 마텐사이트 조직으로 한 후 500~700℃의 고온으로 뜨임해서 담금질 상태보다 훨씬 낮은 경도와 강도의 상태로 만드는 것이다.

예를 들면 기계 구조용 탄소강의 담금질시 인장 강도가 1667MPa(170kg$_f$/mm^2) 이상이고 브리넬 경도(HB)가 500 이상이나, 실제 사용할 때는 충분히 뜨임해서 인장 강도 980MPa (100kg$_f$/mm^2) 이하, 브리넬 경도 300 이하로 되므로 담금질 전의 소재 상태와 비슷하여 담금질할 필요없이 불림만하여 사용해도 되지 않겠는가 생각되지만, 담금질-뜨임한 강은 불림만 한 강에 비해 강도와 인성의 측면에서 현저하게 우수하므로 담금질-뜨임이 필요하다.(그림 2.12 참조)

그림 2.12 기계구조용 탄소강의 불림재와 담금질-뜨임재의 기계적 특성 비교

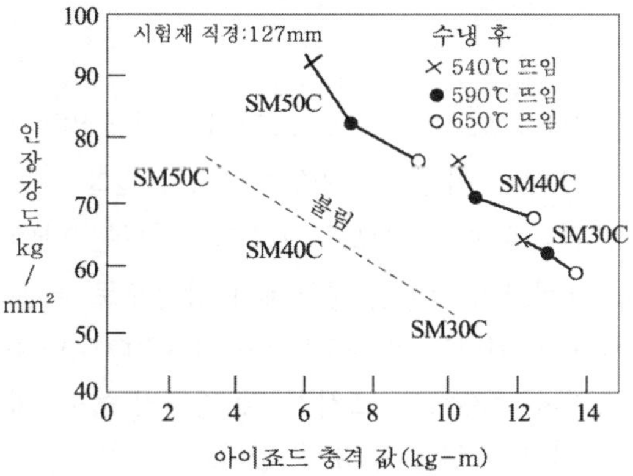

그림 2.13 열처리 조직에 의한 충격값의 천이곡선의 변화

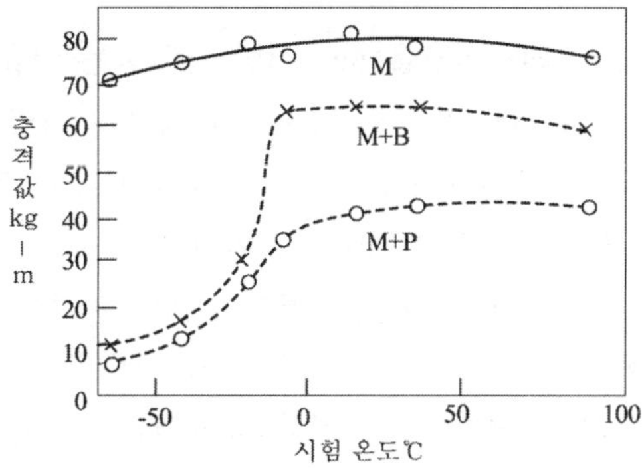

다. 담금질 방법

1) 가열 온도

강을 마텐사이트로 변태시키려면 우선 오스테나이트 상태로 가열해야 되며, 이때의 가열 온도는 강의 성질에 중대한 영향을 미치므로 가열 온도의 선정은 매우 중요하다.

탄소 공구강의 경우는 오스테나이트화시에 탄화물을 적당히 고용시켜서 마텐사이트를 충분히 단단하게 하고 잔류 오스테나이트량을 줄이는 것이 중요하나, 과공석강의 경우 온도가 지나치게 높으면 오스테나이트 중의 탄소량이 많아져서 Ms점이 저하하고, 냉각시 잔류 오스테나이트가 많아져서 경화가 안되며, 열균열이 발생할 수도 있다.

예를 들면 고속도강(18%W-4%Cr-1%V형 고속도강 SKH2는 공석점이 850℃까지 상승) 등과 같이 W이나 Cr 등 탄화물을 만들기 쉬운 합금 원소를 함유한 강에서는 이들 원소 때문에 공석 변태점이 상승하는 동시에 오스테나이트 중의 탄소 고용도가 감소하므로 900℃까지 가열해도 오스테나이트의 탄소 농도는 0.20~0.25% 정도이며, 경도도 겨우 HRC 50 정도밖에 되지 않는다.

가열 온도를 높이면 점점 탄화물의 고용량이 증가하여 담금질 경도도 증가하며 특수원소 때문에 현저하게 열처리하기 쉽고 온도가 상승해도 쉽게 경도가 저하되지 않는 우수한 뜨임 연화 저항성이 얻어지지만 온도가 지나치게 높으면 결정립의 조대화로 취화된다.

(1) 담금질시 아공석강을 Ac_3 이상 가열하는 이유

담금질 전에 전체가 오스테나이트 조직이 되도록 가열해야 된다. 만약 Ac_3 이하로 가열할 경우 페라이트(α 고용체)와 오스테나이트(γ고용체) 구역이 되므로 이 상태에서 담금질할 경우 페라이트 조직은 그대로 남고 오스테나이트 조직만 마텐사이트 조직으로 변태되므로 그만큼 경도가 낮아지게 된다.

(2) 과공석강을 Ac_1 이상 가열하는 이유

과공석강의 경우 Acm선 이상에서 가열할 경우 100% 오스테나이트 조직에서 담금질하게 되므로 100% 마텐사이트 조직이 된다. 그리고 Ac_1 변태점 이상으로 가열하여 담금질할 경우 시멘타이트(Fe_3C)와 오스테나이트 조직 상태에서 담금질하게 되므로 오스테나이트는 마텐사이트 조직으로 변태되며 시멘타이트는 그대로 마텐사이트의 결정립계에 망상으로 남게 된다. 그러나 마텐사이트의 경도는 HV700~800, 시멘타이트(탄화물)의 경도는 보통 HV2000~3500으로서 100% 마텐사이트 조직보다 시멘타이트 조직이 존재하는 조직이 더 경도가 높아 내마모성이 훨씬 우수하다 그러므로 구태여 Acm선 이상 가열할 필요가 없다.

가열 온도는 수냉하는 경우 아공석강은 Ac_3 변태점 이상 30~50℃ 정도, 과공석강은 Ac_1 변태점 이상 30~50℃의 범위로 하는 것이 보통이며 유냉의 경우는 이것보다 다소 높은 온도를 사용한다.

아공석강은 오스테나이트화시 모든 탄화물이 고용되므로 결정립 성장 속도가 매우 빠르며, 과공석강은 오스테나이트화 온도에서 오스테나이트와 미용해 탄화물이 공존하게 되는데 이 탄화물이 오스테나이트 결정립계의 이동, 즉 결정립 성장을 방해하는 효과가 있다.

2) 가열시간

열처리란 가열 온도, 가열시간 및 냉각의 조합으로 필수적으로 가열시간이 필요하다. 그리고 오스테나이트화 처리시의 가열시간은 승온시간, 균열시간, 유지시간으로 이루어진다.(그림 2.14 참조) 작업 능률이나 원가 등의 입장에서는 가열시간은 가능한 짧은 것이 바람직하지만 실제로는 가열 방법이나 재료의 크기에 따라 중심부까지 필요한 온도로 상승

그림 2.14 가열시간의 정의

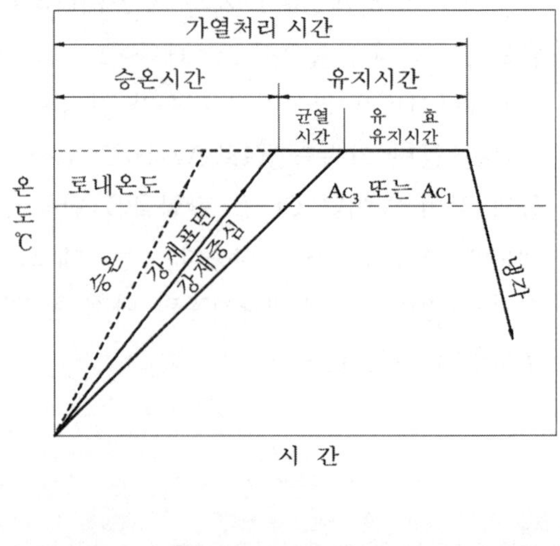

시키기 위한 시간과 확산에 의해 탄화물이 균일하게 고용하는데 필요한 시간을 고려해야 된다. 합금 원소가 많이 함유될수록 일반적으로 열전도율이 작고 또 확산 속도도 느리므로 장시간의 가열이 필요하다.

승온시간은 부품의 표면이 소정의 오스테나이트화 온도로 도달되는데 필요한 시간을 균열시간은 부품의 표면과 중심의 온도가 일치하기까지의 시간을 말하며, 유지시간이란 부품 전체가 그 온도에서 유지되는 시간을 말한다. 따라서 다음의 공식이 성립된다.

$$\text{승온시간} + \text{균열시간} + \text{유지시간} = \text{가열시간}$$

3) 유지시간

예로부터 유지시간은 inch당 30분이라는 공식이 있으나 이렇게 하면 ∅200은 2시간, ∅300은 3시간으로 비례적으로 장시간이 된다. 이론적으로는 가열하여 오스테나이트로 변태시키면 좋은 것으로 변태점을 통과하는 순간 오스테나이트로 되기 때문에 유지시간이 필요없다는 것이 된다. 유지시간의 의미는 우선 로 내에 넣은 피가열물 전부가 담금질 온도로 되는데 필요한 유지시간이며, 온도계는 담금질 온도로 되어 있지만 피가열물 쪽은 아직 그 온도에 도달하고 있지 않기 때문에 유지시간이 필요한 것이다.

아공석강이나 공석강은 A_3 변태 온도 이상 50℃로 가열하는 동안에 거의 모두 오스테나이트로 변태되므로 유지시간이 필요없으나, 과공석강의 탄소 공구강이나 합금 공구강 또는 고속도강 등은 오스테나이트 중에 어느 정도의 탄화물을 고용할 필요가 있으므로 10~30분 정도의 유지시간이 필요하다.

탄화물이 오스테나이트에 고용되는 고용 속도는 W나 V과 같이 강력한 탄화물 생성 원소를 함유한 강은 현저하게 늦어지지만, 동일 강종이라도 담금질 전의 조직, 탄화물의 크기나 분산 상태에 따라서 달라진다.

예를 들면 탄화물이 조대한 구상 혹은 망상을 나타낼 때는 고용 속도가 늦으므로 담금질 전에 탄화물이 미세하고 균일하게 분산된 상태가 되도록 구상화 풀림이나 불림 등의 예비처리를 할 필요가 있다.

고탄소 저크롬 베어링강에서 탄화물의 고용에 필요한 시간은 900℃의 경우 미세 펄라이트에서 2분, 펄라이트 조직에서 약 3분, 구상화 조직에서 1시간 이상 필요하다고 한다.

그러나 탄화물이 완전히 고용되면 담금질했을 때 잔류 오스테나이트가 많아 경도가 낮으며 결정립의 조대화, 열균열, 시효 변형 등의 여러가지 문제가 발생될 수 있으므로 반드시 평형상태까지 탄화물을 고용할 필요는 없다.

일반적으로 기계 구조용강 및 탄소 공구강은 두께 25mm에 약 20~30분, 다이스강의 경우는 45분, 스테인리스강의 경우는 60분 전후의 유지시간이 필요하다.

유지시간은 가열속도가 느릴 경우 승온 중에도 서서히 변태가 진행되기 때문에 짧게 하고, 급속가열의 경우 다소 길게 유지하는 것이 좋다.

냉각은 담금질 온도(TA)에서 550℃까지의 임계구역에서는 가능한 빨리 냉각하고, 마텐사이트 변태 개시온도(Ms, Tr) 이하의 위험구역에서는 가능한 한 천천히 냉각한다.

라. 예 열

예열이란 오스테나이트화의 전단계이며, 부품의 전체를 균일하게 승온시켜서 열처리 변형을 경감시키기 위한 것으로, 염욕 가열과 같이 급속 가열의 경우는 필수적인 과정이다. 저탄소강 등은 예열이 필요하지 않으나 고탄소 고합금강(STD 11)이나 고속도강 등은 열전도도가 작고 탄화물이 많이 존재하기 때문에 반드시 예열이 필요하다.

예열은 보통 1단 예열만으로 충분하나 형상이 복잡한 금형과 같이 특별히 신중을 기해야 할 때는 2단 예열을 채용하는 것이 좋다.

1단 예열은 변태점 직하, 즉 650~700℃의 온도 범위를 선택하는 것이 좋다. 왜냐하면 변태점에서 펄라이트가 오스테나이트로 변태할 때에 체적이 수축하므로 변태 전에 부품을 균일한 온도로 하여 변형을 방지하며, 2단 예열 온도는 강이 탄성체에서 소성체로 변하는 온도, 즉 450~500℃의 온도 범위를 선택하는 것이 좋다. 이것은 강이 소성체일 때에 변형이 일어나기 쉽기 때문이다. 예열을 위한 가열시간은 25mm당 약 40분 정도가 좋다.

마. 냉 각

1) 냉각의 개요

열처리에서 냉각속도는 매우 중요하다. 냉각속도에 따라서 금속의 성질이 연해지기도 하고 경해지기도 하며, 여러 가지 성질이 변하기도 한다. 이때 사용하는 냉각 매체를 냉각제라 하며, 종류는 여러가지가 있으나 여기서는 공기, 기름 및 물 등만을 언급한다.

2) 냉각속도 선정

냉각속도는 냉각제의 특성 및 교반 여부에 따라 적절한 속도를 선정해야 한다. 교반속도는 무조건 강렬하게 교반한다고 좋은 것이 아니고, 담금질 직후는 강하게 교반하고 피담금질물이 300℃ 이하 정도로 될 때는 약하게 교반하여 마텐사이트 변태의 온도 영역을 서랭하고, 100℃ 이하에서 기름에서 꺼내 공랭에 의해 변태를 진행시키는 방법이 담금질 균열 방지에도 좋다. 기름(油) 중 냉각시 너무 심하게 교반할 경우 퀜칭유가 산화하기 쉬워 기름의 수명을 짧게 한다.

3) 냉각 방법

담금질 과정에 있어 담금질 통의 교반(휘저어 섞음)방법은 중요하지만 일반적으로 깊이 연구되고 있지 않다. 배치식 담금질조의 경우는 통 밑에서 공기를 불어 넣어 교반하거나, 교반 날개의 회전에 의해 교반, 펌프로 순환시켜 교반하는 방법이 적용되고 있다. 이때 교반의 목적은 냉각 능력을 증가시키는 것이 우선이지만, 담금질시의 변형과, 냉각제의 수명도 고려할 필요가 있다.

4) 냉각속도와 열처리 관계

(1) 완전 담금질

[그림 2.15 ①]과 같이 냉각속도가 가장 빠른 경우이며, 550℃ 부근에서 급속 냉각된 오스테나이트는 과냉 오스테나이트 상태로 Ms점에 도달히여 전부 마덴사이트화하는 담금질이다.

(2) 완전 담금질 한계

[그림 2.15 ②]와 같이 냉각속도가 조금 느리며 펄라이트 변태 개시선을 A점에서 스치지만 펄라이트 변태는 하지 않으며 Ms점에서 비로소 마텐사이트 변태가 시작하게 된다. 이 냉각속도를 상부 임계 냉각속도라 하며, 이 이상의 속도에서는 마텐사이트 조직만이 나타난다.

(3) 불완전 담금질 한계

[그림 2.15 ③]은 펄라이트 변태도 하지만 마텐사이트 변태도 한다. 그러나 냉각속도가 더 느리면 펄라이트 변태만 일어나는 하부 임계 냉각속도이며, 불완전 담금질 한계라고 한다.

이와 같이 급랭의 의미는 냉각 곡선이 변태 곡선에 걸리지 않고 C곡선의 코의 왼편을 빨리 움직이는 것이다. 그리고 경화능을 좋게 하기 위해 합금 원소량을 늘릴수록 이 코는 오른쪽으로 이동하므로 강종에 따라 급랭의 속도는 달라지게 된다.

(4) 불 림

[그림 2.15 ④]는 미세 펄라이트 변태를 하는 불림처리 단계이다.

(5) 완전 풀림

[그림 2.15 ⑤]의 곡선은 약간 조대한 펄라이트 변태를 하는 단계이다.

그림 2.15 냉각속도와 열처리 관계

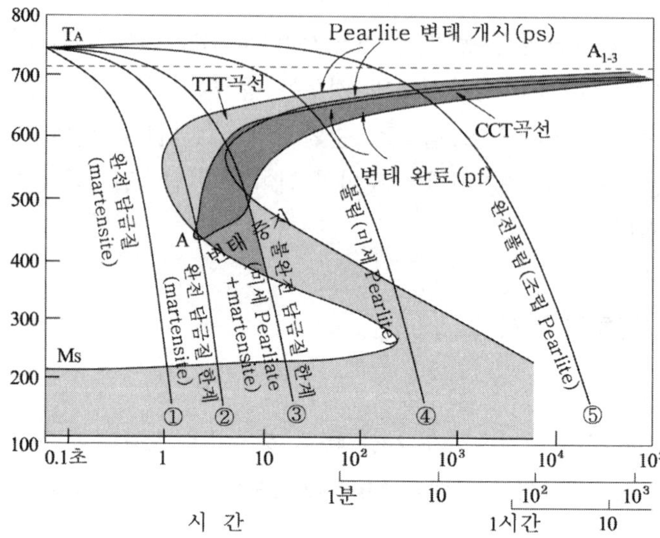

5) 냉각 단계

냉각 단계는 대략 3단계로 나누어진다. 첫 단계는 증기막 단계, 두 번째는 비등 단계, 세 번째는 대류 단계이다.(그림 2.16 참조)

(1) 제1단계 : 증기막 단계

오스테나이트 상태로 가열된 강재를 물에 넣었을 때 [그림 2.16] 중 굵은 실선으로 나타낸 표면의 냉각 곡선에서 AB 사이에서는 급속히 냉각한다.

그리고 BC 사이는 가열물의 표면에 다량의 수증기막이 생겨서 열전도도가 작으므로 강의 냉각이 비교적 늦어지는 단계이다. 이때 심하게 흔들어서 표면의 증기를 제거하는 것이 좋다.

그림 2.16 물 담금질의 경우 냉각 곡선의 예

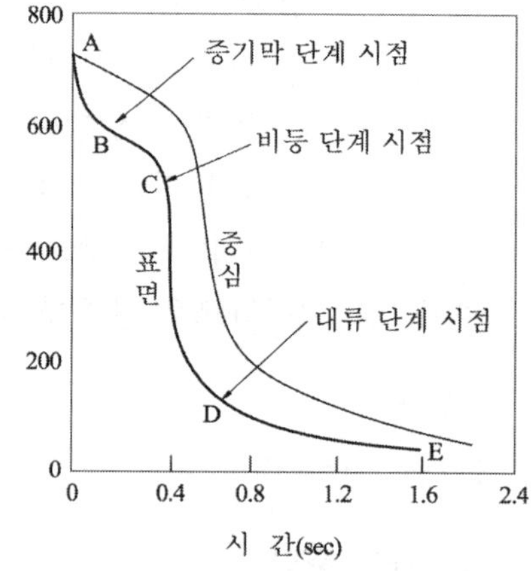

(2) 제2단계 : 비등 단계

냉각 중 600℃ 이하(그림 2.16 C-D 사이)가 되면 강재 표면에서 심한 비등이 일어나고 수증기막은 곳곳에서 파괴되어 기포가 되어 없어질 때 강 표면은 직접 물과 접촉해서 전도와 대류에 의해 열이 방출되어 급속히 냉각되는 단계가 된다.

(3) 제3단계 : 대류 단계

[그림 2.16]의 D-E 사이는 온도가 내려가서 기포 발생이 멈추며 가열물 표면과 액과의 열전도로 비등 단계와 거의 같이 대류가 일어나며, 냉각되다가 300℃ 이하로 내려가면 수증기는 발생하지 않고 강 온도와 물 온도의 차가 적어지므로 냉각속도는 늦어진다.

6) 냉각 방법

철강(steel)을 담금질할 때 펄라이트 변태가 일어나기 쉬운 A_1~550℃간의 온도 범위를 가능한 빨리 냉각시켜야 한다. 따라서 제1단계가 나타나는 시간을 되도록 짧게 할 필요가 있는데 그것은 수중에서 8자의 형태로 강재를 강하게 흔들어주거나 물을 심하게 교반시켜서 증기막이 빠르게 파괴되도록 하면 된다. 또한 수온을 되도록 낮추거나 5~10% 정도의 식염이나 염화칼슘을 물에 녹이면 제1단계가 단축된다.

그러나 Ar' 변태가 일어나는 온도 범위를 충분히 냉각시키면 300℃ 이하의 냉각은 서랭해도 된다.

7) 냉각제

(1) 냉각제 선정

공기는 냉각속도가 느리고, 기름, 물의 순서로 냉각속도가 빨라진다. 그러나 이러한 냉각매체에 따른 냉각 효과는 절대적인 것이 아니고 처리품의 크기, 형상에 따라 달라진다.(표 2.1, 2.2 참조)

예를 들면 불림은 가열 후 대기 중에서 방랭(공랭)하는 것이 일반적이나 소형 부품과 대형 부품을 방랭한 경우에 냉각 방법은 동일할지라도 처리품의 냉각 효과는 달라진다. 따라서 대형 부품은 방랭만으로는 효과가 적어 선풍기 등으로 강제 공랭을 시켜야만 불림 효과를 얻을 수 있으나, 소형 부품은 경도가 너무 높아질 수도 있게 된다.

담금질의 경우도 마찬가지다. 소형품의 경우 유냉을 해도 수냉과 동일한 효과를 얻을 수 있고 대형품의 경우 공랭 정도의 효과가 있어서 경화되지 않을 수도 있다.

따라서 강종, 담금질 온도, 형상에 따라 냉각제를 선정해야 된다.

(2) 냉각제 관리

냉각제가 물인 경우 수온 30℃ 이하에서 청정하며, 수온의 관리가 특히 필요하다. 수중에 비눗물 등의 불순물이 혼입하지 않아야 되며, 기름의 경우는 30℃ 이하의 저온이 되지 않노록 배려하고 기름 중의 산화 스케일 등의 찌꺼기는 정기적으로 제거해야 된다.

담금질 후 냉각하는 방법은 강종에 따라 다르며 사용하는 냉매 또한 강종과 열처리 방법에 따라 다르다. 고합금강(금형강 등)의 경우는 단순히 공랭으로도 마텐사이트 조직을 얻을 수 있으며, 보통은 물이나 기름을 사용하여 냉각시키는 것이 보통이다.

(3) 냉각제의 냉각 능력

① **물의 냉각 능력** : 물은 냉각속도가 빠르지만 수온이 30℃를 넘으면 냉각 능력이 급격히 저하하므로 반드시 30℃ 이하로 유지해야 하며, 수온 15~25℃에서 담금질하는 것이 좋다. 수냉은 경화능이 낮은 탄소강에 적합하다. 최대가 되는 온도가 비교적 낮고 200℃ 부근에서의 냉각속도는 더욱 크므로 복잡한 형의 부품을 담금질할 때 열균열이 염려된다.

② **기름의 냉각 능력** : 기름은 물보다 훨씬 냉각속도는 늦으며, 기름의 냉각 능력은 60~80℃에서 가장 크므로 냉각시에는 50~70℃가 적당하며, 경화능이 좋은 합금강에 이용된다. 물과 달리 온도가 약간 높아지면 유동성이 갑자기 좋아지므로 60℃ 정도의 온도에서 사용하면 좋다. 단 연속해서 사용하는 경우는 강재 열에 의해 점차 온도가 상승되어 냉각 상태가 달라지므로 온도 관리는 항상 중요하다. 담금질시 기름의 양은 충분해야 하며, 열처리품 중량의 6~10배의 기름이 필요하다.

예제 **강의 담금질 온도는 830℃, 실온 20℃, 담금질 전의 기름 온도를 40℃, 담금질 후의 기름 온도를 80℃, 강의 비열 0.163kcal/kg_f℃, 기름의 비열 0.43kcal/kg_f℃이며, 1회에 담금질하는 강 부품의 중량을 50kg_f로 하면 소요 냉각 유량은 몇 ℓ인가?**

풀이 ➡ 강이 보유하는 열량 : 50(830-20)×0.163=6601kcal

기름의 온도 상승 : 80 - 40 = 40℃

1ℓ의 유온을 40℃ 상승시키는데 요하는 열량 : 1kg_f/ℓ ×0.43=17.2kcal/ℓ

소요 냉각 유량 : 6601 / 17.2 = 383.8 ℓ

---

(4) 담금질 기름(퀜칭유)의 구비 조건

① 냉각 능력이 충분할 것(경도가 충분히 들어갈 것)

② 담금질 균열이 없으며, 변형이 적고, 수명이 길 것

③ 생산비가 싸고, 작업성이 좋을 것

이상적인 조건은 기름의 종류, 유온(기름 온도), 기름의 교반(또는 담금질물의 진동 등), 기름의 열화 상황 등이 있다.

(5) 퀜칭유(담금질 기름)

① **퀜칭유의 종류** : 기름의 종류에 대해서는 식물성유(유채 기름, 피마자유)가 좋지만 일반적으로는 광물유로 각종의 제품이 판매되고 있으며, 퀜칭유를 크게 나누어 고온용 기름과 저온용 기름으로 분류한다.

② 기름의 온도(유온) : 유온은 기름의 냉각 능력을 크게 좌우하므로, 유온의 관리가 중요하다. 설비상 자동 제어가 가능한 경우는 좋지만 수동에 의해 체크하는 경우, 일상의 작업 관리에 특히 주의를 기울이지 않으면 안 된다.

③ 정기적으로 기름의 수명 분석 : 기름의 수명에 대해서는 매일 정기적인 분석시험을 행해 열화의 추이를 지켜볼 필요가 있다. 최근에는 제조회사 측에서 사용자의 등번호 제도를 펴고 컴퓨터 관리로 아프터 서비스를 행하고 있는 예도 볼 수 있다. 기름의 분석시 사용유의 채취는 유조 내를 충분히 교반해서 행하며, 정기적(3~4개월마다)으로 행하는 것이 바람직하다.

표 2.1 냉각제와 온도에 따른 냉각능의 비교

냉 각 제	냉 각 능		냉 각 제	냉 각 능	
	720~550℃	200℃		720~550℃	200℃
10% NaOH 액	2.06	1.36	물 50℃	0.17	0.95
10% NaCl 액	1.96	0.98	비눗물 2%	0.07	1.16
10% H_2SO_4 액	1.06	1.49	물 75℃	0.047	1.31
물 0℃	1.22	1.02	물 100℃	0.044	0.71
물 18℃	1.00	1.00	액체 공기	0.039	0.033
물 25℃	0.72	1.11	공 기	0.028	0.007
채종유	0.30	0.055	진 공	0.011	0.004

(6) 냉각제의 종류와 교반의 정도에 따른 냉각능의 차이

정지한 물의 냉각능을 1.0으로 할 때 각 냉매의 냉각능과 교반 정도에 따른 차이는 <표 2.2>와 같다.

표 2.2 냉각제와 교반 정도에 따른 냉각능의 비교

냉각제 / 교반 정도	공 기	기 름	물	식 염 수
정 지	0.02	0.25~0.3	1.0	2
조용하게	...	0.3~0.35	1.0~1.2	2~2.2
중간정도	...	0.35~0.4	1.2~1.3	...
충분하게	...	0.4~0.6	1.4~1.6	...
강 하 게	0.05	0.6~0.8	1.6~2.0	...
분 사	...	1.0~1.7	4	5.0

바. M_s 온도와 화학 성분과의 관계

담금질시 오스테나이트 상태로부터 급랭할 때 M_s점에서 마텐사이트 변태가 시작되고, 그 이하로 온도 강하량에 따라 변태량이 증가하다가 M_f 온도에 도달하면 변태가 종료된다.

M_s와 M_f 사이의 온도구간은 보통 200～300℃이다. 그러나 오스테나이트 중의 탄소나 Ni 함유량이 증가하면 M_s점은 강하하므로 이들 원소량이 얼마만큼 이상이 되면 상온에서 100% 마텐사이트 조직을 얻을 수가 없다.

마텐사이트 조직으로 변태시키는 것을 목적으로 하는 보통의 담금질에서는 우선 강종에 따라서 M_s점이 어떻게 다른가, 또 M_s점 이하로 온도가 내려감에 따라서 어떻게 마텐사이트가 증가하는가를 알 필요가 있다.

강의 화학성분 중에서 M_s점에 가장 큰 영향을 주는 것은 탄소량이다. 보통의 탄소강의 경우 탄소량 0.1% 증가에 따라 약 35℃ 정도 Ms점이 강하한다. 또한 M_f점은 탄소량에 따라 M_s점 이상으로 현저하게 강하되어 0.6% 이상의 탄소를 함유하는 강에서는 상온에서 오스테나이트의 일부가 잔류하게 된다.

탄소 이외의 합금 원소로서는 Co와 Al만이 Ms점을 상승시키고 그 밖의 실용 원소는 거의 모두 M_s점을 강하시키는 작용을 하고 있다. Cr은 1% 첨가당 20℃ 정도, Mn은 탄소량에 따라 다소 차이나지만 1% 첨가당 약 40℃ 정도 Ms점을 강하시킨다.

이와 같이 각종 합금원소가 강의 M_s점에 미치는 영향을 강의 화학조성으로부터 계산할 수 있게 한 실험식이 몇 가지 제안되고 있다.

$$M_s=550-350\times C\%-40\times Mn\%-35\times V\%-20\times Cr\%-17\times Ni\%-10\times Cu\%-10\times Mo\%-5\times W\%+15\times Co\%+30\times Al\%$$

위의 식에서 알 수 있듯이 탄소 다음으로 Mn, V, Cr, Ni 순으로 M_s점의 강하 효과가 약해지고, Al, Co 등은 반대로 M_s점을 상승시킨다.

위의 계산식은 함유 원소가 전부 오스테나이트 중에 고용된 상태에서 담금질한 경우에만 적용되며, 탄화물 등의 미고용해서 일부분만 잔류할 경우에는 오스테나이트 중의 고용 원소량이 적어지므로 실제 Ms점은 위의 식에서 계산된 M_s점보다 높아지게 된다.

탄소강과 Ni강은 850℃ 이상에서 Fe_3C가 완전히 고용되어 있으므로 M_s점의 변화가 적지만, Cr강은 담금질온도의 상승과 함께 시멘타이트나 Cr 탄화물들이 오스테나이트 속에 고용되므로 M_s점은 현저히 저하된다.

사. 담금질의 종류

1) 항온 담금질

M_s점 직전에서 인상하지 않으면 담금질 균열이 생길 수 있는 재질은 M_s점 이후에도 표면과 중심이 다른 냉각 곡선을 갖기 때문이며 이 점에 착안한 것이 열욕 담금질이며 마템퍼링도 그 중의 하나이다. 즉 M_s점 바로 위의 온도, 또는 M_s점 아래 약 50℃ 부분에서 유지된 염욕에 담금질하여 물품의 표면과 중심이 동일한 온도가 되기까지 등온 유지한다. 두께 25mm당 약 4분 비율이며 베이나이트 변태를 일으키기 전에 공랭하며, 이 공랭시에 마텐사이트 변태가 일어난다. 변형이 적고 담금질 균열이 일어나지 않으며 형상이 복잡하고 두께가 동일하지 않은 소형 부품에 적합하다.

2) 인상 담금질(2단 담금진, 계단 담금질)

담금질 온도에서 물품을 냉각액 중에 급랭하여 담금질 균열 위험 온도가 되기 직전에 인상하여 M_s점 부분에서 천천히 냉각한다. 인상 시기를 냉각액에 담근 순간부터 초읽기로 결정하는 것이 시간 담금질이며, 수냉이면 3mm당 1초, 유냉일 경우는 3초로 하고, 수냉일 때는 인상 후 유냉 또는 온수에 침투시키고, 유냉일 때는 인상 후 공랭한다. 또한 진동이나 물의 울림소리가 그쳤을 때를 끌어올리는 시기로 해도 좋다. 이러한 처리를 인상 담금질 또는 2단 담금질, 계단 담금질이라고 한다.

3) 오스 템퍼링(베이나이트 담금질)

300~500℃ 사이에 유지된 염욕 또는 금속욕에 열욕 담금질하는 것이 오스 템퍼링이며, 등온 변태가 끝난 직후 공랭한다. 이는 뜨임처리가 필요없으며 경도와 인성을 가진 베이나이트 조직이 된다. 베이나이트 담금질은 높은 온도에서 실시하면 상부 베이나이트가 되며, 낮은 온도에서 행하면 하부 베이나이트가 된다. 담금질 균열이나 변형을 꺼리는 소형 부품에 효과가 있다.

4) 분사 담금질

금형, 해머, 펀치 등에 적용하며 전체를 담금질 온도로 가열한 뒤 경화시키고 싶은 부분만 냉각제를 분사하는 방법으로 조미니 시험과 같은 방법이며. 고주파 경화시에 많이 사용한다.

5) 프레스 담금질

기어나 스프링 등 담금질 변형이 나타나기 쉬운 물품을 금형으로 눌린 채 유중 담금질한다. 톱날이나 안전 면도날 등 두께가 얇은 물건의 금형 담금질도 같은 것이다.

아. 담금질 효과와 질량 효과

1) 담금질 효과

담금질 효과는 C 이외에 Ni, Cr, Mn 등을 함유한 합금강에서 현저하게 좋으며, 담금질을 위한 가열 온도와 유지시간, 급랭 정도는 합금 원소의 다소에 따라 다르다.

또한 담금질 작업시에 담금질 액의 효과는 사용하는 냉각액(coolant))의 비열, 열전도도, 점성, 휘발성과 그 온도에 따라 다르다. 일반적으로 물이나 기름이 많이 사용되며, 물은 기름에 비하여 냉각속도는 크나 기름은 120℃ 정도에서도 담금질 효과에 변화가 적고, 물은 30℃ 이상만 되면 현저히 저하된다.

2) 질량 효과(mass effect)

동종의 강을 동일한 조건하에서 담금질하여도 제품의 크기(질량)에 따라 냉각속도에 차가 있어 경화 깊이가 달라진다. 지름이 큰 것은 작은 것에 비하여 냉각 효과가 적으며, 동일 물체 내부의 냉각 효과는 외부에 비하여 더욱 낮고, 내외부의 차는 지름이 작을수록 줄어든다. 이와 같이 담금질 효과가 질량의 영향을 받는 것을 질량 효과라 한다.

[그림 2.17]은 SAE 6140 강의 경화능을 표시한 U곡선으로서 좌우 수직선은 표면을 중심은 강봉의 중심의 경도 분포를 나타낸 것으로, 표면부분이 중심보다 경도가 높음을 알 수 있으며, 강봉의 지름이 클수록 표면과 중심의 경도차가 크다는 것을 알 수 있다. 또한 동일 강종의 동일 지름이라 해도 (a) 유냉의 경우와 (b) 수냉의 경우 경도차가 크게 나타나고 있음을 알 수 있다.

일반적으로 탄소강은 질량효과가 크고, 합금강은 질량효과가 작으므로 합금강은 제품의 크기가 클지라도 경화가 용이하다. 따라서 강재의 경화능과 질량 효과를 고려해서 냉각제의 선택 및 담금질 방법의 검토가 필요하다.

그림 2.17 **질량 효과와 U 곡선**

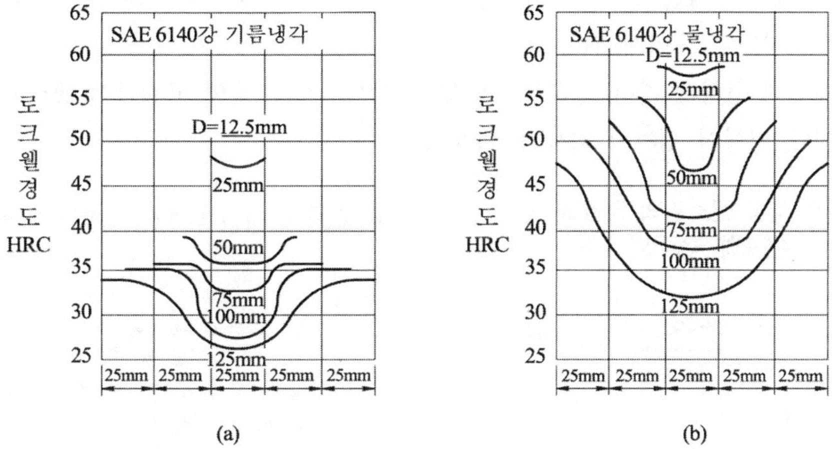

3) 경화능

경화능(담금질성, hardenability)은 화학 조성과 결정입도에 의해 결정되며, 담금질시 경화되는 깊이는 같은 크기의 제품일지라도 강종에 따라 다르다. 이 경화 깊이를 지배하는 강 자체의 성능 즉, 담금질 경화의 쉽고 어려움의 정도, 그리고 열처리에 의해 경화된 깊이와 경도의 분포를 지배하는 것을 경화능이라 하며, 경화능은 일반적으로 경화된 깊이의 대소로 비교하는 경화능 시험 방법[KSD 0206 강의 경화능 시험 방법(한쪽 끝 담금질 방법)]을 쓰면 편리하다.

경화능 표시 방법에는 여러가지가 있으며 (상부)임계냉각속도(담금질시 A_1 변태가 완전히 저지되어 마텐사이트 조직만이 되는 냉각속도)와 비교하는 것도 하나의 방법이다. 실용적인 면에서 50% 마텐사이트 조직까지를 경화조직으로 간주한다는 약속이 이루어지고 있다.

(1) 담금질 최고 경도의 결정은 탄소 함유량

강을 담금질했을 때 얻어지는 최고 경도는 거의 탄소량에 의해 결정되며 다른 합금 원소의 영향은 거의 없다. 또한 강은 담금질 온도로 730℃ 이상 가열하지 않으면 경화되지 않는다.

탄소량이 0.5% 정도까지는 탄소량의 증가와 함께 담금질 경도가 상승하고 그 이상은 거의 증가되지 않는다.(그림 2.18 참조)

(2) 제품의 형상과 경화 정도

일반적으로 동일 조건에서 담금질해도 담금질 경화가 가장 잘되는 형상은 구(球)이며, 경화하기 힘든 형상은 판이다. 대개의 경우 구 : 환봉 : 판재 = 4 : 3 : 2라고 일컫는다.

즉, 냉각속도가 가장 빠른 것은 구형이고, 가장 느리게 냉각되는 형상은 판상이다.

또한 하나의 제품에서도 부위에 따라 냉각 효과가 다르게 된다. [그림 2.19]와 같은 형상의 제품일 때 평면의 냉각속도를 1이라 하면 2면각 부분은 3, 3면각 부분은 7 정도로 느리며, 오목면은 1/3 정도로 느리게 된다.

이렇게 제품의 형상에 따라 냉각속도가 달라지므로 각 부분이 균일하게 냉각되도록 주의하여 균열이나 변형이 생기지 않도록 해야 한다.

그림 2.18 각종 탄소강의 담금질 온도와 담금질 경도

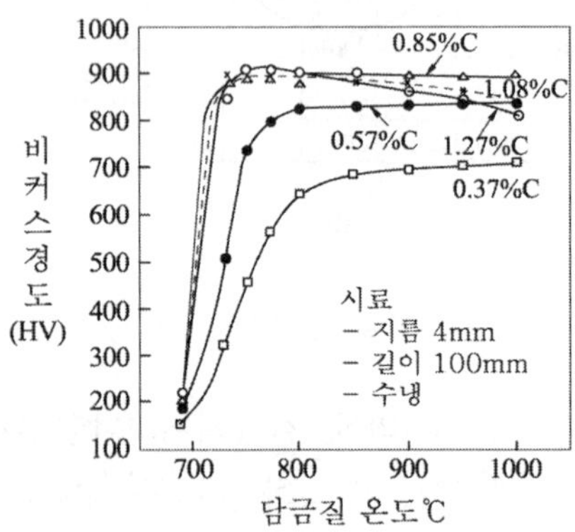

그림 2.19 형상 위치에 따른 냉각속도의 비

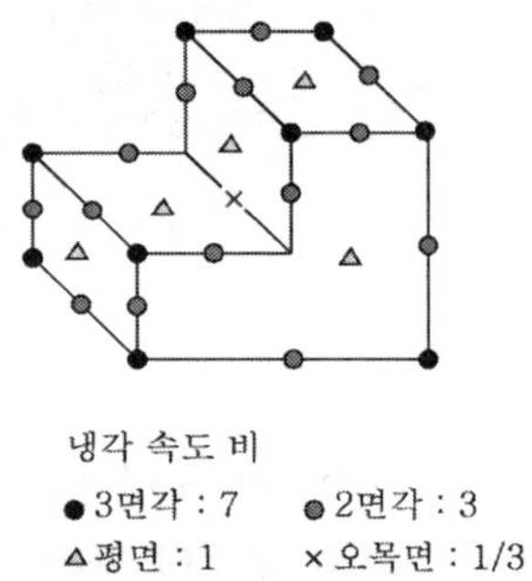

4) 임계 직경(ID : Ideal diameter)

(1) 임계 경도와 임계 직경

경화능은 보통 담금질 경화층의 깊이로 결정하며, 보통 50% 마텐사이트 조직의 경도인 HRC 50(HV=513)을 임계 경도(critical hardness)라고 하며, 중심부가 임계경도인 HRC 50을 나타내는 강재 직경을 임계 직경(critical diameter)이라고 한다.

또한 강재 표면으로부터 50% 마텐사이트 부분까지의 깊이를 담금질 경화층 깊이, 중심부의 조직이 50% 마텐사이트로 되는 강재 직경을 이상 임계직경라고 한다.

탄소강은 임계 직경이 작으므로 경화능이 떨어져 경화 깊이가 얕기 때문에 두께가 얇은 제품을 선택하여 경화하는 것이 좋으며, 일반 조질 제품은 마텐사이트가 50% 이상 있으면 경화가 되었다고 인정하고 뜨임(tempering)을 할 수 있다.

(2) 경화능 곡선, 경화능지수

경화능을 나타내는데는 경화능 곡선, 경화능지수를 사용할 수 있는데, 경화능지수는 담금질 단으로부터 일정 거리에서의 경도 또는 일정 경도에 대한 담금질 단으로부터의 거리이다.

예) ① 담금질단으로부터 12mm 직경의 경도가 HRC 36인 경우
② 경도 HRC 45에 대한 담금질단으로부터의 거리가 6mm인 경우

여기서 ②의 경우처럼 특정 경도를 지정하는 경우 보통은 마텐사이트와 미세 펄라이트가 50%씩인 위치의 경도를 택할 때가 많다. 그러나 미세 펄라이트가 혼합되어 있으면 기계적 성질은 좋지 않으므로 큰 힘이 가해지는 부분은 적어도 90% 이상의 마텐사이트 조직이 되도록 담금질하는 것이 바람직하다.

(3) 임계 냉각속도(critical cooling rate)

Ar변태를 일으키지 않고 강의 전 조직을 마텐사이트로 할 수 있는 최저 냉각속도를 임계 냉각속도라 하며, 임계냉각속도가 큰 강은 경화능(담금질성)이 나빠서 단면치수가 약간 클 경우 냉각속도가 작으면 중심부가 경화되지 않는다.

임계 냉각속도가 작은 강은 경화능이 좋아 어느 정도의 두께에서는 중심부까지도 경화될 수 있다. 즉 경화능의 좋고 나쁨은 임계 냉각속도가 작고 큰 것과 직접적으로 관계되므로 임계 냉각속도는 경화능의 표시방법으로서 이용된다.

5) 경화능 측정법의 종류

(1) Grossman 경화능 시험법

이것은 경화능 임계 직경에 의한 경화능 표시방법이다. 일련의 지름이 다른(12.7~63.5mm) 여러 시편을 만들어 오스테나이트 온도에서 상온까지 특정한 냉각제를 써서 담금질하여 경화시킨 후 현미경으로 조사하여 중심이 100% 마텐사이트로 경화된 가장 큰 봉의 지름이 경화능이다.

(2) 조미니(Jominy) 시험법

일단 담금질 방법에 의한 경화능 시험(end-quench test)이라고도 하며, 기계 구조용 탄소강 및 저합금강의 경화능 시험에 많이 이용되고 있다.

시험방법은 Ø25×100인 시험편을 규정한 담금질 온도로 중심부까지 균일하게 가열한 뒤 시험편을 가열로에서 꺼내어 즉시 지지대에 놓고 분수구를 통하여 시험편 하단에 분수시켜 시험편 전체가 냉각되기까지 적어도 10~20분간 유지한다.

냉각한 시험편은 반대쪽의 양 측면을 0.4mm만 연마(硏磨)제거하고 [그림 2.20 (d)]와 같이 냉각 끝에서 1.5mm씩 일정한 간격으로 HRC(또는 HV)로 경도를 측정하여 50% 마텐사이트가 형성되는 깊이가 경화능 깊이이며, 이렇게 측정하여 그린 그래프가 경화능 곡선(hardenability curve, H-curve), 조미니 곡선이다.(그림 2.21 참조)

경화능을 종합적으로 판정하기 위해서는 CCT도가 가장 뛰어나지만 품목마다 CCT도를 작성하는 일은 불가능하다. 거기서 가장 실용성이 높은 방법으로서 조미니 시험법(Jominy test)이 사용되고 있다.

[그림 2.20 (b)]는 조미니 시험 장치이다. 시험편의 양 측면에서 얻어진 대응하는 처음의 경도 평균치를 구하고 축방향에 걸친 경도 추이를 정리한 것을 Jominy 곡선이라 부르며, 그 형상에서 경화능의 정도를 알 수 있다.

그림 2.20 **질량 효과와 U 곡선조미니 시험 방법**

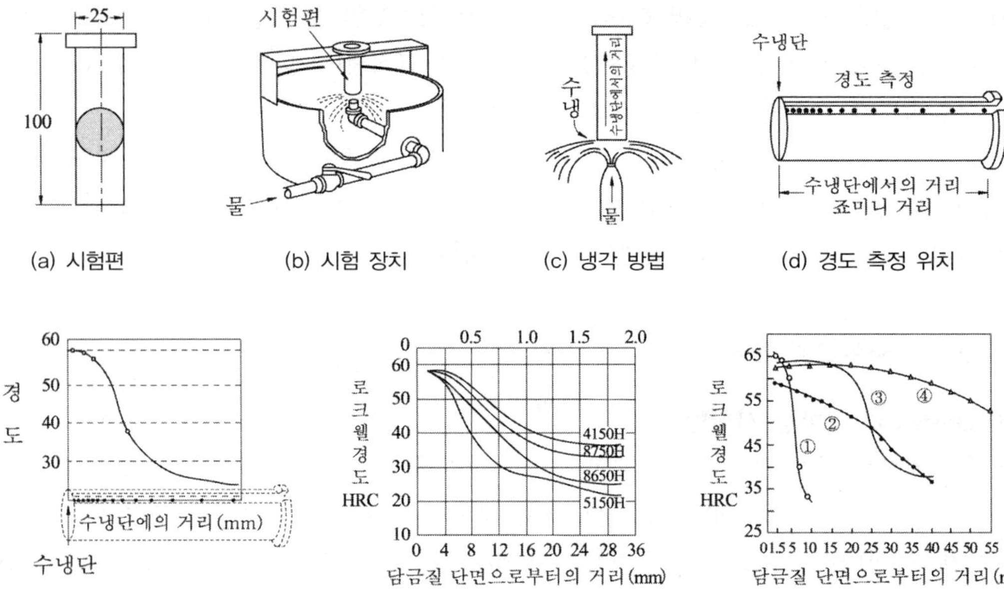

(a) 시험편 (b) 시험 장치 (c) 냉각 방법 (d) 경도 측정 위치

(e) 경도 시험 곡선 (f) 강종별 경도

(3) 경화 방법

시편의 경화 방법은 분출되는 물의 강도를 일정하게 하기 위해서 시험편을 올려놓지 않을 때의 자유 높이를 65±10mm로 규정하여 이 자유 높이가 일정하게 유지되도록 넘쳐흐르는 장치를 이용하여 낙차를 일정하게 한 물탱크나 또는 물펌프를 사용한다. 시험편은 로 중에서 정해진 온도로 가열한 후 꺼내어 5초 이내에 이 시험 장치에서 분출되는 물에 의한 담금질이 되도록 한다.

그림 2.21 **조미니 경화능 곡선**

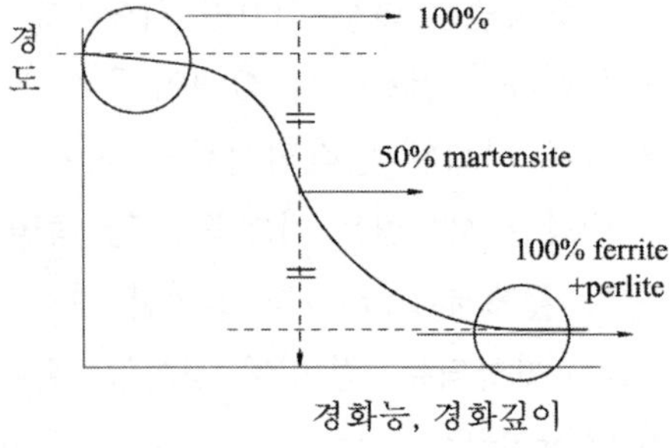

이때 시험편의 측면에서의 공기나 복사에 의한 냉각은 분수에 의한 하단부로부터의 냉각에 비해 매우 적으므로 무시한다.

시험편은 하단으로부터 위로 갈수록 점차 냉각속도가 작아지므로, 1개의 시험편에서 여러가지 냉각속도를 얻을 수가 있게 된다.

경도시험에서 특정 경도를 지정하는 경우 보통은 마텐사이트와 미세 펄라이트가 50%씩인 위치의 경도를 택할 때가 많다. 그것은 조직이 100% 마텐사이트 부분으로부터 미세 펄라이트로 변화되는 도중 50% 마텐사이트 부근이 가장 급격하게 조직이 변화되는 부분이며, 이에 따라 경도 변화도 현저하므로 경도곡선이나 조직 관찰로부터 50% 마텐사이트가 존재하는 위치를 결정하는 것이 쉽고 오차도 적기 때문이다.

PART 1 금속재료

6) 경화능에 대한 탄소, 합금 원소 및 결정립도의 영향

경화능의 대소는 담금질되는 강이 급랭하는 도중에 오스테나이트 변태의 난이도에 따라 결정된다. 따라서 경화능을 좌우하는 큰 요소는 강의 화학 조성, 특히 오스테나이트화했을 때에 고용된 탄소량과 합금 원소량 및 오스테나이트 결정립의 크기이다.

경화능지수는 하나의 합금 원소를 강에 첨가한 경우의 강의 임계직경 D_1과 그것을 첨가하지 않았을 때의 D_1과의 비이며, 그 원소를 첨가함에 따른 임계직경의 증가 비율을 말한다.

하나의 합금원소를 일정량 첨가했을 때의 경화능지수는 어떤 강종에 첨가한 경우도 일정하며, 여러 원소가 공존할 때에는 각각의 경화능지수를 곱하여 전체 경화능지수를 구한다. 즉 주어진 오스테나이트 입도와 탄소량에서 합금원소를 제거한 기본상태의 이상임계직경을 D_0, 합금원소 Si, Mn, Ni, Cr, Mo 등의 경화능배수를 fSi, fMn, fNi, fCr, fMo 등으로 나타내면 강의 이상임계직경 D_1은 다음 식으로 구해진다.

$$D_1 = D0 \times fSi \times fMn \times fNi \times fCr \times fMo$$

Mn, Mo, Cr 등의 합금 원소는 소량으로도 경화능을 현저히 향상시키고 Si, Ni 등도 경화능을 향상시킨다. B(붕소)는 0.0025% 정도의 미량으로도 최대의 담금질 효과가 얻어지는데 C가 0.4%인 경우 B의 경화능배수는 약 1.8이다. 그러나 C가 증가되면 B의 효과는 저하되어 0.2%C에서 B의 경화능배수는 2.0이지만 공석강(0.8%C)이 되면 약 1.0 정도로 감소한다.

한편 경화능을 감소시키는 원소는 Co, V 등이다.

또한 오스테나이트 결정입도에 영향을 받는다. 결정입도가 조대할수록 경화능은 향상되지만 담금질 균열이나 변형을 초래하기 쉬우며 인성도 저하되므로 경화능을 향상시키기 위해 결정립을 조대화시키는 것은 바람직하지 못하다.

자. 조질(담금질-뜨임)

1) 조 질

조질이란 강의 기계적 성질을 향상시키기 위한 중요한 열처리이며, 조질의 좋고 나쁨에 따라 그 성질은 크게 좌우된다. 또 조질 과정은 반드시 뜨임 공정을 거치지 않으면 안 된다.

담금질에서 100%의 마텐사이트를 얻기 위한 첫째 조건은 많은 요인이 있다. 강철이 갖는 C%와 담금질 경도는 비례하고, C%가 많으면 담금질 경도는 높다. 따라서 C%의 양에 따라 100% 마텐사이트의 담금질된 경도를 알 수 있다. 물론 100%는 이상치이고 Ms-Mf 구역 안에서 Mf가 상온 이하인 경우는 담금질한 후 서브제로 처리 등의 공정을 더하지 않으면 100% 마텐사이트 조직을 달성할 수 없는 경우도 있다. 마텐사이트 변태는 온도 의존성이 매우 강하다.

2) 피담금질물(강)에 대해서

강종의 형상(질량)에 대해서는 질량 효과(Mass Effect)가 있다. 이것은 담금질성에 영향을 미쳐 형상의 대소에 따라 담금질되는 것에 차이가 생긴다.

설계 계산에 있어서 질량 효과를 생각하지 않고, KS 등에 참고치로서 게재되어있던 테스트피스의 기계적 성질을 채용하는 것은 위험하다. 따라서 담금질성 계산, 혹은 실제의 담금질 시험의 데이터에 의해 계산하지 않으면 안 된다.

피담금질물의 표면상태에 산화, 탈탄이 있는 경우 표면의 담금질 경도가 나오지 않는다. 이것은 산화 또는 탈탄된 후의 C%에 대한 담금질 경도를 나타낸다고 하는 것뿐 아니라 그 C%에 맞는 냉각속도가 아니기 때문에 마텐사이트 변태가 적다.

산화의 경우도 이것이 두꺼운 산화 스케일로 뒤덮여 있으면 냉각시에 냉각제와의 접촉 불량이 되어 담금질이 불완전해지며, 담금질 균열도 발생하기 쉬우므로 쇼트 브라스트 등으로 제거해주는 것이 좋다. 산화 스케일은 로 내에서 발생하는 일도 있기 때문에 가열시의 주의와 스케일이 생겼을 때는 담금질 전에 신속하게 제거해주면 좋은 결과를 얻을 수 있다.

조질 열처리 후 표면부를 절삭해서 모처럼의 조질층을 제거해 버리는 경우도 있는데, 담금질 전에 치수의 기준을 정해 조질 열처리 후에는 가공 부분을 최소로 하는 것이 좋다.

차. 담금질 균열(quenching crack)

1) 담금질 균열의 원인

담금질 균열 시기 중 냉각액에 넣은 직후에 생기는 경우는 외부의 급격한 냉각 수축과 내부의 느린 냉각에 의한 펄라이트의 팽창 때문이며, 담금질 후 얼마 되지 않아 상온에서 발생하는 경우는 외부가 마텐사이트로 변하여 팽창하기 때문이다.

2) 담금질 균열 방지법

(1) 수냉, 유냉 담금질

담금질 균열 방지법은 물체의 단면적, 두께의 변화가 있는 부분과 물체의 구멍이 있는 부분은 지나친 급랭(急冷)을 피하는 것이 좋다.

담금질 균열을 막기 위해 현장적으로 물, 기름 담금질을 선택하는 방법이 있다. 완전 담금질을 할 경우는 수냉에 의해 담금질하고 싶지만, 재질상 담금질성이 좋을 때 피담금질품의 두께차가 있을 때, 모서리부가 날카로울 때 등은 담금질 균열을 일으키기 쉽다. 상기와 같은 경우에는 물과 기름의 양쪽으로 냉각해 담금질을 행한다.

① 가열 온도에서 물에 담금질한다.
② 수 중의 피담금질물의 온도 강하를 관측한다.
③ 물에서 꺼내는 시기는 붉은 기가 없어졌을 때 등에 따르는데 기계적으로 두께 25mm에 대해 수 중 3~5초로 정해도 좋다.
④ 물에서 꺼내 재빨리 기름에 담금질한다.

이 방법에서 중요한 점은 물에서 꺼내는 시기의 판단이다. 반복 연습을 통해 경도와 균열의 유무를 체크하면 경험적으로 그 요점이 파악될 수 있다. 냉각 방법은 담금질시의 마텐사이트 변태 영역(위험구역)을 유냉에 의해 서랭함에 따라 담금질 균열을 막을 수 있고 또 담금질도 완전해진다. 물, 기름 담금질에 가까운 수용성 냉각제의 사용도 같은 원리이다.

(2) 산화 방지 담금질

신문지의 양면에 퀜칭유 등을 적셔서 피가열물을 틈이 남지 않도록 밀착해서 싼 후 로에 괴상 코크스를 채워 신문지로 싼 피가열물이 중심이 되도록 코크스로 덮고, 코크스가 가득찰 때까지 넣어 뚜껑으로 밀폐하며, 뚜껑에 틈이 있을 때는 점토로 막는다. 이 상태에서 포트 채로 가열한다. 이렇게 하면 코크스의 환원작용에 의해 피가열물의 산화가 방지된다.

가열시간은 로 안의 피가열물이 충분히 가열 온도를 유지할 수 있을 때까지 잡는다. 이 방법은 작은 부품으로 정밀 가공품, 금형의 담금질 등에 적용할 수 있으며, 로 안에서 피가열물을 재빨리 꺼내 공기 중의 산화를 적게 해서 담금질한다.

카. 급랭 조직

탄소강을 오스테나이트 상태로 가열한 후 서서히 냉각하면 온도에 따라 오스테나이트-소르바이트-투르스타이트-마텐사이트 순으로 조직이 변하게 되나, 오스테나이트 조직에서 급랭하여 마텐사이트 조직이 생성되는 임계 온도 이하로 낮추면 소르바이트 조직이나 투르스타이트 조직의 발생을 억제하고, 마텐사이트 조직의 생성이 많아져서 경화하게 된다.

이때 열처리 온도는 철강에 함유된 탄소나 특수 원소에 따라 달라지며 탄소량이 많을수록 질량 효과가 적어져 담금질이 쉬워지며 담금질 후의 경도가 높아지게 된다.

1) 소르바이트

소르바이트는 투르스타이트(Troostite)보다 냉각속도가 늦을 때, 큰 강재는 유냉시, 작은 강재는 공랭시에 오스테나이트가 펄라이트로 변태하게 된다. 또한 마텐사이트(Martensite) 조직을 600℃에서 뜨임했을 때 나타난다.

소르바이트의 경도, 강도는 투르스타이트보다 작으나 인성과 탄성이 좋으며, 미세한 입상 탄화물의 조직이고 가공 경화가 가장 적은 조직이다. 이 조직을 얻기 위한 열처리로서 파텐팅, 오스템퍼링, 조질처리가 있다.

타. 담금질 결함

1) 담금질 균열의 발생 원인

마텐사이트 조직은 오스테나이트 조직을 급랭했을 때 Ms점 이하의 너무 낮은 온도에서 얻어지는 조직으로 오스테나이트 상태일 때 고용된 탄소들이 이동할 수 없어 마텐사이트 결정의 c축에 존재하게 되며 매우 불안정한 상태가 되며 결정 구조는 왜곡된다. 또한 탄소량에 따라 a축, b축은 거의 변하지 않으나 c축은 점점 길어지게 되며, 탄소량이 많을수록 더욱 왜곡. 팽창량이 크게 되고 담금질 균열이 발생하게 된다.

또한 오스테나이트 조직의 결정립이 너무 큰 경우 굵은 마텐사이트가 생기게 되는데 이때 균열이 생길 위험이 크다.

2) 담금질시 변형 발생의 원인

위에서 설명한 것과 같이 담금질시 결정의 왜곡과 팽창에 의하여 변형이 일어나게 된다.

3) 담금질 균열, 변형 방지 대책

담금질시 오스테나이트 조직의 결정립이 작도록 너무 고온으로 가열하거나 장시간 유지할 필요가 없으며, 고온에서는 최대한 빨리 냉각하고 Ms점 이하에서는 가급적 천천히 냉각할 필요가 있다. 왜냐하면 마텐사이트 변태는 냉각 시간과는 관계없고 냉각온도와 관계되므로 급랭에 의한 불안정한 상태를 가급적 적게 할 필요가 있다. 그리고 담금질 후 반드시 뜨임하여 내부응력 제거와 안정된 원자 배열을 가져야 한다.

4 뜨임 및 Sub-zero 처리

가. 뜨임(tempering)

강을 담금질한 후 장시간 방치하면 저절로 자연(시효) 균열이 생기는 경우가 있는데, 이것은 담금질 후 잔류 오스테나이트가 마텐사이트화하여 팽창과 잔류응력의 균형이 파괴되기 때문이다. 따라서 불안정한 상태의 담금질한 강을 손으로 만질 수 있을 정도, 즉 40~60℃로 냉각하면 바로 뜨임해서 안정화시키는 것이 좋다. 그러나 어떤 이유로 바로 뜨임을 할 수 없는 경우에는 적어도 100℃의 온탕에 담가 두는 것만으로도 안정화에 효과가 있다고 한다.

이렇게 담금질한 상태로는 조직적으로나 내부 응력적으로 불안정하며 경취하기 때문에 항복점과 탄성 한계도 그다지 크지 않다. 따라서 이 조직을 안정화하고 기계적 성질을 더욱 향상시키고자 하는 열처리가 뜨임이다.

뜨임이란 담금질하여 경화된 강을 변태가 일어나지 않는 A1점 이하에서 가열한 후 서랭 또는 공랭하는 열처리이며, 뜨임의 목적은 담금질시에 생긴 잔류응력을 제거하여 균열 발생의 방지와 강도, 인성을 유지하게 하는 것이다.

뜨임 온도는 뜨임 메짐이 나타나는 400~550℃의 범위를 피해서 선택한다. 이 온도 구역에서는 충격값뿐만 아니라 내식성, 특히 응력부식 균열 저항성을 떨어뜨린다.

나. 뜨임의 목적

1) 경도와 인성의 조정

담금질(Quenching)한 그대로의 마텐사이트는 매우 경취한 성질을 갖고 있으며, 높은 경도에 비해 항복점이나 탄성한계는 낮으며, 탄소량이 많은 강일수록 심하다. 따라서 용도에 따라서 적당한 인성을 유지하기 위해 뜨임을 해야 된다.

이와 같이 뜨임에 의해 투르스타이트나 소르바이트 조직으로 변화시켜 담금질에 의해 형성된 불완전한 조직을 안정된 조직으로 변태시킴과 동시에 잔류응력을 감소시키고 특히 인성을 개선시키기 위하여 A_1점 이하의 적당한 온도로 가열 유지 및 냉각하는 조작이라고 말할 수 있다.

2) 치수와 형상의 안정화

담금질에 의해 형성된 정방정 마텐사이트는 서서히 입방정 마텐사이트+탄화물로 변화하여 수축을 일으키게 되며 또한 잔류(내부)응력의 개방에 의해서도 치수와 형상이 변화하게 된다. 따라서 담금질한 그대로의 강재는 대단히 불안정한 상태에 있으며 시간의 경과에 의한 치수와 형상의 변화(경년변화)가 현저하게 나타나는데 적당한 온도로 가열하거나 서브제로 처리와의 병행을 통해 이러한 변화를 촉진시켜주면 그 후의 변화를 적은 수준에서 막을 수 있다.

탄소강, 저합금강의 뜨임은 잔류응력의 제거, 치수형상의 안정화를 주된 목적으로 인성을 조금이나마 증대시키기 위하여 200℃ 이하의 저온 뜨임하여 마텐사이트의 경도를 너무 저하시키지 않도록 하는 경우가 많고 기계 구조용 부품과 같이 충분한 인성을 필요로 할 때에는 550~650℃의 고온 뜨임하는 조질처리가 필요하다.

다. 뜨임에 의한 조직과 성질 변화

담금질한 강을 뜨임로에 넣어 연속적으로 온도를 상승시키면 탄소를 과포화 고용한 마텐사이트가 분해하여 석출이 계속되고 평형 조직에 근접해간다. 그 사이의 조직 변화에 의해 비체적이 변하며, 수축, 팽창, 수축 현상이 계속된다. 이러한 뜨임 과정은 크게 4단계로 나누어 설명한다.

1) 1단계(1과정 : 100~250℃)

마텐사이트 중에 고용된 탄소가 탄화물로서 석출하는 과정이다. 마텐사이트는 α 철의 결정격자 중에 탄소 원자가 과포화상태로 고용되어 있으므로 현저하게 팽창된 상태이지만 100~250℃ 정도의 비교적 낮은 온도에서 뜨임하면 과포화 마텐사이트로부터 탄소가 빠져나와 탄소 농도가 큰 새로운 탄화물을 형성하기 때문에 체적의 수축을 수반하며 전기 저항도 감소한다.

제1단계 뜨임에 의해서 마텐사이트는 정방정에서 입방정의 저탄소 마텐사이트로 되어 사방정의 시멘타이트와는 결정 구조가 다른 중간 단계의 것으로 Fe_2-3C의 형태로 나타나는 ε 탄화물을 석출한다. 이 단계에서는 0.2~0.3% 정도의 탄소가 고용된 상태라고 추정된다.

2) 2단계(2과정 : 250~300℃)

잔류 오스테나이트가 마텐사이트 조직 속에 존재할 때만 일어나며. 잔류 오스테나이트가 하부 베이나이트로 변태하며 체적이 약간 증가한다. 베이나이트 변태는 마텐사이트 변태와 유사하며, 페라이트와 시멘타이트가 아닌 육방정의 ε탄화물로 추정되는 탄화물과의 혼합 조직이다.

(1) 변태 과정 : 잔류 오스테나이트 → 하부 베이나이트(팽창)

3) 3단계(3과정 : 300~350℃)

제1단계에서 1차로 탄소 농도가 0.2~0.3%로 감소된 기지 페라이트로부터 다시 탄소가 시멘타이트로 석출하여 탄소 농도가 0.02% 이하까지 감소되므로 길이가 짧아진다.

더욱 온도가 높아짐에 따라 300℃ 이상에서 시멘타이트는 현저한 응집 성장으로 조대화되는 동시에 그 수가 감소되어간다. 그 결과 300℃ 부근에서 크게 수축하게 된다.

(1) 변태 과정 : β 마텐사이트 + ϵ 탄화물→ 페라이트 + Fe_3C(시멘타이트)
= 투르스타이트(수축)

[그림 2.22]는 공석강을 담금질-뜨임하는 경우 각 온도에 대한 팽창, 수축의 모양을 그림으로 나타낸 것이다. 즉 불림 또는 풀림(펄라이트) 상태에 있는 A점에서 B→C를 거쳐 담금질 온도인 D점(오스테나이트)까지 가열한 후 수중에 냉각하면 과냉 오스테나이트 상태로 약 250℃ 부근의 Ms점까지 냉각시킨 후 다시 인상하여 유냉하면 마텐사이트가 되면서 체적이 팽창하여 H점(담금질 상태)에 이른다.

그림 2.22 **공석강의 뜨임에 의한 길이의 변화**

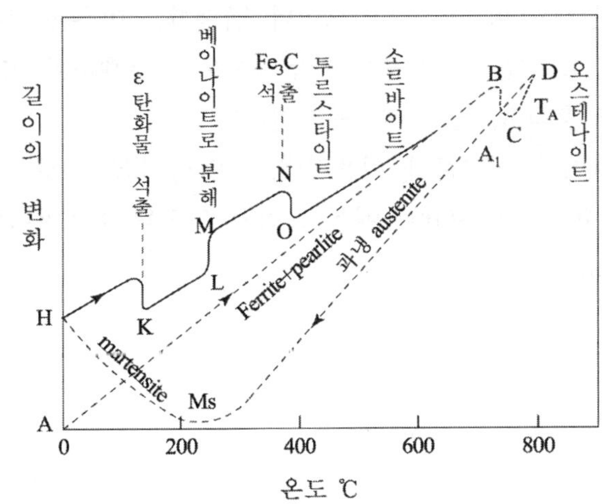

4) 4단계(4과정 : 350℃ 이상)

3과정에서 석출한 시멘타이트가 매우 작은 결정립으로 응집된 상태로 있다가 온도가 높아짐에 따라 탄소 원자의 이동으로 시멘타이트가 성장하게 되어 탄화물의 수가 감소하게 되며 그만큼 전위의 이동이 쉬워지므로 강도, 경도가 감소하게 되며, 반대로 인성은 증가해간다. 불림과 풀림에 의해 얻어진 조직이 층상 펄라이트와 비교해 뛰어난 인성을 갖고 있는 것은 이 때문이다.

(1) **변태 과정** : 투르스타이트 → 소르바이트(수축)

라. 뜨임의 종류

1) 저온 뜨임

저온 뜨임은 내부 응력을 완화하고 메짐성의 경감을 목적으로 가열 온도 150~200℃, 유지시간은 1~3시간 정도의 범위에서 선택하며, 공랭하는 것이 일반적이다. 저온 뜨임은 탄소 공구강이나 합금 공구강(열간 금형용강은 제외), 베어링강, 침탄용강 등 높은 경도와 내마모성이 요구되는 강종에 적용된다.

2) 고온 뜨임

고온 뜨임은 조질 이라고도 하며, 뜨임 온도가 높아짐에 따라 항복 강도, 인장 강도는 연속적으로 저하하지만 연신율, 단면 수축률, 충격치는 향상되므로 인장 강도와 인성을 동시에 요구하는 경우에 실시하게 되며, 기계구조용강의 뜨임에 적합하다.

방법은 450~680℃ 범위에서 목적에 따라 여러 온도로 설정하며, 승온시간은 25mm에서 30분, 그 이상도 1시간 정도 유지한 뒤 급랭한다. 급랭하는 이유는 고온 뜨임시 뜨임 취성이 일어나기 쉽기 때문이다. 고온 뜨임 중에 마텐사이트가 분해하여 미립 탄화물을 석출하여 경도가 크게 떨어지고 충격값, 연신율이 증가한다.

고온 뜨임에는 염욕이나 전기로가 이용되며, 뜨임시 400℃ 부근에서 얻어지는 조직을 투르스타이트(HV 약 400), 500~600℃에서 뜨임된 조직을 소르바이트(HV 약 280 : 조질)라고 한다.(표 2.3 참조)

표 2.3 각종 열처리 조직의 기계적 성질

조 직 명	브리넬 경도 (HB)	인장 강도 MPa(kg_f/mm^2)	연신율 (%)
페라이트(ferrite)	90~100	274(28)	30
오스테나이트(austenite)	150~155	823~1029(84~105)	20~25
펄라이트(pearlite)	200~225	823(84)	20~25
소르바이트(sorbite)	270~275	686~1372(70~140)	10~20
투르스타이트(troostite)	400~480	1372~1715(140~175)	5~10
마텐사이트(martensite)	600~720	1323~2058(135~210)	2~8
시멘타이트(cementite)	800~920	-	0

3) 경화 열처리와 2중 뜨임

경화 열처리할 때의 오스테나이트화는 1010℃ 정도의 온도에서 실시하는데, 이때 Mo 탄화물과 Cr 탄화물이 오스테나이트 내로 고용된다. 단, V 탄화물(MC)만은 고용되지 않고 남아 있다. 오스테나이트화 후 상온으로 공랭하면 마텐사이트, 잔류 오스테나이트 및 약간의 베이나이트가 존재하는데, 이 조직을 580℃에서 2회 뜨임하면 잔류 오스테나이트는 뜨임 마텐사이트로 변화된다. 즉, 공랭시에 형성된 잔류 오스테나이트는 1차 뜨임시 마텐사이트로 변태하고, 2차 뜨임시 이 새로운 마텐사이트가 뜨임 마텐사이트로 변태하게 된다. 따라서 이와 같은 열간가공용 공구강의 치수 안정성을 최대로 하기 위해서는 2중 뜨임이 필요하다.

마. 뜨임 취성(temper brittleness(Embitterment)

뜨임 취성은 담금질한 강을 어느 온도 구역, 즉 450~600℃에서 장시간 뜨임하거나 이 온도 구역을 서랭할 때 취성 원소(Sb, P, As) 등이 결정립계로 편석되어 결정립계가 취약해져 일어나는 취성이다.

1) 뜨임 취성의 종류

(1) 저온 뜨임 취성(300℃ 취성)

일반적으로 경도는 뜨임 온도의 상승과 함께 저하되지만, 충격값은 200℃까지의 뜨임시에 일단은 증가하다가 200~400℃에서는 오히려 현저히 감소되고 있으며, 인(P)이나 질소(N)를 많이 함유한 강에 확실하게 나타나고, Al, Ti, B 등을 첨가하면 취화가 적어진다.

이 취화가 일어나는 온도 범위가 2단계 뜨임과 일치하므로 2단계 뜨임 온도를 150~180℃로 선정하는 것이 좋다.

그러나 강에 규소(Si)를 첨가하면 취화가 나타나는 온도가 상승하여 300℃ 정도의 뜨임에서도 취화가 일어나지 않으므로 스프링강이나 초강인강 등 규소를 함유한 강은 강도와 탄성의 향상을 위해 이 온도 부근에서 뜨임하고 있다.

(2) 1차 뜨임 취성

450~525℃의 온도에서 뜨임하면 뜨임 시간이 길어져 충격치가 감소하는 현상이다.

(3) 고온 뜨임 취성(2차 뜨임 취성)

보통 500~550℃의 온도 범위에서 뜨임하거나 이 온도 범위를 서랭한 시험편을 노치 충격시험할 때에 노치 인성의 감소, 즉 연성-취성 천이온도가 증가하는 현상을 말하며, Cr강이나 Ni-Cr강에서는 450~550℃의 온도에서 뜨임 후 서랭시 충격치가 감소한다.

2) 뜨임 취성의 방지 대책

(1) **저온 뜨임 방지** : 250~300℃ 부근에서 뜨임하지 않는다.

(2) 뜨임시 450~525℃ 구간에서 급랭시키며(1차 뜨임 취성 방지), 소량의 Mo, W 첨가, 취성이 생기기 쉬운 원소들(Sb, P, As) 등이 혼입되어 결정립계에 편석되지 않도록 하여야 한다. 525~600℃의 구간에서 뜨임 후 급랭(2차 뜨임취성 방지)한다.

바. 심랭처리(subzero treatment)

1) 탄소 함유량, 냉각속도에 따른 잔류 오스테나이트의 변화

강은 탄소량이 증가함에 따라 M_s점과 M_f점이 저하되는데, M_f점이 상온 이하인 경우에는 담금질시 미변태된 잔류 오스테나이트(γ R)가 존재하게 되며 그 양은 고탄소강일수록, 즉 M_s점이 저하될수록 증가된다.

0.6%C 이상의 탄소강에서는 M_f 온도가 상온 이하로 내려가기 때문에 상온까지 담금질하여도 마텐사이트 변태가 완료되지 않고 오스테나이트가 잔류하게 된다.

마텐사이트 변태가 일어나는 온도는 고탄소강이나 합금강일수록 M_s 온도와 M_f 온도가 점점 낮아져서 탄소량이 0.6% 이상인 것은 M_f 온도가 모두 0℃ 이하이므로 가열된 오스테나이트 조직을 급랭해도 오스테나이트가 전부 마텐사이트 조직으로 변태하지 못하고 잔류 오스테나이트 조직이 10~30% 정도 있게 되며, 탄소량이 같은 경우라도 수냉에 비해 유냉 쪽이 오스테나이트가 많이 잔류하게 되며, 탄소 함유량이 많을수록, 담금질 온도가 높을수록 잔류 오스테나이트는 많아진다.

이와같이 잔류 오스테나이트가 100% 마텐사이트 조직으로 하려면 M_f점 이하로 냉각이 필요하며 -45℃의 액체 또는 그 이하의 액체에 냉각시켜야 된다. 이와 같이 0℃ 이하에서 냉각하는 방법을 심랭처리(深冷 處理, sub-zero treatment)라고 한다.

이 처리에 의해서 잔류 오스테나이트가 마텐사이트로 변태하므로 담금질 경도가 증가되고, 경도를 균일화시켜서 내마모성을 향상시키며, 또한 치수 안정성을 제고시키는 등 매우 중요한 효과를 얻을 수 있다.

2) 심랭처리를 하는 이유

(1) 지연 균열(crack)의 방지

방치 균열이라고도 하며, 담금질한 강의 잔류 오스테나이트를 상온에서 그대로 방치할 경우 진행 속도가 느리기는 하지만 차츰 마텐사이트로 변하게 되며 체적 팽창에 따른 내부 응력의 증가로 인해 균열이 발생할 우려가 있으므로, 담금질 후에 뜨임을 함으로서 잔류 오스테나이트를 분해, 또는 안정화시키고 취약한 마텐사이트를 인성을 지닌 뜨임 마텐사이트로 바꾸어 놓는다.

(2) 경년 변형에 대한 효과

잔류 오스테나이트는 상온에서 매우 불안정한 상이므로 시간이 경과함에 따라 안정한 조직으로 변하게 되며, 이때 치수 변화나 연마 균열 등을 일으키게 되고, 담금질 후 바로 뜨임을 했다 해도 치수 정밀도가 엄격한 게이지, 베어링, 정밀 기계 부품 등은 경년 변화에 의한 결함 발생의 우려가 있으며, 그만큼 경도를 저하시키고, 치수 불안정 등의 문제점이 생기게 되므로 심랭처리는 정밀 부품의 조직을 안정화시켜 경년 변형을 방지하는데 효과적이다.

(3) 경도와 인성에 대한 효과

잔류 오스테나이트를 마텐사이트화하면 경도가 상승하며, 담금질한 강에 심랭처리를 하였을 때에도 경도는 상승하지만 반면에 인성은 저하된다. 침탄 질화 표면의 잔류 오스테나이트에 의한 경도 저하의 회복에 심랭처리는 대단히 유효하다.

3) 심랭처리 방법

담금질 후 장시간 실온으로 방치한다든지 뜨임을 행한 후에는 잔류 오스테나이트가 그대로 안정화되면 마텐사이트화하기 어려우므로 심랭처리 효과가 적어진다. 따라서 심랭처리는 담금질 후 신속히 행하는 것이 중요하며, 그 효과도 크다.

심랭처리시 주의해야 될 것은 제품 두께가 두껍거나 예리한 모서리가 존재할 경우 심랭처리시 균열 발생이 쉬우므로 심랭처리하기 전에 100℃ 물속에서 1시간 정도 뜨임하여 균열 발생을 방지하는 것이 좋다.

고합금강의 경우 뜨임과 심랭처리를 반복하여 균열이나 변형을 막는 방법도 있으며, 심랭처리시 담금질 부품에 탈탄층이 있으면 심랭 균열이 발생하기 쉬우므로 탈탄층을 제거하거나 100℃에서 가뜨임을 행해 탈탄층의 인장응력을 감소시킨 후에 실시하면 좋다.(그림 2.23 참조)

심랭처리는 극저온에서 실시하기 때문에 냉각시 균열이나 변형의 발생 우려가 있으므로 천천히 냉각하는 것이 좋으며, 2~3단계로 나누어 냉각하거나 처리품을 피복하여 냉각시키며, 처리 시간은 30~90분 정도가 충분하다. 처리 후에는 공랭보다는 수 중 또는 유중에 냉각하는 것이 균열 발생이 적다.

[그림 2.24]는 담금질, 심랭, 뜨임 과정을 나타낸 것이다.

강종별 M_s점과 M_f점은 다음과 같다.

(1) 0.4%C **탄소강** : M_s : 400℃, M_f : 약 100℃

(2) STC 7**종(탄소공구강** 7**종** : 0.6~0.7%C) : M_s : 약 300℃, M_f : 약 0℃

(3) STC 5**종(탄소공구강** 5**종** : 0.8~0.9%C) : M_s : 약 250℃, M_f : 약 -45℃

4) 심랭처리시 사용하는 냉매

심랭처리시 사용되는 냉매로는 아세톤, 에테르, 알코올 등의 유기 용제나 탄산가스(-13℃), 드라이 아이스, 액체 질소 등이 있다. 액체 산소는 -183℃이지만 위험하므로 사용하지 않는다.

(1) 드라이 아이스

단열재가 내장된 스테인리스강제 통속에 드라이 아이스(-78℃)와 알코올을 넣어서 -78℃로 유지하여 제품을 침적시킨다. 이 냉매로는 -100℃ 이하에서만 처리할 수 있기 때문에 보통 심랭처리라고 한다.

(2) 액체 질소

액체 질소(-196℃)를 그대로 사용하는 액체법과 분사시켜서 사용하는 가스법이 있으며, 초심랭처리라고도 한다. 액체 질소로 심랭처리를 하여도 소량의 잔류 오스테나이트는 남아 있으므로 통상 -80~100℃로 충분하다.

그림 2.23 탄소량에 따른 담금질 온도와 오스테나이트 량

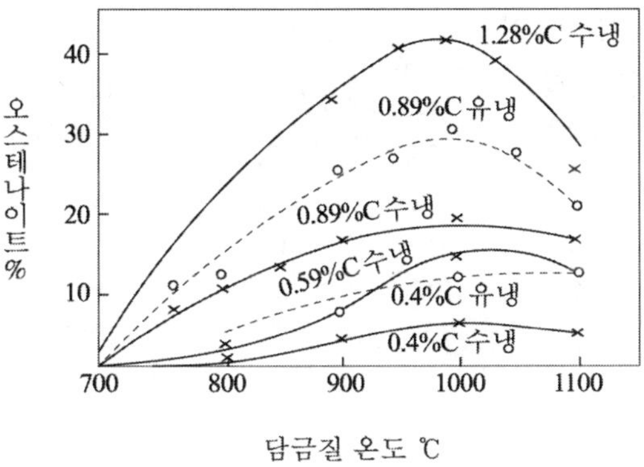

그림 2.24 담금질 심랭, 뜨임 열처리 작업도

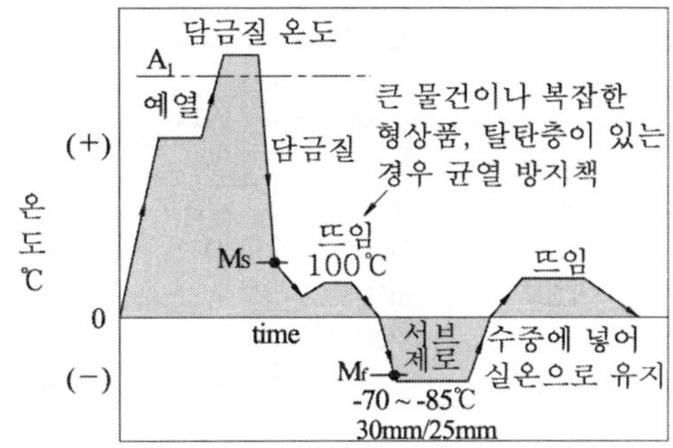

바. 강의 초심랭처리

일반적으로 담금질한 강의 잔류 오스테나이트는 약 300℃ 이상에서 뜨임하면 소멸하고, 잔류응력은 약 450℃ 이상으로 가열하면 해소될 수 있다. 따라서 구조용강은 600~650℃에서 뜨임을 실시하므로 심랭처리가 필요치 안치만, 내마모용으로 사용되는 침탄부품, 고주파 경화부품, 베어링강 및 탄소 공구강 등은 200℃ 정도의 저온 뜨임이 적용되므로 심랭처리가 필요하게 된다.

또한 STD 11강이나 고속도강 등 500~600℃에서 2차~3차 뜨임까지 하는 강종들도 심랭처리하면 1차 뜨임만으로 족하므로 심랭처리의 필요성이 크다.

1) 초심랭처리의 장점

(1) 잔류 오스테나이트가 거의 마텐사이트로 변태된다.

(2) 보통 열처리품이나 보통 심랭처리품보다도 내마모성이 현저히 향상된다.

(3) 조직의 미세화와 미세 탄화물의 석출이 이루어지지만, 보통 심랭처리품에 비해서 경도의 변화는 거의 없다.

<표 2.4>는 각종 공구강에 대하여 보통 심랭처리와 초심랭처리에 대한 경도와 내마모성의 변화를 나타낸 것으로 초심랭처리에 의한 경도 증가는 보통 심랭처리에 비해서 거의 차이가 없음을 알 수 있으나 내마모성은 초심랭처리한 경우가 보통 심랭처리한 경우보다 약 2~3배(비심랭처리품에 대해서는 2~6.6배) 정도로 현저하게 향상되는 것을 알 수 있다.

[그림 2.25]는 담금질에서 초심랭처리하는 과정의 예를 나타낸 것이다.

표 2.4 심랭처리에 따른 경도와 내마모성의 변화

강 종			경 도(HRC)		내 마 모 성		
KS	JIS	AISI	보통 심랭처리 (-85℃)	초 심랭처리 (-196℃)	비심랭 처리	보통 심랭처리 (-85℃)	초 심랭처리 (-196℃)
STB 2	SUJ 2	52100	57.9	57.7	25.2	49.3	135
STD 11	SKD 11	D 2	62.4	62.3	224	308	878
STD 12	SKD 12	A 2	60.7	61.9	85.6	174.9	565
SKH 51	SKH 51	M 2	63.1	63.9	1961	2308	3993
STS 3	SKS 3	O 1	61.5	61.8	237	382	996

그림 2.25 초심랭처리 곡선

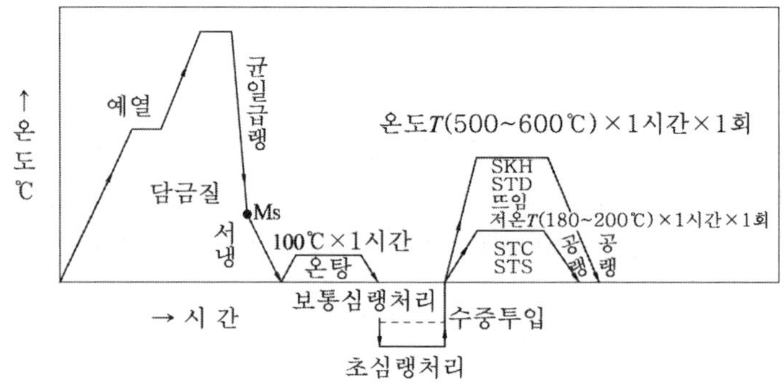

그림 2.26 초심랭처리의 방법

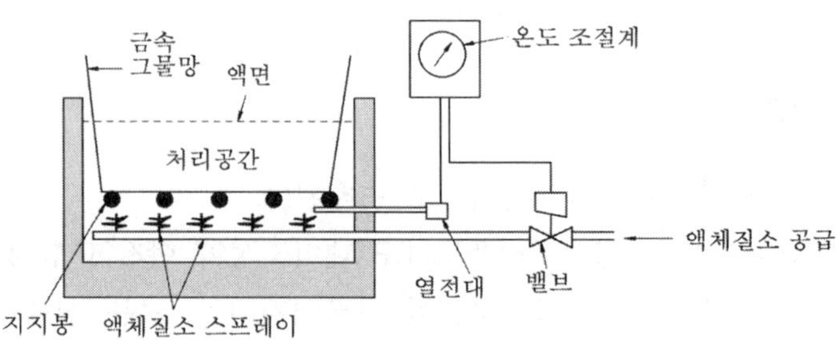

(a) 액체법

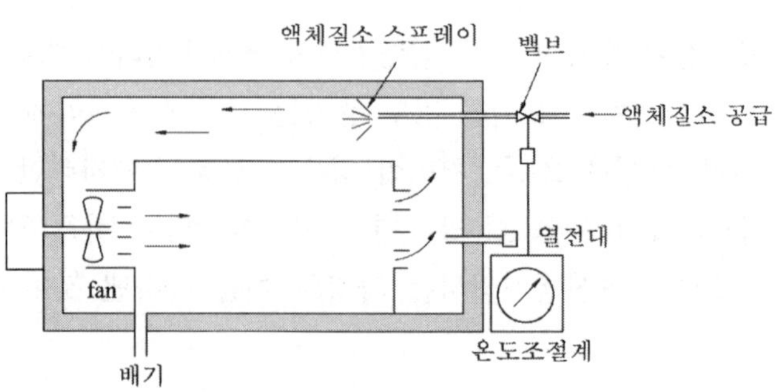

(b) 가스법

제3절 | 특수 열처리

1 S 곡선과 CCT 곡선

가. 항온 냉각 변태 곡선(isothermal transformation diagram)

1) 공석강의 항온(등온) 냉각 변태 곡선

0.8%C강(공석강)을 A_1 변태점 이상으로 가열한 후 어느 정도의 시간을 유지하게 되면 균일한 austenite가 되는데, 이와같이 austenite화한 후에 A_1 변태온도 이하의 어느 온도의 염욕(salt bath)에 급랭시켜서 항온 유지시키면 시간이 지남에 따라 일어나는 변태를 나타낸 곡선을 항온 변태곡선(Isothermal Transformation Curve)이라 하고, 다른 용어로는 TTT 곡선(Time Temperature Transformation Curve), C곡선, 또는 S곡선이라고 불리어진다.(그림 2.27 참조)

845℃는 0.8%C 강을 austenite 상태로 가열한 온도이며, 그대로 서랭시킬 경우 705℃에서 pearlite 변태가 시작되며, 565℃부근에서 곡선이 왼쪽으로 돌출되는 코(nose)부분이며, 이 온도 위에서 항온변태시키면 펄라이트가 형성되고, nose 아래의 온도에서 항온변태시키면 Bainite가 형성된다.

pearlite 조직과 Bainite 두 조직 모두 페라이트와 시멘타이트로 이루어져 있으나 펄라이트는 두 상이 교대로 반복되어지는 층상 조직을 나타내고 있고, Bainite는 침상에 가까운 형태를 나타낸다. 또한 펄라이트 형성온도 범위 중 비교적 높은 온도에서 형성된 펄라이트는 조대하고, 비교적 낮은 온도에서 형성된 펄라이트는 미세하다.

Bainite 역시 형성온도에 따라 조직의 차이를 보이는데, 350~550℃ 범위에서 형성된 상부 베이나이트(익모상)는 페라이트 주위에 시멘타이트가 석출되는 반면에 250~350℃에서 형성된 하부 베이나이트(침상)는 페라이트에 시멘타이트가 석출되어 있다. 230℃부분은 마텐사이트의 생성온도 M_s이며, 120℃는 마텐사이트 변태 완료온도 M_f이다.

그림에서 보면 펄라이트가 형성되기 시작하는 시간과 종료되는 시간은 nose 부근에서 가장 짧고, A_1선으로 온도가 올라갈수록 시간이 오래 걸린다.

각종 철강의 담금질능을 보면 C곡선에서 좌단의 코(nose)가 좌측으로 이동할수록 담금질 냉각속도가 빨라져야 되기 때문에 담금질하기 어려운 재료이며, 우측으로 이동할수록 재료의 경화능이 커지게 되므로 담금질이 쉬워지게 된다.

그림2.27 공석강의 TTT 곡선

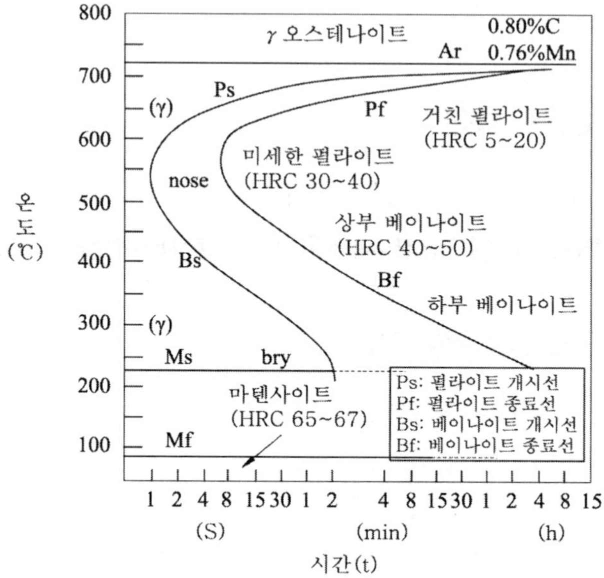

2) 아공석강, 과공석강의 항온 냉각 변태 곡선

[그림 2.28 (b)]와 같이 아공석강인 0.5%C강에서는 곡선 전체가 공석강의 변태 곡선보다 왼쪽으로 이동되어 있으며, 또다른 곡선이 하나 존재하는데, 이것은 초석 페라이트가 형성되기 시작하는 시간을 나타내는 곡선이다. 이와 비슷하게 [그림 2.28 (c)]와 같이 과공석강에서도 초석 시멘타이트가 형성되기 시작하는 곡선이 존재하며, 공석강 변태 곡선보다 우측으로 이동되어 있다.

공석강과 아공석강의 항온 변태곡선에서 나타나는 차이점은 마텐사이트가 형성되기 시작하는 온도인 M_s 온도가 다르다는 것이다. 일반적으로 탄소함량이 적을수록 M_s 온도는 올라간다.

3) 합금 원소의 영향

탄소강에 니켈, 크롬 등의 합금원소가 첨가되면 S곡선이 우측으로 이동하여 펄라이트 변태가 일어나기 어려워지므로 두께가 큰 강재를 담금질할 때에 냉각속도가 느려도 마텐사이트 조직을 얻을 수 있으며, 18Cr-8Ni 스테인리스강처럼 Ms점이 현저하게 저하함으로써 상온에서도 완전한 오스테나이트 조직 상태로 존재하게 된다.

담금질 - 뜨임처리를 행하여 사용하는 기계 구조용강이나 공구강에서 합금원소를 첨가하는 목적 중 중요한 사항은 펄라이트 변태를 억제시켜 담금질에 의한 마텐사이트 조직을 얻기 쉽도록 하기 위한 것이다. 즉 경화능을 향상시키기 위한 것이다.

나. S 곡선의 종류

1) I 형

(1) 0.17%C 탄소강

공석강의 S곡선보다 왼쪽으로 이동되었으며 코 부분이 없고, Ps선(펄라이트 변태 시작선) 왼쪽에 Fs선(페라이트 변태 시작선)이 하나 더 있다. 따라서 공석강은 천천히 냉각해도 페라이트가 생기지 않으나 아공석강은 이 Fs선을 경계로 페라이트가 생기며, 모든 변태가 공석강보다 빨리 일어난다.[그림 2.28 (a) 참조]

(2) 0.5%C 탄소강

공석강보다 약간 왼쪽으로 이동되었으며, 코 부분은 2부분으로 나누어져 있고 Fs선과 Ps선 사이는 오스테나이트(A)+페라이트(F) 구역이고 Ps선과 Pf선 사이는 오스테나이트+펄라이트(A+F+C) 구역이다.[그림 2.28 (b) 참조]

그림 2.28 탄소량에 따른 S곡선의 형상(I 형)

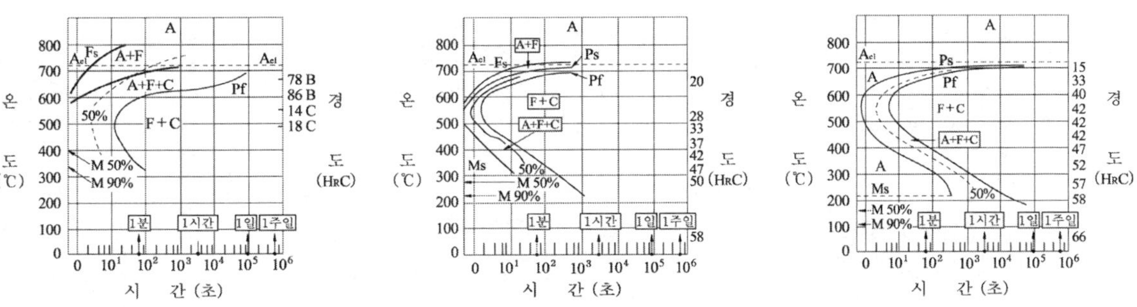

(a) 0.17%C 탄소강 (b) 0.5%C 탄소강 (c) 0.9%C 탄소강

(3) 1.13%C 탄소강

공석강의 S곡선과 다른 점은 탄화물 석출 시작선이 있으며 이 선에서부터 시멘타이트가 석출한다.[그림 2.29 (a) 참조]

2) II 형

SCM강(0.37%C-0.77%Mn-0.98%Cr-0.21%Mo)의 S곡선으로 고온측에 페라이트가 석출하기 시작하는 Fs선이 있고 염욕에 넣어 등온 변태하면 3초 후에 550℃에서 페라이트가 석출하기 시작하며, 약 20초 후에는 나머지 오스테나이트에서 베이나이트가 생기기 시작하여 5시간 후에 모두 베이나이트로 된다. 따라서 변태가 완료된 후에는 페라이트 + 베이나이트이고 경도는 HRC 29 정도가 된다.[그림 2.29 (b) 참조]

3) Ⅲ 형

Ⅱ형에 비하여 S곡선이 오른쪽으로 이동하였으며, SCM강보다 변태가 늦게 일어난다. 이 S곡선은 고온측에 페라이트 코가 있고 저온측에도 베이나이트 코가 있다.

SNCM강(0.42%C-0.797%Mn-1.7%Ni-0.80%Cr-0.33%Mo)은 이 형태이며, 500℃ 부근에서 베이나이트 조직의 종료선이 나타나지 않으므로 이 온도에서 매우 긴 시간동안 유지하여도 모든 오스테나이트가 100% 베이나이트로 변하지 않는다.[그림 6.29 (c) 참조]

4) Ⅳ 형

고속도강이나 고합금강에 이 형태가 나타나며, 오스테나이트 상태의 강을 700℃의 염욕에 냉각하면 5분 후에 펄라이트가 생기기 시작하며, 변태가 일어나기 시작하는 시간이 다른 강에 비하여 길다. 특수 원소를 다량 함유하고 있으므로 변태가 일어나기 어렵다. 따라서 고합금강의 오스테나이트는 대단히 안정하다.

그림 2.29 S 곡선의 종류

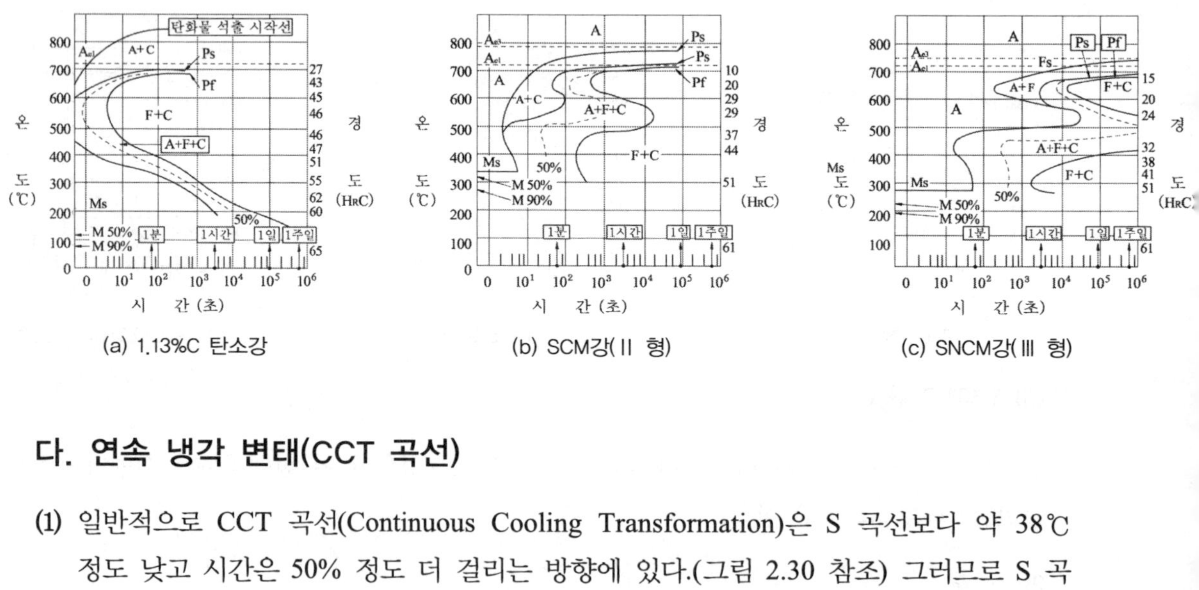

(a) 1.13%C 탄소강 (b) SCM강(Ⅱ 형) (c) SNCM강(Ⅲ 형)

다. 연속 냉각 변태(CCT 곡선)

(1) 일반적으로 CCT 곡선(Continuous Cooling Transformation)은 S 곡선보다 약 38℃ 정도 낮고 시간은 50% 정도 더 걸리는 방향에 있다.(그림 2.30 참조) 그러므로 S 곡선을 조금 아래로, 그리고 조금 오른쪽으로 이동하면 대략적인 CCT 곡선의 모양을 예측할 수 있다.

(2) 등온 변태할 때보다 연속 냉각하면 약간 낮은 온도, 조금 긴 시간 후에 변태가 일어나기 때문에 CCT 곡선에서 펄라이트가 생기는 부분은 S 곡선보다 약간 아래쪽에 그리고 조금 오른쪽에 있다.

(3) 공석강 속에 있던 탄소 원자들이 냉각속도가 빠를수록 이동할 수 있는 거리도 점점 짧아질 것이며, 생성되는 펄라이트 결정립의 크기도 작아질 것이다.

(4) 그림 2.30 (a)-(b) : 공석강에서 펄라이트가 생기는 부분을 화살표 방향으로 이동하면 그림 (b)와 같이 펄라이트 생성 부분이 되며, (b)에서 연속 냉각하면 냉각속도가 빠르므로 펄라이트 변태보다 시간이 많이 걸리는 베이나이트 변태는 일어날 시간이 없기 때문에 a-b선 이하에서는 베이나이트 변태선이 나타나지 않는 경우가 있다.

(5) 그림 2.30 (c) : SNCM강의 CCT 곡선으로 베이나이트 구역은 펄라이트 코보다 왼쪽에 있다. 즉 이 강의 베이나이트 변태는 펄라이트 변태보다 빨리 일어난다. 마텐사이트 변태는 냉각속도에 관계없이 일어나므로 Ms 선 아래에서 일어난다.

그림 2.30 각종 S곡선을 통한 CCT 곡선의 이해

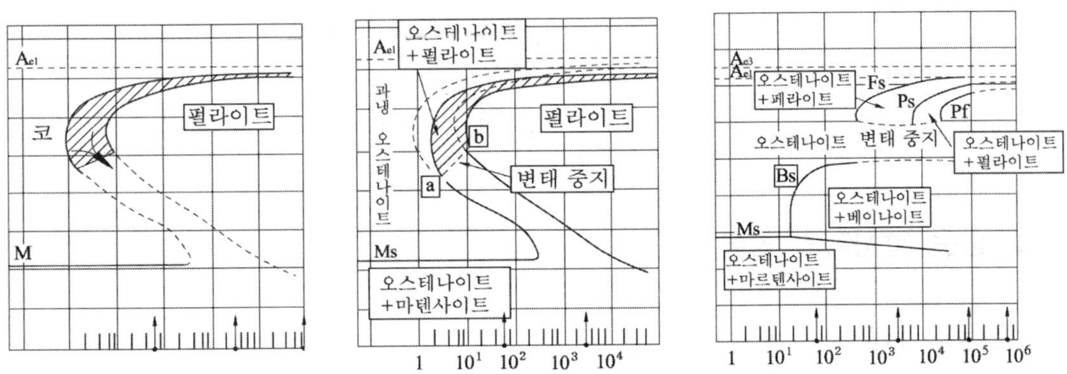

(a) 펄라이트 구역이 화살표 방향으로 이동

(b) 공석강의 CCT 곡선 (베이나이트 구역이 없어짐).

(c) SNCM강의 CCT 곡선.

2 항온(염욕) 열처리

가. 항온(등온) 열처리

항온 변태란 강의 열처리 시편을 오스테나이트 상태에서 A_1 변태점 이하의 어느 일정 온도로 유지된 염욕로(salt bath) 중에서 급랭시키면 오스테나이트는 잠깐 사이에 변태를 시작하고 어느 시간 후에는 변태를 완료하는데 이와 같은 변태를 말한다.

항온 열처리는 다른 열처리에 비해 연속 작업을 할 수 있어 능률적이며 작업이 빠르고, 담금질과 뜨임을 동시에 할 수 있어 담금질 균열을 방지할 수 있으며, 경도와 인성을 동시에

요구하는 공구강, 합금강의 열처리에 적합하다.

열처리 방법은 [그림 2.31]과 같이 소재를 AB 간을 오스테나이트 조직이 되는 온도로 가열하여 균일하고 완전한 오스테나이트가 되도록 BC 간을 유지한 후 CD 간을 염욕로에서 급랭하여 담금질한다. 뜨임 온도에서 DE 간을 유지한 후 공랭하여 뜨임을 한다.

그림 2.31 항온 열처리 곡선

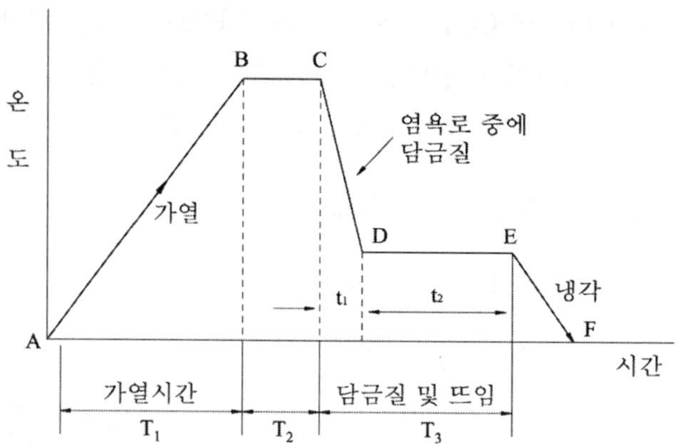

나. 항온 열처리의 종류

1) 항(등)온 풀림(ausannealing)

항온 풀림은 연화를 목적으로 풀림처리의 온도로 가열하여 오스테나이트화한 다음 S곡선의 코 혹은 그 이상의 온도(600~700℃)로 용융되어 있는 염욕에 넣어 이 염욕에서 Ps~Pf 시간동안 유지하여 오스테나이트를 모두 펄라이트로 변태시킨 후 변태가 끝나면 염욕에서 꺼내어 물이나 공기 중에서 냉각하는 열처리이다.

이 방법은 공구강이나 특수강 등 자기 경화강을 연하게 할 때 사용하는 방법으로 보통의 풀림은 로냉 혹은 서랭을 하기 때문에 시간이 오래 걸리나 항온 풀림은 항온 변태시킨 후 공랭 또는 수냉으로 30분~5시간 정도면 충분하다.(그림 2.32 ① 참조)

2) 오스템퍼(austemper)

담금질하면 오스테나이트가 마텐사이트로 변하는 과정에서 $M_s \sim M_f$ 구역을 빨리 통과할 때 마텐사이트가 순간적으로 생기기 때문에 체적이 갑자기 팽창하여 균열이나 변형이 일어날 수 있으므로 이 구역을 가능한 한 천천히 통과하여 마텐사이트가 천천히 생기게 하는 것이 좋다.

오스템퍼링은 오스테나이트 상태의 강을 펄라이트 코(nose)와 M_s 온도 사이로 ~~용융~~되어 있는 염욕에 넣어 일정시간 등온 유지한 후 공랭하면 베이나이트 조직이 만들어지게 되는데, 이때 nose보다 낮은 온도의 염욕에서 행하면 상부 베이나이트가 생기고, M_s 위의 염욕에서 담금질하면 하부 베이나이트 조직이 생긴다. 즉 오스테나이트 상태에서 Ar′와 Ar″ 의 중간 온도로 유지된 ~~용융~~ 염욕 속에서 변태를 완료할 때까지 항온을 유지하고 공랭하면 강인성이 큰 베이나이트 조직을 얻을 수 있어 뜨임이 필요없고 담금질-뜨임한 것보다 연신율, 단면 수축율, 충격치 등이 크고 인성이 풍부한 재료가 얻어지며, 담금질 균열 및 변형을 방지할 수 있다.(그림 2.32 ② 참조)

3) 마템퍼(martemper)

마템퍼는 Ar″ 점 부근, 즉 M_s점 이하 M_f점 이상을 이용한 것으로 오스테나이트 조직의 온도에서 M_s점(100~200℃) 이하로 염욕 담금질하여 뜨임 마텐시이트와 하부 베이나이트의 혼합 조직으로 만드는 처리이나 처리 시간이 너무 길어 이용에 어려움이 있다.(그림 2.33 ③ 참조)

그림 2.32 항온 풀림 및 오스템퍼

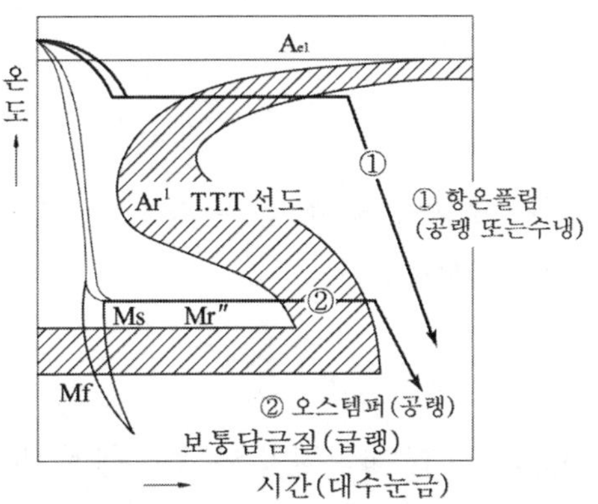

그림 2.33 마템퍼 및 마퀜칭

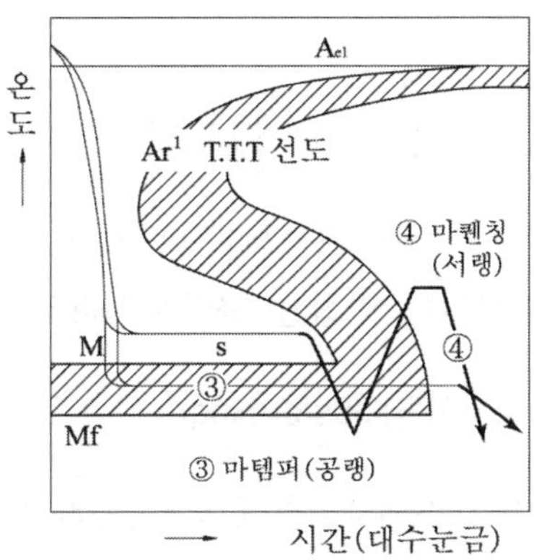

4) 마퀜칭(marquenching)

일반 담금질의 경우 M_s점 이하로 급랭하면 담금질 균열이 발생하기 쉬운데 이 온도를 담금질 균열 위험 온도라 한다. 따라서 담금질 균열을 방지할 목적으로 M_s점 이하를 서랭시키는 열처리, 즉, M_s점 직상의 열욕에서 담금질한 후 재료의 내외부가 동일한 온도로 될 때까지 항온 유지한 다음 공랭하여 Ar″ 변태를 일으키게 하는 방법이다 .이 방법은 M_s점에서 냉각을 일단 중지하기 때문에 마텐사이트는 서서히 진행하여 담금질 균열이나 열의 왜곡이 생기지 않고 마텐사이트 조직을 얻을 수 있다.(그림 2.33 ④ 참조) 마퀜칭은 각종 공구 합금강, 기어, 침탄 부품 등에 이용되고 있다.

다. 시간 담금질(time quenching)

1) 고온측은 급랭시킨다.

공구강, 합금강은 임계 냉각속도가 늦어 5~6분 정도이므로 오스테나이트 상태의 강을 공기 속에서 비교적 천천히 냉각해도 전부 마텐사이트 조직이 생기게 할 수 있다. 그러나 탄소강의 경우 S곡선의 코까지(500~600℃) 1~2초 이내에 통과해야 한다.

2) 마텐사이트 구역(저온측)은 천천히 통과시킨다.

급랭하면 과냉 오스테나이트가 Ms~Mf를 통과하면서 급속히 마텐사이트로 변하며 체적이 급격히 팽창하게 되므로 변형이나 균열이 발생하게 된다. 따라서 이 구역은 천천히 냉각하여 마텐사이트가 천천히 생기게 한다.

시간 담금질의 어려운 점은 물(소금물) 속에서 급속히 냉각하고 M_s 온도 바로 위에서 꺼내는 일이다. 이때 너무 빨리 꺼내거나 너무 늦게 꺼내도 좋지 않다. 보통 수냉의 경우 제품의 직경 3mm마다 1초(유냉의 경우 3초), 두께 2mm마다 2초 동안 유지한 후 꺼내면 적당하다.

라. 3차원(3D) 열처리

열처리 중에 소성 가공을 하여 소성가공+열처리 효과를 함께 얻는 가공 열처리를 말하며, 연성이나 인성을 향상시키려고 할 때 이 방법을 사용한다.

1) 오스포밍(ausforming)

과냉 오스테나이트에 외력을 가하여 변태를 일으키는 방법[그림 2.34 (b) ①]에 의해 강의 강도를 증가시키는 열처리 방법으로 초강인강의 제조에 사용되고 있다. 예를 들면 인장강도가 1372~1470MPa(140~150kg_f/mm^2)인 스프링강을 오스포밍하면 인장 강도가 3185MPa (325kg_f/mm^2), 신율 10%의 놀라운 성질의 강이 된다.

고탄소-고크롬 공구강의 오스포밍 방법은 과냉 오스테나이트 온도까지 가열하여 S 곡선의 만(bay)까지 급랭하고 이 온도에서 소성가공을 하고 냉각하여 마텐사이트 변태를 하면서 상온까지 냉각하는 방법이다.

2) 마텐사이트 포밍

[그림 2.34 (b)] ③과 같이 마텐사이트에 외력을 가하면서 변태를 일으키는 것을 말한다.

그림 2.34 **3차원 열처리**

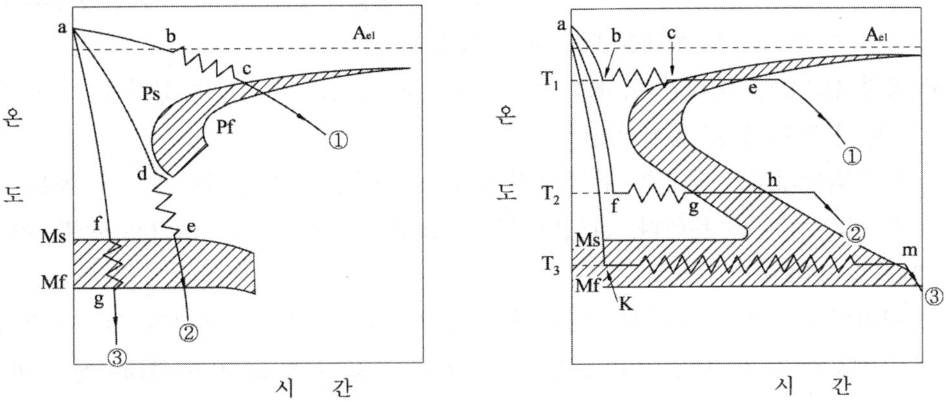

(a) 연속 냉각에 의한 3차원 열처리

(b) 항온 냉각에 의한 3차원 열처리

3 진공 열처리

가. 진공 열처리의 개요

열처리할 때는 그 재료에 대한 적절한 분위기와 온도, 가열, 유지 및 냉각이 필요하다. 철강을 대기 중에서 가열하면 온도가 높아짐에 따라 스케일이 생기고 가열시간이 길어지면 스케일이 성장하여 두꺼워진다. 스케일 생성은 변태점 이상으로 가열하면 급격히 증가되며, 하부에는 탈탄층이 형성되어 결정립계의 산화가 일어난다. 또 스케일은 열전도도가 불량하여 재료의 균일한 가열을 방해하고 담금질 균열의 원인이 된다.

또한 열처리 후 이 스케일에 따른 열화층은 육안으로 판별하기 곤란하므로 완전 제거가 어려우며, 스케일 층의 제거에 많은 시간과 인력이 소요되고, 재료 수명을 단축시키게 된다. 따라서 금속을 산화시키지 않는 방법은 산화성 분위기에서 가열하지 말아야 되는데, 그 방법의 하나로 보호가스 분위기 중에서 가열하는 방법이 있다.

분위기 가스는 여러가지가 있으나 암모니아 분해가스 중의 수소는 환원성 분위기이므로 스케일의 발생 방지 효과는 있으나 수분이 미량이라도 함유되면 탈탄이 생기며, Ar이나 He 등 불활성 가스 분위기는 강에 어떤 화학적 변화는 주지 않으나 가격면에서 너무 고가이므로 비경제적이다.

염화바륨(BaC_{12}) 등을 주성분으로 하는 중성염욕 중에서 가열하는 방법은 피열처리품을 대기와 완전 격리시켜 가열함으로써 산화 탈탄이 일어나지 않고 가열시간이 단축되며,

설비 비용도 염가이므로 많이 사용되어 왔으나 염욕의 열화에 의한 탈탄 문제나 처리 후 염욕의 제거 등이 필요하고 또 폐액의 처리, 염욕의 증발, 발산에 의한 대기 환경오염 및 에너지의 낭비 등 여러가지 문제를 야기하고 있다.

따라서 평형 산소압을 해리압 이하로 낮추고 완전한 무산소 분위기로 산화물을 해리하는 방법으로 도입된 것이 진공 열처리이다.

진공이란 물리학에서는 물질이 존재하지 않는 공간을, 공학에서는 정도가 높은 감압 상태, 즉 수 토르 이하를 뜻한다. 그러나 일반적으로 진공이란 대기압(760 토르) 이하의 압력 공간을 의미한다.

진공 열처리이란 진공로 내에서 각종 열처리를 행하는 것이다. 재래의 열처리 작업을 진공 중에서 행하는 진공 경화, 진공 뜨임, 진공 풀림, 진공 소결 및 진공 브레이징 이외에도 재료의 내부의 성질은 변하지 않고 표면의 조직과 성질만을 개선시키기 위해 진공로를 이용하는 이온 질화, 진공 코팅 및 이온 주입 등의 최신의 기술 등이 개발되어 왔다.

나. 진공 열처리의 장·단점

1) 장 점

(1) 피처리물 표면의 산화 반응 방지와 열처리 전에 형성된 산화물 및 기타 화합물의 분해 및 제거할 수 있다.
(2) 열처리 후 다른 작업이 필요없으며, 피처리물의 탈탄 등을 방지할 수 있다.
(3) 균일하게 피처리물을 가열할 수 있으므로 열처리 효과가 우수하며, 열처리의 전과정을 자동화시킬 수 있다.
(4) 작업을 행하지 않을 때는 조업을 완전히 정지할 수 있으며, 안전 조업할 수 있다.
(5) 열처리 작업의 온도 범위가 넓어 고융점 금속의 고온도 처리가 가능하다.
(6) 열처리 중 피처리물의 이동이 없어서 재료의 변형이 거의 없다.

2) 단 점

(1) 높은 증기압을 가진 합금 원소를 함유한 금속을 열처리할 수 없다.
(2) 투자비가 고가이며, 엄격한 작업 조건이 요구된다.
(3) 냉각 계통의 효율을 증가시키기 위하여 휘발성 가스를 사용해야 한다.
(4) 열처리 사이클이 길며, 작업 후 진공실 청소 시간이 필요하다.

다. 진공 열처리의 원리

금속 표면의 산화 방지를 위해서는 금속이 안정하고 산화물은 해리 반응을 일으켜서 분해하는 환원성 영역까지 감압한다. 감압에 의해 공기의 조성 변화가 없으면 진공도가 10^{-4} mmHg일 때 산소 분압은 약 1/5로 낮아진다.

진공 중에서 금속을 가열하면 저온에서 노 내에 수분과 질소, 산소 등과 표면에 부착된 유지 등의 불순물이 증발 확산한다. 800℃ 이상이 되면 금속의 표면에서 수소와 질화물, 염화물의 해리 가스 등이 발생하여 탈가스 작용이 행하여지며 열분해에 의한 증발 비산 현상으로 산화된 물체의 광택을 재현하게 되므로 물체의 가열 중에 산화를 완전히 방지할 뿐만 아니라 표면의 유해 물질을 제거하면서 진공 열처리가 이루어지게 된다.

제4절 | 표면 경화 열처리

1 물리적 표면 경화법

가. 표면 경화

표면 경화(Surface Hardening Heat Treatment)란 강재의 표층은 경화시키고 내부는 강인성을 유지하여 내마모성 및 내피로성 등을 갖게 하는 열처리이다.

강의 표면 경화법은 크게 화학적 방법과 물리적 방법으로 나눈다. 이 두가지 방법은 표면 경화라는 점에서는 비슷하지만 침탄이나 질화와 같은 화학적 표면경화의 경우 표면층의 화학성분이 변화하는 것으로 모체와는 이질로 되어 내마모성이나 내피로성이 향상되는 것이다.

이에 반해 고주파 경화 등 물리적 표면경화는 담금질에 의해 표면층이 오스테나이트 조직에서 마텐사이트 조직으로 변화하는 것이기 때문에 내마모성은 물론 내피로성이 더욱 유효하게 된다.

물리적 방법에는 화염 경화, 고주파 경화, 전해 경화(담금질), 방전 경화, 쇼트 피닝, 하드 페이싱, 물리 증착법(PVD) 등이 있으며, 화학적 방법의 종류에는 침탄경화, 질화처리, 침류처리, 금속 침투법, 화학 증착법처리(CVD) 등이 있고, 기타 표면 경화법으로 플라스마 용사법 등이 있다.

나. 화염 경화법(flame hardening)

1) 화염 경화법

강재의 표면을 산소-아세틸렌의 중성 불꽃을 사용하여 급속하게 가열하여 오스테나이트 상으로 만든 후 냉각수로 급랭시켜 표면을 경화시키는 방법을 화염 경화법이라고 한다.

화염 표면 경화처리시에는 어떠한 표면 조성 변화도 없으므로 표면 경도를 높이기 위해서는 어느 정도 이상의 탄소량을 가져야 된다. 따라서 가장 적합한 재료는 탄소가 0.4~0.6% 함유한 중탄소강이 좋다.

화염 경화시 가열 속도와 내부로의 열전달 속도는 경화층 깊이를 결정하는 중요한 요소이며 가열 속도가 느릴수록 내부로 전달되는 열의 깊이가 커지므로 경화층 깊이도 커지게 된다.

화염 경화법의 장점은 부품의 크기나 형상에 제한이 없으며 국부 담금질이 가능하고, 일반 담금질법에 비해 변형이 적으며 설비비가 적게 드는 장점이 있으나 가열온도의 조절이 어렵다.

2) 화염 경화법의 형태

가열 및 냉각 방법에 따라서 첫번째는 강부품의 표면을 토치로 가열한 후 냉각조(cooling tank)에서 담금질하는 방법으로 담금질 온도가 약간 높아지기 쉬우므로 담금질 균열이 생기기 쉽다.[그림 2.35 (a) 참조] 다른 하나는 표면을 가열한 후 불꽃을 끄고 분사 장치에서 냉각수를 분사하는 방법으로 가장 많이 이용되는 방법이다.[그림 2.35 (b) 참조] 또 하나는 평평한 소형 부품에 적당한 방법으로 강재를 순환되는 물속에 담가 경화되는 부분을 수면과 같게 하거나 약간 높게 하여 가열하는 방법으로 담금질 균열 발생 가능성이 적어진다.[그림 2.35 (c) 참조] 선반 베드 등은 대형이지만 이 방법이 이용된다. 화염 담금질 후 인성 개선과 잔류응력 제거를 위해서 150~200℃로 저온 뜨임해야 된다.

그림 2.35 화염 경화법의 가열 및 냉각 형태

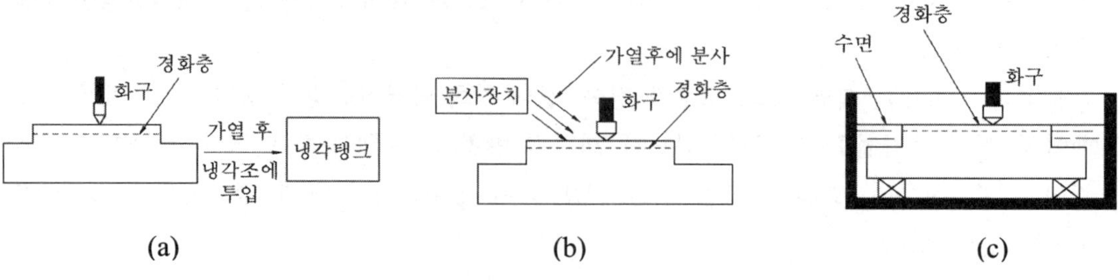

다. 고주파 담금질

1) 고주파 담금질

그림 2.36 SM50C의 경화 깊이에 미치는 토치(또는 코일) 이동 속도의 영향

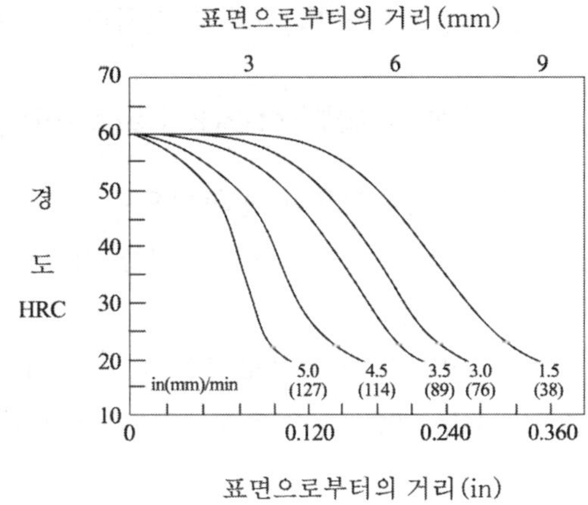

고주파 열처리란 일반적으로 고주파 담금질을 뜻하며, 고주파 유도 가열의 열원으로 금속 부품의 표면을 급속 가열 또는 급속 냉각시켜 표면의 경도를 높임으로서 내마모성 등 기계적 성질을 향상시키는 열처리법이다. 그러나 최근에는 뜨임이나 풀림에도 이용되고 있다.

담금질시 급속 가열에 대해서는 성분의 확산, 조직의 변태가 짧은 시간 내에 양호하게 이루어지는 재료가 좋기 때문에 고주파 열처리용 재료로는 급속한 가열로 인하여 재료의 담금질성, 과열로 인한 결정립의 성장 방지, 절삭성의 개선 등을 고려할 때 Mn, Cr, V, Ti, Zr, Pb, B, Ca 등의 합금 성분이 함유된 강이 좋다.

강의 경우 0.4%C 이상의 중탄소강 강재에 고주파 전류를 통과시키면 표피 효과에 의해 극히 얇은 표면에 맴돌이 전류(eddy current)가 유도되어 표피만 가열되며 주파수가 높을수록 가열 깊이(경화층)가 얕아진다.(그림 2.36, 2.37 참조)

그림 2.37 고주파 열처리의 원리 및 실시의 예

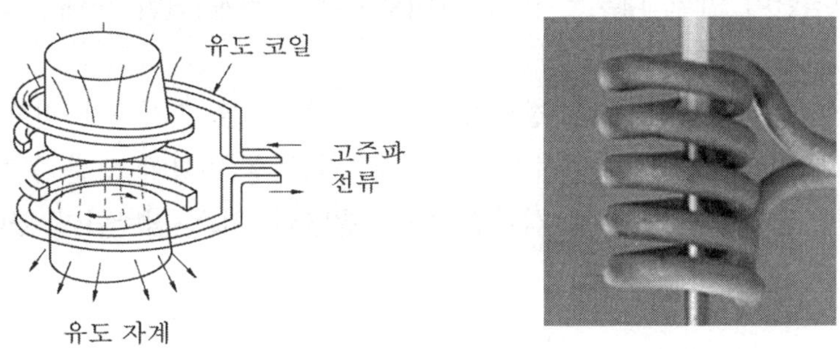

2) 일반 경화법과 비교한 장점

(1) 부분 가열이 가능하여 경화 깊이를 자유롭게 선택할 수 있다.

(2) 피로강도와 내마모성이 향상된다.

(3) 주파수, 가열시간의 정확한 조정으로 균일한 제품의 다량 생산이 가능하다.

(4) 가열시간이 짧고 유지비가 저렴하여 경제적이다.

(5) 표면 산화와 탈탄이 최소화되며 변형이 적다.

3) 단 점

시설비가 고가이며, 고주파 열처리가 가능한 형상 및 강종에만 적용할 수 있다.

라. 방전 경화법(spark hardening)

방전 현상을 이용한 경화법으로 흑연봉을 양극으로 하고 WC, TiC 등의 초경합금을 음극으로 하여 공구 표면에 방전을 일으켜 WC나 TiC를 용착시키고 동시에 그 열로 주위를 경화시키는 방법이다.

이때 120V의 전압으로 50~70㎛ 두께의 경화층을 얻을 수 있으며 이 경화층의 표면 경도가 HV1400~1600 정도로 내마모성이 증가된다.

2 화학적 표면 경화법

가. 침탄법

연강(0.2%C 이하)이나 저탄소 합금강을 침탄제 속에 넣고 가열하여 그 표면에 탄소(C)를 침입 고용시켜 표면을 고탄소강으로 만든 후 담금질하면 고탄소강이 된 표면은 담금질에 의해 경화되고 침탄이 안된 내부는 연강 그대로이기 때문에 연한 상태로 되는데, 이러한 열처리를 침탄 열처리라 한다.

침탄법의 특성은 질화법에 비해 경도가 작으며, 침탄 후 열처리가 필요하고, 침탄 후 수정이 가능하며, 단시간에 표면 경화가 가능하나, 침탄 후 변형이 생길 우려가 많다. 침탄법에는 침탄제의 상태에 따라 고체 침탄법, 액체 침탄법, 가스 침탄법이 있다.

1) 침탄 기구

침탄로 안에 있던 산소가 탄소 공급원인 침탄제와 반응하여 이산화탄소(CO_2)로 된다.

$$C + O_2 \rightarrow CO_2$$

이 이산화탄소는 다시 탄소와 반응하여 일산화탄소(CO)가 된다.

$$C + CO_2 \rightarrow 2CO$$

이 일산화탄소가 강재 표면에서 이산화탄소와 탄소로 분해되어 탄소를 석출한다.

$$2CO \rightarrow [C] + CO_2$$

여기서 [C]는 보통의 탄소와 다른 것으로 활성이 있기 때문에 활성 탄소 또는 발생기 탄소라고 부르며 보통의 탄소와 구별하기 위해 [C]로 표시하며, 이 활성 탄소가 강재 표면에 침입 확산하여 침탄층을 형성하게 되는 것이다.

2) 침탄법의 종류

(1) 고체 침탄법(HCS : solid carburizing)

그림 2.38 고체 침탄 조직의 침탄 깊이 비교

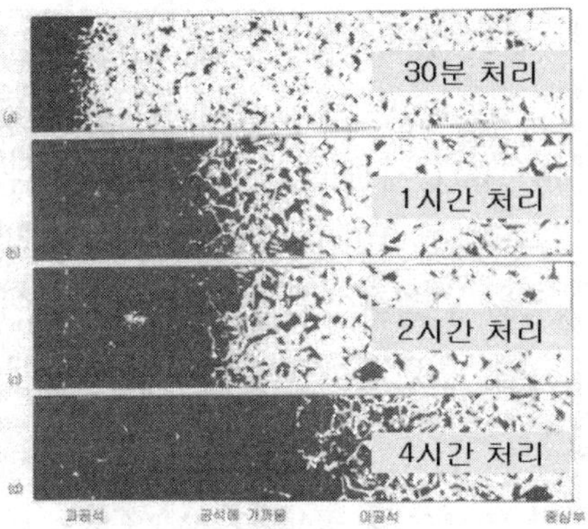

침탄 상자에 코크스 분말이나 목탄 등의 고체 침탄제(목탄 60%)와 침탄 촉진제(탄산바륨 : $BaCO_3$ 30%+탄산소다 : Na_2CO_3 10%) 속에 침탄할 재료(탄소 함유량이 0.2% 이내의 강)를 넣고 일정한 온도(900～950℃)로 가열하여 4~6시간 유지하면 강재의 표면에 탄소가 0.5~2.0mm 정도 침투하게 되며 표면층은 고탄소강 조직이, 내부는 저탄소강 조직이 된다. 침탄층의 탄소량은 0.85~0.9%가 적당하며 그 이상이 되면 좋지 않다.

이 상태에서 중심부의 미세화와 표면의 경화를 목적으로 900℃에서 1차 담금질을, 800℃에서 2차 담금질을 하며 담금질 후 균열 방지를 위해 150~200℃로 뜨임 처리하는 방법이다.

[그림 2.38]은 0.15%C 강을 고체 침탄했을 때 침탄 시간에 따른 조직 변화를 나타낸 것으로 침탄 시간이 길수록 침탄층이 깊어지는 것을 알 수 있다.

(2) 액체 침탄법(HCL : Liquid carburizing)

시안화 칼리(KCN), 시안화 소다(NaCN) 등을 주성분(40～50%)으로 한 염(solt)과 탄산칼륨(K_2CO_3), 탄산나트륨, 염화칼륨(KCl) 및 염화나트륨(NaC) 등의 침탄 촉진제를 적당한 비율로 혼합하여 로에 넣고 550℃ 이상으로 가열하면 액체로 되며, 이 액체를 약 600~900℃로 가열시킨 다음 이 용액 속에 침탄할 재료를 넣고 30분~1시간 침적시키면 침탄과 질화가 동시에 진행되어 [C]와 [N]가 소재의 표면에 침투하여 표면을 경화하는 방법으로 침탄 질화법이라고도 한다.

침탄제는 NaCN 54%, Na_2CO_3 44%, 기타 20%를 혼합한 것이 많이 쓰이며 800~900℃로

20~30분 가열하면 침탄 부분의 탄소량은 0.7~1.0% 정도 되며, 약 0.1~0.5mm 정도 침탄층이 생긴다.

이때 침탄 처리 온도가 700℃ 이하이면 주로 질화가 되며, 800℃ 이상인 경우에는 주로 침탄이 일어난다. 이 방법은 침탄 시간이 짧기 때문에 직접 담금질한 후 뜨임한다.

액체 침탄법의 이점은 가열이 균일하고 제품의 변형을 방지할 수 있으며, 온도 조절이 용이하다. 또한 산화가 방지되므로 가공 시간이 절약된다. 그러나 침탄제가 고가이며, 침탄층이 얇고 유독성 가스를 발생하여 유해하다.

(3) 가스 침탄법(HCG : Gas carburizing)

주로 작은 부품의 침탄에 사용되며, 일반적으로 천연 가스, 메탄 가스(CH_4), 프로판 가스와 같은 탄화수소 가스를 사용하여 침탄하는 방법이며 침탄성 가스를 침탄 가열로에 보내어 900~950℃로 3~4시간 가열하면 깊이 1mm 정도로 침탄된다. 침탄 후 담금질하고 150~200℃에서 뜨임한 후 사용한다.

최근에는 1000~1200℃의 고온 침탄이 많이 쓰이며, 침탄 시간이 가스 침탄에 비해 1/10 이하로 단축하여도 0.3~1.2mm 깊이의 침탄층을 얻을 수 있다.

가스 침탄은 가스 중의 CO나 메탄(CH_4)이 주침탄제 역할을 하며 침탄 반응은 다음과 같다.

$$2CO = [C] + CO_2$$

$$CO + H_2 = [C] + H_2O$$

$$CH_4 = [C] + 2H_2$$

$$C_3H_8 = [C] + C_2H_6 + H_2$$

이렇게 해서 석출한 활성 탄소[C]가 강 중에 침입 확산해서 침탄이 이루어진다.

3) 침탄 후 열처리

고체 침탄시 침탄 후에 침탄 상자 속에서 서랭한 다음 재가열하여 담금질-뜨임하거나 침탄 온도에서 바로 하는 경우도 있으며, 구상화 풀림이나 확산 풀림을 하기도 한다.

Cr강이나 Cr-Mo강 등 C의 확산이 느려 탄소가 강재 표면에 집중되어 있으므로 침탄 온도에서 30분~4시간 정도 풀림하여 침탄층의 탄소를 내부로 확산시키는 열처리이다.

(1) 담금질

침탄은 고온에서 장시간 유지되는 열처리이기 때문에 처리품의 중심부의 조직이 매우 조대해지므로 중심부의 조직을 미세화하기 위해서 Ar_3 변태점 이상 30℃ 정도로 가열한 후 1차 유냉한다. 다음에 표면의 침탄부를 경화시키기 위해 Ar_1점 이상까지 가열한 후에 수냉하여 2차 담금질한다.

가스 침탄의 경우 대부분이 표면과 중심부 사이의 탄소량 차이가 현저하므로 침탄 후에 확산 풀림하고 그 후 다시 담금질하는 것이 좋다.

(2) 뜨임

담금질한 것은 반드시 150~180℃에서 저온 뜨임해야 한다. 저온 뜨임은 침탄 후 담금질한 부품의 연마 균열 방지와 내마모성 향상에 절대적으로 필요하다.

나. 질화법

1) 질화법(HNT : nitriding)

질화법은 강재 표면에 내마모성, 내피로성을 부여하기 위해 구조용 강재 표면에 확산 등의 방법으로 질소를 침투시켜 표면만 질소 함유량을 증가시키는 것을 질화라고 하며, 질화된 부분의 질화층은 경도가 Hv1000 정도로 높고, 내마모성이 우수한 특징을 갖고 있다.

질화법의 종류에는 가스 질화법, 액체 침질화법, 연 질화법 등이 있으며, 보통 500~550℃에서 장시간 가열하여 행하지만 합금강의 뜨임 취성을 일으키는 온도와 비슷하므로 주의가 필요하다.

질화법은 다른 열처리보다도 높은 경도와 열처리 변형을 상당히 작게 할 수 있는 이점이 있으나 높은 경도를 얻기 위해서는 Cr, Al, Mo 등 질화물 형성 원소를 함유한 질화강이 좋으며, 탄소강에는 질화처리를 해도 만족스러운 표면 경도를 얻기 힘들고, 적용 강종에 상당히 제한을 받으며, 더욱이 처리시간이 장시간을 요하는 등 큰 단점도 있다. 침탄법과 다른 점은 담금질 조작을 하지 않는다는 점이다.(표 2.5 참조)

표 2.5 침탄과 질화법의 특성 비교

구 분	침탄법	질화법	구 분	침탄법	질화법
처리 후 담금질	필요하다.	불필요하다.	처리 후 변형	생긴다.	적다.
처리 온도	600~950℃	500℃	처리 후 수정	가능하다.	불가능하다.
경도	낮다.	높다.	메짐 여부	적다.	여리다.
경화층	깊다.	낮다.			

2) 질화법의 종류

(1) 액체 침질법(HNTL : Liquid nitriding)

55~65% NaCN+45~35% KCN의 액체 침질용 혼합염을 사용하여 500~600℃에서 가열 질화처리하고 800~900℃에서 침탄하는 방법으로 주로 질화만을 위한 것으로 침질시간이 가스 질화보다 짧아 30분~1시간이면 충분하다. 일반 탄소강으로도 충분하며 질화층이 얇은 것에 적용된다.

(2) 가스 질화법(HNTG : Gas nitriding)

질화의 원리는 암모니아 가스(NH_3)를 고온으로 가열하면 $NH_3 = N + 3H$로 분해하여 나온 질소[N]는 분자상 질소와 달라 반응성이 강해기 때문에 가열된 강에 접촉 반응하여 질화철을 형성한다. 즉 NH_3(암모니아 가스) 중에서 질화강(SACM 등)을 500~550℃로 약 2시간 정도 가열하면 암모니아가 질화 온도에서 분해하여 N가 침투된다. 질화를 크게 하는 원소는 Al, Cr, Mo 등이 있다.

질화 방법으로는 500~520℃에서 충분히 질소 농도를 높인 후 550~600℃까지 승온시켜서 확산 처리하는 방법, 암모니아 가스에 소량의 산소를 첨가하여 산질화하는 법, 가스 압력을 높여서 처리하는 가압 질화법 등이 있다.

질화된 강의 표면의 경도는 HV1000~1300 정도이며, 내마모성과 내식성이 있어 고온에서도 안정되지만 침탄처리보다 10배의 시간이 더 걸리며, 침탄과 달리 수정이 불가능하다.

질화를 방지할 부분은 주석 도금을 하거나 Ni 도금을 하면 된다.

(3) 연 질화법(HNTT : Tufftriding)

액체 침질의 일종으로 530~570℃로 용융된 연질화염에 제품을 넣고 공기를 약 30% 송입하며 20~30분간 가열한 후 냉각한다. 염용해용 포트는 Ti 도금의 철상자를 사용하고 소재는 미리 550~600℃에서 조질 처리한 후 연질화하면 표면 경도가 HV 500 전후로 되며, 내마모성과 내피로성이 향상되므로 자동차 부품의 축이나 기어 등에 응용된다.

(4) 침탄 질화(침탄 침질)법

침탄 질화는 강 내부에 탄소와 질소를 침입 확산시킨 후 담금질하고 표면에 단단한 Martensite 조직을 형성하는 처리를 말한다. 침탄 질화는 주로 냉간압연강판(SPCC), 열간 압연강판(SPHC) 등과 같이 담금질성이 나쁘고 침탄에서는 경도가 나오기 어려운 강재의 처리에 사용되고 있다.

최근 합금강(SCM415, SCM420 등) 기어의 Pitching 특성의 향상으로 일부 채용되고 있지만 처리의 안정성에 어려움이 있다.

(5) 산질화법

가스 연질화보다 조금 높은 온도범위로 처리한다. 이 조건으로 형성되는 화합물 층에는 왁스나 윤활유를 함유하는 다공층이 형성되기 때문에 무윤활로 사용해도 내마모성, 내소부성, 내박리성을 발휘한다. 또 다공층의 경도는 HV500~600으로 비교적 부드럽기 때문에 금속끼리의 마찰로 문제가 되는 내열성이 두드러지게 향상되며, 소정의 화합물층을 형성시켜서 내식성을 향상 시킨다.

3) 질화강

질화강에는 Al 및 Cr, Mo을 함유하는 것이 필요하며, 장시간 가열에서 뜨임취성이 발생하지 않는 것이 필요하다.

질화강은 열처리에 앞서 담금질, 뜨임을 행하여 소정의 기계적 성질을 갖게 하기 때문에 질화한 후는 다른 열처리를 행하지 않으며, 뜨임온도는 질화처리 온도보다 높은 온도를 선택하여 질화에 의해 성질이 나쁘게 되는 것을 방지할 필요가 있다.

질화강의 특징은 다음과 같다.

(1) 경도가 침탄법보다 높으며, 내마모성, 내식성, 내피로성이 좋다.
(2) 질화 후 열처리(담금질)가 불필요하며 처리한 부품의 변형이 적다.
(3) 고온으로 가열하여도 경도는 낮아지지 않는다.
(4) 질탄화처리는 600℃ 이하에서 처리하므로 다른 표면 경화법에 비해 변형이 훨씬 감소한다.

3 기타 표면 경화법

가. 하드 페이싱(hard facing)

금속 표면에 초경합금, 스텔라이트(stellite), Co-Cr-W 합금 등의 금속을 용착시켜 표면 경화층을 만드는 표면 경화 육성 용접법을 말한다.

나. 쇼트 피닝(shot peening)

지름 0.4~1.2mm의 수많은 강구를 원심력을 이용하여 수십 m/sec의 고속도로 강재의 표면에 충격적으로 분사하여 표면으로부터 0.2~0.3mm 정도의 깊이까지 생성되는 가공 경화와 압축 잔류응력으로 강재 등의 내피로성이 2~10배까지 증가하는 효과가 있는 처리법이며,

산화 스케일의 제거와 탈탄층의 변화 및 표면 흠의 제거 효과가 추가되므로 내피로성이 대단히 향상된다.

쇼트의 강도를 높여 피닝하므로써 기어 뿌리의 굽힘 피로강도를 약 1.3~1.5배까지 향상시킬 수 있으며, 동시에 경화층 깊이를 얕게 함으로써 강도를 증대시킬 수 있다.

충격 강도 향상에는 쇼트 피닝이 별로 효과가 없고, P와 Si를 줄이는 것이 더 효과가 크다.

다. 석출 경화 열처리

1) 석출 경화(Precipitation Strengthening)

석출 경화란 고체의 내부에서 조성 구조가 서로 다른 새로운 상(相, 제2상)이 과포화 고용채로부터 석출에 의해서 형성되고, 이 석출상의 형성으로 합금이 경화하는 현상이다.

경화란 재료의 경도(굳기)가 증가하는 것으로, 재료 내부에 존재하는 전이(轉移)를 일으키기 어렵게, 즉 전이의 운동을 방해하는데에 적합한 크기로 석출이 일어나면 경화가 발생한다.

석출 경화가 일어나기 위해서는 온도에 따른 고용도의 차이가 있어야 한다. 온도가 감소하면 제2상의 고용도가 감소하고, 고온에서는 제2상이 용해되어야 한다. 재료가 고온에서 유지될 때 석출 경화계 합금에서는 제2상이 기지 중에 재용해함으로써 고온에서는 연화(軟化)하게 된다.

이때 제2상에 의한 강화의 크기를 나타내는 중요한 인자는 제2상의 분포와 입자의 형상, 평균 입자의 지름, 부피분률 및 평균 입자간의 거리 등이다.

2) 석출 경화 기구

석출에서 최대의 강화 효과를 얻기 위해서는 같은 부피분율의 제2상 입자의 평균입자 지름이 작을수록, 또한 구상보다는 봉상이나 판상일수록 평균입자간 거리를 짧게 할 수 있기 때문에 강화효과가 높아지며, 제2상 입자가 전위에 의해 잘려지는 경우 입자가 클수록 강화효과가 커지게 된다.

만일 제2상 입자가 움직이는 전위를 만난다면 전위는 석출상 사이에 휘어 지나가면서 제2상 주위에 전위 루프를 남기거나, 입자를 절단하고 지나가게 되는데 이때 필요한 응력은 다음 식과 같이 입자간 거리 l의 임계 거리를 갖는 프랭크 리드(Frank-Read)원의 작동에 필요한 임계 전단응력과 같다.

$$\tau_p = \frac{2Gb}{l}$$

3) 석출 경화 현상의 특징

용질원자의 용해도가 고온에서는 크고 저온에서는 두드러지게 작아진다는 것이다. 예를 들면 A1-4%Cu 합금을 500℃로 유지하면 Cu 원자가 Al 원자의 격자점을 무질서하게 차지하는 고용체(固溶體)가 형성되며, 이것을 0℃까지 급랭(담금질)하면 고용체로부터 석출상을 만들 틈이 없어 용질원자 Cu가 과포화로 고용된 과포화 고용체의 상태가 된다. 이 조작을 용체화 처리라 한다. 이 상태는 에너지 측면에서 불안정하기 때문에 분해되어 보다 안정한 상태로 옮겨 가게 된다. 과포화 고용체를 0℃ 이상의 고온, 예를 들어 100~300℃로 유지하면 분해가 시작되며 시간의 경과에 따라 여러 종류의 석출상이 나타나 합금의 여러 성질(강도, 연신률, 전기 저항률 등)이 변화하며, 시간이 지남에 따라서 성질이 변화하는 것을 시효(時效;ageing)라 한다.

4) 시효 경화

시효 경화(age-hardening)란 시효처리에 따라 합금이 경화하는 것을 말하며, 석출 경화와 같은 사용방법을 취하는 경우가 많은데, 시효경화는 합금의 성질 변화에 주목적이 있기 때문에 내용적으로는 보다 광범위한 용어이다. 규칙 격자 형성에 의한 경화나, 저온풀림 경화 등은 시효 경화이지만 석출 경화는 아니나, 시효처리에 의해 석출상을 만드는 경우에는 시효 경화와 석출 경화가 같다.

5) 석출 또는 시효 경화(Precipitation or Age Hardening) 단계

석출 경화는 연하고 연성이 있는 기지(matrix)에 미세하고 균일하게 분산된 강한 고유 석출물을 만들어 경화하는 방법으로, 시효 경화(age hardening)의 3단계는 다음과 같다.

(1) **1단계** : 용체화 처리(Solution Treatment) : 균질한 물질이 만들어질 때까지 용해 온도 부근까지 합금을 가열한다. 이 단계에서 존재하는 다른 상을 용해한다.

(2) **2단계** : 급랭(Quench) : 합금은 석출물이 형성되지 않도록 빠르게 냉각되어 과포화 고용체를 만든다. 이는 평형 구조가 아니다.

(3) **3단계** : 시효(Aging) : 과포화된 합금을 용해 온도 아래로 가열한다. 이에 따라 과잉 원자가 수많은 핵 형성 자리로 확산하여 미세하고 잘 분산된 상을 형성한다.

6) 석출 강화 합금의 최종강도는 온도와 시효된 시간에 좌우

합금이 시효 온도가 감소할 때 최대 강도가 증가하기 때문에 적절한 온도가 높은 온도보다 바람직하다. 상태도의 지렛대 법칙을 사용하면 낮은 온도에서 석출물이 더 형성됨을 알 수 있다. 또한 적절한 온도를 사용하면 합금 내부가 더욱 균질한 물성을 나타낸다. 높은 시효 온도를 사용하면 합금의 외부는 뜨거우나 내부는 차갑게 유지된다.

라. 고용화 열처리

1) 오스테나이트계 스테인리스강

γ계 스테인리스강은 일반 열처리는 곤란하며, 고용화 열처리가 필요하다. γ계 스테인리스강을 1050~1150℃(기본)로 가열하여 일정 시간 유지하여 전체가 균일한 오스테나이트화 한 후 공랭하면 원자가 확산할 여유가 없으므로 상온에서도 오스테나이트 상태가 되며, 냉간 가공이나 용접 등에 의해 생긴 내부 응력을 제거하고 열간 가공이나 용접에 의해 석출한 Cr 탄화물(입계부식의 원인) 또는 σ 상(Cr45% 전후인 Fe-Cr 합금으로 취약)을 고용화시켜 연성의 개선과 내식성 향상, 가공 왜곡을 제거하는 방법이다.

고용화처리시 탄화물 고용의 측면에서는 C%가 높은 것일수록 온도는 높게 잡아야 하지만, 처리 온도가 높을수록 탄화물은 잘 고용되지만 결정 입도가 조대해지거나, 표면에 산화물이 생기기 쉬우므로 1050℃ 정도에서 진공로(또는 분위기로)를 이용하면 가장 좋다.

가열 유지시간은 STS304, 316, 321에는 25mm/1h, 얇은 판이라면 1.5mm/min를 표준으로 한다. 그러나 탄소량이 많은 STS301, 302나 Cr, Ni이 많은 309S, 310S 등은 확산 시간이 필요하므로 약 20% 증가가 필요하다.

냉각속도가 느리면 고용된 탄소가 다시 탄화물로 석출하게 되며, 너무 빨라도 열응력에 의해 변형되므로 처리품의 형상, 두께, 치수 등을 충분히 고려한 후에 수냉, 유냉 또는 공랭 등을 선택하며, 일반적으로 두께가 얇은 것 또는 작은 것은 공랭하고 두꺼운 것은 수냉한다.

또한 550~850℃의 온도 범위에서 탄소와 Cr은 결합하여 Cr 탄화물을 만들기 쉽고 입계부식의 원인이 되어 내식성이 현저히 나빠지므로 500~900℃의 온도 구역을 가능한 빨리 냉각시킬 필요가 있다.

2) 고 망간강의 수인 처리

내마모성강의 대표적인 고망간강(하드필드강)의 주성분은 0.9~1.4%C, 10~15%Mn이며, 주조, 단조 또는 압연에 의해 제조된 그대로의 상태로는 탄화물이 결정립계에 석출하여 취약하다. 이 석출 탄화물을 고용시키기 위해 1050~1100℃로 가열하고 일반적으로 25mm/1.5h

유지한 뒤 급랭(수랭)하면 균일한 오스테나이트가 되며 강인성과 내마모성이 향상하게 되는데 이 처리를 수인 처리라고 한다.

수인된 고망간강은 HB 200 정도인데 타격, 가압 등의 상온 가공에 의해 HB 600~700 정도까지 가공 경화되어 내마모성이 증가되는 것이 특징이다.

고망간강은 열전도도가 매우 나쁘며 열팽창계수도 보통강에 비해 약 50%나 커서 열변형의 발생이 많은 까닭에 가열시 균열이 발생하기 쉬우므로 특히 800℃까지의 가열에는 40℃/1h 정도의 서열이 필요하다.

마. 금속 용사법

강의 표면에 용융 또는 반용융 상태의 미립자를 고속으로 분사시키는 방법으로, 열원의 종류에 따라 유도 가열, 플라스마 아크, 산소-아세틸렌 불꽃을 이용하는 방법이다.

자용성 합금(Ni-Cr-Si-B 합금)을 사용하여 얻어시는 용사재 용융층은 모재와의 사이에 혼합 용융층이 생기며, 매우 강한 결합력을 가지고 있다. 내열성 및 내식성을 더욱 양호하게 하므로 강 표면에 보호 피막이 형성된다.

바. 금속 침투법

1) 금속 침투법(metallic cementation)

금속 침투법은 내식성, 방청성, 내고온성, 내산화성 등의 화학적 성질의 개선과 경도, 내마모성 증가의 목적으로 피복하고자 하는 부품을 가열해서 그 표면에 다른 종류의 금속을 부착시키는 동시에 확산에 의해 합금 피복층을 형성시키는 방법이다.(표 2.6 참조)

2) 금속 침투법의 종류

(1) **칼로라이징(calorizing)** : 내식성, 고온 산화성, 내마모성 향상을 목적으로 철강 표면에 Al 분말을 소량의 염화암모늄과 혼합하여 넣고 환원성 또는 중성 분위기 중에서 850~950℃로 4~6시간 가열하고 다시 900~1050℃로 확산 풀림하여 Al을 확산 침투시키는 방법이다.

(2) **크로마이징(chromizing)** : 내식성, 내열성, 내마모성 향상을 목적으로 Cr 침투력을 위해서 0.2%C 이하의 연강 표면에 Cr 분말(20~25% Al_2O_3 포함)을 넣고 환원성 또는 중성 분위기 중에서 1000~1400℃로 가열하여 Cr을 확산 침투시키는 방법이다.

(3) **세라다이징(sheradizing)** : 내식성 향상을 목적으로 철강 표면에 300 메시(mesh) 정도의 Zn 분말(청분) 속에 제품을 넣고 300~420℃로 1~5시간 가열하여 Zn을 확산 침투시켜

0.015mm의 경화층을 얻는 방법이다.

(4) **실리코나이징**(Sillconizing) : 내식성, 내열성 향상을 위해 규소 분말 중에 제품을 넣어 환원성 분위기에서 1000℃로 2시간 정도 가열하여 0.7mm 정도 규소를 침투시키는 방법이다.

(5) **보론나이징**(Boronizing) : 붕화 처리는 보론화 처리라고도 하며, 강재에 보통 용융 전해에 의해 900℃에서 붕소(B)를 침투 확산시켜 0.15mm 정도의 붕소(boron) 화합층을 만들어 HV 1400 이상 경도를 얻는 방법이며, 내마모성과 내식성, 내고온 산화성도 뛰어나 인발, 딥 드로잉용 금형의 표면처리에 이용된다.

표 2.6 각종 금속 침투법의 비교

종 류	침 투 제	침투 방법	침투 목적
칼로라이징	Al(알루미늄) 침투	Al 용사, Fe-Al과 플럭스 속에서 가열	고온 산화 방지, 고온 내식성이 강함
크로마이징	Cr(크롬) 침투	용사법, Cr, Fe-Cr과 플럭스 속에서 가열	내식성이 우수하며, 경도가 높음
세라다이징	n(아연) 침투	용융 도금, 아연 용사	대기 중의 부식 방지
실리코나이징	Si(규소) 침투	Si, Fe-Si와 플럭스 속에서 가열	질산, 황산, 염산에 대한 내식성이 우수함
보론나이징	B(붕소) 침투	B, Fe-B 분말 속에서 가열	경질 피복

제5절 | 열처리 응용과 열처리 결함

1 탄소 공구강의 열처리

가. 탄소 공구강의 담금질, 뜨임

탄소 공구강(STC)은 탄소량이 약 0.6~1.50% 함유하지만 합금 원소가 첨가되어 있지 않으므로 경화능이 나쁘다. 담금질 온도는 760~820℃, 뜨임 온도는 150~200℃로 하였을 때 STC 1~3종의 경도(HRC)는 63 이상, STC 4종은 HRC 61 이상, STC 5종 59 이상, STC 6종은 HRC 56 이상, STC 7종은 HRC 54 이상이 된다.

나. 열처리시 방법과 주의 사항

1) 담금질 온도는 가능한 낮게 한다.

담금질 온도는 저온 담금질하는 것이 바람직하다. 온도가 높아지면 조직의 조대화로 약하게 되며 탈탄과 변형이 생기기 쉬우므로 통상 780~800℃의 담금질 온도가 좋다.

담금질시 산화 스케일이 두꺼워지면 강의 질량 감소뿐만 아니라 경화능에도 크게 영향을 미치며 경도 불량, 담금질 균열, 변형에도 악영향을 미치므로, 산화, 탈탄 방지법으로는 분위기 가열, 진공 담금질 혹은 탈탄 방지 도포 등이 행해지고 있다.

2) 수중 담금질 요령

수중 담금질은 담금질 균열이나 변형을 일으키기 쉬우므로 적당한 시간 경과 후에 서랭(공랭 또는 유냉)으로 옮기면 좋다. 수조에서 인상시 Ms섬 위에서 행해야 한다. 고온에서 인상하면 물품은 표면만 냉각되며 내부의 보유열에 의해 뜨임을 받아 연화하고 Ms점보다 너무 낮으면 담금질 균열의 위험이 있다.

3) 뜨임은 150~200℃에서 한다.

STC는 300℃ 이상에서 급격한 뜨임 연화를 250℃ 부근에서는 저온 뜨임 취성이 나타나기 때문에 경도나 인성이 좋은 온도인 150~200℃에서 저온 뜨임한다.(그림 2.39 참조)

그림 2.39 냉간 공구강 STS 3의 열처리 곡선

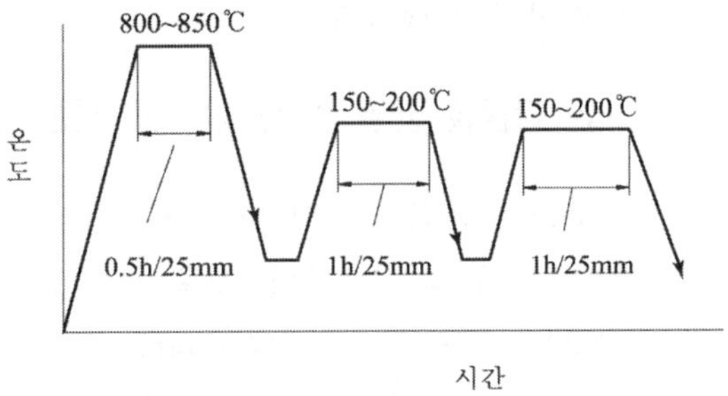

2 공구강의 열처리

가. 공구강의 열처리 수준

공구강은 모양이 복잡한 부품, 길이가 긴 것, 대형품 등 다양하며, 담금질 균열, 변형, 경도 불균일 등의 점에서 높은 수준의 열처리 기술이 요구된다. 공구의 수명은 적용 공구강의 종류와 열처리 이력이 큰 비중을 차지한다.

공구의 손모 현상으로는 마무(융착, 갉아먹음), 균열, 파손, 박리, 영구 변형(휨, 좌굴, 팽창), 눌린 자국 등이 있다.

나. 공구강 열처리 방법

1) 불림으로 열간 가공 후의 조대 망상 탄화물 개선

열간 가공한 STC, STS, STD 등에서 생긴 망상 탄화물이나 조대화한 결정립은 풀림에서도 잔류하는 경우가 있으므로 불림을 하여 결정입자의 미세화와 망상 탄화물을 고용 분산시킨 후에 풀림해야 한다.

2) 구상화 풀림 후 담금질

담금질 전의 공구강은 미세 조직으로서 구상화가 불완전하여 층상(lamella) 조직이나 망상 탄화물이 잔류하면 담금질 변형이나 균열의 원인이 되거나 인성이 부족하여 사용 중 조기 결손되는 경우가 있다.

풀림 조건으로 탄소 공구강(STC)은 740~770℃, 냉간 가공용 합금 공구강(STS)은 750~800℃, 열간 다이스강(STD)은 830~880℃, 고속도강(SKH)은 800~900℃의 가열 온도가 적용되며, 25mm당 1~2시간 전후 유지 후 강종이나 두께에 따라 10~30℃/h의 냉각속도로 600℃ 이하까지 서랭한다.

3) 담금질 균열, 변형 방지를 위한 응력 제거 풀림

단조나 용접 등에서 생긴 잔류응력을 제거하기 위한 변형 제거 풀림이며, Ac_1 아하 온도로 가열 유지 후 서랭한다. 보통 잔류응력은 500℃ 전 후의 가열에 의해 소실되기 시작하므로 적당한 가열 온도는 500~700℃이다.

일반적으로 풀림 온도가 높을수록 강의 표면에 산화, 탈탄, 표면 거침이 생기기 쉬우므로 상자 풀림, 광휘 풀림, 진공 풀림 등을 이용하는 것이 좋다.

4) 담금질, 뜨임 처리로 공구 성능 결정

공구강의 담금질은 공구로서 필요한 내마모성, 인성, 연화 저항성(내열성) 등의 여러 특성을 주어야 한다.

다. 냉간 가공용 합금 공구강의 열처리

1) 냉간 공구강 STS 3의 열처리

STS 3은 Cr-W계 저합금 내마모 불변형강 공구강으로 STS 2보다 Mn%를 높여 경화능을 좋게 하고 두꺼운 공구라도 유중 담금질을 가능하게 하였으며 열처리 변형률이 작다.

STS 3의 열처리시 가열은 형상이 복잡하거나 질량이 큰 경우 500~600℃ 부분을 예열 또는 서열하고 800~850℃의 염욕 가열을 하며 공구의 표면이 균일하게 가열되면 즉시 담금질할 수 있다.

2) 냉간 공구강 STD 11의 열처리(그림 2.40 참조)

(1) 담금질 가열

형상이 복잡하고 질량이 큰 공구는 1차 600℃ 정도로 예열이 바람직하다. 대기 가열에서는 1000℃의 고온 때문에 공구 표면의 산화 및 탈탄을 피할 수 없으므로 마무리 가공 여유와 가열 방법에 주의를 요한다.

담금질 온도는 충격을 받는 공구나 복잡한 형상인 것, 또는 두께가 얇은 부품은 과열이나 변형 방지 또는 인성 측면에서 낮은 담금질 온도를 이용한다. 담금질 냉각 방법에서 본다면 공랭할 공구에서는 높은 담금질 온도를 유냉할 경우는 낮은 온도를 채택하면 좋다.

가열시의 분위기로는 염욕 가열, 분위기 혹은 진공 가열을 이용한다. 이때 산화에서 탈탄 방지에서는 충분한 배려가 필요하다.

변형을 방지하기 위하여 1단 또는 2단 담금질 예열이 필요하며, 담금질 온도가 800~850℃인 경우에는 500~600℃, 1000℃가 되는 다이스강의 경우는 500~600℃ 다음에 800~850℃인 2단 예열을 하는 것이 효과적이다.

가열 유지시간은 두께 25mm에 대하여 전기로 가열 등의 경우 20~30분, 염욕에서는 10~20분 정도 필요하다.

그림 2.40 냉간 공구강 STD 11의 열처리 곡선

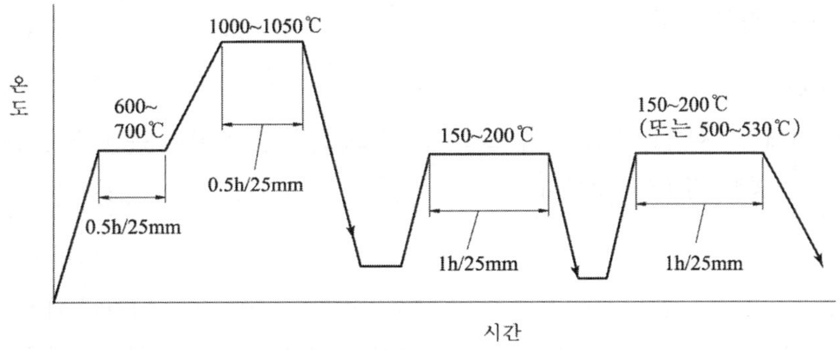

(2) 냉각 방법

STD 11은 고경화능 다이스강으로 냉각 방법은 공랭이나 유냉 어느 쪽으로도 관계없으나, 변형 방지측면에서 400~500℃의 열욕 담금질이 적합하다. 마르담금질은 450~500℃에서 유지시간은 25mm/10min, 유냉의 경우 40~60℃, 인상 온도는 200~300℃로 한다. 두께

50mm 이하는 공랭, 500mm를 넘으면 500mm까지 강제 공랭하고 그 이후는 방랭한다.

유냉은 형상이 간단한 것에 적용하고 재빨리 인상 공랭한다.

(3) 뜨임

일반적으로 경도를 높이기 위해 150~200℃의 저온 뜨임을 행하나, STD 11에 관해서는 최근 인성 등 기계적 성질의 향상을 위해 500~530℃의 고온 뜨임이 이용되고 있다. 고온 뜨임은 질량이 큰 공구 사용시 온도가 올라가는 공구, 특히 인성을 중요시하는 경우에 적용한다. 뜨임은 2회 되풀이 하는 것이 바람직하다.

저온 뜨임의 경우 담금질 후 잔류 오스테나이트 분해를 위해 공구가 실온으로 되고 나서 3~4h 후 뜨임한다. 고온 뜨임의 경우 50~100℃에서 행한다.

게이지류에서는 내마모성 이외에 경년 변형이 발생하지 않는 것이 요구된다. 고온 뜨임은 경도 저하 측면에서 부적합하며, 서브제로 처리와 함께 저온 뜨임의 조합으로 처리한다.

담금질강의 경년 변형은 마텐사이트의 분해에 따른 수축과 잔류 오스테나이트의 마텐사이트화에 의한 팽창 등이다. 수축 변형은 저온 풀림으로 저지할 수 있으며, 팽창 변형은 서브제로 처리로 저지할 수 있다.

3) 열간 가공용 합금 공구강의 열처리(그림 2.41 참조)

(1) 담금질 가열

열간 가공용 합금 공구강은 열간 단조 프레스형, 다이캐스팅형, 압출용 다이스류 등에 이용되며, 고온 강도, 고온 내마모성, 내heat-check성, 내산화성이 요구된다.

열간 금형이므로 사용시 고온 특성을 중시하며, 담금질은 STD 4는 1050~1070℃, STD 5는 1080~1100℃, STD6~62는 1010~1030℃, STF류는 840~860℃이며, 유지시간은 냉간 가공용 공구강과 같은 기준이다.

(2) 냉각 방법

이 강종은 전체가 매우 경화능이 좋으므로 공랭으로도 충분하며, 유냉 또는 열욕 담금질의 작업 요령은 냉간 가공에 준한다.

(3) 뜨임

STC나 STS는 뜨임 온도가 높아짐에 따라 뜨임 경도가 낮아진다. 이것에 대해 고합금계의 냉간 및 열간 다이스강의 경우 500℃ 이상의 뜨임 온도에서도 경화하는 현상을 나타내는데, 이것을 1차 담금질 경화에 대해 뜨임 2차 경화라고 한다.

고온 뜨임 단계에서는 W, Mo, V 등에 의한 합금 탄화물이 미세하게 석출하므로 경화하는 것이며, STC나 STS는 경화에 기여하는 원소가 없기 때문에 2차 경화가 일어나지 않는다.

열간 다이스강의 뜨임 온도는 용도와 목적에 따라 고온 내마모성을 필요로 하는지, 고온 인성을 필요로 하는지 등에 따라 뜨임 온도를 선정해야 한다.

그림 2.41 열간가공용 합금 공구강의 열처리 공정

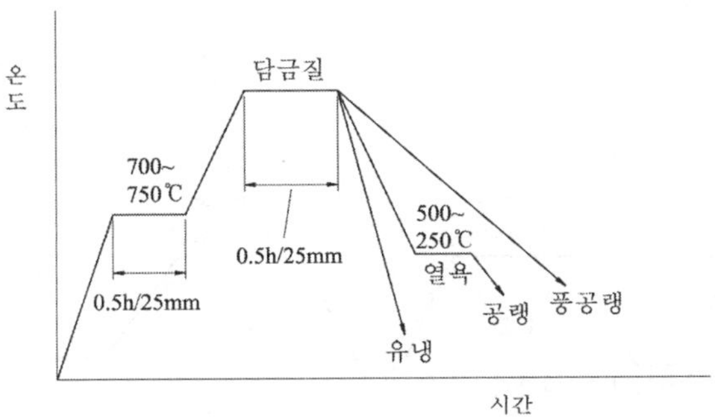

(a) 1단 예열의 경우

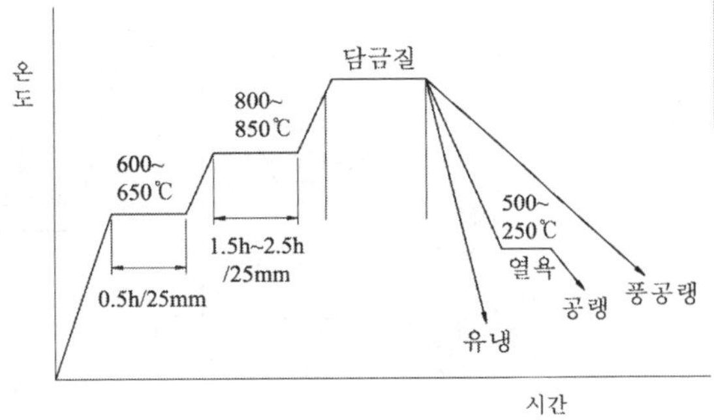

(b) 2단 예열(열처리 변형을 피할) 경우

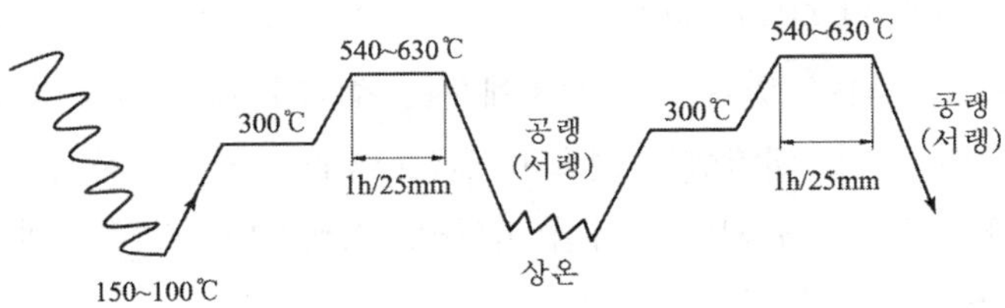

(c) 2회 반복 뜨임

4) 절삭용 고속도강의 열처리

(1) 가열 방법

고속도 공구강은 드릴, 절단기 등의 절삭 공구, 펀치, 다이 등의 공구에 사용되는 재료이다. 담금질에 의해 합금 탄화물이 고용되었다가 이들이 뜨임할 때 극히 미세한 탄화물로서 다시 석출하여 2차 경화 현상을 일으키게 된다. 이때 담금질 온도가 높으면 탄화물의 고용량은 증가하여 2차 경화의 정도도 커지나 온도가 너무 높으면 용융상을 만들고 취화한다.

통상 고속도강은 열욕에서 담금질하는 경우가 보통이며, 550~650℃에서 1단 예열, 850~900℃의 2단 예열을 한다. 그러나 물품에 따라서 1단 예열을 생략하거나, 1000~1050℃의 3단 예열을 추가하는 경우가 있다.(그림 2.42 참조)

(2) 냉각 방법

보통 유냉 또는 열욕 담금질이 행해진다. 유냉의 경우 유조에서 재료온도 300~250℃ 정도에서 행하며, 그 후는 공랭한다. 열욕 담금질의 적용 기준은 다른 공구강과 같으며 욕온으로는 550~450℃가 이용된다. 부품 온도가 100~50℃ 이하로 떨어지면 신속히 뜨임하여 담금질 균열을 방지해야 된다.

그림 2.42 고속도 공구강의 열처리 공정

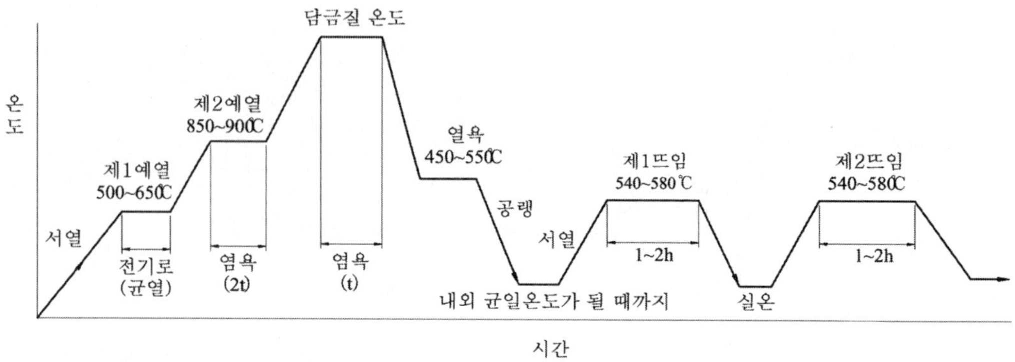

(3) 뜨임 방법

담금질된 고속도강은 약 60~70%의 마텐사이트와 20~30%의 잔류 오스테나이트, 5~15%의 미고용 탄화물로 구성되어 있다. 이 상태에서는 취약하고 잔류응력도 높으므로 뜨임에 의해 충분한 경도와 인성, 내열성을 얻으며 절삭 내구성을 구비하게 된다.

공구 경도는 HRC 64~67이 되도록 하며 피삭제가 단단하고 칼끝의 내마모성을 증대시키고 싶을 때는 HRC 65~66이 무난하다.

뜨임 회수는 Co를 포함하지 않은 것은 2회, Co를 5% 이상 함유한 것은 3회 이상으로 한다.

5) 냉간 단조용 고속도강의 열처리

냉간 단조용 공구강은 공구 전체에 응력을 받으므로 공구 표면은 물론 중심부까지 각종 성질이 균일한 것이 요구된다. 따라서 열처리 요점은 다음과 같다.

(1) 인성이 중요시되므로 담금질 온도는 절삭공구보다 낮은 듯 할 것. Mo계 고속도강은 1130~1180℃가 좋다.

(2) 중심부까지 충분한 경도를 주기 위해 담금질 가열의 유지시간은 길게 한다. 절삭공구의 1.5~3배 정도가 좋다.

(3) 마템퍼가 좋다. 단지 담금질 균열, 열처리 변형, 잔류응력에 주의할 것

(4) 용도, 사용 조건 및 수명실적 등에 의해서 목표 경도를 설정하고 뜨임 온도는 600℃ 이상의 뜨임은 인성을 저하시키므로 570~590℃로 하며, 경도는 뜨임 온도의 고저로 조정한다.

3 열처리 결함과 방지 대책

가. 가열에 따른 결함

1) 산화와 탈탄

(1) 산 화

산화는 공기 등의 산화성 분위기에서 가열할 때 생기며, 산화 정도는 가열 장치, 가열 방식, 사용 연료 등에 따라 크게 다르다. 가열에 따른 표면 거칠음은 단조 균열을, 급랭 경화시 담금질 균열을 일으키기 쉽다.

산화 스케일 부착은 가열 온도가 높아지면 스케일 두께도 두꺼워지며 산화나 탈탄 깊이가 깊어지며, 스케일 박리 후의 표면 거침도 커진다. 스케일 제거 방법은 황산, 염산 온수액 혹은 쇼트 브라스트 등을 이용하며, 산세한 것은 수소 취성의 발생 우려가 있으며, 표면 경도가 저하되므로 주의가 필요하다.

고크롬강(SDK류)은 염욕에서 담금질 열처리시 표면 산화가 발생하기 쉽다. 이러한 산화는 염욕이나 환원성 염에서도 나타난다. 따라서 표면 산화가 일어나지 않도록 염욕 관리에 특별한 신경을 써야 한다.

(2) 탈 탄

강재 표면의 탈탄은 열처리 전에 원자재에 이미 존재하고 있거나 열처리시에 발생된다. 열처리시의 탈탄은 산화성 분위기, 용융염 중의 슬러지 존재, 불활성 가스를 사용할 경우에도 가스량의 불충분, 가스 중에 H_2O가 함유되어 있을 때이다.

탈탄에는 수분의 역할이 크므로 염욕제 등에 수분이 흡수되지 않도록 주의해야 하며, 산화나 탈탄을 방지하기 위해서는 중성 분위기를 사용해야 한다.

탈탄된 강재를 그대로 급랭 경화하면 표면 경도가 저하되거나 불균일 냉각에 의해 표면에 페라이트 조직이 많이 보이며, 기계적 성질 특히 피로강도가 현저히 저하된다.

2) 고온 가열에 의한 연소

강재를 산화성 분위기에서 1100℃ 이상의 온도로 가열하면 국부적으로 연소를 일으키며 현미경 조직은 조대해지고 입자 사이에 산화물이 보이며 표면은 거칠어지고 위드만스테이튼 조직(오스테나이트 기지의 특정 결정면을 따라 기하학적으로 성장한 냉각 변태 조직)이 된다. 이러한 강재는 취약하며 인성이 작다.(그림 2.43 참조)

그림 2.43 SM 50C를 고온 가열했을 때의 현미경 조직

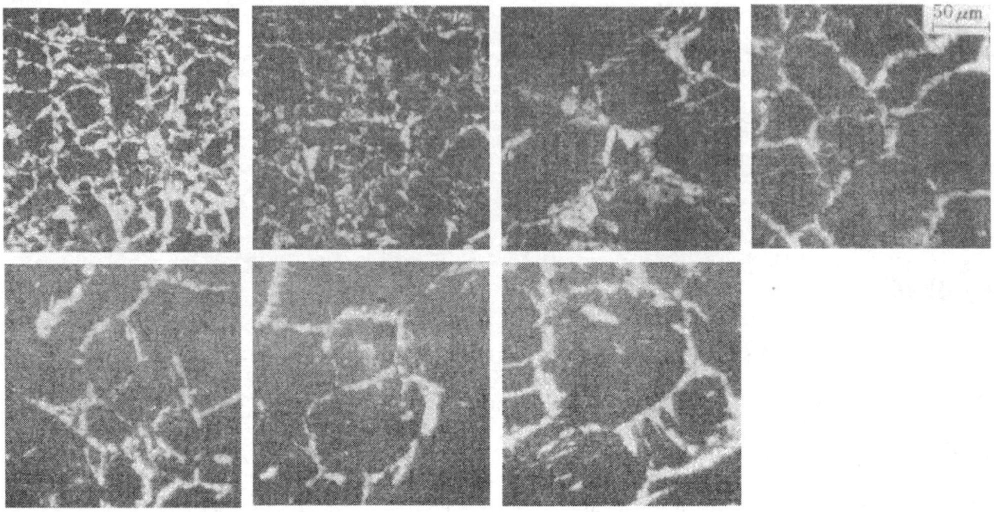

가열 온도(℃)

900	950	1000	1050
1100	1150	1200	-

전기로 대기 가열, 가열시간 3h
2% HNC_3 알코올

나. 담금질 뜨임에 따른 결함

1) 담금질 균열

담금질시 부품을 급격하게 가열 또는 급랭할 경우 내외부에 온도 차가 생겨 열응력이 발생하고 M_s점 이하에서는 마텐사이트와 오스테나이트의 비체적의 차에 의한 변형 응력의 발생, 형상의 복잡성 등에 의한 응력 등이 강재의 인장강도보다 큰 경우에 균열이 발생할 수 있다.

또한 가열 온도가 높거나, 불균일할 가열일 때, 강재의 재질이 냉각능에 부적당할 때, 강재의 질량에 대하여 냉각속도가 너무 빠를 때, 급랭 처리 전 풀림이 불충분할 때, 담금질할 때 M_s점에서 인상처리하지 않고 완전 냉각시켰을 때, 담금질 직후 뜨임하지 않았을 때, 단조 후 풀림하지 않고 급랭처리한 경우에 균열이 발생하기 쉽다.

형상 측면에서 두께가 급변하는 곳, 열응력, 변태 응력이 집중하기 쉬운 형태일 때, 예각인 곳, 표면의 거칠음이 심할 때 등의 경우에 생기기 쉽다.

그런데 이러한 균열을 잘 검출하지 못하면 사용 중에 균열에 의한 파손으로 큰 사고도 발생할 수 있으므로 균열의 검출에 세심한 주의가 필요하다.

(1) 재료 선택 및 설계 잘못

재료 선택의 잘못에 의한 열처리 결함은 설계자나 열처리 담당자와의 상호 협의 하에 재료를 선택함으로써 줄일 수 있다 적정 재료를 선택하였다 하더라도 단면적의 급격한 변화나 예민한 노치부가 있을 때는 표면 부위와 중심부의 열처리가 되지 않는 부위에서 큰 응력이 발생되기 때문에 균열을 피할 수 없다. 비합금강에서 특히 코너 부위의 구멍은 매우 위험하다. 이때는 마퀜칭이나 이 구멍을 볼트로 채우는 것이 좋다. 액체 침탄의 경우에는 구멍을 점토로 막는 것은 불가하다.

침탄강에서는 소재의 탄소 함유량이 너무 높으면 담금질시 중심부에 큰 응력이 생성되어 균열이 발생할 우려가 있기 때문에 탄소 함유량이 낮은 것이 좋다.

(2) 열처리 전 단조 결함

중요한 결함은 겹침, 불순물 혼입, 기포, 수소 취성, 망상 시멘타이트 등이 있다. 이러한 원인에서 발생된 결함은 대부분 압연 방향으로 생성된다. 단조시에 종종 나타나는 겹침은 균열에 매우 민감하며, 탈탄이나 산화피막은 균열 발생을 쉽게 한다.

(3) 열처리 전 가공 결함

완전 담금질강인 경우에는 표면의 공구 자국이 균열을 초래한다. 강도가 낮은 강에서 끝이 무딘 공구나 절삭속도가 빠를 때는 가공면에 가벼운 균열이 발생되어 열처리시에 이 균열이 성장된다. 이 균열은 반드시 가공방향의 직각 방향에서 일어난다.

(4) 열처리 결함

과열과 불균일한 냉각이 열처리 균열을 초래한다. 침탄강의 경우 급랭시에는 균열이 발생하지 않으나, 공랭시에는 시멘타이트가 입계에 석출하여 결정립계가 응력에 대한 저항력이 약해져 균열이 발생할 수 있다.

고합금강의 경우 열전도가 매우 느리기 때문에 승온시에 급열을 가하면 균열을 초래한다.

(5) 열처리 후 결함

조대한 결정립이나 망상 시멘타이트 및 다량의 잔류 오스테나이트는 연마 균열의 발생을 쉽게 한다. 연마 균열은 연마시 냉각이 불충분할 때 발생하며, 연마 방향과 수직으로 발생된다. 침탄품에서는 연마 균열이 침탄층 깊이까지만 성장한다.

조질강이나 공구강에서는 연마 균열이 길고 깊어서 취성파괴의 우려가 많다. 연마 균열 부위는 질산액으로 부식해보면 검게 나타난다. 연마 균열은 표면에 일직선으로 나타난다.

연마 균열 방지방법은 경도가 낮은 연마재나 냉각방법의 개선이 요구되며, 160~200℃ 사이에서 뜨임처리하면 연마 균열을 상당히 줄일 수 있다.

이때는 연마액을 70~80℃로 가열하여 사용하는 것이 좋다. 또한 경도가 높으면 연마 균열이 발생하기 쉬우므로 HRC 60 이하로 뜨임 처리를 하면 균열을 피할 수 있다.

(6) 뜨임에 의한 균열, 경도 불균일

담금질한 강을 뜨임할 때 300℃ 부근에서 충격치가 저하하는 저온 뜨임 취성이 생길 수 있으므로 주의해야 된다. 이 저온 뜨임 취성을 촉진하는 원소는 강 중에 함유된 P와 N이며, Al, Ti, Ni, B 등은 이들의 발생을 억제한다.

뜨임 온도를 올리면 충격치는 차츰 개선되는 경향이 있으나, 강종에 따라서는 500℃ 부근에서 고온 뜨임 취성에 의해 충격치가 저하할 수 있는데 이것은 강 중에 P, Sb 등이 오스테나이트 기지 입계에 석출하기 때문이며, Mo는 석출을 억제하며, Cr, SCr, Mn 등은 이 석출을 촉진한다.

고온 뜨임의 경우는 강종에 따라서 Ni-Cr강의 경우는 수냉, 유냉인 경우는 거의 변화가 없으나, 공랭과 로냉의 경우는 낮은 값을 갖으며, SCr 440인 경우는 수냉, 유냉, 공랭에서는 충격치의 변화가 거의 없으나 로냉에서는 낮은 값을 나타낸다.

2) 변 형

(1) 변형의 원인

① **가공 응력** : 냉간 절삭 가공으로 생긴 불균일한 응력이 가열시에 변형을 일으키게 되므로 변형을 최소화하기 위하여 절삭 가공 및 담금질 열처리 전에 500~700℃ 사이로 응력제거 풀림이 필요하다.

② **압연, 단조 응력** : 압연이나 단조 후에 열응력 제거와 표준 조직을 만들어주기 위해 불림(normalizing) 열처리를 실시하지 않는 부품은 단류선이 변형에 큰 영향을 미치며, 후공정 열처리에 변형을 초래하게 된다. 불림이나 조질작업 등으로 이러한 영향을 감소시킬 수 있다.

③ **한쪽면의 탈탄 혹은 침탄, 부분적인 담금질** : 담금질 조직인 마텐사이트 조직은 오스테나이트 조직이나 소재상태의 조직보다 부피가 큰 조직이며, 부피 팽창은 탄소함량이 증가할수록 더 커진다. 따라서 한쪽 면에 탈탄이 일어났을 경우에는 이 면에서는 부피 팽창이 다른 면보다 더 적게 일어난다. 이러한 이유 때문에 탈탄이 발생된 면은 오목하게 변형이 발생된다.

④ **자중에 의한 변형** : 담금질 온도에서 강의 강도는 매우 낮다. 따라서 자중에 의한 변형이 나타난다. 염욕에서 가열시에는 염의 비중에 의한 부력 때문에 자중에 의한 변형이 적다. 가열 및 냉각시에는 제품을 세워서 처리하는 것이 좋다.

⑤ **비대칭적인 단면적** : 키 홈이 있는 긴 축류의 담금질 열처리시에 실제적으로 변형을 막을 수 없다. 변형의 정도는 재질과 담금질 온도에 따라 결정되며, 마퀜칭 열처리로 변형을 최소화할 수 있다. 또한 부품 자체의 설계시에 가능한 한 냉각속도가 균일하도록 설계하면 좋다.

⑥ **불균일한 냉각속도** : 변형에 크게 영향을 미치는 것은 냉각속도이며, 담금질 방법에 따라서 변형에 크게 영향을 미친다. 긴 부품인 경우에는 수직으로 세워서 예열 및 가열하여야 하며 냉각 때도 마찬가지이다. 일반적으로 냉각속도는 변형과 균열을 방지하는 범위 내에서 빠르게 해야 한다. 불림 후 담금질하면 한층 변형이 적다.

(2) 변형 교정법

염욕으로 냉각한 직후의 조직은 오스테나이트 조직이기 때문에 교정이 용이하다. 조직이 마텐사이트로 변태하기 전에 교정은 끝나야 한다. 강은 뜨임 전이 뜨임 후보다 교정이 용이하다. 복잡한 형싱에서는 프레스 담금질이 바람직하다.

3) 연점(연화점)

연화점은 가열시 노 내 온도 분포, 가열 온도, 가열시간 등이 부적당할 때, 또한 수냉할 때 기포의 부착, 냉각액의 교반 불량에 따른 냉각의 불균일, 표면 스케일, 탈탄층, 림드강의 사용시에 생기며, 급랭 처리에서 연화점이 생성되면 경도가 저하된다.

(1) 수냉시 기포 부착

공구강이나 침탄강, 조질강에서 기포가 부착된 부분은 색이 검게 나타나며 이 부분은 경도가 잘 나타나지 않는다. 그 이유는 기포가 부착된 부분은 냉각속도가 늦기 때문에 마텐사이트 조직 대신 투르스타이트가 생성된다. 기름 담금질시에 이러한 문제가 나타난다면 기름을 가열하여 습기를 제거시킨 후 사용하면 된다. 물을 냉각제로 사용할 때는 약 10% 정도 소금을 첨가하면 이러한 현상을 방지할 수 있다. 또한 제품을 냉각시에 상하로 흔드는 것도 도움이 된다.

소금물을 사용할 경우에는 소금물의 비등점이 매우 낮기 때문에 40℃ 이상 되어서는 안 된다.

(2) 강의 편석

인(P)이나 황(S)이 많은 쾌삭강은 연점이 발생하기 쉽다. 이 강에서는 침탄이 균일하게 되지 않는 경향이 있어 냉각시에 연점이 나타난다. 망간 함유량이 높은 쾌삭강에서는 이러한 문제가 발생되지 않는다.

(3) 탈탄층의 국부적인 제거 불량

열처리 전 부품의 절삭 가공시에 탈탄층을 국부적으로 완전히 제거하지 않는 경우 이 부분은 열처리 후 경도 시험시에 요구 경도가 나오지 않는다.

(4) 침탄강에서 국부적인 침탄 불량

침탄시 국부적으로 침탄을 방지코자 할 때 가스 침탄이나 고체 침탄에서는 가능하다.

이때 침탄 방지제를 도포할 때 손으로 다른 부위를 잡으면 이 부위에서는 침탄이 잘 안 된다.

액체 침탄시에도 어떤 이유에서 염욕 속에 구리가 녹아들어 갔다면(제품을 구리 도금된 선으로 묶었을 때) 국부적으로 침탄이 안된 곳이 나타난다. 이런 이유 때문에 액체 침탄욕에는 구리 도금한 부품은 처리하지 않는 것이 좋다.

절연에 의해 생성된 침탄 불량은 불량 부위를 재열처리하여도 변하지 않지만, 냉각 불량에 의해 나타난 연점은 재처리하면 없어지게 된다.

(5) 냉각제에 불순물 혼입

냉각제에 불순물이 섞여 들어가면 대류가 잘 일어나지 않아 연점이 발생하는 경우가 있다.

이때는 이러한 불순물을 필히 제거해 주어야 한다.

(6) 연마 결함

연마 결함은 5~10%의 질산용액으로 부식해 보면 경도가 잘 나오지 않는 부분은 검정색(투르스타이트)을 띤다. 재담금질로 해결이 가능하다.

4) 경도 불량

(1) 냉각속도가 느릴 경우

냉각제는 요구 경도를 얻을 수 있는 범위 내에서 가장 완만한 것을 사용해야 하며, 부품의 재질과 두께에 따라서 적합한 냉각제를 선택해야 된다. 부품의 단면적이 큰 경우나 탈산이 불충분한 강, 결정립 미세화강에서는 보다 빠른 냉각속도가 요구된다.

강의 담금질성에 비해 냉각속도가 불충분할 경우에는 경도가 잘 나오지 않으므로, 마텐사이트 조직을 얻을 수 있도록 담금질 온도에서 급랭하여야 한다.

(2) 담금질 온도가 낮거나 유지시간이 짧은 경우

조질강 열처리시에 변형을 감소하거나 뜨임을 생략 혹은 단축하기 위하여 담금질 온도를 낮추거나 냉각속도를 느리게 하는 경우가 있다. 이러한 열처리는 비록 경도로는 목표치를 얻었다 하더라도 잘못된 열처리이다. 이 경우에는 완전 조질 열처리된 강보다는 인장강도, 충격강도, 피로강도 값이 매우 낮다.

공구강, 특히 크롬 공구강(SKD류)에서 담금질 온도가 낮거나 유지시간이 짧을 때는 시멘타이트 용해가 충분치 않아 경도가 나오지 않는다. 이 경우에는 기름이나 소금물에 냉각시키면 경도가 나오지만, 변형이나 균열의 위험성이 따른다.

담금질 경도는 최고 경도(2mm 두께의 시편을 소금물에 담금질하여 얻을 수 있는 경도)보다 HRC로 10 이상 낮아서는 안 된다.

(3) 담금질 온도가 너무 높을 경우

담금질 온도가 너무 높을 때 특히 고합금강인 경우 잔류 오스테나이트(Retained Austenite) 과다 때문에 경도 불량이 나온다. 이러한 부품은 심랭(sub-zero) 처리로 잔류 오스테나이트량을 줄일 수 있다.

5) 표면 경도 저하

(1) 산화, 탈탄시

(2) 오스테나이트 조직이 잔류시

크롬-니켈 침탄강이나 크롬-망간 침탄강에서 장시간 침탄 담금질 후 표면에 경도가 제대로 나오지 않는 경우가 있다. 원인은 잔류 오스테나이트 때문이다.

잔류 오스테나이트는 마텐사이트 생성 온도가 실온 근처나 아래에 있을 때 발생된다.

마텐사이트 생성 온도는 기지조직에 고용된 합금원소(특히, 탄소와 질소)에 의해 결정된다.

① 심랭처리(sub-zero)에 의해 잔류 오스테나이트를 마텐사이트로 변태시킨다.

② 기지조직에 과포화된 탄소함량(합금 원소)을 줄이기 위하여 A_1 변태점 이하의 온도(600~650℃)에서 1~2시간 가열 유지한 후 중간 풀림한 다음 낮은 담금질 온도에서 재처리한다.

(3) 투르스타이트 조직 형성

표면 경도 저하의 또 다른 예는 담금질시에 냉각속도가 느리기 때문에 생성된 투르스타이트 때문이다. 미고용된 시멘타이트나 불순물 등은 투르스타이트 생성을 조장하는 핵(nucleation)으로 거동한다. 또한 미고용된 시멘타이트는 합금원소인 크롬과 결합하여 크롬 시멘타이트를 형성하기 때문에 담금질성을 저하시킨다.

산소는 시멘타이트와 비슷하게 합금원소와 결합하여 산화물을 형성하기 때문에 투르스타이트 조직은 담금질 온도를 올리든지(합금원소 고용증대) 냉각속도를 증가시킴으로서 없앨 수 있다.

(4) 연마 표면의 뜨임 효과

중연삭시나 냉각이 불충분한 경우에 연마면에서 뜨임 효과가 나타나 경도가 저하한다.

연마면에서 열이 심하게 발생할 경우에는 조직이 다시 한번 변태를 하게 되어 표면부터 잔류 오스테나이트 - 마텐사이트 - 풀림 조직 - 뜨임 조직 순으로 나타나게 된다. 이때는 체적의 변화가 수반되므로 균열이나 박리가 일어날 수 있다.

6) 결정립의 조대함(Coarse Grain)

모든 재료가 반드시 미세한 결정립이 바람직스러운 것은 아니나 공구강이나 조질강에서는 반드시 미세한 결정립이 요구된다. 침탄강에서도 때로는 용도에 따라 조대한 결정립을 결함으로 취급하는 경우가 있다.

(1) 과열(Overheating)에 의한 결정립 조대화

① **과열의 원인** : 침탄강이나 공구강, 조질강 모두 Ac_3 변태점 이상 가열하여 미세한 결정립을 얻을 수 있지만, 가열시간이 너무 길거나 온도가 높을 때는 조대한 결정립이 생성된다. 결정립 조대화 경향은 재질 속에 미고용물이나 고용이 어려운 화합물의 존재 정도에 따라 결정되며, 재질에 따라 다르다. 탄소강이나 시멘타이트 분해를 촉진하는 원소(즉, 망간)가 들어있는 합금강은 약간의 과열에 의해서도 결정립이 조대화해진다.

② **과열 방지 대책** : 이러한 강으로 만들어진 큰 부품은 변태점 이하의 욕에서 예열을 충분히 한 다음, 두번째 담금질 가열욕에서 가열시간을 짧게 하는 것이 좋다. 또한 주의할 점은 많은 양의 제품을 한번에 처리하는 경우 노의 온도가 많이 내려가므로 본 가열시간까지 시간이 많이 소요되게 된다. 따라서 결정립이 조대화해진다. 아공석강이 과열된 강은 Ac_3 변태점 이상으로 가열하여 공랭한 후 재담금질하면 미세조직을 얻을 수 있다. 탄소강인 경우에는 700℃, 합금강인 경우에는 조성에 따라 적정 온도에서 장시간 가열한 다음 공랭하여 재담금질한다. 과공석강인 경우에 과열 후에 서랭하면 결정립계에 망상 시멘타이트나 조대한 시멘타이트가 석출할 경우가 있는데, 이때는 다시 한번 가열하여 시멘타이트를 고용시킨 후 급랭한 다음 풀림 처리를 실시해야 한다. 그러나 고속도강이나 다이스강은 과열 조직이 발생되면 다시 쓸 수 없게 된다.

(2) 조질강이나 침탄강에서 언더 하드닝(Under Hardening)시 조대화

아공석강인 경우 특히 침탄강에서 담금질 온도가 낮을 때, 냉각속도가 느릴 경우에는 조대한 페라이트가 중심부에서 석출하게 되며, 페라이트 외에도 마텐사이트나 투르스타이트 조직이 석출될 수 있다.

이러한 조대한 페라이트 조직이 생성 되었을 때는 더 높은 온도로 재담금질하거나, 냉각 속도를 빠르게 함으로써 방지할 수 있다.

(3) 과공석강에서 담금질을 여러번 했을 때

과공석강을 담금질 온도로 가열하면 시멘타이트 일부가 고용되어 기지 조직을 강화시키지만 미고용된 시멘타이트의 일부는 결정립 성장을 방해하여 결정립을 미세화시킨다.

그러나 담금질 가열을 여러번 실시하면 미고용된 시멘타이트가 성장, 조대화해져 결정립 성장을 제대로 억제하지 못하게 되기 때문에 과공석강 부품을 재담금질이 요구될 때는 변태점 이하의 온도에서 장시간 풀림 처리한 후 재담금질해야 균열(crack)의 위험성을 방지할 수 있다.

7) 취성 및 피로강도 저하

(1) 망상 시멘타이트

망상 시멘타이트나 조대한 결정립은 취성을 조장하고 피로강도를 저하시키므로 침탄강이 과침탄으로 망상 시멘타이트가 생성되었을 경우에는 침탄온도 이상으로 재가열하였다가 급랭한다.

공구강에서도 A_1 변태점 부근에서 장시간 가열하면 구상화하게 되는데, 이 경우에는 시멘타이트 구상화가 결정립계에 집중되어 있으므로 인성이 좋지 않다.

(2) 과도한 침탄 깊이

침탄품은 침탄처리하지 않는 부품보다 충격강도가 떨어진다. 충격강도의 감소는 침탄 계수비(침탄깊이/단면적 두께)에 비례한다. 침탄 계수비는 최대 20%를 초과해서는 안 된다.

스프링 등 두께가 얇은 제품의 약침 및 약질화처리는 피로강도를 향상시킨다.

(3) 표면 경도 저하

낮은 표면 경도는 피로강도를 감소시킨다. 굽힘응력 하에서는 제품 표면이 가장 높은 응력을 받게 된다. 경도가 낮은 표면층이 존재한다면 이 부위에는 탄성계수가 낮다. 따라서 고응력에서는 이 부위에서 소성변형이 발생하여 재료에 피로를 가져와 균열을 발생시키며, 산화가 일어났을 경우에도 결정립계 약화를 초래하여 파괴를 촉진한다.

(4) 인장 강도가 너무 높을 경우

인장강도가 높을 경우에는 압축, 인장응력이나 피로강도에는 좋으나 충격강도에도 약하다. 따라서 이 경우에는 뜨임으로 강도를 낮추어야 한다.

(5) 뜨임 취성

뜨임취성에 대한 경향은 450~600℃ 온도에서 뜨임을 실시한 후 상온까지 서랭할 때 나타나며, 몰리브덴 첨가 조질강을 제외하고는 모든 강 특히 크롬강은 어느 정도 뜨임취성이 생긴다.

뜨임 후 급랭하면 뜨임취성을 방지할 수 있으며, 뜨임 취성이 나타난 부품은 재뜨임 및 급랭으로 방지할 수 있다.

8) 부 식

(1) 재료 결함

재료의 표면에 미세한 기공 형태의 부식이 발생한 경우 이 기공은 선삭이나 연마작업에서 없어지는 것이 아니고 뭉개져 덮어버려 없어진 것처럼 보인다. 따라서 열처리 전에는 볼 수 없지만 열처리시에 다시 나타나게 된다. 이러한 결함은 겹침이나 비금속 개재물, 기포 등에서도 똑같은 현상으로 나타난다.

고크롬강은 염욕 열처리시에 고크롬 농도 지역에서 약간의 부식이 일어난다. 비철 열처리시에는 종종 물집(blister)이 생성된다. 이 물집은 내부가스에 의해 생성되는데 이 가스가 수소가스이다.

이러한 현상을 줄이기 위해서는 200~300℃에서 30분~1시간 정도 예열해주면 수소가스가 천천히 확산하여 빠져나가게 되어 열처리시 물집이 생성되지 않는다.

(2) 예열시 결함

예열시에 산화가 발생된 부품을 시안이 함유된 염욕에서 열처리를 하면 산화 스케일의 일부가 환원되어 표면이 거칠어지게 된다. 따라서 예열온도는 산화 스케일이 생성될 정도로 높아서는 안 된다.

(3) 염욕 가열시 결함

부식은 염욕에 시안이 너무 적게 함유되어 있을 때 발생한다. 또한 포트 바닥에 침전되어 있는 스러지와 제품과의 접촉시에 발생된다. 침탄성 염욕에 제품의 일부분만을 가열할 때도 경계면에서 부식이 일어난다. 이러한 부식을 방지하기 위해서 제품 전체를 침탄처리 후 필요부분만 냉각시키면 된다.

(4) 뜨임시 부식

고온의 초산염욕에서 뜨임시에는 산화에 의한 부식이 발생한다. 특히, 오랫동안 사용한 노화된 초산염에서는 500℃ 이상에서 산화가 일어나며, 염욕 열처리한 부품인 경우에 염을 완전히 세척하지 않으면 부식이 발생한다.

9) 용 융

(1) 전극과의 접촉에 의한 용융

전극식 염욕로에서는 제품이 전극에 접촉되어서는 안 된다. 큰 제품인 경우에는 장입시에 전기를 끄고 하는 것이 좋다. 용융은 전극과 접촉하지 않고서도 염욕 내에서 제품이 접촉할 때도 일어난다.

(2) 과열에 의한 용융

온도계의 기능이 잘못되었을 때 과열이 일어날 수 있으므로 표준 열전대를 사용하여 주기적으로 검정하여 주는 것이 필요하다. 고체침탄에서는 box가 기밀성이 없을 때 고온에서 탄소가 산화하여 이 산화열 때문에 부품의 표면이 용융되는 경우가 있다.

10) 자연 균열(Season Cracking)

지연 균열은 철강의 경우 담금질 또는 담금질 뜨임한 후 방치 중에 생기는 균열이며, 약 15%Zn 이상의 α황동을 냉간 가공할 때 산소와 습기가 있는 곳에서 미량의 암모니아(NH_3)에 노출되면 응력부식 균열이 발생되기 쉬우며 입계 균열의 양상이 보통이지만 합금이 심하게 소성변형되었을 경우엔 잔류응력 균열로 입내 균열이 발생하는 수도 있다.

방지법은 냉간가공한 황동을 저온 풀림(200~300℃로 20~30분간) 등 저온응력 제거(회복)처리하여 잔류응력과 내부응력을 감소시키면 완화되며, 도금법도 효과가 있다.

다. 고주파 담금질에 따른 결함

1) 담금질 균열과 변형

(1) 담금질 균열

균열의 원인은 과열, 과냉, 고주파 경화처리 전의 현미경 조직 부적합 등으로 생각된다.

또한 탄소량이 0.3% 정도라면 담금질 균열은 적으나 0.5% 정도가 되면 담금질 균열이 일어나기 쉬워진다. 균열 발생 방지를 위해서는 부품의 형상 중 각진 곳, 움푹한 곳, 두께가 다른 것 등에 주의해야 한다. 또 사용되는 강에 슬래그가 끼어 있으면 당연히 균열에 영향을 준다.

(2) 변 형

고주파 열처리는 경화시키고 싶은 곳만 부분 가열하여 경화하므로 전체 가열하여 담금질하는 경우보다 변형이 적지만 복잡한 형상, 치수가 급변하는 것 등은 가열 냉각에 수반되어 생기는 열응력, 변태 응력이 복잡하게 영향을 주어 큰 변형을 가져온다.

2) 연화부, 경화층 부족과 용융 결함

(1) 용융 결함

부품의 형상, 코일 형상, 주파수 등과 관련하여 과열에 의해 용융이 일어난다. 이것을 방지하는데는 키홈, 구멍각, 코일과 부품과의 간격 등에 주의해야 한다.

(2) 연화, 경화층 부족

가열 온도, 가열시간, 냉각 방법 등 많은 원인이 고려되며, 또 주파수, 가열 코일 형상에도 주의를 요한다. 또한 고주파 경화처리 전 강의 망상 탄화물이나 구상 탄화물의 대소에 의해서도 경화층의 두께 등이 다르다.

3) 연삭 균열

연삭열이 높아져서 표면이 국부적으로 재경화되는 경우 균열의 원인이 된다. 강의 경도가 높고 단단한 탄화물을 다량 함유하고 있을 때 그리고 열전도율이 적을 때 고온으로 되기 쉽다.

연삭열에 의해 180℃ 정도에서 연삭 이송 방향과 수직 방향으로 평행으로 갈라지는 것을 뜨임 제1과정에 대응하여 제1종 연삭 균열, 또 250~300℃ 정도에서 거북등 무늬로 갈라지는 것을 제2종 연삭 균열이라 한다.

연삭 균열은 산에 의한 부식에 의해 검출되며, 현미경 조직에는 투르스타이트 또는 소르바이트 조직이 되어 있다.

라. 침탄 경화에 따른 결함

1) 과잉 침탄

과잉 침탄되면 침탄층의 C량이 과다해져 탄화물이 다량 생긴다. 주원인은 고체 침탄시 침탄제의 침탄성이 너무 강하든지, 가스 침탄의 경우 분위기 가스의 농도가 너무 높은 경우이다. 재질적으로는 Cr-Mo강 등에 일어나기 쉽다. [그림 2.44]는 SNCM 220, Cr강, SCr강 420, SCM 420을 동일 조건에서 고체 침탄했을 때이며 표면부의 백색부는 탄화물, 내부의 백색부는 페라이트이다. 여기서 SNCM 220은 다른 것에 비해 Cr 함유량이 적기 때문에 탄화물이 소량이며, SCM 420은 Cr 및 Mo를 모두 함유하고 있어 가장 과잉 침탄이 많이 생겼음을 알 수 있다.

2) 이상 조직

탈산 효과가 있는 킬드강을 침탄 로냉하면 펄라이트가 망상 탄화물 조직이 되며, 탈산 효과가 없는 림드강을 침탄 로냉하면 망상 또는 괴상 탄화물과 이것을 둘러싼 페라이트 조직이 된다. 이러한 조직을 이상 조직이라 한다.(그림 2.44 참조)

침탄된 킬드강의 조직은 표면에 미세한 마텐사이트, 내부는 소르바이트와 페라이트가 균일 조직으로 되어 있다. 그러나 림드강의 조직을 보면 표면에는 검은 투르스타이트, 내부는 소르바이트와 페라이트가 불균일하게 분포되어 있으며, 경도 분포의 불균일이 심하다.(그림 2.45 참조) 이것은 사용 중 마모가 심하고 쉽게 파손된다.

이상 조직을 급랭처리하면 페라이트의 오스테나이트화와 탄화물의 고용화가 일어나기 어렵고 급랭처리 경도가 낮은 연화점을 만들어 전체적으로 경도가 불균일해진다.

그림 2.44 고체 침탄 후 로냉의 표면의 침탄 상태(2% HNO_3 알코올)

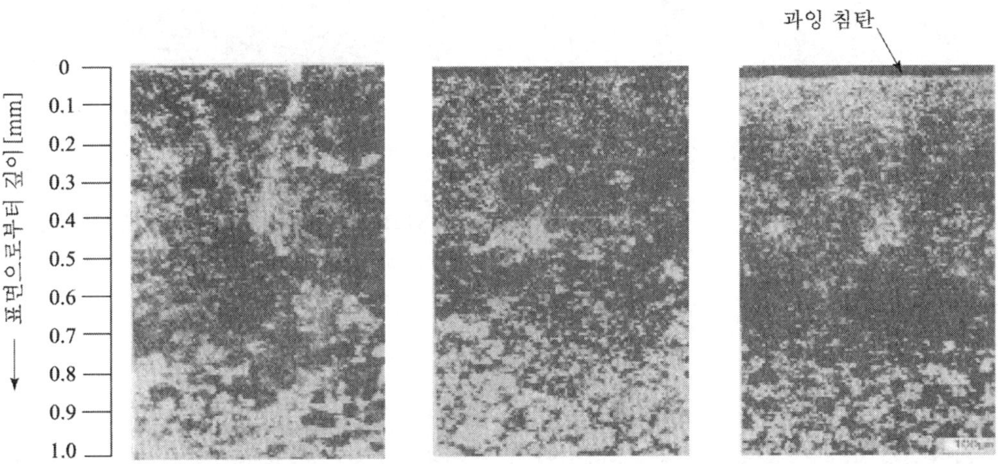

(a) SNCM 220 (b) SCr 420 (c) SCM 420

그림 2.45 킬드강과 림드강의 침탄 경화 조직(3% HNO_3 알코올)

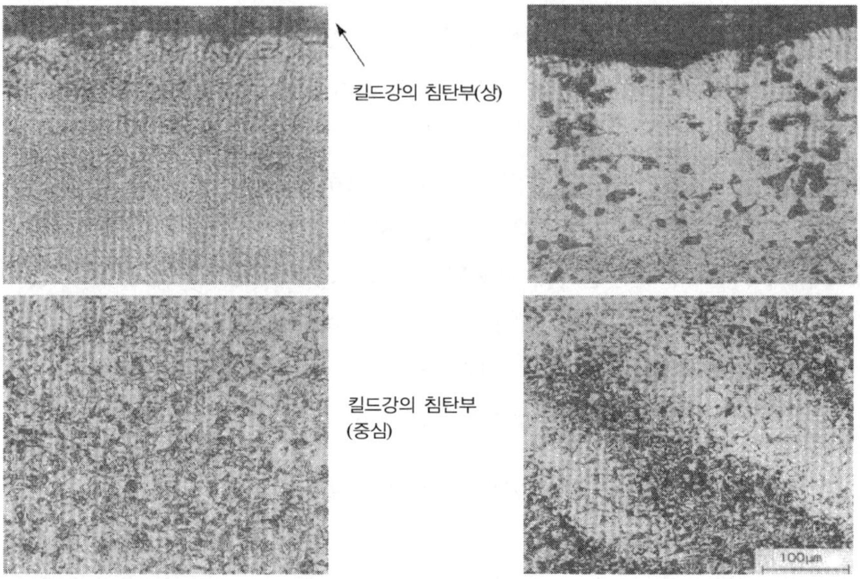

3) 강도 부족과 불균일 강도

불균일 침탄에 의해 경도가 불균일한 경우가 있으며 원인은 불균일 가열에 있다. 가스 침탄의 경우 로내 기류, 고체 침탄이라면 침탄 상자의 크기, 침탄제의 채우는 법 등에 주의하고 담금질시 냉각에도 주의해야 한다.

4) 변 형

저탄소강이라도 침탄한 경우는 탄소량이 높아져 있으므로 변형량도 커지고 형상도 복잡해진다. 침탄 후 1차, 2차 담금질한 것은 1차 담금질을 생략한 것보다 변형이 크다.

변형을 가능한 적게 하기 위해서는 침탄, 가열, 경화가 균일하도록 주의하고 부품 설계상 두께의 급변이 없도록 해야 한다. 또 단조에 있어서는 단류선이 대칭이 되도록 해야 된다.

5) 담금질 균열

사용 강의 경화능이 너무 좋은 경우에 생기기 쉬우며, 침탄부품의 표면의 탄소 농도가 높으므로 냉각시에 주의가 필요하다.

6) 부 식

침탄제에 침탄 촉진제로 가하는 탄산염 중 융점이 낮은 것이 있으면 침탄시에 침탄 부품의 표면에 융착물이 부착되어 침탄을 저해한다. 이것은 침탄 후 샌드 브라스트 등의 공정 뒤에 발견되는 경우가 많다. 원인은 부품 절삭 후의 표면의 녹, 절삭유의 잔류, 침탄 촉진제의 탄산염량과 혼합 상태, 목탄 속의 S, 침탄제 중의 수분 등에 충분히 주의해야 한다.

7) 입계 산화

강 중에 Cr이나 Mn은 산화되기 쉬우며 다른 원소보다 우선하여 결정립계로 진행하여 산화물을 만들어 다른 Cr, Mn이 감소하여 강의 경화능이 낮아진다.

RX 가스(변성 가스, 분위기 가스, H_2 40%, N_2 40%, CO_2 20%)에 의한 가스 침탄시 미량의 수분이나 CO_2가 함유되어 있을 때 이것이 강과 반응하여 결정립계에 산화물을 만든다. 입계 산화는 현미경으로 보면 망상을 이루고 있다. 입계 산화의 깊이는 침탄 시간에 의존하며 보통 0.01~0.02mm 정도이다.

입계 산화 방지법으로 NH_4 가스를 RX 가스에 첨가하여 경화능의 저하를 질소 첨가로 보충하는 방법이 구상되고 있다.

03 철강 및 비철재료

제1절 ┃ 철강의 제조법

1 철강의 분류

가. 철의 개요

철은 지표면에 약 4.5% 점유하며, 지금까지 지구상에서 발견된 금속 중에서 Al, Si 다음으로 많이 존재하는 원소로서 강도, 경도, 인성 및 전연성 등의 기계적 성질이 우수하며, 열처리에 의해 성질을 조절할 수 있으며, 가격도 저렴하기 때문에 많은 부분에 사용되고 있는 재료이다.

철강은 철광석으로부터 얻어지며, 철에 C를 비롯한 Mn, Si, P, S 등이 적당히 함유시켜 요구되는 성질의 강(탄소강)으로 제조하여 사용하거나, 이러한 철강의 5원소 외에 Ni, Cr, W, Mo 등 특수 원소를 첨가하여 탄소강에 비할 수 없는 특수한 성질을 가진 특수강으로 제조되어 사용되고 있는 매우 중요하고 용도가 많은 금속이다.

나. 철강의 분류

철강은 용광로(고로)를 통해 철광석을 용융시켜 얻어진 최초의 철을 선철이라 하며, 그 파면에 따라 회선철, 반선철, 백선철 구분한다.

선철은 그 자체로는 불순물과 탄소 함유 성분이 많아 그대로 사용할 수 없으므로, 제강 공정을 통해 다시 정련하고 성분을 조정하여 탄소강이나 특수강으로 제조정하여 사용되고 있다.

강은 이와 같이 선철을 제강로를 통해 정련하고 성분을 조정한 것으로 Fe-C 상태도 상에서 0.025%C 이하의 것을 순철, 0.025~2.01%C의 것을 강(steel)이라 하며, 탈산 정도에 따라 림드강, 세미킬드강, 킬드강, 캡드강으로 구분하고, 탄소의 함유량에 따라 순철, 저탄소강, 중탄소강, 고탄소강, 탄소 공구강 등으로 분류하며, 경연에 따라 극연강, 연강, 반연강, 반경강, 경강, 최경강, 탄소 공구강 등으로 분류한다.

또한 용도에 따라 구조용강, 공구강, 특수 용도강으로 구분하며, 함유 성분에 따라 망간강, 크롬강, 니켈강 등으로 구분한다.

주철(cast iron)은 선철과 고철을 적당히 배합하여 용선로에서 용융시킨 것으로 상태도상에서 2.01~6.67%C의 것을 말한다. 주철은 성분과 제조방법에 따라 보통 주철, 고급 주철, 특수 주철, 가단 주철, 구상흑연 주철, 냉경 주철 등으로 구분한다.

2 제철법

가. 제 철

제철이란 선광한 철광석을 용광로에 넣고 녹여서 선철을 얻는 방법으로, 융점이 낮고 유동성이 좋아서 주조성은 양호하나 탄소 함유량이 많고 불순불도 많이 함유되어 있어 용도에 한계가 있다. 따라서 선철을 다시 정련하여 불순물을 산화 제거하고 성분을 조정하여 가단성을 부여하는 방법을 제강이라고 한다.

나. 선철의 제조법

1) 제선 재료

(1) 철광석

철광석의 종류에는 산지나 주성분에 따라 여러 가지로 부르고 있으며, 일반적으로 적철광, 자철광, 갈철광, 능철광, 사철 등이 있다. 제련용 철광석은 철의 성분이 40~60% 이상 함유되어 있어야 경제성이 있으나, 특수한 경우는 30~40% 이상 함유한 것을 이용하는 경우도 있다. 즉 그 지방의 인건비나 연료, 운반비가 저렴하여 생산비가 저하될 경우에 가능하다.

(2) 연 료

제철 연료로는 용광로에 코크스(coke)가 가장 많이 사용되고 있다. 코크스는 유황분과 회분이 적고 강도가 커야 되므로 역청탄을 건류하여 제조한 것이다.

새로운 제철공법인 파이넥스공법은 유연탄을 그대로 성형하여 만든 성형탄이 사용되며, 비용이 적게 들고, 유해한 환경오염 물질의 배출이 용광로기법에 비해 매우 적어 환경오염 방지 효과가 매우 높다.(표 3.1 참조)

(3) 용제(flux)

제철 과정에서 용제의 역할은 다양하지만 대체로 철광석에서 불순물 등을 제거하고, 탈산 정련 작용을 돕기 위해 사용되는 것으로 석회석(CaC), 형석 등이 주로 쓰인다.

2) 선철의 제조 기법

(1) 용광로 공법

용광로는 철광석을 용융 환원시켜서 선철을 얻는 로이며, 독일에서는 고로라고도 한다. 용광로법은 소결한 괴상 철광석과 코크스 연료, 석회석($CaCO_3$) 등을 번갈아 장입시키면서 로 하부의 송풍구를 통하여 고온의 공기를 불어넣으면 코크스의 연소로 인하여 1600℃ 정도로 가열되며, 이때 가열된 CO 가스가 로 속을 올라가면서 다음과 같은 화학반응에 의하여 철광석을 환원시켜 선철을 얻는 방법이다.(그림 3.1 참조)

$$3Fe_2O_3 + CO \rightarrow 2Fe_3O_4 + CO_2 \uparrow$$
$$Fe_3O_4 + CO \rightarrow 3FeO + CO_2 \uparrow$$
$$FeO + CO \rightarrow Fe + CO_2 \uparrow$$

이와 같이 용광로 공법은 간접 환원이 85~90%이며, 로 하부의 고온부는 미환원 산화철이 직접 환원된다. 환원된 용융철은 C 및 불순물인 Si, Mn, P, S 등을 많이 함유한 상태로 로상(Hearth)에 고이게 되며 이렇게 모아진 용융 선철을 바로 전로에 의해 제강하거나, 사형 또는 금형에 주입하여 잉고트(ingot)를 만든 것이 선철이며, 대부분(85~90%)은 제강에 사용되며, 일부 주철 제조용으로 사용된다. 용광로는 1일 1000톤의 선철을 생산한다면 철광석은 2200톤, 코크스 1000톤, 석회석 800톤이 소요되며, 그 외에 선철 1톤에 대하여 냉각수 40~50톤, 공기 4000m^3가 소요된다.

용광로의 크기는 1일(24시간) 동안에 출선된 선철의 무게를 Ton(톤)으로 표시(T/day)한다.

그림 3.1 용광로의 구조

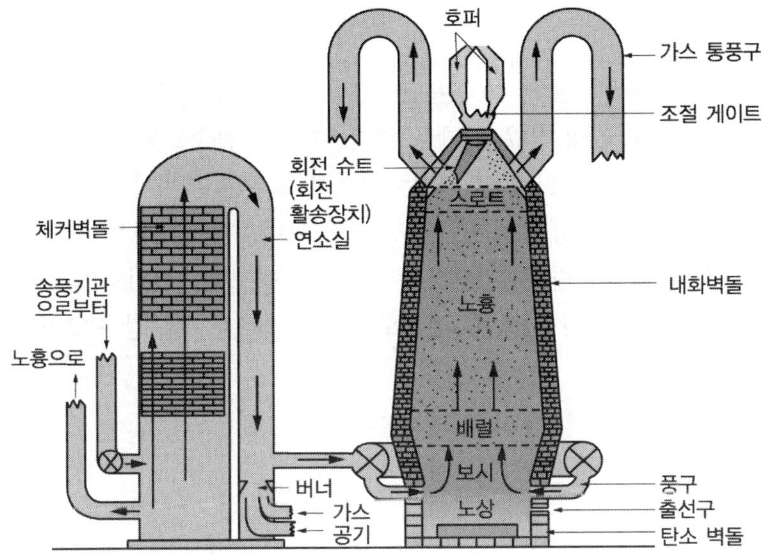

표 3.1 용광로기법과 파이넥스 공법의 특성 비교(%)

방　　식	투자비	쇳물제조 원가	황산 화물	질산 화물	비산 먼지
용광로 공법(300만t 1기)	100	100	100	100	100
파이넥스 공법(150만t 2기)	80	85	3	1	28

(2) 파이넥스(FINEX) 공법

제철의 신공법의 하나로 분광석과 유연탄을 그대로 성형하여 만든 성형탄을 환원 유동로에 넣어 분광석에 있는 산화물을 제거하여 성형철로 만든 후 용융로에 장입하여 불순물을 제거하며 용해하는 방법으로 환경오염 물질 배출의 감소 효과가 매우 높으며, 비용 절감에도 유익하므로 최근에 많이 채용하는 제철법이다.

3) 선철의 종류와 용도

선철은 탄소(C) 및 불순물(Si, Mn, P, S 등)을 많이 함유한 것으로 용융점이 낮고, 유동성이 좋아서 주조성은 양호하지만 취성이 크고 가단성이 없어 구조용 재료의 사용에 극히 제한적이다. 선철은 파단면에 따라 회선철, 반선철, 백선철로 구분하며, 90% 이상이 강(steel) 제조에 10%는 주철(cast iron) 제조에 쓰인다.

3 제강법

선철은 탄소량과 불순물이 많아 철 성분은 93% 정도밖에 안되며, 융점이 낮고 유동성이 좋으나 가단성이 없으므로 사용 범위가 매우 좁다. 따라서 불순물을 산화시키고 부족한 합금 원소를 첨가시켜서 성분을 조정하여 요구되는 기계적 성질을 부여시키는 작업이 제강법이다.

제선과정은 산화철을 환원시키는 환원제련 과정이며, 제강과정은 선철 중의 불순물을 산화시키는 산화정련 과정이다. 제강법에는 전로법, 평로법, 전기로법, 고주파로법 등이 있으며, 전로나 평로는 일반 강 제조에, 전기로나 고주파로는 특수강 제조에 주로 사용된다.

가. 제강법의 종류

1) 전로 제강법

용광로에서 나온 용융선철을 전로에 넣은 후 용선 내에 외부의 열원은 사용하지 않고 공기 또는 산소만 불어 넣어 짧은 시간에 불순물을 신속하게 산화시켜 산화열을 이용하여 정련하는 제강법이다.[그림 3.2 (a) 참조]

전로 제강법의 특성은 연료가 불필요하여 값싸게 대량 생산할 수 있으나 N, P, O 등이 많아서 강질이 나쁘고 고철을 이용할 수 없는 결점이 있어 특수한 경우에만 이용된다.

전로는 로 내의 내화물(耐火物)에 따라 산성 전로법(베서머법), 염기성 전로법(토마스법)으로 구분하며, 로의 크기는 1회에 용해할 수 있는 선철의 무게를 톤으로 표시(T/회)한다.

(1) 산성 전로법(베서머법)

로 벽에 산성(규소) 내화물을 사용하여 축로한 것으로, 개발자의 이름을 따서 베서머법이라고도 한다. 이 방법은 인이나 황의 제거가 안되므로 고규소(Si), 저인(P), 저황(S) 선철을 사용하며, 연소는 Si, Mn, C 순으로 연소한다. 고급 철강 제조에 사용된다.

(2) 염기성 전로법(토마스법)

염기성 내화재를 사용한 로에서 제강하며, 저규소, 고인, 고황 선철의 제강에 적합하다. 저급 철강재료에 사용된다. 염기성로에 규소가 다량 함유되면 노의 라이닝이 쉽게 침식되므로 발열원의 하나인 인광석(燐鑛石)과 석회를 사용하며, 인(P)이 주원료이므로 규소가 적고 인이 많이 함유된 선철을 사용한다.

(3) L/D법

Linz와 Donawitz 공장의 첫글자를 따서 부르는 방법으로 BOF(Basic Oxygen Furnace

Process)법이라고도 한다. 이 제강법은 염기성법에서 공기 대신 수냉된 산소 취입관을 통하여 순수 산소를 용선의 상부 또는 하부에 불어넣어 제강하는 방법으로, 강 중에 N_2, O_2, P 등이 적어 평로강과 같이 양질의 강을 값싸고 능률적으로 생산할 수 있으며, 산소 사용에 의한 열효율의 개선으로 고철의 사용량을 늘릴 수 있는 장점이 있다.

그림 3.2 제강로의 종류

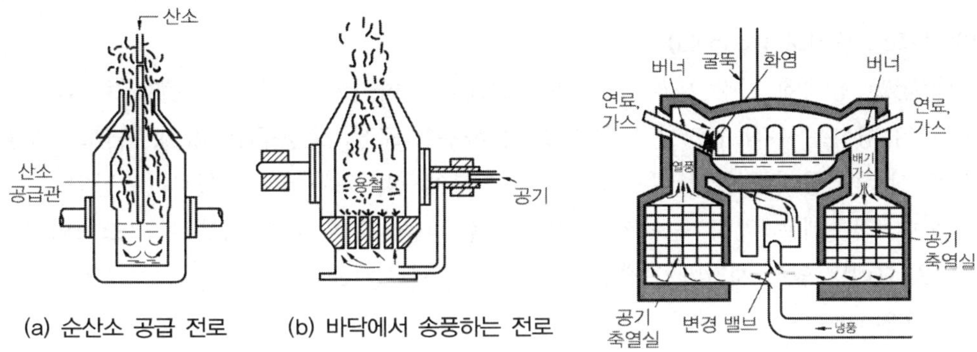

(a) 순산소 공급 전로 (b) 바닥에서 송풍하는 전로

[전로 제강법] [평로 제강법]

2) 평로(반사로) 제강법

축열식 반사로를 사용하여 가스나 중유로 용해, 정련하는 제강법으로 시멘스 마틴법이라고도 한다.[그림 3.2 (b) 참조] 평로 제강은 제강 시간이 많이 소요되지만 성분 조절이 용이하고 고철도 사용할 수 있어 대량 생산이 가능하므로 제강량 전체의 80%를 평로에서 제조하고 있다.

로의 크기 표시는 전로와 마찬가지로 1회에 용해할 수 있는 선철의 무게를 톤으로 표시(T/회)한다.

3) 전기로 제강법

전기 열을 이용하는 방법으로 저항열을 이용하는 저항로, 유도열을 이용하는 유도로, 아크열을 이용하는 아크로 등이 있으며, 에루식 아크로가 많이 사용된다.

전기로의 특성은 고온의 용탕을 얻을 수 있고, 용강의 산화가 적으며, 온도 조절이 용이하여 성분 조절을 정확히 할 수 있으므로 공구강, 특수강의 제조에 적합하나, 전기 소모와 탄소 전극 소모가 많은 것이 단점이다.

로의 크기 표시는 1회에 용해할 수 있는 선철의 무게를 톤으로 표시(T/회)한다.

4) 기타 로의 종류

(1) 도가니로

주로 비철 금속재료의 용융에 사용되는 로이며, 종류에는 흑연 도가니, 주철 도가니 등이 있다. 로의 크기는 1회에 용해할 수 있는 구리의 무게(kgf)를 번호로 표시한다.(예 : 500번로 : 1회에 500kgf의 구리를 용해할 수 있는 로)

(2) 주조로(용선로 : cupola)

주철(鑄鐵) 용해에 가장 널리 사용하는 로(爐)의 하나로 용선로(鎔銑爐), 큐폴라 라고도 한다. 로의 형상은 수직 원기둥 모양의 노체 하부에 로상, 출탕구(出湯口), 슬래그 배출구가 있고 그 상부에 공기를 불어넣는 통풍구, 최상부에 원재료와 코크스를 넣는 장입구가 있다.

로 속에 최초에는 일정 높이까지 코크스를 넣은 후 일정한 비율로 코크스와 원재료, 석회석을 교대로 일정 시간마가 장입하며, 장입 원재료는 보통 선철, 강철 스크랩, 주철 고철 등이 사용된다.

코크스의 값이 싸기 때문에 용선로가 많이 쓰이고 있으나, 요즈음은 용선로는 용해 전용으로 쓰이고, 성분 조절 등이 쉬운 유도로와 함께 조합시킨 2중 용해법이 널리 채용되고 있다. 용선로는 각종 공해의 발생원으로서, 공해 방지대책을 실시해야 하는 특정 시설로 되어 있다. 로의 크기는 1시간에 용해할 수 있는 선철의 무게를 Ton으로 표시한다.(T/h)

나. 강괴(ingot)의 종류

제강로에서 제조한 용융된 강(용강)을 금속 주형이나 사형 주형에 주입하여 덩어리로 만든 것을 강괴라 하며, 그 모양은 4각, 6각, 8각 등의 기둥과 같으며, 기공, 편석, 슬래그 및 불순물의 혼입이 적고 면이 매끈할 것이 요구된다. 그렇지 않으면 압연이나 단조시 좋은 제품을 얻기 곤란하기 때문이다. 강괴는 탈산 정도에 따라 다음과 같이 구분한다.(그림 3.3 참조)

1) 킬드강(killed steel)

용탕에 페로 실리콘(Fe-Si), 알루미늄 등 강한 탈산제를 사용하여 용강을 완전하게 탈산처리한 강으로, 기포나 편석은 없으나 상부에 약 10~20%의 수축관이 생기므로 이것을 절단하여 제거해야 하는 손실이 생긴다.

킬드강은 재질이 매우 균질하므로 0.3%C 이상의 탄소강 및 특수강과 같은 고급강으로 사용된다.

2) 세미 킬드강(semi killed steel)

용강의 탈산 정도를 적당히(킬드강과 림드강의 중간 정도로 탈산) 처리한 강으로, 상부에 약간의 수축공이 있으며, 기공도 어느 정도 분포되어 있어 0.15~0.3%C 범위의 중급 구조용강에 사용된다.

3) 림드강(rimmed steel)

용강을 거의 탈산처리를 하지 않았거나, Fe-Mn 등으로 불충분하게 탈산한 용강을 주형에 주입하여 응고시킨 강괴로, 주입 후에도 계속해서 다량의 가스가 발생하여 비등작용을 하면서 배출되지만 미배출된 가스가 강괴에 남아 적은 기공이 강괴 표면 부근에 분산되어 림층을 형성하고 있으므로 강괴 전체를 사용할 수는 있으나 재질이 불균질하므로 보통 0.15%C 이하의 저탄소 구조재나 용접봉의 제조에 사용된다.

4) 캡드강

페로 망간(Fe-Mn)을 첨가하여 가볍게 탈산한 용강을 주형에 주입한 후 다시 탈산제를 투입하거나 주형의 덮개를 덮고 비등 교반 운동을 하여 조용히 응고시킨 것으로, 내부 결함은 적으나 표면 결함이 많아 박판, 스트립, 주석 철판 및 형강 등에 사용된다.

그림 3.3 강괴의 종류

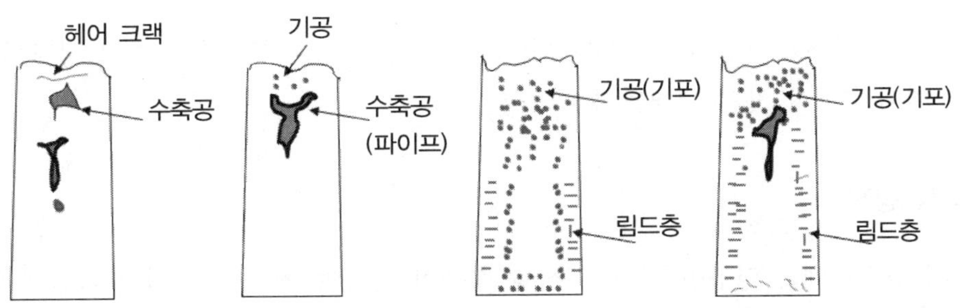

(a) 킬드강 (b) 세미 킬드강 (c) 림드강 (d) 캡드강

제2절 | 철강의 종류와 특성

1 순철(pure iron)

가. 순철의 성질

1) 기계적 성질

100% 순철은 거의 없으며, 보통 상온에서 0.02% 이하의 탄소를 함유한 철을 순철이라 한다. 순철은 페라이트 조직으로 상온에서 전연성이 풍부하고 단접성, 용접성이 매우 좋으나, 인장 강도는 176~245MPa(18~25kg/mm^2), 브리넬 경도(HB) 60~65, 연신율 40~50% 정도로 기계적 성질이 낮아서 기계 재료로 사용되기에는 부적당하지만, 투자율이 높아 변압기용 철심, 발전기용 박철판, 전·자기 재료에 쓰이며, 탄소나 합금 원소의 함유량이 없으므로 열처리가 안 된다.(표 3.2 참조)

2) 물리적 성질

순철은 비중이 7.89, 용융점은 1538℃이며, 전기 전도도도 어느 정도 좋고 강자성체이나 768℃(A_2 변태점)에서 자기 변태를 한다.

3) 화학적 성질

고온에서 알칼리에는 영향이 적지만, 산화 작용이 심하며, 해수, 산, 화학 약품에 약하다.

나. 순철의 종류

순철의 종류에는 전해철, 카보닐철, 암코철 등 있으며, 순철의 동소체는 α철(ferrite, 체심입방격자, BCC), γ철(austenite, 면심입방격자, FCC), δ철(ferrite, 체심입방격자, BCC)이 있다.

표 3.2 순철의 기계적 성질

종 류	인장강도 (MPa)	항복강도 (MPa)	단면 수축율 (%)	연신율 (%)	경 도 (HB)	탄성률 (kg_f/mm^2)
전 해 철	245	108	85	60	60~70	-
카보닐철	180~274	108~167	70~80	30~40	56~80	207000
암 코 철	294~392	186~284	40~70	20~40	-	-

2 탄소강, 합금강, 주철

가. 탄소강(炭素鋼, carbon steel)

탄소강은 철과 탄소의 합금으로 철에 탄소가 0.02~2.01(1.7)% 함유된 것을 말하며, 소량의 Si, Mn, P, S 등을 함유하는 것이 보통이다.

1) 탄소강의 분류

탄소강은 탄소 함유량에 따라 저탄소강, 중탄소강, 고탄소강, 탄소 공구강 등으로 구분하며, 경도의 높고 낮음에 따라 극연강, 연강, 반연강, 반경강, 경강, 최경강 등으로 구분한다. (표 3.3, 그림 3.4 참조)

표 3.3 탄소강의 분류와 용도

C%에 따라 (용도에 따라)	경, 연	탄소 %	용 도
저탄소강 (용접 구조용강)	극연강	0.12%C 이하	아연판, 함석판, 리벳, 강관
	연 강	0.20%C 이하	일반 구조용, 보통 강재, 리벳, 철골,
	반연강	0.30%C 이하	고력 축, 못, 강판, 보일러 배관재,
중탄소강 (기계구조용강)	반경강	0.40%C 이하	차축, 볼트, 스프링, 기계 재료
	경 강	0.50%C 이하	축류, 실린더, 철도레일, 스프링
고탄소강 (기계구조용강)	최경강	0.5~0.8%C	외륜, 침, 스프링, 나사
탄소 공구강 (공구강)	탄소 공구강	1.6%C 이하	공구재료, 스프링, 줄, 게이지, 칼

그림 3.4 탄소량에 의한 표준 조직의 변화

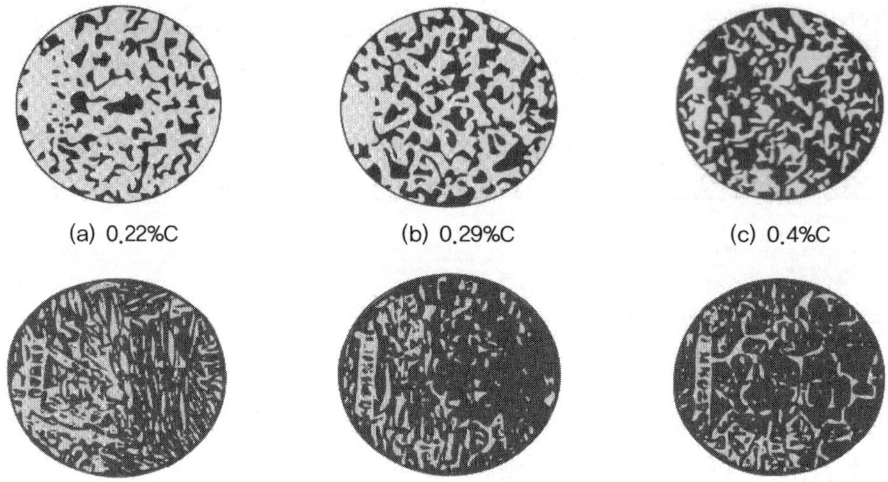

(a) 0.22%C (b) 0.29%C (c) 0.4%C

(d) 0.8%C (e) 1.12%C (f) 1.32%C

2) 탄소 함유량에 따른 분류

(1) **저탄소강** : Fe에 0.3%C 이하를 함유한 강으로. 용접성이 양호하나, 열처리가 불량하다. 용접 구조용에 주로 사용된다.

(2) **중탄소강** : 0.3~0.5%C의 강이며. 기계 구조용으로 사용하며, 열처리 가능하다.

(3) **고탄소강** : 0.5~0.8%C의 강으로, 담금질성이 좋으며, 기계 구조용으로 사용된다.

(4) **탄소 공구강** : 0.5~1.6%C 함유한 강으로, 줄, 칼, 손톱날 등의 제조에 사용한다.

나. 특수(합금)강

(1) **구조용 특수강** : 기계 구조물이나 부품 제조에 사용되며, 강인강, 침탄강, 질화강, 스프링강 등이 있다.

(2) **공구용 특수강** : 공작 기계의 공구 등의 제조에 사용되며, 합금 공구강, 고속도강, 소결(초경) 합금, 스텔라이트, 세라믹 등이 있다.

(3) **특수 목적(용도)용 특수강** : 특수한 용도에 사용되는 것으로 베어링강, 자석강, 스테인리스강, 내열강, 규소강, 쾌삭강 등이 있다.

다. 주철(cast iron)

2.01~6.67%C의 철이며, 보통 4.5%C 이하의 것이 쓰이고 있다. 종류는 보통 주철, 고급 주철, 합금 주철, 특수 주철 등이 있으며, 공정 조직에 따라 4.3%C 이하인 아공정 주철, 4.3%C의 공정 주철, 4.3%C 이상의 과공정 주철이 있다.

제3절 | 금속의 변태

1 상과 계, 상률(相律)과 자유도

가. 상(相)과 계(系), 성분

1) 상(phase)

물질은 고체, 액체, 기체로 변화할 수 있으며, 그 상태에 따라 성질도 변한다. 이때 고체, 액체, 기체 등은 서로 다른 하나의 상(相, phase)이다. 같은 상 내에서는 균질한 원자의 집합상태로 되어 있는 것이 보통이나, 어떤 물질의 경우 같은 고체 상태에서도 각기 다른 원자 배열을 갖는 경우가 있는데, 이 경우는 같은 고체이지만 다른 상이라고 한다.

완전 용융한 금속을 냉각시켜 응고된 합금은 일반적으로 3종류의 서로 다른 기지, 즉 순금속, 고용체, 금속간 화합물 등으로 이루어지며, 각 상은 균질하고, 동일한 조성, 밀도, 전기전도도 등을 가지게 된다.

기체, 액체, 고체는 하나의 상태이며, 기체는 몇 개의 물질이 존재해도 거의 균일하게 분산되어 있으므로 1상으로 취급하며, 용액도 균일하면 1상이다. 그러나 얼음, 물, 수증기가 공존하면 성분은 H_2O 1성분이지만 상은 3상이 된다.

2) 계(system)

물질의 계(系)란 하나의 물질 또는 몇 개의 물질의 집합이 외계와 차단하여 그 물질 이외의 것과는 하등의 물질적 교섭이 없이 독립해서 하나의 상태를 이룰 때 그것을 물질의 계라 하며, 물질의 어느 부분을 택해도 성질이 같을 때는 균질계(homogeneous System) 혹은 단상계(single phase system)라 하고, 그렇지 않을 때는 불균질계(heterogeneous system) 또는 다상계(polg phase system)라 한다.

계가 평형을 유지하기 위해서는 성분의 혼합이 잘 이루어져야 하며, 모든 성분이 융체상태가 될 때까지 높은 온도로 가열함으로써 가능하다. 고온의 융체를 다시 서서히 냉각시키면 각각의 성분은 가역반응을 일으켜서 계가 평형을 이루고, 이에 상당하는 상이 생성된다.

3) 성 분

하나의 물질을 형성하고 있는 종별을 성분이라 한다. 물은 H_2O로 2가지의 원소로 구성되어 있지만 1성분이며, 강(steel)은 철(Fe)과 탄소(C)의 혼합물이므로 2성분이 된다. 1개의 계를 구성하고 있는 물질로서 1개의 성분으로 된 것을 1원계, 2성분으로 된 것을 2원계, 3성분의 것을 3원계, 다수의 성분으로 된 것을 다원계라 하며, 그 합금을 순금속, 2원 합금, 3원 합금, 다원 합금이라 한다.

나. 상률과 자유도

1성분계에서 서로 다른 상 사이의 평형은 압력과 온도에 따라서 달라지나, 압력 변화에 의한 융점의 변화는 매우 작기 때문에 압력은 무시한다. 그러나 2성분계 이상의 불균일계의 평형상태를 결정하는 상태량은 압력, 온도, 성분의 농도이며, 불균일계의 상태가 안정한 상태에 있을 때 서로 다른 상들이 평형상태에 있다고 한다.

평형상태를 확실하게 설명하는 기본법칙에는 깁스(Gibbs)가 발표한 상률(Phase rule)이 있다.

Gibbs의 상률 이론식은 한 성분계에서 자유도(degree of freedom)의 수(압력, 온도, 성분 조성)를 F, 성분의 수를 N, 상의 개수를 P라 할 때 P+F=N+2에서 F=N-P+2 이다.

그러나 금속재료를 취급할 때에는 대기압 하에서 취급하게 되므로 기압(압력)은 무시해도 되므로 자유도의 변수인 온도, 압력, 성분 조성(농도)의 3개 중에서 2개의 변수로 나타내는 것을 응고계(condensed system)의 상률이라고 한다.

$$F = N - P + 1$$

예를 들면 2성분계에서 2상이 평형을 이루고 있을 때는 $F = N - P + 1 = 2 - 2 + 1$, 즉 $F = 1$이 되어서 변수가 1개뿐이므로 평형을 이루는 어느 온도 범위에서는 조성을 변화시킬 수 없으며, 일정 조성에서는 온도를 변화시킬 수 없다. 또 3상 공존구역에서는 F=0이 되므로 온도, 조성 모두 일정한 위치에서만 평형이 성립한다. 그러나 요즈음은 고온, 고압하 혹은 진공 중에서 용융하는 경우도 있으므로 이때는 전자의 상률식을 적용해야 한다.

물과 얼음의 평형상태에서 자유도를 계산한다면 P=2(물, 얼음), C=1(H_2O)이므로 자유도는 1(F=1+2-2)이 되므로 온도만 변화시키면 평형상태가 되며, 물, 얼음, 수증기가 공존하는 3중점 상태에서의 자유도는 0(F=1+2-3)이 되므로 물과 얼음, 수증기가 평형을 이루면서 변화할 수 있는 변수는 한가지도 없다는 것이다.

그러나 금속의 경우는 대개 대기압에서 반응이 일어나므로 압력을 고정시키면 변수가 1개 감소되므로 자유도는 2개가 되어 온도와 성분을 변화시키면 평형상태를 이룰 수 있다는 것을 알 수 있다.

2 금속의 변태

가. 변 태

물질은 대기압에서는 온도에 따라 상이 변하게 된다. 예를 들면 물(H_2O)이 온도에 따라 0℃ 이하에서는 얼음(고체), 0℃ 이상에서 물(액체), 100℃ 이상에서 수증기(기체)로 변하는 것과 같이(냉각의 경우 반대 현상) 금속 또한 같은 성분이라도 온도와 압력에 따라 고체, 액체, 기체로 변하게 되며, 고체 상태에서 하나 이상의 결정 구조를 가지게 되는데, 본래의 결정 구조에서 다른 결정 구조로 바뀌는 것을 상변태(phase transformation)라고 하며, 이 변태시의 온도를 변태점이라고 한다.

일반적으로 금속은 고온에서는 단상 평형상태를 가지나 온도가 내려가면 응고하게 되고, 변태나 석출, 공정 및 공석 반응 등의 변태를 하게 되는데 이러한 상변태를 일으키기 위해서는 핵 생성과 핵 성장이 필요하다.

1) 순철의 동소 변태(격자 변태)

그림 3.5 순철의 변태와 체적변화

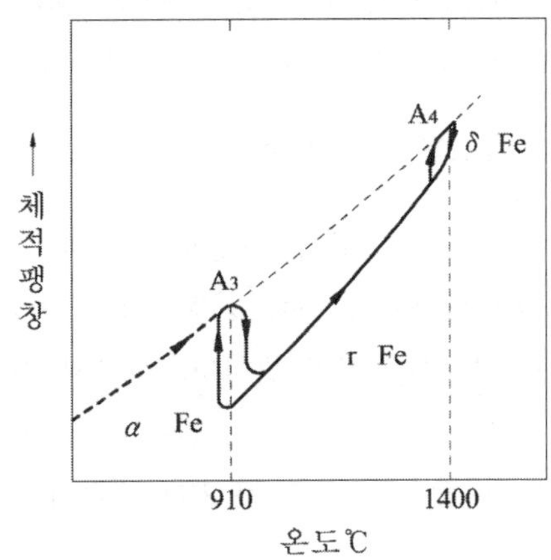

같은 원소가 고체 상태에서의 원자 배열의 변화, 즉 고체 상태에서 서로 다른 공간격자 구조를 갖는 변태를 동소 변태라고 하며, 동소체란 순철에서 온도에 따라 α - Fe(체심입방격자), γ - Fe(면심입방격자), δ - Fe(체심입방격자)처럼 같은 성분에서 결정 구조가 서로 다른 상태를 가진 것을 말한다.

동소 변태는 결정 구조의 변화를 일으키므로, 변태할 때 급격히 팽창 또는 수축을 한다. 즉 가열하여 A_3 변태점에서는 α철에서 γ철이 될 때 체심입방격자에서 면심입방격자로 변태하면서 크게 수축하고, 또 A_4 변태점에서는 γ철에서 δ철이 되며 팽창한다. 반대로 냉각하면 위의 과정이 반대의 변화가 일어난다.(그림 3.5 참조)

(1) A_3 **변태** : 순철의 동소 변태점은 910℃이며, 이 변태점을 경계로 α철 $\rightleftarrows$ γ철로 변하는 변태이다.

(2) A_4 **변태** : 응고 후 고체상태에서 일어나는 가장 높은 온도의 변태이며, 순철의 경우 변태점은 1410℃이며, 이 변태점을 경계로 γ철 $\rightleftarrows$ δ철로 변하는 변태이다. A_4 변태점은 탄소 함유량의 증가에 따라서 0.17%까지는 변태점도 상승한다.

2) 순철의 자기 변태

자기 변태(magnetic transformation)란 원자의 배열이나 격자의 배열 변화는 없고 다만 자성의 변화만을 가져오는 변태를 말한다. 순철의 경우 768℃(A_2 변태점)를 경계로 조직이나 상은 변하지 않고 자기적 성질이 급격히 변하는 변태를 하게 되며, 일명 큐리 포인트(curie point)라고도 한다. 강자성체 금속의 경우 니켈은 358℃에서, 코발트는 1160℃를 경계로 자성의 성질이 급격히 변하는 자기 변태를 하게 된다.

나. 변태점 측정법

1) 열분석법

용융상태의 액상 금속에 적당한 온도계를 연결한 후 매우 느린 속도로 일정하게 냉각하면서 완전히 응고할 때까지의 시간에 따른 온도 변화 관계를 측정하여 곡선으로 만들었을 때 곡선상에 급격한 변화가 나타나는 점에 대한 분석을 통하여 순금속 및 합금의 응고과정이나, 금속 상호간의 용해도를 알 수 있으며, 현미경에 의한 금속조직의 관찰이나 열팽창, 비열, 전기저항, X선에 의한 격자정수의 측정 등과 함께 상태도를 작성하는데 이용하고 있다.

또한, 변태점 측정, 시료의 전이 온도 측정, 질량 측정, 엔탈피 측정, 물질의 광학적 거동 측정, 점탄성 측정 등에도 적용할 수 있다.

2) 시차 열분석법

온도차가 생기는 것은 시료에 발열 혹은 흡열 변성이 있었거나 시료에 상 변화, 용융, 결정화, 비등, 승화, 기화, 탈수, 해리, 분해, 산화, 환원, 결정격자의 파괴 등의 화학 반응이 일어났다는 것을 뜻한다. 따라서 시차 열분석법은 시료를 일정한 속도로 가열 혹은 냉각시켰을 때 그 온도 범위 안에서 열적 특성의 변화가 없는 기준 물질과 시료와의 온도차를 온도의 함수로 기록 분석하는 법이다.

3) 기 타

비열법, 전기 저항법, 열 팽창법, 자기 분석법, X-선 분석법 등이 있다.

다. 열전대의 종류와 특성

1) 열전대의 원리

서로 다른 두 종류의 금속선의 한쪽 끝을 용접하여 개회로를 만들고 그 접합부의 접속단을 열측 온접점, 도선 또는 계기와의 접속단을 기준 냉접점이라 하여 용접 부분에 다른 온도를 가하면 온도와 일정한 관계가 있는 열기전력이 발생하게 되며, 기준 접점(냉접점) 온도를 일정하게 유지하면 이 기전력에 의해 열측 온접점의 온도를 알 수가 있는데 이것을 열전대라고 한다. [그림 3.6]은 열전대의 원리와 형상을 나타낸 것이다.

2) 열전대의 특성

(1) 열기전력으로 온도를 검출되므로 측정, 조절, 증폭, 제어, 변환 등의 정보처리가 용이하다.
(2) 적절한 열전대를 선정하기가 용이하며 절대 0℃에서 2600℃까지의 온도 범위를 측정 가능하다.
(3) 오차가 비교적 적으며, 응답속도가 빠르고 특정한 곳이나 좁은 장소의 온도 측정도 가능하다.
(4) 타 온도계에 비하여 가격이 저렴하며 구입이 용이하다.

그림 3.6 열전대의 원리와 열전대의 형상

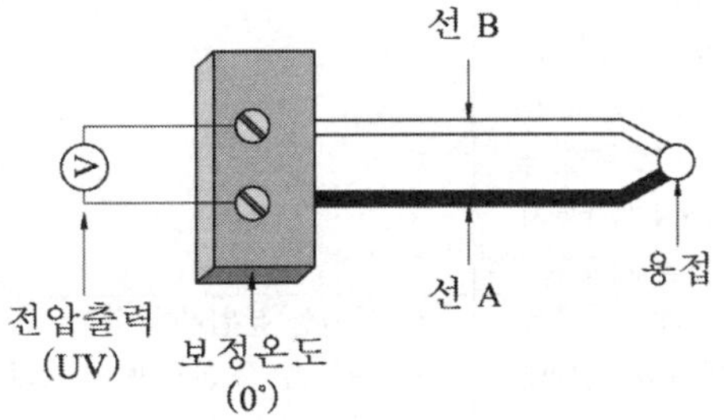

3) 열전대의 종류와 특성

<표 3.4>는 열전대의 종류와 특성을 나타낸 것이다.

표 3.4 열전대의 종류와 특성

열전대 종류	구성 재료		장 점	단 점
	+	-		
B	Rh 30% - Pt (Rh : 로듐)	Rh 60% - Pt	1. 1700℃까지의 고온 측정 가능 2. R형에 비해 안정성 양호하며, 환원성 분위기 중에서의 열화가 작음 3. 보상도선이 불필요함 4. 고온에 있어서 정밀 측정과 내구성을 요하는 장소에 적합함	1. R에 비해 딱딱하고 가공이 어려움. 2. 가격이 비쌈 3. 저온에서 열기전력이 작아 정도가 떨어짐
R	Rh 13% - Pt	Pt	1. 정밀도가 높고 분산이나 열화가 적음 2. 내약품성 내산화성이 양호함 3. 표준형으로서 사용 가능함 4. 1600℃까지 고온측정이 가능함 5. 전기 저항이 약함	1. 감도가 좋지 않음 2. 기전력 특성의 직선성이 좋지 않음 3. 진공 및 환원성 분위기, 금속증기 중에서 직접 사용하는 것을 피해해야 됨. 4. 0℃ 이하의 저온측정이 불가능함 5. 가격이 비쌈
S	Rh 10% - Pt	Pt	6. 산화 및 비활성 분위기에서 연속 사용 가능함 7. S형은 IPTS(국제 실용 온도 눈금)에서는 안티몬의 용융점(630.74°C)으로부터 금의 용융점(1064.43°C)까지의 온도 표준으로 사용됨	
K (CA)	Cr 10% - Ni (크로멜)	Al, Mn, Si 등 소량 - Ni (알루멜)	1. 열기전력 특성의 직선성이 좋음 2. 1000℃ 이하에서의 내산화성이 양호함 3. 비금속 열전쌍으로서는 안전성 양호함	1. 환원성 분위기에 약함 2. 귀금속 열전쌍과 비교해서 경시 변화함 3. 비금속 열전쌍으로서는 가격이 비쌈 4. 전기저항이 높음

E (CRC)	Cr 10% - Ni (크로멜)	Ni 45% - Cu (콘스탄탄)	1. 200~900℃까지 측정 가능, 750℃까지 지속적 사용이 가능함 2. 감도가 현재 사용하는 열전쌍 중에서 최고임 3. 산화 및 비활성 분위기 내에서 사용 가능함 4. J형과 비교해서 내식, 내열성이 양호함 5. K형과 비교해서 가격이 저렴함	1. 환원성 가스(H_2, CO) 중 또 산소분압이 낮은 조건에서 크로멜선의 열화라 불리는 Cr 선택 산화현상이 생겨 기전력 치가 크게 저하하여 큰 오차가 생김 2. 전기저항이 높음
J (IC)	Fe	Ni 45% Cu (콘스탄탄)	1. 0~750℃까지 측정 가능함 2. 환원성, 산화, 비활성, 진공 분위기에서 사용 가능함. 3. K형보다 20% 정도 감도가 높음 4. K, E형과 비교해서 가격이 저렴함	1. 특성에 편차가 심함 2. 철이 녹슬기 쉬움
T (CC)	Cu	Ni 45% - Cu (콘스탄탄)	1. 200~350℃까지 측정 가능함 2. 가격이 저렴하고 입수가 용이함 3. 극저온 측정이 가능함 4. 세선 가공이 용이함 5. 400℃까지 진공 및 산화, 환원 또는 비활성 분위기에서 사용할 수 있음 6. 습한 분위기에서 부식에 강함	1. 최고 사용온도가 높음 2. 동이 산화하기 쉬움 3. 전기저항이 +, -에서 크게 다름
	니크로실	니크로실	1. 1250℃의 높은 온도 범위에서 사용시 K형보다 장시간 안정되고 산화에 저항력이 큼 2. K형과 비교하여 기전력 표류의 비율이 1000℃ 이상의 온도 범위에서 절반 또는 1/3로 낮음 3. 1000℃~1200℃의 지속적인 산화 분위기에서 사용 가능함	

3 Fe-C계 평형 상태도

그림 3.7 Fe-C(Fe_3C) 평형(준안정) 상태도

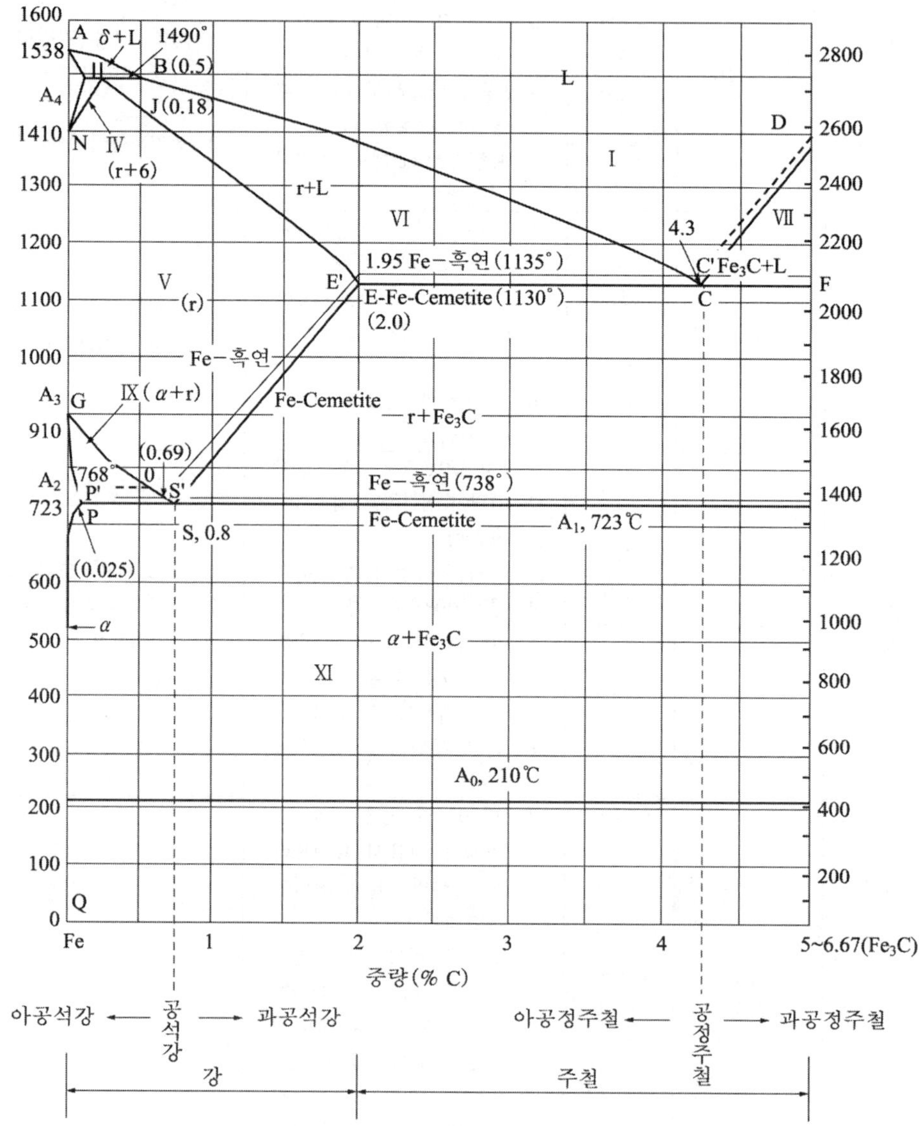

A	순철의 응고점(1539℃)	G	순철의 A_3변태점(910℃ [α] ⇄ [r])
AB	δ 고용체에 대한 액상선	GOS	α 고용체의 초석선
AH	δ 고용체에 대한 고상선	GP	C0.025% 이하의 순철에서 α 고용체로부터 석출하는 온도.
BC	r 고용체에 대한 고상선	M	순철의 A_2 변태점
HJB	포정선(1490℃)	MO	강의 A_2 변태선(768℃)
N	순철의 A_4 변태점(1400℃)	S	공석점(723℃ 약0.8%C)pearlite공석점 ([α] ⇄ [r] + [Fe_3C])
P	α고용체의 탄소 포화점 (0.02%C)	E	r고용체의 C의 포화량(2.0%)
C	Fe−C계의 공정점 탄소량 (1130℃, 4.3%C)	PSK	A_1변태선(공석선)
ECF	공정선(C가 2.01%~6.67%)	PQ	α고용체의 탄소 용해도 곡선
ES ~ Fe_3C	Fe_3C의 초석선(Acm선) r고용체에서 Fe_3C가 석출하는 온도	Fe_3C	6.67%C를 함유하는 백색 침상의 금속간화합물

가. 상태도의 개요

Fe-Fe_3C 평형 상태도는 6.67%C까지 함유하는 철 합금을 매우 느리게 서랭시킬 때 온도와 성분에 따라서 나타나는 상 영역의 변화 관계를 도표로 나타낸 것으로 철강의 종류와 특성을 이해하는데 매우 중요한 자료이다. 그러나 엄밀하게 말하면 Fe_3C(시멘타이트)는 금속간 화합물로서 어떤 조건 여하에 따라서 Fe와 C(흑연)으로 분해될 수 있기 때문에 평형 상태도가 아니지만, Fe_3C는 한번 형성되면 실질적으로 매우 안정하므로 평형 상태로 간주된다.

따라서 [그림 3.7]에서 실선은 Fe-C 평형 상태도를, 점선은 Fe-Fe_3C 준안정 평형 상태도를 나타낸 것이다. 이 평형 상태도에 나타나는 고상의 종류에는 α페라이트, γ오스테나이트, Fe_3C(시멘타이트), δ페라이트, 펄라이트, 레데브라이트 등이 있다.

나. 상태도 보기(그림 3.7 참조)

1) 융액과 액상선

상태도 상에서 선분 ABCD를 액상선이라 하며, 이 선 이상에서는 액체(L : liquid)로 존재하며, 이 액상선 이하가 되면 액체에서 고체로 변하게 되며, 액상선은 각 성분에서의 용점이 된다. 순철은 용점과 융점(응고점)이 A로 같으나 다른 성분이 함유되면 용점과 융점이 다르게 된다. 즉 임의의 세로선의 액상선과 고상선의 온도가 용점과 융점이므로 용융점은 이선의 중간 점을 기준으로 함이 타당하다.

2) 고상선

상태도 상에서 선분 AHJECF는 고상선이다. 이 선을 기점으로 각 부분의 성분이 완전 고체가 된다. 고상선 위와 액상선 아래 부분은 각 성분의 액체와 고체가 공존하는 구간으로 액상선에서 고상선으로 내려감에 따라 점점 고체가 많아져서 고상선에서 완전 고체가 된다.

3) 공정점

상태도 상의 C점을 말하며 이 점은 액체에서 2종의 조직이 동시에 정출하는 점으로 두 성분의 용융점이 가장 낮은 부분이다. 공정점에서, 즉 탄소 함유량 4.3%, 온도 1130℃에서 용융금속이 γ철(오스테나이트)과 시멘타이트(Fe_3C)로 정출하여 레데브라이트 조직이 형성된다. 이 공정점을 기준으로 왼쪽을 아공정 주철, 이 점의 주철을 공정 주철, 이 점의 우측을 과공정 주철이라 한다.

4) γ철 구역

상태도 상에서 선분 NJESG 구역은 고상의 γ철(오스테나이트) 구역이다. 순철은 A_4 변태점에서 A_3 변태점 사이이며, 탄소량이 증가함에 따라 1130℃에서 2.01%C까지 탄소를 함유할 수 있다.

5) 공석점

상태도 상에서 S점을 말하며, 0.8(0.85)%C, 723℃에서 페라이트와 시멘타이트의 고체가 새로운 고체로 석출하는 점으로 이점을 공석점, 이때의 반응을 공석 반응이라 하며, 공석 반응에 의해 얻어진 조직을 펄라이트라 한다. 펄라이트는 페라이트와 시멘타이트의 층상 조직이다. [그림 3.8]은 공석 반응시의 조직을 [그림 3.9]는 공석 반응의 상세 상태도를 나타낸 것이다.

(1) **공석강** : 상태도 상에서 탄소 함유량 0.8(0.85)%, 온도 723℃에서 고체 금속에서 α철(페라이트)과 시멘타이트(Fe_3C)로 석출(펄라이트 조직)된 강을 말한다.

(2) **아공석강** : 철에 0.8(0.85)%C 이하를 함유한 강으로, 페라이트 조직이 펄라이트보다 많다. 즉 아공석강에서는 탄소(C) 함유량이 증가할수록 초석 페라이트양은 감소한다. 아공석강에서 백색 조직은 초석 페라이트, 흑색 조직은 펄라이트이다. 페라이트는 매우 인성과 연성이 풍부하다.

(3) **과공석강** : 철에 0.8(0.85)%C 이상 함유한 강으로, C 함유량이 증가할수록 초석 시멘타이트양이 증가하게 되어 경도가 높고 여리(취성)게 된다. 공석 조성(0.8%C) 이상에서 항복점, 인장 강도의 저하가 나타나는 것은 결정립계에 시멘타이트가 망눈 모양으로 석출하여 입계 파단이 일어나기 때문이다.

그림 3.8 **공석반응 조직의 예**

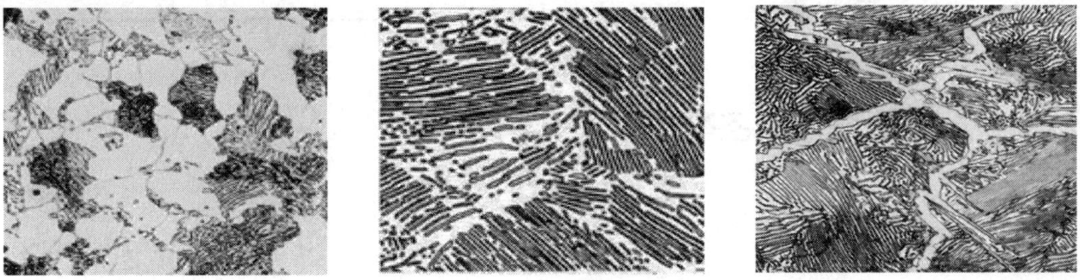

(a) 아공석강 조직 (b) 공석강(pearlite) 조직 (c) 과공석강(P+Fe_3C) 조직

그림 3.9 **공석 반응 상태도**

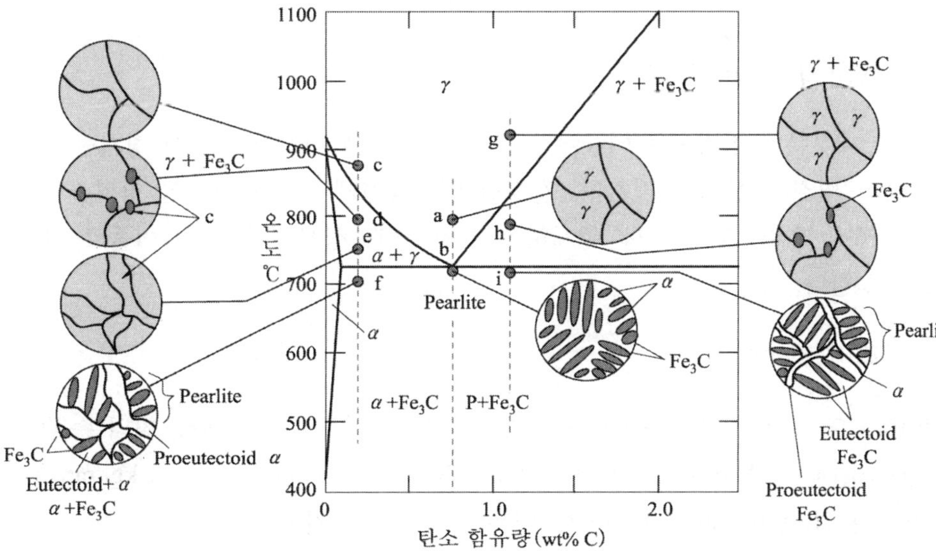

제4절 | 탄소강

1 탄소강의 특성과 조직

가. 탄소강의 특성

탄소강은 전연성이 풍부하므로 상온 및 고온에서 가공성이 우수하여 소성 가공이 용이하며, 대량 생산이 가능하고, 가격이 저렴하며, 기계적 성질이 우수하고, 열처리가 용이하다. 그리고 탄소 함유량에 의해 현저한 성질 변화가 일어난다.

나. 탄소강의 기본 조직

조직이란 대부분 결정립으로 이루어진 규칙 영역 혹은 비정질 영역이 경계면으로 나누어 틈새가 없이 연결된 상태를 말하며, 결정립계와 상경계처럼 규칙적인 영역과 그 사이의 경계면을 조직 요소, 조직 안에 존재하는 상을 조직 성분이라 하며 이들로 다결정체의 물질을 구성한다.

1) α 페라이트(ferrite)

지철이라고도 하며, α철에 탄소를 극소량(0.012%) 함유한 α고용체로, 거의 순철에 가까운 체심입방격자(BCC)의 백색 조직이며, 인장 강도가 294~343MPa(30~35 kg_f/mm^2), 연신율 40%, 브리넬 경도(HB) 80~90 정도로 매우 연하며, 강자성체이다.

α 페라이트의 최대 탄소 함유량은 A_1(723℃) 변태점에서 0.025%를 고용하며, 온도가 내려감에 따라 탄소 함유량도 감소하여 0℃에서는 0.008%C 정도로 탄소 고용량이 극히 적은 조직이다.

α 페라이트가 탄소 함유량이 적은 이유는 철(Fe) 원자의 반경(1.26Å)에 비해 탄소 원자의 반경(0.77Å)이 현저히 적으므로 탄소는 철의 침입형 자리(interstitial)에 위치하여 침입형 고용체를 형성하게 된다. 그러나 침입형 자리는 4면체 침입형 자리와 8면체 침입형 자리가 있는데 체심입방격자(BCC)인 α 페라이트는

그림 3.10 BCC와 FCC의 침입형 자리

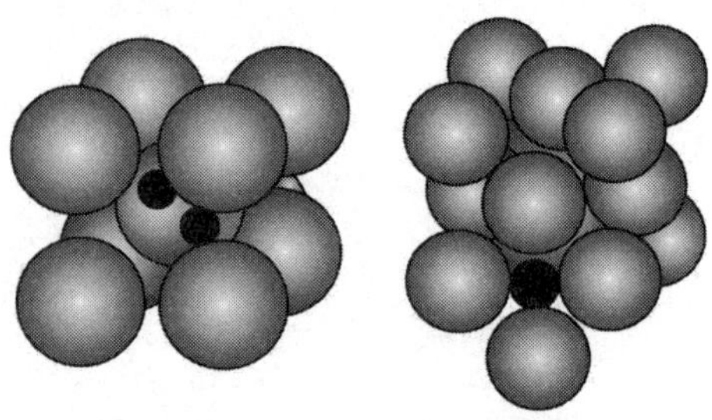

(a) 체심입방격자 (b) 면심입방격자

4면체 침입형 자리($0\frac{1}{2}\frac{1}{4}$)가 8면체 침입형 자리보다 크지만 이 침입형 자리의 최대 반경은 0.35Å로 탄소의 원자 반경보다 상대적으로 매우 적기 때문에 고용이 어려우며, 고용되더라도 심한 격자 변형을 일으키게 되므로 탄소 고용량이 적게 되는 것이다.[그림 3.10 (a) 참조]

2) 오스테나이트(austenite)

오스테나이트는 A_1점(723℃) 이상에서 안정된 조직으로 탄소강의 경우 상온에서는 거의 생성이 안되며, 이 조직은 비자성체이며 전기 저항이 크다.

철의 경우 r철에 탄소가 1148℃에서 최대 2.01%C까지 고용되어 있는 고용체 조직으로 면심입방격자이며, 723℃에서 0.8%C로 페라이트보다 탄소 고용도가 매우 크다.

오스테나이트의 침입형 자리의 최대 반경은 0.51Å로서 탄소 원자 반경(0.77Å)보다 작으므로 격자 변형은 일으키지만 그 정도는 페라이트보다 작다. 이것이 페라이트보다 탄소 고용도가 크게 되는 이유이다.[그림 3.10 (b) 참조]

3) δ 페라이트

δ 철에 탄소가 고용된 고용체로 α 철과 같은 결정 구조이나 격자 상수가 다르며, 순철의 경우 1495℃에서 0.1% 탄소를 고용한다.

4) 펄라이트(pearlite)

(1) 펄라이트

이 조직은 공석점(723℃, 0.8%C)에서 오스테나이트가 페라이트와 시멘타이트의 층상으로 변태한 것으로, 현미경상에 검게 보이나 더욱 확대해보면 펄라이트 결정 경계에 흰색의 침상 조직인 시멘타이트가 석출되어 있다. 이 조직은 경도(HB 80~200)와 인장 강도가 페라이트보다 높고, 인성과 연성이 풍부한 강인한 조직이다.

그림 3.11 펄라이트의 핵 생성과 성장 과정

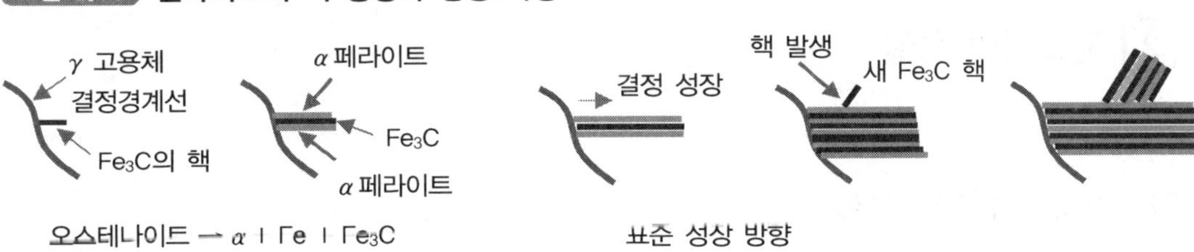

(2) 펄라이트 생성 과정(그림 3.11 참조)

① γ 고용체 결정 경계에서 시멘타이트 핵이 생긴다.

② 시멘타이트 핵이 성장한다.

③ 이 시멘타이트 핵 주위에 α 고용체가 생성한다.

④ α 고용체가 생긴 입자에 시멘타이트가 생긴다.

표 3.5 강의 표준 조직의 기계적 성질

기계적 성질 / 조직 종류	인장 강도 MPa (kg_f/mm^2)	연신율 (%)	브리넬 경도 (HB)	특 성
페라이트 (ferrite)	294~343 MPa (30~35kg_f/mm^2)	40	80~90	순철의 α 고용체(체심입방격자) 조직, 매우 연하며, 강자성체이다.
펄라이트 (pearlite)	810~980 MPa (90~100kg_f/mm^2)	10~15	200	매우 강인한 조직, 공석강의 조직, 검게 보이나 펄라이트 결정 경계에 흰색의 침상 조직인 시멘타이트가 석출되어 있다.
시멘타이트 (cementite)	34.5 MPa (3.5kg_f/mm^2이하)	0	800	백색의 침상 조직이며, 매우 경취한 조직, 210℃ 이하에서 강자성체 금속간 화합물(Fe_3C)이다.

5) 시멘타이트(cementite)

Fe_3C로 나타내며 6.67%의 C와 Fe의 금속간 화합물로서 백색의 침상 조직이며, 매우 경취한(메진) 조직이다. 인장 강도 34.5MPa 이하, 연신율 0, 브리넬 경도가 800으로 매우 높아 이 조직만으로는 실용할 수 없다. 210℃(A0 변태점) 이하에서 강자성체이다. <표 3.5>는 강의 표준 조직의 기계적 성질을 나타낸 것이다.

2 탄소강의 성질

가. 물리, 화학적 성질

탄소량 증가에 따라 비중, 용융점, 열팽창계수, 열전도도는 감소하나, 비열, 전기 저항, 항자력은 증가하며, 내식성은 탄소량이 증가할수록 감소하나, 소량의 Cu를 첨가하면 급증한다.

나. 기계적 성질

1) 상온에서의 기계적 성질

인장 강도, 경도, 항복점은 탄소량 증가에 따라 증가하며, 0.8%C 공석강에서 인장 강도가 최대이며, 연신율, 단면 수축률, 충격치는 감소하며, 공석강 이상이 되면 경도는 증가하나 인장 강도는 감소한다. 공석강이 강인성이 좋은 이유는 연한 페라이트와 단단한 시멘타이트 조직이 층을 이루고 있는 층상 조직이기 때문이다.(그림 3.12, 3.13 참조)

2) 온도 변화에 따른 기계적 성질

(1) **저온 취성(메짐)** : 강의 온도가 실온보다 낮아지면 인장 강도, 탄성 계수, 항복점 등은 증가하나 연신율, 단면 수축률, 충격치 등은 감소하고 취성이 많이지며 어떤 한계의 온도(천이온도)에서는 급격히 감소하여 -70℃ 부근에서 충격치가 0에 가깝게 된다.

(2) **청열 취성(메짐)** : 탄소강 등에서 온도의 상승에 따라 탄성 계수, 탄성 한계, 항복점 등은 감소하나 인장 강도는 상승하여 200~300℃에서 최대가 되고 연신율과 단면 수축률은 감소하며 인장 강도가 최대가 되는 점에서 충격치가 최저값을 나타내며 취약해지게 된다. 이때 철강이 200~300℃에서 푸른색을 띄게 되므로 청열 취성이라 한다.

(3) **적열(고온) 취성(메짐)** : 강 중에 황은 Mn과 결합하여 MnS를 만드나 과다 함유시 FeS의 형성 등 철과 공정을 만들며 입계에 망상으로 분포된 상태의 유황은 0.02% 정도만 있어도 인장력, 연신율, 충격치가 급감하며 또한 FeS는 융점이 낮으므로 (1,193℃) 고온(980℃ 이상)에서 약하고 가공할 때 파괴의 원인이 되는 현상이다.

그림 3.12 **탄소강의 기계적 성질**

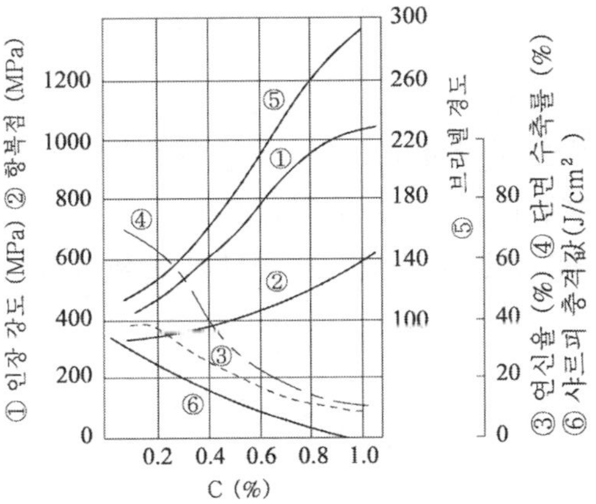

그림 3.13 **과공석강 현미경 조직**

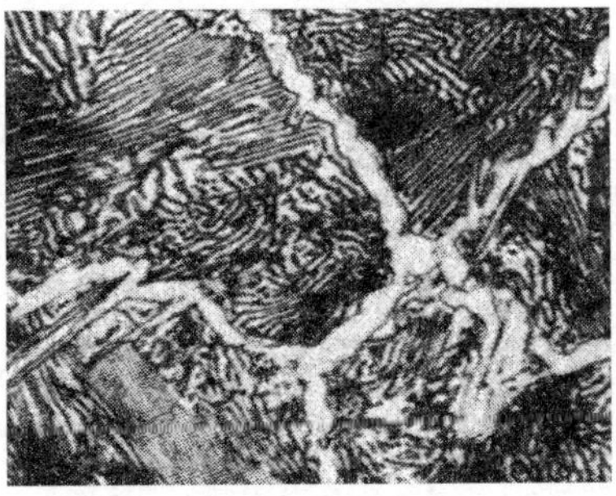

과공석강(1.4% C)
희고 가는 경계 : 시멘타이트
바탕 조직 : 펄라이트

3) 인장 강도 계산(0.8% C 이하의 아공석강에 적용됨)

(1) σ_b = 20 + 100 × C(탄소량) [kg/mm^2]

(2) 브리넬경도(HB) = 2.8 × σ_b

예제 0.2%C 탄소강의 인장 강도와 브리넬 경도는 얼마인가?

풀이 ➡ $\sigma_b = 20 + 100 \times 0.2 = 40[\text{kg/mm}^2]$, $\text{HB} = 2.8 \times 40 = 112$

다. 각종 원소가 미치는 영향

1) 탄소(C)

철에 탄소가 증가하면 항복점, 인장 강도, 경도는 증가하고, 연신율, 단면 수축률, 연성은 저하하게 되며, 탄소량이 더욱 많아지면 경취해진다.

2) 망간(Mn)

탄소(C) 다음으로 중요한 원소이며, 탈산제, 합금제로 사용한다. 강도, 경도, 인성, 점성, 담금질성을 증가시키며, 연성 감소, 황과 MnS로 결합되어 슬래그화로 고온 메짐을 방지하며, 주조성을 좋게 하고, 높은 온도에서 결정의 성장을 감소시킨다.

3) 규소(Si)

경도, 강도, 고온 강도 등이 향상되며, 내열성, 내산성. 주조성(유동성), 전자기적 성질은 증가하고, 연신율, 충격치는 감소하며, 결정립 조대화로 냉간 가공성이 나빠지며, 용접성도 떨어진다.

4) 인(P)

보통 0.05% 이하로 제한한다. 인은 강도, 경도를 증가시키며, 연신율을 감소시키고, 결정립을 거칠게 하며, 편석을 발생한다. 상온 이하에서 충격치의 급격한 저하로 저온 취성의 원인(냉간 가공성 저하)이 되며, Fe_3P, MnS, MnO_2 등과 집합하여 띠모양 조직(고스트 라인)이 형성될 수 있다.

5) 유황(S)

보통 0.05% 이하로 제한한다. 강도, 경도, 인성, 절삭성을 증가시키며, 연신율, 충격치, 용접성을 저하시킨다. 적열(고온) 취성의 원인이 되며, 고온 가공(압연, 단조, 용접, 열처리 등)성이 저하된다.

6) 수소(H_2)

강을 여리게 하고, 산, 알칼리에 약하며, 헤어 크랙, 은점, 수소 취성(수소병)의 원인이 된다.

3 탄소강의 종류와 특성

가. 구조용 탄소강

구조용 탄소강은 전로, 평로 제강에 의한 림드강이 많이 쓰이며, 0.05~0.6%C 범위의 강으로, 현재 공업용의 대부분을 차지한다. 주요 용도는 판, 봉, 관, 형강 등으로 제조되어 건축, 교량, 선박, 철도, 차량, 기타 구조물에 쓰인다.

나. 판용강

1) 두께에 따른 분류

판용강은 두께에 따라 박판(1mm 이하), 중판(1~6mm), 후판(6mm 두께 이상)으로 분류한다.

2) 종 류

(1) **흑강판** : 열간 압연에 의해 제조되며, 아연 도금판(함석판), 주석(Sn) 도금한 주석 도금판(양철판)이 있다.
(2) **마강판** : 냉간 압연하여 제조되며, 자동차 차체, 전기 부품, 건축 가구 등에 쓰인다.

다. 선재강

(1) **연강선재** : 0.06~0.25%C, 인장 강도가 343~392MPa(35~40kgf/mm^2) 정도의 연성이 좋은 강으로, 전신선, 리벳, 못, 나사류에 쓰인다.

(2) **경강선재** : 0.25~0.8%C 함유한 강으로, 나사, 와이어 로프, 스프링 등의 제조에 쓰인다.
(3) **피아노선재** : 0.55~0.95%C 정도의 매우 강인한 강선으로, 인발 중에 파텐팅 열처리 하여 소르바이트 조직으로 만든 것이다. 파텐팅(Patenting)이란 강을 A_1 변태점 이상 가열하여 400~550℃에서 열욕 또는 수증기 중에 담금질하는 처리이다.

라. 쾌삭강

강에 P, S, Pb, Se 등을 첨가시켜 절삭(쾌삭)성을 향상시킨 강으로, 고온 가공이나 열처리, 용접 등을 하지 않는 부분에 쓰인다.

마. 스프링강

탄성 한계가 높고 충격 및 피로에 대한 저항성이 크며 급격한 진동을 완화하고 에너지 축적을 위해 사용한다. 사용 중에 영구 변형이 일어나지 않아야 하므로 소르바이트 조직이 좋다.

바. 탄소 공구강(STC)

0.6~1.5%C의 강으로, 200℃ 이상에서 경도가 크게 저하한다. 줄강, 다이스, 톱강 등 일반 공구에 쓰인다. 공구강의 구비 조건은 다음과 같다.
(1) 경도, 강도가 크고, 고온에서도 경도가 떨어지지 않을 것
(2) 내마멸성, 강인성이 있으며, 열처리가 쉬울 것
(3) 가공이 용이하고 가격이 쌀 것

제5절 | 특수(합금)강 및 주강, 주철

1 특수강의 개요

특수강(special steel)이란 일명 합금강(alloy steel)이라고도 불려진다. 즉 특수강은 탄소강에 특수 원소인 Ni, Cr, Mn, Si, Co, V 등의 원소를 하나 이상 첨가하여 강의 기계적 성질이나 물리, 화학적 성질 등 특정 성질을 개선시킨 강이다.

가. 합금 원소 함유량에 따른 분류

1) 저합금강

탄소강에 합금 원소의 첨가량이 10% 미만인 것으로 강도를 크게 요하지 않는 기계 부품, 표면 경화재 등에 사용한다.

2) 고합금강

합금 원소의 첨가량이 10% 이상인 것으로 내식, 내마모성 등 특수 목적 재료로 사용한다.

나. 용도에 따른 합금강의 분류(표 3.6 참조)

표 3.6 용도에 따른 합금강의 분류

분 류	종 류	용 도
구조용 특수강	강인 강	기계 부품, 캠, 단조품, 기어, 볼트, 너트, 키, 커넥팅 로드 등
	표면경화강	축, 기어, 핀, 피스톤, 크랭크축, 스프라인 축 등
공구용 특수강	합금공구강	드릴, 절삭 공구, 게이지, 프레스 금형, 줄, 정, 띠톱, 펀치 등
	고속도 강	고속 절삭 공구, 드릴, 강력 바이트 및 절삭용 각종 공구 등
	다이스 강	프레스 금형, 다이캐스팅 금형, 게이지, 다이스, 펀치 등
특수 목적용 특수강	게이지 강	블록 게이지, 와이어 게이지, 정밀 기계 등
	내 식 강	의료 기구, 항공기 부품, 파이프, 밸브, 칼, 식기, 펌프 등
	내 열 강	내연기관의 밸브, 가열로 부품, 터빈 날개, 고온 고압 용기 등
	베어링 강	볼 베어링, 롤러 베어링의 보올, 내륜, 외륜 등
	스프링 강	겹판 스프링, 코일 스프링, 스파이럴 스프링 등
	쾌 삭 강	정밀나사, 볼트, 너트, 기어, 축 등
	내마멸 강	점화 장치, 전력 계기, 자석 등
	불 변 강	라이너, 크로스 레일, 임펠러 플레이트, 시계 추 등
	규 소 강	발전기, 전동기의 철심, 변압기의 철심 등

다. 강에 미치는 특수 원소의 영향

특수강은 탄소 이외의 합금 원소의 종류와 합금 원소의 첨가량에 따라 탄소강에서 얻을 수 없는 특수한 성질을 얻을 수 있다.

(1) Ni(니켈) : 강도, 인성, 저온 충격 저항성 증가, 내열성 향상, Cr과 합금될 때 내열, 내식성이 향상된다.

(2) Cr(크롬) : Ni과 비슷하다. 내식성, 내열성, 내마모성을 향상시킨다.
(3) W(텅스텐) : 고온에서 강도, 경도가 증가되며, 내열성, 내마멸성이 향상된다.
(4) Mo(몰리브덴), V(바나듐) : 고온에서 강도, 경도의 증가, 뜨임 취성 방지, 내황산성을 증가시킨다.
(5) Si(규소) : 전자기 특성과 내열성이 증가한다.
(6) Al, Ti : 결정립의 미세화, 인성 향상, 표면 경화(질화)에 효과가 크다.
(7) B(붕소) : 미량 첨가로도 담금질(소입)성을 현저하게 향상시킨다.
※ 특수 원소 대부분은 담금질 효과가 커서 자경성(스스로 경화 되려는 성질)이 있다.

2 구조용 특수강

구조용 특수강은 구조용 탄소강보다 기계적 성질이 우수하고 큰 강도가 요구되는 주요 기계 부품이나 단조품, 기어 볼트, 너트, 키 등 각종 구조물을 제작하는데 사용되는 강재로서, 인장 강도와 탄성 한도, 연신율, 충격값, 피로 한도 등 기계적 성질이 우수하다.

가. 강인강

탄소강에서 얻기 어려운 강인성을 갖기 위해 탄소강에 Ni, Cr, Mo, W, V 등을 적당량 첨가한 것으로, 기계 부품, 기계 구조용으로 많이 쓰인다.

1) 니켈(Ni)강

탄소강에 니켈(Ni)을 첨가하여 열처리성, 내마멸성, 내식성을 향상시킨 강이다. Ni강은 적절하게 열처리하면 인성이 탄소강의 5~6배 이상 증가하며 내식성, 내마멸성도 개선된다.
Ni강은 주로 자동차용, 교량용으로 이용되며, 침탄한 것은 기어, 차축, 크랭크축, 강력 볼트, 터빈 날개 등에 이용된다.

2) Ni-Cr강(SNC)

Ni강에 경도, 강도 및 인성을 높이기 위해 Cr을 첨가하여 제조한 것으로 강인성이 우수하고 연신율 및 단면 수축률을 크게 감소시키지 않으면서 강도가 큰 특성이 있으며, 내마멸성과 내식성이 우수하고, 고온에서 장시간 가열하여도 결정립이 조대하지 않으나, 열전도성이 나쁘기 때문에 서서히 가열해야 한다. 뜨임할 때는 550~650℃에서 급랭하여야 되며, 서랭하면 뜨임 메짐이 나타나게 된다.

3) 크롬(Cr)강

Fe_3C 중에 Cr이 녹아 들어가 (Fe+Cr)3C를 형성함으로서 결정립의 미세화로 인장 강도, 항복점이 향상되고, 공랭해도 자경성이 있어 경도를 증가시켜 내마멸성을 증가시킨 강이다.

저탄소강에 Cr을 12% 이상 첨가하면 내열성, 내식성이 크게 증가하고 담금질 효과도 좋으므로 내연 기관의 실린더 라이너용, 기어, 축, 기계 부품 등에 널리 이용된다.

4) Ni-Cr-Mo강(SNCM)

Ni-Cr-Mo0.3%의 강으로, 강인성이 크고, 질량 효과를 감소시켜 담금질성이 좋아지며, 뜨임 메짐을 방지할 수 있는 강이다. Mo은 고온 점성이 좋으므로 단조, 압연이 쉽고 스케일 분리가 잘 되므로 표면이 매끈해진다. 이 강은 고급 내연 기관의 크랭크 축, 강력 볼트, 기어 등의 중요 기계 부품에 사용된다.

5) Cr-Mo강(SCM)

Ni-Cr강에서 Ni 대신에 소량의 Mo를 첨가하여 인장 강도, 충격 저항이 큰 펄라이트강을 얻은 것으로, Ni-Cr강 대용품으로 사용된다. 이것은 Ni-Cr강과 열처리 효과나 기계적 성질에 큰 차이가 없으며, 경화능이 크고 뜨임 메짐도 적으며, 용접성도 우수하므로 각종 축류, 기어, 강력 볼트, 암(arm), 레버 등에 사용된다.

6) Mn-Cr강

Ni-Cr강의 Ni 대신 Mn으로 치환시킨 것으로 Ni-Cr강에 비하여 질량 효과가 크며, 인성이 크고, 강도는 다소 감소되지만 가격이 저렴하여 많이 이용된다.

7) 마르에이징강(maraging steel)

마텐사이트와 시효 경화(age hardening)의 조합으로 이루어진 강이다. 즉 탄소 함유량이 낮아 담금질을 할 수 없으나, 850℃에서 1시간 유지하여 용체화한 후 수냉 또는 공랭시키고, 다시 480℃ 부근에서 3시간 정도 시효 처리하면 시효 경화에 의하여 강도와 경도가 급격하게 상승하게 된다. 항복 강도에 따라 1960, 2450, 2940 MPa(200, 250, 300kg_f/mm^2)의 초고장력 구조용강으로 구분하고 있다. 이 강은 스프링, 베어링, 금형용 펀치와 다이 등에 사용된다.

8) 초강인강

Ni-Cr-Mo계에 Mn, Si, V 등을 첨가하여 인장 강도를 1470~1960MPa(150~200kg_f/mm^2)로 높인 강으로, 중량이 가볍고 인성이 매우 커서 로켓, 미사일 등의 제조에 사용되는 강이다.

9) 저망간 강(고장력강)

1~2% Mn을 함유한 것으로, 일명 하이텐(high tensile steel : HT), 듀콜강, 펄라이트 망간강이라고도 부른다. Mn계 강이 널리 사용되며, Mn-V-Ti계, Ni-Cr-Mo계도 쓰이며, 주로 철탑, 기중기, 고압용기 등의 구조재로 쓰인다.

(1) 고장력강의 필요성 : 일반 탄소강에서는 강도, 경도를 높이기 위해 탄소량을 높이게 되나 탄소량이 너무 높으면 인성이 저하되어 선박, 교량, 건축물 등을 용접할 때 열영향부가 현저히 경취하여 제작이 어렵게 되므로 미량의 합금 원소 첨가와 열처리로 양호한 용접성과 내력 및 인장 강도를 높인 강이다.

(2) 고장력강의 특성

① 화학 조성이 알맞아야 하며, 일반적으로 항복 강도 294MPa(30kg_f/mm^2), 인장 강도 490MPa(50kg_f/mm^2) 이상, 연신율 20% 이상 되어야 한다.

② 용접성, 저온 인성, 내후성, 내식성, 가공성이 우수하며, 탄소강에 비해 내력이 높고 항복비가 크다.

③ 열처리 하지 않아도 사용할 수 있어야 한다.

(3) 고장력강의 분류

① 490MPa(50kgf)급 HT : Si-Mn계 Al 킬드강으로, 압연 그대로 사용한다.

② 590MPa(60kgf)급 HT : 조질강, Si-Mn계에 소량의 Ni, Cr, V 등을 첨가한 것으로, 주로 교량, 압력 용기, 고층 구조물에 사용한다.

③ 785MPa(80kgf)급 HT : 0.1%C 이하의 강으로, 특수 원소를 소량 첨가한 강으로, 원통형 탱크, 도시 가스 구형 등에 사용한다.

④ 980MPa(100kgf)급 HT : Ni, Cr이 약간 많으나 뜨임 온도를 낮추어 강도를 높인 강이다.

10) 고망간강

10~14% Mn을 함유한 것으로, 일명 오스테나이트 망간강, 하드 필드강, 수인강이라고도 부른다. 내마멸성이 커서 기차 레일 교차점, 광산 기계, 칠 롤러 제작 등에 쓰인다.

나. TMCP 고장력강

1) TMCP강의 개요

TMCP(Thermo Mechanical Control Process)Steel은 제어압연(CR)의 가속 냉각 장치(ACC, accelerated cooling system)에 의하여 제조된 강이다.

본래의 제어압연(CR, Controlled Rolling)은 압연시의 가열 및 압연 온도 및 압하량 등을 제어함으로써 강재의 결정조직을 미세화시켜 기계적 성질을 개선하는 압연법이었으나, TMCP강은 압연할 때 온도 제어는 물론, 후속 공정으로 수냉 또는 공랭에 의한 가속 냉각법을 이용해 강재의 우수한 기계적 성질을 얻어내는 방법이다. 따라서 TMCP법은 저탄소강의 경우에도 제어압연에 의한 강재의 특성을 유지하면서 불림재(normalizing재)에 비해 높은 인장력은 물론 용접 등 가공성이 개선된 강재의 특성을 얻을 수 있는 효과를 갖게 된다.

2) TMCP 강의 필요성

TMCP강은 일반 강(steel)에 비해 탄소량이 적고 용접성이 우수해 예열 없이 상온에서 용접할 수 있으며, 항복강도가 높아 용접 구조물의 설계강도가 높아지므로 강재 사용량을 절감할 수 있으므로 구조물의 고층화, 대형화에 따라 용접성과 내진성이 뛰어난 극후판의 고강도 강재로 사용할 수 있다.

또한, TMCP강은 가속냉각에 의해 항복비를 낮출 수 있어 지진 발생시 변형은 일어나지만 파단은 일어나지 않기 때문에 안전성이 확보되며, 조선 등에서 무게가 줄어듬에 따른 연비가 높아져 선주들의 운용비용이 절감되는 장점이 있어 구조물의 경량화와 안정성 추구 및 구조물 대형화 추구에 따른 제작비 절감이 요구되면서 이러한 TMCP 고장력강의 사용이 필요하게 되었다.

따라서 구조물의 대형화에 따른 합금원소를 줄이면서도 기존의 강도를 유지할 뿐만 아니라 강판의 두께 감소와 중량을 감소시키면서 강도 증가, 구조물 안정성을 위한 인성증가, 용접 균열에 대한 저항 증가, 대입열 용접에서 양호한 용접성, 기타 내부식성이 확보되면서 불림처리를 생략할 수 있어 에너지 절감 등 원자재 등의 가격상승을 최소화할 수 있는 기술 개발로 강제 제조회사는 수요자를 위한 강재의 질적 향상과 생산비 절감을, 제작자(fabricator) 측에서는 용접성 향상에 따른 제조원가 절감을, 선주 측에서는 재질향상으로 인한 신뢰성을 증대시켜주는 강재가 되었다.

이 TMCP강은 주로 소선용, 건축구조용 극후판재 등으로 많이 사용된다.

3) 구조용 강판 제조방법

(1) 열간압연과 불림처리

연속주조(CC)로 생성된 슬리브를 1100~1200℃ 정도로 재가열하여 최종 두께에 이를 때까지 압연 후 공랭시키는 열간압연 조직은 압연 후 바로 재결정이 되고 재결정된 austenite 결정립은 다음 pass 진행 때까지 결정이 성장하게 되며, 여러번 압연을 가해도 각 압연공정 사이에 재결정이 성장할 수 있는 시간 여유가 있어서 미세조직을 얻기 어렵다. 따라서 압연 강재는 조직의 조대화로 인하여 강도 및 인성이 낮기 때문에 저급 강재에 쓰였다. 고급 강재의 생산시는 합금원소 첨가로 강도 증가를, 압연재의 불림처리로 조직의 미세화를 얻었다. 이때 불림처리는 열간 압연한 강판을 냉각 후 다시 Ac_3 이상(900~950℃) 가열한 후 공랭한 것으로 상온조직은 ferrite와 pearlite의 혼합조직이며 잘 발달한 band 조직을 하고 있다.

(2) TMCP강 제어압연(CR) 방법

불림처리를 생략하면서도 그에 상응하는 또는 보다 좋은 재질을 압연상태에서 얻고자 개발된 것이 제어압연법(CR, controlled rolling)이다. 이것은 austenite 온도영역은 압연 후 재결정이 일어나는 상태에 따라 완전한 재결정이 일어나는 온도역, 재결정이 부분적으로 일어나는 온도역, 재결정이 일어나지 않는 온도역으로 나눌 수 있는데 제어압연은 austenite 상태의 강을 재결정이 일어나지 않는 온도영역에서 압연을 많이 할수록 미세한 조직을 얻을 수 있으므로 이러한 효과를 최대화하기 위해 재결정이 일어나지 않는 온도영역에서의 냉각속도를 늦추어 압연회수를 늘리거나 재결정이 일어나지 않는 영역을 확장시켜 압연회수를 늘리는 법이 있으나, 후자의 방법을 택해 Nb, V, 또는 Ti 등을 첨가하여 재결정 종료 온도를 높여서 재결정 불생성 구역을 확장시키고 있다. 1차 압연 후 강재를 Ar_1(변태 종료 온도)까지 공랭 후 다시 Ac_3 이상으로 재가열하여 austenite로 변태시킨 다음 재결정이 일어나지 않는 영역에서 2차 압연을 행하는 방법으로 강재의 기계적 성질이 극히 우수하나 재가열에 따른 생산비가 증가된다.

(3) 제어압연 공정 후 가속 냉각법(ACC) 적용

가속 냉각은 제어압연(CR) 공정에서 2차 압연이 끝난 직후 그리고 Ac_3 온도 바로 위에서부터 물분사 장치를 이용하여 변태가 끝나는 온도(Ar_1 : 800~500℃)까지 가속 냉각하고 그 후는 공랭하는 방법으로 CR 후 공랭시킨 경우보다 다음과 같은 효과를 얻을 수 있게 된다.

① 금속학적 관점에서 강재 조직을 미세화시켜 주고 pearlite의 band 상을 없애주면서 ferrite와 bainite의 복합조직을 얻게 한다. 그 이유는 CR 후 가속 냉각시키면 냉각속도가 빨라지면서 변형된 austenite가 회복이 일어날 시간이 없으며 하부 조직에서도 핵 생성이 가능하여 공랭했을 때보다 더욱 미세한 조직을 얻게 해준다.

② 기계적 성질의 관점에서 가속 냉각강은 인성의 저하없이도 강도를 향상시킨다. 그것은 조직의 미세화, bainite의 체적증가, 고용강화 등에 기인한다. 또한 기계적 성질을 좌우하는 것은 냉각속도이며 가속냉각시는 보통의 냉각속도(10℃/sec)에 비해 두께 20mm의 경우 4~20℃/sec)로 하고 있다.

③ 공학적인 관점에서 가속 냉각 system이 갖추어야 할 필요조건은 강판 전체, 즉 판의 상단부와 하단부 폭 방향의 중앙부와 상단부 및 길이방향으로서 양단부 등이 균일하게 냉각되어야 하며, 가속냉각에 의해 필연적으로 생기는 잔류응력 및 변형의 최소화, 강재의 기계적 성질이 절대적 영향을 미치는 냉각속도, 냉각 개시온도, 종료온도를 정확히 조절할 것 등이다.

PART 1 금속재료

4) TMCP강의 용접성

$50kg_f/mm^2$급 강재의 탄소당량은 불림처리는 0.38~0.43(Ceq), 제어압연(CR)법, 제어압연+TMCP법(가속 냉각법)은 0.3~0.36(Ceq)이다. 가속 냉각법에 의한 탄소당량의 감소는 용접부에서의 저온 균열에 대한 민감성을 감소시키고, 필요 예열 온도를 낮출 수 있거나 생략할 수 있게 해주는 등 강재의 용접성을 전반적으로 향상시켜 제작비를 절감시킬 수 있게 하여 준다. 또한 저온 균열에 대한 저항성의 증가는 짧은 비드에 대한 제한이나 용접봉에 함유된 수소함량에 대한 제한 등을 크게 완화시킬 수 있도록 하여 준다. 이 외에도 탄소당량의 감소로 대입열을 가능케 하여 주며, 제2상의 분산으로 수소 유기 균열(HIC)에 대한 민감도를 감소시켜 준다. 그러나 대입열에 의한 용접부의 연화현상이 문제가 되고 있다.

5) 사용상 유의점

열간 단조 곤란, 즉 가속냉각에 의한 강도 증가가 불안정한 상(bainite 및 hardened ferrite)의 생성에 기인한 것으로 가열하면 안정조직으로 바뀌면서 기계적 성질의 변화를 초래한다. 따라서 Ac_3 이상 가열 후 공랭하면 바로 불림 강재가 되므로 강도는 전적으로 합금 원소량에 의존하고 상에 의하여 형성된 강도만큼의 감소가 일어난다. 단 변형잡기 위한 선상 가열은 단시간 가열이고 냉각속도가 빠르므로 이의 사용은 허락한다.

6) TMCP강의 용접 열영향부 인성 관계

(1) CR 강재

SHT process라 불리는 제조공정에 의해 제조된 강으로 불림강보다 더욱 미세한 소식을 얻기 위해 Ac_3 이상의 온도로 재가열 후 비재결정 구역에서 제어압연(CR : controlled rolling)을 거쳐 공랭된 강재를 말한다.

(2) TMCP강의 기계적 성질

① 가속 냉각에 의해 pearlite 생성이 억제되고 그 대신 경도가 높은 저온 생성물인 bainite가 생성된다.

② 불림처리강과 CR 강재는 층상 조직의 pearlite가 있었으나 TMCP강에서는 볼 수 없다.

③ 가속냉각에 의한 ferrite 결정립의 미세화는 NCC 강재의 강화 기구(mechanism) 중의 ACC 강재의 모재 인성을 동시에 향상시키는 주요인자이다.

④ 불림처리 강과 제어압연(CR)강재보다 높은 항복 및 인장강도를 갖는데 이것은 가속냉각에 의해 조직이 강화되기 때문이다.

⑤ TMCP강은 가속 냉각법에 의해 낮은 탄소당량을 가지면서도 불림처리강이나 CR 강보다 우수한 인성을 가지는 이유는 HAZ부의 연화(Softening)현상과 균일한 미세 조직의 생성에 기인된 것이다.

7) HAZ 연화부를 가진 TMCP형 고장력강판의 압축 최종강도

TMCP강의 용접 입열에 의한 HAZ부의 연화는 탄소당량이 낮을수록 크며, HAZ부의 항복응력은 모재의 항복응력의 약 80% 정도 저하하고 연화부의 폭은 용접금속의 양편에 판 두께 정도가 생기고 있다.(H/t=z, h : 연화부 폭) 연화영역의 증가와 함께 소성화의 진전이 조기에 일어나고 그 결과 압축강도도 저하하며 최대 80% 정도까지 최종압축강도가 저하하였으며 이것은 용접부의 위치가 하중 방향과 직각일 때가 평행일 때보다 크게 저하한다. 압축최종강도에 대한 연화영역은 후판의 경우에는 크게 나타나지만 직각일 때보다 크게 저하하며, 박판의 경우는 거의 무시될 수 있다. 또 연화부의 폭과 항복응력의 저하량이 동일하면 종횡비의 변화에 관계없이 거의 동일량 만큼 저하한다.

8) TMCP 고장력강재와 그 용접부의 저사이클 피로특성

TMCP강은 종래의 고강도강과는 달리 제조공정에서 고강도, 강인화가 달성되기 때문에 동일 등급의 기존의 강보다 탄소당량을 낮게 할 수 있으며, 대입열 용접에 대한 용접열영향부의 인성이나, 저입열 용접에 대한 내균열성 등의 견지에서 용접성이 훨씬 우수하며 취성파괴의 인성에서도 우수한 특성을 갖는다.

그러나 이 강재는 탄소당량이 낮기 때문에 용접 구조물 제작시 용접열영향부에서 용접열 사이클로 인한 연화현상이 일어나 강도상 문제를 일으킬 수 있다. 그 원인은 TMCP강의 강화기구인 가속 냉각효과가 용접열 사이클로 인해 소실되었기 때문에 HAZ부의 경도치가 모재보다 연화가 발생하며, 특히 용접 본드부로부터 약 9mm 떨어진 영역이 최고의 연화현상이 생기는 것으로 나타나고 있다.

HT50급 TMCP강의 용접부에 대한 저사이클 피로실험 결과 저변형률 진폭 범위에서는 연화하지만, 1.0% 이상의 고변형률 범위에서는 반대로 경화하였고 저사이클 피로 수명은 동일 수준의 불림강재와는 거의 비슷하였으며, 심하게 낮은 경우 모재 피로 수명의 약 0.3배로 저하하였다.

9) 용접부의 연화현상

가속 냉각형 TMCP강의 강도는 주로 제조 압연시의 가속 냉각공정에서 만들어진 기지(matrix) 강화와 결정립 미세화에 의한 것으로 가속 냉각에 의해서 형성된 TMCP 강재의 미세조직 상태는 항상 열역학적으로 준안정 상태로 존재하게 된다. 그러나 후열처리나 용접 등으로 가열될 경우 미세조직 상태가 안정화되어 가속냉각에 의해 증가된 기지 강화 등이 소실되어 본래의 강도보다 연화되는 현상이 생긴다.

일반적으로 압연 후 불림처리한 강재나 제어압연(CR) 강재도 열처리 후에는 인장강도가 감소하는 경향이 있으나 가속냉각(ACC)한 강재는 매우 감소하므로 후열처리나 용접이 필요한 강재는 합금원소를 첨가하면서 냉각 종료온도(Tf)를 높게 조정하거나 가속냉각 작업을 한 후에 뜨임 등을 해야 한다.

즉 일반 강재는 HAZ에서 경도 감소가 없으나 가속냉각 강재의 HAZ에서의 연화는 입열량이 클수록 또한 시험편의 폭이 작을수록 심하므로, 용접부의 후열처리(PWHT)는 가능한 한 피해야 된다.

10) 연화현상에 미치는 제인자

(1) **화학성분** : 탄소 함유량이 적을수록 연화현상이 심하다.

(2) **강재 두께의 영향** : 얇은 판에 비해 강재가 두꺼울수록 가속냉각시 가속냉각속도가 느려지고 강재 두께 방향으로 냉각속도가 불균일해지므로 충분한 가속냉각 효과를 얻기 어려워 강도는 감소한다.

(3) **열처리 온도와 시간의 영향** : TMCP강재의 강도는 열처리 온도와 열처리 시간의 증가에 따라 현저히 감소하게 되는데, 그 원인은 열처리 시간이 증가할수록 가속냉각으로 형성된 경화상인 bainite가 현저히 소실되고 ferrite 결정립 내의 탄화물 형성이 증가될 뿐 아니라 이 탄화물이 성장하기 때문이다. 또한 불림한 강재나 가속냉각한 TMCP 강재 모두 미세조직의 변화가 발생하여 강도가 감소하게 되나 TMCP강의 경우 가속 냉각시 부여받은 기지 강화인자도 동시 소멸되므로 불림강보다 더욱 강도 저하가 심한 것이다.

이와 같이 열처리에 의한 강도저하의 원인은 탄화물의 형태 변화, 구상화 및 조대화, 그리고 bainite 조직의 소실 등의 미세조직의 변화에 기인한다.

다. 표면 경화용강

금속재료 내부의 강인성과 표면에 경도가 큰 재료가 요구될 때 저탄소강에 Cr, Ni, Mo, W, V 및 Mn 등을 첨가하여 침탄, 질화 및 고주파 경화 등의 열처리에 의해 표면을 경화시킬 때 사용하는 강을 말한다.

1) 침탄용 강

침탄강은 0.2%C 이하의 저탄소강에 기계적 성질을 향상시키기 위해 Ni, Cr, Mo, W, V 등을 첨가한 침탄용 강재의 표면에 탄소를 침투시켜 열처리한 강으로 표면의 내마모성과 내부의 유연성을 얻을 수 있는 강이다. Ni을 첨가하면 고온에서 장시간 가열하여도 결정립의 조대화가 적기 때문에 조직 개선을 위한 1차 담금질을 생략할 수 있다.

2) 질화용 강

질화강은 Al, Ni, Cr, Ti, V 등의 원소 중에서 2가지 이상의 성분을 함유한 강재의 표면에 NH_3(암모니아)를 사용하거나 질소를 사용하여 질화시켜 표면 경도를 높인 강이다. 첨가원소 중 Al은 질화층의 경도를 높여주고, Cr은 질화층을 두껍게 하며, Mo, W 및 V 등은 기계적 성질을 개선시켜 준다.

질화강은 침탄 경화와 달리 저온의 영역에서 실시함으로 열처리에 따른 변형이 극히 적고, 모재의 결정립 성장이 없으며, 경도가 높고 내마멸성, 내식성이 우수하며, 뜨임에 대해서도 강한 저항성을 나타내는 특징을 가지고 있으나, 질화 처리 온도가 낮아 경화층을 얻는데 많은 시간이 소요된다.

3) 고주파 경화용 강

고주파 경화용강은 탄소가 0.3~0.5% 함유된 탄소강에 Cr, Mo 등을 첨가한 강으로, 고주파 열에 의한 열처리로 표면을 경화한 강이다.

고주파 경화용강은 경화 시간이 짧고 탄화물을 고용시키기 쉬우나, 열전도가 나쁜 강의 경우 급열 급랭에 따른 균열과 잔류응력이 많이 발생하므로 주의해야 한다. 고주파 경화용강에서 내부의 인성과 높은 강도가 요구될 때에는 저합금강이 사용되며, 단순히 경도만을 높일 경우는 탄소강이 적당하다.

3 공구용 특수강

공구용 특수강은 탄소 공구강보다 절삭성, 내마멸성, 내충격성 및 내산성과 고온 경도가 크고 가공이 쉬우며 열처리에 의한 변형이 적어야 한다. 따라서 이러한 성질을 개선하기 위하여 탄소 공구강에 Cr, Ni, Mo, W, V, Co, Mn 등을 첨가하거나, 금속 탄화물, Al_2O_3의 산화물 등을 소결시켜 만든 특수강이다.

가. 합금 공구강(STS)

1) 절삭용 및 내충격용

(1) **절삭용 합금강** : 경도를 크게 하고 절삭성을 좋게 하기 위하여 탄소량을 많이 하고 여기에 Mn, Cr, Ni, W, Co, V 등을 첨가한 강으로, Cr강, W강, W-Cr강 등이 있으며, 바이트, 탭, 드릴, 절단기, 줄(STS 2, 11, 51) 등에 사용된다.

(2) **내충격용 합금강** : 펀치, 스냅 등과 같이 내충격성과 인성이 필요한 강으로, 절삭용에 비해 탄소량을 다소 낮추고 Cr, W, V 등을 첨가한 것이다. 내충격용 합금 공구강으로 이용되는 STS 41, STS 43 등은 C-W-Cr강 또는 C-V강으로 담금질에 의해 표면만을 경화시키고 내부의 인성을 높여 충격에 대해 강하게 한 것이다.

2) 내마모 불변강 및 열간 가공용

(1) **내마모 불변강** : 게이지 등 정밀 측정 공구와 같이 경도와 내마모성이 크며 열처리 변형이나 경년 변형이 매우 적은 강이다.

(2) **열간 가공용강(STD 61 등)** : 고온 강도와 내마모성이 요구되는 강으로, Cr, W, Mo, V 계가 사용된다.

나. 고속도강(SKH)

1) 고속도강의 특징

고속도 공구강(high speed tool steel)은 탄소 공구강에 Mo, Cr, W, V 등을 첨가한 강을 담금질-뜨임하여 인성을 높인 강으로, 일명 하이스(H.S.S.)라고도 한다. 이것은 고속 절삭 작업이 가능하여 600℃까지 가열되어도 경도가 유지되며, 탄소 공구강에 비해 2배 이상의 절삭 속도를 낼 수 있는 것이 특징이다.

2) 고속도강의 종류와 용도

(1) 종류 : W계, Co계, Mo계 등이 있으며, 표준형은 18W-4Cr-1V 강이 있다.
(2) 열처리 : 1250~1350℃에서담금질하고, 550~580℃에서 뜨임한다.
(3) 용도 : 드릴, 엔드밀 등 비교적 고속 절삭에 사용한다.

다. 주조 경질 합금

주조 경질 합금(casted hard metal)은 Co(코발트)를 주성분으로 한 Co-Cr-W-C의 합금으로, 스텔라이트가 대표적이다. 단조나 절삭이 안되며, 주조 후 연마나 성형해서 사용한다.

절삭 속도가 고속도강의 2배 정도이며, 상온에서는 고속도강보다 연하나, 600℃ 이상에서는 더 경하며, 800℃에서도 경도가 유지되나, 인성은 적다.(열처리 불필요)

라. 초경 합금(소결 경질 합금)

1) 특 성

WC, TiC, TaC 등의 금속 탄화물 분말에 Co를 첨가하여 용융점 이하로 소결 성형한 합금으로, 경도가 크고, 내열성, 내마모성이 매우 높다. 열처리가 불필요하며, 주철, 강철 등에서 고속도강에 비해 절삭 속도가 2배 이상 크다.

2) 제조 과정

WC, TiC 등의 분말을 금형에서 성형하여 압축(예비 소결 : 800~1000℃)한 후 수소 분위기에서 소결(2차 소결 : 1400~1450℃)하여 제조한 것이다.

3) 종류와 용도

(1) **종류** : S종(강 절삭용), D종(다이소용), G종(주철 절삭용)이 있으며, 상품명으로는 카블로이(미국), 미디아(영국), 당갈로이(일본) 등이 있다.
(2) **용도** : 고속도강으로 가공이 곤란한 고Mn강, 칠드 주철, 경질 유리 절삭 등에 쓰인다.

마. 기 타

1) 세라믹

세라믹은 Al_2O_3(알루미나)를 주성분으로 하여 1600℃에서 소결 성형한 합금으로, 무기질 고온 소결재의 총칭이다. 내열성, 고온 경도, 내마모성이 크며, 충격에 약하고, 비자성체이다. 세라믹은 고온 절삭, 고속 정밀 가공용, 강자성 재료의 가공용으로 쓰인다.

2) 5-4-8 합금

5-4-8 합금은 시효 경화 합금의 일종으로, 뜨임시효에 의하여 경도를 크게 증가시킨 것으로, Fe-W-Co계 합금을 말하며, 고속도강(SKH)보다 수명이 길다.

PART 1 금속재료

4 특수 용도(목적)용 특수강

특수 목적용 특수강은 특수한 용도나 특수성을 목적으로 이용되는 구조물이나 기계 요소 부품 및 기기 등에 이용하기 적합하도록 만든 특수강을 말하며, 내식강, 스테인리스강('5. 스테인리스강'에서 설명함), 내열강, 베어링강, 스프링강, 쾌삭강, 전자기강 및 불변강 등이 있다.

가. 불변강(invariable steel)

1) 인바(invar)

35~36%Ni 함유한 Fe-Ni 합금으로, 열팽창계수가 매우 적어 온도에 따라 길이가 불변하며, 내식성이 대단히 좋다. 줄자, 시계추, 정밀부품, 바이메탈에 쓰인다.

2) 초인바(super invar)

29~40%Ni, 5%Co 이하 함유한 합금으로, 인바보다 더 열팽창계수가 적다.

3) 엘린바(elinvar)

36%Ni, 12%Cr 함유한 것으로. 탄성이 매우 적으며 열팽창계수도 적다. 시계 바늘, 태엽, 스프링, 지진계 등에 쓰인다.

4) 코엘린바(coelinvar)

0~15.5%Ni, 10~11%Cr, 26~58%Co가 함유된 철 합금으로, 온도 변화에 따른 탄성률이 극히 적고 공기나 물에 부식이 안되는 특성이 있어 주로 특수용 스프링, 태엽, 기상 관측용 기구 등에 쓰인다.

5) 폴레티나이트(platinite)

Fe에 44~47.5%Ni을 함유한 합금으로 열팽창계수가 9×10-6 정도로 적으며, 유리나 Pt 등에 가까우므로 전등 등의 봉입선, 진공관용 도선에 이용된다.

이 종류의 합금선에 Cu를 피복하고 표면을 산화 처리 또는 붕사 처리한 듀멧(dumet)선은 전자관, 전구, 방전 램프, 반도체 디바이스 등의 연질 유리에 들어가는 선으로 이용된다.

6) 퍼어멀로이(permalloy)

조성은 70~90%Ni, 10~30%Fe, 0.5%Co를 함유한 합금으로 투자율이 높고 약한 자기장 내에서의 초투자율도 높다. 이것은 전선의 장하 코일 등 전기 통신 재료에 이용된다.

나. 서멧(cermet)

초내열강은 900℃ 이상의 고온에서는 장시간 견딜 수 없어 이를 개선한 것으로, 경질 및 고융점의 비금속 내화재(세라믹)와 소결시킨 복합체이다. 즉, 2000~3500℃ 부근의 고융점을 가진 산화물(Al_2O_3), 탄화물(TaC, WC), 붕화물(TaB2, CrB) 등과 Co, Ni 분말과의 복합체이다.

다. 자석강(magnet steel)

잔류 자기와 항자력이 크고, 온도 변화나 기계적 진동 등에 자장이 안정되어야 한다.

강한 영구 자석 재료는 결정입자가 극히 미세하고 결정립계가 많은 것이 좋다. 종류에는 KS 자석강(Fe-Cr-Co-W계), OP 자석강(Fe-Ni-Al계), 큐니프(Fe-Ni-Co계), 비칼로이(Fe-Co-V계) 등이 있다.

라. 규소강(silicon steel)

Si강은 0.08%C의 저탄소강에 0.5~4.5%Si를 첨가함으로서 잔류 자속 밀도가 작고, 히스테리시스 손실(hysteresis loss)이 적게 하는 등 자기적 성질을 향상시킨 강이다. 저탄소강에 4.5% 이하의 Si를 첨가한 Si강판은 잔류 자기가 감소하여 전기 저항이 증가하므로 발전기 또는 변압기 등의 철심 재료에 적합하다.

마. 클래드강(Clad steel)

1) 클래드강의 개요

일반적으로 연강 후판을 모재로 하여 한면 또는 양면에 Ni, Ni 합금, 스테인리스강,

황동, 고탄소강, Al, Zn 합금 등 다른 종류의 강이나 금속을 단접이나 압접, 열간 압연 등에 의해 압착한 것으로, 이종 금속 접합 강판이라고도 한다.

스테인리스강이나 고탄소강을 압착한 것이 가장 많으며, 모재에 대한 클래드재의 조합 비율은 보통 10~20%(실치수로 1~5mm), 완성품의 두께는 1~2mm부터 100mm 이상까지, 원자로용으로는 특히 두꺼운 것이 요구된다.

2) 클래드 방법

클래딩은 다양한 접합 기술 중의 한 분야이며, 모재(코어) 금속에 접합할 금속을 기계적, 물리적으로 접합시키는 방법으로 폭발 압접, 전자기적 반발력을 이용한 압접, 열간 정수압 가공, 그리고 가장 경제적이며 널리 응용되는 압연, 압출과 같은 기계적 접합이 있다. 연강 후판을 모재로 하여 한쪽 또는 양면에 니켈, 니켈 합금, 스테인리스강, 황동, 알루미늄, 아연 합금 등 다른 종류의 강 또는 금속을 열간 압연이나 단접에 의해 압착하고 있다.

바. 내열강

1) 내열강의 개요

내열강은 320℃ 이상에서 사용되는 재료를 말하며, Mo강, Cr-Mo강 및 스테인리스강 등이 있다. 이 재질은 고온 고압용 강관으로 사용되는데, 주로 발전소용 보일러 및 압력용기, 석유 정제장치, 합성 화학공업용 장치 배관류에 많이 쓰인다.

내열강은 고온강도, 크리프 특성 외에도 열적 충격인성 및 열피로에 대한 저항성이 높으며, 노치 인성이 아주 좋아야 되며, 열처리 취성이 없어야 된다.

2) 내열강의 종류

Mo을 첨가하여 강의 고온 강도 및 크리프 특성을 향상시킨 강으로 350℃ 이상의 고온에서 열적 특성이 우수해야 된다. 탄소강의 경우 400℃까지 사용 가능하지만, 480℃까지는 0.5%Mo강, 그 이상의 경우는 Cr을 첨가하여야 된다.

사용 온도가 600℃ 이상 되면 18-8 오스테나이트계 스테인리스강을, 750℃ 이상의 경우는 Ni-Co계의 내열합금이 사용된다.

내열강에는 Mo, Cr, Mn, Ni, V 등을 첨가하여 내열성 및 열적 특성을 향상시킨다.

사. 초내열강(super heatresisting alloy)

Fe, Cr, Ni, Co를 모체로 한 합금으로, 19-9DL(815℃), 팀켄16-25-6(815℃), N-155(980℃), 인코넬X(980℃), 하인스 합금21(980℃) 등이 있다.

아. 저온용강

1) 저온용강의 개요

저온용강이란 -10℃ 이하에서 사용되는 강, 즉 LPG나 LNG 등의 저장, 수송용 용기와 같이 저온에서 사용되는 강이다.

저온용강은 다음과 같은 특성을 가지고 있어야 된다.

(1) 저온에서도 충분한 강도와 인성을 유지할 수 있어야 된다.
(2) 사용 가스에 대한 내식성이 우수하고 가격이 저렴해야 된다.
(3) 저온에서 취성파괴로부터 안전성을 확보할 수 있어야 된다.

2) 저온용강의 종류

(1) Ni 첨가강

킬드강에 비하여 낮은 온도에서 사용하는 강은 적당량의 Ni 첨가 및 열처리법 등을 변화시켜 다양한 저온용강이 개발되고 있다.

저온용강은 적당한 합금원소를 첨가하여 조직의 미세화와 잔류 오스테아니트의 생성 등을 통해 인성을 향상시키고 불순물의 함유량을 낮추며, 최적의 열처리 등을 실시하고 있다.

① 9%Ni강 : 최저 -196℃까지 사용되며, 2중 풀림형과 조질(담금질 및 템퍼링)형이 있다. 저온 인성 확보를 위해서는 P, S 등의 불순물을 최대한 낮추고 적절한 열처리가 필요하며, -196℃에서 흡수 에너지가 34J 이상으로 규정하고 있다.
② 25%Ni강 : 최저 -60℃까지 사용되며, 풀림처리로 제조한다.
③ 35%Ni강 : 최저 -101℃까지 사용되며, 풀림처리로 제조한다.

(2) 극저온용강

액체 수소, 액체 He 등의 극저온용 탱크는 저장온도가 -253℃, -269℃로 매우 낮으며, LPG나 LNG 탱크에 비해 소형이다. 따라서 완전 2중 구조에 내외 구조 사이의 진공도 유지를 위해 외조의 높은 기밀성과 진공압에 견딜 수 있는 강도가 있어야 된다. 극저온용강에 사용되는 재질은 STS304L, 고인성 및 비자성인 인바(36%Ni), Al 합금과 같은 재료가 상용되고 있다.

(3) Al 탈산강

이것은 0.15~0.18%C 이하의 탄소강에 0.7~1.6%Mn, 0.02~0.08%Al 정도 첨가한 강으로, Mn, Si 등으로 탈산한 뒤에 다시 Al로 다시 강하게 탈산처리한 킬드강을 제어 압연 또는 열처리를 통해 결정립의 미세화와 조직을 개선하여 저온 인성을 향상시킨 강이다.

항복강도 235N/mm^2, 323N/mm^2, 363N//mm^{2}가 있으며, 저강도재료는 풀림처리, 고강도재는 담금질과 뜨임처리하여 강도를 조절하고 최저 사용온도를 −30℃, -45℃, -60℃ 3단계로 구분하여 사용할 수 있도록 제조한 것이다.

자. 기 타

(1) 쾌삭강(free cutting steel) : S, Pb, 흑연 등을 첨가하여 절삭성을 향상시킨 강이다.
(2) 게이지강(gauge steel) : 게이지강은 내마모성이 크고 경도가 높으며, 담금질 변형이 적으며, 경년 변형이 없어야 된다. 0.85~1.2%C, W, Cr, Mn 등이 함유된 강이 사용된다.
(3) 베어링강(bearing steel) : 탄성 한도와 피로 한도가 높은 것이 요구되며, 고탄소 크롬강이 많이 쓰인다. 고급 베어링용에는 0.40%V, 0.5%Mo를 첨가한 것이 사용된다.

5 스테인리스강

가. 스테인리스강(stainless steel)

스테인리스강(stainless steel)이란 탄소강에 Cr이 12% 이상 함유한 강(Cr 12% 이하인 강은 내식강)으로서 표면에 부동태의 산화피막이 형성되어 산화작용이나 수용액 작용에 의하여 녹슬지 않고 대기 중에서 내식성이 있으므로 불수강이라고도 한다.

스테인리스강이 대기 중에서 부동태막을 형성하는 속도는 Cr량에 따라 다른데 이 막이 제거되거나 손상되면 스테인리스강도 부식이 일어난다.

합금 원소들은 오스테나이트의 동소 변태에 영향을 미치게 된다. 예를 들면 Ni, Mn 등은 γ구역을 확장하고, Cr, Mo 등은 γ구역을 축소한다.(그림 3.14 참조) 따라서 Cr량이 많을수록 γ구역이 축소되어 상온에서 오스테나이트를 형성시키는 일이 어렵게 되므로, Ni을 첨가시켜 이를 보정하고 있다.

스테인리스강은 성분에 따라 Fe - Cr계와 Fe - Cr - Ni계로 크게 분류하며, 조직에 따라 페라이트계, 마텐사이트계, 오스테나이트계, 석출 경화계, Cr - Mn계, 듀플럭스계로 구분한다.(표 3.7 참조)

1) 물리적 성질

그림 3.14 철에 크롬 함유량과 γ구역 범위

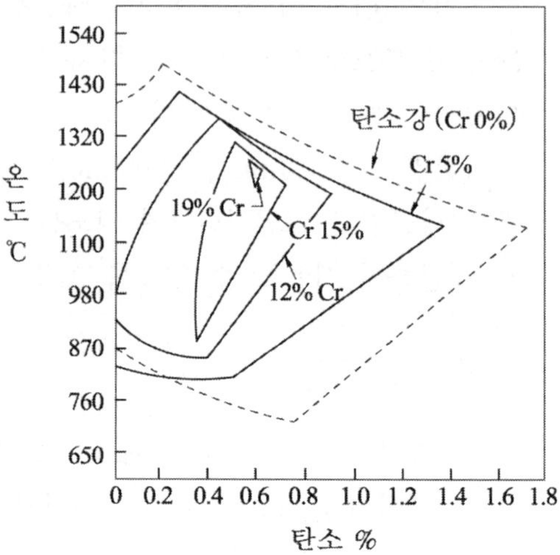

스테인리스강은 화학적, 기계적 성질 외에도 탄소강과는 훨씬 다른 물리적 성질을 가지고 있으며, 이들 성질의 차이가 가공성, 용접성에 상당한 영향을 미친다.

스테인리스강은 탄소강에 비하여 비열, 밀도, 융점 등의 성질은 큰 차이는 없으나, 오스테나이트계 강의 열전도도는 탄소강보다 약 1/3, 열팽창계수는 약 1.5배 정도가 된다. 이것은 용접할 때의 열의 전도가 나쁘기 때문에 국부에만 가열이 되어 그 부분만 팽창한다는 뜻이며, 뒤틀림이 대단히 크다는 것을 의미한다. 그러므로 될 수 있으면 신속히 용접부를 냉각시켜 뒤틀림을 최소한 억제하던가, 상당한 구속, 또는 역뒤틀림을 주어, 가급적이면 뒤틀림을 최소로 하도록 주의하여 용접을 실시할 필요가 있다.

2) 열 감수성

스테인리스강은 강인하고 연성이 비교적 풍부하여 가공하기 쉬운 재료이지만, 여러가지 열감수성에 의해 용접금속 부근 모재의 취화, 고온의 취화, 시그마상 석출에 의한 취화, 475℃ 취화 등 각종 문제가 야기된다. 마텐사이트계에 있어서 용접 열영향부는 담금질 경화를 일으켜 마텐사이트 조직이 되며, 함유 탄소량이 많을수록 이 경향이 심하게 되어 입간부식을 일으키게 된다.

3) 균열

스테인리스강 용접에 오스테니이트계 용접봉을 사용하면 균열이 발생하는데 크레이터 부분에 발생하는 경우가 많다. 이 원인은 스테인리스강이 광범위한 응고 온도역을 갖기 때문에, 결정립계에는 저융점의 산화물, 유화물 또는 규산염(저융점 공정물)이 액상으로 몰려 응고할 순간 응력이 이 부분에 집중하여 균열이 발생한다. 그 때문에 오스테나이트 속에 3~10%의 페라이트를 보유시키고, 저융점 공정물을 페라이트 입자 주위에 생성시킨다던가, 또는 규소/탄소의 비율을 낮게 해 준다.

나. 스테인리스강의 종류별 특성

1) 페라이트계 스테인리스강

조성은 Fe에 0.1%C 이하, Cr 14%~17%의 합금으로 충분한 Cr과 Al, Cb(콜롬븀), Mo, Ti 등의 페라이트 안정화 원소를 첨가하여 가열에 의한 오스테나이트 생성을 억제하며, 열처리 경화성이 없는 스테인리스강으로, STS 430이 대표적이다.

페라이트계 스테인리스강 용접의 경우 가는 용접봉 사용과 저전류로 용접하여 입열을 억제하며, 각 비드마다 예열온도까지 냉각 관리를 하여 열영향부의 조립화와 475℃ 취화를 방지해야 된다.

Cr과 카본의 균형이 잘 잡혀있는 것이 특색이며, 마텐사이트계에 비해 내식성이 크고, 강자성체이며, 연하고 단조가 용이하므로 강도와 용접성이 중요하지 않는 자동차 부품, 화학 공업용 장치에 사용된다.

2) 마텐사이트계 스테인리스강

그림 3.15 Fe–C–12%Cr 상태도

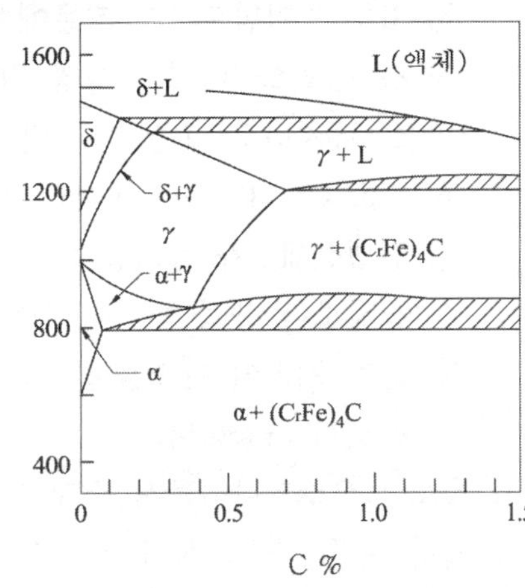

마텐사이트계 스테인리스강은 0.2~0.5%C(용도에 따라서는 1.2%까지 증가), 13% Cr계로 Fe-C-12%Cr(STS 410)이 가장 대표적이며, 강자성체로서 고온 성질을 개선하기 위하여 Mo, V, W 등을 첨가하기도 한다.

공석 조성이 0.35%이며, 오스테나이트 상태에서 탄소의 고용한도가 최대 0.7%로 감소되며, 공석 온도가 증가한다.(그림 3.15 참조)

공랭 자경성이 있고 조질된 상태로 가장 양호한 내식성이 얻어진다. 열처리가 가능하며 냉간 성형성은 좋으나, 용접성이 나쁘다.

(1) **담금질성** : 열처리에 의해 경화하고 담금질성을 가지므로 모든 냉각속도에서도 오스테나이트에서 마텐사이트 변태가 가능하여 저합금강, 탄소강과 같이 담금질 및 뜨임할 수 있다.

(2) **용접성** : 마텐사이트계 스테인리스강의 용접성은 풀림, 담금질, 응력제거 및 뜨임 상태에서 용접이 가능하다. 열영향부의 경도는 C 함유량에 따라 달라지며 열영향부 경도가 증가하면 저온 균열에 민감하고 인성은 저하한다. 그러나 예열(200~400℃) 및 입열 온도 조절로 균열을 예방할 수 있다. 후열처리가 요구되며 더 좋은 용접성을 위하여 오스테나이트 스테인리스강의 용가제를 사용하여 용접하면 낮은 인장강도와

연성이 좋은 용접금속을 얻을 수 있다.

(3) **용도** : 일반용품, 칼, 기계 부품, 의료용 기기, 밸브 디스크 등에 주로 사용된다.

3) 오스테나이트계 스테인리스강

(1) **조성** : 오스테나이트계 스테인리스강은 18%Cr-8%Ni강(STS 304)이 대표적이며, 조성은 Cr+Ni+Mn >24%이고, Cr > 16% 범위의 강으로 Ni와 Mn은 오스테나이트 안정화 원소로 오스테나이트화한 후 상온으로 급랭하여도 오스테나이트 상을 유지하게 되며, 특히 Ni의 첨가는 내식성, 연성, 내피로성이 좋아지고, 충격치가 높아지며, 열전도도가 낮아지며, 전기저항성이 증가한다.

(2) **특 성**

① 비자성체이며 내산 및 내식성이 우수하고, 인성과 전연성이 좋아 가공이 용이하며, 용접성이 좋으나 담금질이 안된다.

② Cr을 16~25% 범위에서 함유하기 때문에 α-Fe 고용체를 형성한다.

③ 열가공시 변형과 잔류응력이 문제되고, 염산, 묽은 황산, 염소 가스, 황산염 용액에 대한 내산성이 약하며, 탄화물이 결정립계에 석출하기 쉽다.

④ Si를 증가함으로서 고온에서 내산화성 및 내 침탄성을 얻는다.

⑤ 강한 오스테나이트 형성 원소(Ni 10% 이상)를 첨가함으로서 오스테나이트 조직을 유지하고, 고온강도 및 내식성이 증가한다.

⑥ Mo, Cb, Ti 등은 δ-페라이트를 조장하고 Cr과 탄화물을 형성한다.

⑦ 열팽창계수가 탄소강의 1.5배로 크고, 열전도율은 약 60%로 낮아 다른 스테인리스강보다 용접 변형이 심하므로 탄소강보다 낮은 용접열에서 용접해야 된다.

⑧ 전기 저항이 탄소강보다 커서 낮은 용접전류에서 점용접, 심 용접 등 전기 저항 용접이 가능하다.

(3) **용도** : 오스테나이트계 스테인리스강은 일반용품, 화학 공업, 항공기, 원자력 발전, 차량, 주방 기구, 식기, 의료용, 장식용, 건축용, 식품용, 기계 부품 등에 사용된다.

표 3.7 스테인리스강의 분류와 특성

조직상 분류	주성분	탄소 함유량	담금질 경화성	내식성	굴곡성	용접성
페라이트계	Cr 12~18%	0.2% 이하	전혀 없음	보통	보통	보통
마텐사이트계	Cr 12~14%	0.15% 이상	있음	나쁨	나쁨	불가
오스테나이트계	Cr 17~20% Ni 7~10%	0.2% 이하	없음	좋음	좋음	좋음

4) 석출 경화형(Precipitation Hardening) 스테인리스강

오스테나이트계는 우수한 내열성, 내식성은 있으나 강도가 부족하고, 마텐사이트계는 경화능은 있으나 내식성 및 가공성이 좋지 못한 점을 충족시키고, 좋은 특성을 살리기 위해 석출 경화 현상을 이용한 것이다.

현재 규격화된 것은 KS에 3종, AISI 규격에 7종, JIS 규격에 2종이 있다. 이중에 대표적인 것은 STS 630과 STS 631이 있다. 이 합금은 보통 10~30%Cr과 Ni, Mo도 다양한 비율로 함유되어 있다. Cu, Al, Ti 및 Cb을 첨가하여 석출 경화상을 만든다.

석출 경화형 스테인리스강은 용접성이 좋고 기계적 성질이 양호하지만 열영향부 및 용착 금속의 성질이 모재와 다르기 때문에 주의가 필요하다.

(1) 17-4 PH강(STS 630) : 17%Cr-4%Ni-3~5%Cu-Nb-Ta 합금으로 Ms 변태점이 상온 위에 있기 때문에 고용화 열처리를 하면 마텐사이트(Cu가 과포화된) 조직으로 되며, 우수한 내식성과 높은 강도, 경도를 갖게 한 강이다.

(2) 17-7 PH강(STS 631) : 17%Cr-7%Ni-0.75~1.5%Al 합금으로 변태점이 상온 이하에 있으므로 중간 열처리로 변태점을 상온 이상으로 끌어 올려 오스테나이트 상태에서 마텐사이트(Martensite)로 변태시킨 다음에 석출 경화 열처리한다.

5) 듀플럭스 스테인리스강

듀플럭스 스테인리스강은 18%Cr-10%Ni형 스테인리스강의 고온 결함을 방지하기 위하여 γ와 α의 두가지 상(duplex)을 만들어준 강으로, α상의 양호한 확산과 이로 인한 상경계 면적 증가로 위험한 불순물(P, S) 등의 편석을 감소시킨다.

2상 스테인리스강(Duplex Stainless Steel)은 물리적, 기계적 성질의 문제점에서 페라이트계와 오스테나이트계의 중간적 성질을 갖지만 페라이트상과 오스테나이트 상이 혼재(混在)함에 따라 2상 스테인리스강 특유의 성질도 갖으며, 내식성도 훨씬 우수하다.

오늘날에는 질소 함유 2상 스테인리스강이 개발되었다. 오스테나이트계 스테인리스강에 0.1%정도의 질소를 첨가하는 목적은 오스테나이트의 안정화, 오스테나이트의 강화, 내식성의 개선 등이라고 할 수 있다.

(1) 스테인리스강의 당량과 가상 2진 상태도

스테인리스강을 크롬당량과 니켈당량에 따라 도시한 가상 2진 상대도(pseudo binary diagram)를 사용한다.(그림 3.16 참조)

① 쉐플러(Schaeffler) 방식

: Cr eq. = %C%Mo + 1.5%Si + 0.5%Cb

Ni eq. = %Ni + 30%C + 0.5%Mn

② 델롱(Delong) 방식 : N이 강한 오스테나이트 구역의 확대형이므로 Cr 당량은 같으나 Ni eq.에 N을 추가하였다.

Ni eq. = Ni% + 30%C + 0.5%Mn + 30%N

그림 3.16 가상 2진 상태도

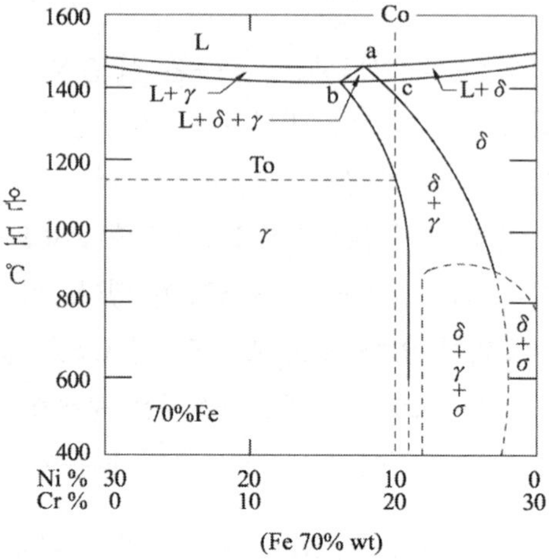

Cr, Ni 당량에 따라 δ-페라이트가 초기 응고가 될 수 있고, γ-오스테나이트의 초기 응고가 될 수도 있다. 2진 상태도의 공정 삼각형 구역(nbc)에선 L+δ+γ가 공존하며, 초기 생성 조직이 무엇인가에 따라서 고온 결함에 영향이 크게 작용한다.

δ-페라이트가 초기에 응고되면 고온 결함이 감소하게 되는데, 그 이유는 δ-페라이트 자체가 많은 양의 불순물을 함유할 수 있기 때문이다.

(2) 조성비에 따른 응고 양상

용접 응고는 적층 응고를 하므로 초기 생성 조직은 용접부 조성에 의해 결정이 안되고 용융 온도에서의 모재의 조직에 의해 결정되며, 응고 조성비에 따라서 초기 응고 조직이 페라이트, 오스테나이트, 혹은 공정조직으로 응고가 일어난다.

그림 3.17 듀플럭스 스테인리스강 조직

70%Fe 3성분계 Cr-Fe-Ni 상태도의 경우 공정 삼각형의 오른쪽 조성으로 응고시 δ-페라이트의 형성으로 시작하여 온도 강하에 따라 δ-페라이트는 불안정하여 상온에서는 일부 또는 완전 오스테나이트로 변태한다. 반면 공정 삼각형의 왼쪽 조성으로 응고할 경우는 오스테나이트로 응고하면서 상온에서도 오스테나이트로 존재한다. 공정성분에서 응고가 진행할 때 이종조직(페라이트+오스테나이트)이 발달하게 되는데 이는 Cr, Ni 성분량에 따라 초기 생성조직이 결정되기 때문이다.

실험에 의하면 조성비에 따라 3가지 형태의 응고 양상이 형성됨이 규명되었다. 즉 오스테나이트 응고, 페라이트+오스테나이트 응고-페라이트 응고로서 오스테나이트 응고는 초기 생성 조직이 오스테나이트이며, 상온에서 δ-페라이트가 전혀 없거나 단지 제2차 수지상 조직상으로 발달하는 것으로 이는 Creq / Nieq < 1.48일 경우이며, 페라이트+오스테나이트 응고는 Creq / Nieq > 1.95일 때 만들어지며, 초기 조직은 물론 δ-페라이트이며 오스테나이트는 응고가 완전히 완료된 후 핵 생성이 된다. [그림 3.17]은 듀플럭스 스테인리스강의 미세 조직을 나타낸 것이며, 검게 보이는 것은 페라이트, 하얗게 보이는 것은 오스테나이트이며, 페라이트와 오스테나이트의 혼합 조직이 듀플럭스 조직이다.

용질 등은 Cr, Ni 당량의 비에 따라 다음 4가지 형태의 응고 모드가 사용되었으며, 여기서 사용된 Cr, Ni 당량은 쉐플러, 델롱과 다른 다음 식을 이용하였다.

$$\text{Cr eq.} = \%\text{Cr} + 1.37\%\text{Mo} + 1.5\%\text{Si} + 2.0\text{Nb} + 3.0\%\text{Ti}$$

$$\text{Ni eq.} = \%\text{Ni} + 0.31\%\text{Mn} + 22\%\text{C} + 14.2\text{N} + \text{Cu}$$

① 단상 오스테나이트 상
② 오스테나이트+α 페라이트 상(Creq /Nieq < 1.5)
③ δ 페라이트+오스테나이트 상(1.5 < Creq /Nieq < 2.0)
④ 단상 페라이트 상((Creq /Nieq > 2.0)

[그림 3.18]은 γ - 오스테나이트, δ - 페라이트 및 δ와 γ가 동시에 초기 응고 조직으로 응고가 진행되는 양상을 나타낸 것이다.

오스테나이트로 응고가 진행될 때 잔류 용융금속은 Cr과 같은 페라이트 형성 원소로 풍부하게 되므로 약간의 δ-페라이트가 수지상정간에 석출할 수도 있다. 페라이트 응고는 냉각 중 δ - 페라이트 경계면에서 오스테나이트 핵이 생성하여 성장하면서 초기의 δ - 페라이트는 소비되고 단지 잔류분만이 최종 조직에 뼈대(skeleton) 모양으로 남게 된다. 공정 응고는 δ와 γ가 서로 경쟁하듯이 동시에 발달된다.

그림 3.18 스테인리스강의 응고 진행 양상

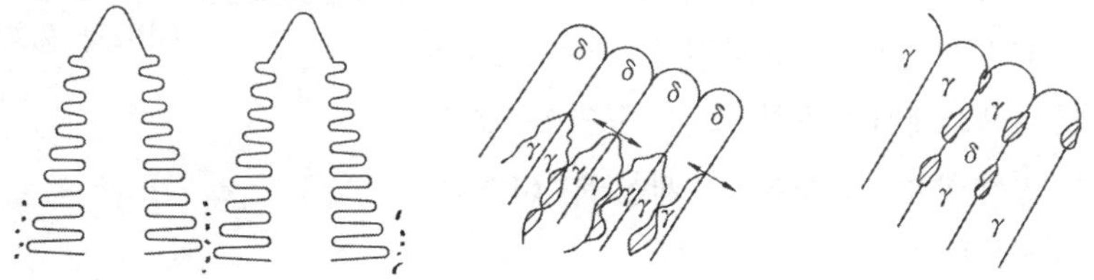

(a) γ – 오스테나이트　(b) δ – 페라이트　(c) 공정 응고

(3) 용접부의 황

용접부의 S는 MnS 혹은 MnO, S 형태의 혼입으로 분포하여 α나 δ상 주위에 균일하게 분포한다.(그림 3.19, 3.20 참조)

그림 3.19 δ 페라이트와 황화물(200㎛/50㎛)

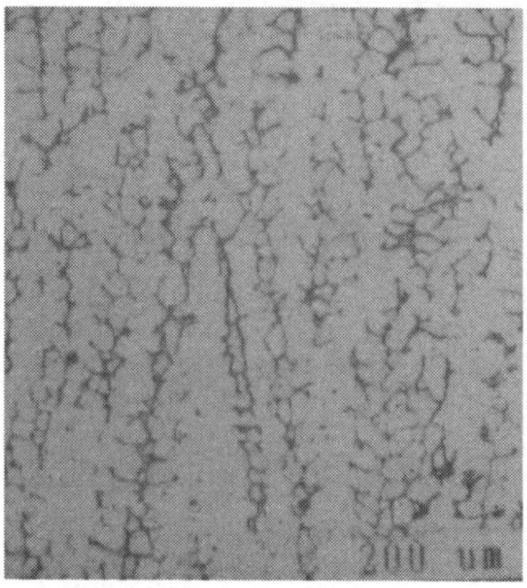

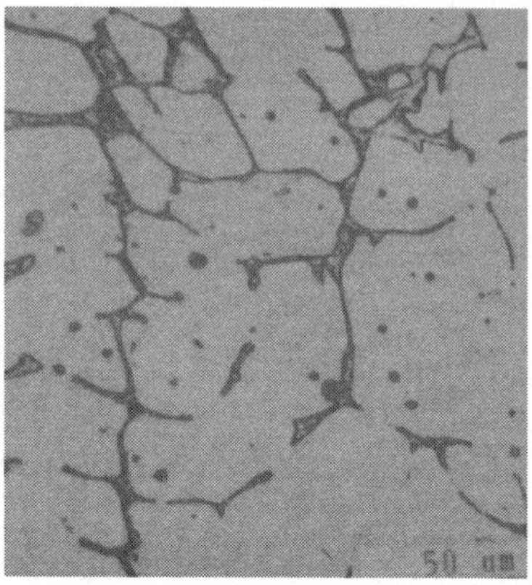

스테인리스강의 고온 결함 저항성은 황(S)이나 인(P) 등과 같은 저융점 원소의 조성을 낮게 유지함으로서 증가할 수 있다.

(4) 페라이트 지수(FN)

초기 델타(δ) 페라이트에서 오스테나이트로의 변태는 응고 시작 후 듀플럭스 조직을 생성한다. 이러한 변태는 저융점 성분이 분포될 수 있는 상경계의 수를 크게 증가시켜 용접금속의 파열(fissure) 가능성을 감소시킨다.

용가제가 E308, E308L, E316 및 E316L에서는 δ 페라이트가 대략 3FN(페라이트 지수)이면 이러한 오스테나이트 계통에서는 평행 균열(fissuring)을 제거할 수 있다고 알려지고 있다.

그러나 E309 용접금속에서는 4FN, E318 용접금속에서는 5FN, E347 용접금속에서는 6FN이 되어야 균열 결함을 방지할 수 있다.

E347의 경우 고온 균열을 억제하는 수단으로 어느 정도 양의 페라이트 형성이 요구된다. 이는 Cb는 인장응력하에서 오스테나이트의 고온 균열을 조장하는 저융점 공정상을 형성하기 때문에 6FN의 페라이트가 요구된다.

페라이트를 너무 많이 포함하게 되면 용접금속은 균열 및 응력부식 균열에 민감하게 된다. 이런 경우 페라이트가 국부적으로 공격을 받아서 응력부식에 덜 민감한 범위에 해당되는 용가재의 사용이 요구된다.

그림 3.20 스테인리스강의 δ 페라이트와 황화물의 형상

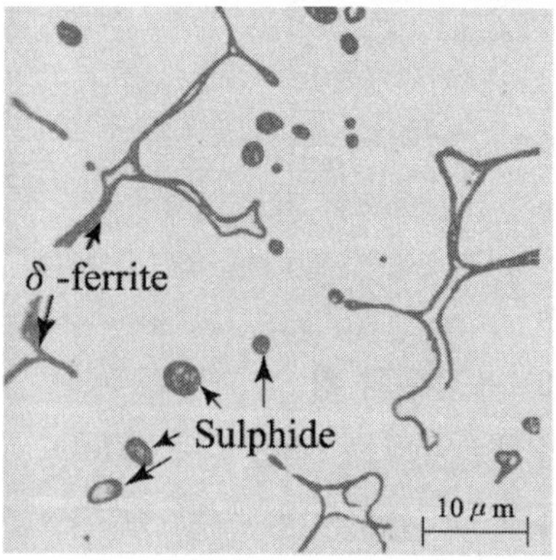

실제로 스테인리스강의 용접금속에 페라이트가 얼마나 존재하고 있는지 정확하게 측정하기는 힘들다. 페라이트량은 페라이트 지수로 표시되지만 이는 절대 페라이트량을 가리키는 것은 아니다. 페라이트 지수는 금속조직학(metallography)과, 자기장치(magnetic device) 및 영상 분석계(image analyzer)로 측정이 된다. 또한 쉽게 Cr, Ni 당량을 사용하여 쉐플러나 델롱의 선도를 이용하여 측정할 수도 있다.(그림 3.21 참조)

부식저항이 좋은 용접부를 얻기 위해서는 페라이트량이 10%를 초과해선 안되며, 5~10% 페라이트는 고온 결함 방지에 좋다.

오스테나이트-페라이트 상계에서 합금원소의 양력은 다음과 같은데 Nb는 비교적 작은 양이지만 계면에 편석을 일으키고 있는데, 이는 평형 분배비(equilibrium partition ratio)가 낮기 때문이다. Cr, Mo 등은 심한 편석현상을 일으키고 있으며, 이들은 용접부 재가열시 σ 상을 형성하여 용접부를 취약하게 할 수 있다.

그림 3.21 Cr 및 Ni 당량과 조직 생성 관계(쉐플러 선도)

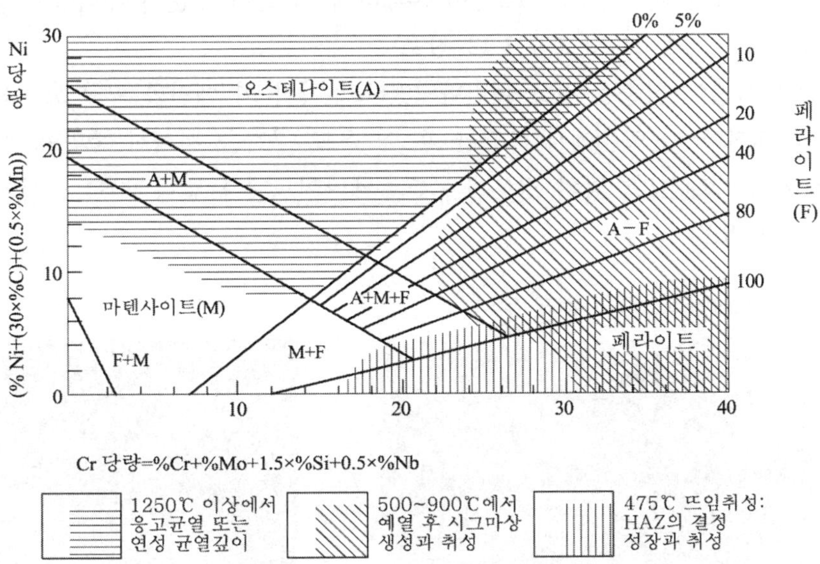

다. 18-8 스테인리스강의 입계 부식

1) 입계 부식

입계 부식(sensitization, grain boundary corrosion)이란 고온으로부터 급랭한 것을 재가열하면 고용되었던 탄소가 오스테나이트의 결정립계로 이동하여 탄화물(Cr_4C)이 석출해서 결정립계 부근의 Cr량이 감소하게 되며 이로 인해 결정립계가 쉽게 부식하게 되는 현상이다.

또한, 안정화되지 않은 오스테나이트계 스테인리스강 용접부의 열영향부가 480~800℃ 범위로 가열되거나 서랭될 때 Cr 생성 탄화물($Cr_{23}C_6$)의 결정 경계에 입계부식이 우선적으로 석출된다. 이로 인하여 입계에 인접한 부분의 Cr량이 감소되는데 이를 용접쇄약(weld decay)라고도 부른다. 부식 정도는 스테인리스강의 조성, 열처리, 고온에서의 노출시간 및 온도 등에 달려있다.

2) 입계 부식 발생 기구

부식이 결정립계에 따라 진행하는 형태의 국부부식을 말하며, 내부로 깊게 진행되면서 결정립자가 떨어지게 된다. 용접작업시 열영향부나, 부적정한 열처리 과정, 고온에서의 노출시 주로 발생된다.

Cr은 탄소와 결합하기 쉬운 성질을 가지고 있으므로 고온으로 가열되면 쉽게 결합하여 Cr탄화물($Cr_{23}C_6$)을 형성하고 이 물질은 전부 결정립계에 석출하게 되는데 Cr 탄화물이 석출된 주변에는 Cr을 빼앗겨 Cr 고갈층이 존재하게 되고 이 부분이 내식성이 떨어져 우선적으로 부식을 일으키게 된다.(그림 3.22 참조)

이렇게 Cr 탄화물이 석출된 것을 예민화되었다고 하며 이 예민화는 약 550~800℃ 온도 구간에서 유지되거나 더 고온에서 유지한 후 이 온도 구간을 서서히 통과할 때 발생된다. 그러나 페라이트 스테인리스강의 경우에는 오스테나이트계와 달리 90℃ 이상에서 급랭시 발생되는 특징이 있다.

그림 3.22 γ계 스테인리스강의 입계 부식

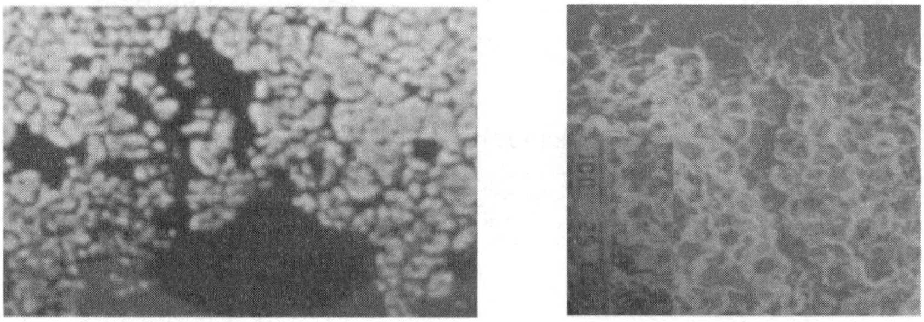

(a) 입계부식(현미경 사진) (b) 입계부식(SEM 사진)

3) 입계 부식의 원인

0.02%C 이하의 오스테나이트계 스테인리스강에서는 별 문제가 없으나 그 이상의 경우는 480~800℃의 온도 영역에서 장시간 유지하거나, 서랭 또는 급랭시켰을 때 탄소가 오스테나이트 결정립계에 이동하여 Cr4C의 석출로 Cr량이 감소되어 내식성을 잃게 되거나 저하

되고, 결정립계가 부식 또는 부스러지는 성질이며, 오스테나이트 지중에 고용한 탄소가 크롬 탄화물로 되어 결정립계에 망상으로 석출하여 입계의 양쪽에 크롬 희박층이 생겨서 그 부분의 내식성이 저하되고, 부식 환경에 달하면 결정립계부가 선택적으로 부식되는 것이며, 탄화물의 입계 석출로 석출물과 오스테나이트 기지 사이의 전해 부식 작용에 의해서도 입계 부식이 촉진된다.

특히 650℃ 부근에서 제일 입계부식을 받기 쉬우며 오스테나이트계 스테인리스강의 용접 열영향부 부근이 이와 같은 것에 해당한다.

18-8강은 모든 조건에서 C를 최대 약 0.02% 고용할 수 있으며, 이러한 강에서 C량이 증가하면 탄화물 수량은 증가한다. 그러므로 용접물이 용접 그대로의 조건과 심한 부식조건 하에서 사용할 때 저탄소 스테인리스강이 우선적으로 선택되어야 한다.

입계부식에 걸리는 시간은 탄소량이 많을수록 750~550℃로 떨어지는데 걸리는 시간이 길수록 예민화 현상은 커진다.

4) 입계부식이 생기는 조건

용접물(weldment)을 480~900℃ 범위로 가열하면 내부 금속 상이 여러가지로 형성되며, 상과 상의 양은 화학조성, 페라이트 양, 시간 및 온도에 의존하는데 페라이트 양이 많은 것은 상변태를 촉진하고 상변태가 일어나는 온도를 낮추게 된다.

오스테나이트에 페라이트가 존재하면 α상 생성이 촉진되며, γ/α상 경계에서 생성하여 페라이트 중심부를 향해 성장한다.

Mo, Ti 등의 첨가는 α상의 생성을 도우며, Cr-Ni강에서 17%Cr 이상일 때 발생한다.

그러나 Ni량의 증가는 α상의 발달을 저해한다. α상은 복잡한 정방정계(tetragonal) 조직을 가진다. 이는 기계적 성질, 특히 연성과 충격저항을 떨어뜨린다.

900℃ 이상에서는 탄화물과 내부 금속상은 오스테나이트로 용해되기 시작한다.

이때 용해량은 시간과 온도에 의존한다. 예로 1037℃에서 짧은 시간 동안 가열함으로서 σ상 생성으로 취하된 강의 연성을 회복할 수 있다.

σ상에서 오스테나이트 상으로 완전 복귀는 1230℃ 정도의 고온에서 가열하여야 한다.

5) 크롬(Cr)의 역할

일반적으로 철(Fe)에 크롬(Cr)을 약12% 이상 첨가하면 현저하게 부식 속도가 떨어지는 것을 발견하게 되는데, 이것이 바로 Cr에 이해 형성된 부동태 피막의 효과에 의한 것으로서 이 현상을 이용한 제품이 바로 "스테인리스강(stainless steel)"이다.

또한 일반강을 질산 속에 넣고 질산의 농도를 증가시키면 부식이 일어나게 되는데 약 65%의 질산 농도에서는 갑자기 부식 속도가 떨어지게 되는데, 이것은 질산이 철의 표면에 불활성 피막을 형성하므로써 일어나는 현상으로 이 불활성 피막을 “부동태 피막”이라고 한다.

6) 스테인리스강의 부동태 피막

스테인리스강의 표면은 Cr 산화물로 구성된 수십 Å(옹크스트롱) 정도의 아주 얇고 치밀한 보호막이 형성되어 있는데, 이 피막은 유리와 같이 아주 치밀하며 밀착성이 좋은 유연한 구조를 취하므로 모재부에 잘 부착되어 안정한 피막을 유지하고 있다. 또한 이 피막은 금속 모재와의 반응 생성물이기 때문에 긁힌 흠 등으로 일부 파괴되더라도 금방 재생되는 성질을 갖고 있다.

7) 부동태 피막의 파괴

스테인리스강은 중성의 물에서는 거의 부식이 일어나지 않지만 용액 속에 염화물 이온(Cl-)이 존재하면 부동태 피막이 국부적으로 파괴되어 이 부분에 구멍이 뚫리거나(Pitting), 인장응력이 가해지는 환경 하에서는 응력부식 균열(stress corrosion crack)이 발생되는 원인이 되기도 한다.

염소이온(Cl^-)은 부동태 피막 중의 피막의 구조나 두께가 다소 불안정한 부분에서 산소나 수산기와 치환됨으로써 금속 염화물의 착염을 형성하므로 이런 국부적으로 피막이 용해된 부분을 기점으로 해서 부식이 진행하게 된다.

8) 입계부식 방지법

(1) 고용화 열처리 실시

① 용접 등에서 크롬 탄화물의 생성 위험이 있는 경우는 탄화물 분해 온도인 1050~1150℃의 고온으로 적당한 시간 가열하여 열영향부의 입계에 석출된 탄화물을 완전히 오스테나이트 재고용시킨 후 이를 급랭시켰을 때 가장 좋은 연성과 내식성을 갖게 하는 열처리를 말한다.

② 용접 후 900℃에서 풀림하면 Cr이 고갈 영역으로 확산하여 되돌아간다.

(2) 입계부식이 없는 재료 선택

① 현장에서 용접 후 고용화 열처리를 행하는 것은 가능하지 않기 때문에 강 중에 탄소 농도 자체가 작은 강종(L Grade : 예 : 304L, 316L)을 선택하거나 Ti 또는 Nb 등을 첨가하여 탄소를 안정화시킨 강종(STS 321, 347 등)을 선택하면 좋으며, 용접 후에는 가능한 급랭을 행하는 것이 좋다.

② 용접 후에는 용접부를 잘 연마해 주고 질산연처리를 해주면 좋다.

③ 극저탄소(0.03%C 이하) 스테인리스강을 사용한다. 극저탄소강은 Cr_2C_6가 석출하는 500~800℃에서 $Cr_{23}C_6$가 오스테나이트에 고용될 수 있는 고용한계가 적으므로 이로 인하여 $Cr_{23}C_6$ 석출과 입계부식(IGSCC)이 방지된다.

(3) 합금원소 첨가

① 페라이트 조직을 만드는 원소를 첨가(Mo, Si, V 등)한다.

② 안정화 원소(Ti, Ta, Nb)가 첨가된 스테인리스강을 사용한다. Ti, Nb 등은 탄소를 TiC나 NbC로 되면서 안정화되어 용질 내의 탄소량을 낮추어 $Cr_{23}C_6$의 석출을 방지한다.

(4) 입계부식 방지 용접 방법 적용

① 안정화(stabilization)가 안된 경우 저입열로 용접하여 열영향부가 부식되는 온도 범위, 예민화(sensitization)되는 온도 범위에서 머무는 시간을 최소화하며, 동시에 민감지역의 폭을 감소한다.

라. 스테인리스강의 부식의 유형(일본의 예)

1) 대분류

습식이 72.5%, 건식이 7.9%, 기타 19.5% 정도이며, 부식의 유형별로는 다음과 같다.

(1) 응력부식 균열(SCC) : 40.8% (2) 공식 : 29.0%

(3) 전면부식 : 8.5% (4) 틈새부식 : 8.3%

(5) 변색 : 7.0% (6) 입계부식 : 7.0%

(7) 기타 : 1.6%

2) 전면부식

스테인리스강 표면이 부동태화할 수 없는 이상 환경에 놓였을 때 일어나며 염산, 황산 등의 용액 하에서 발생된다. 이 경우 전체 표면이 고르게 부식 또는 침식이 일어나므로 시간에 따른 감량으로 측정할 수 있다.

일반적으로 국부 부식에 비해 예측이 쉽고 다루기 쉬우므로 사전에 정확한 사용 환경을 알고 이에 맞는 재질이나 두께를 선정하면 사전에 충분히 전면부식의 문제를 예방 할 수 있다.

3) 갈바닉 부식(Galvanic corrosion)

그림 3.23 갈바닉 부식
(황산 분위기에서 납과 스테인리스강 가스킷 사이)

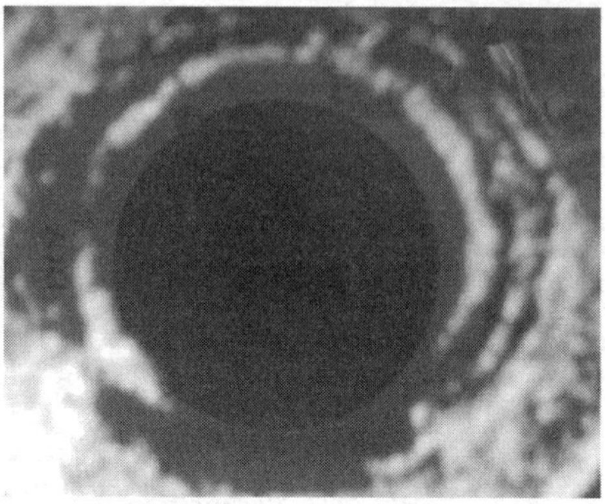

대부분의 스테인리스강의 부식은 미시적으로 보면 기본 원리는 갈바닉 부식의 이론을 따르게 되며, 각 금속의 표준 전위를 알면 부식 발생 예측이 가능하게 된다.

표준 전위가 높은 금속은 부식하지 않으며, 상대적으로 표준 전위가 낮은 쪽은 부식이 활발하게 일어나게 된다.

같은 금속이라 할지라도 부식 환경 조건이 국부적으로 다름에 의하여 두 지점간 전위 차이가 있을 때 전자의 이동에 의해 산화, 환원 반응계를 형성하여 부식되는 현상으로, 부식의 종류로 보기보다는 스테인리스강의 부식발생 원리로 생각할 수 있다.

[그림 3.23]은 황산 분위기에서 스테인리스강관에 납판 가스킷과의 접촉으로 생긴 갈바닉 부식의 예를 나타낸 것이다.

화학적으로 활발한 금속이 상대적으로 내식성 금속과 이종 결합된 경우는 단독으로 존재할 때 보다 더욱 심각한 부식문제를 야기하게 된다. 따라서 이종 금속이 접촉할 때는 이런 표준 전위를 사전에 파악하여 이에 맞는 설계를 하는 것이 매우 중요하다. 예를 들면 귀한 금속의 접촉면이 활발한 금속의 면보다 클 경우는 그렇지 않을 때보다 더욱 부식을 가속화 시키게 되므로 이종금속이 접촉할 경우는 넓은 면적, 능동적인 금속과 작은 면적, 귀한 금속이 접촉(부식 면적의 축소)하도록 설계를 하거나 절연 물체를 사이에 설치(절연행가 및 플랜지 등)하여 직접적으로 접촉이 되지 않도록 하는 것이 좋다.

4) 공식(Pitting Corrosion)

공식은 부동태 피막을 파괴시킬 수 있는 높은 염소 이온 농도가 존재하는 분위기 하에서 스테인리스강이 놓일 때 부동태 피막이 국부적으로 파괴되어 그 부분이 우선적으로 용해됨으로써 발생한다.

공식의 특징은 처음 부식이 발생되는데는 다소 시간이 걸리지만, 일단 공식이 생기면 공식의 내부는 작은 양극(Active 상태)이 되고 외부 전체는 큰 음극(Noble 상태)이 되어 부식이 급속도로 진행되어 수일만에 관통되는 경우도 발생하게 된다.

일반적으로 공식의 입구는 매우 적어 조그만 구멍이 뚫려 있는 형태로 보이나 내부는 크게 확대되어 존재하므로 외부에 작은 결함이 존재할 경우도 수일 내 파단이 발생할 가능성이 있기 때문에 즉시 보수를 하는 것이 좋다.

(1) **공식 발생 기구** : 부동태 피막 파괴 → 부식 공식 형성 → 공식 내 용액 정체 발생 → 용존 산소 고갈 → 양이온 과다 → 염소 이온 끌어들임(전하 평형을 위해)→ HCL 형성($M+Cl^-$ + H_2O + $H+CL^-$) → 부식 가속화

(2) **공식 발생에 미치는 여러 조건의 영향**

① 연소 이온(Cl^-) 농도가 낮은 쪽, 온도가 낮을수록 유리하다.
② 용존 산소, 혹은 산화제(Fe_3^+, Cu_2^+)의 존재시나, pH가 산성쪽일수록 불리하다.
③ 표면에 좁은 틈새가 있는 경우는 용액의 잔류에 의해 불리하다.
④ 소재 상태는 매끈하게 처리된 표면일수록 내공식성이 양호하다.
⑤ 내공식성 향상 원소 첨가시 유리하다. : Mo, N, Cr, Ni 등
⑥ 내공식성 크기 순서 : 304 < 316L < 듀플럭스 < 초 오스테나이트계
⑦ 피트 유발 인자가 낮을수록 유리하다. : 황화물(MnS)

5) 틈 부식

부식의 발생 기구는 공식과 동일하며 스테인리스강 위에 이물질이 부착한 경우나 구조상 생긴 틈새가 부식 환경에 놓여 있을 때 집중적으로 발생한다.

(1) **부식 발생 기구** : 틈새 형성 → 틈새부에서 용액의 정체 발생 → 틈새부에 용존 산소 고갈 → 양이온 과다 → 염소이온 끌어들임(전하평형을 위해) → HCl 형성 → 부식의 가속화(공식과 동일한 원리)

(2) **틈새 부식 발생의 특징**

① 틈새가 있는 경우나 침전물이 있는 환경에서 다량 발생한다. : 리벳, 볼트, 개스킷
② 염화물 환경에 노출시 발생하며, 공식과 더불어 STS강에 가장 많이 발생되는 부식 형태이다.
③ 부식이 처음 발생하는데는 다소 시간이 걸리나 일단 생기면 부식이 급가속된다.
④ 육안 관찰이나, 비파괴 검사가 어렵기 때문에 상당히 진행된 후에나 발견이 가능하다.

(3) **틈새 부식 방지 방법**

① 염화물 환경을 제거하며, 용액이 고이지 않고 완전히 배수되는 구조로 설계한다.
② 내공식 합금을 사용한다. : 고 Mo, N, Cr, Ni 합금
③ 틈새가 생기지 않도록 설계한다. : Rivet, Bolt로 체결보다는 용접으로 한다.
④ 틈새가 발생되었을 때는 충진물로 충진한다.

6) 응력부식 균열

(1) 응력부식 균열(SCC : Stress corrosion cracking)

응력부식은 인장응력 및 부식조건에서 생기며 보통 입계균열 양상을 보인다. 주기율표상의 할로겐족의 이온 즉 F^+, Cl^-, Br, I 등은 오스테나이트 스테인리스강에서 응력부식을 유발하게 되며, 이들 중에서 염화물(chloride)이 가장 위험하다.

금속의 응력부식 균열은 부식 환경에 노출된 금속에 인장응력이 주어졌을 때 공식(Pitting)이나 부식, Notch 선단과 같은 응력집중부에서 시작하여 입계를 통하여 전개되는 부식과 응력의 협동작업에 의해 일어나는 지연균열이며, 비파괴 검사로도 잘 관찰이 안 된다.

응력부식은 인장응력이 가해질 때만 일어나는 것으로 알려져 있으며 슬립이 일어날 정도의 응력이 가해지면 응력부식이 일어날 수 있고, 응력이 클수록 응력부식이 잘 일어난다. 또한 표면에 어느 정도의 피막이 있어야 응력부식이 생기게 된다.

응력부식 균열은 오스테나이트계 스테인리스강 특유의 현상이며, 탄소강보다 치명적이다.(그림 3.24 참조)

응력부식의 결과 생기는 균열은 가시적으로는 응력에 거의 수직으로 진행하나 미시적인 균열은 지그재그식으로 전파되어 가지가 많으며, 구조물의 경우 갑작스럽게 붕괴할 수 있다.

응력에 의해 금속 표면에 미끄럼 변형을 일으켜 표면의 막이 파괴되면 새로 형성된 표면은 깨끗한 표면으로서 화학적으로 활성이 있기 때문에 부식되어 다시 표면에 피막을 형성한다.

응력부식은 이 과정이 반복되어 일어나는 것으로서 '응력 → 슬립 스텝 → 부식 → 새로운 응력집중 → 새로운 슬립 스텝 → 부식'의 반복에 의하여 균열이 생성된다.

만일 입계의 석출물 등의 원인으로 인하여 입계가 선택적인 부식을 받을 경우에는 입계 응력부식 균열이 일어나게 된다. 입계부식은 보통 합금에 생기며 순금속에서도 불순물 원소의 존재로 인하여 생길 수 있다.

그림 3.24 스테인리스강의 응력부식 균열

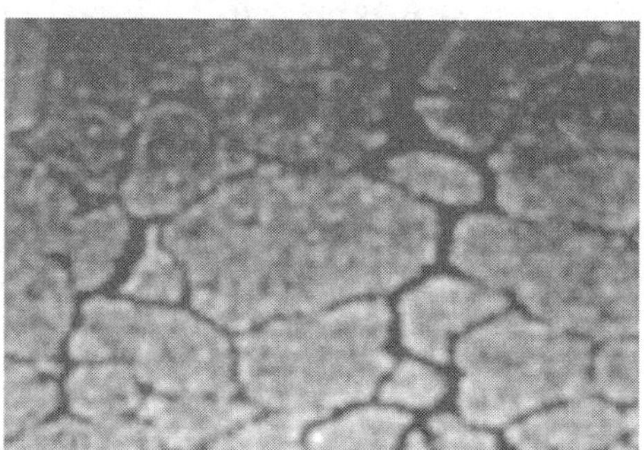

(2) 응력부식 균열 발생 기구

이 부식은 주로 인장응력의 90° 방향으로 발생하고 균열의 전파가 입계, 입내 구분없이 무차별로 전파되는 것이 특징이다.

부식 환경으로는 염소 이온이 대부분이지만 간혹 고온 고농도 알칼리, 고온 고압수, 폴리티온산 등에서도 응력부식이 일어나고 재료에 걸리는 응력이나 용접시 받은 열응력, 강한 표면 연삭에 의한 응력 등이 원인으로 작용한다.

이 부식은 균열의 전파속도가 매우 빨라 부품의 파괴가 2~3일 혹은 수 시간 내에 일어 날 수도 있으며, 중량의 구조물들을 오스테나이트계 와이어 등으로 지지해 놓은 환경 하에서 염소 농도가 미친다면(수영장 지붕 구조물 등) 매우 위험하므로 주의가 필요하다.

(3) 응력부식(SCC) 방지 대책

응력부식의 필수 요소인 부식에 예민한 합금, 부식 환경, 인장응력의 3가지 작용이 동시에 있어야 일어나므로 이들 중의 한가지의 인자를 제거하면 방지가 가능하다.

① 염소이온의 농도나, 사용 온도를 낮추고, 용존 산소, 산화물질을 제거한다.
② 수시 청소하여 표면 부착물을 제거하고, 쇼트피닝에 의한 압축응력을 부여한다.
③ 용접 또는 가공 후 응력제거 열처리를 실시한다.
④ 구조상 응력이 집중되는 모양이나 틈새를 피한다.
⑤ 적절한 재질 선택한다.(페라이트강은 응력부식이 발생하지 않으나 강도가 낮으며, Mo가 첨가되이 내피딩싱을 개선한 강종이나, 고Ni계 오스테나이트강이 유리함, 최근에는 강도와 SCC성, 내식성을 동시에 개선한 Duplex강이 사용되고 있음)

7) 피로부식 균열(corrosion fatigue cracking)

(1) 피로부식 균열 발생 기구

재료가 지속적으로 반복 하중을 받으면 매우 낮은 응력에서도 파괴가 일어나는데, 부식 환경에서는 더 낮은 반복 하중에서도 단기간에 파괴가 일어날 수 있으며 이런 현상을 피로부식 균열이라 한다.

이것은 인장응력의 90° 방향으로 발생하고 모든 환경에서 발생할 수 있으나 노출된 환경의 부식성에 따라 피로 수명의 차이가 나며, 표면에 노치가 있을 때 발생 가능성이 더욱 높아지며, 생성된 균열이 사방으로 분기하는 일이 거의 없으며 파단면이 줄무늬 혹은 해변의 모래 무늬를 나타내고 있다.

(2) 피로부식 방지 대책

재료 표면에 쇼트 피닝 등 압축응력을 부여하거나, 용접 후 잔류응력을 제거를 위한 풀림 처리, 항복 강도가 높은 강종일수록 내피로 부식성이 우수하므로 Duplex강 같은 항복 강도가 높은 강재를 선택하는 것이 좋다.

8) 해수 부식

(1) 해수 부식의 발생 기구

스테인리스강을 일반 환경에서 보다 바닷물에서 사용시에는 매우 왕성한 부식 특성을 나타낸다. 이는 바닷물(해수) 중에 약 3.4%의 소금(염)을 포함하고 있어 피팅, 틈새 부식과 같은 국부부식을 유발하기 쉽기 때문이다.

바다 속에서의 부식 특성에는 해조류의 부착, 침전물 등에 의해 틈새 부식 환경 조성이 쉽고, 용액 중의 염소(Cl) 이온 농도가 높은 점 등에 의해 공식, 틈새 부식이 가장 문제가 되고 있으며, 일반강에 비해 전면부식량은 비교적 적기 때문에 전면부식은 크게 문제가 없다.

그러나 해수 중의 부유 물질 등에 의해 마모 부식 문제가 나타나기도 한다.

(2) 부식에 미치는 해수 환경의 영향

① Cl 이온 농도가 증가할수록 공식이 증가한다.

② 용존 산소가 5 ppb 이하에서는 공식 발생이 어려우나, 40~600 ppb에서는 공식이 성장한다.

③ 공식 전위는 온도가 높아질수록 왕성한 쪽으로 이동하며, 20℃ 이하에서는 급격한 공식 발생이 어려워진다.

④ 유속이 빠를수록 염분 집적이 어려워지므로 공식이 발생되지 않으며, 유속이 1.5~1.8mm/sec 이하로 느릴 경우 공식 발생이 용이해진다.

(3) 해수 부식 방지 대책

① Duplex, Super austenite 등 내해수용 강재를 선정한다.

② 가능한 유속을 빠르게, 해수의 정체가 일어나지 않도록 설계한다.

③ 부착물을 수시로 제거하며, 설비의 가동을 중지할 때는 가능한 담수로 세척한다.

9) 대기 부식

대기 부식의 유발 인자로는 유황, 질소, 염화물, 탄소 등의 대기 중 부식성 미립자가 스테인리스강판 위에 침적에 의해 발생되며 오염이 심한 공단 지역 등에서 발생이 많이 일어난다. 대기 부식의 원인은 침전물 직하에서의 공식, 물이 고이거나, 세척이 곤란한 부분에서의 공식, 틈새부의 틈새 부식 등이 있다. 대기 부식 방지 대책은 주기적인 청소, 환경에 적절한 소재의 선택, 소재의 표면 처리(매끈한 표면일수록 부식이 적게 일어남) 등이 있다.

10) 스테인리스강이 녹이 스는 경우

스테인리스강은 알루미늄, 보통강에 비하여 훨씬 내식성이 우수하지만 금이나 백금과 달리 절대로 녹이 슬지 않는 것은 아니다.

스테인리스강이 녹이 슬기 어려운 이유는 강 중에 함유된 Cr이 산소와 결합해서 치밀한 부동태 피막을 형성하고, 이 피막이 녹을 방지하기 때문이다. 따라서 어떠한 이유에서든지만일 이 부동태 피막이 손상되고 재생이 방해를 받게 되면 녹이 발생되게 된다.

부동태 피막을 파괴하고 재생을 방해하는 물질로는 주로 '염소이온'과 '황산화물'이 있으며 염소 이온은 염분, 표백제, 염화비닐 소각제의 매연, 염산 등이 이에 속하고 황산화물은 자동차 공장 등의 연소 배기 가스, 온천의 증기 등이 우리 주변에서 흔히 발견되는 것 들이다.

이 밖에도 강한 마찰 등에 의해 표면이 벗겨진 경우 또는 부동태 피막을 직접 파괴하지는 않지만 표면에 대한 산소 공급을 방해하는 경우 즉, 분진, 먼지 등이 스테인리스강 표면에 집적 되어 있을 때도 문제가 발생한다.

또한 철분을 주로 한 이종 금속 입자들이 스테인리스강 표면에 달라붙으면 두 금속간의 표준 전극 전위 차이에 의한 갈바닉 부식이 발생되어 이물질이 녹이 슬고 이 이물질의 영향으로 스테인리스강 자체까지도 영향을 받게 되므로 주의가 필요하다. 흔히 공장지대, 철공소 주변에서 많이 발생된다. 따라서 이러한 현상을 피하는 방법은 다음과 같다.

① 각종 설비는 예각을 피하고 가능하면 라운드형으로 하여 이물질의 집적을 피한다.

② 탱크류 등 설비 설치시 수시 보수, 관리, 청소가 용이하도록 충분히 고려하고 보수, 청소시 접근이 가능한 창문들을 설치한다. 특히 저수조, 급탕조 등은 상부 및 물의 수면이 변동되는 부위가 부식에 취약하므로 탱크 형상을 만수형으로 하면 부식발생을 최소화할 수 있다.

③ 저수조에는 환기구를 설치하여 탱크 내부에 염소 가스가 집적되지 않도록 해주고, 급수시는 분무 방식을 채택하여 탱크 내부의 상부, 수면 변동부가 세척되도록 한다.

④ 배관의 배열은 내부의 유체 흐름이 방해 되지 않도록 고저를 분명히 하고 U자형으로 꺾어진 부분은 공기빼기용 밸브를 설치하여 비가동시 내부 액체를 배출 시킬 수 있도록 하면 좋다.

마. 입계부식이 생기는 금속

입계부식이 생기는 조건은 입계에 용질 편석이 생기거나 연속한 석출물이 있을 경우이다. 다량의 Ni을 함유하는 Ni계 합금은 스테인리스강에 비하여 특히 고온에서 부식에 강하다. 이 계통의 합금의 대표적인 것이 인코넬 600(76%Ni, 15.8%Cr, 7.2%Fe, 0.1%Cu, 0.04%C, 0.2%Mn, 0.2%Si)이며, Ti과 Al을 더하여 석출 경화형으로 만든 것의 대표적인 예가 인코넬 X-750((73%Ni, 15.5%Cr, 7.0%Fe, 2.5%Ti, 0.8%Al, 1.0%(Nb+Ta), 0.05%Cu, 0.04%C, 0.7%Mn, 0.2%Si)으로서 고온에서의 인장 및 크리프 특성이 좋은 것으로 알려져 있다.

이 합금은 저온에서는 부식에 대하여 거의 완전한 저항성을 가지고 있다고 여겨져 왔으나 그 후 저온 입계 응력부식 균열로 판명된 사례가 간혹 있다.

일반적으로 인코넬 600에서의 응력부식은 입계 부근에 크롬 탄화물이 석출됨으로 인하여 Cr의 함량이 부족해진 입계에서 일어난다고 알려져 있다. 따라서 응력완화 처리 등에 의하여 입계가 예민화될 경우 응력부식에 매우 취약하게 될 것임을 예견할 수 있다.

한편 인코넬 X-750과 같은 석출 경화형의 합금에서는 보통 시효경화 조건에 따라 변화하는 석출물의 양상이 응력부식 균열의 감수성에 큰 영향을 주는 것으로 알려져 있다.

상기 합금을 용체화처리에 이어 800~900℃와 704℃의 2단계 시효처리를 한 결과 입계 응력부식에 매우 취약했으나 704℃에서 직접 시효처리할 경우에는 응력부식에 대한 감수성이 감소되었으며, 이 합금에서의 응력부식은 Cr 고갈 이론으로 설명이 되지 않는다고 한다. 즉 시효과정에서 나타나는 입계 석출물의 양상과 입계 주변의 무석출영역 등에 의해 응력부식 균열에 대한 감수성이 크게 변화되므로, 이 합금의 시효처리는 매우 중요하다.

바. 오스테나이트 스테인리스강과 델타(δ) 페라이트

1) 델타 페라이트(Delta Ferrite) 생성기구

스테인리스강은 재료의 특성상 부식에 강하고 저온에서의 물리적 성질, 기계적 성질, 특히 충격치가 양호하여 여러 산업 분야에 많이 사용되고 있는 재료이지만, 그 장점 못지않게 단점도 많다. 그러므로 델타 페라이트량을 스테인리스강 용착금속에 적당량 함유토록 함으로서 스테인리스가 갖는 고온결함 등 단점을 보완할 수가 있는데, 이것은 δ-ferrite 그 자체가 많은 양의 불순물을 함유할 수 있기 때문이다.

스테인리스강은 Cr 당량이나 Ni 당량에 따라 δ-ferrite가 초기에 응고될 수도 있고, γ-ferrite가 초기에 응고될 수도 있다.

이 초기 응고조직은 용접부 조성에 의해 결정되는 것이 아니고 용융온도에서의 모재 조직에 의해 결정되며, 응고 조성비에 따라서 초기 응고조직이 ferrite, austenite 혹은 공정 조직으로 응고된다.

Cr-Fe-Ni 상태도의 경우 공정 삼각형 오른쪽 조성으로 응고시 δ-ferrite가 되며 이것은 불안정하여 상온에서는 완전 austenite로 변태된다.

실험에 의하면 austenite 고용조직은 초기 생성조직으로 응고시 δ-ferrite가 전형 없으나 1.48<Cr eq/Ni eq) <1.95 일 때 초기 δ-ferrite이며, 응고가 완료되기 전에 포정반응에 의해 austenite가 형성되며, (Cr eq/Ni eq) >1.95일 때는 초기의 조직은 δ-ferrite이나 완료시는 austenite가 생성된다.

2) 스테인리스강에서 델타 페라이트의 역할

(1) 완전 오스테나이트(Austenite) 용착금속은 저융점의 불순물 원소(P, S, Si, Nb, O) 때문에 입계(粒界)에 편석하는 경향이 있어서 미세 균열이나 열간 균열을 일으킨다. 이에 대하여 델타 페라이트는 유해 원소 및 불순물 원소의 고용도가 크기 때문에 페라이트가 존재하면 저융점 액막이 적게 되어 응고 범위가 좁아져 열간 균열을 방지한다.
(2) 페라이트가 존재하면 인장 강도가 증가하며, 열팽창계수가 적어지므로 수축응력이 감소되기 때문에 균열 발생이 어려워진다.
(3) 페라이트가 많으면 내(耐)응력부식 균열을 향상시킨다.
(4) 일부 페라이트화한 용착금속에서는 장기간의 크리프 강도가 낮아진다.
(5) 용접 중에서나 530~820℃ 온도 범위에 유지되거나 하면 고(高)함량의 페라이트를 갖는 용접부는 시그마상(Sigma Phase)을 형성하여 취약해진다. 시그마상(相)은 연성, 충격 인성 및 내(耐)부식성을 저하시킨다.
(6) 고온 균열의 연구 결과 스테인리스강 내에 δ-ferrite가 용착금속 내에 약 5% 정도 형성되어 있을 때 내부식성의 손실이 적고 σ상의 석출이나 475℃ 취화 등의 위험 부담을 갖지 않고 고온 균열을 피하는 최적값이며, 데롱의 페라이트 번호(FN)는 최소한 5 정도가 요구되고 있다.

3) Delta Ferrite의 측정

그림 3.25 페라이트 함량과 입열량과의 관계

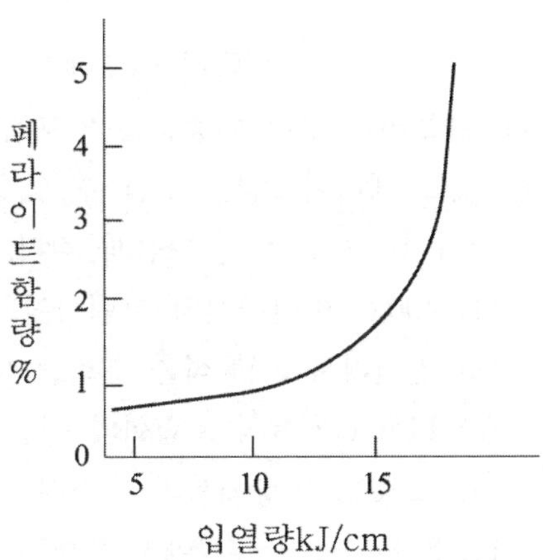

측정 계기로는 Severn Gage, Magne Gage 및 Ferrite Scope 등이 있다. Severn Gage는 어떤 자세에서도 사용할 수 있으며, 페라이트량이 일정 값 이상인지 이하인지를 측정하는 일종의 go/no go 게이지로서 ferrite indicator라고도 한다. Magne Gage는 아래보기 자세이며, 비교적 시험 대상이 적은 경우에 사용할 수 있으며, 많이 사용하는 경우에는 1년, 적게 사용하는 경우에는 2년 정도 사용 후에 계기를 점검하여야 된다.

ASME code sec. Ⅲ 규정에 의하면 자기 계측 장비로 측정할 경우 적어도 용착금속상의 6군데를 측정하여 평균값이 FN 5 이상 되어야 하며, δ-ferrite를 측정할 때 탄소강판의 경우 자기 반응 때문에 탄소강판 위에서 Severn Gage는 25mm 이상, Magne Gage는 8mm 이상, Ferrite Scope의 경우에는 5mm 이상 떨어져서 측정해야 된다.

4) 델타 페라이트 형성에 영향을 주는 요인

(1) 냉각속도

초정 페라이트가 오스테나이트로 변태하기 위한 합금원소의 확산이 일어나는 온도에서의 유지시간이 중요하며, 용접 입열량이 증가할수록 용접부의 페라이트의 양도 증가한다.(그림 2.35 참조)

또한 냉각속도가 빠를수록 수지상간 거리가 작아지며 변태를 위한 합금원소의 확산거리가 감소하기 때문에 용접금속의 냉각속도, 합금원소의 확산속도, 페라이트-오스테나이트 변태속도 등이 빠를수록 델타 페라이트양이 증가한다.

(2) 화학 조성

합금성분 중 Cr, Mo 등은 페라이트 안정화 원소이고, Ni, C, N 등은 오스테나이트 안정화 원소로 Cr 당량 : Ni 당량의 비가 클수록 잔류 페라이트양은 많아지게 된다.

(3) 후열처리의 영향

오스테나이트계 스테인리스강은 500~700℃로 후열처리할 경우 예민화 현상 때문에 후열처리를 하지 않는 것이 보통이지만, ASME code sec. Ⅷ에서 이종 금속의 경우는 용접 후 잔류응력 제거를 위한 후열처리를 실시하도록 규정하고 있으며, 오스테나이트계 스테인리스강은 용접시공시 고온 균열 방지를 위해 적당량의 델타 페라이트를 함유하도록 하고 있다.

사. 쉐플러 선도에 따른 결함 발생 가능 위치

[그림 3.26]은 쉐플러 선도에서 각 구역별 결함 발생의 영역을 구분하여 나타낸 선도이다. 쉐플러 선도는 이종금속을 용접할 때 용착금속을 용접할 때 용착금속의 조직을 예측할 수 있고 페라이트량을 구할 수 있으며, 발생할 수 있는 용접 결함의 종류를 알 수 있다.

그림에서 (1)~(5)는 다음과 같다.

(1) 400℃ 이하에서의 마텐사이트 균열을 나타내는 지역

(2) 열처리시 σ상 석출 취화를 나타내는 영역

(3) 1150℃에서의 조립화와 상온 취화를 나타내는 영역

(4) 1250℃ 이상에서의 오스테나이트 고온 균열을 나타내는 영역

(5) 5가지 용접 결함에서 벗어날 수 있는 안전역을 나타내는 영역(그림 (5)의 사선 구역)

그림 3.26 쉐플러 선도 위치에 따른 결함 발생 가능 영역 구분

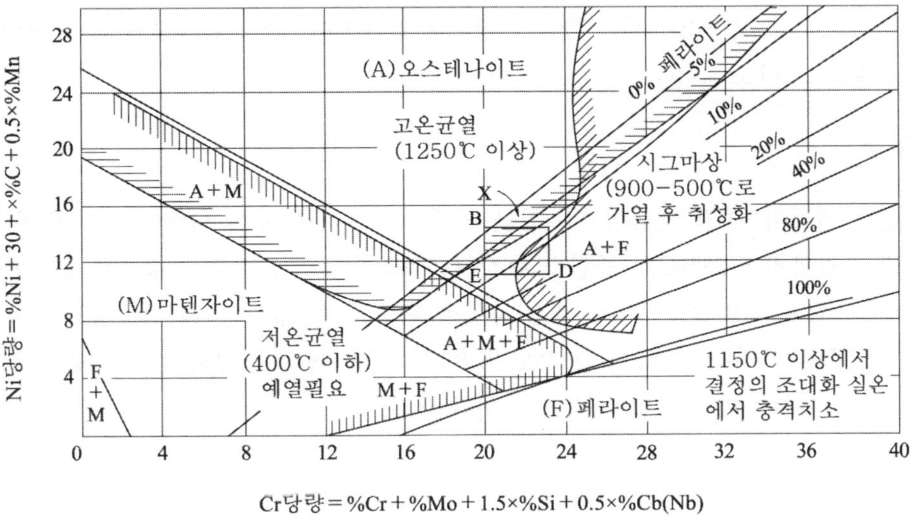

6 주강

가. 주강의 개요

용강을 주조 방법에 의해 주형에 주조하여 만든 제품을 주강품 또는 강주물이라 하며, 그 재질을 주강(cast steel)이라고 한다. 주강은 크기나 모양이 복잡하여 단조 가공이 곤란하나 주철에 비하여 용접성이 우수하며 보수가 용이하고, 단강품이나 압연품에 비하여 가공 공정을 감소시킬 수 있어 많이 사용되고 있다.

주강은 일반적으로 주조한 상태로는 조직이 거칠고 인성이 낮으므로 주조 후에는 풀림 열처리하여 조직을 미세화하고, 주조할 때 생긴 주조 응력을 제거하여 사용하며, 열처리 방법은 탄소강과 같다. 또한 주강은 기포나 편석이 생기기 쉬우므로 주조시 Mn, Si 등 강한 탈산제를 사용하여 충분히 탈산하여 제조하여야 한다.

나. 주강의 특성

주강은 수축률(20/1000~25/1000)이 주철의 2배 정도이며, 주철에 비하여 용융점이 높아 주조성이 나쁘므로 주조 후 반드시 풀림 처리가 필요하다.

주철로 강도 부족시나, 단조강보다 가공 공정을 감소시킬 필요가 있을 때 사용한다.

다. 주강의 종류

주강은 일반적으로 보통(탄소) 주강, 합금 주강으로 분류하며, 탄소 함유량에 따라 저탄소 주강, 중탄소 주강, 고탄소 주강이 있다.

1) 보통 주강

탄소강 주강을 말하며, 주강 제품의 대부분을 차지한다. 이것은 C% 함량에 따라 0.20%C 이하의 저탄소 주강과 0.2~05%C의 중탄소 주강, 0.5%C 이상의 고탄소 주강으로 분류한다.

보통 주강은 구조용 재료 또는 기계 부품 중에서 단조할 수 없고 주철로는 강도가 부족할 때 사용하며, 주철에 비해 용해, 주입 온도가 400℃ 가량 높은 관계로 응고 수축이 크고 가스 방출이 많아 주철보다 고도의 기술을 요한다.

2) 합금 주강

특수 주강이라고도 하며 보통 주강에 Ni, Cr, Mn, Mo, 및 V 등의 특수 원소를 다량 또는 2가지 이상 첨가하여 특수한 성질이나 목적을 얻도록 한 주강을 말하며, 강도, 경도, 내식성, 내마멸성 등을 향상시킨 것으로 Ni 주강, Cr 주강, Ni-Cr 주강, Mn 주강 등이 있다.

3) 용 도

(1) **저탄소 주강** : 전동기, 발전기의 하우징 등에 사용한다.

(2) **고탄소 주강** : 주강은 내마멸성이 강한 기어, 실린더, 피스톤, 롤러, 베어링 케이스 및 각종 프레임에 이용된다.

7 주철

가. 주철의 개요

주철(cast iron)은 2.01~6.67C 함유한 철 합금으로, 선철과 고철을 용선로에서 용해한 철이다. 많이 사용되는 주철의 탄소량은 2.5~4.5%C이며, 탄소는 주철 중에 유리 탄소(흑연)나 화합 탄소로 펄라이트 또는 시멘타이트(Fe_3C)로 존재하며, 주철에 함유하는 탄소량은 전탄소량(total carbon)으로 나타낸다.

전탄소량 = 흑연(유리 탄소) C + 화합 탄소 Fe_3C

나. 주철의 특성

(1) 용융점이 낮고 유동성이 좋아 주조성이 우수하다.(복잡한 형상도 쉽게 주조할 수 있다.)
(2) 연신율이 작고, 고온에서도 소성 변형이 안 된다.
(3) 압축 강도가 크고(인장 강도의 3~4배) 마찰 저항이 좋으며, 절삭가공이 쉽다.
(4) 주물의 표면은 단단하고 녹이 잘 슬지 않으며 도색도 잘 된다.
(5) 강에 비해 인장 강도가 적고 충격치가 낮다.(취성(메짐)이 큼)
(6) 흡진성이 있어 진동이 많은 곳(공작물 베드 등)에 적합하다.
(7) 단위 무게당 가격이 싸다.

다. 주철의 성질

(1) **응력 제거 풀림** : 담금질, 뜨임이 안되나 주조 응력 제거를 목적으로 풀림 처리는 가능하다.(주조 응력 제거 풀림 온도는 500~600℃로 6~10시간 풀림)
(2) **자연 시효** : 주조 후 장시간(수개월 이상~1년) 방치하면 주조 응력이 제거되는 현상이다.
(3) **탄소당량** : 탄소 이외의 원소를 탄소 함유량으로 환산한 것을 말한다.
주철의 경우 많이 사용 : Ceq=C% + (Si+P)/3

라. 주철의 성장

(1) **성장** : 고온(650~950℃)에서 가열과 냉각을 반복하면 부피가 증가하여 변형이나, 균열이 발생하는 현상을 말한다.

(2) 성장 원인

① Fe_3C의 흑연화(Al, Si, Ni, Ti 등의 원소에 의한 흑연화)에 의한 팽창

② A_1 변태에서 체적 변화에 따른 팽창

③ 불균일한 가열로 인한 팽창, 페라이트 중 고용 원소인 Si의 산화에 의한 팽창

④ 흡수되어 있는 가스의 팽창에 의해 재료가 항복되어 생기는 팽창

(3) **성장 방지법** : 흑연의 미세화(조직 치밀화), 흑연화 방지제 첨가, 탄화물 안정제 첨가(Mn, Cr, Mo, V 등 첨가로 Fe3C의 분해 방지), Si의 함유량 감소 등의 방법이 있다.

마. 파단면에 따른 주철의 종류

(1) 회주철(gray cast iron) : Mn량이 적고 규소량이 많을 때 파면이 회색으로 나타나며, 냉각속도가 느릴 때도 생긴다. 주소성이 우수하고 절삭성도 좋아 각종 구조재로 공작기계 베드, 내연 기관 실린더, 피스톤, 주철관, 가정용품 등에 사용된다.

(2) 반주철(mottled cast iron) : 회주철과 백주철의 혼합된 조직의 주철이다.

(3) 백주철(white cast iron) : 파면이 흰색으로, Si량이 적고 냉각속도가 빠를 때 생기기 쉬우며 경도와 내마모성이 좋아 압연 롤러, 기차 바퀴 등에 쓰인다.

바. 마우러(Maurer's diagram) 조직도

(1) 주철에서 탄소와 규소 성분 %에 따라 주철의 조직 변화 관계를 나타낸 조직도이다. (그림 3.27 참조)

그림 3.27 마우러 주철 조직도

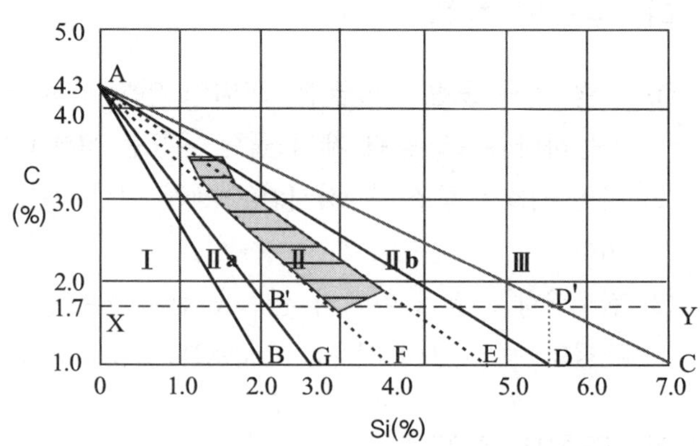

(2) 규소는 흑연의 정출, 석출에 큰 영향을 준다. 규소량이 많으면 흑연량이 많아진다.

(3) 마우러 조직도 설명

① Ⅰ구역 : 백(극경) 주철(Pearlite + Fe_3C)

② Ⅰa구역 : (경질) 주철(Pearlite + Fe_3C + 흑연)

③ Ⅱ구역 : 펄라이트(강력) 주철(Pearlite + 흑연)

④ Ⅱa구역 : 회(보통) 주철(Pearlite + Ferrite + 흑연)

⑤ Ⅲ구역 : 페라이트(연질) 주철(Ferrite + 흑연)

사. 주철의 기본 조직

주철의 조직은 바탕 조직(펄라이트, 시멘타이트, 페라이트)과 흑연의 혼합 조직으로 되어 있으며, 주철 중에 탄소는 주로 흑연 상태로 존재한다.

(1) **유리 탄소(free carbon)** : 회주철과 같이 주철 속에 규소가 많고 냉각속도가 느릴 때 탄소가 흑연 상태로 존재한 탄소를 말한다.

(2) **화합 탄소(combined carbon)** : 백주철과 같이 주철 속에 망간 함유량이 많고 규소가 적으며 냉각속도가 빠를 때 Fe_3C 상태로 존재하는 탄소를 말한다.

(3) **흑연화** : 화합 탄소 Fe_3C가 안정한 상태인 3Fe와 C(탄소)로 분리되는 현상을 흑연화라 한다. 흑연은 용융점을 낮게 하며, 강도가 작아진다. 흑연화 촉진 원소는 Si, Al, Ti, Ni이며, 흑연화 방해 원소는 Mn, Cr, Mo. V, S 등이 있다.

아. 주철의 종류와 특성

1) 보통 주철(회주철 : GC 1~3종)

회주철이라고도 하며, 탄소를 3~3.5% 정도 함유하고 있으며, 불순물이나 강도를 규정하지 않은 표준 주철이다. 인장 강도는 10~20kg/mm^{2}로, 일반 가정용품, 공작 기계 베드 등에 쓰인다.

주철 속에 각종 성분의 영향은 다음과 같다.

(1) **탄소(C)** : 시멘타이트와 흑연으로 존재하며, 냉각속도, 화학 성분(Si, Mn)에 따라 달라지고, 냉각속도가 늦을수록, Si량은 많을수록 Mn량은 적을수록 흑연량이 많아진다.

(2) **규소(Si)** : 흑연화 촉진 원소이며, 얇은 주물에는 규소량을 다량 첨가하여 시멘타이트 생성을 저지해야 한다.

(3) **망간(Mn)** : 흑연화 방해 원소이며, 황과 MnS화해서 황의 해를 제거하며, 탈산 작용과 주철의 질을 강하고 단단하게 하여 절삭성을 나쁘게 하며 수축율이 크게 된다.

(4) **인(P)** : 용융점 저하로 주조성이 좋아져 얇은 주물 제조시 많이 사용하나, 일부 스테다이트(페라이트 + Fe_3C + Fe_3P)로 존재하여 여리게 한다.

(5) **황(S)** : FeS, MnS로 존재하며, MnS는 결정립 안에 거친 결정을 만든다. FeS는 결정 입자의 경계에 미립으로 분포하며, 유동성 저하, 수축율과 주조 응력을 크게 하며, 고온 취성의 원인이 된다.

2) 고급 주철

(1) 고급 주철(회주철 : GC 4~6종)

탄소 함유량이 2.5~3.2% 정도이고 펄라이트와 미세한 흑연으로 된 인장 강도 245MPa (25kg/mm^2) 이상인 강인 주철이다.

흑연은 국화상이며, C, Si(단, 1 < Si < 3) 양이 $\frac{(C+Si)}{1.5}$=4.2~4.4%가 되면 고급 주철이 된다.

(2) 미하나이트 주철

① 고급 주철의 일종으로, 저탄소, 저규소 선철과 다량의 강 스크랩을 배합 용해하여 Fe-Si, Ca-Si를 접종시켜 제조하여 흑연의 형상을 미세하고 균일하게 한 미세 펄라이트 조직으로 개량 접종처리한 주철이다.

② 인장 강도는 343~441MPa(35~45kg/mm^2) 정도이며, 담금질이 가능하고, 강력 구조용, 내마모용, 내부식용, 내열 기관용 등에 쓰인다.

(3) 고급 주철 제조법

① 란쯔(Lanz process)법 : 선철과 다량의 강 스크랩을 배합하여 탄소와 규소의 양(C+Si의 양을 3.8~4.2)을 적게 하고 용탕의 응고를 비교적 빨리 하여 흑연을 미세하게 분산하는 제조하는 법으로 작은 주물에 적용하고 있는 제조법이다.

② 에멜(Emmel process)법 : 저탄소 주철이라고도 하며, C, Si가 비교적 많은 신선철과 강 스크랩을 50% 이상 배합하여 제조하는 방법으로, 강성 주물을 만드는데 적용된다.

③ 코살리(Corsalli process)법 : 용선의 C량을 2.0% 이하로 하기 때문에 전량을 강 스크랩을 배합하여 제조하는 방법이다.

④ 피보아르스키(Piwowarsky process)법 : 저탄소 고규소 선철을 사용하여 흑연을 미세화하는 제조 방법이다.

⑤ 미아한(Meehan process)법 : 미하나이트 주철을 제조하는 방법(2)항 (2) 참조)

3) 합금 주철

(1) 특성

① 보통 주철에 합금 원소(Ni, Cr, Mo, Mg 또는 Si, Mn, P 등)를 첨가하여 보통 주철에서 얻을 수 없는 제성질(내식성, 내마모성, 내열성, 고자성 등)을 얻을 수 있게 한 주철이다.

② 흑연화 경향 : Si를 1로 했을 때 Al은 0.5, Ni 0.3~0.4, Cu 0.35 정도이다.

(2) 합금 원소의 영향

① Ni(니켈) : 흑연화를 촉진하며, 0.1~10%만 첨가해도 흑연이나 펄라이트 조직이 미세화하여 강도를 크게 하며, 두꺼운 부분의 억셈과 얇은 부분의 칠(chill)의 발생을 방지한다. 내열, 내산화, 내알칼리성을 갖게 하며 비자성인 오스테나이트 주철을 만들 수 있다.(14~38% 첨가)

② Cr(크롬) : 흑연화 방지 원소이다. 주철의 성장 방지와 탄화물을 안정시키고 칠층을 깊게 한다. 1.5~2% 첨가로 펄라이트 조직의 미세화와 경도 증가, 내열성, 내부식성이 향상된다.

③ Mo(몰리브덴) : 다소 흑연화를 방지하며, 0.25~1.25% 첨가시 흑연이 미세화되며, 강도, 경도, 내마모성을 증가시키며, 두꺼운 주물 조직을 균일화한다.

④ Ti(티타늄) : 강한 탈산제며 흑연화 촉진제이나 너무 다량 첨가시는 오히려 흑연화를 방해한다. 고탄소, 고규소 주철에 첨가시 흑연의 미세화와 경도가 증가된다.

⑤ V(바나듐) : 강한 흑연화 방지 원소이다. 0.1~0.5% 첨가시 흑연의 미세화와 경도를 증가시킨다.

⑥ Cu(구리) : 0.25~2.5% 첨가시 강도가 증가되고 내마모성이 개선되며, 내식성이 좋아진다. 염산, 황산, 질산에 내식성이 상당히 좋다.

⑦ Mn(망간) : 비자성화 능력이 Ni의 2배이나 조직을 단단하게 하여 피절삭성을 나쁘게 한다.

(3) 합금 주철의 종류

① 기계 구조용 주철 : Ni 주철이 쓰이며, Cr, Mo을 첨가하여 강도를 향상시킨 것으로, 자동차용 엔진의 크랭크, 캠축 등에 쓰인다.

② 내마모용 주철 : 보통 주철에 적당량의 Ni, Cr 등을 첨가하면 마텐사이트 주철로 되어 내마모성이 향상된다.

③ 내열 및 내산 주철 : 내산성이 있으면서 내열성도 좋다. 페라이트계와 오스테나이트계로 구별된다.

ⓐ 페라이트계 주철 : Si 및 Cr을 다량으로 함유하는 주철로 대단히 단단하다.

ⓑ 오스테나이트계 주철 : Ni을 20% 이상 함유한 주철로, 내산, 내알칼리, 내열성 등이 높고 비자성체이며, 전기 저항이 크고 연성, 인성이 있다. 주로 석유화학, 기타 화학공업에 많이 사용된다.

ⓒ 고규소 주철 : 규소를 14% 이상 함유한 주철로, 진한 황산과 초산에는 사용 가능하나 진한 열염산에는 약하다. 내산 주철이며, 절삭 가공이 안되고 취성이 크다.

④ 고크롬 주철 : Cr을 15~30% 함유한 주철이며, 산, 유황 가스 등에 강하며 고온에서도 성장성이 적으며, 아주 단단하여 절삭이 불가능하므로 연삭 가공한다. 풀림 상자나 로 재료로 사용된다.

4) 칠드 주철(chilled casting)

(1) 특 성

① 냉경 주철이라고도 하며, 용융 상태에서 금형 등에 주입하여 급랭시켜 접촉면을 백선화(펄라이트와 유리 시멘타이트)로 만들어 표면은 경도가 높아 단단하고 내부는 강인한 성질을 갖게 한 주철로 내마모성이 크다.

② 흑연화로 칠층을 얇게 하는 원소 : C, Si, Al, Ti, Ni, P, Cu, Co 등

③ 흑연화 방지로 칠층을 깊게 하는 원소 : S, V, Cr, Mn, Sn, W 등

(2) 용도 : 압연 롤러나 기차 바퀴 등의 제조에 쓰인다.

5) 구상 흑연 주철

(1) 특 성

① 연성 주철(ductile cast iron : 미국), 구상 흑연 주철(spheroidal graphite cast iron : 영국), 노듈러 주철(nodular cast iron : 일본)이라고도 한다.

② 회주철의 경우 편상 흑연 조직으로 외력이 작용되면 편상 흑연을 따라 균열이 발생되기 쉬워 취성이 크고 강도가 작은 결점이 있는데, 흑연을 구상화시킴으로서 균열 발생이 어렵고 강도와 연성이 크게 된다.

그림 3.28 구상흑연 주철 현미경 조직

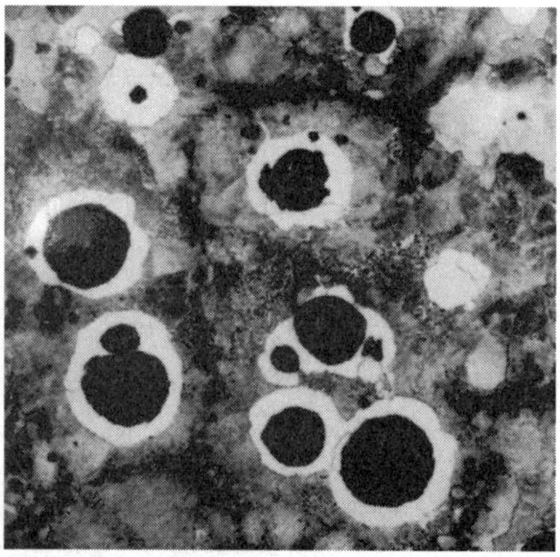

(2) 구상화 방법

① S이 적은 선철을 용해하고 여기에 Mg(마그네슘), Ce(세슘) 등을 첨가해서 접종시켜 편상 흑연을 구상화시킨다.

② [그림 3.28]은 펄라이트와 페라이트로 된 구상 흑연 조직으로 황소 눈 같다 해서 볼스 아이 조직이라고도 하며, 강도와 연성이 매우 좋다.(인장 강도 : 490~686MPa (50~70kg/mm^2)

6) 가단 주철

(1) **가단 주철** : 백주철을 풀림 처리하여 탈탄과 Fe_3C의 흑연화에 의해 연성(또는 가단성)을 크게 한 주철로서, 주강의 중간 정도의 특성을 가진 주철이다.

(2) **가단 주철의 종류**

① 백심 가단 주철(WMC) : 백주철을 철광석, 밀 스케일 등과 함께 풀림 상자에 넣고 950~1000℃로 70~100시간 정도 가열, 풀림 처리하여 표면을 탈탄시킨 후 서랭시킨 주철이다. 강도는 흑심 가단 주철보다 다소 높으나 연신율은 낮다.

그림 3.29 흑심 가단 주철 현미경 조직

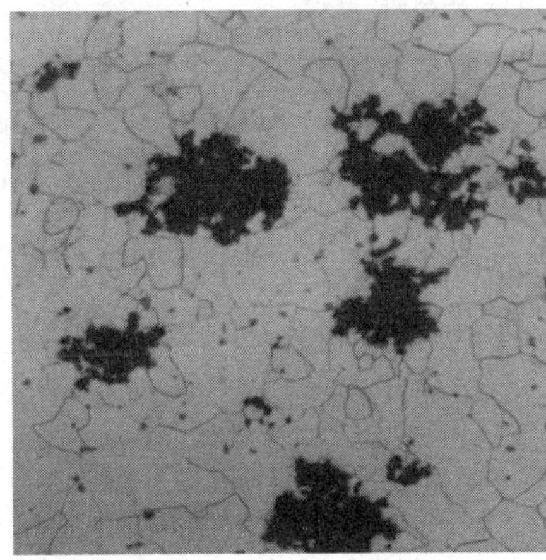

② 흑심 가단 주철(BMC) : Fe_3C의 흑연화가 목적이므로 저탄소, 저규소 백주철을 풀림하여 흑연화시킨 주철이다.
백주철을 900~950℃로 가열하여 20~30시간 유지하면 Fe_3C가 분해되어 흑연과 오스테나이트가 되며(제1단계 흑연화) 냉각시 오스테나이트의 일부가 펄라이트로 변태한다.(그림 3.29 참조)

③ 펄라이트 가단 주철 : 흑심 가단 주철의 흑연화의 일부(제2단계 흑연화)를 생략하여 구상, 층상 펄라이트 또는 베이나이트, 소르바이트 조직으로 만든 주철이다.

제6절 | 비철 금속재료

1 알루미늄과 그 합금

가. 알루미늄의 성질

1) 순 알루미늄의 성질

Al은 면심입방격자의 구조를 갖고 있으며, 비중이 2.7, 용융점은 660℃이고, 전기 및 열을 잘 통하는 양도체이며, 전연성이 좋아 400~500℃에서 연신율이 최대이다. 또한 대기 중에서 내식성이 좋고 탄산염, 초산염 등에는 내식성이 있으나 염화물, 황산, 염산에는 침식된다.

주조가 용이하여 다른 금속과 합금성이 좋다.

2) 알루미늄 합금의 용체화 및 시효 처리

(1) 용체화 처리

Al은 변태점이 없어 성질 개선에 이용할 수 없다. Al-4%Cu 합금을 500℃로 가열하면 α 고용체가 되며 이 온도에서 담금질하면 θ가 석출할 시간이 없이 상온에서도 α고용체가 되는데 이것을 과포화 고용체라고 하며 이 조직을 얻는 조작을 용체화처리라고 한다.

(2) 시 효

과포화 고용체를 상온 또는 고온에 유지함으로써 시간의 경과에 따라 성질이 변하는 것을 시효라 하며, 시효 경화란 시효 현상에 의하여 경화되는 현상을 말한다.

① 자연 시효 : 실온에 방치하여 일어나는 시효이며, 장시간이 소요된다.

② 인공 시효 : 실온보다 높은 온도(100~160℃)에서 일정한 시간 유지하면 시간의 경과에 따라서 시효 경화가 일어난다.

(3) Al의 열처리 구분

① T1 : 고온 성형 이후의 변형을 바로 잡기 위한 평탄화 및 직선화 가공이 기계적 특성에 영향을 미치지 않는 미약한 수준의 가공이다. 고온 성형 이후에 냉간 가공이 이루어 지지 않고 자연 냉각하고 자연 시효 경화(Aging)하여 안정화된 상태를 의미한다.

② T2 : 고온 성형 이후에 보다 높은 수준의 기계적 강도를 얻기 위해 냉간 가공을 실시하고 상온에서 방치하여 자연 시효 경화(Aging)하여 안정화된 상태를 의미한다. 변형을 바로 잡기 위한 냉간 가공의 효과는 남지만 기계적 특성의 규정 내에서 허용되는 수준이다.

③ T3 : 변형을 바로 잡기 위한 냉간 가공은 기계적 특성의 규정 내에서 허용되는 수준이며, 고용화 열처리 이후에 기계적 강도를 향상하기 위해 냉간 가공을 실시하고 자연 시효 경화(Aging)하여 안정화된 상태를 의미한다.

④ T4 : 고용화 열처리 이후에 냉간 가공은 실시하지 않고, 자연 시효 경화(Aging)하여 안정화된 상태를 의미한다.

⑤ T5 : 고온 성형 이후에 냉각하여 냉간 가공을 실시하지 않은 상태로 시효 경화하고 안정화된 상태를 의미한다.

⑥ T6 : 고용화 열처리 이후에 냉각하여 냉간 가공을 실시하지 않고 시효 경화하고 안정화된 상태를 의미한다.

⑦ T7 : 고용화 열처리 이후에 과다 시효하여 최대 강도가 나올 수 있는 한계치를 넘어선 상태로 안정화된 상태를 의미하며, 고용화 열처리 이후에 과다 시효를 유도하여 기계적 강도 이외에 다른 특성을 나타내기 위해 실시한다.

⑧ T8 : 고용화 열처리 이후에 냉간 가공하여 강도를 향상시키고 시효 경화한 상태를 의미하며, 변형을 바로 잡기 위한 냉간 가공의 효과는 기계적 특성의 규정 내에서 허용되는 수준이다.

⑨ T9 : 고용화 열처리 이후에 시효 경화를 하고 냉간 가공하여 강도를 향상시킨 상태를 의미한다.

⑩ T42 : 연화 열처리 혹은 F(제조 그대로의 상태) 상태에서 고용화 열처리 하고 자연 상태에서 시효하여 안정화된 상태를 의미한다.

⑪ Tx52 : 고용화 열처리 혹은 고온 성형 이후에 압축응력을 가하여 1%의 영구 변형이 생기도록 하여 응력을 제거한 상태를 의미한다.

⑫ T62 : 제조 그대로의 가공 상태 혹은 연화 열처리에서 고용화 열처리를 하고 시효 경화하여 안정화된 상태를 의미한다.

나. 주물용 Al 합금

1) Al-Cu 합금

담금질과 시효에 의하여 강도가 증가하며 내열성이 좋으나 고온 취성이 있으며 주조할 때 수축 균열이 발생한다. 대표적인 것으로 알코아(Al-4~8%Cu 합금)가 있으며, 내연 기관의 크랭크 케이스, 브레이크 슈, 자동차 부품, 다이캐스팅 등에 이용된다.

2) Al-Si 합금

실루민(미국 : 알팩스)은 Al-Si계 대표적 합금으로, 내열성이 크다. 이것은 금속 나트륨, 불화물, 가성 소다 등으로 개량 처리하여 조직을 미세화한 것으로 피스톤 등에 이용된다.

3) Al-Cu-Si 합금

Al-Cu-Si계 내표적 합금으로 라우탈이 있으며, 실루민의 결점인 가공 표면의 거침을 없앤 것으로 주조성이 양호하다. 압출재, 단조재, 주조재 등에 사용된다.

4) 내열용 Al 합금

(1) Y 합금 : Al-Cu 4%-Ni 2%-Mg 1.5% 합금으로, 고온 강도가 크고 내열성이 있어 내연 기관의 피스톤, 실린더 헤드에 사용된다.
(2) 코비탈륨 : Y 합금의 일종이다. Y 합금에 Ti, Cu를 약간 첨가한 것으로, 피스톤 재료로 쓰인다.
(3) 로엑스(Lo-Ex) : 특수 실루민으로, Na 처리한 내열 합금이다. 피스톤 재료로 쓰인다.

5) 다이캐스팅 Al 합금

다이캐스팅 재료는 유동성이 좋고 열간 취성이 없으며, 응고 수축에 대한 용탕 보급성이 좋고, 금형에 점착하지 않은 것이 좋다. Mg 함유시 유동성을 해치며, Fe은 점착성, 내식성, 절삭성 등을 해치는 불순물로 최고 1%까지 허용된다.

6) 하이드로날륨

Al-Mg계 대표적인 합금으로 마그날륨이라고도 한다. 두랄루민의 내식성을 향상시키기 위해 Al에 6% Mg 이하를 첨가한 Al-Mg계 합금으로 내식성, 고온 강도, 절삭성, 연신율이 우수하고 비중이 작다.

7) 두랄루민의 종류

(1) 두랄루민

Al-4% Cu-0.5% Mg-0.5% Mn계로 시효 경화의 대표적인 합금이며, 대기 중에서는 내식성이 우수하나 해수에는 약하고 부식 균열이 생기기 쉽다. 비중이 작아 자동차나 항공기 부품에 이용된다. 대표적인 것으로 2017 합금계가 있다.

(2) 초두랄루민

보통 두랄루민에 Mg을 다소 증가하고, Si를 감소시켜 시효 경화시킨 합금으로, 2024계가 있다. 인장 강도가 490MPa($50kg_f/mm^2$) 이상으로 항공기의 구조재와 리벳, 일반 구조물 등에 이용된다.

(3) 강두랄루민

두랄루민에 Zn을 다량 함유시키고, 응력부식에 의한 자연 균열 방지를 위해 Mn, Cu를 첨가시켜 인장 강도가 529MPa($54kg_f/mm^2$) 이상인 Al-Zn-Mg계 합금으로 강도는 매우 크나, 내식성이 나빠서 바닷물에 대한 내식성은 순 Al의 1/3 정도이다.

다. 가공용 Al 합금

1) 가공용 Al 규격

(1) A 1000계 : 순수 Al(99.00% 이상)

가공성, 내식성, 표면 처리성 등이 좋지만 강도가 낮기 때문에 구조용으로는 부적합하므로 가정용품, 일용품, 전기 기구에 많이 이용된다. 1060, 1070은 전기 전도성, 열전도성이 우수하므로 송배전용 재료, 방열 재료로 많이 사용된다.

(2) A 2000계 : Al-Cu계 합금

두랄루민, 초두랄루민인 2017, 2024가 대표적인 것으로 철강재와 버금가는 강도가 있으나 비교적 구리를 많이 함유하고 있어 내식성이 낮으므로 부식 환경에 노출될 경우에는 충분한 방식 처리가 필요하다.

(3) A 3000계 : Al-Mn계 합금

Mn의 첨가에 의해 순Al의 가공성, 내식성의 저하없이 강도를 증가시킨 것으로 3003이 대표적이다. 기물, 건축재 용기 등 광범위한 용도로 쓰인다.

(4) A 4000계 : Al-Si계 합금

Si를 첨가하여 열팽창률을 억제하고 내마모성을 개선한 것으로 미량의 Cu, Ni, Mg 등을 더 첨가하면 내열성이 향상되어 단조 피스톤 재료로 사용된다.

4043은 용융 온도가 낮아 용접 와이어, 브레이징 납재로 사용되며, Si 입자의 분산에 의해 양극 산화 피막이 회색이 되기 때문에 빌딩 건축의 외장용 패널로도 사용된다.

(5) A 5000계 : Al-Mg계 합금

Mg 첨가량이 적은 합금으로 장식용재, 고급 기물로 사용되는 5N01과, 차량용 내장 천장재, 건축재, 기물재로 이용되는 5005가 대표적이며, 중간 정도의 Mg을 함유한 것으로는 5052가 대표적이며, Mg 첨가량이 많은 것은 구조재로도 사용된다.

5083은 Mg 함유량이 많은 비열처리형 합금으로 강도와 용접성도 양호하기 때문에 용접 구조재로 선박, 차량, 화학 공장 등에 사용되고 있다.

(6) A 6000계 : Al-Mg-Si계 합금

강도, 내식성이 양호해 대표적인 구조재이지만, 용접한 그 상태로는 이음 효율이 낮아 피스, 리벳, 볼트 접합에 의해 철탑, 크레인 등의 구조에 이용되며, 6063은 뛰어난 압출성이 있어 건축용 새시, 구조재로 사용된다.

(7) A 7000계 : Al-Zn계 합금

시효 경화성이 우수하며, AA 또는 JIS에 등록되어 항공기, 철도 차량, 스포츠용품 등 일반적으로 높은 강도가 요구되는 구조재에 사용된다.

(8) A 8000계 : 기타

2 동과 동 합금

가. 동(구리)의 성질

1) 물리적 성질

동(Cu)은 아름다운 광택과 귀금속적 성질을 가지고 있으며, 본래의 색은 담적색이나 공기 중에서 산화되어 암적색을 띠고 있다. 그리고 전기 전도율이 은(Ag) 다음으로 좋으며, 열의 양도체이고 비자성체이다.

동(Cu)의 비중은 8.96, 용융점은 1083℃이며, 변태점이 없다.

2) 기계적 성질

전연성이 좋아 가공성이 풍부하며, 인장 강도는 가공도 70%에서 최대이다. 경도는 가공 경화로 증가한다.(O : 연질, 1/2H : 1/2경도, H : 경질)

3) 화학적 성질

동(구리)은 공기 중에서 부식이 잘 안되나 해수에는 부식(부식율 0.05mm/년)이 생기며, Zn, Sn, Ni과 쉽게 합금이 된다. 수증기가 팽창하여 헤어 크랙이 발생되며, 수소 취성(수소병), 환원 취성이 발생될 수 있다.

나. 순동(구리)의 종류

1) 조동(거친 구리)

적동광, 황동광 등을 고로에서 용해시켜 20~40%의 Cu를 함유하는 황화동(CuS)과 황화철의 혼합물을 만든 후, 다시 전로에서 산화, 정련하여 얻은 순도 98~99.5%의 동이다.

2) 전기동(electric copper)

조동을 전기 분해하면 음극에서 얻어지는 것으로, 순도가 99.95~99.99%로 높으나 메짐성이 있어 가공이 곤란하므로 다시 정련하여 사용하고 있다.

3) 정련동(tough pitch copper)

전기동을 산화 및 환원 용해시켜 불순물을 제거하고 산소량을 0.02~0.04% 이하로 줄인 것으로, 전연성과 내식성이 우수하나 수소 취성의 우려가 있어 용접에는 부적합하나, 강도가 있어 전기 공업 재료로 사용된다.

4) 탈산동(인탈산동)

정련동을 용해할 때 산소와 친화력이 강한 물질(P, Si, Mn, Li 등)을 첨가하여 산소량을 0.01% 이하로 저하시킨 것으로, 고온의 환원성 기류 중에서도 수소 메짐성이 없으나, 전도율이 떨어진다. 연화 온도가 높아 용접용, 가스관, 열교환기, 증기관 등에 이용된다.

5) 무산소동(OFHC)

고순도 전기동을 불활성 가스나 진공 중, CO 등의 환원성 분위기에서 용해하여 산소량을 0.001~0.002% 이하로 낮춘 것으로, 수소 메짐성을 완전 방지한 동(구리)이다.

전기 전도율이 가장 좋으며 용접성과 내식성, 전연성, 내피로성이 뛰어나고, 유리와의 밀착성도 좋아 유리 봉입선, 진공관, 전자기기 재료에 사용된다.

다. 황동의 종류, 특성과 용도

1) 황동(brass : Cu-Zn계)의 성질

(1) **황동의 물리적 성질** : 황동은 동(구리)과 아연의 합금으로 아연 함유량에 따라 전기 전도도가 저하하며, 색도 변한다. 실용 합금으로 45%Zn 이하가 쓰인다.

(2) **기계적 성질**

① 30%Zn 부근에서 연신율 최대이고, β 상에 가까워질수록 급격히 저하하며, 인장 강도는 45%Zn 부근에서 최대, 그 이상에는 급감한다.

② 6:4 황동은 고온 가공성이 좋으나 7:3 황동은 고온 가공성이 나쁘다.

③ 저온 풀림 경화 : 황동을 재결정 온도 이하의 저온에서 풀림하면 가공 상태보다 오히려 경화되는 현상이다.

④ 경년 변화 : 황동 가공재를 상온에서 방치할 경우 시간의 경과에 따라 여러 성질

이 약화되는 현상이며, 가공에 의한 불균일 변형이 균일화하는데 기인한다.

(3) 화학적 성질

① 탈아연 부식 : 불순물이나 부식성 물질이 녹아있는 수용액의 작용에 의해 아연이 용해되는 현상으로, 이를 방지하려면 아연 조각 연결하거나, 30%Zn 이하의 황동을 사용하며, 전류에 의한 방식이 필요하다.(그림 3.30 참조)

② 고온 탈아연 : 황동이 고온에서 아연의 증발에 의해 표면으로부터 아연이 탈출하는 현상으로, 표면이 깨끗할수록 심하며, 산화가 없는 분위기에서도 아연 증발이 심하다. 방지법으로는 표면에 산화물 피막을 형성시키면 효과가 있다.

③ 응력부식 균열(stress corrosion cracking) : 자연 균열(season cracking)이라고도 하며, 황동이 공기 중에 암모니아(NH_3) 가스나 염소, CO_2, 습기 등에 의해 입계 부식을 일으켜 자연히 균열이 생기는 수가 있는데 이 현상을 말한다.(그림 3.31 참조)

원인은 가공에 의해 생긴 내부 응력 때문이며, 이것을 방지하기 위해서는 도금을 하는 방법, 도장을 하는 방법, 가공재를 180~260℃에서 응력 제거 풀림을 행하여 내부 응력을 제거하여야 한다. 또, $\alpha+\beta$ 황동 및 β 황동에는 Sn 또는 1~15% Si를 첨가하면 효과가 있다.

④ 수소병 : 산화 구리를 환원성 분위기에서 가열할 때 수소가 동(Cu) 중에 확산 침투되어 균열이 발생하는 현상이며, 수소 메짐이라고도 한다.

그림 3.30 황동의 탈아연 현상

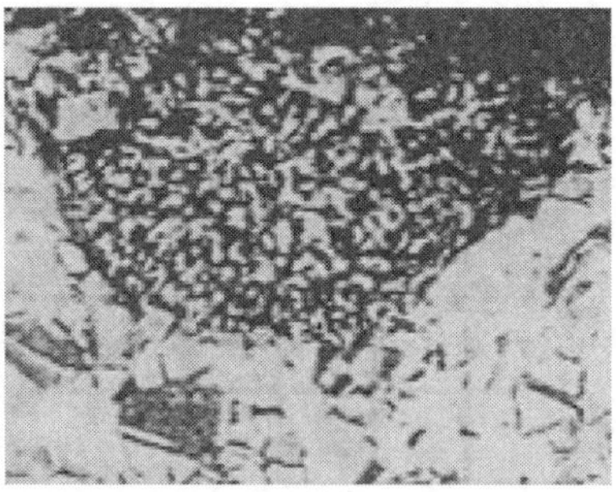

그림 3.31 7 : 3황동의 입계 부식 균열

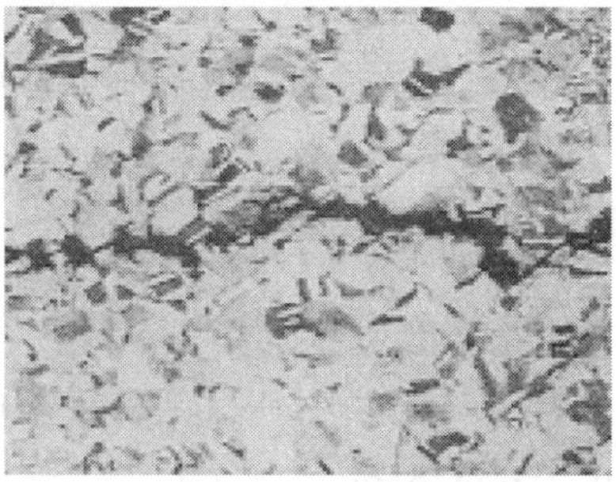

2) 실용 황동의 종류

(1) 톰백(tombac) : 구리에 5~20%의 아연을 첨가한 합금으로, 색이 아름답고 연성이 커서 장식품, 금박 대용으로 쓰인다.

① 길딩 메탈(gilding metal, Cu-5% Zn 합금) : 순동과 같이 연하고 압인 가공이 쉬워

화폐, 메달 등에 사용한다.

② 컴머셜 브론즈(commercial bronze, Cu-10% Zn 합금) : 단련동의 대표적인 것으로, 디프 드로잉용, 메달, 색깔이 청동과 비슷하여 청동 대용품으로 사용한다.

③ 레드 브레스(red brass, Cu-15% Zn 합금) : 연하고 내식성이 좋으므로 건축용 소켓, 체결구로 사용한다.

④ 로우 브레스(low brass, Cu-20% Zn 합금) : 전연성이 좋고 색이 아름다워 장식용 악기 등에 사용한다.

(2) **카트리지 브레스(cartridge brass, 7:3 황동)** : Cu70%-Zn30% 합금으로 가공용 황동의 대표적인 것이다. α 고용체이며, 연신율이 최대이고, 고온 메짐 현상이 있으며, 판, 봉, 관으로 제조하여 자동차용 열교환기 부품, 소켓, 각종 열용품, 탄피, 장식품 등에 사용된다.

(3) **옐로우 브레스(yellow brass, Cu-35% Zn 합금)** : α 단상 합금으로 7:3 황동과 비슷하다.

(4) **문쯔메탈(Muntz metal, 6:4 황동)** : 조직이 $\alpha+\beta$ 이므로 상온에서 전연성이 낮으나 강도는 크다. 아연 함유량이 많아 가격이 가장 싸며, 고온 가공하여 상온에서 완성한다. 내식성이 적고 탈아연 부식력이 크나 강력하기 때문에 기계 부품으로 용도가 넓고, 복수기용판, 열간 단조품, 볼트, 너트 대포, 탄피 등에 쓰인다.

3) 특수 황동

(1) **아연 당량** : 제3원소를 가한 것이 아연량을 증감한 효과를 가지며, 그 의미에서 합금 원소의 1량이 아연의 X량에 해당할 때 그 X를 말한다.

① 아연 당량은 상온에서 40% 이하, 그 외는 45% 이상 넘어선 안 된다.

② $B' = \dfrac{B + t \cdot q}{A + B + t \cdot q} \times 100$

여기서, B' : 아연 함유량, A : 구리 %
B : 아연 %, q : 첨가 원소 %
t : 아연 당량

(2) **주석 황동(tin brass)**

① 에드미럴티 황동(admiralty brass) : 7:3 황동에 주석을 1% 첨가한 것으로, 내식성, 내해수성, 전연성이 좋아 열교환기, 증발기 등의 관에 사용한다.

② 네이벌 황동(naval brass) : 6:4 황동에 주석을 1% 첨가한 것으로. 내식성이 목적이다. 용접봉, 파이프, 선박 기계에 사용한다.

(3) **연립 황동**(leaded brass) : 황동에 납을 첨가한 것으로, 쾌삭 황동, 또는 하드 브레스라 하여 정밀 절삭 가공을 요하는 기어, 나사 등에 이용된다.

(4) **알루미늄 황동** : 황동에 Al을 첨가하면 결정입자가 미세하고 내식성이 커지므로 고온 가공으로 관을 만들어 열교환기 관, 증류기 관 등 제조에 쓰인다.
알브락(Cu-22%Zn-1.5~2%Al)이라고도 한다.

(5) **규소 황동**(silicon bronze) : 10~16% 아연 황동에 4~5% 규소를 넣은 것으로 주조하기 쉽고 내해수성과 강도가 크며, 가격이 싸므로 선박 부품 주물에 사용한다.

(6) **고강도 황동** : 6:4 황동에 Fe, Mn, Ni 등을 첨가하여 취약하지 않고 강력하며 내식성, 내해수성을 증가한 것이다.

① 망간 청동 : 망간을 넣으면 β 상이 증가하여 강도는 크나 경취해진다.

② 델타메탈 : 6:4 황동에 Fe을 1~2%첨가하여 결정립을 미세화하고, 연신율 저하없이 강도를 증가한 것으로 철 황동이라고도 한다. 강도가 크고 내식성이 좋아 광산 기계, 선박 기계에 쓰인다.

③ 듀리나 메탈 : 7:3 황동에 2%Fe과 소량의 Sn, Al을 첨가한 것으로, 주조재, 가공재로 쓰인다.

④ NM 청동 : 6:4 황동에 니켈(Ni)을 약 10% 첨가한 것으로, 고아연 합금에 Ni을 많이 첨가하면 β 상이 많지 않아 높은 경도를 얻을 수 있다. 강성을 요하는 선박용 프로펠라재로 사용한다.

(7) **양은(백동)** : 7:3 황동에 Ni 15~20%를 함유한 합금으로, 은 대용품으로 쓰이며. 양백이라고도 한다. 이는 전기 저항성 재료, 장식품, 식기, 내열성 전기 접점, 바이메탈, 스프링 재료 등에 사용된다.

라. 청동(tin bronze)의 종류, 특성과 용도

1) 청동의 조직과 성질

청동은 포금이라고도 하며, 수축률이 적고 유동성이 좋아 주조성이 우수하며, 대기 중에서 내식성이 양호하며, 강도와 내마멸성이 크다. 연신율은 주석 4%에서 최대, 인장 강도는 Sn량이 증가하면 크게 되며, 17~20% Sn에서 최대가 되고, 경도는 Sn 30%에서 최대이다.

청동은 황동에 비해 가공성이 불량하여 15%Sn 이상이면 취성이 있어 상온 가공이 곤란하며, 550℃ 이상에서 가공할 수 있다.

바닷물 중에서도 우수한 저항력을 가져 선박용 부품에 사용된다. 산화성 산에는 부식율이 높다.

2) 청동의 종류

(1) 포금

Cu-8~12%Sn-1~2%Zn을 넣은 것을 말하며, 옛날 대포 포신용(현재는 Ni-Cr강 사용)으로 사용했으며, 내해수성이 좋고 주물의 경우 수압, 증기압에도 견디므로 선박 등에 널리 사용한다.

(2) 화폐용 청동

Cu-2~8%Sn-1~2%Zn을 함유한 청동은 단조성이 좋아 프레스 작업이 쉽고 단단하고 강인하며 마모 부식에 잘 견디므로 화폐, 메달 등에 사용한다.

(3) 알루미늄 청동

① Cu-약 12%Al을 첨가한 청동으로, 황동 또는 청동에 비하여 강도, 경도, 인성, 내마모성, 내피로성 등이 우수하고 내열성, 내식성이 좋아 화학 공업용 기기, 선박, 항공기, 자동차 부품에 사용한다.

② 자생 보호 피막인 Al 산화물에 의해 내마모성, 내피로성, 내식성이 매우 우수하다.

(4) 특수 청동

① 인청동 : 청동에 탈산제로 인을 첨가한 것으로, 베어링, 밸브 시이트용으로 쓰이며, 내마멸성이 크다.

② 연청동 : 주석 청동에 납을 3.0~26% 첨가한 것으로, 윤활성이 좋아 베어링, 패킹 등에 널리 이용된다.

③ 규소 청동 : 상온에서 구리에 규소가 4.7%까지 고용한 것으로, 인장 강도를 증가시키고 내식성과 내열성을 좋게 하며, 전기 전도율이 좋다.

ⓐ 에버듀르 : Cu-3~4%Si-1~1.2%Mn의 합금이다.

ⓑ 실진 청동 : Cu-3.2~5%Si-9~16%Zn의 합금으로 내식성과 주조성이 좋아 터빈 날개, 선박 기계 부품 등에 쓰인다.

ⓒ 허큘로이 : Cu-0.78~3.5%Si-1.6%Fe 이하 9~16%Sn, Zn 1.5%의 합금으로 강력하고 내식성이 우수하여 화학 공업용으로 쓰인다.

④ 켈밋 : 구리에 30~40%Pb(납)을 첨가한 것으로 베어링 합금으로 사용된다.

⑤ 오일리스 베어링 : 구리, 주석, 흑연 분말을 가압성형한 후 소결시켜 만든 후 기름(30%)을 흡수시킨 합금으로, 주유가 곤란한 곳에 사용한다.

⑥ 콘스탄탄 : Cu + 45%Ni 합금으로 열전대용으로 사용되며, 전기 저항성이 우수하다.

⑦ 베릴륨 청동 : Cu에 2~3%Be을 첨가한 것으로 뜨임 시효 경화성이 크다. 인장 강도가 1303MPa(133kg/mm^2) 정도이며, 내식성, 내열성, 피로 한도가 매우 우수하므로 베어링, 고급 스프링 등에 사용하나 산화하기 쉽고 비싼 것이 단점이다.

3 니켈과 그 합금

가. 니켈의 성질

니켈은 백색의 인성이 충분한 금속으로, 면심입방격자이며, 용융점 1455℃, 비중 8.9이고, 상온에서 강자성체이나 360℃에서 자기 변태로 자성을 잃는다. 냉간 및 열간 가공(1000~1200℃)이 잘 되고 내식성, 내열성이 우수하다.

용도는 화폐, 식품 공업용, 진공관, 도금 등에 사용된다.

나. 니켈 합금

1) Ni-Cu계 합금

(1) 모넬메탈 : 65~70%Ni-Cu-1~3%Fe 합금으로, 강도와, 내식성이 크다. 인장 강도가 784MPa(80kg/mm^2) 정도로 높으며, 내연 기관 밸브, 밸브 시트에 사용된다. 개량형으로 K모넬, H모넬, S모넬, R모넬 등이 있다.

(2) 콘스탄탄 : 40~45%Ni-Cu 합금으로 온도 측정용 열전쌍, 표준 전기 저항선용으로 사용된다.

(3) 어드벤스 : 44%Ni-1%Mn-Cu 합금으로 전기 저항선용으로 쓰인다.

2) Ni-Fe계 합금

(1) 인바(invar) : Fe에 36%Ni, 0.4%Mn 합금으로, 온도에 따라 길이가 불변하여 표준자, 바이메탈용으로 쓰인다.

(2) 초인바(super invar) : Fe에 30~32%Ni, 4~6%Co 합금으로, 팽창 계수가 20℃에서 0으로 작아 측정용으로 사용된다.

(3) 플래티나이트 : Fe에 42~48%Ni의 합금으로, 열팽창계수가 작아 전구, 진공관 도선용으로 사용된다.

(4) 니칼로이 : 50%Ni-50%Fe의 합금으로, 통신용, 소형 변압기용으로 쓰인다.

(5) 퍼멀로이 : Fe-70~90%Ni 함유한 것으로 투자율이 높아 자심 재료, 장하 코일용으로 쓰인다.

3) 내식, 내열용 합금

(1) 히스텔로이 : Ni-Mo계 합금으로, 내식, 내열용에 쓰인다.
(2) 인코넬 : Ni에 Cr 12~21%, Fe 6.5% 첨가한 것으로, 내식, 내열용에 쓰인다.
(3) 니크롬 : Ni-Cr합금으로 79%이하 Ni에 Cr을 첨가한 것으로, 내열성이 우수하여 절연선에 쓰인다.
(4) 알루멜 : Ni에 3%Al을 첨가한 것으로, 고온 측정용 열전대(1200℃까지 측정 가능) 재료에 쓰인다.
(5) 크로멜 : Ni에 10%Cr을 첨가한 합금으로, 고온 측정용 열전대(최고 1200℃까지 측정) 재료에 쓰인다.

PART 1 금속재료

4 마그네슘과 그 합금

가. 마그네슘의 성질

Mg은 조밀육방격자이며, 열 및 전기 전도율이 Cu, Al보다 낮고 실용 금속 중 가장 가벼워서 비중이 1.74, 용융점은 650℃이며, 열팽창계수가 Fe의 2배 이상으로 대단히 크다.

강도도 작으나 절삭성은 좋으며, 산이나 염류에는 침식되나 대기 중이나 알칼리에는 내식성이 있으며, 고온에서 발화하기 쉽다. 불순물 중 Fe, Cu, Ni은 내식성을 해친다.

냉간 가공성이 좋지 않아 350~450℃에서 열간 가공을 해야 한다.

나. 주조용 마그네슘 합금

1) Mg-Al계 합금

인장 강도는 6%Al에서 최대, 연신율과 단면 수축율은 4%Al에서 최대가 되며, 경도는 성분 함량의 증가에 따라 비례적으로 증가한다.

Al은 주조 조직의 미세화로 기계적 성질을 향상시키고, Mn은 내식성을 좋게 하며, Fe, Ni, Cu 등의 불순물을 적게 함유해야 된다. 대표적인 것은 Mg에 4~6% Al을 첨가한 다우메탈(dow metal)이 있다.

2) Mg-Zn계 합금

Mg-Al계 합금보다 강력한 합금으로 강도, 비중비는 금속재료 중에 최대이다. 자동차의 피스톤, 크랭크 케이스 및 제트 기관의 구조에 사용된다.

3) Mg-Al-Zn계 합금

대표적인 것은 Mg에 3~7%Al, 2~4%Zn을 함유한 엘렉트론(elektron)이 있다. Al이 많으면 고온 내식성이 향상되고, Al+Zn이 많으면 주조성이 좋으며, 내열성이 크므로 항공기, 내연기관 등에 이용된다.

다. 가공용 Mg 합금

1) Mg-Mn계 합금

Mg에 Mn을 1.2% 이상 함유하여 내식성을 향상시킨 것으로, 용접성이 비교적 좋아 판재, 봉 재료로 널리 이용되고 있다.

2) Mg-Al-Zn계 합금

실용 합금으로 Mg에 3~7%Al, 소량의 Mn, 약 1%Zn을 함유한 엘렉트론 등이 있으며, 고온 내식성의 향상을 위해 Al의 증가와 Zn, Mn, Cd 등을 첨가하여 경도, 강도를 증가시킨 것으로 주로 항공기, 자동차의 내장 부품 등에 이용된다.

3) Mg-Zn-Zr계 합금

Mg-Zn계 합금에 Zr을 첨가하여 결정 입자의 미세화와 열처리 효과의 향상으로 압출재로서 우수한 성질이 있어 항공기 재료로 개발하고 있다.

5 티탄(Ti)과 그 합금

가. 티타늄

Ti(Titanium)은 황산이나 염산과 같은 비산화성 산에 대한 내식성이 많이 부족하므로, Ti에 팔라디움을 미량 합금시켜서 내식성을 향상시킨 팔라디움(Pd, palladium) 티타늄이 제조되고 있으며, 높은 온도에서 가스와의 친화력이 강하며, 가스를 흡수하면 눈에 띄게 경화되므로 진공 중이나, 불활성 가스 속에서 ingot를 가열하여 단조 slab 열간 가공, 냉간압연 등을 거쳐 판을 제작하고 있다.

Ti는 융점이 매우 높아서 완전한 Ingot의 제작이 곤란하고 특히 고온에서 급격히 산화되어 본래 요구되는 성질이 없어지기 때문에 열간 가공과 용접이 곤란하며 높은 항복 응력 때문에 냉간 가공 또한 어렵다.

나. 티타늄의 특성

1) 물리적 성질

티타늄은 은백색의 금속으로, Mg, Al 다음으로 가벼우며, 다른 금속에 비해 고융점(1668±10℃)이며, 탄소강, 스테인리스강에 비해 가볍고(비중 4.51 : 강의 60%), 열팽창 계수(오스테나이트강의 1/2) 및 탄성계수 등이 작고 전기저항이 크다. 고온에서 O_2, N_2, C와 반응하기 쉬우므로 용해 주조가 어렵고 용접성도 나쁘다.

2) 기계적 성질

순수 티타늄(Titanium)은 철의 1/2 무게로서 철과 유사한 인장강도(490MPa, $50kgf/mm^2$ 정도)를 얻을 수 있으며, 주로 산소의 함량에 따라 결정되는데. 산소, 수소, 질소 등 불순물의 함량이 증가함에 따라 강도는 증가하나 연신률이 감소하는 특징을 가지고 있으며, 전연성(展延性)이 높고, 비강도가 크며, 기계적 성질이 우수하다.

영율(young's rate)이 강의 1/2 정도이며, 온도에 따른 강도 및 Creep 특성이 300℃까지 안정되나 온도 증가에 따라 급격히 강도가 저하한다.

비강도(比强度 ; 강도/비중)는 보통강철의 약 2배, Al의 약 6배나 된다.

(1) 인장강도

티타늄의 인장강도/밀도의 비를 18-8 스테인리스강과 비교해보면 상온에서는 스테인리스강보다 높으나, 고온이 되면 급속히 저하하여 인장강도/밀도의 비에서는 100～200℃로 스테인리스강과 일치하며, 이보다 고온에서는 스테인리스강보다 낮은 수치를 나타낸다.

실제로 기기설계시는 인장강도보다 내력이 기준이 되므로 적어도 400℃까지는 스테인리스강보다 티타늄 쪽이 강하다.

(2) Creep 강도

티타늄은 인장강도보다도 강한 Creep 강도를 가지고 있으며, 순수 티타늄은 400℃까지는

18-8 스테인리스강(304)보다 creep 특성이 양호하다. 티타늄 합금은 더욱 강한 Creep 강도를 가지고 있고, 특히 5%Al-2.5%Sn-Ti합금은 500℃ 전후까지 강한 내열강도가 있다.

(3) 충격 강도

일반 강재와는 달리 인성이 크다. 공업용 순티타늄은 -196℃의 저온에서도 좋은 인성을 가지며, 연신율은 저온에서 오히려 높아 저온재료로서도 충분한 인성을 가지고 있다.

(4) 내마모성

티타늄, 또는 이종재라도 꽤 점착하기 쉬운 결점이 있기 때문에 화학기기의 나사 부분, 축섭동 부분 등과 같이 마찰부분에 사용할 경우에는 티타늄을 질화처리, 산화처리 등의 표면처리 및 경화육성 용접을 행하면 내마모성이 눈에 띄게 개선되어 장시간 사용에도 견딜 수 있는 내마모성을 가지게 된다.

(5) 가공 경화성

다른 금속과 같이 냉간가공하므로서 경도나 인장강도가 증대하지만, 스테인리스강보다는 가공경화도가 적다.

3) 화학적 성질

상온 부근의 물 또는 공기 중에서는 부동태 피막이 형성되어 금이나 백금 다음 가는 우수한 내식성(스테인리스강과 필적)을 가지며, 할로겐과 가열하면 반응하는데, 산에서는 철보다 잘 녹지 않으나, 매우 활성이 커서 고온 산화가 문제시되고 있다.

고온 강도와 내식성이 우수하여 바닷물 및 500℃의 고온에서도 스테인리스강보다 우수하다. 특히 바닷물에는 백금만큼 잘 견디는데, 이것은 티탄 표면에 형성되는 산화피막에 의한 것이다. 공기 중에서는 안정하지만 산소 속에서 강하게 가열하면 TiO_2가 된다.

(1) 내열성

산소나 질소와의 친화력이 커서 산소, 질소 등의 가스와 반응하여 안정한 산화물이나 질화물이 되며, 공기 중에서 250℃ 이상 가열하면 산화가 시작되는데 그 산화 속도는 온도와 비례하여 증가한다. 티타늄은 이와 같이 고온에서 급속히 산화할 뿐만 아니라 산소, 질소를 흡수하여 경도가 상승한다.

(2) 내식성

티타늄은 스테인리스강 및 알루미늄과 같이 표면에 부동태 산화피막을 생성하기 때문에 내식성이 좋으며, 산화성 약품이나 염소, 염화물을 포함하는 용액 등에는 잘 견디며 질산, 강알칼리에는 강하지만, 비산화물의 염산, 황산 또는 활성 수소와 접촉하는 조건에 사용하는 것은 피하는 것이 좋다.

화학공업에 있어 티타늄의 내식성을 스테인리스강과 비교하면 다음과 같다.

① 티타늄은 응력부식, 점부식, 입계(粒界)부식 등이 거의 생기지 않는다.

② 스테인리스강재 기기는 열처리, 용접 또는 냉간가공시 부식이 문제가 되는데, 티타늄제 기기는 거의 문제가 안 된다.

③ 티타늄은 염소, 황산과 같은 비산화성의 산에 대해 내식성이 충분하지 않지만, 티타늄에 팔라디움 또는 백금 등의 귀금속을 미량 합금시킨 Ti-Pd합금은 각종 농도의 비등 황산수 용액 속에서 부식률이 작아지고, 특히 황산농도가 10% 이하인 경우 8시간 이후는 전혀 부식이 생기지 않는다.

다. 용도

티타늄은 가볍고 강도가 크며, 내열, 내식성이 뛰어나 강력합금으로 항공우주산업 등에 널리 쓰이며, 화학공업설비, 특히 반응기기, 열교환기, 밸브 등의 내식재료로 쓰인다. 또 전기분해용 전극, 화력발전용 복수관, 해수 담수화 장치 및 공해 방지장치, 해양 개발기기 등에 대한 용도도 늘어나고 있으며, 니오브 등과의 합금으로 초전도 재료로도 쓰인다.

라. 티타늄 합금의 종류와 특성

티타늄 합금은 실온에서의 조직에 따라 α, $\alpha+\beta$, β 의 세 가지 그룹으로 구분하며, 합금성분에 맞는 열처리에 의해 기계적 성질이 크게 변한다.

용접용으로 합금을 선택할 때에는 합금 성분량과 그 용도에 주의해야 한다. 일반적으로 3% 이상의 Cr, Fe, Mn, Mo 및 4～6% 이상의 V을 단독 또는 복합하여 포함한 합금은 용접부의 연성이 낮아지기 때문에 용접에는 사용하지 않는 것이 좋다.

1) 티타늄 합금의 특성

(1) 티타늄 합금의 물리적 성질(순티타늄과 비교)

① 순티타늄보다 열전도도는 약 40～70% 작으며, 전기 저항은 2～3배 크다.

② 용점은 순티타늄보다 약간 낮다.

③ 영율(young's rate)은 순티타늄보다 약간 크고 합금 상호간에는 차가 거의 없다.

(2) 티타늄합금의 기계적 성질

① 인장강도는 약 980MPa(100kg_f/mm^2)이며, 내력/인장강도의 비는 순티타늄에 비해 훨씬 높아 90～98%를 나타낸다.

② 연신율은 10~20%, 경도는 HV 290~360 범위이다.
③ 온도에 의한 인장강도, 내력의 변화 경향은 각각의 합금에 대해 거의 같고, 상온에서 200℃까지 비교적 급격하게 저하하고, 200~400℃ 사이에서는 어느 정도 완만하게 되며, 400℃를 넘으면 또 급격히 저하한다.
④ 모든 합금의 연신율은 400℃ 정도까지는 거의 증가하지 않고, 400℃를 넘어가면 급격히 증대하는 경향이 보인다.
⑤ 단면 수축율도 연신율의 경향과 거의 같지만 증대를 개시하는 온도가 낮은 편이다.
⑥ 티타늄 합금의 충격강도는 순티타늄과는 완전히 달라, 저온에서 고온이 됨에 따라 인성이 증대한다.

2) 티타늄 합금의 종류

(1) α합금

① 다른 합금보다 상온 강도가 낮으나 저온 안정성이 크며, 수백도의 고온에서도 취약한 상을 석출할 염려가 없어서 내열 티타늄 합금의 기본이 되며 용접성도 좋다.
② Al, Sn, Zr 등을 첨가하여 α상을 고용 강화한 단일상이며, β 합금에 비해 가공성은 떨어진다.
③ 순티타늄에 비해 내식성이 낮으므로 이것을 개선하기 위해 Mo, Ta, Zr, V 등을 첨가한다.
④ Mo 15~20% 첨가로 내산성이 현저히 개선되지만, 가공성은 나쁘다. Pt, Pd 등을 첨가하면 내산성이 향상된다.
⑤ 대표적인 α합금으로는 Ti-5%Al-2.5%Sn이 있으며, 고온 강도가 요구되는 항공기용 부품, 저온 재료에 적합하다.

(2) $\alpha-\beta$ 합금

① α형과 β 형의 특징을 갖도록 열처리에 의해서 재료 특성을 조절할 수 있다.
② Ti-6%Al-4%V 합금이 대표적이며, 강도는 950~1196MPa(97~122kg_f/mm^2) 정도이고 높은 인성을 가지며, 소성 가공성, 용접성, 주조성도 좋아 가장 널리 사용되는 합금이다.

(3) β 합금

① V, Mo 등의 β 안정화 원소가 다량으로 첨가되는 합금으로, 용체화처리와 시효에 의해 1274MPa(130kg_f/mm^2)을 넘는 고강도를 얻을 수 있는 특징이 있다.
② 용접은 가능하지만 용접시에는 모재와 동등한 강도를 얻을 수는 없다.

3) 실용 티탄 합금의 종류

(1) Ti–Mn계 합금

Ti에 6.5~9.0%Mn, 0.15%C 이하, 0.5%Fe 이하의 합금으로, 약 300℃까지 사용이 가능하며, 판재, 구조재로 사용된다. C-110M은 인장 강도 1039MPa(106kg_f/mm^2), 항복점 980MPa (100kg_f/mm^2) 및 연신율 14% 정도이다.

(2) Ti–Al계 합금

Ti-Al에 Sn, Fe, V 등을 첨가하여 사용한다. 내열성이 좋아 300℃ 이상의 크리프 강도가 개선되지만 가공성은 나쁘므로 단조재로 이용한다.

(3) Ti–Al–Sn계 합금

Ti(티타늄)에 5%Al, 2.5%Sn 합금으로 비중이 4.44로서 순금속보다 가볍고 항복점이 커서 686~882MPa(70~90kg_f/mm^2)이며, 짧은 시간이면 600℃까지 견디므로 가스 터빈의 구조재로 사용된다.

(4) Ti–Al–V계 합금

Ti-6%Al-4%V이며, Al에 의하여 강도를 얻고 V에 의하여 인성을 개선한 것으로, 420℃까지 고온 크리프 저항이 크므로 가스 터빈의 날개 및 디스크에 사용된다.

6 기타 합금

가. 주석 및 그 합금

1) 주석의 성질

비중 7.3, 용융점 232℃이며, 13℃에서 동소 변태한다. Sn은 Pb 다음으로 연한 금속이므로 전연성이 좋으나, 너무 연하기 때문에 선으로 인발하기는 어렵다.

백색을 띠며, 내식성이 우수하나, 무기산류, 알칼리에는 서서히 침식되며, 재결정 온도가 상온으로 가공 경화가 일어나지 않아 소성 가공이 용이하다. Sn은 저융점 금속으로 독성이 없어 의약품, 식품 등의 포장용 튜브, 주석박, 식기, 장식기 등에 사용된다.

2) 주석 합금

(1) Sn-Pb계 합금 : 연납으로 40~50%Sn이 가장 많이 사용된다. 불순물로서 Fe, Zn, Al, As 등은 유해하다.

(2) Sn-Sb-Cu계 합금 : Sn에 4~7%Sb, 1~3%Cu를 함유하는 Sn 합금을 퓨터(pewter), 또는 브리타니아 메탈(britania metal)이라 하여 장식용품에 사용된다.

나. 아연 및 그 합금

1) 아연의 성질

비중 7.14, 용융점 419℃이며 청백색을 띠고, 조밀육방격자이다. 아연 도금, 건전지, 인쇄판, 다이캐스팅용 아연, 황동 및 기타 합금으로 사용된다.

2) 아연 합금

(1) 다이캐스팅 합금 : Zn-Al-Cu계, Zn-Al-Cu-Mg계, Zn-Al계, Zn-Cu계 등이 있다. Cu, Al 등을 첨가하면 내식성 및 가공성이 나빠지나 강도는 증가한다. Zn에 4%Al을 함유한 것을 자마크(Zamak : 미국), 마자크(mazak : 영국), 일본에서는 ZAC, MAC 등으로 불려진다.

(2) 가공용 Zn 합금 : Zn-Cu계, Zn-Cu-Mg계, Zn-Cu-Ti계 등이 있으며, 봉재, 선재, 판재와 함께 건축용, 탱크용, 전기기기 부품, 자동차 부품, 일상용품 등에 널리 사용된다.

다. 저용점 합금

1) 특성 및 용도

가용 합금(fusible alloy)이라고도 하며, 일반적으로 Sn의 용융점(232℃)보다 낮은 융점을 가진 합금을 총칭한다. 화재 경보기, 압축 공기용 안전밸브, 베어링용, 활자 금속, 다이캐스팅용 금속, 땜납, 보일러 안전밸브 및 전기용 퓨즈(fuse) 등에 사용된다.

2) 종 류

우드 메탈(융점 68℃), 리포워츠 합금(융점 68℃), 뉴턴 합금(융점 94℃), 비스머스 땜납(융점 113℃), 로즈 합금(융점 100℃) 등이 있다.

라. 베어링 합금

1) 특 성

경도와 인성, 항압력이 필요하고 마찰 계수가 작으며, 하중에 잘 견딜 수 있어야 한다. 또 열전도율이 크고 주조성과 내식성이 우수하며, 소착에 대한 저항력이 커야 한다.

2) 종 류

(1) **주석계 화이트 메탈** : 배빗메탈(babbit metal)이라고 하며, 조성은 75~90%Sn, 3~15%Sb, 3~10%Cu 등이며, Pb계보다 경도가 크고, 큰 하중에 견디며, 인성이 있어 충격과 진동에도 잘 견딘다. 열전도도가 크므로 고속도, 고하중의 기계용에 적합하다. 유동성과 주조성이 좋으므로 큰 베어링을 만들기 쉽다.

(2) **납계 화이트 메탈** : Pb-Sb-Sn계 합금으로, Sb, Sn%가 높을수록 항압력이 커지나, Sb가 너무 많으면 경취해진다. 납계가 피로강도는 약간 나쁘지만 값이 저렴하여 많이 사용되고 있다.

(3) **Cu계 베어링 합금** : Cu-Pb계 합금인 켈밋(kelmet)이 있으며, Pb 함유량이 많을수록 피로강도는 낮으나 마모 효과는 커진다. 내소착성이 좋고, 화이트 메탈보다 내하중성이 크므로 고하중용 베어링으로 적합하여 자동차, 항공기 등의 주 베어링으로 쓰인다.

(4) **카드뮴계, 아연계 합금** : Cd은 고가이므로 별로 사용하지 않으나 Cd에 Ni, Ag, Cu 등을 넣어 경화한 합금은 고온 경도와 피로강도가 화이트 메탈보다 우수하여 하중이 큰 고속 베어링에 사용된다. Zn계는 인청동과 비슷한 특성을 가지고 있으며, 화이트 메탈보다 경도가 크므로 전차용 베어링 등에 사용된다.

(5) **함유 베어링**(oilless bearing)

① 소결 함유 베어링 : 5~100㎛의 Cu, 주석, 흑연 분말과 윤활제를 혼합한 후 가압 성형하여 환원 기류 중에서 400℃로 예비 소결 후 800℃로 본 소결해서 만든 것으로 미국에서 오일라이트(Oilite)라는 상품명으로 시판되고 있다.

② 주철 함유 베어링 : 주철에 가열과 냉각을 반복시키면 내부에 미세한 균열이 형성되어 다공질화되고 흑연상이 크게 발달하며, 기름을 함유시키면 좋은 베어링이 되므로 고속 고하중에 잘 견디고 내열성이 있으므로 대형 베어링으로 제조가 가능하다.

memo

PART 2

용접야금

Chapter 01 화학 야금과 열유동
Chapter 02 고상 야금과 변태
Chapter 03 용접 잔류응력과 변형
Chapter 04 각종 금속의 용접
Chapter 05 용접 결함과 방지 대책
Chapter 06 용접부 검사 및 용접성 시험

핵심 금속 · 용접야금학개론

01 화학 야금과 열유동

제1절 | 용접화학 야금

1 화합물의 반응, 열화학적 평형

가. 용접화학 야금과 화학적 평형

1) 용접화학 야금

용접 중에는 용융금속과 용제에서 생성된 슬래그와 용접 분위기 사이에는 여러가지 화학 반응이 일어나게 된다. 따라서 용착되는 금속을 대기로부터 보호하여 양호한 용착금속을 얻기 위해서는 불활성 가스나 용제(flux) 등을 사용하는 것이 보통이다.

용접금속의 화학반응은 용착금속의 화학조성을 좌우하며, 용접금속의 기계적 성질 및 야금학적 성질 등에 중대한 영향을 미치므로 이러한 반응관계를 정확히 이해할 필요가 있다.

용접과정은 모재와 용접봉 사이에 어떤 열이 발생하여 모재와 용접봉이 용융되기 시작하고, 형성된 용융지와 용접봉의 용융 방울이 결합되어 응고, 냉각하는 순으로 이루어지게 되며, 이러한 진행은 수초~수10초라는 매우 짧은 순간에 이루어진다.

이처럼 반응시간이 매우 짧으며, 순식간에 반응 온도도 변하므로 용접 과정의 화학반응은 엄밀하게 말하면 화학 평형을 이룬다고 말할 수 없기 때문에 용접과정에서의 순수한 화학반응을 이해하려면 반응속도론적 해석은 가능한 피하고 순수 화학반응의 평형 관계에 대해서만 언급해야 된다.

2) 화학적 평형

용접 아크 분위기 중에서 미립자의 반응 물질이 서로 반응하는 것, 아크 힘에 의한 용융지의 현저한 교반작용 등의 이유로 용접과정의 화학반응은 실제로는 매우 빠른 속도로 진행하게 되며, 평형상태에 가까운 곳까지 진행하고 있는 경우도 있다.

화학반응이 어떤 방향으로 어느 정도 진행할 수 있는가의 가능성 여부에 대해서는 거기에 있는 여러 상태 변수를 비교함으로써 알 수 있다.

[그림 1.1]은 기체 상태에서 온도와 CO, CO_2 가스 조성 관계를 나타낸 것으로, 밀폐된 실험실 내에 일산화탄소(CO)만을 넣고 600℃로 유지한다면 그 일부는 a점에서 분해반응이 진행하여 CO_2 가스와 고체의 C로 분해하고, 일부는 일정한 점(m)에서 분해를 정지하게 되며, CO 가스 대신 이산화탄소(CO_2) 가스와 고체의 C를 넣는 경우에는 b점에서 이들이 반응하여 CO 가스가 생기지만, 일정 지점에서 이 반응이 정지하게 되는데, 이 양쪽의 반응속도가 평형한 경우에는 반응은 정지되며, 그 이상은 변하지 않게 되는데, 이러한 반응은 다음 식에서 증명할 수 있다.

$$2CO(g) \rightleftarrows CO_2(g)+C(s), \quad (g : 기체,\ s : 고체)$$

이 반응식은 좌우 어느 방향으로도 진행할 수 있는 반응이며, 이 양쪽의 반응 속도가 평행한 경우에 반응은 정지되고 CO와 CO_2의 농도는 각각 25%와 75%가 되며, 그 이상은 변하지 않게 된다. 이와 같은 상태가 되었을 때 화학적 평형을 이루었다고 한다.

그림 1.1 기체 상태에서 온도와 CO, CO_2 가스 조성 관계

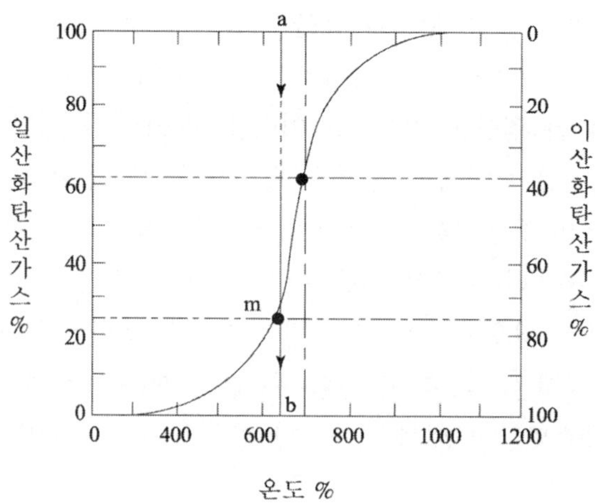

3) 열화학적 평형

평형 가스의 조성은 온도와 압력이 일정할 경우에는 일정 불변하지만, 이 조건들이 변하면 그 조성도 변하게 된다.

화학계의 평형상태를 취급하는 경우에 주의해야 될 것은 평형상태가 표면장력이나 탄성, 중력, 점성 또는 상의 크기 등에 따라서 영향을 받지 않는다는 것이다. 예를 들면 화학계 가스가 600℃ 정도로 유지되어 일산화탄소(CO)와 이산화탄산가스(CO_2)의 압력이 1기압일 경우 계(系) 내에 존재하는 고상 탄소(C)의 입자 크기가 작거나 커도, 또 그 양의 많고 적음에 관계없으며, 반응 용기의 크기가 어떠해도 평형상태의 가스 조성은 항상 같아 CO 25%, CO_2 75% 정도가 되며, 또, 온도가 올라가 650℃에서 평형상태가 되면 CO 가스는 60%, CO_2 가스는 40%로 온도가 높아질수록 CO_2 가스의 양이 적어짐을 알 수 있다.

그렇지만 위의 여러가지 물리적 인자는 화학계가 평행으로 진행하기까지의 반응속도론적 측면에서만 영향이 크게 미치게 된다.

4) 열화학적 비평형 용접

용접은 높은 가열 온도, 급열, 급랭 등으로 인하여 열화학적인 평형관계는 거의 이루어질 수 없으며, 다음과 같은 탈탄 현상들이 있어난다.

예를 들면 Ar 80%, CO_2 20%를 보호가스로 사용할 때 아크 온도가 3200℃ 이상 높을 경우에 아크열에 의하여 CO_2의 분해가 일어난다.

$$CO_2 + C \leftrightarrows 2CO$$
$$CO_2 \leftrightarrows CO + \tfrac{1}{2}O_2$$

나. 질량 작용의 법칙

질량 작용의 법칙이란 정·역반응이 동시에 일어날 수 있는 반응의 경우 일정한 온도에서 화학 반응이 평형상태에 있을 때, 반응물의 농도 곱과 생성물의 농도 곱의 비는 항상 일정하므로 온도가 변하지 않는 한 생성 물질과 반응 물질은 항상 일정한 농도의 비율로 존재한다는 법칙이며, 화학 평형의 법칙이라고 한다. 이 법칙은 평형상태에서의 농도관계를 정량적으로 규정하는 것으로, 중요한 법칙의 하나이다.

반응관계가 기체일 때는 각 성분의 농도 대신에 기체의 부분압력을 사용하면 똑같은 식으로 나타낼 수가 있다. 다만 엄밀하게는 반응계가 기체로서 이상기체에 가까운 경우, 또는 용액이 아주 묽은 경우, 즉 활량계수가 1인 경우에 성립하며, 본래는 농도 대신에 활동도로 표시된다.

일반적으로 화학반응이 클수록 반응이 진행하기 쉬워지게 되는데, 이 반응이 어느 방향에 어느 정도 진행하는가의 여부는 이 농도관계에 의하여 판단할 수 있다.

일반적으로 온도 및 압력이 일정할 경우 화학반응의 평형 위치는 다음 식에서 표시하는 반응에 관여하는 물질의 활량(活量, activity) a이 지배한다.

$$n_1 A + n_2 B + n_3 C + \ldots\ldots = m_1 M + m_2 N + m_3 O \ldots\ldots$$

제련 반응에서는 기체는 이상상태로 있다고 해도 좋으므로 활량 대신에 분압 P를 사용하여도 좋으며, 액체 또는 고체(균일 응축제)에서는 희박용액의 경우 활량은 농도에 비례하는 경우가 일반적이다.

그러나 고농도 용액의 경우는 활량이 농도와 비례 관계가 안되므로 활량으로서 농도를 보정하는 활량계수 f를 적용해야 된다.

다. 평형상태에서의 기체의 농도관계

1) 기체-액체 평형상태상 액체에 대한 기체의 농도

기체와 액체가 공존하여 평형상태로 있을 때 액체 중에 기체의 일부가 녹지만, 이 액체 중에 용해되는 기체의 농도는 기체 상태 중에서의 그 기체의 분압에 비례하게 된다. 이러한 관계를 성립시킨 하나의 법칙으로 헨리의 법칙이 있다.

핸리의 법칙이란 일정한 온도에서 일정량의 용매에 용해되는 기체의 질량은 압력에 비례하지만, 부피는 압력에 관계없이 일정하다는 법칙으로, 저압에서 물에 잘 녹지 않는 기체나, 난용성 기체에 대해서만 적용되며, 용매에 잘 녹는 기체에 대해서는 적용되지 않는다.

이 법칙이 잘 적용되는 기체로는 수소, 산소, 질소, 이산화탄소 등이 있으며, 이 법칙이 잘 적용되지 않는 기체로는 암모니아, 염화수소 등이 있다.

A의 기상 중에서 분압을 P_A라 하면 액체 중에 용해한 기체 A의 농도는 다음 식과 같으며, 이것이 바로 핸리의 법칙이다.

$$P_A = LA$$

(L : 정수, 일정 온도에서 일정한 값을 표시함)

대기 중에서 질소, 산소 등이 물에 용해하는 경우에는 대기 중, 또는 수 중에서 모두 분자상의 산소(O_2), 질소(N_2)로 존재하고 있으므로 헨리의 법칙을 적용할 수 있지만, 산소, 질소 등이 용융금속 중에 용해되는 경우는 원자상의 수소(H), 질소(N)의 형상으로 존재하고 있으므로, 헨리의 법칙이 적용될 수 없다.

2) 불균일 상태상 액체에 대한 물질의 농도

서로 평행하고 있는 2개의 액상에서 A 물질의 농도가 각각 $[A_1]$ $[A_2]$이며, 이 액상 물질의 증기압이 P_{A1}, P_{A2}라 하면 다음과 같은 식이 성립된다.

$$P_A = L_1[A_1],\ P_{A2} = L_2[A_2]$$

이때 액상으로 공존하며 평행상태에 있기 때문에 같은 조성하에 있는 것이므로 압력은 P_{A1}=P_{A2}로 같기 때문에 다음과 같은 관계가 성립하게 되는데, 이와 같이 핸리의 법칙을 2개의 액체와 액체간에 또는 액체와 고체간 등의 불균일계로 확대하는 것을 분배율(分配律) 또는 분배의 법칙(law of distribution)이라 한다.

$$\frac{(A_1)}{[A_2]} = \frac{L_2}{L_1} = L'\ , \quad (L'\ :\ \text{분배계수이며, 일정 온도에서 일정한 값을 표시함})$$

예를 들면, 용융강과 용융 슬래그 사이에서 슬래그 중에 농도를 (% FeO), 용융강 중의 농도를 [% FeO]*라 하면 평형상태에서는 다음과 같은 식이 성립된다.

$$\frac{(\%FeO)}{[\%FeO]} = L_{FeO}$$

만약, 제강과정에서 $\frac{(\%FeO)}{[\%FeO]} > L_{FeO}$ 일 경우는 산화철(FeO)이 용융강에서 용융 슬래그로 이동하며, 또한 $\frac{(\%FeO)}{[\%FeO]} < L_{FeO}$ 라면 산화철(FeO)이 용융 슬래그에서 용융강으로 이동하여 평형상태를 유지하게 된다.

2 용융금속의 화학 반응

피복 아크용접봉 중에는 용접봉 종류에 따라서 Fe-Si, Fe-Al 등의 탈산제나 합금 원소가 함유되어 있으며, 용접 중에 대기 중의 산소와 산화 반응이 생기고, 피복제를 구성하고 있던 산화물의 일부가 환원되어 용강 중에 들어가는 환원 반응도 일어날 수 있다.

가. 용융강 중의 산화 반응

피복제나 플럭스 중에 산화물(FeO)이 전혀 없는데도 용융 슬래그 중에 산화철(FeO)이 상당히 존재하는 이유는 대기 중에서 침입한 산소가 용융강의 일부와 반응해서 산화되기 때문이다.

$$Fe + \frac{1}{2}O_2 = FeO$$

나. 규소의 산화, 산화규소(SiO_2)의 환원 반응

규소(Si)는 탈산제로 Mn과 같이 사용되지만, 특히 저수소계 등 염기도가 높은 용접봉의 피복제로는 반드시 사용되는 원소이다. 이러한 규소는 용접과정에서 규소의 산화 반응이나, 산화규소(SiO_2)의 환원 반응이 쉽게 일어나기 때문에 산성계 피복 아크용접봉으로 용접하는 과정에서 용융 슬래그 중의 SiO_2가 용융강 중에 Si로 들어가게 된다.

일반적으로 염기도가 높은 저수소계 용접봉을 사용하는 경우에도 Si의 함유량이 높은 것은 용융 슬래그 중의 FeO의 함유량이 산성계에 비해 적기 때문이며, 산성계 용접봉에 의한 용접의 경우의 Si 함유량은 피복제의 염기도가 낮아질수록 증가하는 경향이 있다.

따라서 용접봉의 심선이나 피복제에 규소(Si)가 전혀 들어있지 않는데도 용착금속 중에 규소가 다량 함유되어 있는 경우는 용융 슬래그 중의 산화규소(SiO_2)의 일부가 다음과 같은 환원 반응에 의해 혼입되었기 때문이다.

(1) 용융강 중의 Si가 용융 슬래그 중의 FeO에 의해 산화되는 반응 및 평형지수 K'_{Si}는 다음과 같다.

$$Si + 2FeO = SiO_2 + 2Fe$$

$$K'_{Si} = \frac{(\%SiO_2)}{(\%Si)\cdot(\%FeO_2)}$$

(2) 용융 슬래그 중의 SiO_2가 용융강에 의해 환원되는 반응 및 평형지수 K'_{SiO_2}는 다음과 같다.

$$SiO_2 + 2Fe = Si + 2FeO$$

$$K'_{SiO_2} = \frac{(\%Si)\cdot(\%FeO)^2}{(\%SiO_2)}$$

$$SiO_2 + 2Mn = Si + 2MnO$$

다. 망간(Mn)의 산화 반응

망간(Mn)은 피복제나 심선에 탈산제나 합금제로 반드시 함유되는 원소로 용융강 중의 Mn이 용융 슬래그 중의 산화철(FeO)에 의해 산화되는 반응 및 평형지수 K'_{Mn}는 다음과 같다.

$$Mn + FeO = MnO + Fe$$

$$K'_{Mn} = \frac{(\%MnO)}{(\%Mn)\cdot(\%FeO)}$$

일반적으로 Fe-Mn의 사용량이 적을수록, Mn보다 탈산력이 강력한 Al, Si 등을 사용할 경우 평형지수의 값이 낮아진다. 예를 들면 저수소계 용접봉은 다른 용접봉보다 Fe-Si 등의 강력한 탈산제가 사용되고 있어 Fe-Mn의 사용량이 적기 때문에 다른 용접봉보다 평형지수 K'_{Mn}가 낮은 값을 표시하고 있다.

따라서 피복제(또는 플럭스) 중에 MnO가 없는데도 용융 슬래그 중에 MnO가 많이 혼입되어 있고, 전용착금속 속에 망간(Mn)의 함유량이 적어진 경우 피복제에 첨가된 Mn이 거의 전부 산화되었기 때문이다.

$$Mn + \frac{1}{2}O_2 = MnO$$

$$Mn + FeO = MnO + Fe$$

3 슬래그와 금속

가. 슬래그와 금속 반응

1) 용융 슬래그(slag)

용접봉의 피복제는 용접 중에 용융되어 상당량은 슬래그가 되어 용접부를 덮고 있어 대기로부터 보호하는 역할을 한다. 이 슬래그는 대부분이 산화물로 되어 있으며, 산화물은 염기성, 중성 및 산성 3종으로 분류한다.(표 1.1 참조)

용융 슬래그는 제강 슬래그에 비하여 구성 성분이 많고 매우 복잡하다.

슬래그의 기본계는 $CaO(MgO)$-MnO-FeO-Al_2O_3-TiO_2-SiO_2계이며, 피복제의 종류에 따라 염기도가 광범위하게 변한다.

(1) 산성 산화물 : P_2O_5, SiO_2

(2) 중성 산화물 : TiO_2, Al_2O_3, Fe_2O_3, Cr_2O_3

(3) 염기성 산화물 : MgO, FeO, MnO, CaO, Na_2O, K_2O

2) 산화철(FeO)의 슬래그-금속간의 평형관계

(1) 반응식 : $(FeO) \rightleftharpoons [Fe] + [O]$

[ ] : 용강, ( ) : 슬래그 중의 함유 성분, K_0 : 슬래그 성질에 의존하는 정수)

(2) 평형 정수 : $K_0 = [O] / [FeO]$

표 1.1 용접봉 종류에 따른 슬래그 조성 및 염기도

슬래그 종류		함유 성분(%)										염기도
		SiO_2	Al_2O_3	TiO_2	FeO	MnO	CaO	Na_2O	MgO	K_2O	CaF_2	(Br)
용융슬래그	일미나이트계	29.2	1.1	14.0	15.6	2.5	8.7	1.4	1.3	1.1	-	-0.1
	라임티탄계	25.1	3.5	30.2	9.5	13.7	8.8	1.7	5.2	2.3	-	-0.9
	고셀룰로스계	34.7	5.5	17.5	11.9	14.4	2.1	3.8	5.8	4.3	-	-1.3
	고산화티탄계	23.4	10.0	37.7	6.9	11.7	3.7	2.2	0.5	2.9	-	-2.0
	저수소계	24.1	1.5	7.0	4.0	3.5	35.8	0.8	-	0.8	20.3	0.9
	철분산화철계	40.4	4.5	1.3	22.7	19.3	1.3	1.8	4.6	1.5	-	-0.7

나. 용융 슬래그의 염기도

용융 슬래그의 염기도는 내균열성과 관계가 깊다. 염기도가 높으면 내균열성은 크지만 작업성이 나쁘며, 산성도가 높으면 내균열성은 낮고, 용접성은 좋아진다.

(1) 일반적인 염기도 표시 : $P = \dfrac{\Sigma \text{염기성 성분}(\%)}{\Sigma \text{산성 성분}(\%)}$

(2) 철강제련의 현장 조업에서 염기도 표시 : $P = \dfrac{(\%CaO)}{[\%SiO_2]}$

(3) 용융 슬래그의 염기도 표시 $P = \dfrac{CaO(\%) + MgO(\%) + MnO(\%) + FeO(\%)}{SiO_2(\%) + Al_2O_3(\%) + TiO_2(\%)}$

용접분야에서는 용융 슬래그의 염기도를 표시하는데 다음 식이 널리 채용되고 있으며, 염기도 표시에 가장 적합하다고 판단된다.

염기도(B_L) = $\Sigma a_i \cdot N_i$

(a_i : 산화물의 각각의 고유 정수 : 표 1.2 참조)

표 1.2 각종 산화물의 a_i 값

산화물	SiO_2	CaO	TiO_2	MnO	MgO	FeO	Al_2O_3
a_i	6.31	6.05	4.97	4.8	4.0	3.4	0.2

제2절 | 용접금속과 가스 성분

1 금속과 가스의 반응

가. 용접금속과 가스 반응

아크용접의 분위기는 대부분 유기물이나 탄산염 등의 피복제(용제, flux) 등에서 발생한 CO_2, CO, H_2, H_2O 등으로 구성되어 있지만, 대기 중에서 침입한 산소나 질소도 많이 존재하게 되며, 용융금속 중에서 이들 가스의 영향은 매우 크기 때문에 분위기 가스의 거동과 용융금속의 성질, 결함에 미치는 영향 등을 알고 있어야 된다.

서수소계 이외의 피복 아크용접봉은 대부분 H_2, H_2O를 많이 발생하게 되며 그 분압도 매우 높다고 볼 수 있다.(표 1.3 참조)

아크 분위기 중에 온도가 가장 높은 부분의 가스 성분은 일부 원자상의 가스로 해리하고 있으며, 용융금속 내의 가스 성분이 다른 부분보다 높은 이유는 반응 온도가 높으며, 해리에 의한 활성화한 가스가 존재하고 있기 때문이다.

이들 가스의 조성은 수성가스 반응의 평형이 다음과 같이 성립된다.

$$CO(g) + H_2O(g) \rightleftarrows CO_2(g) + H_2(g)$$

$$K = \frac{P_{CO_2} \cdot P_{H_2}}{P_{CO} \cdot P_{H_2O_2}}$$

표 1.3 아크 분위기 및 용접금속 속의 가스 성분(%)

용접봉의 종류	아크 분위기 속의 가스량(%)				용접금속 속의 수소량(cc/100g(Fe))		
	CO_2	CO	H_2O	H_2	확산성 수소 $[H]_D$	잔류 수소 $[H]_R$	전 수소 $[H]_T$
일미나이트계(E4301)	4.9	48.3	10.6	36.5	30.2	6.7	36.7
고셀룰로스계(E4311)	2.8	42.3	12.5	41.3	35.7	6.4	42.2
고산화티탄계(E4313)	5.4	46.8	13.6	34.6	39.2	7.2	46.1
저수소계(E4316)	16.9	79.9	1.5	1.8	4.2	2.5	6.8
철분산하철계(E4327)	7.4	55.7	13.2	24.1	34.1	6.2	40.1

나. 용접금속 중의 질소

1) 시버츠의 법칙(Sievert′s low)

(1) 기체 중의 질소(N)가 용융금속(강) 중에 용해하는 화학 반응은 다음과 같다.

$$K_N = \frac{\alpha_{\mathrm{N}}}{\sqrt{P_{\mathrm{N}_2}}} = \frac{f_{\mathrm{n}} \cdot \mathrm{N}}{\sqrt{P_{\mathrm{N}_2}}}$$

(2) 용융금속 중의 질소의 용해량은 극히 적기 때문에 질소 활량은 그 농도와 같다고 볼 수 있으므로 αN = [N] $\cdot f$N = 1이 된다. 따라서 위의 식은 다음과 같이 된다.

질소의 용해량 [N] = KN $\sqrt{P_{\mathrm{N}_2}}$, (P N : 질소의 분압)

즉 시버츠의 법칙이란 용융금속 중의 질소의 함유량은 기체 중의 질소의 분압의 평방근에 비례한다는 법칙을 마하며, 용융금속 중의 질소의 용해뿐만 아니라, 일반 용융금속의 2원 원자, 분자 가스의 용해에 대해서도 적용할 수 있다.

$$[\mathrm{N}]\ \% = 0.0400\sqrt{P_{\mathrm{N}_2}}\,(1600℃)$$

(3) 분자상 질소(N_2)는 불활성 가스에 가까우나 해리되어 원자상 질소(N)로 될 때 매우 활성이 큰 가스가 된다. 따라서 제강 상태에서는 용융금속(용강)과 분자상 질소가 접촉하므로 별 문제가 없으나 전기로나 아크용접의 경우 분자상 질소가 해리되어 원자상 질소가 되면서 용해량이 급증하게 된다.

(4) 질소는 원자 반경이 커서 잘 확산되지 않으며, 과잉 질소는 침상 또는 질화물로 석출하지만 급랭하면 철의 결정격자에 과포화 고용되어 마텐사이트 조직이 되므로 용융금속의 성질에 많은 영향이 미친다.

(5) 아크용접시 질소의 대부분은 공기에서 유입되며, 아크길이, 용접전류의 대소에 따라서 변한다.

2) 용융금속(용강) 중의 합금의 원소와 질소의 용해

(1) 연강의 아크 용착금속 내의 질소량은 0.01~0.03(피복봉) 또는 0.10~0.15(나봉) 정도이다.

(2) 용융금속 중에 질소 용해량은 온도에 비례한다. 기체 중의 분압이 1기압, 1600℃의 경우에 용융 순철 중의 질소 함유량은 0.045%가 되나, 상온에서는 0.001% 밖에 안되며, 다른 원소와 화합물을 형성하여 석출 또는 개재물로 남는다. 이때 대기로부터 산소가 유입되며, 질소가 가스나 원자형태로 $N_2 \rightarrow 2N$ 반응하에 용접부로 질소가 유입된다.

(3) 원자 형태의 질소의 고용도는 γ철이 δ철이나 α철보다 훨씬 크다. 따라서 고체 상태에서의 고용차로 인해 다양한 질화가 형성하게 된다.

(4) 용융금속 중에 각종 원소가 첨가된 경우에는 같은 용해 조건이라도 원소의 종류 및 그 함유량에 따라 용착금속 중에 질소 함유량은 달라진다.(그림 1.2 참조)

(5) [그림 1.2]와 같이 용착금속 중에서 C, Si 등은 질소 함유량이 낮고, V, Nb, Cr 등은 질소 함유량이 매우 높은데, 일반적으로 탄화물 형성 능력이 큰 원소가 존재할수록 질소 함유량은 더욱 증가한다는 것을 알 수 있나. 예를 들면 스테인리스강 용융금속은 Cr의 영향으로 저탄소강 용융금속에 비해 질소 함유량이 3~4배 더 높다.

그림 1.2 2원합금 원소와 질소 함유량과의 관계(용융 Fe-X계, 1기압, 1600℃)

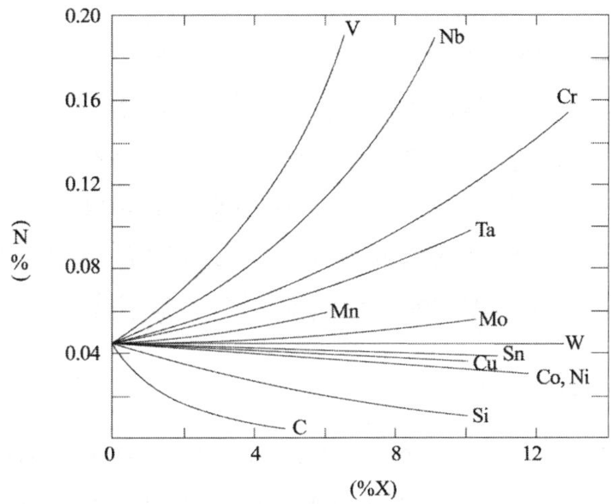

3) 질화와 영향

질소는 상온에서는 불활성의 가스지만 아크나 가스용접의 고온에서는 분자상 N_2가 해리하여 원자상 질소(N)로 되며, 용융철에 용해한 질소는 응고 중에 과포화로 질화철이 된다. 이것이 하중을 받으면 노치로 되어 강이 취성화되며 파단의 원인이 된다.

용접금속에 질소 함유량이 증가하면 인장강도는 증가하나 연신율과 충격치가 저하하여 여려지며, 시간 경과 또는 변형 가공에 자극되어 석출하여 강을 시효 경화시키며, 풀림 취성, 청열 취성의 주 원인이 되고, 용접금속 내에 기공의 원인이 된다.

2 용융금속과 수소

가. 순금속에서의 수소의 용해

1) 흡열 반응에 의해 수소를 용해하는 금속

Cu, Ag, Fe, Ni 등과 같은 금속은 특별한 이유가 없이 흡열적 반응에 의해 수소를 결정 격자 내에 침입형으로 고용하여 에너지를 흡수하면서 안정화시키는 반응이 있다.

2) 발열 반응에 의해 수소를 용해하는 금속

수소를 치환형으로 고용해서 낮은 에너지 상태에서 안정화시키는 경우가 있다. Ti, Zr, V, Nb, Ta 등과 같은 금속이 이와 같은 발열 반응에 의해 수소를 용해하고 있으며 이러한 금속은 수소의 고용이 포화상태가 되면 수소 화합물을 만들기 때문에 흡열 반응에 의해 수소를 고용하는 경우보다 더 많은 양의 수소를 고용하게 된다.

이러한 금속은 온도가 상승하면 안정화가 깨져 수소 가스를 방출하게 되므로 고온에서는 수소 함유량이 감소되며, 용융 상태에서는 더욱 적어지게 된다.

3) 수소를 고용하지 않는 금속

Mg, Be, Cd, Al, Zn, Hg 등과 같이 일반적으로 평상적인 상태에서는 수소를 고용하지 않으나, Al이나 Mg 등과 같은 경우 용융상태에서 약간 용해하는 정도이다.

나. 용융강 중의 수소의 용해도

용융강 중에 수소가 용해할 때는 분자상 수소(H_2) 상태가 아니고, 해리(解離)하여 원자상 수소(H)로 되어 철에 액상, 고상으로 용해되지만, 철과 화합물은 만들지 않으며, 그 용해도는 수소 분압의 평방근에 비례하고, 산소 함유량에 역비례한다.

수소의 용해도 곡선에서 보면 고상이나, 액상에서 모두 온도의 상승에 따라 용해도가 증가하는 경우는 용해시 흡열반응이 일어나기 때문이며,

그림 1.3 1기압하에서 Fe에 대한 H_2의 용해도

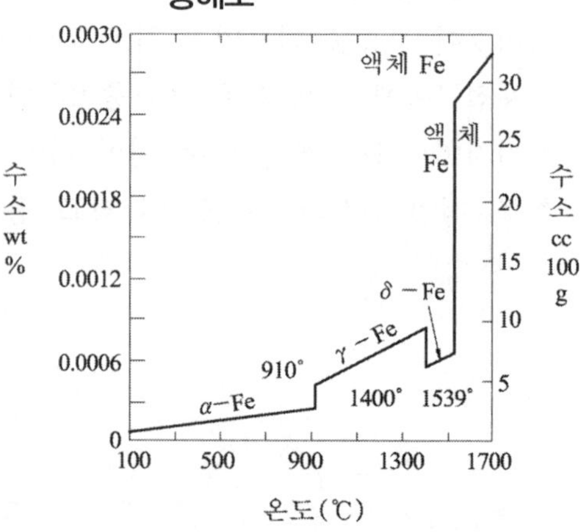

수소와 수소화물을 만드는 Ti, Zr 등과 같은 금속의 경우는 반대로 발열반응이 일어나기 때문에 온도의 상승과 동시에 수소의 용해도는 감소한다.

[그림 1.3]과 같이 용융강에 수소의 용해도를 보면 용융강의 용융점 부근에서 많은 불연속을 나타내고 있고, 변태점에서도 불연속을 나타내고 있으며, 용융강이 응고할 때 수소의 용해도는 급격히 감소하는 것을 알 수 있다.

γ철(면심입방격자)은 α철(체심입방격자)이나 δ철보다 다량의 수소를 용해하며, 함유 성분의 종류와 량에 따라 다르고, 냉간가공 등에서 생기는 격자결함의 다소에 따라서도 수소의 용해도는 달라진다.

강(steel) 중에서 수소의 확산속도는 탄소(C)량이 증가할수록, 가공도가 클수록 감소하게 되는데, 그 이유는 결정격자와 격자 사이에 침입 고용하고 있는 탄소원자나 가공에 의한 격자결함이 수소의 확산을 방해하기 때문이다.

철에 비하여 수소원자의 반경이 매우 작기 때문에 상당히 자유롭게 결정격자 사이를 확산할 수 있으며, 확산속도는 조직이나 온도에 따라서도 달라진다. 예를 들면 600℃에서 α철(페라이트) 중의 확산속도는 γ철(오스테나이트) 중의 확산속도보다 수10배나 더 빠르게 되는데, 그 이유는 γ철의 면심입방격자의 원자 간격이 α철의 체심입방격자보다 작아 수소의 이동이 곤란하기 때문이다.(그림 1.4 참조)

그림 1.4 1기압하 용융강 중의 수소의 확산속도

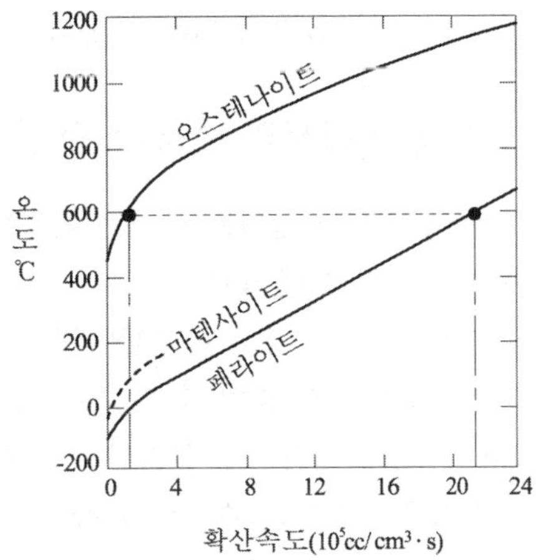

다. 용융강 중의 수소의 특성

수소는 O_2나 N_2와 다르게 원자 반경이 작기 때문에 격자 내에 자유로이 확산하는 특징이 있으며, 용융강 중에 용입되는 분자상 수소(H_2)의 량은 용융강 또는 슬래그 중의 FeO량에 지배된다.

$$Fe + H_2O = FeO + H_2$$

시버츠의 법칙(Sievert‘s low)에 의하면 기체상태에서의 수소 분압이 1600℃, 1기압일 때 용융 순철에 수소(H)가 0.0027%(28cc/100g) 용해되며, 그 이하의 온도에서는 불연속적으로 감소한다.

또한, 용융금속 중에 합금 원소가 있을 경우 수소의 용해량도 변화하며, 온도가 증가하면 용해량도 증가하게 되는데, 상온에서 쉽게 이동하는 확산성 수소와 온도가 상승하지 않으면 이동하지 않는 비확산성 수소로 구분할 수 있으며, 피복제 중의 수분이 아크열에 의해 분해되어 기체로 공급된다.

킬드강은 림드강에 비하여 용접에 적합한 것으로 생각되고 있으나, 림드강에 비하여 FeO의 함유량이 적으므로 역으로 수소를 대량으로 흡습하게 된다.

다음 식은 수소의 용해도를 나타낸 것이다.

$$\text{수소의 용해도 H(\%)} = \text{KH} \ \sqrt{P_{\text{H}_2}}$$

$$(\text{단, P H } = 275 \times 10^3\, T - 175.5 \times 10^{-5})$$

수소는 철격자 내에 결정립계에 분자상 또는 원자, 이온으로 존재하며, 함유 수소가 많으면 용접 후 시간이 지남에 따라 외부로 빠져나가게 되며, 가열하여 온도를 올리게 되면 확산이 점점 증가하게 된다.

라. 용접에서의 수소의 근원

용융금속에 공급되는 수소는 최초부터 기체수소로 공급되는 경우는 드물고 거의 대부분이 수분(H_2O)의 분해(H_2O = 2H + O)에 의한 것인데, 이 수분은 모재나 와이어 표면에 부착된 수분, 피복제 중의 유기물(셀룰로오스, 전분 등), 보호가스 중의 수분, 아크 분위기 중에 말려들어간 대기 중의 수분(수소) 등이며, 이들이 연소하면 CO_2, H_2O 등이 되고, H_2O는 고온에 의해 해리되어 원자상 수소가 되어 용착금속에 녹아 들어가게 되며, 강 중에 과포화로 함유되고 있는 수소는 용착금속 내에 기공, 은점, 선상조직, 균열을 발생할 뿐만 아니라 비드 밑 터짐 등 각종 결함을 유발하게 된다.(표 1.3 참조)

1) 피복제, 플럭스 중의 유기물

가스 발생제로 첨가되는 피복제 중에 유기물은 셀룰로오스, 전분 등이 있으며, 이러한 피복제가 연소하면 CO_2와 H_2O로 되며, H_2O가 분해하여 수소가 된다.

2) 고착제 중의 수분

용접봉 심선에 피복제를 고착시키기 위해 고착제로 사용되는 물유리(규산소다, 규산칼리의 gel 타입의 수용액)가 고착당시에 가열에 의해 고착되었다하더라도 내부에는 일정량의 수분이 남아 있으며, 건조를 하더라도 겔 속의 수분은 완전 제거가 어렵기 때문에 피복제가 연소하면서 생긴 수분(H_2O)에 의해 연소가스 중에 수소가 존재하게 된다.

3) 피복제 중의 결정수를 포함한 광물 등

피복제 중의 운모, 카오린, 탈크 등의 -OH 결정수를 포함한 광물이 가열하면 H_2O가 되어 비산하면서 수소가 생성된다. 저수소계 용접봉은 위의 '1), 2)'를 거의 포함하지 않게 한 것이며, 일반 용접봉의 경우는 위의 '1), 2)'를 근원으로 하는 피복제가 사용되기 때문에 수소가 많이 생성된다.

4) 피복제에 흡수된 수분과 대기 중의 수분

피복제 표면은 다공질이며 표면적이 넓고, 피복제 중에 전분 등 수분을 흡수하는 성질이 큰 물질이 함유되어 있기 때문에 대기 중에서의 수분을 흡수하기 쉽다. 또한 용접 중에 대기와의 차단을 하는 것이 이상적이겠지만 차단이 불완전한 경우가 생기기 때문에 대기 중에서 흡수된 수분이 용접 중에 분해되어 수소가 생성된다.

5) 개선면 등에 부착된 수분, 유지류

용접 모재의 표면이나 개선면에 수분, 페인트, 유지류, 이물질 등이 부착되어 있는 상태에서 용접을 할 경우 부착된 수분에 의해 수소가 생성된다. 따라서 용접 전에 모재의 청정과 예열 등이 필요하다.

마. 용착금속 중의 수소

1) 냉각속도와 수소의 확산 정도

용착금속 중에 용해한 수소가 응고 직후에 용융상태의 경우보다 약 1/4로 감소한다. 그 이유는 용해된 수소가 용착금속의 응고와 동시에 확산하여 외부로 빠져 나가기 때문이다. 그런데 용접부의 냉각속도가 빠른 경우, 예를 들면 아크용접 온도에서 1000℃까지 냉각하는데 걸리는 시간은 겨우 수초(sec)이며, 강의 경우 오스테나이트 조직 구간이기 때문에 수소의 확산이 잘 안되어 방출이 매우 적기 때문이다.

오스테나이트 상태에서 페라이트로 변태하게 되면 수소의 용해도는 50% 이상 감소하며, 수소의 확산속도가 매우 빨라지므로 수소의 방출이 시작된다. 따라서 수소의 방출속도는 냉각속도에 영향이 크다.

2) 냉각속도에 따른 수소의 방출

[그림 1.5]에서와 같이 400℃ 이하에서는 수소량은 급격히 저하하고, 수소의 내압은 급격히 높아짐을 알 수 있으며, 냉각속도가 빠르면(900℃에서 100℃까지 냉각하는데 20초) 냉각 중에 1/6 정도 밖에 방출되지 않고 내부 압력도 높아지게 되며, 냉각속도가 느릴 경우(900℃에서 100℃까지 냉각하는데 120초) 대부분의 수소가 외부로 방출되어 수소내압도 낮아짐을 알 수 있다.

그림 1.5 냉각속도에 따른 수소압, 수소량의 변화

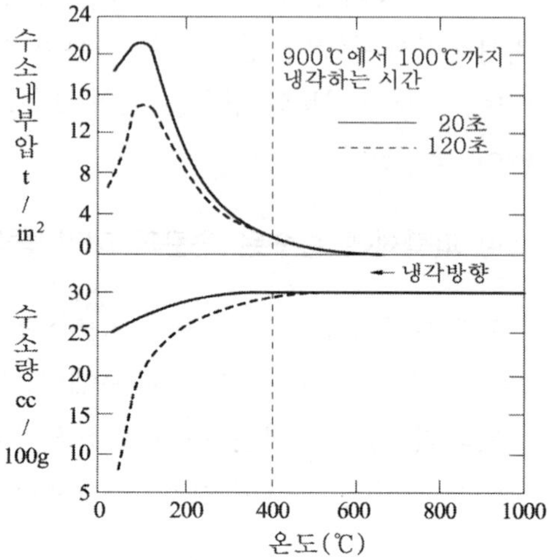

3) 비확산성 수소와 확산성 수소

강에서 고체의 결정 중에 용해된 수소는 온도 저하와 함께 외부로 자유로이 확산 유출할 수 있는 원자상의 수소나 이온상태의 수소를 확산성 수소(diffusible hydrogen)라 한다.

이와 같이 확산성 수소는 수소 원자가 매우 작고 불안정하여 철과 결합력이 약하지만, 결정격자 내에 비금속 개재물이나 결함이 있을 경우 수소는 석출해서 $2H \rightarrow H_2$가 되어 분자를 형성하게 되며, 철의 결정격자 밖으로의 유출이 어렵게 되는데 이러한 수소를 비확산성 수소(non-diffusible hydrogen)라 한다.

오스테나이트계 용착금속은 변태를 하지 않으므로 저온에서도 수소가 확산되지 않기 때문에 수소가 상당히 많이 잔류한다. 강의 결정격자 중에 분자상(비확산성) 수소가 확산 중에 공공, 미세균열, 또는 비금속성 개재물의 주위 등 비교적 큰 공간과 만나게 되면 여기서 결합하여 분자상 수소가 된다. 이 상태의 분자상 수소는 원자반경이 커져서 Fe 원자와의 간극을 통하여 확산하는 것이 어렵게 된다. 또한 원자상 수소로 존재하여도 결정의 전위 등의 격자결함 중에 구속되어 실온에서 확산할 수 없는 경우가 있게 된다.

확산성 수소는 용접 후 실온에서 장시간 방치하면 수소가 거의 외부로 방출되어 없어지며, 비확산 수소도 실온에서 장시간 방치하거나 가열한 후 적당한 시간 유지하면 분자상 수소가 다시 격자 내에 용해하여 확산성 수소로 변하게 되어 점점 외부로 방출이 이루어진다.

용접금속이 냉각할 때 확산성 수소는 외부로 방출도 하지만 일부는 모재에도 확산하게 되며, 이것이 비드 밑 균열 등의 원인이 된다. 오스테나이트계 용접금속의 경우는 수소의 용해도가 크기 때문에 외부로의 확산 방출도 거의 없으며, 모재로의 확산도 거의 없기 때문에 비드 밑 균열이 생기지 않는다.

바. 수소가 미치는 영향

1) 수소 취성 발생

강에 과포화로 수소가 함유되면 취성화하며, 취화의 정도는 수소 함유량과 관계된다.

2) 비드 밑 균열 발생

용접 비드의 바로 밑 열영향부에 수소가 확산된 경우에 발생하는 균열이며, 비드의 밑 부분에 수소가 집중되어 있거나 수소 취성이 생겨서 내부 응력과 상호 작용에 의해 발생한다.(그림 1.6 (a) 참조)

3) 은점 발생

용접부 파단면에 물고기 눈(fish eye) 모양의 점을 말하며, 수소가 용접금속 내에 공공이나 비금속 개재물 주위에 집중하면 여기서 수소 취성이 생기게 되는데, 그 시험편을 파단하면 국부적인 취성화 파면 현상으로 은점이 보인다.(그림 1.6 (b) 참조)

4) 헤어 크랙(미세 균열) 발생

비금속 개재물의 주변이나 결정립계의 열간 미소 균열 등에 수소가 집적한 경우에 0.01~0.1mm 정도의 미세 균열이 발생하며, 수소의 함유량에 비례한다.(그림 1.6 (c) 참조) 미세 균열은 굽힘강도, 연성, 피로강도를 저하시키게 되므로 수소의 침입을 방지해야 된다.

5) 선상 조직 발생

선상 조직이란 용착금속의 파면에 서릿발 모양의 매우 미세한 주상정이 병립하며, 비금속 개재물이나 기공을 포함한 조직을 말하며, 발생 원인은 용융금속의 냉각 과정에서 수소 용해도의 변화로 확산하여 개재물 주위에 모여서 미세한 기공을 만들고 주상정 사이에 틀어 박혀진 선상 조직이 생성된다.

그림 1.6 용접부의 각종 결함

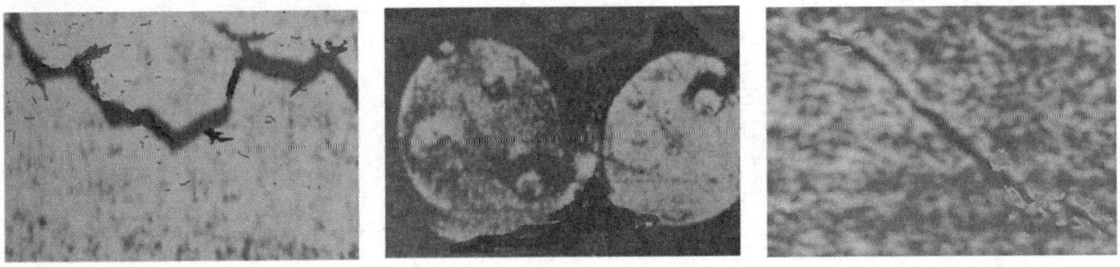

(a) 용접부 비드 밑 터짐 (b) 은점 (c) 미세 균열

사. 용착강 중의 수소 함유량을 감소시키는 방법

상온에서 연강 용접금속의 수소 함유량은 용착량 100g당 저수소계는 2~10ppm(2~10ml/100g)이고, 저수소계 외의 피복 아크용접은 17~50ppm이며, CO_2 아크용접은 0.1~0.02ppm이다. 따라서 용착금속 내의 수소량을 감소시키기 위하여서는 용접봉, 입상 용제 및 용접이음의 건조와 청정(유지, 수분, 기타 이물의 제거)이 매우 중요하며, 피복 아크용접이나 서브머지드 아크용접에서는 용접 중에 $CaCO_3$, $MgCO_3$, CaF_2 등을 첨가하면 아크열로 분해된 다량의 가스가 아크 분위기의 수소 분압을 감소시켜 용착금속의 수소함량을 크게 저하시킨다.

용착금속을 실온에서 방치하면 점차 수소를 방출하여 용착강 내의 수소량이 감소하게 되며, 가열하면 수소가 확산하여 매우 빠르게 외부로 방출되기 때문에 더욱 급속하게 감소하게 되므로 취성도 생기지 않는다.(그림 1.7 참조) 이러한 측면에서 응력제거 풀림은 수소 제거에 매우 효과가 크다.

그림 1.7 가열 온도에 따른 용착금속 내 수소량 감소의 예

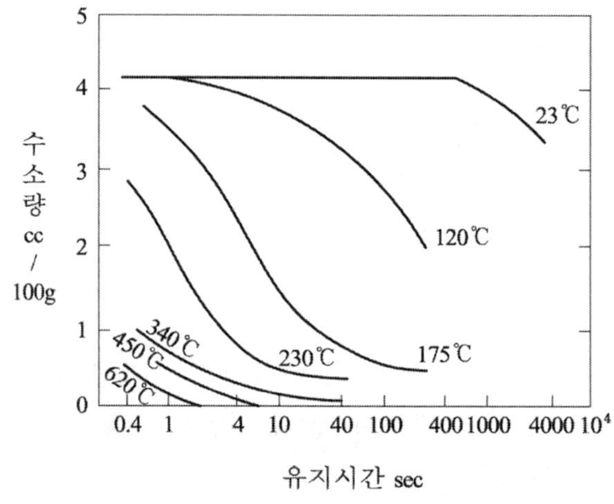

3 용융금속과 산소

가. 용융강 중의 산소의 용해도

용융강 중에 포함하고 있는 대부분의 산소는 비금속성 개재물, 산화물로서 다른 상을 형성하고 있으며, 강에 대한 산소의 용해도는 매우 작아서 1350℃에서도 0.002% 정도의 분자상

산소(O_2)를 용해하고 있으나 응고에 따라 용해도는 급감하며, 이러한 산소는 비금속 개재물(산화물)을 형성하며, 일부 C와 반응해서 CO 가스가 되며, 기공의 원인이 된다.

(1) 용융금속 중에 산소의 흡수 : $K = \frac{[O]}{FeO}$

(2) 일반적으로 용융강 중의 산화물은 규소(Si)나 망간(Mn) 등에 의한 탈산 생성물(MnO, SiO_2a)이 대부분이고, 철(Fe)의 산화물(FeO)은 SiO나 MnO의 1/10 정도이다.

나. 용접금속(용강) 중의 산소

1) 용강 중의 산소의 근원

용접시 산소의 근원은 공기 중의 산소 이외에 피복제 중의 산화물 및 용접봉이나 모재 이음면에 부착된 습기나 수분 등이며, 피복 아크용접봉이 산소(O_2)량은 봉의 피복제 계통에 따라 다르며, 저수소계가 가장 낮다. 예를 들면 연강의 아크 용착금속 내의 산소의 전체 함유량은 0.04~0.10%, 또는 0.15~0.30%(나봉) 정도이다.

산소는 수소와 달라서 원자 반경이 크므로 결정격자 내를 자유로이 확산할 수 없으므로 강이 응고할 때 과포화한 산소는 수소처럼 고체 내를 확산하여 외부로 빠져나가지 못하고 산화물로 되어 남게 되거나, 용융강 중에서 탈산반응에 의해 생긴 산화물이 용융금속 위로 떠오르는 도중에 남는 경우도 있다.

또한, 용융금속 중에 합금 원소가 존재할 경우 기체 상태의 산소 분압이 같더라도 합금 원소의 종류 및 함유량에 따라 달라진다. 철보다도 산소와 친화력이 큰 원소가 존재할수록 산소 함유량이 증가하고 친화력이 적은 원소가 존재할 경우는 산소 함유량도 감소한다.

2) 탈산과 용착금속에 미치는 영향

용착강에 함유된 산소의 일부는 FeO가 되며, 대부분이 기타 원소의 산화물이나 규산염 등 불순물로 존재하며, 과포화된 산소는 CO 가스를 발생하고, 이것이 용강 중에 남아 있으면 기공으로 되며, 불순물이 용접금속의 주상정립계에 개재하여 취성화한다.

산화철이 많아지면 적열취성의 발생 우려와, 연성 및 충격치 감소 등 기계적 성질이 나빠지므로 피복제 또는 심선 중에 Mn, Si, Al 등을 첨가하여 용융금속 중의 FeO의 산소를 강제적으로 탈산처리하여 적열취성의 방지와 산소에 의한 기공 발생 방지, 아크 및 용적이행 등을 안정시켜야 한다.

4 산소, 질소가 미치는 영향

가. 용융강 중의 질소의 용해도

질소(N_2)는 거의 불활성 가스에 가깝지만 이것이 해리하여 원자상 질소(N)가 될 경우 매우 높은 활성 가스로 된다. 예를 들면 평로 제강시 용융강과 접촉하는 질소는 분사상 질소이기 때문에 강에 별로 용해되지 않으나, 아크로 제강의 경우는 아크에 의한 고온이기 때문에 분자상 질소가 원자상 질소로 해리되어 강에 용해량이 증가하여, 평로강에 대한 질소 용해량은 0.004~0.007%인 것이 전기로강에서는 0.015~0.018%나 된다.

강 중에 고용된 질소는 수소와 달리 원자 반경이 크므로 잘 확산되지 않고 강 중에 머물며, 일부는 Fe와 화합하여 Fe4N과 같은 질화물로 된다. 이 현상은 탄소와 비슷하다.

오스테나이트 중에 고용한 탄소는 급랭하면 그대로 결정격자 내에 남아서 마텐사이트가 되며, 질소도 마찬가지이지만 탄소와 구별할 때는 질소 마텐사이트라고 한다.

나. 용착금속에 미치는 영향

1) 변형 시효에 미치는 영향

용접시 용착금속은 급랭에 의한 응고수축 때문에 상당한 내부응력이 남아 있으므로 질소, 산소량이 많은 것과 상응하여 변형 시효(시효경화)를 일으키는 경우가 많다. 이때 변형의 원리는 강을 냉간가공하면 전위나 기타 격자결함이 증가하게 되며, 질소 고용량이 많으면 가공에 따라서 점점 전위의 주위에 모여서 전위의 이동을 방해하게 되므로 시간의 경과에 따라서 경도가 증가하게 되는데 이것이 바로 변형 시효이다.

질소는 변형 시효에 미치는 영향이 크지만 산소는 질소보다는 그 영향이 적다. 그러나 Ti나 Al 등이 첨가된 강에서는 질소는 질화물로 고정되기 때문에 N에 의한 시효현상은 잘 생기지 않는다.

용착금속의 내부에 존재하는 탄소나 산소, 질소, 기타 합금 원소가 전위의 부분에 침입하여 전위의 이동을 억제함으로서 강도, 경도가 증가하게 되며, 질소가 증가하면 연신율 및 충격치가 저하한다.

2) 담금질 시효, 석출 경화에 미치는 영향

담금질하여 과포화(過飽和) 상태로 고용된 강을 저온 뜨임하면 시간의 경과와 더불어 실내 온도로 방치하여도 경도가 증가하는 경우가 있는데, 이는 담금질할 때 과포화 고용

질소나 탄소가 질화물이나 탄화물로 석출하여 경화하기 때문이며, 이러한 시효를 담금질 시효라 한다. 이때 산소는 고상의 철에는 고용하지 않지만 질소의 확산을 도와서 석출 경화를 조장하게 된다.

석출 경화는 모재 조직에 고용하고 있는 일부 원자가 재료의 결정립계로 석출하여 재료의 전위의 이동을 방해하기 때문에 저항이 커져서 경도가 올라가는 현상이다. 우선 석출 경화가 일어나기 위한 조건으로는 각종 합금 성분들이 조직 내에 고용하고 있어야 된다.

그러므로 용체화(고용화)처리를 한 후에 재료를 일정 온도로 재가열한 후 일정시간 유지하게 되면 결정립계 사이로 Mg, V, Be 등의 합금 원소들이 결정립계로 빠져나와 석출하게 된다.

3) 저온 취성에 미치는 영향

저온 취성이란 온도가 상온 이하로 저하시 충격치 등이 급격히 낮아지게 됨으로서 생긴 취성을 말하며, 산소나 질소에 의해 많은 영향을 받는다. 따라서 탈산처리가 불충분한 림드강의 경우는 천이온도가 높고, 강하게 완전 탈산한 킬드강의 경우는 천이온도가 현저히 낮아진다. 또한 결정입자가 커지면 천이온도가 높아지며, 미세한 화합물은 결정립 내나 입계에 산재하며, 조립화를 방지하므로 천이온도가 낮게 된다.

4) 청열 취성에 미치는 영향

저탄소강을 저온에서 인장시험하면 200~300℃애서 인장강도는 매우 증가하고 연성이 저하하는 경우가 있는데 이 현상을 청열 취성(blue shortness)이라 한다. 이 현상의 원인은 질소이며, 산소도 어느 정도 조장하고 있다.

Ti, Al 등 질화물 형성 원소를 첨가하면 청열 취성은 일어나지 않으며, 청열 취성의 생성 온도는 질소의 함유량 증가와 함께 낮아지며 취성화 정도가 커진다.

5) 풀림 취성에 미치는 영향

풀림 취성이란 강을 900℃ 전후로 가열한 후 서랭하여 풀림하면 충격치가 현저히 저하하는 경우가 있는데 이 현상을 말한다. 원인은 산소, 질소에 의한 결정립 성장과 탄소에 의해 결정립계에 석출하는 시멘타이트 석출이 주요 원인이다.

6) 기 타

결정립의 크기는 결정핵의 생성 속노와 성장속도의 영향을 크게 받는다. 이 핵 생성에 대하여 질화물, 산화물, 탄화물 등의 비금속성 개재물의 종류나 크기, 형상, 수 등에 크게 영향을 받는다.

일반적으로 산소는 결정립의 크기를 크게 하며, 가열에 의한 결정립의 성장을 촉진한다. 질소도 결정립의 크기를 크게 하지만, 미세한 질화물로 분포하고 있는 경우는 결정립의 성장을 방해하므로 오히려 결정립의 미세화를 촉진한다.

5 다공성, 탈산, 탈황, 탈인 반응

가. 다공성

다공성(porosity)이란 용융강 중에 다수의 기공(blow hole)이 발생하여 용융강이 응고할 때 다 배출하지 못하고 용착금속 내에 잔류한 것을 말하며, 다공성의 원인은 크게 화학반응에 의해 발생하는 경우와, 용융금속의 급랭에 의한 가스의 용해한계의 감소에 의한 경우를 들 수 있으며, 일반적으로 다음 조건을 만족하는 경우에 생긴다.

$$PCO + P\ H_2 + P\ N_2 + \cdots \geqq 1 + \alpha + 9.87 \times 10\text{-}7 \cdot \frac{2r}{R}$$

(PCO + P H_2 + P N_2 : 응고시의 각 강의 발생압 atm,
α : 용융강의 정압 atm, R : 기포의 반경 cm,
r : 용융강의 표면장력 dym/cm)

이러한 다공성(porosity)의 경우 일열로 배열되어 있거나 한곳에 집중되지 않고 산발적으로 분포된 다공성은 7%까지 존재하여도 항복강도나 최대 인장강도, 면적 감소 및 굽힘 연성 실험결과 거의 큰 영향이 없으나, 용접부 표면에 있는 다공성들이 내부에 있는 것보다 더 위험하며 일렬로 나열되거나 한 곳에 뭉쳐있는 다공성이 더 위험한 응력집중 효과를 갖게 된다.

1) 수소에 의한 기공 생성

분자상 수소(H_2)가 용융강 중에 다량 용해되어 있는 경우 용융강의 온도 저하와 함께 그 용해도도 감소하게 되며, 용융강의 응고시 그 경향이 더욱 현저하게 되는데, 그것은 수소 자신에 의한 경우보다는 용융강 중에 용해된 수소와 산소의 반응에 의한 H_2O 가스의 발생 또는 수증기에 의한 일산화탄소(CO)의 발생이 기공의 생성 원인이 되는 것이다.

그 이유는 분자상 수소(H_2)가 CO 등에 의한 기포 중에 확산하거나, 기공 생성을 간접적으로 촉진하기 때문이라고 생각되며, 고온의 수증기는 강력한 산화성을 가지고 있기 때문에 용융강 중의 C와 반응하여 CO가 생성한다고 본다.

2) CO 가스에 의한 기공 생성

용접부에 생성되는 기공의 대부분은 CO 가스의 영향이라고 생각된다. CO 가스는 탄소(C)와 산소(O)의 반응으로 생성되며, 그 화학 반응은 다음과 같다.

$$C + O = CO(g)$$

$$K'_{CO} = \frac{(P_{CO})}{(\%C)\cdot(\%O)}$$

이 반응식에서 CO 가스의 분압(PCO)이 일정하다고 가정하면 $K'_{CO} = (\%C)\cdot(\%O)$로 표시된다. 따라서 (%C) • (%O) > K'_{CO}관계가 성립되면 CO 가스가 발생하게 되며, (%C) • (%O)의 값이 큰 용접금속일수록 기공의 발생 확률이 높다고 볼 수 있으나, 실제로 용강 중에는 각종 합금 원소나 불순물이 포함되어 있기 때문에 단순하게 (%C) • (%O) > K'_{CO}의 경우만으로 기공 발생 현상을 설명하기에는 부족함이 있다.

일반적으로 C, O, 최적 함유량 이상의 Si, S 등이 많은 용접금속에는 CO의 발생이 많아지므로 기공 발생이 쉬워지며, Cr이 많은 강은 CO 발생이 거의 없어 기공 발생이 적게 된다.

3) 질소(N)에 의한 기공 생성

용융강의 온도 저하와 함께 질소도 용해 한계의 감소에 따라서 용융강 밖으로 배출되지만 질소 자신에 의한 기공 발생의 경향은 거의 없고, 비피복 용접봉이나 피복이 매우 얇은 용접봉을 사용할 경우 공기 중의 질소가 용융강 중에 다량 용해할 수 있으므로 그로 인해 질소 자신에 의한 기공도 생성되는 것으로 생각된다.

또한, CO 가스 중에 질소가 확산하여 간접적으로 기공의 생성을 촉진하는 경우도 있을 수 있다.

나. 탈산 반응

1) 탈산의 중요성

용융강 중의 산소 함유량(O%)은 용융 슬래그 중의 FeO 함유량과 거의 비례관계를 갖고 있다. 따라서 용접 중 대기 중의 산소의 침입을 막기 위해 다양한 방법이 강구되고 있지만 그래도 산소가 다량 함유되고 있으며, 이 산소는 각종 원소를 산화 소모시켜 일산화탄소(CO)로 되어 기공의 원인이 되고, 응고 후에는 비금속 개재물로 되어 기계적 성질을 해치게 되므로 용접을 할 때도 제강의 경우와 마찬가지로 탈산은 매우 중요하다.

용융금속 중에 어떠한 경로든지 산소가 흡수되었을 때 생긴 산화철(FeO)이 있으면 적열 취성의 원인이 되며, 기계적 성질이 나빠지므로 산소의 침입을 막기 위한 보호가스 사용도 필요하지만 용탕 속에 혼입된 산소를 응고하기 전에 제거하기 위해서 피복제 또는 심선 중에 Al. Si, Mn 등과 같은 탈산제를 첨가하고 있다.

2) 탈산 반응

탈산 반응이란 이와같이 용융강 중에 산소와의 친화력이 Fe보다도 큰 원소(Mn, Si, Ti, Al 등)를 첨가한 경우는 산소와 반응하여 탈산 생성물 MmOn이 생겨 산화철에서 산소가 제거되는 반응을 말한다. 이 반응식은 다음과 같다.

$$mM + nO = MnPn$$

$$K'_{MO} = \frac{(\%MmOn}{(\%\ M)^{m} \cdot (\%\ O)^{n}}$$

$$2FeO + Si \rightleftarrows SiO_2 + 2Fe$$

$$3FeO + 2Al \rightleftarrows Al_2O_3 + 3Fe$$

용융강 중의 산소 함유량은 용융강 중의 각종 원소의 함유량뿐만 아니라 용융 슬래그의 염기도 및 탈산 생성물의 함유량에도 영향을 받는다. 따라서 용융강 중의 산소 함유량과 규소 함유량이 같다 해도 용융 슬래그 중의 염기도 및 SiO_2의 함유량에 따라서 변화하고, 염기도의 영향이 매우 크다.

일반적으로 저수소계 용접봉과 티탄(티타니아)계에 의한 용착금속의 Mn 및 Si의 함유량이 대략 같아도 망간(Mn)의 경우 산소 함유량은 약 0.03%이며, Si의 경우 0.06% 정도이다.

피복 아크용접과 같이 용융 슬래그가 존재하는 경우에는 용융 슬래그가 탈산 생성물로서 포화할 가능성은 거의 없다.

용접봉의 피복제와 강재의 조성에서 탈산 생성물을 충분히 떠오르게 하여 청정한 용착금속을 만들려면 용접봉 심선에 Mn, Si가 적정량 함유하는 것이 좋다. Mn, Si가 탈산 생성물로서 유동성이 좋고 용접성이 우수한 $FeO\text{-}MnO\text{-}SiO_2$를 생기게 하지만, 한편으로는 강을 취성화시키기도 하기 때문이다.

각종 원소의 탈산력의 순서는 제강시와 거의 같이 Al, TI, Si, Mn, V, Cr, W, Mo, Ni 순이나, 실제로는 Cr 이하의 W, Mo, Ni 등의 원소에 의한 탈산은 사용하기 힘들다.

3) 용착강 중의 산화물

강 중에 Mn, Si 값이 결정되면 강의 응고시 석출하는 산화물의 조성 정도를 알 수 있다. 예를 들면 저수소계나 티탄계 피복 아크용접봉에 의한 용착금속에서 최초로 석출하는 산화물은 고체의 SiO_2이며, 용융강 중의 규소(Si)의 감소에 따라 Mn-규산염을 석출한다. 이것은 다른 계통의 용접봉은 최초부터 액체의 규산염을 석출하는 것과 다른 점이다.

용착강이 응고할 때 저융점의 산화물은 표면장력 때문에 액체 상태로 구형을 유지하고 있으며, 냉각하여 고체가 된 후에도 강 중에 틀어 박혀 있기 때문에 그대로 구형을 유지하고 있으나, 저수소계 용접봉의 산화물처럼 응고 전에 이미 정출한 산화물은 모가 난 형상으로 강 중에 머물고 있다.

다. 탈황, 탈인 반응

1) 탈황 반응

철강에서 황(S) 및 인(P)은 기계적 성질을 매우 저하시키는 원소이며, 용접금속의 고온 및 서온 균열, 용접 취화의 원인이 되므로, 용접봉의 심선이나 플럭스에서의 S 및 P의 함유량은 충분히 제어되어야 한다.

용접이나 제강과정에서 용융 슬래그의 염기도가 높을수록, 용융 슬래그가 환원성일수록 탈황은 진행이 쉬워진다. 용융 슬래그 중에 FeO과 CaO이 존재하는 경우 용융강의 탈황 반응 및 평형지수는 다음과 같다.

탈황 반응 : $FeS + CaO = CaS + FeO$

평형지수 : $$K'_S = \frac{(\%CaS)\cdot(FeO)}{(\%\ FeS)\cdot(\%\ CaO)}$$

지금 %CaS가 용융 슬래그 중의 황 함유량(%S, FeS)이 용융강 중의 S 함유량(%S)에 비례한다면 탈황율{(%S)/(%S)}은 %CaO와 비례하며, %FeO에 반비례하게 되므로, 용융 슬래그가 환원성일수록, 염기도가 높을수록 탈황의 진행이 쉬워지게 된다.

2) 탈인 반응

탈인 반응은 탈황 반응과 반대로 용융 슬래그가 산성일수록 크게 된다. 용융 슬래그 중에 FeO와 CaO이 존재하는 경우 용융강의 탈인 반응 및 평형지수는 다음과 같다.

탈인 반응 : $2P + 4CaO + 5FeO = (CaO)_4 + P_2O_5 + 5Fe$

평형지수 $$K'_P = \frac{(\%CaO)_4\cdot(P_2O_5)}{(\%\ P)^2\cdot(\%\ CaO)^4\cdot(\%\ FeO)^5}$$

제3절 | 용접 입열과 열유동

1 용접 입열과 용융(열) 효율

가. 용접 입열(heat input)

용접부에 외부로부터 가해지는 열량을 용접 입열이라 하며, 이 입열의 대소에 따라 용입 깊이, 용접부의 폭, 금속조직의 변화, 잔류응력, 결함 발생 정도가 달라지게 된다.

만약, 용접 입열이 충분하지 못하면 용융 불량, 용입 불량 등의 용접 결함이 발생할 뿐만 아니라, 심할 경우에는 모재가 녹지 않아 용접이 안될 경우도 있게 되며, 용접 입열이 너무 클 경우는 언더컷이나 용락 현상이 생기게 된다.

따라서 주어진 입열량에 따른 용접부에 발생하는 문제를 이해하기 위해서는 용접부의 온도구배, 냉각속도, 응고속도 등을 알아야 한다.

입열량은 용접에서 열적 현상 등을 좌우하는 중요한 요소로서 최고 온도 분포, 냉각속도, 응고속도, 용접부 크기, 열영향부 크기 및 용접부의 금속조직(응고조직, 상온조직), 기계적 성질 및 전반적인 건전성에 막대한 영향을 준다.

피복 아크용접에 있어서 용접의 단위 길이 1cm당 발생하는 전기적 열에너지 H는 아크 전압 E(V)과 아크 전류 I(A)에 비례하고, 용접속도 V(cm/min)에 반비례하게 되며 그 계산식은 다음과 같은 식으로 계산된다.

$$H=\frac{P}{V}=\frac{EI}{V},\quad H=\frac{60EI}{V}\ J/cm$$

(H : 에너지 입력 J/mm, P : 열원의 총입력 watts,
V : 열원의 진행속도 mm/sec, E : 전압 V, I : 전류 A)

[그림 1.8]은 용접법의 종류별 단면적당 입열량의 크기를 나타낸 것으로, 서브머지드 아크용접(SAW)이 가장 크고(일렉트로 슬래그 용접 포함), 다음이 금속보호 가스 아크용접(GMAW)이나 피복 아크용접(SMAW)이며, 불활성 가스 텅스텐 아크용접(TIG)이 가장 적다. 입열량이 적다는 것은 그만큼 판 두께를 얇게 할 수 있다는 이야기가 될 수 있다.

단위 면적당 입열량을 보기 위하여 실질적인 입열량 H_S(specific heat input)이 사용되기도 하는데 일렉트로 슬래그 용접의 경우 다음과 같다.(그림 1.9 참조)

$$H_S = \frac{E\,I\,T_e}{2(l+g)d}\ (J/\mathrm{mm}^2)$$

($T_e = \frac{d}{V}$, l : 강재 두께, g : 두 모재 사이의 갭 크기, d : 용융 슬래그 풀 높이)

실제 용접시 주어진 입열량 모두가 모재에 전달되는 것은 아니다. 따라서 순수 입열량으로 $Hnet$가 사용된다.

$$\text{순수 입열량 } Hnet = f_1\frac{E\,I}{V}$$

{(f_1 : 열전달계수 $0.8 < f_1 < 1.0$)}, 열전달계수 f_1 : 피복 금속 아크용접 : 0.7~0.85, TIG 용접 : 0.22~0.48, MIG 용접 : 0.66~0.75, 서브머지드 아크용접 : 0.90~0.99)

그림 1.8 용접 종류별 단면적당 입열량

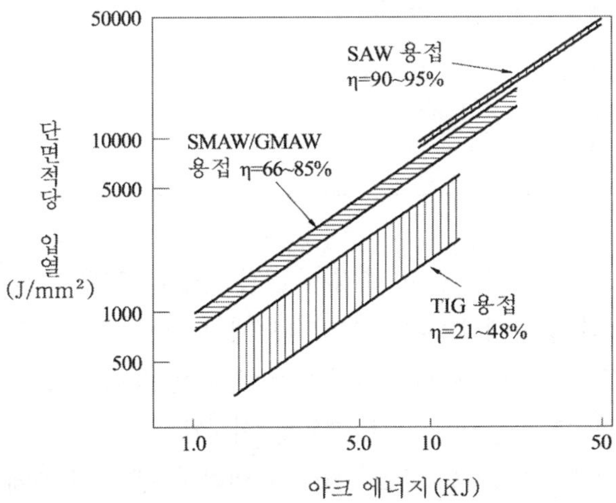

그림 1.9 일렉트로 슬래그 용접

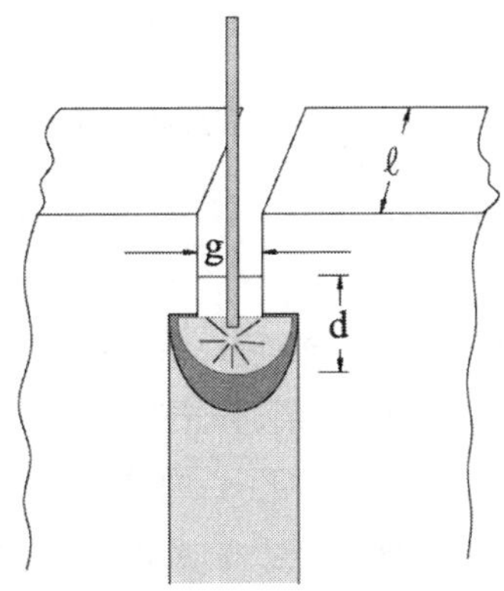

나. 용융(열) 효율

용융 효율이란 용접기에서 공급된 열량이 실제로 용접부에 몇 %가 모재에 흡수되는가 하는 비율 즉 용융에 필요한 이론적 최소 아크열을 말하며, 이 열효율은 많은 인자들에 의해서 좌우된다. 즉 용접기에서 공급된 열량이 실재 모재를 소정의 양만큼 용융시키는데는 많은 열이 상실하게 되며, 공급된 열량 전부가 사용되는 것은 아니다.

용융(열) 효율(melting efficiency)은 다음과 같이 정의된다.

용섭금속의 단면을 A_w라 하면 $A_w = A_m + A_n$와 같으며, 용가재를 가하지 않을 경우는 $A_w = A_m$이 된다.(A_m : 용융된 모재의 단면, A_n : 증가된 용가재(filler metal)단면)

$$용융효율\ f_2 = \frac{Q A_w}{Hnet} = \frac{Q A_w V_w}{f_1 V I}$$, (f_2 : 약 0.3 정도임)

따라서 용접부 단면적(A_w)과 입열량과는 다음과 같이 중요한 관계가 있다.

$$A_w = \frac{f_2\, Hnet}{Q} = \frac{f_1 f_2 H}{Q}$$

주어진 이론적 열량 Q는 다음과 같다.

$$Q = \frac{(T_m + 273)^2}{30000}$$ J/mm2 , (T_m : 용융온도 ℃)

예제 **전압** $E = 20V$ **, 전류** $I = 200A$, $f_1 = 0.9$, $f_2 = 0.3$, $V = 5\text{mm/sec}$, $Q = 10\text{J/mm}^3$ **일 경우 용접부 단면적** A_w**은 얼마인가?**

풀이 ➡ $Hnet = f_1 \frac{EI}{V} = 0.9 \times \frac{20 \times 200}{5} = 720$

$$A_w = \frac{f_2\, Hnet}{Q} = \frac{0.3 \times 720}{10} = 21.6\text{mm}^2$$

판 두께 13mm의 연강판에 각종 용접봉으로 비드를 놓고 측정한 결과 공급된 전체 열량 중에서 용접봉의 용융에 약 15%, 용접금속의 생성에 20~40%, 기타(모재의 가열, 피복제의 용해, 대류, 복사, 스패터 등)에 60~85%이었다. 또한 모재에 흡수되는 열량은 용접 입열의 약 75~85% 정도가 되며, 이 열은 용접부와 모재에 여러가지 영향을 끼치게 된다.

이와 같은 모재에 흡수된 용접 입열에 의한 용접부의 온도 변화에 의하여 팽창 수축에 따른 변형, 잔류응력의 발생, 재질 변화 등의 결과가 생기게 된다.

2 용융열량과 용융속도, 모재의 희석률(도)

가. 용융열량

금속을 상온상태에서 용융시키는데 요구되는 용융열량(Q)은 다음과 같다.

Q = $Cp\Delta t$ + 용융잠열 + 용융 온도 이상의 과열(J/g)

(Cp : 실제 입열량, Δt : 상온(혹은 예열온도)에서 용융 온도까지의 온도차)

즉 [Q = 상온상태에서 용융온도까지 올리는데 요구되는 열 + 용융온도, 고체에서 액체로 전환하는데 요구되는 열량 + 용융온도 이상의 과열]이 되며,

강의 경우 실제 입열량 Cp은 다음과 같다.

$Cp = 0.67 \ J/g℃$

용융잠열 $= 272J/g$, $\triangle t = 1510 - 25$(혹은 예열온도)를 사용하여 상온에서 모재를 용융시키는데만 필요한 최소열량을 계산하게 되며,(용융온도 이상의 과열은 제외함) 이때의 실험식으로는 다음과 같다.

$$Q = \frac{(T_m + 273)^2}{30000} (J/\mathrm{mm}^3)$$

$$Q = 8kT_m \frac{Vd}{4\alpha} + \frac{1}{5} (cal/\sec/\text{판두께}mm)$$

{k : 열전도도(thermal conductivity), T_m : 용융온도, V : 용섭온도, d : 용접 폭, α : 열확산도(thermal diffusivity)($k/\rho Cp$), ρ : 밀도, Cp : 실제 입열량}

나. 용접 효율 및 용융속도

1) 용접 효율

(1) 용접(fusion weld) $= \dfrac{Vd}{4\alpha}$

[V : 용접속도, d : 용접부 폭, α : 열확산율]

(2) 점용접 $= \dfrac{d^2}{4\alpha t}$

[d : 점용접 직경, t : 용접(통전)시간]

(3) 서브머지드 아크용접시 전극의 용융속도(MR, melting rate)는 용접속도에 많은 영향을 미친다.

① 일반적인 용융속도$(kgf/h) = \dfrac{1}{1000}(9.45 + 0.042D^2 + 2.906 \times 10^{-4} \dfrac{IL^{1.22}}{D^2}$

(I : 용접전류 A, D : 와이어 지름 mm, L : 전극 돌출길이 mm)

② 용융속도(직류 역극성의 경우)$= \dfrac{1}{1000}(0.042d^2 + 2.906 \times 10^{-4} \dfrac{IL^{1.22}}{d^2}$

$+ (4.5 \times 10^{-5} (1)^{1.686} + 3.565)$

③ 용융속도(직류 정극성의 경우)$= \dfrac{1}{1000}(0.042d^2 + 2.906 \times 10^{-4} \dfrac{IL^{1.22}}{d^2}$

$$+(3.071\times10^{-4}(1)^{1.513})$$

④ 용융속도(교류의 경우)= $\frac{1}{1000}(0.042d^2+2.906\times10^{-4}\frac{IL^{1.22}}{d^2}$

$$+(3.485\times10^{-8}(1)^{2.721}+3.565)$$

다. 모재의 희석률(도)(BMD)

1) 희석률

모재의 희석률은 용접시 용융풀이 모재로 얼마나 침투하여 들어가서 용가재(용접봉, 와이어 등)와 모재와의 성분 혼합 및 희석을 일으키는가를 비율로 나타낸 것이며, 용가재가 모재에 침투하는 정도는 일반적으로 입열량이 많을수록 모재 희석률(BMD, base metal dilution)이 크게 된다.

클래드강이나 이종금속의 용접의 경우 이 희석률에 따라 용접부의 건전성이 평가될 수 있으므로 희석률은 중요하다.

용접부의 단면적은 다음 식으로 정의되며, 용가재를 사용하지 않는 경우 $A_w = A_m$ 이 된다.

용접부의 단면적(A_w) = 용융 모재의 단면적(A_m) + 용가재가 더해진 단면적(A_n)

[그림 1.10]은 용접부 단면을 모재, 용융되지 않았지만 열의 영향을 받은 열영향부(HAZ)와 모재가 용융된 부분(A_m), 모재에 용가재가 더해져 모재와 용가재가 희석되어 용착금속이 된 부분(A_n)을 나타낸 것이다.

그림 1.10 모재의 희석도

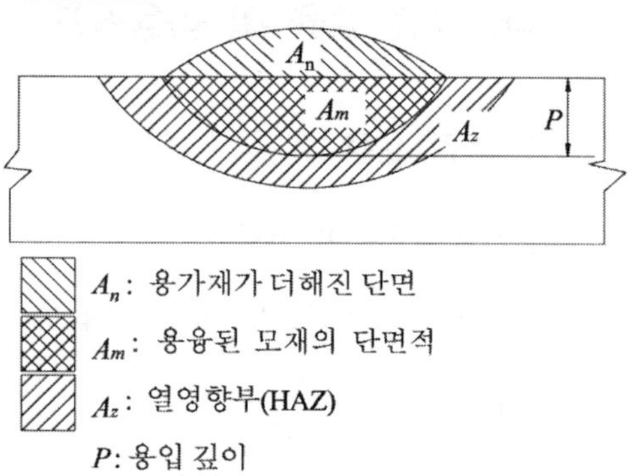

여기서 모재 희석률(BMD)은 다음과 같이 정의된다.

$$BMD(\%)=\frac{A_m}{A_m+A_n}\times100=\frac{A_m}{A_w}\times100$$

일렉트로 슬래그 용접의 모재 희석도는 다음과 같이 정의된다.

$$BMD(\%)=\frac{bw-bg}{bw}\times100$$

(bw : 용접부 폭, bg : 이음부 갭)

모재 침투도(BMP : base metal penetration)는 [그림 1.10]의 P를 말하며 용입 깊이라고 할 수 있다.

2) 희석률에 영향을 주는 요소

모재와 용가재의 희석률에 영향을 주는 요소에는 전류, 전압, 극성, 용융속도, 와이어 돌출 길이, 플럭스의 종류와 조성, 모재의 예열 유무 등이 있으며, 이들의 복합적인 상관관계에 의해 최적의 희석률을 얻는 것이 필요하다.

토치 각도가 진행각 45° 이하의 전진법일 때 가장 효과적이며, 결합의 신뢰도 측면에서 희석률은 최소 10% 이상 되어야 하며, 10~15%가 적당하다.

(1) 용접 전류

용접 전류는 용접 입열의 중요한 변수이므로 전류의 증감이 희석률의 증감과 밀접한 관계가 있다. 전류가 감소하면 용융 단면적 A_m이 감소하며, 희석률이 낮아지게 되며, 반대인 경우는 높아지게 된다.

(2) 아크 전압

용접 입열은 전류, 전압에 비례하며 용접속도에 반비례하므로 전압도 전류와 더불어 중요하다. 전류, 전압이 높아지면 와이어의 송급속도가 빨라지고 와이어 용융이 많아지므로 용가재가 더해진 단면적 A_n이 커지므로 희석률이 높아지게 된다.

(3) 와이어 돌출 길이

와이어 용착속도는 와이어 돌출 길이2(자승)이므로 와이어 돌출길이가 길어지면 와이어에 많은 열이 소모되므로 와이어 용융속도가 증가하게 되며, 결과적으로 용가재가 더해진 단면적 Ar이 커지게 되어 희석률이 커지게 된다.

(4) 극 성

서브머지드 용접의 경우 깊은 용입이 필요하면 직류 역극성을, 얕은 용입이 필요하면 직류 정극성을 사용한다. 만약 클래딩 용접의 경우는 얕은 용입이 필요하므로 직류 정극성이 효과적이다.

(5) 기 타

모재의 예열, 플럭스, 토치의 각도 등도 희석률에 영향을 미치는 경우가 있다.

3 용접 열영향부의 열 사이클

가. 용접열 사이클

용접열에 의한 모재의 재질변화, 용접물의 변형, 잔류응력의 발생 등 모든 열영향은 용접부의 온도변화가 그 원인이 되고 있으며, 아크용접 열향부의 열 사이클(특히 본드부)은 탄소강이나 고장력강의 용접성(weldability) 연구에 중요하다.

용접 열영향부(HAZ)의 야금학적 변화를 예측하려면 용접할 때 열영향부의 각 부분이 어떤 열 사이클 또는 온도 이력을 받는지를 정확하게 알아야 된다. 이러한 열영향부에 미치는 중요한 요소로는 가열 및 냉각속도, 최고 가열온도, 최고 가열온도에서의 유지시간 등이며, 이론적으로 계산할 수 있으나, 직접 실측하는 방법이 가장 좋다.

일반적으로 아크용접의 열 사이클은 불과 3~5초의 짧은 시간에 용융점에서 실온으로 급열, 급랭되어 수초간 유지한 후 일정 속도(속도는 재질, 판 두께, 용접 조건에 따라 다르므로 보통 유냉 담금질을 하는 정도의 속도)로 급랭된다고 본다.

이와 같이 열 사이클이란 모재가 용접에 의해 가열될 때 용착금속에 인접하는 모재의 각 점이 용착금속으로부터 거리에 따라서 여러가지 온도로 급열, 급랭하게 되는데 따른 온도변화를 말한다. 예를 들면 판 두께 20mm인 연강판의 표면에 ∅4mm인 피복 용접봉으로 길이가 긴 비드를 놓았을 때의 각 점에 있어서의 열 사이클을 보면 최고 가열온도가 1100℃인 곳은 불과 4초 정도의 짧은 시간에 1100℃로 가열되고 600℃로 즉시 냉각하는데 12초 정도의 짧은 시간이 걸린다.

[그림 1.11]에서 ①~⑥은 용접부 단면의 중심에서 x만큼 떨어진 각 부분(1~6)의 온도곡선을 나타낸 것으로 용접부 중심인 '1'의 곡선은 ①에 해당하며, 용융점 이상 가열된 상태에서 시간이 지남에 따라 급격히 온도 저하가 생기는 현상을 알 수 있다.

이 그림에서 1점쇄선으로 나타낸 것은 1.2mm인 각봉을 1100℃로부터 기름(oil) 담금질한 경우의 냉각 곡선이고, 550℃ 부근까지의 냉각 시간은 열영향부의 냉각 시간과 거의 같이 나타나고 있다.

그림 1.11 피복 아크용접 열영향부 각 지점에 대한 열 사이클
(HT 52(0.2%C, 1.38% Mn, 0.23% Si)

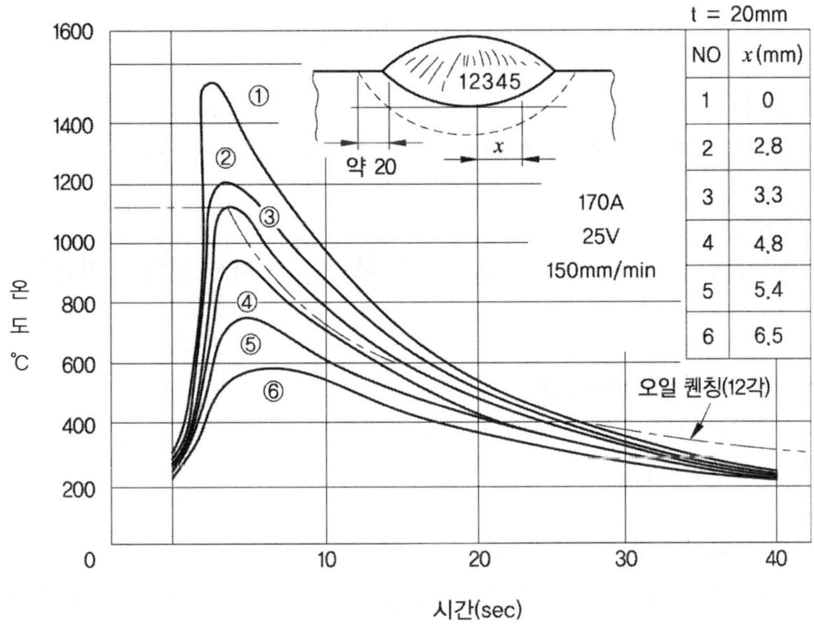

이 열 사이클에서 다음 3가지를 알 수 있으며, 모든 아크용접에서의 전형적인 열 사이클의 특색이다.

(1) 최고 온도는 용접 중심선에서의 거리가 멀수록 급격하게 감소한다.

(2) 최고 온도에 도달하는 시간은 용접 중심선에서의 거리가 증가할수록 증가한다.

(3) 용접 중심선에서의 거리가 멀어질수록 가열속도 및 냉각속도는 다 같이 감소한다.

나. 용접열 사이클에 미치는 영향

용접열 사이클 변화에 영향을 미치는 것은 용접방법, 용접 입열, 이음형상, 판 두께, 용접 전의 모재온도, 확산율 및 융점 등에 따라 현저하게 달라진다.

(1) 용접방법

가스용접은 아크용접에 비하여 가열이 비능률적이고, 용접금속 이외의 모재를 넓게 가열하는 낭비가 생기므로, 그 가열냉각의 열 사이클은 아크용접에 비하여 훨씬 늦으며, 저항용접의 열 사이클은 대단히 빠르다.

각종 용접법 중 상용섭에서 열영향부가 임계 온도역(800~700℃) 부근에서 냉각하는 속도는 다음과 같다.

① 가스용접 : 30~110℃/min(0.5~2℃/sec)
② 아크용접 : 110~5600℃/min(2~100℃/sec)
③ 점용접 : 2800~22200℃/min(50~370℃/sec)

(2) 용접 입열

용접선 단위 길이에 가해지는 열량이 많을수록 냉각이 늦어진다.

(3) 이음형상

열이 확산되기 쉬운 형상일수록 냉각속도가 빠르다. 따라서 맞대기 이음이 필릿이음보다 냉각속도가 느리다.

(4) 판 두께와 용접 전 모재온도

동일 용접 입열에서는 판 두께가 두꺼울수록 냉각속도가 빠르며, 용접 전 모재온도가 낮을수록 냉각속도가 빠르다.

(5) 모재 온도 확산율(열전도 k/비열 $c\rho$)

온도 확산율은 재료의 온도 변화속도를 결정하는 정수이며, 열전도도 k를 비열 c과 밀도 ρ 로 곱하여 나눈 값($k/c\rho$)으로 나타낸다. 모재가 온도상승을 일으키는 양은 온도 확산율로서 결정하므로, 모재의 열전도가 좋을수록 모재 중에 널리 확산되기 쉽다.

고온 영역에서의 알루미늄의 온도 확산율은 연강의 약 10배의 크기이므로 그 만큼 온도 변화가 신속하게 생기고, 또 용접금속 이외의 모재가 매우 모재를 넓은 면적에 걸쳐 가열하게 되므로 용접 후 변형이 강의 경우보다 수배나 증가된다. 탄소강과 저합금강의 온도 확산율은 용점과 거의 비슷하므로 용접열 사이클은 실용상 동일하나 스테인리스강, 구리합금, 알루미늄 합금 등은 현저하게 달라진다.

(6) 용착금속의 크기

용착금속의 크기가 클수록 냉각속도가 느리다.

다. 용접법의 종류별(용접 입열의 차)의 영향

[그림 1.12]는 각종 용접법의 종류별 용접 입열의 대소에 따른 최고 온도와 냉각 시간의 관계를 나타낸 것으로, 일렉트로 슬래그 용접의 냉각곡선이 가장 완만하고, 그 다음은 서브머지드 아크용접, 그 다음이 일반 아크용접 순으로 냉각 곡선이 형성되었으며, 대입열 용접일수록 서랭이 되고, 입열이 적은 용접법일수록 용접부가 급랭된다는 것을 알 수 있다.

그림 1.12 **용접법의 종류별 최고온도와 냉각속도**

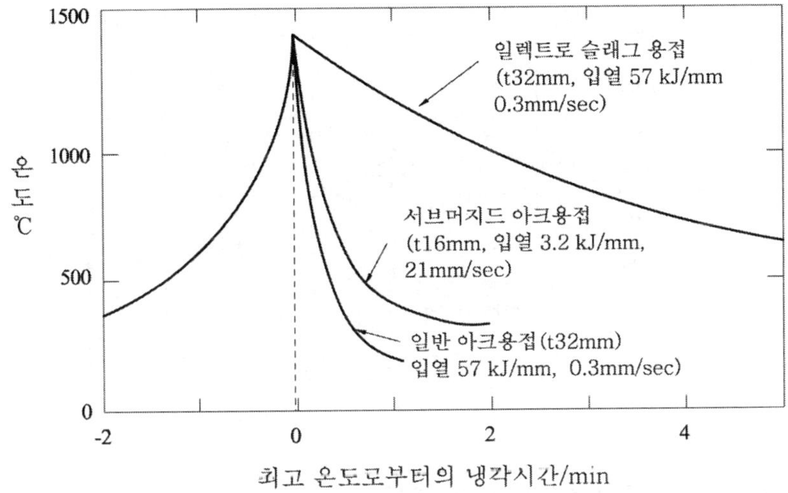

라. 용접 입열량과 예열온도에 따른 열 사이클

[그림 1.13]은 용접 입열량과 예열온도의 영향을 나타낸 것으로, 용접 입열을 3.94J/mm와 1/2인 1.97J/mm, 예열온도를 27℃와 약 10배인 260℃로 하였을 때 용접부 중심에서 거리에 따라 최고 온도에 도달하는 부분과 냉각속도를 나타낸 것으로 그 영향은 다음과 같다.

(1) 용접 입열이나 예열온도 중 어느 쪽을 감소시켜도 열영향부의 최고온도 분포는 급격한 감소를 나타낸다.

(2) 용접 입열이나 예열온도를 증가시키면 고온 부위의 폭을 증가시킨다.

일정한 예열온도에서 용접 입열을 증가시키면 고온에 있어서의 유지시간이 증가하고, 냉각속도를 느리게 한다.

일정한 용접 입열에서 예열온도를 증가시키면 냉각속도를 느리게 하지만, 고온에서의 유지시간에는 별로 영향을 미치지 않는다.

그림 1.13 용접 입열양과 예열온도의 영향

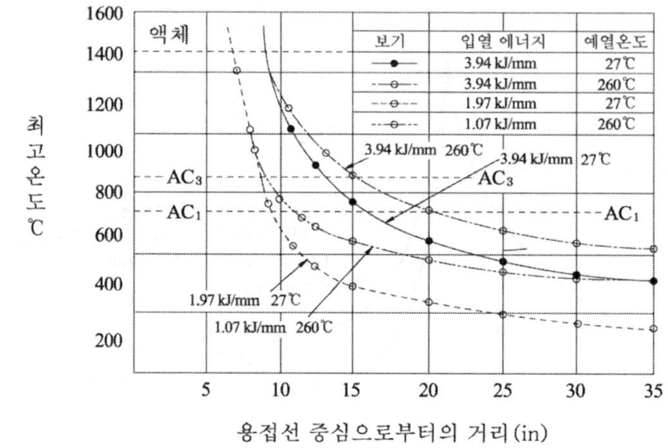

마. 용접 조건이 등온선에 미치는 영향

1) 용접 입열이 등온선에 미치는 영향

용접 입열이 등온선에 미치는 영향은 [그림 1.14]와 같다. 그림은 입열량이 3.94kJ/mm인 경우와 1.97kJ/mm인 경우를 상하로 구분하여 용접시 아크 중심으로부터의 거리를 등온선으로 나타낸 것으로, 입열량이 크면 동일 온도의 등온선에서 용접 중심으로부터의 거리가 훨씬 멀리 떨어짐을 알 수 있으며, 열영향부의 폭이 그만큼 커진다는 것을 알 수 있다. 따라서 열영향부 폭을 줄이려면 용접 입열을 감소시켜야 된다.

그림 1.14 용접 입열이 등온선에 미치는 영향

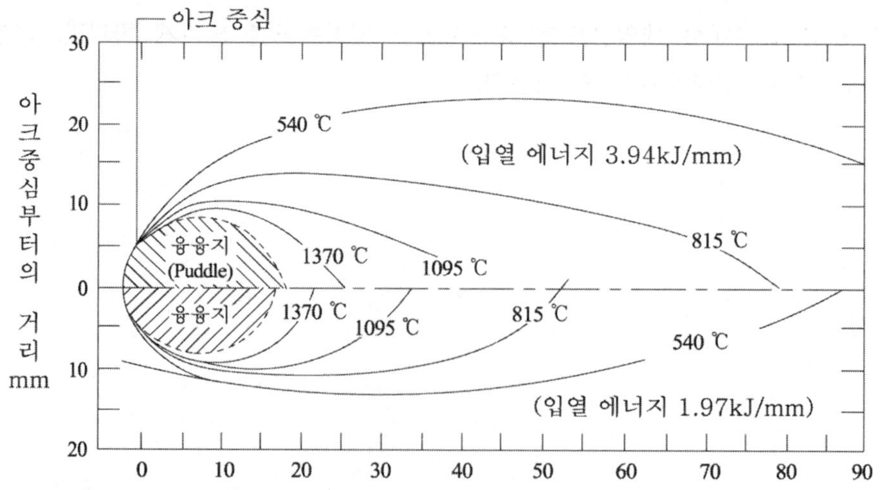

2) 용접속도가 등온선에 미치는 영향

[그림 1.15]는 판 두께 3mm인 2개의 연강판에 동일하게 용접 입열 3.1kJ/s를 주어 위쪽은 용접속도 16mm/sec로, 아래쪽은 용접속도 8mm/sec로 용접하면서 각 부분의 동일한 온도 부분을 선으로 나타낸 등온선도이다.

이 선도에서 위쪽과 아래쪽의 온도 등온선 중 800℃ 부분을 비교해보면 용접속도가 빠른 쪽의 등온선이 폭이 좁고 길이가 많이 짧은 것을 알 수 있으며, 다른 등온선도 마찬가지이다. 등온선의 폭이 넓다는 것은 그만큼 열영향부 폭도 넓어진다는 것을 알 수 있다.

그림 1.15 용접속도가 등온선에 미치는 영향

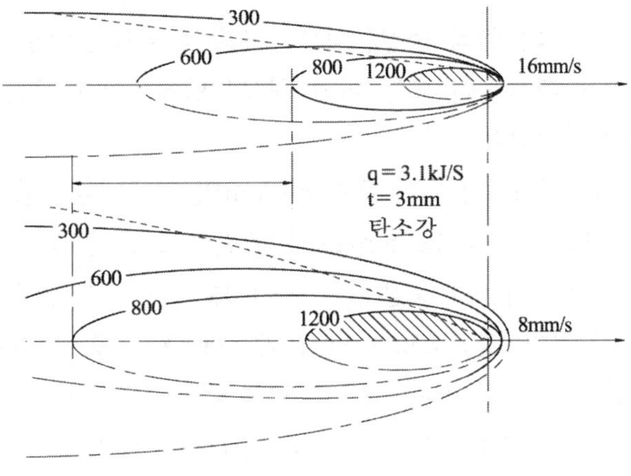

3) 모재 두께가 등온선에 미치는 영향

[그림 1.16]은 동일 조건에서 판 두께를 6mm, 13mm, 25mm로 구분하여 용접하면서 온도를 측정하여 등온선으로 나타낸 것이며, 판 두께가 증가함에 따라 냉각속도는 증가하고 고온으로 유지되는 시간은 감소한다는 것을 알 수 있다. 용접열의 흐름은 판 두께가 얇으면 2차원적이고 두꺼우면 3차원적으로 열이 전달되기 때문에 냉각속도도 빨라지게 되는 것이며, 두께의 영향은 대단히 복잡하다.

그림 1.16 모재 두께가 등온선에 미치는 영향

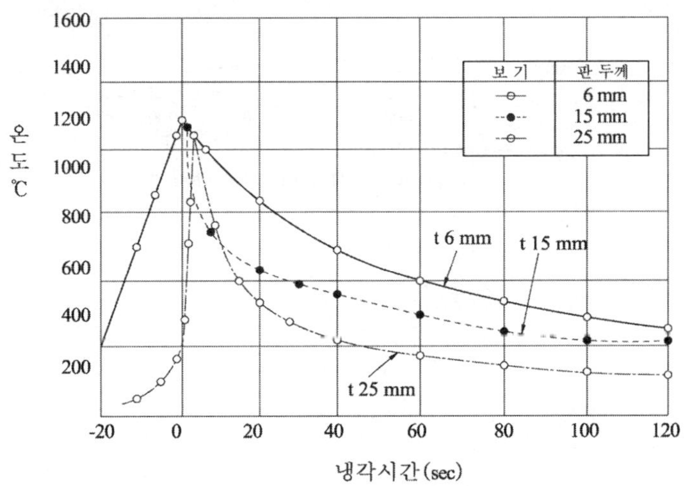

4) 재료의 열적 성질이 등온선에 미치는 영향

재료의 열적 성질을 보면 재료의 열확산율이 작으면 최고온도 분포는 급격히 증가하며, 열적 확산율이 크면 어떤 최고온도에서의 머무는 시간이 짧으며, 냉각속도는 크다는 것을 알 수 있다.

[그림 1.17]은 판 두께 6.0mm의 알루미늄, 탄소강, 오스테나이트계 스테인리스강에 입열 3.1kJ/s, 용접속도 8mm/s의 조건으로 동일하게 용접한 경우를 나타낸 것으로, 열전도도가 큰 알루미늄의 등온선은 폭이 넓고 길이가 짧은데 비해, 오스테나이트계 스테인리스강은 철강보다 열전도도가 낮기 때문에 폭이 좁고 길이가 길게 나타나 있다. 이렇게 등온선이 길게 나타난 이유는 열전도도가 낮아 열전도가 잘 안되기 때문에 동일 온도의 부분이 그만큼 길게 나타난 것이며, 그만큼 냉각속도가 느리다는 것을 알 수 있다.

그림 1.17 재료의 열적 성질이 등온선에 미치는 영향

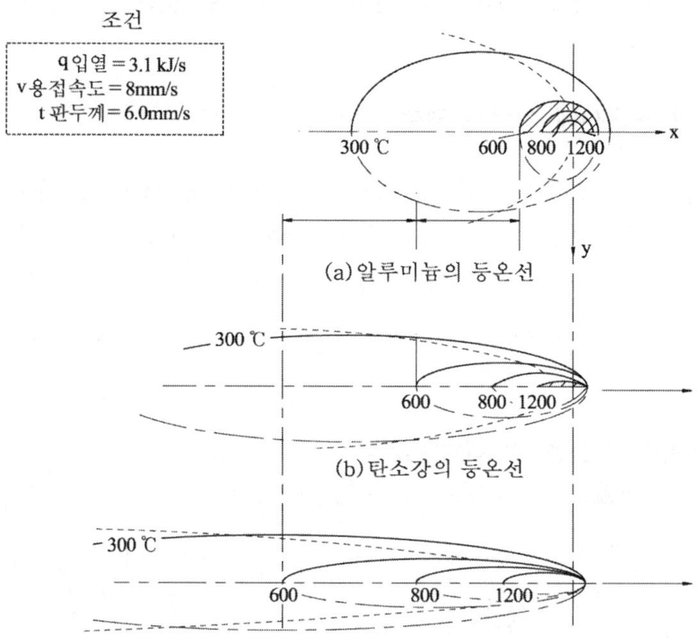

4 용접부 온도 분포와 열유동

가. 용접부의 온도 분포와 열전도

용접은 대단히 높은 열원에 의하여 금속을 용융시키면서 피접합제를 접합시키는 방법이므로 용접부 부근의 온도는 대단히 높다.

이 고온의 열에 의하여 용접할 때의 온도 분포의 일예를 [그림 1.18]에 나타낸 것이며, 용접 부분의 온도 분포가 매우 높으나 열원에서 멀어져 갈수록 온도가 내려간다. 이와 같은 온도 분포에서 온도 기울기가 심할수록 용접부 부근은 용접한 후 냉각이 빠르게 된다.

그리고 대부분의 금속은 급랭되면 열영향부가 경화하며 이음의 성능에 나쁜 영향을 주기 때문에 용접할 때 주의해야 하며, 이 온도 기울기의 대소는 이음의 형상이나 재질에 따라 달라진다.

얇은 판과 후판인 탄소강판에 용접전류를 200A, 용접속도를 20cm/min의 조건으로 비드 용접한 결과의 온도 분포를 보면 아크는 최고 온도의 위치에 있으나 아크 전방의 온도 상승은 후방에 비하여 급하게 나타나며, 두꺼운 판은 얇은 판에 비하여 열영향부의 범위가 훨씬 좁고 급랭도가 v커짐을 알 수 있다.

그림 1.18 박판과 후판 용접시의 온도 분포 등온선도 비교

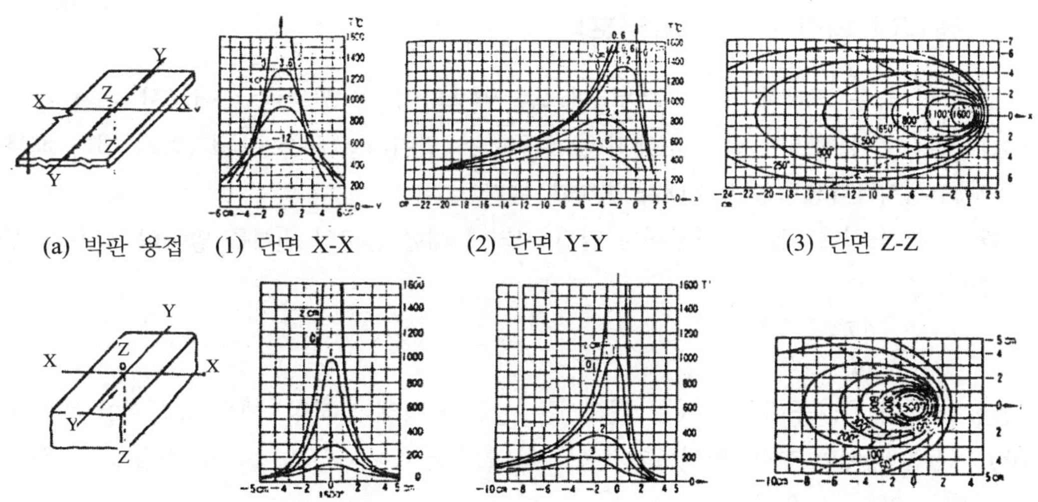

(a) 박판 용접 (1) 단면 X-X (2) 단면 Y-Y (3) 단면 Z-Z

(b) 후판 용접 (1) 단면 X-X (2) 단면 Y-Y (3) 단면 Z-Z

나. 이음부 형상과 열전도 방향에 따른 냉각속도

[그림 1.19]는 이음 형상과 판 두께에 따른 열전도 방향과 냉각속도 관계를 나타낸 것으로, 화살표 방향(열전도 방향)이 많으면 빨리 냉각하게 된다. 그림에서와 같이 박판보다 후판이, 맞대기 이음보다 T형 필릿 이음이 열전도 방향이 많은 만큼 냉각속도가 빠르므로 용접을 할 때 더 입열량을 많이 주어야 되며 급랭을 방지하고 충분한 용입이 될 수 있도록 용접 조건을 설정해야 된다.

또 냉각속도를 느리게 하여 용접부의 급랭을 방지하기 위해서는 예열하는 방법과 대입열량으로 용접하는 방법 등이 있다.

열량이 일정할 경우 열전도율이 클수록 냉각속도가 크게 된다. 즉 알루미늄이나 구리는 연강보다 열전도율이 크기 때문에 빨리 냉각된다.

그림 1.19 용접 이음부 형상과 열전도 방향

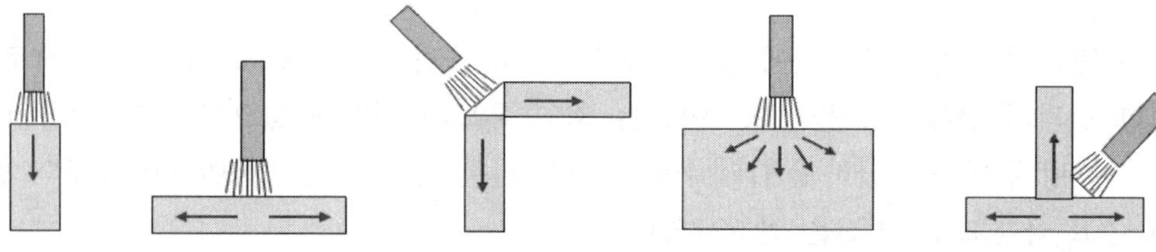

다. 용접에 의한 온도구배(분포)

아크용접 등은 모재에 순간적으로 아크를 발생하여 큰 열원이 주어져서 어떤 속도로 일정한 시간 이동하면서 열이 가해지며, 열원에서 멀어지는 부분은 냉각하게 되기 때문에 모재에는 시시각각으로 온도구배가 변하게 된다.

이와 같이 용접에 의한 온도구배는 일정 거리에 대한 온도의 변화를 말하며, 다음과 같이 표시한다.

$$G=\frac{\partial T}{\partial t}$$

용접부에 큰 온도구배를 가지기 위해서는 열원이 강해야 하며, 매우 효과적인 흡열(heat sink) 역할을 하여야 한다. 열전도도가 큰 재료일수록 두께가 두꺼울수록 열흡수가 커서 큰 온도구배를 가질 수 있다.

[그림 1.20]은 아크용접에서의 3차원 온도분포를 나타낸 것이며, 등온(isotherm)선간의 거리는 q/kvt의 함수이다.

(여기서 q : 아크 에너지, k : 열전도도, v : 열원속도, t : 모재 두께)

[그림 1.20 (a)]는 두께 5mm의 얇은 연강판을 피복 아크용접한 것으로, 오른쪽의 두꺼운 판(t10mm)보다 완만한 곡선을 하고 있으며, 오른 쪽의 경우는 두꺼운 판(t10mm)에 같은 용접 조건으로 용접한 경우에도 판 두께 방향으로 등온선이 급경사를 이루고 있다. 이와 같이 모재에 축적된 열에너지의 일부는 대류나 복사 등으로 소실되지만, 대부분은 차가운 모재의 좌우 및 판 두께 방향으로 전도되어 냉각되고 있음을 알 수 있다.

그림 1.20 **t5와 t10 인 연강판의 피복 아크용접 중의 등온선**

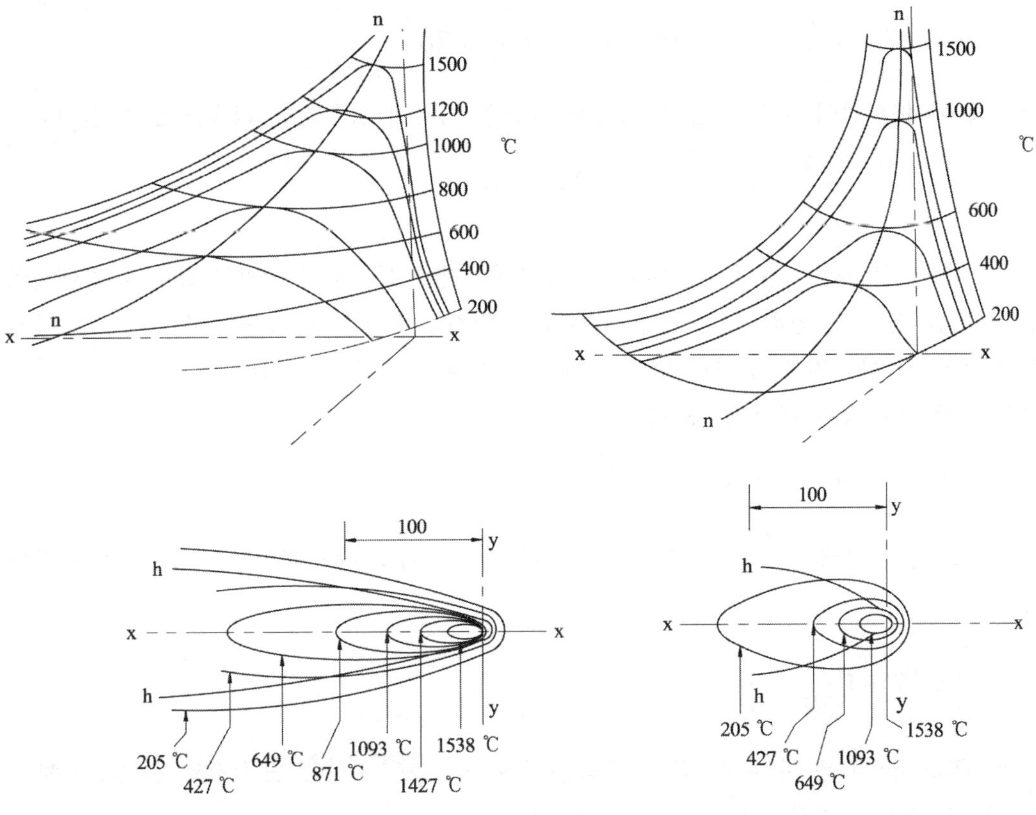

(a) 얇은 판의 온도 분포

(b) 두꺼운 판의 온도 분포

라. 열유동

에너지 보존은 다음의 에너지 공식으로 표현되며, 이 공식을 사용하여 온도분포와 어느 일정점에서의 온도를 구하는데 사용할 수 있다. 여기서 공식 오른쪽의 마지막 사항은 복사(radiation), 줄열(joule heating) 및 점성 에너지(viscous energy)의 산란으로 무시될 수 있는 항이다.

정상 조건($aT/at = 0$) 하에서 다음 식과 같이 압축된다.

$$K\nabla^2 T - \rho Cp(V \cdot \nabla)T = 0$$

위 공식의 첫 번째 항은 전도에 의한 열손실율, 두 번째 항은 대류에 의한 열손실율이다.

여기서 $\nabla T = \dfrac{\partial T}{\partial x} + \dfrac{\partial T}{\partial y} + \dfrac{\partial T}{\partial z}$

X축으로 속도 V로 움직이는 고체의 경우(점 열원으로 가정) 정상 조건하에서의 에너지 공식은 다음 식으로 압축된다.

$$\alpha \nabla^2 T - V\frac{\partial T}{\partial x} = 0 \quad (\text{여기서, } \alpha = k/\rho Cp \text{ 임})$$

전극 팁에서의 임의 선형 유동시 에너지 공식은 시간의 함수로써 다음으로 정리된다.

$$K\frac{\partial^2 T}{\partial z^2} = \frac{\partial T}{\partial t} \quad (\text{여기서, } z\text{는 축거리임})$$

용접모재에서의 열유동은 용융풀에서의 대류작용, 전방 끝에서의 잠열의 흡수, 후방에서의 잠열의 분산 등으로 인해 열유동을 지배하는 열전도율이나 확산율 등은 온도에 따라 변한다. 따라서 에너지 방정식의 정확한 해를 구한다는 것은 쉽지 않다.

줄열을 무시할 경우 에너지 공식은

$$k\nabla^2 T - \rho Cp(V \cdot \nabla)T = \frac{\partial T}{\partial t}$$

가 되고, 정상 상태 $\dfrac{\partial T}{\partial t} = 0$ 가 된다. 여기서 $k = \alpha\rho Cp$ 를 대입할 경우 다음과 같이 된다.

$$k\nabla^2 T - V\frac{\partial T}{\partial x} = 0$$

로젠탈(Rosenthal)은 시간-온도의 관계식을 유도하면서 용접재료의 물리적, 열적 성질은 온도와는 관계가 없으며, 이동 점열원이고, 대기로의 열손실은 무시하며, 상변태에서 잠열변화도 무시한다고 가정하면서 후판, 박판에서의 열유동식을 다음과 같이 정의하였다.

[그림 1.21]은 박판과 후판의 열유동을 나타낸 것으로, 박판은 2차원 열유동을 하지만, 후판의 경우는 3차원 열유동을 하며 냉각되므로 열유동도 매우 복잡하게 일어나게 된다.

그림 1.21 판 두께별 열유동의 예

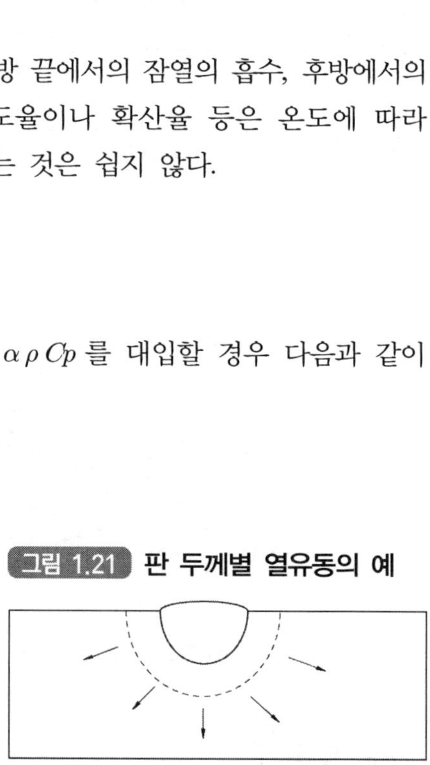

(a) 후판, 3차원 열유동

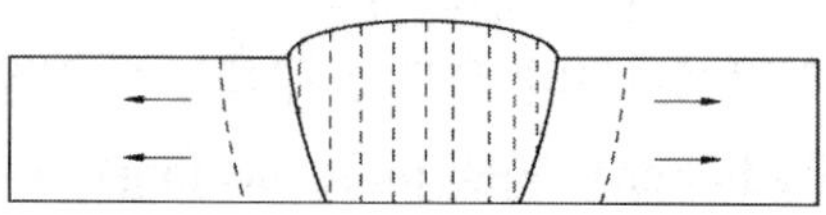

(b) 박판, 2차원 열유동

1) 후판(3차원 열유동)

$$T - T_0 = \frac{q}{2\pi kt V} \quad \exp\left(-\frac{C^2}{4\alpha t}\right)$$

2) 박판(2차원 열유동)

$$T - T_0 = \frac{q}{d(4\pi k\rho ct)\frac{1}{2} V} \quad \exp\left(-\frac{C^2}{4\alpha t}\right)$$

(T : 어느 점에서의 순간 온도 ℃, T_0 : 초기온도(예열온도), q : 아크 에너지($=\eta EI$)
k : 열전도도, t : 열원이 한 점을 지나간 후의 시간, V : 열원속도,
Cp : 실제 입열량)

마. 최고 온도 방정식과 용도

1) 최고(대) 온도 방정식

용접부에 대한 일정한 야금학적 변화의 예측이나 설명을 하기 위해서는 특정 부분에 도달한 최대 온도에 관한 지식이 필요하게 된다.

예를 들면 단일 패스로서 충분한 용입이 되는 맞대기 이음을 할 때 열영향부 내의 어떤 점에 있어서의 최고 온도 방정식은 다음과 같다.

$$\frac{1}{T_p - T_0} = \frac{4.13\rho Cty}{Hnet} + \frac{1}{T_m - T_0}$$

(T_p : 본드에서 $y$mm만큼 떨어진 점의 최고온도 ℃, T_0 : 초기온도 ℃,
T_m : 용융온도 ℃, $Hnet$(실제 총에너지 입력) : $= f_1 \frac{EI}{V}$,
V : mm/sec, f_1 : 열전달율 $0.8 < f_1 < 1.0$,
ρ : 밀도, ρ/mm^3, C : 비열, $J/g \cdot$℃, t : 두께)

2) 최고 온도 방정식의 용도

(1) 열영향부(HAZ) 내의 어느 한 점에서의 최고 온도를 구할 때
(2) 열영향부에서의 예열의 효과를 보여줄 때
(3) 열영향부 폭의 크기를 추정할 때

이 최고온도 방정식은 박판에 적합하도록 만들어진 것이다. 단일 패스로부터 용접이나 절단이 가능할 때는 판 두께에 관계없이 적용된다. 이것을 아크용접에 적용할 때, 4패스 이내에서 이음이 완성되는 경우에 적용할 경우 좋은 결과가 얻어진다.

바. 열영향부 폭의 크기 계산

용접부의 열영향부를 찾는 방법으로 메크로 시험법을 많이 사용하고 있으나, 최대 온도 방정식을 이용하여 열영향부의 크기를 계산할 수 있다. 그러나 이 폭을 계산하기 위해서는 열영향부의 윤곽을 알아야 할 필요가 있다.

이때 열영향부의 바깥쪽 경계를 정확하게 계산하기 위해서는 재질의 구조나 성질을 변화시키는 특정 온도를 명확히 알아야 한다. 예를 들면 탄소강이나 저합금강은 용접부 단면을 연마하여 부식시켜 관찰해보면 열영향부가 뚜렷한 경계를 볼 수 있는데 이 경계의 최대 온도가 730℃에 해당하는 부분이다.

이 730℃되는 점의 위치를 최고온도 방정식을 이용해서 다음과 같이 구한다.

$$\frac{1}{T_p - T_0} = \frac{4.13\rho Cty}{Hnet} + \frac{1}{T_m - T_0}$$

$$\frac{1}{730 - 25} = \frac{4.13(0.0044)5yz}{720} + \frac{1}{1510 - 25}$$

(여기서 yz(HAZ의 폭) = 5.9mm)

그러므로 730℃의 온도에 의한 용착부 단면 부식 경계부는 용융지 경계로부터 5.9 mm에 위치하며, 이 부분에서 재질의 야금학적 변화가 일어났으리라고 예측할 수 있고, 열영향부의 크기는 용접 입열량에 정비례한다는 것을 알 수 있다.

또 430℃로 뜨임된 담금질-뜨임강을 용접했을 때 430℃ 이상으로 가열된 부분은 최고온도 방정식을 이용하여 계산하면 $T_p = 430$℃이므로, $yz = 14.2\text{mm}$ 이내의 부분은 과열 뜨임이 되고, 재질도 변했을 것이다. 또한 조질강은 용접 전에 예열되는 수가 많은데 이렇게 하면 HAZ의 폭이 넓어진다. 앞 보기에서 200℃로 예열하였다고 가정하면 $T_0 = 200$℃ 이므로

$$yz = 28.4$$

즉 HAZ의 폭은 2배로 됐음을 알 수 있다.

또 이 최고온도 방정식으로부터의 HAZ의 폭은 용접 입열에 비례함을 알 수 있다. 즉, 용접 입열이 $1080\,J/\text{mm}^2$로 50% 증가하면

$$\frac{1}{730-25} = \frac{4.13(0.0044)5yz}{1080} + \frac{1}{1510-25}$$

에서 $yz = 21.3\text{mm}$

$Hnet = 720\,J/\text{mm}$일 때 $yz = 14.2\text{mm}$였는데, $Hnet = 1080\,J/\text{mm}$(50% 증가)에서는 $yz = 21.3\text{mm}$로 50% 증가하였다.

열영향부의 폭은 최고 온도 분포를 바꿈으로서 조절할 수 있다. 일반적으로 용접 입열의 에너지 밀도가 클수록 최고온도 분포는 급격해지고 열영향부의 폭은 좁아진다.

에너지 밀도가 큰 전자 빔 용접에서는 최고온도 분포가 대단히 급격하고, 열영향부가 거의 없을 정도이나, 산소-아세틸렌 용접의 경우 온도가 낮고 최고온도 분포가 완만하여 넓은 열영향부를 갖는다.

5 열영향부의 냉각속도, 냉각시간

가. 냉각속도

탄소강 등의 열영향부 중에서 가열온도가 1200℃ 이상 높은 부분은 조립화와 경화 외에도 균열의 발생으로 기계적 성질이 저하할 염려가 많다.

또한 Al 합금이나, Ni 합금, γ 계 스테인리스강 등 비철합금의 경우 조립화뿐만 아니라 석출에 의한 취성화가 생길 수 있으므로, 용접 중에 고온가열 구역의 냉각속도가 열영향부에 미치는 영향을 파악하고 이러한 결함이 생기지 않도록 냉각속도를 유지해야 된다. 특히 열처리가 가능한 강재에 있어서는 더욱 중요하다.

1) 열영향부의 냉각속도

용접부의 임의의 점이 용융되어 최고 온도까지 가열된 후에 냉각될 때, 그 냉각속도는 그 재료의 열영향부 조직이나 성질 등을 변화시키며, 모재의 건전성도 바꾸어 놓을 수 있기 때문에 열처리가 가능한 철강에서의 냉각속도는 매우 중요하다.

용접부위가 충분하게 긴 경우에는 용접 비드의 중앙부는 열적으로 준정상이며, 어느 부분을 취하여도 열 사이클의 변화는 거의 없으나, 용접 시점이나 끝점 또는 매우 짧은 용접 비드의 경우는 열적으로 비정상적이며, 복잡하기 때문에 열 사이클을 측정하기가 상당히 어렵다.

열영향부의 냉각속도는 같은 재질이라 해도 위치와 시간, 용접 입열의 크기, 판 두께와 이음 형상, 용접 시작 전의 예열 여부 등에 따라 달라진다.

냉각속도를 표시할 때는 편의상 일정한 온도에서의 열 사이클 곡선의 구배로 표시하며, 철강의 경우 700℃, 550℃, 300℃를 통과하는 냉각속도의 값(℃/sec)을 취하고 있다. 특히 550℃ 부분(Tc=550℃)은 철강에서 깊은 의미 즉, 철강의 경도, 변태 조직량을 결정하는 부분이므로 반드시 측정되어져야 하는 부분이며, 300℃ 부분은 저온취성, 저온균열과 관계되는 부분이므로 중요하다. 그리고 비철합금의 경우는 보통 그 재료의 재결정 온도 부근의 값을 취하며, Ni기 합금이나 오스테나이트계 스테인리스강은 700℃ 부근의 값을 취하고 있다.

2) 판 두께별 냉각속도

동일한 재료라 해도 두께나 크기가 다르면 같은 용접 조건에서 비드를 놓아도 열영향부 각 부분의 냉각 조건이 달라지는 것은 더 말할 것도 없으며, 시편의 크기가 일정할 경우 냉각속도는 판 두께에 따라 영향을 받게 되며, 일반적으로 판 두께의 증가에 따라 냉각속도도 증가하게 된다.(그림 1.22 참조) 그러나 판 두께가 25mm 이상 되면 판 두께가 증가해도 냉각속도는 크게 변하지 않는다.

냉각속도는 온도구배와 성장속도의 곱으로 표시($GR=\frac{\partial T}{\partial x}\cdot\frac{\partial x}{\partial t}$)된다.

용접선상에서 어떤 특수한 온도 T_c에 있어서의 냉각속도가 깊은 뜻을 갖게 되며 냉각속도식은 실제로 예열온도를 계산하는데 주로 사용된다.

냉각속도를 결정하는 용접부 중심선이 온도 T_c로 되었을 때의 냉각속도를 결정하는 것으로, 탄소강이나 저합금강의 경우의 T_c는 TTT 곡선상의 펄라이트의 “nose" 온도 부근이다. 정확한 온도값은 중요하지 않으나 보통 T_c = 550℃가 가장 적당하다.

냉각속도 방정식은 주로 예열온도를 구하는데 많이 사용된다.

(1) 박판(4패스 이하) 용접시 냉각속도 계산식

판이 얇을 때(4패스 이하)는 2차원 열유동을 가지므로 다음 냉각속도식을 적용해야 된다.

$$R=2\pi K\rho C\left(\frac{t}{Hnet}\right)^2(T_c-T_0)^3$$

(여기서, R : 용접 중심선상의 일점의 냉각속도 ℃/sec

K : 금속의 열전도 J/mm sec.℃

t : 판 두께 mm)

보다 더 정확한 적용은 다음의 식을 사용한다.

$$\tau=t\sqrt{\frac{\rho C(T_c-T_0)}{Hnet}}$$

$\tau \geqq 0.9$: 후판용 냉각속도식, $\tau \leqq 0.6$: 박판용 냉각속도식,
$0.9 > \tau > 0.6$: 검토해서 결정함

(2) 후판(6패스 이상) 용접시 냉각속도 계산식

다음 식은 6패스 이상을 용접해야 하는 3차원 열유동을 가지는 '후판용 냉각속도식'이다.

$$R = \frac{2\pi k(T_c - T_0)^2}{Hnet}$$

{(R : 용접 중심선상의 T_c를 통과할 때의 냉각속도(℃/sec)
k : 열전도도(J/mm • sec • ℃)}

그러나 일반적으로 $T = 0.75$ 이상일 경우 후판, 그 이하일 경우 박판 공식을 사용한다. 이 경우 냉각속도 계산 오차가 15% 이내이다.

엄격히 말해 냉각속도는 용접부 중앙과 용융선에서 서로 다르며 용융풀 경계의 각 점 위치에 따라 다르다. 일반적으로 용접부 중앙이 냉각속도가 느리고, 용융선에서 냉각속도가 제일 빠르다. 또한 용접부의 모양에 따라서도 다르다.

용접부 중앙에서의 냉각속도로 3차원 열유동시 다음과 같으며,

$$\frac{\partial T}{\partial t} = \frac{VT_m}{x_1}$$

2차원 열유동시 다음과 같다.(그림 1.22 참조)

$$\frac{\partial T}{\partial t} = \frac{2\pi k T_m^2}{\left(\frac{q}{V}\right)}$$

(V : 열원 이동속도
x_1 : 열원으로부터 용접부 중앙 후방까지의 거리
q : ηEI, T_m : 용융온도)

그림 1.22 용접속도와 냉각속도비

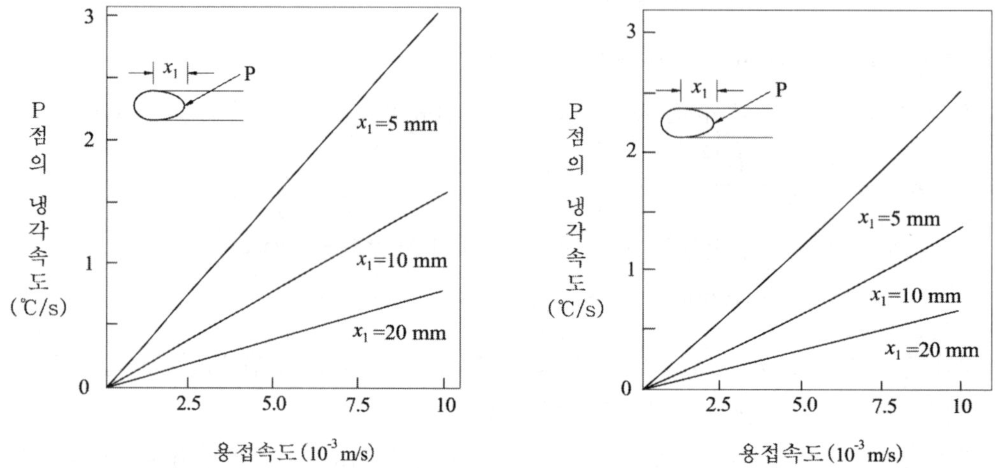

(a) 후판(3차원 열유동)의 예 (b) 박판(2차원 열유동)의 예

3) 임계 냉각속도와 예열온도

냉각속도 방정식에서 보여주는 것과 같이 용접할 모재의 초기 예열온도 T_c가 증가하면 냉각속도를 낮출 수 있다. 따라서 경화강을 용접하는 경우는 이러한 이유로 예열을 한다.
따라서 예열은 용접할 때 경화되는 것을 방지하기 위해서 적용한다.

각 성분의 강은 임계 냉각속도를 가지고 있다. 만일 이 임계 냉각속도를 넘으면 열영향부는 경도가 큰 마텐사이트 조직이 생기고, 수소가 존재하면 열응력에 의하여 균열이 발생될 수 있다. 따라서 냉각속도식은 임계 냉각속도의 결정과 예열온도를 계산하는데 이용된다.

따라서 냉각속도 방정식은 용접 조건하에서 임계 냉각속도를 결정하거나, 예열온도를 결정하는데 사용되며, 임계 냉각속도는 8mm/sec 이상일 때 나타나므로 그 때 냉각속도 값이 최대 안전값이 된다.

예열온도의 결정은 계산에 의해 구하는 경우도 있지만 경험에 의해 실시하는 경우도 많이 있다. 최적의 예열온도는 냉각속도를 임계 온도 이하로 유지해야 된다. 불필요하게 높은 예열온도는 용접사에게 불편을 줄 뿐만 아니라 열영향부의 범위를 증가시키게 되므로 좋지 않다.

예제 $E = 25\text{V}$, $I = 200\text{A}$, $t = 6\text{mm}$, $f_1 = 0.9$, $T_0 = 25℃$, $T_c = 550℃$로 판 위에 6, 7, 8, 9, 10mm/sec로 비드 용접한 후 열영향부의 임계 냉각속도를 구하고 이유를 설명하시오.

풀이 ➡ 열영향부에서의 금속조직 및 경도시험 검토 결과 용접속도 9, 10mm/sec에서 마텐사이트 조직이 발견되었다. 즉 8mm/sec에서는 안정한 조직을 얻었다.

$$Hnet = \frac{25(300)0.9}{8} = 843.75\,J/\text{mm}$$

$$\tau = 6\sqrt{\frac{0.0044(550-25)}{843-75}} = 0.31 < 0.6$$

따라서 박판 냉각속도식을 적용하여

$$\frac{R}{2\pi k} = 0.0044\left(\frac{6}{843.75}\right)^2(550-25)^3 = 32.2$$

$$R = 2\pi(0.028)\,32.2 = 5.7\,℃/\text{sec}$$

로 계산 결과는 6℃/sec가 이 강에 대한 안전 임계 냉각속도이므로, 이 냉각속도를 넘어서는 안 된다는 것을 알 수 있다. 실제 용접에서는 냉각속도를 6℃/sec 이하로 하기 위하여 예열을 하게 된다.

예제 예제 1과 같은 재료를 다음 조건으로 용접하여 냉각속도가 안전 임계 냉각속도인 6℃/sec를 넘지 않는 예열온도 T_0를 구하여라.

$$E = 25\text{V},\ I = 250\text{A},\ t = 9\text{mm},\ f_1 = 0.9,\ V = 7\text{mm/sec}$$

풀이 ➡ $Hnet = \dfrac{25(250)0.9}{7} = 804\,J/\text{mm}$,

박판용 냉각속도식을 적용해보면 $\left(\dfrac{R}{2\pi k}\right)_{\max} = 32.2 = 0.0044\left(\dfrac{9}{804}\right)^2(550 - T_0)^3$

$$\therefore T_0 = 162\,℃$$

의 T_0를 얻었으므로 박판 냉각속도식을 적용한 것이 타당한가를 검토해본다.

$$\tau = 9\sqrt{\frac{0.0044(550-162)}{804}} = 0.41 < 0.6$$

$\tau < 0.6$이므로 박판용 식의 적용은 타당하고 162℃로 예열하면 냉각속도는 6℃/sec 이하가 되고, 열영향부에 마텐사이트가 생기지 않는다.

예제 예제 2와 같은 용접 입열로서 동일 재질인 25mm 두께의 판을 용접시 예열온도는 얼마가 되어야 하는가?

풀이 ➡ 1) 박판식을 적용하여

$$(\frac{R}{2\pi k})_{max} = 32.2 = 0.0044(\frac{25}{804})^2(550 - T_0)^3$$

$\therefore T_0 = 354\,℃$

$$\tau = 25\sqrt{\frac{0.0044(550-354)}{804}} = 0.82 < 0.6$$

따라서 박판식의 적용은 부적합하다.

2) 후판용 냉각속도식을 적용해본다.

$$(\frac{R}{2\pi k})_{max} = 32.2 = \frac{(550 - T_0)^2}{804}$$

$\therefore T_0 = 389\,℃$

$$\tau = 25\sqrt{\frac{0.0044(550-389)}{804}} = 0.74 < 0.9$$

후판식도 부적합하다.

이상에서 두 값이 모두 부적합(하나는 너무 높고, 하나는 너무 낮음)하다. 그러나 이 두 값의 차이는 실제에 있어서는 중요한 문제가 아니므로 이 경우에는 신중을 기하기 위하여 높은 예열온도를 취하는 것이 일반적이다.

예제 같은 재료, 같은 입열로 5mm 두께를 용접할 경우에도 예열이 필요한가?

풀이 ➡ $(\frac{R}{2\pi k})_{max} = 32.2 = 0.0044(\frac{5}{804})^2(550 - T_0)^3$

$\therefore T_0 = -24\,℃$

이것은 예열이 불필요함을 뜻한다.

예제 용접 이음형태(맞대기 이음, T형 필릿 이음 등)의 변화에 따른 수정 적용에 대해서 같은 입열로 같은 재료(판 두께 9mm)를 T이음에 적용하였을 경우 어떤 냉각식을 적용해야 되는가?

풀이 ➡ 열의 유동로가 2에서 3이 되었으므로

$$Hnet = \frac{2}{3}(804) = 536\ J/mm$$

$$(\frac{R}{2\pi k})_{\max} = 32.2 = 0.0044(\frac{9}{536})^2(550 - T_0)^3$$

$$\therefore T_0 = 254℃$$

$$\tau = 9\sqrt{\frac{0.0044(550-254)}{536}} = 0.44 < 0.6$$

로, 박판용 냉각속도식의 적용은 타당하다.

상기의 예제에서 알 수 있은 것과 같이 예열온도는 재질이 같더라도 경우에 따라 다르다. 예를 들면 용접시 경화되는 강은 200℃로 예열하면 좋다는 생각은 매우 위험하다. 200℃는 경우에 따라서는 너무 높거나 낮다. 어떤 강에 대한 예열상의 성질로서 예열온도보다는 오히려 임계 냉각속도가 더 중요하다.

4) 냉각속도에 미치는 용접 입열의 영향

일반적으로 용접 조건의 영향은 용접 입열 $\frac{EI}{v}$로 정리할 수 있다. 이 식에서와 같이 열영향부의 냉각속도에 영향을 미치는 용접 조건에는 아크 전압 E, 용접전류 I 및 용접속도 v 등을 들 수 있으며, 다른 조건이 같을 경우 용접전류가 작을수록, 용접속도가 빠를수록 냉각속도도 빨라진다.

같은 용접 입열의 경우 처음 층의 냉각속도가 최종 층의 경우보다 빠르며, 맞대기 용접보다는 필릿 용접부의 냉각속도가 빠르게 되는데 그 이유는 최종 층은 모재에 각 층의 용접열이 축적되었기 때문이며, 필릿 용접부가 맞대기 용접부보다 냉각속도가 빠른 이유는 필릿 용접부위가 열전도하는 부분이 하나가 더 있기 때문이다. 따라서 똑같은 판 두께의 경우 필릿 용접부가 맞대기 용접부의 냉각속도보다 약 1.4배 정도 빠르다.

5) 모재 초기온도의 영향

냉각속도가 클 경우 용접부의 경화에 의한 균열 발생의 우려가 크기 때문에 모재의 초기온도와 냉각속도의 영향을 이해하는 것은 중요하다.

일반적으로 모재의 초기온도가 높을수록 열 사이클 곡선은 완만하게 되며, 냉각속도는 감소한다. 따라서 용접부의 경화에 의해 균열이 생기기 쉬운 재료(고탄소강, 저합금강 등)

의 냉각속도를 경감하는 수단으로 용접 직전에 모재를 미리 예열하는 것은 매우 중요하다.

[그림 1.23]은 판 두께 12, 18, 24, 30mm의 강판을 초기온도 7℃, 75℃, 150℃로 예열한 후 용접하여 냉각속도를 측정한 것으로, 예열온도가 600℃ 정도의 비교적 낮은 온도 범위에서 냉각속도를 매우 작게 하는 효과가 있음을 알 수 있다.

그림 1.23 각종 판 두께와 예열온도별 열 사이클의 비교의 예

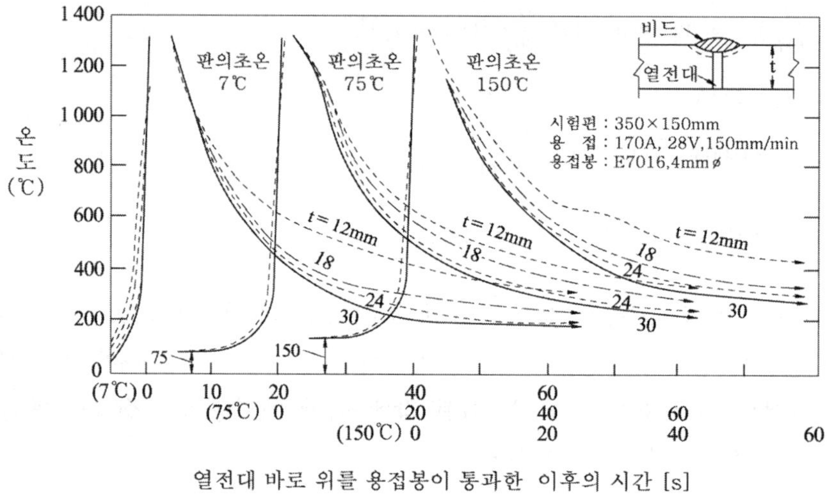

6) 노모 그래프에 의한 냉각속도 추정

고장력강 피복 아크 용접 조건 중 냉간 균열 방지와 용접부의 연성 확보를 위하여 열영향부의 최고 경도가 위험치(강종에 따라 HV 300~400)를 넘지 않도록 조건을 설정하기 위한 그래프 중 노모 그래프(nomo graph)에 의한 냉각속도를 추정하는 방법이 있다.

예를 들면 [그림 1.24]는 탄소강이나 저합금강에 용접 비드의 길이 약 60mm 이상에 대하여 비드 중앙부의 540℃에서의 냉각속도를 구하는 경우를 나타낸 것으로, 많이 적용하고 있는 노모 그래프의 일종이다.

그래프에서 맨 왼쪽선은 용접 입열 $\frac{EI}{v}$, 두 번째 선은 보조축 x-x, 세번째 선은 540℃에서의 냉각속도 ℃/sec, 네 번째 선은 판의 초기온도 T_0, 다섯 번째 선은 판 두께 mm를 나타낸 것으로, 노모 그래프에서 냉각속도 추정 방법은 용접 모재의 초기온도 T_0와 용접 입열 $\frac{EI}{v}$을 연결하는 직선 a와 보조축 x-x의 교점 A을 구한 후, 판 두께 t와 교점 A를 잇는 직선 (b)와 만나는 '540℃에서 냉각속도'선상의 교점 값을 읽으면 된다. 이때 주의해야 될 것은 맞대기 용접의 경우와 필릿 용접의 눈금을 읽는 용접 입열 좌표가 다르므로 해당 이음의 좌표를 잘 읽어야 되며, 비드의 시작과 끝은 여기에서 구한 값에 약 2배로 생각하면 된다.

그림 1.24 맞대기 및 필릿 용접부의 냉각속도 구하는 노모 그래프의 예

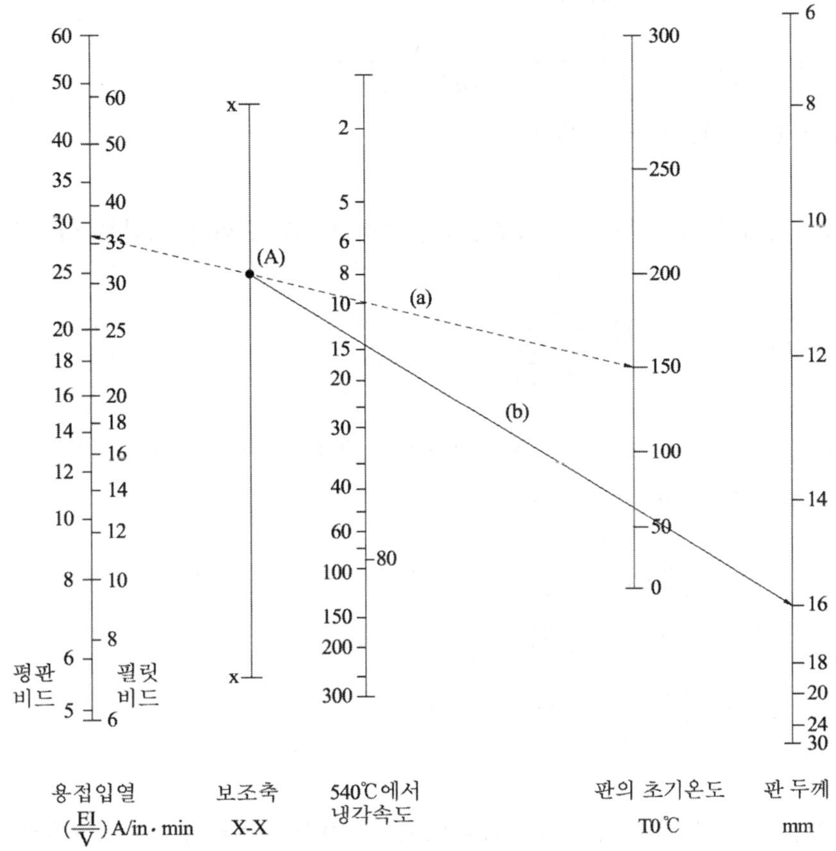

나. 냉각시간

냉각속도는 고상 변태를 할 때 금속 조직에 많은 영향을 미친다. 따라서 500~800℃ 사이의 냉각속도가 많이 사용된다. 500~800℃에서의 냉각시간 $\triangle t_{8-5}$에 대해 3차원 열유동(후판 용접부)에서는 다음 식과 같다.

$$\triangle t_{8-5} = \frac{q}{2\pi k V \Phi_1}$$

여기서 $\frac{1}{\Phi_1} = (\frac{1}{773 - T_0} - \frac{1}{1073 - T_0})$

2차원 열유동(박판 용접부)에서는 한마디로 t_{8-5}는 입열량에 직접적으로 비례하여 입열량이 클수록 냉각시간은 길어져서 서랭하게 되며, 입열량이 적을수록 냉각시간이 짧아져서 급랭이 된다.

$$\triangle t_{8-5} = \frac{q^2}{4\pi k\rho C(Vd)^2 \Phi_2^2}$$

여기서 $\frac{1}{\Phi^{2_2}} = \frac{1}{(773 - T_0)^2} - \frac{1}{(1073 - T_0)^2}$

(d : 판 두께, T_0 : 초기(절대) 온도)

용융온도(T_m)에서 어느 특정 온도(T_e)까지 냉각하는데 걸리는 시간은 다음과 같다.

$$t = \frac{d^2}{\pi\alpha}\left[\left(\frac{T_m}{T_e}\right)^2 - 1\right]\frac{5\left(\frac{Vd}{4\alpha}\right)+2}{5\left(\frac{Vd}{4\alpha}\right)}$$

그리고 임의의 온도 T_0(고온)에서 저온(T_1)까지 냉각하는데 소요되는 시간은 후판의 경우 다음 ①식과 같으며, 박판의 경우 ②식과 같다.

$$① \ t = \frac{d}{V}\frac{5\left(\frac{Vd}{4\alpha}\right)+2}{8}\left[\left(\frac{T_m}{T_1}\right) - \left(\frac{T_m}{T_0}\right)\right]$$

$$② \ t = \frac{d}{V}\frac{5\left(\frac{Vd}{4\alpha}\right)+2}{4}\left[\left(\frac{T_m}{T_1}\right)^2 - \left(\frac{T_m}{T_0}\right)^2\right]$$

[그림 1.25]는 A3 변태점에서 오스테나이트 조직이 급랭되어 Ms점 이하로 냉각되면 경도가 높은 마텐사이트 조직이 형성되며, 조금 서랭될 경우 펄라이트나 페라이트가 생성된다. [그림 1.26]은 817℃에서 500℃까지의 냉각 시간을 나타낸 것으로, 냉각시간이 짧으면(급랭되면) 마텐사이트 조직이 형성되며, 냉각 시간 길이에 따라 펄라이트, 페라이트로 변함을 알 수 있다.

그림 1.25 냉각온도에 따른 조직변화

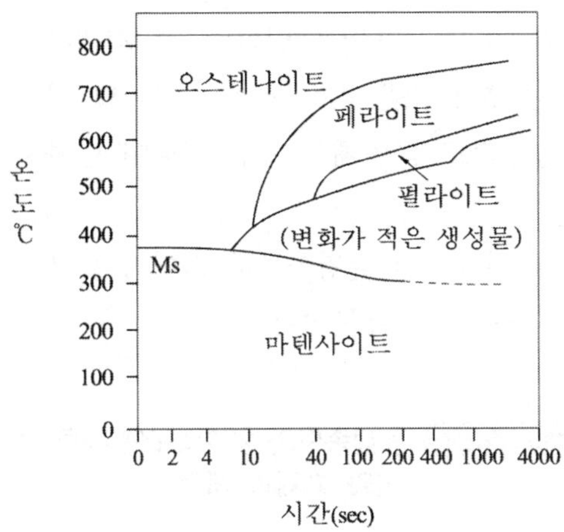

그림 1.26 냉각 시간별 경도와 조직 변화

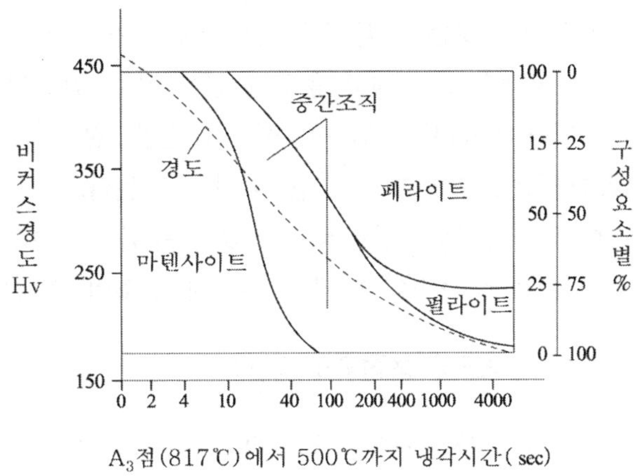

다. 용접금속의 응고속도

용접금속의 응고속도는 용접부의 야금학적 구조와 성질, 그리고 열처리성과 용접의 양부에 중대한 영향을 줄 수 있으며, 용접금속의 응고 시간(초)은 용접 입열에 따라 좌우된다. 만약 800 J/mm의 용접 입열로 초기온도가 25℃인 강판 위에 용접하였을 때 냉각속도는 다음 계산식에 의해 0.94 sec.이며, 주조에 비해 훨씬 빠르다는 것을 알 수 있다.

$$S_t = \frac{LHnet}{2\pi K\rho C(t_m - T_0)^2}$$

여기서, S_t : 응고 시간(한 지점이 응고 시작부터 끝까지의 경과한 시간)

L : 용융열, J/mm^3

1) 수상정 조직의 영향

용접금속의 주요 조직은 수상정(수지상정)이고, 그 크기는 응고 시간의 평방근에 비례한다. 예를 들면 다른 조건보다 용접 입열이 4배가 크면 수상정의 크기는 2배가 커진다. 따라서 용접 입열이 크면 조직은 조대해지고 수상정 조직은 용접금속의 열처리성과 기계적 성질에 직접적으로 영향을 미치게 된다.

그리고 대부분의 금속에서 미세한 수상정이 되면 강도, 연성, 인성 모든 것이 향상되고 열처리성도 좋아진다.

2) 냉각시간에 미치는 용접 입열의 영향

용접에서 모든 열적 요인 중 가장 영향을 많이 주는 요소는 용접 입열이다. 즉 최대온도 분포, 냉각속도, 그리고 응고 시간은 용접 입열에 의해 크게 좌우되며, 용접부 크기와 직접 관계된다. 따라서 용접 변수들, 즉 전압, 전류 또는 용접속도가 변해도 용접 입열이 변하지 않으면 용접부에 별 영향을 미치지 않는다.

야금학적으로는 일반적으로 낮은 용접 입열이 좋다. 왜냐하면 열영향부가 적어지고 용접부의 기계적 성질이 미세한 수상정 구조의 생성으로 좋아지기 때문이다.

3) 응고속도와 용접속도 관계

결정의 성장은 등방성으로 일어나며, 용접부의 최대 온도구배 및 결정 성장방향을 따라 발달한다. 용접부의 최대 온도구배는 용융풀 경계의 접선 방향에 수직으로 일어나며, 용융풀 경계의 각 점에서의 응고속도 R는 다음과 같다.(그림 1.27 참조)

$$R = V_W \cos\theta$$

(V_W : 용접속도,

θ : 용접 방향과 최대 온도구배 방향과의 각도)

그림 1.27 용접속도와 응고속도에 따른 액체와 고체의 궤적

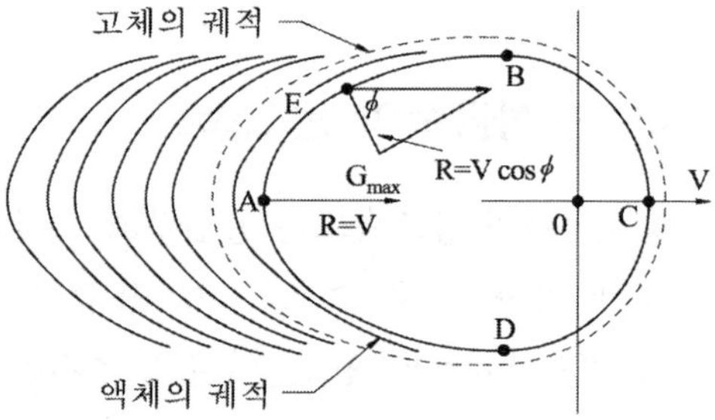

용융선에서의 응고속도는 거의 '0'에 가까우며, 용접부 중앙으로 갈수록 점점 더 커져서 용접부 중앙에서는 완전히 용접속도와 같게 된다.(그림 1.28 참조)

그림 1.28 용접부 위치별 용접속도와 응고속도의 관계도

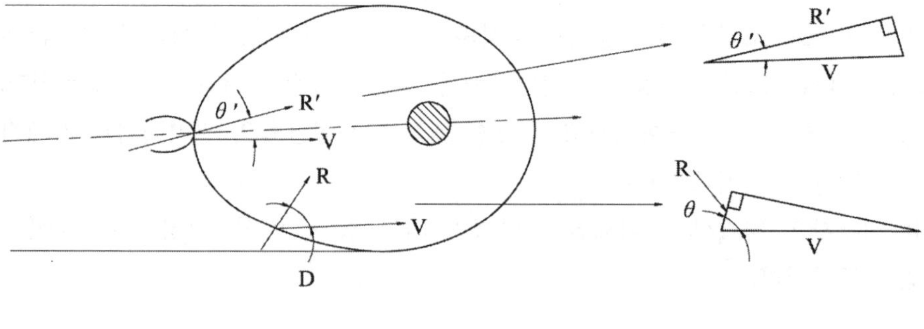

면심입방격자(FCC)나 체심입방격자(BCC) 금속의 응고시의 결정성장 방향은 원자가 가장 조밀하게 배열된 방향이 아닌 <100> 방향이다. 따라서 주어진 과냉에서 액체상태의 무질서한 원자 배열에서 결정화가 될 때 가장 적게 조밀한 원자 방향 <100>의 성장속도가 가장 크다. 즉, $R = R'(\theta^d = 0)$ 일 때 가장 빠른 결정 성장을 하게 된다.(그림 1.29 참조)

$$R' = R\cos\theta^d = V_W\cos\theta \cdot \cos\theta^d$$

그림 1.29 응고속도와 온도 구배각 관계

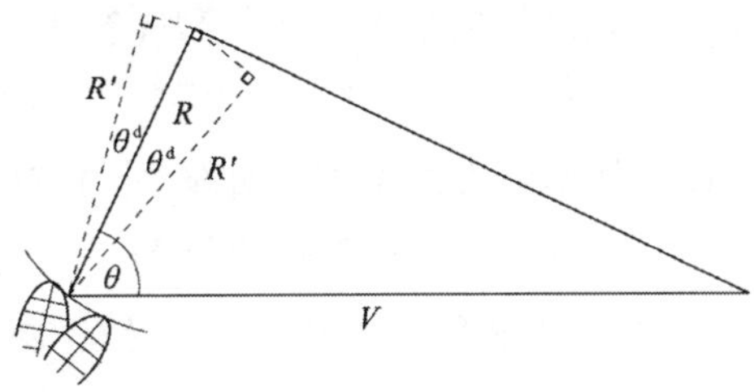

6 예열과 후열

가. 예 열

용접부는 급열로 인한 열팽창과 급랭에 의한 응고 수축이 일어나기 때문에 조직 변화와 열응력, 변형, 균열 등이 발생하기 쉽기 때문에 이러한 급열 급랭에 의한 열응력이나 변형, 균열을 방지하기 위해 용접 전에 용접부를 가열하는 작업을 예열(preheating)이라 한다.

예열 온도나 시간은 모재의 화학성분, 두께, 구속여부, 용접 입열 크기, 주위온도 등에 따라 다르며, 일반적으로 탄소성분이 많을수록 임계점에서의 냉각속도가 빠르기 때문에 더욱 예열이 필요하다.

예열에 사용되는 가스는 보통 도시 가스, 산소-아세틸렌 가스, 산소-프로판 가스 등의 토치나 고정식 버너를 이용한다.

1) 예열의 목적

예열의 목적은 주로 저온 균열이 일어나기 쉬운 재료에 대하여 용접 전에 피용접물의 전체 또는 이음부 부근의 온도를 올리고 용접하여 용접부의 냉각속도를 늦추어 열영향부의 경도를 낮추고 인성을 증가시킴과 동시에 수소의 방출을 쉽게 하여 저온 균열을 방지하며, 용접부의 기계적 성질을 향상시키고 경화조직의 석출을 방지시키며, 변형과 잔류응력을 완화시키기 위해 실시한다.

(1) 열영향부와 용착금속의 경화를 방지하고 연성을 증가시킨다.
가열된 모재가 임계 온도(연강의 경우 719~871℃)를 지나 냉각될 때 냉각속도를 느리게 해줌으로서 열영향부의 경도가 낮아지며 인성이 증가된다.

(2) 수소의 방출을 용이하게 하여 저온균열을 방지한다.
약 200℃의 범위를 통과하는 시간을 지연시켜 용착금속 내의 수소의 방출 시간을 만들어줌으로서 비드 밑 균열 등 저온균열을 방지한다.

(3) 용접부의 기계적 성질을 향상시키고 경화 조직의 석출을 방지시킨다.

(4) 온도 분포가 완만하게 되어 열응력의 감소로 변형과 잔류응력의 발생을 적게 한다.

(5) 예열에 의해 용접부의 온도 분포, 최고 도달 온도 및 냉각속도가 변한다.

2) 예열 방법

고탄소강, 저합금강, 주철 등과 같이 급랭에 의하여 경화하고, 균열이 생기기 쉬운 재료는 재질에 따라서 50~350℃의 예열을 실시한다.

연강에서도 판 두께 25mm 이상에서는 0℃ 이하로 용접하게 되면 저온균열이 발생하기 쉬우므로 이음부의 양쪽에 약 100mm 폭을 50~75℃로 가열하는 것이 좋다. 그러나, 다층 용접인 경우에는 제2층 이후는 앞층의 열로 모재가 예열한 것과 동등한 효과를 얻기 때문에 예열을 생략할 수도 있다.

주철, 내열 합금 등은 용접 균열을 방지하기 위해서 예열을 이용하고 있으며, 후판이나, 알루미늄 합금, 구리 또는 구리 합금 등과 같이 열전도도가 큰 것은 이음부의 열집중이 부족하여 융합 불량이 생기기 쉬우므로 200~400℃ 정도의 예열이 필요하다.

예열에는 전체 예열과 국부 예열이 있는데, 작은 물건이나 변형이 많은 경우를 제외하고는 국부 예열을 행하는 것이 보통이다.

국부 예열의 가열 범위는 용접선 양쪽에 50~100mm 정도로 하며, 온도의 측정은 용접선에서 30~50mm 떨어진 곳을 온도 초크(chalk)나 표면 온도계로 측정하는 것이 일반적이다. [표 1.4]는 여러가지 용접에 있어서의 예열 방법을 나타낸 것이다.

표 1.4 여러 가지 예열 방법

종 류	가열 방법	종 류	가열 방법
필릿 용접	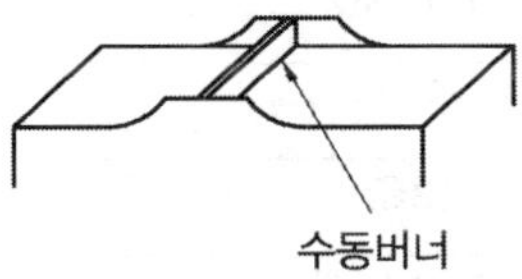	다이어 프램 필릿 용접	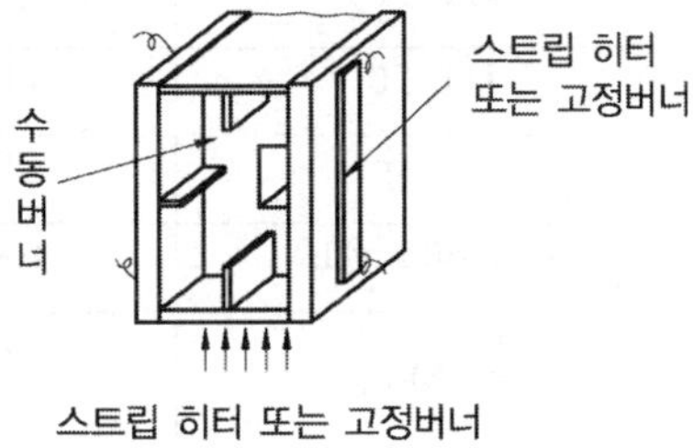
수평 필릿 용접	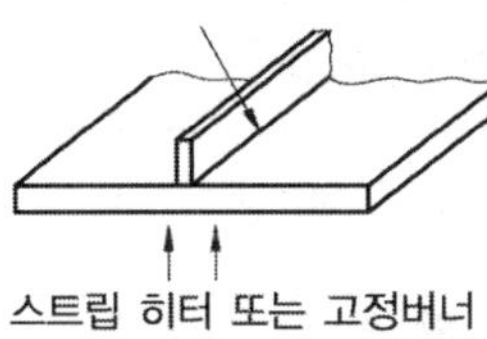	모서리 용접	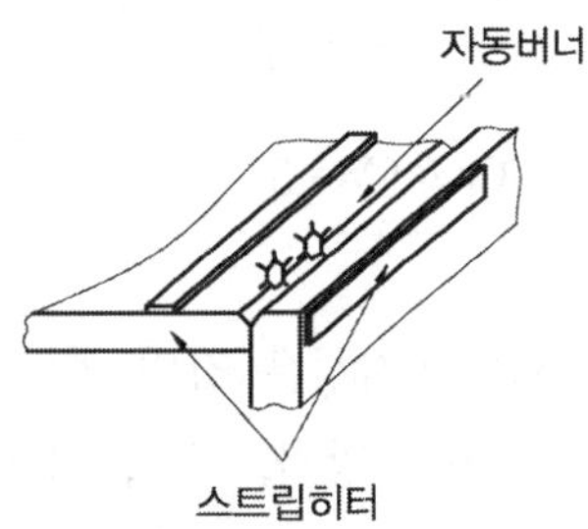
맞대기 용접	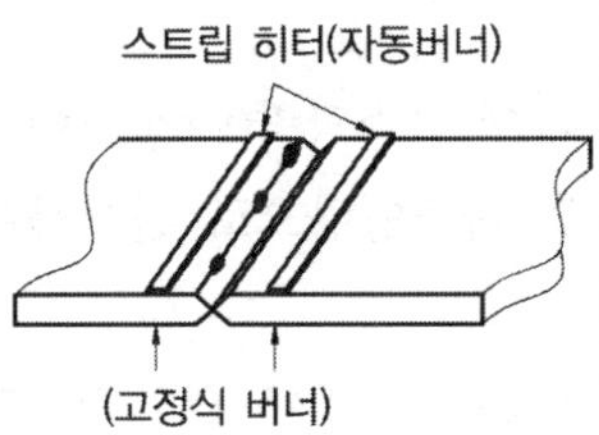		

3) 예열온도

예열온도는 모재의 경화성이나, 이음의 종류 그리고 모재 두께와 이음의 구속 상태, 용접 방법, 용접 입열량, 용착금속의 강도, 다층 용접법, 용접재료의 흡습 상태, 기온과 습도, 가열 방법 등에 따라 최적 및 최고 온도 범위를 선택한다.(표 1.5 참조)

용접부에 발생하는 저온균열의 원인에는 열영향부의 경도, 용접금속의 수소량, 구속의 3가지에 의해서 크게 영향을 받고 있으며, 예열의 여부와 관계가 깊다. 제1층 용접 균열 시험에 있어서의 루트균열 방지에 필요한 예열온도(T)에 영향을 주는 강판의 화학 성분, 구속정도 및 수소량의 영향(균열 감수성 지수 : P_c)에 대하여 다음 식으로 표시한다.

$$T(\text{균열 정지 예열온도 ℃}) = 1440P_c - 392$$

$$P_c(\%) = C + \frac{Si}{30} + \frac{Mn}{20} + \frac{Cu}{20} + \frac{Ni}{60} + \frac{Cr}{20} + \frac{V}{10} + 5B + \frac{t}{600} + \frac{H}{60}$$

(t : 판 두께 mm, H : 수소량 ml/100g)

표 1.5 각종 금속의 예열온도

금속재료	예열온도(℃)	금속재료	예열온도(℃)
HT 50	20~100	HT 60	60~100
HT 70	80~150	HT 80	100~180
주 강	20~100	주 철	150~300
STS 403, 410	100~400	18Cr	100~200
$\frac{1}{2}$ Mo강	100~200	Mn-Mo강 Mn-Mo-Ni강	150~250
$\frac{1}{2}$Cr-$\frac{1}{2}$Mo강	150~250	9Cr-1Mo강 13Cr-Mo강	250~400
$2\frac{1}{4}$Cr-1Mo강	200~350	$1\frac{1}{4}$Cr-$\frac{1}{2}$Mo강	150~350
5Cr-0.5Mo강	250~350	황 동	150~200

강재의 용접성은 강의 열영향부의 최고 경도에 대한 탄소당량(Ceq, carbon equivalent)으로 나타내며, 망간, 규소, 니켈, 크롬, 몰리브덴 등을 탄소당량으로 환산하여 그 탄소당량에 의하여 용접성의 양부를 판단한다.

일반적으로 탄소당량이 0.4 이하이면 용접성이 양호하나, 0.45~0.5 정도면 약간 곤란하게 되며, 0.5 이상이면 대단히 곤란하다.

탄소강 및 저 Mn강(HT 50)에 대한 탄소당량 계산식은 다음 식을 이용한다.

① $Ceq(\%) = C + \frac{Mn}{6} + \frac{Cr+Mo+V}{5} + \frac{Cu+Ni}{15}$: 국제용접학회

② $Ceq(\%) = C + \frac{Si}{2.4} + \frac{Mn}{6} + \frac{Cr}{5} + \frac{Mo}{4} + \frac{V}{14} + \frac{Ni}{40}$: 일본(스즈끼, 다무라 식)

4) 예열 방법

(1) 연강에서도 판 두께 25mm 이상에서는 0℃ 이하에서 용접하게 되면 저온 균열이 발생하기 쉬우므로 이음부의 양쪽에 약 100mm 폭을 50~75℃로 가열한 후 저수소계 용접봉을 사용하여 용접하는 것이 좋다.

(2) 다층 용접일 경우에는 제2층 이후는 앞층의 열로 모재가 예열한 것과 동등한 효과를 얻기 때문에 예열을 생략할 수도 있다.

(3) 주물, 내열 합금 등은 용접 균열을 방지하기 위해서 예열을 이용하고 있으며, 후판, 알루미늄합금, 구리 또는 구리합금 등과 같이 열전도도가 큰 것은 이음부의 열집중이 부족하여 융합 불량이 생기기 쉬우므로 200~400℃ 예열이 필요하다.

(4) 25mm 이상의 연강후판이나 저합금강, 강인강, 마텐사이트계 스테인리스강 등 열영향부가 급랭 경화하여 비드 밑 균열이 생기기 쉬운 재료에서 재질에 따라 50~350℃ 정도로 용접 홈을 예열한 후 용접한다.

5) 예열의 효과

(1) 예열에 의해 용접부의 온도 분포, 최고 도달 온도 및 냉각속도가 변한다.
(2) 예열하면 온도 분포가 완만하게 되어 열응력의 감소로 변형과 잔류응력의 발생이 적다.
(3) 냉각속도는 예열로 느려지지만, 비교적 저온에서 큰 영향을 준다.
(4) 냉각 시간이 길 경우 수소의 방출, 경도 저하, 구속력 저하로 균열 발생이 적게 된다.

나. 후 열

넓은 의미의 용접 후열처리(PWHT : post weld heat treatment)는 용접 후의 급랭을 피하기 위한 후열을 말하며, 후열(직후열), 응력 제거 풀림, 완전 풀림, 불림(normalizing), 고용체화 열처리, 선상 가열 등이 있다.

1) 직후열(좁은 의미의 후열)

극후판 연강 또는 고장력강의 구조물은 용접 후 급랭에 의한 균열이 발생할 우려가 있어 용접 전에 예열을 해야 되지만, 예열 후 용접하려하면 용접사가 접근할 수가 없거나 용접하기 힘들기 때문에 용접을 먼저 하고 수분 이내에 가스불꽃을 사용하여 비드 표면만을 600℃ 정도로 가열(약 1분 정도)하면 용접부의 수소가 방출되어 냉각 후의 저온균열을 방지할 수 있다. 이것을 직후열방법이라 하며, 예열을 실시할 수 없을 때의 하나의 방법으로 쓰이고 있다.

후열 온도와 그 유지시간은 재료의 종류와 두께, 잔류응력의 정도, 용접부의 형상, 확산성 수소량, 예열의 유무와 그 온도 등에 의해 결정된다고 생각된다.

용접부의 후열 효과는 다음과 같다.

(1) 저온균열의 원인이 되는 확산성 수소를 방출시킨다. 온도가 높고 시간이 길수록 수소 함량은 낮아진다.
(2) 잔류응력을 제거한다. 실제 시공에서는 예열온도를 높게 할 수 없으므로 후열에 의한 잔류응력 제거가 유리하다.

2) 풀림

강을 일정 시간 가열 후 서랭하여 기계적, 물리적 특성을 변화시키고 함유 가스를 방출시키는 열처리로, 온도 A_3 이상 가열하여 서랭하는 완전 풀림(고온 풀림)과, A_1 이하에서 실시하는 저온 풀림으로 나누며, A_3 이상 가열하면 변형이 심한 경우가 있으므로 A_1 이하가 바람직하다.

일반적으로 풀림 온도에서 유지하는 시간은 판 두께 25mm당 1시간이 보통이고 가열 및 냉각속도는 다음 식으로 하는 것이 일반적이다.

최고 가열속도= $\dfrac{220 \times 25.4}{t}$ ℃/hr(최고 220℃/hr)

최고 냉각속도= $\dfrac{273 \times 25.4}{t}$ ℃/최저 273℃/hr)

chapter

02 고상 야금과 변태

제1절 | 용접금속의 응고와 조직

1 용접금속의 응고 특성

가. 응고와 방출 에너지

금속 원자는 액체 상태에서는 이온이 되어 지속적으로 이동하게 되며, 응고가 이루어지면 각 이온은 결정체를 구성하여 일정한 형상으로 격자점에 멈추게 되는데, 이러한 응고과정은 운동 에너지가 열의 형태(열 에너지)로 방출하면서 응고가 진행되는 것이며, 이때 방출되는 열을 응고잠열(latent heat of freezing)이라 한다.

응고 초기에 구형의 고상이 액상 중에 형성되는 경우 계면 에너지와 응고 방출 에너지의 두가지 에너지가 존재하는데, 계면 에너지는 고상의 구형 표면적($4\pi x^2 \triangle F_s$)과 비례하고, 응고 방출 에너지는 응고 고상의 부피($\frac{4}{3}\pi x^3 \triangle F_V$)에 비례한다. 따라서 고상의 자유 에너지의 변화 $\triangle F$는 다음과 같이 된다.

$C_1 \pi x^2 - C_2 \pi x^3$

(x^* : 핵, x^* 이하 : 단세포군 embryo)

이때 단세포군은 일반적으로 핵이 될 수는 없으나 과냉을 하게 되면 결정에서와 유사하게 내부에 작은 영역으로 핵이 되어 성장할 수도 있다. 따라서 과냉도가 크면 융액에 수없이 많은 작은 결정핵이 생성되어 성장하므로 결국은 결정립이 미세화하게 된다.

금속에 따라 체심입방격자(BCC)나 면심입방격자(FCC) 금속에서는 결정의 성장 방향이 <100>이며, 많은 수의 핵에서 성장한 결정립이 커져서 서로 부딪친 곳에서 결정립계가 형성된다. 따라서 결정립계는 최후에 응고하게 되며, 많은 격자 결함 및 불순물이 존재하게 된다.

나. 주조 응고와 용접 응고

1) 주조 응고

주조시 응고는 레들에 받아둔 고온의 용탕이 주형에 주입된 후 주형 주위에서부터 주형 벽면을 따라 용융금속과의 사이에 결정핵 생성영역이 급증하여 주상정을 이루며 응고하게 되며, 금형 주형이냐 사형(주물사) 주형이냐에 따라 냉각속도가 달라지며, 동일한 주형이라 해도 각 부분의 살두께에 따라 냉각속도와 결정립의 크기, 내부 응력의 발생 정도 등이 달라진다.

또한 한정된 주형에 용탕이 주입되며, 용탕의 경우 원자의 자유로운 이동과 열운동으로 최대한 팽창되어 있기 때문에 완전 응고시 가장 늦게 응고하는 부분에는 수축이 생기게 되므로 이 수축부분에 용탕을 공급할 수 있는 라이저를 설치해야 되며, 그 위치와 크기가 중요하다.

주조 용탕의 응고시 결정립계의 경우는 결정립 내로 고용하지 못한 불순물이 많이 모이고 있으며, 결정립계에 존재하는 원자는 결정 방향이 다른 양쪽의 결정에서 결합력을 받기 때문에 어느 결정에도 배열할 수 없고 중간적인 배열을 하면서 응고하는 경우가 많으며, 편석 등이 일어나기 쉽다.

응고 후의 결정립 크기는 결정핵의 생성 속도와 결정립의 성장속도에 따라 다르며, 결정립의 형상은 결정의 성장 방향에 따라 지배적이며, 그 성장은 열의 흐름과 반대 방향으로 즉, 주형 벽면을 따라 발생한 결정핵은 벽에 직각 방향으로 가늘고 긴 주상정 조직이 생기게 된다.

2) 용접부 응고

용접시의 응고현상은 기본적으로는 주조와 거의 동일하나, 주조시의 응고는 금형이나 사형주형 등 주벽을 기점으로 결정핵이 발생하여 성장하지만, 용접의 경우는 주조시의 주형벽에 해당되는 본드 부분이 용탕과 같은 성분인 모재이며, 모재의 미용융된 결정이 핵이 되어 응고가 시작된다.

따라서 모재에 아크열이나 기타 열을 이용하여 용가재와 모재를 용융시키고 일정한 속도로 진행함에 따라 일부가 순간적으로 용융되었다가 급히 응고를 하게 되므로 주조응고와는 상당한 차이가 있다고 할 수 있다.

3) 주조 응고와 용접 응고의 차이점

(1) 용접부의 성분은 모재와 거의 같으며, 모재에 비해 용융 용접부의 크기가 작으며 용접에 사용되는 열원의 온도는 아주 높아서 큰 온도구배를 가진다.

(2) 용융풀은 큰 응고구배 및 용융선과 중심부 상에 다른 온도구배를 가지는 것에 대해서 전기적 및 열적 현상으로 큰 요동(stirring) 및 대류를 가진다.

(3) 대입열이나 다층용접의 경우 모재가 예열되어 온도구배나 응고에 영향을 준다.

(4) 용접부는 적층(epitacial) 응고를 하며, 용융풀은 불순물을 많이 함유한다.

(5) 용접은 열원이 움직이고 있으므로 동적 응고를 한다. 이때 응고속도가 본드(bond) 부분에선 거의 '0'이며, 점점 변하여 용접 중심부에서는 용접속도와 같게 된다. 따라서 응고속도가 용접속도에 의해 좌우되며, 등온선에 수직으로 응고조직이 발달하여 본드 부분에서는 용접방향에 수직이고, 용접 중심선부에서는 용접 방향과 평행으로 응고하게 된다.

(6) 주조 조직은 주형벽에 거의 수직으로 주상 조직이 형성되지만, 용접의 경우는 열이 이동하기 때문에 주상정은 이동방향쪽으로 향하면서 용접부에서 멀리 있는 부분의 본드부에서부터 순간적으로 응고가 진행하게 된다.(그림 2.1 참고)

그림 2.1 주조 및 용접 조직의 형태

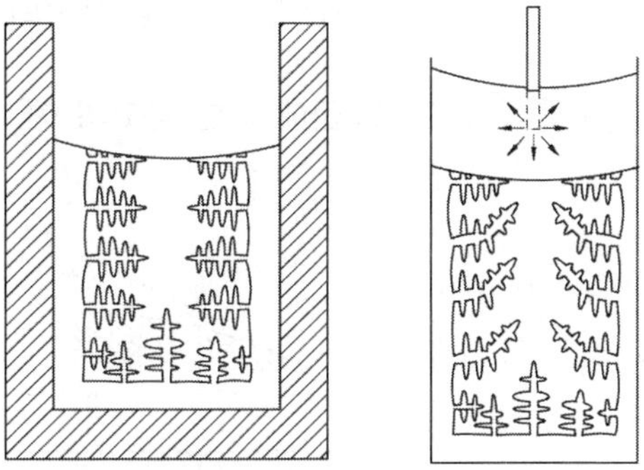

(a) 주조 조직 (b) 용접 조직

다. 적층 응고

용융용접은 모재의 희석(dilution) 및 용융풀에 의하여 모재 침투가 발생하게 되는데 모재 표면은 액체 용융금속이 되고, 불순물, 산화물 등이 거의 없이 깨끗하므로 핵 생성 인자가 없게 된다.

용접부에서는 주조와 달리 용접 본드부의 미용융된 결정립이 핵이 되어 성장하며, 본드부에서의 새로운 핵의 발생은 생기지 않는다. 즉 [그림 2.2]와 같이 모재 본드부의 결정립 위에 불균질핵이 생성하여 성장이 이루어지게 되는데, 본드에서는 용접열 때문에 모재의 결정립이 소대화되어 그 일부가 용융된 곳이며, 미용융 모재의 결정립 위에 응고금속이 같은 결정축으로서 성장하는 것이 일반적이다.

이때 일반적으로 접촉각 ϕ이 작은 불균일핵의 생성은 과냉도가 낮으며, 과냉도가 낮은 상태에서도 결정의 성장이 쉽게 생기는 것을 뜻하며, 이렇게 성장을 시작한 주상정은 모재의 결정립의 방위에 일치하여 결정학적인 방위관계를 가지게 되는데 이것을 적층 응고(epitaxial solidification)라 한다.

적층응고는 이종(heterogeneous)의 공정으로 그 예는 다음과 같다. 모재와 용융금속 계면에 단세포군의 하나가 발달하였다고 가정한다면 이 단세포군을 중심으로 3가지의 계면 에너지가 서로 평형관계를 가지게 된다.

$$\gamma_{ML} = \gamma_{SM} + \gamma_{SL}\cos\phi$$

$$\cos\phi = \frac{\gamma_{ML} - \gamma_{SM}}{\gamma_{SL}}$$

γ_{ML} : 모재 - 용융금속간 표면 에너지

γ_{SL} : 응고 용접금속 - 용융금속간 표면 에너지

γ_{SM} : 응고 용접금속 - 모재간 표면 에너지

ϕ : 고체금속과 바탕 사이의 접촉각 = 젖음각

그림 2.2 단세포군에 의한 응고의 예

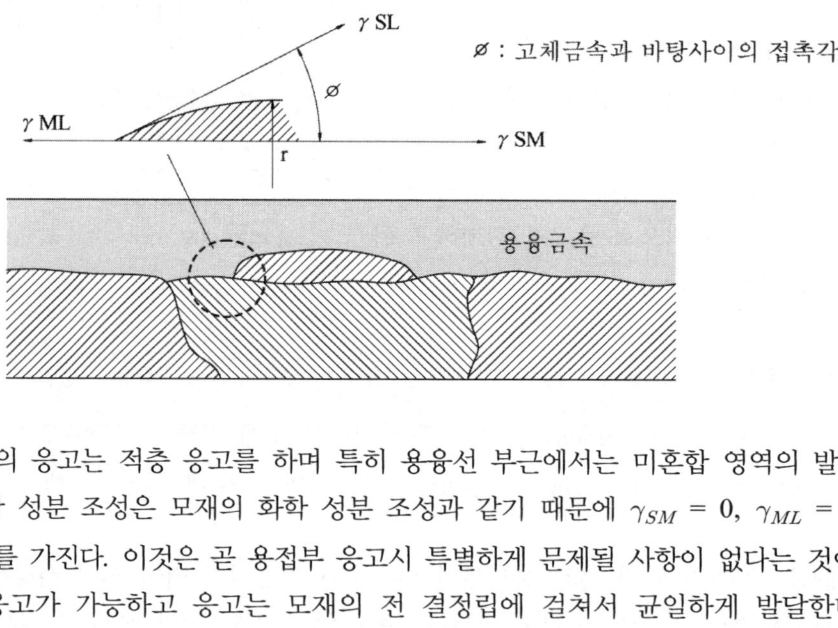

용접부의 응고는 적층 응고를 하며 특히 용융선 부근에서는 미혼합 영역의 발달로 용접부의 화학 성분 조성은 모재의 화학 성분 조성과 같기 때문에 $\gamma_{SM} = 0$, $\gamma_{ML} = \gamma_{SL}$, $\phi = 0$의 관계를 가진다. 이것은 곧 용접부 응고시 특별하게 문제될 사항이 없다는 것이며, 과냉 없이도 응고가 가능하고 응고는 모재의 전 결정립에 걸쳐서 균일하게 발달한다는 것을 알 수 있다.

[그림 2.3]은 적층 응고 성장의 예를 나타낸 것이며, 이 점에서 용접부의 조직과 주조 조직은 근본적으로 차이가 있음을 알 수 있다.

그림 2.3 용접부의 적층 응고의 예

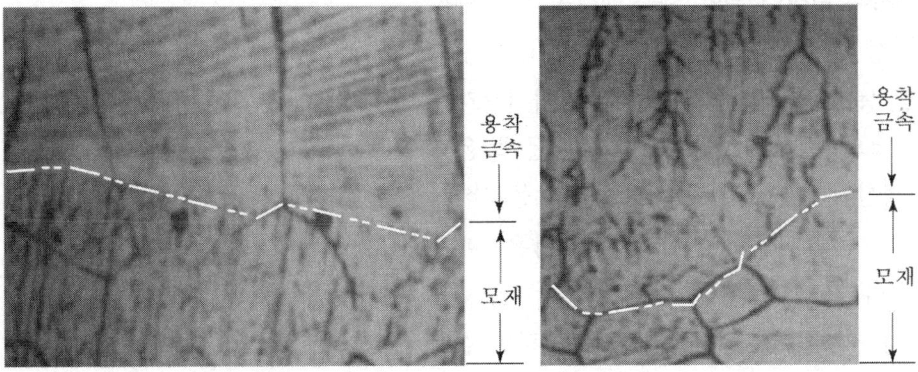

(a) 니오브(Nb) (b) 모넬메탈

주조에서 주괴의 경우 역시 이종 공정이며, 주형(mould) 표면의 불연속부(discontinuity) 등에서 핵 생성이 되며, 젖음각(wetting angle)이 비교적 크다.

주조에서 응고시의 전 자유 에너지 $\triangle G$는 다음과 같이 계산된다.

$$\triangle G = (-\frac{4}{3}\pi r \triangle G_V + 4\pi r^2 \gamma_{SL} S(\phi)$$

$$S(\phi) = \frac{(2+\cos\phi)(1-\cos\phi)^2}{4} \leq 1$$

[(r : 원호 반경, $\triangle G_V$: 단세포군의 자유 에너지의 양(주형 표면에서 액체로부터 작은 단세포군을 만들기 위해 형성된 원자수), $S(\phi)$: 형상계수 shape factor)]

용융금속의 실제 온도가 용융온도보다 클 때 단세포군은 불안정하게 되며, 용융금속의 실제온도가 용융온도보다 작을 때는 단세포군은 안정하여 핵이 되어 성장한다.

용접응고는 형상계수 $S(\phi)$=0이므로 단세포군 자유에너지의 양 $\triangle G^*$=0이 되어 에너지가 전혀 필요없다는 것이며, 이는 모재의 결정립으로부터 직접 적층 성장을 하기 때문이다. 따라서 모재의 용융선에서의 결정립의 크기에 좌우된다.

라. 고용체 합금의 응고

1) 확산에 의한 응고

합금이 응고하는 방법에는 용융지에서 교반이 일어나지 않고 용융액 중의 용질 원자가 확산 이동하여 합금이 되는 경우와, 용융지에서 기계적 교반이 생겨서 용융액이 균일하게 합금되는 경우의 2가지를 들 수 있다.

[그림 2.4]와 같이 용융액에서의 교반이 없이 용질 원자의 확산에 의한 경우 냉각온도 T_1에서 우선 결정 C_S를 정출하기 시작하며, 고체 주변의 용질 농도가 급격히 증가하지만, 확산으로서 나머지 용액 중에 다시 분포하기 때문에 온도 T_2의 정상상태에서 대부분 정출되어 응고하게 되므로 $T_1 \rightarrow T_2$ 사이에서의 정출량은 매우 적게 된다.

그림 2.4 확산에 의한 응고 상태도

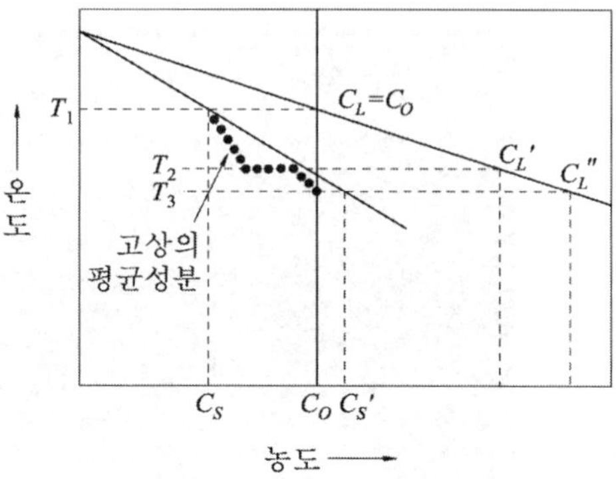

응고가 진행되어 고체끼리 매우 접근하면 결정 경계면에서의 용질 농도는 급격하게 증가하여 정출 고체의 용질 농도는 $C_S \rightarrow C_S'$로 증가하고, 전체 용융액이 완전 응고 후에는 고체의 중심부가 C_S, 외주부가 C_S'로 되어 다른 성분의 것이 된다.

2) 기계적 교반에 의한 응고

[그림 2.5]는 기계적 교반이 충분히 일어난 액체의 응고에 대한 설명도이며, 고체와 액체 상호간의 용질원자 분배계수가 $k_0 < 1$라면 (a) 그림에서와 같이 일정 조성의 합금 Co이 응고할 때 기계적으로 교반이 일어나면서 응고할 때는 T_3에서 응고가 완료되지 않고 T_4까지 계속되며, (b) 그림과 같이 결정립의 편석은 결정립의 중심이 가장 낮고(C_S), 결정립계가 가장 많이 형성된다.(C_S'')

그림 2.5 기계적 교반에 의한 액체의 응고와 성분 편석

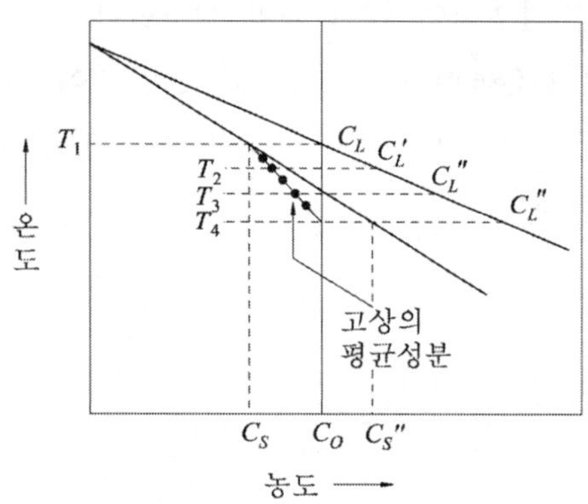

(a) 상태도 상 합금의 응고

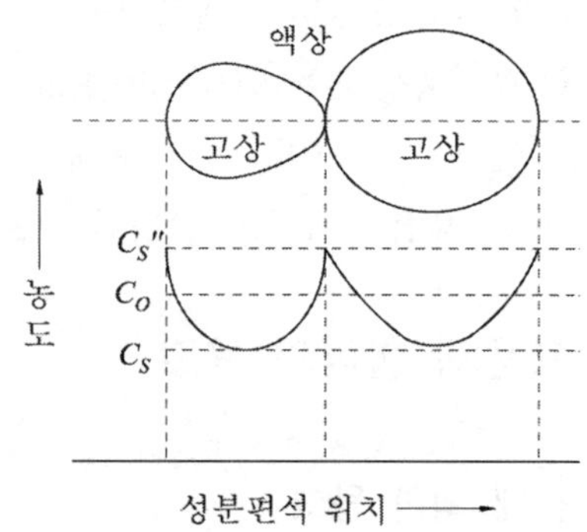

(b) 성분 편석의 위치

3) 용접 비드의 응고

그림 2.6 결정립내의 성분편석

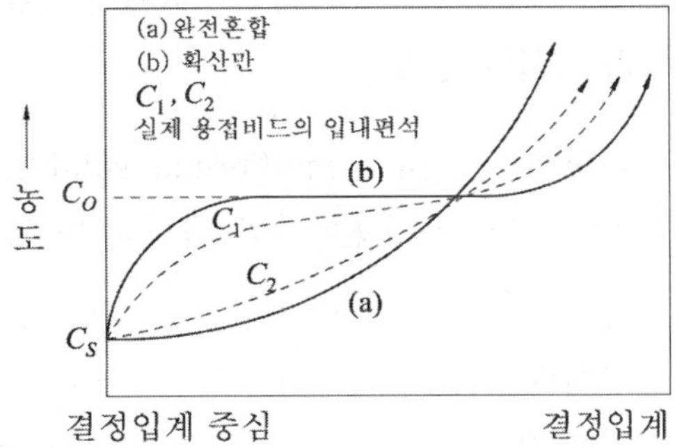

용접 비드의 실제 응고형태는 비평형 응고에 의한 것이며, 확산 및 기계적 교반에 의한 응고를 혼합한 형태라고 말할 수 있다. 즉, 결정립계의 성분 편석은 [그림 2.6]의 (a)와 (b)의 중간으로 되며, 응고 후의 결정립계 부근에서는 고상선보다 저융점의 조성으로 형성된다.

따라서 결정립의 성장속도 R가 작을 때는 대류 효과가 크므로 성분 편석은 C_2에 가까워지며, 성장속도 R가 클 때는 대류 효과가 적으므로 용접금속의 성분 편석은 C_1에 가까워지는 것이 일반적이다.

마. 용융금속의 응고 방법 4형태

용융금속 응고시의 결정 조직의 형태는 다음과 같이 크게 4가지로 나눈다.

1) 완전 평형 응고

완전 평형 응고(complete equilibrium solidification)란 액체 상태가 응고할 때 응고금속의 온도가 일정하게 유지되는 형태의 응고이며, 순금속이나 특수한 경우에 일어날 수 있는 응고의 형태이다.(그림 2.7 참조)

그림 (a)와 같이 완전 평형 응고 초기에는 용액의 벽면 등에서 결정핵이 생성하는 단계이므로 대부분의 용액은 액체 상태를 이루고 있어 응고시간을 따라 일정하다.

그림 2.7 완전 평형 응고와 상태도

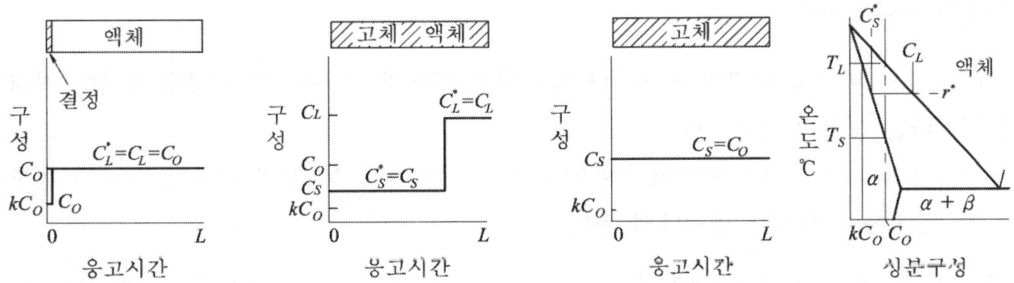

(a) 응고 초기 (b) 응고 중기 (c) 응고 후 (d) 상태도

평형 분활의 비 $k = C_S^* / C_L^*$

평형 지렛대 법칙 : $C_S f_s + C_L f_L = C_O$

(f_S : 고체의 상분수, f_L : 액체의 상분수)

2) 비평형 응고

비평형 응고(non-equilibrium solidification)란 비평형 지렛대 법칙에 따른 응고로서, 액체와 고체의 계면에서의 액체의 농도는 다음과 같다.

$$C_L = (1 - f_S)^{(k-1)}$$

고체의 농도는 $C_S^* = KC_O(1 - f_S)^{(k-1)}$의 법칙을 준하여 응고가 진행한다. 따라서 비평형 응고는 고체 확산(solid diffusion)이 일어나지 않고, 완전한 대류와 액체의 기계적인 자유운동에 의해 완전한 액체의 확산이 일어나는 응고의 형태이다.

[그림 2.8]과 같은 용융 상태일 때는 [그림 2.7 (a)]와 같이 동일하게 액체상태가 유지되나 응고가 진행되면서 고체의 온도도 상승하는 형태의 응고 방법이다.

그림 2.8 비평형 응고와 상태도

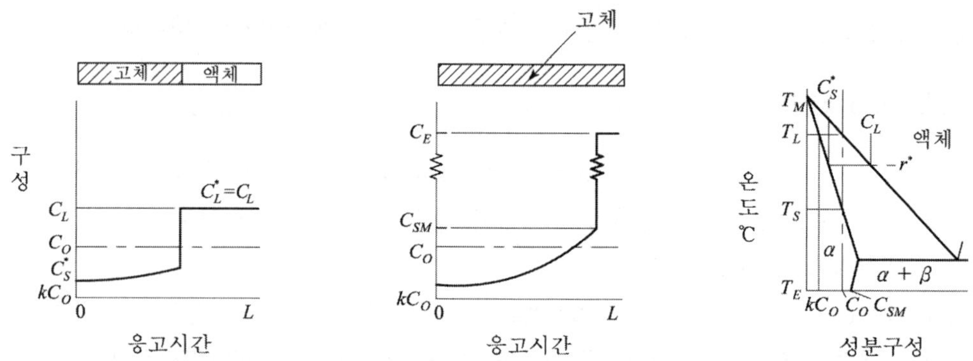

(a) 응고 중기 (b) 응고 후 (c) 상태도

3) 다른 비평형 응고

'2)'와 같은 비평형 응고의 형태이나 차이점은 대류와 요동이 없이 액체 확산이 최대한으로 일어나는 응고의 형태이다.

이 응고는 액체와 고체의 계면에서의 액체의 농도는 아래 식 (1)과 같으며, 고체의 농도는 식 (2)를 만족하며 응고가 일어나게 된다.

액체-고체 계면에서의 액체의 농도가 $(C_O/k - C_O)$의 $\frac{1}{e}$로 떨어지는 점까지를 특성거리(δ)로 표현하며, 혹은 용질 영역층(solute boundary layer)이라고 하여 D_L/R로 나타낸다.

(1) $C_L = C_O[1 + \frac{1-k}{k} Exp(-RX/D_L)]$

(2) $C_S{}^* = C_O[1-(1-k)\mathrm{Exp}(-kRX/D_L)]$

(R : 응고속도, D_L : 용융금속에서의 일정 용액의 확산계수, X : 거리)

이 경우 응고 영역에서 냉각될 때 용질은 액체-고체 경계면에서 배제가 되는데 이때 응고과정은 매우 빠르기 때문에 확산이 초과 용액(excess solute)을 효과적으로 제거하지 못하여 동적 평형(dynamic equilibrium)에 도달할 때까지 용질 응축(solute enrichment)이 발생한다.(그림 2.9 참조)

그림 2.9 다른 비평형 응고와 상태도

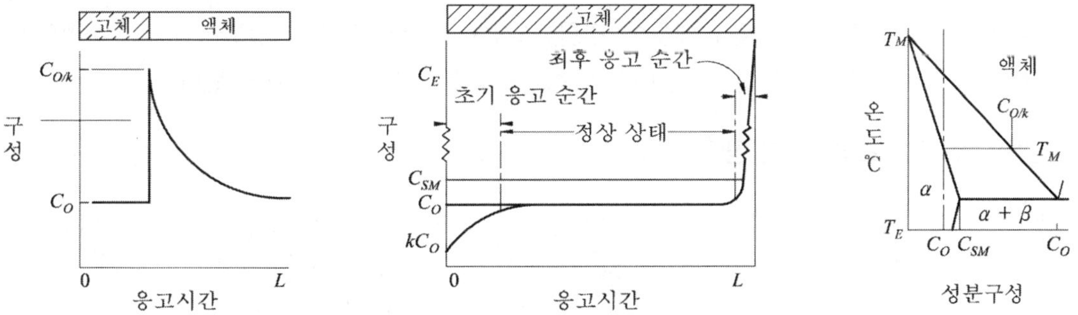

(a) 응고 중기 (b) 응고 후 (c) 상태도

4) 비평형 응고의 1/2에 가까운 응고

비평형 응고의 1/2 응고시 액체-고체 경계면에서의 액체의 농도는 아래 식 (1)과 같으며, 고체의 농도는 식 (2)를 만족하며 응고하는 형태이다. 용접 응고는 이 비평형 응고의 1/2에 가까운 응고 형태와 유사하게 응고한다. 그러나 액체-고체 계면에서의 모든 응고 현상은 위의 '3)' 항으로 대신하여 해석하고 있다.

(1) $C_L = C_O f_L^{(k''-1)}$

(2) $C_S{}^* = K' C_O (1-f_S)^{(K'-1)}$

$(K' = \frac{K}{K+(1-K)\exp(-R\delta/D_L)}$: 효과적인 분배비)

2 응고시 결정의 성장 형태

용접부의 응고 조직에는 평활(planar) 조직, 세포(cellular) 조직, 세포 - 수지상(cellular - dendrite) 조직, 주상 - 수지상(columnar - dendrite) 조직, 등축 - 수지상(equiaxed - dendrite) 조직의 5가지 형태가 있다.(그림 2.10 참조)

이러한 5가지 형태의 응고 조직 중에서 평활 조직을 제외한 다른 조직들은 조성적 과냉 현상에 기인하여 발달하며, 기본적으로 전 응고조직의 발달은 용융풀의 용융영역에서의 용질(soluter)의 양(C_O)과 응고 변수에 따라 결정된다. 즉 과냉량, 과열량, 열구배, 성장속도, 용융금속 요동의 정도, 용질의 량, 모재의 결정립 방향 등에 따라 결정된다.

용융영역 부근에서는 용융영역 계면에서의 미혼합 영역의 발달과 관계되어 용질의 양이 거의 없고 응고변수 값은 크기 때문에 평활 조직이나 세포 조직이 발달하게 되며, 용접부 중앙으로 갈수록 주상-수지상 조직이나 등축 - 수지상 조직이 발달하게 된다.

그림 2.10 응고 조직 5가지 형태

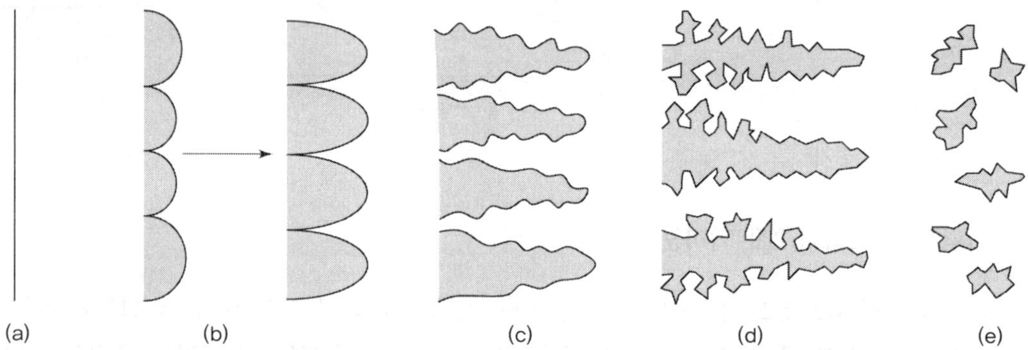

(a) 평활 조직, (b) 세포 조직, (c) 세포–수지상 조직, (d) 주상–수지상 조직, (e) 등축–수지상 조직

가. 평활(planar) 조직

응고 경계면이 완전 평활 경계면을 이루고 있으며, 일반적으로 성장속도는 작고, 성장의 방향이 있는 응고 조직이다. 이것은 고체와 액체의 경계면 전방의 용융액 중에 온도구배가 정(正 : 온도구배 > 0)이며, 온도 반전이 있고 응고잠열은 응고부와 전방의 용융액 중의 성장속도에 재배되어 응고한 조직이다.(그림 2.11 참조)

그림 2.11 평활 조직의 성장

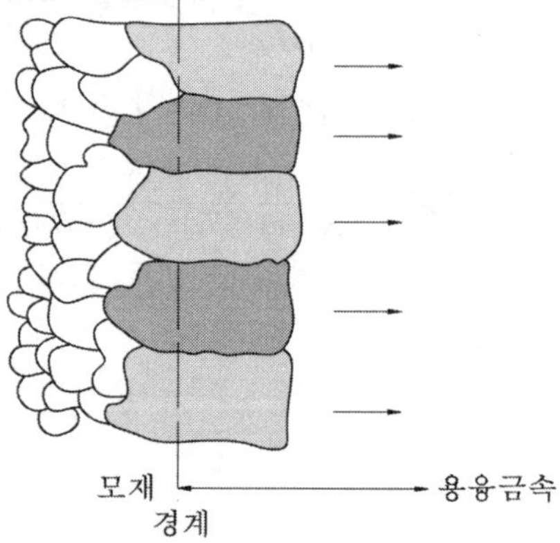

평활 조직이 발달하여 안정할 수 있는 조건은 다음 식과 같으며, 이 조건이 깨질 경우 평활조직은 더 이상 안정할 수 없고 세포상 조직이나 다른 조직으로 변하게 된다.

$$\frac{G}{R} \geq \frac{M_L C_O (1-K)}{K D_L}$$

(G : 온도구배, R : 응고속도, M_L : 상태도상의 액상선의 기울기, C_O : 용질 조성, K : 평형 분활비, D_L : 액체에서의 확산계수)

나. 세포(cellular) 조직

평활 조직의 조건이 깨질 경우 생길 수 있는 조직으로 다음과 같은 순서로 만들어지게 된다.

[그림 2.12]에서 (a)의 평활 조직이 (b)와 같이 일부에 돌출부가 만들어졌을 경우 용질들은 측면에서 우발적으로 반응이 일어나 루트 부위에 쌓이며, 루트 부위에서는 조성적 과냉에 의해 국부 응고 온도가 낮아지게 된다. 계속적으로 우발적인 반응으로 돌출부가 많아지면 (c), (d)의 형상이 생기며, 이로 인해 다른 돌출기 형성을 유발한다. 첫번째 돌출기가 생기면서 응고될 때 용융잠열이 발생하여 바로 옆에 두번째 돌출기가 생기지 못하고 일정한 간격을 유지하면서 (e)와 같이 최대 열유동 방향과 평행하게 반대방향으로 긴 팔목 형상의 셀이 발달한다.

그림 2.12 세포 조직의 형성의 예

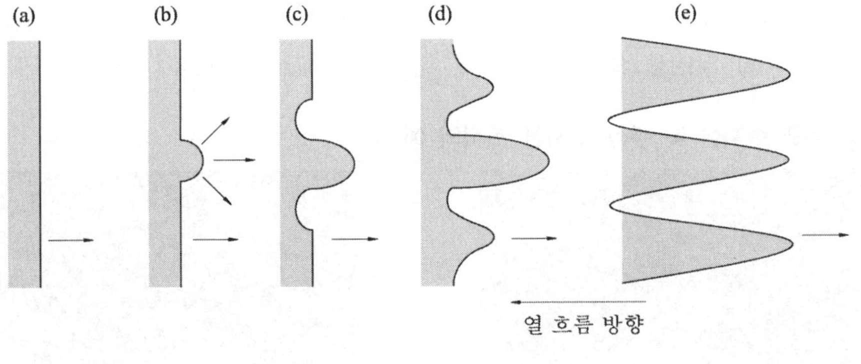

용접부의 경우 일반적으로 대부분 세포형 수지상 조직과 주상-수지상 조직이 발생한다. (그림 2.10 참조)

다. 수지상, 등축정 조직

결정 경계면 전방에 과냉각이 크게 되면 결정 경계면에 갑자기 돌출부가 형성되며, 그 끝은 보다 큰 과냉 영역에 들어가므로 용융액 중에 더 깊게 성장하게 되며, 이 성장으로 방출된 용융잠열이 돌출부 옆 경계면의 열적 과냉을 낮추며, 이 부분의 성장속도를 느리게 하는데 이러한 발달 과정에서 수지상 조직이 생성된다.

수지상정 조직의 성장속도는 전방의 과냉도가 클수록 크며, 충분하게 용융액의 과냉이 진행하면 새로운 핵 생성 및 성장이 일어나며, 용융액 중에서 주변에서 그 성장을 방해하지 않으면 등축-수지상 조직이 발달하게 된다.(그림 2.13 참조)

[그림 2.14]는 세포 수지상 조직과 주상 수지상 조직의 현미경 사진을 나타낸 것으로, 전반적으로 길이 방향으로 길게 결정이 형성되어 있으며, (b) 그림의 경우 길이 방향에 직각 방향으로 수지상이 발달하고 있음을 알 수 있다.

그림 2.13 수지상 및 등축형 수지상정 성장의 예

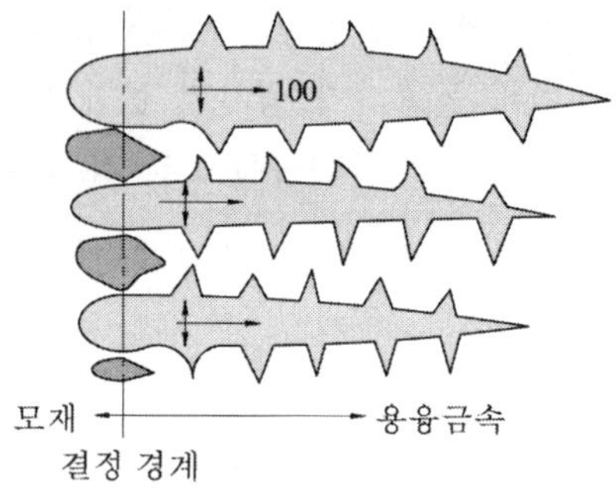

(a) 수지상정 성장

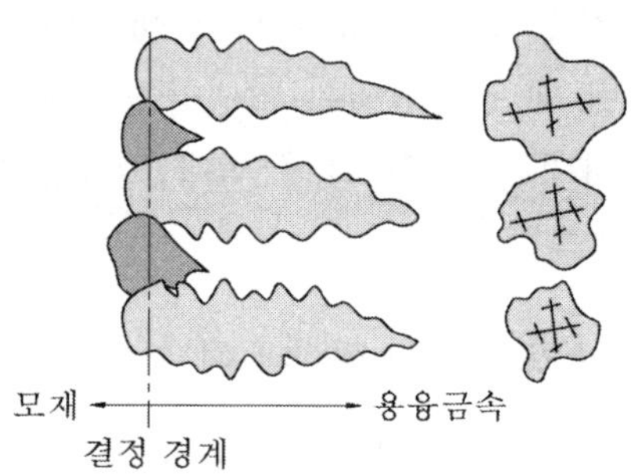

(b) 등축형 수지상정 성장

그림 2.14 세포 수지상 및 주상 수지상 조직의 예

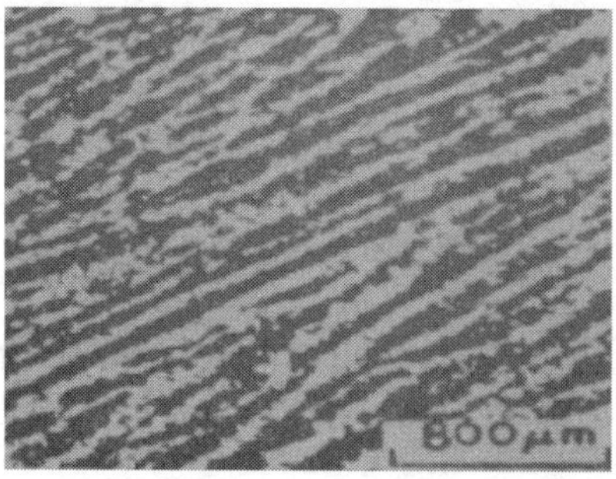

(a) 세포형 수지상정 조직

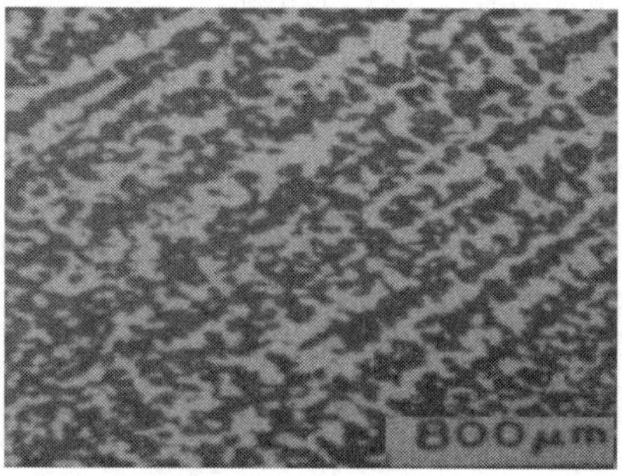

(b) 주상형 수지상정 조직

3 조성적 과냉

가. 전체 과냉각의 구성과 조성적 과냉

1) 열적 과냉각과 조성적 과냉

순금속의 응고는 열적 과냉각(thermal super cooling)에 의해서만 지배적인 영향을 받는다. 즉 액체의 순금속이 응고할 때는 용융점보다 약간 낮은 온도에서 결정핵이 생성되기 시작하여 응고가 진행하게 된다. 그러나 합금의 경우는 열적 과냉각 외에도 조성적(성분 조성적) 과냉각이 응고 방법에 중요한 역할을 한다.

용융액 중에 용질원자가 확산에 의해서만 이동할 경우 용융액의 온도구배가 정(+)의 경우라 해도 성분차에 의한 액상선의 변화, 즉 용융액 중에 성분의 편석이 있는 경우에 저농도 용융액의 액상선은 고온쪽에, 고농도 용융액의 액상선은 저온쪽으로 이동하게 되는데 이러한 성분 변화에 따라서 과냉 현상이 생기는데 이 현상을 조성적 과냉각(constitutional super cooling)이라 한다.

2) 전체 과냉각의 구성

액체, 고체 계면의 과냉은 응고 조직 발달에 많은 영향을 주게 되는데 전체 과냉각(ΔT)은 다음 3가지로 구성된다.

$$\Delta T = \Delta T_D + \Delta T_\sigma + \Delta T_K$$

(ΔT_D : 용질축적, ΔT_σ : 계면곡률, ΔT_K : 계면역학)

일반 금속의 경우 ΔT_σ나 ΔT_K는 매우 작아 용질 축적에 의한 과냉만을 고려하고 있으며, 이 용질 축적에 의한 과냉을 조성적 과냉이라 한다. 즉 액체-고체 계면 앞에서의 용융풀의 온도가 농축액체(enriched liquid)의 응고온도보다 낮을 때 과냉이 발달하며, 이 조성적 과냉은 합금 조성의 국부적 편석에서 나온다.

나. 응고 조직의 발달

고액(액체-고체) 경계면에서 용융액의 온도가 뜨거울 경우 계면에서 발달한 작은 돌출부는 쉽게 용액이 되어 되돌아가게 되며, 계속 평탄한 면이 안정하게 발달하지만(그림 2.15 참조), 액체의 온도가 낮을 경우 작은 돌출부는 계속 성장하게 되며, 이 돌출부는 그 옆에 반복적으로 또다른 돌출부를 만들게 되면서 평탄면은 완전히 깨져 수지상 형태의 조직이 발달하게 된다.(그림 2.16 참조)

그림 2.15 액체의 온도가 더 높은 경우의 조직 형성과 성장

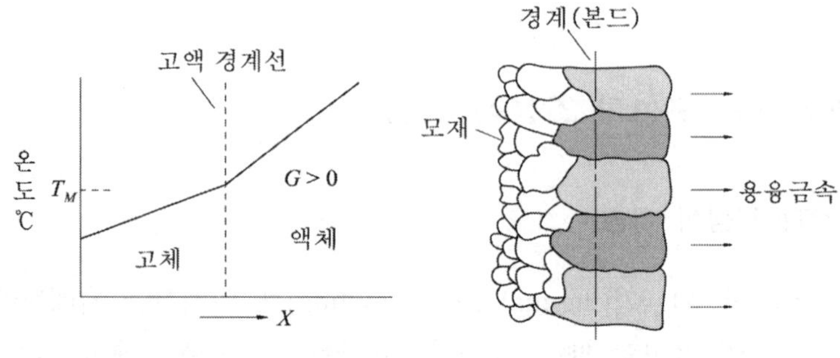

(a) 고액 상태도 (b) 평활 조직 성장

그림 2.16 액체의 온도가 더 낮은 경우의 조직 형성과 성장

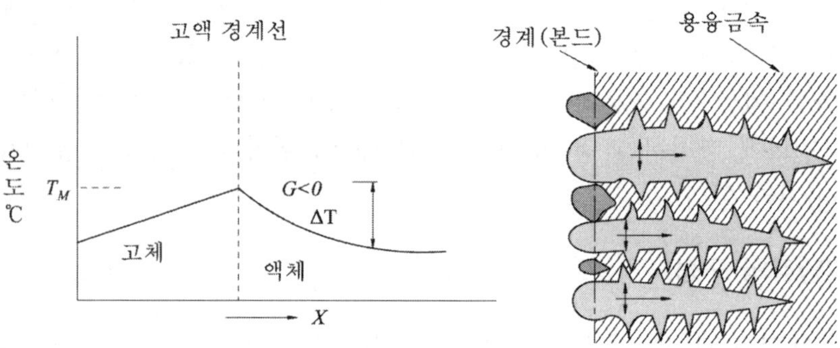

(a) 고액 상태도 (b) 수지상 조직 성장

[그림 2.17 (a)]는 Al-Cu 2성분계 상태도이며, (b)는 조성적 과냉에 따른 응고 양상을, (c)는 조성적 과냉에 따른 수지상정의 발달 형태를 나타낸 것으로, 성분 조성에 따라 고체-액체 계면에서의 용질의 분포 양상 및 이에 따른 평형 용융금속의 온도 분포를 나타낸 것이다.

1) 조성적 과냉의 발생

액체-고체 계면 앞 용융금속에서의 실제 온도구배 T_L가 용질 분포에 따른 평행 온도 분포 T_E보다 작을 때 조성적 과냉이 발생하며, 이 과냉으로 평탄면이 불안정하여 다른 조건으로 변하게 된다. 따라서 평탄면이 안정할 임계온도구배 T_{LC}는 다음과 같으며,

$$T_L > \frac{T_1 - T_S}{D/R}$$

조성적 과냉을 위한 조건은 다음과 같다.

$$\frac{G_L}{R} < \frac{T_1 - T_3}{D_L} = \frac{M_L C_O(1-K)}{K D_L}$$

이 조건을 만족시키기 위해서는 G_L, K, D_L은 작아야 하며, R, M_L, C_O는 커야 할 것이다.

그림 2.17 **Al–Cu 2원합금 상태도와 조성적 냉각에 따른 응고의 예**

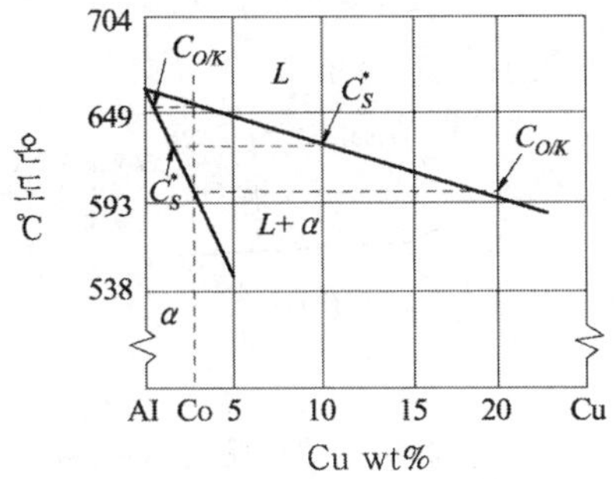

(a) Al–Cu계 상태도

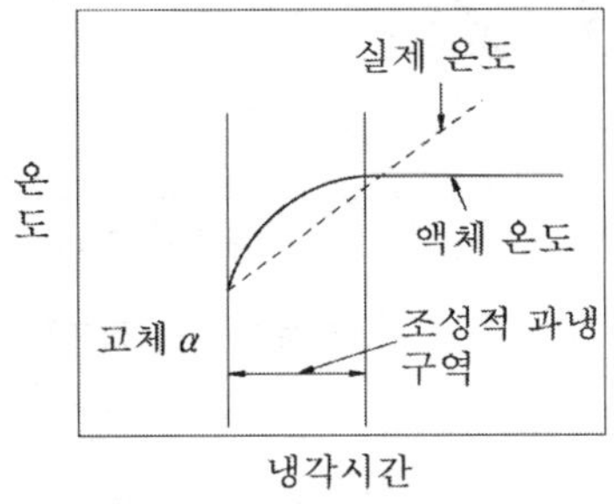

(b) 조성적 냉각과 응고

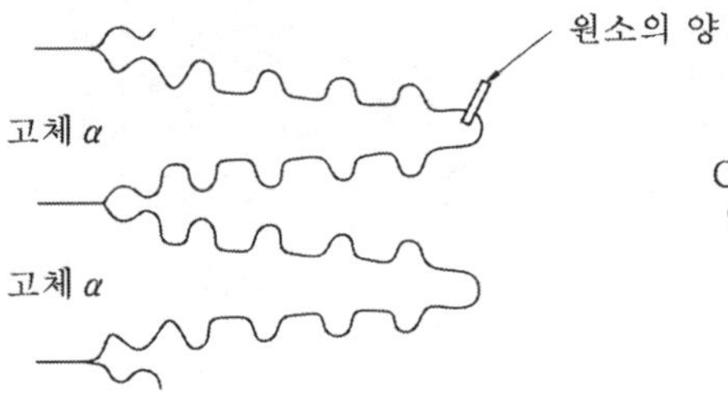

(c) 수지상정 발달

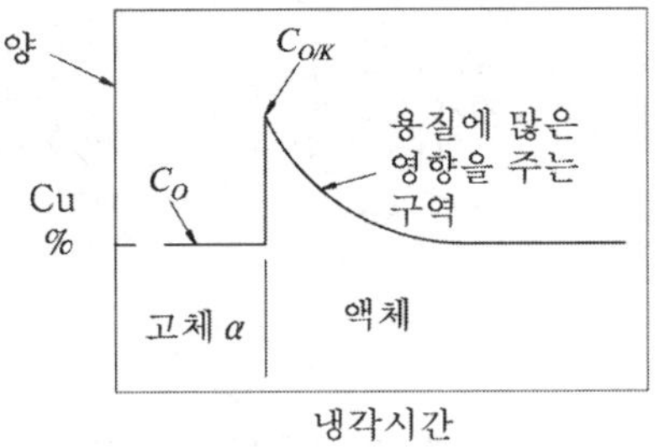

(d) Al에 Cu%에 따른 고액관계

2) 조성적 과냉도와 결정의 발달

조성적 과냉정도가 크면 클수록 주상 수지상(columnar dendrite) 결정 및 등축 수지상(equiaxed dendrite) 결정이 발달하게 된다.

[그림 2.18]은 조성적 과냉 정도에 따른 응고 조직의 생성 및 발달을 나타낸 것으로, 과냉 정도가 (a)일 때와 (b)~(e)일 때의 조직의 발달이 달라짐을 알 수 있다.

그림 2.18 조성적 과정 정도에 따른 결정의 생성 및 발달 모양

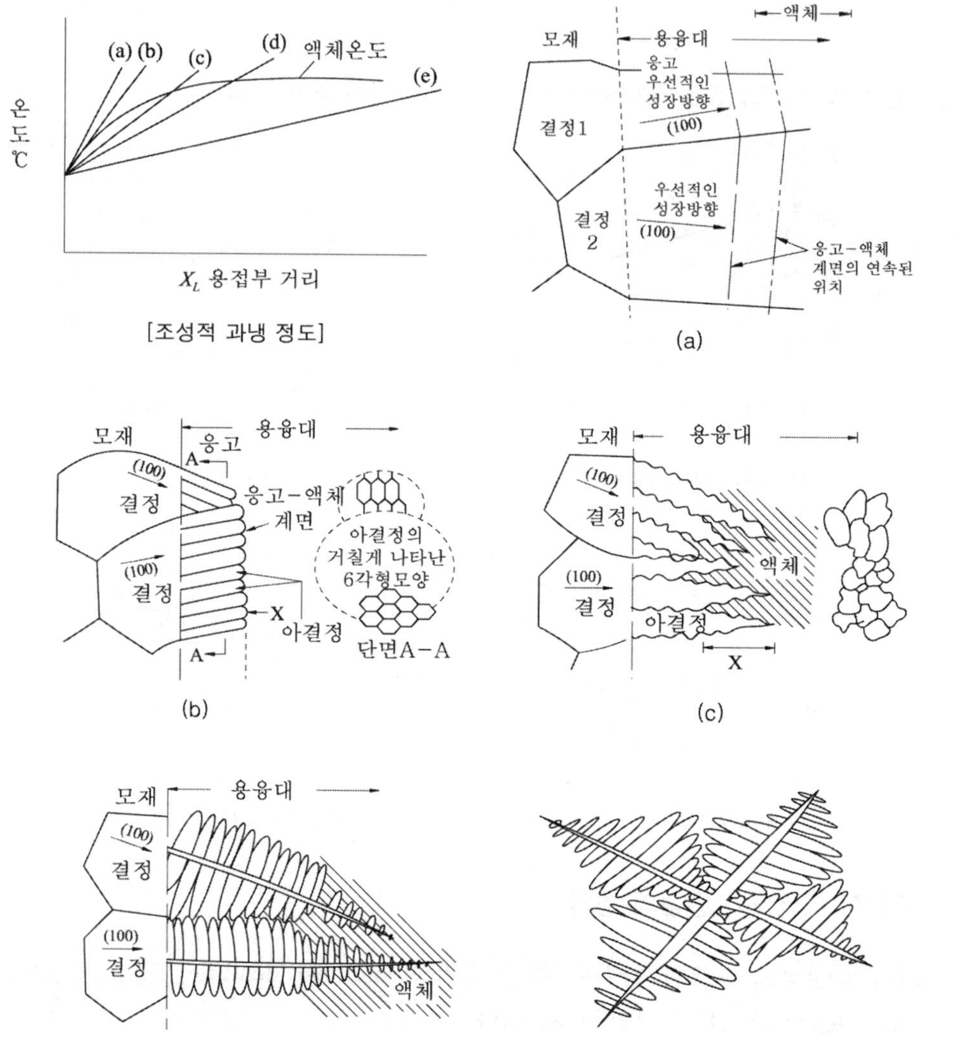

3) 조성적 과냉에 미치는 영향

(1) 응고속도와 실제 온도구배

열적 과냉에 의한 과냉 정도는 용융풀의 각 지역에서의 열축출에 기인하는 것으로써 용접부의 실제 온도구배를 결정한다. 열적 과냉각이 크면 클수록 온도구배 역시 커진다. 따라서 조성적 과냉 정도가 많기 위한 조건(작은 용질원소 확산영역)은

그림 2.19 조성적 과냉거리 계산

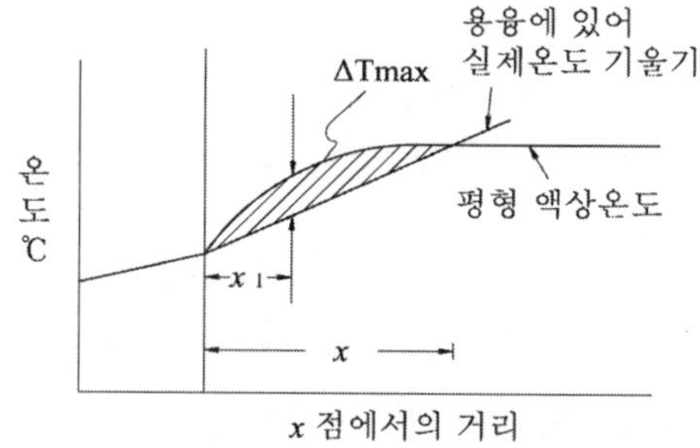

빠른 용접속도와 낮은 온도구배이다.

용접부의 용융선 부근은 일반적으로 결정립의 응고속도는 낮고 온도구배가 크다. 따라서 조성적 과냉이 낮아 평면(planar) 형태의 응고 조직이 발달하는 반면, 용접부 중앙은 그 반대로서 주상 조직이 발달하게 된다.

(2) 용질 분포 양상과 조성적 과냉

용질의 양의 증가가 조성적 과냉에 미치는 영향은 합금 원소의 양을 많이 첨가할수록 조성적 과냉량이 많아진다.

조성적 과냉거리 및 최대 과냉온도는 다음과 같이 풀면 된다.

$$T_e(\text{평형 액상온도}) = T_m - M_L C_L$$

$$T_i(\text{액체} - \text{고체 계면온도}) = T_m - \frac{M_L C_O}{K}, \quad (C_L = C_O/K)$$

액체 금속에서의 실제 온도 $T_A = T_i + G_L X$

조성적 과냉시 과냉정도

$$\triangle T = T_e - T_A = \frac{M_L C_O(1-K)}{K}[1-\exp(\frac{RX}{D_L})] - G_L X$$

따라서 최대 과냉점 X_1은

$$\frac{\partial \triangle T}{\partial X} = 0, \qquad X_1 = \frac{D_L}{R} ln[\frac{M_L C_O(1-K)R}{G_L D_L K}]$$

조성적 과냉거리 X는 $\triangle T = 0$ 로 하여 방정식을 x에 대해 풀면 된다.(그림 2.19 참조)

다. 용접부 형상인자와 조성적 과냉

1) 조성적 과냉과 결정 성장

용접부의 용융선 부근은 온도구배 G는 크고, 응고속도 R는 작아 응고변수(solidification parameter, G/R)와 용질의 양 C_O이 작은 반면에, 용접부 중앙에서는 온도구배 G는 작고, 응고속도 R가 커서 응고변수와 용질의 양도 커지게 되어 용접부 중앙쪽으로 갈수록 전반적으로 조성적 과냉량이 많아지게 된다.

그리고 용접부의 용융선에서 중앙으로 갈수록 응고속도는 증가($R = V_W \cos\theta$)하고, 용질 확산층(diffusion layer) ($\delta = D_L/R$)은 감소하여 쉽게 평균 용질 조성 C_O에 도달하게 되며, 평형액상 온도 T_e의 기울기가 가파르게 된다.

또한 온도구배(용융풀에서 실제 온도구배는 계면으로부터의 열원의 위치에 따라 결정)는 다음 식에 따라 감소하게 된다.

$$G= T_m X$$

(T_m : 용융온도, X : 열원으로부터 용융선 각 경계선까지의 거리)

이 모든 조건들은 용융선 부근에서는 평형 또는 세포상 조직의 발달을 촉진시키고, 용접부 중앙에서는 주상형 수지상이나 등축형 수지상 조직의 발달을 촉진하게 된다.

또한 용접부 온도구배 G는 다음과 같은 관계가 있다.

$$G= T_m X,\ G= f(\frac{1}{H})^{1/3}$$

(H : 입열량, $\frac{EI}{V_W}$)

따라서 입열량이 클수록 용접부의 용융풀은 커지게 되며, 열원으로부터 용융풀 경계까지의 거리가 커짐으로써 전반적으로 온도구배는 작아지게 된다. 다시 말하면 입열량이 클수록 조성적 과냉량은 많아지게 되며 이로써 초반부터 수지상 결정이 발달하게 되어 용접부는 측면 arm이 잘 발달된 많은 양의 주상 결정형의 수지상이 발달하게 된다.(그림 2.20 참조)

그림 2.20 **고합금과 저합금의 냉각속도 차에 따른 조직 형성**

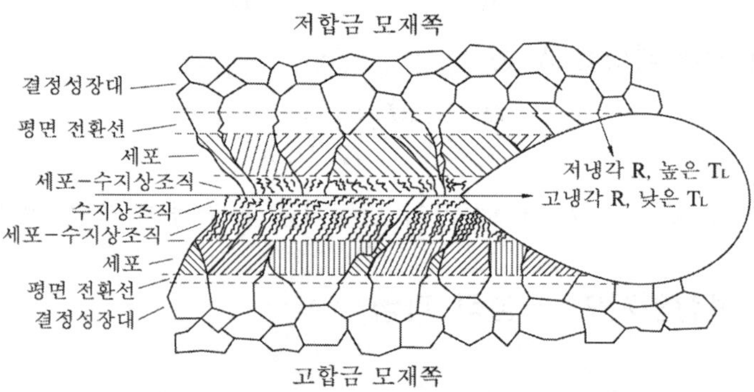

용접부 중앙으로 갈수록 조성적 과냉량이 많아짐에 따라 기본 셀(primary cell)은 불안정하므로, 과냉량을 줄이기 위해 측면 기둥(side arm) 등을 발생시켜 제2, 제3의 기둥을 만들게 되며, 응고잠열을 발생시켜 안정화시키려고 한다.

제2, 제3의 기둥이 만들어지는 것은 평형에서 돌출부가 형성되는 것과 같은 논리를 갖는다.(그림 2.21 참조)

그림 2.21 **수지상 결정 생성 순서**

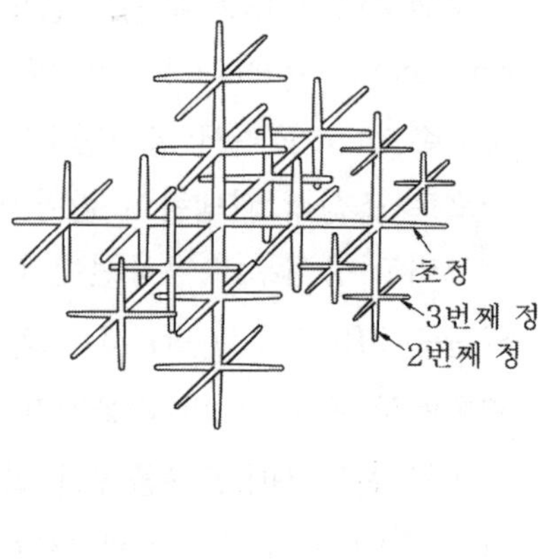

2) 대 · 소입열에 따른 결정의 성장

대입열 용접은 용융풀 크기는 커지고 모양은 둥근 형태로 되는 반면,[그림 2.22 (a) 참조] 용접속도가 빠른 소입열 용접에서는 용융풀도 작아지고 모양도 잡아 당겨진 듯한 방울(tear drop) 형태로 바뀌어 다음의 조건들이 형성된다.[그림 2.22 (b) 참조]

그림 2.22 입열 크기와 용적 형성 조건

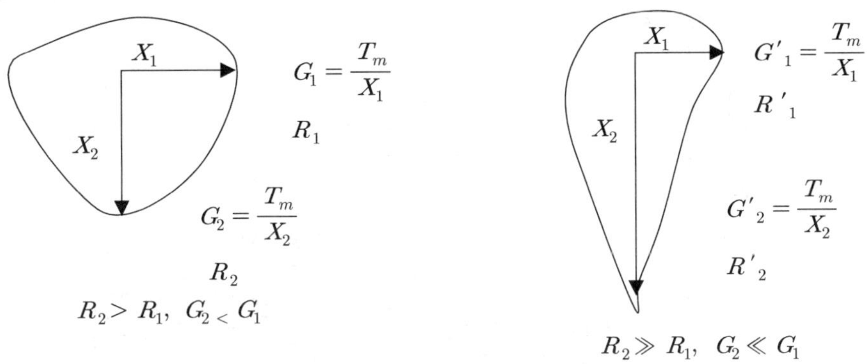

(a) 높은 입열(낮은 용접속도) (b) 낮은 입열(높은 용접속도)

대입열 용접(큰 형상인자)일수록 용융선에서 용접 후 중앙까지의 응고변수(용접부 온도 구배/응고속도 $=G/R$) 범위는 작고 용융선에서의 값도 작아서 용융선 부근의 영역에서부터 쉽게 수지상정이 발달하며, 초기부터 측면 암(arm)이 발달한 수지상정이 존재하므로써 용질들은 균일하게 배포되어 수지상 결정 영역의 사이사이에 편석이 생기게 된다.

소입열 용접부(낮은 형상인자)에서는 대입열 용접과 완전히 반대로 잡아 당겨진 듯한 방울(tear drop) 형태의 양상을 갖는다.

용융선에서 용접부 중앙까지의 응고변수 G/R는 대단히 크고 용융선에서의 응고변수 값도 크다. 따라서 용융 부위에 많은 양의 세포형 수지상정이 발달하고 또한 소입열로 인해 냉각속도가 빨라져 배제된 용액(rejected solute)이 측면확산(lateral diffusion)을 할 시간적 여유가 없으므로 수지상 암 공간(dendrite arm spacing)은 작아져 많은 양의 불순물은 용접부 중앙으로 내밀림을 당해 용접부 중앙에서는 많은 양의 불순물 집적현상이 나타나게 되며, 심하면 고온결함을 유발하게 된다.

주조에 비해 용접부의 수지상 암 공간은 매우 작아서 불순물 편석도가 작기 때문에 인성치가 크다. 또한 용접속도가 클수록 등축 결정의 영역은 커진다.

잡아 당겨진 듯한 방울이 더 심할 경우 용접부 중앙은 열축적 현상을 일으키며 낮은 온도구배 및 많은 불순물로 인해 등축형 수지상정이 만들어지고 이로 인해 등축형 수지상정 양옆에 둥그런 형태의 고온 결함이 발달한다.

그림 2.23 용질 원소량과 온도구배, 성장속도에 따른 결정의 성장

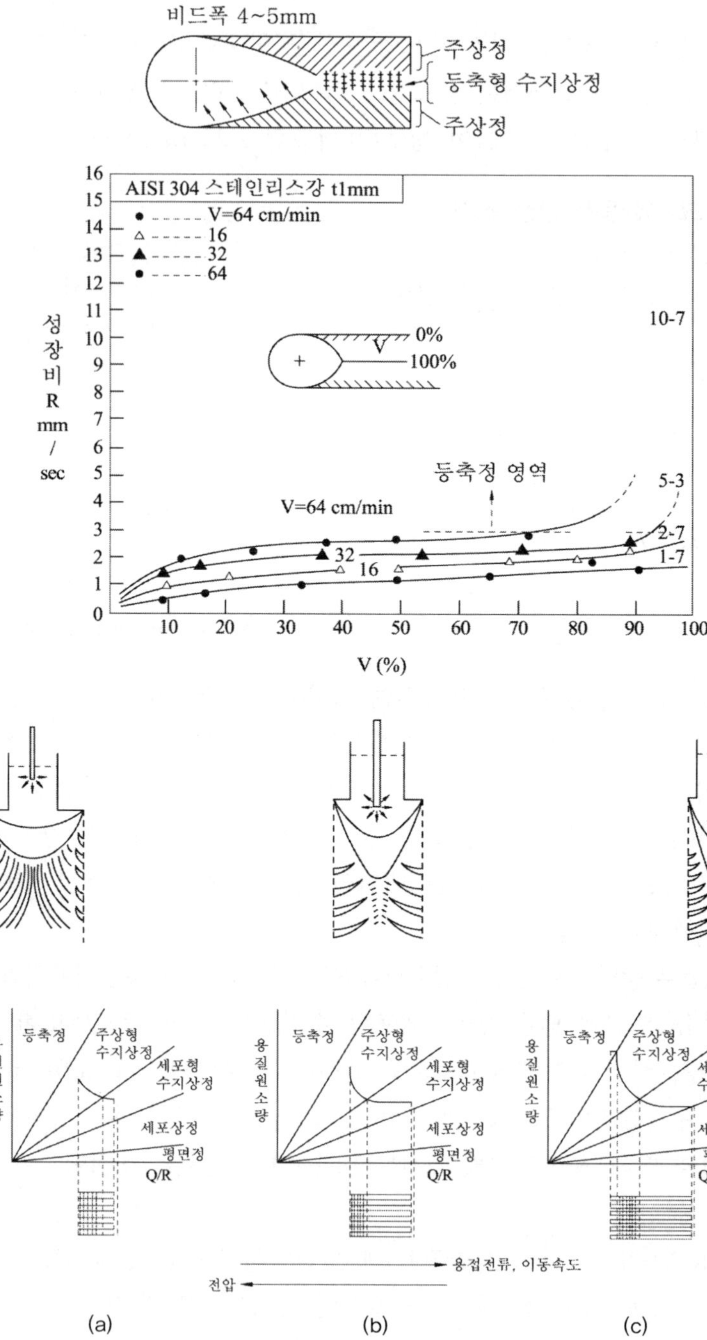

[그림 2.23]은 용질 원소량과 온도구배, 결정 성장속도에 따른 각종 결정의 생성과 성장에 대해 나타낸 것이다. 동일한 조건에서 G/R비가 낮고 용질 원소량이 크면 등축정을, G/R비가 높고 용질 원소량이 낮은 경우는 평면정이 생성된다는 것을 알 수 있으며, 그림 (a)와 같이 전류와 용접속도가 낮은 경우는 비드폭은 넓고, 주상형 수지상정이 더 많이 형성되며, 세포형 수지상정도 조금 생성됨을 알 수 있으며, (b)의 경우 전류와 용접속도가 중간인 경우 세포형 수지상정이 더 많이 생성되고 주상형 수지상정도 일부 생성됨을 알 수 있다. (c)의 경우 용접전류와 용접속도가 큰 경우이며, 비드폭이 좁고, 세포형 수지상정이 많이 나오면서 세포형 수지상정도 어느 정도 생성되고 약간의 등축정도 생성되는 것을 알 수 있다.

이와같이 응고조직은 온도구배 G, 결정립 성장속도 R 및 용질 원소량 C_O에 좌우되는데 주목할 사항은 세포형 수지상에서 주상형 수지상으로 전환이 형상인자가 큰 용접부에서 더 빠르게 발생한다는 것인데 이를 실행키 위해 같은 용접속도이나 다른 형상인자를 가지는 두 용접부에 대해 다음 몇 가지의 간단한 수학적인 전개식을 보면 확실하게 구분할 수 있다.(그림 2.24 참조)

$V_{W1} = V_{W2} = V_W$

$(ff)1 > (ff)2, \quad \theta_1 < \theta_2,$

(V_W : 용접속도, ff : 형상인자,

θ : 최대온도구배와 용접방향과의 각도)

또한,

$R_1 = V_W \cos\theta_1$,

$R_2 = V_W \cos\theta_2$ 이므로

$R_1 > R_2$

그림 2.24 용접속도와 최대 온도구배, 용접 방향과의 각도관계

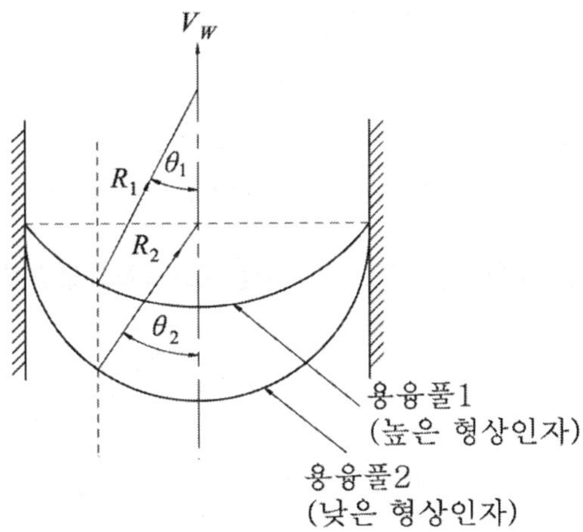

[그림 2.25]와 같이 입열량이 클수록 형상인자가 클수록 수지상 암 공간 d는 커지므로 $d_1 > d_2$ 관계가 있고, d와 냉각속도 GR와의 관계는

$d = A/(GR)^n$ 이므로

$A = d_1(G_1R_1)^n = d_2(G_2R_2)^n$

따라서 $G_1 < G_2$ 및

$G_1/R_1 < G_2R_2$ 가 되므로 형상인자가 큰 용접부, 다시 말하면 입열량이 클수록 주상형 수지상정으로 쉽게 전환됨을 알 수 있다.

그림 2.25 ff 크기와 수지상 암 공간의 크기 변화 비교

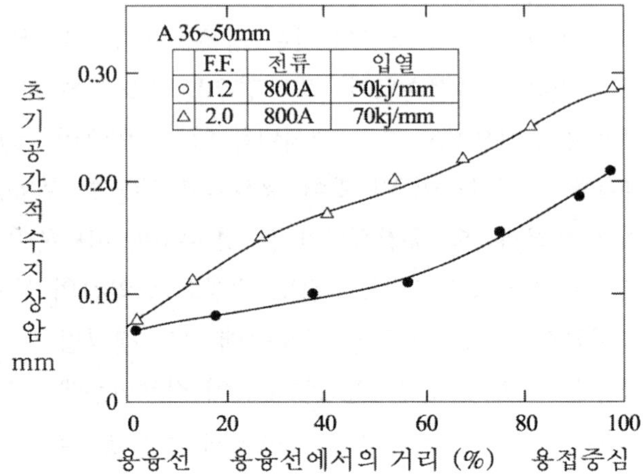

세포 조직 및 수지상 조직간의 불순물 편석 차이에서 보듯이 측면 arm이 많은 수지상 조직에서 경계부에 많은 불순물 편석이 나타남을 볼 수 있다.(그림 2.26 참조)

그림 2.26 세포 및 수지상 조직간의 불순물 편석 차이

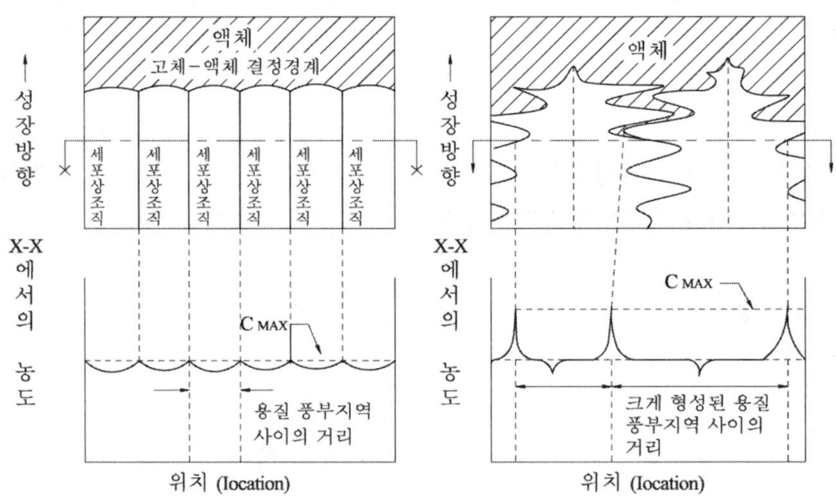

라. 수지상 암(arm) 공간

1) 수지상 암 공간의 편석도

불순물 편석과 수지상 암 공간과는 용접부의 균질화 측면에서 밀접한 관계를 갖고 있다.

지수 함수적으로 냉각속도 GR가 증가할수록 수지상 암 공간은 감소하며, 국부적 응고시간 tf이 감소할수록 수지상 암 공간 또한 감소한다.

$$d = f(\frac{1}{GR})^n$$

1차 수지상 암 공간 d의 경우 지수 n는 약 1/2이며, 2차 수지상 암 공간 d의 경우 1/2~1/3 범위이므로 위 식을 다시 표현하면 다음과 같다.

$$d = f[\frac{x}{T_m(V\cos\theta)}]^n$$

$$= f[\frac{H^{1/3}}{(V\cos\theta)}]^n = f(T_f)^{1/2}$$

$$t_f(\text{응고시간}) = \frac{LH \neq t}{2\pi k\rho C(T_m - T_0)^2}$$

(t_f : 어느 한 점이 응고가 시작되어 끝나는데 까지의 시간, L : 용융열 J/mm^2)

용접부는 주위의 차가운 모재와 잘 접촉하므로 응고시간은 수초 밖에 안걸린다. 그러나 잉고트(ingot)는 주형과 접촉하기 때문에 응고시간이 수분이나 걸린다. 즉 용접부에 입열량과 응고시간이 클수록, 용접속도 및 용융온도가 작을수록 수지상 암 공간 d은 커진다.

그러나, 아직까지 합금량의 영향이나, 용융풀의 흐름에 대한 수지상 암 공간의 영향에 대해서는 확실하게 정립된 학설이 없는 상태이다.

강과 알루미늄에 같은 입열을 주었을 때 강에서 더 미세한 수지상 암 공간을 볼 수 있는데, 이것은 알루미늄보다 강이 용융점이 높고 열전도도가 작아 온도구배에 차가 많기 때문이다.

불순물 편석도(degree of segregation)를 결정하는 것으로써 수지상 암 공간이 미세하고 평형 분배지수(equilibrium partition coefficient, K)가 높으며 용질의 양 C_O이 작을수록 불순물 편석도는 작으며, 그 반대일 경우에는 불순물 편석도가 크게 된다.

2) 용접부 편석의 구분

용접부 편석을 대분류하면 거시적(macro) 편석과 미세(micro) 편석, 주름형(ripple) 편석으로 구분한다.

(1) 거시적 편석

일반적으로 거시적 편석은 아크를 끊은 크레이터 부분이나 아크 점 및 점 용접부 등에는 잉고트의 응고와 마찬가지로 많이 나타난다. 특히 철강에서는 크레이터 중심부 등에 황의 편석이 나타나며, 이 황의 편석 때문에 크레이터에 고온균열이 발생하는 경우가 있다. 그러나 용융지 내는 이동열원에 의한 교반이 충분히 행해지기 때문에 거시적 편석 발생이 적다.

(2) 미세 편석

미세 편석은 저속도 용접부에서는 용접부 중앙부에서 용접방향으로 수지상정이 성장하며, 편석의 입계도 용접방향과 평행한다. 고속 용접부에서는 용접부 중앙에서 수지상정이 충돌하여 합쳐지며, 용접부 중앙에 편석이 일직선상으로 나란하게 된다. 따라서 저융점의 액막이 응고 최종단계까지 여기에 남게 되며, 응고 중에 인장변형이 가해지는 경우 저항력이 약하기 때문에 균열이 일어나기 쉬운 문제가 발생할 수 있다.

(3) 주름(ripple)형 편석

용접 주름(ripple) 편석은 기공이나 가스로 되는 용질원자의 방출에 관계가 있는 것으로, 용접 비드에 모이는 비드파의 발생과 더불어 불연속 응고에 의한 성분 변화이며, 이 주름선에 따라 다량으로 미세한 기공이 집중되어 발생한다.

마. 수지상정 방향전환 및 핵 재생성

1) 수지상정의 방향전환에 미치는 인자

결정의 성장은 등방성(isotropic)이며, 수지상정은 사방 결정체의 경우 기본 성장 방향인 <100> 방향 및 최대 온도구배 백터를 따라 성장하지만, 용접 중 최대 온도구배 백터는 열원이 움직임에 따라 연속적으로 방향이 바뀌게 된다. 따라서 수지상정 역시 최대 온도구배 백터를 따라 성장 방향을 바꾸게 되는데 이 변화된 최대 온도구배 및 또 다른 <100> 방향을 선택하기 위하여 수지상정 방향 전환(dendrite reorientation) 및 핵 재생성(renucleation)이 필요하다.(그림 2.27 참조)

그림 2.27 수지상정의 방향 전환

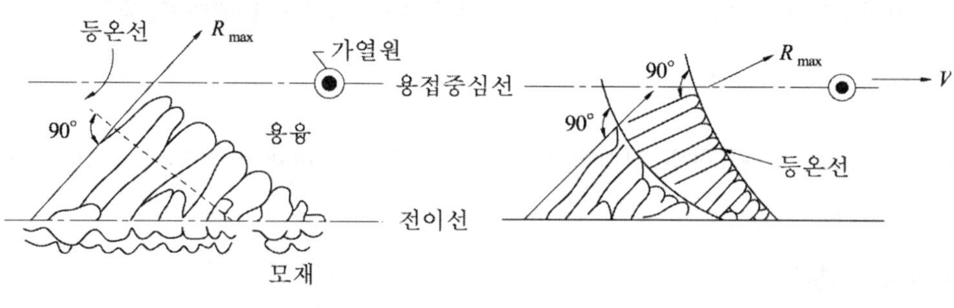

수지상정의 성장 방향 전환 및 핵 재생성에 영향을 주는 중요한 인자는 최대 온도구배 백터의 방향 및 정도, 용질 밴드, 조성적 과냉량 및 용접부 내의 산소량, 용융지 교반(molten pool stirring), 용융지 모양(형상인자), 수지상정의 기본 결정립 방향 등이다.

2) 방향전환 및 핵 재생성 기구

(1) 수지상정의 굽힘(bending) : 직접 굽힘, 수지상정의 부분적 재용해(dendrite partial remelting)
(2) 수지상정의 돌기 곡선(dendrite curving)
(3) 핵의 재생성(renucleation) : 수지상정의 분열(dendrite fragments) 및 혼입(inclusions)
(4) 2차적인 발달과 제3의 수지상 암(tertiary dendrite arms)

3) 용융지(molten pool)의 이동과 방향 전환 요소

용융 풀의 이동에 따라 수지상정들은 다음의 요인에 의해 최대온도구배 백터를 따라 그 방향을 전환하게 된다.

(1) 용질의 띠(solute band)가 있을 때 : 수지상정의 성장방향 전환을 위하여 용질의 band가 많은 영향을 주며, 용질의 휩에서 발생하는 몇 가지 현상들은 뒤틀림(kink) 거동에 의한 수지상정의 휨, 수지상정의 부분 혹은 완전 재용해, 수지상정의 새로운 핵 생성 등이 있다.

(2) 용질의 띠가 없거나 약할 때 : 용융지의 과격한 교반(stirring)으로 수지상정을 후크(hook) 모양으로 발달시키거나 수지상정의 기본 성장방향과 최대 온도구배 백터간의 차가 클 경우 제3차 수지상 암들을 발달시키게 된다.(그림 2.28 참조)

① 용질 band에 의한 수지상정 암의 성장
② 직립 수지상정 암의 휨
③ 수지상 암 재용해에 의한 분할(partial)
④ 주상형 수지상 암의 재용해(remelting)
⑤ 새로운 수지상정 핵 재생성
⑥ 수지상정 형태(morphology)의 변화

그림 2.28 용질 band에 의한 수지상정의 변화의 예

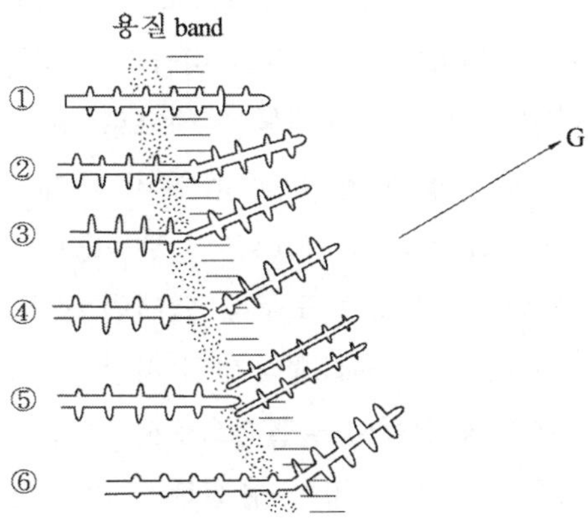

4) 용질 띠(Solute band)의 특징

용질 band란 응고속도의 주기적인 변화로 용융지 내에서 용질의 불균일한 혼합에 의하여 만들어지며, 용접시 많이 발생하는 것으로써 수지상정의 성장 방향 전환 및 핵 재생성에 용질 band가 많은 영향을 준다. 용질 띠에서 수지상정의 몇 가지 특성은 다음과 같다.

(1) 뒤틀림(kink)의 거동에 의한 수지상정의 휨

(2) 수지상정의 부분 혹은 완전 용해

(3) 수지상정의 핵 재생성

(4) 수지상정 형태의 변화

수지상정 사이의 거리 역시 용질 band에서 변화가 일어나는데 수지상정은 특히 용질 풍부층을 지날 때 수지상정 사이의 거리가 적다. 이는 용질 band 중 용질 풍부지역에 국부적으로 평형액상 온도가 떨어져 수지상정의 재용해가 발생하기 쉽고 많은 산화 개재물들이 편석되어 국부적인 조성적 과냉이 일어난다는 점에서 용질 밴드 지역은 새로운 수지상정을 형성시킬 수 있는 가장 적합한 장소가 되기 때문이다. 따라서 이 지역에서 생존한 새로운 핵들은 쉽게 방향을 전환하여 성장할 수 있게 되며, 이 지역에 좁은 수지상정간 거리를 만들게 되는 원인이 된다. 핵 재생성을 촉진시키는 3가지 요소는 충분한 과냉, 접종재, 개재물과 같은 핵 생성제 및 수지상정 배율(multiplication)과 같은 동적인 것으로 나뉘게 된다.

$$I = I_O(N - N_O)\exp - \frac{U}{(\Delta T)^2}$$

(I : 핵 생성율, N : 핵 생성총수, N_O : 이미 생성된 핵의 수, ΔT : 과냉)

핵 생성을 위한 과냉으로서는 희귀재료(La, Ce, Nd, Pt)가 3℃, Al_2O_3, 14℃, SiO_2가 30℃, MnO가 53℃로서 비금속 개재물의 경우 대부분 복합 산화물이므로 대략 30℃ 정도의 과냉이 있어야 개재물을 핵으로 성장할 수 있게 된다.

수지상정이 용질 고갈 무리 내에서 낚시 바늘 모양으로 용접 방향을 따라 구부러지는 현상(dendrite curving)은 국부적으로 발생한 심한 소용돌이가 수지상정에 연속적으로 응력을 줌으로써 최대 온도구배 백터인 용접 진행방향을 따라 곡선이 발생하기 때문이다.

최대 온도구배 백터가 수지상정의 기본 성장 방향인 <100> 방향과 아주 다를 때 제3의 수지상정 암들이 발달함으로서 수지상정이 성장 방향 전환을 일으킨다. 이는 주로 용질 휨이 약하거나 거의 없는 용접부 중앙부위에서 발달한다.

5) 용질 band에서의 방향전환 및 핵 재생성

막 응고가 시작한 수지상정은 마치 어린아이의 뼈와 같이 힘이 없고 부드러워 약간의 외력이 작용하여도 쉽게 구부러질 수 있다. 그러나 본래 방향과 θ각도가 20°를 넘을 경우는 수지상정은 부러진다.(그림 2.29 참조)

그림 2.29 **용질 band에서의 방향 전환 및 핵 재생성의 예**

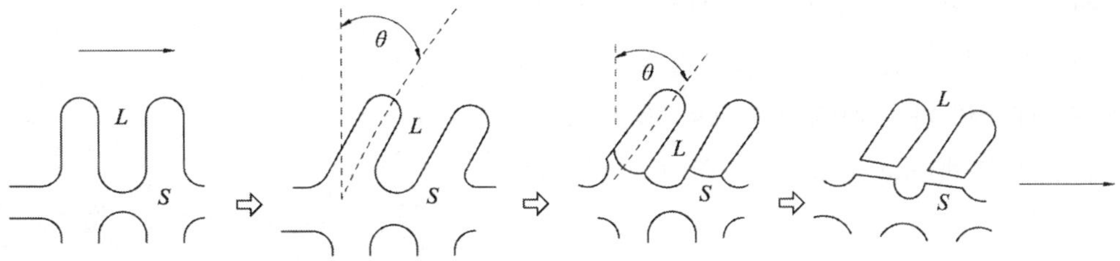

[그림 2.30]은 용질 band에서의 수지상정의 방향전환 및 핵의 재생성에 대한 현미경 사진을 나타낸 것이다.

그림 2.30 **용질 band에서의 수지상정의 방향 전환 및 재핵성에 대한 현미경 사진의 예**

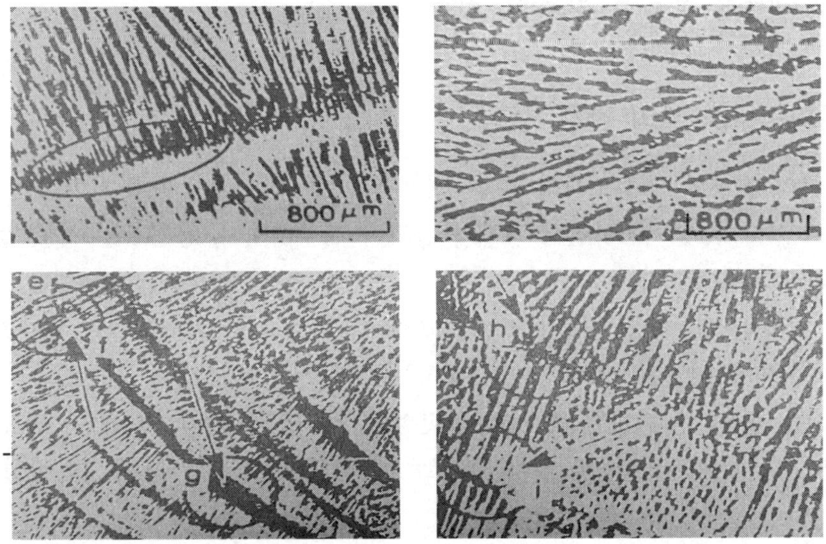

(1) 성장 방향과 온도구배가 다를 때 제2, 3의 암 발생

수지상정의 기본 성장 방향과 최대 온도구배 백터가 다를 때 수지상정은 나아갈 방향을 잃게 된다. 외력이나 용질 band가 존재하면 외력의 힘이나 조성적 과냉과 펄스형의 힘을 얻어 방향전환 및 핵 재생성을 하겠으나 이러한 외력이 없을 때는 제2, 제3의 측면 arm이 발달할 수 밖에 없다.

(2) 수지상정의 곡선

용접부는 주괴(ingot)보다 더 동적인 응고가 일어나므로 심한 교반 현상이 일어난다.

따라서 힘이 없고 부드러운 수지상정은 연속적인 외력에 의하여 계속적으로 힘을 받아 구부러지게 된다. 주괴 주조시 전자 유도 방식에 의한 교반을 강재로 유도할 때 교반 집중

지역에서 수지상정 곡선이 발생하는 것이 보였는데, 이것은 용융풀 흐름과 반대방향으로 수지상정이 발달하며, 형상인자가 큰 용접부일수록 최대온도구배 백터가 수시로 변하므로 많은 방향전환 및 재핵생성(renucleation)을 하게 된다.(그림 2.31 참조)

용융풀의 주기적인 변동으로 주기적으로 용융풀 속으로 용융 모재가 들어간다.

그림 2.31 형상 인자별 비드의 형태

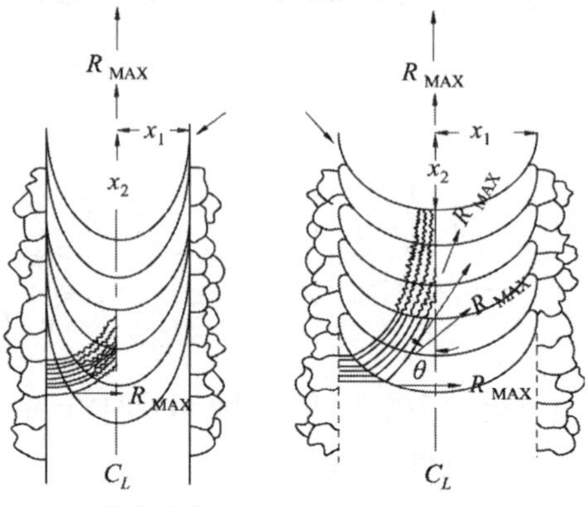

(a) 형상인자=1.0 (b) 형상인자=2.0

4 용접부의 주상정 발생과 성장

가. 본드(bond)부의 결정 성장

용접에서의 본드부는 주조시의 주형 벽에서의 응고와 유사하나 차이점은 용접에서는 순간적으로 응고하고, 이동하면서 용해와 응고가 이루어지며, 용접부는 적층 성장(epitaxial growth)을 한다는 것이다.

용접에서 적층 성장이란 하나의 결정 표면에 다른 결정이 일정한 결합 관계를 가지며 성장하여 얇은 막을 만드는 것과 같이 성장하는 것을 말한다.

주조에서는 용융금속과 주형 벽 사이에 결정핵 생성시 급랭층(chill 층)이 생기지만 용접의 경우는 본드의 미용융 결정립이 핵이 되므로 보통의 본드에서는 새로운 핵 발생은 일어나지 않는다.

나. 용접 비드의 결정립 성장

[그림 2.32]와 같이 용접 비드의 결정립은 모재와의 경계부(A)에서 성장하기 시작하여 화살표 방향으로 용접선에 직각 방향으로 성장한다.

이러한 성장 속도를 계산에 의해 표시하면 다음과 같다.

그림 2.32 용접부의 결정립 성장

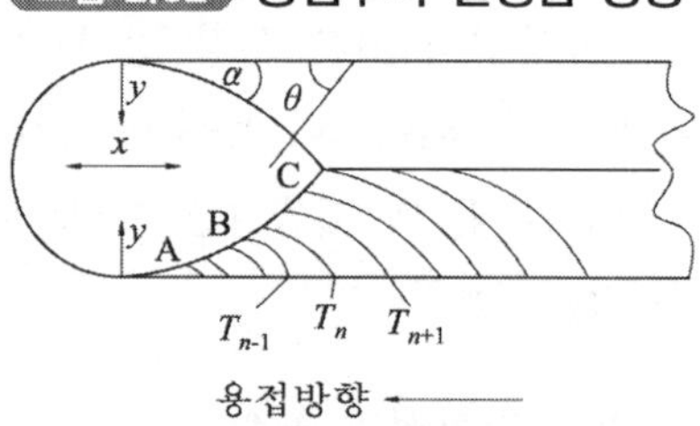

$$R_n = v \cdot \sin\alpha = v \cdot \cos\theta$$

(R_n : 결정의 성장속도, v : 용접속도, θ : 용융 경계선에 대한 법선과 용접선이 이루는 각도)

그림에서 용접부 A는 위의 식과 같이 $\theta \fallingdotseq 90°$ 이므로 $R_A = 0$, 즉 결정립의 성장은 거의 생기지 않는다.

용접 비드의 중앙 C점에서는 $0 < \theta < 90°$ 이므로 $R_C < v$ 이므로 용접 비드의 중앙으로 갈수록 결정립의 성장속도는 증가하게 되며, 용접속도가 빠를 경우는 [그림 2.33]의 b 부분과 같이 용접 비드 중앙부에 등축정역이 생긴다.

그림 2.33 용접 비드 결정립의 성장 모드의 예(용접속도 빠를 경우)

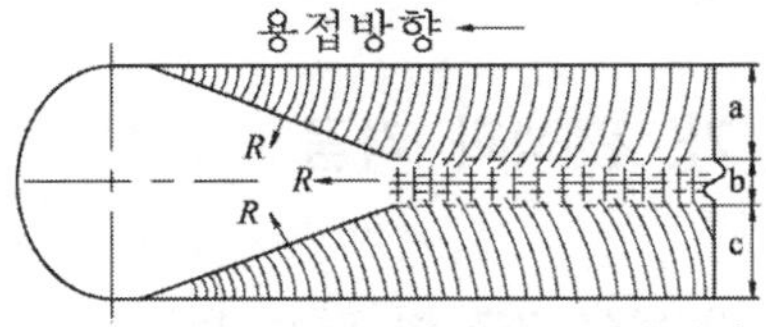

a, c : 주상정역 b : 등축정역

다. 등축정의 생성

용접에서 실질적으로 등축정이 생성되는 조건으로는 기계적인 진동이 발생할 경우 핵 생성 범위가 넓어지고, 결정립이 미세화되며, 합금 원소를 첨가하면 미세립의 생성이 더 쉬워진다.

이때 등축정 내에 미소 균열이 생성하는 경우도 있으며, 스테인리스강 등에서는 가로 균열 발생이 쉽게 되며, 저합금강 등에서는 등축정에 의해 세로 균열의 진전이 억제된다.

등축정의 용접 비드는 방향성이 없으므로 대체로 균일한 기계적 성질을 나타낸다.

라. 판 두께에 따른 결정립의 생성과 성장

(1) 박판 용접시 결정립의 성장속도 : 결정립의 성장속도는 본드부에서 용접비드 중심에 가까울수록 증가하고, 중심선에서는 용접속도와 거의 같게 되며, 입열량이 일정하면 용접속도에 비례한다. 용접속도가 일정하면 입열량의 대소에 따라 성장속도는 균일화 경향을 보인다.

(2) 후판 용접 비드의 주상 결정 : 용접속도가 빠를수록, 용접 비드가 두꺼울수록 주상 결정은 직립하는 경향이 있으며, 용접속도가 느리거나 용접비드 두께가 얇을수록 용접방향으로 굽는 경향이 있다. 또한 온도 확산율이 작은 오스테나이트계 스테인리스강 등은 주상 결정립이 직립하는 경향이 있으며, 온도 확산율이 큰 알루미늄의 경우는 수평방향에 가깝게 되는 경향이 있다.

5 용접 조직의 편석, 기공 생성

가. 편석과 기공

1) 용접 조직의 편석 생성

편석이란 용질원자의 분포상태의 다름, 즉 합금을 위해 순금속 중에 다른 원소를 첨가할 경우 비중이나 용융점 등이 다르기 때문에 응고 중에 용융점이 높은 금속이 먼저 응고할 것이며, 용융점이 낮은 금속이나 비금속 개재물 등은 나중에 응고하게 되며, 한쪽으로 편중되는 현상이 생길 수 있는데 이 현상을 말한다.(그림 2.34 참조)

용착금속에 편석이 생기기 쉬운 금속(철강 중의 Cr, Ni, 알루미늄 합금 중의 Zn, Mg, Ti 합금 중의 Al 등)의 첨가시 편석이 생기기 쉬우므로 주의가 필요하다. 이러한 편석은 용접부의 기공 생성에 큰 영향을 주며, 편석층에 따라서 생기기 쉽다.

결정립의 편석 방지법은 용접 시공시 용접 비드의 파(ripple)를 적게 할 수 있는 방안(용접기, 용접법 개선 또는 용접 중의 진동 효과 활용 등)을 강구해야 되며, 기계적 성질이나 내식성 등 화학적 성질 개선을 위해 용접봉 등에 이러한 원소를 첨가하여 사용할 경우에는 특히 주의해야 된다.

그림 2.34 편석과 기공

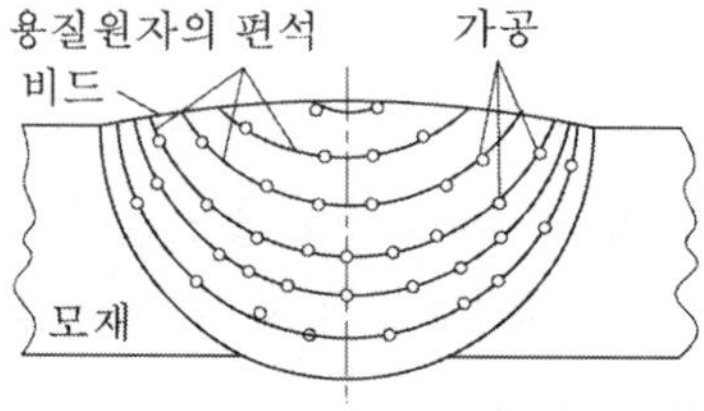

(a) 횡단면

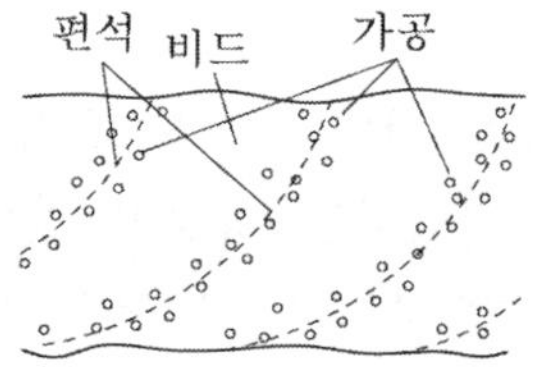

(b) 종단면

[그림 2.35]와 같이 용접 중에도 용융지 내의 용융금속이 어떤 성장 속도로 이동하고 있는 경계면에서 어떤 이유로 성장 속도가 증가하거나 감소하게 되며 그에 따라 응고 경계면의 용질원자의 분포가 다양하게 변화하게 되고, 또한 여러가지 원인으로 요동하게 되므로 응고 경계면의 성장속도에서도 주름(층, ripple)이 생기게 된다.

그림 2.35 성장 속도와 용질의 변화

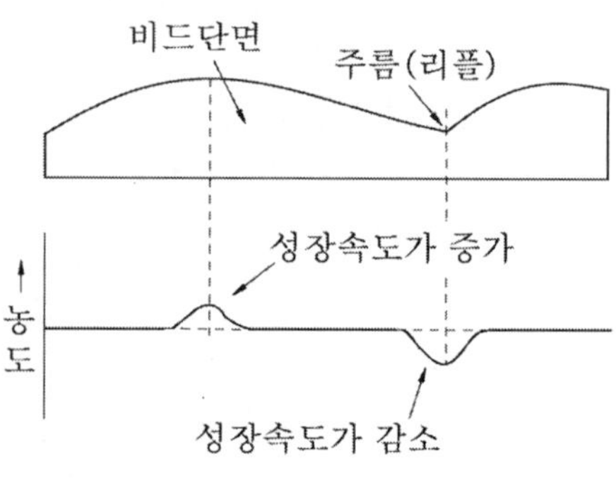

이러한 이유는 성장속도가 갑자기 증가하면 용질의 확산시간이 없어 국부적으로 용질 풍부지역이 생기게 되며, 수지상정 팁 사이에서의 유체역학적인 유체 유입(hydrodynamic votex)으로 움푹 들어간 부위에서 소용돌이가 발생하여 용질의 축적이 생기게 되므로 응고 경계면에 주름이 생기는 것이다. 이러한 결과에서 보면 용융지의 응고는 연속적이 아니고 단속적으로 생긴다는 것을 알 수 있다.

2) 응고 조직 내에 기공의 생성

기공은 주로 편석 층에 따라서 생기기 쉬우며, 이 편석 층에서는 결정립의 성장속도가 급증하기 때문에 편석은 기공 생성에 큰 영향을 미친다고 할 수 있다.

용접시공시에 용접 비드의 파형이 작아지도록 용접법 및 용접기 등의 개선이 필요하며, 용접 중에 진동효과를 주는 등 용접방법의 연구가 필요하다.

6 용융금속의 결정립 미세화

가. 결정립 미세화의 필요성

용융금속의 결정립의 미세화는 균일한 등축정(입방정, equiaxed) 조직의 발달이나 이방성 방지, 불순물 편석 및 응고 균열 방지, 용접부의 강도 및 인성의 증가 등의 측면에서 매우 중요한 부분이며, 미세화된 응고 조직은 변태 후의 페라이트도 역시 미세하게 된다.

나. 결정립 미세화 방법

결정립의 미세화 방법에는 여러가지가 있으나 가장 보편적인 방법이 용융금속에 진동(요동)을 주거나, 합금 원소나, 접종물 첨가(불균질 핵 생성물의 핵을 첨가)와 용융풀 표면의 핵 생성, 수지상 암의 재용융 등이 효과가 있다.

진동 방법에는 초음파 진동, 아크 진동, 자기 진동 등이 있다. 용융금속에 진동법의 적용은 결정의 미세화뿐만 아니라 기공 방지, 용접 균열이나 잔류응력 발생 방지에도 효과가 있다.

1) 용융금속에 진동을 주는 방법

(1) 초음파 진동법 : 용융지에 냉간 상태의 와이어를 송급하고 이것을 사이에 두고 초음파로 진동을 주는 방법과, 용접물 자체에 직접 진동을 주는 방법이 있으며, SAW 및 ESW에 사용되는 경우가 있다.

(2) 아크 진동법 : 전극 이동에 의해 아크 압력을 변화시키며 응고면의 파단을 고려한 것이다. 용접선에 직각으로 15Hz, 약 5mm의 아크 운동으로 비드 외관과 아크의 안정성 및 용접부의 성질이 개선된다.

TIG 및 SAW, ESW 등에 5Hz, 3~5mm의 전극 진동이 사용되는 경우가 있다. 이때 토치 진동의 주파수 및 진폭, 용접 입열의 선정이 필요하고, 박판에 적용하면 효과적이며 아크길이는 가능한 한 짧은 것이 좋다.

2) 합금 원소 등 접종물 첨가법

용융지에 탄화물, 질화물 등의 불균질핵 생성물을 첨가하는 방법으로, 첨가 원소 등에 의해 용융액 중에서 미세한 고상 석출을 일으켜 결정립을 미세화하는 방법으로, 접종물의 크기가 미립이며, 석출시 용융액과의 접촉각이 작을수록 효과적이다. 따라서 적당한 첨가 원소는 Al, Ti, V, Cr 등이 유용하다.

그러나 용접부에서 용융지의 온도가 높을 경우 특히 아크 부근에서는 첨가물의 보호에 대해 충분히 고려해야 된다.

용융지 내에서 접종물의 공급 위치는 비드 중앙의 응고계면 부근이 가장 효과적이며, 입열이 커지면 효과가 적다.

3) 보호가스 취입에 의한 법

보호가스에 질소를 혼입하면 Al 등에서는 AlN이 생성하게 되는데 이것이 용접부의 결정을 미세화시킨다. 또한 아르곤 가스를 용융지에 취입시켜 표면을 급랭하여 표면에 핵 생성을 행한다. 이 방법은 박판에 대해서만 유효하며 두께 5mm 이상에서는 효과가 적다.

4) 자기장 등에 의한 용융지 교반법

용접 토치 주위에 코일을 감은 뒤 자화 전류를 통하면 용접전류와 자속 사이에 전자력이 생겨 용융금속이 회전하게 되며, 자장을 작동시켜 용융지 내의 용융금속을 교반하고 이에 의해 수지상정의 암(arm)을 파단시켜 미세화하는 법이다. 자장은 비드 형태를 파괴하지 않는 범위에서 강하게 하는 편이 좋으며, 주파수는 수Hz 정도가 가장 효과적이다.

5) 기타

그 외에도 풍압법, 응고 직후 가압하여 주조 조직을 파괴시켜 미세화하는 방법 등이 있다.

다. 등축형 수지상정의 발달

등축형 수지상정의 발달 기구로서는 조성적 과냉과 같은 불균질한 핵의 생성을 들 수 있으며, 우주폭발 생성(big-bang) 이론에 의하면 주형의 차가운 벽에 닿은 액체로부터 핵 생성이 일어나며 대류에 의하여 용융풀 전체로 퍼지면서 용융풀 표면에서 핵 생성 후 소나기처럼 밑으로 떨어지며, 수지상 조직의 분열파괴(fragmentation)에 의한 증식(multiplication)이 일어난다. 용접에서의 등축형 수지상정 형성 기구는 다음과 같다.(그림 2.36 참조)

(1) 수지상 조직의 분열파괴(dendrite fragmentation)

(2) 결정의 분리(grain detachment)

(3) 조성적 과냉과 같은 불균질(heterogeneous) 핵 생성

그림 2.36 용접부에서의 등축형 수지상정 형성 기구

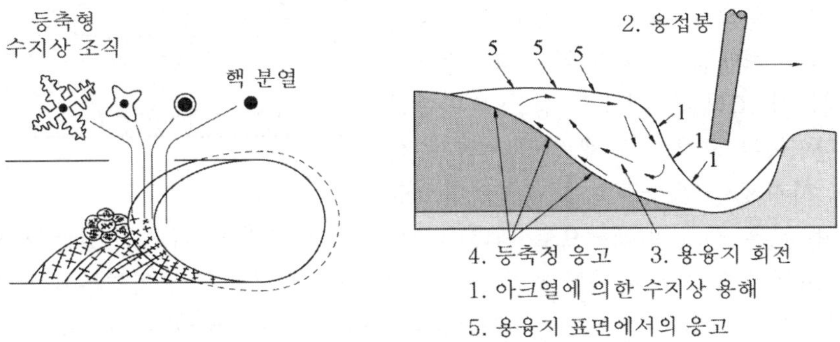

제2절 | 각종 금속의 용접부 조직

1 용접부 조직의 개요

가. 용착금속의 조직

일반적으로 용접부에서 용융금속이 응고하는 경우는 모재와 용융지 경계선에서 결정핵이 생기고 이 핵 주위에 용융금속이 정출하여 결정이 성장하게 되며, 용융금속 내의 온도 분포가 균일할 경우 결정핵도 일반적으로 균일하게 분산하여 발생하고 그 후에 결정은 각각의 핵의 특정 결정 방향으로 성장하게 되는데 이런 경우는 대형 주조 강괴의 중심부에 나타나는 자유정(自由晶)과 같이 각 결정립은 일정한 방향성이 없다.

그러나 용접의 경우처럼 용융금속 내에 현저한 온도 구배(차)가 있을 경우는 결정핵은 결정경계부 등 저온도부에 많이 발생하여 중앙 용융지쪽으로 생성과 성장이 일어나게 되며 용접봉의 이동속도에 따라 순간순간 응고하고 냉각되며 적층 응고를 반복하게 된다.

아크용접의 경우 아크 바로 아래의 용융지(熔融池) 표면은 고온을 유지하고 있지만 용융지 밑부분, 즉 모재에 인접한 부분은 온도가 급격히 낮아지는 등 용융지와 밑부분, 표면부분 간에 현저한 온도구배가 생기므로 용융지 내의 결정핵은 대부분 모재 경계부에서 발생하고 급격한 냉각으로 인해 결정은 용융지 표면으로 향하여 성장하게 된다.

나. 용접부 단면

[그림 2.37. 2.38, 2.39]는 맞대기 용접부 단면의 모식도와 V형과 X형 맞대기 용접부 단면의 메크로 조직 단면 사진을 나타낸 것이며, 용착금속 주위에 연한 회색 부분은 열영향부로서 강에서는 보통 Ac_3 변태점 이상 가열된 후 냉각된 부분이기 때문에 조직 및 기계적 성질이 변화된 부분이며, 열영향부 좌우는 모재(원질부)의 조직이다. 조직 사진에서 용착금속의 중심방향으로 길쭉길쭉하게 검은 선과 백색선으로 나타낸 것은 주상 조직을 이루고 있는 용착금속이며, 용착금속과 모재의 경계부에 연한 회색 바탕으로 나타난 부분은 열영향부이며, 용착금속과 열영향부 사이의 진한 회색띠를 형성하고 있는 부분이 본드부(bond of weld)이다. 본드부는 반용융 상태를 포함한 응고 온도 범위로 가열된 곳과 그렇지 않은 부분의 경계를 말한다.

그림 2.37 용접부 단면의 모식도

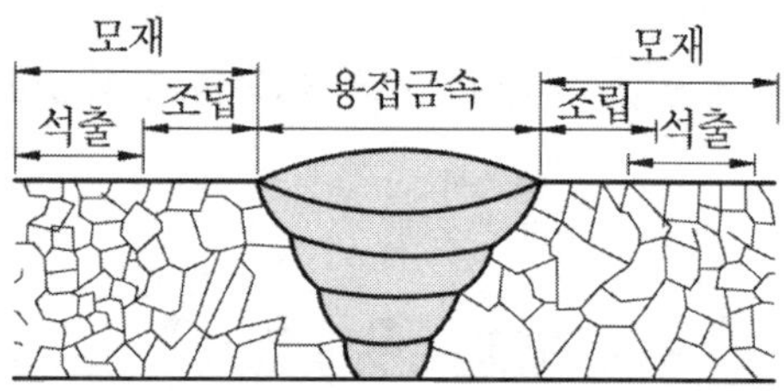

열영향부 가까이의 모재 부분은 어느 정도 가열된 후 냉각되었기 때문에 조직의 변화는 거의 없다해도 어느 정도 기계적 성질은 변화한 부분으로 광범위하게 해석한다면 이 부분까지 포함하여 열영향부라고 하는 경우도 있다.

그림 2.38 용접부 메크로 조직의 예

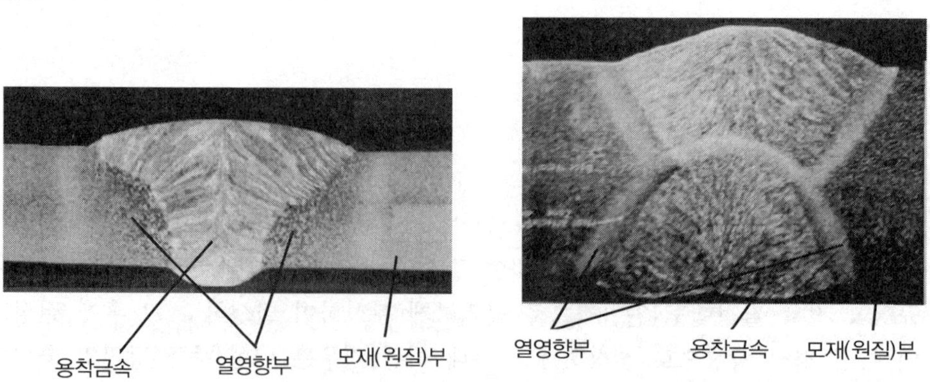

그림 2.39 **모재와 열영향부 조직의 예**

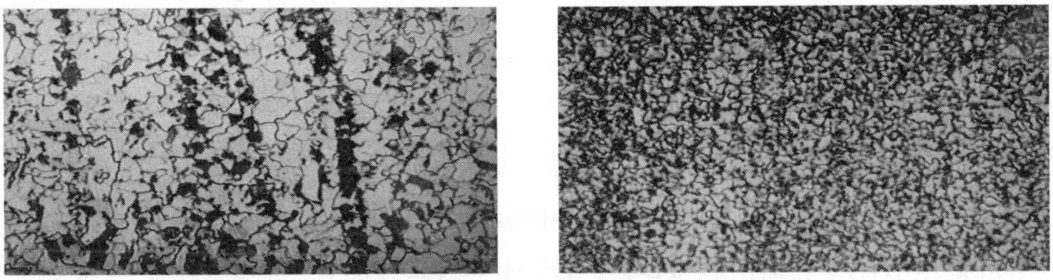

(a) 모재(원질부) (b) 열영향부

그림 2.40 **용접부 조직의 예**

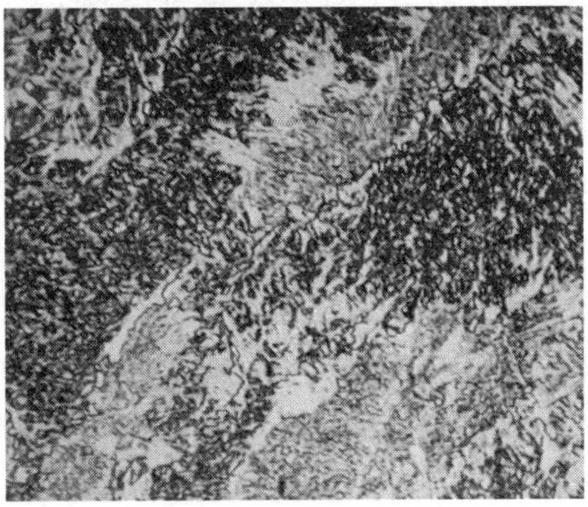

[그림 2.38]의 각 부분을 고배율로 확대한 조직 사진이 [그림 2.39, 2.40]이다. [그림 2.39 (a)]는 모재(원질부)의 조직으로 페라이트와 펄라이트 혼합 조직이며, [그림 2.39 (b)]는 대략 900~1100℃ 범위의 열영향부(HAZ) 조직 사진으로 결정립이 매우 미세하게 변태되었음을 알 수 있으며, 샤르피 충격 흡수 에너지 a.v는 100J 이상으로 나타났다. [그림 2.40]은 용접부 조직으로 인성이 우수한 침상 형태의 페라이트 조직이며 주상 조직 형태를 이루고 있으며, 결정경계 페라이트는 적게 생긴 것으로 보인다.

1) 탄소강의 단층과 다층 용착금속의 특징

단층 용접의 용착금속은 대체로 주상조직이 잘 발달한 부분으로 결정립이 조대하며, 결정의 성장 방향에 따른 방향성이 있으므로 충격치가 낮으며, 기계적 성질도 낮다.

이에 비해 다층 용접의 경우에는 이전 층의 비드가 다음 층의 용접시에 재가열되기 때문에 일정 온도 이상의 열영향을 받아 변태되면서 주상정이 소실되는 것이 보통이며, 주상 조직이 소실되어 조직이 미세화되면 기계적 성질도 향상된다.

강의 경우 주상 조직이 소실되는 임계온도는 A_3 변태점보다 20~30℃ 높다. 이것은 저탄소강을 단층 용접한 후 여러 열 사이클로 재가열하여 가열온도와 충격치 관계를 측정한 결과에서 나타났으며, 가열온도가 800℃를 넘으면 충격치가 증가하고, 900℃ 부근에서 최고값을 나타내었는데 이것은 재가열에 의해 주상 조직이 파괴되어 조직이 미세해진 때문이라 생각된다.

반면에 최고 가열온도가 500~600℃ 사이나, 1000℃ 이상에서 충격치가 저하하게 되는데 전자의 경우는 질소(N) 등에 의해 시효현상이 일어나기 때문이며, 후자의 경우는 과열에 의해 조직이 조립화되기 때문이라고 볼 수 있다.

2) 스테인리스강의 다층 용착금속의 경우

오스테나이트계 스테인리스강의 경우는 저탄소강의 경우와 달리 변태가 일어나지 않기 때문에 다층 용접을 하여도 주상 조직이 소실되지 않고 오히려 더 발달하게 되며, 조직의 미세화도 일어나지 않는다. 또한 다층 용접을 할 때 이전 층 비드의 주상정이 다음 층까지 연속하여 발달하는 경우가 있다.

일반적으로 저탄소강 용착금속의 주상정의 발달 방향은 용접 방향에 대하여 45° 이상 기울어지고 용접속도가 커질 경우 90°까지 되는 경우가 있지만 오스테나이트계 스테인리스강에서는 용접 방향에 대해 거의 수직 방향으로 주상정이 발달하는 것이 일반적이며, 니켈(Ni)의 함유량이 많을수록 이 현상이 현저해지며, 기계적 성질에 이방성이 생기게 된다.

이 이방성은 주상정 사이의 불순물이나 탄화물 등의 석출을 조장하여 조직의 기계적 성질을 더욱 악화시킬 수 있으므로 용접 중에 초음파 진동이나 공기 충격의 적용, 용접 직후 롤러 가공 등으로 용착금속의 주상정 파괴나 조직의 미세화가 필요하다.

주상정 발달의 경우 수지상정이 발달하는 것이지만 저탄소강의 경우는 주로 수지(樹枝) 부분이 발달하는데 비해 오스테나이트계 스테인리스강의 경우는 수간(樹幹) 쪽이 더 발달하는 경향이 있다.

2 탄소강 및 저합금강 용접부의 조직

가. 탄소강 용착금속의 조직 특성

저탄소강 용착금속의 조직은 대부분 페라이트이며, 다층 용접의 경우 미세 페라이트가 된다. 이 페라이트의 결정입도는 용접 조건에 따라서도 다르며, 합금 원소의 첨가에 따라서도 달라진다.

저탄소강의 결정입도 번호는 약 10 전후이며, 망간(Mn)이나 규소(Si) 등은 결정입도에 거의 영향을 미치지 않지만, 티탄(Ti)이나 알루미늄(Al) 등으로 탈산된 강에서는 약간 미세화되며 결정입도도 11 정도로 약간 높아진다.

탄소(C)의 첨가는 0.15%C에서 입도번호 11 정도이고, 0.35%C에서 12 정도이며, 탄소의 증가는 페라이트 외에 펄라이트를 안정시키나, 냉각 조건이 큰 단층 용착금속은 저탄소 마텐사이트나 베이나이트 조직이 생기는 경우가 있으며, 고탄소강의 경우 임계 냉각속도가 매우 작아져서 저탄소강의 용접 조건으로 용접할 경우 고탄소 마텐사이트의 생성이나 기타 결함 등이 발생하게 되므로 용접 전에 예열이나 용접 후에 후열처리하여 페라이트나 펄라이트 생성 범위의 냉각 조건으로 냉각속도의 조절이 필요하다.

그러나 냉각속도가 너무 느린 경우 조립화(粗粒化)가 되기 쉬우므로 용접 후 후열처리 등으로 뜨임이 필요할 경우도 있다.

나. 합금강 용착금속의 조직

1) 저합금강 용착금속 조직의 특성

담금질 경화성이 적은 저합금강의 경우는 저탄소강의 경우와 거의 유사하다. [그림 2.41]과 같이 CCT 곡선의 각 변태 곡선이 단시간쪽으로 형성되어 있으므로 용접 중에 Ar' 변태나 Ar'' 변태는 거의 생기지 않으므로 조직은 페라이트, 펄라이트 및 베이나이트가 생기며, 실용 저합금강의 경우는 탄소 함유량이 매우 적으므로 용접한 그대로의 조직은 페라이트이며 극히 소량의 펄라이트가 보일 정도이다.

니켈을 소량 첨가해도 탄소량이 적으므로 임계 냉각속도가 커서 조직은 페라이트와 펄라이트이다. 그러나 니켈을 첨가하면 공석점이 저탄소쪽으로 이동하기 때문에 펄라이트 조직의 양은 증가하며, 용접 후 응력제거 풀림을 하지만 용접한 그대로와의 차이는 크게 나타나지 않는다.

2) 고합금강 용착금속 조직의 특성

담금질 경화성이 큰 원소(예 : 0.1%C-5.5%Cr-0.6%Mo강)를 증가시키면 TTT 곡선은 장시간쪽으로 이동하므로 일반적인 용접조건으로 용접할 경우에도 Ar' 변태나 Ar'' 변태가 쉽게 일어나 경화하게 되며 용접한 그대로의 조직은 고탄소강의 경우와 같이 대부분 마텐사이트나 베이나이트 조직으로 되므로 고탄소강을 용접할 경우와 같이 용접 후에 뜨임 등의 열처리를 하여 페라이트와 펄라이트 조직으로 만들어야 된다.(그림 2.42 참조)

그림 2.41 고장력 Mn강의 CCT도

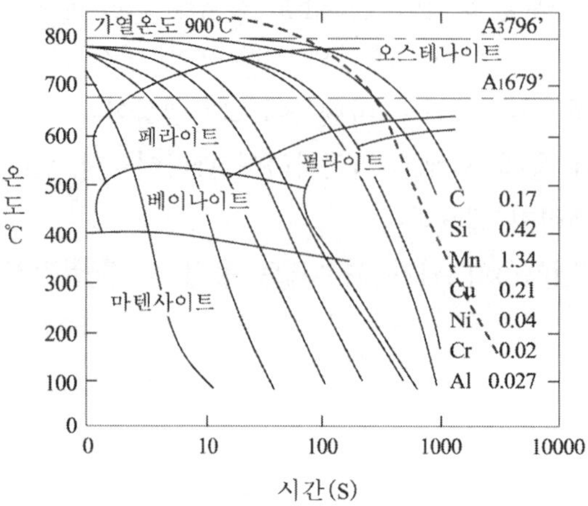

그림 2.42 0.1%%C-5.5%Cr-0.6%Mo강의 TTT

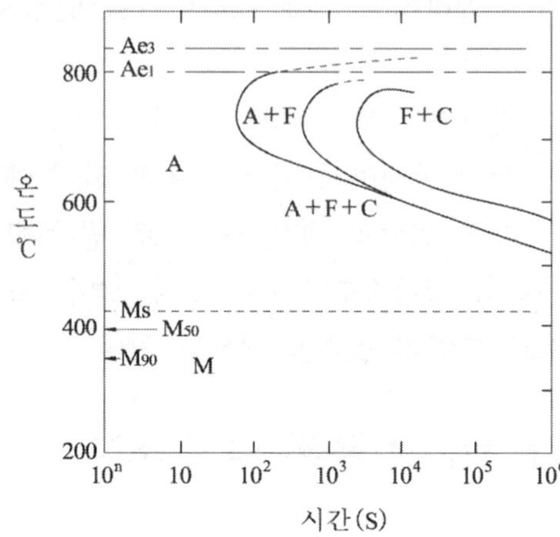

3 스테인리스강 용접부의 조직

가. Cr계 스테인리스강 용착금속 조직의 특성

Fe-Cr계 스테인리스강은 0.1%C 이하이며, Cr 13%가 전체 온도에 걸쳐서 α 단일상으로 한계 조성을 나타내지만, C의 함유량이 증가하면 오스테나이트 구역이 넓어지며, 단일상의 Cr 조직이 $\alpha+\gamma$의 2상 조직을 나타낸다. 즉 0.1%C에서는 22%Cr 부근까지 $\alpha+\gamma$상 영역이 넓어진다.

스테인리스강에서 조성이 극저탄소이거나 Cr 등가량이 25% 이상의 경우는 용접 후 냉각 조건에 상관없이 용착금속은 α상(페라이트)이 되며, 비교적 서랭하는 경우나, 상온에서는 α상이 되지만, 고온에서는 대부분 γ상 또는 $\alpha+\gamma$이 되며, 아크용접 등의 냉각 조건에서는 γ상(오스테나이트) → α상(페라이트)의 변태가 저지되어 Ar″ 변태가 일어나 마텐사이트 조직이 섞인 상이 나타나게 된다.

일반적으로 Cr계 스테인리스강은 Ms점이 높기 때문에 급랭하여도 γ상이 잔류하는 경향은 비교적 적고, 포정 반응이 생겨서 $\alpha+\gamma$의 2상이 된다. 이 2상의 조직의 현미경 사진을 보면 백색은 페라이트이며, 검은 선 모양의 부분은 오스테나이트에서 마텐사이트로 변태한 조직이며, 725℃로 2시간 뜨임하면 페라이트와 뜨임 마텐사이트(마텐사이트 → 페라이트 + ϵ 탄화물)로 된다.

만약 탄소량이 많아지고 Cr양이 줄어들면 예열하지 않으면 마텐사이트 조직이 되며, 예열을 하면 페라이트량이 증가한 조직이 된다.

그러나 조립화((粗粒化)를 일으키기 쉽고 취성이 크기 때문에 용접을 할 경우 세심한 주의가 필요하다.

나. Cr-Ni계 스테인리스강 용착금속 조직의 특성

Fe-Cr-Ni계에서 철(Fe)에 니켈(Ni)이 첨가되는 경우는 크롬(Cr) 첨가의 경우와 전혀 다른 작용을 하여 오스테나이트(γ상)의 안정화 범위가 넓어지며, 약 30%Ni에 달하면 실온에서 융점까지 단일 γ상이 형성하게 되며, 이 γ상 영역은 Fe-Cr계보다도 고Cr쪽으로 넓어진다.

예를 들면 25%Cr-20%Ni강과 같은 조성의 것은 저온에서 고온까지 상변태를 하지 않고 실온까지 안정된 γ 단일상이 유지되지만, 18%Cr-8%Ni강은 고온에서는 γ상이지만 400℃ 부근에서는 준안정상인 $\alpha+\gamma$상이 되므로 서랭할 경우는 실온에서 페라이트의 생성을 생각할 수 있으나, $\gamma \rightarrow \alpha$로 변태에 필요한 Ni, Cr의 확산이 불충분하므로 γ상이 그대로 과냉각하게 된다. 이 경우 Ms점이 실온 이상이면 A″ 변태를 일으켜서 마텐사이트로 변하겠지만, 18%Cr-8%Ni강과 같이 Ms점이 실온 이하인 경우는 과냉 오스테나이트 변태는 일어나지 않고 실온까지 오스테나이트 조직이 그대로 유지된다.

[그림 2.43]은 Fe-Cr-Ni계의 조성과 급랭 조직의 관계를 나타낸 것으로 각 성분의 조성에 따라서 생성되는 조직의 종류를 알 수 있는 상태도이다.

시판되고 있는 300계열(Cr-Ni계)의 대표적인 것 중에서 STS310만 안정한 오스테나이트(페라이트 조직 없음)이며,

그 외의 STS308(18%Cr-8%Ni)이나

STS309(25%Cr-12%Ni),

STS310(25%Cr-20%Ni),

STS316(18%Cr-12%Ni-2%Mo),

STS316Cu(18%Cr-12%Ni-2%Mo -2%Cu), 및 STS347(19%Cr-9%Ni-Nb) 등은 소량(보통 약 5% 이내)의 페라이트(초석 페라이트=δ 페라이트)를 포함한 조직으로 준안정 오스테나이트 조직이다.

스테인리스강의 현미경 조직에서 백색 바탕은 오스테나이트, 검은색 선의 모양은 페라이트이며, 용접금속을 650℃로 4시간 정도 가열하면 흑색부가 증가하게 되는데 이것이 σ상이며, 용접 중에는 σ상이 잘 생성되지 않지만 용접 후의 가열이나 가공에 의해 생성되는 경우가 있다.

그림 2.43 0.1%C Fe-Cr-Ni 합금의 실온 조직도

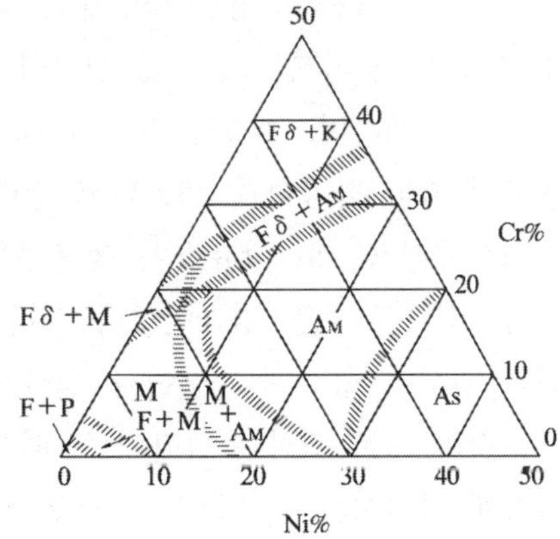

As : 안정 오스테나이트, AM : 준안정 오스테나이트
F : 페라이트, Fδ : 델타 페라이트, K : 탄화물
M : 마텐사이트, P : 펄라이트

이 σ상의 석출은 용접부 성질을 현저하게 떨어뜨리게 되므로 가능한 한 다층용접을 피해야 되며, 용접 후의 응력제거처리 등에도 세심한 주의가 필요하고, 고용화처리도 조직의 조립화 측면에서는 적당한 방법이 아니므로 용접 중에 초음파 진동이나 용접 후 롤러가공 등의 단조효과를 주어 주상정의 파괴와 미세화, 잔류응력 경감 등의 방법을 강구하는 것이 좋다.

다. Cr-Mn계 스테인리스강 용착금속 조직의 특성

니켈(Ni)과 마찬가지로 망간(Mn)도 γ상 안정화 원소로서 12%Mn 이상에서 단일 γ상이 되며 그 이상 증가시켜도 γ상 범위는 변하지 않으며, Cr 함유량에 의해서만 범위가 결정된다. σ상은 약 13%Cr 부근에서 생성되며, Cr-Ni계보다도 생성 범위가 넓다.

Cr-Mn계에서 σ상의 생성속도는 Fe-Cr계나 Fe-Cr-Ni계보다 훨씬 크기 때문에 냉각 조건에 따라 페라이트+오스테나이트, 페라이트+오스테나이트+σ상, 오스테나이트+σ상으로 될 가능성이 크며, Cr 및 Mn양의 증가에 따라서 현저히 커진다. 이와같이 조직상의 불안정도나 σ상의 석출 때문에 Fe-Cr-Mn계가 실용되기 어려운데 이 계열의 대표적인 조성으로 16%Cr-16%Mn 강은 σ상이나 마텐사이트의 생성을 가능한 피한 일종의 한계조성의 강에 Ni나 N(Ni는 σ상의 생성을 방지, N은 γ상 안정화)을 첨가한 것으로 용접에도 사용되고 있다.

4 주철 용접부의 조직

가. 주철 용착금속의 개요

주철은 그 조성과 용융액의 냉각조건에 따라서 큰 차이가 있다. 기본 조성으로 5원소 외에 Ni, Cr, Al 등의 합금원소를 첨가하기도 하며, 주철 중의 탄소(C)는 유리탄소(흑연)나 화합탄소로 존재하며, 주철의 파면이 회색을 띤 회주철이 일반적이나 백주철, 반주철도 있으며 용도에 따라 다양하게 제조되고 있다.

조성에서 C, Si 함유량이 높을수록, 용융액의 냉각이 늦을수록 백선조직, 백선+회선의 혼합조직으로 연질 펄라이트나 페라이트 조직에 가까워지며, Ni, Ti, Al 등을 첨가하면 흑연의 생성이 쉽고 첨가량이나 냉각조건에 따라 흑연의 형상도 달라진다.(그림 2.44 참조)

주철의 기본 조직은 펄라이트, 페라이트 또는 이들의 혼합조직이 일반적이나, 합금원소의 첨가에 따라서는 저합금강의 경우와 같이 마텐사이트나 베이나이트 조직이 되기도 한다.

나. 주철 용착금속의 조직

일반적으로 주철은 용접이 어렵다고 하지만 회주철이나 구상 흑연 주철, 미하나이트주철 등은 용접성이 좋은 편이며, 백주철, 가단 주철은 용접성이 매우 나쁘다.

주철 용접부의 조직은 급랭의 경우 레데브라이트가 생성한 백선조직으로 되며, 서랭한 경우는 흑연이 석출한 조직이 되며, 흑연화의 경향이나 흑연의 형상은 첨가원소나 냉각조건에 따라서 영향을 받는다.

그림 2.44 Fe-C-Si계 상태도

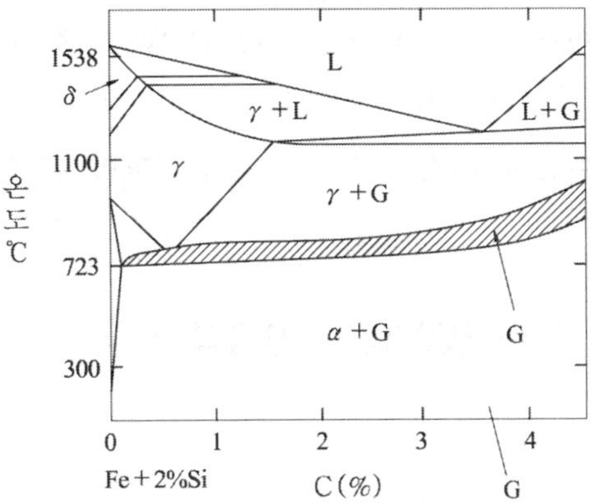

[그림 2.45]는 구상 흑연 주철(ductile cast iron) 용접부 중 본드부의 조직을 나타낸 것으로, (a)와 같이 로 중에서 용접하여 매우 서랭한 경우의 본드부는 흑연과 페라이트 조직으로 나타났으며, (b)와 같이 급랭의 경우 시멘타이트(백선)의 공정조직이 나타났음을 알 수 있다.

그림 2.45 구상 흑연 주철 용접 본드부의 조직

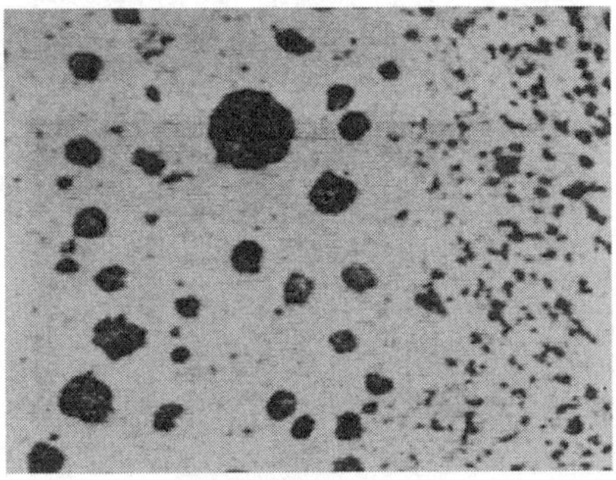
(a) 매우 서랭(노 중 용접)

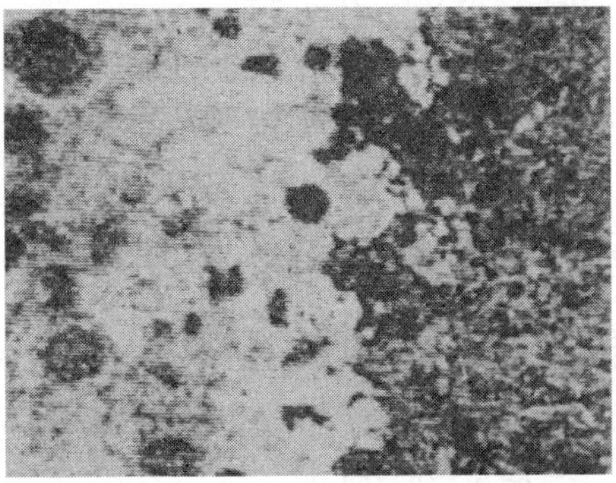
(b) 급랭

또한 주철용접 열영향부에서는 국부적인 용해가 생기지 않는 한 흑연의 형태는 변화가 거의 없고 조성과 냉각조건에 따라서 단단한 침상 마텐사이트나 베이나이트가 생기며, 조건에 따라서 오스테나이트가 잔류하는 경우도 있다.

주철의 용접에 사용되는 용접봉은 비철합금을 사용하는 경우도 있으나 Ni합금은 주철보다 용융점이 높기 때문에 아크용접 등에서 모재가 용해되는 것으로 되어 용접금속 자체는 비철합금계 조직이 되어도 본드는 주철 본래의 조직이 되므로 급랭의 경우는 본드부에 백선층을 생성하며, 본드부의 폭이 좁기 때문에 열영향부에 마텐사이트 조직 등이 생성되므로 급랭은 피해야 된다.

주철 용접부에 생긴 백선조직이나 열영향부의 마텐사이트는 매우 취성이 크고 백선화에 의해 이상수축 등의 변형 때문에 용접 균열이 생기거나 기계가공을 어렵게 하므로 용접 전에 높은 예열과 용접 후에 후열을 하여 용접부의 냉각속도를 최대한 완만하게 하여 흑연의 석출을 조장하고 균열을 방지해야 된다.

5 덧살과 표면경화 조직

가. 덧 살

일반적으로 덧살이란 모재 표면에서 위로 쌓여진 비드를 말한다. 덧살을 현장에서는 여성이라고도 하는데 일본 교재 등에서 인용한 용어이며 우리나라 용어로는 덧살이라 한다.

일반적으로 정적 강도는 덧살이 있는 쪽이 좋고, 용접금속 내부의 다소의 Blow Hole 등의 결함을 보완한다고 말할 수가 있다. 그러나 과도한 덧살은 오히려 응력집중에 의한 피로강도의 저하, 용착량의 증가에 따른 재료 소모와 시간 낭비를 초래하고, 그 부분의 비파괴 시험을 하기 어렵게 하는 등의 결점이 있다. 따라서 피로수명이나 충격인성 측면 등 동적 강도에는 덧살은 좋지 않으므로, 동적 강도를 요하는 구조물에는 적용 규정마다 차이가 있지만 덧살의 제한을 규정하고 있다. <표 2.1, 2.2>는 덧살의 허용 범위를 나타낸 한 예이며, 구조물의 적용 규정에 따라 덧살의 허용 범위는 달라질 수 있다.

표 2.1 용접 덧살의 허용 두께

두께 mm	허용치 mm	두께 mm	허용치 mm
t≦2.4	0.8		
2.4≦t≦4.8	1.6		
4.8≦t≦25	2.4	t ≧ 25	2.4
25≦t≦50	3.2	25≦t≦50	3.2
50≦t≦75	4.0	50≦t≦75	4.0
75≦t≦100	5.6	75≦t≦100	5.6
100≦t≦125	6.0	100≦t≦125	6.0
t > 125	8.0	t > 125	8.0
압력 용기용		원자력 용기, 펌프 및 밸브용	

표 2.2 설계 온도에 따른 덧살의 허용 두께의 예

모재의 두께 mm	설계 온도에 대한 덧살의 최대 두께 mm		
	175℃ 미만	175~400℃	400℃ 초과
3 이하	5.0	2.5	2.0
3~5 이하	5.0	3.0	2.0
5~13 이하	5.0	4.0	2.0
13~25 이하	5.0	5.0	2.5
25~50 이하	6.0	6.0	3.0
50.0 이상	6mm 또는 용접부 폭의 1/8 중 큰 것	6mm 또는 용접부 폭의 1/8 중 큰 것	4.0

나. 덧살의 응용과 표면 경화

덧살 방법을 적용하여 마모된 축이나 기어 이 등을 보강 용접한 후 가공과 열처리를 실시하여 사용하거나, 연강재 등의 소재 표면에 내마모성이나 내열성 또는 내식성을 향상시키기 위해 적당한 용접봉을 사용하여 표면 경화(surfacing, hardfacing) 용접을 실시하는 방법이 있다. 그 좋은 예가 클래드강이며 일종의 이종(異種) 금속 용접에 해당된다.

표면 경화를 위한 덧살(육성) 용접법의 예로는 덧살을 붙인 다음 열처리하여 필요한 특성을 얻거나, 덧살을 그대로 사용하는 경우, 덧살 용접을 한 후 가공하는 방법 등이 채용되고 있으며, 이 분야에 많은 연구가 진행되고 있다.

육성 용접 방법은 재료 절약 측면에서 우수한 방법이지만 용접하는 과정에서 변형을 막을 방법이 없으며, 내마모성이 요구되는 용가재는 비교적 C양이 많은 합금으로 급랭의 경우 균열 발생의 우려가 크다.

표면 육성 용접은 내마모성이 요구되는 경우 고탄소합금강이 많이 쓰이고, 내열용에는 Fe, Co, Ni 등을 기본으로 한 합금이 쓰이며, 내식용에는 Cr이나 Co가 많은 강 또는 합금이 쓰인다.

덧살 용접은 이종금속의 용접이기 때문에 소재와 용접봉의 용입 배율이나 냉각조건 설정이 중요하며, 덧살 표면은 모재 희석도가 거의 없다고 생각해도 된다.

Cr강 또는 Cr-Ni계 스테인리스강 등 내식용 심선을 사용한 용접부는 페라이트, 탄화물, 페라이트와 마텐사이트 또는 준안정 오스테나이트의 혼합 조직이 나타나며, 내열용 심선으로 사용되는 내열합금의 용접부는 대부분 안정 오스테나이트가 나타나며, 조성에 따라서는 γ상 바탕에 탄화물 등이 석출한 조직이 나타난다.

6 비철합금 용접부의 조직

가. 비철합금 용접부 조직의 개요

비철합금의 대부분은 조성이나 냉각조건의 차이에 의한 변태 특성이 없기 때문에 용착금속의 조직은 각각의 평형 상태도에서 추정하는 것이 일반적이며, 강과 달라서 여러가지의 석출이 생긴다. 그러나 티탄(Ti)이나 지르코늄(Zr) 등의 합금은 조성이나 냉각조건에 따라서 특이한 변태현상을 나타내기도 한다.

Ti-Fe 합금의 용접부에서 서랭되는 경우는 펄라이트상의 α상과 잔류 β상이 되며, 공석조직은 나타나지 않는 것이 일반적이며, 비교적 급랭된 용착금속의 조직은 저농도에서는 거친 침상 α상 또는 소량의 잔류 β상이 혼합된 조직이 나타나며, 점점 합금원소가 증가하면 α상은 곱고, 잔류 β상은 점점 증가하여 잔류 β상의 조직으로 된다.

나. 비철합금 용접 열영향부의 조직

구리(Cu)나 알루미늄(Al) 합금 등 비철합금은 열처리성 합금과 비열처리성 합금으로 구분한다. 열처리성 합금은 가열에 의해 석출 경화를 일으켜 강화되는 합금이며, 비열처리성 합금은 열처리만으로는 강화되지 않고 냉간가공 등에 의해 강화되는 합금을 말한다.

예를 들면 35%Zn 이하의 황동이나 8%Al 이하의 알루미늄 황동, 98%Cu 이상의 합금 등과 같이 단일상을 형성하고 있는 합금은 변태를 일으키지 않으므로 열처리에 의해 강화되지 않고 냉간가공으로 강화를 시켜야 되며, 이렇게 가공경화된 비열처리성 합금을 용접할 경우 용접 열영향부는 가열에 의해 조대화로 연화 현상이 현저하게 나타게 되므로 특별한 조치가 필요하다.

[그림 2.46]의 하단은 열처리성 Al 합금 용접부의 단면을 원질부(모재), 연화부(석출), 고용부(조립화부), 본드(열영향부), 용착금속으로 구분하여 나타낸 것이며, 상단은 용접부의 거리와 온도에 따른 경도(HR)를 나타낸 것이다.

이 단면은 석출 시효형 합금을 용접한 경우의 대표적인 예이며, 고용역(조립역)은 합금원소나 석출물이 재고용하여 급랭되기 때문에 일어나는 현상이며, 연화역에서는 용접열에 의해 과시효(over aging) 조직을 형성하므로 연화는 물론 내식성 등이 모재보다 저하하게 되며, 용접 입열이 클수록 크며, 그만큼 이음효율이 현저히 저하된다.

그림 2.46 Al-4.8%Zn-2%Mg 합금(열처리성) 용접부 단면의 예

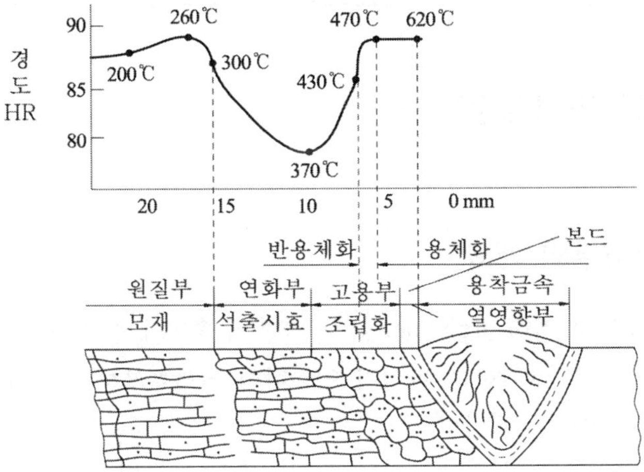

[그림 2.47]은 Al-Mg계 합금을 용접한 경우의 용접부 단면과 가열온도, 경도 관계를 나타낸 것으로 열영향부가 균일하게 연화되었음을 알 수 있으며, 이 연화 정도는 냉간가공도가 클수록 심하며, 풀림을 할 경우 그 경향이 적어진다.

그림 2.47 Al-Mg계 합금의 용접부의 가열온도와 경도 관계의 예

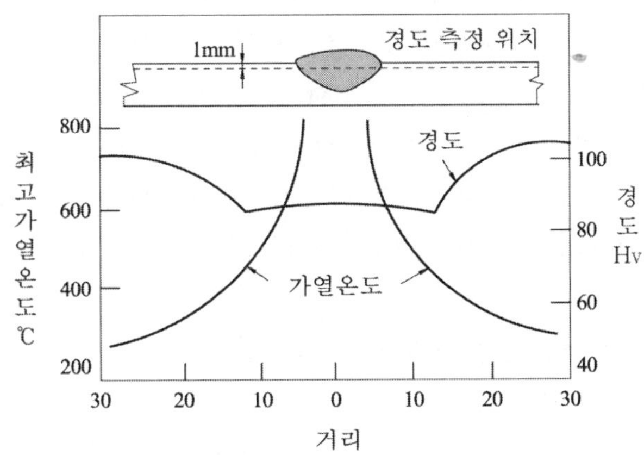

제3절 | 용접 열영향부 조직

1 용접 열영향부(HAZ)

가. 용접 열영향부의 개요

용융 용접은 용접부의 기하학(geometry)에 의한 구속하에서 재료를 용융온도까지 가열한 후 급격한 열주기로 다시 냉각하는 과정이 이동하며 반복적으로 일어나기 때문에 그에 따라 열영향부의 조직 및 성질도 변한다.

이러한 열영향부는 몇 개의 하위 영역(sub zone)으로 구별되는데 이는 열원의 이동이나 모재의 열특성에 의한 가열, 냉각과 같은 열주기나 용접 전의 열주기, 기계 가공 등에 의해 서로 다른 폭, 조직 및 성질을 가진다. 예를 들면 재결정 지역은 냉간 가공이나 풀림 조건에 따라 다르며, 결정립 성장지역은 석출물이나 고온에서의 고용도에 크게 좌우한다.

열영향부에 대한 충분한 이해를 위해서는 모재가 가열 후 고온에서의 유지시간 및 냉각에 의한 상변태 및 석출물과의 반응 등을 고려하여야 한다.

모재의 강도 범위는 대략 200~600MPa 정도로서 비조질강(microalloyed steel)의 경우 항복강도는 360~450MPa, 인장강도 550~700MPa, 연신율(elongation) 20% 정도이며, 노치 인성은 −40℃에서 Cv(샤르피 V노치 시험) 28J 범위이다. 따라서 이를 만족시키기 위해 C, N, Mn, Si 외에 Nb, Ti, V, Al, Zr 등의 합금을 첨가(전체량 0.15 wt% 초과 안됨)하게 되는데 이는 탄화물(carbide) 및 질화물(nitride)의 화합물을 형성시키고 균일한 등축 결정립을 얻기 위함이다.

모재의 전형적인 페라이트 결정 크기는 다음과 같다.

(1) 일반 C-Mn강 : 15~20㎛

(2) C-Mn-Al 풀림강 : 10㎛

(3) C-Mn-Nb-Al 풀림강 : 5㎛

(4) 담금질 후 뜨임강 : 2~3㎛

따라서, Hall-Petch식에서 언급한바와 같이 결정립의 크기가 작을수록 항복강도가 높아진다.

석출 경화의 강도 계산(Ashby-Orowan Model 계산식)

$$\text{석출 경화 강도}=\frac{5.9(V_f)^{\frac{1}{2}}}{\bar{x}}\times \text{ in } (\frac{\bar{x}}{2.5\times 10^{-4}})$$

(V_f : Nb(CN)의 용적 분배율, $\bar{x}$: 석출물 평균 거리)

TiN, VN 석출물의 경우 $\bar{x}$=100~200nm, 석출물의 크기=10~30nm, V_f=0.004~5로 가정하면 석출물의 경화 강도는 10~15MPa이 된다. 이것은 σ석출물의 경도(6%)인 33MPa보다 훨씬 적은데 그 이유는 탄화물 질화물(NbC, VN, TiN)의 역할은 결정립계를 두드려서 결정립 크기를 미세하게 하기 위해 쓰이기 때문이다.

코트렐의 공식은 취성 연성 전환 천이온도 부근에서 사용하는 것으로 결정립 미세화가 피괴인성 측면에서 중요함을 보여준다.

$$\sigma_f=\frac{1}{2}\sigma_i{}'+2(\mu\gamma_S)d^{-\frac{1}{2}}$$

(σ_f : 연성파괴를 위한 파괴 응력, σ_i : 한계 마찰응력, μ : 전단 계수,
γ_S : 표면 에너지)

나. 가열과 재결정 크기

가열은 열영향부의 최종 금속 조직 및 성질을 좌우하는 3대 요소(가열, 냉각 및 고온 유지시간) 중의 하나로서 모재를 가열하면 다음과 같은 현상이 발생하며, 가열속도는 이들 현상들의 정도를 결정하게 된다.

(1) 재결정, $\alpha-\gamma$ 변태, 펄라이트/시멘타이트 → 오스테나이트 변태
(2) 오스테나이트에서 탄소의 재분배, 오스테나이트의 분해, 결정 성장 등

재결정은 가열과 함께 결정립계에서 새로운 결정들이 생성하는 것으로 재결정 온도 범위에서는 핵 생성/성장비의 크기에 따라 새로운 결정이 만들어진다. 그러나 재결정은 평형상태에서 안정이 안 된 상태이다. 재결정을 좌우하는 3대 요소로는 온도, 사전 가공 정도 및 변형 정도, 순도 등으로서 재결정 온도는 새로운 결정립의 핵 생성 속도와 성장속도를 결정하며, 사전 가공도에 크게 좌우된다.

재결정 온도는 화합물이나 불순물들이 진동이나 억제 등의 효과로 결정립 크기를 좌우하므로 화합물이나 불순물 양에 좌우된다. 가공 온도가 높으면 결정립의 크기가 조대해지며, 가공을 많이 하면 전위 밀도가 증가하고 축적 에너지가 많아져서 온도를 조금만 올려도 결정립계에 새로운 결정핵의 생성이 일어나 재결정 온도는 낮아지게 된다. 전혀 가공을 하지 않은 금속은 다각형화(Polygonization)가 전혀 없기 때문에 재결정이 전혀 없을 수 있다.

다. $\alpha-\gamma$ 상변태

아크용접에서 가열속도는 200~300℃/sec 정도로 매우 빠르다. 따라서 $\alpha-\gamma$ 상변태는 Fe-Fe_3C 평형온도 보다도 더 높은 온도에서 일어나며 상변태가 일어나기 전 α상은 충분히 과열이 된다. 가열이 급할수록 과열은 더 많으며 모재에 탄화물이 있을 경우 $\alpha-\gamma$ 변태에 영향을 주게 되는데 특히 급가열의 경우 탄화물의 분해는 고용온도보다 훨씬 높은 온도에서 발생한다.

라. 석출물 안정과 조대화, 분해

석출물의 안정, 조대화 및 분해는 시간과 온도에 의한 확산으로 온도가 올라감과 함께 탄화물, 질화물들은 분해가 일어난다. 대입열을 주면 석출물의 크기는 커지며, 석출물이 복합물[예 : Ti(V)(N)]일 경우 조대화는 더 가속이 된다.

또한 과열에 의해 석출물은 불안정하여 분해하게 되는데 석출물의 분해 전에 조대화가 반드시 선행된다. 구형 석출물 주위 반경 d의 구형 확산 영역은 다음과 같으며, 시간 안에 석출물이 완전히 분해된다면 석출물은 $\frac{4}{3}\pi(Dt)^{\frac{3}{2}}$ 체적 내에 있어야 하며 이를 위해선 과열이 필요하다.

$$d=(Dt)^{\frac{1}{2}}$$

(D : 기지에서의 확산계수, t : 시간)

마. 결정립 성장

1) 결정 성장 속도

결정립 크기는 재료의 강도와 인성을 결정하는 주요 요소이며, 또한 용접부의 저온 균열과 재열 균열의 민감도 결정에 중요하다. 열주기로 인해 열영향부에 결정립 성장이 발생하며 강도 및 인성에 영향을 줄뿐 아니라 용접부 응고는 적층(epitaxial) 응고를 하므로 용접부의 결정립 크기에도 영향을 주게 된다.

결정립의 성장이 일어나는 원인은 재결정 및 $\alpha-\gamma$ 상변태 완료 및 결정들은 비평형상 내에 놓이게 된다.(결정립계 인장 사이에 기계적 평형이 불가능하며 잔류 축적 에너지를 가짐) 따라서 결정들이 점점 커지면서 잔류 에너지를 줄이며 안정화되기 때문이다. 결정립 성장온도 범위에서는 핵 생성보다 성장속도가 더 크다.

평균 결정립 성장속도 $\overline{V}$는 다음과 같다.

$$\overline{V} = \frac{d\overline{d}}{dt} = M\frac{2\gamma_{gb}}{\overline{d}} , \qquad \overline{d}^{\,2} = {d_0}^{2} + kt$$

(M : 결정립계의 기동성, $\overline{d}$: 결정립 평균지름, $\overline{d} = k' t^n$,
n <<0.5, d_0 : 초기 결정립 크기, γ_{gb} : 결정립계 표면 에너지, $k = M\gamma_{gb}$)

결정립 성장은 고온에서 석출물과 그의 고용도에 영향을 받는데 탄화물, 질화물 입자 등은 결정립계의 억제와 진동 효과로 결정립계의 성장을 방해하여 결정립계의 이동을 위한 기동력($2\gamma_{gb}/\overline{d}$)은 석출물 입자와의 상호작용에 의한 결정립계 면적의 증가로 전제가 된다.

석출물 입자의 반경이 r, 체적분율이 V_f라면 상호작용하는 입자의 평균수는 다음과 같다.

$$\text{입자의 평균수} = 3V_f/2\pi x^2$$

2) 용접 중 결정립 성장(석출물 분해시)

결정립 성장은 탄화물, 질화물의 평형 고용한계 이상의 온도에서 발생한다. 또한 결정립 성장은 표면 에너지의 구동으로 인한 확산에 의하여 핵 생성을 요구하지 않는다. 따라서 결정립계 이동의 양은 용접열 주기 중 확산 도약에 의해 이동하는 원자수의 총합계에 좌우된다.

[표 2.3]은 각종 용접법의 전형적인 입열량을 나타낸 것으로 일렉트로 슬래그 용접의 입열량이 가장 높으며, 레이저 용접은 가장 낮다. 즉 입열량이 높으면 결국 결정립의 크기를 크게 하는 결과가 되므로 바람직한 현상은 아니다.

표 2.3 각종 용접법의 전형적인 입열량

용접법 종류	입열량 범위 (MJm^{-1})	용접법 종류	입열량 범위 (MJm^{-1})
일렉트로 슬래그 용접	5~50	TIG 용접	0.3~1.5
서브머지드 아크용접	1.0~10	전자 빔 용접	0.1~0.6
보호가스 아크용접	0.5~3	레이저 용접	0.1~0.6
수동 교류 아크용접	0.5~3		

결정립의 성장을 방지하는 최선의 방법은 많은 양의 작은 석출물을 만드는 것이다. 석출물의 종류로는 TiN 석출물이 가장 좋으나 2가지 단점은 개재물 형성과 취성이 발생하는 것이다. TiN, VN, AlN 석출물 존재시 VN, AlN은 고온에서 분해되고 TiN만 남게 되며 냉각과 함께 (Ti, V, Al)N의 복합물을 형성하여 취성을 나타낸다. 따라서 결정립 미세화 및 최소 항복강도의 요구 사항을 만족시키기 위하여 Nb, V 등을 첨가해야 된다.

바. 용융선에서의 반응

용융선에서는 고온도 임에도 불구하고 $\gamma \rightarrow \delta + \gamma$ 상변태 때문에 결정립 크기가 좀 작아지게 된다. 가열과 함께 용융선에서의 모재는 결정립계에서 L(액체)$+\delta$로 변태하며 페라이트강의 경우 C, Mn(오스테나이트 전)의 낮은 고용도로 인해 이들 원소들은 결정립계의 용융지역에 편석한다.

냉각 중 오스테나이트로 다시 변태되면서 결정립계에 있는 많은 양의 편석물들로 인해 결정립계의 지연(dragging)을 유도하면서 결정립 성장을 방해 당하게 되어 등축 페라이트로 되는 것이다.

용융선의 결정립계에서 $\gamma \rightarrow \delta + \gamma$로 변태되는 경우는 결정립계에 불순물 편석 현상이 작아 지연 현상이 없으므로해서 결정립계의 조대화가 발생한다.

가열 중 오스테나이트 지역의 결정립계에 편석된 불순물은 MnS, FeS 형태의 복합물로서 결정립계의 용융온도를 낮추게 된다. 따라서 고유황강의 경우 결정립계의 용융지역이 넓어지며 냉각과 함께 잔류응력으로 인해 결정립계를 따라 액화균열(liquation crack)이 발생한다.

결정립계에 불순물의 편석은 주어진 상에서 각 원소들의 고용도에 따라 결정이 된다.

결정립계 농축계수(enrichment factor) $\beta_b = \dfrac{C_b}{C_0}$

(C_b : 기지에서의 평형 농도, C_0 : 결정립계에서의 평형 농도)

β_b=100은 취성한계로서 β_b > 100일 때 취성이 일어난다. 탄소강에서 취성원소의 순서는 S, C, B, P, N, Sb, Sn의 순으로 작아진다.

부식 저항용 페라이트계 스테인리스강의 경우 열영향부에서 결정립계 편석으로 입계부식이 발생하는데 입계는 Cr이 고갈되고 C 함량이 많아져서 용접부 냉각 중 결정립계는 마텐사이트나 뜨임 마텐사이트가 됨으로서 입계부식이 쉽게 되기 때문이다.

사. 냉각과 열영향부 조직

1) 냉각속도에 따른 조직 변태

열영향부의 최종 금속 조직 및 성질을 좌우하는 3대 요소들 중 냉각이 가장 중요하다. 상변태 생성물의 형태나 양은 결정립 크기, 가열 최고온도, 냉각속도 및 합금원소 등에 좌우되는 것으로 용접재에 비해 고탄소당량 모재는 연속냉각 곡선의 C 곡선을 매우 느린 시간으로 이동시켜 마텐사이트 생성의 위험을 초래하므로 고탄소당량의 모재는 대입열로 인해 냉각속도를 서랭하므로서 펄라이트 조직으로 바꾸어 준다.

결정립 성장지역에서 저탄소당량강에서는 초석 페라이트 망(proeutectoid ferrite network)이 결정립계를 따라 발달하며, 고탄소당량강에서는 저온도 변태 생성물이 많아지며 결정립 미세지역에선 최고 가열온도가 1100℃ 정도인 지역으로 가열로인해 $\alpha \rightarrow \gamma$ 변태가 일어나면서 오스테나이트가 충분히 발달할 시간적 여유가 없으므로 결정립 크기는 미세하게 되며 또한 탄화물이 충분한 분해가 안되므로서 냉각과 함께 $\gamma \rightarrow \alpha$ 변태가 일어날 때 미세 조직의 페라이트 - 펄라이트 조직이 입열량이나 두께에 따라 정해진다.

결정립계는 페라이트 핵 생성이 촉진되고 탄소는 결정립 내부로 확산됨으로 결정립 내부는 탄소량이 많아져서 펄라이트로 변태가 된다.

부분 변태 지역은 최대 가열온도가 750~900℃ 범위이므로 모재의 펄라이트는 재빨리 오스테나이트로 변하고 냉각과 함께 $\gamma \rightarrow \alpha$ 변태가 일어나면서 많은 종류의 조직들이 발달한다.

탄화물 구상화 지역은 온도 범위가 700~750℃로써 급가열로 $\alpha \rightarrow \gamma$ 변태가 미약하며 라멜라 펄라이트가 구상화 Fe_3C로 변하며, 이 구상화 Fe_3C는 결정립계 등에 모이게 된다. (저온에서 탄소의 고확산 통로로서 결정립계의 영향이 큼을 알 수 있음)

무변태 모재지역은 온도범위가 650℃ 정도로서 초기의 모재 조직이 그대로 유지되는 반면 가열 및 잔류응력의 복합적인 효과로서 전위 이동과 불순물들과의 상호작용에 의하여 동역학적 변형노화(dynamic strain ageing)가 발생할 수 있다.

2) 결정립 성장지역의 조직

고강도와 저온에서의 높은 인성치의 복합적인 사항은 결정립의 경화없이 결정립을 미세화함으로써 얻어진다. 대입열 용접의 경우 용융선에서의 결정립 크기는 모재의 초기 결정립 크기보다 10배 이상 성장하며 고탄소당량(≥ 0.4)강의 경우 결정립 성장지역은 마텐사이트가 발달하며, 저입열 용접일수록 더 많이 발생한다.

결정립 성장지역에서의 금속 조직은 기타 다른 지역에서 보다도 용접부 성질을 좌우하는 결정적인 지역이다. 결정립 성장 지역의 양과 폭은 열주기를 알면 예상할 수 있으며, 피괴인성과 관련하여 균열전파 길이를 결정하는데 주요하게 이용된다.

2 용접 열영향부(HAZ)의 조직

용융 강 중에 편석은 일반적으로 균일한 가열의 경우 대부분 균일히게 고용된다고 보지만 용접의 경우는 가열과 냉각이 급속하기 때문에 편석이 조장되기 쉬우며, 용접 열영향부에서는 오스테나이트가 상당히 불균일하게 급랭하기 때문에 그 성질을 예측하기 어려운 경우가 많으며, 특히 A_3점 이하의 용접 열영향부의 조직에서 더 현저한 특징이 나타난다.

가. 저탄소강 용접 HAZ의 조직

1) 열영향부의 조직 변화

용접시에 가열에 의해 용접금속에 접하는 모재의 각 점은 용착금속으로부터 거리에 따라 각종 온도로 급열, 급랭하게 되는데, 이 급열, 급랭 온도의 크기에 따라서 용접부의 조직도 달라지게 되며, 강도, 경도, 현미경 조직이 달라진다.

열영향부는 용착금속의 인접부분으로서 거의 용융온도까지 가열되었다가 냉각된 부분으로 가열속도나 냉각속도에 따라서 조직 변화도가 매우 크다.

2) 저탄소강 열영향부의 조직과 특성

[그림 2.48]은 저탄소강 용접 열영향부의 조직과 Fe3C 상태도와의 관계에 대하여 비교를 나타낸 것이다.

(1) 용착금속 : 1538℃ 이상 가열되어 완전 용융된 후 응고한 부분으로 주상 결정을 이루는 부분이다.(그림 2.48 ①)

(2) 반용융부(융합부) : 1400℃ 이상 가열된 부분으로 모재 일부는 용해하고 일부는 고체로만 되어 가열, 급랭된 부분으로 대단히 조립한 위드만스테이튼 조직이 발달한 곳이다.

(3) 조립부(역) : 1250~1400℃로 가열 급랭된 부분으로 과열로 결정립이 조립화되고 위드만 스테이튼 조직이 일부 있는 곳으로 경화하기 쉽고 균열 등이 생길 수 있는 구역이다.(그림 2.48 ②)

(4) 혼입부(역) : 1100~1250℃로 가열된 곳으로 조립부와 세립부가 혼입된 부분으로 성질도 중간 정도이다.(그림 2.48 ③)

(5) 세립(미세)부(역) : 900~1100℃로 가열된 부분으로 재결정으로 미세화되고 결정립이 세립으로 균일한 부분이며, 인성 등 기계적 성질이 양호하다.(그림 2.48 ④)

(6) 입상 pearlite부(역) : 750~900℃로 가열된 부분으로 pearlite가 세립상으로 분할된 부분이다. 모재의 펄라이트립이 세분되어 미소한 pearlite립군으로 변한 부분으로 ferrite립에는 거의 변화가 일어나지 않고 단지 pearlite립이 한번 오스테나이트로 변한 다음 급랭됨으로 인하여 세립의 pearlite(대부분 소르바이트)로 분해되어 생긴 것이다.(그림 2.48 ⑤)

(7) 취화부(역) : 300~750℃로 가열된 부분으로 기계적 성질이 취화하나 조직에는 거의 변화가 없는 부분이다.(그림 2.48 ⑥)

(8) 원질부(역) : 실온~300℃ 이하로 가열된 부분으로 용접열에 영향을 거의 받지 않은 모재부분이다.(그림 2.48 ⑦)

다층 용접의 경우는 아래층이 위층의 용접열에 의해 일종의 열처리를 받아 어느 정도(약 900℃) 이상 가열된 부분은 주상 조직이 소멸되어 세립화되는 것이 보통이다. 이와같은 미세 조직은 주상조직에 비해 강인하며 연성이 풍부하다.

그림 2.48 강의 열영향부 조직과 Fe-Fe$_3$C 상태도와의 관계

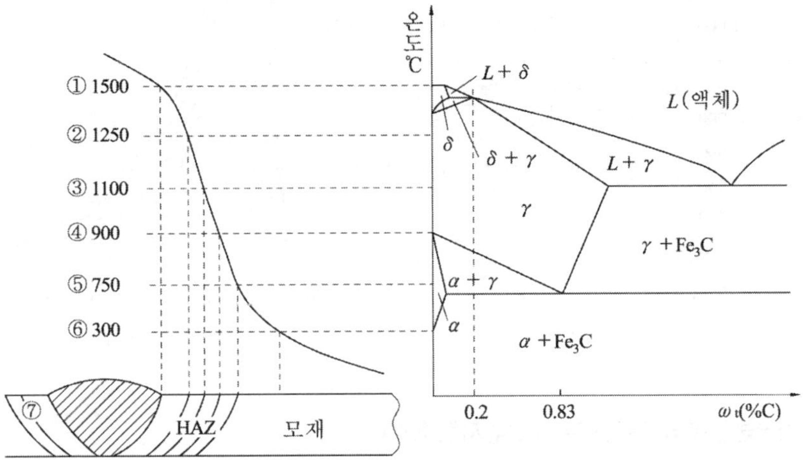

나. 강의 상태도와 용접열 사이클과의 관계

[그림 2.49]는 강의 Fe-Fe$_3$C 상태도와 용접열 사이클 관계를 나타낸 모형도로서 용접 열영향부의 조직을 추정할 때 상태도와 관련시켜 추정하는데 유용한 도표이다.

도표에서 $x1$ 부분은 용융온도 정도로 가열된 곳으로 결정립이 이상 성장하여 조대화한 조립역에 해당된다.

$x2$ 부근으로 가열된 부분에서는 결정립도 중간 정도이며 기친 입자와 가는 입자가 혼입한 혼입역에 해당된다.

$x3$ 부근으로 가열된 부분은 결정립의 성장이 적고 재결정으로 미세화되어 기계적 성질도 양호한 세립역에 해당된다.

$x4$ 부근으로 가열된 부분은 오스테나이트화 되지 않은 페라이트와 펄라이트만이 오스테나이트와 혼합된 조직으로 펄라이트의 구상화가 나타나므로 구상화역이라 할 수 있다.

그리고 강에서 200℃~A_1변태점 구역은 변태가 생기지 않으므로 조직의 변화가 거의 없다고 생각할 수 있으나 엄밀히 말하면 열영향을 받아 눈에 보이지 않는 석출이나 열변형을 받고 있으며 이 부분의 조직은 취성이 크므로 취화역이라 하여 원질(모재)부와 구별하고 있다.

[그림 2.50]은 저탄소강 용접 열영향부의 용접부 단면 현미경 조직사진을 나타낸 것으로 <표 2.1>과 비교하여 조직을 이해하면 좀 더 쉽게 이해할 수 있다.

그림 2.49 Fe–C 상태도와 용접열 사이클과의 관계도

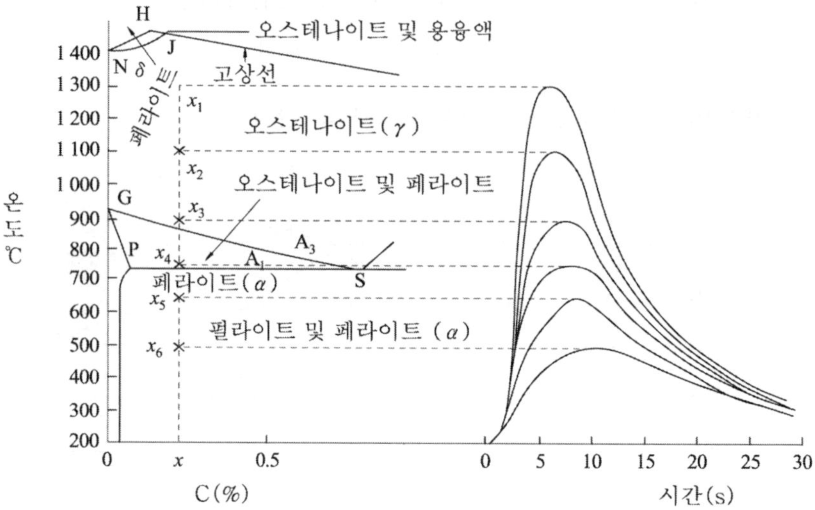

그림 2.50 아크용접부의 열영향부 조직(저탄소강)

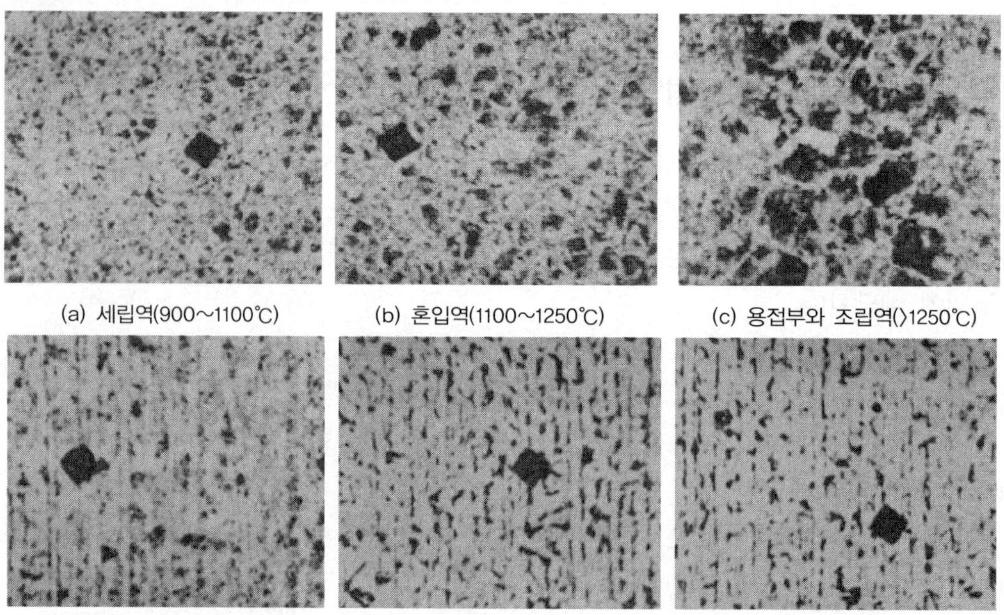

(a) 세립역(900~1100℃) (b) 혼입역(1100~1250℃) (c) 용접부와 조립역(>1250℃)

(d) 일부 고용역(750~950℃) (e) 취화역(300~750℃) (f) 모재(실온~300℃)

다. 조립역 HAZ의 조직과 취성화

강 용접부의 조립역은 결정입도가 조대화한 부분으로 매우 서랭한 경우는 비교적 부드러운 페라이트와 펄라이트의 혼합 조직이 나타나며, 냉각속도가 빨라짐에 따라 페라이트는 적어지고 펄라이트는 치밀해지며, 거친 베이나이트, 미세 베이나이트, 마텐사이트 모양의 단단한 조직이 된다. 이와같이 저탄소강에서는 조대한 망상 페라이트나 침상으로 발달한 위드만스테이튼 페라이트 및 펄라이트가 되며, 급랭의 경우는 마텐사이트가 생기는 경우도 있다.

고탄소강이나 저합금강 등 경화성이 큰 강재에서는 베이나이트나 마텐사이트 생성 경향이 크며, 단단한 조직이 생기면 균열이나 기타 결함도 생기기 쉬우므로 주의가 필요하다.

또한 용접 열영향부는 일반적으로 연성, 인성 및 내식성 등이 현저하게 저하되는 경우가 있는데 그 이유는 강에서 조립역의 취성화, 석출 취성화, 수소 취성화 등에 원인이 있다.

[그림 2.51]은 저탄소강 용접부의 위치에 따른 천이온도 관계를 나타낸 것으로 본드에 근접한 부분과 비교적 저온의 열영향부에서 천이온도가 상승함을 알 수 있는데, 본드부는 조립역의 취성화 영역이고, 열영향부는 취성화영역이다. 이 조립역은 본드에 근접한 용접부 끝의 기하학적 불연속부에 해당하므로 야금학적 취성화와 역학적 취성화가 겹친 부분으로 모재보다 인성이 저하하게 되며, C, O, N가 많은 영향을 미치고 있다.

그림 2.51 용접부의 천이온도 분포

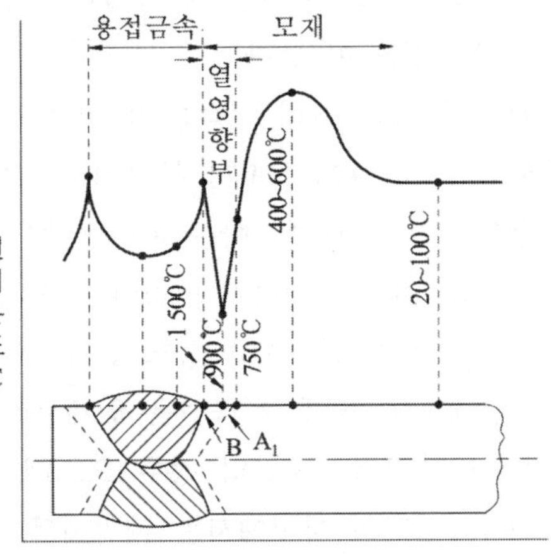

가열된 강에서 냉각속도가 증가할수록 마텐사이트의 양이 많아지며 현저하게 경화되지만 저탄소강이나 저합금강에서 마텐사이트 생성의 경우 비교적 Ms점이 높으므로 용접열 사이클의 냉각과정 중 Ms점 이하에서 뜨임되어 인성이 개선되는 현상(Q-tempering)이 생기므로 노치인성의 저하 현상이 거의 없으나, 고탄소강에서 마텐사이트 생성의 경우는 Ms점이 낮고 마텐사이트 생성량도 많은데 비해 냉각 중에 뜨임 현상이 나타나지 않으므로 용접 열영향부의 취성화 현상은 현저하게 크다.

그러나 실제 용접에서의 취성화역은 일반적으로 본드부에서 약 10mm 정도 떨어진 곳에 생기므로 이 부분에는 언더컷 등의 노치가 거의 없어 응력집중 현상이 일어나지 않기 때문에 취성파괴 위험은 비교적 적다.

라. 용접 HAZ 조직의 예측

1) CCT 곡선에 의한 예측

강의 열영향부 조직은 그 조성과 냉각조건에 따라 결정되므로 조직사진을 보거나 경도 측정 등에 의해서 판별할 수 있지만, 사전에 가열온도와 냉각시간 관계를 나타낸 CCT 선도를 통해서 조직의 상태를 예측할 수 있으며, 이 선도는 가열온도에 따라서 현저하게 영향을 받는다. 즉 가열 온도가 높을수록 곡선은 긴 시간쪽으로 이동되므로 완만한 냉각속도에서도 마텐사이트 조직이 생기기 쉽고 더 경도가 높아지는 경향이 있다.

[그림 2.52]는 490MPa(50kg$_f$/mm^2)급 고장력강의 CCT 선도이며, R은 냉각곡선을 나타낸 것이다. 그림에서 R8은 가장 급랭한 곡선으로서 오스테나이트는 바로 380℃에서 마텐사이트로 변태하고 경도는 약 Hv 470 정도 되며, R1은 가장 느리게 냉각한 경우로서 가장 최초로 곡선과 만나는 부분은 730℃ 부분으로 오스테나이트에서 페라이트로 약 67% 생성되며, 나머지 오스테나이트는 605℃ 부근에서 펄라이트로 변태되며, 비교적 부드러운 조직(Hv 175 정도)이 된다.

R1보다 약간 빨리 냉각한 R2나 R3 냉각곡선은 오스테나이트에서 페라이트, 펄라이트로 변태를 한 후 490~500℃ 부근에서 베이나이트가 생기게 된다.

냉각속도가 상당히 빠른 R6 냉각곡선에서는 오스테나이트에서 페라이트의 석출은 일어나지 않고 바로 베이나이트 조직이 19% 정도 생기고 나머지는 380℃에서 전부 마텐사이트로 변하며, 경도는 Hv 410 정도 된다.

그림에서 e, p, f, z 곡선은 임계 냉각곡선(critical cooling curve)을 나타낸 것으로 e 냉각곡선보다 느린 냉각의 경우 오스테나이트는 모두 페라이트와 펄라이트만으로 변태되며, p 냉각곡선과의 사이에서는 페라이트, 펄라이트 외에 베이나이트 조직이 생기고, f보다 더 급랭한 경우는 페라이트가 생기지 않으며, z보다 급랭한 경우는 모두 마텐사이트가 생긴다.

그림 2.52 490MPa(50kgf/mm²)급 고장력강의 CCT 선도

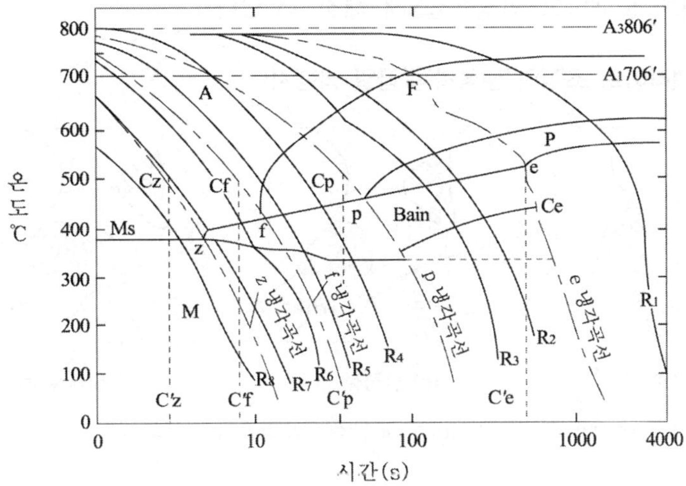

A : 오스테나이트, F : 페라이트, P : 펄라이트, Ms : 마텐사이트 시작
Bain : 베이나이트, M : 마텐사이트

2) 역 S 곡선

[그림 2.53]은 역 S 곡선을 나타낸 것으로 각 온도로 급속 가열한 후 그 온도에서 항온 유지한 경우 어떻게 오스테나이트로 변화하는가를 표시한 도표이다. 그림에서 곡선 A와 B 사이의 온도와 시간으로 가열된 영역에서는 펄라이트의 일부가 가열 후 고탄소 오스테나이트로 변태하고 급랭하여 마텐사이트로 변하지만 페라이트는 가열 냉각 중에 전혀 변하지 않는 특이한 조직이 나타나는데 이 조직을 마르텐사이트 함유 페라이트(marteno ferrite)라 한다. 여기서 더욱 가열속도가 크면 펄라이트 중의 Fe_3C가 펄라이트 중의 페라이트에 충분히 고용되지 않고 높은 고탄소 농도의 오스테나이트가 생겨 냉각 후에도 그대로 잔류하게 되어 페라이트와 오스테나이트가 층상으로 혼재하는 조직이 되는데 이 조직을 오스테노 마테노(austeno marteno) 조직이라 한다.(그림 2.54 참조)

그림 2.53 역 S곡선(오스테나이트화 곡선)

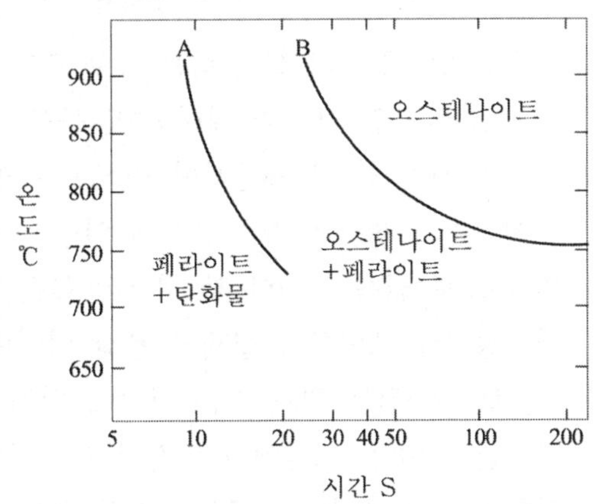

이와 같이 급속 가열냉각의 경우 저탄소강이라 하여도 펄라이트 부분이 국부적으로 고탄소강의 거동을 나타내는 경우가 있는데 그 일예로 저탄소강 박판을 점(spot) 용접한 부분에서 고탄소 마텐사이트가 생기며, 아크용접에서도 열영향부가 급열급랭으로 펄라이트 중의

일부가 마텐사이트로 변하는데 이 마텐사이트는 탄소양이 많고 단단하므로 연한 페라이트 속에 파묻혀 있는데도 불구하고 인성을 크게 해칠 수 있다.

그림 2.54 마테노 페라이트 조직의 생성과정(급열 급랭시)

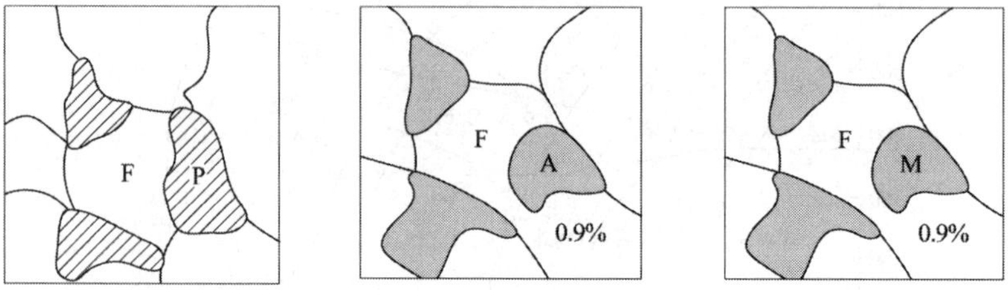

(a) 가열 전 (b) 담금질 전 (c) 담금질 후

F : 페라이트, P : 펄라이트, A : 오스테나이트,M : 마텐사이트

3 강 용접 HAZ의 기계적 성질

가. 용접 HAZ의 인장강도

용접 열영향부의 실제 폭은 매우 적기 때문에 열영향부만으로 인장시험하기는 매우 어렵다. 따라서 '열 사이클 재현장치' 등을 사용하여 실제 열영향부가 받는 열 사이클을 특정 크기의 시험편으로 재생하여 인성이나 인장강도 등을 조사하는 방법이 쓰인다.

시험편의 제조 방법은 봉상의 인장 시험편에 대전류를 통하여 저항열이나 고주파로 소정의 온도로 급속 가열한 후 질소나 물을 분사하여 급랭하며 그 사이의 가열 냉각을 특수한 제어장치로 제어하여 실제의 용접 열영향부처럼 만드는 것이다.

[그림 2.55]는 위와 같은 방법에 의해 인장강도와 연신율, 드로잉 관계를 시험한 결과를 나타낸 것이다. 그림에서 인장강도는 가열온도의 상승과 함께 저하하다가 냉각과 함께 증가하며, 연신율이나 드로잉률은 반대로 가열시 증가하다가 냉각시에 감소함을 알 수 있다.

그림 2.55 **0.45%C 탄소강 용접열 사이클 중의 기계적 성질의 예**

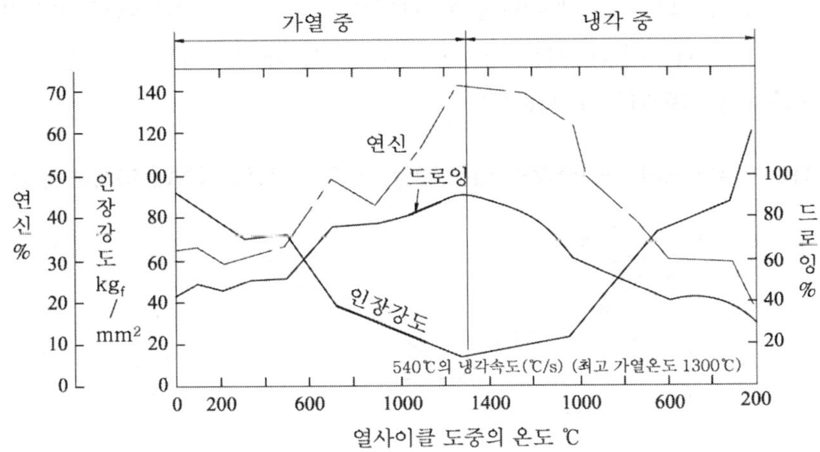

일반적으로 냉각속도가 증가하면 인장강도나 경도는 증가하고 연신율, 단면 수축율(드로잉)은 저하한다. [그림 2.56]은 세미킬드(저탄소)강 및 고장력강 재현 열영향부의 냉각조건과 기계적 성질 관계를 나타낸 것으로 (a) 그림의 세미킬드강의 경우는 경화도가 낮기 때문에 냉각속도에 따른 제성질의 변화가 적지만, 고장력강에서는 급랭에 따라 마텐사이트 생성이 증가하므로 그 변화 정도가 커서 강도, 경도는 급격히 증가하고 연성은 현저하게 저하하므로 마텐사이트가 생성되지 않게 하려면 용접 전에 예열하여 냉각속도를 느리게 해야 되며, 필요에 따라서는 후열을 하여 마텐사이트를 뜨임처리해야 된다.

그림 2.56 **재현 열영향부의 냉각속도가 미치는 기계적 성질**

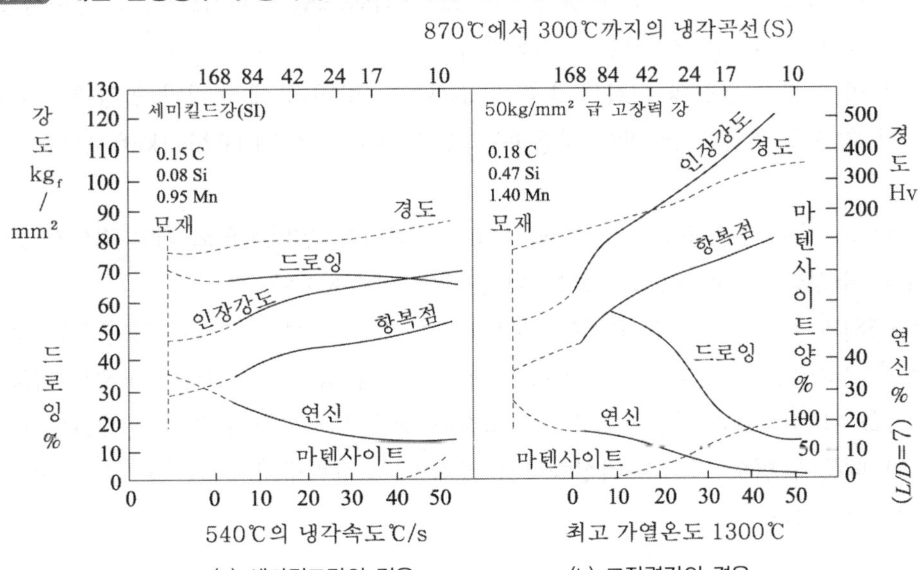

(a) 세미킬드강의 경우 (b) 고장력강의 경우

[그림 2.57]은 고장력강의 재현 열영향부의 기계적 성질에 미치는 최고 가열온도의 영향에 대하여 나타낸 것이다. 그림에서와 같이 가열온도가 높은 조립역에서 인장강도가 최고값을 나타내지만 1300℃ 이상에서는 강도가 저하하였는데 그 이유는 과열에 의해 결정립이 매우 조대화하여 연화되었기 때문이다.

그림 2.57 **최고 가열온도가 고장력강의 재현 열영향부의 기계적 성질에 미치는 영향**

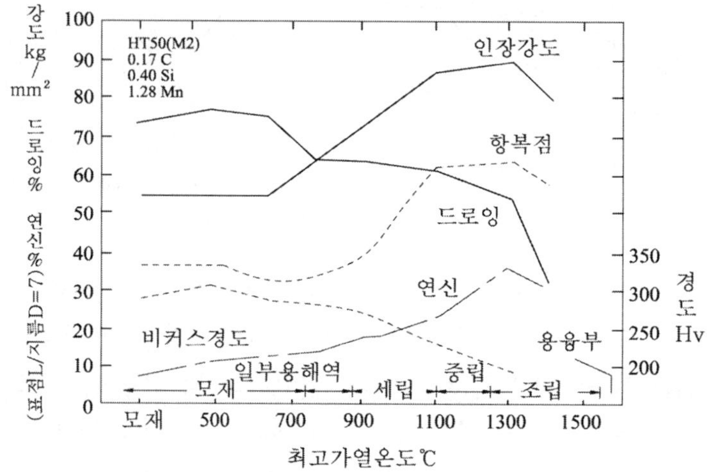

나. 용접 HAZ의 경도

용접부 단면의 경도는 그 위치에 따라 여러가지로 다르다. 강의 열영향부의 경우 본드에서 멀어짐에 따라서 최고 가열온도가 낮아지고, 또 냉각속도도 늦어지므로 그 현미경 조직에 차가 있는 것과 같이 기계적 성질도 변화한다.

열영향부의 기계적 성질의 변화를 손쉽게 조사하는 방법 중에 하나가 열영향부의 경도분포이며, 이 경도를 측정할 때 많이 사용하는 것이 하중이 작은(0.025~1kgf) 현미경 경도계이다.

본드 부분의 경도는 불연속이 있고 최고 경도가 생긴다. 일반적으로 최고 경도가 높을수록 열영향부가 취성화되므로, 최고 경도는 낮은 것이 바람직하다.

[그림 2.58]과 같이 고장력강 용접부 단면의 경도 분포를 보면 조립역 특히 본드 부근에서 최고 경도를 나타내고 있으며 조립역에서 멀어짐에 따라 경도가 저하하여 모재의 경도값으로 되고 있음을 알 수 있다. 일반적으로 저탄소강의 경우 냉각속도가 빨라도 마텐사이트의 생성이 적기 때문에 별로 경도가 급상승하지 않지만, 고장력강이나 고탄소강의 경우는 경도 증가가 현저히 크다.

그림 2.58 **고장력강 용접 열영향부의 경도 분포의 예**

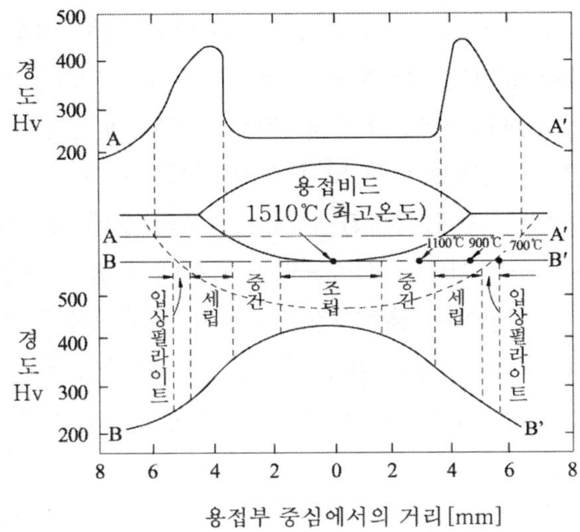

용접 열영향부의 최고 경도값은 용접성 판정에 중요한 값이 되며 이 값에서 균열이나 연성저하를 예측하는 기준이 된다. 그리고 최고 경도값은 용접 열 사이클 중의 냉각속도와 함께 증가하지만 탄소당량(등가탄소량, Ceq)을 사용하는 것이 편리하다.

탄소당량에 따른 최고 경도값의 계산은 다음 식과 같다.

$$H_{max} = 1200 \times Ceq - 200$$

이 식과 최고 경도값의 관계는 [그림 2.59]와 같으며 이 결과에서 다음과 같은 식이 얻어진다.

그림 2.59 **저탄소(저합금)강 비드 용접의 최고 경도와 탄소당량과의 관계**

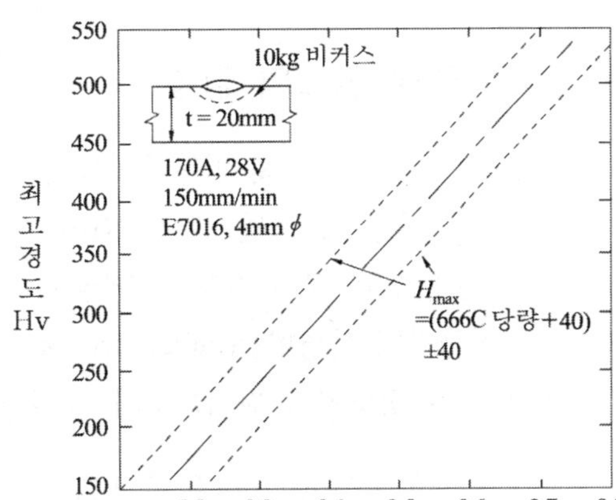

이때 탄소당량 계산식은 일본의 기하라, 스즈끼, 다무라의 식을 적용하였다. 이것은 단지 단층 용접 열영향부에 대해서만 언급된 경우이며, 다층용접과 같이 이전층이 다음층의 용접에 의해 후열효과로 경도가 저하하는 경우가 있으므로 다층 용접에서는 본드부에 근접한 부분이 전부 경화되어 있다고 볼 수 없으며, 보통 첫층과 최종층의 용접에 의한 용접 열영향부가 가장 경화 경향이 크다고 할 수 있다.

$$H_{max} = (666 \times Ceq + 40) \pm 40$$

다. 기계적 성질의 예측

용접부의 응고조직, 상온조직과 기계적 성질 사이에는 서로 상호 관계가 있다. 즉 용접 공정은 용융풀의 크기와 형태를 결정하며, 용접 와이어, 모재, 플럭스, 대기로부터의 습기 등의 영향으로 용융풀의 최종 조성, 조성적 과냉 및 편석에 영향을 준다.

용접속도 및 응고속도가 결정체 형태 및 편석에 영향을 주며, 용접 열주기가 금속 조직의 조대화에 영향을 주며 냉각 중에 생성된 변태 생성물의 형태에도 영향을 주고, 높은 모재 희석도로 인해 다층용접이나 재열시 석출물과의 반응에 용접부 조성이 영향을 준다.

따라서 특별한 용접부 조성이나 열주기를 고려하여 CCT 곡선을 작성하는 것은 어려우나 상기 여러 현상을 고려하여 C 곡선의 이동 경향성(긴 지연시간, 짧은 시간, 변태 영역에서의 모양, 크기)을 예견하는 것은 매우 중요하며 이 C 곡선의 이동 상황에 따라 용접부의 기계적 성질을 예측할 수 있다.

용접부의 연속냉각곡선(CCT 선도)을 사용하여 상온에서의 변태 생성물의 양을 측정함으로써 기계적 성질을 예견할 수 있다. 입열량은 용접부의 기계적 성질에 직접적으로 영향을 주는 것으로 CCT 곡선 및 냉각속도가 입열량에 의해 좌우된다. 대입열 용접일수록 인성치는 저하한다.

라. 합금 원소의 영향

탄소는 항복강도 및 인장강도를 증가시키며, 인장강도에 대한 항복강도의 비를 감소시킨다. 기타 다른 합금 원소로서 Ni이 가장 인성에 좋으며 다른 원소들은 강도를 향상시키게 된다. 불평형률 B은 적당한 양까지는 좋으나 너무 많이 사용하면 다시 취화해진다.

저합금강의 불평형률(unbalance factor) B을 사용하여 천이온도를 예측하고 있다. B값이 약 80~90 정도에서 천이온도가 제일 낮게 된다.

$$B = \frac{14\mathrm{A}}{27} + \frac{14\mathrm{Ti}}{48} + \frac{14\mathrm{V}}{51} + \frac{14\mathrm{N}}{93} - \mathrm{N}$$

일반적으로 용접부의 강도가 증가하면 충격 에너지는 떨어진다. 금속 조직이 경도/강도 측면에서 마텐사이트-베이나이트-펄라이트-침상 페라이트-위드만스테이튼 페라이트 - 결정립계 페라인트의 순으로 낮아지므로 그 반대로 인성치는 증가할 것 같으나 그렇지 않다. 인성 측면에서는 결정립계 페라이트, 위드만스테이튼 페라이트 순으로 증가하여 침상 페라이트에서 가장 높은 값을 보이며 다시 펄라이트, 베이나이트, 마텐사이트 순으로 감소한다.

침상 페라이트 양이 많을수록 충격 에너지가 크며, 또한 침상 페라이트의 윗가지(lath) 크기가 작을수록 인성이 크다. 이것은 침상 페라이트가 경하지 않은 조직을 가지고 있으면서 결정립 크기가 아주 미세하기 때문이다.

그러나 침상 페라이트가 많다고 해서 인성치가 전부 좋아지는 것은 아니며, 침상 페라이트는 90~95%에서 가장 우수한 인성치를 나타내고 있으므로 더 이상의 인성치를 올리기 위해서 Mn, Mo 등의 합금 원소를 첨가해도 단지 고용 경화에 의해 용접부의 강도만 높아질 뿐이다.

침상 페라이트의 핵 생성을 위해 산소가 많은 역할을 하게 되는데 용접부의 산소량이 200~300ppm에서 가장 최적의 침상 페라이트와 인성치를 갖게 해준다.

오스테나이트 결정경계에서 결정경계 페라이트가 생성되고 주위에 높은 용질 농도와 탄소 농도구배를 가지며 탄화물 석출이 일어난다. 따라서 초정 페라이트 근처의 탄화물을 따라 취성 벽개 파괴가 일어난다. 이것은 Cr, Mo 등 탄화물 형성 원소가 함유한 용접부에서 잘 일어난다. 용접부에 결정경계 페라이트가 존재하게 되면 페라이트 정맥을 따라 쉽게 균열이 일어나게 된다.

같은 용접부라도 위치에 따라 다른 인성값을 나타낸다. X형이나 H형 홈의 경우 루트 부위에서는 한쪽을 용접하고 다른 쪽은 비용접 상태이므로 국부적으로 응력집중 등 많은 변형이 남게 되며 또한 이면 용접부에는 용접 중 적절한 보호가 안되므로 N 등이 다량 침투하게 된다. 따라서 전반적으로 루트 부위에는 인성치가 낮게 나타나는데 이 현상은 이면 루트 부위가 더 심하다.

다음은 용접 열영향부에서의 경도 측정값인데 결정립 크기의 변화에도 불구하고 경도 분포는 비교적 균일하며 용융선에서 최대로 증가(마텐사이트 존재)함을 알 수 있다.

이와같은 현상은 모든 용접에서 볼 수 있다. 따라서 용융선 부근에 발달한 결함들에 대해서는 결함 생성에 대한 억제 능력이 없으므로 더욱 위험하다.

마. 다층 용접 HAZ의 조직

용접시에 단층으로 용접할 경우 모재의 온도에 비해 비드 온도가 높아 비드의 열이 매우 빨리 급랭되므로 주상조직이 생기고 담금질 효과에 의해 경도가 높으며, 인성이 떨어지게 된다. 그러나 다층용접을 할 경우는 위층의 용접열에 의해 아래층에 예열 효과를 받으며, 주조조직이 파괴되어 세립화되고, 불림효과를 가져와 결정립이 미세화되어 강인하고 연성이 좋아지게 된다. 또한 다층용접은 열영향부가 재가열되어 금속조직이 미세화되므로 연성이 증가하게 된다.

용접부는 여러 형태의 변태 조직과 높은 전위밀도를 가지는데 재가열과 함께 안정한 탄질물(carbonitride)이 없을 때는 재결정 및 결정립 성장을 억제 못하게 될 수 있으나 각 층의 입열량이 작으므로 결정립 성장은 안되고, 열영향부의 재가열로 금속 조직은 미세화된다.

따라서 다층 용접을 함으로서 결정립 미세량이 많아지고 불순물의 편석을 방지함으로서 높은 인성치를 갖게 된다. 그러나 다층 용접시 Nb, Ti, V 등은 석출물 반응으로 결정립 강화가 일어나서 용접부의 인성을 저하시킨다.

바. 최적의 용접성 및 인성을 위한 강 선택

저탄소, 저탄소당량의 저합금강, S의 함량이 적은 강을 사용하며, 모재의 인성값이 높은 것을 사용해야 된다. 모재와 조성이 같고 대입열 용접의 경우에는 Nb, V 등의 첨가는 가열 중 석출로 인해 열영향부의 인성을 낮추게 되므로 주의해야 된다. 특히 저합금의 경우 후열처리 시 석출 경화형 원소(Nb, V)나 저융점 잔류 원소(Sb, P, As, Sn)의 편석에 주의해야 된다.

세포 수지상 - 주상 수지상 전환 및 오스테나이트 성장 활동들이 용접부의 고상변태 페라이트 들을 결정하는 주요 인자가 된다. 산성 플럭스들을 사용하면 전반적으로 충격 에너지가 작은데 이는 산화 개재물들의 영향이 있기 때문이다.

제4절 | 용접부 고상변태

1 $\delta - \gamma$ 상변태

가. 보통 탄소강의 기본 변태의 형태

일반적으로 탄소강의 액상에서 고상으로의 변태는 다음과 같이 크게 4가지의 형태가 있다.

(1) L(액체, liquid) → $L+\delta$ 페라이트 → $\delta+\gamma$ → γ(오스테나이트)

(2) L → $L+\delta$ 페라이트 → δ 페라이트 → $\delta+\gamma$ → γ 오스테나이트

(3) L → $L+\delta$ 페라이트 → $L+\gamma$ → γ 오스테나이트

(4) L → $L+\gamma$ → γ 오스테나이트

나. 용접부의 응고 및 고상변태

저탄소강의 탄소량은 0.18~0.20% 정도로 탄소 함유량이 낮기 때문에 저탄소강 용접부의 응고 및 고상변태는 다음의 순서로 진행된다.

L(액체) - $L+\delta$ 페라이트 - δ(δ 페라이트) - γ(오스테나이트) - α 페라이트

즉 저탄소강 용접부의 초기 응고 조직은 액체에서 δ 페라이트로 응고되며, 일반 용접부의 경우 대부분 세포형 수지상정과 주상형 수지상정이 주종을 이루고 있고, 평면형이나, 세포 조직은 용융선에 매우 적은 양만이 존재한다. 따라서 용융선 부위에 발달한 세포 수지상으로 인해 용질 원소들은 수지상정 쪽으로 밀려나게 된다.

이것은 용접부 중앙으로 갈수록 주상형 수지상이 발달하면서 많은 양의 용질 원소들이 내부 수지상정(interdendrite) 사이에서부터 오스테나이트가 발달하면서 δ 페라이트는 오스테나이트로 상변태를 하게 되는데 세포형 수지상정 지역에 매우 낮은 농도의 불순물(impurities)로 인해 자유스럽게 횡 팽창(lateral expansion)을 할 수 있으나 주상형 수지상정 지역에서 생성된 오스테나이트는 내부 주상형 수지상정(intercolumnar dendrite)에 쌓인 불순물들의 심한 편석으로 자유스럽게 성장을 못하게 된다. 따라서 용접부에 발달할 수 있는 오스테나이트는 용융 경계(fusion boundary) 부근의 세포 수지상 부근에 굵은 주상(coarse columnar)의 오스테나이트와 주상-수지상 부근에 굵은 원주상의 오스테나이트와 얇은 주상 오스테나이트가 발달하는 것이다.

[그림 2.60]는 내부 주상형 수지상정 경계(interdendrite boundary)에 심한 불순물이 편석하여 포정형(peritectic) 오스테나이트 영역에서 핵 생성 및 성장의 관계를 나타낸 것이다.

그림 2.60 내부 주상형 경계에 포정형 오스테나이트 핵 생성 및 성장

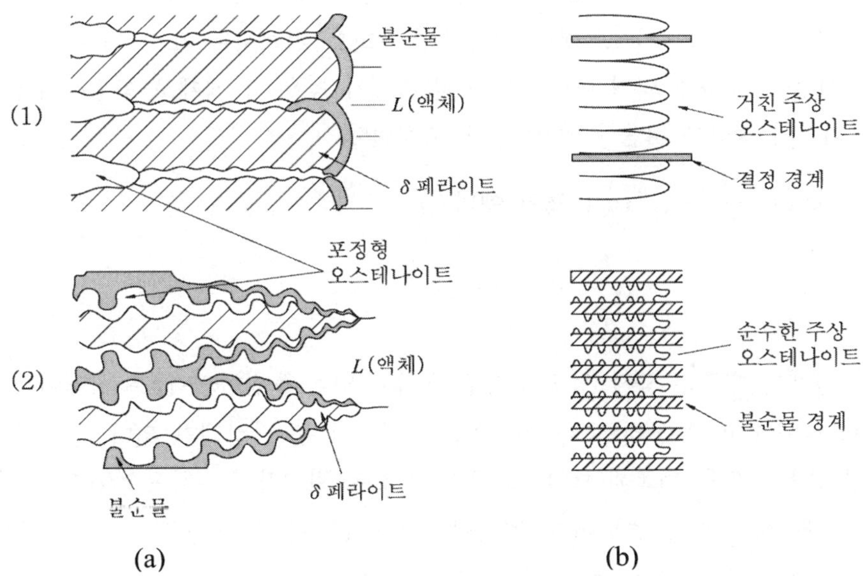

2 $\gamma-\alpha$ 상변태

가. $\gamma-\alpha$상의 확산 변태

$\gamma-\alpha$는 간헐적인 원자 위치의 원거리 교환 또는 공공, 용질 쌍(solute pair)의 확산변태(diffusion)이다. α 페라이트상의 핵 생성을 위해서는 새로운 상의 표면 및 변형 에너지를 위해 어느 정도의 최소 에너지가 필요하다.

$$\triangle G \geq -\triangle G_V + \triangle G_S + \triangle Ge - \triangle G_D$$

($\triangle G$: 변태의 몰 자유 에너지
$\triangle G_V$: 핵의 화학 에너지, 변태 도움
$\triangle G_S$: γ, α상 사이의 표면 에너지 증가
$\triangle G_e$: 격자 팽창(lattice dilatation)에 의한 변형 에너지 증가
$\triangle G_D$: 오스테나이트 GB에 기존의 불균질성에 의하여 핵 생성에 기여한 에너지)

또한 핵이 새로운 상을 만들기 위해서는 적당한 크기와 조성을 가져야 하므로 용질 원자들의 확산 및 재분포가 요구되며 그에 따른 시간이 필요하다. 오스테나이트 γ상의 입계에서 α핵이 생성될 경우 $\gamma\rightarrow\alpha$ 변태가 확산변태이므로 $\triangle G_e$(격자 변형 에너지)는 철강의 상변태에서는 작아서 무시하게 되므로 $\triangle G_S$(γ/α 표면 에너지 변화)가 변태의 몰 자유 에너지 $\triangle G$를 결정한다. 입계에서 α 핵의 생성시 안정화를 위해서는 표면 에너지를 최소화하기 위하여 상태를 조절하게 되며 이때 γ/α상의 경계가 높은 각 경계로 응집하지 않은 상태에서 핵의 최적의 형상은 다음 식들에 의해 결정된다.

$$\cos\phi = \frac{\gamma_{\gamma/\gamma}}{2\gamma^{\alpha/\gamma}},\quad (\gamma : \text{표면 에너지})$$

$$r^* = \frac{2\gamma^{\alpha/\gamma}}{\triangle G_V},\quad (r^* : \text{임계 반지름})$$

γ/α상 경계는 대부분 중간 정도의 응집 상태이거나, 응집하지 않은 상태여서 γ/α 원자들은 서로 불규칙 배열 상태를 가지며 표면 에너지가 높은 상태가 된다. $\gamma^{\alpha/\gamma}$의 불응집 상태와 중간 응집 상태를 비교해 보면 <표 2.4>와 같은 관계가 성립하여 γ/α상 경계는 불응집 상태가 핵 생성에 좋다는 결론이다. 결정립계에서 α상의 핵 생성은 $\gamma^{\gamma/\gamma}$ / $\gamma^{\alpha/\gamma}$의 비가 클수록 좋으므로 $\gamma^{\alpha/\gamma}$는 작을수록, $\gamma^{\gamma/\gamma}$는 클수록 좋다.

표 2.4 중간 응집과 불응집간의 상 변화

중간 응집 : 불응집	중간 응집 : 불응집	중간 응집 : 불응집
$\gamma^{\alpha/\gamma}$ < $\gamma^{\alpha/\gamma}$	ΔG_S < ΔG_S	ΔG < ΔG
ϕ < ϕ	r < r	ΔT < ΔT

핵 생성이 잘되는 순서대로 정리하면 자유 표면, 결정 모서리, 결정 경계, 개재물(inclusions), 전위(dislocations)(적층 결함 포함), 공공(vacancy) 순으로 핵 생성이 잘된다.(그림 2.61 참조)

그림 2.61 핵 생성이 잘되는 순서

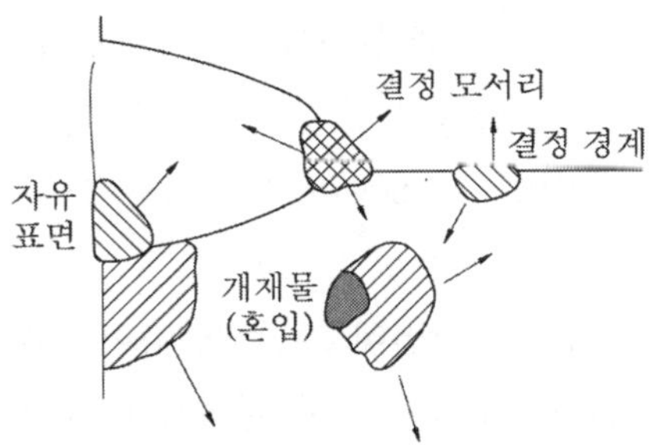

그림 2.62 온도와 핵 생성율 관계

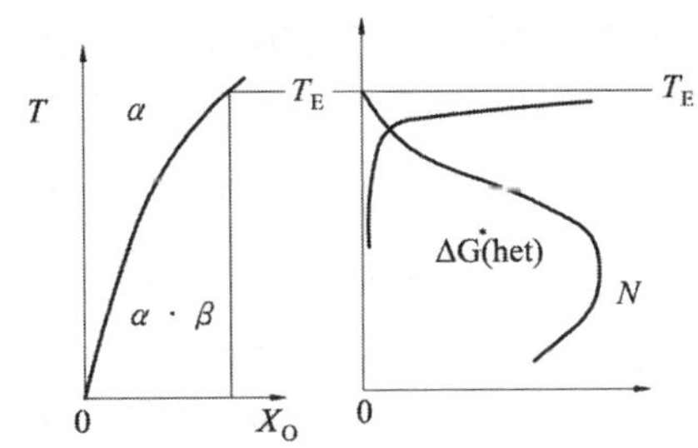

나. 상변태의 양

상변태의 양은 핵 생성 자리가 얼마나 많은가에 좌우된다.

$$N = \omega C_1 \exp\left(\frac{\Delta G_m}{kT}\right) \exp\left(\frac{\Delta G^*}{kT}\right) \text{원자핵수}/\text{m}^3,\ \text{sec}$$

(N : 핵 생성 비(속도), C_1 : 핵 생성 위치 / 단위 체적,
ω : 콤스의 진동 빈도, k : 볼츠만 상수,
$\omega\exp(\Delta G_m/kT)$: 세포핵 종류에 따른 원자의 이동을 위한 활성 에너지)

상기 식을 온도의 함수로 나타내면 [그림 2.62]과 같은데 핵 생성율은 온도에 강하게 영향을 받는다.

1) 변태량과 시간과 온도와의 관계

용융금속의 냉각속도를 빠르게 하여 과냉이 크게 일어날 경우 형태학(morphology)이나 성장 방식, 조성 및 격자 구조(lattice structure) 등에 영향을 받으면서 여러 형태의 변태 생성물이 발달하게 된다. 새로운 변태물들은 각각 고유의 C곡선을 가지게 되는데, 이러한 연속 냉각곡선(CCT 곡선)은 용접에 이용된다.

[그림 2.63]은 전형적인 $\gamma-\alpha$ 상변태의 TTT 곡선을 나타낸 것이며, 온도 T_w 부분은 위드만스테이튼 페라이트가 생성되는 온도를 나타낸 것으로, 온도와 성분량에 따라 각 페라이트의 생성 과정을 보여주고 있다.

그림 2.63 $\gamma-\alpha$ 상변태의 TTT 곡선

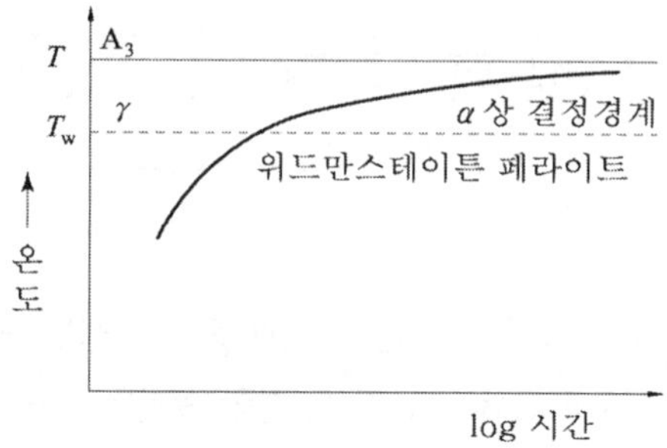

탄소강이 A_3 온도 이하로 냉각할 경우 냉각 정도에 따라 다각형(덩어리) 페라이트, 결정경계의 초석정(proeutectoid) 페라이트, 위드만스테이튼 페라이트(W, side-plate 페라이트), 침상(acicular) 페라이트, 펄라이트, 베이나이트, 마텐사이트 등의 변태물들이 발달하는데 페라이트의 경우 다각형 페라이트나 결정경계의 초석정 페라이트는 750~1000℃에서 넓은 범위의 확산에 의하여 발생하며, 위드만스테이튼 페라이트는 600~750℃에서 짧은 범위로 발생하고, 침상 페라이트는 600℃ 이하에서 만들어지며 많은 과냉 및 개재물에서 핵이 생성하게 된다.

Ac_3 온도 이하로 냉각이 되면 오스테나이트가 페라이트로 상변태를 할 때 각이 크며 높은 변형 에너지를 가진 비간섭성 경계인 오스테나이트 결정경계에서 먼저 결정경계 페라이트가 발달하며, 이 페라이트는 탄소 고용도가 낮기 때문에 탄소는 오스테나이트 결정립 내부로 확산되어 가는데 이때 위드만스테이튼 페라이트가 발달하고 더 나아가 오스테나이트 결정립 내부에 산재해 있는 산화 개재물들로부터 침상 페라이트가 발달하게 된다.

그림 2.64 상태도상의 조직 생성 위치

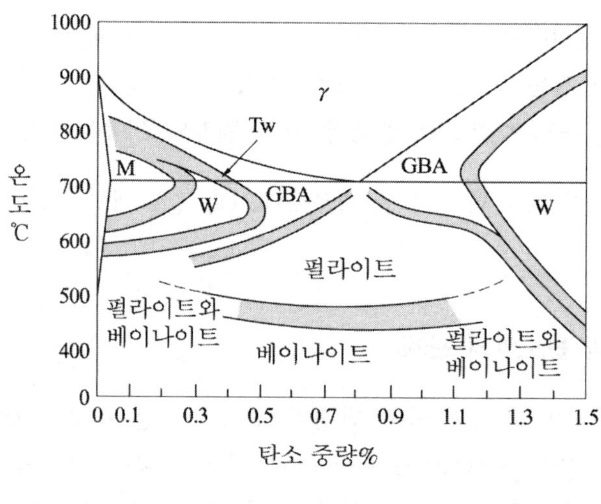

[그림 2.64]는 탄소 함유량과 온도에 따른 변태관계를 나타낸 상태도로서, GBA(grain boundary allotromorph)는 이형(異形) 결정경계를 나타낸 것이며, 0.3%C 이하, 650~800℃

에서는 거대한 페라이트(M, massive ferrite, 냉각속도가 빠를 경우 γ와 같은 조성을 가진 α상 페라이트)가 생성되며, 0.5%C 이하, 600~800℃, 그리고 1.2%C 이상, 450~900℃에서는 페라이트가 많은 위트만 스테이튼 페라이트 W가 생성되며, 500℃부근에서는 펄라이트와 베이나이트가 나타남을 알 수 있다.

[그림 2.65]은 각종 금속조직의 전형적인 광학 현미경상의 사진을 나타낸 것이며, 조직사진 내에 A~F는 사진의 각 위치에 따른 조직 명칭을 나타낸 것이다. 맨 우측 사진은 좌측 사진의 C 부분을 보다 높게 확대한 위드만스테이튼 페라이트 조직을 나타낸 것이다.

그림 2.65 $\gamma-\alpha$**상변태시 생성된 조직 사진의 예**

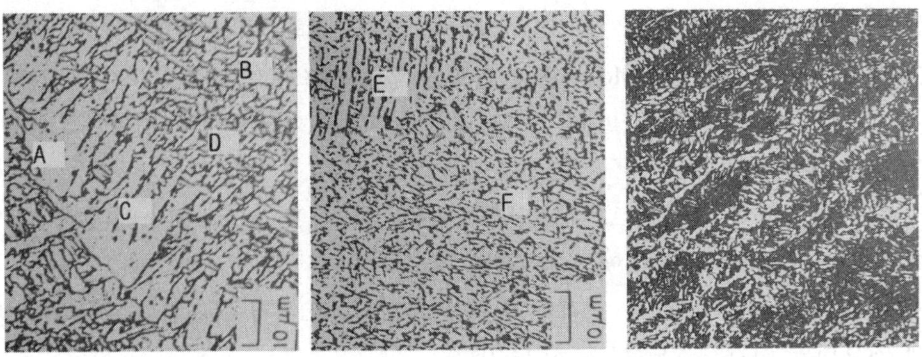

A : 결정경계 페라이트, B : 다각형 페라이트, C : 위드만스테이튼 페라이트
D : 침상 페라이트, E : 상부 베이나이트, F : 하부 베이나이트/마텐사이트
맨 우측 : 위드만스테이튼 페라이트

2) 변태 생성물의 최종 용적분률

변태 생성물의 최종 용적분률(volume fraction)(vf)을 결정하는 요소는 핵 생성 비(nucleation rate), 핵 성장 비(growth rate), 핵 생성 위치의 밀도(density)와 분산(dispersion), 인접 변태 생성물과의 확산 분야(diffusion field)의 겹침 및 침해(impingement) 등이 있다.

변태 중 생성 페라이트의 용적분율(volume fraction)(f)은 다음 식에 따라서 결정되며 핵 생성율 N은 변태 원동력(transformation driving force)인 ΔG와 함수 관계를 가진다.

$$f = 1 - \exp\left(-\frac{\pi}{3} N V^3 t^4\right)$$

(N : 핵 생성율, V : 핵 성장율, t : 시간)

페라이트가 성장하면서 탄소 고용도가 낮은 페라이트 내의 탄소들은 오스테나이트 내부로 확산되어 들어가게 된다. 페라이트 핵 생성의 원동력(ΔG)은 다음 식과 같다.

$$\Delta G = RT[C_O \in (C_\gamma / C_O) + (1 - C_O) \in [(1 - C_\gamma) / (1 - C_O)]$$

(C_γ : 페라이트 핵 주위 오스테나이트에서의 강화된 탄소 농도
C_O : 모재의 명목상의 탄소 농도)

저탄소강의 경우 C_O << 1이므로 다음 식과 같다.

$$\triangle G = RT[(C_\gamma)^{Co}(1-C_\gamma)] / (C_O)^{CD} = RT \in (1-C_\gamma)$$

즉 연강 용접의 경우 페라이트 핵 생성의 원동력은 페라이트 핵 주위의 풍부한 탄소 농도 C_γ에 의해 결정이 된다. C_γ이 작을수록 페라이트 핵 생성율은 작다.

철강에 Cr, Ni, Mo 등의 원소를 첨가할 경우 Ni을 미량 첨가시 C_γ가 작아져 페라이트 핵 생성율이 감소하게 된다. 반면 Cr, Mo를 첨가시 C_γ은 증가되므로 페라이트 핵 생성은 증가한다. 그러나 Cr, Mo, Ni을 첨가할 경우 이들은 오스테나이트에 용해하게 되어 탄소의 확산을 감소시킨다. 특히 Cr, Mo은 강한 탄화물 형성 원소로써 탄소의 확산을 강하게 저지하여 고온도 페라이트의 변태 발달을 막고 대신에 저온도 페라이트나 펄라이트, 베이나이트 등의 발달을 촉진시킨다.

성장비는 결정경계 페라이트, 위드만스테이튼 페라이트 모두 오스테나이트에서 탄소 확산계수(diffusion coefficient)에 좌우된다.

냉각 중 어느 일정 온도에서 냉각을 중단한 후 그 온도에서 유지할 경우 50% 생성물을 얻는데 소요되는 시간 $t_{0.5}$은 다음 식과 같다.

$$t_{0.5} = \frac{0.7}{G^{1/n}}$$

여기서 $G = f(N, \nu, T)$

(N : 핵 생성비 =f(핵 생성 위치, $\triangle T$)
n : 1~4
T : 온도
ν : 성장비 = f(접속 형식, 즉 일치성 정도, 합금량)

오스테나이트의 결정립에서 페라이트가 생성되는데 소요되는 시간은 다음과 같다.

$$t_{0.5} = \frac{0.9}{N^{1/4}\nu^{3/4}}$$

여기서 G(변태 자유에너지)가 크면 α 페라이트상의 성장이 급격하게 되며, α 페라이트의 성장은 오스테나이트의 결정 크기에도 좌우되며, 결정 크기가 작을수록 α상의 핵 생성 및 성장은 크게 된다.

3 펄라이트 변태

가. 펄라이트 조직의 생성

그림 2.66 펄라이트 성장 과정의 예

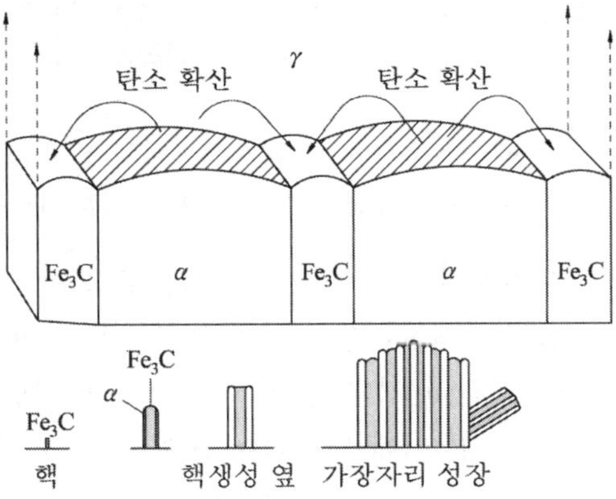

강이 A_1 변태점 이하로 냉각될 때 오스테나이트 조직은 편상 α 페라이트와 Fe_3C가 혼합한 층상 조직으로 변태하게 되는데 이와 같은 조직을 펄라이트라 하며, 이와 같이 변태하는 이유는 페라이트는 0.02 wt%C 이상을 함유할 수 없으므로 탄소가 탄화물(Fe_3C) 구역으로 확산 이동하여야 하기 때문이다.(그림 2.66 참조)

공석강을 850℃(오스테나이트 상태)에서 750℃까지 냉각한 후 이 온도에서 항온 유지시키면 어떠한 변태도 일으키지 않지만, 650℃까지 냉각시킨 후 항온 유지하면 1초 후에 펄라이트 변태가 시작되고 10초 이내에 변태가 거의 완료된다.(그림 2.67 (b) 참조)

펄라이트 형성온도가 낮아짐에 따라 층상 펄라이트는 점점 미세해지고 조직은 더욱 경화된다. 즉, 펄라이트 형성과정을 시멘타이트의 형성으로부터 시작된다고 가정하면, 오스테나이트에서 시멘타이트가 형성되기 위해서는 탄소 원자가 확산 이동해와야만 하고, 동시에 시멘타이트의 인접 지역은 탄소의 고갈로 페라이트가 형성되어, 시멘타이트와 페라이트 층이 나란히 성장해간다.

아공석강의 경우, 750℃에서는 페라이트만이 형성되어 페라이트와 오스테나이트의 2상 평형상태가 되지만, 변태를 650℃에서 일어나게 하면 페라이트가 우선적으로 형성되고, 잠시 후에 펄라이트가 형성된다.(그림 2.67 (c) 참조)

과공석강의 경우에도 비슷하며, 시멘타이트가 우선적으로 형성되고, 그 후에 펄라이트가 형성된다. 펄라이트 중 비교적 높은 온도에서 형성된 펄라이트는 조대하고, 비교적 낮은 온도에서 형성된 펄라이트는 미세하다.

그림 2.67 공석강의 TTT 곡선

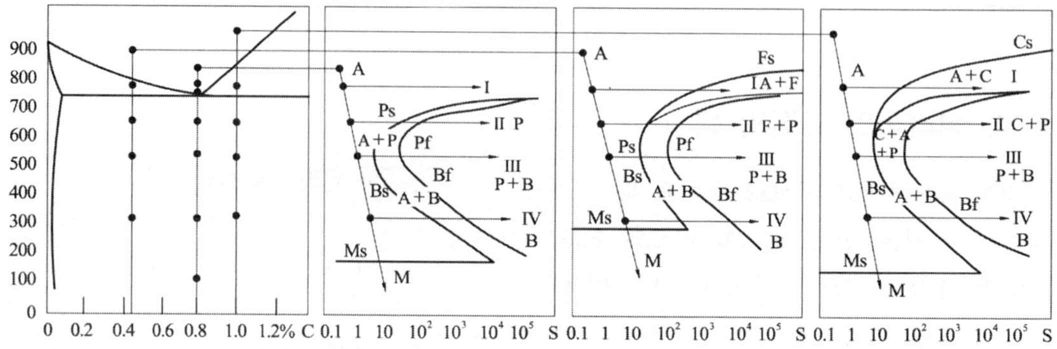

(a) Fe–C 상태도 (b) 공석강 TTT 곡선 (c) 아공석강 TTT 곡선 (d) 과공석강 TTT 곡선

면심입방격자(오스테나이트)는 틈새자리 반경이 0.52Å 정도이므로 탄소를 많이 고용할 수 있으나 체심입방격자(페라이트)의 틈새자리 반경은 0.19Å로 탄소(원자 반경 0.7Å)를 고용할 공간이 거의 없다. 그러므로 냉각할 때 오스테나이트에 고용되어 있던 탄소가 석출하여야 한다. 이때 탄소들이 모여서 Fe_3C를 형성할 때까지 충분한 시간이 필요하며 천천히 냉각하면 펄라이트가 생성된다.

[그림 2.68]에서와 같이 낮은 온도의 염욕에 냉각할수록 펄라이트 조직의 강도와 경도는 증가한다. 그 이유는 낮은 온도에서 냉각할수록 심하게 과냉함에 따라 불안정한 상태가 되며 빨리 안정한 상태가 되려고 핵의 발생이 많아지게 되므로 결정입자가 미세해지기 때문이다. 또한 온도가 높을수록 많은 탄소가 더 멀리 이동할 수 있으므로 결정의 성장 속도가 핵발생 속도보다 크므로 결정입자가 커지게 된다.

그림 2.68 석강을 염욕에서 각 온도에 따라 등온 냉각함에 따른 조직의 변화

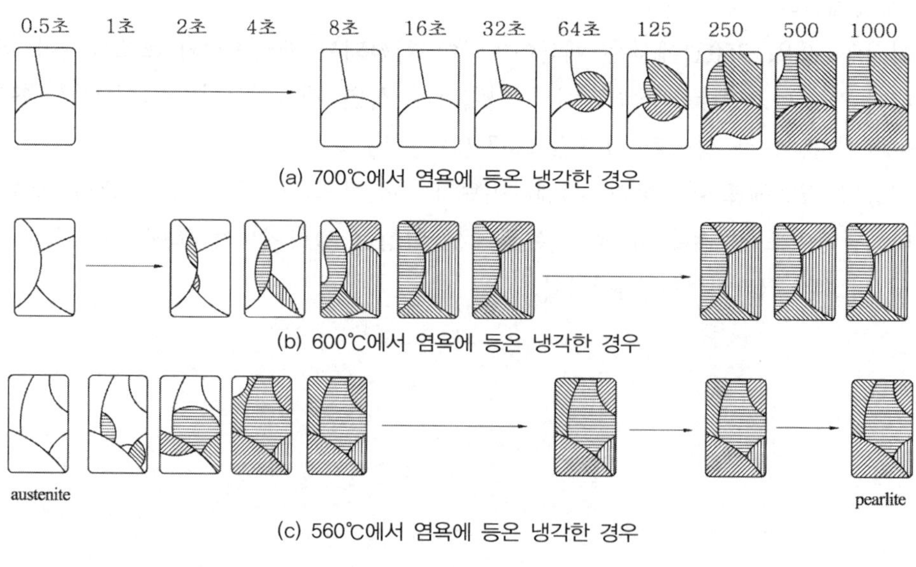

(a) 700℃에서 염욕에 등온 냉각한 경우

(b) 600℃에서 염욕에 등온 냉각한 경우

(c) 560℃에서 염욕에 등온 냉각한 경우

나. A_1, A_3 및 Acm 선의 변화

강을 담금질이나 풀림할 경우에 우선 오스테나이트 상태의 온도로 가열할 필요가 있다. 탄소강의 경우 A_3 또는 Acm선 이상으로 가열하면 오스테나이트 단상으로 되지만, 합금원소가 첨가되면 이 A_3 및 Acm선의 온도가 달라지므로 합금강에서는 가열온도의 선정에 주의할 필요가 있다.

공석점은 탄소강에서는 이동되지 않는다. 그러나 Cr량이 증가함에 따라 723℃, 0.8%C에 해당되는 A_1 변태점이 저탄소쪽으로 그리고 고온측으로 이동함으로 오스테나이트 단상영역은 Cr량이 증가함에 따라 점점 좁아지게 된다. 따라서 오스테나이트화하기 위해서는 보다 높은 온도로 가열해야만 한다.

이와 같은 경향은 탄화물 형성원소에서 공통적으로 볼 수 있는 현상으로서 고속도강을 900℃ 정도로 가열시 오스테나이트 중에 고용되는 탄소량은 불과 0.25% 정도이므로 이것을 담금질하여 마텐사이트 조직으로 변태시켜도 그다지 경화되지 못하지만, 1270~1300℃로 가열하면 0.55% 정도의 탄소가 오스테나이트 중으로 고용됨으로 이것을 담금질하면 HRC 65~67 정도의 경도를 얻을 수 있다.

Ti, Mo, Si 및 W 등은 모두 A_1 변태점을 상승시키며, Ni과 Mn, 질소는 A_1 변태점을 저하시킨다.

다. 펄라이트 층간 거리(간격)

펄라이트 조직에서의 층간 거리는 재료의 강도를 결정하는 것으로써 매우 중요하다.

A_1 변태온도 직하에서 핵 생성 속도는 작고 핵 성장 속도는 비교적 크기 때문에 단지 소수의 핵만이 형성되어 성장하게 된다. 그리고 이 온도에서 형성된 펄라이트의 층간 거리는 비교적 큰 편이다. 즉 층간 거리는 변태온도가 높을수록 커지며, A_1 이하의 과냉량이 클수록 작아진다. 만약 펄라이트의 깊이가 δ이고 층간 거리가 S_O이며 X방향으로 일방성을 가지고 dx만큼 펄라이트가 성장한다면 층간 거리당 변태된 오스테나이트의 체적은 $S_O \delta dx \rho$가 될 것이며, 이만큼의 펄라이트 체적을 만들기 위하여 유용한 자유 에너지 G는 다음 식과 같이 된다.

$$G = \Delta H\left(\frac{T_e - T}{T_e}\right) S_O \, dx \, \rho$$

(T_e : Ae1 변태온도, T : 실제 변태온노, ΔH : 변태 짐열, ρ : 밀도)

이만큼의 새로운 양의 펄라이트 조직의 체적을 형성하는 것은 계면 에너지의 증가를 유발하게 되며, 계면적의 증가는 $2\delta dx$가 되고, 계면 에너지의 증가는 $2\delta dx \gamma$가 된다. 여기서

γ는 단위 면적당 계면 에너지이다.

따라서 층이 성장하려면 계면 에너지의 증가가 변태함으로써 생기는 자유 에너지의 감소량보다도 작을 때만 가능하므로 변태온도가 낮을수록 즉 과냉량이 클수록 작다는 것이다.

라. 펄라이트 성장속도

펄라이트의 형성은 핵 생성과 성장의 좋은 예이다. 오스테나이트로부터 펄라이트로 변태된 양 X은 단위 시간당 형성된 비변태된 오스테나이트의 단위 체적당의 핵 생성수로 정의되는 핵 생성속도 N와 이들 핵의 성장속도 G(cm/sec)와의 관계로서 나타낸다.

$$X = 1 - \exp\left(\frac{\pi}{3} N G^3 t^4\right)$$

실제로 N과 G는 시간에 따라 균일하게 핵이 생성하지 않으며, 핵은 구상이 아니고 무질서하게 분포도 안 된다. 모든 결정립계가 핵 생성 장소로서 똑같지 않으며 결정 모서리가 입계나 표면보다 더 활발하게 생성한다.

$$X = 1 - \exp\left(\frac{4}{3} \pi y G^3 t^3\right)$$

(y : 단위 체적당 결정 모서리의 수)

펄라이트의 성장속도 G는 오스테나이트에서 탄소의 확산 계수($D_C{}^{\gamma}$)와 관계가 되므로 다음 식과 같이 계산된다.

$$G = \frac{K D_C{}^{\gamma}}{S_O} = \left(\frac{\Delta C}{C_P - C_\gamma}\right)\left(\frac{D_C{}^{\gamma}}{S_O}\right)$$

(C_P, C_γ는 펄라이트, 오스테나이트 상에서의 단위 체적당 용질 원자수,
ΔC는 오스테나이트의 경계부와 외각 사이의 농도 차(확산을 유도하는 용질 농도구배)

마. 펄라이트 변태 속도의 변화

평형 상태도 상에서 A_1 및 A_3선이 합금원소 첨가에 의해서 변화되는 양상은 실제로 오스테나이트 상태로부터 어느 냉각속도로 냉각시킬 때에 Ar_1 변태가 어떻게 나타나는가 하는 것은 냉각속도와 합금원소에 의해서 현저하게 달라진다.

펄라이트 변태속도는 핵 생성 속도(N)와 핵 성장 속도(G)에 의해서 결정되지만 합금원소의 영향도 크다.

합금원소 중에서 Co와 Al만은 이 핵 생성 속도와 성장 속도를 증가시켜서 펄라이트 변태를 촉진시키지만, 그 이외의 원소들은 펄라이트 변태를 지연시키는 효과를 갖고 있다.

특히 Mo, Ni 및 Mn 등은 그 작용이 현저하다. 예를 들면 Mn은 0.2%에서 0.8%로 함유량이 증가하면 핵 성장 속도를 1/5로 감소시키고, 또 Mo은 불과 0.5% 첨가로서 핵 성장 속도를 1/100로, N은 1/1000로 감소시킨다고 한다.

오스테나이트 안정화 원소(austenite stabilizer)인 Ni은 펄라이트 변태를 지연시키기 때문에 펄라이트 변태 개시선이 오른쪽으로 이동되어 있는 것을 볼 수 있다. 따라서 펄라이트 변태가 완료되는데 걸리는 시간이 훨씬 길어지게 되며, A_1 변태온도도 낮아짐을 알 수 있다.

이와 같이 펄라이트 변태를 지연시키는 합금원소를 첨가하면 두께가 큰 강재를 담금질할 경우에 중심부의 냉각속도가 다소 늦더라도 완전한 마텐사이트 조직으로 경화될 수 있다.

4 마텐사이트 변태

가. 마텐사이트 조직 생성

오스테나이트 상태로부터 급랭하면 탄소가 확산할 시간적 여유가 없으므로 다른 곳으로 이동하지 못하여 α 철(체심입방격자) 내에 고용 상태로 남아 있게 되며, 또한 철 원자들이 이동하여 면심입방격자가 체심입방격자로 변해야 하지만 Ms점 이하에서는 온도가 너무 낮기 때문에 이동할 에너지가 없어진 철 원자들이 이동하지 못하고 면심입방격자 그대로 있을 수 밖에 없고 철 원자들이 결합하고 있는 방향만 변하여서 체심입방격자로 변한다.

따라서 마텐사이트 변태는 원자의 이동없이 일어나므로 무확산 변태라고도 한다.

마텐사이트는 농도 변화는 일어나지 않고 격자변태를 하기 때문에 변태 이전의 오스테나이트와 같은 성분을 가진 상이므로 오스테나이트와 일정한 결정학적 관계를 가지며, 냉각속도와는 관계없이 강의 성분이 결정되면 항상 일정한 온도 즉 Ms점에서 생기기 시작하며, Mf점에서 변태를 종료한다.

이와 같이 마텐사이트 변태는 원자의 확산이 따르지 않고 순간에 생기므로 마텐사이트 결정격자 내에도 오스테나이트와 같은 양만큼만 탄소(C)를 고용하게 되므로 탄소 과포화의 페라이트를 세로로 인장한 것과 같은 결정구조(입방정 페라이트의 결정구조를 세로로 인장한 것 같은 정방정 구조)로 된다.

그림 2.69 탄소량과 Ms, Mf와의 관계

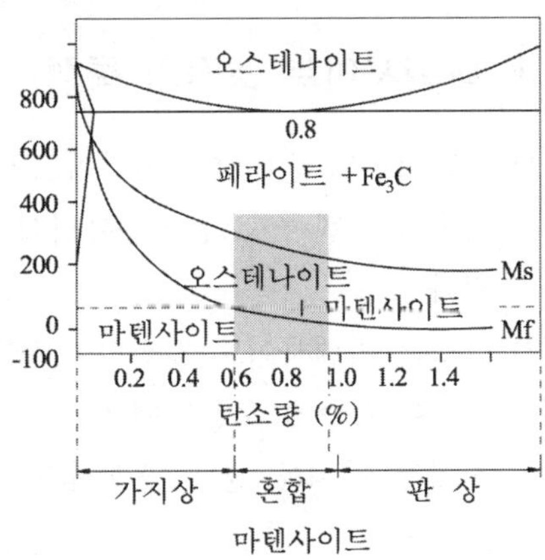

그런데 탄소 원자가 차지할 수 있는 격자 틈자리의 크기는 γ 철(0.51 Å)보다는 α 철(0.35

Å)에서 더 작기 때문에 결정격자가 팽창될 수 밖에 없으며, 이때 야기되는 응력 때문에 강의 경도가 증가되어 경화된다. 이와 같이 α 철 내에 탄소가 과포화 상태로 고용된 조직을 마텐사이트(martensite)라고 부른다.

이 마텐사이트 변태가 시작되는 온도를 Ms점(약 250℃), 종료되는 온도를 Mf점(약 -45℃)이라고 하며, 이 온도는 오스테나이트의 화학조성에 따라서 달라지는데 탄소량에 따른 Ms, Mf점의 변화를 보면, 탄소량이 증가됨에 따라 Ms, Mf점은 저하하는 것을 알 수 있다.

공석강을 850℃에서 오스테나이트화한 후 Ms 온도 아래로 냉각시키며 마텐사이트 형성 과정을 관찰해 보면 210℃, 200℃, 180℃ 및 20℃로 온도가 내려감에 따라 마텐사이트 변태량이 증가함을 명확히 알 수 있다.(그림 2.70 참조)

또한 마텐사이트 조직의 형태도 탄소량에 따라서 기지상(lath), 혼합 및 판상(plate) 마텐사이트로 변화된다.(그림 2.70 참조)

한편 펄라이트와 베이나이트의 형성은 변태시간에 따라 진행되는 반면에, 마텐사이트 형성은 변태 시간에는 무관하고 Ms 온도 이하로의 온도 강하량에 따라서만 결정된다.

마텐사이트 조직은 일반적으로 바늘 모양의 침상 조직이지만 탄소량에 따라 다르다.

탄소량이 1.0% 이상인 고탄소강은 판상 마텐사이트 조직을, 0.6~1.0% 사이의 강은 가지상과 판상 혼합조직으로 나타나고 있다.

그림 2.70 마텐사이트 조직

(a) 검은 부분 : 가지상 마텐사이트 (b) 혼합 마텐사이트 (c) 판상 마텐사이트

나. 마텐사이트 조직의 특성

(1) 마텐사이트 변태량 : 펄라이트와 베이나이트 조직의 변태량은 염욕 유지시간에 비례하지만 마텐사이트는 이 유지시간에 관계없이 염욕의 온도가 낮을수록 변태량이 많아진다.

(2) 탄소는 마텐사이트 결정의 C축에 고용 : 체심입방격자가 탄소량이 증가함에 따라 탄소들이 C축에 고용되어 C축의 길이가 길어지기 때문에 마텐사이트 조직이 생기면 체적이 약 4% 정도 팽창하며, 고탄소강일수록 더 많이 팽창하게 되는데, 열처리할

때 나타나는 균열이나 변형은 마텐사이트의 체적 팽창에 기인하여 일어난다고 본다.

(3) 고탄소강 마텐사이트의 경도 : 오스테나이트가 냉각되어 상온에서 안정한 상태로 되려면 원칙적으로 페라이트 조직으로 되어야 하나 마텐사이트는 오스테나이트를 급랭하여 무리하게 변태한 조직으로 매우 불안정하고 결정구조가 심하게 왜곡(歪曲)되어 있다. 따라서 고탄소강일수록 왜곡이 심하므로 그만큼 경도가 높아진다.

다. 마텐사이트 조직의 생성 과정

초기 마텐사이트 결정은 오스테나이트 결정립 끝에서 끝까지 관통하면서 순간적으로 생기며 온도가 내려가도 이 결정의 길이나 폭이 성장하지 않고 그대로 멈추어 있으나, 온도가 더 낮아져서 마텐사이트 변태가 진행됨에 따라 새로운 마텐사이트 결정이 [그림 2.71(b)]와 같이 생기며 새로 생기는 마텐사이트 결정의 크기는 점점 짧아진다. 이와 같이 마텐사이트 결정은 오스테나이트 결정립의 크기가 크면 길고 굵은 마텐사이트가 생기세 되며, 마덴사이트 결정이 크면 열처리할 때 균열이 생길 우려가 더 크게 된다.

그림 2.71 마텐사이트 생성 과정

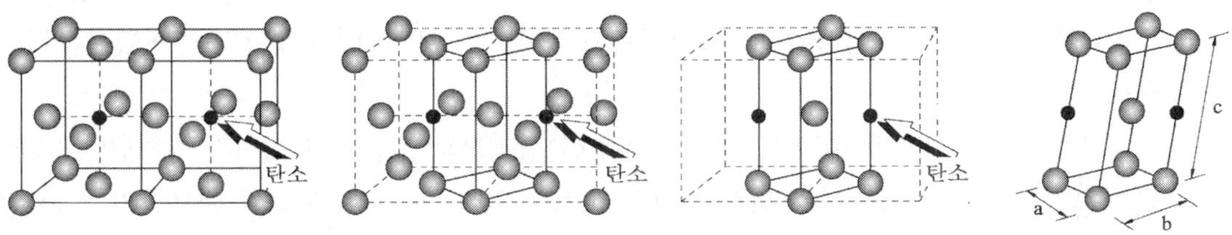

(a) (b) (c) (d)

라. 마텐사이트 조직의 안정화

고온의 오스테나이트가 서랭하면 원자들의 확산이 충분히 일어나면서 저온에서 안정한 페라이트와 시멘타이트로 변하지만, 마텐사이트 조직은 오스테나이트를 급랭하여 순간적으로 생성된 조직으로 결정 내부가 비정상적이기 때문에 내부에 응력이 많이 있고 원자들의 배열 상태도 불완전하다.(그림 2.72 참조) 따라서 이 상태로 사용하면 파괴될 가능성이 많고 변형이 생기는 등 각종 결함이 많이 발생하므로 안정화시키는 방법으로 뜨임을 한다.

그림 2.72 마텐사이트 조직의 성장 과정

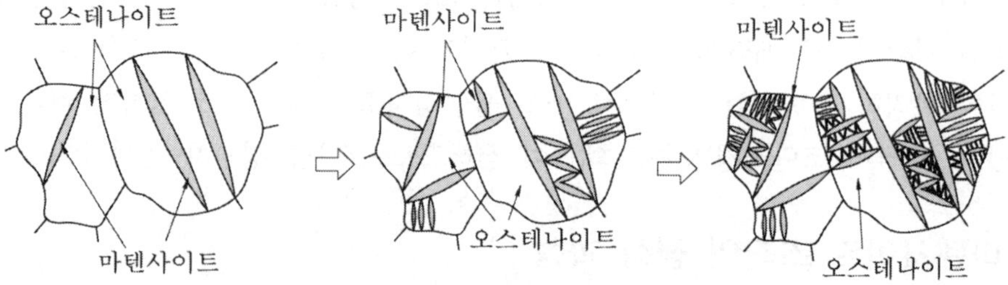

마. 응력에 의한 잔류 오스테나이트의 마텐사이트화

오스테나이트계(18-8) 스테인리스강의 박판(薄板)이나 세선(細線)을 상온에서 압연하거나 인발하면 강한 자성을 나타내게 되는데 이것은 마텐사이트로 변태한 때문이며, 해머로 쳐도 마텐사이트로 변태할 때가 있고, 또 담금질한 시험편을 충격 시험기로 파단시키면 그 파단면으로부터 먼 부위에서는 잔류 오스테나이트가 존재하지만 파단면 부근에서는 전부 마텐사이트로 변태되어 있는 경우도 있다. 특히 담금질된 부품을 그라인더로 연삭하는 경우에 종종 발생되는 연삭균열은 부품의 일부가 연삭될 때 발생되는 열에 의해서 그 부품내부의 잔류응력분포가 변하고, 잔류 오스테나이트가 국부적으로 마텐사이트로 변태했기 때문인 것으로 생각된다.

이와 같이 잔류 오스테나이트는 매우 불안정한 상이므로 상온에서 장시간 방치함에 의해서 응력분포가 점차로 변화됨에 따라서 마텐사이트로 변태하여 치수변화를 일으키거나 균열의 원인이 되기도 하므로 주의해야 한다.

따라서 펄라이트 변태와는 전혀 다르며, 변태속도가 매우 빨라서 고탄소강의 경우 마텐사이트 변태 속도는 10^6cm/s, 저탄소강의 경우는 약 10^3cm/s 정도이다.

5 베이나이트 변태

가. 베이나이트 조직의 형성

베이나이트는 오스테나이트 상태로 가열된 공석강을 항온변태 곡선(TTT 곡선)의 코 아래에서 항온 변태시키면 형성하게 되는데, 형성 순서는 오스테나이트 결정립계에서 페라이트 핵이 형성되면 그 주위의 오스테나이트 탄소 농도는 증가해서 시멘타이트(Fe_3C)가 형성되어 페라이트와 시멘타이트가 나란히 성장해간다.(그림 2.73 참조)

펄라이트와 베이나이트 두 조직 모두 페라이트와 시멘타이트(탄화물)의 혼합물로 이루어져 있으나, 펄라이트는 두 상이 층상조직을 나타내고 있는 반면에, 베이나이트는 침상에 가까운 형태를 나타낸다.

나. 상부 베이나이트와 하부 베이나이트

베이나이트 조직은 형성온도에 따라 상부 베이나이트와 하부 베이나이트가 있다. 상부 베이나이트(upper bainite)는 350~550℃ 범위의 온도에서 형성되며, 페라이트 주위에 시멘타이트가 석출되는 반면에, 250~350℃ 온도 범위에서 형성된 하부 베이나이트(lower bainite)에서는 페라이트 내에 시멘타이트가 석출되어 있다.

그림 2.73 베이나이트 변태의 조직 생성과정의 예

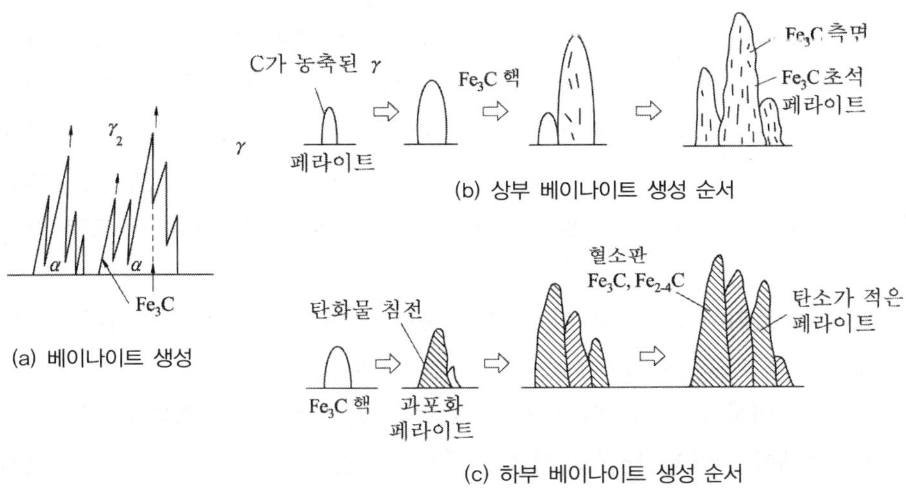

1) 상부 베이나이트

공석강을 860℃에서 오스테나이트화한 후 550~350℃의 염욕에 0.5초간 항온 변태시키면 과냉 오스테나이트는 매우 불안정하므로 10초 이내의 짧은 순간에 α 고용체로 변하게 되며, 이 α 고용체(페라이트) 속에 있던 탄소들은 더 이상 페라이트 속에 존재할 수 없으므로 밖으로 이동하여 페라이트와 과냉 오스테나이트 경계면을 따라 Fe_3C를 형성하면서 석출하며 펄라이트처럼 층상 배열은 아니지만, 교대로 배열되어 새의 깃털 모양으로 나타난다.(그림 2.74 참조)

그림 2.74 상부 베이나이트 조직

(흰 부분은 과냉 오스테나이트가 변한 마텐사이트 조직)

페라이트 침(needle)이나 욋가지(lath)가 오스테나이트 결정립계로부터 마치 위드만스테이튼 페라이트가 발생하는 것과 같이 만들어지며 욋가지 사이사이에 Fe_3C 석출물이 만들어진다.

과냉이 비교적 커서 페라이트 욋가지는 오스테나이트와 저에너지의 반응집성 경계면을 유지하며 오스테나이트 속으로 재빨리 성장한다. 욋가지가 두꺼워지고 오스테나이트의 탄소량이 증가하면서 Fe_3C 형성 수준까지 오면 Fe_3C 핵이 생성되어 성장한다. 고온에서 상부 베이나이트는 흡사 위드만스테이튼 페라이트와 같이 보이나 저온에서의 베이나이트는 욋가지가 아주 가늘어 전자 현미경으로나 관찰된다.

상부 베이나이트의 경도는 변태온도에 따라 약간 변화되며, 동일 경도로 담금질 뜨임한 조직보다 인성이 그다지 높지 않고 비교적 취약하다.

2) 하부 베이나이트

공석강을 350~250℃의 염욕에 냉각하면 과냉 오스테나이트 속에서 먼저 페라이트가 생기며 이 페라이트 속의 탄소는 과포화 상태로 있으므로 이동하여 석출해야 된다. 그러나 이 온도 범위에서는 탄소 원자의 이동 속도가 매우 느리게 되므로 탄소 원자들이 페라이트 밖으로 멀리 이동하지 못하고 페라이트 속에서 Fe_3C를 형성하며 일정한 방향으로 성장한 것이 하부 베이나이트이다. 하부 베이나이트 조직은 침상의 조직이며, 비교적 인성을 가지고 있다.

하부 베이나이트의 경도는 변태온도가 저하함에 따라 급격히 증가하며, 동일 경도의 담금질 뜨임한 조직보다 현저하게 큰 인성을 나타낸다.

온도가 350℃ 이하로 떨어지면 욋가지 형태의 페라이트는 판 형태로 바뀌고 탄화물의 분산은 더욱 미세하다. 또한 탄화물 석출은 페라이트 판 안에서 생긴다. 온도가 낮기 때문에 탄소 확산은 페라이트 판이 계면에서 Fe_3C의 반복적인 석출로 아주 빠르게 두꺼워질 수 있을 만큼 느리다.

6 냉각속도와 합금 원소량에 따른 변태의 영향

가. 저탄소강 및 저합금강의 냉각속도와 상변태

저탄소강(0.15~0.2%C) 및 저합금강은 현재 가장 많이 사용되는 재료이다. 이중에서 특히 0.17~0.2%C의 탄소강은 대단히 중요하다.

저탄소강의 상변태 순서는 L(액체) → L+δ 페라이트 → L+γ 오스테나이트 → γ → α 페라이트의 순이다. 초기 생성물은 δ 페라이트이며, δ 경계선 및 주위 불순물의 영향을 받아 γ가 핵 생성 및 성장하여 γ 결정 및 결정립계를 형성한다.

결정 내부는 전위(dislocation)의 네트워크를 구성하는 각이 작아서 핵 생성 장소가 될 수 없는 반면에 원주상 오스테나이트 결정립계는 결정경계각이 커서 핵 생성의 요소가 되며, 냉각속도에 따라 변태 생성물이 결정된다.

대입열을 사용하면 연속 냉각곡선의 C 곡선은 지연시간이 짧은 쪽으로 이동되며 냉각속도가 느려서 고온도의 변태물들이 많이 생성된다.

나. 상변태에 미치는 합금 원소의 영향

용접부의 최종 조성은 용가재 및 모재 조성, 플럭스, 가스 등으로 결정되며, 모재 희석도에 따라 일반적으로 모재와 용가재의 중간의 조성값을 가진다.

연속 냉각 곡선(CCT 곡선)의 C 곡선의 특성은 합금의 적절한 선택으로 관리할 수 있다. 합금 원소 첨가시 상태도의 오스테나이트 구역을 확대시키는 원소를 오스테나이트 안정화(stabilizer) 원소라 하며, 여기에 해당하는 원소는 C, N, Mn, Ni, Cu, Zn 등이 있으며, 페라이트 구역을 확대시키는 원소를 페라이트 안정화 원소라 하며, Zr, Ti, P, V, Nb, W, Mo, Al, Si, Cr 등이 있으며, 이들 원소들은 결과적으로 오스테나이트 구역을 축소(또는 폐쇄)시키는 역할을 한다.

따라서 합금 원소로서 페라이트 안정화 원소를 첨가하면 고온도 변태 생성물들이 많이 생성하며, 오스테나이트 안정화 원소를 첨가하면 A_1 및 A_3 변태 온도가 내려가며 연속 냉각곡선의 C 곡선을 지연시간이 긴 쪽으로 이동시켜 저온도 변태 생성물 등이 많이 발달한다.

페라이트 안정화와 오스테나이트 완정화의 각 원소에 따라 다음 4가지 형태의 상태도가 존재한다.(그림 2.75 참조)

그림 2.75 γ 구역의 여러 형태

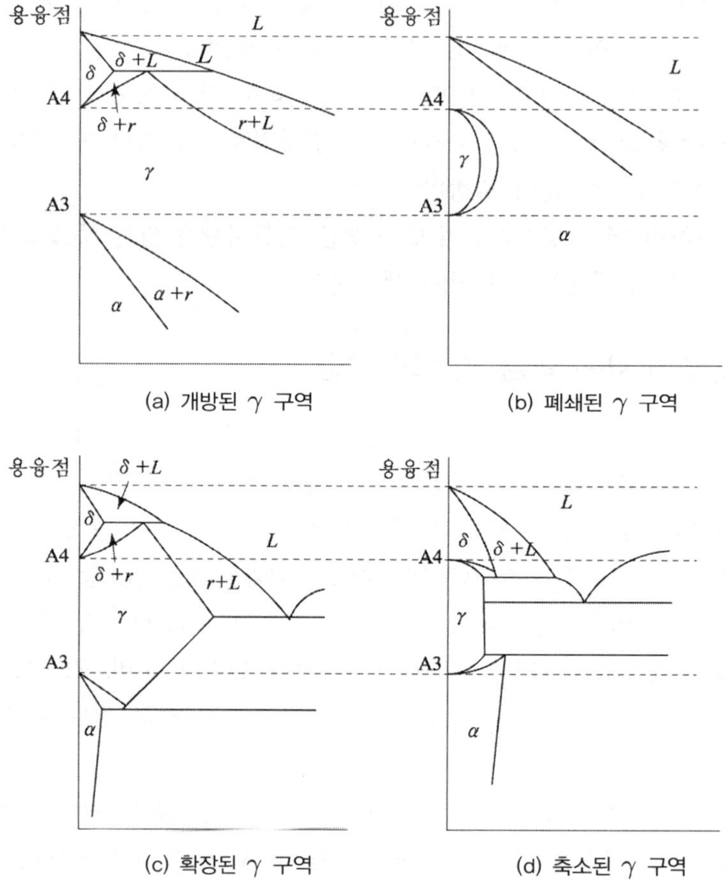

전반적인 형상은 열역학적으로 해석해야 되는데 만약 Cu, Cr이 각각 α상과 γ 상에서의 합금 원소들의 농도분율이라면 다음과 같다.

$$C_\alpha / C_\gamma = \beta \exp(\Delta H/RT)$$

$$\text{in } \frac{C_\alpha}{C_\gamma} = \frac{\Delta H}{RT}$$

(여기서 ΔH = γ 상에서 용질 1단위당 흡수열 - α 상에서 용질 1단위당 흡수열 = $H_\gamma - H\alpha$, β : 상수)

페라이트 구역의 경우 : $H_\alpha < H_\gamma$, ∴ ΔH는 '+' 값

오스테나이트 구역의 경우 : $H_\alpha < H_\gamma$, ∴ ΔH는 '−' 값

즉 ΔH가 '-(음성)' 값이면 확장 형태의 γ구역이 되어 영역이 무한하게 되며, ΔH가 '+(양성)' 값이면 폐쇄(loop) 형태의 γ구역이 만들어진다.(그림 2.76 참조)

그림 2.76 $\triangle H$값에 따른 γ구역의 변화

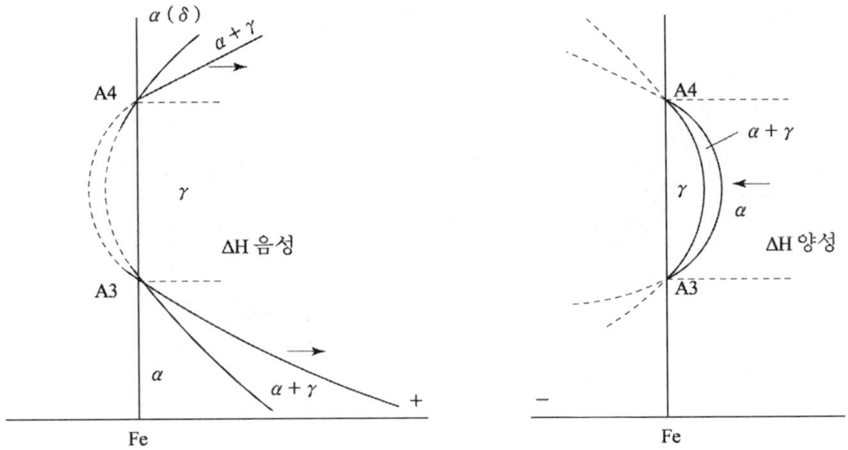

(a) $\triangle H$값 +, γ 구역의 확장 (b) $\triangle H$값 −, γ 구역의 폐쇄

그림 2.77 각종 원소의 $\triangle H$값

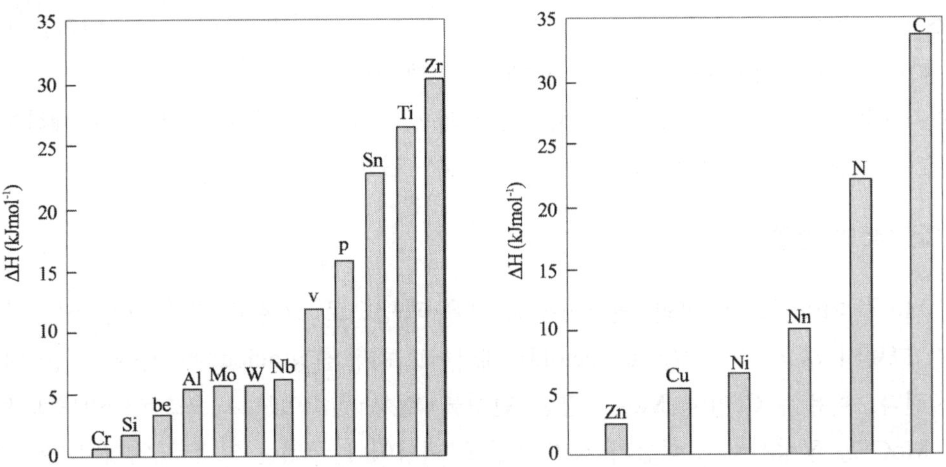

(a) 페라이트에 영향을 미치는 $\triangle H$값 (b) 오스테나이트에 영향을 미치는 $\triangle H$값

[그림 2.77]는 각종 원소들의 $\triangle H$값을 나타낸 것으로 페라이트에 가장 영향을 미치는 원소는 Zr, 가장 영향이 적은 원소는 Cr이며, 오스테나이트에 가장 영향을 미치는 원소는 C, 가장 적게 영향이 미치는 원소는 Zn임을 알 수 있다.

페라이트 안정화와 오스테나이트 안정화에서 Ti과 Cr을 비교하여 볼 때 Ti는 $\triangle H$값이 대단히 커서 조금만 넘어도 γ구역이 쉽게 작아지는 반면, Cr은 $\triangle H$값이 작아서 많은 양을 넣어야 γ구역이 작아진다. 1% Ti은 약 20% Cr에 해당하는 효과가 있다.(그림 2.78 참조)

그림 2.78 Ti과 Cr의 wt%에 따른 ΔH값과 γ 영역의 형태

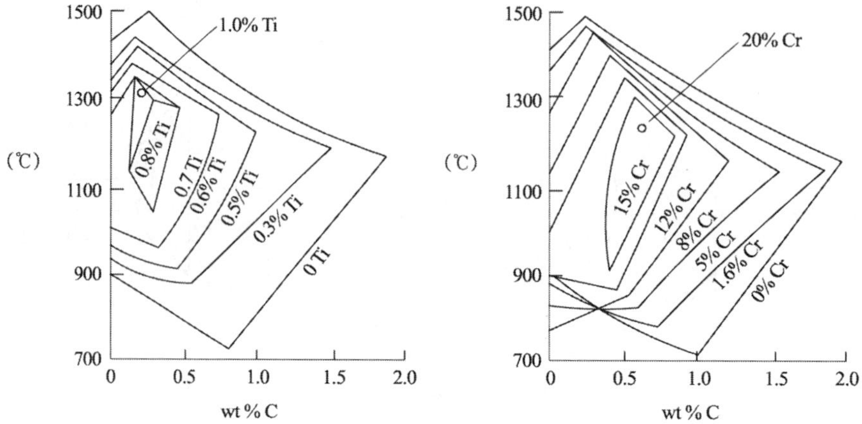

(a) (b)

1) 탄소(C)의 영향

탄소는 C 곡선을 오른쪽으로 이동시켜 넓은 베이나이트 및 마텐사이트 영역을 만들어 준다. 따라서 쉽게 저온에서도 변태 생성물을 얻게 된다.

그러나 대입열 용접(SAW, ESW)에서는 탄소의 증가가 CCT 곡선의 이동을 상쇄하여 침상 페라이트의 생성을 유도하게 되므로, 많은 주의가 필요하다.

2) Cr, Mo의 영향

Cr, Mo은 페라이트 안정화 원소이므로 작은 과냉으로 고온도 변태 생성물을 얻을 것 같지만 그렇지 않으며, 초석(proeutectoid) 페라이트보다 침상(acicular) 페라이트를 더 많이 생성시킨다. 이유는 Cr이나 Mo은 강한 탄화물 형성 원소이므로 오스테나이트에 탄화물(CrC, MoC)을 형성시켜 초석상의 평면 이동을 피닝이나 굴리는 효과로 억제시키기 때문이다. 따라서 결정 내부의 고농도 핵형성 장소(예 산소 혼입)에서 침상 페라이트가 생성한다.

3) Ni의 영향

강의 오스테나이트 안정화 원소로써 용접부에 강한 침상 페라이트의 증가와 인성을 증가시키기 위하여 가장 많이 이용되는 원소이다.

4) 질화물(nitride) 형성 원소의 영향

질화물 형성 원소인 Nb, V, Ti, Al은 페라이트를 덩어리 형태나, 초석 페라이트의 생성을 억제하고, 침상 페라이트, 베이나이트의 발달을 촉진한다.

(1) Nb의 영향 : 약 1000℃ 이하의 온도에서 니오브 탄화물(NbC)을 형성하여 오스테나이트-페라이트 계면에 편석을 한다. 따라서 초석 페라이트의 성장을 방해하여 침상 페라이트의 생성을 촉진시키지만, 너무 많으면 하부 베이나이트 등이 생성된다.

(2) V의 영향 : 800℃ 온도 이하에서 V(CN)을 형성하게 되는데 이것의 형성으로 초석 페라이트의 성장을 방해하여 침상 페라이트의 형성을 촉진한다. 그러나 Nb와 같이 너무 많으면 강도가 증가하며 확산이 저하하여 저온도 변태 생성물들이 만들어진다.

(3) Ti의 영향 : Ti는 강력한 페라이트 안정화 원소로서 조금만 첨가해도 γ-loop의 축소가 일어난다. 반면 Ti은 용접부 내의 N 등과 쉽게 결합하여 TiN을 형성하여 개재물로서 활동한다. 따라서 일반적으로 Ti를 첨가하면 침상 페라이트를 촉진하게 되는데 탄소가 Ti과 반대로 오스테나이트 안정화 원소라서 Ti의 효과를 상쇄하여 A_1 변태 온도 및 연속 냉각곡선을 지연시간이 짧은 쪽으로 이동시키기 때문이다.

7 상변태에 미치는 개재물의 영향

가. α 페라이트의 핵 생성

용접부는 일반 강에 비해 개재물을 많이 함유한다. α 페라이트의 핵 생성은 표면 에너지($\gamma^{\alpha/\gamma}, \gamma^{\gamma/\gamma}, \gamma^{\alpha}$/함유), 변형 에너지 및 위치별 농도 등이 고려되어 열역학적으로 관계하여 생성된다. 산성 플럭스를 사용하는 수동용접(SMAW)은 함유 밀도가 매우 높으며 함유 형태는 복잡한 조성을 가지는데 혼합 규소 및 산소, (Mn, Al, Si)O 형태를 가지고 기지와 완전히 일관성이 없는 고에너지 계면을 가진다.

핵 생성을 위한 총 자유 에너지 변화 ΔG는

$$\Delta G = \Delta G_V + A\gamma^{\alpha/\gamma}$$

(ΔG_V : 자유 에너지 용량, $\gamma^{\alpha/\gamma}$: α/γ 계면 에너지,

A : (핵 - 개재물 계면을 뺀 핵의 표면적) = $4\pi r^2 - 2\pi r^2(1-\cos\theta)$)

$\frac{\Delta G}{\partial r}$=0를 하여 r에 대해 계산하면 r^*(핵이 되기 위한 혼합량 크기) 및 그 때의 ΔG^*가 결정된다. 결정경계는 개재물보다 항상 페라이트 핵 생성을 위해 더 좋다. 그러나 결정경계에서의 페라이트 성장이 방해당했다 하더라도 개재물의 크기가 최소 $\frac{1}{4} \sim \frac{1}{2}$㎛(대부분의 용접부 개재물 크기)는 돼야 핵 생성이 가능하다. 따라서 결정경계의 페라이트를 위한 과냉보다 더 많은 과냉이 요구된다. 여기에 더해서 준비된 침상 페라이트를 얻기 위해서는 개재물의 균일한 확산이 필요하다.

나. 페라이트 핵 생성을 위한 다른 요소

페라이트 핵 생성을 위한 또 다른 요소로서 혼입과 오스테나이트 기지 사이의 열 수축차에 의한 응력/변형의 발생이다.

슬래그 혼입 및 기타 혼입의 영향은 크기, 형태, 수량 등이 중요하다. 산소 수준 300~600ppm의 경우 산소 혼입에서 고온도 변태 페라이트 핵 생성이 많으며, 산소 수준은 200~300ppm, 크기는 0.3㎛일 경우 침상 페라이트 생성이 많이 된다.

산화 개재물에 의해서 침상 페라이트가 형성된다는 것이 많은 사람들에 의해 입증되었지만, 산화 개재물의 경우에도 성분에 따라 정도가 조금씩 다른데 그 이유는 오스테나이트와 개재물 간의 열팽창계수의 차이($\Delta\alpha$)가 다르기 때문이다. 두 물질간의 열팽창계수의 차이는 냉각 중 오스테나이트에 많은 변형을 유발하는데 이 변형이 바로 핵 생성을 위한 원동력이 된다.

Al-Mn-Si 산화물은 오스테나이트와 열팽창계수의 차이가 커서 쉽게 핵 생성을 유발할 수 있다. 반면에 MnS는 차이가 작아 쉽게 핵 생성원으로 될 수 없고 MnS의 핵 생성을 위해서는 충분한 과냉이 필요하다. 따라서 산화 개재물이 MnS로 도포된 상태에서는 침상 페라이트의 생성이 어렵다.

개재물 내부는 $(MnO)_2$, $(Al_2O_3)_2$, $(SiO_2)_6$형의 산화물이다. 그러나 개재물 외부는 MnS 형태이므로 이 개재물은 쉽게 침상 페라이트의 핵 생성원으로 될 수 없다.

1) 용접부에 함유 산소량과 C 곡선관계

용접부에 산소량이 많게 되면 C곡선은 고온도 및 지연 시간이 짧은 쪽으로 이동되어 고온도 변태물들이 많이 만들어지며, 너무 적어도 위드만스테이튼 페라이트나 기타 저온도 변태물들이 만들어진다. 적당한 양의 산소량(약 200~300ppm)은 침상 페라이트를 가장 많이 만들어 용접부의 인성을 증가시켜준다.(그림 2.79 참조)

그림 2.79 용접부에 함유 산소량과 C 곡선관계

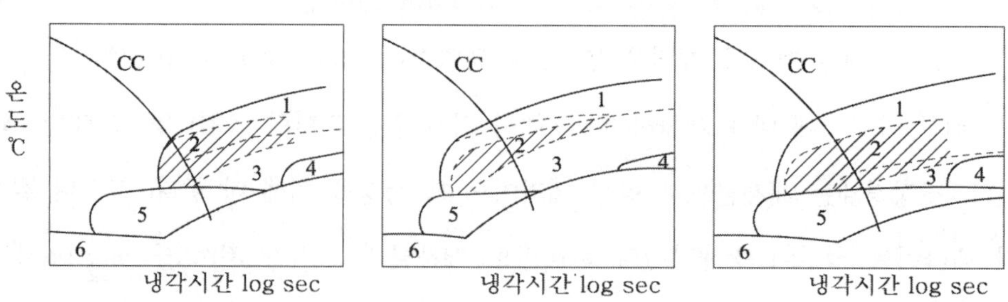

1. 페라이트 결정경계, 2. 경계 평면의 페라이트, 3. 침상 페라이트,
4. 펄라이트, 5. 베이나이트, 6. 마텐사이트

(a) 함유 산소량 적음 (b) 함유 산소량 조금 많음 (c) 함유 산소량 더 많음

2) 용접부에 함유 산소량과 개재물 및 침상 페라이트와의 관계

[그림 2.80]는 용접부의 수소량과 개재물 및 AF와의 관계를 조직으로 나타낸 것으로 좌측은 저배율로, 우측은 고배율로 확대한 것인데 (a)는 산소 함유량이 243PPM인 경우이며, (c) 그림은 746PPM으로 (a)의 경우보다 3배 정도 더 산소 함유량이 많은 경우를 나타낸 것으로 조직사진에서와 같이 산소 함유량이 많을수록 침상 페라이트의 생성이 많아지고 가늘어진 것을 알 수 있다.

그림 2.80 용접부 산소 함유량과 개재물 및 침상 페라이트와의 관계

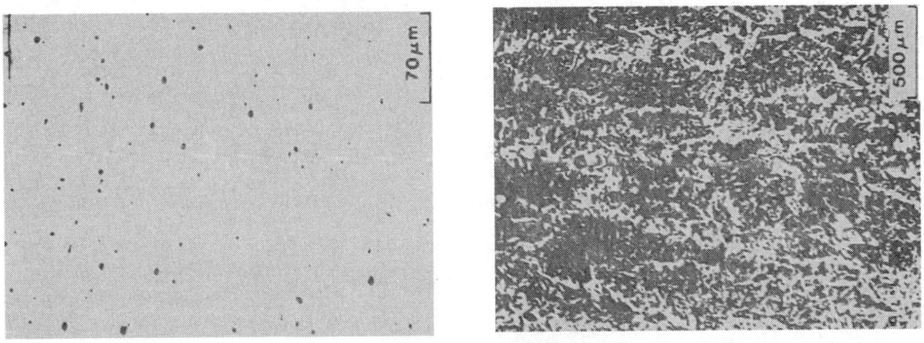

(a) 산소 함유량이 243PPM인 경우의 조직

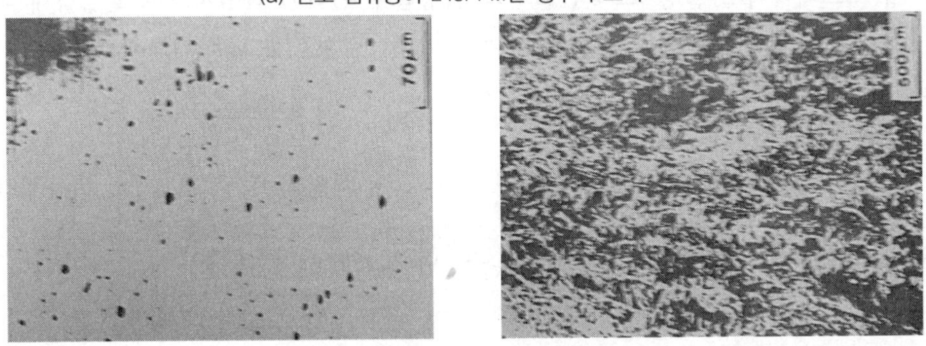

(b) 산소 함유량이 652PPM인 경우의 조직

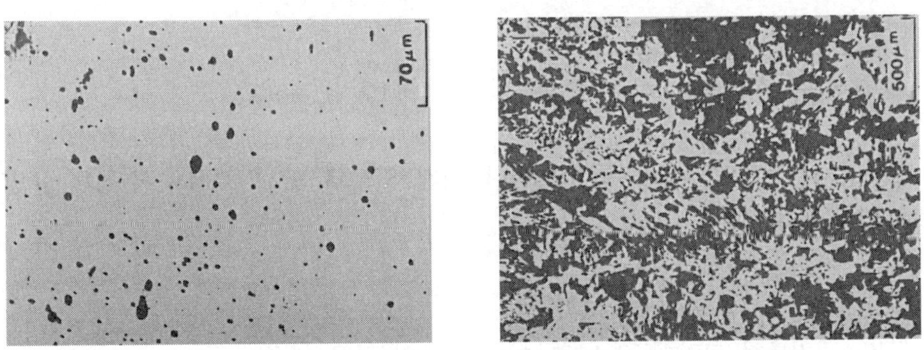

(c) 산소 함유량이 746PPM인 경우의 조직

[그림 2.81]은 용접부의 산소량과 오스테나이트의 결정립 크기, 페라이트 양의 관계를 연구한 도표로서 산소량이 많을수록 산화 개재물이 많아 오스테나이트 결정립계가 피닝이나 끌어당김 형상으로 결정이 작아지며, 오스테나이트 결정립계에서 결정경계 페라이트 핵이 생성되므로 산소량이 많을수록 결정경계 페라이트가 증가하고 있음을 알 수 있다.

그림 2.81 용접부의 산소량과 오스테나이트 결정립 크기와 페라이트 % 관계

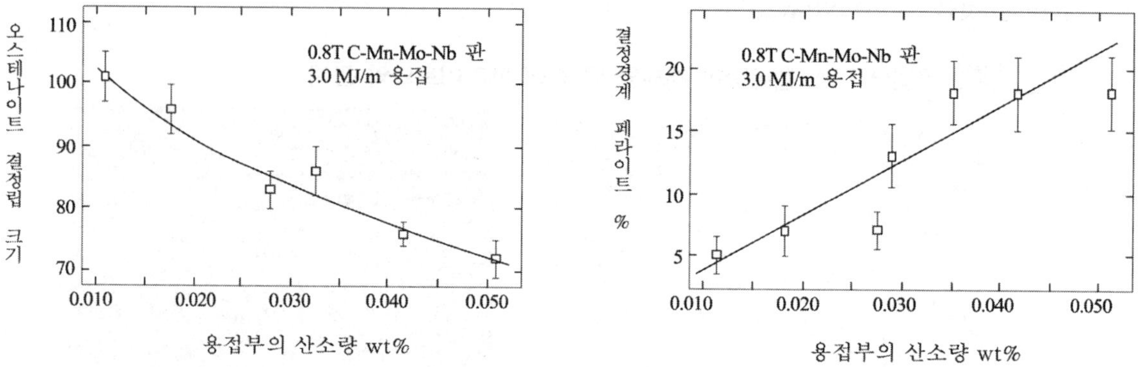

(a) 용접부 산소량과 γ 결정립 크기

(b) 용접부 산소량과 페라이트 %

따라서 오스테나이트 결정 크기가 클수록 결정립계 면적이 작아지므로 결정경계 페라이트 양은 작아진다. 오스테나이트 결정립계에서 생성된 결정경계 페라이트의 양(X)은 Avrami 공식을 이용하여 얻을 수 있다.

$$X = 1 - \exp(-SGt)$$

(S : 단위 체적당 결정경계 면적, G : α/γ 계면의 성장속도, t : 반응시간)

확산 변태 가정시 Fick의 확산 공식($x = \sqrt{Dt}$)에 따라 페라이트 두께(Δr)는

$$\Delta r = \alpha t^{\frac{1}{2}}$$

(α : 시간의존 속도상수)

따라서 성장속도 G는

$$G = \frac{\partial \Delta \gamma}{\partial t} = 1/2\alpha t^{-1/2}$$

각 결정립계는 양쪽 결정들에 의하여 나뉘게 되므로 단위 체적당 결정의 표면적 S은 다음과 같이 계산된다.

$$S = \frac{4\pi dl}{\pi d^2 l} \cdot \frac{1}{2} = (\frac{2}{d})$$

(d : 원통형 모양의 오스테나이트 결정의 평균 지름)

G와 S값을 Avrami 공식에 대입하면 다음과 같다.

$$X = 1 - \exp\left(\frac{-2\alpha t^{1/2}}{d}\right)$$

$$\therefore \text{in}\ (1 - X) = (-2\alpha t^{1/2})/d$$

8 ESW 용접부의 형태 및 유형

가. ESW 용접부 형태와 조직

일렉트로 슬래그 용접부의 형상은 전압, 전류, 용접속도 등의 용접변수(조건)를 변경하여 4가지 사례의 용접부 모양을 얻은 후(그림 2.77 참조) 관찰한 결과 이 용접부 모양에서 용접변수와 용융풀의 모양 및 상온, 고온 금속 조직에 관해 비교한 결과 형상계수가 낮은 용접부는 세포형 수지상이 많이 발생하였으며, 형상계수가 큰 용접부는 주상형 수지상정이 많이 발생하였고, 세포형 수지상정 지역은 굵은 주상 오스테나이트로 전환되고 많은 침상 페라이트가 발달하는 반면에 주상형 수지상 조직 구역은 얇은 주상 오스테나이트로 전환하고 많은 양의 결정경계 페라이트 및 위드만스테이튼 페라이트가 발달함이 파악되었다.

모든 경우에 있어 용융경계로부터 적층(epitaxial)으로 성장한 응고조직은 용융경계 부근에서는 대부분 세포상 수지상 조직이며, 용접부 중앙으로 갈수록 주상정 수지상정으로 점진적으로 변한다.

각 사례를 비교하여 볼 때 용접부 중앙에서 가장 낮은 인성치를 보였는데, 이는 용접부 중앙에 많은 불순물을 함유하고 있기 때문이며, 거친 주상정 지역에 높은 인성치를 나타내는 것은 이 지역에 풍부하게 발달한 침상 페라이트 때문이다.

[그림 2.82]에서 사례 3의 경우 용접부 중앙에 가장 낮은 인성치를 나타내는 것은 이 지역 및 사례 3 용접 조건이 고온 결함 발달 지역이기 때문이며 사례 4에선 다른 사례의 용접부와 달리 용접부 중앙에서 높은 인성치를 보인다. 이는 이 부위에 잘 발달한 등축 결정 및 결정 내부에 많은 침상 페라이트 때문이다. 상기 사항을 고려하여 볼 때 사례 2가 가장 최적의 용접 조건이 된다.

그림 2.82 ESW 용접부 형태의 사례

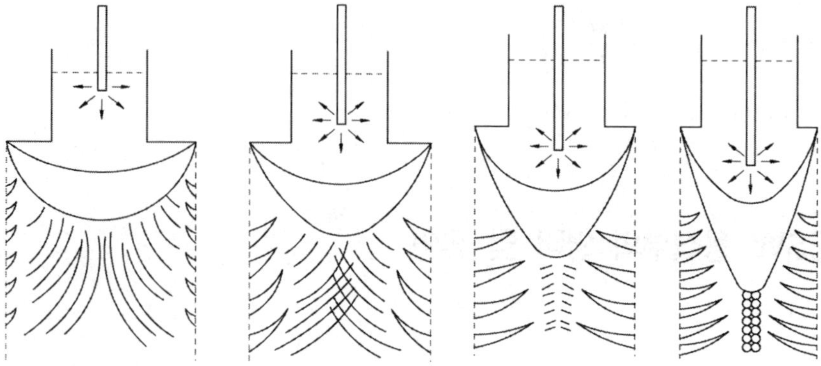

(a) 사례 1 (b) 사례 2 (c) 사례 3 (d) 사례 4

1) 사례 1 조직의 경우

용융선으로부터 가까운 거리에서 세포상 수지상으로부터 주상 수지상으로 전환이 일어나며, 수지상정의 여러 핵 생성 및 성장 방향 전환이 잦으며, 상온 금속조직은 용융경계 부근 좁은 영역의 조대한 주상결정 내부에 많은 양의 침상 페라이트가 발달하며 용접부 중앙 부위의 넓고 얇은 주상 결정 지역에 많은 양의 결정경계 페라이트와 위드만스테이튼 페라이트가 발달한다. 사례 1 용접부가 가장 낮은 인성치를 보이는 것은 산성 플럭스를 사용함으로써 용접부에 많은 산화 개재물이 존재하기 때문이다.

2) 사례 2 조직의 경우

세포형 수지상정과 주상형 수지상정은 약 반반 정도이며 상온 조직 역시 거친 주상결정과 얇은 주상 결정의 양 역시 약 반반이다.

3) 사례 3 조직의 경우

용접부 중앙 부근에서 세포 수지상 조직으로부터 주상 수지상 결정으로 전환이 일어나며 상온 조직 역시 많은 양의 거친 주상 결정립들이 발달하며, 수지상과 결정들은 각종 핵 생성 및 성장방향 전환이 거의 없어 거의 똑바로 용접부 중앙을 향하여 발달하며 용접부 중앙에는 고온 균열의 발생이 많다.

4) 사례 4 조직의 경우

사례 3과 수지상의 성장 및 상온조직의 발달은 아주 유사하지만, 다른 점은 용접부 중앙에 등축형 수지상정과 등축정들이 발달하며, 등축 결정 내부는 많은 양의 침상 페라이트가 발달한다.

사례 3 조직의 경우 중심선에 고온 결함이 발생하는 반면에 사례 4 조직의 경우 방상형의 고온 결함이 발생한다. 응고 조직과 상온 금속 조직과의 관계는 세포상 수지상 지역은 상온 조직의 거친 주상 결정 지경과 같으며, 주상 수지상 지역은 상온 조직의 얇은 주상 결정 지역과 같다. 상기 현상은 모든 아크용접에서도 공히 적용된다.

사례 4는 조건 4와 같은 상황이며 인성 증가용 합금원소(Ni)를 첨가한 경우 전 용접부는 풍부하고 미세한 침상 페라이트가 발달하기 때문에 높은 인성치를 나타낸다. 산소량이 높은 용접부에서 다소 낮은 인성값을 보인다.

그림 2.83 ESW 용접부 응고조직의 구분

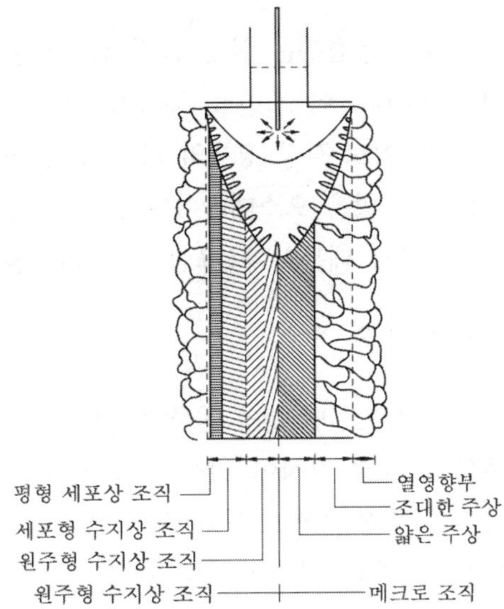

나. ESW 용접부의 조건별 조직 형태

[그림 2.83]은 일렉트로 슬래그 용접(ESW)부의 여러 단면을 나타낸 것이며, [그림 2.84]는 <표 2.5>의 5가지 조건에 의해 용접한 용접부의 산소량과 Ni 합금 원소를 첨가했을 때 용접부의 상온 조직의 형상을 나타낸 것이다. 여기서 전 용접부를 비교해 볼 때 조건 5가 가장 좋은 용접부가 되며 용접부의 인성치의 균일성을 볼 때 조건 1 및 조건 3도 좋은 용접부가 되겠으나 조건 1은 전반적으로 인성치가 너무 낮아 사용하기엔 문제가 있다.

표 2.5 일렉트로 슬래그 용접 조건(변수)의 유형

용접 조건 종류	전류 A	전압 V	간격 (gap) mm	용접 속도 mm/S	용제		비 고
					산소 ppm	염기성지수	
조건 1	600	30 ~ 45	25~32	> 0.28	높음 > 600	산성 < 0.7	높이 0
조건 2	500~1100		19~32	0.25~0.75	250	중성 0.7	보통 수준
조건 3	600			0.25~0.30	낮음, 80	염기성 3.6	낮음 0 불순물 낮음
조건 4	> 1100			> 0.75	250	중성 0.7	고속
조건 5	500~1100			> 0.28	< 600		Ni-Mo강 용가재

1) 조건 1

조건 1 용접부는 산성 플럭스를 사용하여 용접부 내의 산소량이 600ppm 이상일 때 만들어진 것이다. 이 조건 1 조직이 만들어지는 원인은 용접부 내에 많은 산화 개재물들로 인해 오스테나이트 결정 경계의 피닝 및 끌어당김 현상으로 오스테나이트 결정들이 잘게 쪼개지기 때문이며, 많은 오스테나이트 결정 경계에서 A1 변태와 함께 쉽게 고온도의 변태 페라이트가 만들어지기 때문이다.(그림 2.84 (a) 참조)

2) 조건 2

2 조건은 일반 상용 용접의 경우로서 용융선 부근에 세포상 수지상과 용접부 중앙 부근에 주상 수지상 결정이 만들어지므로서 세포상 수지상정이 거친 주상정, 주상형 수지상정이 얇은 주상정 조직으로 바뀌는 것으로, 일반 중성 플럭스를 사용하여 보통 많이 볼 수 있는 용접부이다.(그림 2.84 (b) 참조)

3) 조건 3

3 조건은 용접부 내의 산소량이 적어 산화 개재물이 적음으로 해서 오스테나이트 결정이 자유스럽게 성장한 경우로서 산화 개재물이 적어 침상 페라이트가 충분히 발달하지 못하고 거친 침상 페라이트를 만들게 되며, 염기성 플럭스를 사용하여 용접부 내의 산소량이 80ppm 이하일 때 만들어진다.(그림 2.84 (c) 참조)

4) 조건 4

2 조건과 마찬가지인 중성 플럭스를 사용하는 대신 용접속도를 아주 빨리 하였을 때 나타난다. 2 조건은 침상 페라이트 형성 원소인 Ni을 첨가하였을 때 나타난다.(그림 2.84 (d) 참조) 조건 2의 경우 또다시 용접속도의 가감에 따라 사례 1, 2, 3으로 나뉘게 되며, 조건 4는 사례 4와 모든 조건이 같다.

산소량이 많을수록 오스테나이트 결정립은 작아지며 많은 양의 결정 경계 페라이트가 생성한다. 따라서 조건 3에서 조건 1로 조직이 바뀌게 되며, 침상 페라이트는 산소량이 약 200ppm 정도였을 때 가장 많은 양이 보인다.

조건 4는 일반 상용 용접에서 용접속도를 빠르게 하였을 때 용접부 중앙에 등축형 수지상정 및 결정이 만들어지게 되는데 이는 용접부 중앙에 발달한 많은 조성적 과냉에 기인한다. 즉 용융풀이 눈물방울(tear drop) 형태로 바뀌며 용접부 중앙에 많은 불순물이 쌓이게 되고, 많은 열이 축적되어 온도구배가 낮아지는 반면 응고속도는 빠른 용접속도와 같기 때문이다.

5) 조건 5

용접 조건 5는 합금원소 첨가로 조성적 과냉량이 많아져 등축형 수지상정이 만들어지고 다시 고상변태와 함께 등축정이 만들어지며, 많은 침상 페라이트가 형성하는 것으로 금속학자들이 가장 좋아하는 조직을 가지며, 산소량이 많을수록 얇은 주상 결정이 많아지며 합금원소량이 많을수록 다시 얇은 주상 결정이 줄고 대신 등축 결정 양이 많아짐을 보여준다.

이러한 현상들은 모든 용접 공정에 적용될 수 있다.(그림 2.84 (e) 참조)

그림 2.84 ESW 용접부의 조건별 조직 형태의 예

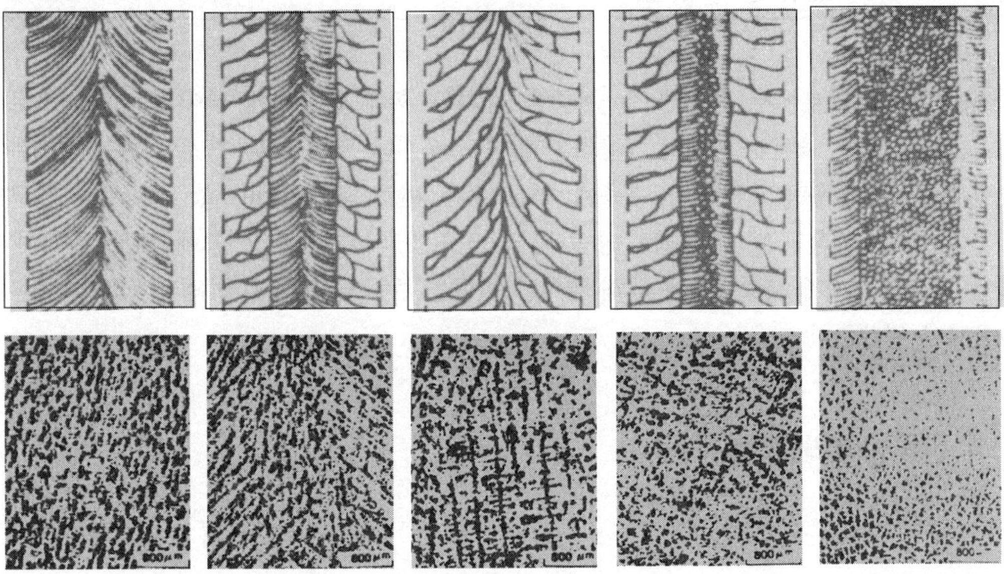

(a) 조건 1 (b) 조건 2 (c) 조건 3 (d) 조건 4 (e) 조건 5

PART 2 용접야금

03 용접 잔류응력과 변형

제1절 | 잔류응력과 분포

잔류응력이란 외부에서 가한 모든 하중을 제거한 후에도 물체에 남아있는 응력으로서 용접이음의 경우는 물체에 외력이 작용하지 않아도 용접에 의한 국부 가열로 인한 용접부의 불균일 온도분포, 용탕의 응고와 수축에 의한 수축 변형 응력(shrinkage stress)의 불균일 등에 의하여 미시적인 마텐사이트 상변태 및 전위에 의한 응력장 등에 의해 발생하며, 용접재와 인접 모재가 냉각수축에 의해 일어날 변형을 주위 금속에 의해 억제 당하기 때문에 인장응력이 발생한다.

1 잔류응력의 발생 기구

가. 용접부의 열팽창(thermal expansion)과 수축

어떤 금속 6면체를 노 속에서 균일하게 가열하였다면 물리적 법칙에 의하여 x, y, z 각 부분으로 일정하게 늘어나게 되며, 냉각시에는 다시 처음의 상태로 수축하게 될 것이며, 팽창 길이는 그 재료의 팽창계수에 좌우될 것이다. 즉 늘어난 길이(팽창 길이)를 Δl, 온도 변화를 ΔT, 선팽창계수를 α라 하면 다음과 같은 식이 얻어진다.

$$\Delta l = \alpha l \cdot \Delta T$$

여기서 [그림 3.4 (b)]와 같이 양단이 고정된 경우 팽창으로 인한 탄성변형 $\Delta l/l$에 의하여 봉 내부에는 압축 열응력 σ_c이 생기며, 그 양은 봉의 탄성계수(영율, Young's modulus)를 E라 할 때 다음의 식이 형성된다.

$$\sigma_c = E\frac{\Delta l}{l} = E\frac{\alpha l \cdot \Delta T}{l} = E\alpha \cdot \Delta T$$

그러나 용접의 경우는 짧은 순간에 부재의 일부가 고온으로 가열되고 체적이 큰 부재 주위의 낮은 온도부로 열이 전도되면서 급격하게 냉각하게 된다. 이러한 과정에서 불균일한 온도분포가 생기며 이러한 온도 변화에 따라 불균일한 팽창과 수축이 생기고 특히 온도 변화가 심한 부분에서는 팽창과 수축의 정도가 크게 되지만 온도 변화가 적은 부분에 의해 구속을 받게 되면서 용접부재는 내력이 생김과 동시에 변형을 수반하게 된다.

나. 잔류응력 발생 기구

1) 용접에서 잔류응력이 발생하는 원인

금속이 팽창과 수축이 자유로울 때는 금속의 형태나 조직에 변동이 일어나지 않게 되나 어떤 구속이 주어지게 되면 금속에는 응력이 발생하게 된다. 여기서 응력이란 압축력과 인장력이 작용하는 힘에 대한 금속의 저항력을 말하며, 압축력을 받으면 압축응력이 생기나며, 인장력을 받으면 인장응력이 생기게 된다.

금속은 열을 받으면 팽창하게 되며 냉각하면 수축하게 되는데 이때 수축에 따른 변형이 전부 일어난다면 내부에는 응력이 잔류하지 않을 수 있지만 실질적으로는 그렇지 않다. 용접의 경우 국부 가열과 냉각이 계속되며 냉각 중에 수축시에는 모재와 일체가 되어 수축이 일어나면서 용착금속 인접부의 내부 저항에 의해 변형이 저지된 만큼 응력으로 남게 되는데 이 응력을 잔류응력이라고 하며 이 잔류응력이 계속 존재할 경우 용접부를 약화시키게 된다.

그리고 대개의 금속은 압축력에 대해서는 거의 무제한의 저항력을 갖기 때문에 압축응력을 받으면 유동 또는 변형은 하지만 파괴되지는 않는다. 그러나 반대로 인장력을 받으면 저항력이 비교적 약해서 좀 심한 인장력이 작용하면 파단되기 쉽다.

이러한 수축, 팽창에 대하여 분명한 것은 다음과 같다.

(1) 팽창과 수축의 정도는 가열된 면적의 크기에 정비례한다.
(2) 구속된 상태의 팽창, 수축은 금속의 변형과 응력을 초래한다.
(3) 구속된 상태에서의 수축은 금속이 그 장력에 견딜만한 연성을 가지지 못하면 결국 파단된다.

2) 고온에서 연강의 항복점과 탄성계수

[그림 3.1]은 연강의 항복응력, 탄성계수 및 열팽창계수 관계를 나타낸 것으로 연강을 가열하면 온도의 상승에 따라 항복응력이나 탄성계수(E, 영률)는 저하하여 700℃부근에서 거의 0이 되며, 선팽창계수는 온도의 증가와 함께 증가하나 700℃ 이상에서는 동일함을 알 수 있다.(표 3.1 참조)

그림 3.1 온도와 연강의 항복응력, 탄성계수, 선팽창계수 관계도

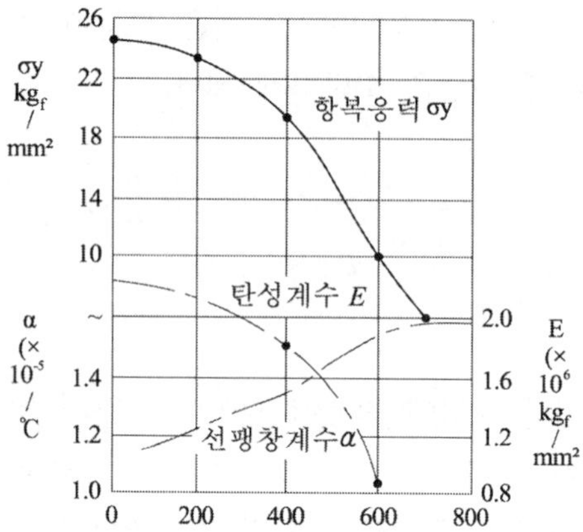

그림 3.2 맞대기 이음부의 열응력

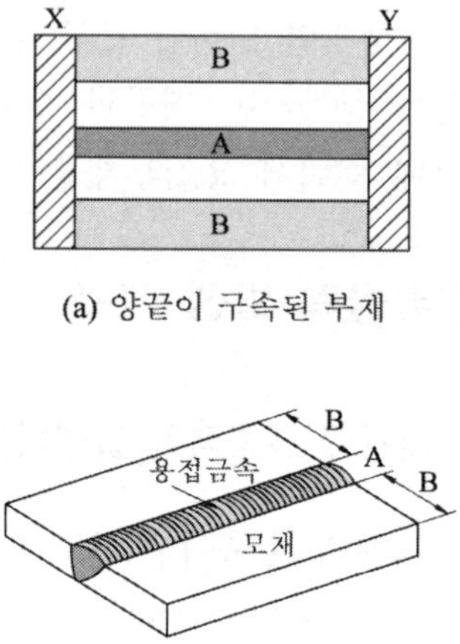

(a) 양끝이 구속된 부재

(b) 맞대기 용접

표 3.1 연강의 온도와 선팽창계수

온도 ℃	100	200	300	400	500	600	700	800
선팽창계수(10^{-5}/℃)	1.19	1.23	1.31	1.37	1.44	1.47	1.49	1.49

[그림 3.2 (a)]와 같이 양단이 고정된 3개의 강봉에서 중앙의 봉 A는 용착금속, 양쪽 B의 강봉은 용착금속과 좀 떨어져 있는 모재부분이라 가정할 때 중앙의 봉을 고온으로 가열하면 봉은 열팽창에 의하여 변형이 생기지만 온도의 영향이 적은 양쪽 강봉 B는 그 변형을 구속하게 되므로 중앙의 강봉 A는 압축응력이 생기고 양쪽 강봉 B는 인장응력이 생기게 된다.

그림 3.3 용접 열응력 발생의 모식도

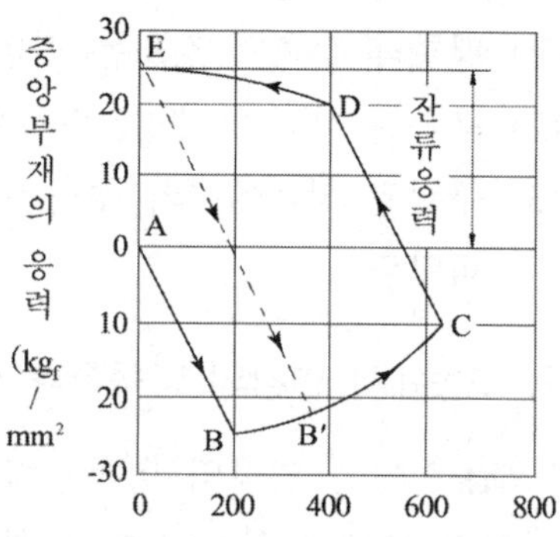

만약 중앙 강봉 A와 양쪽 강봉 B의 단면적이 다르다면 그 단면적 차이에 역비례한 크기의 인장응력이 생기게 될 것이며, 중앙 강봉 A의 온도를 더 상승시키면 각각의 봉은 더 응력이 커지게 될 것이다. 이와 같이 중앙의 강봉 A를 상온에서 600℃까지 가열하고 다시 상온까지 냉각했을 때의 중앙 강봉 A의 열응력을 측정해보면 [그림 3.3]와 같은 그래프가 형성된다.

이 그림에서 곡선 AB는 중앙 강봉 A를 200℃로 가열했을 때의 과정을 나타낸 것인데 점 B에서 압축응력이 항복응력과 같음을 알 수 있으며, 그 이상에서는 온도가 상승함에 따라 항복응력이

저하하므로 중앙 강봉 A는 열팽창이 커져도 강봉 B의 응력은 그 온도에서의 항복응력보다 커질 수 없고 압축응력은 작아지게 된다.

그림에서 600℃의 점 C에서는 냉각단계가 되어 중앙 강봉 A는 수축하기 시작하여 압축응력에서 인장응력으로 변하여 점 D에서 항복응력과 같아진다. 이 후에 냉각에 의해 항복응력이 상승한 만큼의 변형보다 수축 변형쪽이 크면 인장응력은 상승하게 되고, 상온에서 이 인장항복응력은 잔류하게 되며, 양쪽 강봉은 반대로 압축응력이 잔류하게 된다.

실제 용접의 경우는 [그림 3.2 (b)]와 같이 양쪽의 구속이 없이 중앙의 용접부가 급열 급랭되므로 모재의 크기에 따른 내적 구속에 의해 열응력이 발생하게 되며 열응력이 항복응력보다 클 경우 일정량은 변형이 생기며 일부는 잔류하게 되는데 이것이 잔류응력이다.

3) 잔류응력 발생 기구

[그림 3.4]와 같이 재료를 균일히게 가열 및 냉각시킬 때 (a)처럼 자유롭게 놓인 경우에는 가열시 팽창했다가 냉각시에 원래의 상태로 돌아가는 것이 일반적이다. 그러나 (b)와 같이 양단을 구속한 후 가열과 냉각을 하게 되면 가열시 길이 방향으로 팽창할 수 없어 양단에 압축의 열응력이 생겨 잔류응력으로 남게 된다.

용접 이음에서 잔류응력은 이음의 형상, 모재의 크기, 판 두께, 용접 순서, 용접 입열, 외적 구속 등의 영향을 크게 받으며 용접 구조물에서의 잔류응력은 다음과 같은 영향을 미치게 된다.(그림 3.5 참조)

(1) 박판 구조물에서는 잔류응력이 적은 대신 용접 변형이 심하여 제품 품질에 매우 곤란한 문제가 된다.
(2) 후판의 경우는 모재의 변형을 거의 일어나지 않거나 약간 일어나기 때문에 잔류응력이 커지게 되며 이 때문에 용접부에 균열이 가는 경우가 있게 된다.
(3) 용접 구조물에서는 취성파괴 및 응력부식을 일으킨다.
(4) 기계 부품에서는 사용 중에 서서히 해방되어 변형이 생긴다.

그림 3.4 가열 냉각시 길이 변화

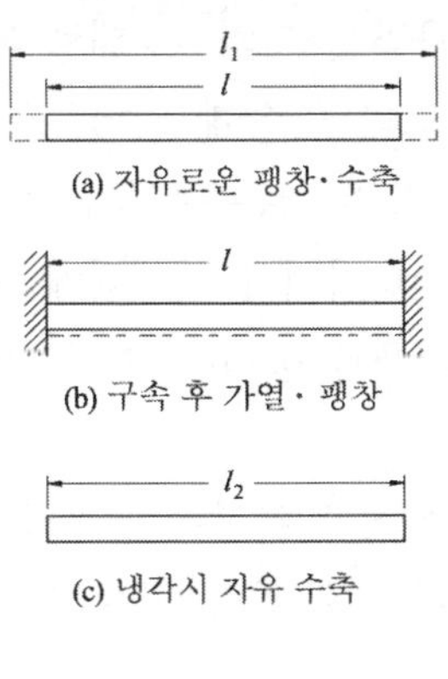

그림 3.5 용접 과정과 잔류응력 발생

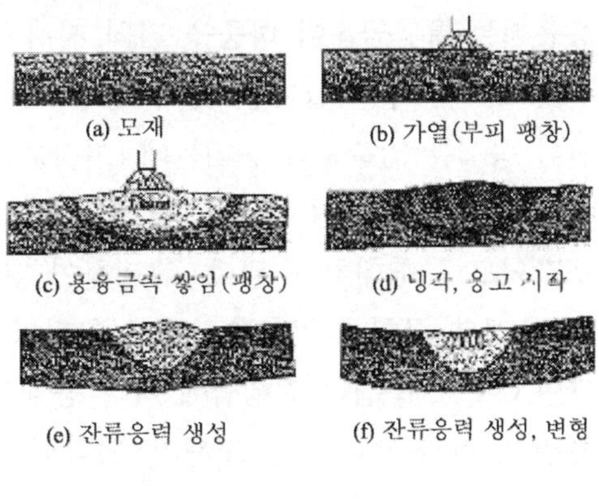

2 잔류응력 분포

가. 맞대기 이음에서의 응력 분포

1) 구속이 없는 맞대기 용접 중의 응력 분포

용접 이음부는 용접선 방향으로 수축하는 힘이 강하게 작용함에 따라 주위의 모재 부분이 방해되는 부분과의 수축응력과 인장응력이 작용하게 되며 일부는 변형으로 상쇄되지만 상당 부분은 응력이 잔류하게 된다.

용접선에 평행인 단면에서는 중앙부분에 인장응력이, 양단에는 수축(압축)응력이 인장응력의 약 1/4 정도의 크기로 작용한다. 주변 자유인 판에서는 응력의 평형조건에 의하여 +, - 기호 부분의 넓이가 같게 된다. 또한 비드 양단부근 약 100mm 부분에서 용접선 방향의 인장응력이 급격히 감소하고 있으며, 용접선 상과 직각방향의 응력은 비드의 양단이 급격히 응력이 증가하고, 용융부는 낮아지는 경향이 보인다.(그림 3.6 참조)

그림 3.6 용접선상의 응력 분포

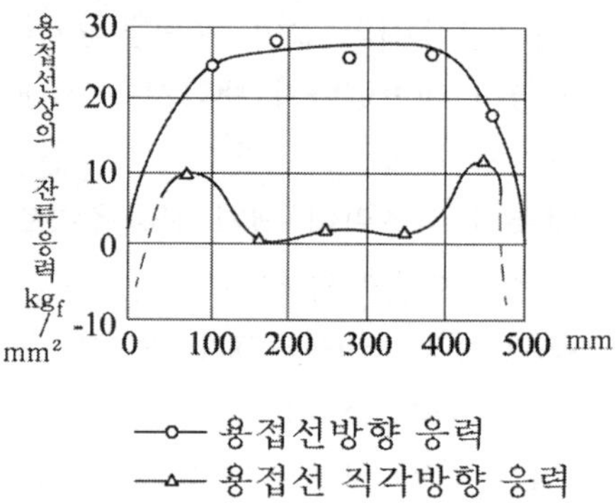

[그림 3.7]은 외적 구속이 없는 맞대기 용접부의 산류응력 분포 상태를 나타낸 것이며, 용접 방향 X의 응력 및 용접선과 직각 방향의 각 부분의 응력 분포 상태를 나타낸 것이다.

(1) 단면 A-A' : 아크 발생부와 멀리 떨어진 미용융부이므로 아직 열을 받지 않은 모재부에서의 열응력은 거의 0이다.

(2) 단면 B-B' : 용접아크가 일어나는 곳으로 온도는 최고점에 달하며, 아크 바로 밑 용융지는 용융금속이 하중을 거의 지지하지 못하기 때문에 응력은 거의 0상태로 되고, 아크로부터 약간 떨어진 곳의 팽창부분이 주위의 낮은 온도의 금속에 의해 구속을 받아 응력은 압축응력이 되는데, 이것은 그 부분의 팽창은 온도가 낮은 주위의 모재에 의하여 구속이 되기 때문이다. 압축응력의 크기는 용접부로터 거리가 멀어짐에 따라 냉각되므로 최대치가 된다. 그리하여 용접부로부터 떨어진 곳의 응력은 인장응력으로 용접부 근처에 압축응력과 일치되어 균형을 이룬다.

(3) 단면 C-C' : 용접이 진행됨에 따라 용융지에서 조금 떨어진 용접부 부분은 용착금속과 용접부 가까이에 있는 모재가 냉각되므로 수축하려고 하지만 주위의 금속에 의해

수축이 억제당하기 때문에 압축응력에서 인장응력으로 변화한다.

(4) 단면 D-D' : 용융지에서 조금 멀리 떨어진 부분이며, 용접 비드 부분의 높은 인장응력과 그의 양 끝은 낮은 압축응력이 존재함을 알 수 있으며, [그림 3.7 (1) (d)] 그림에서 인장응력(+)과 압축응력(-)의 해칭 면적은 응력의 평형조건에 의하여 같게 된다.

그림 3.7 자유단 맞대기 용접 이음 각 부의 온도와 응력 변화

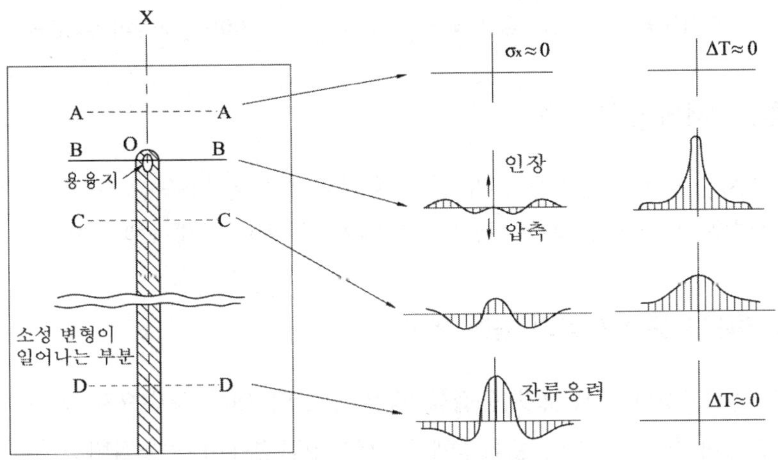

(1) 용접부의 여러 위치 (2) 응력 (3) 온도 변화

2) 맞대기 용접 후의 응력 분포

[그림 3.8]은 맞대기 용접한 후의 응력 분포를 나타낸 것으로 [그림 3.8 (d)]의 곡선 1과 같이 σ_y 방향의 잔류응력 분포는 이음부 중심에 작은 인장응력과 이음부 끝부분에 작은 압축응력을 받았으나 만약 세로 방향 수축이 외적 구속에 의하여 억압받는다면 반사 응력이 합산되어 곡선 2와 같이 된다.

그림 3.8 맞대기 용접 후의 응력 분포

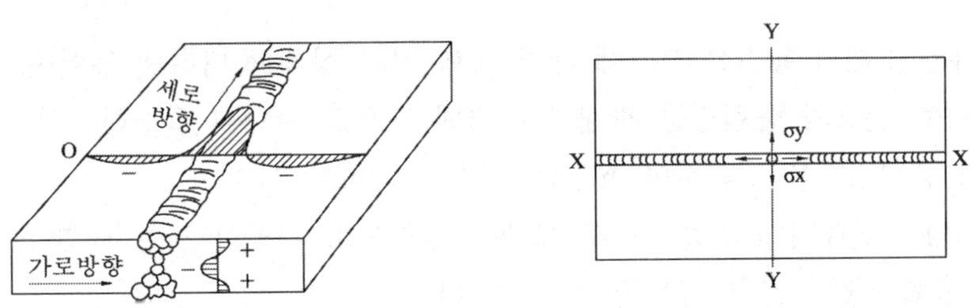

(a) 맞대기 용접부의 방향별 응력 (b) 맞대기 용접부 방향 구분

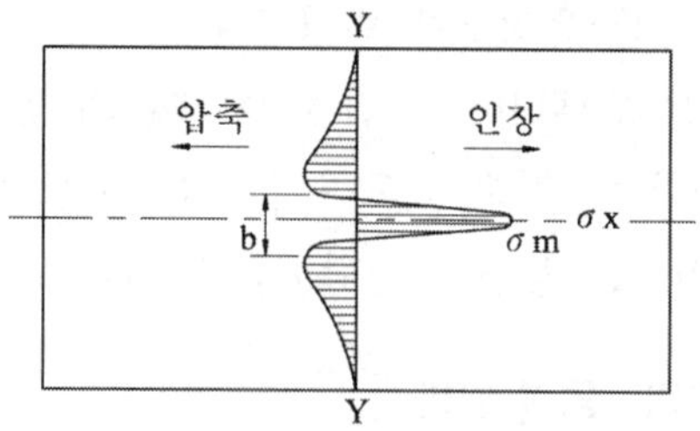

(c) 맞대기 용접부 방향별 응력 크기

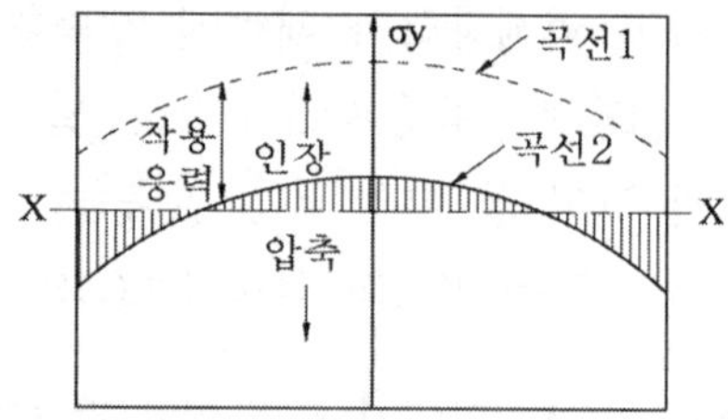

(d) σ_y 방향의 작용응력

3) 다층 용접에서의 응력 분포

다층 용접에서는 1층 용접부와 달리 먼저 용접된 부분은 나중에 용접되는 용착금속의 열 때문에 다시 열을 받으므로 일단 이완된 후 다시 응력이 발생하게 된다.

4) 구속된 맞대기 용접 이음의 응력 분포

모재의 양단을 고정하고 맞대기 용접할 경우 양단의 외적 구속으로 인하여 용접부는 큰 인장응력이 발생하며(구속응력), 용접선에 직각인 횡단면에서는 용접비드 부근에서 큰 인장응력이 생기고 있으며, 그 양측에 낮은 압축응력이 생긴다. 따라서 완전 구속된 맞대기 용접이음에서의 잔류응력은 다음과 같다.

(1) 외부의 구속된 상태에서 맞대기 용접할 때 생기는 잔류응력은 냉각 단계의 최종 단계에서 발생되며,

(2) 루트부는 외부의 구속이 없는 경우 압축응력으로 되지만, 구속이 있으면 인장응력으로 되며, 그 단면 내의 잔류응력 분포는 비교적 단순한 직선 분포이며 그 크기는 외적 구속의 정도에 비례한다.

5) 맞대기 용접 결함부의 응력 분포

[그림 3.9]는 맞대기 용접한 부분에 대한 응력 분포 상태를 나타낸 것이며, 용접 결함 여부에 따른 응력 분포와 응력집중 관계를 나타낸 것으로 단면이 급변하는 부분이나 결함이 있는 부분의 응력집중을 고려하여 용접에 신중을 기해야 한다.

(1) (a) 그림 : 맞대기 용접을 한 후 모재와 평행으로 가공한 것에 대한 응력 분포 상황으로 응력집중이 전혀 없음을 알 수 있다.

(2) (b) 그림 : 가공을 하지 않은 양호한 용접부의 응력 분포도로서 응력집중 현상이 약간 있음을 알 수 있다.

(3) (c) 그림 : 용착금속 경계부에 언더컷이 있는 경우의 응력 분포도로서 응력집중 현상이 큼을 알 수 있다.

(4) (d) 그림 : 슬래그 섞임이 수직으로 존재하는 경우로 이 부분의 응력집중 현상이 크게 나타났음을 알 수 있다.

(5) (e) 그림 : 슬래그 섞임이 응력 분포선에 수평으로 존재하는 경우로 응력집중 현상은 약간 있음을 알 수 있다.

그림 3.9 맞대기 용접 결함부의 응력 분포

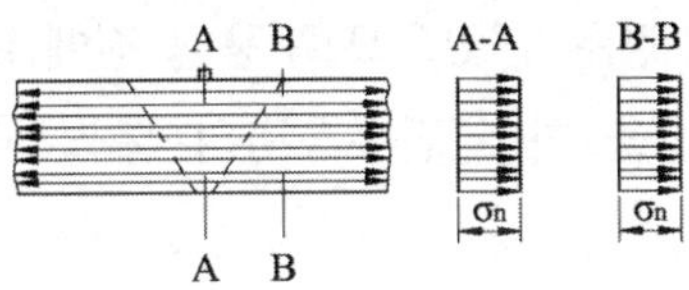

(a) 맞대기 용접 후 가공

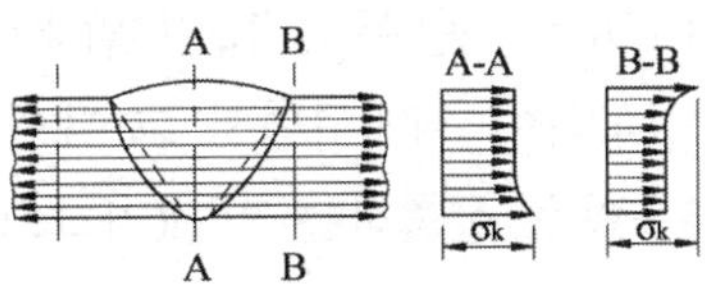

(b) 양호한 용접부

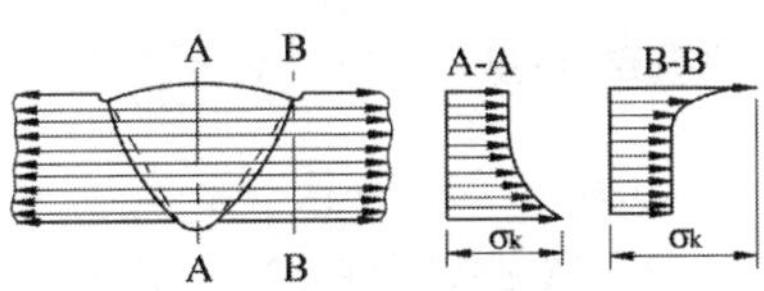

(c) 언더컷이 있는 용접부

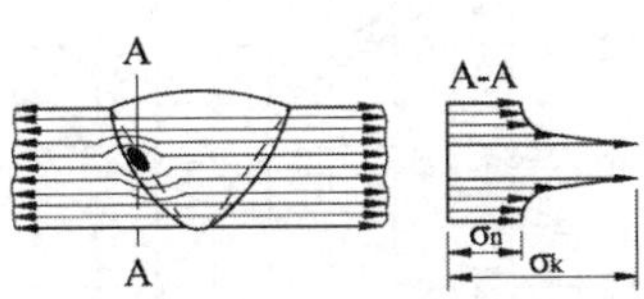

(d) 슬래그 혼입(응력선에 수직)

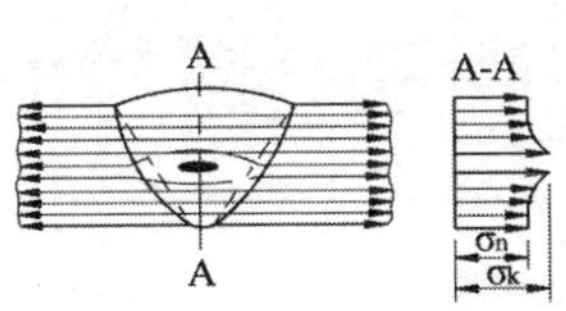

(e) 슬래그 혼입(응력선에 수평)

그림 3.10 필릿 용접부의 응력 분포

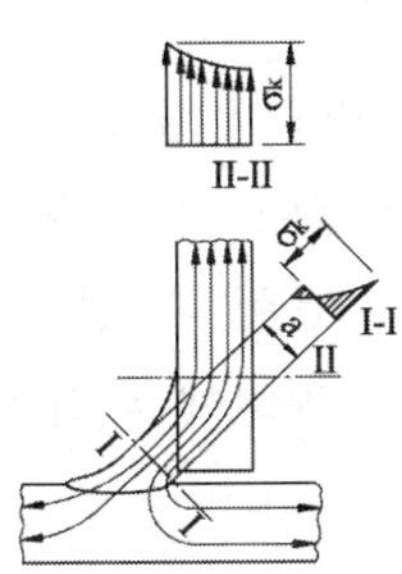

(a) 필릿 오목 비드

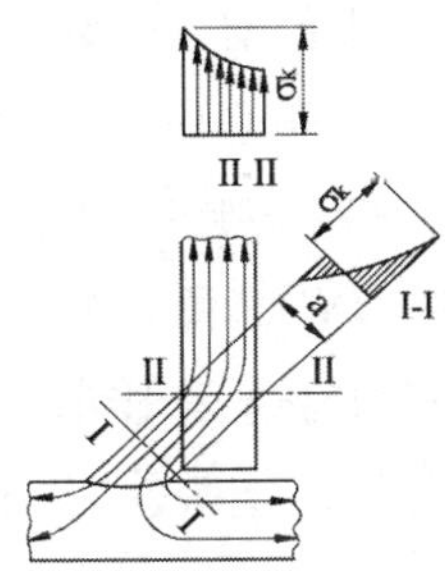

(b) 필릿 평면 비드

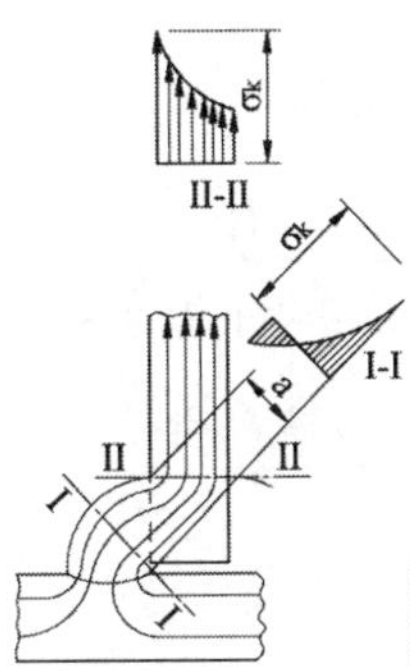

(c) 필릿 볼록 비드

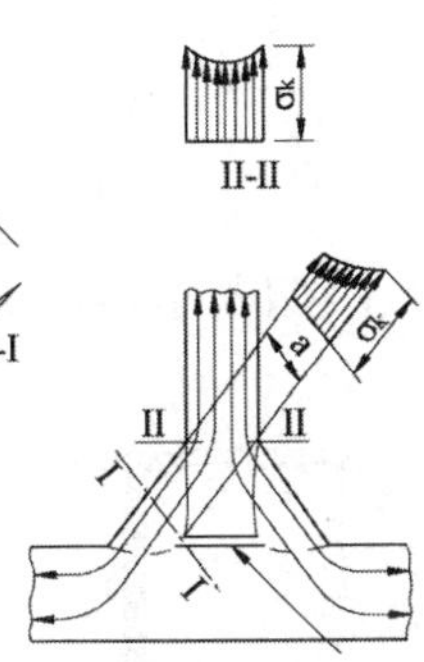

(d) 양호한 필릿 비드

나. 강관 맞대기 이음의 응력 분포

강관 두께에 비하여 지름이 매우 큰 강관을 맞대기 이음한 것의 잔류응력은 넓이가 넓은 판을 맞대기 이음한 경우와 비슷하지만 이와 반대인 강관을 맞대기 이음한 경우는 위의 내용과 좀 다르다. 즉 관 두께에 비해 관 지름이 적은 강관을 맞대기 이음할 경우는 용접부가 수축하여 관의 이음부가 쉽게 조여지기 때문에 용착금속의 단면 내에 작용하는 용접선에 평행인 원주 응력은 비교적 적으나 용접선에 직각 방향에는 내부에 큰 인장응력이 생기고 표면 부근에는 압축응력이 생김을 알 수 있다.

또한 강관의 제조 후에 응력제거를 하지 않고 시판되는 경우가 있으므로 용접 전에 850℃에서 2시간 정도 풀림하여 완전히 응력을 제거한 후 용접을 하면 잔류응력의 분포 상황이 좀 달라짐을 알 수 있다.

[그림 3.11 (a)]는 관 두께에 비해 관지름이 현저히 큰 경우의 응력분포를 나타낸 것이며, 우측은 판 두께에 비해 지름이 작은 경우 즉 관지름 137mm, 관 두께 12인 압력배관용 강관(b 그림)으로 맞대기 이음한 후 관 내면을 조금씩 절삭하여 제거하면서 그 때마다 표면의 변형차를 측정하고 그 자료에 의해 단면 내의 잔류응력을 산출하는 방법(자크스의 삭제방법)으로 실측한 결과도이다.

그림 3.11 **압력 배관용강 맞대기 용접부 단면적 내의 잔류응력 분포**

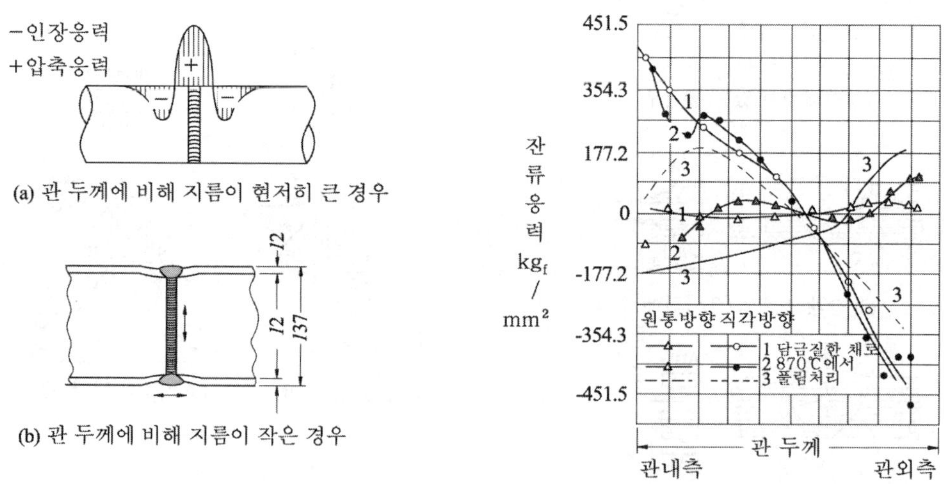

다. T형 필릿 이음부의 잔류응력 분포

1) 필릿 용접부 비드 형상에 따른 응력 분포

[그림 3.10]는 필릿 용접부의 비드 형상에 따른 목 두께 부분의 응력 분포 상태를 나타낸 것으로 오목 비드부가 응력집중 상태가 가장 작고, 그 다음이 평면 비드이며, 볼록 비드의 경우는 응력집중 현상이 크게 나타났음을 알 수 있다.

2) T형 필릿 용접부의 잔류응력 분포

T형 필릿 이음부 끝에서 어느 정도 떨어진 X-X' 단면부의 응력은 용접축의 평행 방향에 높은 인장력의 잔류응력이 분포되어 있으며, 플랜지 부에서 용접 비드에 가까운 곳은 인장 응력이 되며, 먼 곳은 압축응력이 된다.

또한 웨브의 상부 끝단 부근의 응력은 인장응력이 발생하며, 용접부에서 발생하는 수축 응력에 의하여 구조물의 세로 방향의 굽힘 변형을 일으키는 형태로 나타난다. 그리고 T이음에서는 각변형도 발생한다.(그림 3.12 참조)

그림 3.12 T이음에서의 잔류응력 분포

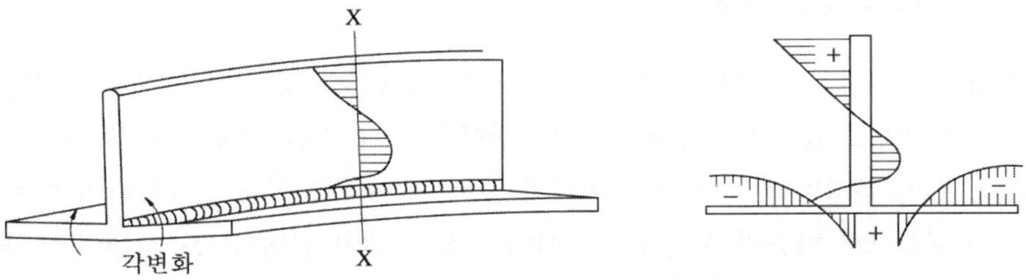

(a) T 이음　　(b) 단면 X–X의 응력 분포

3 잔류응력의 영향

용접이음에서 잔류응력은 항상 존재하는 것으로 때로는 재료의 항복점에 가까운 높은 값으로 연강에서 20~30kg_f/mm^2 이르는 것도 있다. 그런데 강구조물의 허용응력은 정하중에 대하여 10~14kg_f/mm^2 정도이고, 동하중에는 더욱 적다. 따라서 잔류응력은 허용응력보다 훨씬 큰 값이 되므로 용접이음 및 용접 구조물의 성능에 영향을 주는 중요한 문제가 된다.

가. 잔류응력과 변형의 상반관계

용접부에 발생하는 잔류응력 중에서 용접선 부근에서의 잔류응력은 인장 항복 응력에 가까운 값으로 존재하는 것으로 부재에 외력이 작용하기 전에 존재하고 있는 내부 응력이다. 따라서 내부 응력이 외부 응력과 중첩되므로 양자가 같은 부호를 갖는 부분은 응력이 크고 다른 부호를 갖는 경우는 작게 되며, 부재의 역학적 거동에 여러 가지 영향을 미치게 된다.

그리고 용접이 완료된 후에 잔류응력 제거나 변형 교정은 많은 경비와 시간을 요하므로 이들의 발생이 적도록 용접 시공을 해야 한다.

용접 변형은 구속을 크게 하면 감소시킬 수 있으나 잔류응력이 크게 되어 용접 균열이 발생하기 쉽다.

따라서 잔류응력과 변형과는 상반 관계가 있으므로 양자를 동시에 경감한다는 것은 실제로 매우 곤란하므로, 구조물이 강도상 중요하여 두꺼운 판을 사용할 때는 구속을 적게 하여 잔류응력을 경감하는 시공법을 택하고, 강도가 중요하지 않은 얇은 판에서는 변형이 적게 일어나는 시공법을 택해야 함을 잊어서는 안 된다.

나. 정적 강도에 미치는 영향

1) 인장 강도에 미치는 영향

맞대기 용접 이음에서 용접선 방향으로 인장력을 작용시킬 경우 하중 증가에 따른 부재는 잔류응력이 존재하고 있으므로, 단위 하중당 변형율도 그 만큼 크게 되어 외관상의 강성이 저하하고 있지만, 부재의 최고 하중은 변하지 않는다. 이것은 인장 잔류응력이 항복 응력에 달하고 있는 부분으로 하중이 존재함과 동시에 소성 변형이 진행되므로 외력의 영향을 거의 받지 않기 때문이다.

한편 인장 잔류응력과 균형되어 있는 압축 잔류응력 부분에서는 외력에 의한 인장응력과 압축 잔류응력과의 합이 항복 응력으로 될 때까지는 항복하지 않고 잔류응력이 자기 평형을 유지하므로 부재의 전단면 항복 하중은 변하지 않게 된다.

그리고 재료에 연성이 어느 정도 존재하고 있는 경우에는 부재의 정적 강도에는 잔류응력은 크게 영향을 미치지 않는다. 그리고 전단면이 항복 후에 이 부재에 작용시킨 하중을 제거하면 잔류응력은 거의 해방되어 진다.

2) 좌굴 강도에 미치는 영향

박판에서는 용접 잔류응력 때문에 외력이 작용하지 않아도 자연히 좌굴 변형이 생길 수가 있으므로 잔류응력은 좌굴 강도에 크게 영향을 미친다.

다. 피로 파괴에 미치는 영향

용접 이음의 피로강도에 미치는 잔류응력의 영향에 대한 것은 아직 확실한 결론이 내려져 있지 않지만 일반적으로 하중 방향의 인장 잔류응력은 피로강도를 어느 정도 저하시키며, 반대로 압축 잔류응력은 유리한 영향을 미치는 것으로 생각된다.

그러나 용접 이음의 피로강도는 잔류응력 이외에 용접부의 재질 변화나 용착금속 중의 미소 균열, 국부 형상의 변화 등의 용접 결함의 영향에 민감하므로 잔류응력만을 취출하여 실험을 하는 것이 극히 곤란하므로 명확한 결론을 얻는 것이 곤란하다

균열은 용접부의 기하학적 요소로 간주되는 것으로 어떠한 형태로 존재하여도 위험하다. 언더컷, 용접형상(weld shape), 윤곽(contour), 볼록(convexity), 오목(concavity), 용접물결(weld ripple), 용락(burn through) 등의 결함들은 단면의 감소로 응력집중 효과를 유발하며, 결함의 종류도 중요하지만 위치가 얼마나 중요한지를 보여준다.

피로 파괴는 모든 파괴의 90% 이상을 차지하며, 취성파괴의 직접적인 원인인 만큼 중요한 파괴기구이다. 대부분의 용접부 결함들은 응력집중 지역으로, 피로에 의한 반복응력/변형을 받게 되는데, 이런 면에서 2차원 평면 결함인 균열은 대단히 위험한 반면, 3차원인 구형 결함들은 2차원 결함이 되기 위한 잠복시간이 요구되므로 덜 위험하다. 크리프는 일반적으로 재료가 연성의 성질을 가지는 고온도에서 발생하는 것이므로 용접부 결함과는 무관하다고 할 수 있다.

상기 여러 가지 사항들을 볼 때 취성파괴와 피로가 용접 구조물의 결함들에 대한 파괴의 대부분을 차지하게 되게 되므로 중요한 관심 대상이 된다.

1) 고사이클(10^6) 피로

용접부 결함의 피로 파괴에 대한 평가 실험결과 정적 하중 실험결과와 마찬가지로 균열 > 언더컷(비드 형상) > 용융불량 > 용입불량 > 슬래그 혼입 > 다공성의 순서로 심각도가 저하됨을 알 수 있다.

용접부 표면에 있는 결함이 내부에 있는 결함보다 훨씬 더 위험하다. 다공성은 비드를 제거하지 않는 한 제일 안전한 결함으로 간주된다.

2.1~4%Cr-1%Mo강 용접부를 650℃에서 실험한 결과 5~8% 다공성이 있는 경우 무결함 용접부보다 피로강도가 약 98% 감소된다고 한다.

슬래그 혼입은 재료 내에서 피로결함의 거동으로서는 다공성과 기본적으로 같다. 용접부 내의 슬래그 혼입이 피로 파괴에 미치는 영향을 조사한 결과 [표 3.2]와 같이 구역에 따른 합격 기준치가 제시되고 있다.(그림 3.13, 3.14 참조)

표 3.2 각 품질밴드에 대한 슬래그 혼입의 합격 기준치(슬래그 혼입의 최고 허용 길이)

용접상태 / 품질밴드	루틸계로 용접	저수소계로 용접	응력완화 용접	높은 억제 또는 십자형 용접
V	0	0	0	0
W	1.5mm	5mm	5mm	0.75mm
X	10.0mm	25mm	NO.	4mm
Z	NO.MAX.	NO.MAX.	NO.MAX.	NO.MAX.
강에 두껍고 크게 맞대기 용접(12.7mm)				

그림 3.13 품질 밴드별 슬래그 혼입 허용 범위

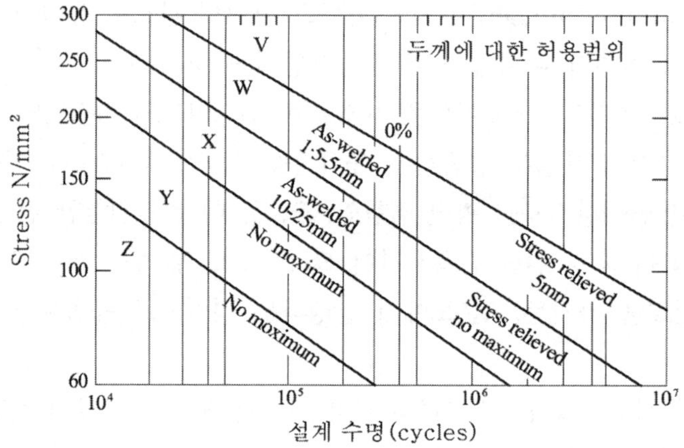

그림 3.14 품질 밴드별 다공성 혼입 허용 범위

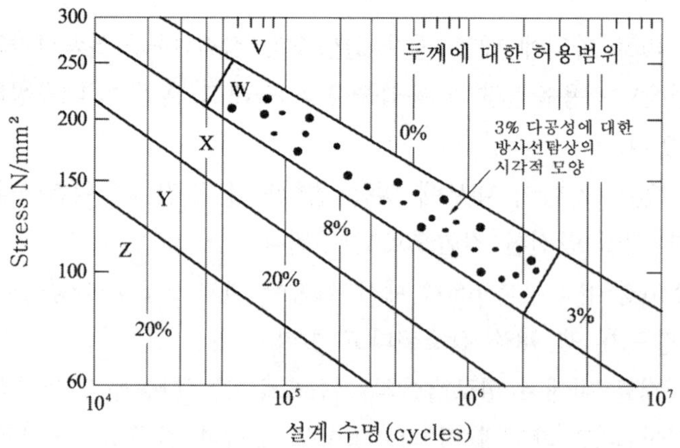

용입불량과 용융불량은 균열과 같이 2차원 결함으로 간주되나 결함 끝단이 좀 둔하다. 용접부의 기하적인 형상에 의한 결함이 고주파 피로 파괴에 대한 연구 중에 비드의 높이와 각에 대한 영향을 많이 이용하고 있는데, 용접부의 비드를 그대로 두었을 때가 비드를 완전히 제거한 상태보다 3배 이상 피로강도가 저하됨을 알 수 있다. 따라서 피로 파괴에 대한 수명 증가를 위하여 [그림 3.15]와 같이 비드 표면을 가공하고 있다.

그림 3.15 피로 파괴에 대한 용접부 비드 높이의 영향(덧붙이 가공의 예)

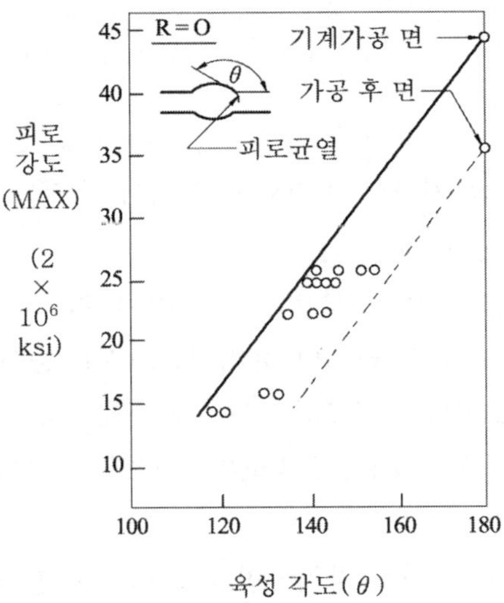

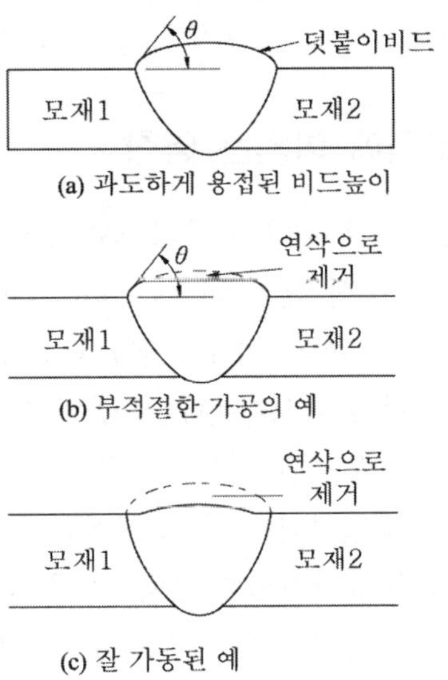

라. 취성파괴에 미치는 영향

연성 재료(연강 등)의 용접 이음부에 노치가 존재하는 경우 저온에서 정하중을 받으면 어느 온도 이하에서는 항복점보다 수분의 1 정도의 아주 낮은 평균 응력이 걸려도 취성파괴가 일어나 균열이 전파된다. 그것은 용접부 부근에는 항상 항복점에 가까운 큰 잔류응력이 존재하므로 외부 하중에 의해 아주 작은 응력이 가산되기만 하여도 취성파괴가 일어날 가능성이 있게 되는 것이며, 연강은 저온에서 연성이 적어지기 때문이다.

취성파괴는 구조물의 벽 두께가 갑자기 붕괴가 되는 것으로 사용 재료(일반적으로 탄소강에서 많으며, 오스테나이트계 스테인리스강이나 Ni강, Al 합금 등의 고연성 재료에선 잘 나타나지 않음), 환경, 사용 온도(온도 낮을수록 취성파괴 커짐), 재료 두께나 크기, 응력 상태, 임계결함의 크기 등의 영향을 받으며, 균열성 결함이 같은 크기의 다른 결함보다 훨씬 더 위험하다.

취성파괴에 있어 응력집중 효과는 결함에 대한 정적 하중 시험의 결과와 기본적으로 같다. 다공성, 슬래그, 개재물 등 체적 결함들은 5% 미만일 경우 충격에 대한 영향이 거의 없으며, 슬래그 혼입(slag inclusion)도 천이온도 이상의 연성온도 범위에선 피괴인성치에 영향이 없다.

균열성 결함이 있는 시편과 슬래그 혼입의 시편 사이에 피괴인성 실험 결과 역시 균열이 있는 시험에서 훨씬 더 높은 천이온도를 보여준다.

또한 작은 용접부 결함이라해도 사용 중에 임계 결함 크기로 성장하여 취성파괴를 일으킬 수 있음을 항상 염두에 두어야 한다. 따라서 사용 중 주기적인 검사 및 감시는 취성파괴를 예방할 수 있다. 이것이 바로 ASME Sect. XI의 원자력 부품 용접부에 대한 가동 중 검사 개념이다.

마. 부식에 미치는 영향

잔류응력이 존재하는 상태에서는 재료의 부식 저항이 약화되어 부식이 촉진되기 쉬운데 이것을 응력부식 균열(Stress corrosion cracking)이라고 한다.

금속재료를 현미경으로 관찰하면 부식을 받기 쉬운 부분은 침식이 되어 작은 노치가 된다. 응력부식이 생기는데는 재질, 부식매질, 응력의 크기와 유지시간, 온도 등이 크게 영향을 미친다. 응력부식 균열의 대표적인 것을 들어보면, 오스테나이트계 스테인리스강의 부식균열, 연강의 알칼리 취성, 고장력강의 응력부식균열, Al합금, Mg합금, Cu합금, 특히 α 황동이나 청동은 일반적으로 응력부식을 받기 쉽다.

잔류응력이 존재하는 상태에서 고온으로 수개월 이상 방치하면 거의 소성변형이 없이 취약한 균열이 발생하여 파괴되는 일이 있는데, 이것이 시즌 크랙(season crack)이다.

바. 다듬질 가공에 의한 변형

용접에 의하여 잔류응력이 존재하고 있는 것을 가공하면 치수가 변형될 염려가 있다.

이것은 가공 전에는 잔류응력이 물체 내에서 자기 평형을 유지하고 있으나 물체의 일부를 절삭하여 제거하면 전체의 균형이 파괴되어 변형이 생기는 것이다. 따라서 용접 조립시 잔류응력이 있는 상태에서 가공하면 치수가 변할 염려가 있다.

제2절 | 잔류응력 경감과 완화

1 잔류응력 경감

용접 중에 생기는 잔류응력과 변형을 완전 없게 하는 방법은 불가능하지만 잔류응력을 적게 하고 변형을 최소화하는 방법은 많은 경험과 최적의 용접부의 설계와 시공법에 의하여 가능하다. 용접 중에 잔류응력의 발생과 변형에 영향을 미치는 사항으로는 용접 입열의 대소(전류, 속도, 봉 지름 등), 판의 예열온도, 판 두께와 이음형상, 구속도, 용접순서와 용착순서, 용접방법 등이며, 이들을 개선, 최적화하는 것이 잔류응력 경감의 대책이 될 것이다.

구속력을 크게 하여 변형 발생을 저지하는 것이 가장 효과적이지만 그것에 의해 잔류응력이 크게 되고 또 용접 균열이 일어나기 쉽다. 변형을 적게 하기 위하여 필요한 방법은 용접 입열량을 가능한 적게 할 것, 열량이 한 군데에 집중하지 않도록 할 것, 용접속도를 크게 할 것, 처짐 변형의 방지에 주의할 것 등이다.

가. 용착금속량의 감소

용착금속량을 적게 하면 수축에 따른 변형량이 적어지고, 잔류응력의 크기도 적어진다. 이와 같이 용착금속량을 줄이기 위해서는 열에 집중을 가하면서 용접 홈의 각도를 가능한 작게 만들고, 루트 간격을 좁혀서 용접부 자체에서 발생되는 내부 구속(internal restraint)을 경감시키는 것이다.

나. 적절한 용착법의 선정

적절한 용착법은 잔류응력의 경감에 크게 도움이 되고 있음을 실험으로 증명되고 있다. [그림 3.16]은 각종 용착법(비드 배치법)에 따라 잔류응력의 크기가 다름을 나타낸 것이다. 이에 의하면 [그림 3.16 (d)]인 비석(skip)법에 의한 비드 배치법이 잔류응력의 크기가 가장 작은 것을 알 수 있다.

또한 직선 비드 배치법이 대칭법이나 후퇴법에 비하여 잔류응력이 경감되는 것으로 나타났으나 이것은 변형을 고려하지 않았을 경우인데, 직선 비드법에 의한 용접부는 대칭법이나 후퇴법에 비하여 그 만큼 자유 변형이 심하기 때문이다.

이렇게 본다면 잔류응력의 경감과 변형 방지를 동시에 충족시키는 비드 배치법으로는 비석(skip)법이 가장 좋다는 것을 알 수 있다.

그림 3.16 용착법과 잔류응력의 크기

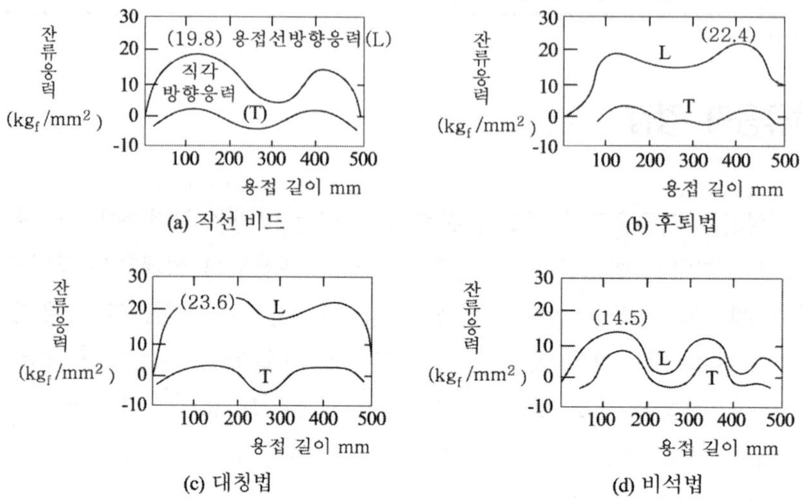

다. 예열

용접부에 가해지는 용접 열원은 단시간에 고온을 사용하는 관계로 분포도 상에서 용접 열원의 분포가 급경사를 이루고 있는데 이것은 급랭에 의한 용접 부위의 변화가 심해질 가능성을 뜻하는 것이다. 이와 같은 이유로 인하여 용접부에 잔류응력이 많이 생기게 되는 것이며, 이것을 경감하기 위해서는 용접 이음부를 50~150℃ 정도로 예열한 후 용접하면 용접시 온도 분포도의 경사가 완만해지면서 용접 후의 수축 변형량도 감소되고 구속 응력도 줄어들게 된다.

라. 용접 순서의 선정

용접 부재가 같은 크기나 같은 형상이라도 용접 작업 순서에 따라서 수축 변형에 크게 영향을 주게 되므로 공작물의 크기와 구조, 작업 조건에 따라서 용접부의 잔류응력 및 구속 응력에 미치는 영향이 크다. 그러므로 적당한 용접 순서와 용착법을 자유자재로 선택하기 위하여 용접 구조물을 알맞은 자세로 회전시킬 수 있는 포지셔너를 사용하면 편리하다.(그림 3.17 참조)

1) 용접순서 선정 일반원칙

(1) 수축은 자유로이 일어나도록 고려할 것, 즉 동일 평면 내에 많은 이음이 있을 때는 수축은 되도록 자유단에 여유를 둔다.

(2) 수축이 가장 크게 될 이음을 먼저 용접하고 수축량이 적은 것을 나중에 용접한다. (맞대기 용접 후 필릿 용접 실시 등)

(3) 가능한 대칭으로 용접한다.

(4) 용접물의 중립축에 대하여 용접수축 모멘트의 화가 0이 되게 하면 용접선 방향에 대한 굽힘이 없어진다.

그림 3.17 용접용 포지셔너

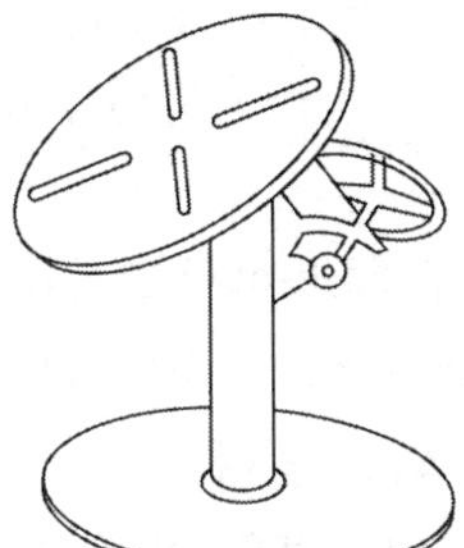

그림 3.18 연강봉의 응력 완화에 미치는 온도와 유지 시간과의 관계

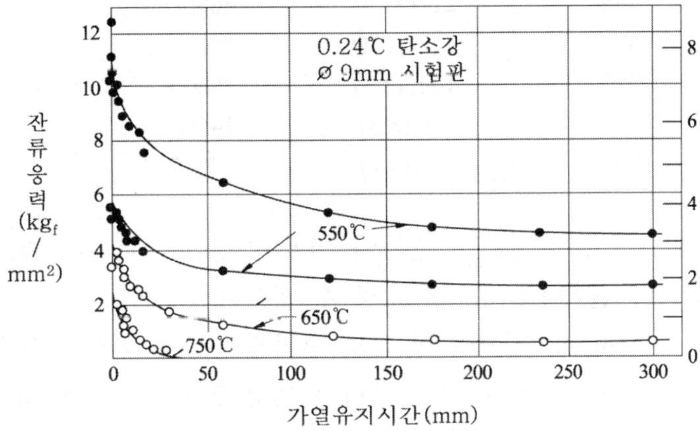

2 잔류응력 완화법

용접부의 잔류응력을 용접 시공 상의 주의만으로는 현저하게 경감 또는 완화시킬 수 없다. 따라서 인위적인 응력 제거법을 사용해야 하는데, 이들의 방법은 크게 가열법과 기계적 처리법이 있으며, 이들의 종류를 들면 다음과 같다.

가. 응력 제거 풀림(stress-relief annealing)

1) 원 리

금속을 항복점 이하의 응력으로 걸어놓고 방치하면 응력이 감소하는 방향으로 크리프 소성 변형이 생기며, 고온으로 유지하면 그 효과가 더 커진다. 즉 잔류응력이 있는 용접 구조물을 적당한 고온으로 유지하면 인장응력 부분과 압축응력 부분이 서로 당기고 있으므로 크리프에 의한 소성 변형이 생기며 잔류응력이 거의 소멸되는 것이다.

표 3.3 연강의 고온에서의 기계적 성질

온도 ℃	항복점 MPa(kg_f/mm^2)	인장 강도 kg_f/mm^2	연신율 %	단면 수축율 %
20	269(27.4)	413(42.1)	48	66
150	251(25.6)	462(47.1)	28	60
260	221(22.5)	465(47.4)	29	62
370	178(18.2)	410(41.8)	36	68
480	134(13.7)	282(28.8)	45	76
590	86(8.8)	145(14.8)	57	86
700	41(4.2)	71(7.2)	69	96

<표 3.3>은 고온에서 연강의 기계적 성질을 나타낸 것으로 약 550~65O℃ 정도에서 항복점이 현저하게 저하함을 알 수 있으며, 저합금강에서도 약 600~650℃ 정도에서 항복점이 현저히 저하하므로 이 온도 범위에서 응력 제거 풀림을 채용되고 있다.

[그림 3.18]은 0.24%C인 ∅9mm 연강 환봉의 양단에 일정한 인장응력을 가한 후 각각 550℃, 650℃, 750℃에서 유지 시간을 변화시켜 이때 응력이 완화되는 현상을 나타낸 것으로, 유지 시간과 유지 온도가 길면 길수록, 응력이 급속히 감소하는 현상을 볼 수 있다. 즉, 최초의 응력이 반으로 감소하기까지의 시간은 550℃의 경우는 약 75분, 650℃에서는 약 12분, 750℃에서는 약 3분 정도 유지하면 된다.

2) 응력 제거 풀림 조건

고온의 크리프 강도는 재료의 종류에 따라 다르므로 응력 제거 풀림 온도도 재료의 종류에 따라 다르게 적용해야 한다. 예를 들면 스테인리스강에서는 770~800℃ 정도의 온도로 가열해야 잔류응력이 제거된다.

<표 3.4>는 각종 금속의 응력 제거 풀림 온도를 나타낸 것이다.

표 3.4 각종 금속 및 합금의 응력 제거 풀림 표준 온도와 시간

금속의 종류	풀림 온도 ℃	유지시간 (h) 판 두께 25mm당	금속의 종류	풀림 온도 ℃	유지시간 (h) 판 두께 25mm당
회주철	430~500	5	Cr 스테인리스강(모든 판 두께)		
탄소강			AISI 410, 430	775~800	2
C 0.35% 이히, 19mm 미만	불필요	-	AISI 405, 19mm 미만	불필요	-
C 0.35% 이상, 19mm 이상	590~680	1	Cr-Ni 스테인리스강		
C 0.35% 이하, 12mm 미만	불필요	-	AISI 304, 321, 347,19mm 미만	불필요	-
C 0.35% 이상, 12mm 이상	590~680	1	AISI 316, 19mm 이상	815	2
저온 사용 목적 특수 킬드강	590~680	1	AISI 309, 310, 19mm 이상	870	2
C - Mo강(모든 판 두께)			이종재료 이음	730~760	
C 0.2% 미만,	590~680	2	Cr - Mo강 + 탄소강	730~760	3
C 0.20~0.35%	680~760	3~2	AISI 410, 430 + 기타 강종	기타	3
Cr - Mo강(모든 판 두께)			Cr-Ni 스테인리스강 + 기타강종	강종	
C 0.2%, Mo 0.5%	720~750	2		만 응력	
Cr 0.35%, Mo 1%, C 9%	730~760	3		제거	

3) 응력 제거 풀림 효과

응력 제거 풀림은 열영향부의 잔류응력의 제거뿐만 아니라 연성이 증가하는 야금학적 효과도 크다. 다음은 응력 제거 풀림의 효과를 나타낸 것이다.

① 용접 잔류응력의 제거와 치수 비틀림의 방지
② 응력부식에 대한 저항력의 증대
③ 강도의 증대(석출 경화)
④ 열영향부의 뜨임 연화
⑤ 용착금속 중의 수소 제거에 의한 연성의 증대
⑥ 충격 저항의 증대
⑦ 크리프 강도의 향상

표 3.5 로내 및 국부 풀림시의 유지 온도와 시간

기호	강재	종	화학성분					유지 온도	유지 시간
			C	Mn	Si	Cr	Mo		
SB	보일 러용 압연 강재		0.15 ~0.30	0.90 이하	0.15 ~0.30			625 ±25℃	두께 25mm에 대하여 1h
SM	용접 구조용		0.15 ~0.30	2.5℃ 이상	0.15 ~0.30			625 ±25℃	두께 25mm에 대하여 1h
SS	일반 구조용		0.15 ~0.30	2.5℃ 이상	0.15 ~0.30			625 ±25℃	두께 25mm에 대하여 1h
SM 50C	기계 구조용		0.05 ~0.60	0.30 ~0.60	0.15 ~0.30			625 ±25℃	두께 25mm에 대하여 1h
SC	탄소강 주강품		0.05 ~0.60	0.30 ~0.60	0.15 ~0.30			625 ±25℃	두께 25mm에 대하여 1h
SF	탄소강 단강품		0.05 ~0.60	0.30 ~0.60	0.15 ~0.30			625 ±25℃	두께 25mm에 대하여 1h
STB	보일 러용 강관	1~5 종	0.08 ~0.20	0.25 ~0.80	0.10 ~0.50		0. ~0.65	1~5종 625 ±25℃	두께 25mm에 대하여 1h
		6,7, 8종			0.10 ~0.50	0.80 ~2.50	0.20 ~1.10	6,7,8종 725 ±25℃	두께 25mm에 대하여 2h

나. 국부 응력 제거법(local stress relief)

제품을 로내에 넣을 수 없는 대형 용접 구조물은 로내 풀림을 할 수 없으므로 용접선의 좌우 양측을 각각 약 250mm의 범위나 또는 판 두께의 12배 이상의 범위까지를 <표 3.5>에 나타낸 온도와 시간을 유지시킨 후 서랭하여 응력을 제거하는 방법이다.

그러나 이 방법은 온도가 불균일하게 되어 오히려 잔류응력을 유발할 수 있으므로 주의해야 된다. 한편 응력 제거 온도가 낮아지면 그 만큼 유지 시간이 길어져야 하는데, ASME의 규정에는 600℃에서 1시간, 570℃에서 2시간, 540℃에서 3시간 유지 시간을 연장하도록 규정하고 있다.

국부 풀림법의 가열 열원에는 여러가지가 있으나, 가열부의 온도 유지가 균일하게 올라갈 수 있는 장치이어야 한다. 전기적인 열원으로는 유도 가열 방식이 많이 사용되고, 가스 불꽃으로는 가스 버너가 많이 사용되고 있다.(그림 3.19, 3.20 참조) 가스 불꽃으로는 산소-아세틸렌과 프로판이 많이 쓰이는데, 이때는 여러 개의 팁을 평행으로 배열한 토치를 일정한 속도로 이동시키면서 가열한다.

그림 3.19 강관 용접부의 유도 가열

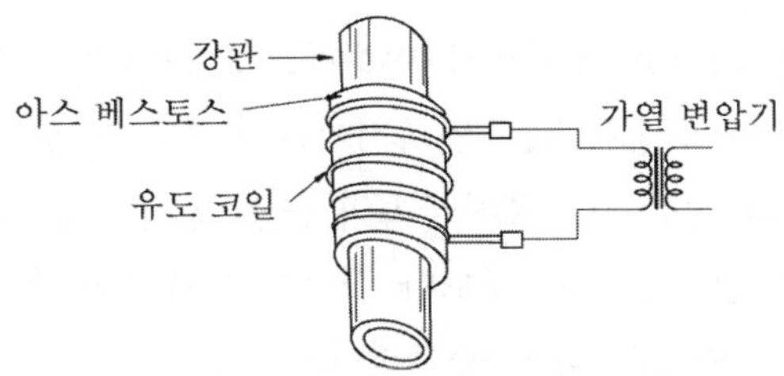

그림 3.20 가스 불꽃에 의한 가열

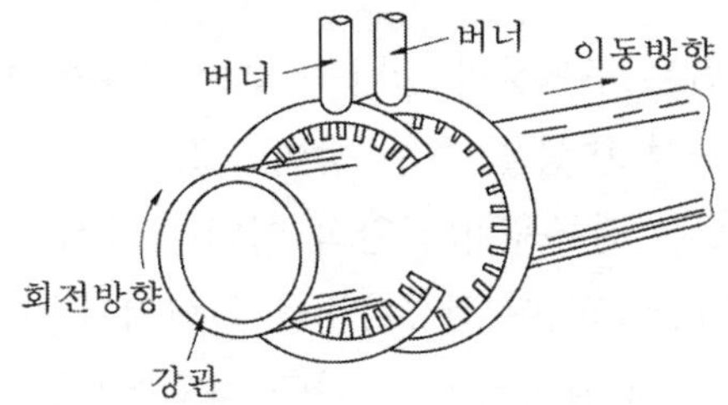

다. 저온 응력 완화법(low-temperature stress relief)

이 방법은 미국의 린데사에서 연구한 것이므로 린데법이라고도 하는데, 방법은 용접선 방향에 큰 인장 잔류응력이 생긴 용접선의 양측을 정속도로 이동하는 가스 불꽃에 의해 폭이 약 150mm에 걸쳐 15O~200℃로 가열한 후에 즉시 수냉함으로써 용접선 방향의 인장응력을 완화시키는 방법이다.(그림 3.21 참조)

[그림 3.22]은 두께 19mm 연강판의 용접선 양측 용착부의 압축응력이 작용하는 부분을 가열하여 인장 열응력이 생기게 하고, 이것이 인장 잔류응력과 겹쳐 용착부에 인장 소성 변형이 생기게 함으로서 잔류응력이 현저하게 감소되는 것을 나타낸 것이다.

그림 3.21 저온 응력 완화법

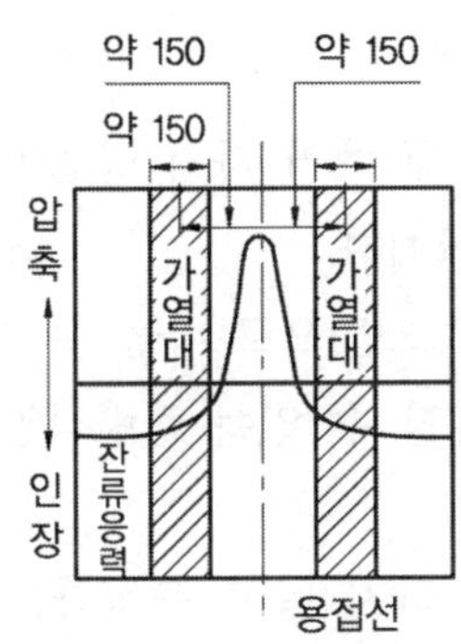

그림 3.22 저온 응력 완화법에 의한 응력 제거 예

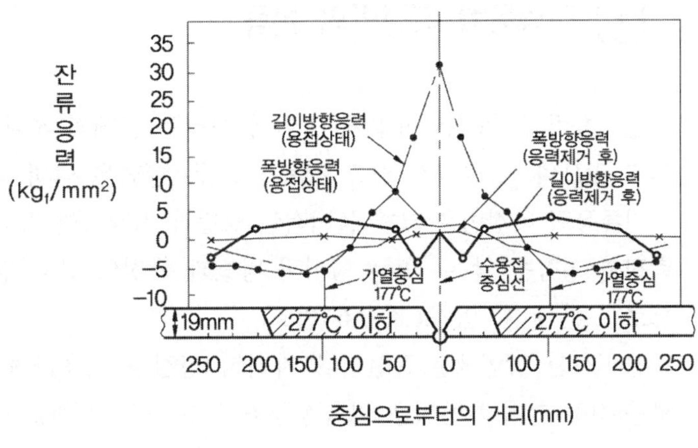

라. 기계적 응력 완화법(mechanical stress relief)

이 방법은 잔류응력이 존재하는 구조물에 어떤 하중을 걸어 용접부를 약간 소성 변형시킨 다음 하중을 제거하면 잔류응력이 현저하게 감소하는 현상을 이용하는 방법이다. 그러나 실제 용접 구조물에는 응용이 곤란하여 거의 사용하지 않는다.

마. 피닝법(peening)

이 방법은 구면상의 선단을 갖는 특수한 피닝 해머로 용접부를 연속적으로 타격하여 표면층에 소성 변형을 주는 방법으로, 용착금속부의 인장응력을 완화시키는데 효과가 있다. 또한 피닝은 잔류응력의 완화 이외에 용접 변형의 경감이나 용착금속의 균열 방지 등을 위해서도 가끔 쓰이며 잔류응력을 완화시키는데 고온에서 하는 것보다 실온으로 냉각한 후에 하는 것이 더 효과적이며, 다층 용접에서는 최종 층에만 하면 충분하다.

또한 잔류응력 제거의 목적에서 보면 피닝을 용착금속 부분뿐만 아니라 그 좌우의 모재 부분에도 어느 정도(폭 약 50mm) 하는 것이 효과적이다. 그러나 피닝의 효과는 표면 근처 밖에 미치지 못하므로 판 두께가 두꺼운 것은 내부 응력이 완화되기 힘들며, 용접부를 가공 경화시켜 연성을 해치는 결점이 있다.

제3절 | 잔류응력 측정법

1 잔류응력 측정법의 분류

잔류응력의 측정은 용접에 있어서 어려운 문제의 하나이다. 종래 여러 가지 방법이 시도되고 있으나, 정밀도가 좋고 신뢰성 있는 방법은 극히 적은 현상이다.

잔류응력 측정법은 크게 물리적인 방법과 기계적인 방법(유한 요소법)으로 나눌 수 있으며, 측정의 성향을 알 수 있는 정성적 방법과 측정의 량을 정확히 밝힐 수 있는 정량적인 방법으로 구분할 수 있다.(표 3.6 참조)

물리적인 방법에는 X선이나 자기적 성질을 이용하여 파괴를 하지 않고 측정하는 것이 보통이며, 기계적 방법은 피측정물을 일부 또는 전체를 매우 작게 절단(삭제)하면서 생기는 변형량을 계측하고 이 변형량을 탄성 관계식을 적용하여 측정하고 있으나, 어떤 방법으로든 내부의 잔류응력이나 변형을 직접 측정할 수 없는 어려움이 있다.

최근에는 800℃ 정도의 고온까지 응력을 측정할 수 있는 변형도계가 발달하고 있으므로, 냉각 중의 잔류응력 발생 상황을 계측할 수 있다.

표 3.6 주요 잔류응력 측정법의 분류

- 정성적 방법
  - 부식법
  - 응력 와이스법
  - 자기적 방법
  - 경도에 의한 방법
- 정량적 방법
  - 응력 이완법
    - 전해방법
      - 분활법 평판
      - 절취법
      - 트리팬소법
    - 부분 해방법
      - Bawer-Heun법
      - 마타하르(Mathar)법
      - 구너트(Gunncrt)법
      - 자크스(Sachs)법
  - X선 회절법
  - 광탄성에 의한 법

2 유한 요소법

유한 요소법에 의한 잔류응력 측정은 용접에 의한 불합리한 변형(고유변형)을 추정하고 측정 대상의 외표면 및 적당하게 절단하면서 새로운 외표면이 되는 장소의 탄성변형을 계측하여 고유변형을 정밀하게 추정하는 방법이다.

또한 추정한 고유변형을 무응력 상태의 측정 대상에 주어 탄성을 해석하고 응력이나 변형의 값을 얻는 방법이다.

가. 얇은 판의 잔류응력 측정

얇은 판의 잔류응력은 판 두께 방향에 일정하게 분포된다고 가정하고 표면이나 이면에서 직접 측정한 변형을 사용하여 잔류응력을 측정하고 있으며, 표면과 이면의 측정차가 있으므로 이들의 평균치를 그 점의 측정 변형치로 적용하고 있다.

방법의 하나는 전기 저항선 변형 게이지를 사용하여 x, y, xy 3방향의 좌표에서의 변형 성분 ϵ_x, ϵ_y, ϵ_{xy}로 변환한다. x축에 대해 0°, 45°, 60°, -60°, 90°의 방향에서 측정하고 그 측정 변형의 부호를 ϵ_0, ϵ_{45}, ϵ_{60}, ϵ_{-60}, ϵ_{90}라 하면 다음과 같이 된다.

$$\epsilon_x = \epsilon_0 \,,$$
$$\epsilon_y = \epsilon_{90} \,,$$
$$\epsilon_y = \frac{2}{3}\left\{\epsilon_{60} + \epsilon_{-60} - \frac{1}{2}\epsilon_0\right\}$$
$$\epsilon_{xy} = 2\epsilon_{45} - (\epsilon_0 + \epsilon_{90}) \,,$$
$$\epsilon_{xy} = 2(\epsilon_{60} - \epsilon_{-60})$$

여기서 변형 ϵ_x, ϵ_y, ϵ_{xy}라 하면 얇은(박) 판의 잔류응력은 다음과 같이 구해진다.

용접선 방향의 잔류응력 $\sigma_x = \dfrac{E}{1-\nu^2}(\epsilon_x + \nu\epsilon_y)$

용접선에 직각방향의 잔류응력 $\sigma_y = \dfrac{E}{1-\nu^2}(\epsilon_y + \nu\epsilon_x)$

용접선에 45° 경사 방향의 잔류응력 $\sigma_{xy} = \dfrac{E}{2(1+\nu)}\epsilon_{xy}$

3 정성적, 정량적 잔류응력 측정법

가. 정성적 잔류응력 측정법의 종류

1) 부식법

잔류응력이 있는 부분을 적당한 시약으로 부식시키면 주응력선에 직각으로 균열이 생기는 성질을 이용한 방법이다.

2) 응력 와니스법

시험편 표면에 취약한 래커(lacquer)를 바르고 물체에 구멍을 뚫으면 이에 의하여 응력이 변화하며, 래커가 주응력선에 직각 방향으로 균열이 가게 되는데 이러한 특성을 이용하여 응력 분포를 알 수 있는 방법이다.

3) 자기적 방법

잔류응력이 자성에 미치는 영향을 이용하여 잔류응력을 측정하는 방법으로 용접에는 별로 이용하지 않는다.

나. 정량적 잔류응력 측정법의 종류

1) 응력 이완법

응력 이완법은 용접부를 절삭 또는 천공 등 기계 가공에 의하여 응력을 해방하고, 이때 생기는 탄성 변형을 전기적이거나, 기계적 변형도계를 사용하여 잔류응력을 측정하는 방법이다.

응력 이완법에 의해 잔류응력 측정에 많이 쓰이는 것으로 [그림 3.23]과 같은 SR-4형 전기저항선 변형도계가 많이 쓰인다. 이것은 가느다란 Cu-Ni 합금 또는 온도계수가 적은 전기저항선(약 120Ω) 게이지를 종이나 베크라이트트지 등에 붙이고, 펠트 등으로 감싼 게이지를 시험체에 붙이고 시험체와 함께 하중을 걸면 게이지에 길이 변화가 생기며, 전기 저항은 변형에 정비례하므로 이것을 휘이스톤 브리지(Wheatstone bridge) 등을 이용하여 측정함으로써 역으로 변형량을 알 수 있는 게이지이다. 이것을 이용하여 시험편의 탄성 변형에 의하여 응력($\sigma = \epsilon E$, E는 영률)을 알 수 있다.

그림 3.23 전기 저항선 변형도계(SR-4형)의 형상

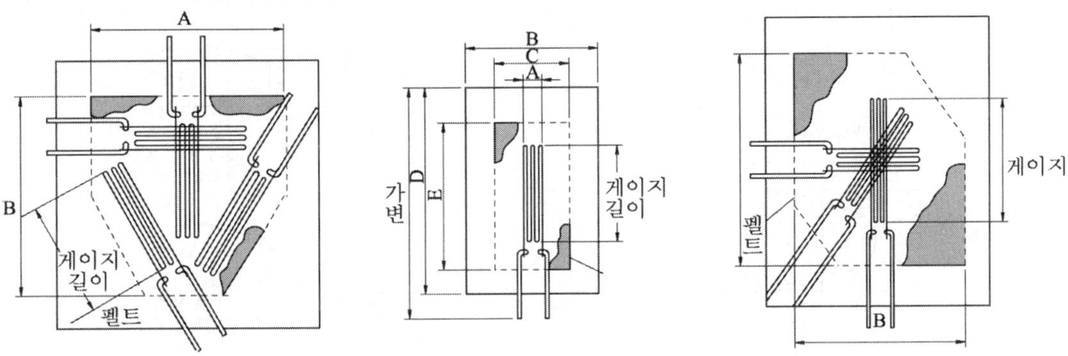

(1) 전 해방법

게이지의 지시가 0(겉보기 0응력)인 저항 변형도계(SR-4 게이지)를 용접물 표면에 붙이고 게이지 주변을 절단하여 작게 분할하거나, 잘라내면 그때까지 잔류응력에 의하여 한쪽으로 당겨지고 있던 시험편이 이 인장응력에 의하여 해방되어 수축함으로 게이지에 압축 변형이 지시된다. 이 변형을 용접 시험편의 영률(E)에 곱하면 압축응력이 얻어지게 되는데 그 크기는 잔류응력의 크기와 같고 방향은 정반대이다. 이 방법에 의하면 비교적 정밀도가 좋은 잔류응력 측정치가 얻어진다.

게이지를 붙인 시험편을 잘라내는 방법은 [그림 3.24 (a)] 외에 트리팬 소(trepan saw)로 절취하는 방법도 있다. 그러나 보통은 [그림 3.24 (b)]와 같이 드릴을 사용하여 시험편을 잘라내는 경우가 많이 쓰인다. 이때 시험편의 크기가 크면 응력이 해방되지 않고 남게 되므로

측정이 부정확하게 된다. 이 시편은 될 수 있는데로 작게 하여야 하며, 특히 용접부 부근은 잔류응력이 장소적으로 급격히 변화하고 있으므로 게이지 길이가 수mm 정도의 작은 게이지를 쓸 필요가 있다.

그림 3.24 전 해방법에 의한 응력 변화와 만곡

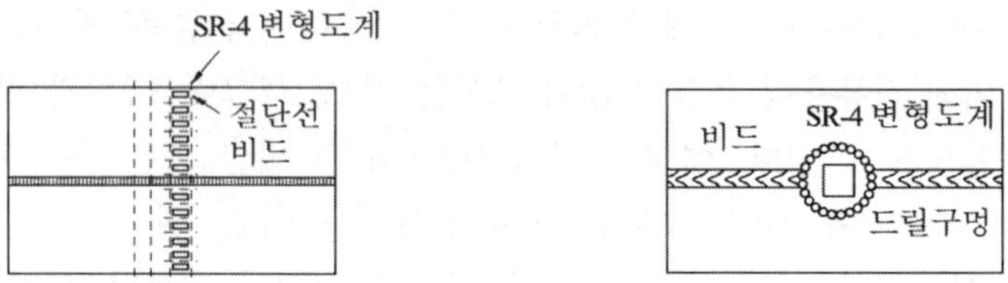

(a) 분할법 (b) 절삭법

그림 3.25 원주 잔류응력 측정(축차 절삭법)

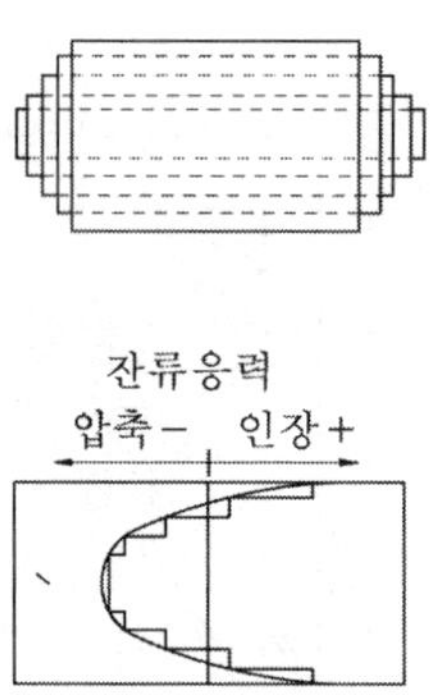

그림 3.26 평판 평면

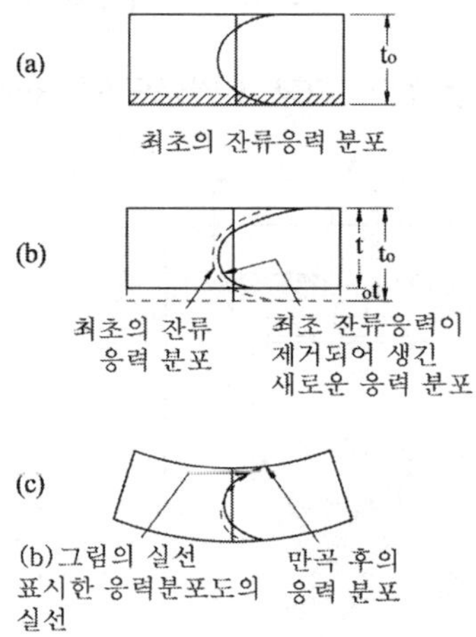

(2) 부분 해방법

① 축차 천공(逐次 穿孔 : 자크스 : Sachs)법 : 잔류응력이 있는 원통이나 원주의 안쪽에서 조금씩 구멍을 뚫어 나가면 삭제된 부분만큼의 잔류응력이 제거됨으로 나머지 물체는 지름이나 길이가 조금씩 변형하게 된다. 이때 이러한 변화를 계측하여 최초의 잔류응력을 측정할 수 있다. 이 방법은 원주, 원통, 원판 등의 원형 물체에서 응력이 중심축에 대하여 대칭임과 동시에 축방향에 균일한 경우에 적용될 수 있다.

② 축차 절삭법 : 자크스(Sachs)법과 반대로 원주, 원통, 판 등의 외측으로부터 조금씩 얇게 깎아내는 경우의 변형을 측정하여 잔류응력을 구하는 방법이다. 예를 들어 [그림 3.25]와 같은 잔류응력 분포의 경우에는 길이가 기계적으로 길어지는 것을 이용하여 축방향의 잔류응력이 구해진다. 이 방법은 길이 방향에 균일한 크기의 응력만이 존재하고, 또한 중심축에 관하여 대칭인 경우에 적용된다. 또한 일예로서 [그림 3.26]과 같이 중앙에 압축, 양측에 인장응력이 생기고 있는 평판에서 평판의

길이 방향에 균일한 응력이 잔류하고, 그것이 두께 방향에서 다를 때는 두께를 한쪽에서 점차 삭제해가면 판이 휘게 됨으로 그 만곡도를 측정함으로써 잔류응력을 계산할 수 있다.

③ 구너트법 : 국제용접학회(IIW)에서 잔류응력 측정에 비교적 신뢰성이 있다고 추천한 국제적인 표준 잔류응력 측정법이다. 이 방법은 극히 작은 면적 내에서 응력 측정을 할 수 있고 지점 마찰이 극히 적은 기계적 변형도계를 사용함으로 감도 좋고 안정도가 좋은 것이 특징이다. 이 방법은 물체 표면에 지름 9mm의 원주상에 4~8개의 작은 구멍(지름 2~3mm)을 수직으로 뚫고 다시 그 주위 9~16mm의 원주상의 면적 부분을 수직으로 트리팬 소(Trepen saw)법에 의하여 절단한 후 잔류 응력을 해방시킨 다음 해방 전후의 작은 구멍(지름 3mm) 사이의 거리 변화를 구너트식 변형도계로 측정한다.(그림 3.27 참조)

④ 스트레인 게이지법 : [그림 3.28]과 같이 스트레인 게이지(Strain gauge)를 이용한 전기 저항선 변형도계(Wire strain gauge)에 의한 전기적 측정법은 스트레인 게이지를 구조물 또는 시험편에 그림과 같이 부착시켜 하중을 걸면 게이지에 길이 변화가 생기는데 전기 저항은 변형에 정비례적으로 변화하는 것을 휘트스톤 브리지(Wheatston bridge) 등을 이용하여 측정한다.

⑤ 국부 이완법(Mathar법 Hole drilling method) : [그림 3.29]와 같이 3개의 변형 게이지를 120° 간격으로 배치하여 구멍 뚫기 전후의 변형도의 변화량에서 응력 σ_1 및 σ_2를 구하는데 이 경우 탄성 이론식을 이용하는 방법이다. 즉 응력이 잔류하고 있는 물체의 일부에 작은 구멍을 뚫어 잔류응력을 부분적으로 해방시키면 구멍 주위의 부분이 다소 변형한다. 이 변화량을 측정하여 구멍 뚫기 전의 위치에 존재하고 있던 잔류응력값을 측정하는 방법이다. 이것을 천공법이라 하며, 발명자의 이름을 따서 마타아르(Maths)법이라고도 한다.

그림 3.27 구너트 드릴링법

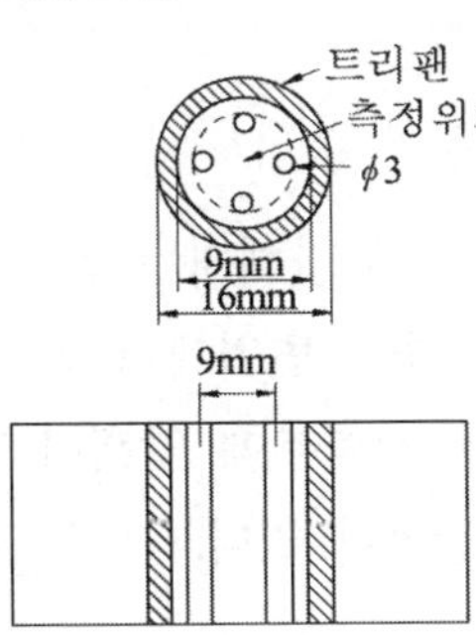

그림 3.28 스트레인 게이지법

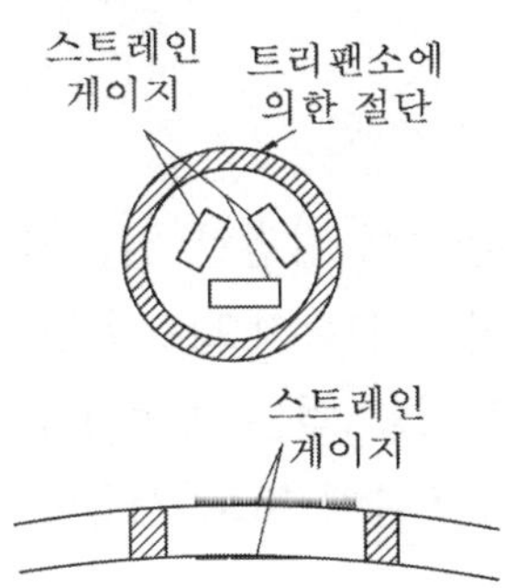

그림 3.29 마타아르법

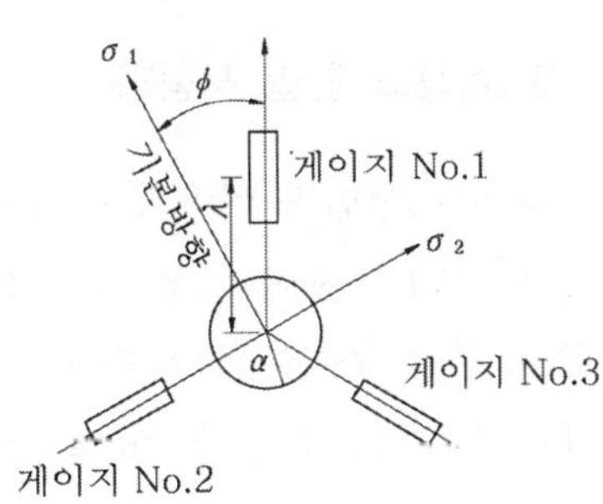

2) X선 회절법

금속 원자가 공간에 규칙적으로 배열된 결정격자 구조를 갖고 있는 금속재료의 결정에 파장λ (람다)의 X선을 비치면, 결정 내의 원자면(원자가 배열되고 있는 평면)에서 X선이 반사되는 원리이며, 거울면에서 빛이 반사하는 것과 비슷하다.

금속 결정면에 대한 X선의 입사각을 θ, 원자면 간극을 d라 하면 $n\lambda = 2d\sin\theta$, (n=1, 2, 3 ……)인 조건을 만족시키는 방향으로 선택적인 반사가 일어난다. [그림 3.30]과 같이 어떤 방향의 반사(n=일정)에 대하여 생각할 때 결정에 탄성응력이 가해지면, 원자면 간극 d가 비례적으로 변화함으로, 반사 X선의 방향이 변화하게 되는데 이 반사 방향의 변화를 측정하면 원자면 간극 d의 변형을 알 수 있으며, 이것에 영률(E)을 곱하면 응력을 알 수 있다. 이때 변화가 가장 감도 좋게 측정되는 것은 θ=90° 부근이다.

그림 3.30 X선 회절에 의한 잔류응력 측정법의 예

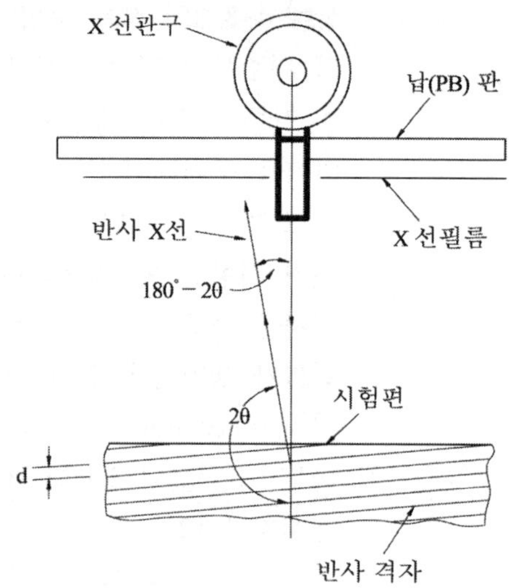

X선에 의한 잔류응력 측정은 비파괴적인 시험법으로 시험물을 전연 손상시키지 않고 응력을 측정할 수 있고, 수 mm 이하의 극히 작은 면적의 응력도 측정할 수 있으므로, 응력이 장소적으로 급격히 변화하는 경우에는 다른 기계적 또는 전기적인 방법에 비하여 훨씬 뛰어나다. 또한 탄소성 변형을 받는 경우에도 탄성 변형만을 측정하여 응력을 알 수 있으며, 표면의 얕은 층에 대한 잔류응력이 측정될 수 있다. 그러나 매우 미세한 양의 방사능이 발생하기 때문에 지속적으로 노출되면 매우 위험하므로 주의가 필요하다.

3) 계장화 압입 시험법

파괴 시험법과 비파괴 시험법을 보완하여 장점만 취한 방법으로 재료에 가해지는 압입하중에 의해 미세하게 생기는 압입 깊이를 연속적으로 측정하여 압입하중과 변위에 관한 곡선을 얻어 분석을 함으로써 기계적 특성을 얻는 방법이다. 이 방법은 시험부에 압흔이 미세하게 생기므로 가동 중인 설비나 구조물에 바로 시험할 수 있는 장점이 있다.

제4절 | 용접 변형과 방지, 교정

1 잔류응력 및 변형의 발생

용접 시공은 고열을 이용하여 국부적으로 금속을 용융 응고시켜 구조물을 접합시키는 방법으로 일부는 급격히 고온에 도달하고 열전도에 의하여 급속히 냉각되는 현상이 연속적으로 일어나게 된다. 이때 용접부 부근의 고온으로 가열된 영역에 소성변형이나 변태에 의하여 체적 변화가 생기고 용착금속의 수축에 따른 변형이 일어나게 되며, 변형이 일어나지 못한 부분은 수축과 팽창에 의해 응력이 형성되어 남게 된다. 이러한 응력을 잔류응력이라고 한다.

용접부가 상온에 도달하게 되면 용접부의 잔류응력은 항복점과 거의 같게 존재한다. 이와 같은 힘을 막기 위하여 구속을 풀어 주면 이 잔류응력은 일부 해방되면서 모재가 변화되게 하는데 이것이 용접변형이다. 이상과 같이 가열 후 금속의 변화를 정리해보면 다음과 같다.

(1) 팽창과 수축의 정도는 가열된 면적의 크기에 정비례한다.

(2) 구속된 상태의 팽창과 수축은 금속의 변형과 잔류응력을 생기게 한다.

(3) 구속된 상태의 수축은 금속이 그 장력에 견딜만한 연성이 없으면 파단한다.

그러나 모든 금속에서의 가열과 냉각되는 용착금속과 인접 모재의 불규칙한 팽창 수축에 영향을 미치는 요소가 무척 복잡하기 때문에 변형을 사전에 정확히 예측하기는 힘든 일이다.

<표 3.7>은 용접부의 변형과 잔류응력 발생의 원리를 나타낸 것이다. 이 표에서와 같이 각 금속 막대를 가열과 냉각시에 구속이 없는 상태일 때의 온도 변화에 따른 형태 변화와 잔류응력의 존재 관계를 나타낸 것과, 가열시 팽창을 억제하고 수축을 자유롭게 한 경우, 그리고 팽창과 수축을 모두 억제한 경우의 온도 변화에 따른 형태 변화와 잔류응력의 발생 관계를 나타낸 것이다.

가. 팽창과 수축이 자유로운 경우의 변화

[표 3.7 (1)]과 같이 한쪽은 고정되어 있고 한쪽은 자유로운 막대의 중앙부를 가열하였다가 냉각시키면 막대는 팽창하였다가 원래의 상태로 수축하게 되며 잔류응력은 생기지 않는다.

나. 팽창은 억제되고 수축은 자유로운 경우의 변화

[표 3.7 (2)]와 같이 한쪽은 고정하고 다른 한쪽은 자유로우나 길이 방향의 팽창만 억제된 상황에서 막대의 중앙을 가열하면 막대는 팽창하게 되는데 길이 방향 팽창이 억제되므로

팽창이 쉬운 가열부쪽만 팽창하여 두툼하게 되며 압축응력이 생긴다. 이 상태를 다시 냉각하게 되면 자유로이 수축되어 팽창된 부분의 일부는 그대로 남아 있게 되며, 팽창된 부분만큼 길이는 본래보다 짧아지지만 잔류응력은 생기지 않는다.

다. 팽창과 수축이 억제되는 경우의 변화

아래의 표의 (3)과 같이 막대의 양쪽을 고정시킨 후에 중앙부를 가열하게 되면 양끝이 팽창을 방해하여 압축응력이 생기며 중앙부는 두꺼워지게 된다. 이것을 그대로 냉각시키면 수축이 방해되어 중앙부는 두꺼워지고 끝부분은 얇아지며 막대의 내부에 인장응력이 나타나게 된다. 용접의 경우가 이와 유사하다. 왜냐하면 용접부와 인접 부위는 온도차에 의해 팽창과 수축이 서로 다르고 용접부에서 멀리 떨어진 곳은 온도차가 심하며 수축과 팽창을 방해받게 되므로 잔류응력이 남게 된다.

표 3.7 용접부의 변형과 잔류응력 발생 원리

조 건	그 림	온도 변화	형태 변화	잔류응력
(1) 팽창과 수축이 자유로움	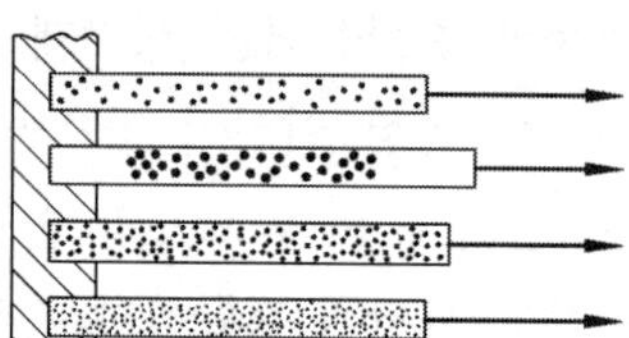	상 온	-	-
		가 열	팽창함	-
		냉 각	수축함	-
		상 온	처음 길이로 됨	잔류응력 없음
(2) 팽창 억제 수축은 자유로움	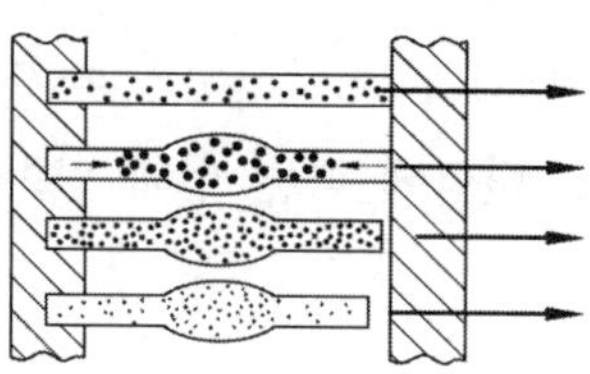	상 온	-	-
		가 열	팽창이 억제됨	압축응력
		냉 각	수축함	-
		상 온	길이 짧아지고 중앙부는 두꺼워짐	잔류응력 없음
(3) 팽창 억제 수축 억제	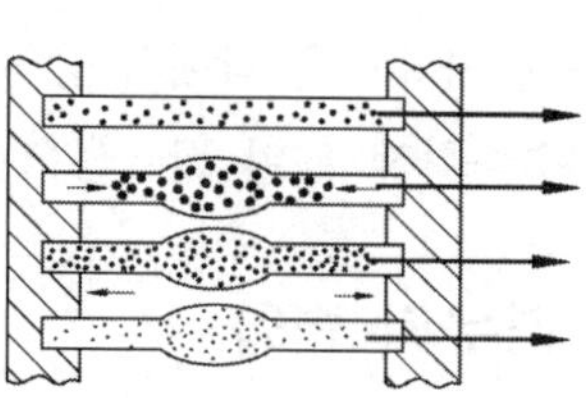	상 온	-	-
		가 열	팽창이 방해됨	압축응력 발생
		냉 각	수축이 방해됨	인장응력 발생
		상 온	중앙부 두꺼워짐 끝부분 얇아짐	인장응력 발생

라. 사각 관과 같은 구조의 일부를 가열 · 냉각시 변형의 예

[그림 3.31 (a)]와 같이 사각관의 아래의 일부분을 가열하면 그 부분은 팽창하려고 하므로 판 전체로서는 그림의 (b)와 같이 관은 구부러지게 된다.

이때 가열되지 않은 부분과 연결되어 있으므로 잘 팽창이 되지 않고 반대로 그 부분은 주위에서 압축되어 차가운 부분의 어떤 부분을 인장하게 된다. 이렇게 되어 관의 내부에는 밀고 당기는 상태가 일어난다. 이 결과 관의 내부에 응력이 생기게 되는데 이 내력을 열응력(thermal stress)이라 하며, 이때 변형하는 양을 열변형이라 부른다.

더욱 가열하여 관의 가장 자리의 온도가 더 상승하고, 500℃ 이상이 되면 가장 자리 부분은 탄성을 잃고 압축되어 굽었던 것이 (c)와 같이 다소 바르게 되고 열응력은 많이 해소된다. 이때 가열을 중단하고 냉각하면 가장 자리 부분은 수축을 시작하고 600℃ 이하가 되면 탄성이 다시 나타나 반대로 (d)와 같이 굽힘되며, 가열되지 않은 부분에 압축응력이 작용하게 된다. 이때 가장 자리 부분은 가열되지 않은 부분의 저항력에 의하여 인장응력을 받게 된다.

그림 3.31 응력과 변형의 상태의 예

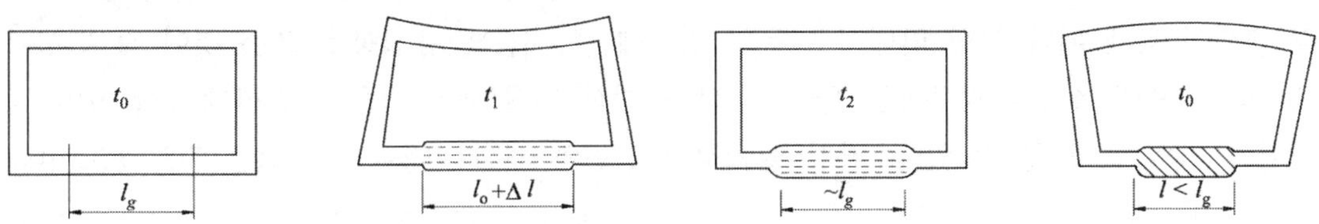

(a) 최초 상태 (b) 일부 가열에 의한 변형 (c) 가열된 부분의 탄성이 없어지고 압박된 상태 (d) 냉각 후의 변형

2 수축 변형 발생과 그 종류

가. 용접 변형의 특징과 변형의 원인

1) 용접 변형의 특징

용접 변형은 구조물의 미관을 손상시킬 뿐만 아니라 초기 변형이나 잔류응력으로 구조물의 강도를 저하시키므로 이를 방지 및 교정하는 것이 매우 중요하다.

이러한 용접 변형은 강구조물 제작시 다양한 용접부 형상에 의해 복합적으로 발생하게 되며 이것은 강구조물의 설계 치수를 변화시키거나 부재간의 차를 발생시켜 절단 또는 교정과 같은 생산 공정에 불필요한 작업을 유발시켜 생산성을 저하시킨다. 따라서 강구조물 제작시 용접 변형을 예측하여 설계 단계에서 여유를 주거나 용접 변형을 방지하기 위한 대책을 수립하여 생산성을 향상시키기 위한 연구가 필요하다.

2) 용접 변형의 원인

(1) 모재의 영향

모재의 열팽창 계수가 크고, 열전달이 잘되는 재료일수록 용접부 변형이 발생하기 쉬운 경향이 있다. 이러한 차이점은 탄소강과 스테인리스강의 용접부에서 쉽게 발견할 수 있는 현상으로, 열전도는 작고 열팽창이 큰 스테인리스강 용접부는 탄소강에 비해 더 큰 용접 변형이 나타남을 알 수 있다.

(2) 용접 형상의 영향

V형 맞대기 이음에서는 각 변화가 한 방향에서만 일어나지만 X형 맞대기 이음부에서는 뒷면 용접시 발생하는 각 변화가 반대 방향이므로 앞면 용접의 각 변화와 상쇄되어 전체적인 각 변형이 작게 된다. V형 맞대기 이음의 경우에 큰 지름의 용접봉을 쓰는 것이 각 변형이 오히려 적으며 X형의 경우에는 양면의 상하 개선 비율(대칭도)을 적절하게 조절하면 각 변형을 거의 없게 할 수 있다. 가장 일반적인 양면의 개선 비율은 6:4 혹은 7:3 정도이다.

(3) 용접속도의 영향

용접 아크가 용접 이음선을 따라 진행하면 그 용접 지점으로부터 열이 사방으로 확산하게 되고 용접 지점보다 앞서 진행하게 되는 열은 아직 용접이 이루어 지지 않은 부분에 변형을 초래하게 된다. 따라서 용접속도를 빠르게 하는 것이 각 변형 방지 효과가 크다. 용접 진행 속도가 느릴수록 앞서 전파되는 용접열이 많아지고, 속도가 빠를수록 적어지니까 진행이 빠를수록 변형이 적어진다. 또한 용접 패스(Pass) 수가 적을수록 각 변형 및 세로 방향 뒤틀림이 적어진다.

(4) 용접 입열 대소의 영향

고 능률의 대입열 용접일수록 용융금속이 많이 생성하게 되면서 응고 수축에 의한 응력이 크게 작용한다. 따라서 용접부 변형을 최소화하기 위해서는 가능한 저입열의 용접 방법으로 용접하는 것이 좋다.

나. 용접 변형의 종류

용접 변형은 모두 복합적으로 발생하지만 편의상 면내 변형과 면외 변형, 그리고 좌굴 변형으로 구분할 수 있다.

(1) 면내 변형 : 모재가 평면인 경우 그 중립면 내에 수축력이 작용하여 생기는 수축변형으로 횡(가로) 수축과 종(세로) 수축, 회전 변형 등이 있다.

(2) 면외 변형 : 가로 굽힘(각) 변형, 세로 굽힘 변형, 좌굴 변형, 비틀림 변형 등이 있다.

1) 횡(가로) 수축

용접선에 직각 방향으로 발생하는 수축을 횡수축이라고 하며, 특히 맞대기 이음의 경우 횡수축이 현저하게 나타나고 있어 량적으로 크고 가장 기본적이다.[그림 3.32 (a) 참조]

박판을 제외한 용접에서는 다층용접을 사용하며 맞대기 용접의 횡수축량은 층이 겹쳐져 단위 길이당의 용착금속의 양이 증가하지만 그 증가율은 점차로 증가하기 때문이다. 수축량에 가장 크게 영향을 미치는 것은 루트 간격과 홈 형상이고, 간격이 넓으면 수축이 증대하고, X형 홈보다도 V형 홈쪽이 수축이 크다. 또 서브머지드 아크용접의 수축량은 수동용접 수축량의 약 1/3정도이다.

(1) 자유 이음의 횡 수축

구속하지 않은 맞대기 이음의 경우 용접 중에는 자유롭게 팽창할 수 있지만 냉각될 때는 용착금속이 모재와 일체가 되어 수축하므로 횡수축량은 용접 직후의 재료의 열팽창량에 따라 다음 식과 같이 발생하게 된다.

$$S_d = \frac{a}{C\rho} \times \frac{Q}{vt}$$

(여기서 S_d : 자유 이음의 수축량 cm, a : 선팽창계수 1/℃,
C : 비열 cal/g℃, ρ : 밀도 g/cm^3,
Q : 단위 시간당 입열 cal/sec, v : 용접속도 cm/sec, t : 판 두께 cm)

이 식에 의하면 용접 방법이 일정한 경우 용착금속량은 단위 용접 길이당의 입열량에 비례하게 되므로 개선 단면적이 증가하면 용착금속량도 증가하게 되며 횡수축도 크게 된다.(그림 3.33 참조) 따라서 같은 판 두께라 해도 루트 간격이 클수록, 또한 X형보다 V형 홈의 용접이 횡수축이 크게 된다.

스테인리스강이나 알루미늄 용접의 경우 $a/C\rho$ 값이 연강보다 크므로(STS : 2배, Al : 4배) 횡(가로) 수축량도 훨씬 크며, 비용착열(용접 입열량 Q/ 용착금속 중량 W)의 비에 따라 달라지므로 비용착열이 적은 서브머지드 아크용접이 피복 아크용접의 1/2 정도로 횡수축량이 적다.

그림 3.32 가로 수축과 세로 수축

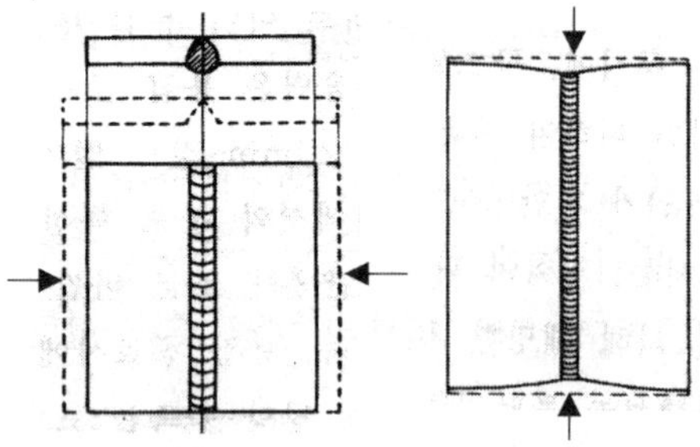

(a) 가로(횡) 수축 (b) 세로(종) 수축

그림 3.33 가로 및 세로 수축 다층 용접시 가로(횡) 수축량

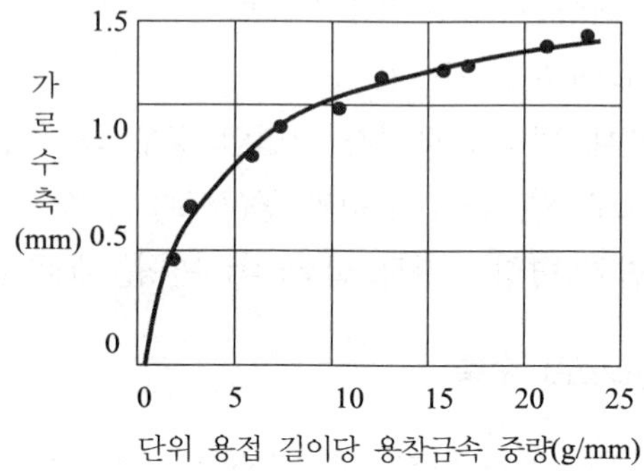

(2) 필릿 용접 이음의 횡수축

필릿 용접은 용접부가 비드놓기와 유사한 현상으로 맞대기 용접의 경우보다 용착금속 자체의 수축이 자유롭지 못하기 때문에 수축은 맞대기 용접의 경우보다 훨씬 적다.

그리고 필릿 용접의 횡수축량도 용착금속량 또는 필릿 목 길이에 따라 달라진다.

① 연속 필릿 용접의 횡수축 = 목 길이(각장)/판 두께(mm)

② 단속 필릿 용접의 횡수축 = 목 길이/판 두께×용접 길이/전길이(mm)

<표 3.8>은 수축율에 영향을 미치는 용접 시공법의 조건을 나타낸 것으로 수축량에 가장 크게 영향을 미치는 인자는 루트 간격과 홈의 형상임을 알 수 있다.

표 3.8 용접 시공 조건과 수축량의 관계

시공 조건	수축량의 정도 효과
홈의 형태	V형 홈이 X형 홈보다 수축이 크다. 단, 대칭 X형 홈은 오히려 좋지 않다.
루트 간격	간격이 클수록 수축이 크다.
용접봉 지름	봉 지름이 큰 것으로 시공할수록 수축이 작다.
피복제의 종류	별로 영향이 없다.
운봉법	위빙하는 쪽이 수축이 적다.
구속 정도	구속도가 크면 수축이 적다. 단 너무 구속도가 크면 균열의 우려가 있다.
피닝 여부	피닝하면 수축량이 다소 감소하지만, 후판에선 별 영향이 없다.
밑면 따내기 (가스 가우징)	밑면 따내기만으로는 별 영향이 없으며 재용접하면 밑면 따내기 전과 대략 평행으로 증가한다. 가우징시 가우징 열에 의해서도 수축하며 이후 평행으로 증가함
서브머지드 아크용접	횡수축이 훨씬 적어 피복 아크용접의 약 1/3~1/2 정도이다.

2) 종(세로) 수축

종수축은 용접선 방향의 수축을 말하며, 모재 주위의 저항이 크므로 그다지 문제되지 않는다. 그러나 철골, 교량의 기둥이나 빔 등 길이가 긴 구조물의 경우는 종수축도 고려하지 않으면 안 된다.[그림 3.32 (b) 참조]

일반적으로 용접 이음의 종수축량은 1/1000 정도이며, 교량, 철골의 기둥 및 빔 등과 같이 길이가 긴 부재의 경우는 세로방향 수축량을 고려하지 않으면 안 된다.

Gryot의 맞대기 용접 종수축량 계산 실험식은 다음과 같다.

$$\delta = \frac{Aw}{Ap} \times 25\ \text{mm}$$

(여기서 Aw : 용착금속의 단면적 mm^2, Ap : 저항하는 부재의 단면적 mm^2,
Aw/Ap의 비가 1/20보다 작을 경우 모두 0.05로 한다.)

3) 회전 변형

일반적으로 아크용접이나 가스 용접에서는 이음부를 이동하며 순차적으로 용접이 진행하게 되는데 이에 따라 미용접 부분이 회전 또는 이동이 되어 변형이 생기게 된다. 이와 같이 용접되지 않은 판의 면 내에서 내측 또는 외측으로 회전 이동하는 변형을 회전 변형이라고 한다.

일반적으로 서브머지드 아크용접과 같이 고속 대입열 용접의 경우는 개선이 넓어지는 경향이 있으며, 수동 용접이나 일렉트로 슬래그 용접과 같이 저속 저입열의 경우는 반대로 좁아지게 된다. 회전 변형은 첫패스에서 가장 심하며, 2층 이후에는 비교적 작다.(그림 3.34 참조)

그림 3.34 회전 변형

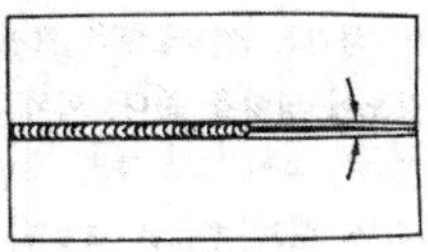

(a) 수동 용접의 경우

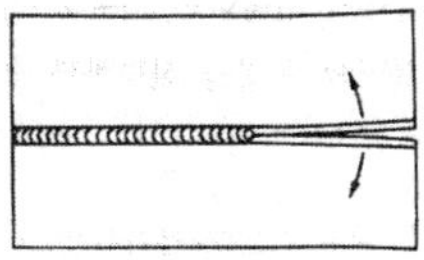

(b) 다층 용접의 경우

그림 3.35 가로 굽힘(각) 변형

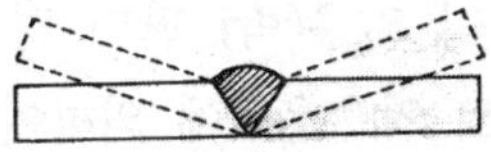

(a) 맞대기 용접의 경우

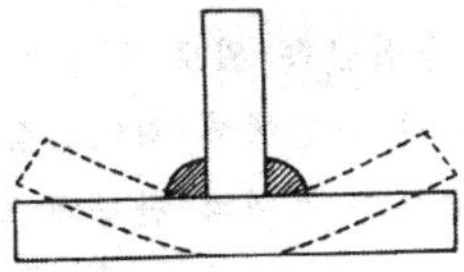

(b) 필릿 용접의 경우

그림 3.36 기타 변형

(a) 좌굴 변형

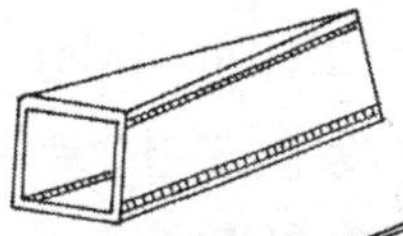

(b) 비틀림 변형

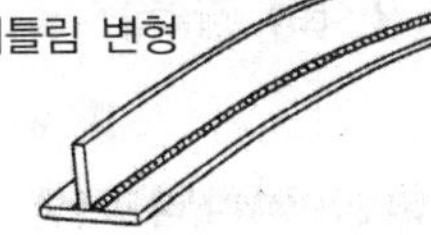

(c) 세로 굽힘 변형

4) 각변형

(1) 가로 굽힘(각) 변형

판 두께나 형상, 용접부의 위치에 따라 맞대기 용접을 한쪽에서 용접할 경우의 온도 변화는 표면 및 이면이 각각 다르게 되며 용접하는 쪽이 열량이 높으므로 팽창과 수축이 크게 되며 용접하는 쪽으로 변형이 생기게 되는데 이것을 가로 굽힘 변형 또는 각변형이라고 한다. (그림 3.35 (a) 참조) 박판의 경우는 표면, 이면의 온도 차이가 적기 때문에 변형량도 작아진다.

(2) 필릿 용접 굽힘(각) 변형

일반적으로 필릿 용접의 굽힘 변형도 용착금속량에 따라 달라진다. 하나의 판에 여러개의 필릿 용접을 자유 이음으로 할 경우 활모양의 다각형 굽힘이 되며, 구속을 할 경우는 파도 모양의 변형이 생긴다.(그림 3.35 (b) 참조)

5) 세로 굽힘 변형

세로 수축의 중심이 부재의 횡단면의 중립축과 일치하지 않는 경우에 생기며, 맞대기 이음의 경우도 발생하지만 T형 조립 빔이나 I형 조립 빔 용접과 같이 용접선이 빔의 단면 중립축에서 떨어진 경우에 많이 발생한다. [그림 3.36 (c)]와 같이 길이가 긴 T형 필릿 용접할 경우 일어나게 된다.

6) 좌굴 변형

두꺼운(후) 판의 경우는 문제가 없으나 얇은(박) 판의 경우 용접 입열에 비하여 판의 강성이 현저하게 낮으므로 용접선 방향으로 압축응력에 의하여 좌굴 변형이 생기기 쉽다. 좌굴 변형은 용접 조건의 미세한 변화에도 여러가지 변형 양식이 존재하여 변형으로 나타나며 동일 제품을 동일 조건으로 용접하여도 물품에 따라 다른 양식으로 변형이 일어나게 된다. (그림 3.36 (a) 참조)

7) 비틀림 형식의 변형

보나 기둥 등 가늘고 긴 구조물의 경우 재료 고유의 비틀림이나 용접 수축의 미소한 불균형에 의하여 비틀림 변형이 생기며, 변형이 생기면 교정이 극히 어렵다. 일반적으로 비틀림 변형은 압연 작업할 때 발생하는 재료 고유의 비틀림 변형과 조립 작업할 때 구조 설계의 잘못 등이 원인이 된다.(그림 3.36 (b) 참조)

8) 가스 절단에 의한 변형

절단 속도와 예열 불꽃의 세기, 모재가 가지고 있는 초기 응력 등에 따라 다르며, 가스 절단 변형은 절단 후는 절단선이 차례로 냉각 수축하여 내측으로 변형한다. 변형량은 일반적으로 절단속도, 예열불꽃의 크기, 모재가 갖는 초기 응력 등에 따라 절단시에는 양끝이 튀어나오는 형으로 되나 냉각된 후에는 중앙 부분이 튀어나가는 형상이 된다.(그림 3.37 참조)

절단에 의한 변형을 작게 하기 위하여 예열, 절단속도를 적절하게 선택해야 한다.

그림 3.37 가스 절단 변형

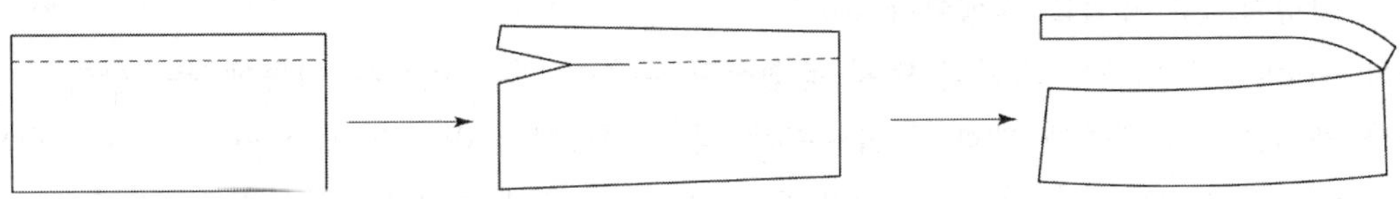

9) 저온 변형(Cold deformation)

금속은 저온에서도 가공 과정을 거치면, 재결정이 일어나 성질이 변한다. 즉 결정입도가 조대해지며, 횡방향, 종방향의 특성이 틀려지는 이방성을 띄게 된다. 이의 특징으로 가공경화(coldwork hardening) 및 부식 저항력의 약화가 일어나므로 냉간 가공을 거치는 부위에 대한 직접적인 용접은 피하여야 한다.

3 용접 변형의 방지 대책

금속의 경우 가열과 냉각이 이루어지면 변형이 일어난다. 변형의 양과 모양의 정도에 따라 차이가 있을 수 있지만 가열과 냉각에 의한 변형은 언제나 존재한다.

용접이란 인위적으로 모재에 고온의 열을 가하여 금속을 용융시킨 후에 냉각시켜 원하는 결과를 얻는 작업이기 때문에 변형을 피할 수 없으며, 이 변형 문제는 용접에서 가장 크게 대두되는 것이다.

열을 받은 금속이 냉각되면서 수축되는 현상을 제한하는 방법은 여러가지가 있을 수 있으나, 수축을 억제하면 도리어 재료 내부에 잔류응력이 존재하여 재료의 기계적 성질을 저하시키므로 수축과 잔류응력을 동시에 줄이기는 매우 어렵다.

(1) 용접에 있어 용접 후에 변형을 교정하는데는 많은 시간과 경비가 필요하며, 변형을 완전히 방지한다는 것은 어려운 일이다. 그러나 용접 전에 변형을 최소화할 수 있는

세밀한 설계와 시공법을 선택하여 용접하여야 될 것이다.

(2) 용접변형 방지법으로는 용접 전에 역변형을 주는 방법이 좋으며, 구속력을 크게 하여 변형을 억제하는 방법은 효과적이나 잘못하면 용접 균열이 생기기 쉽다.

(3) 용접시공에 의한 경감법으로는 대칭법, 후진법, 스킵법(비석법), 스킵블록법 등이 있으며, 모재의 열전도를 억제하는 변형 방지법으로는 도열법이 있고, 용착금속의 변형과 응력제거법으로 피닝법이 있다.

(4) 용접순서에 의한 변형경감, 방지법으로는 동일 평면 내에 많은 이음이 있을 때는 수축은 되도록 자유단 끝에 여유를 두는 것이 좋으며, 물품의 중심에 대하여 항상 대칭적으로 용접을 진행한다.

(5) 수축이 큰 이음은 가급적 먼저 용접하고 수축이 적은 이음은 나중에 용접한다.

(6) 용접물의 중립축에 대해 용접 수축력의 모멘트화가 0이 되게 하면 용접선 방향의 굽힘이 적어진다. 또한 공급열량을 될 수 있는 한 적게 하고 1개소에 집중시키지 않도록 한다.

가. 용접 변형 방지법의 종류

1) 억제(구속)법(restraint method)

억제법은 용접물을 정반에 고정시키거나 보강재를 이용하든지 또는 일시적인 보조판(스트롱백 등)을 붙이든지 하여 변형을 방지하면서 용접하는 방법으로 가장 널리 쓰인다.

이 방법은 강제적으로 변형을 억제하는 방법으로, 소성 변형이 일어나기 쉬운 장소를 구속하는 것이 원칙이다. 그러나 억제하는 힘이 너무 크게 되면 잔류응력이 커져서 균열이 생기기 쉬우므로, 두꺼운 판에서는 특히 주의해야 한다. 이 방법은 많은 박판 구조물에 적당한 방법이다.(그림 3.38 참조)

(1) 박판의 경우 개선면 부근에 클램프나 잭으로 고정시킨다.

(2) 스테인리스강 박판 맞대기 이음의 경우 동판을 조합시킨 구속 지그를 이용하는 것이 효과가 크다.

(3) 적당한 지그가 없는 경우 스트롱 백을 사용한다.

(4) 홈 각 및 루트 간격을 용접이 가능한 범위에서 최소화한다.

(5) 맞대기 용접의 경우 잭으로 판을 구속하거나 중량물을 올려놓는다.

(6) 변형 상쇄법이나 엘보 강관(파이프) 용접의 경우 앵글을 사용하는 방법도 있다.

2) 역변형법(pre-distortion method)

용접에 의한 변형을 미리 예측하여 용접하기 전에 용접 반대 방향으로 변형을 주고 용접하는 방법으로 용접 후 변형을 바로 잡기가 어려울 때나, 처음부터 변형량을 대략 예측할 수 있을 때 사용하면 효과적이다.

역변형을 주는 방법에는 탄성 역변형과 소성 역변형의 두 가지가 있다. 전자는 재료를 탄성 한도 범위 내로 놓아주면 제자리로 돌아가는 변형이며, 후자는 탄성 한도를 넘어서 제자리로 돌아오지 않는 범위까지 역변형을 잡아주는 방법으로 가장 널리 쓰이고 있다.(그림 3.39 참조)

또한 용접 전에 루트 간격을 비드 종단 부근에서 벌려 준다든지, 가접 후에 뒷면으로 2~3° 정도 꺾어준 후 용접하는 방법도 있으며, 주로 V형 맞대기 용접에 이용된다.

V형 맞대기 용접의 경우 루트 간격의 역변형량은 이론상 다음 식으로 계산된다.

$$D = (d+0.005\ \ell)$$

(여기서, D : 역변형으로 벌려 주어야 할 간격, d : 아크 시작점에서의 루트 간격, ℓ : 전체 용접 길이)

그러나 이러한 계산식이 반드시 옳은 것은 아니다. 왜냐하면 모재의 두께, 열원의 종류, 용접속도, 전류의 세기, 용접기의 종류 등에 따라서 달라지므로 실험이나 경험치에 의하는 것이 가장 좋은 방법이다.

그림 3.38 억제법

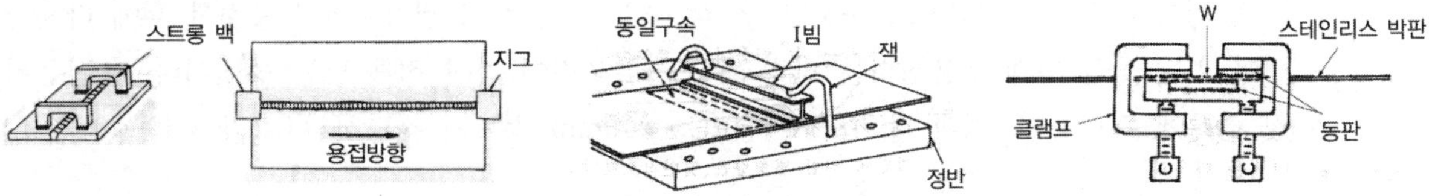

그림 3.39 탄성 역변형법

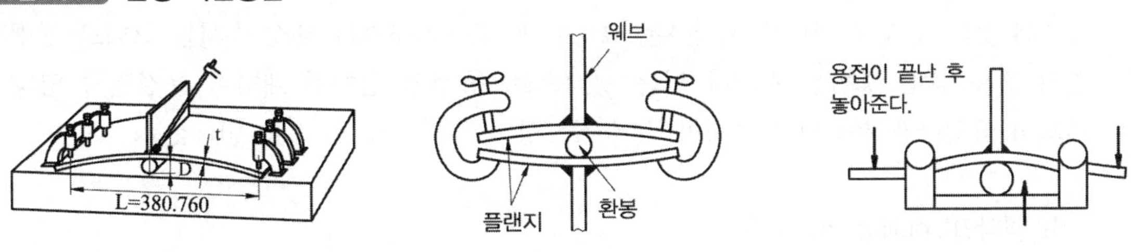

3) 용접 순서를 바꾸는 법

(1) 후퇴법(back step method)

용접선의 전 길이를 적당한 길이, 즉 대략 용접봉 하나로 용접할 수 있는 길이로 구분하여 국부 구간의 용접은 전진하지만 전체 구간의 용접 방향은 용접 방향에 대하여 후진하는 방법이다. 2층 이상의 경우에는 각 층 구간의 이음매가 일치되지 않고 어긋나도록 한다.[그림 3.40 (a) 참조]

(2) 대칭법(symmetry method)

용접선이 긴 경우에 사용되는 비드 배치법의 일종으로서 용접선의 중앙으로부터 시작하여 좌우에 한번씩 대칭적으로 비드를 놓음으로써 변형의 발생을 경감하는 방법이다.[그림 3.40 (b) 참조]

그림 3.40 용접 순서 변경에 따른 변형 방지법

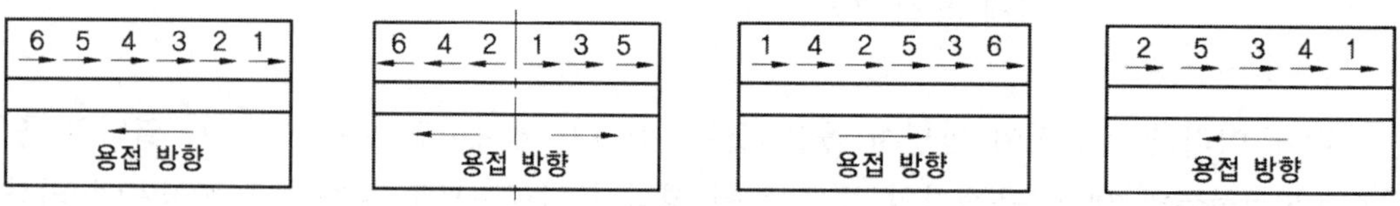

(a) 후퇴법 (b) 대칭법 (c) 비석법 (d) 교호법

(3) 비석법(skip method)

전 길이를 적당한 구간으로 구분한 후 각 구간을 한 칸씩 건너뛰어서 용접한 후에 다시금 비어 있는 곳을 차례로 용접하는 방법으로, 잔류응력이 가장 적게 남는 방법이다. 용접선이 긴 경우에 적당하며, 이때 각 비드의 길이는 200mm 정도가 적당하다.[그림 3.40 (c) 참조]

(4) 교호법(alternation method)

전체 용접선을 놓고 볼 때, 처음과 끝 그리고 중앙에 비드를 배치하여 2등분 한 후에 다시 등분된 곳의 중앙에 비드를 배치하는 요령이다. 즉 각 구간의 용접 순서는 교대로 진행되면서 전체 용접 방법은 반대가 되는 형식으로, 용접선 전체에 대하여 용접열의 영향이 비교적 균일하게 분포되어 변형이 적어지는 장점이 있다.[그림 3.40 (d) 참조]

4) 냉각법(cooling method)

용접을 진행하는 용접부의 부근을 냉각시켜서 열영향부의 넓이를 축소시킴으로써 변형을 방지하는 방법이다.

(1) **수냉 동(구리)판 사용법**

수냉 동판을 용접선의 뒷면이나 옆에 대어서 용접열을 열전도성이 큰 구리판에 흡수하게 하여 용접 부위의 열을 식히는 방법이다.[그림 3.41 (a) 참조]

(2) **살수법(撒水法)**

얇은 판의 용접시에 주로 사용하는 방법으로 용접부의 뒷면에서 물을 뿌려주는 방법이다. 이 살수에 의한 변형 방지법은 용접진행 중에 사용되는 것이 보통이지만, 얇고 넓은 철판의 변형을 바로 잡는데도 널리 쓰이고 있다.[그림 3.41 (b) 참조]

(3) **석면포 사용법**

용접선의 뒷면이나 옆에 물에 적신 석면포나 헝겊을 대어 용접열을 냉각시키는 방법으로 수냉 동판을 사용하는 방법이나 살수법에 비하여 간단한 방법이기 때문에 널리 쓰이고 있다.[그림 3.41 (c) 참조]

그림 3.41 변형 방지를 위한 냉각법의 예

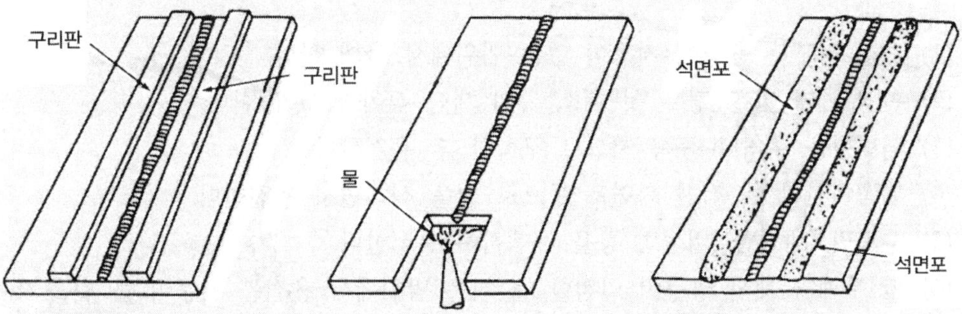

(a) 동(구리)판 사용법 (b) 살수법 (c) 석면포 사용법

5) 가열법

용접에 의한 국부 가열을 피하기 위하여 전체 또는 국부적으로 가열하고 용접한다.

6) 피닝법(peening method)

이 방법은 가늘고 긴 피닝 망치로 용접 부위를 계속하여 두들겨 줌으로써 비드 표면층에 성질 변화를 주게 되어 용접부의 인장 잔류응력을 완화시킴과 동시에 용접 변형을 경감시키고, 용접금속의 급열을 방지하는 효과를 얻는 작업이다.

나. 수축 변형에 대한 방지법

1) 회전 변형 방지법

(1) 미리 수축을 예측하여 예측량 만큼 벌려 놓거나 가접을 튼튼히 한다.
(2) 길이가 긴 경우 2명 이상의 용접사가 이음의 길이를 정하여 놓고 동시에 용접한다.
(3) 필요한 경우 용접 끝을 구속한 후 용접한다.
(4) 대칭법, 후퇴법, 비석법(skip method) 등의 용착법을 택한다.
(5) 길이가 긴 맞대기 용접의 경우 큰 판에 용접 후 플래너(planer)로 절단하는 방법도 고려한다.
(6) 맞대기 이음이 많은 경우 길이가 길고 용접선이 직선일 때, 또한 제작 개수가 많은 부재는 큰 판으로 맞대기 용접한 후 플레임 플레이나(flame planer)로서 절단하면 능률의 향상과 회전변형을 방지할 수 있다.

2) 굽힘 변형 방지법

(1) 개선 각도는 용접에 지장이 없는 범위에서 작게 한다.
(2) 판 두께가 얇은 경우 첫 패스 측의 개선 깊이를 크게 한다.
(3) 역변형을 주거나 구속 지그로 구속한 후 용접한다.
(4) 뒤쪽에서 물에 적신 석면포 등으로 열을 식히면서 용접한다.
(5) 후퇴법, 대칭법, 비석법 등을 채택하여 용접한다.
(6) 판 두께와 개선 방향이 일정할 때 허용 범위에서 용접봉 지름이 큰 것을 이용하여 패스 수를 줄인다.
(7) 용착속도가 빠른 용접방법을 선택한다.

3) T형 필릿 용접 굽힘 변형 방지법

(1) 단속 용접을 한다.
(2) 판을 휘어 놓은 역변형이 가장 좋은 방법이다.
(3) 용접속도가 빠른 용접법을 이용한다.

4) 좌굴 변형 방지법

(1) 용착 순서를 고려하여 열량을 적당히 분산시켜주는 방법을 선택한다.
(2) 이음 부근의 좌굴 변형을 구속하고 용접한다.

5) 비틀림 변형 방지법

(1) 가공 및 정밀도에 주의하며, 조립 및 이음의 맞춤을 정확히 한다.
(2) 지그를 활용하며, 집중 용접을 피한다.
(3) 표면 덧붙이를 필요 이상 주지 않는다.
(4) 용접 순서는 구속이 큰 부분에서부터 구속이 없는 자유단으로 진행한다.

6) 가스 절단시 변형 방지법

(1) 적당한 지그를 사용하여 절단재의 이동을 구속한다.
(2) 절단 직후에 절단 가장 자리를 수냉한다.
(3) 여러대의 절단 토치로 한꺼번에 평행 절단한다.

다. 일반적인 용접 변형 방지법

1) 설계 단계에서의 변형 방지법

(1) 용접 길이가 감소될 수 있는 설계를 한다. 프레스 굽힘이나 형재의 사용, 단속 용접 등을 채용한 설계로 용접 길이를 감소한다.
(2) 용착금속을 감소시킬 수 있는 설계를 한다. 개선 형상이나 각장 길이의 감소 여지를 파악하여 최적 설계를 하여 용착금속을 감소시킨다.
(3) 보강재 등 구속이 커지도록 구조 설계를 한다.
(4) 변형이 적어질 수 있는 이음 부분을 배치한다.

2) 시공 단계에서의 변형 방지법

(1) 재료 운반, 절단시의 변형을 줄인다.
(2) 개선 치수와 조립의 정밀도를 향상시키고, 용접금속의 중량을 줄인다.
(3) 탄성 역변형법, 소성 역변형법을 채용한다.
(4) 용착열이 적은 용접법을 채용한다.
(5) 포지셔너 등을 사용하여 처음부터 품질이 좋은 이음 부분을 얻는다.
(6) 용접 전 고정구나 스트롱 백을 사용하여 구속한다.
(7) 용접 변형이 작도록 용접 순서를 채용한다.
(8) 용입을 가능한 적게 하고 맞춤의 이가 잘 맞도록 한다.
(9) 용접을 중앙으로부터 시작하여 밖으로 진행한다.
(10) 단면의 중심축에 대하여 양쪽에 균형 있게 용착을 시킨다.

(11) 필릿 용접보다 맞대기 용접을 먼저 한다.
(12) 용접물을 중간 조립체로 나누어 용접해 나간다.
(13) 가장 정밀한 용접부가 가장 나중에 용접되도록 순서를 정한다.

4 용접 변형의 교정법

용접할 때 발생한 변형을 교정하는 것을 변형 교정이라 한다. 변형 교정에는 많은 시간과 비용이 필요하므로, 변형의 발생을 최대한으로 억제할 수 있는 시공법을 취하는 것이 가장 바람직하다. 그러나 실제에 있어서 수축이나 변형과 동시에 잔류응력이 발생하기 때문에 잔류응력을 적게 하려고 하면 변형이 커지게 되고, 반대로 변형을 억제하기 위하여 구속하면 잔류응력이 커진다. 따라서 양쪽을 동시에 해결하기는 매우 어렵다. 일반적으로 구조물의 강도상 중요한 부재로 사용되는 두꺼운 판에 대해서는 잔류응력을 적게 할 수 있는 시공법을 채택해야 하고, 얇은 판의 경우는 변형을 경감시키는 방향으로 시공법을 채택하는 수밖에 없다.

이와 같이 하여 용접한 것이라도 제품이 된 다음 변형이 생기면 미관상 또는 강도상, 성능상 좋지 못하므로 변형을 교정하기 위하여 변형 교정 작업을 실시해야만 한다.

변형 교정 방법은 그 제품의 종류, 변형의 모양과 양에 의하여 여러가지 방법이 사용되며 크게 가압법과 가열법이 있다.

가. 가열법

가열에 의한 팽창, 수축, 소성 변형과 판의 표면과 이면의 수축량이 다른 각 변형을 이용하여 변형을 제거하는 방법이며 가열시 650℃를 넘으면 재질 변화가 있을 수 있으므로 주의해야 한다.

1) 얇은 판에 대한 점 수축법(점 가열법)

볼록하게 굽힘이 생긴 부분의 중앙에 지름 20~30mm의 범위를 500~600℃로 약 30초 정도 가열한 후 곧 수냉하고, 다시 그 부분에서 좌우 또는 앞뒤에 60~80mm 거리 부분을 이전과 같은 방법으로 가열과 수냉을 반복하여 점 수축을 하는 방법으로, 얇은 판의 변형 교정에 많이 활용하는 방법이다.(그림 3.42 참조)

그림 3.42 박판에 대한 점(선) 수축법

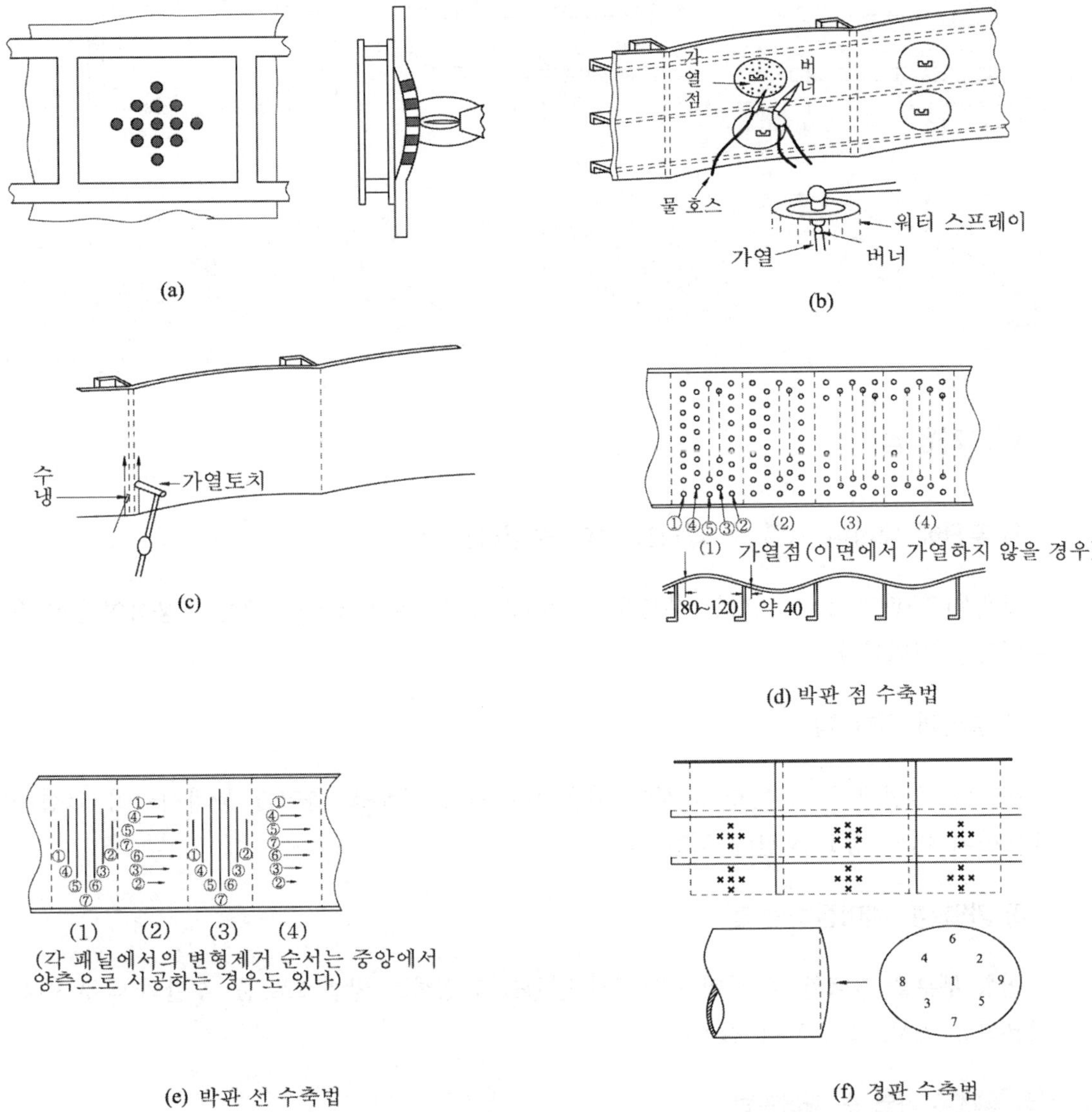

(a) (b) (c) (d) 박판 점 수축법 (e) 박판 선 수축법 (f) 경판 수축법

2) 형재에 대한 직선 수축법(선상 가열법)

판 두께 방향으로 수축량이 다른 것을 이용하여 교정하는 방법으로 볼록하게 휜 방향을 기준으로 앞쪽은 넓게 안쪽은 좁게 삼각형 모양으로 가열한 후 수냉하는 방법이며, 판의 표면과 이면의 온도차를 크게 하기 위하여 표면에서 가열하는 동시에 이면에서 수냉한다.(그림 3.43 참조)

그림 3.43 형재에 대한 직선 수축법

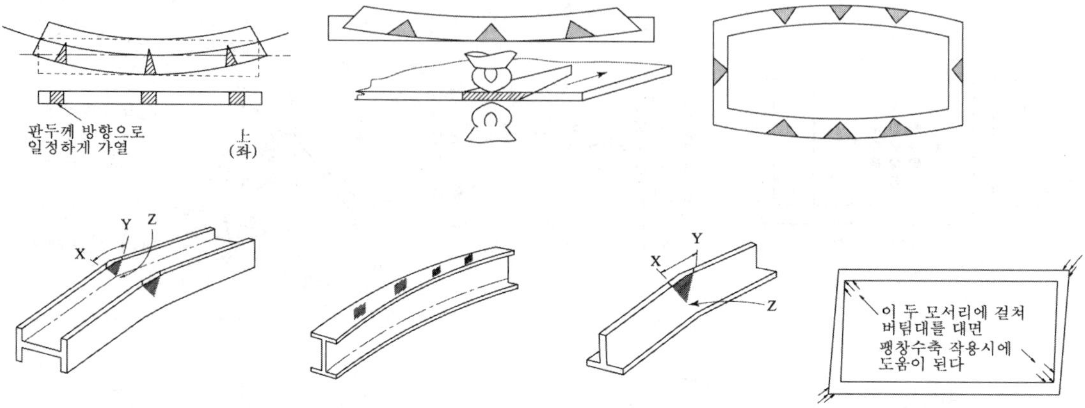

나. 가압법

1) 후판에 대하여 가열 후 압력을 주어 수냉하는 법

두꺼운(후)판의 경우 변형된 부분을 적당히 가열한 후 프레스나 잭을 이용하여 눌러주며 수냉하는 방법이다.

2) 롤러에 의한 법

판재나 직선재 등의 변형 교정에 이용되며 변형 부분을 롤러를 통과시기며 교정하는 방법이며 어느 정도 후판에 적합하다.

3) 가열 후 해머질하는 법

변형 부분을 가열한 후 해머로 두드려 변형을 교정하는 방법으로 중·후판의 국부 변형에 이용되고 있다.(그림 3.44 참조)

그림 3.44 가열 후 해머링법

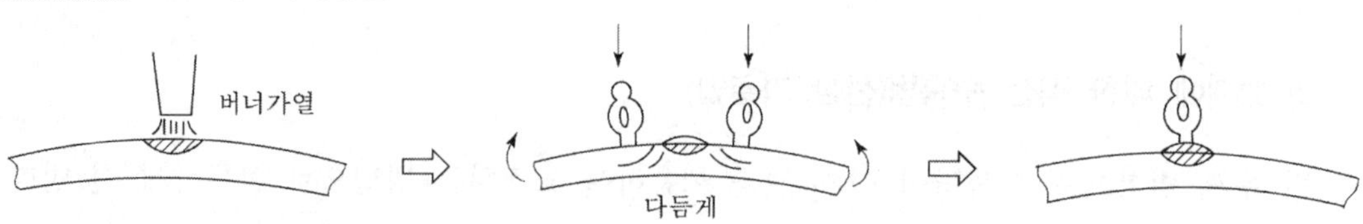

다. 절단에 의한 정형과 재용접

변형 부분이 크고 변형 교정이 어려운 경우 변형 부분을 절단한 후에 다시 용접하는 방법이다.

chapter

04 각종 금속의 용접

제1절 | 철강 용접

1 순철 및 저탄소강의 용접

가. 순철의 용접

순철은 상온에서 탄소 함유량이 0.02% 이하로 매우 적기 때문에 용접 중에 열영향부(HAZ)가 전혀 경화되지 않는 특징을 가지고 있으며, 용접성이 매우 좋기 때문에 피복 아크용접, 저항 용접 등 일반 용접법으로 쉽게 용접할 수 있다.

순철의 용접 조건은 연강(0.12~0.2%C)과 같이 하면 충분하지만 용융점이 연강보다 높기 때문에 용접속도를 조금 천천히 해주는 것이 좋으며, 사용하는 용가재(용접봉)는 가급적 모재와 같은 성분의 것이 좋다.

나. 저탄소강의 용접

1) 저탄소강의 용접성

0.12~0.3%C 이하의 강(steel)을 저탄소강이라 하며, 연강, 반연강 수준의 강으로 일반 용접 구조용강으로 널리 사용되고 있으며, 어떠한 용접법으로도 용접이 가능하다.

다만, 노치 취성이나 용접 균열(crack)이 문제이다. 0.3%C의 탄소강은 탄소량이 다소 많으므로 후판(t25~100mm)의 경우 용접 전에 70~100℃ 정도 예열을 하거나 용접봉 선택에 주의가 필요하다. 또한 용접에 의한 열적 경화의 우려가 있으므로 보일러용 후판우 용접 후 응력 제거 풀림을 해야 한다.(표 4.1 참조)

2) 피복 아크용접(SMAW)

일반적으로 일미나이트(E4301)계나 고산화티탄(E4313)계 용접봉이 쓰이나, 장력이나 구속이 큰 부분의 경우는 저수소계(E7016) 용접봉을 사용해야 된다. 일미나이트계는 판 두께 25mm까지는 문제되지 않으나, 두께가 30~47mm 정도일 때는 80~140℃ 정도로 예열한 후 용접을 실시하여 급랭에 따른 균열을 방지해야 된다.

3) CO_2(이산화탄산 가스) 아크용접(CO_2/MAG)

CO_2 가스의 가격이 아르곤 가스보다 훨씬 저렴하고 와이어를 사용하여 반자동으로 용접이 진행되며, 와이어의 전류 밀도가 높아 작업 능률이 피복 아크용접보다 훨씬 높으므로 저탄소강 등 탄소강 용접에 많이 이용되고 있다.

이 용접법은 형상이 복잡하여 서브머지드 아크용접으로 할 수 없는 후판 용접에 서브머지드 아크용접 대신 사용되며, 사용 와이어는 용접부의 재질이나 형상, 사용 목적에 따라 솔리드 와이어나 플럭스 코어드 와이어가 선택 사용되며, 조선, 해양 플랜트 부분에서는 대부분 플럭스 코어드 와이어를 사용한 FACW 용접이 적용되고 있다.

다만 CO_2 용접은 바람의 영향을 받기 때문에 풍속 2m/sec 이상의 옥외 작업에서는 방풍대책이 필요한 단점이 있다.

4) 서브머지드 아크용접(SAW)

서브머지드 아크용접은 자동화에 의한 능률 향상을 위하여 후판의 식선 용접부나 수평 필릿 용접부에 널리 쓰이고 있으며, 용융 속도가 매우 빠르나 용착금속의 노치 인성이 낮아지는 경향이 있어 용착금속의 충격치는 모재에 비하여 떨어지며, 기계적 성질이나 비드 외관에 파열 감수성과 기공 생성에 많은 영향을 미치므로 주의가 필요하다.

2 중 · 고탄소강의 용접

가. 중 · 고탄소강의 용접성

중 · 고탄소강은 탄소량이 0.3~0.7% 정도 함유한 강으로, 저탄소강에 비하여 강도와 경도가 높으며, 용접시 열영향부의 경화가 심해서 비드 밑 균열(under bead crack) 현상이 많아 용접봉 선택에 특히 주의가 필요하다.

고탄소강은 본래 기계 부품으로 제작하여 담금질, 뜨임 열처리하여 사용되는 강이기 때문에 용접의 경우 탄소 함유량의 증가와 더불어 급랭에 의해 경화가 현저하게 증가하므로, 저탄소강 용접과 같은 방법으로 용접할 경우 급랭 경화에 의해 균열이 발생하기 쉽고, 용접속도가 빠를수록 경화되기 쉽게 된다. 따라서 이를 방지하려면 전류를 낮추고 용접속도를 느리게 하여야 되며, 280℃ 이상의 예열과 650℃ 이상의 후열처리가 필요하다.(표 4.1 참조)

나. 중 · 고탄소강의 용접

중 · 고탄소강은 용접성이 나쁘고 용접 균열이 심하기 때문에 용접 전에 280℃ 이상으로 예열해야 되며, 용접봉은 가능한 한 잘 건조된 저수소계를 사용하여 예열 온도를 낮추어야 한다. 특히 강도를 요하는 구조물에서는 고장력강 용접봉을 사용해야 한다. 고탄소강 용접봉으로는 저수소계(E7016 이상) 연강봉, 오스테나이트계 스테인리스강봉, 특수강 용접봉 등이 쓰인다.

용접 후에는 후열처리를 하여 급랭에 의한 용접 균열을 방지해야 되며 후열의 온도는 600~650℃가 알맞으나 용접부의 성능 약화가 일어나지 않도록 설정해야 된다.

표 4.1 탄소강 용접시 예열 온도

탄소량%	0.2% 이하	0.2~0.30	0.3~0.45	0.45~0.80
예열 온도 ℃	90℃ 이하	90~150	150~260	260~420

3 고장력강의 용접

가. 일반 고장력강 용접

HT50~60kgf급 고장력강의 용접은 열영향부의 취화가 별로 문제 되지 않으므로 예열이 필요치 않고 거의 연강과 같은 조건으로 용접하면 된다. 다만 합금 성분이 함유되어 있어 담금질 경화성이 크고 열영향부의 연성 저하로 용접 균열을 일으킬 수 있으므로 각별한 주의가 필요하다.

나. 조질 고장력강의 용접

70kgf급 이상의 고장력강은 열영향부의 취성과 용접 균열의 발생을 방지하기 위해 용접 입열을 최대한 피하는 것이 좋으며, 다층 용접에서는 150~200℃ 정도의 예열을 하는 것이 좋다. 얇은 판은 저항 용접도 가능하며, 저항 용접의 경우 용접 후 열영향부에 2차 경화가 일어나지 않을 정도로 전류를 통해 후열처리를 하는 것이 좋다.

다. 고장력강 용접시 주의 사항

(1) 잘 건조된 저수소계 용접봉을 사용하여 아크길이를 짧게 하여 용접해야 한다.
(2) 위빙 폭을 크게 하지 말아야 한다.(심선 지름의 3배 이하)
(3) 엔드탭을 사용하거나 시작점 20~30mm 앞에서 아크를 발생하여 예열하며 시작점으로 후퇴하여 시작점부터 용접한다.

4 주강의 용접

주강은 탄소강과 비슷하지만 연강에 비하면 용접성이 다소 나쁘다. 주강 제품의 특징은 두꺼운 제품이 많으므로 용접 후의 냉각이 그만큼 빨라 철저한 예열과 후열처리가 필요하다.
따라서 입열량이 적은 용접법은 사용하기 곤란하다. 용접봉은 모재와 비슷한 화학 조성을 갖은 것이 좋다.

5 저온용강 용접

가. 저온용강의 용접성

저온용강은 저온 인성 개선을 위해 처리된 강이므로 용접으로 인하여 이러한 성질이 약화되지 않도록 입열량 제한과 최소한의 예열 온도로 예열, 층간 온도 최소화가 필요하며, 냉각속도가 너무 느리지 않게 적절히 조치해야 된다.
저온강은 저온에 있어서 사용 성능, 특히 취성파괴에 대한 저항이 우수한 것이 필수 조건이다. 구조물로 조립하는 단계에서 여러가지 가공(냉간, 열간, 온간)이 가해지지만, 이 가공에 의한 재질 변화가 적은 것이 바람직하다. 또 용접성이 양호한 것이 중요한 조건이다.

나. 저온용강 용접법

용접봉은 용접 전에 300~350℃에서 1~2시간 건조한 저수소계 용접봉을 70~120℃로 유지되는 보온통에 넣어두고 사용해야 된다. 용접 전에 강종에 따라 적당한 온도로 예열(보통 50~100℃)을 실시한 후 아크길이를 가능한 짧게 유지하고 입열량을 최소한으로 관리하며, 층간 온도를 유지하면서 용접을 해야 된다. 또한 용접 후 적당한 온도로 후열처리해야 된다.

6 내열강 용접

가. 내열강 용접성의 문제점

내열강은 고온에서 사용할 때 융합선 부근에 열팽창률의 차이로 인한 열응력이 발생하며, Cr-Mo강으로부터 오스테나이트 용접금속으로 탄소가 이동하면서 탈탄층이 생기므로 용접 시 주의해야할 문제점은 용접시의 고온 균열이다. 이것은 대체로 용해온도 구역이 넓고 결정립계에 저융점 불순물이 함유되기 쉬우므로 용가제의 선택, 시공법의 관리가 중요하다.

용가재는 용착금속이 모재와 같이 우수한 성능을 가지는 것이 아니면 안되므로 대부분의 경우 모재와 같은 용가재를 사용해야 된다.

용접법은 아크용섭, 서항용접 모두 쓰이나 불활성 가스 아크용접이 가장 좋은 효과를 얻고 있다. 피복금속 아크용접법은 불활성 가스 아크용접법에 비해 shield가 불완전하여 기포나 슬래그 섞임이 많다. 서브머지드 아크용접은 전류값이 과대하여 입열이 매우 크므로 균열 발생에 주의해야 한다.

(1) 충분히 건조시킨 저수소계 용접봉을 사용한다.
(2) 가접부는 균열, 기공, 모재의 경화 등 여러가지 결함이 발생하기 쉬우므로, 홈 속에서 가접하는 것은 될 수 있으면 피하고, Jig나 고정구를 이용한다.
(3) 홈 내부에 가접할 때는 본용접과 똑같은 조건으로 예열하고 또, 판의 맞대기 용접에서는 반대편의 용접이 끝난 다음 가접부를 제거한 후에 본용접을 함을 원칙으로 한다.
(4) 예열과 층간온도를 유지하여 냉간균열과 경화를 방지하고 확산성 수소를 감소시킨다. 특히, 후판의 경우에는 용접 개시부터 완성까지 중단하지 않도록 하고, 용접 후 즉시 후열처리함이 좋다. 용접을 중단할 때는 50℃로 30분 정도 가열하여 주면 용접부의 수소가스가 방출되고, 균열 방지에 유효하다.
(5) 후판의 용접 중에 중간 응력 제거 열처리는 응력제거 균열, 재열 균열이 발생할 우려가 있으므로 응력 제거 열처리를 짧게 하고, 균열 발생 우려가 있는 고온을 피해야 한다.
(6) 용접금속을 A1 변태점 이하의 풀림할 때 탄소 이동에 의한 탈탄층이 생겨 강도 저하가 생길 우려가 있으므로 주의한다.

나. 내열강의 보수 용접

내열강은 후열처리를 생략하기 위하여 템퍼 비드 또는 하프 비드(half bead)법이라고 부르는 방법으로 엄격한 규정에 의해 보수용접을 실시해야 된다.(그림 4.1 참조) 잘 건조된 저수소계 용접봉의 사용과 예열 및 층간온도를 유지시킨 다음 초층 비드는 버터링(buttering)법으로 쌓은 후 비드의 약 1/2 정도를 제거하고 나서 본용접을 실시한다.

초층을 제거하는 목적은 열영향부의 경화조직을 다음 패스 비드에 의한 뜨임(tempering)하여 연화조직으로 하기 위함이다. 또한 표면에는 비드를 놓은 후 다시 제거한다. 용접 후 후열처리를 실시해야 되며, 비파괴 검사를 실시해서 결함 유무를 철저히 검사해야 된다.(ASME sec Ⅲ NB-4622 규정)

그림 4.1 내열강 보수 용접의 예(ASME sec Ⅲ NB-4622 규정에 의함)

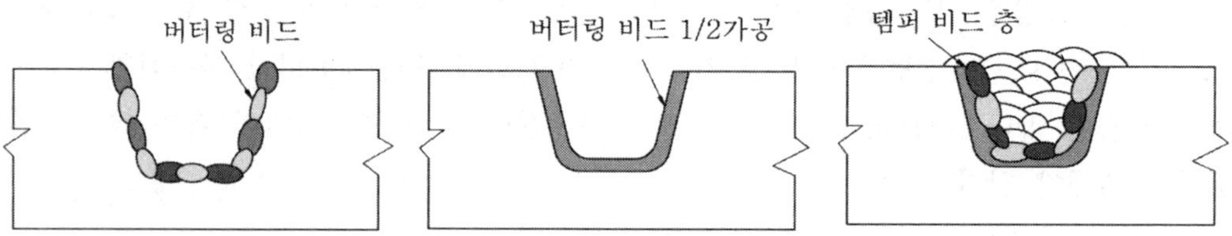

7 클래드강 용접

가. 클래드 스테인리스강 용접의 문제점

1) 스테인리스강에서 탄소강으로 합금원소의 이동

스테인리스강에서 Cr이나 Ni이 탄소강으로 이동되는 경우 인성 저하, 내식성 저하 등이 발생하게 되므로 이들이 이동되지 않도록 희석률을 맞추어야 된다. 따라서 희석율 결정은 쉐플러 선도 등을 이용하여 용가재의 선택을 잘 해야 된다.

2) 탄소강에서 스테인리스강으로 탄소의 이동

(1) 탄소의 이동 : 탄소의 이동은 두 소재의 탄소 농도와 활성도의 차이에 의하며, 탄소강쪽에서 스테인리스강 쪽으로 탄소가 이동할 경우 탄소강측에서는 탈탄이, 스테인리스강에서는 침탄이 일어나게 된다. 탄소강에서 탈탄이 되면 미세한 균열을 발생하게 되고 크리프 파단의 원인이 되며, 스테인리스강에서는 침탄에 의해 Cr의 탄화에 의한 예민화 현상이 생기는 등 열화하게 된다.

(2) 예민화 방지처리 : 이와같이 침탄되어 예민화될 수 있는 현상을 방지하기 위해 탄소의 이동을 방지할 수 있는 탄화물 형성원소(Nb, Ti 등)를 첨가하거나, 첨가된 용접재료를 사용하여 버터링한 후 용접한다.

(3) 압연 클래드재의 탄소 이동 방지 : 압연에 의해 클래드재를 제조할 경우 탄소 이동을 방지하기 위해 Ni 박막을 삽입하여 압연하는 방법이 있다.

3) 열팽창계수 차에 의한 열응력 발생 문제

탄소강과 스테인리스강의 클래드강 용접시 두 재료의 열팽창계수의 차에 따라 용접선을 따라 열응력이 발생하며, 비드 밑 균열이나 응력부식 균열 등이 발생할 수 있다. 따라서 고온에서 장시간 사용하는 부분 또는 장시간 용접 후 열처리가 필요한 부위에서는 탄소강과 비슷한 열팽창계수를 갖고 있는 인코넬계 용접봉을 사용하는 것이 좋다.

4) 용접부 근처에 마텐사이트 조직 생성

스테인리스강 용접봉으로 탄소강과 스테인리스강을 용접할 경우 용접부 부근의 경도가 마텐사이트의 경도값(HV 370~400)이 되어 용접 그대로는 충격인성이 낮고 경도가 높아 지연균열의 우려가 있으므로 후열처리를 해야 된다. 따라서 이를 방지하기 위해서는 용접 금속 중에 Ni 함량이 많게, 용입량이 적게 해야 되며, 적절한 용접봉 선택과 예열 또는 후열처리를 하는 것이 바람직하다.

나. 클래드강의 용접시공

클래드강은 그 용도에 따라 다양한 금속의 클래드강(합판)이 있으며, 그 조합의 재질에 따라 적절한 용접 시공법이 적용되어야 된다.

여기서는 오스테나이트계 스테인리스강과 탄소강의 클래드재에 대한 용접법을 기술하였으며, 다른 클래드재도 용접 순서는 비슷하다고 할 수 있다.

클래드강 용접은 통상 모재측부터 먼저 용접을 시작하며, 용접 중에 클래드재 측이 잘못 용접되거나 손상되지 않게 해야 된다.

용접 순서는 먼저 모재 측을 용접한 후 클래드 측을 용접한다. 클래드 측 용접시 모재측 용접 뒷면을 가우징한 후[그림 4.2 (d) 참조] 클래드재와 같은 재질의 용접봉으로 초층을 용접한 다음[그림 4.2 (e) 참조] 연삭으로 비드 두께의 1/2~2/3 정도를 제거한다.[그림 4.2 (f) 참조]

다시 2층을 용접한 후 비드 두께의 1/2 정도 제거한 후에 3층을 용접하고, 3층 비드 두께의 1/3 정도를 제거한 후 4층(또는 최종층, 표면비드) 용접을 한다.

이렇게 이전 비드를 제거하는 이유는 스테인리스강에 탄소강 모재측의 탄소가 클래드재(스테인리스강)에 최소한 이동하지 않도록 희석율을 낮추기 위한 방법이다.

그림 4.2 클래드강(탄소강+γ계 스테인리스강) 용접의 예

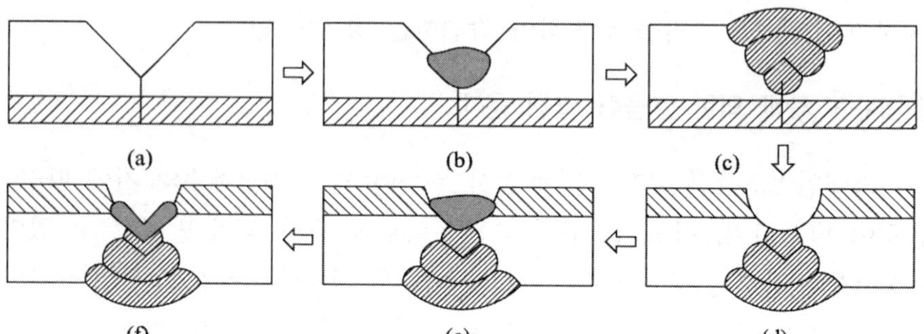

제2절 | 주철의 용접

1 주철의 용접 개요

가. 주철의 용접성

주철은 탄소 함유량이 2.01~6.67% 범위의 철을 말하며, 일반적으로 사용되는 주철의 탄소량은 2.5~4.5% 정도이다. 주철은 용융점(1150℃)이 낮고 연성과 가단성이 거의 없어 일반 용접보다는 주로 파손된 부분의 보수 용접에 사용된다.

주철 용접법 중 500~600℃로 예열을 한 후에 계속 가열을 하면서 용접하는 열간 용접 방법이 주로 쓰이며, 냉간 용접은 상온 또는 저온(200~400℃)에서 행하는 용접이다.

나. 주철 용접이 곤란한 이유

(1) 주철은 탄소량이 2.01% 이상으로 많고 조직상 매우 경취한 시멘타이트(Fe_3C)와 흑연으로 분포되어 용접시에 일산화탄소 가스가 발생하여 용착금속에 기포(기공) 등의 결함이 생기기 쉽다.

(2) 탄소강에 비하여 용융범위가 넓어(응고점과 용융점의 온도차가 큼) 용접시 급열 급랭에 의한 백선화로 기계 가공이 곤란하며, 팽창과 수축이 크기 때문에 균열의 발생이 심하여 용접이 어렵다. 따라서 용접 전에 예열과 후열처리 등에 의해 급열, 급랭을 피해야 된다.

(3) 장시간 가열로 흑연이 조대화된 경우, 주철 속에 기름, 흙, 모래 등이 있는 경우에 용착 불량이나 모재와의 친화력이 나쁘다.

2 회주철의 용접

가. 가스 용접

주철의 가스 용접에는 용제(flux)의 사용이 중요하다. 용제는 산화물 제거, 용융금속의 보호와 유동성 부여 등을 위해 필요하다. 가스 용접시 주철봉을 사용하며, 400~600℃로 예열을 하고 중성 또는 약한 탄화불꽃으로 용접한 후 540~600℃로 후열하여 급랭 방지 및 잔류응력을 경감시킨다. 용접봉은 백선화를 막고 흑연화를 촉진시키기 위해 Si, Al을 알맞게 함유한 것이 좋고, 강도를 요하는 경우는 Ni을 2~2.5% 함유한 니켈 합금 용접봉이 좋다.

주철의 가스 용접용 용제의 종류는 다음과 같다.

(1) 붕사 15%, 탄산소다 15%, 중탄산소다 70%

(2) 가성소다 50%, 중탄산소다 50% - 물

(3) 이산화망간 50%, 청산칼리 4~6%, 규소 1.0%, 알루미늄 0.3%

(4) 규산소다 34%

나. 피복 아크용접

1) 열간 용접

주철은 탄소 함유량이 많기 때문에 극히 국부적인 수축에도 견디지 못하고 터짐(균열, crack) 현상이 생기기 때문에 용접하기 곤란하다. 이를 방지하기 위해서는 500~600℃로 충분한 예열을 한 후에 용접 중 고온을 유지하면서 니켈의 연성과 인성을 이용한 니켈봉이나 니켈합금 또는 주철제 심선을 사용한 용접봉으로 짧은 아크와 비드 길이를 짧게 하며, 낮은 전류로 용접하여 입열을 최소한 적게 하고 용접 후에 후열처리를 하여 급랭을 방지하고 잔류응력을 적게 한다. 비드 폭은 넓은 것보다 좁은 비드용접이 좋다.

2) 냉간 용접

주로 아크용접이 쓰이며 가스 용접도 가능하다. 예열은 하지 않으나 200~400℃ 정도의 저온 예열 상태에서 용접하는 것이 좋다. 이 방법은 가열에 의한 뒤틀림, 균열 발생은 적지만 용접부가 급랭되어 백선화 경향이 심하므로 가는 용접봉으로 전류를 낮게 하여 위빙하지 말고 짧게 단속 용접하는 것이 좋다.

용접봉은 심선의 종류에 따라 순니켈봉, 니켈-철 합금봉, 모넬 메탈봉, 연강봉, 주철봉 등이 있으며, 니켈은 흑연화를 돕기 때문에 예열하지 않아도 균열이 발생하지 않으나, 연속적인 비드를 놓을 경우에는 용착금속에 균열이 생기거나 융합부의 파열이 생길 경우가 있으므로 적당한 예열(약 150℃)을 하고 가급적 직선 비드로 용접하며, 용접 후 피닝(peening)을 한다. 피닝은 각 비드마다 용접 후 즉시 행한다.

3 고급 주철, 기타 주철의 용접

고급 주철의 용접은 회주철에 비해 탄소나 규소가 적고 용접 후 백주철이 되기 쉬우므로 서랭에 주의해야 한다.

가. 구상 흑연 주철의 용접

구상 흑연 주철은 함유 흑연을 구상화시킨 주철로서 그 자체가 연성이 높고 내마모성, 내열성이 우수하므로 강도가 필요한 경우 용접 전에 충분한 예열을 하고 가스 용접에 의해 동일 재질의 용접봉으로 용접하면 모재의 70~80%의 강도를 얻을 수 있다.

예열 온도는 550~650℃가 적당하며, 주철 표면을 한꺼풀 벗기고 용접하면 더욱 좋다.

용접은 낮은 전류로 짧은 비드 쌓기를 하여 단열재로 덮어서 서랭하는 것이 좋으며, 후열은 450℃에서 4시간, 540℃에서는 2시간 정도 해주면 좋다.

나. 가단 주철의 용접

가단 주철은 백선 조직이므로 열처리를 하지 않으면 용접이 거의 불가능하며, 열처리 후에도 용해되면 백선화가 되기 쉬워 용접이 어렵다. 용접법은 백선화를 막기 위해 산화제를 써서 용융철의 탈탄을 촉진시키거나 가능한 모재를 녹이지 않고 용접하는 것이 필요하며, 경납땜이 적합하다.

용접법은 토빈 청동을 쓰는 경납땜(브레이징) 용접과 니켈봉을 사용하는 아크용접이 사용되고 있다.

4 주철의 보수 용접

가. 주철의 용접시 주의 사항

1) 주철의 보수 용접시 주의 사항

(1) 균열의 연장 방지를 위해 균열의 끝에 작은 구멍(stop hole)을 뚫는다.
(2) 모재의 본 바닥이 나타날 때까지 파낸 후 보수 용접을 한다.
(3) 용접 전류는 필요 이상 높이지 말고, 직선 비드를 배치하며, 지나치게 용입을 깊게 하지 않는다.
(4) 용접봉은 될 수 있는 대로 가는 지름의 것을 사용한다.
(5) 비드의 배치는 짧게 해서 여러번의 조작으로 완료한다.
(6) 가열되어 있을 때 피닝(peening) 작업을 해 변형을 줄이는 것이 좋다.
(7) 큰 물건이나 두께가 다른 것, 모양이 복잡한 형상의 용접에는 반드시 예열과 후열 후 서랭 작업을 행한다.
(8) 가스 용접에 사용되는 불꽃은 중성 또는 약한 탄화 불꽃을 사용하며, 용제를 충분히 사용하고 용접부를 필요 이상 크게 하지 않는다.
(9) 가스 납땜의 경우 과열을 피하기 위하여 토치와 모재 사이의 각도를 작게 하며, 모재 표면의 흑연을 제거하기 위하여 산화 불꽃으로 약 900℃로 가열한다.

나. 주철의 보수 용접법

주철의 용접은 대체적으로 보수 용접에 많이 쓰인다. 회주철의 보수 용접에는 로 내에서 예열과 후열을 해야 되며, 주철의 보수 용접법은 [그림 4.3]과 같은 방법이 있다.

1) 스터드법

용접 경계부의 바로 밑부분의 모재가 갈라지는 약점을 보강하기 위해 직경 6~9mm 정도의 스터드 볼트(연강이나 고장력강 볼트)를 박은 다음 이것과 함께 용접하는 방법이다.

스터드의 단면적은 용접 표면적의 25~30% 정도가 적당하다. 용접법은 균열부를 완전히 제거하고 볼트를 심은 다음 볼트 주위를 비드로 둘러쌓고 볼트와 모재를 충분히 녹여 짧은 비드로 드문드문 쌓으면서 곧 피닝하며 용접한다. 용접 홈은 X형이 바람직하다.

2) 비녀장법

균열의 수리와 같이 가늘고 긴 용접을 할 때 균열 부분을 홈을 파고 꺽쇠를 넣을 곳도 균열과 직각 방향으로 판 후 6~10mm 정도의 꺽쇠 모양의 강봉을 넣고 용접하는 방법이다.

3) 버터링법

빵에 버터를 바르듯 모재와 융합이 잘되는 용접봉(주로 연강봉)으로 적당한 두께까지 용착시킨 후 고장력강 봉이나 모넬 메탈 봉으로 용접하는 방법이다. 단점은 모재와 용접금속과 접합면이 약하다.

4) 로킹법

스터드법의 볼트 대신 용접부 바닥을 둥근 고랑을 파고 이 부분이 힘을 받도록 용접하는 방법이다.

그림 4.3 주철의 보수 용접의 종류

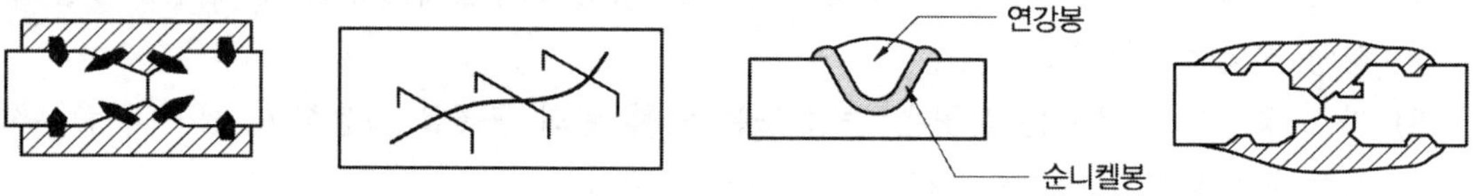

(a) 스터드법 (b) 비녀장법 (c) 버터링법 (d) 로킹법

제3절 | 스테인리스강의 용접

1 스테인리스강의 용접성

스테인리스강의 용접에는 대부분의 용접이 가능하지만, 용입량을 최소화하고 입열량이 적은 용접부의 설계와 용접법을 적용하는 것이 중요하다.

따라서 용접시 산화크롬의 생성을 피해야 하므로 불활성 가스나 비산화성 가스로 용접부를 보호해야 된다. 스테인리스강은 탄소강에 비해 팽창 계수가 크므로 용접 변형이 심하며 다른 재료와 용접시 열팽창계수의 차에 의해 균열의 발생이 크므로 주의해야 된다.

가. 스테인리스강에서의 시그마상(Sigma 相)

이 조직은 Cr계 스테인리스강에 있어서 고온가열하면 발생하기 쉽고, 16%Cr에는 확실히 발생하게 되며, 크롬의 함유량이 많을수록 시그마상이 석출(析出)하기 쉬우며, 특히 540~820℃로 장시간 가열하면 형성하기 쉽다.

시그마상은 18-8의 완전한 오스테나이트 결정조직 내에서는 비교적 형성이 잘 안되지만, 그중에 페라이트가 혼합되어 있는 경우 고온 가열에 의해 매우 쉽게 시그마상으로 변화한다. 또 냉간가공이나 Cr량의 증가에 의해서도 쉽게 시그마상을 형성하게 된다.

한번 형성한 것은 고온에서 용체화처리(930~980℃로 가열하고 급랭)를 하면 소실한다. 오스테나이트계 스테인리스강에서도 고온에서 장시간 가열함에 따라 시그마상이 발생하여 강의 연성(延性)과 인성(靭性)을 현저하게 저하시킨다.

나. 페라이트계 스테인리스강의 475℃ 취화(脆化)

페라이트계 스테인리스강에서는 475℃ 취화라는 것이 있다. 16%Cr 이상의 고크롬강은 400~600℃로 장시간 가열하던가, 또는 이 온도 영역을 서서히 냉각하면 취화한다.

이 취화는 475℃ 부근에서 제일 일어나기 쉬우므로 475℃ 취화라고 부르며, 이 취화 현상은 600℃ 이상으로 단시간 다시 가열해서 공랭(공기 중에서 냉각)하면 회복한다.

다. 고용화(固溶化) 열처리

이는 용체화(溶體化) 열처리라고도 하며, 오스테나이트계 스테인리스강의 기본적인 열처리로서 크롬 탄화물 또는 취화상을 고용시켜 오스테나이트계 스테인리스강의 기본적인 성질 및 내식성을 얻으며, 가공 경화시 생긴 왜곡(歪曲)를 제거하는 것을 목적으로 실시하는 것으로 약 650℃ 전후의 예민화(銳敏化) 온도 범위를 급랭시켜야 한다. SUS 304, 316 계통에 대해서는 1010~1150℃의 가열 온도에서 실시한다.

라. 안정화 열처리

오스테나이트 조직 중에 고용하고 있는 탄소의 대부분을 Ti 또는 Nb의 탄화물로서 우선적으로 석출시켜 고용화해서 크롬 탄화물의 입계석출(粒界析出)을 방지하고, 입계부식에 대한 저항성을 향상시키는 것을 목적으로 하는 것으로 SUS 321 및 347에 대해서 시행하는 열처리의 하나이다. 가열 온도는 850~930℃를 표준으로 한다.

마. 층간 온도(層間溫度, Interpass Temperature)

층간 온도란 용접의 매 층마다 다음 층을 용접하기 전에 앞서의 층에 대한 온도를 말하는 것이다. 용접재료의 층간 온도를 규정하는 이유는 스테인리스강과 같이 온도에 재료의 성질이 민감하게 반응하는 경우 즉, 스테인리스강은 대략 425~870℃ 사이에서는 크롬 탄화물이 석출하여 스테인리스강 성질의 주 역할인 내식성 등 크롬이 제 기능을 못하므로서 부식이 일어난다. 또한 고장력강의 경우는 거듭되는 용접의 층수에 따라 용접 부위가 계속 높은 온도로 가열되는 결과가 되어 고장력강에 요구되는 물리적 성질을 얻기 어렵게 된다.

따라서 층간 온도를 예컨대, 오스테나이트계 스테인리스강의 경우 175℃로 규정한다는 의미는 175℃ 이하로 유지하여 용접 부위가 비교적 빨리 냉각되어 425~670℃ 범위에 머무는 시간을 가능한 한 적게 하기 위한 것이다.

층간 온도가 일정 온도 이상 되게끔 유지하므로서 급랭에 의한 균열의 예방을 기하고 있다.

2 스테인리스강의 용접법

스테인리스강의 용접상 주의할 것은 먼저 용융금속의 산화방지, 특히 내화성의 Cr 산화물(FeO, Cr_2O_3 크로마이트, 융점 1900~2180℃)의 발생을 방지 또는 제거할 필요가 있다. 따라서 불활성 가스, 비산화성 가스 또는 플럭스 등으로 용융금속을 보호하여야 한다. 또한 탄소의 흡수를 저지하고 용접부를 청정하여 불순물의 혼입을 방지하여야 된다.

또한 필요에 따라서는 용접 이음부 표면에 동판(銅板) 등의 백킹재(Backing)를 붙이거나 수냉(水冷)해서 탄화물의 석출을 최소한 억제해야 된다.

가. 일반적인 용접방법

(1) 용접금속의 산화, 스패터, 기공 방지와 동시에 충분한 용입을 얻기 위해서 적정 전류를 사용하고, 아크를 짧게 할 것

(2) 아크 스트라이크는 용접할 부분이나 다른 철판 위에서 하며, 모재 위에서 하지 말 것(異常 腐蝕의 원인)

(3) 스패터가 모재에 묻지 않도록 스패터 부착 방지제를 바를 것(異常 腐蝕의 원인)

(4) 다층 용접에서 앞층의 잔류 응고한 슬래그 및 표면의 스케일을 오스테나이트계 스테인리스 와이어 브러시로 완전히 제거하고 다음 층을 용접할 것.(층간온도는 175℃ 이하로 할 것)

(5) 맞대기 용접부의 양단에는 엔드탭을 부착할 것

(6) 이면 용접할 때 용접부 결함이 있을 때, 뒷면 가우징 후 용접할 것

(7) 피복 아크용접법일 때의 사용극성은 DCRP을 사용할 것

(8) 용접하기 전에 용접할 모재는 와이어 브러시 등으로 산화표면을 깨끗이 청소할 것

나. 피복 아크용접

스테인리스강은 피복 아크용접이 많이 사용되며 직류의 경우 역극성이 사용된다. 용접 전류는 탄소강의 경우보다 10~20% 정도 낮게 사용하는데 전류가 낮으면 용입 불량이 생기기 쉬우므로 용접 홈 가공, 치수, 가접 등에 주의해야 하며, 판 두께 1mm 이하는 용락의 위험성이 크므로 주의해야 한다. 최근에는 용접봉의 발달로 0.8mm 두께의 판 용접에도 이용되고 있다.

피복아크용접시 용접봉은 사용 전에 오스테나이트계는 150~200℃, 순 Cr계는 300~350℃로 1시간 정도 건조하여 사용한다.

지름 5mm 이상의 용접봉은 용착금속에 마이크로 균열과 많은 기공이 생기기 쉬우므로 보통 사용하지 않는다. 오스테나이트계 용접봉은 일반적으로 과대한 아크 전류나 위빙조작을 하면 용접 균열이 일어나기 쉬우므로 비교적 낮은 전류로 빠르게 용접하는 것이 상식이지만 너무 낮은 전류 또는 용접속도가 너무 빠르면 비드 단면 형상이 가늘고 약하게 되어 오히려 균열이 생기기 쉽다. 아크길이는 가능한 짧게 유지하는 것이 좋다.

다. 불활성 가스 아크용접

1) 불활성 가스 텅스텐 아크(TIG) 용접

스테인리스강의 용접에 광범위하게 사용되며, TIG 용접은 0.4~8mm 정도의 얇은 판의 용접에 사용되고 있다. 용접 전에 기름, 먼지, 녹 등을 완전 제거해야만 되며, 용접 전류는 직류 정극성이 좋고, 전극은 토륨(Th)이 들어있는 텅스텐 전극봉이 좋다. 전극의 끝부분은 뾰쪽하게 하는 것이 전류가 안정되고 열 집중성이 좋다.

2) 불활성 가스 금속 아크(MIG) 용접

MIG 용접법은 TIG 용접법에 비하여 두꺼운 판의 용접에 이용되며, 심선은 0.9~1.6mm 정도이며, 직류 역극성으로 시공한다. 이는 아크 집중성이 좋다. 순수 아르곤을 사용할 경우 스패터가 비교적 많이 발생하며 아크가 약간 불안정하므로 2~5%의 산소를 혼합하여 사용하고 있다.

라. 가스 용접 및 저항 용접

가스 용접도 가능하나 용접 작업시 불순물의 혼입, 탄소 함유량의 증대, 화학적 성질, 기계적 성질 등이 좋지 않으므로 거의 쓰이지 않는다.

저항 용접은 널리 쓰이고 있으며 연강보다도 낮은 전류에 가압력을 높게 하여 용접한다.

3 스테인리스강의 종류별 용접법

가. 페라이트계 스테인리스강의 용접

(1) 페라이트계 스테인리스강은 철에 크롬을 16% 이상 함유한 고크롬강으로 페라이트 조직을 형성하고 있으나 자경성은 없으며, 주로 18 Cr강 및 25 Cr강(430, 442, 446 등)이 쓰인다.

(2) 오스테나이트계에 비해 내식성, 내열성이 약하며 용접성은 약간 있으나 담금질성은 없어 열처리가 안 된다.

(3) 900℃ 이상 가열되면 결정립이 커져 취성을 갖게 되므로 결정립 조대화를 피해야 하며 400~600℃에서 475취성을 갖게 되는데 이때는 600℃ 이상 단시간 가열하여 공랭하면 쉽게 회복된다.

(4) 페라이트계 용접봉을 쓸 때는 100~200℃의 예열이 필요하나, 오스테나이트계 용접봉을 사용할 경우는 예열, 후열을 하지 않아도 된다. 또한 가는 용접봉을 사용하고 저전류를 사용하여 입열을 억제하는 것이 좋다.

(5) 층간 온도는 예열 온도의 80% 정도로 하며, 용접 후에는 700~800℃로 후열처리를 하면서 서랭하면 잔류응력 제거와 연성 개선에 효과적이다.

나. 마텐사이트계 스테인리스강의 용접

마텐사이트계는 용접이 곤란한 재료의 하나이다. 즉 용접을 하면 균열이 생기기 쉽다.

특히 탄소 함유량이 높을수록 경화가 심하고 전류 응력이 커지며, 금랭 후에 균열이 생기므로 예열과 후열이 필요하다.

(1) 철에 크롬을 12~13% 함유한 저탄소(0.08~0.15%) 합금(410, 414, 416, 420 등)으로 공랭 자경성이 있고 자성을 띤다. 증기 및 가스 터빈 등의 내마모성이 필요한 곳에 사용되며, 성형성은 좋으나 용접성은 불량하다.

(2) 용접에 의해 급열, 급랭할 때 마텐사이트를 생성하여 균열 우려가 있으며, 탄소량이 많을수록 잔류응력이 커져 용접성이 나빠진다.
(3) 용접봉은 알루미늄이 소량 첨가된 비자경성인 12%Cr강을 사용하며, 200~400℃의 예열과 층간 온도를 유지한다.
(4) 용접 직후 냉각되기 전에 700~800℃로 가열 유지한 후 공랭하며, 후열처리가 불가능할 때는 18%Cr-12%Ni-Mo 함유봉을 사용한다.

다. 오스테나이트계 스테인리스강의 용접

1) 오스테나이트계 용접성

오스테나이트계 스테인리스강은 철에 크롬과 니켈을 함유한 것으로 대표적인 것에 18%Cr-8 %Ni인 18-8 스테인리스강이 있다. 이것은 내식성이 가장 좋으나 담금질성이 없으며, 천이 온도가 낮고 강인성, 가공성, 용접성이 우수하지만, 열팽창계수가 크고 용접성 변동이 심하며 변형도 크다.(연강보다 50% 크다)

2) 18 - 8강 용접시 주의 사항

(1) 용접 중 층간 온도가 320℃ 이상을 넘어서는 안 된다.
(2) 낮은 전류로 용접하여 입열을 낮춘다.
(3) 용접 후 480~680℃ 범위로 서랭되면 크롬 탄화물이 결정립계에 석출되어 내식성을 떨어뜨린다.(1050~1100℃로 가열 후 급랭하는 용체화 처리가 필요함)
(4) 용접 중에 고온 균열이 발생하기 쉬우므로, 두꺼운 판을 제외하고는 예열을 실시하지 않는다.
(5) 산소 아세틸렌 용접은 기계적 성질을 나쁘게 하므로 좋지 않다.
(6) 용접봉은 될수록 지름이 가는 것을 사용하고 짧은 아크로 용접한다. 아크길이가 길면 탄화 크롬 석출로 부식 저항이 저하된다.
(7) 아크를 중단하기 전에 반드시 크레이터를 채우도록 하며, 용접봉 성분은 모재와 맞는 것, 또는 극저탄소 함유 용접봉을 쓴다.
(8) 고온 균열이나 540~900℃로 장시간 가열하면 시그마상이 생기기 쉽고 취약하며 인성이 저하된다.

라. 스테인리스강 후열처리

대부분의 오스테나이트 스테인리스강 용접물은 후열처리(PWHT)를 필요로 하지 않는다.

그러나 내식성과 응력제거를 위해서는 870℃ 이상에서 실시한 후 서랭하여야 되지만 서랭시 σ상 석출로 인한 취화의 우려가 있으므로 안정화강이나 저탄소 스테인리스강의 경우에 가능하다.

또한 고온 고압에서 사용되는 화학장치의 경우 유화물, 염화물 등에 의한 입계부식이나 응력부식 균열이 예상되는 경우는 이를 방지하기 위해 1050~1150℃에서 고용화 열처리를 하여야 한다.

오스테나이트계 스테인리스강의 경우 용체화 풀림(solution annealing) 온도 범위는 <표 4.2>와 같다.

표 4.2 γ계 스테인리스강의 용체화 열처리 온도

종 류	온도 ℃	종 류	온도 ℃
201, 202, 301, 302, 303, 304, 304L, 305, 308	1010~1120	317	1065~1120
309, 309S, 316	1040~1120	321	955~1065
316L, 317L	1040~1110	347, 348	980~1065

마. 이종금속 피복 아크용접

일반적으로 오스테나이트 용접부는 단순한 단일 응고양상을 갖는다. 그러나 탄소강에 오스테나이트 스테인리스강을 클래딩할 경우는 4가지의 복잡한 응고 양상을 나타낸다.(그림 4.4 참조) 즉 용접부/모재 계면 부근에서는 페라이트가 초기조직으로 나타나며, 그 다음에 오스테나이트 조직이며, 용접부 중앙 부위에서 오스테나이트와 δ-페라이트가 동시에 공존하게 되고, 용접부 표면에서는 δ-페라이트가 발달한다.

그림 4.4 용접부 각 부분의 초기 조직

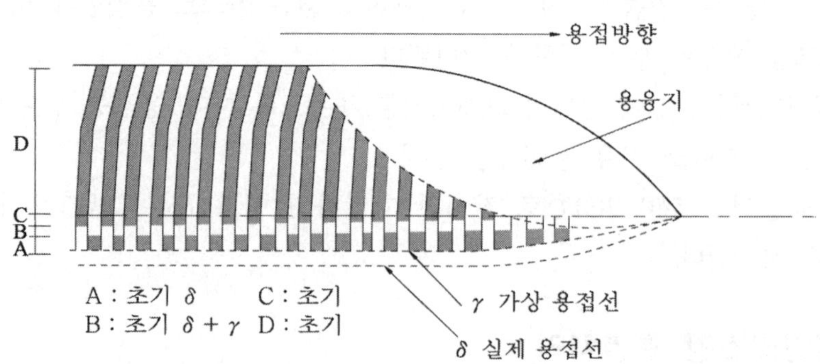

용융경계 부근에서 δ-페라이트가 초기조직으로 발달하는 것은 모재인 탄소강이 용융되어 δ-페라이트 상태가 그대로 적층하여 용접재쪽으로 발달해 올라가기 때문이며, 다음 오스테나이트로 초기조직이 발달하는 것은 모재로부터 탄소를 흡수하므로서 Ni 당량에 영향을 주기 때문이며, 용접부를 따라서 화학조성이 계속 변하여 Cr 당량이 높아지므로서 초기응고 조직 양상도 δ-페라이트로 변하게 된다. 용접에 있어 중요한 것은 용접부 두께에 따라 조성의 균질성을 유지하는 것이다.

페라이트강에 오스테나이트 스테인리스강을 피복 시킬 경우 용접부와 모재 계면에 얇고 아주 경하며 취약한 층이 발달하게 된다. [그림 4.5]는 각 부분의 조직에 대해 비커스 경도 시험을 한 조직 사진을 나타낸 것으로, 용접 경계부의 경도는 Hv460~483으로 매우 높으며, 페라이트 층은 Hv120~130 정도로 낮음을 조직 사진을 통해서 알 수 있다.

그림 4.5 각 용접부 부분의 경도 비교의 예

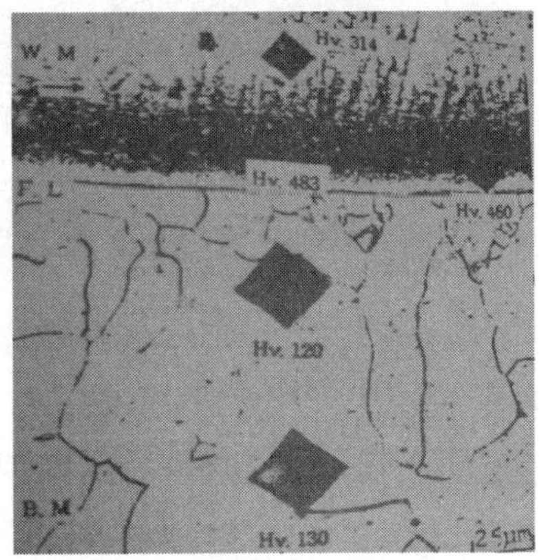

이 층은 탄화물 조직으로서 이종금속 용접시 합금 원소의 상호확산에 기인되며, 조성은 모재와 용접부의 중간 조성임이 일반적으로 알려진 사실이다.

용접부의 확산 모델은 용접부의 합금 원소 특히 Cr, Ni 들이 모재쪽으로 이동하는 것이며, 모재에서 용접부쪽으로는 Fe, C 등이 이동해 가는 것으로서 용접부/모재 계면을 따라 확산이 진행할 때 Ni 원소의 분포는 다음 식으로 정의하였다.(Ikawa 정의)

$$C(X,\ t)\ -C_2=\frac{1}{2}(C1\text{-}C2)\{1-\mathrm{erf}(\frac{X}{2\sqrt{Dt}})\}$$

(C(x, t) : Ni 원소의 분포, C2 : 모재의 Ni량, C1 : 용접부의 Ni량,
X : 용융선으로부터의 거리, t : 시간, D : 확산계수)

[그림 4.6]은 탄소의 이동으로 인한 모재에서의 탈탄밴드와 피복 용접에서의 변화밴드의 형성 관계를 나타낸 것으로, 탄소가 피복 용접부쪽으로 이동하므로서 생긴 것이다.

그림 4.6 피복 용접부로 이동하는 탄화밴드 형성의 예

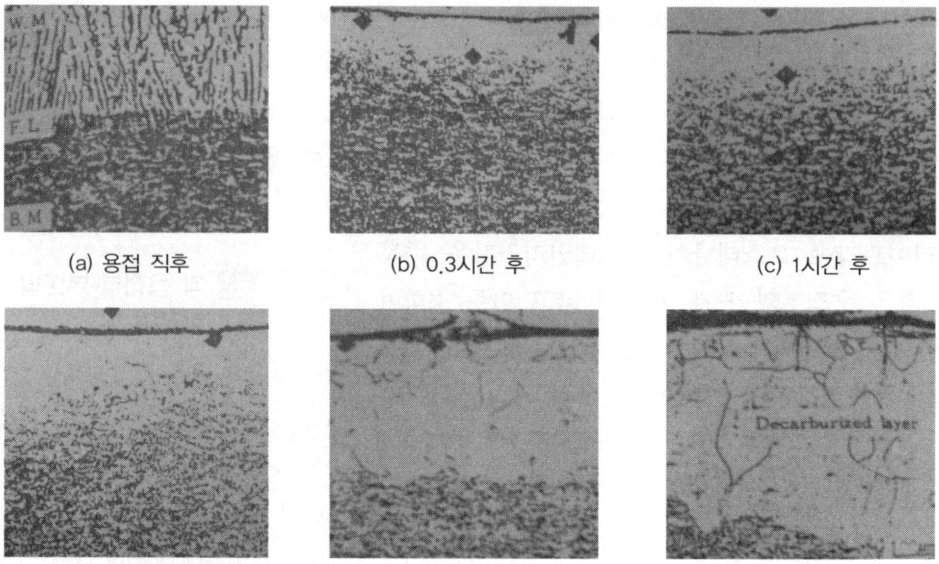

(a) 용접 직후 (b) 0.3시간 후 (c) 1시간 후

(d) 3시간 후 (e) 10시간 후 (f) 30시간 후

피복 용접부로 이동된 탄소는 Cr과 결합하여 피복 용접부에는 Cr 탄화물이 형성되며, 결정립계에 석출이 일어나고, 탄소량이 증가할수록 다음 순으로 탄화물 석출이 발생한다.

(Cr, $Fe)_4C$, Cr, $Fe)_7C_3$, Cr, $Fe)_3C$,

또한 모재의 탈탄밴드 폭(X)은 다음 식으로 결정된다(Christoffel 정의).

$$X2 = \frac{C^1}{C_0} = 2\sqrt{Dt}$$

(D : 탄소 확산계수 cm^2/sec, C_0 : 모재의 초기 탄소 농도,

C^1 : 모재의 탄소 포화농도, t : 시간)

모재에서의 탈탄밴드의 형성은 강도의 저하를 유발하게 되며, 피복 용접부 계면에서의 탄화밴드의 형성은 강도의 증가를 나타내는데 경도시험 결과 탈탄밴드 지역에서 Hv40(DPH : Diamond Pyramid Hardness)의 경도 감소가 생기는 반면에 탄화밴드에서는 Hv200의 경도 증가가 있어 0.25mm의 좁은 지역에서 Hv240의 경도 변화는 강도로 환산하면 $84.4kg_f/mm^2$ 강도 변화가 일어난다는 것이다.(그림 4.7 참조)

그림 4.7 합금별 탄소와 탈탄층 밴드

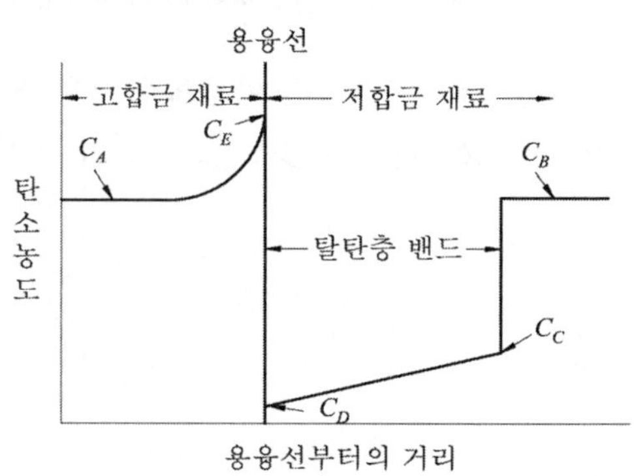

C_A : 고합금 재료에서 본래의 총탄소량
C_B : 저합금 재료에서 본래의 총탄소량
C_C : 저합금에서 탄소 용해도 농축량
C_D : 용융선에서 저합금 재료의 탄소량
C_E : 용융선에서 고합금 재료의 탄소량

피복 용접시 탄소의 확산은 계면에 발달하는 열응력에 의하여 촉진된다고 보며, 탄소의 이동을 제지시키기 위하여 오스테나이트 안정화 원소인 Cb, Ti 등을 용체화 처리한 오스테나이트 스테인리스강을 사용하거나, 용가재의 Ni량을 증가시킴으로써 탄소의 이동을 억제시키고 있다.

이종금속 피복 용접부를 후열처리한 후 금속조직 및 각종 성분의 이동상황을 조사하면 광학 현미경 상에 나타나는 용융선이 실제 용융선이 아님을 알 수 있다. 실제 용융선은 가상 용융선으로부터 40~50㎛ 열영향부쪽에 존재한다.

[그림 4.8, 4.9]는 스테인리스강 용접부 단면의 각부 명칭을 나타낸 것이며, [그림 4.10]은 용접부 내의 화학 조성이 그림과 같은 반응들에 의해 정해진다는 것을 나타낸 것이다.

그림 4.8 용접부의 각부 명칭

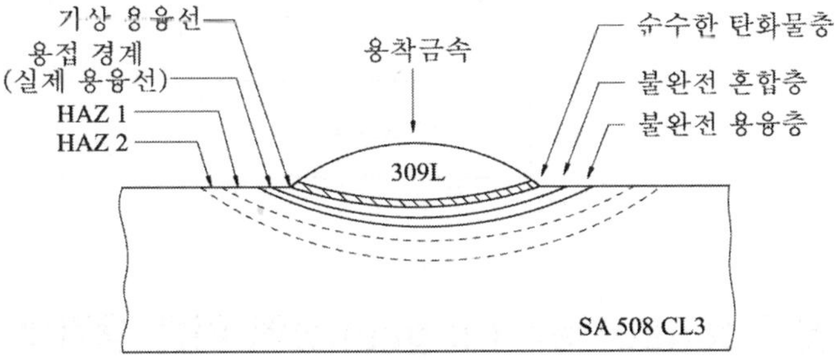

그림 4.9 스테인리스강의 열영향부

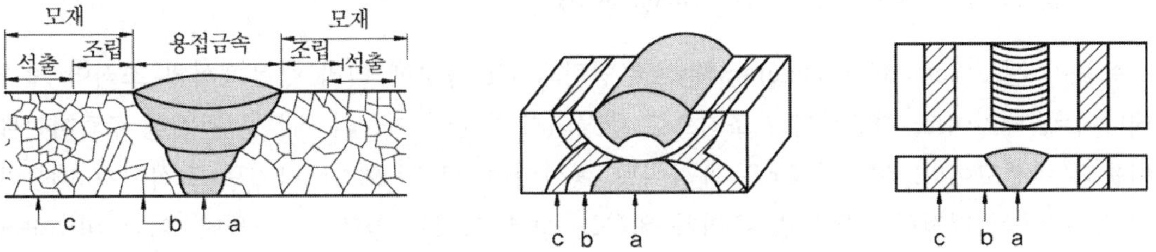

그림 4.10 용접부 내의 화학 조성을 위한 반응의 예

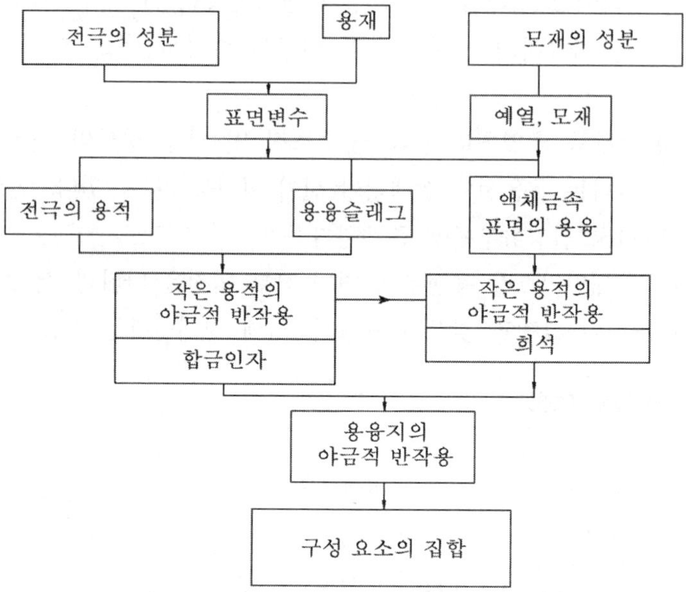

4 쉐플러 선도(schaeffer diagram)에 따른 용가재 선택

가. 쉐플러 선도(schaeffer diagram)

쉐플러 선도(Schaeffler Diagram)는 Cr 당량과 Ni 당량에 따라 상온에서의 조직이 오스테나이트, 페라이트, 마텐사이트 조직으로 형성되기 때문에 이들의 희석률 관계를 추측하는데 이용되는 선도이다. 여기서 Cr은 페라이트 형상이며, Ni은 오스테나이트 조직이기 때문에 이 두 성분이 적절히 조합하면 우리가 원하는 성분 조직을 얻을 수 있으며, 이와 비슷하게 사용되는 선도로는 Delong 선도, WRC 조직도 등이 있다.

[그림 4.11]은 약 0.2%C의 탄소강과 18%Cr-10%Ni의 스테인리스강에 0.6%의 탄소 성분을 가진 Ni당량의 용가재와 결합을 고려한 스테인리스강의 쉐플러 선도를 나타낸 것이다.

이 그림에서 두 소재를 용접할 경우 두 소재만의 합금이 만들어져 D2의 조성을 갖게 되며, 이 D2의 재료에 C성분의 용접봉으로 30% 희석률(SMAW 적용시)로 용접하게 되면 용착금속은 페라이트 성분이 0%에 가깝게 된다.(고온균열 발생 우려) 따라서 페라이트 양을 증가시키기 위해서는 용접시 회석율을 낮추어야 되며, 방법은 전류를 낮추거나 입열이 적은 GTAW 용접법을 채택하는 방법이 있으며, 페라이트상을 더 증가시키는 방법으로는 C의

용접봉보다 페라이트상을 더 많이 생성시킬 수 있는 용접봉으로 교체하여 용접하는 방법도 있을 수 있다.

예를 들어 모재와 용착금속의 희석률을 30%로 가정하면 용가재의 최소 Cr 당량은 용착 금속 중의 최소 Cr 당량으로부터 다음과 같이 구할 수 있다. 이때 쉐플러 선도에서 원하는 용접층의 최소 Cr 당량은 18%이다.

$$\text{용가재의 최소 Cr 당량} = \frac{\text{용착금속의 최소 크롬 당량}}{100 - \text{희석률}(\%)} \times 100$$

$$= \frac{18}{100-30} \times 100 = 25.7\%$$

그림 4.11 쉐플러 선도를 이용한 용가재 선택

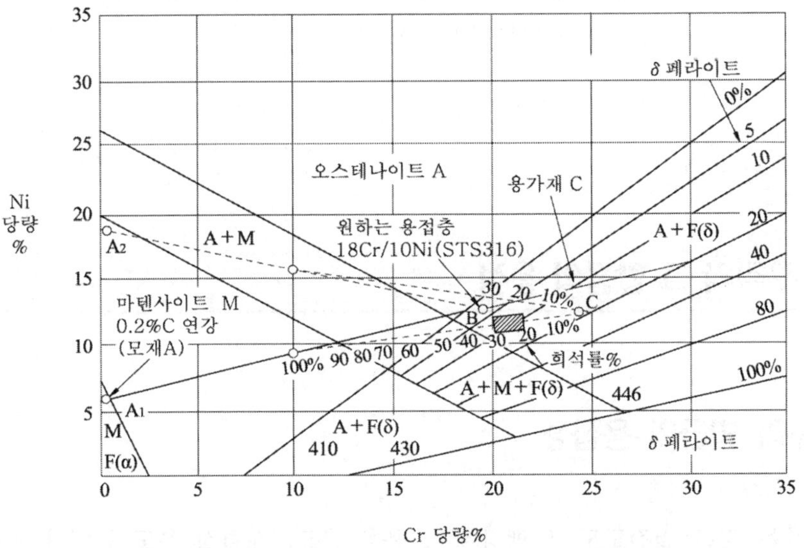

A1 : 0.2%C 연강, A2 : 0.6% 탄소강,
B : 18/10 오스테나이트계 스테인리스강, C : 23%Cr-12%Ni 용가재
Ni 당량=%Ni + 30×%C% + 0.5×%Mn Cr 당량=%Cr + %Mo + 1.5×%Si + 0.5×&Cb

나. Delong 선도

페라이트 측정 방법 중에 용착금속을 분석해서 델롱 선도로 측정하는 방법이 계측 장비로 측정하는 것보다는 정밀도는 떨어지나 사용하기 간편한 도구로 이용되고 있으며, ASME code 등에서 채택하고 있다. 이 방법은 자기 측정법에 의해 측정한 측정값과는 ±3FN의 오차가 있다.

이 선도는 쉐플러 선도를 수정한 것으로 max 18FN까지로 규정하여 용착금속의 계산값과 측정값 사이의 더 양호한 관계를 설정하였다.(그림 4.12 참조)

그림 4.12 Delong 선도

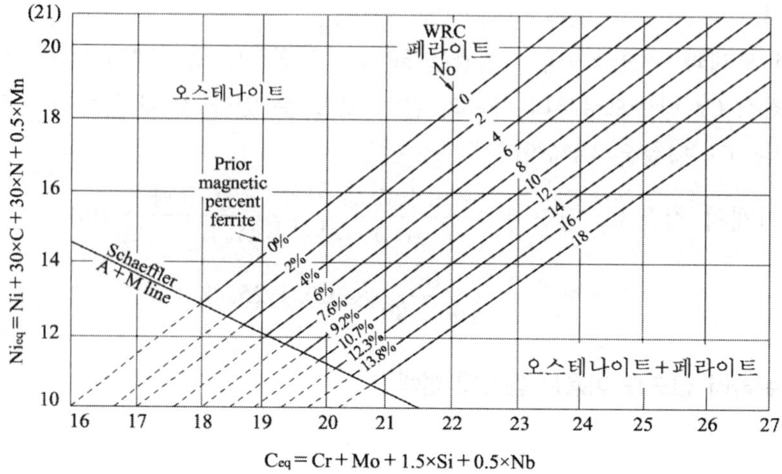

제4절 | 구리와 그 합금의 용접

1 구리 및 구리 합금의 용접성

용접성에 영향을 주는 것은 열전도도, 열팽창계수, 용융 온도, 재결정 온도 등이다. 순구리의 열전도도는 매우 높아서 연강의 8배 이상이므로 가열을 해도 바로 열이 분산되므로 국부적 가열이 어렵기 때문에 충분한 용입을 얻으려면 예열을 해야 한다.

또한 구리의 열팽창계수도 연강보다 50% 이상 크기 때문에 용접 후 응고 수축시 변형이 생기기 쉬우며, 구리 합금의 경우 과열에 의한 아연 증발로 용접사가 중독을 일으키기 쉽다.

구리를 가스 용접시 수소 분위기에서 가열을 하면 산화물이 환원되어 수분이 생기며, 이것이 구리에 다량 혼입되면 모재가 취화하여 스펀지 모양의 구리가 되므로 더욱 강도를 약화시키며, 순구리의 경우 납이 불순물로 혼입되면 균열 등이 발생하기 쉽다.

2 구리 및 구리 합금의 용접

가. 구리의 용접

1) 가스 용접법

열원은 산소-아세틸렌 가스가 가장 많이 사용되며, 용접 전에 예열 작업이 선행되어야 하며, 용접 중에 발생한 기공은 피닝 작업으로 없애야 된다.

황동 용접에는 산화 불꽃을, 순동의 경우는 중성 불꽃으로 용접하며, 용제는 붕사 또는 붕산, 플루오르화나트륨, 규산나트륨 등이 사용된다.

2) 피복 아크용접법

(1) 슬래그 섞임과 기공의 발생이 많아지며, 예열이 없이는 작업이 불가능하기 때문에 예열을 충분히 행할 수 있는 단순한 구조물의 경우에 주로 쓰이고 있다.
(2) 직류, 교류가 모두 사용되며, 직류의 경우 직류 역극성이 좋으며, 예열 온도는 250℃, 층간 온도는 450~550℃ 정도가 필요하다.
(3) 인청동의 아크용접은 인청동봉, 알루미늄 청동봉이 쓰이며, 용접봉은 모재 재질과 같은 재질을 쓰는 것이 좋다.
(4) 인청동의 용접은 빠른 속도로 용접한 뒤 열간 피닝 작업을 하여 결정 조직을 미세화 시켜 인장 강도와 연성을 증가시키는 것이 좋다.
(5) 알루미늄 청동의 경우는 직류 역극성 또는 교류로 하며, 같은 재질의 용접봉을 사용하는 것이 좋다.

3) 불활성 가스 텅스텐 아크(TIG) 용접

(1) 판 두께 6mm 이하에 많이 사용되며, 전극은 토륨 함유 텅스텐 전극봉을 사용한다.
(2) 아르곤 가스의 순도는 99.8% 이상의 순도가 높은 것이 좋다.
(3) 용접 전에 500℃ 정도 예열이 필요하며, 직류 정극성을 사용하고, 용가재는 탈산된 구리봉을 사용한다.

4) 불활성 가스 금속 아크(MIG) 용접

(1) 판 두께 6mm 이상에서 효과가 있으며, 용접 전 300~500℃로 예열하는 것이 좋다.

(2) 구리, 규소 청동, 알루미늄 청동 등의 용접에 가장 적합하다.

나. 구리 합금의 용접

(1) 구리에 비해 예열 온도가 낮아도 되며, 토치나 가열로 등을 사용한다.
(2) 비교적 루트 간격과 홈각도를 크게 취하고 용가재는 모재와 같은 성분의 재료를 사용한다.
(3) 가접은 되도록 많이 하며, 용접봉은 토빈 청동봉, 규소 청동봉, 인청동봉, 에버듀르 등을 주로 사용한다.
(4) 용제 중 봉사는 황동, 알루미늄 청동, 규소 청동 용접에 많이 사용된다.

제5절 | 알루미늄과 그 합금의 용접

1 알루미늄의 용접성

가. 알루미늄이 용접이 곤란한 이유

(1) 알루미늄은 비열 및 열전도도가 크므로, 단시간에 용접 온도를 높이는데 높은 온도의 열원이 필요하다.
(2) 용융점이 비교적 낮고, 색채에 따라 가열 온도의 판정이 곤란하여 지나친 융해가 되기 쉽다.
(3) 산화 Al의 용융점은 순Al보다 높아서 약 2050℃ 정도이므로, 용융되지 않은 상태로 유동성을 해치고, Al 표면을 덮어 금속 사이의 융합을 방해한다.
(4) 산화 Al의 비중은 4.0으로 보통 Al의 2.67보다 크므로, 용융금속 표면에 떠오르기 어렵고, 용착금속 속에 남는다.
(5) 강에 비해 팽창 계수가 약 2배, 응고 수축이 1.5배 크므로, 용접 변형이 클 뿐 아니라, 합금에 따라서는 응고 균열이 생기기 쉽다.
(6) 용융 응고할 때 수소 가스를 흡수하여 기공이 발생되기 쉽다.

2 알루미늄 및 그 합금의 용접

Al은 온도 확산율(열전도도/비열×비중)과 열팽창률이 크며, 표면에 매우 강한 산화피막을 형성하므로 보통의 방법으로는 용접이 곤란하다. 따라서 용접 전에 전처리와 용제의 사용으로 용접성을 높이고 불활성 가스 용접 등으로 용착효율을 높이고 있다.

Al 용접에 적합한 용접 시설로는 가스용접이 사용되고 있으나 적합한 용제가 필요하며, 요즈음은 TIG 용접기가 많이 쓰이고 있으며, 반자동 용접으로는 MIG 용접이 사용되며, 경우에 따라서는 플라즈마 용접기도 쓰이고 있다.

가. 불활성 가스 아크용접

(1) 용접시 청징 작용이 있으며, 용제를 사용하지 않으므로 슬래그 제거가 필요가 없다.
(2) MIG 용접시는 Al 와이어를 사용하며, 직류 역극성으로 대전류를 사용한다.
(3) TIG 용접은 아크를 발생할 때 텅스텐과 모재의 접촉을 피하기 위해 고주파 전류를 사용한다.
(4) 텅스텐 전극의 오염을 방지해야 하며 오염되면 용접부가 나빠지며 전극 소모가 크다.
(5) 가스 용접보다 열 집중성이 좋고 능률적이므로 예열은 필요치 않을 때가 많다.

나. 가스 용접법

(1) 알루미늄은 산화하기 쉽고 가스 흡수가 심한 금속이므로 용접에서는 용접봉과 용제의 선택이 중요하다.
(2) 알루미늄 용접용 용제로는 알칼리 금속의 할로겐 화합물, 또는 유산염 등의 혼합제가 사용되고 있으며, 그 조성은 염화칼리 41% 이상, 염화리듐 15% 이상, 불화칼리 7% 이상, 중황산칼리 3% 이상, 염화나트륨 28~32%, 염화리듐 20~30%, NaF 또는 Na3AlF6 10~20%의 용제가 쓰인다.
(3) 이 용제는 분말상태이기 때문에 물과 1:1 중량비로 섞어 풀 모양으로 만들어 용접부와 봉의 표면에 바른 후 용접하며 용접 후 용제를 깨끗이 제거해야 한다.
(4) 탄화 불꽃을 사용하며, 200~400℃로 예열을 한다.
(5) 얇은 판의 용접에서는 변형을 막기 위하여 스킵법과 같은 용접 순서로 용접한다.

다. 저항(점) 용접법

(1) 산화 피막을 제거하고 청소를 깨끗이 한다. 저항 용접 중 알루미늄은 점 용접이 가장 많이 쓰인다.
(2) 짧은 시간에 대전류를 사용해야 한다.

제6절 | 티타늄과 그 합금의 용접

1 티타늄 용접의 개요

가. 티타늄 용접 일반

티타늄은 상온에서 안정한 산화피막이 생겨서 부식을 방지하지만, 600℃ 이상에서는 반응성이 아주 좋아서 O_2, N_2, H_2 등의 가스와 매우 반응하기 쉽고 고온에서 다른 산화물과 기름, 수분, 금속(Fe 등) 등의 물질과 반응해서 취약한 화합물을 만들어서 용접부가 취화되며, 내식성이 저하되거나, 용착금속 내부에 기포(Porosity) 등의 결함이 발생하여 기계적 성질을 저하시키는 등 용접성이 큰 문제점으로 지적되고 있다.

이 기포(기공) 발생의 원인은 용입 불충분에 의해서 생기는 것으로써 입열량을 증가시키면 해결할 수 있으나, 응고 수축에 의한 기공, 확산성 수소, 아르곤, 질소에 의한 용접금속의 오염 및 산화 등으로 인해 발생된다. 따라서 티타늄 용접은 토치로 부터의 가스 유량, 용접속도, 아크의 길이, 백 가스(back gas), 절단 및 개선 가공 방법 등을 잘 고려해야 한다.

티탄 합금 용접에 적용되는 용접법은 TIG, MIG, 전자빔 용접, 프라즈마 용접, 레이저 용접 및 마찰 압접 등이 있는데, TIG 용접이 주로 사용되고 있으며, 일반 화학공업용 기기의 용접에는 주로 TIG 용접법, 폭발 압접법이 이용되고 있다. 전자빔 용접 및 분위기 속에서의 용접은 원자로용 기기 등의 특수제품 용접에 이용되고 있다.

티타늄 용접, 스테인리스강 용접은 대기로부터 용접부를 보호해야 한다. 대기로부터 차폐하는 불활성 가스는 아르곤 가스 또는 헬륨 가스가 이용되는데 일본에서는 가격면에서 아르곤 가스가 이용되고 있다.

(1) α 형 티탄합금은 본질적으로 순티탄과 같은 경향을 나타내고 일반적으로는 용접성이 양호하다.

(2) $\alpha+\beta$ 형 티탄합금은 그 금속조직에 있어서 α 립과 β 립과의 형상이나 분포상태에 의해 재료 특성의 개량이 도모되고 있고, 이들의 조절은 주로 가공 열처리에 의한다. 일반적으로는 배합원소로서 다량의 β 안정형 원소를 포함하는 티탄합금은 용접성이 저하하는 것이라고 생각하고 있다.

(3) $\alpha+\beta$ 형 티탄합금 중에서 가장 많이 양산되고 사용되고 있는 Ti-6Al-4V 합금은 용접성이 양호하다.

(4) β 형 강력티탄합금은 β 안정형 원소를 다량으로 배합하여 더욱 가공경화나 열처리강화가 도모된 경우는 용접가공을 실시하지 않고 사용되는데, 티탄합금 제품의 코스트 저하의 관점에서 양호한 용접성을 가진 β 형 티탄합금의 필요성은 크고, 또 연구개발도 진행되고 있다.

나. 용접 비드 표면

고순도 티타늄의 경우 850℃ 이하까지는 대기에 의한 산화가 거의 없으나, 850~900℃ 범위에서는 산화 속도가 급격히 증가되고, 그 이상의 온도가 되면 국부적으로 입상의 산화 피막을 형성하게 되어 티타늄의 내식성이나 기계적 성질에 크게 손상을 주게 된다.

또한 티타늄은 대기 중에서 고온으로 가열되면 대기로부터 오염되어 여러가지 색으로 변하게 된다. 300℃ 정도까지는 대기의 영향을 거의 받지 않으며 상온에서와 똑같이 은백색으로 나타나지만, 그 이상의 온도가 되면 가열 온도의 상승과 동시에 금색, 주홍색, 청색 등의 순서로 변한다. 그리고 더 고온으로 가열되면 회색 또는 황백색 등으로 변하며 금속 광택이 없어지게 된 경우는 용접부가 취약하다.(표 4.3 참조)

용접 열영향부가 밝고 엷은 다갈색으로 변색되어 있을 경우는 용접부의 표면부분의 연성에 약간의 저하가 있지만 이음매성능에는 거의 영향이 없어 허용한도로 되는 경우가 많다.

표 4.3 티타늄 용접부의 색깔

용접금속 색깔	용접부 품질	용접 방법
은색	매우 양호	
연 청색	양 호	표면의 변색 부분을 스테인리스강 브러시 등으로 완전히 제거한 후에 다음 용접 시행
청색, 보라색	불 량	변색된 용접금속과 인접한 모재를 완전히 제거하고, 가스 보호를 절저히 하넌서 재용접 실시
회색, 황색(황백색)	매우 불량	변색된 용접금속과 열영향부를 완전히 제거하고 재용접 실시

2 티타늄과 그 합금의 용접

가. 용접부 특성

티타늄은 수소에는 강도 및 경도의 변화는 별로 없으나, 충격치에 큰 영향이 미치며, 산소, 질소, 탄소와 Fe 등의 불순물의 양에 따라 현저하게 경도가 증가한다. 그 이유는 티타늄 내의 가스의 용해도는 14.5~9% 정도이지만 0.5% 정도만 있어도 연성이 95%나 감소된다.

판재의 경우 가공할 때 사용된 압연 윤활유나 절삭유 등을 완전 제거하고 고온으로 폭로되는 부분을 아르곤 가스로 보호하는 것이 절대적으로 필요하다.

나. 용접부 보호

보호 가스는 대기에 의한 용접금속의 오염 방지와 용착부와 열영향부가 상온까지 냉각되는 동안에 대기로부터 차단시키는 역할을 한다.

피용접제가 작고 수가 적으며, 항공기 부품 등 고품질이 요구되는 경우에는 용접재 전체를 용접전용 밀폐용기에 넣어 진공펌프에 의해 일단 배기한 후 Ar가스로 치환하는 방법도 쓰이고 있다. 그러나 길이가 긴 파이프의 연속용접이나 대형 부품의 경우에는 국부적으로 필요한 부분만을 Ar가스로 보호한다. 이 경우 용접에 의해 고열로 폭로되는 부분은 아르곤 가스 분위기 중에서 저온까지 냉각하여 산화를 방지하는 것이 좋다.

이음면 보호의 좋고 나쁨은 최종적으로 용접면이나 열영향부의 변색에 의해 어느 정도까지 직감적으로 판정이 가능하며, 굽힘시험 등을 병용하는 방법이 좀더 정확하게 판단할 수 있다.

1) 용접부 뒷면 보호

토치 반대쪽의 용융금속부를 보호해야 된다. 파이프 용접시에는 파이프 내부에 불활성 가스를 불어 넣어서 퍼징해야 한다. 이때 파이프 내부의 압력이 너무 높으면 백 비드부의 외관이 좋지 않게 된다. 용접 중에 계속 퍼징을 하며, 퍼지 가스가 나오는 유량을 감지해 압력을 조절해야 한다.

다. 티타늄 용접봉

티타늄(합금)의 TIG 수동 용접봉, TIG 자동용접, MIG 용접의 용접 와이어는 용접부에 인성이 요구되는 경우 순티타늄(Gr3), 3%Al-Ti 합금 등 모재에 대해 합금 성분이 적거나 또는 인성이 있는 티타늄 합금 용접심선을 이용하는 경우가 있다.

용접봉은 판의 일부를 전단기로 2mm, 3mm로 절단한 것을 절단시 본래의 것은 놔두고, 유기용제(아세톤)로 세척하여 사용하거나 또는 2~3mm경의 인발선재를 이용한다. 인장선은 초불산(硝弗酸) 용액으로 완전히 탈 스케일(scale)한 후 아세톤으로 탈지하여 표면에 흠이 없는 매끄러운 것을 사용한다.

라. 모재 청정

용접을 위한 기계가공이나 관소재의 슬릿팅 가공에 즈음해서는 절삭유 등을 가능한 한 사용하지 않고, 또 사용해도 제거작업이 용이한 것을 사용하는 것이 필요하다. 절삭면 부근의 부착물은 아세톤 등의 유기용제를 사용해서 세정하는데 더욱 폭넓게 용접작용에 의해 가열을 받는 부분도 청정하게 하는 것이 필요하다.

산화물이나 표면에 얇게 생성되어 있는 산화층이 있으면 스테인리스제 와이어 브러시를 사용해서 제거하는 것이 좋으며, 그라인더에 의한 연삭은 숫돌 분말이 연삭면에 파고들어가 남아 있게 되며, 이 분말은 일반 산화물이므로 산소 오염이나 기공 발생 등의 결함의 원인이 되기 때문에 주의가 필요하다. 부득이하게 그라인더 가공한 경우에는 깨끗이 줄작업을 하고 스크레이퍼 등으로 마무리 다듬질을 실시하는 것이 좋다.

마. 티타늄 용접법

1) TIG 용접법

티탄 및 티탄합금의 용접 이음부의 성능 향상에는 용접금속 및 열영향부의 금속조직을 관리하는 일이 중요하다. TIG 용접에서는 직류전원에 저펄스 및 고펄스 장치의 삽입과 동시에 전압의 자동제어 기능을 가진 전자동 용접기와 실드장치를 사용함에 따라 정교하고 치밀한 입열제어를 행하여 박판의 비드 형상 및 금속조직, 재료특성의 조절이 시행되고 있다.

티타늄의 TIG 용접에는 직류 정극성이 이용되며, 텅스텐 전극에는 순수 텅스텐 전극봉과 전자 방사능이 좋은 1~2%의 토륨이 함유된 텅스텐 전극봉이 많이 쓰인다.

용접방법은 불활성 가스 분위기에서 고주파 발생장치가 부착된 용접기를 이용하여 텅스텐 전극을 모재로부터 3~4mm 가까이서 시작하며, 전극을 직접 모재에 접촉시켜서는 안되며, 아크를 끊을 때는 스위치를 이용하여 끊으며, 토치(torch)를 옆 방향으로 끌면서 끊어서는 안 된다. 왜냐하면 용접종료 후에도 용융지 부근은 고온이기 때문에 후류 아르곤 가스로 차폐해야 하기 때문이다.

티타늄은 400℃ 이상의 고온에서는 대기와의 친화력이 강하기 때문에 위빙(weaving)은 좋지 않고, 좁은 비드를 놓는 방법이 좋다.

용접 중에 기공 발생의 영향을 보면 다음과 같다.

(1) 기공의 크기는 산소를 혼입한 경우 0.3mm 이하의 작은 기공이 전체 발생수의 33~50%인데 비해 수소와 질소의 경우는 62~95%로 많다.

(2) 용접전류의 증가와 더불어 기공은 증가하는 경향이고, 특히 용접전류가 220A가 되면 급격히 증가하는 것을 알 수 있다.

(3) 용접속도가 7~16cm/min에서는 기공에는 큰 차이가 없지만, 20cm/min가 되면 급격히 증가하고 있다.

(4) 용접 홈각도를 좁히면 기공이 약간 증가하는 경향을 볼 수 있는데 그 이유는 냉각속도가 빨라지기 때문이다.

(5) 용접 모재 표면을 샌드 페이퍼로 다듬질한 후 용접하면 기공은 적게 발생하나, 용접 홈 표면상에 수분이 존재하면 기공이 증가하며, 특히 기름이 존재하면 기공의 크기도 꽤 커진다.

2) MIG 용접법

티타늄(합금)의 MIG 용접은 판 두께가 보통 5mm 이상 두껍게 되면 가능하다. MIG 용접은 TIG 용접에 비해 능률적이며, 기공 발생이 적고, 열영향부의 폭이 좁으며, 또 용착부에 산소, 질소 가스의 고용량이 적기 때문에 용접부의 경화 정도가 작은 이점이 있다.

용접전류는 천이 전류 이상의 대전류로 스프레이 이행시키는 방법이 기공의 발생이 적다. 아르곤 가스를 이용한 표면이나 이면 보호는 TIG 용접의 경우와 같은데, 용접속도가 빠르며, 용착량이 많기 때문에 긴 것이 필요하다.

기공 및 불순물의 침투를 막기 위하여 모재의 용접홈 표면의 전처리는 TIG 용접의 경우와 같으며, 용접 와이어도 TIG 용접봉과 같이 표면이 매끄럽고 유지, 스케일이 부착하지 않은 것을 사용해야 한다.

아르곤 가스 속에 산소, 수소 및 질소를 혼입한 경우 기공 발생 상황을 보면 아르곤 가스 속에 산소를 혼입한 경우에는 기공은 증가하지만 수소 및 질소를 혼입한 경우에는 기공의 증가는 생기지 않는다.

MIG 용접에서 용접속도 60cm/min, 용접전류가 280A 이상의 대전류역에서는 기공 발생이 극히 적지만, 260A 이하의 소전류역에서는 꽤 많은 수가 발생하고 있다. 이와같이 전류의 증가와 더불어 기공 발생이 감소하는 경향은 TIG 용접의 경우와 완전히 반대이다. 또, 용접전류가 280~300A의 범위 내에서는 용접속도의 증가와 더불어 기공이 증가한다.

모재의 오염 영향을 조사한 결과 용접홈 상의 기름 등이 부착하면 기공은 눈에 띄게 증가하는 것을 알 수 있다.

3) 전자빔 용접법

전자빔 그 자체가 고진공을 필요로 하는 것이므로, 용접 분위기는 10-4~10-5mmHg가 되기 때문에 공기 중의 산소나 질소에 의한 오염 열화를 받지 않고, 고온에서 활성되는 티탄의 용접환경으로서는 가장 적합한 용접법이라고 할 수 있다. 그러나 고진공 중의 작업이므로 생산성 측면에서는 좋다고 생각할 수 없고, 또 설비장치도 고가이므로 부가가치가 높은 구조물 용접에 적용되고 있다.

또 용접야금에 있어서 전자빔 용접의 빔폭이 좁고 깊은 융합과 열영향부가 작지만 용접금속이 급랭이 되므로 금속조직은 침상 마텐사이트가 생성되기 쉽고, 강력 티탄합금에 있어서는 피괴인성 특성에 미치는 마텐사이트(α')의 영향 및 후열처리의 효과를 고려하는 것이 필요하다.

티탄합금의 전자빔 용접은 폭이 좁고 깊은 융합이라고 하는 비드형상에 구애되지 않고, 오히려 그 재질에 있어서 금속조직의 조절에 중점을 두고 가속전압, 빔전류, 빔지름 및 용접속도의 조절이 행해지고 있다.

4) 저항 용접법

티타늄은 점 용접, 심 및 플레시 벗 용접 등에 적용된다. 이들 저항용접에서는 용접열 사이클이 상당히 작아서 고온 가열부분이 재료 그 자체에 의해 대기에 의해 없어지기 때문에 대기 중에서 용접을 해도 양호한 결과를 얻을 수 있는데 플레시 벗 용접에는 가능하면 불활성 가스로 차폐하는 것이 좋다.

저항 용접에서 가장 중요한 것은 모재 표면의 청정이며, TIG 용접에서 용접홈 표면의 청정과 같은 방법으로 하면 좋다.

5) 폭발 압접법

폭발 압접은 화약이 폭발하면서 생기는 고압력의 에너지를 금속간의 접합에 이용하는 일종의 냉간 압접으로 이점은 다음과 같다.

(1) 종래의 기술에서는 곤란 또는 불가능했던 얇은 판의 이중 용접이 가능하다.

(2) 티타늄과 이종 금속과의 접합, 특히 티타늄의 라이닝 고정 용접이 가능하다.

(3) 종래의 납땜을 대신하는 티타늄과 이종금속의 seal 용접이 가능하다.

6) 납땜법

납땜은 용접할 수 없는 이종금속이나 재질이 달라지는 경우, 또한 구조가 미묘하고 복잡한 경우에도 적용할 수 있는 이점이 있으며, 티타늄과 이종 금속의 용접은 거의 불가능한 경우가 많고, 일반적으로 납땜이 이용되나, 티타늄은 산화되기 쉬운 금속으로 그 산화물은 화학적으로 안정하기 때문에 일반 금속의 납땜보다 상당히 힘들다.

납재로서는 티타늄과의 사이에서 취성이 큰 금속간 화합물이 생기는 성분이 아니면 충분히 납땜을 할 수 있으며, 진공 또는 아르곤가스 분위기 납접 및 토치 납 용접이 행해진다.

또 가열 중에 티타늄의 산화를 방지하고, 생성된 산화물을 제거하여 용융납을 이음새에 흐르게 하는 용제(flux) 또는 피복 가스가 필요하다.

납재는 순은, 리튬 함유 은납이 추천되고 있고, 85%Al-15%Mn, 69%Al-30%Ag-1%Mn, Ag-Al계, Ag-Zn-Cd계, Ni계, Ti계, Pb계 등이 있으며, 플럭스는 AgCl, CuCl2, KCl, NaCl, NH4Cl, ZnCl2, LiF, HKF2 등의 염화물 및 불화물이 사용되고 있는데, 작업 후 완전히 플럭스를 제거하는 것이 중요하다

납땜 온도는 납재에 의해 달라진다. Ag-3%Li 납은 800℃, Ag-7.5%Cu-0.2%Li 납은 920℃, Ag-28%Cu-0.2%Li 납은 830℃, Ag-20%Cu-2%Ni-0.2%Li 납은 920℃ 등이다.

납땜부의 전단강도는 포갬부를 3~4mm로 한 경우 은납에서 16~20kg_f/mm^2, 2%Ni입의 은납에서는 20~30kg_f/mm^2 정도가 된다.

스테인리스강판의 납땜부분에 Ag-15%Mn의 은합금 납을 TIG 토치에 의해 육성하여 이 육성부 위에 티타늄판을 납땜하면 다음과 같은 이점이 있다.

(1) 티타늄과 스테인리스강을 직접 밀착시킨 상태에서 납땜을 하면 티타늄과 철과의 금속간 화합물이 형성되어 납땜부가 쓸모없게 되므로 스테인리스강과 친화성이 좋은 Ag-15%Mn을 스테인리스강에 육성한다.

(2) 티타늄에는 순수 은(Ag)이 금속간 화합물이 형성되지 않고, 침수성도 양호하다.

납땜의 가열 방법으로서는 다음과 같은 방법이 있다.

(1) 토치 납땜 : 가열속도는 빠르나, 산화하는 경향이 있으므로 용제를 사용해야 한다.

(2) 고주파 가열 납땜 : 고주파 가열이 가능한 형상의 것이면 가장 양호한 납땜을 할 수 있으며, 가열시간도 가장 짧아서 좋다.

(3) 아크 납땜 : 현재 현장에서 널리 쓰이고 있는 납땜법으로, TIG 용접 토치를 사용하면 용제가 불필요하다.

05 용접 결함과 방지 대책

제1절 | 용접 결함

1 용접부 결함의 개요

가. 용접 결함의 인식과 발생 요인, 발생 정도

1) 결함의 중요성 인식

용접 결함에 대해 인식되기 시작한 것은 제2차 세계 대전 때 미국이 대량 건조한 수송선(1940년대 Iiberty ship)의 파손의 원인이 용접부 결함이라고 밝혀지기 시작한 때부터라고 하며, 각종 용접 결함의 원인 분석, 파괴시험, 비파괴시험의 활성화도 이때 이후부터 시작되었다고 본다.

그 후 1960년대부터 파괴역학 이론이 본격적으로 정립되기 시작하면서 파괴 안전 설계의 개념이 시작되었다. 처음엔 정하중 혹은 피로 파괴 시험시 결함의 영향에 대해 연구하기 시작하였으나 그 당시엔 금속야금학자나 재료공학자, 용접공학자들의 참여없이 단순히 파괴역학자만으로 구조물의 파괴 안전 설계에서 결함의 영향에 대해 파괴역학이 연구되었기에 관념의 차이도 많았다.

그러나 현재 사용하고 있는 선형 탄성 파괴역학의 개념은 모든 공학자들에 의해서 인정되고 있는 학문으로써 많은 사람이 사용하고 있다.

2) 결함 발생의 요인

용접 구조물에는 형상 또는 재질적인 불연속 등에 의해 응력집중 및 변형이 발생하게 되는데 이러한 응력집중 및 변형의 인자를 들면 비드 형상 및 치수, 형상 불량, 각변형,

언더컷, 오버랩, 기공, 융합 불량, 용입 불량, 균열, 피트 등을 들 수 있으며, 기계적 성질 및 화학적 성질에도 영향이 미치게 된다.

용접 결함의 발생 요인은 용접 시공법 불량, 용접재료와 모재, 보호 가스의 잘못 선택, 용접 후처리 미비, 용접사의 용접 기법 미숙 등에서 일어나게 된다.

3) 용접 결함 종류별 발생의 정도

일반적으로 용접 결함의 종류별 발생 정도를 보면 압력용기의 경우 슬래그 혼입이 84%로 가장 많이 발생하고, 그 다음이 평면 결함으로 13% 정도이며, 다공성이 3% 정도 된다고 한다.

각종 압력용기 파손의 90% 이상이 피로 파괴임을 감안할 때 부품의 사용 중 슬래그 혼입이나 평면 결함들에 대한 결함 발생 거동은 수시로 점검을 해야 되며, 원칙적으로 이러한 균열성 결함들은 용접시 제거되어야 할 것이다.

[표 5.1]은 AWS code에 규정된 용접 결함의 판정 기준의 예이다.

표 5.1 용접 결함의 판정 기준

결　함	판정 기준
균열, 오버랩	절대 불허한다.
언더컷	0.3mm 이하로 한다.
융합 불량	결함부 제거 후 재용접 실시
용입 부족	결함부 추가 용접 실시
슬래그 혼입, 기공	절대 불허한다. 결함 확인 후 보수용접 실시
크레이터	결함부 제거 후 재용접
스패터	연삭으로 제거
비드 높이 불량	3mm 이상 초과하지 못함
비드 폭 불량	5mm 이상 초과하지 못함

나. 용접 결함과 파괴 양상

용접이음은 구조물의 형상 또는 재질적인 불연속 때문에 여러 종류의 응력집중 및 변형이 발생되며, 이러한 것이 이음의 강도에 미치는 영향은 외력의 종류에 따라 변화한다. 용접 결함(weld defects)을 넓은 의미로 해석하면 응력이나 변형이 집중되는 모든 요소를 용접 결함이라고 한다.

응력집중은 재질의 상태에 관계없이 강도 저하를 초래하며, 재질에 따라 그 저하 정도가 다르다. 또한 노치가 있는 구조물이 저온 상태에서 부하가 걸리면 저응력에서도 취성파괴가 일어날 수 있다. 따라서 용접 결함이 강도에 미치는 정도는 결함의 형상, 재료의 인성,

하중의 상태(정적 또는 반복 하중), 재질, 부재의 크기에 따라 다르다.

특히 구조상 결함은 용접 구조물의 안전성(soundness)을 저해하는 중요한 인자이며, 특히 2차원 결함의 대표적인 용접 균열은 일반적으로 그 선단의 곡률 반경이 극히 미소한 노치가 된다. 균열의 평면이 인장응력에 수직으로 작용하면 강도가 뚜렷하게 저하하지만 평행인 경우에는 강도의 영향에 크게 미치지 않는다.

또한 3차원 결함의 대표적인 기공이 용접금속 속에 있는 경우 기공의 크기 및 형상, 위치나 분포 상태에 따라 응력집중계수 α 가 변한다. X-ray 투과시험 등에 의하여 다수의 기공을 단순히 단면적 감소로서 평가하는 것은 강도적으로 정확한 의미를 갖지 않을 수 있다. 기공이 표면에 접근하거나 표면에 작은 균열이 있을 때는 응력집중이 매우 높아진다.

다. 구조물의 파괴 양상

용접부 결함의 중요성을 평가함에 있어 고려해야 할 사항으로서 구조물의 피괴양상은 보통 다음과 같이 구분한다.

(1) 탄성 또는 소성 불안정
(2) 과도한 변형 누적, 연성파괴 또는 누설
(3) 전면부식(general corrosion)
(4) 응력부식(stress corrosion)
(5) 취성(메짐성) 파괴(brittle fracture)
(6) 고-저사이클 피로, 피로부식
(7) 크리프(creep)

이들 중에서 용접부나 열영향부의 금속조직, 잔류응력, 기하학적으로 응력집중 지역, 표면의 부식성 분위기와 연결이 되는 2차원 평면 결함들에 의해 발생되며, 내부결함은 일반적으로 응력부식과는 무관하다. 응력부식은 사용 중 결함을 유발하면서 임계 결함 크기까지 성장하면서 취성파괴의 원인이 될 수도 있다.

페라이트계 스테인리스강과 오스테나이트계 스테인리스강을 비교할 때 오스테나이트계 강이 훨씬 고연성 재료로서 파괴에 대한 위험도가 적다.

슬래그나 개재물(inclusions) 혼입은 항복강도 및 최대 인장강도에 영향을 주며 일반적으로 1:1 대응관계를 보인다. 그러나 일반적으로 다공성과 비교하여 볼 때 슬래그나 이물질 혼입에 의한 응력집중이 다공성에 의한 것보다 작아서 슬래그나 개재눌에 의한 영향은 무시힐 정도이지만, 슬래그나 개재물의 크기나 분포관계 등에 있어서 작은 결함이라도 산발적으로 일직선상으로 배열되었다면 큰 구형성 결함보다도 더 위험이 크다고 할 수 있다.

용융 불량(lack of fusion)이나 용입 불량(lack of penetration) 결함들은 균열과 마찬가지로 2차원 결함으로 위험하다. 고온에서 재료가 연성을 보일 때, 다공성(기공), 슬래그 혼입, 개재물 혼입들보다 더 위험한 것으로 보며, 천이온도 이하의 저온도에서는 취성파괴의 원인을 유발하기도 한다.

라. 재질적인 불균일에 의한 결함

매크로적인 불균일성으로서는 이음부의 구성요소에 따른 용접금속의 열영향부 및 모재 원질부의 차이, 더욱이 용접 열영향부와 그 주변 성질부로서 본드(bond)부, 경화부, 연화영역, 취성영역, 또한 이종재 이음이나 클래드(clad) 등에서의 재질 변화이다.

마이크로적인 불균일성으로서는 용접금속의 성분 원소, 불순물 또는 비금속 개재물의 편석, 본드 부근 열영향부의 조직변화, 희석, 확산(擴散)에 의한 이상 혼합재, 석출이나 변형에 의한 시효, 원자수소(H)에 의한 취화 등으로 고려된다.

용접 결함은 재료, 용접 에너지 및 정보제어의 각 방면 종합 시스템화에 의하여 가능한 최대로 배제할 필요가 있으며, 이것에 따라 품질 보증과 안정성이 확보된다.

2 용접 결함의 종류

가. 치수상의 결함

용접부는 순간적으로 용융과 수축을 하게 되며 이 과정에서 열에 의한 팽창과 수축이 장소와 시간에 따라 용접부를 중심으로 큰 온도 구배를 가지며 일어나게 된다. 즉 변형과 잔류응력의 양은 용접부에 주어진 열량에 비례한다. 치수상의 결함의 발생 원인으로는 용접금속부 크기의 부적당, 비드 폭이나 덧붙이, 목 두께 등의 과부족으로 발생한다.(그림 5.1 참조)

그림 5.1 여러가지 변형의 예

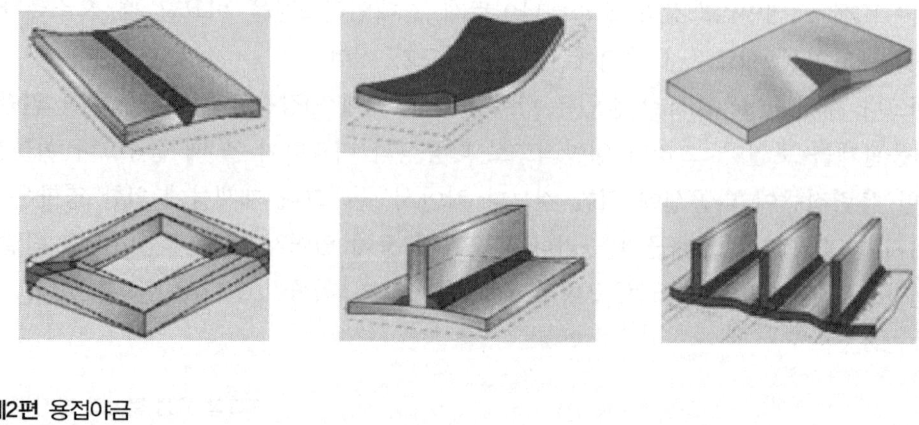

1) 변 형

용접 중에 급열, 급랭에 따른 팽창과 수축에 의해 발생하며, 용접금속이 응고되는 동안에 횡 및 종 방향으로 수축되며 용접부의 휨이나 변형이 발생된다. 이 변형은 용착량, 용접 방법, 용접속도 등의 용접 조건에 따라 큰 차이를 보인다. 변형 방지법으로는 역변형법의 적용이나 지그를 사용하여 어느 정도 방지할 수 있다.

2) 치수 불량

덧붙이 과소, 필릿 목(각장) 길이나 목 두께의 과소, 수축에 의한 치수 불량 등이 있으며, 용접 전이나 용접 시공 중에 올바른 시공법을 적용하여 최소화할 수 있다.

3) 형상 불량

용접 구조물이 도면과 상이한 형상을 형성한 경우이며, 도면 해독 잘못이나 운봉법, 용접 자세 불량에 의한 것으로, 구조물의 상품 가치가 떨어질 뿐만 아니라, 강도 부족, 응력집중 등에 의한 파괴의 원인이 된다.

방지법으로는 우수한 용접사 채용과 용접 조건과 자세, 운봉법의 적정화가 있다.

나. 구조상 결함

주로 내부 결함으로 모재 및 용접재료의 선택 불량과 용접기법이 부적당할 때 생기기 쉬운 것으로 기공, 슬래그 섞임, 비금속 개재물 혼입, 융합 불량, 용입 부족, 언더컷, 오버랩, 용접 균열, 표면 결함 등이 있다.

1) 언더컷

언더컷(under cut)은 아크 힘에 의해 용융지 주변이 파지는(가우징 현상) 현상으로(그림 5.2 참조) 비드 형성시에 과대 용접전류나 부적절한 위빙, 각도에 의해 용접부의 토우나 루트의 모재 쪽 용융지의 오목부를 잘 채우지 못하여 생긴 오목부 결함을 말하며, 홈이 생긴 만큼 기계적 강도가 부족하게 되며, 노치를 이루어 구조물 사용 중에 응력집중과 피로강도에 치명적인 약화를 가져온다.

그림 5.2 언더컷의 예

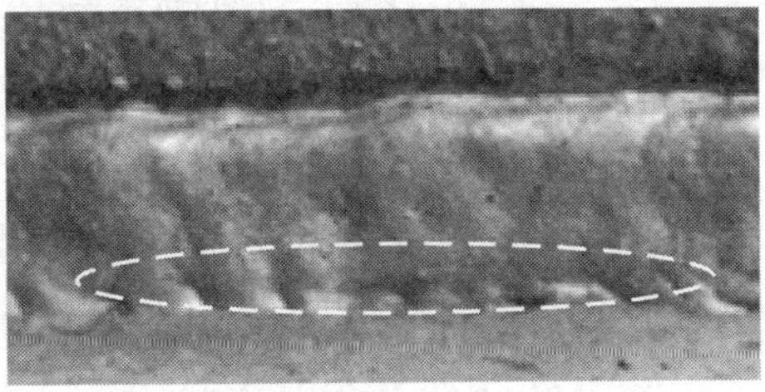

PART 2 용접이론

언더컷은 육안으로 검사되며 깊이를 측정하여 허용치와 비교하여야 한다. <표 5.2>는 용접 구조물의 중요도에 따라 중요한 경우 A, 보통의 경우 B로 구분하여 그 허용치를 나타낸 것이다.

언더컷 방지 대책은 언더컷 발생 원인을 제거하는 것이다. 즉 적정 전류와 적정 용접봉 직경, 아크길이와 운봉각도, 적정 운봉폭 등의 선정, 아래보기 자세 용접이 가능한 포지셔너 이용, 적정 루트부의 개선 형상과 용접 조건의 선정 등이 필요하다.

표 5.2 언더컷에 관한 검사 기준

판 두께	A 그룹 : 합격률 90%	허용 한계값
	허용 규정값	
6mm 이하	0.3mm	0.6mm
6.5mm 이상	0.5mm	0.833

2) 험핑 비드(humping bead)

험핑 비드란 용접속도가 너무 빠를 때 비드가 심하게 요철이 생기면서 낙타 등의 혹 모양으로 울퉁불퉁한 비드가 형성되는 것을 말하며, 언더컷이 심해진 상태에서 더욱 용접속도가 높을 경우에 생긴다. 이것은 용접 중에 용융지보다 뒤에서 공급되는 용융금속이 불안정하게 비연속적으로 되어 비드에 움푹 패인 현상이 생기고 표면 장력 등에 의해 일정하게 용융금속 덩어리가 형성되는 것으로 거의 언더컷과 비슷하며 언더컷과 같이 형성되는 경우가 많다.

3) 오버랩

오버랩은 용접 입열이 부족하여 모재의 용입이 적은 것에 비해 용접봉의 용융이 많아지면 용융금속이 용융지 주위의 모재 표면에 겹쳐져서 생긴 현상이다.(그림 5.3 참조) 즉 아크길이가 너무 길어서 용착금속의 집중을 저해할 때, 용접봉의 용융점이 모재보다 너무 낮을 때, 낮은 전류의 사용 및 용접속도가 너무 느릴 때 모재의 용입없이 불필요하게 덮인 부분으로 용접 비드나 루트의 용착금속이 모재와 이루는 각도가 90° 이상 과도하게 올라온 현상을 말하며, 노치 현상과 같이 응력집중이 일어나며 균열 발생의 기점이 될 수 있고, 내부식성이 요구되는 구조물 경우 극간부식의 요인이 된다.

그림 5.3 오버랩의 예

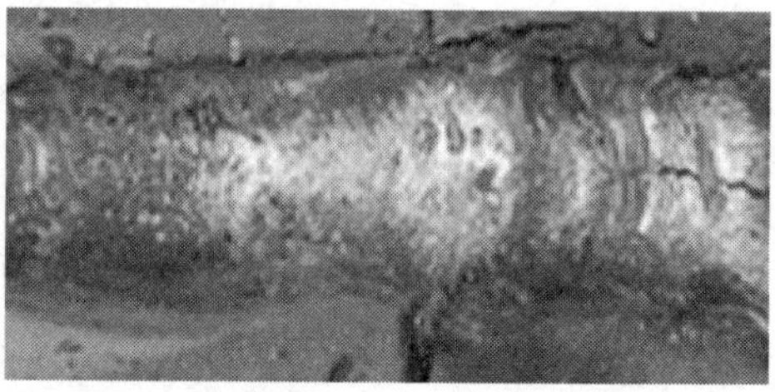

방지 대책은 적정 속도와 적정 전류 유지, 적정 운봉법에 의해 시공하는 것이며, 오버랩의 허용 기준은 0이므로 오버랩의 경우 깎아내고 다시 용접해야 된다.

4) 슬래그 섞임

이전 층 아래 혹은 용접층간에 슬래그 제거가 불충분하여 상부로 떠올라야 할 슬래그가 용접부 중간에 남아 있는 상태이며, 불규칙한 모양을 갖는 것이 보통이다. 실제로 슬래그 혼입은 고전류, 고전압을 사용하면 잘 나타나지 않는다.

둥근 모양으로 작게 된 것은 용접부의 기계적 성질에 크게 영향을 미치지 않을 수 있지만, 그렇지 않은 슬래그 혼입은 용접부의 강도 및 연성 등을 약하게 하며, 때로는 취성파괴의 원인이 되기도 한다.

방지 대책은 전층 및 이전 패스의 슬래그를 완전 제거해야 되며, 운봉 중에 슬래그가 용융금속보다 앞서지 않게 적성 운봉과 위빙법 선택, 디음 층 비드 쌓기 전에 깨끗하게 청소하는 것 등이 필요하다.

5) 용입 불량(부족)(LOP : lack of penetration)

용입 불량은 균열성 결함의 일종으로 맞대기 용접부에서 두 모재의 루트부 등이 미용융되어 채워지지 않은 경우를 말하며, 용접속도가 부적절하거나, 운봉법의 문제, 이음의 개선각과 루트 간격이 너무 작은 경우, 전류가 너무 낮은 경우에 발생하게 된다.

방지 대책은 충분한 입열량 공급을 위한 적정 전류와 아크길이, 용접속도 유지, 적정 개선형상의 적용, 적당한 루트 면과 루트 간격, 적당한 운봉법 적용 등이다.

6) 용융 불량(LOF, lack of fusion)

용융 불량이란 균열성 결함의 일종으로 비드와 개선 홈(groove)의 사이나 비드와 비드 사이 등 용착금속과 주위의 용접 비드 또는 융합면 사이에 융합이 되지 않은 용접 불연속 지시이다. 즉, 융합량이 특정한 용접에 대해 지정된 양보다 적은 것으로 선형으로 끝단이 날카로운 모양을 하고 있어 균열과 거의 동일하게 다뤄진다. 발생원인은 운봉 기술이 부적절하거나, 이음의 개선각과 루트 갭이 너무 좁을 경우, 너무 굵은 용접봉 사용의 경우이다.

그림 5.4 균열의 예

방지 대책은 충분한 용접 입열을 주어 용입이 충분하게 이루어지도록 하며, 개선면을 깨끗하고 매끄럽게 하며, 비드 표면의 스케일 제거, 과대 위빙 금지, 아크길이 적정화, 적정 운봉 각도 유지 등이 필요하다.

7) 용접 균열(crack)

균열은 용접부가 급열 급랭에 따른 팽창과 수축시에 발생한 응력에 견디지 못하여 비드나 열영향부 등이 갈라지는 현상으로 용접부의 품질과 성능에 매우 중요한 영향을 미치는 결함이다.(그림 5.4 참조)

균열은 발생 장소, 발생 방향, 조직, 발생 온도, 균열의 형태, 크기 등에 따라 다음과 같이 구분한다.

(1) 균열 발생 장소에 따른 분류 : 모재부 균열, 열영향부 균열, 용접금속 균열
(2) 균열 발생 방향에 따른 분류 : 가로(횡) 균열, 세로(종) 균열, 크레이터 균열
(3) 조직에 따른 분류 : 입계 균열, 입내 균열
(4) 균열 발생 온도에 따른 분류 : 고온 균열(응고 균열, 열영향부 액화 균열, 취화 균열), 저온 균열(지연성 균열, 담금질형 균열, 라멜라테어)
(5) 균열 크기에 따른 분류 : 메크로(macro) 균열, 미세(micro) 균열

균열에 대한 좀더 상세한 것은 '제5장 제2~5절' 에서 설명하고 있으므로 여기서는 생략한다.

8) 기공(blow hole, porosity), 수축공

기공은 용접부 표면이나 내부에 존재하는 결함으로 통상 구형으로 존재하며 일종의 공기방울로 용접 중에 함유된 질소 혹은 수소, 산소, CO 등의 기체들이 용접금속에서 빠져나가는 시간보다 용접금속이 빨리 응고하여 내부에 남아 형성된 공기 구멍이다.(그림 5.5 참조)

그림 5.5 기공의 예

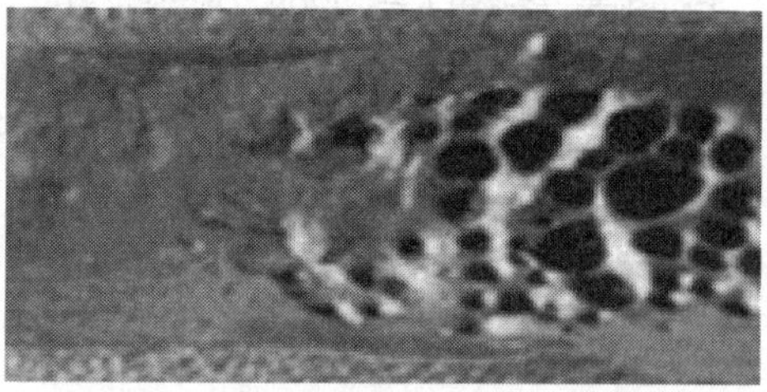

용접부에 잔류하는 기공은 그 형상에 따라 구상의 블로홀과 원통상의 웜홀(worm hole)이 있으며, 핀홀은 웜홀에 속한다.

(1) 기공의 분류 및 특징

① 블로우 홀(blowhole) : 기포의 성장이 빠르지 않을 경우 구상의 기포로 부상하며, 미소 구멍의 간격이나 수축공, 균열 부분에 가스가 쉽게 집중하기 쉽고 가스의 집중으로 수축공이나 미소 구멍을 더욱 확대 성장하게 하는 경우가 있는데 이렇게 용접금속

중에 고립된 구멍을 말한다.

② 웜홀(wormhole) : 결정의 성장에 따라서 고상에서 방출된 가스가 확산하여 집결해 성장해 가는 것으로 결정립계에 결정립의 성장방향으로 가늘며 길고 가름하게 퍼져 있는 연속된 형태의 기공을 말한다.

③ 수축공(shrinkage cavity) : 응고 중 용융금속의 유동성이 부족해 발생되는 수축공 및 가스에 의해 더욱 확대 성장되어 생긴 수축공으로 구분할 수 있다.

(2) 기공 생성기구

가스를 포함한 용융금속은 온도 저하와 함께 응고 중에 가스를 차츰 방출하며, 응고 종료시점에서 다량의 가스를 급격하게 응고계면으로 방출하게 되고, 계면으로 방출된 가스는 분자상 또는 화학반응에 의해 어느 압력 이상이 되면 기포를 형성하여 대기 중으로 배출된다. 그러나 용융금속의 응고속도가 gas의 응집 또는 부상속도보다 빠를 경우 미배출된 가스가 응고금속 내에 잔류함으로써 기공이 된다. 따라서 기공의 표면은 응고표면과 동일하세 수지상정의 형태를 나타낸다.

용접에서 가스의 발생원은 고상-액상간의 가스(N_2, H_2 가스 등) 용해도 차이나, 용융금속 내의 화학반응에 의해 가스(CO, CH_4 가스 등)가 발생하며, 분위기 가스(실드 가스)의 물리적 혼입에 의해서도 발생한다. 또한, 용접부의 녹, 기름, 습기 등이 열에 의해 분해되면서 용착금속 내로 침투하여 발생할 수 있으며, 보호가스의 흡습이나 과소 및 과다 분출, 용접 와이어 내의 플럭스의 흡습, 과대 전류에 의해 모재가 열이 지나치게 높을 경우에도 발생한다.

[그림 5.6]은 용접에서 기공의 형성 기구를 모식도로 나타낸 것이며, [그림 5.7]은 용접부의 기공 및 기타 결함의 형상을 나타낸 것이며, [그림 5.8]은 알루미늄 합금의 기공 내면을 전자 현미경으로 관찰한 조직의 사진이다.

그림 5.6 기공의 형성 기구

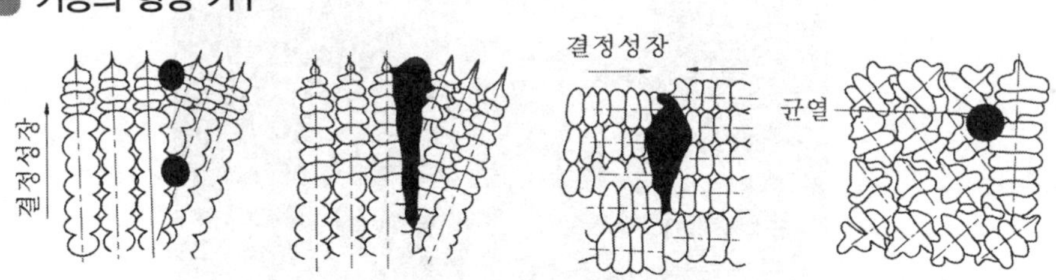

(a) 기공(측면) (b) 웜홀(측면) (c) 수축공과 공존 (d) 균열과 공존

10) 피트(fit)

피트는 비드 표면에 분화구 모양으로 된 구멍을 말하며, 용착금속이 응고할 때에 용탕 중의 공기 방울이 배출과정에서 모재 표면에서 고착된 기포가 크게 되어 표면에 뚫린 구멍을 말한다. 이것의 발생 원인은 불로우 홀과 마찬가지로 조악한 모재, 또는 페인트, 혹은 스케일의 불순물, 용접 조건의 부적당 등에서 오는 것으로 볼 수 있다.

그림 5.7 기공의 예기공 및 기타 결함의 모식도

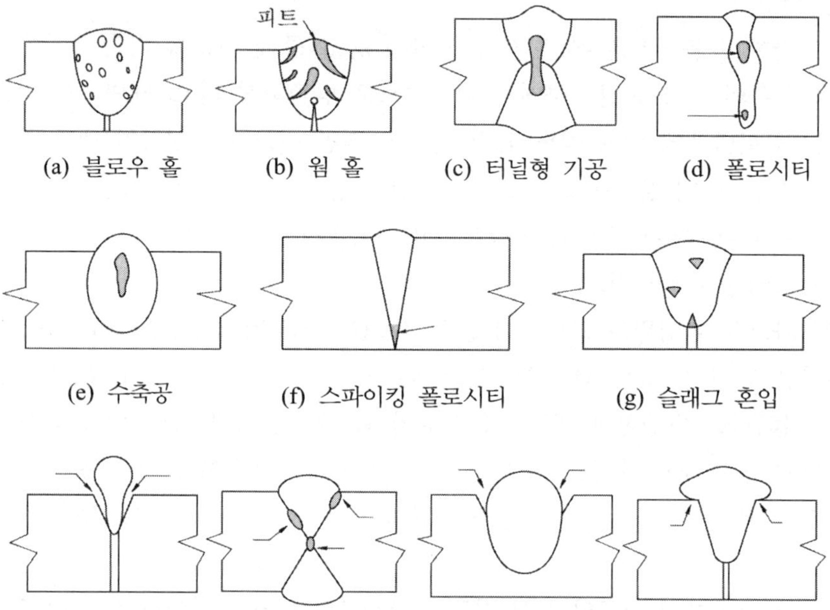

(a) 블로우 홀 (b) 웜 홀 (c) 터널형 기공 (d) 폴로시티

(e) 수축공 (f) 스파이킹 폴로시티 (g) 슬래그 혼입

(h) 험핑 비드 (i) 험핑 비드(STS) (j) 언더컷 (k) 오버랩

그림 5.8 기공의 내면 형상(Al 합금 SEM 사진)

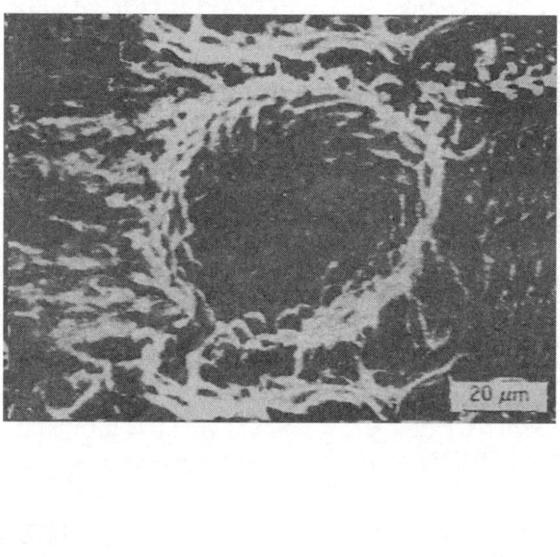

11) 기타

(1) 크레이터 처리 불량 : 균열이 일어나기 쉽다.
(2) 목 두께 부족 : 용접 이음부의 기계적인 강도가 떨어지며, 또한 볼록 모양은 응력집중의 원인이 되거나, 용접 품질의 저하가 될 수 있으며, 용접봉 소모가 크게 된다.
(3) 아크 스트라이크(arc strike) : 주위의 모재에 급격히 열을 빼앗겨 급랭되어 단단하고 취약한 구조로 균열의 원인이 된다.
(4) 은점 : 용착금속의 항복강도나 인장강도에 거의 영향은 미치지 않으나, 연신율을 감소시킨다.
(5) 부정합(mismatching), 심한 편심 : 이음의 피로강도가 크게 저하하지만, 이 부분에 깊은 언더컷이나 용입 불량 등의 결함이나 용접표면에 심한 형상불량이 있으면 더욱 더 파손의 위험성이 커진다.
(6) 2단 비드 : 외관상 별로 좋지 못하나, 이음 강도에는 큰 영향을 미치지 않는다.

다. 성질상 결함

용접 구조물에는 기본적으로 기계적, 물리적, 화학적 성질에 대한 일정한 요구가 있다. 따라서 이러한 요구들을 만족시키지 않는 경우는 결함으로 생각할 수 있다.

(1) 기계적 성질 : 항복점, 인장강도, 연성, 경도, 충격치, 피로강도, 크리프 특성 등의 부족 또는 과다
(2) 물리적 성질 : 열적, 전자기적 특성의 불량
(3) 화학적 성질 : 화학 성분, 내식성 등의 불량

라. 피복 아크용접 결함의 종류별 발생 원인과 방지 대책

<표 5.3>은 피복 아크용접 중에 발생할 수 있는 용접 결함의 종류와 발생 원인, 방지 대책을 나타낸 것이며, 다른 용접법도 발생 원인은 유사하다. 결함 방지 대책은 바로 발생 원인을 해결하는 것이다.

표 5.3 용접부 결함의 원인과 방지 대책(피복 아크용접 기준)

결함의 종류	발생 원인	결함 방지 대책
기공, 피트 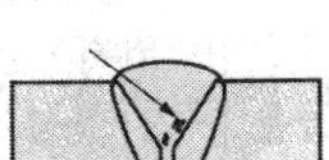	-용접부의 습기, 녹 먼지, 페인트, 이물질 부착 -용접봉 건조 불량, -전류 높고, 아크길이가 길 때	-습기, 이물질 제거 등 용접부를 깨끗이 -용접봉 건조 -적정 전류, 아크길이 조정 -용접속도 낮춤

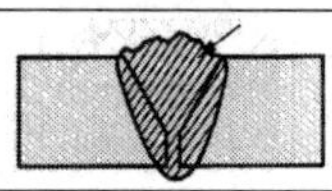	-용접속도 과대 -급속한 응고	-위빙하거나 예열함
슬래그 섞임 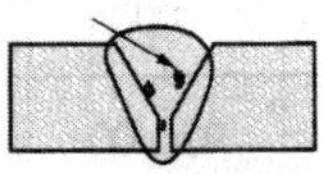	-전층의 슬래그 제거 불량 -전류 과소, 운봉 부적절 -봉의 각도 부적당 -운봉속도가 느릴 때 -용접 이음의 부적당	-각층마다 슬래그를 깨끗이 제거함 -전류를 약간 더 세게, 운봉법 조절 -용접부 예열, 봉의 각도 조절 -운봉속도 약간 빠르게 -루트 간격을 좀더 넓게 함
용입 불량 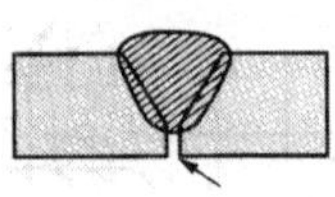	-이음 설계의 불량 -용접속도가 너무 빠를 때 -용접 전류가 너무 낮을 때 -용접봉 선택 불량	-루트 간격 및 홈각도를 좀 더 크게 함 -용접속도를 조금 낮춤 -용접 전류를 좀더 높임 -적정 용접봉 굵기 선택
언더컷(under cut) 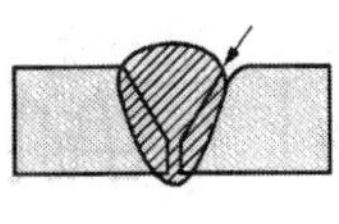	-전류가 너무 높을 때 -아크길이가 너무 길 때 -부적당한 용접봉 사용시 -용접속도가 너무 빠를 때 -부적당한 운봉법 사용시	-전류를 좀더 낮춤 -적정 아크길이 유지 -적정 용접봉 종류와 굵기 사용 -용접속도를 좀더 낮춤 -적정 운봉법 사용
오버랩(over lap) 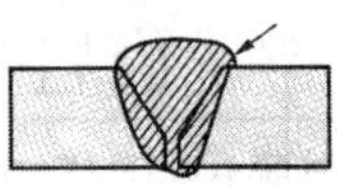	-용접 전류가 너무 낮을 때 -용접속도가 너무 느릴 때 -부적당한 용접봉 사용 -부적절한 운봉법 사용시	-용접 전류를 좀더 높임 -용접속도를 좀더 빠르게 함 -적정 용접봉 종류 선택 사용 -적정 운봉법 사용
균열(crack) 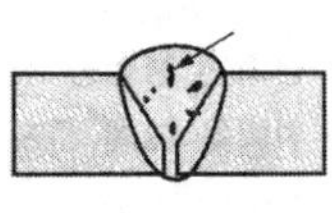	-이음의 강성이 큰 경우 -부적당한 용접봉 사용시 -모재에 탄소, 망간 등의 합금 원소 함량 과다 -용접부의 급랭 -모재에 유황 등 함량 과다 -용접전류 및 속도 과대 -아크길이 부적당	-예열, 피닝, 비드 배치법 변경 -적정 용접봉 선택 사용 -적정 모재 선택 -용접부 급랭 방지, 예열, 후열 -유황함량 검사 -용접 전류, 속도 조정 -아크길이 조정
스패터 부착 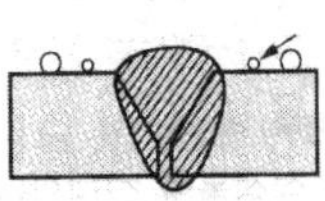	-전류가 높을 때 -건조 불량 용접봉 사용시 -아크길이가 너무 길 때 -운봉법 불량	-전류를 좀 더 낮춤 -건조된 용접봉 사용 -아크길이를 낮춤 -적정 운봉법 사용

마. 국제용접학회의 결함의 분류

용접 중에 발생할 수 있는 결함을 국제용접학회(IIW : international institute of welding)에서 전체 84개로 분류하였는데 이들 용접부 결함들을 일반적으로 용접공정, 금속야금학적

인 사항 및 설계 등 크게 3가지로 나누어 구분하였다.(표 5.4 참조)

그러나 각 분류 속에 있는 결함들도 사용 중 2차적인 작용으로 인해 다른 분류 속의 결함으로 발전할 수 있다.

결함 분류에 있어 결함들의 고유 성격을 고려하는 것도 중요하지만 결함이 2차원적인 평면 결함(planar defect)인가 체적을 가지는 3차원적인 결함인가를 구별하는 것도 매우 중요하다. 왜냐하면 균열, 라미네이션, 용융불량, 용입불량과 같은 평면성 결함은 3차원 결함보다 더 심각한 응력집중 현상을 초래하기 때문이다. 따라서 결함들에 대해선 항상 결함의 크기, 날카로움, 주응력이나 잔류응력 방향과의 기울기, 위치 등을 고려해야 된다. 2차원 결함이 주응력 방향과 수직으로 있을 경우 더 위험하며, 내부 결함보다 표면에 있을 때 3배나 더 위험하다는 것은 다 알려진 사실이다.

표 5.4 국제용접학회(IIW) 기준 용접부 결함 분류(용접과정 및 용접 절차에 따른 결함 분류)

1. 용접과정 및 용접 절차에 따른 결함	2. 야금학적 결함(metallurgical defects)
1) 구조적 결함(geometric) - 정열불량(misalignment) - 언더컷(under cut) - 오목함(concavity) 또는 볼록함(convexity) - 과도한 또는 빈약한 보강 덧붙임(excessive or poor reinforcement) - 오버랩(over lap) - 용락(burn throgh) - 인서트링-융해불량(insert ring lack of fusion) - 받침고리-융해불량(backing ring lack of fusion) - 백킹재 미재거(backing-left on) - 수축공(shrinkage) - 표면 불균일(surface irregularity-ripples)	1) 균열(crack), 갈라짐(fissures) - 고온균열(hot crack) - 저온 또는 지연균열(cold or dressing) - 재열균열 - 응력완화 열처리에 의한 균열(reheat, stres-relief of strainage) - 라멜라테어링(lamellar tearing) 2) 다공성(porosity) - 둥근 벌레먹은 것같은 구멍(spherical worm hole) 3) 열영향부(heat affected zone), 미세구조 변화(microstructure alteration) 4) 용접금속과 열영향부 편석(weld metal and heat affected zone segregation) 5) 밑판 얇은 층으로 갈라짐(base plate delamination)
2) 기타 결함 - 아크 발생 자국(arc strikes) - 슬래그 혼입(slag inclusions) - 텅스텐 혼입(tungsten inclusions) - 산화막(Oxide films) - 스패터(spatter) - 크래이터 불량(arc crater)	3. 설계(design)적 결함 1) 부분 변화에 의한 응력집중(changes in section, stress concentration) 2) 용접 이음 형태(weld joint type)

3 용접 결함 방지 관리기법

가. 결함 관리의 필요성

용접 중에 발생한 결함의 종류별 발생 원인을 면밀히 파악하여 동일한 결함이 더 이상 발생하지 않게 하기 위한 지속적인 용접 관리가 필요하다. 따라서 발생된 결함의 상태, 발생시의 상황, 결함의 제거 방법, 재발 방지법 등을 상세하게 기록하여 관리하고 작업에 적용시키며, 작업 전에 용접사의 기량이나 용접 구조물의 형상 설계의 적정성을 파악하여 올바르게 시공될 수 있도록 관리와 교육이 필요하다.

(1) 설계 도면에 따른 용접 시공 조건의 검토와 작업 순서를 정하여 시공한다.
(2) 용접 구조물의 재질과 형상에 맞는 용접 장비를 사용한다.
(3) 작업 중인 시공 상황을 수시로 확인하고 올바르게 시공할 수 있게 관리한다.

나. 구조물의 전형적인 결함

모든 구조물은 결함을 가지게 되며, 이러한 결함들은 야금학적인 결함인 개재물이나, 기공, 혹은 미시적인 균열성 결함일 수도 있으며, 사용 중에 발달하거나 또는 진성 결함일 수도 있다.

1) 진성 결함(intrinsic flaws)

진성 결함이란 항공기의 유리창이나, 압력용기의 현창(舷窓 : port hole) 등과 같이 설계시 구조물에 어쩔수없이 미리 만든 결함들을 말한다. 이때 구조물 건전성 면에서 두가지의 중요한 문제점들이 있는데, 하나는 일단 결함이 발달되면 파손의 정도가 용접 구조물에서 크다는 것이며, 다른 하나는 용접과 관련한 모든 야금학적 결함들이 높은 잔류응력이 존재하는 용접부나 열영향부에서 나타난다는 것이다.

2) 용접 결함과 설계

구조물은 용접 시공이 필수적으로 포함되며, 그 양이 대단히 많다. 그런데 용접 구조물은 어떤 용접부도 완전하지 않으며, 결함이 항상 존재하게 마련이므로 구조물을 사용 중 용접부의 결함이 구조물에 어떤 영향을 미칠 것인가를 설계자는 항상 염두에 두어야 한다.

용접 결함들은 용접부 내에서 응력을 변화 혹은 집중, 확대시키거나, 국부적으로 응력분포 양상을 변화시키고, 재료의 성질을 변화시키며, 야금학적인 노치효과를 주기 때문이다.

용접부는 응력이 집중되는 부위이며, 응력분포 해석이 어렵고 잔류응력을 비롯한 국부응력이 높아짐으로써 전체 응력향상을 준다. 따라서 잔류응력 완화 및 금속조직의 변화를 위하여 응력완화 열처리를 하게 되는데, 이 작업 역시 또다른 시간과 비용이 소요되는 것이며, 재료의 성질을 변하게 할 수 있는 부분이다.

구조물 내 결함의 자세한 정보는 <표 5.5>와 같다.

표 5.5 전형적인 구조물 결함

압연재의 결함 존재	가공에 의한 결함 생성
1) 화학 오염물질 - 이물질, 먼지, 편석, 라미네이션	1) 금속가공 - 도금에 의한 균열, 모재 피트, 수포, 접착력 부족, 판 두께 과소, 수소취성, 표면 오염,
2) 내부 결함 - 다공성, 수축공, 균열	2) 이음 - 용접결함(균열), 융합불량, 잔류응력, 찢어짐, 전해부식,
3) 표면 결함 - 균열, 갈라짐, 피트, 흠집, 왜곡	3) 서비스에 의한 결함 생성 - 입자손상, 공구자국, 부적절한 보수, 유지, 피로균열, 마모부식, 크리프
4) 금속 제거 공정에 따른 결함 생성 - 균열, 공구자국, 가우징, 예열 균열, 왜곡, 탈탄, 미완성 변형	4) 환경훼손 - 부식, 응력부식, 피로부식 미생물 분해, 열열화

제2절 | 고온 균열

1 용접 균열

가. 용접 균열(weld crack)의 개요

용접부는 급격한 열주기 및 높은 구속력에 의해 용접 결함이 발생할 수 있으며, 용접 공정 자체나 부품 사용 중(환경, 진동 등)에도 발생할 수 있다.

용접 균열은 용접부의 수축과 팽창에 의해 발생한 응력이 너무 커서 그 부분의 소성 변형이 용접 응력에 견디지 못하여 생기며, 그 발생하는 온도와 시기에 따라 고온 균열과 저온 균열로 구분하며, 발생 위치에 따라 용착금속 균열과 용접 열영향부 균열, 모재 균열로 분류한다. 또한 균열의 크기에 의해 매크로 균열과 마이크로 균열, 전파 경로에 의해 입계 균열과 입안 균열 등으로 나눈다. 용착금속 균열은 주로 응고시 수축응력에 의해 발생하는 것으로 세로 균열, 가로 균열, 반달모양 균열, 크레이터 균열, 별모양(성) 균열 등이 있다.

그리고 열영향부 균열의 대부분은 열영향부의 급랭 경화에 의해 발생하는 것으로 저합금강이나 고장력강에서 많이 발생하며, 비드 밑 균열, 지단(toe) 균열 등이 있다.

이러한 용접 균열은 용접 결함 중에 가장 치명적인 것으로 작은 균열이라도 부하가 걸리면 응력이 집중되어 균열이 급성장하면서 이내 파괴를 일으키게 되는 무서운 결함이다.

따라서 균열이 발견되면 바로 그 부분을 파내고 보수 용접법에 의해 보수해야 되며, 균열의 종류에 따라서는 발생 원인을 파악하여 원인을 해소하는 것이 더 중요하다.

나. 용접부에 균열이 발생하는 예

(1) 재료의 두께가 두꺼울 때(통상은 25mm를 기준 하나 규격에 따라 다르다.) 용접이 시작되는 부분에서는 재료가 열팽창으로 부피가 늘어나지만 일정 두께까지에 국한되고 부피가 늘어나지 않는 부분은 열팽창이 제한되면서 열팽창 된 부분이 냉각되면 다시 수축을 하므로 수축 과정에서 균열이 발생할 가능성이 생긴다.

(2) 용접하고자 하는 용접부 주위의 온도가 0℃ 이하이면 용접 아크의 높은 열이 재료에 닿게 되면 상기 설명과 비슷한 이유에서 균열이 발생한다.

(3) 재료 중에 경화성이 높은 성분, 즉 Cr, Ni, Mo, Mn 등이 비교적 많거나, 탄소 성분량이 0.3%를 초과하는 경우에는 용접시에 경화되기 쉽고, 경화된 용접부는 균열이 일어나기 쉽다.

(4) 용접에 의한 가열 및 냉각 과정에서 용접부가 팽창과 수축을 하게 되나, 이 팽창 수축을 구속(拘束, Restraint)하고 있는 구조물은 균열의 가능성이 높다.

다. 용접 균열 방지 일반 사항

용접 균열을 방지하는데는 다음과 같은 사항이 효과적이다.

(1) 좋은 강재를 사용한다.

황이 많이 포함된 강재나 편석이 심한 것, 경화도가 심한 강재를 피하고 좋은 강재를 사용한다.

(2) 응력집중을 피한다.

구조물의 조립 방법, 홈의 형상 선택 및 용접 순서를 검토하여 응력집중을 피할 수 있는 시공을 한다.

(3) 용접부에 노치를 만들지 않는다.

언더컷, 오버랩, 루트부의 용입 불량 등을 만들지 않는다.

(4) 용접시공을 잘한다.

용접부 청정, 용접봉 건조, 크레이터 처리 등 용접 시공을 잘하여 용접 결함이나 균열이 발생되지 않게 한다.

라. 균열의 발생 원인과 방지 대책

1) 수소에 의한 균열

철강의 경우 수소에 의한 결함 발생의 경우가 많으며 저온 균열과 응력부식 균열의 원인이 된다. 수소는 용착금속 중에 다량 용해되며 응고시 배출이 안되면 용착금속에 남게 되는데 이것이 강 내부에 큰 압력을 일으키게 되어 균열이 발생된다. 방지 대책으로는 용접부 건조와 이물질 제거, 녹, 페인트 제거, 건조된 용접봉 사용, 충분한 보호 가스 사용, 적정 전류와 아크길이 유지 등이 필요하다.

2) 내적인 힘에 의한 균열

용접부에 받는 열응력에 의한 경우가 대부분이며, 구조물간의 구속과 국부적인 가열과 냉각에 따른 열응력으로 인하여 팽창 및 수축의 불균일에 의한 균열이다. 방지 대책은 용접부의 집중 배제, 예열, 후열 등이 필요하다.

3) 외부의 힘에 의한 균열

용접부에 가해진 외적인 힘이 용접부의 강도 이상으로 크게 되어 일어나는 균열로 사용 중 외부에서 가해지는 힘에 의한 경우와 용접 후 방치하여 두어도 일어나는 경우가 있다.

방지 대책으로는 구속도를 조정하고 사용 장소에 따른 적정 구조물 설계로 외력에 충분히 견딜 수 있는 구조물 설계가 필요하다.

4) 용착금속의 화학 성분에 의한 균열

용착금속 중에 황(S)이나 인(P) 등의 균열의 원인이 되는 원소가 편석되어 있을 때 일어나기 쉽다. 특히 황이 많이 존재하면 고온 균열의 원인이 된다. 따라서 사용 재료의 성분을 파악하여 부적절한 원소가 함유되지 않은 강재를 사용해야 된다.

5) 노치에 의한 균열

용접부에 언더컷 등 예리한 노치가 있으면 응력집중과 내부에 있는 응력이 노치 끝 부분에 집중되어 균열이 발생되는 것이다. 따라서 용접부 표면 덧붙이 등을 필요 이상 높게 하지 말며, 언더컷이나 오버랩 방지, 아크 스트라이크 방지 등이 필요하다.

2 고온 균열의 개요

고온 균열(Hot crack)은 응고 온도 바로 아래에서 발생하는 응고 균열이 대부분이며, 응고 직후에 연성이 부족한 용착금속이 수축응력에 인장되어서 주로 결정립계가 갈라지는 것으로 균열 부분은 산화가 심하다.

그림 5.9 용접부 고온균열의 예

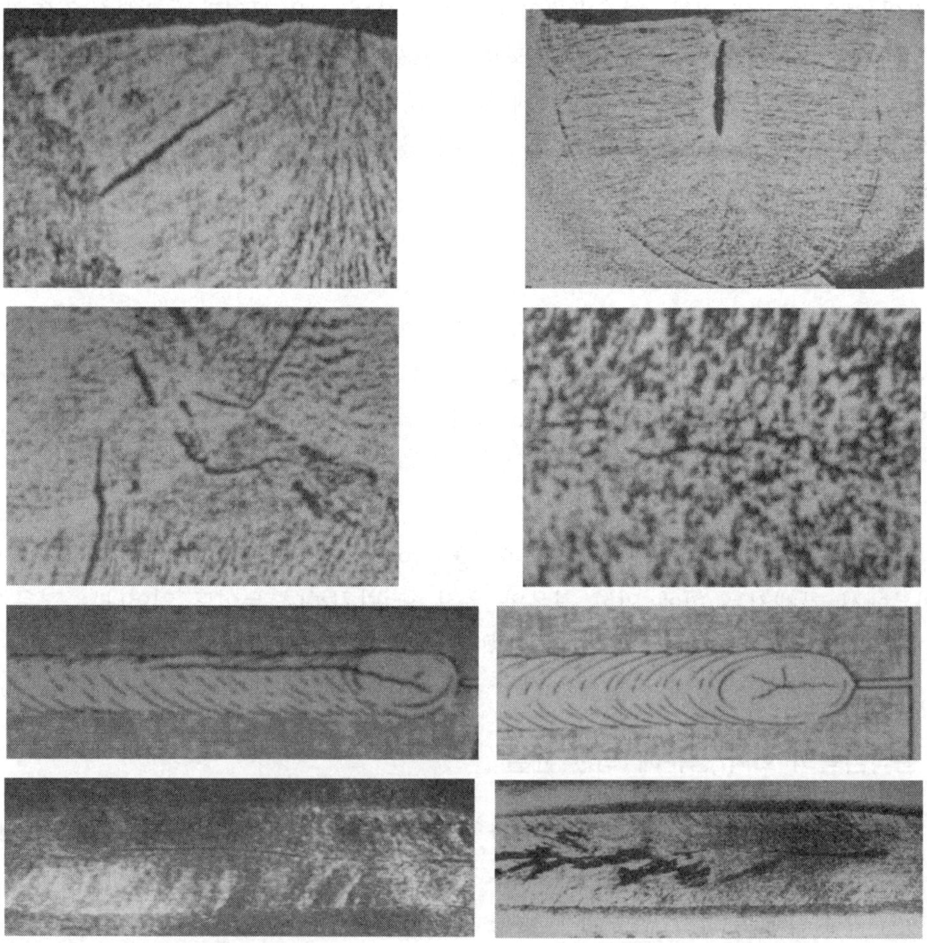

주요 발생 원인은 응고 조직의 조대화, 산화물, 유화철, 편석(segregaition) 등의 불순물 및 용접부의 형태, 잔류응력 등이 원인이 되어 용접 중 또는 용접 직후의 고온에서 용접부의 수축 및 외부 변형 등에 의하여 일어난다.(그림 5.9 참조)

가. 고온 균열의 분류

고온 균열은 고상선 부근에서 결정립계에 잔류하는 액체의 거동에 의해 발생하는 균열과 고상선 이하에서 결정립계의 성분 편석, 석출물, 전위의 거동에 의한 균열로 대별할 수 있다.

저융점 화합물의 균열인 경우는 고상선 이하에서 일어나는 균열이지만 저융점 화합물의 최종 응고온도를 실제 고상선 온도로 봐야 되므로 고상선 부근의 결함으로 포함해야 된다.

고상선 부근의 균열은 대개 용융온도 이하에서 용접부 중앙이나 주상(柱狀) 조직 사이의 결정립계의 저융점 불순물의 용융으로 입계의 결합력이 거의 없어 파단되기 쉽기 때문에 압연이나 단조 중에 균열이 발생하는 경우가 있으며, 용접의 경우 필릿 용접부나 크레이디 부분에 가장 많이 나타나기 쉽다.

고온 균열은 결정립계의 편석막의 원인인 편석 균열과 편석 막이 없지만 결정립계의 연성 저하가 원인이 되는 연성 저하 균열로 구분할 수 있다.

편석 균열은 용접금속의 응고 균열, 열영향부의 액화 균열, 용접금속의 액화 균열로 구분할 수 있으며, 연성 저하 균열에는 용접금속의 연성 저하 균열, 열영향부의 연성 저하 균열, 재가열에 의한 용접금속의 연성 저하 균열 등으로 구분할 수 있다.

나. 고온 균열의 특징

(1) 대부분은 결정립계의 응고 균열이다. 이 응고 균열은 수지(Dendrite)상 결정의 입계이다. 또한 연성 저하 균열은 응고 후에 입계 이동이나 재결정에 의하여 새롭게 형성된 결정립계에 발생하며 입계 파면을 나타낸다.

(2) 균열의 선단은 약간 둥근 모양을 띈 경우가 많으며, 일반적으로 날카롭지 않다.

(3) 표면에 도달되지 않는 균열은 산화되지 않고 은백색을 띄며, 표면에 도달한 균열은 대기에 의해 산화되어 착색하는 경우가 많다.

(4) 고온 균열은 파면이 산화되고 육안으로도 쉽게 알 수 있을 정도로 벌어져 있는 것이 보통이며, 균열의 폭은 약 0.05~0.5mm까지로 저온 균열의 크기(0.001~0.01mm)보다 수십배 크고 둥그렇다.

3 고온 균열 발생 기구

가. 고온 균열 발생 원인

고온 균열은 크게 나누어 고상선 이상(1000℃ 이상)과 이하(200~300℃)에서 일어난다. 전자는 주로 고상선 주변의 온도에서 결정립계에 잔류하는 액체의 거동에 원인이 있으며, 후자는 입계에서 고상의 석출물, 성분 편석 및 전위 등의 거동에 원인이 있는 것으로 판단되며, 고온(적열) 메짐이 원인이다.

이것은 용융금속이 액상선을 지나 고상선에 가까워짐에 따라 액상 중에 수지상정이 발생하여 성장하게 되며, 고상선 부근에서는 액체가 아주 얇은 액상 막이 형성하게 된다. 이 얇은 액막은 변형 능력이 아주 작기 때문에 파괴되어 균열을 발생하게 되며, 액막이 오래 지속될수록 균열의 발생이 쉬워지게 된다.(그림 5.10 참조)

그림 5.10 용융금속의 응고 단계와 그 성질

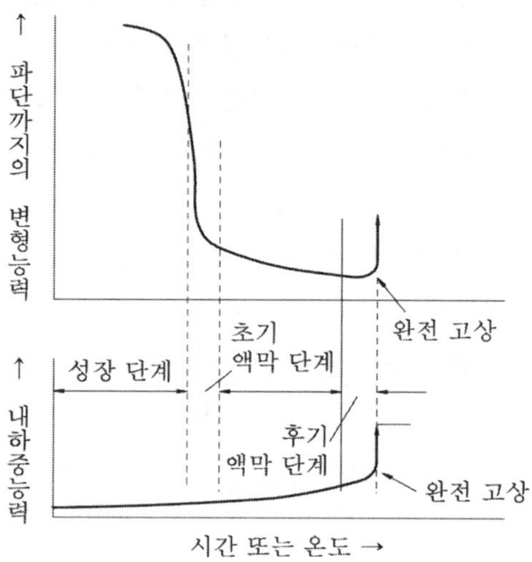

고온 균열의 발생 기구로는 낮은 분배계수 k, 불순물이 금속과 쉽게 화합물을 형성, 형성된 화합물은 저융점을 갖거나 고체와 공정물을 형성, 금속과 낮은 젖음각을 가짐으로서 결정립계를 따라 쉽게 퍼짐, 저융점 화합물이 수지상 사이에 잔류 등의 기구에 의해 발생하게 된다.

고온 균열의 발생 원인은 다음과 같다.

(1) 용착금속의 화학 성분(수소, 황(S)의 편석, 인(P)의 영향 등)에 의한 균열
(2) 열응력 등 내적인 힘에 의한 균열
(3) 용접부의 변태 응력(급열 급랭에 의한 체적 변화 등)에 기인한 균열
(4) 응력집중(노치 끝 부분 등)에 의한 균열
(5) 사용 중 외부의 힘과 용접 후 방치 중에 갈라지는 균열

나. 응고 균열의 발생 기구

응고 균열(solidification crack)은 용융금속이 응고 중에 저연성(취성) 특성과 용접 변형의 거동의 조합에 의하여 발생한다.

그림 5.11 응고 균열 발생 기구의 예

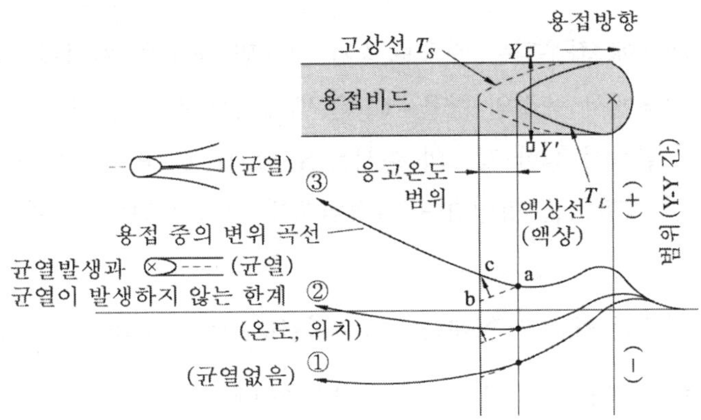

[그림 5.11]과 같이 용접선에 직각 방향인 Y-Y' 사이의 변위 ①, ②, ③에서 ①은 용접 비드의 수축에 의해 압축 변형을 받고 있거나 외적으로 압축을 받고 있는 경우의 용접부이며, 이 경우는 용접 균열이 발생하지 않는 것이 일반적이다.

그림에서 ②는 두꺼운 판이나 광폭 시험편과 같이 거의 외적으로 완전 구속을 받고 있는 경우로서 용접금속은 자기의 수축에 의해서만 변형을 일으키게 되지만 균열은 발생하지 않으나 용접금속이 매우 취성이 큰 경우에는 균열이 발생할 수 있다.

그림에서 ③은 용접에 의해 시험판이 개구 변위를 나타내거나 외적으로 인장력을 받는 경우, 또는 용접 시점과 종점에서의 회전 변형을 받는 경우에 용접금속은 자기 수축 이외에도 외부의 인장력이 더해져서 곡선의 오른쪽에 연속적으로 균열이 발생하는 경우가 있다.

다. 고온 균열과 관계되는 응고 조직의 특징

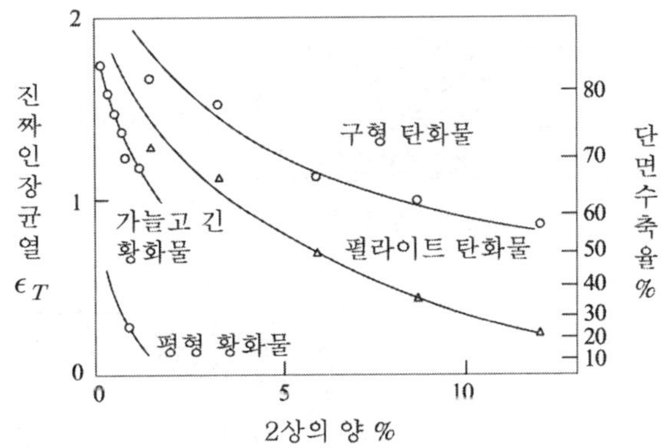

(1) 세포상 조직보다 주상, 수지상 조직이 수지상 경계 사이사이에 더 많은 불순물을 함유하고 있으므로 위험하다.

(2) 용접속도가 빠를수록 수지상이 용접부 중앙으로 직선적으로 발달하므로 위험하다.

(3) 용접속도가 빠를수록 암(arm) 사이 수지상 조직이 용접부 중앙에서는 커지고 기타 지역에서는 작아지므로 불순물이 중앙에 대부분 모이게 되어 위험하다.

(4) 용접부 중앙이나 용접 끝단부가 많은 조성적 과냉을 받게 되어 위험하다.

라. 불순물의 종류와 편석

불순물의 종류와 편석의 양은 k(용질 평형분배계수$=\frac{C_S}{C_L}$)에 좌우되며 k는 또한 조성적 과냉에 좌우되는 것으로 k가 작으면 불순물 편석이 크며, 고온결함이 크다. 여기서 C_S는 고체에서 용질의 량을, C_L은 액체에서 용질의 양을 나타낸다.

편석이 심한 정도의 순서는 S, O, B, C, P, Ti, N, H순으로 황(S)이 가장 위험하며, 저융점 화합물을 형성하여 결정립계에 편석함으로서 고온 결함을 유발한다.(그림 5.12, 표 5.6 참조)

또한 용접부 형태는 형상계수(ff, form factor) $= \frac{W(\text{용접부 폭})}{d(\text{용접부 깊이})}$에 의해서도 좌우되며, ff가 적을수록 고온 결함에 민감하다.

표 5.6 주요 원소별 탄소강에서의 k값

원 소	Cr	W	Al	Co	V	Mn	Mo	Ni	Si
k 값	0.95	0.95	0.92	0.90	0.90	0.84	0.80	0.80	0.66
원소	Cu	H	N	Ti	P	C	B	O	S
k 값	0.56	0.32	0.28	0.14	0.13	0.13	0.05	0.02	0.02

입열량이 적고 용접속도가 클수록 용접부의 용융풀은 연(kite) 모양으로 용융방울(teardrop)이 되어 형상계수가 작아지며, 많은 불순물이 용접부 중앙에 모여 쉽게 고온 균열을 발생하게 된다.(그림 5.13 참조)

그림 5.13 용접속도와 용접부 폭, 깊이에 따른 결함 발생 관계

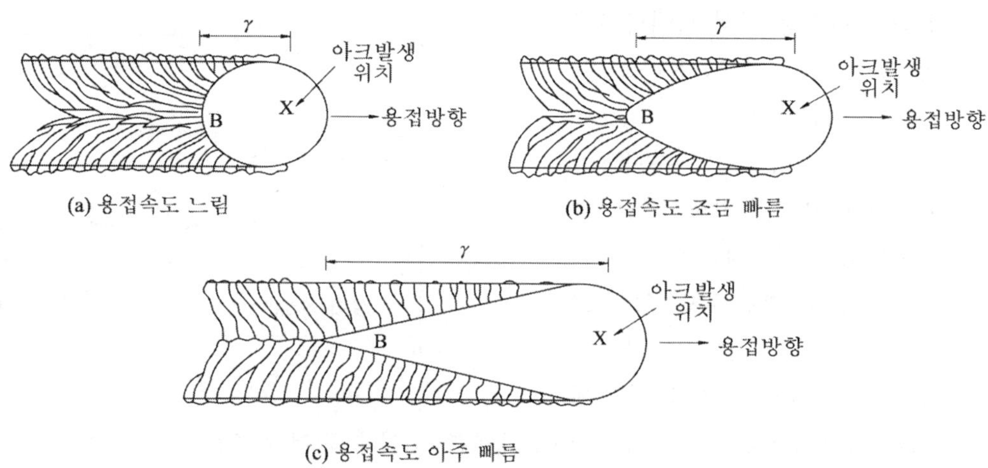

4 위치와 형상에 따른 고온 균열

가. 열영향부의 고온 균열

열영향부는 최초 용접금속의 열팽창에 의하여 압축응력을 받지만 아크가 통과된 후에는 온도의 강하 정도에 따라서 인장응력으로 되는데 이때 결정립계의 석출물이 용융하여 액막 단계에 있는 입계에는 균열이 생기게 되는데, 이것은 결정립계에 존재하는 석출물의 융점이 낮고 압축응력에서 인장응력으로 변한 후에도 아직 액상으로 남아 있는 경우에 균열이 발생하게 되는 것이다. 그러나 고융점의 입계 석출물이라면 용접열에 의해 한번 용융하여 생긴 액상이라해도 압축응력의 기간 중에 재응고하므로 인장응력으로 된 경우에는 이미 액상이 결정립계에 존재하지 않으므로 균열은 발생하지 않는다.

나. 모재와 비드 사이의 고온 균열

본드(bond)의 모재쪽에 생기는 균열은 용융금속 중의 합금 원소 중에서 표면 에너지를 저하시키는 어떤 원소가 모재에 확산하여 결정립계의 표면 에너지를 저하시켜 연속되는 액막을 형성한다. 이때 이 액막의 형성시에 인장응력이 작용하면 모재의 결정립계에 균열이 생기게 된다.(그림 5.14 참조) 이러한 효과를 일으키는 원소는 액상의 강에서는 Cu, B, Ti, Al, Si, Mo. V, Cr 등이 있다.

다. 형상에 따른 고온 균열의 종류

1) 가로(횡) 균열

용접부의 세로 방향의 수축응력에 기인하여 용접 방향에 수직으로 발생하는 균열이며, 용접금속의 인성이 극히 낮을 때 및 경화 육성 용접시 발생할 우려가 있다.(그림 5.14, 5.15 참조)

2) 세로(종) 균열

가로 방향의 수축응력에 기인하는 균열이며, 용접 방향과 같거나, 평행하게 발생하는 균열을 말한다.(그림 5.15, 5.16 참조)

그림 5.14 가로 비드 균열의 발생과정

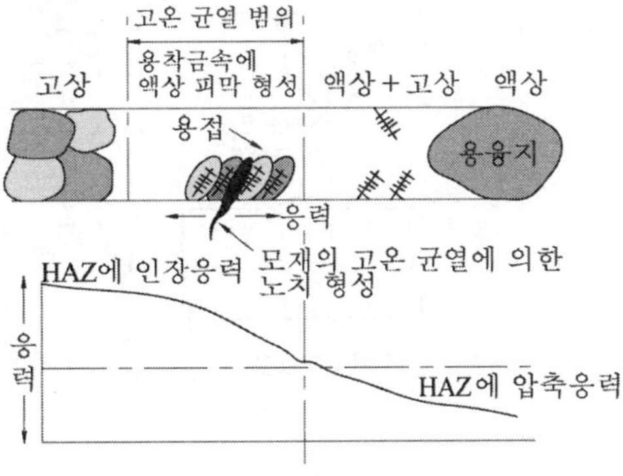

3) 크레이터 균열

크레이터 균열(crater crack)은 용접 종점의 크레이터에서 생기는 고온 균열로서 낮은 열수축 균열의 일종이며, 후판 용접과 같이 냉각속도가 빠를 때, 고장력강이나 고합금강에서 흔히 볼 수 있으며, 방지 대책은 올바른 크레이터 처리가 필요하다.(그림 5.15, 5.16 참조)

그림 5.15 비드 및 크레이터 부분의 고온 균열의 종류(위치와 형상에 따른 분류)

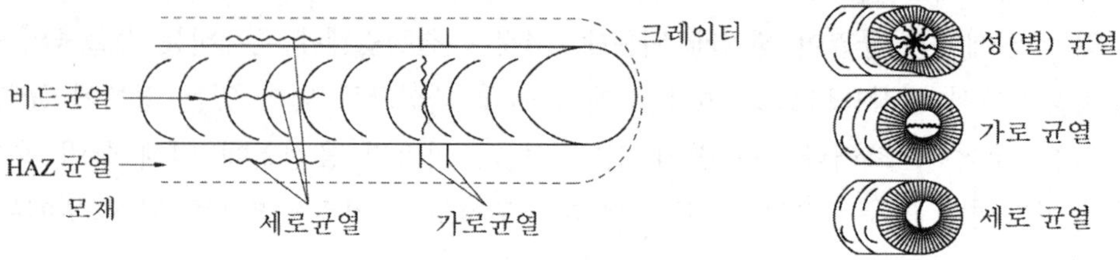

4) 황 균열(sulfur crack)

설퍼 크랙이라고도 하며, 강 중에 황이 층상으로 많이 존재하는 모재를 서브머지드 아크 용접하는 경우에 발생하는 고온 균열이며. 황의 함유량이 낮은 강재의 사용과 망간의 첨가, 저수소계 용접봉이나 플럭스 사용으로 방지가 가능하다.(그림 5.16 참조)

그림 5.16 고온 균열 종류의 모식도

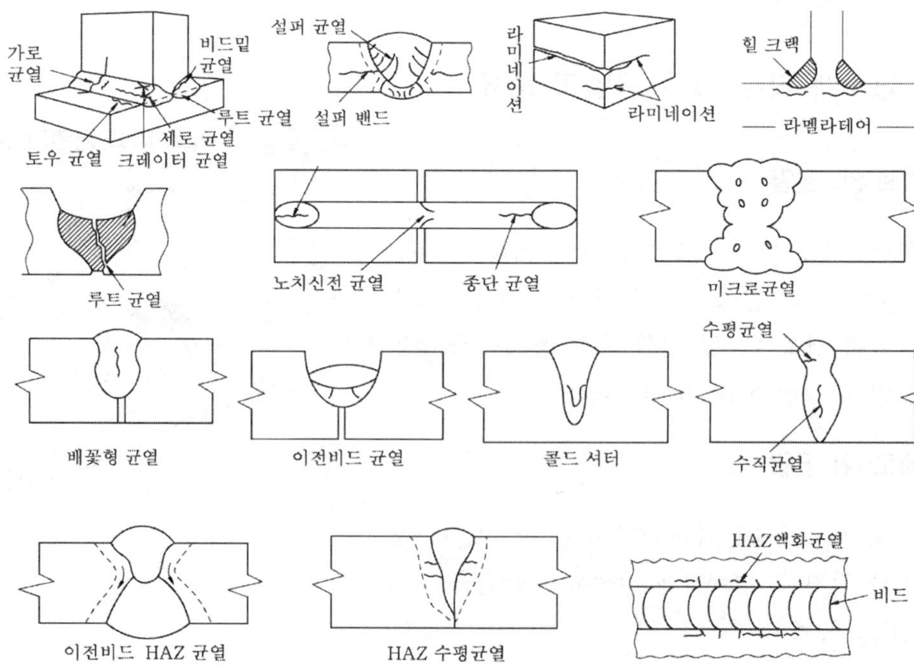

5 액화 균열

가. 액화 균열의 개요

액화 균열(liquation crack)은 대입열 용접에서 많이 발생하며, 모재의 불순물의 양과 형태, 개재물의 양, 구속력 및 고온에서의 유지시간(dwell time)에 좌우된다. 이러한 액화 균열의 발생 원인 및 기구는 다음과 같다.(그림 5.16, 5.17, 5.18 참조)

(1) 가열시에 용융선 부근의 표면이나 결정립계에 존재하는 불순물 편석에 의하여 용융이 일어나며, 용융은 결정립계와 같은 격자 결함이 고에너지 지역에서 먼저 발생한다.

(2) 냉각과 함께 저용점 불순물 화합물이 결정립계에 잔류하며, 높은 잔류응력은 이 불순물로 약화된 결정립계를 따라 파열을 일으킨다.

(3) 기지에서 고용도가 낮은 불순물이나 가열시에 녹은 개재물들이 용융된 결정립계로 확산해 들어간다.

(4) 결정립계의 용융 폭은 용융풀 가까이 갈수록 점점 더 커진다.

그림 5.17 용융경계에 스트레인 발생

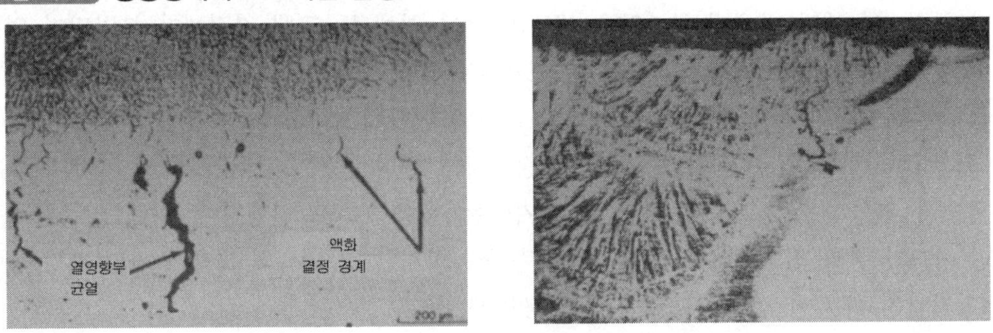

그림 5.18 액화 균열의 예

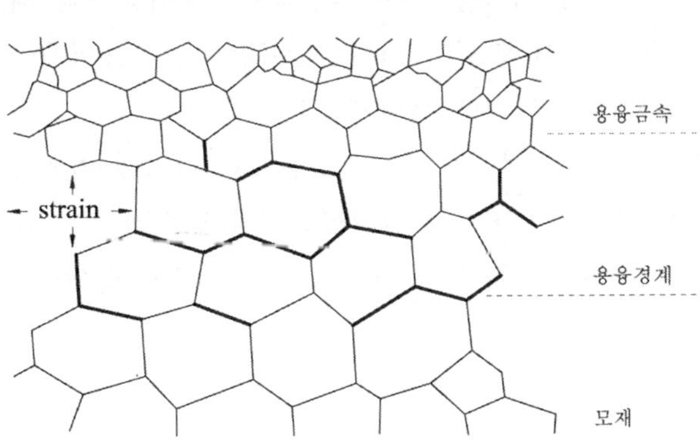

액화 결함에 영향을 주는 요소는 [그림 5.19]와 같다.

그림 5.19 액화 균열에 영향을 주는 요소

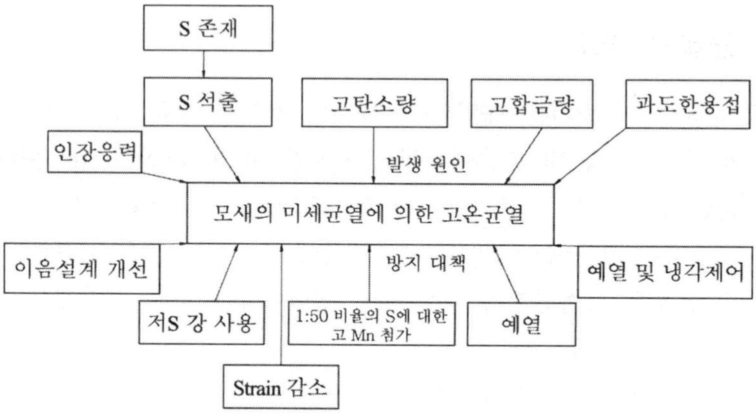

나. 액화 균열의 발생 기구

용융금속이 응고하기 시작하면 최초에 수지상정의 핵이 발생하여 성장하게 되며, 성장이 거의 끝날 무렵이면 결정과 결정 사이에 아주 엷은 액막이 형성되는데 이 단계를 초기 액막 단계라 한다. 이 액막 단계에서는 얇은 액체의 막에 의해 두 고체 결정체가 분리되어 있는 상태이고 내하중 능력도 약해서 변형 능력도 아주 적기 때문에 이 단계에서 균열이 일어나게 되며, 결정립계의 액막 단계가 길수록 균열이 일어나기 쉬워지며 저융점 편석이나 불순물이 함유되어 있을 경우 액막 단계가 더 길어지게 된다.

용접에서 열영향부의 본드부 부근은 초기에는 용융금속의 열팽창에 의해 압축응력을 받지만 아크가 통과 직후부터 열영향부가 수축하려 하지만 그 외측의 모재가 가열 팽창 등에 의해 저지받기 때문에 점점 인장응력이 작용하게 된다.

이렇게 결정립계에 편석한 S, P, Si, Nb 등의 불순물 또는 저융점의 액막(liquid film) 등이 존재하고 있으면 현저한 연성 저하를 가져오게 되며, 용접금속의 최종 응고단계까지 열영향부의 입계가 액막상으로 남아 연성이 저하된 시점에 인장응력에 의한 수축 변위가 작용하게 되면 입계가 파단되어 균열이 발생하게 되는 것이다.

이와같이 액화 균열은 저융점 석출물이나 결정립계의 편석에 의해 일어나는 경우도 있지만 내열 합금강 등과 같이 석출물이 고융점이라해도 합금에 따라서는 조성적 액화 현상에 의해 고상선 이하의 낮은 온도에서 액화할 수 있어 액화 균열이 발생할 수 있다.

1) 결정립 회전 균열

[그림 5.20 (a)]와 같이 결정립과 그 주위를 둘러싼 액체에 2개의 접선 방향의 힘(T_1과 T_2)이 작용할 경우 파선과 같이 액체의 회전이 생기며 결정립이 작용하게 되며 이 단계서 A점과 B점에서 접촉하여 강압할 수 있으며, 변형이 일어나려고 하지만 액체의 유동성이 나쁠 경우에는 결정립계에 약한 미세 균열이 일어나게 되는데 이것을 결정립 회전 균열이라 한다.

2) 3중점 균열

[그림 5.21 (a)]와 같이 미끄럼면 AB와 AC가 A에서 일치할 때 변형의 집중점은 A점이 되며, 그 결과 (b)그림과 같이 AD에서 분할이 일어나게 되는데 이러한 균열을 3중점 균열이라 한다.

그림 5.20 결정립 회전 균열 모형

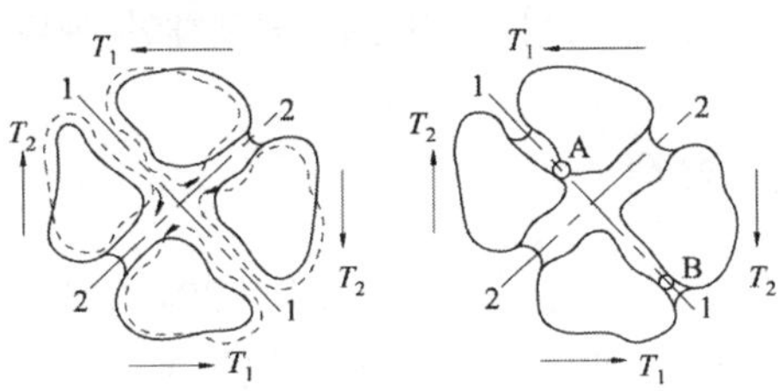

(a) (b)

그림 5.21 3중점 균열 모형

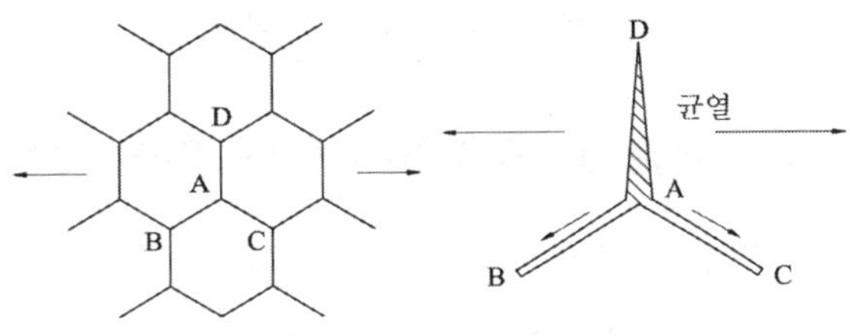

(a) (b)

6 기타 고온 균열

1) 취화 균열

취화 균열은 P, S, Si 등 불순물의 입계 편석이나 탄화물의 입계 석출, 금속간 화합물의 입계 편석에 의해 입계가 약화된 상태에서 응력이 작용할 때 발생하며, 용접금속이나 열영향부 모든 부분에서 발생한다.

2) 마이크로 피슈어(micro fissure)

마이크로 피슈어란 선행 비드의 열 사이클에 의해 페라이트가 오스테나이트로 변태할 때의 체적 감소에 의해 인장응력이 발생하게 되며, 이 영역에서 페라이트로부터 오스테나이트로 배출된 S, P, Si 등의 불순물이 오스테나이트 입계에 편석되어 입계 취화를 일으켜 발생된 결함을 말하며, STS 308, 316 등의 오스테나이트계 스테인리스강의 다층 용접시 주로 발생하는 균열이다.

7 고온 균열 방지 대책

가. Mn 첨가에 의한 고온 균열 방지

MnS는 FeS보다 더 큰 젖음각을 가지게 되며, 결정립계에 얇은 막으로 남기보다는 개재물로서 기지에 존재하며, 또한 FeS의 용융점은 1190℃인 반면 MnS의 용융점은 1600℃이므로 고온에서도 충분히 연성을 유지하여 고온 균열이 방지될 수 있다.

따라서 Mn을 첨가하여 MnS 화합물을 형성시켜 용착금속 내에 황(S)과 인(P)이 적게 함유하도록 함으로써 불순물로서 유해한 유화철, 산화물 등의 생성을 최대한 억제해야 된다.

나. 예열 및 후열처리 등에 의한 고온 균열 방지

용접부를 예열 및 후열처리, 피닝을 하거나, 용접부의 입열 감소, 용착금속 내에 수소의 함유량이 적게 내포되도록 저수소계 용접봉 사용, 용접할 때 국부적으로 가열, 냉각하여 팽창이나 수축이 균일하게 일어나게 하면 고온 균열 발생이 억제되거나 감소된다.

또한 용접부에 예리한 각도를 갖는 노치(notch)가 발생하지 않도록 하는 것도 고온 균열 방지 효과가 있다.

1) 화합물의 파괴 강도 결정

균열이 불순물 화합물 내에서 혹은 화합물 기지 계면에서 발생하는지는 상대적인 파괴강도에 의하여 결정된다. 취성파괴를 가정할 때 화합물의 파괴 강도 $\sigma_f{}^c$는 다음에 의해 결정되며,

$$\sigma_f{}^c = (\frac{2E\gamma_c}{\pi C})^{1/2}$$

(γ_c : 화합물의 자유표면 에너지)

화합물-기지 계면의 파괴 강도 $\sigma_f{}'$는 다음에 의해 결정된다.

$$\sigma_f{}' = \frac{2\gamma_\alpha}{\bar{b}}$$

($\bar{b}$: 계면에서의 균열의 폭, 기지에서의 버거스 백터에 해당)

계면의 응착력 $\gamma_\alpha = \gamma_m + \gamma_c - \gamma^{c/m}$

(γ_m : 기지의 표면 에너지, γ_c : 화합물의 표면 에너지,

$\gamma^{c/m}$: 화합물/기지의 계면 에너지)

Fe-Fe_3C의 계면 응착력 γ_α은 커서 계면에서의 파괴는 거의 일어나지 않지만, MnS-Fe의 경우 계면 응착력 γ_α은 거의 0이며, FeS-Fe의 경우의 γ_α은 작은 값이므로 계면에서 파괴가 일어난다.

2) 고온 균열의 민감성

용접 중 고온 균열의 민감도 U_{CS} 공식은 다음과 같다.

UCS = 230%C + 190%S + 75%P + 45%Nb - 12.3%Si - 5.4%Mn -1

(각 성분은 wt%로 계산)

맞대기 용접시 U_{CS}>25 및 T형 필릿 용접시 U_{CS}>20일 때 균열이 발생한다.

C-Mn강의 경우 또다른 공식 고온 균열 민감도 U_{CS}는 다음과 같으며, 이 공식에 의해 U_{CS}<4일 경우 균열은 발생하지 않는다.

$$U_{CS} = \frac{C(S + P + \frac{Si}{25} + \frac{\ni}{100} \times 10^3}{3Mn + Cr + Mo + V}$$

다. γ계 스테인리스강의 고온 균열 방지

γ계 스테인리스강의 고온균열 방지를 위하여 상온에서 5~10%의 δ-페라이트가 요구된다. 따라서 듀플럭스($\alpha+\gamma$) 조직을 만들어 주는 것이 고온 균열 방지에 좋으며, 듀플럭스 조직 중에서도 초기 응고조직이 δ-페라이트를 형성하는 것이 좋다.

초기 응고조직을 δ-페라이트로 하면 좋은 이유는 다음과 같다.(그림 5.22, 5.23 참조)

(1) 응고 수축응력 감소(페라이트가 오스테나이트보다 열팽창계수가 작기 때문)

(2) 고온에서의 강도 낮음

(3) 오스테나이트 경계에 더 선택적으로 불순물 편석이 생김

그림 5.22 3중점 균열 모형 조직의 생성

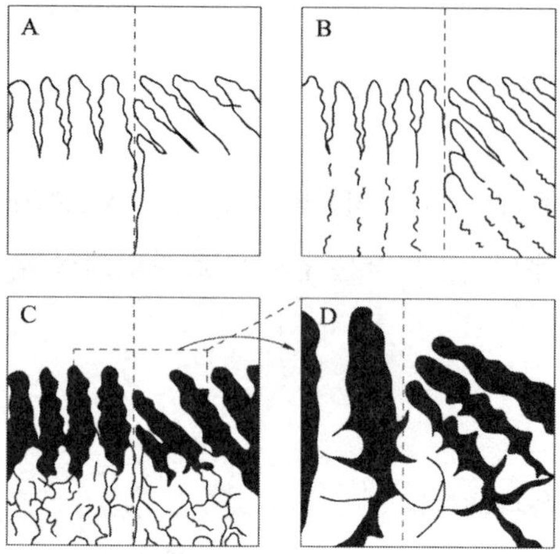

A: 오스테나이트
B: 오스테나이트-페라이트
C: 페라이트-오스테나이트
D: C의 확대 형태

그림 5.23 용접 응고 조직 사진

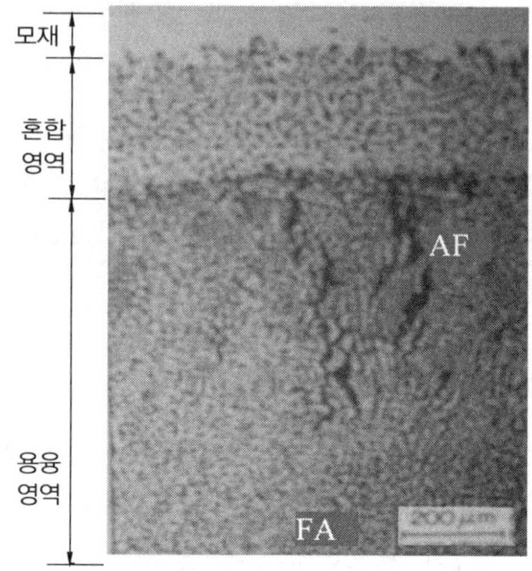

AF : 오스테나이트-페라이트 응고
FA : 페라이트-오스테나이트 응고

[그림 5.24]는 용접부 고온결함에 영향을 주는 요소의 관계를 나타낸 것이다.

그림 5.24 용접부 고온 균열에 미치는 영향들

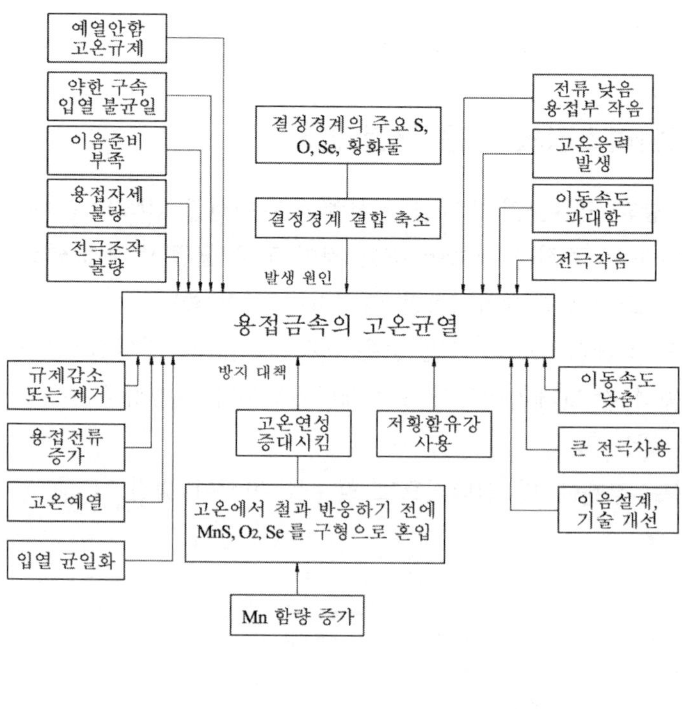

제3절 | 저온 균열

1 저온 균열의 개요

냉간 균열(Cold crack)이라고도 하며, 응고과정이 아니라 용접하여 응고된 후 2~3시간 안에 발생하는 경우가 보통이나 며칠 지난 후에 발생하는 경우도 있다. 저온 균열은 취성 파괴의 위험이 매우 크기 때문에 설계자는 모재의 선정을 고장력강, 합금강으로 할 때 시공 방법 및 예후열 문제를 깊이 인식 하지 않으면 안 된다.

우선 탄소당량 Ceq이 0.4 이상일 경우 및 고장력강은 저온 균열의 위험이 있다고 생각해야 되며, 이 경우 예열, 후열은 꼭 필요하며, 용접 방법도 중요하다.

또한 예열, 후열에서 예열은 강의 재결정 온도(450~550℃) 이상은 금지 되어 있다. 이것은 예열로 인해 용접부 주위 조직이 변화(열처리 효과)될 수 있기 때문이며, 후열의 경우도 조직이 변태(Ac_3 온도 이상)를 일으키지 않도록 해야 한다. 일반적으로 주의해야 하는 것은 강이 열을 받아 색깔이 변하면 이미 재결정 온도 이상이라는 것이다.

이것은 예열이나, 후열의 관리가 매우 힘들다는 것을 의미하며, 실험적인 방법으로 예열 온도 산정은 용접 열영향부(H.A.Z)의 경도가 로크웰 C scale 32 이하가 될 때이며, 피로 하중을 받을 때는 28 이하가 될 수 있는 예열온도 및 시공 방법을 정하는 것이다.

용접 후 응력 제거 열처리는 예열이나 후열과는 관계없으며, 응력 제거 풀림은 문자 그대로 잔류응력 제거에만 영향을 미친다.

가. 저온 균열의 특징

저온 균열은 200℃ 이하의 저온에서 주로 철강재료의 용접금속 및 열영향부의 경화부에서 발생하며, 저강도강의 경우 주로 열영향부에서 발생하지만, 고강도강일 경우 용접금속에서도 발생하며, 고강도강일수록 발생빈도가 증가한다.

저온 균열에 민감한 곳은 마텐사이트나 베이나이트가 함유된 강의 조직, 조대한 오스테나이트 결정의 크기, 슬래그 개재물이나 결정립계의 탄화물 층, 높은 전위 밀도 등이다.

나. 발생 원인 및 기구

(1) 주로 열영향부에 발생하며 모재 표면, 전극봉, 용제들의 용접 전 관리부족으로 수소가 용접부에 유입되어 발생하며, 용접 중 대기나, 용접부 모재의 탄화수소(hydro carbon)에

의해서도 발생한다.

(2) 용접부의 확산성 수소량, 구속력의 크기, 조직의 강도에 크게 의존하며, 이 중에서 한가지 이상 억제되면 균열의 발생이 억제된다.

(3) 잔류 오스테나이트의 분해와 수소의 확산에 의한 지연 균열이 대부분이고, 구속에 의한 응력이 크게 관계되며, 수소량의 과다, 열영향부의 연성 부족, 열영향부의 조립화와 급랭에 의한 경화에 기인하여 발생한다.

(4) 일반적으로 담금질하면 경화하기 쉬운 고장력강이나 저합금강 등에서 비드 밑 균열이나 토우 균열이 생기기 쉬우며, 용접 입열이 적을수록, 판 두께가 클수록, 이음 형상이 복잡할수록 급랭 속도는 증가하고, 경화하여 균열이 생기기 쉽다.

다. 저온 균열의 성장

저온 균열의 성장은 시간 의존성이 크며 비균일성이고 균열의 전파는 반취성의 벽개 파면의 양상을 띄고 외부 응력으로 수소 응집의 효과를 약간 돕는다.

균열 전단시에 수소 농도가 약간 증가하며, 최대 응력치가 있는 곳에서 최대 수소 농도가 있지는 않으나 균열 전단부의 전위 집적 지역에서 미세 공공들이 균열 핵을 생성시키기에는 충분하다.

균열 전파 조건은 다음과 같다.

$$\sigma_\alpha = [\pi(C_O + C_1)]^{1/2} \geq F_m(C_H)$$

(C_O : 초기 수소균열 크기, C_1 : 미세공공 크기, F_m : 격자 응집력,
C_H : 단위 면적당 평균 수소농도)

결정립계의 수소 기점에서 격자 응집력은 파괴강도 이하로 떨어지며 미세 공공을 형성하고 미세 공공이 집적되어 연결됨으로서 균열이 성장(반복적인 절차)하게 된다.

수소에 의한 균열의 성장 기구로는 냉각 중 결정립계는 수소로 이미 오염되어 있으며, 균열은 이 수소 원자의 침전(sink) 역할(균열 팁에서 수소 흡수)을 한다. 따라서 균열의 표면 에너지가 감소하여 결정립계 표면 에너지에서 균열이 전파하게 된다.

2 저온 균열의 발생 경향

가. 용접 중 용접부에서 수소의 분포

그림 5.25 용접부의 수소의 분포

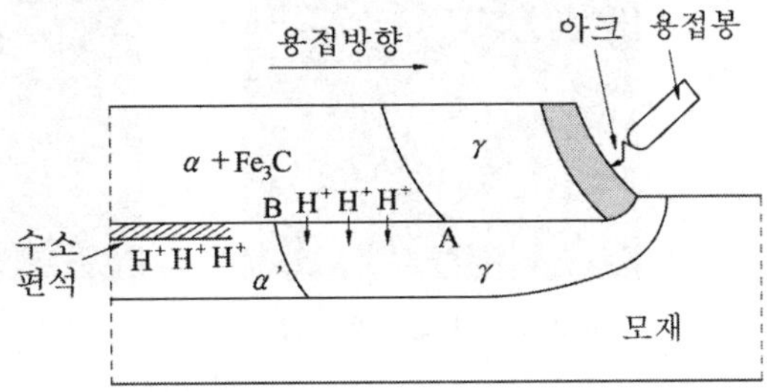

[그림 5.25]와 같이 용접부에 수소가 많이 고용하게 되며, 용융철의 경우 수소의 고용도는 30ppm 정도이다. 따라서 냉각과 함께 오스테나이트는 수소를 많이 함유하게 되므로 마텐사이트에서 수소 균열에 민감한 이유가 된다.(오스테나이트-마텐사이트 변태는 낮은 온도에서 일어나며 수소기 풍부한 오스테나이트로부터 발달하기 때문)

수소 균열 측정은 리하이(Lehigh) 시험법, 리기드-레스트란트(rigid restraint) 시험법, 임플란트 시험법 등이 있다.

나. 금속 조직의 영향

마텐사이트는 경도가 높으며 연성이 없으므로 수소의 존재로 Fe_3C-Fe 간의 강한 응집력이 약화되며 결정립계를 따라 탄화물이 형성된다. 따라서 결정립계는 냉각 중 수소의 집결 장소가 되어 결정립계를 따라 파열(균열)이 생길 수 있다.

$$Fe_3C + 4[H] \rightarrow CH_4 + 3Fe$$

수소가 많은 용접부 파괴면에서 은점(fisheye) 형태의 파괴면을 발견(MnS, SiO_2, Al_2O_3 개재물에서 벽개면 형성)하게 되는데, 이것은 수소는 금속간 화합 개재물(Ti, Nb) 등과 반응하여 개재물 계면에서 취약한 금속 수소화물막(hydride film)을 만들기 때문이다. [그림 5.26]은 수소가 없는 강(a) 및 함유된 강(b)의 파단면의 SEM 사진을 나타낸 것으로 (a) 사진은 연성 파면이 고르게 나타나 있으나, (b) 사진은 벽계면 파면을 형성하여 결정립계가 취성 파면을 나타내고 있음을 볼 수 있다.

그림 5.26 수소 유무에 따른 탄소강의 SEM 사진

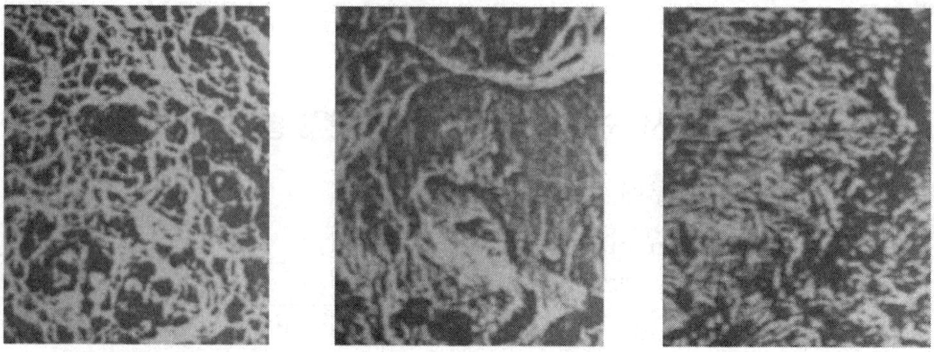

(a) 수소가 없는 탄소강 (b) 수소 함유 탄소강

다. 저온 균열 감수성 지수

저온 균열은 국부 수소 농도, 국부응력 및 그 부분의 금속 조직에 의존하므로 이러한 요인들을 고려하여 여러가지 저온 균열 감수성 평가지수가 제안된다. 그 중에 한 가지 예가 탄소당량 Ceq이 높을수록, 확산성 수소량이 많을수록, 피용접재의 두께가 두꺼워 냉각속도가 빨라질수록 균열 감수성지수 pw가 증가함을 알 수 있다.

pw = Ceq + 확산성 수소량 H/54 + 피용접재의 판 두께 t/600

Ceq = %C + 1/6%Mn + 1/24%Si + 1/40%Ni + 1/5%Cr + 1/4%Mo + 1/14%V

(일본 가하라, 스즈끼, 다무라식)

따라서 저온 균열 방지를 위한 최저 예열 온도는 균열 감수성 지수 값의 증가에 따라 높은 예열 온도가 요구되며, 동일한 값일 경우 용접 입열량이 적을수록, 두께가 두꺼울수록 용접부의 냉각속도가 빨라져 균열의 발생 감수성이 증가하므로 더욱 높은 예열 온도가 요구된다.

라. 저온 균열의 파괴 양상

저온 균열의 파괴 양상은 결정립 내 혹은 입계 형태이며, 체심입방격자의 철에서 수소의 확산은 대단히 빠르다. 20℃에서 수소는 탄소나 질소에 비해 10^{12}배나 빠르며, 마치 원자라기보다는 양자(proton)로 행세한다.(그림 5.27, 표 5.5 참조)

1) 수소 확산계수

(1) 200℃ 이상 : $D = 0.14\exp\left(-\frac{13400}{RT}\right)\ \mathrm{mm^2/sec}$

(2) 200℃ 이하 : $D = 12\exp(-\dfrac{32700}{RT})\ \mathrm{mm^2/sec}$

200℃ 이하에서는 수소의 확산계수가 큰 차가 있는데 그 이유는 여러 결함(개재물 - 기계면, 내부 공공, 균열, 결정립계, 전위)에서 원자 수소가 분자 수소로 전환되기 때문이다.

그림 5.27 온도와 수소 확산계수

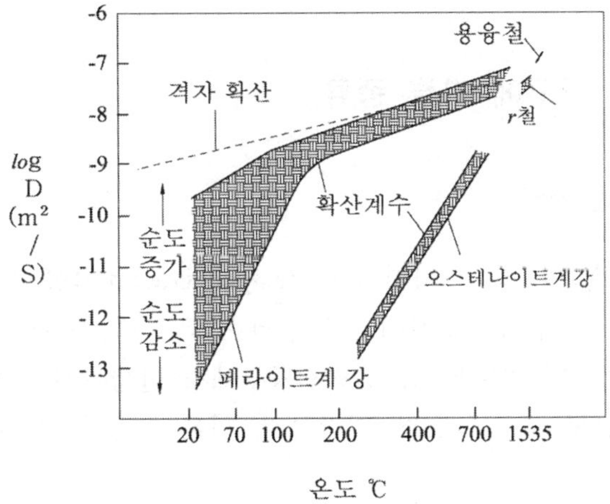

표 5.7 온도와 각종 원소의 확산계수

℃	D(H)mm^2s^{-1}	D(C)mm^2s^{-1}	D(N)mm^2s^{-1}
20	1.5×10^{-3}	2.0×10^{-15}	8.8×10^{-15}
100	4.4×10^{-3}	3.3×10^{-12}	8.3×10^{-12}
200	1.0×10^{-2}	1.0×10^{-9}	1.7×10^{-9}
300	1.7×10^{-2}	4.3×10^{-8}	5.3×10^{-8}
400	2.5×10^{-2}	5.9×10^{-7}	6.0×10^{-7}
500	3.3×10^{-2}	4.1×10^{-6}	3.6×10^{-6}
700	4.9×10^{-2}	6.1×10^{-5}	4.4×10^{-5}
900	6.3×10^{-2}	3.6×10^{-4}	2.3×10^{-4}

마. 용착금속 과소의 영향

강(steel)은 공기보다 열전달 속도가 빠르다. 두꺼운 강판이 얇은 강판보다 즉 3차원적인 형상이 2차원보다 열전달이 잘된다. 그러므로 두꺼운 강판에 지나치게 적은 각장의 용접을 하면, 열전달 속도가 빠르므로 용접부도 빠르게 냉각되어 연신율의 저하에 의한 잔류응력 발생과 토우부의 균열을 만든다.

이것에 대한 독일 기준은 다음과 같으며, 기준보다 적은 각장의 용접은 예열로 해결된다.(냉각속도 증가)

최소 목 두께 a = 1/2t - 0.5mm

3 저온 균열의 종류와 방지 대책

가. 저온 균열의 기구에 따른 종류

1) 지연 균열형 저온 균열

(1) 수소 농도와 구속력에 의한 지연 균열(delayed cracking)형 저온 균열이며, 균열 발생의 지배 요인은 소재의 강도로서 용접부의 강도, 경화 능력이 클수록 발생하기 쉬우며, 구속된 용접부의 루트부 등 응력집중부에서 발생하기 쉽다.
(2) 잔류응력과 확산성 수소 농도에 민감하며, 실온 부근이 약 200℃ 이하로 냉각 후에 주로 발생한다.
(3) 용접 후 일정 시간 경과 후에 발생하며, 발생 시간은 구속응력에 반비례하여 구속이 클 경우 균열 발생 시간이 짧게 걸린다.(그림 5.28 참조)
(4) 저합금강이나, 중합금강, 고장력강 열영향부의 경화부에서 주로 발생하나, 용접금속에서도 일부 발생한다.

2) 담금질 균열형 저온 균열

(1) 냉각 중 발생하는 조직의 경화와 변태 응력에 의한 균열을 말한다.

그림 5.28 수소 첨가에 의한 노치 시험편의 지연 파괴의 예

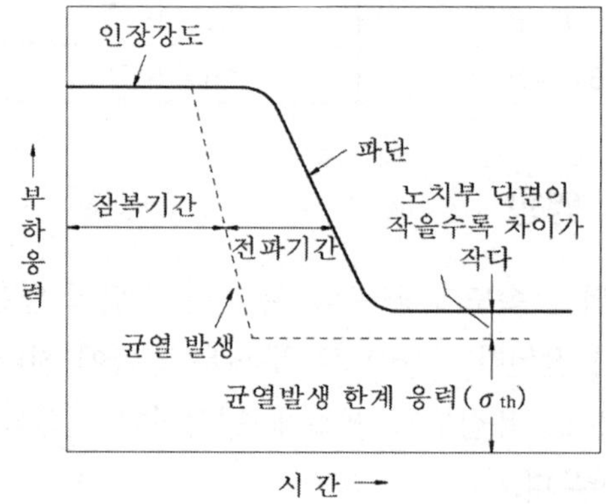

나. 비드 밑 균열(under bead crack)

비드 밑 균열은 일반적으로 용접 후 수시간 후에 모재의 용융선 비드 바로 밑(아래)의 열영향부에서 본드에 접하는 조립부 내에 생기는 균열로서, 탄소당량이 높은 고탄소강이나 저합금강을 저수소계 이외의 다른 용접봉으로 용접할 때 용접열에 의한 변태 응력 및 열영향부의 경화와 용착금속 속의 확산성 수소에 의해 발생되는 미소한 균열이다.[그림 5.29 (a), 5.30, 5.31 참조]

그림 5.29 **저온균열의 종류 예**

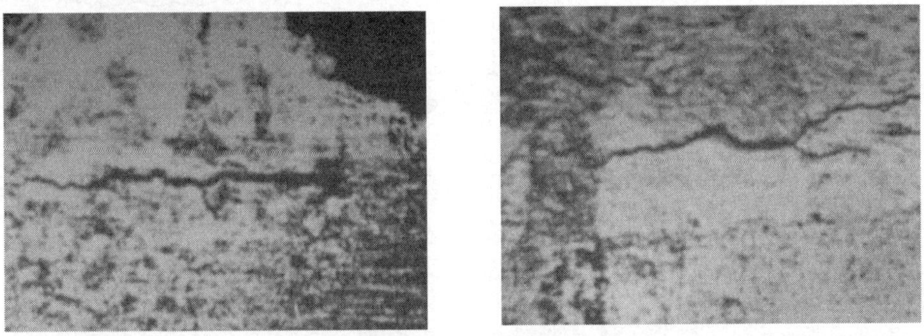

(a) 비드 밑 균열(under bead crack)

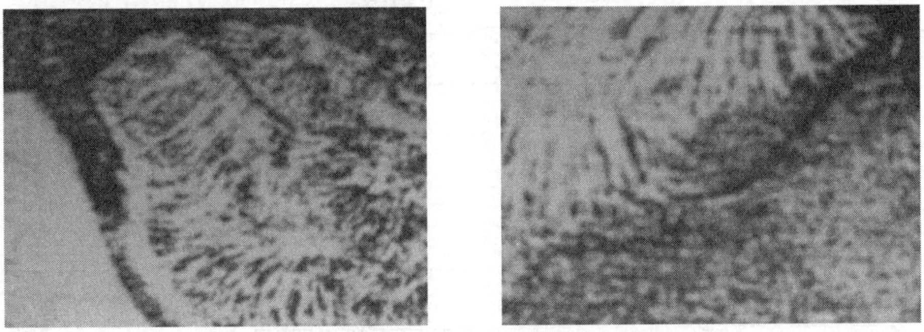

(b) (토우(지단) 균열(toe crack)

그림 5.30 저온 균열 종류의 모식도

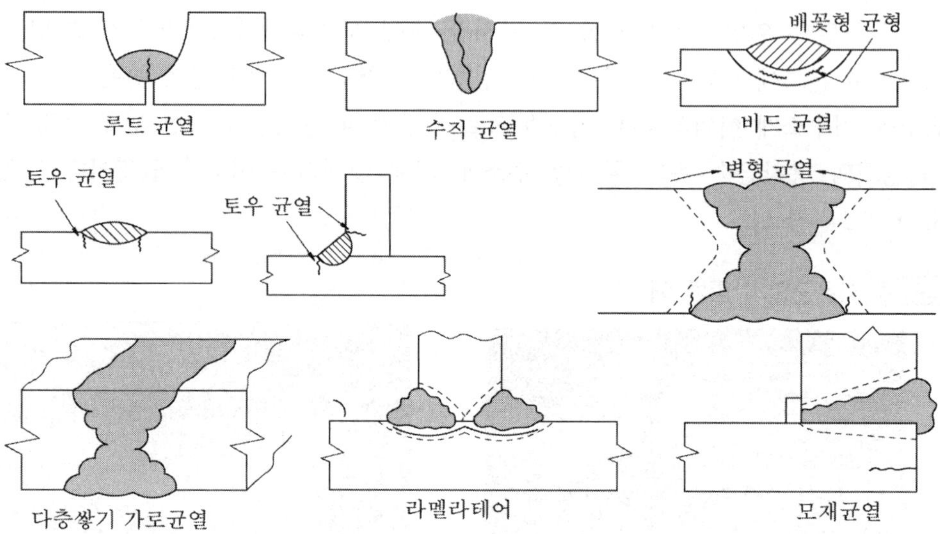

그림 5.31 용접 균열의 종류

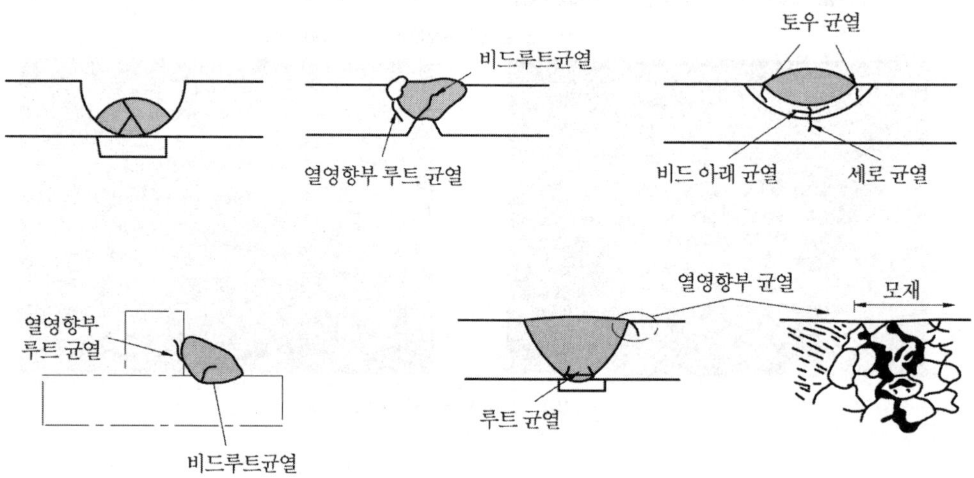

1) 비드 밑 균열 발생 원인과 기구

발생 원인은 용접 중에 오스테나이트에서 마텐사이트로 변태시의 체적 팽창에 의한 변태 응력, 열영향부에 흡수된 수소가 냉각 중에 과포화로 되고 마텐사이트 변태를 한 조직의 취성화로 인해 용착강 및 열영향부의 수축응력, 미시적인 공공 중에 석출한 수소와 정역학적인 응력 등에 의해서 유기되는 것이다.

비드 밑 균열의 발생 기구는 다음과 같다.

(1) 수소가 많이 발생하는 용접봉으로 용접할 때 아크 분위기 속으로 분출된 금속 입자(용적)가 수소를 흡수하므로, 용접금속은 수소를 다량 함유하게 된다.
(2) 용접금속이 응고할 때 급랭, 수축에 의하여 용접금속(용착강) 자신은 수소 함유 능력이 점차 감소하므로 일부는 가스로 되어 표면에서 대기 중으로 배출되지만, 일부는 근접하는 열영향부 내로 확산을 일으켜 열영향부의 수소량은 더욱 증가하게 된다.
(3) 잔류 오스테나이트는 수소를 과포화하고 있기 때문에 마텐사이트로 변할 때 새로 생긴 조직 중에 미세한 균열이 생길 수 있다.
(4) 수소의 잠복기간(incubation time)이 필요하며 발단은 수소 포획 후 분자수소로 바뀌며, 용접 토우, 비세 구조의 불균질성, 슬래그 혼입, 마텐사이트/페라이트 접점, 내부의 공공(internal cavities), 균열, 전위(dislocation), 결정경계, 경도의 급격한 변화, 높은 구속력, 기지 경화 등에서 온다.(그림 5.32 참조)

그림 5.32 결정경계 페라이트를 따라 저온 균열 발생

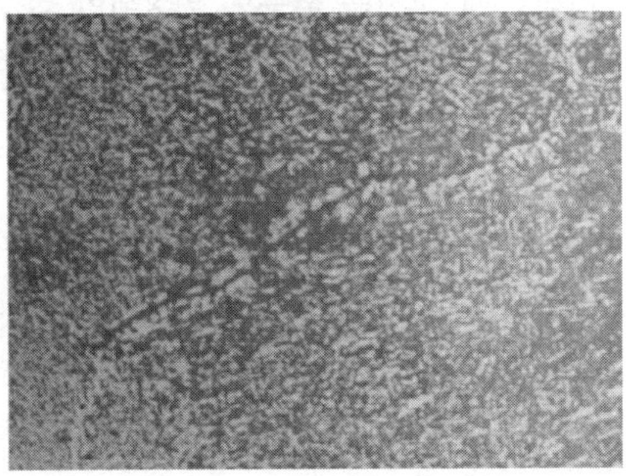

2) 방지 대책

(1) 냉각속도를 느리게 하여 마텐사이트 변태를 피하고, 과도한 수소 흡습을 방지한다.
(2) 마텐사이트 생성이나 수소의 생성 원인을 차단한다.
(3) 마텐사이트 생성의 감소를 위해 100~150℃로 예열하거나(서랭을 위하여) 저수소계(페라이트) 용접봉을 사용(열영향부로의 수소 흡수 감소)한다.
(4) 아크 용접에서 용접 입열을 크게하여 용융금속의 고온 유지시간을 길게 함으로써 수소 방출을 촉진시킨다.

다. 토우 균열(toe crack)

맞대기 용접, 필릿 용접 등의 비드 표면과 모재와의 경계부에 발생되는 균열이며, 구속 응력이 클 때 용접부의 가장자리에서 발생하여 성장하는 균열이며, 용접 후에 바로 회전 변형이나 각변형을 줄 경우에 발생되거나, 언더컷에 의한 응력집중이 큰 경우에도 일어난다.[그림 5.30, 5.31 참조] 방지책으로는 예열을 하거나 강도가 낮은 용접봉 사용이 효과적이다.

라. 힐 크랙(hill crack)

$50kg_f/mm^2$급 강의 대입열 필릿 용접부의 루트 부분에 생기는 저온 균열이며, 열팽창 수축에 의한 비틀림이 주요 원인이다. 이를 방지하는 방법은 수소량 감소와 예열이 효과적이며, 용착금속의 강도를 낮추거나, 용접 입열을 적게 해야 된다.

마. 루트 균열

맞대기 용접 이음의 가접 또는 첫층 루트 부근의 열영향부에서 용착금속이 냉각되어 수축할 때 모재는 좌우로 인장되어 발생하는 세로 균열로 저온 균열의 일종이다. 이것은 용착부가 100℃ 부근이 되면 강도는 증가하지만 연성이 저하하여 루트의 노치부가 응력집중에 의하여 국부적으로 소성 변형을 일으켜 그 부분이 가공 경화와 변형 시효를 받아 취약하게 되어 발생한다.

루트 균열은 첫층 용접의 루트 부근의 열영향부에서 발생하며, 용접 후 수시간이 지난 후에도 일어나게 되며, 비드가 작을수록 일어나기 쉽고, 열영향부의 조직의 경화성, 용접부에 함유된 수소량, 작용하고 있는 잔류응력 등이 주 원인이다.

방지책으로는 수소량을 적게 할 수 있는 용접, 건조된 용접봉 사용, 예열과 후열 등이 있다.

바. 헤어 크랙(균열)

헤어 크랙은 머리카락처럼 미세한 균열을 말하며, 용착금속의 경도가 매우 크고 취약하며 냉각속도가 빠를 경우에 수소와 급랭으로 인한 열응력 및 변태 응력 때문에 용착금속 내부에 미세한 균열이 발생될 수 있으며, 저합금강에서 흔히 나타난다.

방지 대책으로는 예열과 충분히 건조된 저수소계 용접봉을 사용하여 시공하는 것이다.

사. 저온 균열 방지 방법

저온 균열의 3대 요소인 용접부 강도, 확산성 수소 농도 및 구속 응력 중 한 가지 이상 저감하면 어느 정도 해결되며 저수소계 용접봉을 사용하거나, 난흡습성 용접봉을 사용하여 용접 중 수소 흡수의 방지 등이 필요하다.

또한, 피복 아크용접보다는 불활성 가스 분위기하에서 용접하며, 용접재료의 건조 및 청정을 통해서 대기 중 수분의 흡착을 억제한다. 예열 및 후열에 의해 냉각속도를 느리게 하여 확산성 수소를 방출시킨다.

예를 들면 피복 아크용접의 경우 300~350℃에서 1시간 이상 건조 시킨 용접봉, 포장을 개봉 한지 오래 되지 않은 용접봉 등 수분에 의한 수소 발생 여지가 없는 잘 관리된 저수소계 용접봉을 사용해야 한다.

저탄소당량 Ceq의 모재를 사용하며, 고탄소당량의 모재는 용접 전에 예열을 해야 된다.

(1) Ceq < 0.45% : 예열 불필요

(2) 0.45 ≤ Ceq ≤ 0.60 : 93~204℃로 예열

(3) Ceq ≥ 0.60 : 204~371℃로 예열

[그림 5.33]은 열영향부의 저온 균열 원인 및 방지 대책 요소를 나타낸 것이다.

그림 5.33 열영향부의 저온 균열 원인 및 방지 대책 요소

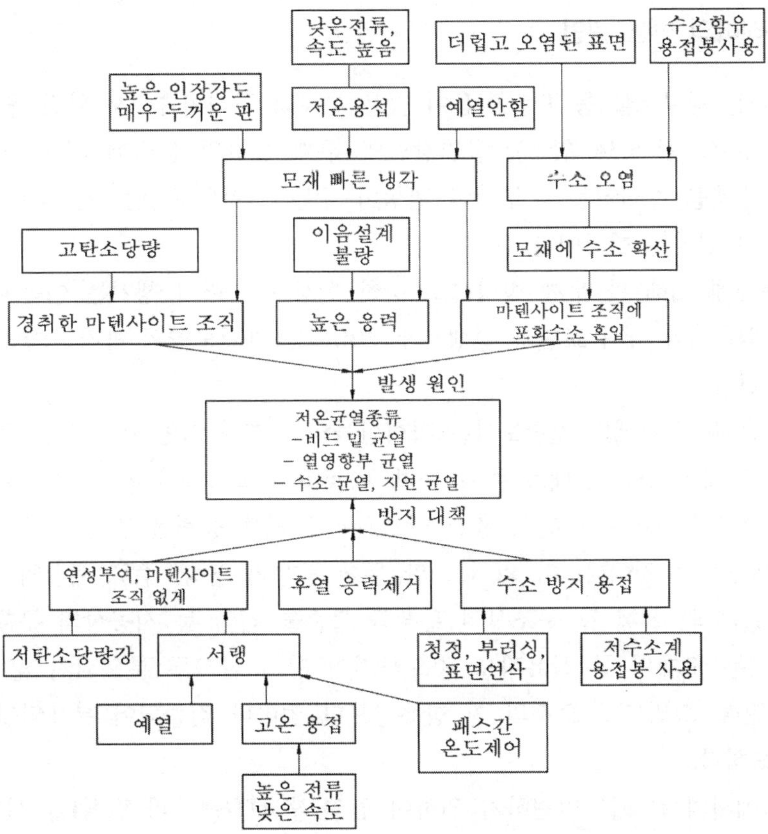

제4절 | 기타 균열

1 라멜라테어(균열)와 라미네이션

가. 라멜라테어

1) 라멜라테어의 발생 원인

라멜라테어는 강구조물 등 T형 이음이 많은 부분과 구석이음에서 완전 용입만으로 다층 용접을 할 경우(그림 5.34 참조), 압연강판의 두께 방향의 응력에 의해 구속이 심할 때 용접금속의 수축을 수반하는 국부적인 변형이 주된 원인으로, 압연강판의 층(라미네이션) 사이에 균열이 생기는 현상이다.

이것은 용접에 의해 판 두께 방향으로 강한 인장 구속력이 생기는 이음에 있어서 용접 열영향부의 외측이나 강재 표면과 평행하게 진행되는 계단모양의 박리 균열을 말하며 층간 박리라고도 한다.

발생 원인은 용접 자체의 결함보다는 황화합물의 존재에 기인한다. 제강, 압연 중에 편석된 황화합물은 얇은 필름 상태로 존재 하며, 이것이 용접이음의 판 두께 방향 구속과 압연 방향(Z방향)으로 존재하는 강판의 층간 상호작용에 의해 응력을 받을 경우 층상으로 갈라져 균열이 발생되는 것이다. 이 외에도 판 두께 방향의 연성, 주로 재질의 열화와 관련이 있고, 용접이음부의 설계 등 구조상의 문제와 불순물 침입 등 시공상의 문제도 있다.

라멜라테어는 모재의 황 함유량도 중요하지만 황이 골고루 분포되지 않고 집중되었을 때 문제가 된다. 그러므로 모재의 황 함유량보다 얼마나 집중되어 분포되어 있는가 하는 것이 더 중요하다.

압연 과정에서의 문제를 발견하기 위하여 압연 후 UT(초음파 탐상)를 시행하면 라멜라테어를 발견할 수 있다. 그러나 이때는 수요자가 제강 회사에 별도의 계약을 체결해야 되며, 특별 비용을 지불해야 한다.

그림 5.34 **라멜라테어링 현상의 예**

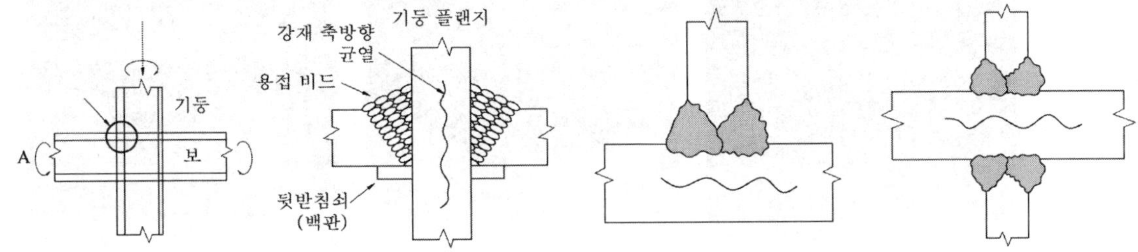

2) 라멜라테어의 발생 기구(그림 5.35, 5.36 참조)

(1) 후판의 T형이나 모서리 용접시 발생하며, 용접부의 용융선이 판의 표면과 평행시 발달하고 열영향부에서 발생한다.

(2) 모재의 압연에 의해 (MnFe)S 개재물이 퍼짐으로써 불순물 편석 밴드를 형성한다.

(3) 높은 용접부 잔류응력 하에서 기지혼합(matrix inclusion) 계면(낮은 결합 에너지)에서 파열이 일어난다.

그림 5.35 **라멜라테어의 발생 기구의 예**

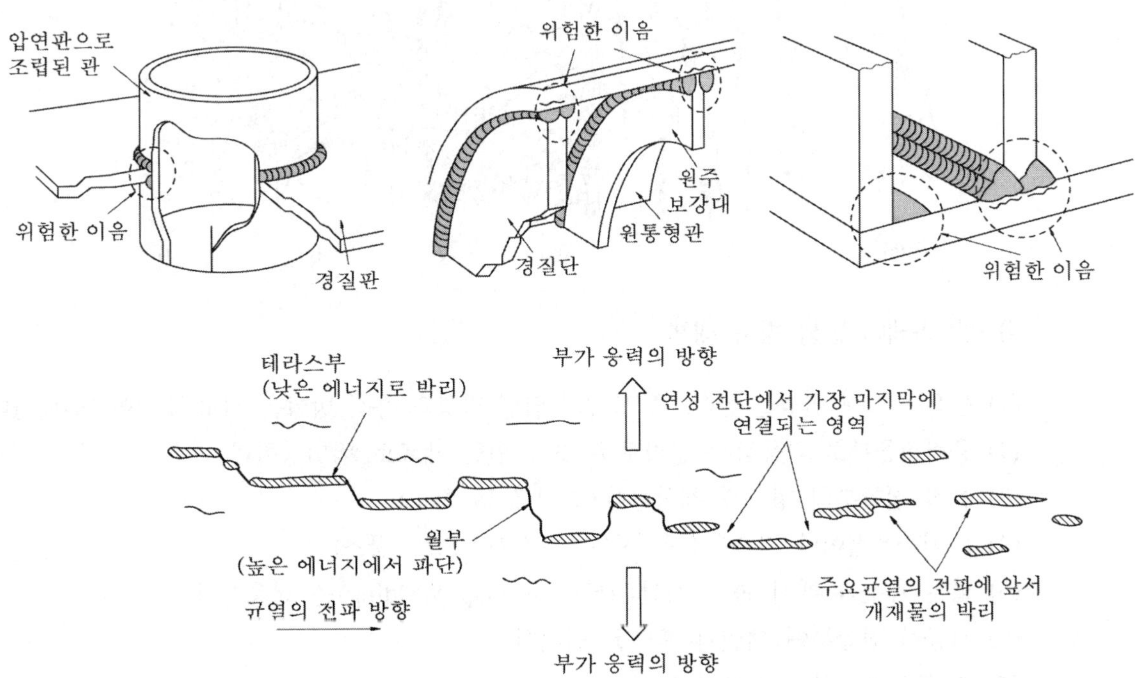

그림 5.36 라멜라테어의 발생 예

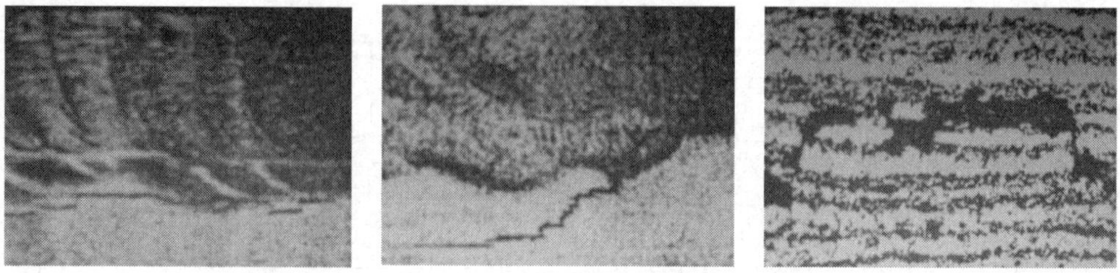

3) 라멜라테어의 발생시 개재물의 여러 형태(그림 5.37 참조)

그림 5.37 라멜라테어 발생을 위한 개재물의 여러 형태

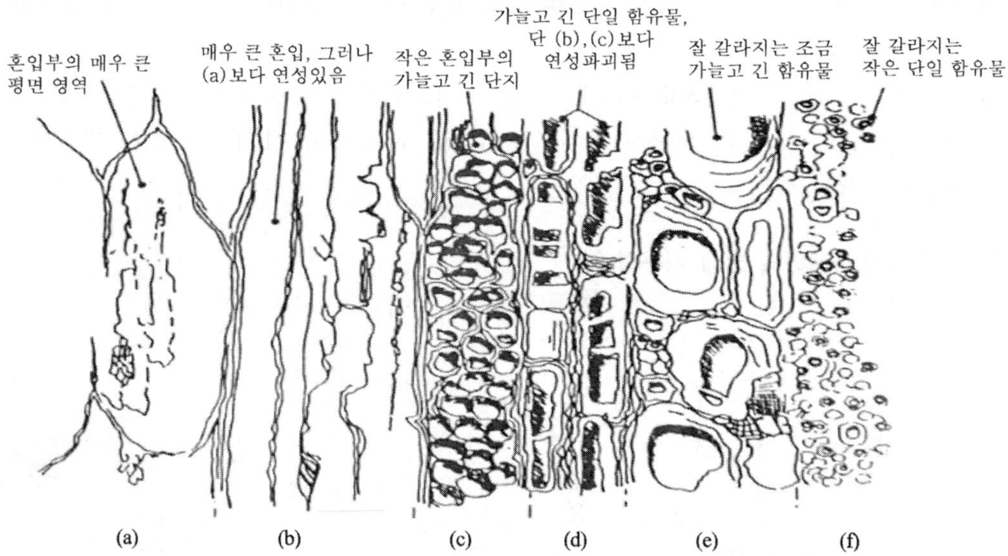

4) 라멜라테어 발생 방지 대책

(1) 용접부 설계 변경을 한다. 즉 모재의 압연 방향과 용접 방향은 서로 수직이 되게 한다.
(2) 응력집중부로 작용하는 날카로운 곳을 연한 재료로 버터링한다.
(3) 용접 접합부의 형상을 개선한다.(그림 5.38 참조)
(4) 1 패스용접이나 저층용접을 적용한다.(그림 5.39 참조)
(5) 넓은 개선각 대신 좁은 개선각(Narrow Gap Welding)을 적용한다.
(6) 시공시 접합부에 예열과 후열을 실시한다.
(7) 저강도 용접봉을 사용한다.
(8) 수소 함유량을 낮추고, tearing이 예상되는 곳을 연마한다.

그림 5.38 라멜라테어 방지를 위한 용접부 형상 개선의 예

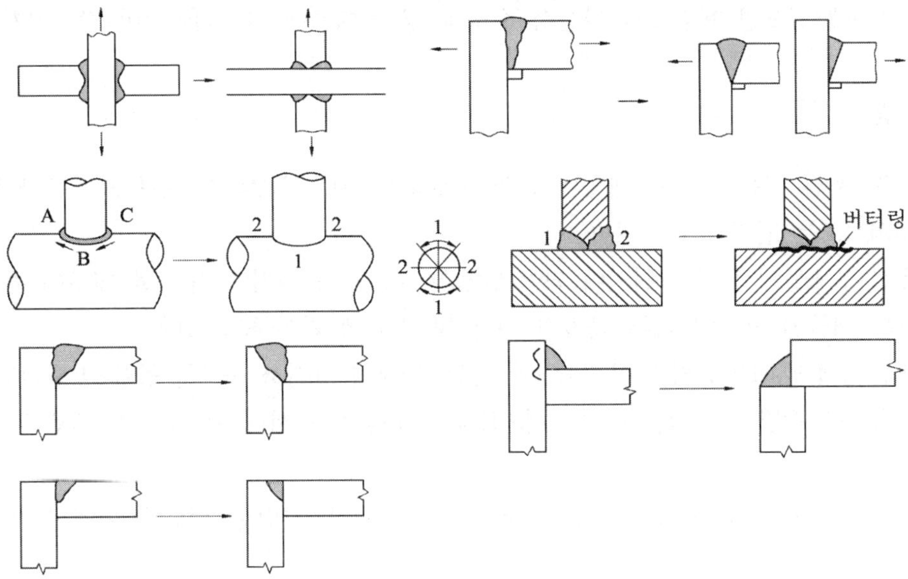

그림 5.39 라멜라테어 방지를 위한 용접 층수 개선의 예

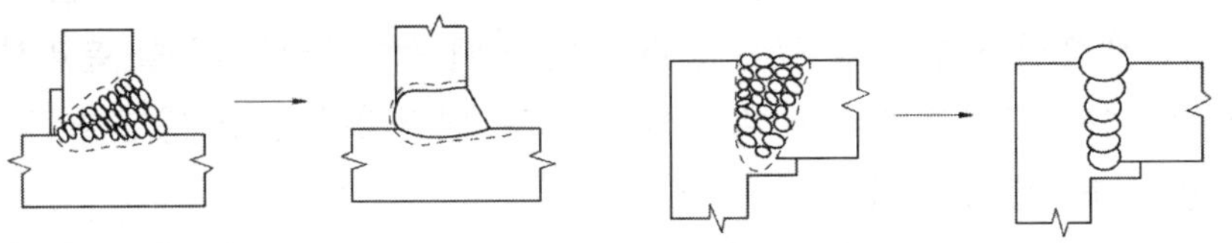

(a) 다층 용접 (b) 1패스 용접 (a) 다층 용접 (b) 저층 용접

5) 라멜라테어 측정을 위한 인장 시험편 제작의 예

라멜라테어의 민감도 측정을 위해 필릿 용접을 실시한 후 [그림 5.40]과 같이 인장 시험편을 제작하여 시험한다.

나. 라미네이션 균열

모재의 재질상 결함으로, 압연 공정 중에 강괴 내의 수소의 집적이나 개재물(C, Mn, P, S 등)의 편석, 유황 편석 등이 압연 방향을 따라 납작하게 퍼져나가 층상으로된 일종의 박리층 현상을 라미네이션이라 한다.

그림 5.40 라멜라테어 인장시험편 만드는 법

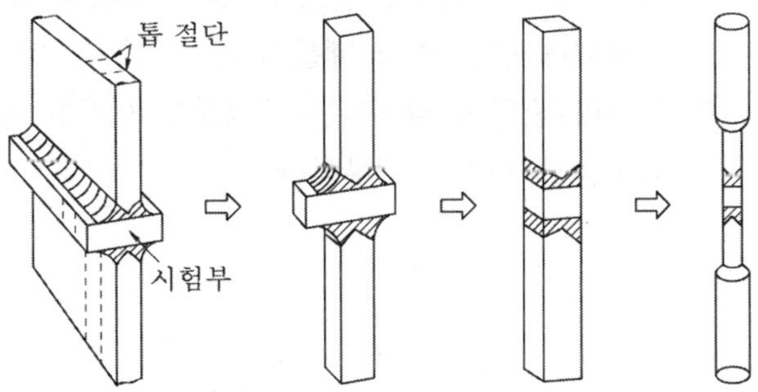

라미네이션은 강판의 두께 방향의 강도를 감소시키는 원인이 된다. 따라서 라미네이션이 용접부 근처에 있으면 용접열과 확산성 수소의 영향 때문에 라미네이션이 갈라지게 된다.

1) 특 징

(1) 보통 용접 이음 내부에 매몰된 균열(buried tear)로 존재하기 때문에 초음파 탐상을 제외하고는 탐지가 곤란하다.
(2) 용접 구조물에서 직접 원인이 되어 발생한 사고는 드물지만, 구조물 내부에 존재하고 있는 매몰된 균열이 다른 균열의 성장 및 전파에 기여하고 있다.
(3) 해상 구조물, 교량, 압력 용기, 배관 라인, 원자력 발전소 구조물 등에 발생되고 있다.
(4) 구속력을 수발하기 쉬운 용접 이음(십자형, T형상, 모서리 이음) 등에 관련되어 발생한다.
(5) 탄소강, Cr-Mn강, 고장력 저합금(HSLA)강, 불림강, 압연강, 담금질 등에서 발생한다.

2) 발생 원인

MnS계 개재물은 압연에 의해 편평하게 늘어지기 쉽고, 모재 속에서 늘려진 개재물은 모재가 용접열에 의한 외부 인장 구속 응력을 받을 때 쉽게 모재 내부를 분리시키는 역할을 한다. 이렇게 여러 곳에서 분리된 부분들은 서로 연결되어 압연 방향과 평행인 층상의 거시적인 균일 형태로 발전된다.

이러한 라멜라 균열의 주요한 요인으로 작용하는 MnS계 개재물은 초음파를 투과하기 쉽기 때문에 상당히 큰 개재물이라도 초음파 탐상으로 검출하기 어려워서 초음파 탐상같은 비파괴 시험만으로는 라멜라 균열이 발생되지 않도록 보장하기 어렵다.

(1) 발생의 주된 인자는 재료, 이음 설계 및 용접 변수 등 3가지이다.
(2) 재료의 두께 방향의 낮은 연성과 이 방향으로 용접에 의해 부과되는 높은 변형에 의하여 발생된다.
(3) 두께 방향의 낮은 연성은 비금속 개재물, 모재의 성질 및 취성 기구 등에 기인하고 이 방향에 부과되는 변형은 용접 이음의 구속력, 용접에 의한 열적 변형과 금속의 상변태에 따른 변형 때문이다.
(4) 라멜라 균열이 발생되는 재료상의 이유는 용접에 의하여 발생된 변형이 그 재료의 연성을 능가하기 때문이다.

3) 방지 대책

(1) 킬드강이나 세미 킬드강 등 내라멜라 균열성 강재를 이용하여 용접 시공을 할 때 압연 두께 방향으로 큰 구속이나 부하가 걸리지 않도록 구조물을 가능한 한 간단히 하고 각 이음부의 거리를 넓게 함이 필요하다.
(2) 용접 이음부의 형식으로는 T형, 편측 필릿 이음부, 모서리 이음, 관통 이음매를 피하여 가능한 한 맞대기 이음을 한다. 같은 이음부 형식이라도 용접홈 형상, 적층법 등에 의해 구속도의 종류, 정도, 국부적인 용접 변형, 잔류응력 분포 등이 변화함으로 주의가 필요하다.
(3) 용접 시공시 저수소계 용접봉 및 용접재료를 선택하고 적절한 예열과 후열처리를 실시한다.
(4) 저강도의 용접금속을 사용한다.(두께 방향의 변형을 줄여주기 때문)
(5) 100℃ 정도로 예열하여 수소의 영향을 감소시켜 균열에 대한 재료의 저항을 향상시킨다.
(6) 대입열 용접 방법(서브머지드 아크용접 등)을 사용함으로서 큰 열영향부를 얻게 되고 변형 구배가 용접부에서 점차적으로 분포되어 있기 때문에 라멜라 균열 발생을 줄일 수 있다.

2 재열 균열

가. 재열 균열의 개요

재열 균열은 잔류응력 완화 또는 제거를 위해 응력 제거 풀림 등을 위해 크리프 변형이 생길 정도의 온도로 가열시 응력 완화에 의해 발생한 소성 변형이 응력집중부에 모임에 따라 발생하는 균열이이며, SR(stress relief) 균열, 응력 완화 균열(stress relief crack)이라고도 한다.

보통 잔류응력의 완화를 위해 500~750℃로 가열하였을 때 발생하며, 주로 고장력강(HT80) 등의 구속이 큰 용접부, 특히 압력용기의 노즐 이음부, 용접부의 후열처리 또는 용접 열영향부에 생기며, 결정립이 클수록 입계의 응력집중이 크게 되어 조립조직은 균열이 일어나기 쉬우며, 그 파면은 일반직으로 신화된다.

강 용접부에 발생하는 재열 균열은 덧살 용접금속의 열영향부에서 발생하는 언더 클래드 균열 등의 재열 균열과(그림 5.39 참조) 용접이음의 열영향부에서 발생하는 재열 균열이 있다.

나. 재열 균열 취화 기구

재열 균열 취화 기구는 현재까지 정설은 없지만 일반적으로 입계에 불순물 원소가 석출하여 취화하는 것으로 판단되므로 이러한 취성을 억제하기 위해서는 불순물 원소가 극히 적게 되도록 억제하며 Si량도 적게 되는 것이 좋다. 또한 결정립이 클수록 취화가 크게 되는데, 조직으로는 마텐사이트 > 베이나이트 > 펄라이트 순으로 취화 감수성이 변한다.

극후강판에서는 어닐링 취성 이외에도 장시간 SR에 의하여 강도가 저하되는 것이 문제가 되기 때문에 시공할 때는 화학성분, 열이력 등을 충분히 고려해야 한다. 또한 스테인리스강 등에서는 탄화물의 입계석출, 본드부에서는 침탄, 탈탄에 의한 취화 등 용접 후열처리에 의한 취화를 고려한 설계 및 제작이 필요하다.

다. SR 균열에 영향을 미치는 인자

SR 균열에 영향을 미치는 인자로서는 SR 조건(온도, 유지시간, 가열 및 냉각속도), 합금성분, 용접조건(열영향부의 조직), 응력집중(잔류응력과 노치), 용접금속의 강도 등이 있는데, 모재와 화학성분 중에서 특히 Mo과 V이 유해한 것으로 알려져 있으며, 다음으로 Cr, Cu, Nb, Ti 등이 있다.

SR 균열은 ① 열영향부 조립역, ② 큰 구속력(잔류응력) 및 응력집중, ③ 2차 경화 원소를 함유하는 강 등의 3가지 조건이 필수 조건이다.

라. 재열 균열의 특징

(1) 구속도가 크고 잔류응력이 높은 이음에서 발생하기 쉽다.
(2) 용접 후 열처리 온도로 가열 중이나 유지 중 또는 고온으로 사용 중에 발생한다.
(3) S, P, As, Pb 등 불순물 원소량을 많이 함유할수록 발생하기 쉬우며, 500~750℃ 범위로 저합금강을 가열시 발생하기 쉽다.
(4) 재열 균열은 입계 균열이기 때문에 열영향부 조립역의 입계에서 발생하여 조립역의 오스테나이트 입계를 따라 전파하며, 인성이 큰 열영향부의 세립역에서 정지하며, 세립역이나 용착금속, 모재부에서는 거의 발생하지 않는다.
(5) 열영향부의 본드 부근 조립역에 덧살이나 토우부, 융합 불량부 등 응력집중이 존재하는 경우에 매우 발생하기 쉽다.
(6) 재열 균열의 파면 조직은 매우 평탄한 파면조직을 나타내는 경우와 MnS 등의 미소 입자가 존재하는 부분의 경우 입계 딤플형 파면조직이 되는 경우가 많다.
(7) SR균열은 큰 잔류응력과 노치(응력집중)가 없으면 발생되기 어렵다. 연강에서는 판두께 32mm 이상이 되면 발생하기 쉽고, 저합금강의 압력용기에 일반적으로 Cr>1.5%에서는 SR 균열 감수성이 적게 된다.

마. 재열 균열(reheat crack)의 원인 및 발생 기구

(1) 일반적으로 열영향부의 조립역에서 재열 균열 발생이 가장 쉽게 일어날 수 있으나, 소성 변형이 집중한 경우에도 국소적인 소성 변형능이 충분히 높아서 소성 변형을 완화시킬 수 있을 경우 재열 균열은 발생하지 않는다.

(2) 용접부보다는 열영향부의 조대한 결정립 지역에서 더 많이 발생하며, 결정립계를 따라 발달한다.(그림 5.41 참조)

그림 5.41 용접부의 재열 균열의 예

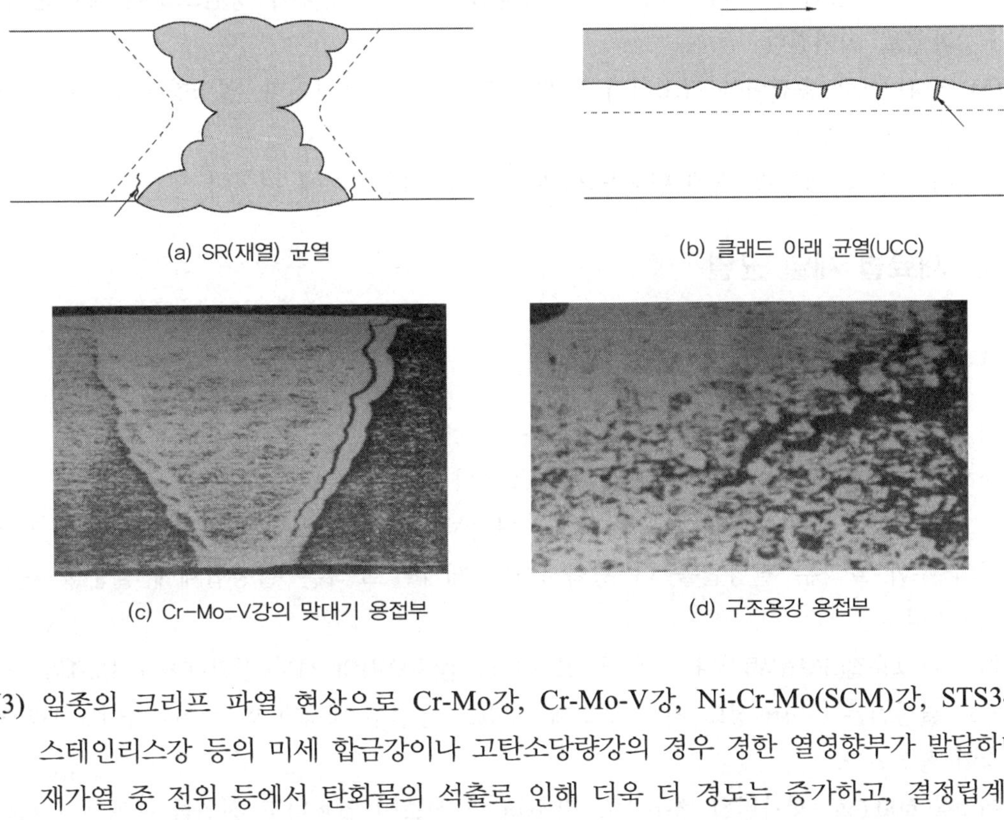

(a) SR(재열) 균열

(b) 클래드 아래 균열(UCC)

(c) Cr–Mo–V강의 맞대기 용접부

(d) 구조용강 용접부

(3) 일종의 크리프 파열 현상으로 Cr-Mo강, Cr-Mo-V강, Ni-Cr-Mo(SCM)강, STS347 스테인리스강 등의 미세 합금강이나 고탄소당량강의 경우 경한 열영향부가 발달하며, 재가열 중 전위 등에서 탄화물의 석출로 인해 더욱 더 경도는 증가하고, 결정립계를 따라 크리프 변형이 생기며 결정립계를 따라 미끄럼이 생긴다.(그림 5.42 참조)

그림 5.42 결정립계를 따라 크리프 변형이 생기는 과정

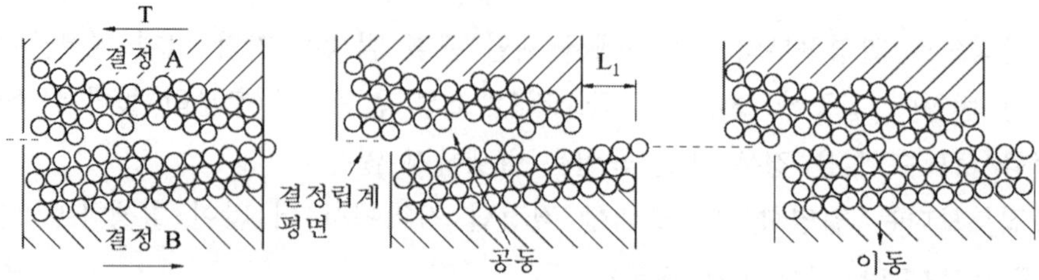

(4) 결정립계 미끄럼은 결정립이 미세한 상태에서 더 쉽게 발달하며,(응력분포가 균일하므로) 결정립이 조대한 경우에는 결정립계에 응력집중이 생김으로써 응력완화 중 과열로 이어진다.

(5) 결정립계에 응집력을 감소시키기 위한 불순물이 존재하거나, 열영향부에 조대한 결정립이 발달한다.

(6) 재가열 중 결정립 내에 탄화물의 재석출 및 결정립계에 편석이 생긴다.

바. 재료별 재열 균열

1) 0.5%Cr-Mo-V 합금강의 재열 균열

이 합금강은 NbC, VC, $Cr_{23}C_6$, Mo_2C 등의 매우 안정한 탄화물의 분포로 금속 조직이 미세하며, 크리프 저항이 우수하므로 터빈 주조나 파이프 등의 고온 내열용 재료로 사용된다. 그런데 용접으로 1200℃ 이상 가열시 탄화물은 분해되고 결정립은 성장하며, 가열과 냉각의 복합 효과는 결정립을 더 경화시키며 재가열 조작은 결정립계에 불순물 편석을 촉진시킨다.

피복 아크용접(SMAW)이나, 서브머지드 아크용접(SAW)의 경우 입열량이 1~10MJ/m 정도이므로 결정립은 150㎛ 정도 커지며,(모재 : 20㎛) 용접부 냉각과 함께 베이나이트-페라이트 조직이 형성된다.

이것을 600℃로 재가열될 경우 VC 및 NbC의 석출이 일어나고 전위들 주위에서 석출물을 형성하며, 결정립계를 따라 불순물 확산이 모재에서 보다 더 활발하게 진행하게 되며, 불순물 및 결정립 크기가 클수록, 불순물이 많을수록 재열 균열의 발생이 많이 일어난다.

$$D_b\delta > D_m d$$

(D_b : 결정립계 확산계수, δ : 결정립계 폭, D_m : 체적 내 확산계수, d : 결정립 크기)

2) 저탄소강에 γ계 스테인리스강 피복 아크용접시 하부 재열 균열

저탄소강에 γ계 스테인리스강을 피복 아크용접시 재가열 지역에서 결함이 발생하는데 그 원인은 다음과 같다.

(1) 페라이트 모재와 γ계 스테인리스강 간에 용접시 열팽창계수의 차로 인해 약 400MPa 정도의 심한 잔류응력이 발생한다.

(2) 1차 층 용접 후 인접하여 2차 층 용접시 1차 층의 피복 하부가 500~700℃로 재가열되면서 잔류응력 완화 효과를 받아 국부 지역에 결함이 발생하면서 잔류응력이 완화된다.(그림 5.43 참조)

그림 5.43 언더 클래드 균열 발생 (탄소강–γ계 스테인리스강 용접)

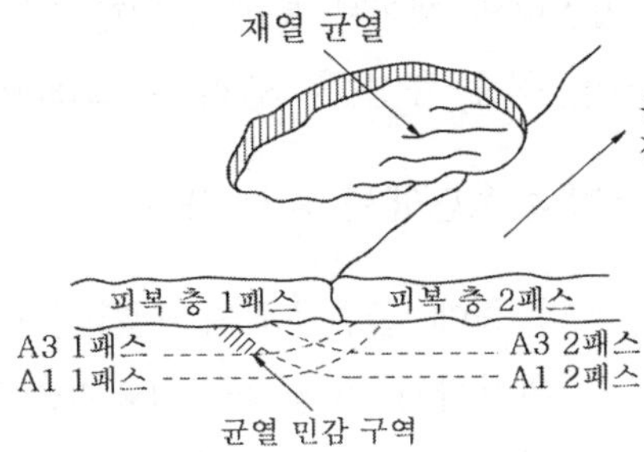

(3) 크리프 과정 중 결정립 사이나 특히 결정립 코너들에서의 변형은 결정립계의 미끄럼이나, 공공의 확산 및 전위의 상승 등에 의하여 완화가 된다.

(4) 결함은 결정립계의 불순물 편석 등으로 결정립계의 응집력 감소로 발생하게 되며, 크리프에 의한 결정립계 미끄럼 중 결정립계의 3중합점(triple junction) 등에는 많은 응력집중이 발생하게 되고 기지가 단단하고 이 응력집중에 대한 소성변형이 불가능할 때 미세균열(micro crack)이 발생한다.(그림 5.44 참조)

(5) 원자력 용기용강(0.7%Ni-0.4%Cr-0.6%Mo)에서 이러한 균열이 발생하고 있으므로 판 두께 38mm 이상의 용접시에는 550~650℃로 두께 25mm당 1시간의 후열처리가 요구된다.

그림 5.44 결정경계의 미끄럼 수용 여부에 따른 결정경계 변형

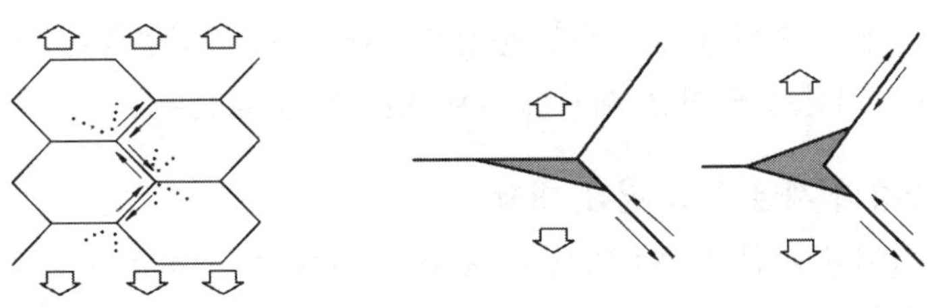

(a) 결정경계 미끄럼 수용시 (a) 결정경계 미끄럼 불수용시

사. 재열 균열 발생 방지 대책

1) 야금학적 측면에서 방지 대책

입계 취약화를 조장하는 원소를 줄이거나 입내 석출 강화 원소를 적당하게 합금시키는 방법, 입열량의 제어를 통해 열영향부의 결정립 미세화, 입계 부근의 무석출대의 제거 등이 필요하며, 최종 용접 후 템퍼 비드(temper bead)를 실시한다.

2) 역학적 측면에서 방지 대책

후열처리 중에 잔류응력의 완화에 따른 소성 변형량을 최대한 줄이거나, 소성 변형의 집중도를 완화하기 위해 응력집중원을 제거하거나 완화할 필요가 있다.

따라서 일반적인 방지 대책으로는 조립역의 조직 개선, 표면 덧붙이나 필릿 비드의 토우(toe)부를 평탄하게 다듬질하여 응력집중을 감소시키며, 비드는 가능한 넓게 한다. 노출부 등에서는 잔류응력과 응력집중을 경감시키기 위하여 맞대기 용접과 필릿 용접부가 중첩되지 않게 설계하고, 용접 홈의 형상, 용착순서 등을 연구하여 가로방향의 잔류응력을 감소시킨다.

3) 재료별 재열 균열 방지 대책

(1) 고장력강, 저합금강의 재열 균열 저감 대책

① 재열 균열에 현저하게 영향이 미치는 화학 성분인 Cu, V을 첨가하지 않고 Mo 함유량을 줄이는 대신 C, Si, Mn의 함유량을 높인다.(아래 식에서 $\Delta G>0$인 경우 재열 균열이 발생함)

$$\Delta G = \mathrm{Cr} + 3.3\ \mathrm{Mo} + 8.1\ \mathrm{V} - 2$$

② 입계에 편석하여 입계를 취약하게 하는 원소(S, P, Sb 등)를 줄인다.

③ HT80강에서 비석법 등 배분 용접을 실시하여 잔류응력을 줄인다. 잔류응력을 490MPa 이하로 줄이면 재열 균열이 발생하지 않는다.

(2) 스테인리스강의 재열 균열 저감 대책

① 고장력강이나 저합금강에 비해 재열 균열 발생 온도 영역이 넓고 균열 발생까지의 잠복 기간이 길다.

② STS 347 스테인리스강을 고온에서 장시간 사용할 경우 입자 내에 미세한 Nb(C, N)가 석출하여 입자 내의 강도가 높아지는 결과 입계와의 강도 차가 증대하여 재열 균열이 발생하게 되므로 사용 전에 안정화처리를 하여 거칠고 엉성한 Nb(C, N)를 석출시킨다.

제5절 | 각종 금속의 용접 균열

1 탄소강 및 저합금강 등의 용접 균열

가. 탄소강, 저합금강의 용접 균열

철에 합금 원소가 고용되면 액상-고상선 사이의 응고 온도 분포 폭에 변화가 생기게 되는데, 이 온도 폭이 커지면 균열이 발생하기 쉬워진다. S, B, C, P 등은 온도 폭을 급격히 증대시키는 원소이다.

S 및 P가 FeS(1190℃), Fe3P(1166℃) 등의 화합물을 형성하면 용점이 저하하며, Fe와 공정(FeS · Fe)이 되면 988℃ 정도, Fe3P · Fe로 되면 1050℃로 융점이 저하한다.

NiS-Ni 공정에서는 645℃로, Ni3P-Ni 공정에서는 880℃로 융점이 매우 낮아지게 되며, 이러한 저융점의 액상이 응고의 최종 단계에서 결정립계에 편석하면 액상의 존재 기간이 그만큼 길어지게 되어 균열의 위험이 많아지게 된다.

고온 균열에서는 초정의 γ 상이 많아지면 균열 감수성이 높아지며, δ 상이 많은 경우는 균열 감수성이 낮아진다. 즉 γ 상에서의 P의 용해도는 25%, S의 용해도는 0~0.05% 정도이며, δ 상에서의 P의 용해도는 2.8%, S의 용해도는 0.18%이다. 다른 조건이 같을 때 δ 상의 안정화 원소인 Al, Cr, Si, Ti, Mo, V, W, Zr 등을 첨가하면 균열이 감소되며, γ 상 안정화 원소인 C, Ni, Mn, Cu 등을 첨가하면 균열이 증가한다.

따라서 탄소강이나 저합금강에는 황(S)이나 P의 함유량을 최대한 제한해야 하며, 단순히 고온 균열 방지를 위해 Mn만을 첨가하였으나 최근에는 Ti, Zr 등을 첨가하여 고융점의 유화물을 형성시키는 것이 연구되고 있다.

나. 내열 합금의 용접 균열

내열 합금은 응고 직후에 발생하는 고온 균열 외에 용접 후의 냉각 중이나 용접 후의 열처리 중에서 발생하는 균열이 있으며, 이러한 균열을 변형 시효 균열 또는 용접 구속 균열이라 한다.

변형 시효 균열은 용접에 의한 잔류응력이나 용접열 사이클로서 결정립계에 석출한 탄화물 등이 입계 강도를 저하시키고 결정입내에 석출한 γ 상 등이 기지 연성을 저하시키기 때문이다.

일반적으로 고온 균열은 결정립계 균열이며, 결정립계에 저융점 물질이 필름상으로 형성되는 것이 원인이다.

2 스테인리스강의 용접 균열

일반적으로 오스테나이트계 스테인리스강의 용접금속에서는 고온 균열이 생기기 쉽고, 용접금속에 약 5%(실온) 이상의 σ 상이 존재하는 조건에서는 균열이 잘 생기지 않는다. S은 탄소강의 경우와 같이 γ 계 스테인리스강의 고온 균열의 주요 원인 중의 하나이다.

따라서 Mn으로 S의 해를 제거할 수 있으나 근본적으로 S의 함량을 가능한 0.01% 이하로 낮추는 것이 좋다.

[그림 5.45]는 황, 인, 탄소, 망간이 오스테나이트계(STS 347) 스테인리스강에 함유시 균열 감수성 관계를 나타낸 것으로, 황과 인은 함유량이 증가할수록 균열 감수성이 높아지고, 탄소는 거의 직선적으로 낮아지며, 망간은 일정 구간에서 현저히 낮아짐을 알 수 있다.

C를 증가시키면 균열을 방지할 수 있지만, C는 γ 상의 안정화 원소이므로, C의 증가에 따라서 δ 상이 감소하므로 오히려 균열이 증가될 위험도 크다.

또한, 규소(Si) 함유량이 많으면 결정립계에 규산염(silicate)의 막을 형성하여 균열이 생기기 쉽다.

니오브(Nb)는 함유량이 많을 때는 δ 상을 안정하게 하므로 균열 방지에 유익하지만 실제로는 오스테나이트를 안정시키는 원소이므로 다량 첨가하면 오히려 균열 감도를 높이는 경향이 있다.

몰리브덴(Mo)은 일반적으로 균열 감도를 저하시키는 원소이나 Nb와 공존하여 결합하면 오히려 균열이 발생하기 쉬워진다.

그림 5.45 γ계 스테인리스강 중의 합금 원소와 균열 감수성 관계

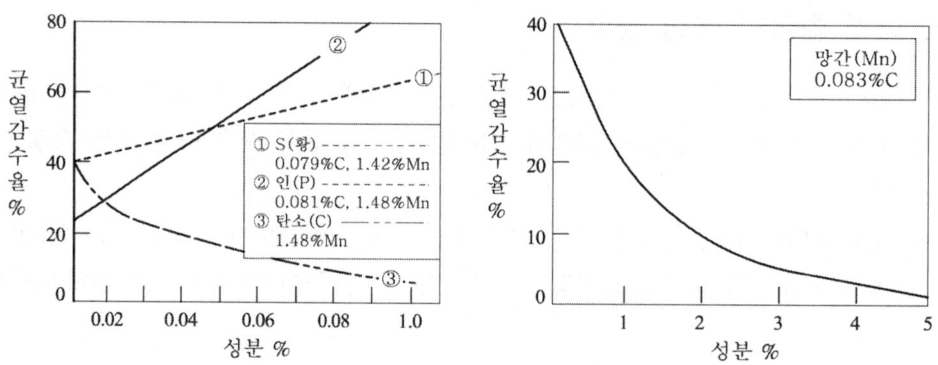

3 구리(동) 합금의 용접 균열

가. 순 구리의 용접 균열

순 구리는 용접 균열의 발생이 적으나 후판에서 구속력이 크고 용접금속의 액상과 고상의 응고 온도 영역을 크게 하는 원소(Pb, Si, P, As) 등이 존재하면 결정립계의 석출물이 용융하며 필름막 단계에서 존재 기간이 길어져서 고온 균열의 감수성이 커져 균열이 발생한다.

Pb, Bi는 구리에 거의 고용하지 않고 저융점 공정물을 형성하기 때문에 0.05% 정도의 미량에서도 균열이 생길 수 있다.

정련 구리와 같이 용접금속 중의 산소 한유량이 높은 것은 용접 분위기 중에서 다량의 수소를 흡수하면 산화물의 수소 환원에 의하여 생긴 수증기에도 균열이 발생할 수 있다.

나. 순 구리 용접시 기공 발생

용접금속에 발생하는 기공은 가스 용해도의 감소에 의해 생기는 경우와 가스 화합물로서 생기는 경우가 대부분이다. 가스로서는 H_2O, SO_2, CO 등이 있다. H_2O는 고상 구리에는 전혀 고용하지 않고 확산 속도도 대단히 적어 강 중에 농축된 것과 같은 형상으로 되어 기공이 되며, 금속이 응고시 미쳐 방출되지 않고 기지에 부착되어 있거나 표면 가까이 머물고 있는 것이 기공이 되는 것이다.

순 구리의 기공 방지에는 Mn, Si, Ti 등의 탈산제를 함유한 용접봉을 사용하거나 고온으로 예열을 하여 냉각속도를 느리게 하고 탈가스 하는 것이 좋다. 또한 최근에는 용접 토치에 전자 진동 장치를 설치하여 용융지에 전자 진동을 줌으로서 용융지의 기포 생성을 촉진하고 생성된 기포의 확산 속도를 크게 하여 기공을 줄이는 방법이 사용되고 있다.

다. 구리 합금의 용접 균열

Cu-Al계 합금의 경우 α 상에는 고온 취성화역이 존재하기 때문에 α 단상 용착금속은 조립화가 쉬워 균열 감도가 높으며 다층 용접에서는 앞층 비드에 균열이 나타나는 경우가 많으며, 재가열 등을 받으면 그 영향이 현저하다.

고온 취성 방지 방법으로 용접 와이어에 Ti를 첨가하는 것이 효과적이며, 크롬 등의 불순물을 가능한 적게 하고 질소 함유량을 극히 제한함으로서 개선될 수 있으며, 큰 입열에 의한 용접을 피해야 한다.

라. 용접 균열의 방지 대책

용접 균열은 다양한 인자가 영향을 미치며, 서로 상호 관계가 있다. 따라서 용접 균열을 방지하려면 이 요인 하나하나에 대한 인자뿐만 아니라 종합적으로 판단이 필요하다.

(1) 용접 입열의 최소화를 위해 전류, 홈, 용접속도 등의 용접 조건 또는 후퇴법 등 용접 순서의 선정이 필요하다.

(2) 고온 균열의 방지에는 재료 조성 관계, 수축응력이나 노치의 영향을 피하고 응력의 발생을 방지하는 이음 형식(표 5.8 참조)을 채용하는 것이다.

(3) 용접 시공시 이음면의 완전 청소, 완전 보호, 직선 비드놓기, 예열과 후열에 의한 응력 완화와 응력 제거가 필요하다.

(4) 저합금강, 고탄소강 등 경화하기 쉬운 재료에는 완전 건조된 저수소계 용접봉을 사용하고, 100~350℃ 정도의 예열과, 150~300℃의 후열로 뜨임 효과와 용접부의 인성 회복, 수소 방출이 되도록 한다.

표 5.8 응력 발생 방지의 이음 형식의 예

좋 음	불량함	좋 음	불량함
		25 mm 이상	

4 Al 합금의 용접 균열

가. Al 합금의 취성 범위

일반적으로 알루미늄 합금의 용접 균열은 취성 범위(brittle range)가 넓을수록 응고시의 수축 변형이 증가하므로 균열이 잘 생기는 경향이 있다. 이 취성 범위는 평형 상태도의 액상-고상선 사이의 응고 온도 폭에 비례하여 증가한다.

[그림 5.46]에서 경사선으로 표시한 부분은 Al-Si계 합금의 취성 범위를 나타낸 것으로 Si의 최대 응고 범위(1.65%)에서 취성 범위가 최대값을 나타내고 있으며, 용접과 같이 급랭 현상에서는 고상선 온도가 사선과 같이 저하하며, 합금 원소의 최대 응고 범위가 감소하므로 소량의 합금원소 성분으로도 공정의 현상이 나타나게 된다.

[그림 5.47]은 실제 용접에서의 합금 원소와 균열의 관계를 나타낸 것으로, 각 계의 알루미늄 합금과 함께 어느 것이나 최대 균열을 표시하는 성분은 상태도의 x점보다 낮으며, 최대 균열의 시점은 급랭 응고시에 공정이 생기기 시작하는 점과 일치하는 것으로 알려지고 있다.

나. Al 합금의 용접 균열의 주 원인

Al 합금의 균열의 주요 원인은 용접 비드나 크레이터 등의 용섭년 위 또는 본드 부근의 열영향부의 균열 외에 다층 용접금속부의 내부나 열영향부에 형성하는 공정 용해나 미소 균열 등과 각 합금에서 생성하는 저융점 공정이다. 이들은 저융점 공정 조직이 편석하고 있는 결정립계가 용접열에 의하여 국부적으로 용융하고 그것이 재응고할 때 생기는 것이다.

일반적으로 결정립이 미세할수록 용접 균열이 잘 생기지 않는다. 그 이유는 응고 중에서 발생하는 주상정의 간섭성이 세립보다는 저온쪽에서 많이 발생하기 때문에 취성 범위가 좁아지며, 세립에서는 응고 중에서의 국부적인 수축응력이 분산되기 쉽기 때문이다. 또한 용융점 이상 가열 온도가 높을수록 핵의 생성이 적어져서 조립이 되기 때문에 균열 발생이 쉬워진다.

그림 5.46 Al-Si계의 취성 범위의 예

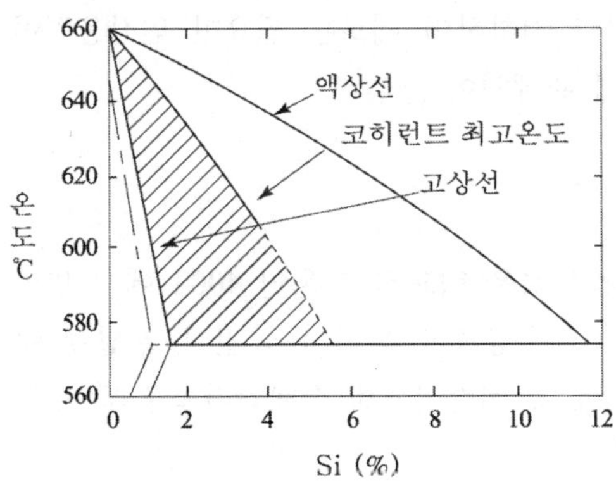

그림 5.47 Al합금 용질농도와 용접균열 감수성

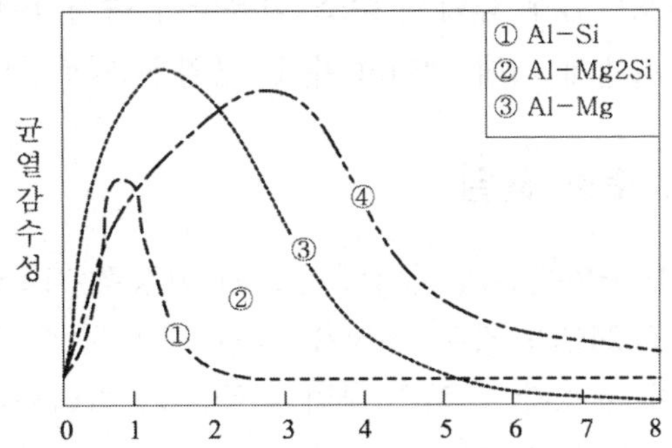

제6절 | 수소 취화

1 철강에서의 수소 취화

가. 수소 취성

수소는 용접과정에서 피복제나 모재, 보호가스의 흡습 등에 의해서 생긴 수소가 용접부에 용해함으로써 취화하여 연성이 저하하는 등 취성(메짐)을 가지는 현상으로, 강의 경우 항복강도가 낮은 강(steel)일 때 흡수된 수소가 강의 MnS, Al_20_3, SiO_2 등의 개재물(介在物) 속에 모여서 이들 수소 분자의 압력으로 균열의 원인이 될 수 있다.

강의 수소 취성은 Bi, Pb, S, Te, Se, As와 같은 원소가 존재하면 이들 원소들이 $H+H=H_2$의 반응을 방해하여 강재 표면에 원자상 수소 농도를 높게 하기 때문이며, 황화수소(H_2S)는 석유 공업에서 부식 균열의 원인이 된다.

수소 취성은 전위를 고정시켜 소성 변형을 곤란하게 하는 원자상 수소에 의해 생기는 금속의 취성으로, 재료의 강도가 클수록 극미량의 수소에 의해서도 취성이 생기며, 공식(空蝕) 부위를 기점으로 하여 발생하기 쉽다.

재료 내부에 공동(空洞, cavity)이 있으면 그 표면에서 접촉 반응에 의해 분자상 수소를 발생시켜 고압의 기포를 형성하게 된다.

수소 취화된 강에 어느 임계값 이상의 인장응력이 가하여지면 수소 균열이 발생한다.

이러한 임계 응력은 수소 함유량이 증가함에 따라 저하하며 때로는 필요한 인장응력이 수소 자체에 의해 생기고 수소 균열은 외부 부하에 관계없이 생긴다.

나. 수소 균열

수소 균열은 마텐사이트 구조인 고장력 저합금강의 경우 비교적 고온인 400℃에서 뜨임하면 Fe24C와 같은 조성을 갖게 되어 수소 취성 감수성을 저하시켜 균열이 발생할 수 있으며, 탄소강, 특히 고장력 저합금강, 마텐사이트계 및 페라이트계 스테인리스강 및 수소화물(hydride)을 만드는 금속에서 현저히 발생한다.

다. 수소 침식(Hydrogen attack)

200℃ 이상의 고온에서 수소가 탄화물과 반응하여 탈탄 구조와 메탄 가스를 형성하며,

크기가 크기 때문에 쉽게 확산되어 밖으로 나가지 못하고 입계에서 틈을 만들어 파괴가 일어나는 현상으로, 수소 취성에 의한 균열은 응력부식 균열에 비해 잔가지(branch)가 거의 없으며, 매우 큰 취성인 벽개 파면(입내 파면)이나 입계 파면을 나타낸다.

2 수소 취성의 발생 학설

수소의 원자 반경은 1.06Å로 다른 원자보다 매우 작아서 금속격자(2~3Å) 사이를 쉽게 원자 상태로 뚫고 들어갈 수 있게 된다.

수소 취성에 대한 학설은 확실하지는 않으나, 수소 함유강이 온도가 높아지면 수소가 확산되어서 외부로 방출되기 때문에 취성이 나타나지 않으며, 저온으로 냉각시켜도 취성이 나타나지 않고, 또 하중을 가하는 속도가 대단히 빠를 때에도 취성이 나타나지 않는 것 등으로 보아서 수소 확산의 지연으로 인한 것으로 보고 있다.

가. 압력설

결정격자 내로 확산한 원자 상 수소가 기공이나 결정격지 등에서 분자상 수소를 형성하고 축척되어 가스가 된 다음 가스 압력이 매우 높아져서 그 힘에 의해 균열이 전파된다는 설이다.

나. 전위설

원자상의 수소는 전위(轉位) 등의 격자 결함의 주위에 집결하는 경향이 있으며, 전위가 이동함에 따라서 수소가 침입하여 국부적 또는 일시적으로 과포화 상태가 되어 압력이 증가하여 틈새의 주변에 취화를 일으킨다는 설이다.

다. 국부 소성 증가설

수소로 인해 국부적으로 소성이 증가된 부분이 변형되지 않고 주위 물질로부터 소성 구속을 받아 소성 변형이 억제되어 계속적으로 변형하지 못하고 크랙이 성장한다는 설이며, 인장 시험시 목 부분에 크랙이 발생하여 성장하는 것과 같다.

라. 표면 흡착설

수소가 균열 선단에 흡착되어 균열 성장에 필요한 표면 에너지를 감소시켜 균열이 쉽게 일어나게 한다는 설이다.

마. 결합력 저하설

소수가 금속 원자 상호간의 결합력을 약화시킴으로써 수소 취성을 일으킨다는 설이다.

3 철강에서 수소 취성 방지 대책

가. 발생 전 수소 취성 방지 방법

(1) 고탄소강 등 수소 취성이 많이 생기는 것은 쇼트 블라스팅 등 기계적 전처리(녹 제거 등)나 특수 알칼리 탈청 방법을 선택하고, 산처리를 자제하는 것이 좋다.
(2) 산세가 필요한 경우는 가능한 짧은 시간에 하며 산 억제제나 부식 억제제 등을 첨가하여 수소 발생 속도를 감소시킨다.
(3) 철강의 경우 양극 전해 탈지를 택하며, 산성 아연 도금이나 특히 매커니컬(mechanical) 도금을 한다.
(4) 수소 취성에 매우 민감한 재료의 경우 음극 방식 방법들을 바꾸거나 발생된 수소가 분자 상태로 쉽게 변환되지 못하고 금속 격자 내부로 들어가는 것을 촉진하는 이온들을 제거하는 등 수소가 발생되는 환경을 바꾼다.
(5) 일반적으로 인장 강도가 큰 재료일수록 수소 취성이 잘 일어나므로 강도가 낮은 합금으로 대체한다.
(6) 황화합물이 없는 환경에서 인장 강도가 690MPa 이하인 강에서는 수소 취성이 거의 일어나지 않는다.

나. 발생 후 수소 취성 방지 방법

(1) 산세나 부식 후 가열된 알칼리 용액에 넣어서 침입한 수소를 전부 제거한다.
(2) 200℃ 정도에서 4시간 정도 수소 제거 열처리(baking)를 한다. 이 열처리는 금속의 종류, 피막 상태, 도금의 종류, 소재의 두께 등에 따라서 다르다.
(3) 아연 도금층은 수소가 통과하기 힘들고 같은 아연이라도 광택 도금은 수소의 방출이 힘들므로 열처리 시간이 길어야 한다.

4 용접부의 수소 취화

수소 취화(Hydrogen Brittleness)란 강재 중에 수소가 용해되어 있으면 파괴 강도가 저하하는 현상이다. 일반 강재에 비해서 용접금속은 103~104배 수소량을 갖는다.

가. 수소 취화의 성질

(1) 수소는 극저온, 급속부하에서는 수소 확산속도가 늦어 취성이 나타나지 않는 경우도 있지만 확산성이 좋아 용접 후 열영향부 내로 확산되며 잔류응력에 영향을 주어 -150~150℃ 사이에서 일어나며 실온보다 약간 낮은 온도에서 취화가 심하다.

(2) 견고하고 강한 재질일수록 취화의 정도가 심하며, 잠복 기간을 거쳐 용접 균열이 일어난다. 즉 용접금속 중의 수소는 시간이 경과함에 따라 농도가 낮은 모재쪽으로 확산하여 간다. 용융선상의 최고 경화부가 제일 현저하게 수소 취화를 일으키므로 파단 강도는 저하하고 용접부에 가해지는 인장 잔류응력에 따라 어느 정도의 잠복 기간을 거쳐 균열이 일어난다.

나. 수소 취화 파괴 특성(그림 5.48 참조)

미세한 공공 중에 존재하는 분자상 수소가 갖는 정역학적 압력 등으로 파괴가 일어나며, 주로 비드 밑 터짐이 일어나고 있다.

(1) 수소 발생이 많은 용접봉으로 용접할 경우 아크 분위기를 통과한 금속 입자가 봉으로부터 수소를 흡수하므로, 용접금속은 수소를 다량으로 함유하게 된다.

(2) 용접금속이 응고할 때, 수소는 용융금속으로부터 이탈되지만, 그 일부는 용착금속 중에 잔류하며, 일부는 가열에 의하여 오스테나이트로 된 열영향부에 확산된다. 이것은 오스테나이트가 특히 수소를 다량으로 흡수하는 능력을 갖기 때문이다.

(3) 열영향부가 냉각됨에 따라, 오스테나이트 상태로부터 마텐사이트로 변태가 일어나 수소의 흡수 능력이 감소한다.

(4) 저탄소강의 경우 오스테나이트 상태에서 급격히 냉각하면 실온 부근에서 마텐사이트로 변태할 때 오스테나이트가 어느 정도 잔류하며, 수소가 과포화된 잔류 오스테나이트는 마텐사이트로 변태할 때에 새로 생긴 조직의 격자 부분에서 수소로 인한 취약화가 일어나 미세한 균열이 생긴다.

다. 용접부의 수소 흡수 방지 대책

(1) 저수소계 용접봉을 사용하거나, 스테인리스강의 경우 오스테나이트 Cr-Ni강 용접봉을 사용한다.

(2) 마텐사이트 조직의 생성을 감소하기 위해 100～150℃로 예열한다.

그림 5.48 수소 균열 발생 기구

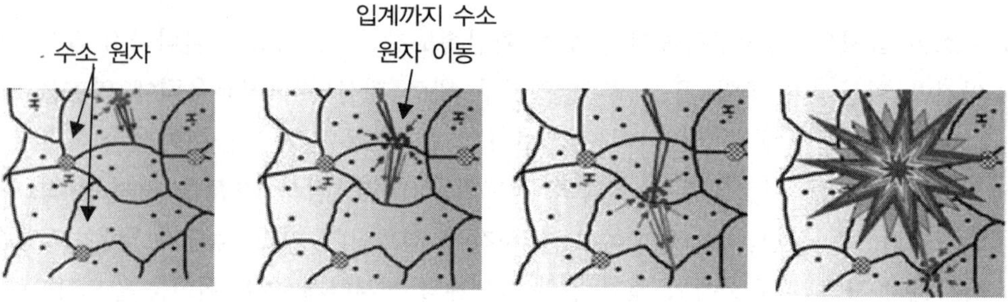

(a) 수소 원자 모임 (b) 수소 원자 이동 (c) 입계간 갈라짐 (d) 입계 파괴

06 용접부 검사 및 용접성 시험

제1절 ❙ 검사의 개요

1 검사의 의의

검사란 일반적으로 품질 검사를 의미하며, 제품의 종류와 특성, 용도 등에 따라서 검사 방법은 다양하며, 중요도에 따라서 전수 검사, 샘플 검사 등을 실시하고 있다.

여기서는 용접에 대한 검사를 기본으로 하여 작업 검사, 완성 검사, 또한 검사체의 파괴 여부에 따라서 파괴 검사, 비파괴 검사 등으로 구분하여 설명하고자 한다.

용접은 순간적으로 고열의 사용과 이동에 따라 급열 급랭에 따른 변형과 수축, 변질, 잔류응력 발생 및 용접부 내의 화학 성분과 조직의 변화를 피할 수 없으며, 각종 결함이 발생할 수 있으므로 구조물이 요구되는 성능을 발휘하지 못할 경우가 있다.

따라서 용접 전에 면밀한 설계를 하고 설계 기준에 맞게 시공이 이루어져야 되며, 작업 전, 작업 중, 작업 후에 지속적인 검사가 이루어져야 된다.

용접부의 검사 또는 시험은 용접부의 건전성과 신뢰성을 조사하여 용접부의 최종 품질을 확인하고 그 시험 결과를 시방서 등의 정해진 합격 판정 기준과 비교하여 합격, 불합격을 결정하거나 생산 관리 데이터로 사용되고 있다.

2 검사의 분류

가. 작업 검사

용접부의 검사 방법은 여러가지가 있겠지만, 크게 작업 검사와 완성 검사로 나눌 수 있다.

작업검사란 용접 전, 용접 중 및 용접 후에 용접 설비, 용접재료, 용접사의 기량, 용접 시공 상황, 용접 후 열처리 등의 적정 여부를 검사하여 양호한 용접부를 얻기 위한 것이다.

용접 구조물의 제작 과정의 검사, 즉 작업 검사에 중점을 두는 것이 바람직하며, 이 작업 검사를 통하여 용접 결함이 최대한 발생되지 않도록 시공을 하고, 검사를 통해 얻어진 검사 정보를 설계, 재료 선정, 용접 시공 등의 관련 부분에 적용하는 것이 일반적이다.

1) 용접 전 작업 검사

검사 대상은 용접 설비, 용접봉, 모재, 용접 시공법, 용접사 기량 등이다.

(1) 용접 설비 검사 : 용접기와 부속 기구, 용접 지그 및 고정구, 보호구와 공구 등의 적합성과 정상적인 작동 상태를 검사한다.

(2) 용접봉(용가재) 검사 : 용접봉의 성분과 성질, 치수, 외관, 모재와 결합한 이음부의 성질, 작업성, 균열 시험 등을 검사한다.

(3) 모재 검사 : 모재의 화학 성분의 종류(재질) 및 물리적 성질, 기계적 성질, 각종 결함 유무, 열처리 상태 등을 검사한다.

(4) 모재 준비 상태 검사 : 홈 가공 상태 및 루트 간격, 홈 각도, 이음부의 청정 상태 등을 검사한다.

(5) 용접 시공 검사 : 이음 형상에 따른 용접 조건, 용가재(용접봉, 와이어, 용제)의 선정 및 건조 상태, 예열 처리 상태, 후열처리 방법 등을 검사한다.

(6) 용접사의 기량 검사 : 아무리 사전 준비가 잘 되어도 용접사의 기량이 부족하다면 양호한 용접부를 얻을 수 없다. 따라서 해당 용접물에 대한 자격 유무 및 경험 유무 등을 확인하고 적정 용접사를 배치한다.

2) 용접 중 작업 검사

용접 중에 용접 조건, 즉 용접 전류, 전압, 용접속도, 각 층마다의 비드 형상, 융합 상태, 용입 정도, 슬래그 섞임 유무, 비드 파형, 크레이터의 처리, 가우징(밑면 따내기)여부 등을 검사한다.

또한 용착 순서, 운봉법, 용접 자세 등은 적정한가, 예열 온도와 층간 온도 등이 사전에 지정된 조건과 일치하는가를 조사하여 결함 발생을 사전에 방지하고, 만약 결함이 발견되면 즉시 가우징 등을 하여 보수 용접을 한 후 다음 작업이 진행되어야 한다.(그림 6.1 참조)

그림 6.1 **용접부 가우징의 예**

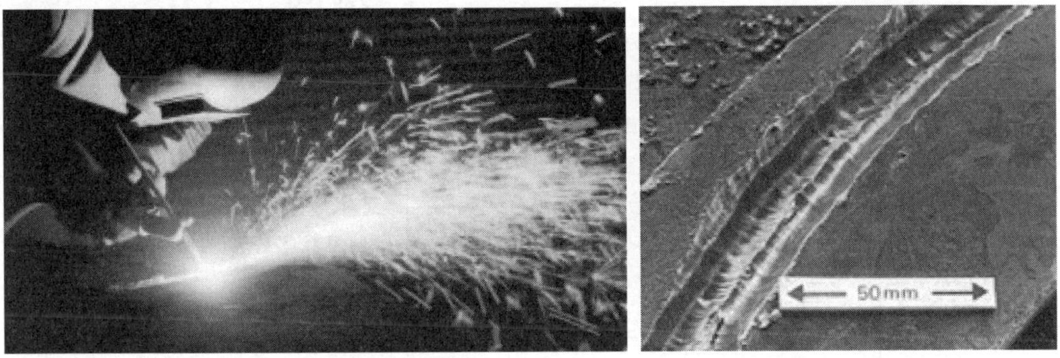

(a) 아크 에어 가우징하는 모습　　(b) 아크 에어 가우징으로 홈파기한 예

3) 용접 후 작업 검사

용접 후에 후열처리, 변형 교정 등의 작업시 적당한 유지시간, 가열과 냉각속도, 기타의 작업 조건이 지정된 조건대로 실시되었는가를 조사하고 또한 균열 및 변형의 유무, 치수 정밀도 등이 요구한대로 되었는가를 검사한다.

나. 완성 검사

완성 검사는 좁은 의미의 용접 검사를 말하며, 용접 구조물 제작이 완성된 후 설계에서 요구하였던 모든 조건에 만족하고 있는가를 검사하는 것으로, 일반적으로 비파괴 검사(NDT : non destructive inspection)와 파괴 검사(destructive inspection)가 많이 채용되고 있다.

완성 검사는 대부분 용접부에 집중되지만 구조물의 종류와 소요되는 성능에 따라 전 용접에 대한 전반적인 검사를 하거나 또는 결함이 발생하기 쉬운 장소를 골라서 채취 검사를 한다. 이 검사 결과로 완성 여부를 판단하며 부적격시는 보수 용접 후 재검사를 실시하여 안전성과 신뢰성을 확인한다.

다. 용접 검사법의 분류

그림 6.2 용접 검사(시험)법의 분류

- 용접부 시험
  - 파괴 시험
    - 기계적 시험
      - 인장 시험
      - 경도 시험
      - 굽힘 시험
      - 충격 시험
      - 피로 시험
      - 기타 시험
    - 물리적 시험
      - 물성 시험(비중, 점성, 탄성 등)
      - 열적 특성(팽창, 비열, 열전도 등)
      - 전•자기적 특성(저항, 기전력 등)
      - 기타
    - 화학적 시험
      - 부식 시험
      - 화학 분석 시험
      - 기타(수소량 시험 등)
    - 야금학적 시험
      - 매크로 시험
      - 현미경 조직 시험
      - 파면 시험
    - 용접성 시험
      - 설퍼프린트 시험
      - 노치 취성 시험
      - 용접 경화성 시험
      - 용접연성 시험
      - 용접 군열 감수성 시험
    - 기타 시험
      - 기타(내압 시험, 낙하 시험 등)
  - 비파괴 검사
    - 육안(외간 시험(검사)
    - 방사선 투과 검사(X선, 감마선)
    - 초음파 탐상 검사
    - 자분(자기적) 탐상 검사
    - 침투 탐상 검사
    - 와류 탐상 검사
    - 음향 검사
    - 기타(누설 검사, 수압 검사, 음향 검사 등)

용접부의 완성 검사에 사용되는 파괴 검사와 비파괴 검사는 [그림 6.2]와 같은 종류가 있으며 완성(용접) 검사의 대상이 되는 결함의 종류에는 크게 치수상 결함, 구조상 결함, 성질상 결함 등으로 구분하고 있다.

제2절 | 파괴 시험법

1 파괴 시험법의 종류

용접과 관련한 파괴 시험은 일반적으로 용접재료의 성질과 용접 구조물의 성능을 확인하기 위하여 실시한다. 용접부의 파괴 시험은 용접 구조물이나 기계 부품의 설계에 필요한 데이터를 얻을 필요가 있거나 설계에 의해 제작한 구조물이 설계상의 성능에 만족하는지 여부를 확인하고 건전한 용접 구조물을 제작하기 위한 최적의 용접 시공 조건을 얻기 위해 행해진다.(표 6.1 참조)

그러므로 성능 시험편은 가능한 실제와 같은 거동을 재현하면서 채취하는 것이 바람직하지만 현실에서는 그렇게 할 수 없으므로 근접한 성능 시험을 실시하거나 유사 데이터를 활용하여 설계를 행하고 있다.

표 6.1 파괴 시험법의 종류

시험법	시험 종류	평 가	대상 온도와 환경	부하 형식
연성파괴 시험	인장 시험	인장 강도	저온-고온, 대기 중	정적
	굽힘 시험	연성		
	전단 시험	전단 강도		
	내압 파괴 시험	연성파괴 정지 성능	상온, 대기 중	
취성파괴 시험	샤르피 시험	흡수 에너지 연성(취성) 마면율 횡팽출량	저온-상온, 대기 중	동적
	낙중 시험			
	파괴 발생 인성 시험			정적·동적
	파괴 정지 인성 시험			정적
피로 시험	피로강도 시험	KIC, δ c	저온-고온, 대기 중	반복
	피로 균열 전파 시험	Kca, KD		
크리프 시험		크리프 강도	고온, 대기 중	정적
부식 시험	부식 감량 시험	부식량	상온-고온, 부식 환경	무부하
	응력부식 균열 시험	균열 발생 한계 응력		정적

2 기계적 시험

가. 인장 시험(KS B 0802)

인장 시험은 파괴 시험의 가장 기본이 되는 시험법의 하나이다. 용접부의 인장 시험은 맞대기 용접, 전면 필릿 용접 스폿 용접 등의 이음부의 인장 강도를 구하기 위한 시험으로 연성 시험을 하는 가장 기본이 되는 기계적 시험 방법의 하나이다.

인장 시험편의 모양은 [그림 6.3]과 같이 판상과 봉상이 있으며, 판상 시험편의 폭 W은 판 두께에 따라 정해지며, 광폭 시험편은 선박 등 대형판 구조의 인장 시험에 쓰이는 것이 바람직하다.

인장 시험 방법은 규정된 인장 시험편을 시험기에 고정하고 하중을 일정하게 증가하여 인장하면서 파단될 때까지의 하중과 연신관계 등을 측정하여 항복점(내력), 인장 강도, 연신율, 단면 수축율 등을 측정한다.

그림 6.3 용접 이음 인장 시험편

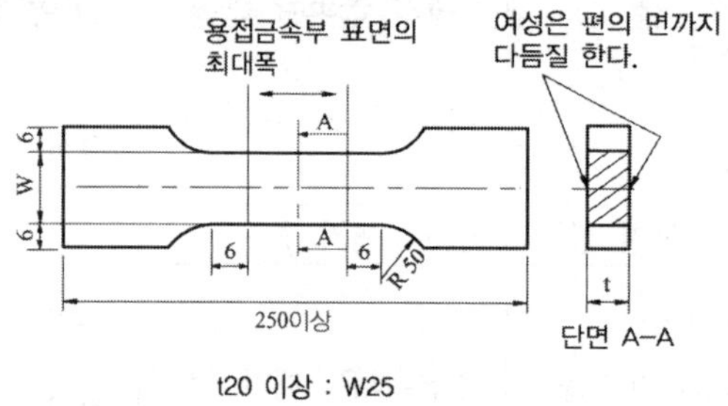

(a) 판의 맞대기 이음 인장 시험편

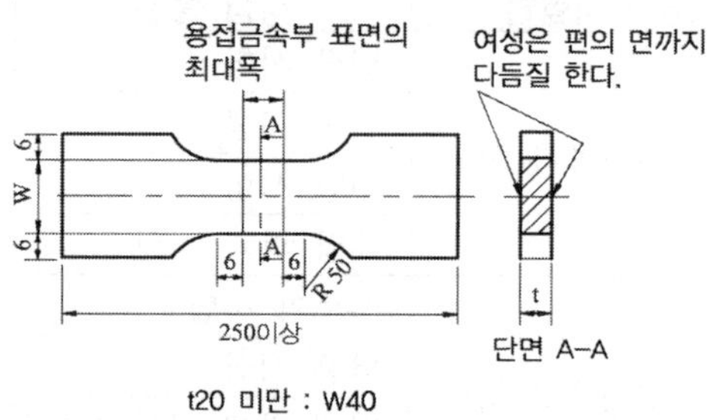

(b) 광폭 인장 시험편(JIS Z 3127)

나. 경도 시험

금속재료의 경화의 정도를 조사하기 위해 실시하는 시험이며, 인장 강도와 더불어 가장 널리 사용되며, 시험 방법으로는 브리넬(Brinell) 경도 시험, 로크웰(Rockwell) 경도 시험, 비커스(Victors) 경도 시험, 쇼어(Shore) 경도 시험 등이 있다.

용접부의 경도 시험(KS B O826)에 있어서 시험재의 모양 및 치수는 [그림 6.4 (a)]와 같으며, 경도를 측정하기 위해서는 용착금속의 표면으로부터 1~2mm의 면을 모재 밑변에 평행하고 매끄럽게 연마한 후 [그림 6.4 (b)]와 같은 위치에서 시험한다.

그림 6.4 경도 시험재의 모양과 치수, 측정 위치

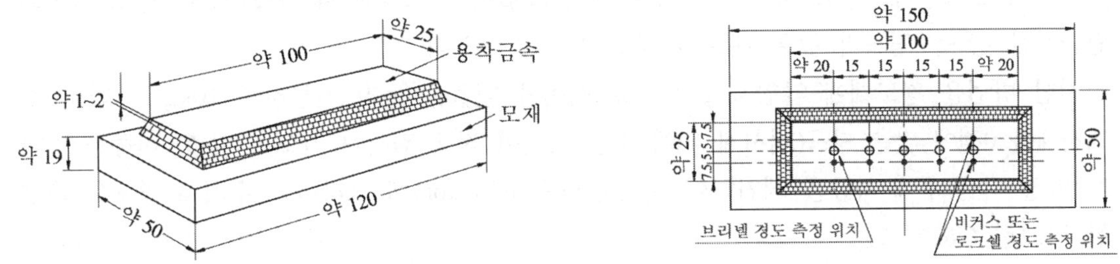

(a) 경도 시험재의 모양과 치수 (b) 경도 시험 측정 위치

1) 브리넬 경도 시험(HB)

철강재료에 지름 10mm, 5mm의 강철 볼을 시험편의 표면에 일정한 하중(3000, 1000, 750, 500kgf)으로 압입한 후, 이때 생긴 오목 자국의 표면적을 측정하여 나타내는 값을 HB로 표시한다.(그림 6.5 참조)

$$H_B = \frac{\text{하중(kg)}}{\text{오목 자국 표면적(mm}^2\text{)}} = \frac{P}{\pi d t}$$

그림 6.5 브리넬 경도 시험 원리와 시험기

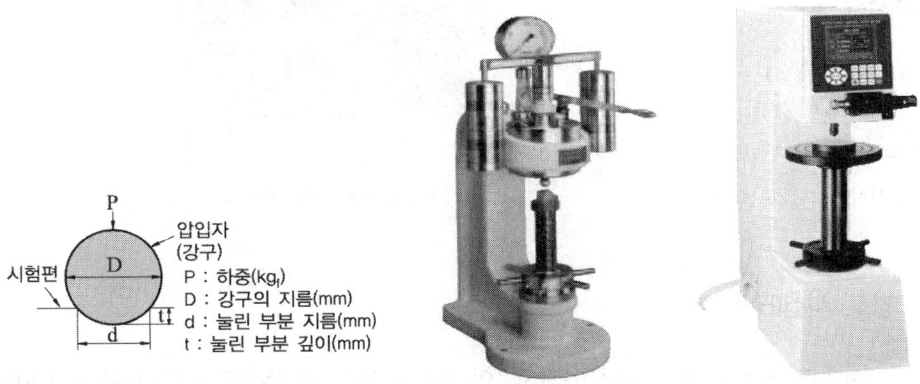

2) 로크웰 경도 시험(HR B, C)

로크웰 경도 시험은 A~E까지 다양하게 있으나 기계분야에서는 주로 B경도, C경도 시험법이 쓰인다.

로크웰 B 경도 시험은 지름 1.5785mm(1/16″)의 강구를 시험편에 기본하중 10kgf과 시험하중 100kgf을 가하여 생긴 표면적의 크기로 경도를 측정하며, 로크웰 C 경도 시험은 꼭지각이 120°인 원뿔형 다이아몬드 압입자를 사용하여 기본 하중 10kgf과 시험하중 150kgf

을 가하여 경도를 측정한다.

따라서 로크웰 B 경도 시험은 대체로 연한 재질의 경도 시험에, 로크웰 C 경도 시험은 담금질한 강 등 경도가 높은 재료의 경도 시험에 쓰인다.

시험 방법은 경도계에 압입자를 끼우고 테이블 핸들을 돌려 기본하중 10kgf로 맞춘 후 지시계를 0점에 맞춘 다음(지시계 내에 작은 바늘이 적색 점까지 가도록 맞춤) 하중을 가한 후 일정 시간 후에 하중을 제거하여 지시계(dial indicator)에 나타나는 수치로 경도를 측정한다.(그림 6.6 참조)

요즈음은 디지털로 된 시험기가 시판되고 있으므로 아날로그 시험기보다 훨씬 쉽게 경도를 측정할 수 있다.

그림 6.6 로크웰 경도 시험기

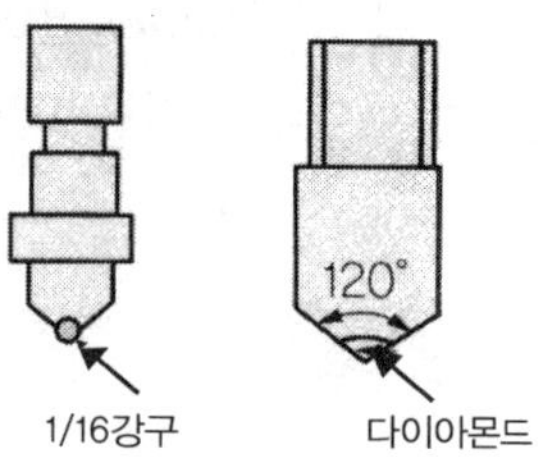

(a) 압입자

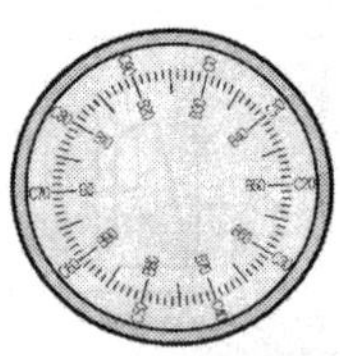

(b) 지시계

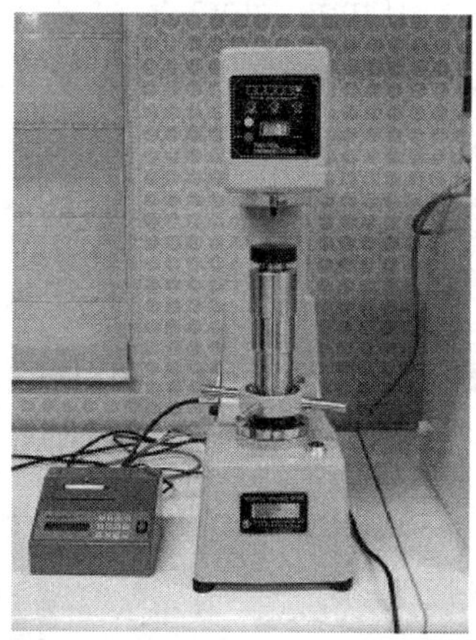

(c) 로크웰 경도 시험기

3) 비커스 경도 시험(HV)

비커스 경도 시험은 시험편에 꼭지각이 136°인 다이아몬드 사각추의 압입자를 1~120kgf의 하중으로 압입한 후에 시험 하중(P)을 오목 자국의 표면적 A으로 나눈 값이며 단단한 강이나 정밀 가공품, 박판 등의 시험에 쓰인다.(그림 6.7 참조)

$$H_V = \frac{\text{하중(kg)}}{\text{오목 자국 표면적}(\text{mm}^2)} = \frac{1.8544\text{P}}{\text{D}^2}(\text{kg/mm}^2)$$

그림 6.7 **경도 시험 원리와 경도 시험기**

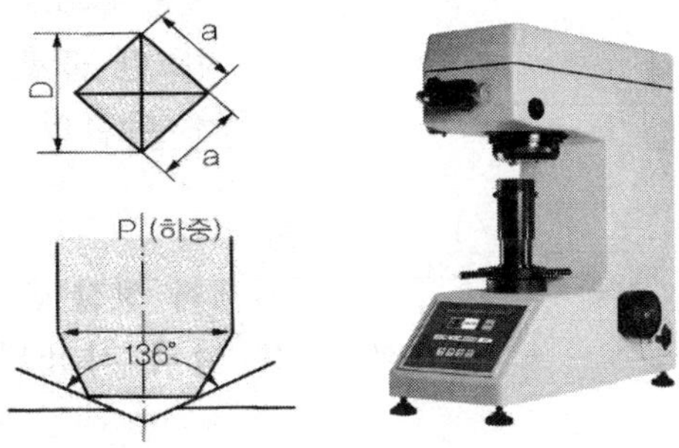

그림 6.8 **쇼어 경도 시험기**

4) 쇼어 경도 시험(HS)

쇼어 경도 시험은 다이아몬드를 붙인 소형의 추(5.6g)나 작은 강구를 일정한 높이(2.5cm)에서 시험편 표면에 낙하시켜 튀어 오르는 반발 높이에 의하여 경도를 측정하는 시험이며, 오목 자국이 남지 않기 때문에 정밀 제품의 경도 시험에 널리 쓰이나, 오차가 심하여 정확도는 많이 낮다.(그림 6.8 참조)

$$H_S = \frac{10000}{65} \times \frac{h}{h_0}$$

(h_0 = 낙하 물체의 높이(25 cm), h = 낙하 물체의 튀어 오른 높이)

다. 굽힘 시험(KSB 0832)

굽힘 시험은 용접이음의 건전성 평가 방법의 하나로, 형틀 굽힘 시험이 많이 쓰이며, 결함이 없고 충분한 연성을 가지는가의 건전성을 확인하기 위한 시험이다.

형틀 굽힘(굴곡) 시험은 판 두께에 따라 규정된 굽힘 반경으로 180°의 표면과 이면 굽힘, 측면 굽힘을 행한다. 용접 결함이 있는 경우는 열린 결함이 인정되며 결함의 개수와 치수 등으로 용접 시공의 적 · 부적정을 판정한다.

그림 6.9 **용접부 굽힘 시험**

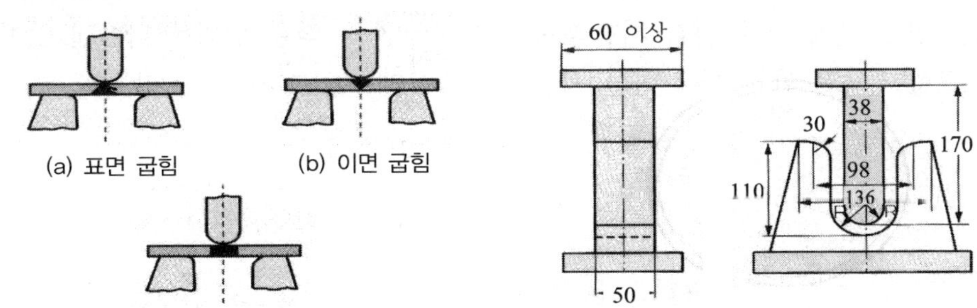

(a) 표면 굽힘 (b) 이면 굽힘 (c) 측면 굽힘 (d) 굽힘 시험기의 규격(A3 형)

그림 6.10 판의 굽힘 시험편 형상

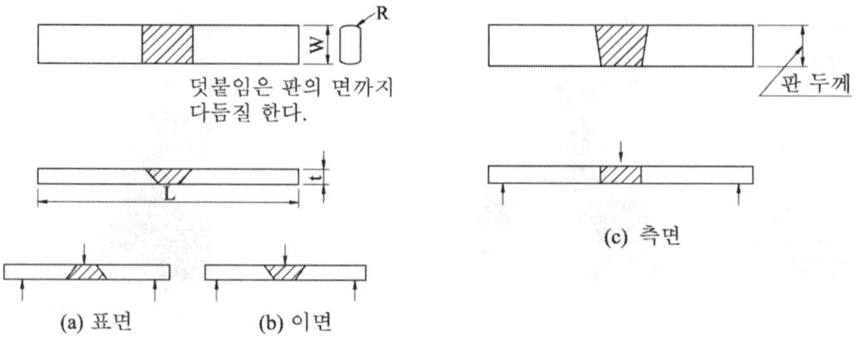

표 6.2 굽힘 시험의 종류와 시험재의 범위

시험 종류	시 험 편	
	판 두께 또는 관 두께 mm	적용하는 관의 지름 mm
표면 굽힘	3.0 이상 19 미만	150 이상 300 미만
뒷(이)면 굽힘	3.0 이상 19 미만	150 이상 300 미만
측면 굽힘	19 이상	

표 6.3 굽힘 시험편의 치수

시험편	1호 (mm)	2호 (mm)	3호 (mm)
판 두께(t)	3.0~3.5	5.5~6.5	8.5~9.5
길 이(L)	약 150	약 200	약 250
나 비(W)	19~38	19~38	19~38
R	0.5 이하	1.0 이하	1.5 이하

[그림 6.9]는 굽힘 시험 방법과 굽힘 시험용 형틀의 규격을 나타낸 것으로 A1 형틀은 두께 3.0~3.5mm, A2 형틀은 5.5~6.5mm, A3 형틀은 8.5~9.5mm의 재료를 굽힘 시험하는데 사용한다.

[표 6.2]는 판 두께에 따른 굽힘 시험의 종류와 시험재의 적용 범위를 나타낸 것이며, [표 6.3]은 굽힘 시험편 판 두께에 따른 시험편의 길이와 폭, 모서리 라운딩 등을 나타낸 것이다.

굽힘 시험의 판정 기준은 [표 6.4]와 같다.

표 6.4 굽힘 시험법의 결함 판정 기준

No	내 용
1	균열이 3mm가 넘는 경우(3mm 포함)
2	균열이 3mm 이하라 해도 전체 균열 합계가 7mm가 넘는(7mm 포함) 경우
3	기포 및 작은 균열의 개수가 10개를 넘는 경우
각 시험편 굽힘면이 위의 사항에 해당되지 않으면 만점으로 판정한다.(적용 규정에 따라 다를 수 있음)	

라. 피로 시험

재료가 인장, 항복 강도 측면에서는 안전 하중 상태라 하더라도 작은 하중이 수없이 반복하여 작용하면 파괴를 일으키는 경우가 있는데 이러한 파괴를 피로 파괴라고 한다. 이때 하중이 일정 값보다 작을 경우에는 무수히 많은 반복 하중이 작용하여도 영구히 파단하지 않는 한계 부분이 있는데 이러한 응력 상태에서 가장 큰 것을 피로 한도(fatigue limit)라 한다. 용접 이음 시험편에서는 명확한 파단부가 나타나기 어려우므로 2×10^6~2×10^7회 정도에 견디는 최고 하중을 구하는 경우가 많다.

[그림 6.11] 및 <표 6.5>는 용접부의 인장 피로 시험(KS B O825)의 시험편과 치수를 나타낸 것이다.

그림 6.11 인장 피로 시험편(1호)

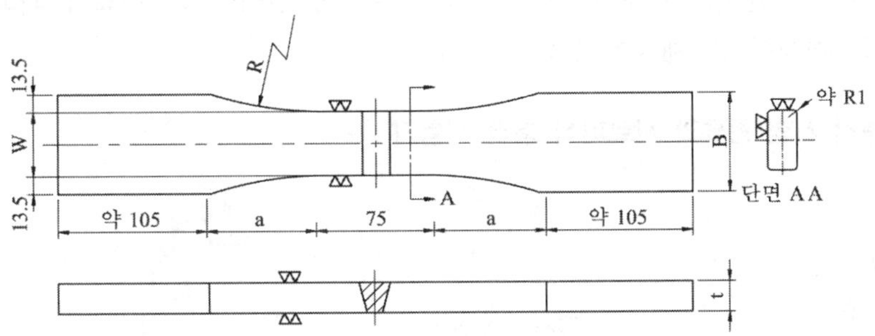

표 6.5 인장 피로 시험편의 치수(단위 : mm)

W	50	40	31.5	25
B	77	67	58.5	52
R	28.5	230		
a	87	77.5		

마. 충격 시험

재료가 충격에 견디는 저항을 인성이라고 하며, 충격 시험은 이러한 인성의 정도를 알아보는 시험을 말한다. 충격 시험 방법은 샤르피식과 아이조드식이 있으며, 샤르피식(Charpy type)은 [그림 6.12]와 같은 V형 또는 U형의 노치가 만들어진 시험편을 단순보 상태로 설치하고 충격을 주어 시험하는 방법이며, 아이죠드식(Izod type)은 시험편을 내다지보 상태로 설치하고 시험하는 방법이다.(그림 6.13 참조)

그림 6.12 충격 시험편의 종류

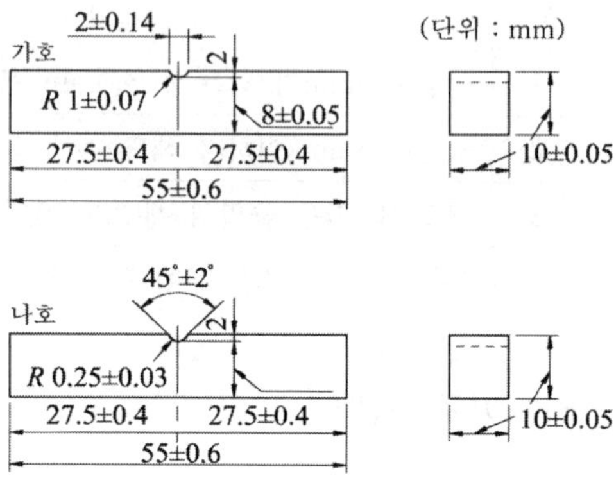

충격 시험 온도는 지정된 온도에서 ±1℃의 허용치를 가지고 있는 액체 속에 약 10분 정도 담갔다가 5초 이내에 시험을 완료하여야 하는데 충격값은 충격 온도에 큰 영향을 미치므로 다음과 같이 구한다.

$$\text{시험편에 흡수된 에너지 } E = WR(\cos\beta - \cos\alpha)\ \text{kg}\cdot\text{m}$$

$$U = \frac{E}{A}$$

(충격값 = E/A kg · m / cm^2, W : 펜듈럼 해머의 무게 kg$_f$,
R : 회전축 중심에서 해머 중심까지의 거리)

시험편의 파단에 필요한 흡수 에너지가 크면 클수록 인성이 큰 재료가 되고, 흡수 에너지가 작을수록 취성이 큰 재료가 된다.

그림 6.13 충격 시험 종류와 샤르피식 충격 시험기

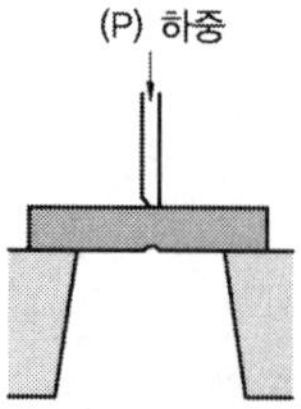

(a) 샤프피식

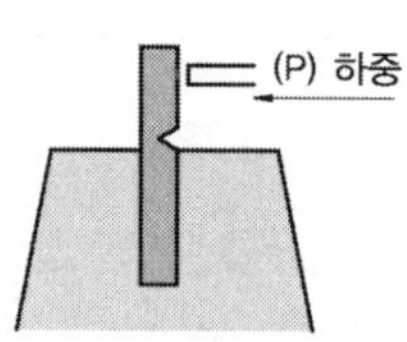

(b) 아이죠드식

(c) 샤르피식 충격 시험기

사. 전단 시험

전단 시험은 전단 강도의 문제가 되는 스폿 용접 등에 적용하고 있다. 스폿 용접에서 1개의 스폿 용접당 파괴 하중을 구하게 되며 너깃의 면적을 계측하면 공칭 파괴 전단 응력을 구할 수 있다.

3 화학적 시험

가. 부식 시험

1) 습부식 시험

습부식 시험은 용접부가 산이나 알칼리, 바닷물, 부식성 오염물 등에 접촉되어 부식되는 상태에 대하여 시험하는 방법이다.

2) 건(고온)부식 시험

건부식 시험은 고온의 증기나 가스 등과 반응하여 부식하는 상태를 시험하는 방법이다.

3) 응력부식 시험

응력부식 시험이란 어느 응력하에서 부식 상태를 알아보는 시험이다.

스테인리스강, 구리 합금, 모넬메탈, 내식성을 주로 한 금속, 또는 합금의 용접부에는 부식 시험을 많이 하는데 스테인리스강의 부식 시험에는 일반적으로 65% 초산 비등액, 50gf의 결정 황산구리 또는 500cc 황산을 420cc의 증류수에 녹인 비등액이 사용된다.

나. 수소 시험

수소 시험은 용접 방법이나 용접봉에 의해 용착금속 중에 용해되는 수소량을 측정하는 주요한 시험법이다.

시험 방법에는 글리세린 치환법, 진공 가열법, 수은 치환법, GC법 등이 있는데, 45℃ 글리세린 치환법은 130mm×25mm×12mm의 판 위의 중앙에 길이 115mm의 비드를 놓고, 용접이 끝난 다음 곧 물에 담가 급랭시켜서 미리 준비된 45℃의 글리세린 중에 넣고 치환법에 따라 수소 포집기에 넣어 48시간 방치하여 수소를 포집하고 그 양을 0℃에 있어서의 용적

cc으로 환산하여 나타내는 법이며, 용접이 끝난 9분 이내에 시험을 실시해야 된다. 글리세린 \대신에 수은 중에서 포집하는 방법도 사용된다.(그림 6.14, 표 6.6 참조)

일반적으로 수소량 그 자체에는 제한이 없으나, 저수소계 용접봉의 수소량에 대해서는 0.1cc/gf 이하가 되어야 한다는 제한이 있다.

수소는 용착금속 내부에서 기공, 비드 밑 균열, 은점, 선상 조직, 헤어 크랙 등 각종 결함의 큰 요인이 되는 원소이다.

그림 6.14 확산성 수소 포집 방법

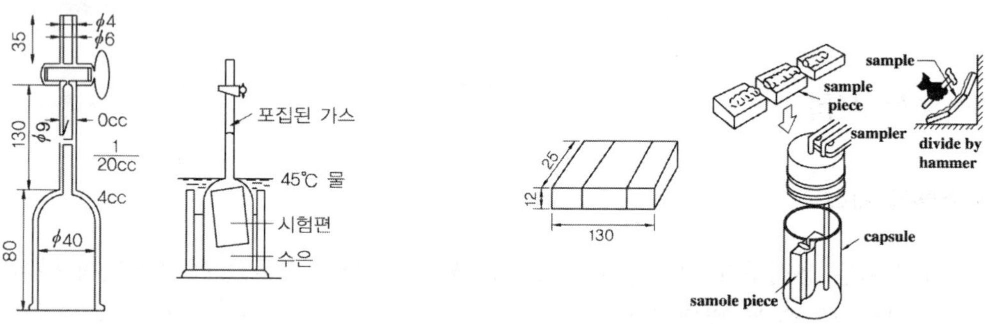

(a) 수은 중에서 확산성 수소 포집 (b) GC법(Gas Chromato 그래프)

표 6.6 확산성 수소량 측정 방법별 장 · 단점 비교

측정 방법	장점	단점
글리세린 치환법	간단한 설비, 안정성, 경제성	낮은 수소량 측정 불가능, 결과치 부정확
수은 치환법	간단한 설비, 측정치의 신뢰성	위험성(수은 중독)
GC법	신속한 실험 가능, 안정성	고가의 측정 장비, 결과치에 대한 신뢰성 검증 불가, 장비 보정 불가

다. 화학 분석 시험

화학 분석 시험은 재료에서 시험 재료를 깎아내어 화학 분석법에 의하여 모재 또는 용착 금속 등의 금속 또는 합금 중에 포함되어 있는 성분, 첨가 원소, 탈산 원소, 불순물, 가스 조성 성분 등을 알기 위해 금속을 분석하는 것이다.

일반적으로 많이 사용되는 탄소강에 대해서는 보통 탄소, 규소, 망간 등을 분석하여 현미경 조직, 설퍼 프린트(sutler print) 등과 같이 금속재료의 금속학적 성질이 좋고 나쁨을 판정해 주는 기초 자료로 삼고 있다.

4 야금(금속)학적 시험

가. 파면 시험(KSB 0843)

파면 시험은 [그림 6.15]와 같은 필릿 용접부를 해머 또는 프레스로 굽힘 파단하여 그 파단면에 나타난 용입 부족, 결함(균열, 슬래그 섞임, 기공), 결정의 조밀성, 선상 조직, 은점 등을 육안으로 검사하는 방법으로서 맞대기 시험편의 인장 파면, 충격 파면 또는 모서리 용접 및 필릿 용접 파면 검사 등에 주로 쓰인다.

여러 결함 중 큰 것은 파면을 보기만 해도 대체로 판단이 되지만, 파면 중 은백색으로 빛나는 파면은 취성 파면이고, 쥐색의 치밀한 파면은 연성 파면이다.

그림 6.15 필릿 용접부의 파면 시험편 규격과 시험 방법

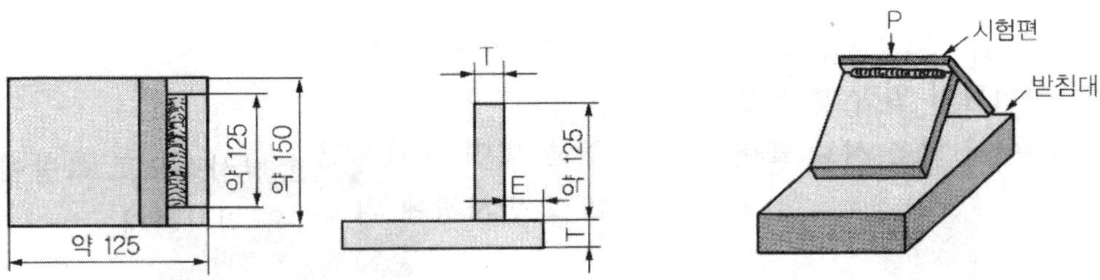

(a) 파면 시험편 규격 (b) 파면 시험 방법

나. 매크로 조직 시험

매크로 조직 시험은 샌드 페이퍼나 연삭기 등으로 용접부의 단면을 연마하고 적당하게 부식(macro-etching)을 시켜서 육안이나 저배율의 확대경으로 관찰하여 용입의 상태, 다층 용접에 있어서의 각층의 양상, 열영향부의 범위, 결함의 유무 등을 알아보는 시험이다.

철강에 주로 사용되는 부식액은 염산 1 : 물 1의 액, 염산 3.8 : 황산 1.2 : 물 5.0의 액, 초산 1 : 물 3의 액 등 여러가지가 이용되며 부식을 한 다음 곧 세척하고 건조시켜서 시험한다.

철강재료에서 황의 분포 상태를 알기 위하여 실시하는 설퍼 프린트법도 이 시험의 일종으로서 연마한 단면에나 9%의 희석 황산액에 적신 사진용 브로마이드 인화지(bromide paper)를 붙여 적당한 시간이 지난 다음 떼어 내면 편석부에 해당하는 부분이 갈색으로 변하여 설퍼 프린트가 얻어진다.

다. 현미경(micro) 시험

용접부의 조직 상태를 파악하기 위한 시험으로 시험 방법은 시험편을 샌드 페이퍼와 연마포로 충분히 매끈하게 광택을 내어 거울면과 같이 만든 다음 적당한 매크로 부식액으로 부식시켜 50~2000배의 광학 현미경(그림 6.16 참조)으로 조직이나 미소 결함 등을 관찰하며, 또 2000배 이상의 전자 현미경으로 조직을 정밀 관찰하기도 한다.

시험 순서는 시험편 채취-마운팅-샌드 페이퍼 연마-폴리싱-부식-현미경 검사 순으로 하며, 각 금속에 사용되는 현미경 시험용 부식제로는 다음과 같은 것을 사용한다.

(1) 철강용 : 피크린산, 알콜액(피크린산 4gf, 알콜 100cc, 초산 알콜액(진한 초산 I~5 cc, 알콜 100cc)

(2) 스테인리스강용 : 알콜액, 왕수, 구리

(3) 알루미늄 및 그 합금용 : 플루오르화 수소액, 수산화 나트륨, 수산화 칼륨액 등

(4) 구리 합금용 : 연화철액

그림 6.16 조직 시험용 현미경

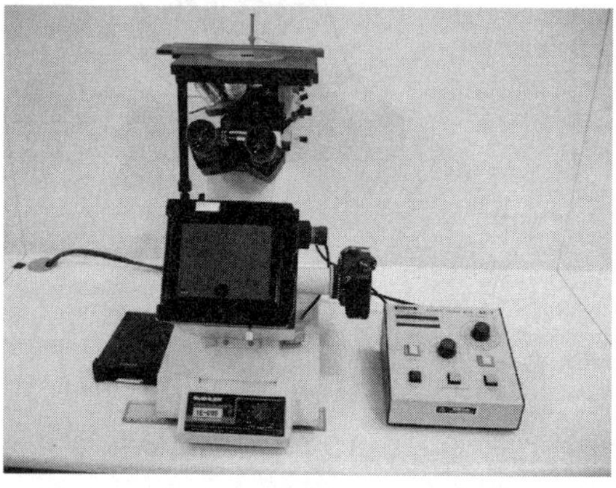

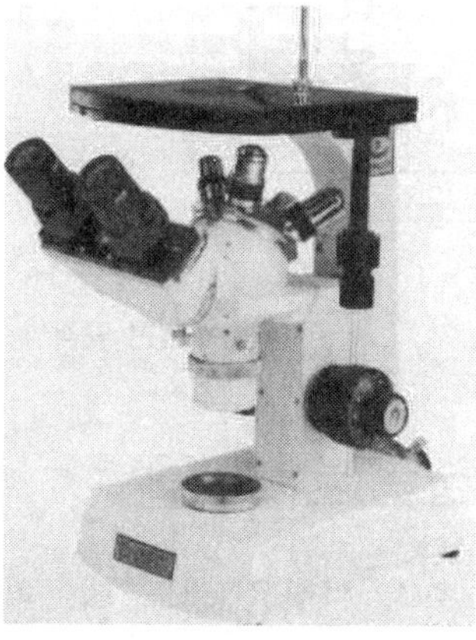

제3절 | 비파괴 검사법

1 비파괴 검사의 개요

가. 비파괴 검사의 의의

검사 중에서 시험체의 형상 또는 기능에 변화를 주는 일 없이 결함을 검출하거나 품질이나 형상을 조사하는 것을 비파괴 시험(Non Destructive Testing or Inspection : 약칭 NDT 혹은 NDI)이라고 한다.

비파괴 시험은 재료의 물리적 성질이 결함의 존재로 인해 변화하는 성질을 이용하여 그 변화량을 측정함으로써 결함의 존재를 추정하고 이에 대한 제반 정보를 얻어내는 기술이며, 비파괴 시험에 이용되는 물리적 성질에는 방사선에 대한 성질, 탄성파에 대한 성질, 전기/자기적 성질, 열적 성질 및 표면 에너지의 성질 등으로 대별할 수 있다.

비파괴 시험법은 크게 구분해보면 표면 결함을 검출하는 검사법, 내면의 결함을 검출하는 검사법, 기타 비파괴 검사법 등이 으며, 표면 결함 검출 검사법에는 육안 검사, 침투 탐상 검사, 자분 탐상 검사 및 와류 탐상 시험이 있으며, 내면(체적) 결함 검사법에는 방사선 탐상 검사, 초음파 탐상 검사, 와류 탐상 시험 등이 있다.

나. 비파괴 검사의 필요성

용접부는 작은 주조품이라 할 수 있으나, 주조와 차이점은 용접은 극히 짧은 시간에 금속이 용융 및 응고를 한다는 것이다. 따라서 용접부는 급열, 급랭을 받아 높은 열응력이 생기고 급속한 야금학적 화학반응 등으로 불순물 편석이 일어나고, 가스나 이물질이 남을 수 있으며, 팽창과 수축 등의 물리적 변화가 일어나 각종 용접결함, 잔류응력, 수축 변형, 비틀림 등을 유발하게 된다.

또한 일반적으로 용접부는 모재보다 취성이 커서(인성 증가용 합금원소, Ni, Mn 첨가 경우 제외) 상기 여러가지의 복합작용으로 사용 중 용접부는 모재보다 쉽게 조기 파손을 일으킬 수 있게 된다.

최근에는 파괴역학의 발전으로 내압, 외압 및 하중을 받는 압력용기 및 구조물의 파괴에 대한 안전성을 추정할 수 있으며, '어떤 용접부도 완전하지 않다.'는 개념아래 설계시 용접부에 어떤 크기와 결함을 미리 가정하고 설계를 한다.

그러나 압력용기 및 구조물들이 아무리 잘 관리된 용접절차에 따라 용접을 하였다 하더라도 용접시의 결함 발생은 피할 수 없으며, 설계시의 가상결함 이상의 결함들이 만들어질 수 있으며, 또한 부품들은 사용 중 우리가 예상할 수 없는 응력, 온도, 수소흡수, 진동, 부식, 침식 및 원자력 부품의 경우 방사선 노출 등 단일 혹은 복합적인 영향을 받고 있는데 이들 모든 요소들은 부품의 사용시간에 의존하게 된다.

이들 영향들은 시효, 취성, 피로 및 결함의 성장들을 일으키면서 재료의 성질을 변하게 하고 있다.

따라서 부품들이 계속적인 사용을 위해 안전한지 혹은 기타 다른 시정조치가 필요한지 여부를 판단하기 위해 비파괴 시험이 필요하며, 파괴역학적으로 파괴에 대한 안전의 정확성을 높이기 위해 반드시 재료에 존재하는 결함에 대한 정보, 즉 결함의 종류, 모양, 크기 및 위치 등을 비파괴시험으로 정확히 알지 않으면 안 된다. 이들 결함에 대한 정보가 없으면 파괴역학이 아무리 이론적으로 잘 발달하였다 하더라도 무용하게 된다. 따라서 용접, 비파괴시험 및 파괴역학은 서로 밀접한 관계를 가지고 있으며, 이로써 압력용기나 구조물의 건전성을 확보하게 된다.

2 표면 결함 비파괴 검사표법

가. 육안(외관) 검사(VT : Visual test)

그림 6.17 목 두께 검사의 예

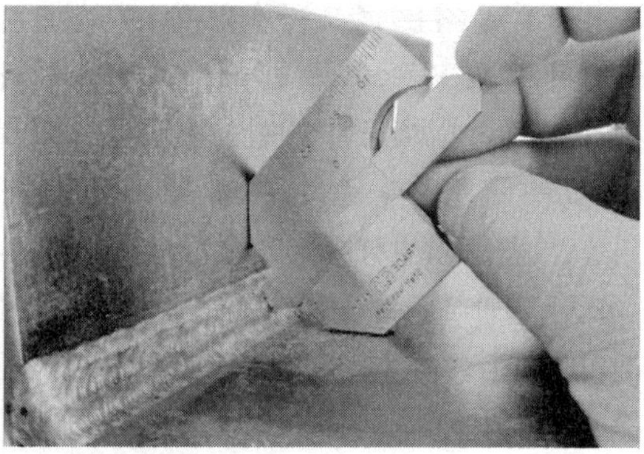

육안 검사는 맨눈이나 저배율의 확대경, 용접 게이지 등으로 용접부 외관의 좋고 나쁨, 각장(목 길이), 목 두께, 비드 높이, 균열, 용입 및 용융상태, 오버랩, 언더컷 등을 검사하는 방법으로 비파괴 시험법 중 가장 기본이 되면서도 중요한 검사법의 하나이며, 검사 방법이 간편하고 인건비를 제외하고는 비용이 거의 소요되지 않는다.

특히 육안 검사에서 검사되는 내용에는 비드 외관, 비드 폭과 높이, 용입 및 용융상태, 언더컷, 오버랩, 표면 균열 등이 있다. 특히 다층 용접의 경우는 각 층마다 외관 검사를 하고 결함이 있을 경우에는 곧 보수 용접을 하여 다음 층으로 진행할 수 있도록 해야 한다.

용접에서 외관이 불량할 경우에는 내부까지 좋지 않다고 생각할 수 있다.

[그림 6.17]은 용접 게이지로 필릿 용접부의 목 두께를 측정하는 모습을 나타낸 것이다.

1) 장 점

(1) 어떤 용접부이건 제작 전, 제작 중, 제작 후에 검사할 수 있다.
(2) 대부분 큰 불연속만을 검출하나 기타 다른 방법에 의해 검출되어야할 불연속부도 예측할 수 있게 된다.
(3) 용접이 끝난 즉시 보수해야 할 불연속부를 검출, 제거할 수 있다.
(4) 다른 비파괴 검사 방법보다 비용이 적게 된다.

2) 단점

(1) 검사원의 경험과 지식에 따라 크게 좌우된다.
(2) 일반적으로 용접부의 표면에 있는 불연속 검출에만 제한된다.
(3) 용접 작업 순서에 따라 육안 검사를 늦게 하면 이음부를 확인하기 곤란하다.

나. 침투 탐상 검사(Penetrant test : PT)

침투 탐상 검사법은 금속이나 비금속 용접부의 표면 결함 검사에 사용되는 시험법으로서 비교적 간단하고 비용이 싸며, 특히 자기 탐상 시험으로 검출되지 않는 금속재료에 주로 사용되지만, 균열의 깊이는 측정이 어렵다.

침투 탐상 시험은 시험편의 시험 전 세척 상태, 시험 온도, 침투제의 종류, 침투 시간, 현상 기술 등이 검출도에 영향을 주게 되므로 검사체의 재질과 형상, 검출 정도 등에 따라서 검사 전에 세심한 준비가 필요하다.

검사 방법은 [그림 6.18]과 같이 용접부 표면을 깨끗이 세척(전처리)한 다음 침투성이 강한 액체를 표면에 뿌리면 침투액이 결함이 있는 곳으로 스며들게 되며, 건조 후 표면의 침투액을 닦아낸 후 현상제(MgO, $Bac0_3$ 등 용제)를 분사시키면 결함(균열 등) 중에 침투되었던 액이 소재의 표면으로 나타나 이것에 의하여 결함을 판별할 수 있다 검사 후 필요한 경우에는 후처리를 해야 된다.

그림 6.18 침투 탐상 검사법의 원리

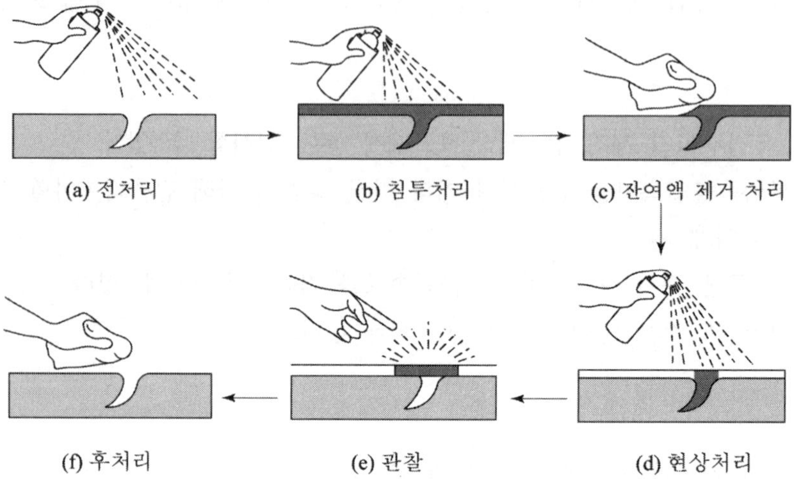

1) 장 점

(1) 시험 방법이 간단하며, 고도의 숙련이 요구되지 않는다.
(2) 제품의 크기, 형상 등에 크게 구애를 받지 않는다.
(3) 국부적 시험과 미세한 균열도 탐상이 가능하며, 판독이 쉽다.
(4) 비교적 가격이 저렴하다
(5) 철, 비철, 플라스틱, 세라믹 등 거의 모든 제품에 적용이 용이하다.

2) 단 점

(1) 표면의 결함(균열, 피트 등) 검출만 가능하다.
(2) 시험 표면이 너무 거칠거나 기공이 많으면 허위 지시 모양을 만든다.
(3) 시험 표면이 침투제 등과 반응하여 손상을 입는 제품은 검사할 수 없다
(4) 주변 환경 특히 온도에 민감하여 제약을 받는다.
(5) 후처리가 요구되며, 침투제가 오염되기 쉽다.

3) 침투 탐상 검사법의 종류

(1) 형광 침투 탐상 검사법

유기 고분자 유용성 형광 물질을 점도 낮은 기름에 녹인 것으로 표면 장력이 매우 좋아 매우 작은 균열이나 표면의 흠집 관찰이 쉬우며, 자외선(블랙 라이트)으로 비추면 쉽게 판별할 수 있다. 검사 순서는 전처리(세척)-침투-잔여 액 제거-현상제 살포-건조-검사 순으로 하면 된다.

(2) **염료 침투 탐상 검사법**

염료 침투는 형광 침투액 대신에 적색 염료를 주체로 한 침투액과 백색의 현상제를 사용하는 방법으로 원리적으로는 형광 침투법과 동일하나 보통의 전등 또는 햇빛 아래서도 검사할 수 있는 것이 특징이다. (그림 6.19 참조)

그림 6.19 **액체 침투 탐상액의 예**

다. 자분(기) 탐상 검사(Magnetic test : MT)

강자성체인 철강 용접부 등의 표면 결함 검사나 열처리 균열과 같은 미세한 표면 균열 검사에 사용되는 시험법이다. 시험 방법은 시험체를 자화하여 자속이 발생되었을 때 도자성이 높은 미세한 자성체의 분말을 검사체 표면에 산포하면 결함이 있는 경우 그 속에서 자분이 흐트러져 일부가 밖으로 새므로 이 누설 자속을 관찰하여 결함의 유무 및 그 상황을 확인할 수 있다.(그림 6.20 참조)

자분 탐상법은 자화 방법에 따라 [그림 6.21]과 같은 방법이 있으며, 자화에 의하여 검출 가능한 결함의 깊이는 표면과 표면 바로 밑 5mm 정도이다. 자화 전류는 표면 결함의 검출에는 교류를, 내부 결함의 검출에는 직류가 사용된다.

그림 6.20 **자분 탐상법의 원리**

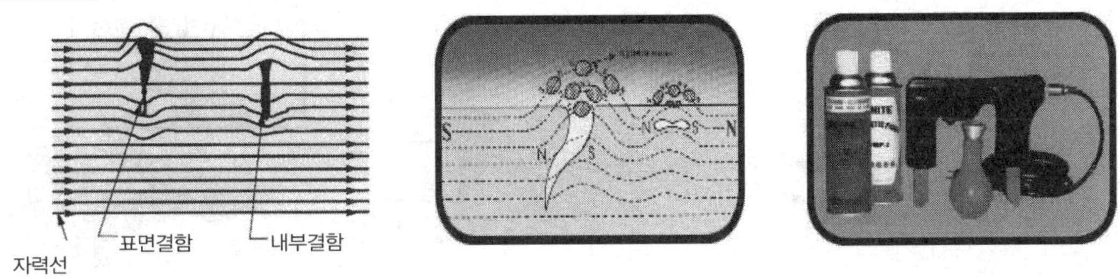

1) 장점

(1) 표면 균열 검사에 가장 적합하며, 시험편의 크기, 형상 등에 구애를 받지 않는다.
(2) 검사법 습득이 쉽고, 검사가 신속, 간단하다.
(3) 결함 모양이 표면에 직접 나타나 육안으로 관찰할 수 있다.
(4) 검사자가 쉽게 검사 방법을 배울 수 있다.
(5) 자동화가 가능하며 비용이 저렴하다.
(6) 정밀한 전처리가 요구되지 않는다.

2) 단점

(1) 강자성체 재료에 한하며, 내부 결함의 검사가 불가능하다.
(2) 불연속부의 위치가 자속 방향에 수직이어야 한다.
(3) 탈자(자기 제거) 등 후처리가 필요하다.
(4) 검사자의 숙련도에 따라 검사 정도가 달라진다.

그림 6.21 자분 탐상의 자화 방법

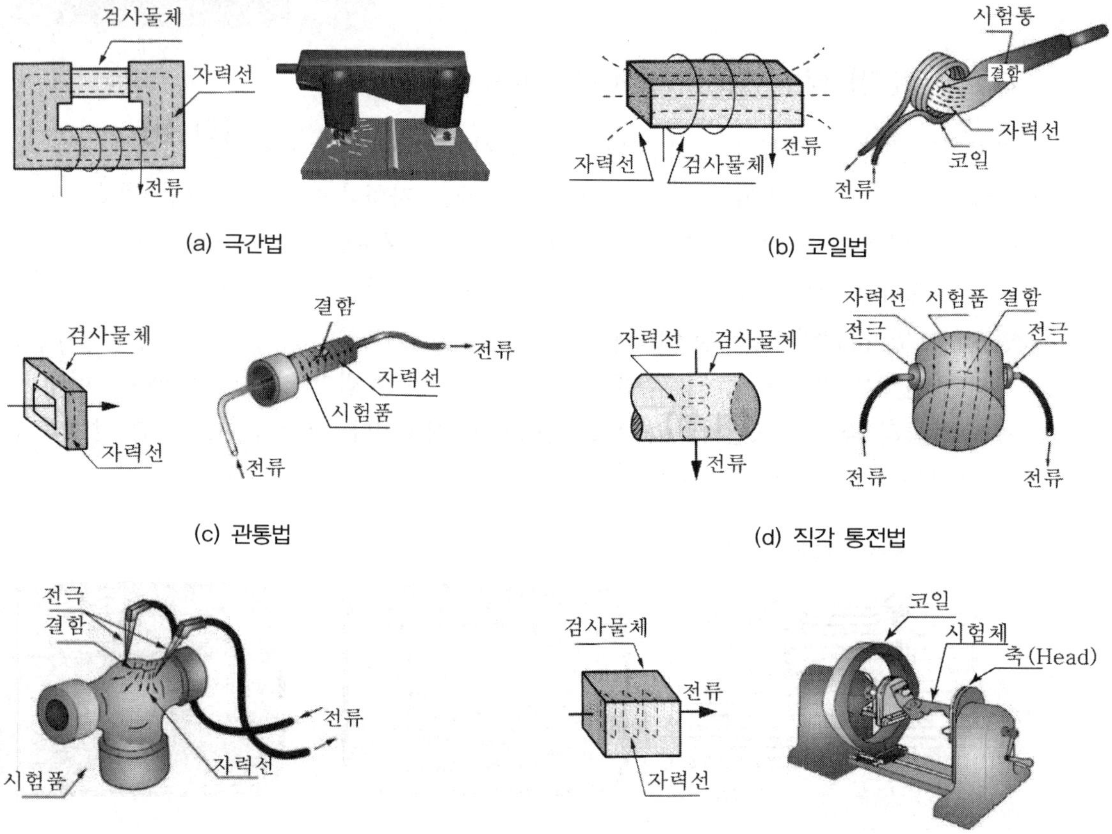

(a) 극간법 (b) 코일법 (c) 관통법 (d) 직각 통전법 (e) 프로드 법 (f) 축통전법

라. 와류 탐상(맴돌이) 검사(Eddy current test : ET)

교류가 흐르는 코일을 금속 등의 도체에 가까이 가져가면 도체의 내부에는 와전류(eddy current)라는 맴돌이 전류가 발생하며, 이 와전류는 전도체의 불연속성 유무에 따라 달라지는 임피던스를 발생시키는데 이와 같은 와전류가 검사체 표면 근방의 균열, 부식공 등의 불연속에 의하여 변화하는 것을 관찰함으로써 검사체에 존재하는 결함을 찾아내는 검사 방법이다.(그림 6.22 참조)

1) 장 점

(1) 응용 분야가 넓고, 결과를 기록하여 보존할 수 있다.
(2) 비접촉으로 고속 탐상이 가능하므로, 파이프, 튜브, 환봉, 선 등에 대하여 고속 자동화가 가능하여 능률이 좋은 On-line 생산의 전수 검사가 가능하다.
(3) 표면 결함의 검출 감도가 우수하며, 지시의 크기로 결함의 크기를 추정할 수 있어 결함 평가에 유용하다.
(4) 고온하에서 측정, 얇은 시험체, 가는 선, 구멍의 내부 등 다른 비파괴 검사법으로 검사하기 곤란한 대상물에도 적용할 수 있다.
(5) 비접촉법으로 프로브(probe)를 접근시켜 검사뿐만 아니라 원격 조작으로 좁은 영역이나 홈이 깊은 곳의 검사가 가능하다.

2) 단 점

(1) 강자성 금속에 적용이 어렵고 검사의 숙련도가 요구된다.
(2) 검사를 통해 얻은 지시로 직접 결함의 종류, 형상 등을 판별하기 어렵다.
(3) 검사 대상 이외의 재료적 인자의 영향에 의한 잡음이 검사에 방해되는 경우가 있다.
(4) 표면 아래 깊은 곳에 있는 결함의 검출이 곤란하다.
(5) 지시는 시험 코일이 적용되는 전 영역의 적분치가 얻어지므로 관통형 코일의 경우 관의 원주상 어느 위치에 결함이 있는지를 알 수 없다.

그림 6.22 와류 탐상법

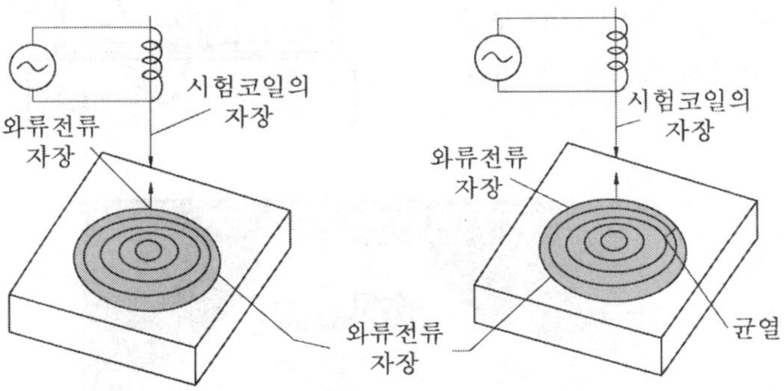

(a) 와류 탐상 시험의 원리

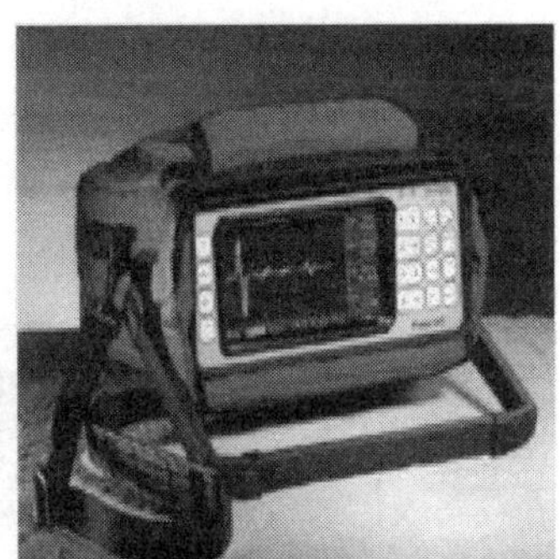

(b) 와류 탐상 시험기 형상

3) 와류 탐상 검사의 적용 범위

(1) 용접부 표면 또는 표면에 가까운 균열, 기공, 개재물, 피트, 언더컷, 오버랩, 용입 불량, 융합 불량 등을 검출할 수 있다.
(2) 전기 전도성, 결정립의 대소, 열처리 상태, 경도 및 물리적 성질 등 재료의 조직 변화 및 기계적, 열적 이력을 측정하거나 확인할 수 있다.
(3) 이종 재질을 구별하고 그 조성 및 현미경 조직 등의 차이를 확인할 수 있다.
(4) 도체 위에 입힌 페인트와 같은 비도체 도포물의 두께를 측정할 수 있다.

3 내부 결함 비파괴 검사법

가. 방사선 투과 검사(radiographic test . RT)

방사선(X-선, γ-선 등)을 이용하여 시험체의 두께와 밀도 차이에 의한 방사선 흡수량의 차이에 따라 방사선 투과 사진 또는 형광 스크린 상에 결함이나 내부 구조 등을 나타내어 관찰하는 방법으로 주로 주조품이나 용접부 시험에 적용된다.(그림 6.23, 6.24 참조)

이 방법은 비파괴 검사법 중에서 가장 신뢰성이 있어 널리 사용되며, 자성의 유무, 두께의 대소, 형상, 표면 상태의 양부에 관계없이 어떤 것이나 이용할 수 있으며, 투과하는 두께의 1~2%의 결함까지도 정확하게 검출할 수 있다.

그림 6.23 X선 검사의 원리

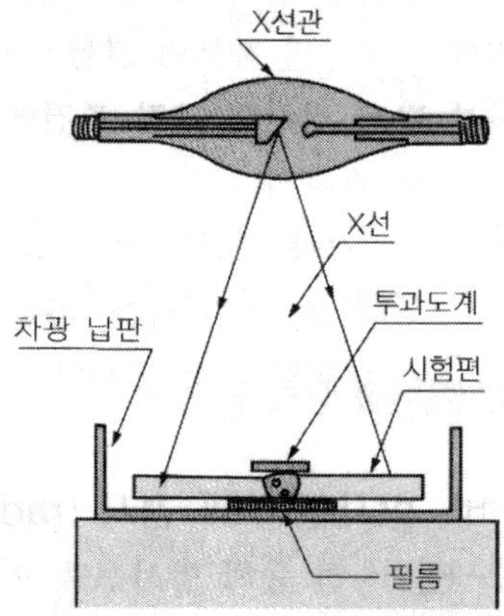

그림 6.24 X선 검사 장치

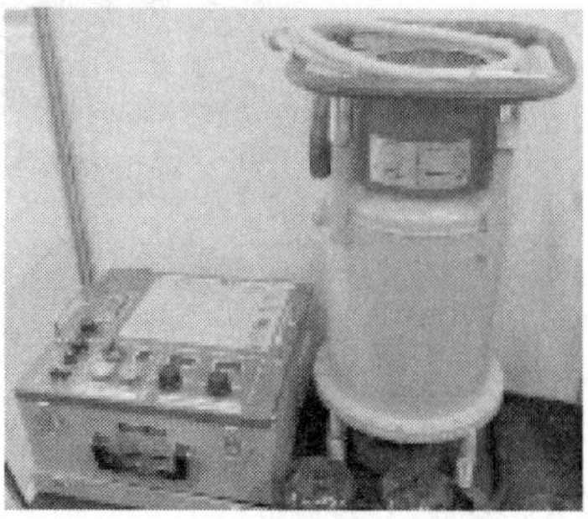

(a) X선 발생 장치

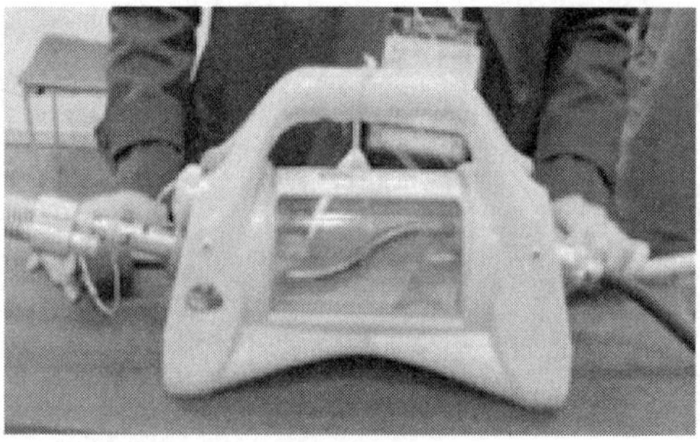

(b) γ 선 투과 검사 장비의 모형

1) 장 점

(1) 모든 재질의 내부 결함 검사에 적용할 수 있다.
(2) 검사 결과를 필름에 영구적으로 기록할 수 있다.
(3) 주변 재질과 비교하여 1% 이상의 흡수차를 나타내는 경우도 검출될 수 있다.

2) 단 점

(1) 미세한 표면 균열이나 라미네이션은 검출되지 않는다.
(2) 방사선의 입사 방향에 따라 15° 이상 기울어져 있는 결함, 즉 면상 결함은 검출되지 않는다.
(3) 현상이나 필름을 판독해야 한다.
(4) 미세 기공, 미세 균열 등은 검출되지 않는 경우도 있다.
(5) 다른 비파괴 검사 방법에 비하여 안전 관리에 특히 주의하여야 한다.

3) 투과도계와 계조계(그림 6.25 참조)

(1) 투과도계

투과도계는 철심형 투과도계(DIN형)가 많이 사용된다. 이것은 가는 철사줄로 지름이 약간씩 다른 7~10개를 같은 간격으로 나란하게 배열하여 만든 게이지이며, 방사선 투과사진의 상의 질을 나타내는 척도를 알 수 있어 X선 탐상의 결함 검출 기준으로 쓰인다.

(2) 계조계

계조계는 투과 두께 20mm 이하인 평판의 맞대기 용접부에 대하여 촬영 조건을 결정 할 경우에 사용하며, 동일한 조건으로 촬영하는 경우에는 연속 10회 이하의 촬영을 1군으로 해서 1군에 대하여 계조계를 1회 이상 사용하는 것을 원칙으로 한다.

4) 촬영 결과

KS B 0845에서 규정한 결함의 분류 및 등급 분류에 대한 사항을 기준으로 필름 관찰기로 관찰한다. 결함의 분류는 어두운 곳에서 충분히 밝은 필름 제1종(기공 및 이와 유사한 둥근 결함)과 제2종(슬래그 섞임 및 이와 유사한 결함), 제3종(터짐 및 이와 유사한 결함)으로 분류하고 있다.

(1) 결함 점수 및 결함 길이

제1종의 결함은 기공 및 이와 유사한 원형 결함으로 시험부의 전 면적 중 점수가 가장 크게 나타나는 부분의 시험 시야 내를 대상으로 한다. 시험 시야의 크기는 모재의 두께에 따라 <표 6.4>에 나타낸 크기로 한다.

결함이 1개일 경우의 결함 점수는 결함의 긴 지름에 따라 <표 6.7>의 값을 사용한다. 다만 결함의 긴 지름이 <표 6.7>에 표시하는 값 이하의 것은 결함 점수로서 계산하지 않는다.

제2종의 결함은 결함의 종류에 따라 <표 6.7>에 표시하는 계수를 곱하여 결함 길이로 한다. 결함과 결함의 간격이 <표 6.7>에 표시하는 값을 초과하는 경우에는 각각 독립된 값으로 하나 1 이하의 경우에는 각각의 결함 길이의 총합을 그 결함군의 결함 길이로 한다.

(2) 등급 분류

제1종 결함의 등급 분류는 <표 6.8>의 기준에 따라 실시하는 것으로 한다. 표 중에 나타낸 숫자는 결함 점수의 허용 한도를 표시한다. 다만 결함의 긴 지름이 모재 두께의 1/2를 초과할 경우에는 4급으로 한다.

또한 1급에 대하여는 결함의 긴 지름이 <표 6.7>에 표시하는 값 이하의 것이라도 시험 시야 내에 10개 이상 있어서는 안 된다.

제2종 결함의 등급 분류는 <표 6.9>의 기준에 따라 실시하는 것으로 한다. 다만 1급에 대하여는 용입 부족 또는 융합 부족이 있어서는 안된다. 제3종 결함의 등급 분류는 모두 4급으로 한다. [그림 6.22]는 용접 결함별 X선 필름을 나타낸 것이다.

그림 6.25 투과도계와 계조계의 배치

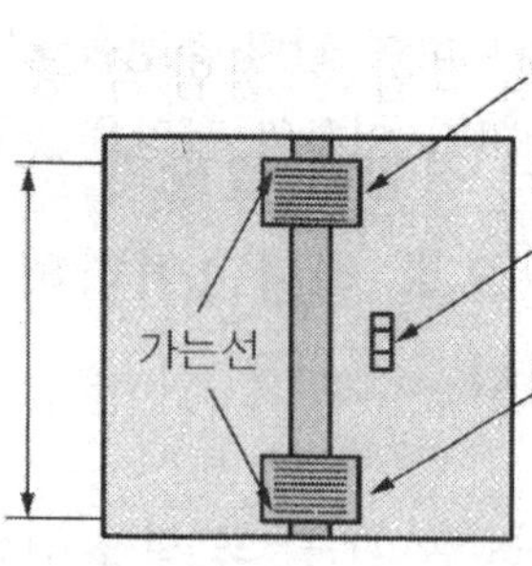

그림 6.26 X선 필름

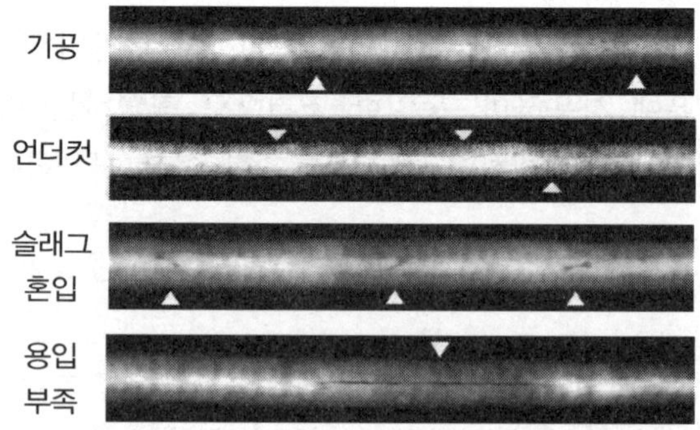

표 6.7 X선 결함 판별 기준

구 분	항목 및 크기, 점수, 크기, 계수, 간격						
시험 시야의 크기	25 이하		25~100			100 초과	
	10×10		10×20			10×30	
결함의 점수	1.0 이하	1.0~2.0	2.0~3.0	3.0~4.0	4.0~6.0	6.0~8.0	5.0 초과
	1	2	3	6	10	15	25
산정않는 결함의 치수	모재 두께			결함의 치수			
	20 이하			0.5			
	20~50			0.7			
	50 초과			모재 두께의 1.4(%)			
결함의 계수	결함의 종류			계 수			
	슬래그 섞임			1			
	용입 부족, 융합 부족			2			
결함과 결함의 간격	결함의 종류			결함과 결함의 간격			
	슬래그 섞임			큰 쪽 결함의 치수			
	용입 부족, 융합 부족			큰 쪽의 결함 치수의 2배			

표 6.8 제1종 및 제4종 결함의 분류

시험 시야 mm / 모재 두께 mm / 등 급	10×10		10×20		10×30
	10 초과	25 이하	25 초과 55 이하	50 초과 100 이하	100 초과
1 류	1	2	4	5	6
2 류	3	6	12	15	18
3 류	6	12	24	30	36
4 류	결함 점수가 3류보다 많은 것				

표 6.9 제2종 결함의 분류

모재 두께 mm / 등 급	12 이하	12 초과 48 미만	48 이상
1 류	3 이하	모재 두께의 1/4 이하	12 이하
2 류	4 이하	모재 두께의 1/3 이하	16 이하
3 류	6 이하	모재 두께의 1/2 이하	24 이하
4 류	결함 길이가 3류보다 긴 것		

나. 초음파 탐상 검사(Ultrasonic test : UT)

초음파란 사람의 귀로 들을 수 없는 파장이 짧은 음파(5~15 MHz))를 말하며, 금속 등의 물체 속을 쉽게 전파하고 서로 다른 물질과의 경계면에서는 반사하는 특성이 있다. 이러한 초음파를 시험체 내로 보내어 시험체 내에 존재하는 불연속을 검출하는 방법으로서 시험체 내의 불연속부로부터 반사되는 에너지량, 손상된 초음파가 시험체를 투과하여 불연속부로부터 반사되어 되돌아올 때까지의 진행 시간, 초음파가 시험체를 투과할 때 감쇠되는 양의 차이를 적절한 표준 자료와 비교하여 결함의 위치와 크기 등을 측정하는 방법이다.

원리는 기계 진동 형태의 고주파 음파를 검사할 부분으로 주사하면 재료를 통과하는 음파는 결함부 또는 경계면에 부딪치게 되며, 음향 진동은 반사가 되고 이 반사파를 검출하여 반사파에 대한 정보를 음극선관(CRT) 또는 다른 기록 장치에 나타내어 분석하면 결함의 유무와 위치, 크기 등을 판별 할 수 있다.(그림 6.27, 6.28 참조)

초음파의 속도는 공기 중에서는 약 330m/sec, 물 속에서는 약 1500m/sec, 강(steel) 중에서는 약 6000m/sec인데, 공기와 강 사이에서 초음파는 반사되므로 탐촉자와 물체 사이가 충분히 밀착되도록 검사체의 표면에 물, 기름, 글리세린 등을 바른 후 검사한다.

초음파 검사는 결함의 크기(0.1mm 정도까지 검출), 위치, 방향성 등을 검출할 수 있어 적용 범위가 넓으므로 두께 및 길이가 큰 물체에 적용할 수 있으나, 탐상면이 거칠면 음파의 산란으로 잘못된 지시 값에 의해 잘못 판단할 염려와 스크린상의 도형 판독에 많은 훈련과 경험이 필요한 것 등의 단점도 있다.

1) 장 점

(1) 감도가 높아 미세한 결함을 검출할 수 있다.
(2) 탐상 결과를 즉시 알 수 있으며 자동 탐상이 가능하다.
(3) 결함의 위치와 크기를 비교적 정확히 알 수 있다.
(4) 초음파의 투과 능력이 크므로 수 미터 정도의 두꺼운 부분도 검사가 가능하다.
(5) 검사 시험체의 한 면에서도 검사가 가능하다.

2) 단 점

(1) 검사 시험체 표면이나 형상이 탐상을 할 수 없는 조건에서는 탐상이 불가능한 경우가 있다.
(2) 검사 시험체 내부 조직의 구조 및 결정 입자가 조대하거거가 전체가 다공성일 경우는 정량적인 평가가 어렵다.

그림 6.27 **초음파 탐상기의 형상**

그림 6.28 **소형 스캐너를 이용한 결함 검사**

3) 초음파 탐상법의 종류(그림 6.29 참조)

(1) 투과법 : 검사 물체 속에 펄스 초음파 또는 연속파를 투과하고 뒷면에서 이를 수신하여 결함으로 인한 초음파의 장해 및 쇠약 정도를 조사하는 방법이다.

(2) 펄스(pulse) 반사법 : 펄스 초음파를 검사 물체의 한쪽 면(탐상면)에서 송신하여 그 결함에서 반사되는 반사파(결함 에코)의 형태로 결함을 판정하는 방법으로 가장 많이 이용된다.

(3) 공진법 : 검사 물체의 두께에 따라 어떤 특정 주파수 일 때 검사 물체 속에 초음파의 정상파가 생겨 공진하므로 그 상황을 근거로 하여 라미네이션 등의 결함을 검출할 수 있는 방법이다.

그림 6.29 **초음파 검사법의 종류**

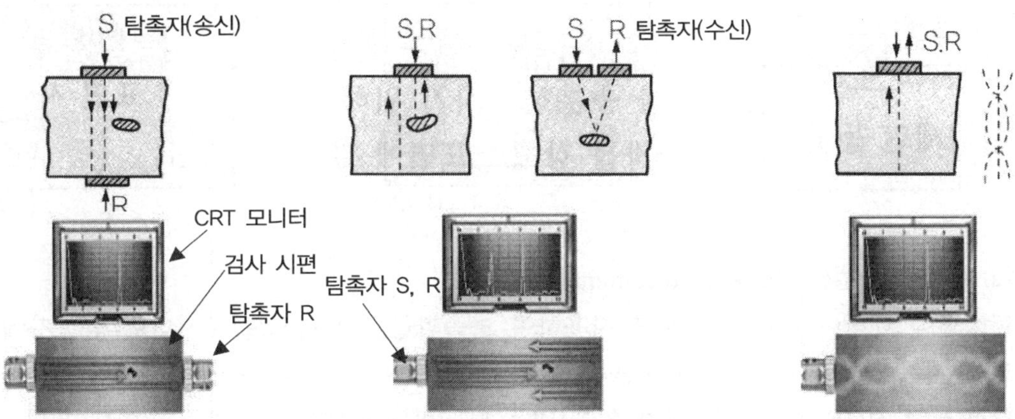

(a) 투과법 (b) 펄스 반사법 (c) 공진법

4) 초음파 탐상 검사 방법

초음파 탐상 검사법을 접촉 방법에 따라 분류하면 수침법(immersion method)과 직접 접촉법(contact method)으로 나눌 수 있으며, 현장에서는 직접 접촉법인 수직 탐상법과 사각 탐상법이 많이 쓰인다.(그림 6.30 참조)

그림 6.30 초음파 탐상 검사법의 종류

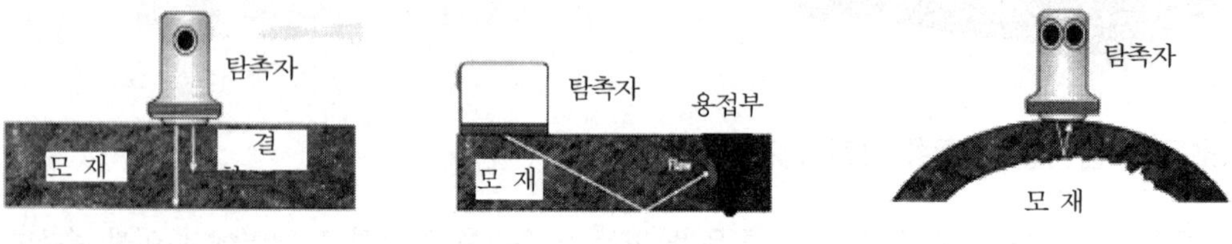

(a) 수직 탐상법 (b) 사각 탐상법 (c) 파이프 사각 탐상법

(1) 수직 탐상법(straight beam technique)

초음파의 진행 방향을 검사 물체의 표면에 수직으로 전달시켜 내부 결함의 상태를 검사하는 방법으로 두께 측정의 원리를 이용한 것이다. 원리는 표면에서 발사된 수직파가 결함이 존재하는 불연속면에서 반사되는데 이 반사파는 원래 저면에서 반사되어 나오는 파가 돌아오는 거리 및 시간보다 적게 되는 원리를 이용하였으며 결함의 크기, 길이, 종류를 알 수 있는 방법이다.(그림 6.31 참조)

그림 6.31 수직 탐상법의 원리

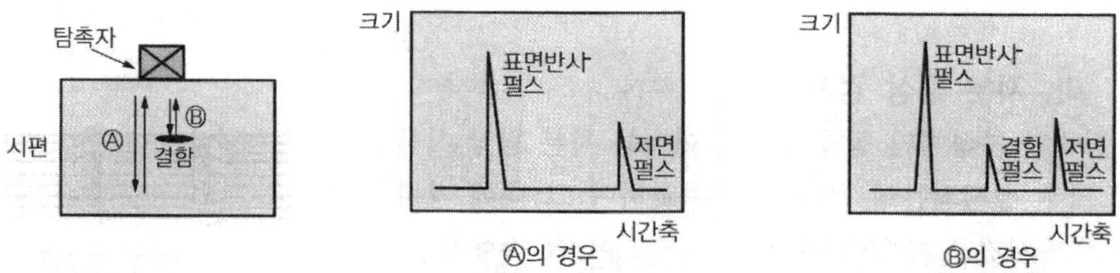

(2) 사각 탐상법(angle beam techinique)

탐상면에 대하여 사각 탐촉자를 사용하여 초음파를 경사각으로 주사하여 탐촉자에서 멀리 떨어진 결함이나 불연속한 곳을 감지하는 방법으로 용접부나 복잡한 모양의 검사체에 적당하다. 용접부와 같은 비드파가 있을 경우에도 비드 표면을 가공하지 않아도 된다. 이 방법의 특징은 저면 반사가 나타나지 않는다는 것이다. [그림 6.32]는 사각 탐상법의 원리를 나타낸 것이다.

그림 6.32 사각 탐상법

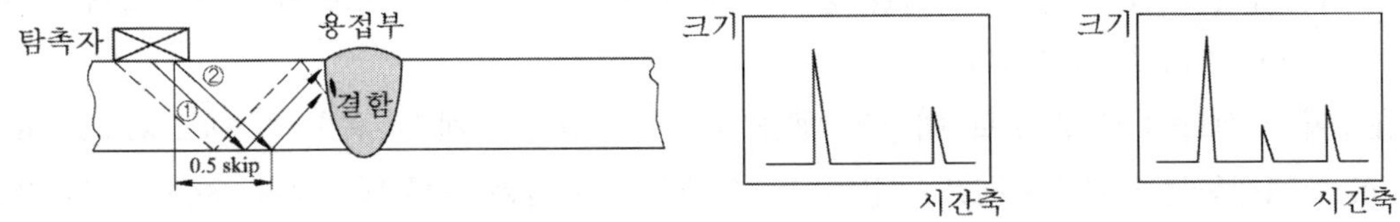

(3) 초음파 회절-시간 측정법(TOFD, Time of Flight Diffraction)

TOFD는 영국 표준(BS 7706)에 규정되어 있는 회절-시간 측정법으로, 결함 끝부분에서의 회절 초음파를 이용하여 결함의 높이를 측정하는 가장 빠른 비파괴검사 방식이며, 일반 초음파 검사에 비해 새로운 검사법으로 평가되고 있다.

원리는 결함을 사이에 두고서 송신 및 수신용 종파 경사각 탐촉자를 시험체 표면에 놓고, 초음파를 송신시키면 표면을 전파하는 파(A)와 저면 반사파(B) 이외에 결함이 있을 경우 결함의 상단부 및 하단부에서 회절한 초음파(C 및 D)가 수신된다. 이때의 상단부 회절 초음파의 도착시간(t_C), 하단부 회절 초음파의 도착시간(t_D) 및 탐촉자 사이의 거리(L)로부터 다음 식에 의해 결함의 높이(H)를 구하는 방법이다.

용접부에 결함이 없는 건전한 부위일 경우에는 표면을 따라 흐르는 파(lateral wave)와 저면에서 반사된 저면 반사파(back-wall echo)만이 존재하며 이 두 신호 사이에는 아무런 신호도 존재하지 않는다. 그러나 만약 결함이 존재하게 되면, 초음파는 [그림 6.33]과 같이 결함의 선단에서 회절이 일어나게 된다. 이 회절신호가 수신 탐촉자에 도달되는 시간을 계산하여 결함의 선단 위치를 파악하게 된다.

$$H = \sqrt{\left(\frac{Ct_D}{2^2}\right) - \left(\frac{L}{2}\right)^2} - \sqrt{\left(\frac{Ct_C}{2^2}\right) - \left(\frac{L}{2}\right)^2} \quad (C : \text{종파 음속 m/s})$$

그림 6.33 TOFD에서 초음파 검사의 원리

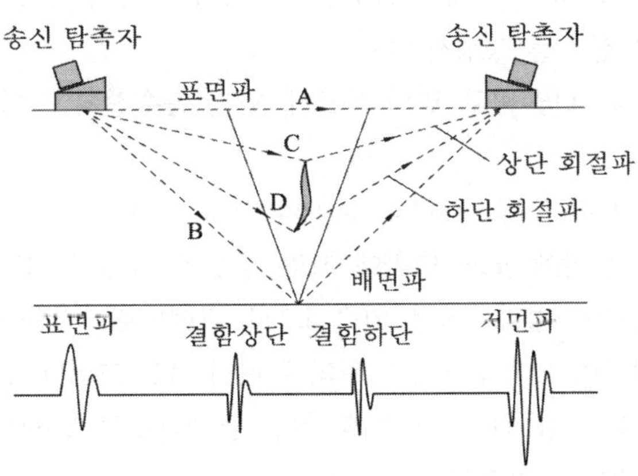

① TOFD(Time of Flight Diffraction) 검사 : 이 검사법은 결함의 양 끝단에 대한 위치 파악에 근거를 둔 것으로 결함 면에서 전반사되어 돌아오는 초음파 신호의 음압에 근거하여 결함을 평가한다.

용접이나 재료에 대해 서로 대칭적 대향 구조로 설치된 2개의 종파 각 빔(L-wave angle beam)을 형성하는 트랜스듀서를 채용한다. 한 개의 탐촉자는 다른 탐촉자가 초음파 에너지를 받을 때 그 에너지 전송 역할을 한다.

트랜스듀서, 펄스, 증폭기들이 검사대상 물체를 커버할 수 있도록 에너지 선택을 지원하며, 포지션 엔코더가 달린 단일 축 스캔이 용접상태를 기록하는 등 시험 과정을 실시간 디지털 이미지 형태로 디스플레이 할 수 있다.

결함 끝단의 위치를 결정하는 TOFD 방법에서 빔의 퍼짐 각이 큰 송신 탐촉자(T)를 검사하고자하는 용접부의 한쪽 면에, 수신용 탐촉자(R)를 반대편에 위치시킨다.

그림 6.34 TOFD에 의한 초음파 결함검사의 예

TOFD 검사는 pitch-catch 모드에서 2개의 탐촉자를 사용하며, 트랜스듀서 배치와 작동으로 인해 다음 3개의 신호를 생성시킨다.

ⓐ 신호 1 : 시험대상 표면 바로 밑의 통로에 있는 송수신기 사이의 음파진행의 원인이 되는 횡파

ⓑ 신호 2(LL) : 반대 편 벽면으로부터 종파의 직접 반사에 의한 일차적 반대 벽면 신호

ⓒ 신호 3 : 내부표면 상에 모드 변환에 따라 생성된 반대편 벽면 신호

이상의 신호들은 시간이 경과하면서 연속적으로 발생하며, 검사 대상 물체에 정상적인 스캔이 진행될 동안에는 이 3개 신호가 일관되게 나타난다. 그러나 결함이 나타나면 신호는 횡파와 LL 신호 사이의 타임 윈도우에 나타난다. 결함신호의 도착시간에서부터 LL신호의 도착시간까지 결함의 깊이를 계산할 수 있다.

TOFD 데이터는 그레이 스케일(gray scale) B스캔 표시로 디스플레이 되며, ASME-2235 Code에 따라 넓은 영역을 커버한다.

② TOFD의 문제점 : TOFD 검사기술은 매우 간단하고 쉬운 방법이지만 몇 가지 기술상의 한계를 지니고 있다.

용접 검사시에 종파신호의 폭에 따라 표면과 그 부근의 민감도가 감소한다. 이러한 문제는 횡파의 펄스폭을 감소시켜 개선시킬 수 있다. 10mm 이하의 박판 용접검사에서는 횡파와 LL파 사이의 시간차가 감소한다. 이 두개 파 신호 사이의 시간차를 증가시키는 가장 간단한 방법은 작은 펄스폭의 트랜스듀서들을 사용하는 것이다.

현재 TOFD 기술은 높이, 길이, 위치 등 탐상 결과의 스캔, 저장이 가능한 완전 컴퓨터화한 시스템으로 발전하고 있으며, RT나 다른 초음파기술로 성취할 수 없는 정밀도를 갖는 것으로 평가되어 응용이 확대되는 추세이다.

4 기타 비파괴 검사법

가. 누설 검사(Leak test : LT)

검사체 내부나 외부에 적용한 기체나 액체와 같은 유체가 검사체 내부와 외부의 압력 차이에 의해 검사 물체에 존재하는 결함을 통해 흘러 들어가거나 나오는 것을 적당한 검출 매체를 통해 결함의 존재 유무 및 위치를 확인하는 방법이다.(그림 6.35 참조)

시험체의 재질과는 무관하게 검사가 가능하며 누설 검사는 누설이 있는 곳에 발생된 비누방울을 관찰하거나 검사체 내에 특정 추적 가스를 주입하여 누설된 가스의 양을 검출하거나 화학 반응을 일으켜 색깔이 달라지게 하는 방법으로 검사한다.

그림 6.35 누설 검사

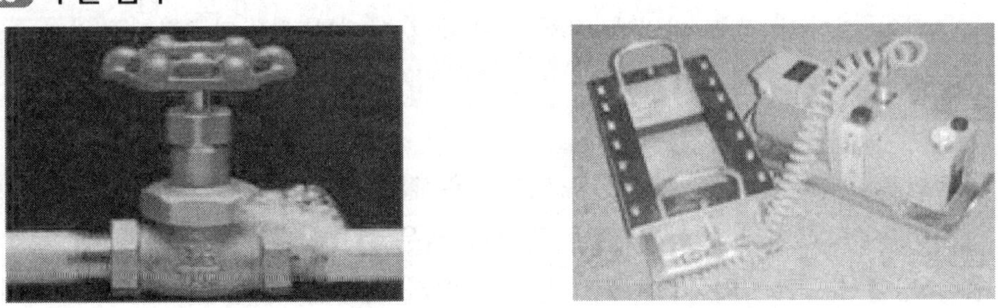

(a) 누설 검사의 예 (b) 누설 탐상 기기의 일종

1) 가압법과 진공법

누설 시험에서 시험체의 내부와 외부의 압력차를 만들 때 시험체 내에 압력을 가하여 높게 하거나 시험체 내의 압력을 감압하여 대기압보다 낮게 하는 방법을 사용하는데 전자를 가압법, 후자를 진공법이라 한다.

2) 누설 감지법

비눗물을 사용해 누설이 있는 곳은 비누방울이 생기는 것으로 감지하거나, 시험체 내의 압력 변화를 측정하여 누설을 감지하는 방법, 그리고 여러가지 기능을 지닌 추적 가스를 시험체 내에 주입시켜 누설된 미량의 추적 가스를 검출기로 검출하기도 한다.

나. 수압 검사(water pressure test : WPT)

용접 용기나 탱크에 물을 넣고 소정의 압력을 주어 물이 누설될 때까지의 압력을 측정하여 내압 검사를 하며, 누설 여부를 검사하여 용접 결함을 판정하는 시험이다.

다. 음향 검사(accoustic emission test : AE)

하중을 받고 있는 물체의 균열 또는 국부적인 파단으로부터 방출되는 응력파(stress wave emission)를 분석하여 소성 변형, 균열의 생성 및 진전 감시 등 동적 거동을 파악하고 결함부의 유무 판정 및 재료의 특성 평가에 이용하는 기법으로서 다른 비파괴 검사법이 신호를 발생시키고 그 응답을 분석하는 것과 다르게 피동적으로 신호를 수신하여 결함을 검출하는 비파괴 검사법이다.

1) 장 점

(1) 실시간으로 결함의 진원지와 결함의 상태를 추적할 수 있다.
(2) 국부적인 결함의 검출 이외에 전체 구조물의 상태를 모니터링할 수 있다.

2) 단 점

(1) 안정화된 결함, 즉 진행이 멈춘 균열 등은 검출할 수 없다.
(2) 센서의 감도에 따라 결함의 검출 결과가 좌우된다.
(3) 음향 방출이 구조물의 여러 구조 상태를 따라 전달될 때 결함의 정확한 위치를 찾기는 어렵다.
(4) 초음파 탐상법과 같은 국부적인 결함 검출법을 병행하여야 한다.

라. 응력 측정(Stress measurement Test : SM)

구조물의 안전성은 외력을 가한 상태에서 응력을 측정하여 평가하나 응력을 직접 측정할 수 없으므로 응력과 변형량이 비례함을 이용하여 구조물의 변형량을 측정하여 응력을 구하고 안전성을 평가하는 검사법이다.

<표 6.10>은 각종 비파괴 검사법에 대한 개요를 나타낸 것이다.

표 6.10 각종 비파괴 검사법의 개요

시험 종류	시험 방법	필요 장비	적용 범위	장점	단점
외관 검시	대상물 표면을 육안으로 관찰	육안 또는 저배율 현미경, 전용 게이지	용접부 표면 결함과 모든 재료에 적용 가능	경제적이고, 다른 방법에 비해 숙련도와 장비가 직게 요구됨.	용접부 표면에 한정됨
방사선 검사 (감마선, X선)	대상물에 감마선, 또는 X선을 투과시켜 필름에 나타나는 상으로 결함을 판별	감마선원, X선원, 감마선 카메라 프로젝터, 필름 홀더, 필름, 리드 스크린, 필름 처리장치, 노출장비, 조사모니터링 장비	용입 불량, 미용융, 슬래그, 기공, 두께 및 갭 측정 등이며, 통상적으로 두꺼운 금속제에 주로 사용됨. 적용 대상으로 주조물이나 대형 구조물을 들 수 있으며, 특히 X-선 검사법을 적용하기 곤란한 형상에 적용	기록을 반영구적으로 보존하여 오랜 기간 후에도 검토가능, 감마선은 파이프 등과 같은 부위의 내부에도 적응가능, 감마선 발생에 전원이 요구되지 않음. X선은 감마선에 비해 양질의 방사능을 가짐. 영구기록 보존이 가능	방사능의 노출에 대한 특별한 주의가 요구됨. 균열이 조사선에 평형해야 함. 선원은 제어가 곤란하고 시간에 따라 감소됨. X선 장비가 고가이고 방사능 노출 시 위험도가 감마선보다 커서 소정의 자격을 갖춘 작업자에 의하여 감사를 실시하여야 한다.
초음파 탐상	20㎑이상의 주파수를 가지는 음파를 대상물의 표면에 적용하여 결함에서의 반사파를 탐측	탐측자,초음파 탐상기, 접촉 매질, 대비 시험편, 표준 시험편	용접 균열, 슬래그, 용입 불량, 미용융, 두께 측정	평면 형상의 결함 측정에 적당. 측정 결과가 바로 나옴. 장비 이동이 용이	표면을 접촉 매질로 준비해야한다. 용접부가 작거나 판이 얇은 경우 탐상이 어려움. 표준시편 및 대비시편이 준비되어야 하고, 다소의 숙련이 요구된다.
자분 탐상	시험체에 적절한 자장과 자분을 가해	자화 장치, 자외선 조사장치,	표면 혹은 표면직하에 노출된 용접기공, 균열 등	경제적이고, 검사 설비의 이동이 용이함.	검사 대상품이 강자성체이어야 하미. 표면이

	결함부에 생기는 자분의 모양으로 결함존재를 확인	자분, 자속계, 전원			깨끗하고 평탄해야 함. 균열길이가 0.5mm이상이어야 검출 가능하며, 결함깊이는 알 수 없다.
침투 탐상	검사 대상의 표면에 침투 액을 도포한 후 세정하고, 현상액을 도포하여 결함을 검출하는 방법	침투액, 세정제, 현상액, 자외선램프	표면에 노출된 용접기공, 균열 등	다공질 재료가 아닌 모든 재료에 적용가능. 이동이 용이하고 상대적으로 비용이 싸다. 결과를 쉽게 판독할 수 있으며, 전원이 필요 없다.	코팅이나 산화막이 있으면 결함검출이 곤란. 검사 전후 세정을 해주어야 함. 결함깊이를 알 수 없음.
와류 탐상	유도 코일을 이용하여 시험 체의 표면에 와전류를 형성시키고, 결함 존재시 변화하는 와전류를 관찰함.	유도전자 자기장 발생 장치, 와전류 측정센서, 표준시편	용접부 표면 결함(균열, 기공, 미용융) 및 표면직하에 있는 결함. 합금성분, 열처리 정도, 판 두께 측정도 가능	상대적으로 편리하고 비용이 적게 듦. 자동화 용이하며 비접촉식	전기도체이어야 검출이 가능하고, 표층결함 탐상용. 탐상가능 균열깊이는 0.1~0.2mm 이상
음향 방출	재료의 파단시 발생하는 탄성파를 검출하여 결함발생 여부 및 위치를 파악	검출센서, 증폭기, 신호처리장치, 신호, 평가 및 출력장치	용접 후 냉각시의 용접 내부균열 발생 및 전파속도 측정	금속, 비금속, 복합재료 등에 적용. 연속적인 결함발생 과정을 모니터링할 수 있음. 내부 및 표면 결함 관찰용이	신호를 전달하는 매체를 시편에 연결해야 하고, 대상물이 사용 중이거나 응력을 받고 있어야 함. 신호 판독에 전문성이 요구됨

5 비파괴 검사법의 적용

용접부 결함 검사에 비파괴 검사법이 많이 이용되지만 모든 비파괴 시험법을 적용할 수는 없다. 그 예로서 구조물의 내부에 있는 균열(crack)의 경우 방사선 탐상 검사(RT)로는 결함 부위와 결함이 없는 부위와의 농도 차가 거의 없으므로 식별이 어려우며, 기타 PT, MT, ET 등의 방법 역시 결함이 내부에 있으므로 검출이 안 된다. crack의 검출에는 초음파 탐상(UT)이 가장 민감하다. 따라서 결함의 종류와 이음의 형상에 따라서 적절한 검사법이 적용되어야 한다.

가. 비파괴 검사에서 파괴 역학의 중요성

파괴역학은 용접 구조물의 설계를 위한 기본 도구로서 매우 중요하며, 특히 재료 선택, 용접제작 및 검사 등과의 관계 등이다.

[그림 6.36]은 용접 구조물에 존재하는 결함의 크기의 수에 대한 비파괴 검사에 의해 실제 검출되고 있는 결함의 수를 비교한 것으로, 용접 구조물 내에 결함이 비파괴 검사로 다 검출이 안되고 있음을 알 수 있다.

그림 6.36 구조물 내 결함수와 비파괴 시험에 의해 검출된 결함수 비교

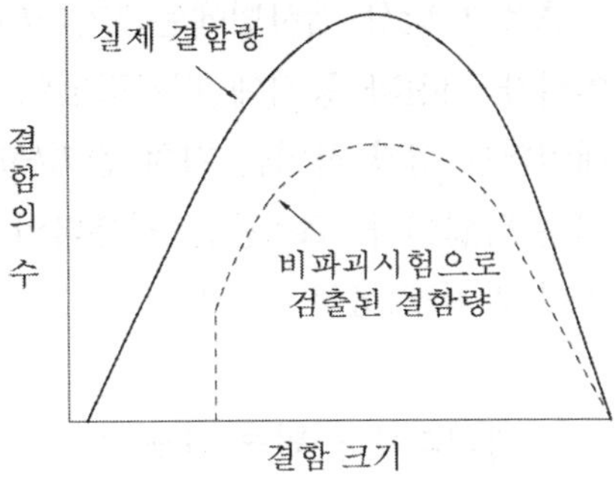

비파괴 시험을 함에 있어 신뢰성 있는 결함을 검출한다는 것은 쉬운 일이 아니다. 결함 검출의 한계에 영향을 주는 요소를 보면 검사원의 경험과 숙련도, 시험방법, 작업환경에 따라 검출에 한계가 크게 좌우되기 때문이다.

나. 파괴역학적인 측면에서 비파괴 시험

비파괴 검사로 확인된 결함들은 해당 규격의 판정 기준과 비교하여 판정 기준의 허용 범위를 초과하는 결함에 대해서는 결함 보수나 대체를 하는 것이 원칙이나, 보수나 대체가 어렵거나, 보수나 대체를 했을 경우에 더 나쁜 영향을 미쳐 더 큰 문제를 일으킬 수도 있으므로 보수나 대체에 신중을 기해야 된다.

원자력 발전 설비 등의 중요한 부품이나 구조물들은 대부분 여기에 해당하게 되는데 비파괴 검사로 확인된 결함에 대해 보수나 대체를 하기 전에 반드시 파괴역학적 해석(FMA : Fracture Mechanics Analysis)이 수행된다.

따라서 부품의 수명기간 동안 받을 수 있는 각종 하중이나 조건, 순간적으로 발생할 수 있는 것 등 파괴 사이클을 고려하여 수명기간 말기의 최종 결함의 크기를 산출하여 부품의 임계 인성치와 최대 응력을 고려하여 계산한 결함의 최소 임계 크기를 못미치면 일단 결함은 보수나 수리를 하지 않아도 된다고 볼 수 있다.

이런 관점에서 파괴역학과 비파괴 검사의 평가는 밀접한 관계를 가진다. 따라서 파괴역학이 없이 비파괴 시험만으로 구조물의 건전성을 추정한다는 것은 값어치가 없는 것이다.

주어진 크기의 결함이 똑같이 위험하다고는 할 수 없는데 이는 결함이 구조물에서의 위치, 적용하중 등에 좌우하기 때문이다.

파괴역학적 해석에서 중요한 것은 결함의 길이도 중요하지만 결함의 높이도 중요하다. 이런 측면에서 볼 때 위의 비파괴 시험법 중 결함의 길이와 높이를 동시에 정확하게 측정

할 수 있는 시험법으로는 초음파 탐상 검사법이 가장 좋다. 방사선 탐상법도 입체 방사선법이나, 이중 노출법 혹은 시차 변위법 등을 이용하여 어느 정도 결함 깊이 및 높이를 측정할 수 있으나 초음파 탐상 시험보다는 정확하지 않다.

초음파 탐상 검사법에는 3가지의 평가 체계가 있다. 하나는 비파괴 시험에서 생산된 데이터가 생산과 동시에 평가작업이 이루어지는 방법이며, 또 하나는 비파괴 시험에서 얻은 데이터를 평가 작업을 거쳐 합격/불합격을 판단하는 방법, 그리고 결함 해석이 상으로 분석되는 방법이다. 요즈음은 컴퓨터의 발달로 결함 해석을 이렇게 상으로 나타나게 하는 검사법이 많이 사용하고 있다.

1) 파괴역학과 재료 강도

어떤 구조물이나 부품을 설계함에 있어 최대의 응력이 재료강도보다 적어야 되는 것은 당연한 사실이다. [그림 6.37 (a)]와 같이 길이 L, 폭 W, 두께 t의 결함이 없는 캔틸레버 빔이 하중 P을 지탱하고 있다고 할 때 하중과 빔 크기와 최대 인장응력 $\sigma \max$과의 관계는 다음과 같다.

$$\sigma \max = \frac{6PL}{tW^2}$$

여기서 최대 인장응력 $\sigma \max$이 최소한 재료의 항복강도 σys와 같지 않는 한 파괴는 일어나지 않을 것이다. 재료의 각종 불균질성이나, 예상 못할 큰 하중 등을 고려할 때 안전계수 S를 위의 식의 우측 항에 곱하여 줌으로서 [그림 6.37 (b)]의 경우 최대하중은 다음 식을 만족할 때 안전한 구조물이 될 것이다.

$$P < \left(\frac{tW^2}{6SL}\right)\sigma ys$$

[그림 6.37 (c)]와 같이 최대응력이 예상되는 부위에 결함이 있다고 가정할 경우 응력확대계수 K가 도입된다. 이때 응력확대계수와 최대 인장응력 $\sigma \max$, 결함의 크기 α와의 관계는 다음과 같다.

$$K = \sigma \max \sqrt{\pi \alpha}$$

$$\left(\sigma \max = \frac{6PL}{tW^2}\right)$$

그림 6.37 **재료 강도와 파괴역학**

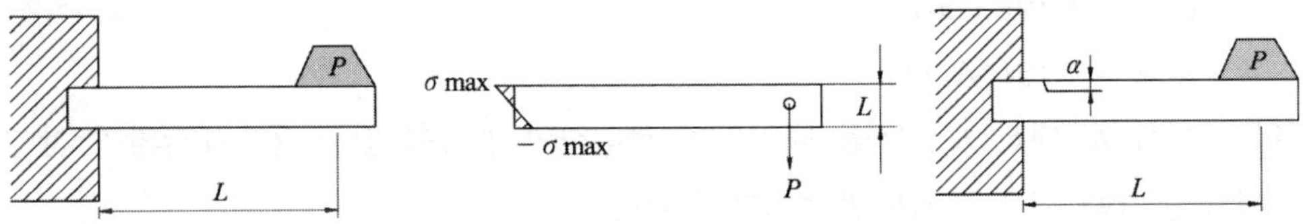

(a) 결함이 없는 빔 (b) 안전계수가 곱해진 무결함 빔 (c) 결함이 있는 빔

2) 안전 설계를 위한 파괴역학의 이용

파괴역학의 기본적인 관계는 위 식의 응력확대계수 K를 재료의 임계값인 재료 임계피괴 인성치 K_{IC}와 비교한 것인데, 결함이 있는 부위에서의 K_{IC}와 같을 때 결함은 불안정한 상태로 성장될 것이다. 따라서 안전계수 S를 고려하여 위의 관계를 만족할 때 다음과 같이 안전 설계가 된다.

$$K < \frac{K_{IC}}{S}$$

이때 최대하중은 다음 식을 만족하여야 할 것이다. 이것이 안전설계를 위한 파괴역학의 이용이다.

$$P < \left(\frac{tW^2}{6SL}\right)\left(\frac{K_{IC}}{\sqrt{\pi\alpha}}\right)$$

파괴역학과 재료역학 개념의 두 식을 비교해볼 때 두 식은 기본적으로는 같으나, 파괴역학은 새로운 물리적인 요소인 결함 크기 α가 사용된다는 것이다. 바로 이것이 비파괴 시험이 구조물의 건전성 추정 및 파괴역학을 위하여 이용되는 것이다.

3) 압력용기의 적용

원통형 압력용기의 설계는 다음 식과 같은 후프 응력(hoop stress) σ을 사용하는데 후프 응력은 다음과 같다.

$$\sigma = \frac{pR}{t}$$

(p: 내압, R : 압력용기 반경, t : 벽 두께)

여기서 이전의 설계 개념에 따라 안전계수 S를 고려하면 다음 ①식을 만족해야 하므로 이것을 정리하면 ②식과 같은 관계가 된다.

① $\sigma < \sigma ys \,/\, S$

② $p < (t/SR)\sigma ys$

축방향의 표면 결함(깊이 α)이 있다고 가정할 때 응력확대계수 K는 다음과 같다.

① $K = 1.12\sigma\sqrt{\pi\alpha}$

② $K = 1.12(pR/t)\sqrt{\pi\alpha}$

위의 식에서 K 대신 K_{IC}/S를 대입하여 정리하면 결함이 있는 용기에서의 안전 가동을 위한 내압은 다음 식으로 나타낼 수 있게 된다.

$$p = (t/SR)(K_{IC}/1.99\sqrt{\alpha})$$

구조물이나 부품의 사용 조건을 알고 있을 경우 비파괴 검사시 관심을 가질 사항은 임계 결함의 크기가 얼마인가라는 것이다. 물론 이것은 결함이 존재하는 위치에 따라 달라지겠지만 위의 예의 경우 결함 크기 α에 대해 정리하고, 임계결함 크기 αc를 구하기 위하여 K를 K_{IC}로 대체하면 다음과 같다.

$$\alpha c = (tK_{IC})/(1.99pR)^2$$

여기서 내압이 $p < (t/SR)\sigma ys$ 의 압력으로 운전이 된다고 할 때 다음 식이 된다.

$$\alpha c = (S^2/3.94)(K_{IC}/\sigma ys)^2$$

상기 식에서와 같이 임계 결함 크기 αc는 $(K_{IC}/\sigma ys)^2$에 비례함을 알 수 있다.

결함은 일반적으로 다음의 3가지 방법들로서 발생한다.

(1) 개재물 혼입 등 재료 자체에서 발생한다.

(2) 용입 불량 등 제작 중에 발생한다.

(3) 피로, 부식 결함 등 사용 중에 발생한다.

다. 용접부 표면의 파괴역학적 해석

선형탄성 파괴역학의 범주 안에서는 이들 결함이 어떻게 발생되었나 하는 발생 동기는 무시된다. 그러나 결함 발생 동기의 추적은 비파괴 시험 계획을 설정함에 있어서는 대단히 중요한데 그 예가 발생 동기가 다르면 결함의 크기와 위치가 다르기 때문이다

파괴역학은 주어진 하중에서의 임계 결함크기 및 결함의 위험도 여부를 측정하는 수단으로 이용이 되는데 이는 다음의 2가지 사항을 연결함으로서 가능하다.

(1) 구조물의 주어진 하중에서의 결함 부위의 수학적인 응력해석 K

(2) 재료의 피괴인성치를 위한 실험값 K_{IC}

실제 결함 형상을 고려할 때 표면에 두께 방향으로 깊이 α, 길이 ℓ인 결함이라 할 경우 [그림 6.38 (b)]와 같이 3가지 형태의 결함, 즉 평형한 결함(A형), 중간 결함(B형), 볼록한 결함(C형)의 형태를 생각할 수 있는데, 임계 결함의 크기를 길이 ℓ_c, 깊이 α_c라고 할 때 결함 C형이 가장 위험한 결함이라 할 수 있다.

결함 B는 소위 누출(leak)-진전(before)-파괴(break)의 조건으로서 이 개념은 특히 원자력 부품의 설계에서 대단히 중요한 것으로 법적인 요구사항이기도 하다.

파괴역학은 단순히 임계결함 크기 및 임계하중을 결정하기 위해서 만으로 국한하여 사용되는 것이 아니며, 작은 결함도 임계결함으로 성장하는 결함 성장률(da/dn)을 계산할 때도 사용한다.

$$da/dn = c(Kmax - Kmin)^m$$

그림 6.38 표면 결함의 크기와 종류

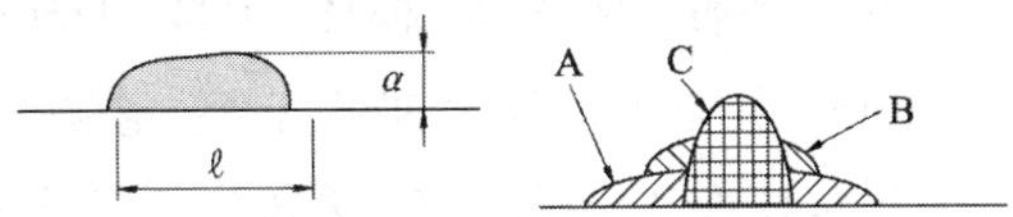

(a) 크기 (b) 종류

여기서 $Kmax$와 $Kmin$은 최대와 최소 응력에서의 응력 확대계수이며 c와 m은 재료의 실험상수이다.

일정기간의 피로시간이 경과한 후의 결함 크기 $\alpha_f = \alpha_0 + \Delta\alpha$는 비파괴 시험의 결과 α_0를 가지고 결함 성장률을 계산하여 얻어지는 것이다.

따라서 비파괴 시험에 의한 정확한 초기 결함 크기 측정에 매우 영향이 크다.

라. 용접 결함의 파괴역학적 해석

어느 구조물, 어느 용접부든지 앞에서 설명한 봐와 같이 결함이 전혀 없는 구조물이나 용접부는 만들 수 없다. 따라서 관련 규격들도 결함 발생의 여유를 두고 작성되고 있는데 그 전형적인 접근 방법은 설계나 제작관점에서 결함의 크기와 정도를 규정하는 것이다.

물론 근본적인 목적은 사용 재료나 결함들을 관리함으로서 파괴를 미연에 방지하고자 함에 있다.

재료/결함/응력상태에 대한 파괴역학적 평가는 결함들의 합격 기준치 설정을 위하여 큰 역할을 하였다. 구조물 적용에 있어 파괴역학에서 가장 발달한 분야는 선형탄성 파괴역학으로써 용접부 결함 해석을 위하여 선형탄성 파괴역학을 도입, 문서화하여 현재 폭넓게 사용하는 것으로서 ASME Section Ⅺ appendix A가 있다.

비파괴 검사에서 발견된 결함의 정확한 위치, 크기, 방향성을 알고 재료의 각종 성질을 알며, 용접부에 걸리는 여러 응력상태를 안다고 할 때 이 용접부는 결함으로 인해 파괴가 일어날 것인가에 대한 계산이 가능할 것이다.

마. 용접부 설계와 비파괴 시험

용접부 품질 확인을 위한 시험 정도는 최종 사용자의 요구에 따라 부품 전부위의 완전한 시험에서 일부의 시험에 국한할 수 있다. 이들 요구사항들은 관련규격에 명시되거나, 구매자에 의해 결정되는 것으로서 궁극적인 목적은 사고의 예방에 있다.

비파괴 시험에 영향을 주는 요소 중에 하나가 용접 구조물의 형상이다. 구조물의 형상에 따라서 비파괴 시험이 곤란하거나 불확실성을 가져올 수 있기 때문이다.

표면 결함 검출을 위해서는 자분 탐상이나 액체 침투 탐상을 사용하게 되는데 이때 용접부 표면의 형상이 시험 결과에 많은 영향을 미친다.

방사선 투과 시험 역시 중요한 것은 필름에 많은 농도 변화를 주어 판독에 어려움을 주어서는 안 된다. 초음파 투과 시험도 방사선 투과 시험과 같이 부품 두께가 10mm 이상, 표면 거칠기가 20㎛ 이상으로 부품의 표면과 탐촉자의 접촉이 최소 80% 이상 되어야 된다.

초음파 시험시 [그림 6.39]와 같이 기하학적인 형상은 초음파 시험에 어려움을 주게 된다. 그 예로 그림 (d)의 a 방향에서 초음파 시험을 할 경우 결함은 찾아내지 못하게 된다. 따라서 a와 b의 두 방향에서 시험을 해야 된다.

그림 6.39 용접 비드 및 이음 형상의 불균일성과 초음파 시험

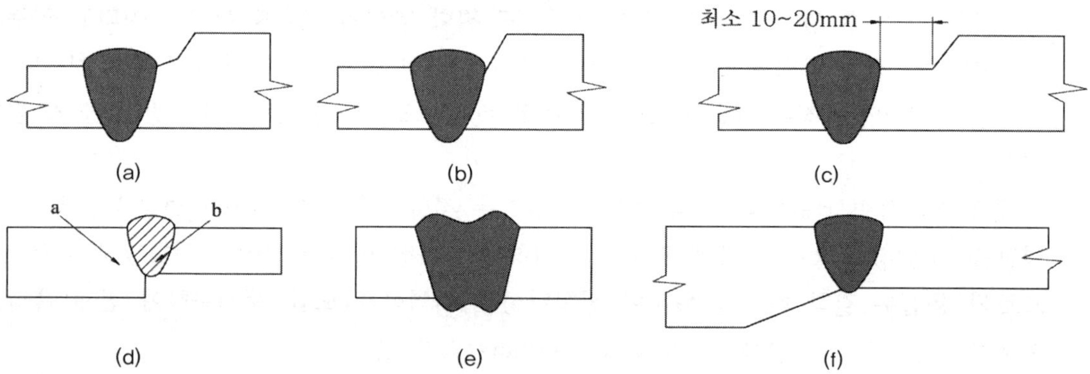

바. 올바른 설계와 사고 방지

1) 예상 결함 가정과 재료 선택

부품을 설계함에 있어 파괴에 대한 위험의 고려는 필수적인 사항이다. 따라서 안전여유를 위하여 안전계수를 사용하는 것은 절대적으로 필요하다.

[그림 6.40]은 재료의 최대 인장강도(S), 적용하중(L) 및 안전계수(S/L)의 관계를 나타낸 것인데, 파손확률은 두 분포곡선(강도곡선, 하중곡선)의 중첩되는 부분으로서 안전계수가

낮아질수록 파손확율이 증가하는 것으로 나타나 있다.

파괴에 대한 위험은 사용재료의 피괴인성값 뿐만 아니라 결함의 존재 및 크기, 분포 등에도 관련되는 것으로서 파괴추정을 위한 두가지 기본 방법은 1) 결함이 부품 내 존재하고 있음을 미리 고려하여 설계 당시에 부품의 건전성을 분석하는 방법과, 2) 사용 중에 비파괴시험에 의하여 발견된 결함을 놓고 파괴를 추정하는 방법이다. 그러나 후자의 경우 비파괴시험에 의하여 결함의 형태, 크기, 위치, 방향성 등을 알았다 하더라도 파괴역학만으로 파괴추정을 한다는 것은 다소 위험하다. 왜냐하면 결함의 성장은 국부적인 재료의 성질에 좌우되는 것으로서 불확실성이 있기 때문이다.

그림 6.40 **강도, 하중, 안전계수와의 관계**

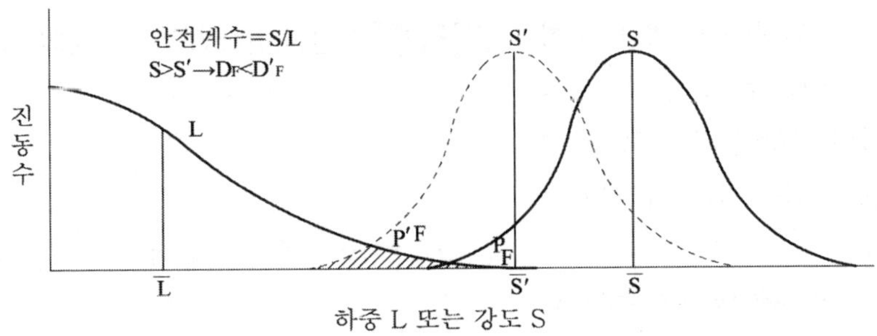

설계 결함 분포곡선의 대표적인 것이 [그림 6.41]이다.

(1) 결함은 용접부나 인접 모재에 있으며, 부품파손의 지배적 요소이다.

(2) 결함 크기는 지수함수적으로 감소한다.

(3) 평균 결함 크기는 10mm이다.

(4) 결함 밀도는 용접부 1m당 0.2이다.

(5) 표면 비파괴검사 신뢰도는 99%이다.

내부결함의 초음파시험 신뢰도는 90%라는 가정하여 작성한 것으로 결함 분포곡선은 다음 식으로 정리된다.

$$P(>C) = 0.2 \exp(-0.1C)/m$$

(C : 결함 크기 mm)

2) 압력 용기의 결함율

압력용기의 경우 1기당 대략 4개의 결함이 발견되고 있으며, 압력용기의 용접부 길이가 50~100m로 용접부 1m당 결함율은 0.04~0.08 정도이다. [그림 9.40]에서 결함의 평균 길이를 10mm로 보면 결함율은 0.07이 됨을 알 수 있다.

그림 6.41 대표적인 설계 결함 분포 곡선

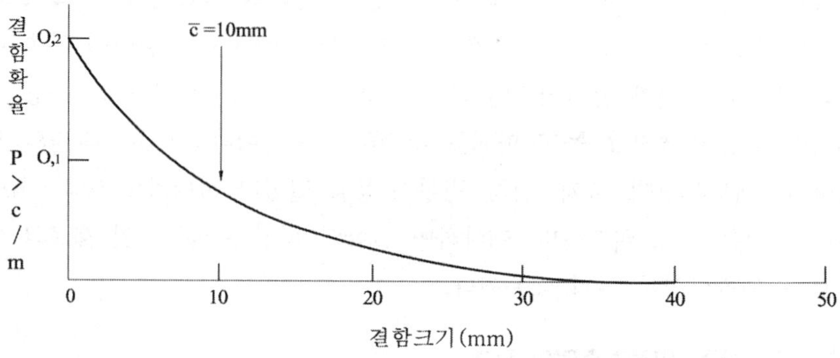

그림 6.42 건전성을 위한 요소들의 상관 관계

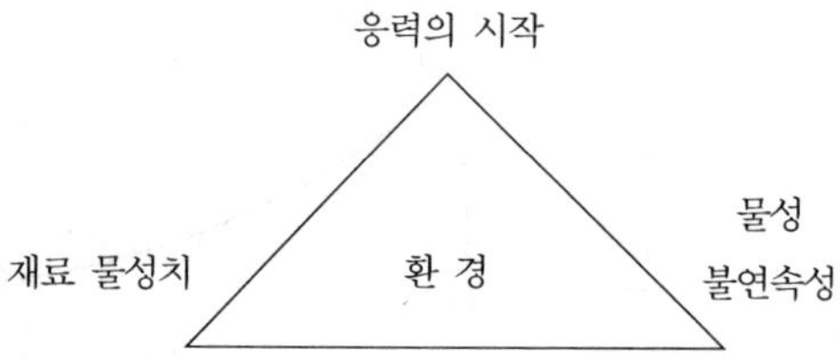

파괴의 원인은 과하중에 의한 소성 변형, 피로, 크리프, 부식, 침식, 취성 파괴 혹은 이들의 복합에 의한 것으로서 구조물 내부에 결함이 있을시 파괴는 가중될 것이다.

압력용기의 건전성에 영향을 주는 요소들은 재료성질, 응력상태, 재료 내 결함 및 운전환경 및 조건 등으로서 이들의 상호 관계가 파괴의 양상을 좌우하게 될 것이다.(그림 6.42 참조)

따라서 압력용기의 안전을 위한 최소 기준을 위하여 만들어진 것으로 'code'가 있는데 여기엔 설계와 설계승인 및 제작 및 제작기능, 각종 시험 및 검사 등이 기술되어 있다.

압력 용기의 파손의 주요부분은 노즐이나 필릿 용접부의 결함 때문이라고 한다. 따라서 구조물의 사고를 줄이는 방법의 하나로 비파괴시험을 주기적으로 실시해야 된다.

제4절 | 주요 용접성 시험법

1 용접성 시험 방법의 종류

용접성이란 용접 시공 중 혹은 시공 후에 있이서 용접부의 품질, 건전성을 확보하기 위한 용접의 난이를 표현하는 것이다.

따라서 용접성은 사용하는 강재의 종류, 적용 용접법 및 시공 조건 등에 따라 다르게 되기 때문에 용접성을 조사하는 시험에 관한 많은 시험 방법 중에서 그 목적에 따라 시공에 대한 요인의 영향을 명확하게 평가할 수 있는 방법을 선정하는 것이 중요하다.

용접성을 평가하는 시험 방법은 모재의 재질 평가와 선정을 위해서 행하는 표준적인 용접성 시험과 실제의 구조물 용접 시공의 확립 및 시공 조건의 설정을 위해 행하는 실용적인 용접성 시험으로 나눌 수 있다.(그림 6.43 참조)

소정의 용접 구조물에 어떠한 모재를 쓰고 어떤 용접법으로 시공하는 것이 좋은지 등을 판정하기 위해 다음과 같은 시험을 행하고 종합적으로 평가하는 것이 필요하다.

그림 6.43 용접성 시험의 종류

- 용접성 시험
  - 표준 용접성 시험
    - 조성 분석 시험
    - 조직 시험
      - 메크로 조직 시험
      - 마이크로 조직 시험
    - 용접 경화성 시험
    - 용접 연성 시험
    - 용접 균열 시험
      - 용접 작업성 시험
      - 용접 시공법 승인 시험
      - 본체 부착 시공 시험
      - 본체 부착 시공 시험
  - 실용 용접성 시험
    - 용접 작업성 시험
    - 용접 시공법 승인 시험
    - 본체 부착 시공 시험

가. 용접재료 시험

(1) 용착금속의 화학 성분 : 분석 시험 등
(2) 용착금속의 기계적 성질 : 인장, 굽힘, 충격 시험 등
(3) 용착금속의 작업성 시험
(4) 용착금속의 수소량 시험
(5) 용접재료의 용접 균열 감수성 시험

나. 용접 모재의 기본 시험

(1) 모재의 화학 성분 : 분석 시험
(2) 모재의 청정도 : 개재물 시험, 설퍼 프린트법 등
(3) 모재의 기계적 성질 : 인장, 굽힘, 충격 시험 등
(4) 모재의 건전성 : 결함, 표면 흠집, 층상 결함 등

다. 주요 접합성 시험

(1) 용접 경화성 시험 및 연성 시험
(2) 용접 균열 시험
(3) 용접 이음 성능 시험 : 이음의 건전성, 이음의 기계적 성질, 인성, 피로 시험 등

2 용접 균열 시험

용접 균열 시험법은 맞대기 및 T형 필릿 용접이 있으며, 발생하는 온도나 원인에 기초를 두어 저온 균열 시험법, 고온 균열 시험법, 라멜라테어 시험법, 재열 균열 시험법으로 구분하고 있다.

가. T형 필릿 및 겹침 용접 균열 시험

1) T형 필릿 균열 시험

연강 및 고장력강, 스테인리스강 용접봉의 고온 균열 시험에 쓰이는 방법이며, 시험 방법은 수직판의 양끝을 밑판에 가용접한 후 한쪽에 필릿 용접을 하고, 계속해서 반대편을 용접하면서 균열 상태를 관찰하는 시험법이다.(그림 6.44 참조)

그림 6.44 **T형 필릿 균열 시험**

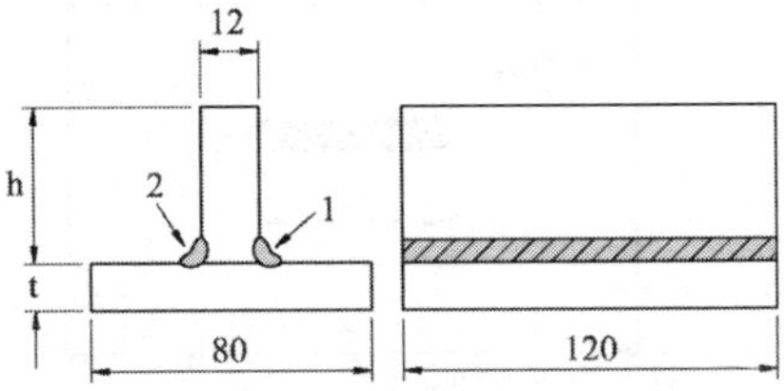

치수	1호	2호
t	12	45
h	50	100

그림 6.45 **겹침 용접(CTS) 균열 시험**

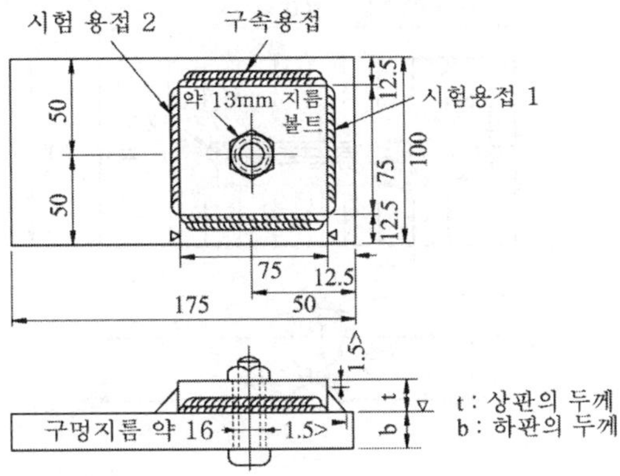

2) 겹침 용접 균열 시험

열적 구속CTS) 균열 시험이라고도 하며, 시험편을 겹쳐서 양측을 고정한 다음 좌우 양면에 필릿 시험 용접한 후 24시간 경과 후에 3개의 시험편을 만들어 판면 내의 균열(주로 비드 밑 터짐)을 조사한다. 맞대기 구속 터짐 시험에 비해 감도가 약간 떨어진다. 이것은 냉각속도가 균열에 매우 민감하므로 열흐름수(TSN 수)로 표시한다.(그림 6.45 참조)

나. 리하이 구속(Lehigh restraint) 균열 시험

주변에 가공하는 슬리트(slit)의 길이를 변경시킴으로써 시험 비드에 미치는 열적 조건(냉각속도)을 같게 하면서 역학적 구속을 바꾸어 균열 시험을 한다.(그림 6.46 참조)

슬리트 길이를 감소시켜 구속이 어떤 값 이상이 되면 균열이 발생하기 시작하는 임계 슬리트 길이가 있으며, 상당히 엄격한 시험으로 보통 루트부에서 비드의 중앙을 통해 고온 균열 또는 저온 구속 균열이 검출된다.

다. 바텔(Battelle) 비드 밑 균열 시험

저합금강의 비드 밑 균열 시험에 쓰이는 간단한 방법이며, 소형 시험편 표면에 소정의 조건으로 비드를 붙이고 24시간 방치한 다음 절단하여 비드의 길이에 대한 비(%)로 균열을 검사한다.(그림 6.47 참조)

그림 6.46 리하이 구속 균열 시험

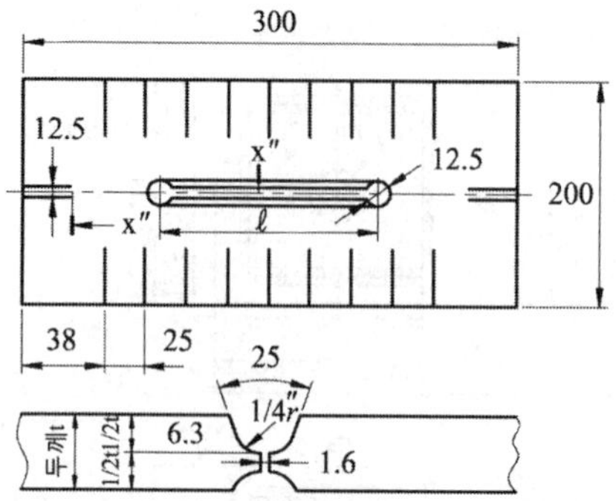

그림 6.47 바텔 비드 밑 균열 시험

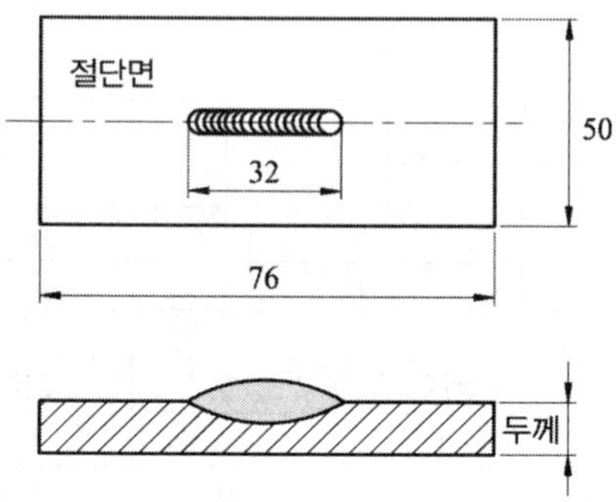

라. 휘스코(Fisco) 균열 시험

고온 균열 시험에 적합한 방법으로 재현성이 좋고 시험재를 절약할 수 있는 것이 특징이다. 방법은 지그에 맞대기 용접 시험편을 볼트로 단단히 고정한 다음 비드를 놓아 균열 여부를 조사하는 방법이다. 시험편은 두께 1~40mm, 길이 20mm, 폭 120mm가 많이 쓰이고 있다.(그림 6.48 참조)

마. 분할형 원주 홈 균열 시험

시험 방법은 한변의 길이 50mm의 정사각형 시편 4개를 가접한 후 원주 홈을 파서 지름 4mm 용접봉으로 S점에서 F점까지 속도 150mm/min으로 시계 방향으로 비드를 붙인 후 냉각시켰다가 나머지 원주를 용접한 다음 분할편을 찢어서 비드 파면 내의 균열을 조사하는 시험으로 오스테나이트계 스테인리스강 시험에 쓰인다.(그림 6.49 참조)

그림 6.48 휘스코 균열 시험

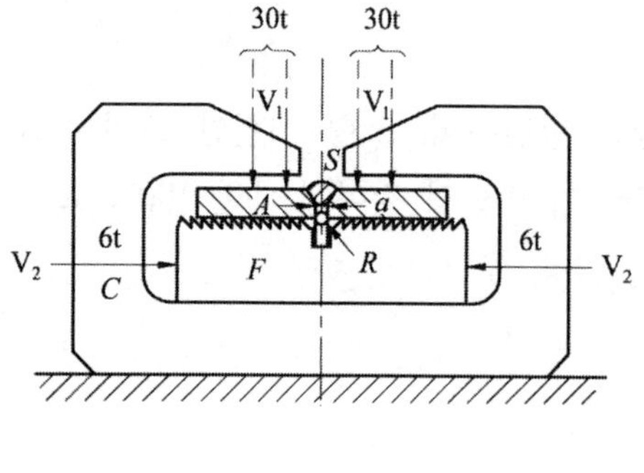

그림6.49 분할형 원주 홈 균열 시험

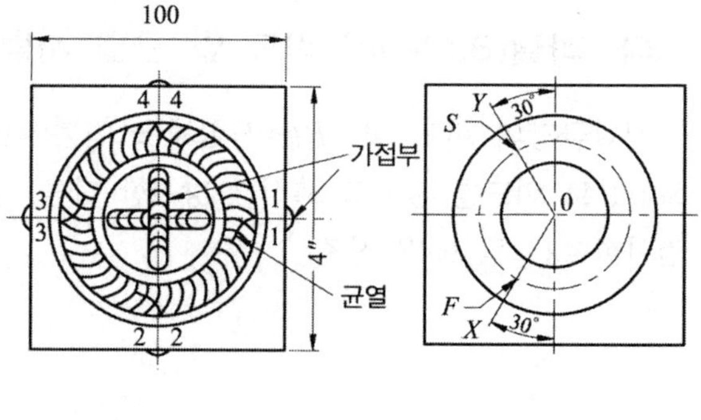

3 용접부 연성 시험

용접부 연성 시험에 굽힘 시험이 적용되고 있다. 굽힘 시험 방법으로는 맞대기 용접 이음형 굽힘 시험법, 맞대기 용접 이음의 자유 굽힘 시험법, 맞대기 용접 이음의 형굽힘 시험법이 있으며, 형굽힘 시험이 대표적인 연성 시험법이다.

가. 코머렐(Kommerell) 시험

이 시험법은 KS B 0861-1971 용접 비드 굽힘 시험으로 규정하고 있는 세로 비드 굽힘 시험으로 매우 중요한 시험법이다.

시험 방법은 [그림 6.50]과 같은 치수의 판 중앙 홈에 용접 비드를 붙인 후 매분 75mm 속도로 롤러 굽힘을 하며 이때 굽힘각에 비례하여 변형 발열하여 온도가 상승하며 용접금속 또는 열영향부에 균열이 발생하게 된다. 발생한 균열은 굽힘 각도의 증가에 따라 증대하며 최대 하중에 도달하면 시험편이 파단된다. 이 균열의 발생 이후 파단까지의 굽힘은 노치 취성의 대소에 따라 크게 영향을 받으나 균열 발생은 용접금속이나 열영향부의 연성에 의해 좌우된다.

이 시험에서 균열 발생 각도가 중요하며 이 각도는 판의 재질, 용접봉의 종류, 용접 조건, 예열, 후열의 유무에 따라 크게 영향을 받는다.

나. 킨젤((KinZel) 시험

이 시험법은 세로 비드 노치 굽힘 시험법으로 KS B 0862에 규정되어 있는 것으로 용접하지 않은 모재도 시험할 수 있는 장점이 있다. 시험 방법은 200×75×19mm의 표면에 세로 길이로 비드놓기를 하여 이에 직각으로 V 노치를 붙인 시험편을 굽혀 용접부의 연성이나 균열을 조사하는 시험이다. 시험편의 V 노치의 깊이는 1.27mm이며 그 아래에는 용접금속, 열영향부 및 비열영향 모재부가 병열로 있으므로 이중 가장 연성이 부족한 부분이 최초의 균열 발생점이 된다.(그림 6.51 참조)

그림 6.50 코머렐 시험

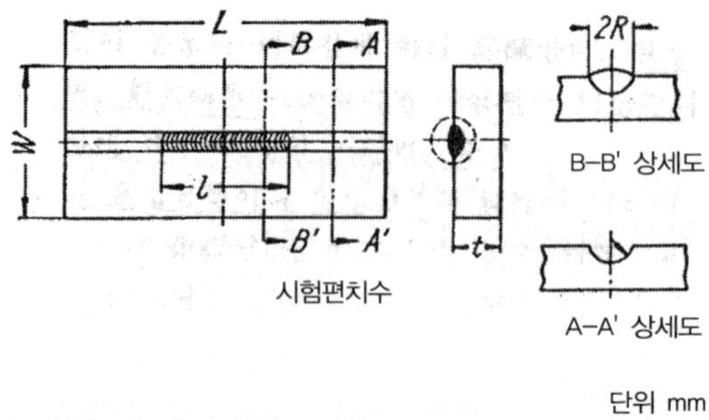

판두께(t) \ 치수	L	W	R	l
19 이상 25 이하	350	150	3	125
25 초과 30 이하	380	150	3	150
30 초과 35 이하	410	150	3	175
35 초과 40 이하	440	200	4	190
40 초과 45 이하	470	200	4	220
45 초과 50 이하	500	200	4	250

그림 6.51 킨젤 시험

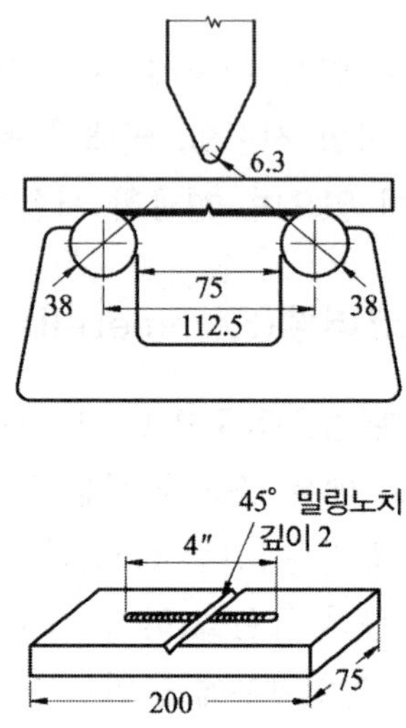

다. 재현 열영향부 시험

저합금 고장력강 열영향부의 연성을 조사하는 방법이며, 직경 7mm의 환봉 시험편에 대전류를 흐르게 하여 그 온도 변화가 아크용접 열영향부 본드의 가열 냉각열 사이클과 동일하게 되도록 용접열 사이클 재현 장치를 써서 각종 재현 열영향부의 인장 시험을 하는 것이다.

라. 연속 냉각 변태 시험(CCT 시험)

저합금 고장력강 열영향부의 연성을 조사하는 방법으로 급속 가열한 환봉 시험편을 여러 가지 속도로 냉각하여 변태의 생성과 종료 온도를 구하고 실온에서 경도와 조직시험 및 굽힘 충격 시험을 하는 것이다.

마. IIW 최고 경도 시험

길이 350mm, 폭 임의(100mm)의 강판 중앙에서 길이방향으로 좌우에 아크 전압 24V±4V, 아크 전류 170A±10A, 용접속도 150±10 mm/min의 용접 조건으로 비드 용접을 하고, 그 직각 단면 내의 본드와 최고 경도를 측정하는 방법으로, 국제용접학회에서 규정한 것이며, KS B 0893으로도 규정되고 있다.

4 노치 취성(인성) 시험

구조용강의 용접성을 판정하는데 노치 취성 시험이 많이 쓰이고 있다.

가. 샤르피 충격 시험

구조용강의 노치 취성 시험에 V 노치(아이죠드 노치)가 세계 각국에서 공통적으로 쓰이고 있다.

나. 2중 인장 시험

시험편 좌측을 잡아당겨서 취성 균열을 발생시키고 균열이 우측의 본체를 관통하는지를 조사하는 시험으로, 균열 발생에 충격력을 쓰지 않아도 되며, 실제의 취성파괴의 발생 조건에 가까운 방법의 하나이다.(그림 6.52 참조)

그림 6.52 2중 인장 시험

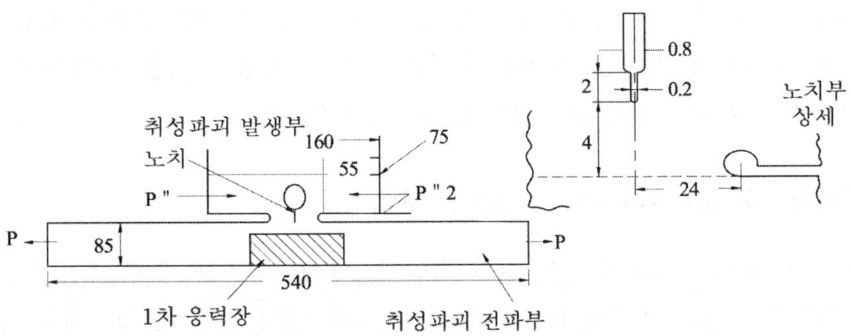

다. 슈나트((Schnadt) 시험

이는 샤르피 충격 시험편의 압축 측을 일부 제거하고 그 대신 경도가 높은 원주로 바꾼 것이며, 노치 선단의 반경을 여러가지로 바꾸어 예리한 것과 둔탁한 것이 쓰인다.

라. 카안 인열(Kahn tear) 시험

시험편을 판 구멍에 삽입한 핀으로 잡아당겨 파괴시켜서 파면 상황을 조사하는 것이다. 이것도 티퍼 시험과 같이 파면 천이 온도가 높게 나타나며, 대형 광폭 노치 시험편의 천이 온도와 거의 일치하는 것이 인정되고 있다.(그림 6.53 참조)

그림 6.53 카안 인열 시험

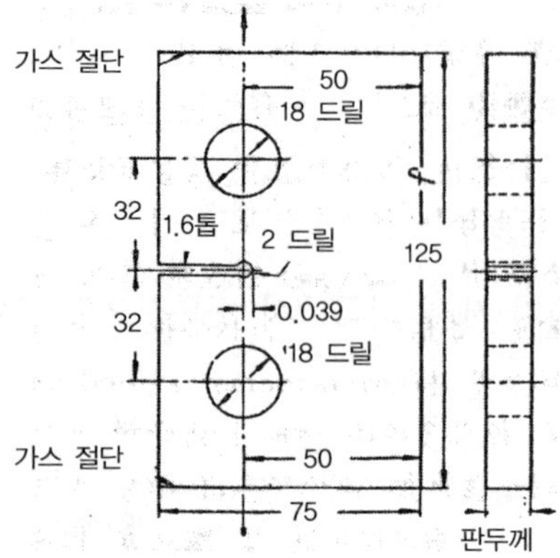

그림 6.54 로버트슨 시험

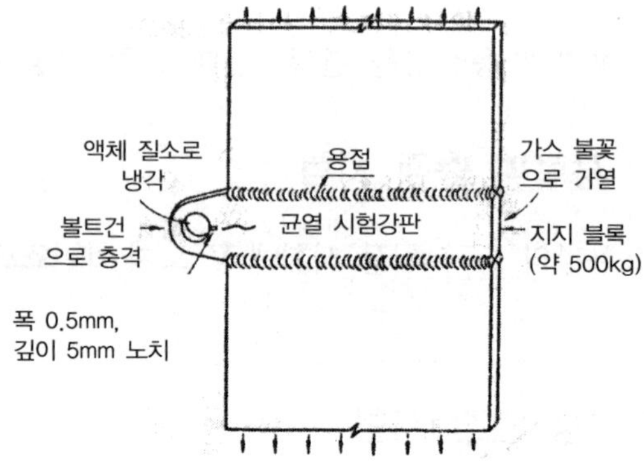

마. 로버트슨(Robertson) 시험

실제의 취성파괴는 항복점보다 상당히 낮은 인장 하중에서 발생하고 전파하게 되는데 그 상태를 실험실 내에서 재현하는 시도로 시작된 시험이다. 시험 방법은 좌측 노치부를 액체 질소로 냉각하고 우측면을 가스열로 가열하여 거의 직선적으로 온도 구매를 주고 어떤 하중을 가한 상태에서 좌단 노치부에 충격을 가해서 취성 균열을 발생시켜서 우진하는 균열이 정지하는 위치를 조사하는 시험이다.(그림 6.54 참조)

바. 반데어 비인((Van der Veen) 시험

노치 굽힘 시험으로 시험 방법은 판의 측면에 프레스 노치를 붙여 굽힘 시험하고, 최대 하중시의 시험편 중앙의 처짐이 6mm가 되는 온도를 연성 천이 온도로 하고, 연성 파면의 깊이가 32mm(판폭의 중앙)가 되는 온도를 파면 천이 온도로 하고 있다.(그림 6.55 참조)

사. DWT(낙중) 시험

강판의 표면에 덧붙이용의 딱딱하고 부서지기 쉬운 비드를 용접하고 이것에 예리한 노치를 붙여 반대측에서 무게 27kgf의 중추를 1.83m 높이에서 낙하시켜 파단한다. 이때 뒷면에 스토퍼를 두어 굽힘각이 2°를 넘지 않도록 하여 그 범위 내에서 취성 파단이 일어나게 되는 한계 온도를 연성 천이 온도라고 부른다.(그림 6.56 참조)

그림 6.55 반데어 비인 시험

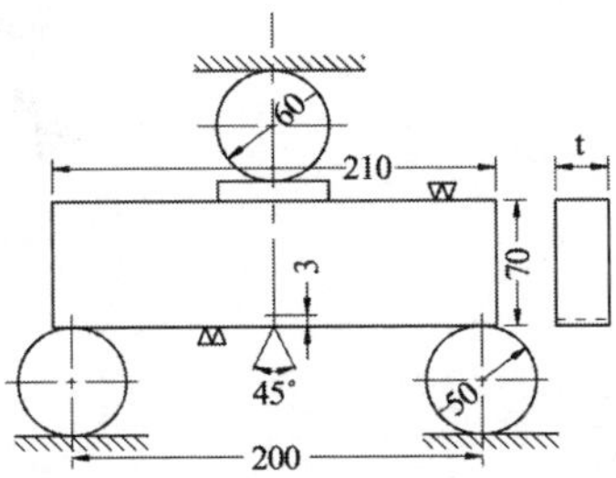

그림 6.56 DWT(낙중) 시험

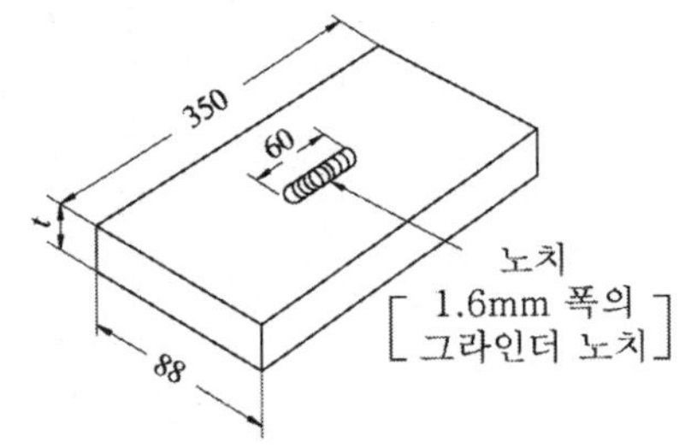

아. 균열 개구변위 시험(CTOD, Crack Tip Opening Displacement)

균열 개구 변위(COD) 기준을 이용해서 취성파괴에 관한 피괴인성치(한계 COD)를 알아보는 시험법으로, 균열이 길게 성장하지 않는 응력 하에서 균열이 벌어질 수 있는 간격 δ를 측정한다.(그림 6.57 참조)

$$(\frac{Kc}{\sigma_y})^2 = \frac{\delta_c}{\epsilon_y}$$

(Kc : 피괴인성, σ_y : 항복응력, δ_c : 균열 간격 mm, ϵ_y : 항복 변형률)

이 시험법은 입계 결함 크기를 결정하는데 유용하며, 간단한 칩 게이지를 사용하여 피괴인성을 직접 측정할 수 있는 이점이 있으나, 미리 시험편 내에 기계가공으로 노치 등의 균열을 만들어야 되며, 시간과 비용이 많이 드는 단점이 있으며, 정확한 균열 간격 δ_c값을 얻기 어려워 상당한 실험 오차가 생기게 된다.

그림 6.57 균열 개구 변위(CTOD) 시험 원리

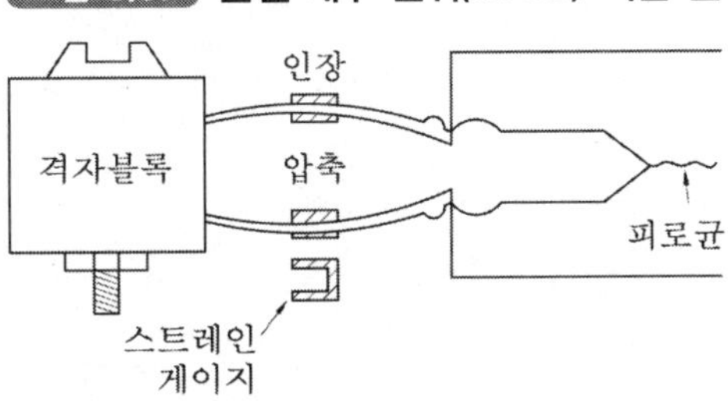

memo

부 록

1. 용접기술사 문제(용접야금 분야)
2. 찾아보기
3. 참고문헌

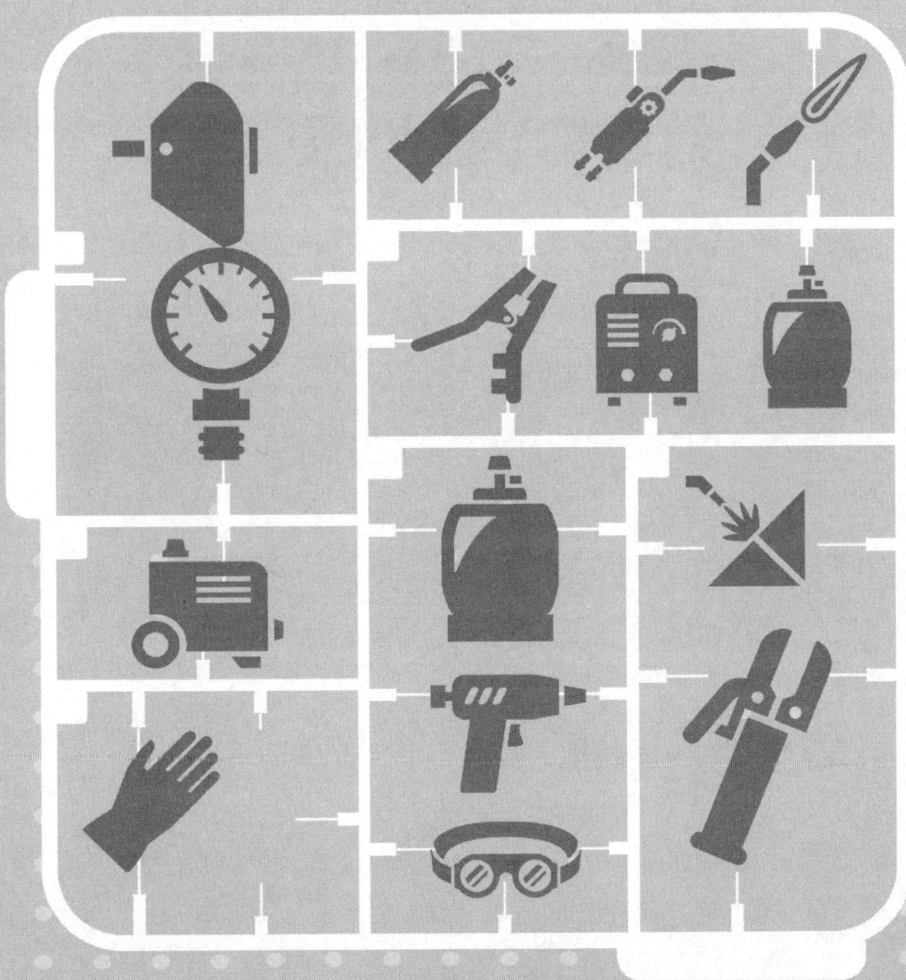

핵심 금속 · 용접야금학개론

부록

01 용접기술사 문제(용접야금 분야)

제1편 | 금속재료

제1장 금속재료 기초

01 재료 또는 부재의 물리적 특성을 강도(Strength), 강성(Rigidity), 경도(Hardness)로 나타낼 수 있는데 이들 각각에 대하여 설명하시오.

02 상온가공(cold working/냉간가공)에 대해서 설명하시오.

03 용접 구조물에 있어서 용접부의 부식을 분류하고 그 발생 원인과 강도상의 문제점에 대해서 설명하시오.

04 다음을 간단히 설명하시오.

가. 틈새 부식(crevice corrosion)
나. 응력부식
다. 입계 부식(knife line attack)

05 전율 고용체(continuous solid solution)에 대해서 설명하시오.

06 합금을 만들 때 A금속의 결정 중에 B금속이 고용되는 두 가지 방법에 대해 논하라.

(1) 침입형 고용체 (2) 치환형 고용체

07 주형 내에서의 용융금속의 응고와 용접부에서의 응고현상이 어떻게 다른가를 설명하라.

08 금속의 회복(recovery)과 재결정(recrystallization)에 대해서 설명하시오.

09 금속간 화합물에 대해 설명하시오.

10 금속재료의 강화기구(strengthening mechanism)의 기본 원리 및 방법을 5가지 이상 설명하시오.

부록

제2장 열처리와 표면 경화

01 풀림(annealing)에 대하여 설명하시오.

02 풀림(Annealing)과 불림(Normalizing) 열처리 방법에 대하여 설명하시오.

03 강을 연화하고 내부 응력을 제거할 목적으로 실시하는 소둔(Annealing) 방법 중 완전 소둔, 항온 소둔, 구상화 소둔에 대하여 각각의 열처리 선도를 그려 설명하시오.

04 Fe-C 평형 상태도에서 공정반응과 공석 반응의 반응식과 온도 및 탄소함량을 설명하시오.

05 용접 HAZ부의 여러 영역들을 Fe_3C 평형 상태도와 온도 영역별 내부 조직에 따른 명칭을 쓰고 설명하시오.

06 Fe-C(Fe_3C) 상태도를 온도와 화학성분 및 상을 포함하여 그리시오.

07 Fe-C(Fe_3C)계 평형 상태도를 그리고 0.3%C 아공석 저탄소강의 용융 냉각시의 조직변화에 대해서 기술 하시오.

08 Fe-C 상태도에서 다음의 기호들은 무엇을 나타내는가?

가. A_4 변태점　　　　　　　　나. Acm

09 고장력강에는 베이나이트(Bainite) 조직이 있으나 Fe-Fe_3C 평형 상태도에서는 베이나이트(Bainite)가 없다. 그 이유와 베이나이트(Bainite) 생성과정을 설명하시오.

10 0.8%C 강의 TTT diagram을 설명하시오.(참고온도 : 845℃, 705℃, 565℃, 230℃, 120℃, 참고시간 : 1sec, 6sec, 8min, 2hr)

11 기계 구조용 탄소강(0.6%C) 용접시 고온에서 냉각 과정을 CCT 선도(연속 냉각 변태곡선)로 설명하시오.

12 CCT curve에 대하여 아는 바를 기술하시오.

13 고장력강(HT52강) 열영향부의 연속 냉각 변태 곡선에 대하여 설명하시오.

14 용접금속을 냉각시 CCT 곡선을 그리고 설명하시오.

15 용접용 연속 냉각 변태도(SH-CCT 선도)에 대하여 설명하시오.

16 연속 냉각 변태도(continuous cooling transformation diagram)에 대하여 현장 적용 예를 들어 설명하시오.

제3장 철강 및 비철재료

01 조질 고장력강에 대하여 아는 바를 기술하시오.

02 조질강과 비조질강을 설명하고 용접상의 장단점에 대하여 설명하시오.

03 저온용강에 대하여 아래 사항을 열거하시오.

가. 저온강이란 몇 도 이하를 말하는가.
나. 대표적인 저온용강 5종류를 제시하라.
다. 대표적인 저온용 Ni강 3종의 사용 온도를 말하라.
라. 저온용강에 있어서 제일 필요로 하는 성질은 무엇인가.

04 ISO 9606 분류에서 용접소재 중 5가지를 제시하고 설명하시오.

05 탄소당량(Ceq, carbon equivalent)의 의미와 이용 방안에 대하여 설명하시오.

06 강용접에서 탄소당량이란 무엇이며 필요한 이유를 설명하시오.

07 강의 탄소당량을 설명하고 이 크기와 용접성의 관계를 기술하시오.

08 용접에 있어서 탄소당량(Ceq)의 중요성을 설명하시오.

09 TMCP(thermo mechanical control process)강에 대하여 설명하시오.

10 TMCP 고장력강재와 normalized 강재의 조직적 상이점을 설명하시오.

11 TMCP 고장력강재와 Normalized 강재의 제조 process와 조직적 상이점에 대하여 설명하라.

12 TMCP 강재의 용접성을 보통의 노말라이징 강재와 비교 설명하시오.

13 TMCP 고장력강재의 제조 공정의 특징과 용접부의 기계적 성질을 보통의 고장력강재와 비교 설명하시오.

14 스테인리스강의 특징에 대하여 설명하시오.

15 Stainless steel의 화학성분 조성에 따른 금속조직에 대하여 설명하시오.

16 듀플렉스(Duplex)강이란 무엇이며 그 성질에 관하여 기술하시오.

제2편 | 용접 야금

제1장 화학 야금과 열유동

01 철강용접에서 슬래그 성분이 되는 다음 산화물을 산성, 양성(중성), 염기성으로 분류하시오.

MnO, SiO_2, Fe_2O_3, TiO_2, CaO, Al_2O_3, P_2O_5, BeO, MgO, Cr_2O_3

02 용접부의 열유동(heat flow in welding)에 대하여 설명하시오.

03 용융용접에서 용접 풀(pool) 내에서의 용융금속의 유동을 좌우하는 인자는 어떤 것들이 있으며, 이 풀 내의 용융금속의 거동 양상이 왜 중요한지를 설명하시오.

04 아크용접에 있어서 용접금속의 건전성(Soundness)에 영향을 미치는 산소, 수소, 질소의 가스 성분에 대해서 설명하시오.

05 강용접부에 있어서 수소(Hydrogen)의 역할에 대하여 설명하시오.

06 피복 아크용접법으로 20mm 두께의 연강판을 용접하는 경우, 용착금속에 침입할 수 있는 주요 수소원을 열거하고 특히, 일미나이트계 용접봉을 예열없이 사용하는 경우 예상되는 확산성 수소의 영향을 설명하시오.

07 용착금속 중에 함유된 수소에 대한 다음 사항을 설명하시오.

가. 용착금속 중에 수소가 함유될 경우 나타나는 결함을 설명하시오.
나. 시험편의 수소 함유량을 측정하는 방법 2가지를 설명하시오.
다. 연강용 저수소계 용접봉에서 규정하는 용착금속 중에 수소의 함량에 대하여 설명하라.

08 강의 용접부에서 확산성 수소란 무엇이고, 용접부에 미치는 영향과 확산성 수소량 측정 방법 3가지를 설명하시오.

09 확산성 수소(diffusible hydrogen)가 용접부에 미치는 영향과 측정방법을 3가지 이상 열거하고 장단점을 비교하시오.

10 용접부의 확산성 수소량을 정량적으로 측정할 수 있는 방법 3가지를 열거하시오. 또한 용접 시공과정에서 확산성 수소량을 저감시킬 수 있는 가장 효과적인 방법과, 그 이유를 설명하시오.

11 Al, Si와 같은 탈산제에 의한 용착강 중의 탈산반응에 대하여 설명하시오.

12 염기지수(Basicity Index : BI), 산소함량과 인성(toughness)의 상관관계를 간단히 설명하시오.

13 아크용접에서 희석율이란 무엇인가?

14 용접 클래딩(Weld cladding)에서 희석률(Dilution)의 정의와 희석률 감소방안에 대하여 설명하시오.

15 알루미늄을 용접하는 경우 모재의 두께, 용접속도에 따라서 용접부로부터 전도되어 나가는 열은 어떤 모양으로 전도되어 나가는지 경우에 따라 그림을 그려 설명하시오.

16 용접 입열(Heat Input)에 대하여 설명하시오.

17 아크용접에서 용접 입열을 계산할 수 있는 공식을 설명하시오.

18 두께가 60mm인 인장강도 500MPa급 TMCP(또는 조선용) 강재를 600A, 40V, 40mm/min의 조건으로 Electro Gas 용접하였다. 용접 입열량을 계산하여 단위와 함께 답하시오.

19 용접 입열량 관리의 목적과 그 측정 방법을 설명하시오.

20 슈퍼 듀플렉스 스테인리스강(Super Duplex Stainless Steel)이란 무엇이며 용접시 입열과 냉각속도를 어떻게 관리해야 하며, 권장 입열은 얼마인지 설명하시오.

21 듀플렉스(Duplex) 스테인리스강의 (1) 장점을 기술하고, 용접시의 (2) 용접 열 사이클(weld thermal cycle)의 영향 검토가 중요한 이유, (3) 용접부에 충분한 오스테나이트 상을 얻기 위한 방안, (4) 2상(Secondary phase)의 석출물을 피하기 위한 조치를 설명하시오.

22 500MPa급의 일반 고장력강과 조질 고장력강의 용접시 용착금속과 용접 열영향부에서 고려해야 할 입열량과 인성 및 경도와의 관계에 대하여 그림을 그려 비교 설명하시오.

23 인장강도 360~490MPa급 일반 노말라이징(normalizing) 강재와 인장강도 800MPa 이상급 QT(Quenching & Tempering) 강재의 용접 열영향부의 경도 변화 차이를 그림으로 제시하고 그 이유를 설명하시오.

24 저합금강의 열영향부(HAZ)에서 균열 예방과 인성개선을 위한 조치사항은?

25 고장력강 용접시 용접 열영향부의 경도 분포에 대하여 기술하시오.

26 초고장력강재의 용접시 일반적으로 용접 열영향부의 강도가 모재 강도보다 낮아지는 현상이 발생하는 이유를 설명하시오.

27 열처리로 인하여 시효 경화된 Al(7000, 2000)을 용접할 때 열영향부의 경도 변화와 그 원인에 대하여 설명하시오.

28 용접 열 사이클에 미치는 영향 인자에 대하여 설명하시오.

29 연강 아크용접부에 있어서 열 사이클과 조직변화에 대하여 설명하라.

30 강용접 열영향부의 열 사이클(thermal cycle)을 도시하여 설명하고 각 온도구역에서의 조직과 열 사이클에 영향을 미치는 인자를 들고 설명하시오.

31 조질(調質) 고장력강의 용접에서 입열을 제한하는 이유를 설명하라.

32 판재를 아크용접하고자 한다. 이때 용융풀(melten pool)을 중심으로 한 등온선을 그리고 왜 그런 모양이 되었는지와 용접 변수들(용접방법 및 모재 등)에 따라 등온선이 어떻게 변하였는지를 설명하라.

33 단일 패스(One pass)로 완전 용입이 되는 맞대기 용접에 있어서 용접부 최고 온도를 계산식으로 설명하고 사용 목적을 3가지 쓰시오.

34 다음을 설명하시오.

가. 최고 온도 방정식(Peak Temperature Equation)
나. 열영향부 폭의 계산(Width of HAZ)
다. 냉각속도(Cooling Rates)

35 임계 냉각속도(Critical cooling rate)에 대해 설명하시오.

36 강 용접법에 있어서 열영향부가 임계 온도구역(critical temperature zone; 약 700~800℃) 부근을 냉각하는 속도는?

37 용접부 예열(豫熱, Preheating)에 대하여 목적, 효과 등에 대하여 설명하시오.

38 예열 시공에서 가) 온도 선정 나) 예열 범위 다) 온도 측정방법 라) 시공시 주의점에 대해 기술하시오.

39 용접부 예열온도의 기준이 되는 내용과 재질별 예열온도에 대하여 설명하시오.

40 고장력강의 기계설비를 용접시공할 때 용접부에 발생될 수 있는 저온 균열을 예방하기 위한 일반적인 방법 중 최저 예열온도 관련사항에 대하여 설명하시오.

41 용접개시 전 용접부를 예열하는 경우 이의 주요 목적을 설명하시오.

42 용접시 예열(Preheating)의 목적과 방법, 그리고 예열온도 결정 방법을 설명하시오.

43 탄소강의 용접시 예열온도 결정에 영향을 미치는 4가지 인자를 쓰시오.

44 탄소강재의 용접시 예열온도 결정에 영향을 미치는 인자를 제시하고, 각 인자들과 냉각속도와의 관계를 설명하시오.

45 20mm의 동일한 두께를 갖는 인장강도가 350MPa인 연강판과 1500MPa 고장력강판을 각각 용접하려 한다. 각각 강판의 예열 필요성을 판단하는 근거와 예열온도 산출 방법에 대하여 설명하시오.

46 강재 용접시에 행하는 예열에 대하여 아는 바를 쓰시오.

47 구리합금의 용접시 필요한 예열 목적과 후판 고장력강의 용접시 필요한 예열 목적의 차이를 설명하시오.

48 저온용강을 용접할 때 관련 용접시방서의 규정에 따라 용접 입열, 예열 및 층간온도를 준수하여야 하는 이유에 대하여 설명하시오.

49 용접 후열처리에 대하여 설명하시오.

50 저합금강에서의 용접 후열처리(PWHT, Post weld heat treatment)에 대해서 설명하시오.

51 탄소강의 용접 후열처리(PWHT) 챠트(chart) 검토시 확인해야 할 필수사항을 열거하시오.

52 용접 후열처리(PWHT)에서 생길 수 있는 문제점 및 원인을 강종별로 대별하여 설명하시오.

53 용접부의 예열 및 후열처리 효과에 대하여 쓰시오.

54 용접시 예열과 후열의 목적 3가지를 기술하시오.

55 일반 강구조물 용접부의 강도 향상을 위한 후처리 방법에 대하여 설명하시오.

56 금속(예컨대 Cr-Ni 스테인리스강)을 가공 경화시킨 후 Annealing하는 과정에 있어서 강도, 연성, 잔류응력 및 조직의 변화하는 양상에 대하여 설명하라.

57 열처리형과 비열처리 Al 합금의 종류를 구분하고 이들 중 용접 후 강도 회복을 위한 후열처리가 필요한 합금을 설명하시오.

58 용접부의 잔류응력을 제거하기 위해 용접 후에 열처리를 실시하는 경우가 있다. 이때 후열처리 온도를 가능한 높게 선정하는 것이 바람직한 이유와 온도 선정에서 주의해야 할 사항을 설명하시오.

제2장 고상 야금과 변태

01 용융 용접시 용접금속의 응고과정에서 편석(Segregation)이 발생될 수 있다. 이러한 현상을 매크로(Macro) 및 마이크로(Micro)로 구분하여 금속학적으로 설명하시오.

02 용융용접(Fusion welding)시 용접금속의 결정성장(Grain growth)에 대하여 설명하시오.

03 용접부에서 기계적 성질을 좌우하는 것은 용접부의 조직인데, 이 조직은 응고시의 온도구배(G)와 응고속도(R)에 따라서 planar, cellular, 수지상(dendrite) 및 등축정(equiaxed grain)으로 나눌 수 있다. 이를 알기 쉽게 그림으로 나타내고 간단히 설명하라.

04 용접부(Weld metal or fusion zone) 응고에서의 적층(Epitaxial) 성장과 경쟁 성장(competitive growth)에 대하여 설명하시오.

05 강 구조물에서 발생하는 용접 열영향부(HAZ)의 기계적 성질에 대하여 설명하시오.

06 저합금강판 용접부와 오스테나이트 스테인리스강판 용접 열영향부의 금속 조직상에 나타나는 일반적인 상이점은?

07 용융 용접부의 응고조직에 미치는 용접속도의 영향에 대하여 설명하라.

08 용접의 임계 냉각시간(critical cooling time)에 대하여 설명하라.

09 TMCP강에 대하여 설명하시오.

10-1 TMCP강의 절단 변형에 대하여 설명하시오.

11 TMCP(Thermo-Mechanical Control Process)강의 제조상 특징과 용접시 장단점을 설명하라.

12 TMCP(Thermo-mechanical controlled process)강의 제조공정의 특징과 용접부의 기계적 성질을 보통의 고장력강재와 비교하여 설명하라.

13 TMCP 강재 용접부에서 연화현상이 무엇인지, 그리고 이러한 연화현상이 실제 대형 철구조물의 설계 기준인 인장강도와 피로강도에 미치는 영향을 설명하시오.

14 TMCP(Thermo Mechanical Control Process)강 용접부의 연화현상에 대하여 설명하시오.

15 Stainless steel 용접부의 δ -ferrite 생성기구에 대하여 설명하시오.

16 austenite stainless steel 용접시 δ -ferrite 함량이 용접부의 품질에 미치는 영향에 대하여 설명하시오.

가. 델타 페라이트(Delta Ferrite) 생성기구

나. 스테인리스강에서 델타 페라이트의 역할
다. Delta Ferrite의 측정

17 스테인리스강 용접부의 델타 페라이트에 관하여 아래 물음에 답하시오.

가. 델타 페라이트의 함유 목적
나. 델타 페라이트의 역할
다. 일반적 권장 델타 페라이트 함량
라. 델타 페라이트 측정방법

18 스테인리스강의 화학성분 조성에 따른 금속조직 및 용접성에 관해 설명하고 오스테나이트(Austenite) 스테인리스강 용접시 용접금속의 델타 페라이트(δ -Ferrite) 함량이 용접부의 품질에 미치는 영향을 기술하라.

19 오스테나이트계 스테인리스강의 용접시 용착금속에서 소량의 델타 페라이트를 형성시켜야 하는데 그 이유에 대하여 설명하시오.

20 스테인리스강의 델타 페라이트량을 측정하는 방법을 직접 측정하는 방법과 간접적으로 측정하는 방법으로 구분하여 설명하시오.

21 오스테나이트계인 STS310S, STS304L, 이상계인 STS329, 페라이트계인 STS430을 동종끼리 Gas Tungsten 아크용접하는 경우 용접 고온 균열이 가장 발생하기 어려운 강종을 선택하고 그 이유를 델타 페라이트량(δ -ferrite)과 응고모드(Solidification mode)의 관점에서 설명하시오.

22 용접응력 생성에 대하여 설명하시오.

23 강의 용접 열영향부의 조직으로서 1250℃ 이상의 온도에 도달하는 영역은 어떤 조직의 영역인가? 다음 중 선택 기입하라.(세립역, 취화역, 혼입역, 조립역, 구상 펄라이트역, 모재 원질역)

24 고장력강을 비드 온 플레이트(Bead-on-Plate) 용접하는 경우, 용접 열영향부(HAZ)를 통상 최고 가열온도와 조직학적 특징에 따라 CGHAZ(Coarse-grain HAZ), SCHAZ(Subcritical HAZ), ICHAZ(Intercritical HAZ), FGHAZ(Fine-grain HAZ)의 4가지로 세분한다. 이러한 4 종류의 HAZ를 최고 가열온도가 높은 쪽에서 낮은 쪽으로 순서대로 배열하시오. 또 이들 중 가장 인성이 나쁜 HAZ를 쓰시오.

25 용접 열영향부의 가열 온도별 영역 및 조직 특성을 설명하시오.

26 강재 용접 열영향부의 조직적 특성 변화에 대해 설명하시오.

27 인장강도 500MPa급 강재를 용융 용접하는 경우 용접 입열량이 낮은 쪽에서 높은 쪽으로 변화함에 따라 용접 열영향부에 나타나는 조직을 순서대로 열거하시오. 또 이들 조직 중 가장 인성이 낮은 조직을 기술하시오.

부록

28 두께가 10mm인 연강판을 아크용접하였을 때 각 부위별로 나타나는 금속조직의 특성을 설명하시오.

29 아래 그림은 Y'쪽에서 용접을 해오다가 현재 열원은 원점에 와 있다. AA선상에는 아직 용접열이 도달되지 않았으며, CC선상의 용착금속은 고온항복상태이며, DD선은 실온 상태이다. AA, BB, CC 및 DD선상의 온도분포와 응력분포를 그림을 그려서 설명하라.

30 서브머지드 아크용접금속에서 침상형 페라이트(Acicular ferrite) 생성에 영향을 주는 주요 인자들을 기술하시오.

31 탄소강의 서브머지드 아크용접(Submerged arc welding)에서 용접금속(Weld metal)의 침상형 페라이트(Acicular ferrite) 생성에 미치는 인자를 금속학적으로 설명하시오.

32 저합금강에서 용접시 열영향부(HAZ)에서 균열예방과 인성개선을 위한 조치사항은?

33 강 용접부 미세조직에 있어 용착금속 내 미세 침상 페라이트(acicular ferrite) 형성에 미치는 산소함량의 영향을 기술하고, 열영향부에 형성되는 마텐사이트 조직, 상부 베이나이트 조직과 하부 베이나이트 조직의 특성을 탄소나 탄화물 관점에서 도식화하여 기술하라.

34 불활성 가스 텅스텐 아크용접(GTAW)으로 두께 4mm 알루미늄 합금(T6 처리된 2000계열)을 용접하였을 때 모재금속과 용착금속 사이의 경도 변화를 미세조직 관점에서 설명하라.

35 0.6%C의 일반 탄소강 용접시 냉각속도와 미세조직의 변화를 설명하시오.

36 순철의 상변태에 대하여 기술하라.(참고온도: 910℃, 1390℃, 1535℃)

37 일반 합금강의 화학성분이 오스테나이트 변태에 미치는 영향을 설명하시오.

제3장 용접 잔류응력과 변형

01 용접 잔류응력의 생성원인과 그 특징을 기술하시오.

02 용접부의 잔류응력이 용접부의 기계적 성질에 미치는 영향을 기술하시오.

03 용접 잔류응력의 발생 기구와 용접 잔류응력이 용접부의 강도에 미치는 영향에 대하여 약술하시오.

가. 용접 잔류응력의 발생 기구
나. 잔류응력이 용접부 강도에 미치는 영향

04 용접설계에 있어서 잔류응력과 변형에 대하여 고려할 점들을 기술하라.

05 용접시에 잔류응력의 발생 기구에 대하여 설명하고 변형과의 관계에 대하여 설명하라.

가. 잔류응력 발생 기구
나. 잔류응력과 변형의 관계

06 용접 잔류응력의 생성원인과 그 문제점 및 개선 대책을 설명하시오.

07 용접부 잔류응력의 발생 기구를 설명하고 두 강판을 맞대기 용접이음할 때 용접선 방향과 직각방향에 있어서의 잔류응력 분포를 정성적으로 그려서 나타내라.

08 용접부에서 잔류응력이 생성되는 과정과 그 크기 및 분포에 대해서 설명하시오.

09 강구조물의 용접시 아래와 같이 양단이 구속된 2개의 강판을 맞대기 용접할 경우 잔류응력의 분포를 도식으로 설명하시오.

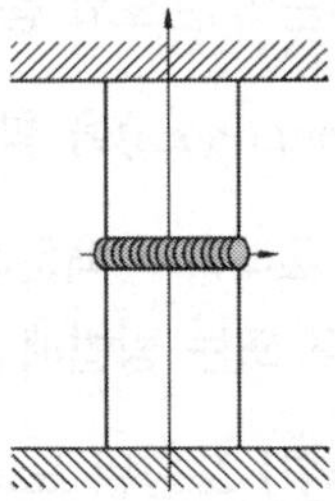

10 용접부 잔류응력의 발생 기구를 설명하고 두 강판을 맞대기 용접이음할 때 용접선 방향과 직각방향에 있어서의 잔류응력 분포를 정성적으로 그려서 나타내라.

11 용접부의 잔류응력 완화에 대하여 설명하시오.

12 용접 잔류응력의 발생 원인과 이러한 잔류응력을 감소시키는 용접방법을 설명하시오.

가. 잔류응력의 발생 원인
나. 잔류응력을 감소시키는 용접방법

13 용접부의 잔류 응력(residual stress) 발생 원인과 잔류 응력 완화방법을 설명하고 또한 용접 후열처리의 효과를 설명하시오.

14 잔류응력 발생 요인과 방지대책 및 완화방법에 대해 기술하시오.

가. 잔류응력의 발생 요인
나. 잔류응력 방지대책
다. 잔류응력 완화방법

15 용접 후의 잔류응력 경감법 종류를 열거하고 설명하시오.

16 용접 잔류응력을 완화할 수 있는 용접후처리 방법에 대하여 설명하시오.

17 용접부의 잔류응력 감소 방안 중 기계적 이완(MSR, Mechanical Stress Relieving)의 원리에 대하여 설명하시오.

18 용접부의 잔류응력을 감소시키기 위한 용접 후열처리(Post weld heat treatment) 방법, 조건 및 주의사항에 대하여 설명하시오.

18-1 용접 잔류응력을 완화할 수 있는 용접 후처리방법(열적방법과 기계적 방법)에 관하여 설명하시오.

19 연강의 응력-변형률 곡선을 도시하고 공칭응력과 전응력의 관계를 설명하시오.

20 Bead on plate 용접을 하는 경우 용접 전, 용접 후, 용접직후 및 용접부위가 상온상태에 도달했을 때의 용접부위와 그 부근의 온도와 응력분포를 도시하여 설명하라.

21 용접금속(Weld metal)의 인성(Toughness)을 향상시키는 방법에 대하여 설명하시오.

22 용접 열향부는 종종 취성파괴를 초래하기 때문에 인성개선을 위한 많은 연구가 수행되었다. 열영향부의 인성을 개선하는 기구 또는 방법에 대하여 설명하시오.

23 강구조물을 용접시공한 후 용접부가 포함된 노치시험편을 제작하여 저온에서 충격시험을 수행할 때 나타나는 취성파괴에 대하여 설명하시오.

24 용접부의 노치취성(notch toughness)에 대하여 설명하라.

25 용접잔류응력이 피로파괴(강도)에 미치는 영향과 용접부 잔류응력 완화방법에 대하여 설명하시오.

26 용접잔류응력이 영향을 미치는 용접부의 파괴는 무슨 파괴인가?

27 용접변형의 종류에 대해 쓰고 이러한 변형을 최소화할 수 있는 방법을 열거하시오

28 용접변형의 발생 원인과 변형을 최소화하는 방법을 설명하시오.

29 용접변형의 방지대책을 기술하시오.

30 용접 변형의 방지대책을 설계 및 시공 단계로 나누어 각각 설명하시오.

31 용접 구조물 용접시 응력으로 인한 변형이 발생하게 된다. 용접 변형을 저감시키기 위한 시공상 주의 사항에 대하여 설명하시오.

32 크리프(Creep) 변형에 대하여 설명하시오.

33 용접 이음부의 피로 및 크리프 강도 향상 방법에 대하여 설명하시오.

34 맞대기 용접이나 필릿 용접 등의 기본적인 이음부에서 발생할 수 있는 수축과 변형 6가지를 설명하시오.

35 용접시 발생하는 변형(distortion)을 면내(面内), 면외(面外)로 구분하여 종류를 열거, 설명하고 이 변형을 최소화하기 위한 방법을 5가지 이상 쓰시오.

36 평판 용접부에 발생하는 열변형을 모델화하여 검토하라.

37 강재 박판 구조물 맞대기 용접이음부의 각변형에 대하여 설명하라.

38 용접 변형과 수축에 대하여 설명하시오.

39 용접변형에 영향을 주는 요인을 설명하시오.

40 금속의 크리프(Creep) 곡선을 변형량과 시간의 관계로 설명하시오.

41 고온에서 용접 시험편에 일정한 인장 하중을 부가하는 경우 발생되는 변형도와 시간의 관계를 크리프 곡선으로 설명하시오.

42 용접금속 자체의 결정립(Grain)을 미세화하는 방법에 대하여 설명하시오.

43 용접부(Weld metal)의 결정립 미세화 방법을 2가지 이상 나열하고 설명하시오.

44 용접부 조직의 미세화의 필요성과 이것을 이루기 위한 방법들을 열거하고 설명하시오.

45 응력제거(SR)시 일어날 수 있는 결점은?

46 용접 후 응력제거 열처리를 하는 목적은?

47 탄소강재의 응력제거 열처리시 적용하는 온도범위를 제시하고 가열하는 이유를 설명하라.

48 용접시 발생하는 잔류응력의 영향과 측정방법에 대하여 설명하시오.

49 용접부 잔류응력 및 내부 응력검사에 이용되는 검사방법을 열거하고 설명하시오.

50 t40mm 연강판으로 압력용기를 제작하였다. 용접부의 응력제거(stress relieving)를 위하여 annealing하고자 한다.

가. 열처리 곡선도로 annealing 과정을 도시하고 설명하시오.
나. 이때 응력제거 비율을 얼마로 보아야 하는가?

51 그림과 같이 A, B의 두 판재를 필릿 용접하여 T 형상의 조립보를 제작하게 되면 용접 후 종굽힘 변형이 발생한다.

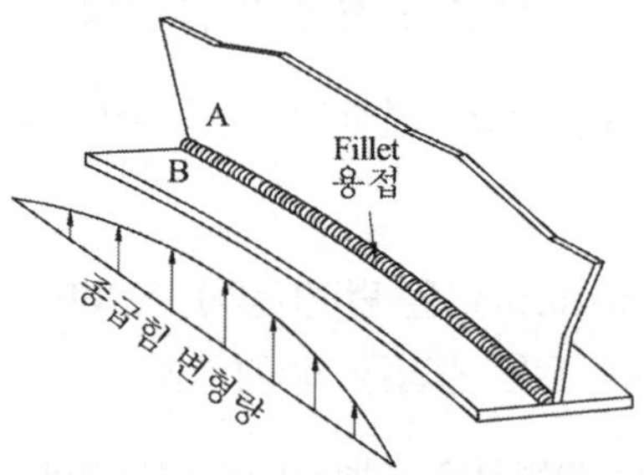

가. 이러한 종굽힘 변형의 발생 기구(mechanism)를 수축(력)과 수축 모멘트의 개념으로 설명하시오. (그림 설명 포함)
나. 용접 후 과대 종굽힘 변형이 발생했을 때 요구되는 정도의 곧은 보로 교정하기 위한 효과적인 열간 교정방안을 제시하시오. (그림 설명 포함)

52 열변형과 잔류응력 감소방안 3가지를 설명하시오.

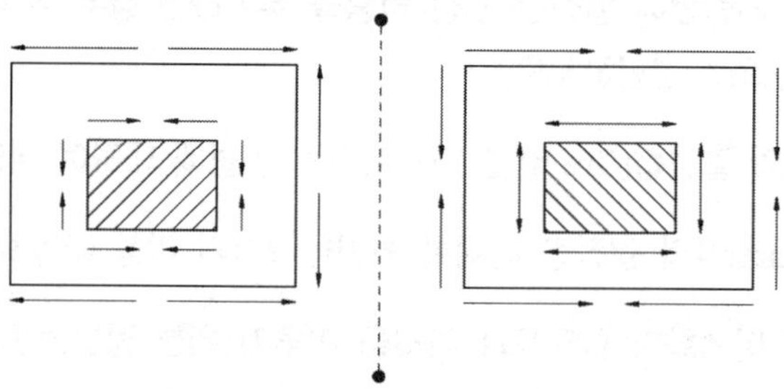

(용접부의 잔류응력 발생원리)

53 용접 후 사전 용접변형을 경감할 수 있는 방안을 설명하시오.

54 용접부의 잔류응력 완화 및 제거를 위하여 피닝(Peening)법을 사용한다. 피닝법의 종류 3가지를 쓰고 설명하시오.

55 잔류응력을 제거할 수 있는 피닝(Peening)의 종류와 장단점에 대해 설명하시오.

56 강용접부의 변형 방지 및 잔류응력 제거 방법을 구체적으로 설명하라.

57 용접부의 잔류응력에 의해 발생하는 용접변형에 대하여 설명하고, 이러한 변형을 교정할 수 있는 방법들을 제시하시오.

제4장 각종 금속의 용접

01 중탄소강과 고탄소강의 용접 특성에 대하여 설명하시오.

02 공석(Eutectoid)강과 공정(Eutectic) 용접봉을 설명하시오.

03 최근 초고장력강의 후판용접에서는 초저수소계(Ultra Low Hydrogen) 용접재료가 요구되고 있다 그 이유에 대하여 설명하시오.

04 연강 맞대기 용접의 용접부 조직에 대하여 상세히 설명하라.

05 고장력강의 용접성에 대하여 설명하시오.

06 저온용 합금강의 용접 입열 제한을 행하는 것은 ① 그 이유가 무엇이며, ② 용접 입열은 무엇에 의하여 결정되며 ③ 용접 입열의 제한치는 어느 정도인가를 설명하라.

07 조질강과 비조질강을 설명하고 용접상 장단점에 대하여 설명하시오.

08 탄소강의 용접시 탄소함량이 0.2% 이하이면 용착부 및 열영향부에 큰 문제가 없다. 탄소함량이 0.3%인 탄소강을 용접하는데 0.15%C을 함유한 탄소강을 용접할 때에 비해서 더 고려하여야할 사항들을 제시하시오.

09 강용접 구조물과 주강용접 구조물과의 1) 구조물로서의 장 · 단점, 2) 대형 용접 구조물의 용도를 구체적인 예를 3개 들어 설명하라.

10 후판 용접시 단층용접(Single layer welding)에 비해 다층용접(Multi-layer welding)에서의 야금학적 효과를 설명하시오.

11 피복금속 아크용접시 일반적으로 다층용접이 단층용접에 비하여 용접금속의 연성, 인성 등이 향상되는 이유에 대하여 설명하시오.

12 20mm 철판을 맞대기 용접하는 경우 5패스로 용접하는 것과 7패스로 용접하는 것과 어느 쪽이 용접부의 충격치가 높은가 설명하라.

13 플럭스 코드 와이어로 용접시 CO_2 가스를 100% 사용할 때와 혼합가스(Ar 80%-CO_2 20%)를 사용하여 용접할 경우의 비드 형상, 용착량, 작업성, 결함 발생, 용적 이행모드 등에 대하여 설명하시오.

14 결정립 미세화강의 용접시에는 입열량을 적정범위 내로 제한하고 있다. 입열량이 부족한 경우와 과다한 경우 발생할 수 있는 문제점을 설명하시오.

15 주철의 용접이 힘든 이유를 상태도를 이용하여 설명하고 이를 가능케 하기 위한 방법들을 열거하고 그 이유를 드시오.

16 주철과 주강의 용접에서 용접성, 후열처리, 접합법 등을 기술하시오.

17 주철의 냉간 용접 시공에 대하여 설명하시오.

18 TIG(Tungsten Inert Gas)용접의 생산성을 높이려면 전류를 높이고, 용접속도를 높게 해야 되는데 전류가 300A 이상, 용접속도가 30crn/min 이상이 되면 험핑 비드(Humping Bead)가 생기는 경우가 있다 그 이유를 설명하고 방지대책을 설명하시오.

19 다음에 대하여 설명하시오.

가. 스테인리스강에서의 시그마상(Sigma 相)
나. 페라이트계 스테인리스강의 475℃ 취화(脆化)
다. 고용화(固溶化) 열처리
라. 안정화 열처리

20 오스테나이트 스테인리스강 용접을 single pass로 하는 경우와 multi pass로 하는 경우의 장단점을 비교 설명하시오.

21 스테인리스강 용접에 대하여 설명하시오.

22 Austenite계 스테인리스강의 용접시 고려하여야 할 문제점 및 대책에 대하여 설명하시오.

23 스테인리스강(STS 316)이 클래드 되어 있고, 인장강도는 490MPa급 탄소강재를 맞대기 용접할 때 용접 방향(루트 용접부가 탄소강인 경우와 클래드강인 경우)에 따른 용접방법의 차이를 제시하고, 그 이유를 설명하시오.

24 스테인리스강과 탄소강의 용접특성을 비교 설명하시오.

25 탄소강 위에 오스테나이트계 스테인리스강을 육성 용접하는 경우에 요구되는 일반적 주의 사항을 간단히 설명하라.

26 잠호용접(SAW)으로 오스테나이트계 스테인리스강을 다층용접하였을 때 용접부의 미세조직과 강도에 대하여 설명하시오.

27 스테인리스강 용접에서 쉐플러 선도(schaeffer diagram)에 대해서 설명하고, 이 선도를 용접에서 이용하는 방법에 대해서 설명하시오.

27-1 Schaeffler Diagram에 대해 아는 바를 기술하시오.

28 각각의 두께가 12mm인 연강과 스테인리스 316L을 맞대기 용접코자 한다. 쉐플러 선도(Schaeffler Diagram)를 이용하여 용접재료를 선택하는 방법을 설명하시오.

29 연강과 스테인리스 304L을 용접할 때, 용접금속이 가져야 하는 조성을 쉐플러-선도(Schaeffler diagram) 또는 델롱 선도(DeLong diagram)를 이용해서 설명하시오.

30 두께가 6mm로 동일한 SM490강과 STS347 스테인리스강을 보호가스 용접법(GMAW)으로 맞대기 용접할 때 적합한 이음부를 설계하고 희석률을 고려하여 적정 용접 와이어를 선정하고 이 와이어를 사용하여 얻어지는 용접금속의 조직을 쉐플러 선도(Schaeffler diagram)를 이용하여 설명하시오.

31 탄소강 SM45C에 스테인리스강 SUS304를 overlay 용접하고자 한다. 용착금속을 구성하는 탄소강과 스테인리스강의 적절한 비율을 Schaeffler 선도를 이용하여 구하시오. 단, SM45C의 성분은 0.45%C, 0.26%Si, 0.73%Mn이고 SUS304의 성분은 0.08%C, 2.0%Mn, 1.0%Si, 19.0%Cr, 9.0%Ni이다. 또한 Ni-equivalent=%Ni + 30 * %C + 0.5 * %Mn과 Cr-equivalent =%Cr% + %Mo+1.5*%Si +0.5%Cd으로 표시될 수 있음을 참조하시오.

부록

32 스테인리스 304L강과 연강을 필릿 용접코자 한다. 모재의 희석율은 25%이고 연강과 스테인리스강의 용융량이 1:1로 동일하다고 가정할 때 용접봉 선택 방법을 쉐플러 선도(Schaeffler diagram)를 사용하여 설명하시오.

33 모넬/인코넬(Monel/Inconel)용접에 대하여 설명하시오.

34 원자로 압력 용기용 강재와 Stainless steel인 이종금속간의 용접시의 문제점과 그 방지 대책을 설명하시오.

35 9%니켈강의 용도와 이점은 무엇이며, 적용 가능 용접방법을 제시하시오.

36 내열강의 용접성에 있어서 주요한 문제점들을 들고 설명하시오.

37 Al 합금의 모재 및 용접재료에 미량의 Ti 및 Zr 원소를 첨가하는 이유를 설명하시오.

38 Al 용접에 대한 적절한 1) 용접시설, 2) 용제 등에 대하여 설명하시오.

39 자동차 산업에 있어서 Al 합금계와 철계와의 용접이 많은데 이의 가능한 용접법을 기술하시오.

40 알루미늄 합금 용접에서 용접성(Weldability), 용접부의 조직 특성 및 균열에 대하여 설명하시오.

41 알루미늄 합금 Al2024 및 Al7075 재료는 가볍고 강도가 높아 항공기 재료로 많이 사용되고 있다. 이들 재료는 리벳 접합을 주로 하고 있는데 그 원인은 무엇이며, 용접방법이 있다면 그 방법에 대하여 설명하시오.

42 Mg 및 Mg 합금 용접의 특징 및 유의 사항에 대하여 기술하시오.

43 Ti 합금과 탄소강 혹은 알루미늄의 이종금속 용접이 어려운 이유를 설명하시오.

44 티타늄 용접에 대하여 설명하시오.

제5장 용접 결함과 방지 대책

01 용접부위에 발생할 수 있는 결함의 종류와 용접 구조물에 미치는 영향에 대하여 설명하라.

02 아크용접 결함의 종류 4가지를 들고 그 발생 원인과 대책에 대해 기술하시오.

02-1 아래 용접 결함의 원인 및 대책에 대하여 설명하라.

가. under cut　　나. ~~용입/용융부족~~　　다. 비드 밑 크랙　　라. Blow hole

02-2 용접에서의 pin hole에 대하여 설명하시오.

02-3 Shrinkage cavity의 생성원인에 대해서 설명하시오.

03 용접 결함을 재질적인 불균일과 구조상 결함의 종류와 방지대책을 설명하시오.

04 용입불량(Lack of penetration 또는 incomplete penetration)과 융합불량(Lack of fusion)을 그림을 그리고 그 차이점을 설명하시오.

05 용접금속에 Blow hole과 Slag 섞임이 발생하였다. 이 결함의 생성과정 및 용접부에 미치는 영향에 대하여 설명하시오.

06 용접 균열의 종류 및 발생 원인, 감소시키는 방법에 대하여 설명하시오.

06-1 용접부 균열을 발생위치 및 발생시기에 따라 분류하여 설명하시오.

07 용접 균열(crack) 발생의 원인을 금속학적 측면과 역학적 측면에서 각각 설명하시오.

07-1 힐 크랙(Heel Crack)의 위치와 발생 원인을 기술하시오.

08 다음을 간단히 설명하시오.

가. 비금속 게재물
나. 재열 균열(SRC, Reheat Crack)
다. 라멜라테어(lamellar tearing)
라. 크레이터 균열(Crater Crack)
마. 저온 균열(cold cracking)
바. 고온 균열(hot cracking)
사. 비드 밑 균열(Under-bead Crack)
아. SCC(stress corrosion cracking)

09 용접시 발생할 수 있는 고온 및 저온 균열을 제외한 기타 균열의 종류와 방지책에 대하여 설명하시오.

10 용접에서 발생하는 고온 균열 4가지를 설명하시오.

10-1 고온 균열의 유형을 2가지 이상 열거하시오.

11 용접 고온 균열을 발생 위치에 따라 크게 3종류로 분류하고, 각각의 특징을 설명하시오.

12 고장력강의 용접시 발생하는 고온 균열에 대하여 설명하시오.

13 탄소강의 잠호용접(Submerged Welding)에서 고온 균열이 발생하는 원인을 3가지 들고 그 대책을 설명하시오.

14 아크용접시 강재의 조성에 의하여 야기되는 응고크랙 즉 HOT CRACK의 요인 및 대책을 설명하시오.

15 용착금속에서 고온 균열이 발생하는 과정을 설명하시오.

16 강의 용접시 고온 균열의 발생 원인을 들고 설계 및 재료의 양측면에서 그 방지대책을 설명하시오.

17 용착금속의 응고결함에 영향을 주는 인자를 3가지 이상 설명하고 이를 방지하기 위한 방법을 제시하시오.

18 용접 열영향부에서의 액화 균열에 대한 특성과 이를 방지할 수 있는 방법에 대하여 기술하시오.

19 응고균열을 측정하기 위한 시험방법은 어떤 것이 있나?

20 용접부에서의 응고균열(Solidification cracking) 및 액화균열(Liquation cracking)에 대하여 설명하시오.

20-1 유황으로 인하여 FeS가 형성되어 열간가공 중 900~1200℃ 온도 범위에서 재료가 갈라지는 현상을 무엇이라 하는가?

21 용접부에서 발생되는 고온 균열 및 저온 균열의 전파 특성에 대하여 설명하시오

22 고온 균열과 저온 균열의 용접 결함에 대해 그 종류를 2개씩 예를 들고 발생 원인을 기술하시오.

23 강 용접부 균열은 크게 저온 균열과 고온 균열로 구분된다. 저온 균열의 발생인자 3가지를 열거하고 설명하시오.

23-1 고온 균열과 저온 균열의 발생 원인을 설명하시오.

24 다음을 간단히 설명하시오.

가. 템퍼취성에 대한 설명과 그림으로 도식하시오.
나. 적열취성
다. 템퍼 비드(Temper bead)
라. 웜홀(wormhole)
마. 천이온도(transition temperature)와 측정 방법
바. 피닝(peening)이란?
사. Kic(피괴인성)
아. 탄소당량(Carbon equivalent)
자. 피로한도(Fatigue Limit)
차. 응력집중

25 강 용접시 저온 균열의 발생 원인과 방지대책, 시험 방법에 대하여 설명하시오.

25-1 고장력강 및 저합금강의 용접에서 발생되는 저온 균열에 대해 설명하시오.

26 강재의 용접 열영향부에서 저온 균열의 발생 원인과 지연균열(delayed crack)이라고 칭하는 이유는 무엇인가?

27 강용접 HAZ(열영향부)의 저온 균열(cold cracking)에 영향을 미치는 인자를 열거하고 설명하시오.

28 100mm 두께의 저합금강을 수동으로 다층 용접할 때 저온 균열이 발생될 수 있는 경우 및 이를 예방 또는 저감시킬 수 있는 방안을 설명하시오.

29 오스테나이트(Austenite) 용착금속에서의 마이크로 균열(microcrack)이란 무엇인가?

30 용접시 발생되는 언더 비드 크랙(Under bead cracking)의 발생 원인 및 기구, 그 방지책을 설명하시오.

31 응력부식 균열(SCC)과 일어나는 환경에 대해서 설명하시오.

32 용접부의 응력부식에 대하여 설명하시오.

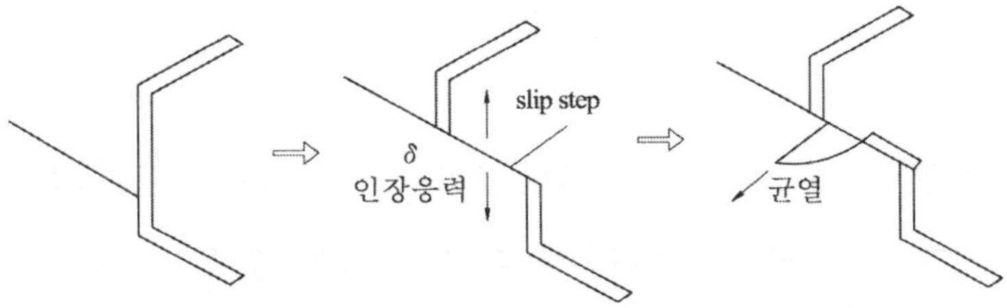

33 용접부의 응력제거 어닐링(stress relief annealing) 균열에 대하여 설명하시오.

34 SR(Stress Releaving) 균열의 발생 기구와 그 대책에 대하여 설명하시오.

35 Cr-Mo강재에 주로 발생되는 재열 균열(Reheat Cracking)의 발생 원인과 방지 대책에 대하여 설명하시오.

36 Cr-Mo강재의 용접시에 문제점이 되고 있는 SRC 특성에 대하여 설명하라.

37 스테인리스강의 응력부식 균열(SCC, Stress corrosion crack)에 대하여 설명하시오.

38 Cr계 Stainless강의 Fe-Cr계 2원 상태도를 그리고 상태도 내의 σ상이 존재하는 영역의 Cr 농도와 온도 범위를 표시하고, Cr계 Stainless강에서 발생되는 475℃ 취성과 σ취성을 설명하시오.

39 페라이트계 스테인리스강인 STS430의 아크용접부에서 인성이 저하하는 이유와 방지대책을 설명하시오.

부록

40 Austenite계 stainless steel의 입계부식의 원리 및 대책에 대하여 설명하시오.

41 오스테나이트계 스테인리스강의 용접 열영향부(HAZ)에 발생할 수 있는 입계부식의 발생원에 대하여 설명하시오.

42 오스테나이트계 스테인리스강 용접금속의 고온 균열(Hot cracking)에 대하여 설명하시오.

43 오스테나이트계 스테인리스강 용접부(Weld metal)에서 크롬당량(Creq)/니켈당량(Nieq) 비율 변화에 따른 응고 모드(mode)를 논하고 고온 균열 감수성에 미치는 영향을 설명하시오.

44 용접 균열 감수성에 대하여 설명하시오.

45 stainless steel 용접에 있어서 예민화(sensitization)와 방지 대책을 설명하시오.

46 오스테나이트계 스테인리스강을 용접했을 때 용접선에서 얼마만큼 떨어진 거리(a, b, c 중)에서 예민화가 제일 심하게 일어나며 그러한 이유는 무엇인가?

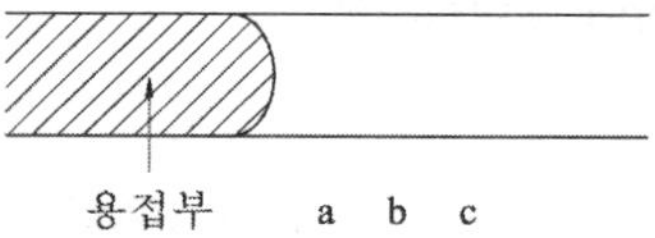

47 SUS304에 용접할 때 생기는 미세 조립 영역 및 이에 대하여 설명하시오.

48 STS 304L과 STS 316L은 오스테나이트계 스테인리스강임에도 불구하고 응고균열의 저항성 차이가 있는데 이를 웅고 모드에서 금속학적으로 설명하시오.

49 오스테나이트(Austenite)계 스테인리스강에서 용접 후 내식성이 저하하는 경우와 취성이 증가하는 경우가 있다. 그 발생 원인 및 방지대책을 설명하시오.

50 오스테나이트계 스테인리스강 STS 304에 발생하는 부식형태 3가지를 열거하고 설명하시오.

51 스테인리스강 용착금속의 Schaefiler 조직도에서 Austenite, Martensite, Ferrite, Austenite-Ferrite 구역의 야금학적 문제점을 설명하시오.

52 오스테나이트계(austenite) 용접금속에서는 언더 비드(under bead) 균열이 잘 발생하지 않는다. 그 이유를 설명하시오.

53 오스테나이트 스테인리스강 용착금속에는 페라이트(ferrite) 함량이 규제되는데 ① 그 이유, ② 적정 함량, ③ 함량 과다시의 문제점을 설명하시오.

54 오스테나이트계 스테인리스강(Austenitic Stainless Steel)에서 페라이트(Ferrite) 함량 측정 목적과 일반적으로 사용되는 측정 방법 3가지를 설명하시오.

55 SMAW에서 스테인리스강의 마텐사이트(Martensite)계, 페라이트(Ferrite)계, 오스테나이트(Austenite)계 및 이종재의 예열, 패스온도(interpass temperature) 및 용접 후 열처리(PWHT)에 대하여 각각 설명하시오.

56 동종재의 페라이트 스테인리스강 용접에서 예열 온도가 높을 경우 나타나는 현상과 용접시 적절한 예열 온도 범위를 제시하시오. 그리고 모재 두께와 구속도에 따른 예열 온도와의 관계에 대하여 설명하시오.

57 스테인리스강의 용접 응고조직 형태로부터 구분되고 있는 대표적인 네가지 응고모드를 열거하고, 이들 중에서 STS304의 응고모드 형태가 응고균열 감수성이 가장 낮은 이유를 설명하시오.

58 오스테나이트계 스테인리스강은 열전도도, 열팽창 등 물리적 성질이 일반 탄소강과 차이가 있다. 스테인리스강 용접시 더 고려해야 할 사항에 대해 설명하시오.

59 스테인리스강 아크용접시 용착부에 산소 혼입 예상 경로 및 혼입된 산소가 기계적 성질에 미치는 영향을 설명하시오.

60 오스테나이트계 스테인리스강 용접재료 구매시 시험 성적서에 기재되어야 하는 델타 페라이트를 설명하시오.

61 이상계(Duplex) 스테인리스강 용접부에서 발생하는 공식(Pitting Corrosion)의 발생 이유와 방지대책에 대하여 설명하시오.

62 이상계(Duplex) 스테인리스강의 용접시 모재와 동일한 조성을 갖는 용접봉을 사용할 경우 발생할 수 있는 현상과 문제점을 설명하고 방지 방법을 약술하시오.

63 용접된 스테인리스강의 응력제거 방법을 서술하고(온도에 관해) 특히 조심해야 할 문제점도 지적하시오.

부록

64 스테인리스강 용접에 있어서 weld decay와 knife line attack은 무엇이며 이들은 서로 어떻게 다르고 또 이를 시정하려면 어떻게 하는지에 대하여 쓰시오.

64-1 오스테나이트계 재료 용접에서 knife line Attack이란 무엇이며 어떠한 방법으로 부식을 방지하나 설명하시오.

64-2 스테인리스강 용접에서 가) weld decay, 나) knife line attack의 원인, 발생위치, 대책을 기술하시오.

65 해양 구조물에 흔히 일어나는 라멜라 균열(lamella tearing)에 대하여 설명하시오.

66 라멜라테어의 특징, 발생 원인 및 방지대책, 탐상방법에 대하여 설명하시오.

66-1 강용접부에서 발생하는 라멜라테에어(Lamellar Tear)에 대하여 설명하시오.

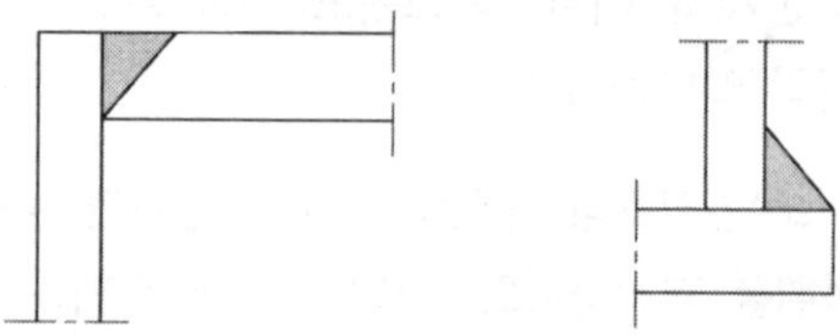

67 강구조물을 용접하여 제작하였더니 라멜라 균열(lamella tearing)이 발생하였다.

가. 발생 원인과 방지책을 재료(모재), 이음설계와 용접시공의 3조건으로 설명하시오.

나. 이 균열이 구조물 내부에 매몰된 상태로 존재할 경우 검사할 수 있는 비파괴 시험법을 제시하고 어떻게 탐상할 수 있는지 설명하시오.

68 라멜라 균열(Lamellar tear)의 발생 기구를 설명하고 방지대책을 5가지 이상 들어 설명하라.

69 우측 그림과 같은 설계에 사용되는 강재가 라멜라 균열이 발생할 위험이 있는 강재라 가정하여

가. 라멜라 균열을 방지할 수 있도록 설계를 개선하시오.

나. 라멜라 균열 발생 기구에 관해 설명하시오.

70 P제철 공장에서 구매한 열간 압연 강재를 S조선에서 용접 시공시 용접부에서 Lamellar Tearing이 자주 발생되었을 경우

가. 재료상의 원인과 대책

나. 설계, 시공상의 대책을 기술하시오.

71 Box 구조물을 모서리 용접할 때 라미네이션에 대하여 그림을 그리고 설명하시오.

72 철강재료 용접시 발생되는 용접부 잔류응력을 재료의 탄성계수 및 온도차 등을 이용하여 설명하고 이로 인한 구조물 파괴 및 부식균열에 대하여 설명하시오.

73 피괴인성 값인 KC와 KiC의 차이를 설명하시오.

74 용접부의 노치취성(notch toughness)에 대하여 설명하라.

75 연성파괴 및 취성파괴의 현상을 비교 설명하고 이 현상들이 용접부에서 갖는 의미를 설명하라.

76 대형 용접 구조물의 취성파괴 평가를 위한 시험 방법 2가지를 설명하시오.

77 강구조물의 취성파괴의 특징과 이를 일으키는 주요 인자에 대하여 설명하시오.

78 취성파괴의 특성을 설명하고 용접설계시 유의사항 5가지를 설명하시오.

79 후판의 구조물 용접작업에서는 용착금속에 대한 노치(Notch) 인성 개선을 위한 방법이 매우 중요하다. 다음의 노치(Notch) 인성 개선 방법에 대하여 설명하시오.

80 원유 운반용 파이프 라인에 있어서 수소 유기 균열(HIC)이 종종 문제가 되는데 이에 대한 특성과 이를 제어하기 위한 강재 제조방법을 기술하시오.

81 응력집중이란 무엇이며 다음 그림과 같이 타원형 형태의 구멍이 있을 때 걸리는 최대응력의 크기와 이것이 생기는 위치를 표시하시오.

82 인장강도 600MPa급 고장력강을 아크용접시 용접부의 용융선(Fusion Line) 부근에서 인성이 크게 저하하는 원인과 방지대책을 설명하시오.

83 열교환기의 탄소강 강관과 관판 강도 용접이음(carbon steel tube to tubesheet strength welding joint)을 1년 가동 후 검사한 결과 균열이 발생되었을 때 예상되는 원인과 예방책 그리고 조치방안을 설명하시오.

84 강용접 용접금속의 노치 인성(Notch toughness)에 대한 개선방법 2가지를 설명하시오.

85 용접금속의 인성에 영향을 미치는 조건 4가지를 쓰시오.

86 강구조물 취성파괴 방지를 위한 모재의 특성과 공작상의 주의사항을 설명하시오.

87 큰 구조물의 붕괴는 용접부의 파단에 의해서 시작되는 경우가 많다. 이러한 용접부의 파단은 취성파괴인 경우가 대부분인데 이것은 파단부의 여러가지 특징을 관찰함으로서 판단될 수 있다. 이때 관찰되는 용접부, 취성파단부의 특징을 설명하시오.

88 통상 탄소를 0.3% 이상 포함하는 고탄소강을 용융용접하는 경우 용접부에 발생할 수 있는 대표적인 두 종류의 용접 결함을 열거하고, 각각의 원인 및 방지대책을 기술하시오.

89 용접물의 저온취성파괴가 미치는 각종요인을 기술하시오.

90 파괴의 종류와 특성을 기술하시오.

91 저온 취성에 대하여 설명하시오.

92 강의 취성파괴에 있어 천이(遷移)온도에 대해 간단히 설명하라.

93 용접시 lake tearing의 원인과 대책에 대하여 설명하시오.

94 강의 수소취성에 대하여 다음의 물음에 답하시오.

가. 어떤 조건일 때 일어나기 쉬운가?
나. 강의 용접 HAZ부에서 수소의 침입 과정도를 그림으로 설명하시오.
다. 이를 용접에서 무엇이라 칭하는가?

95 강(steel) 용접부의 수소 취성(hydrogen embitterment)에 대하여 설명하시오.

96 용접부의 수소취화 현상에 대하여 설명하시오.

가. 용접부에 수소가 많이 함유하는 이유
나. 수소취화의 결과 고강도강에서 발생하는 균열의 특징과 균열의 방지대책
다. 고강도강에서 발생하는 균열의 특징
라. 수소취화에 의한 지연균열(delayed fracture)에 대해서 설명하시오.

96-1 용접부의 수소취화(Hydrogen Embrittlement)에 대하여 다음을 설명하시오.

가. Delayed Fracture의 발생 기구
나. 모재의 특성이 수소취화에 미치는 영향
다. 수소취화를 방지하기 위한 방법

97 결정입상(粒狀)이 반짝거리고 평탄한 파면을 나타내면서 변형이 적고 또 파면에 산맥 또는 물고기 뼈 모양을 나타내기도 하는 파괴는 무슨 파괴인가?

98 탄소강재의 아크용접부에 대해 V charpy 충격치 변화를 평가할 수 있는 에너지 천이온도와 파면률 천이온도에 대해 도해하여 설명하시오.

99 철강 용접부의 취성파괴와 피로파괴의 특징에 대해 약술하시오.

100 강구조물 취성파괴(brittle fracture) 방지를 위한 모재의 특성과 공작상의 주의 사항을 들어 설명하라.

101 구조용강의 용접부가 취성파괴를 일으키게 하는 주요원인에 대하여 논하라.

102 V-노치 샤르피(V-notch charpy) 충격시험에 있어서 시험온도와 흡수 에너지 및 취성파면율과의 관계도를 그리고 그림 중 에너지 천이온도 및 파면 천이온도를 나타내라.

103 고장력강의 용접 본드부의 취성파괴를 방지하기 위해서는 어떠한 문제점들이 고려되어야 하는지를 설명하시오.

104 용접 결함 중 응력집중이 되는 노치(Notch)와 같은 결함을 5가지 이상 예를 들고 각각을 설명하시오.

105 30mm 두께 강철 배관 이음부를 GMAW(MIG. MAG .CO_2)용접 후 검사결과 기공이 용접부에 발견되었다. 기공발생 원인과 대책을 설명하시오.

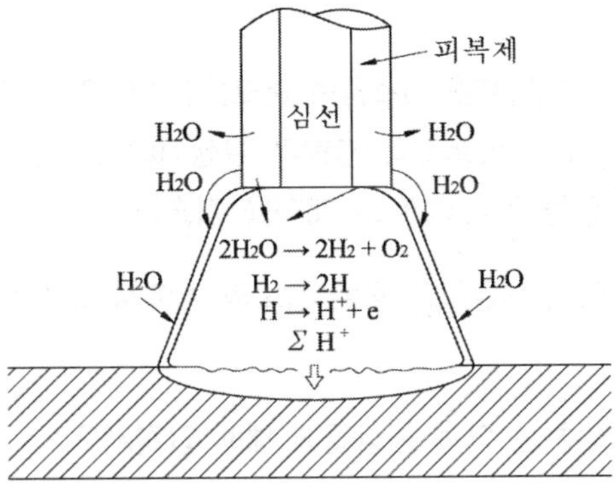

106 용접부의 취성파괴에 대한 다음 물음에 답하시오.

가. 취성파괴의 특성에 대해서 설명하시오.
나. 용접부에서 취성파괴가 자주 발생하는 이유를 설명하시오.
다. 용접부의 취성파괴를 예방하는데 효과적인 대비책에 대해서 설명하시오.
라. 탄소강의 용접 열영향부에 나타나는 금속조직에 대해서 설명하시오.

107 육안 검사 중 Sulphur print에 대하여 설명하시오.

108 용접부에 대한 방사선 투과검사 결과 방사선 사진 상에 나타난 슬래그 게재물 및 텅스텐 게재물 생성과 관련된 용접기법상의 문제점에 대하여 설명 하시오.

109 중요 용접부의 결함에 대한 보수판정 기준을 설명하시오.

110 가스금속 아크용접 후 용접부를 방사선 투과 검사한 결과 방사선 필름상에 "불완전한 용융결함" 이 나타났다. 부적당한 용접이음 설계 및 용접기법이 결함 원인인 경우 각각에 대한 개선 대책을 기술하시오.

111 모재와 용가재의 용융온도보다 높은 온도로 가열하여 용접한 결과 용접비드의 중앙부분에서 응고 균열이 발생하였다.

가. 탄소강 용접부에 대한 응고 균열방지 방안을 설명하시오.
나. 오스테나이트계 스테인리스강 용접부에 대한 응고 균열 방지 방안을 설명하시오.

112 탄산가스 아크용접법으로 작업한 용접부를 방사선 투과 검사한 결과, 용착금속 내에 기공을 상당수 검출하였다. 용접 중 기공이 발생될 수 있는 원인 5가지를 열거하고 관련 방지 대책을 기술하시오.

113 박판 I홈 맞대기 용접(용가재 없는 용융주행)을 TIG나 플라즈마 아크용접할 때 용접선 추적은 정확하게 되는데도 융합불량(Lack of fusion)이 자주 발생한다. 이의 원인과 해결법을 제시하시오.

114 30mm 두께의 강철판 이음부를 가스금속 아크용접법으로 용접한 후 방사선 투과 검사한 결과 불완전 용융(Incomplate fusion)의 결함이 발생되어 있음을 확인하였다. 이 결함의 일반적 발생 원인 5가지 이상을 열거하고 그 대책을 기술하시오.

115 강재의 취성파괴에 대해 설명하고 동일 강도의 강에서 노치(Notch) 인성을 증가시킬 수 있는 방안을 제시하시오.

116 수소가 강용접부에 미치는 다음 현상들에 대해 답하시오.

가. 수소에 의해 기포가 잘 발생하는 이유를 설명하시오.
나. 수소취화에 따른 파괴의 특성에 대해 설명하시오.
다. 수소취화 예방에 효과적인 방법들을 제시하시오.

117 용접금속에서 수소가 미치는 결함의 종류를 나열하고 각각을 설명하시오.

118 강용접부에 있어서 수소(Hydrogen)의 역할에 대한 다음 질문에 답하여라.

가. 용접부에서 수소의 거동과 결과적인 영향
나. 수소의 근원과 이를 조절하는 방법

119 Flux cored wire를 써서 CO_2용접하는 현장에서 와이어를 교체한 후 용접비드에서 심한 웜홀(Worm hole)이 발생하였다. 그 원인을 와이어의 관점에서 제시하시오.

120 주철을 용접하는 경우 급랭으로 인해 가장 쉽게 발생할 수 있는 용접 결함의 명칭을 쓰고 개선방안을 설명하시오.

121 KIC(Critical Stress Intensity Factor)와 CTOD(Crack Tip Opening Displacement)의 개념적인 큰 차이점을 기술하시오.

122 알루미늄 GMA 용접부의 기포(Porosity) 발생 원인에 대하여 설명하시오.

123 용접부에 발생하는 기공의 발생 기구는 용접금속의 종류에 따라 다르다. 탄소강과 Al합금 및 Cu합금의 용접시 생기는 기공 발생 기구에 대하여 논하시오.

124 Al 및 Al합금 표면에 형성된 산화막은 가스텅스텐 아크용접시 용접 결함(융합불량, 기공, 슬래그 혼입 등)의 원인이 된다. 이에 대한 방지책을 기술하시오.

125 Al 용접 시공시 발생하기 쉬운 용접 결함에 대하여

가. 주로 발생하는 결함의 종류

나. 발생 원인과 대책

다. 이 결함의 강도(정적강도, 피로강도)와의 관계에 대해 기술하시오.

126 Al 용접에서 부정형 기공(IRREGULAR POROSITY)의 불량 원인은?

127 강 용접부의 용착금속 내에 발생하는 기공(Blow hole)의 종류 3가지와 생성원인에 대하여 설명하시오.

128 강 용접부의 열피로 파괴(Therrnal fatigue fracture)에 대하여 설명하시오.

129 고장력강용 저수소계 피복 아크용접봉의 건조 조작을 설명하고 부적절한 건조시 용접부에 발생할 수 있는 결함의 종류를 설명하시오.

130 고온용 압력용기에서 탄소강 또는 저합금강의 내부에 오스테나이트계 스테인리스강을 오버레이(Overlay) 용접하여 사용하는 이유를 설명하시오.

131 우주 왕복선 애틀랜트호의 연료라인 벨로우즈에는 두께가 얇은 고Ni 합금인 인코넬이 사용된다. 이 연료라인에 발생할 수 있는 미세균열을 보수하는 적절한 용접법을 설명하시오.

132 철강재료의 용접과 비교하여 알루미늄합금 용접에서 가장 많이 발생하는 용접 결함을 제시하고 발생 원인 3가지를 열거하고 설명하시오.

133 피복금속 아크(Shielded metal arc) 용접시 크레이터 균열(Creter cracking)의 원인과 방지 대책을 설명하시오.

134 용접부에서 발생하는 균열 종류 5가지를 열거하고 그 발생 기구를 설명하시오.

135 판 두께 25mm, 폭 200mm의 완전용입 맞대기 용접이음부에서 용접금속의 인장강도가 $40kg_f/mm^2$일 경우 허용응력을 $8kg_f/mm^2$으로 했을 때 허용되는 인장하중과 안전율을 계산하시오.

136 용접 결함 중 용접금속(Weld metal)에서 발생하는 은점(Fish eye)의 생성 원인과 예방책에 대하여 설명하시오.

137 연강 및 고장력강의 용접부에서 천이 온도가 가장 높은 취성화 구역에 해당하는 부위의 최고 가열 온도 및 용접부 인성의 분포를 설명하시오.

138 용접 구조물의 파괴시험 후 마이크로 관찰(Micrography)에 의한 취성파괴의 특징에 대하여 설명하시오.

139 알루미늄의 미그(MIG) 용접에서 기공(Porosity)결함이 생기는 원인에 대해서 기술하시오.

140 강구조물의 용접시 그림과 같은 용접이음에서 발생할 수 있는 결점을 설명하고 방지 방법을 3가지 이상 설명하시오.

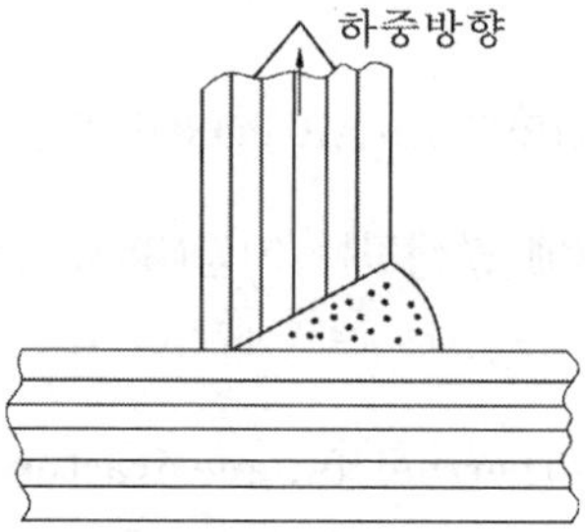

141 연강의 용접부를 인장시험한 결과 나타나는 시험편상의 노치효과를 설명하시오.

142 구조물 재질열화의 종류 5가지에 대해서 기술하시오.

143 구조물의 경년열화에서 열화의 종류 3가지를 들고 설명하시오.

144 알루미늄을 GMAW로 용접할 때 용접부에 기공이 많이 발생한다. 그 원인과 방지책을 설명하시오.

145 용접이음의 피로강도에 대하여 설명하시오.

146 용접부의 피로강도(파괴) 및 이에 미치는 인자에 대해 기술하시오.

147 용접된 부위가 피로되어 파괴될 때, 피로파괴 발생에 미치는 제인자를 들고, 그것들이 용접강도에 미치는 영향을 설명하시오.

148 강재의 피로한도란 무엇인가 간단히 설명하라.

149 강구조물 용접부에서의 피로파손 원인과 대책을 설명하시오.

150 용접 구조물의 피로 수명에 미치는 인자들을 열거하고 간단히 설명하시오.

151 피로 파괴에서 파단 수명의 정의와 파면 특징에 대해서 설명하시오.

152 용접 구조물의 피로강도에 영향을 미치는 노치에 대한 정의를 설명하시오.

153 동일한 소재의 모재로 그림과 같이 용접된 2개(b)와 (c)의 용접 시험편과 용접 안 된 모재 시험편(a)을 이용하여 피로시험을 하였을 때 얻어지는 응력-수명(S-N) 곡선을 도식적으로 제시하고 서로 다른 이유를 설명하시오.

154 반복 하중을 받는 용접이음의 강도 즉 (1) 피로강도에 영향을 주는 인자를 나열하고 (2) 맞대기 이음 용접에서 덧붙이(Reinforcement) 각도(높이)가 피로강도에 미치는 영향에 대해서 설명하시오.

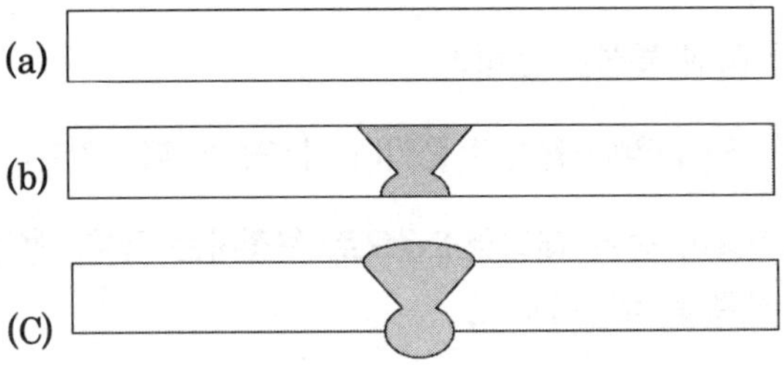

155 일반적으로 용접 구조물 또는 구조요소에서 피로강도 향상법에 대해 설명하시오.

156 용접 토우부에서 피로균열이 발생되는 강재 용접부의 피로특성은 무엇이며, 용접 후 용접부의 피로강도를 향상시킬 수 있는 후처리 방법에 대하여 기술하시오.

157 용접재료의 피로강도 및 안전수명 영역 평가방법에 각각 대하여 설명하시오.

157-1 용접부의 피로강도 평가법에 대하여 설명하시오.

158 용접 구조물의 내구성을 평가하고자 하는 피로시험 평가방법에 대하여 설명하시오.

159 연강과 고장력강의 모재 피로강도는 고장력강이 높은 반면 용접부의 피로강도는 큰 차이를 보이지 않는 이유를 설명하시오. 그리고 용접부의 피로강도를 높일 수 있는 용접 후처리 방법(Post-weld treatment)에 대해 설명하시오.

160 맞대기 이음 및 필릿이음 용접부에 대한 피로강도의 일반적 특성을 기술하시오.

161 피로파괴와 연성파괴의 파단면 특징을 간단히 기술하시오.

162 용접 구조물의 피로강도를 향상시키기 위해서 취할 수 있는 방법들에 대해서 기술하시오.

163 용접 후 용접부의 피로강도 증가방법을 쓰시오.

164 용접에 따른 피로 수명 단축을 최소화시키기 위한 방안을 설명하시오.

165 피로 수명을 감소시키는(또는 향상시키는) 방법에 대하여 설녕하여라.

166 용접부의 저주기 피로(Low cycle fatigue)와 고주기 피로(High cycle fatigue)를 피로 수명의 관점에서 설명하시오.

167 저 사이클 피로(low cycle fatique) 하중 하에서 발생하는 파괴현상과 이 현상이 용접부 위에서 갖는 의미를 설명하라.

168 피로시험법에서 저사이클 피로시험과 고사이클 피로시험의 특성에 대하여 설명하시오.

169 용접부의 덧살(Reinforcement)에 대한 이해 특성을 논하라.

170 저합금강의 박판을 점용접할 때 용접전류의 강약이 용접부 품질에 미치는 영향을 기술하시오.

171 일반적인 용접구조용 후판 강재를 입열량이 높은 대입열조건으로 용접하는 경우, 용접부에 발생하는 금속학적 현상과 문제점 및 대책을 설명하시오.

172 고장력강의 용접부에서 슬래그 결함이 발견된 경우, 결함제거와 보수 용접에 대하여 설명하고 특히 균열부가 발생된 부위에 대하여 결함 제거상의 특기점을 기술하여라.

173 보수 용접시 활용되는 템퍼 비드(Temper bead) 용접의 방법과 필요성을 설명하시오.

174 균열이 발생된 주철의 보수 용접 시공 방법을 도시하고 설명하시오

175 벽 두께 25mm의 압력용기 용접부상에 길이 15mm의 균열이 발생되어 있음을 육안검사 결과 발견되어 보수 용접 하고자 한다. 용접 전 후 균열부위 검사방법, 용접사 선정시 고려사항 및 보수 용접 절차를 논하시오.

176 용접부 표면을 피닝(peening)할 때 발생할 수 있는 용접부의 기계적 결함에 대하여 설명하시오.

제6장 용접부 검사 및 용접성 시험

01 비파괴 검사법의 종류를 분류하고 그들의 원리에 대하여 설명하시오.

02 용접내부 결함 검사법을 기술하시오.

03 용융 용접부의 내부결함 4종류를 열거하고 각각의 결함 검출의 적합한 비파괴 검사법에 대하여 설명하시오.

04 용접부 비파괴 검사법 중 기공이나 슬래그 섞임 등의 내부 결함을 확인할 수 있는 비파괴 검사방법 4가지 이상을 나열하고 설명하시오.

05 용접부의 표면균열 유무를 검사하는데 적합한 2가지 비파괴 시험방법을 설명하시오.

05-1 표면 결함 검사에 사용되는 대표적인 방법 2가지를 들고 설명하시오.

06 용접부의 비파괴 검사법(NDT) 6가지에 대하여 논하여라.

07 저탄소강 용접시 모재 표면에 발생된 아크 스트라이크 현상과 동 결함을 검사할 수 있는 비파괴 검사 방법에 대하여 설명하시오.

08 용접부에 대한 비파괴 검사시 체적검사와 표면검사를 분류하고 각각의 장단점을 설명하시오.

09 일반 비철금속에 적용되는 비파괴 검사법의 종류 4가지와 방법에 대해 설명하시오.

10 겹침 저항용접부의 시험시 현장에서 설비 등의 이유로 정식 시험을 실시하기 어려운 경우에 쉽게 실시할 수 있는 파괴시험 방법의 종류를 제시하고 그 방법을 설명하시오.

11 판 두께 27mm 오스테나이트계 스테인리스강 용접부에 적용할 수 있는 비파괴 검사법의 예를 들고 검사의 한계 및 장단점에 대하여 설명하시오.

12 중화학 공업의 구조물 용접 규격에 있어 용접부위의 육안검사에 대한 요건은 불필요하게 까다로운 경우가 많다. 특히 아래와 같은 용접부 육안검사의 규격 요건에 대하여 근래에 완화되었거나 발전된 내용을 설명하라.

① arc strike　② under cut　③ Reinforcement

13 방사선 투과 검사에 대하여 원리, 방법에 대하여 설명하시오.

14 용접부에 대한 방사선 투과시험 적용시 사용되는 X선과 γ(감마)선의 공통점과 차이점에 대해 설명하시오.

15 용접부 방사선 투과시험의 X-ray와 γ-ray의 적용기준 및 특성을 비교 기술하시오.

16 방사선 투과검사(RT)에서 투과도계(상질 지시계, IQI)를 사용한다.

가. 투과도계의 사용 목적을 설명하시오.
나. 유공형(Hole Type)을 사용할 때 2-2T Quality의 의미는 무엇인지 설명하시오.

17 두께 45mm의 연강판 맞대기 용접부를 방사선 투과시험 하고자 한다. 선형 투과도계를 선정하고 투과도계 식별도(%)에 대하여 설명하시오.

18 용접부에 대한 방사선 투과검사시 사용되는 증감지의 사용 목적을 설명하고, 종류별 각 특성에 대하여 설명하시오.

19 강용접부의 방사선 투과사진 판독법에 대하여 설명하시오.

20 용접부 검사 중 X선 투과시험에 의한 필름에서 용접 결함의 종류 및 그 판독 방법을 기술하시오.

21 용접부 검사 중 RT(Radiographic Test)에서 용접 결함의 종류별로 Film 판독을 하고자 한다. Crack, Blow hole, Spatter, Overlap, Undercut의 구별상태를 설명하시오.

22 대표적인 용접 결함 5가지를 나열하고 그 용접 결함의 방사선 투과시험(RT)의 필름상 형상에 대해 기술하시오.

23 방사선 시험 필름 상에서 작은 동그라미 흰점의 결함이 보이는 경우 2가지 예를 들고 그 원인 및 방지대책을 설명하시오.

24 방사선 투과시험(R/T)의 필름을 판독함에 있어서 아래와 같은 결함은 필름상에 어떻게 나타나는가를 간단히 설명하라.

가. 라미네이션
나. 슬래그 섞임
다. 텅스텐 혼입

25 비파괴 검사법 중 RT에 대하여 다음 물음에 답하라.

가. crack(크기 10mm) 상태가 용접부 방향에 수평으로 놓인 경우와 45°로 놓여있을 경우 film에 나타나는 현상을 나타내고 판독구분을 설명하라.
나. film에 감응하는 흑화도 요구량을 X선 및 γ선별로 답하라.
다. penetrament 종류를 열거하고, 현재 사용되는 경우를 답하라.

26 판재 단면에 다음과 같은 결함들이 존재하고 있다. 방사선 투과시험으로 분명하게 확인할 수 있는 결함을 고르고 이유를 설명하시오.

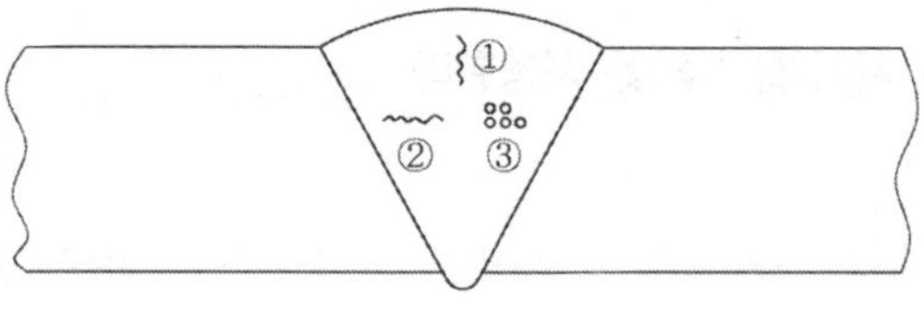

27 압력용기(ASME Sec Ⅷ)를 설계할 때 맞대기 용접 이음효율(Joint Efficiency)의 정의와 최대 허용 이음효율에 따라 방사선 투과시험(RT) 촬영 조건을 설명하시오.

28 용접부를 방사선 투과 검사시 방사선이 인체에 미칠 수 있는 영향과 방사선 피폭을 최소화하기 위한 3원칙에 대하여 설명하시오.

28-1 용접부를 방사선 비파괴 검사시 검사 작업자가 반드시 착용하여야 하는 열형광선량계(TLD Badge)에 대하여 설명하시오.

29 용접부에 대한 방사선 투과 검사시 방사선 피폭을 줄이기 위한 주요 원칙 3가지를 열거하고 설명하시오.

30 방사선 투과시험(RT : Radiography test)과 초음파 탐상시험(UT, Ultrasonic test)시 용접부의 결함 형태에 따른 결함 검출 능력을 비교하여 설명하시오.

31 방사선 검사와 초음파 검사의 특성을 비교하시오.

32 용접부를 검사하기 위해서는 비파괴 시험법을 선택할 필요가 있다. 방사선 투과시험과 초음파 탐상시험의 특징(장·단점)을 비교하여 검출 가능한 용접 결함을 제시하시오.

33 초음파 탐상시험용 탐촉자의 원리를 설명하시오.

34 용접부의 비파괴검사 방법 중 초음파 검사법에 대하여 설명하시오.

35 초음파 탐상시험에 대하여 다음을 설명하시오.

가. 표준 시험편 STB-1의 용도
나. 용접부 초음파 탐상시험시 기공과 균열을 구별하는 방법

36 초음파 탐상검사에서 접촉 매질(Couplant)의 사용목적과 선정시 고려사항에 대하여 설명하시오.

37 초음파 탐상시험에서 불감대(Dead Zone)에 대하여 설명하시오.

38 V홈(Groove) 다층 용접시 루트(Root)부에서 불완전 용입이나 균열이 발생하였다면 초음파검사시 사각 탐상법과 수직 탐상법을 도시하여 설명하시오.

39 강 용접부의 모서리 및 T형 용접부에서 발생하는 라멜라테어(Lamellar tear)의 시험 방법에 대하여 설명하시오.

39-1 강구조물의 십자(+)형 용접 이음부에 발생한 라멜라테어(Lamellar Tear)를 가장 잘 탐상할 수 있는 비파괴 검사법을 설명하시오.

40 탄소강(Carbon steel)과 스테인리스강(Stainless steel)에서 용접부의 금속조직에 대한 차이점과 탄소강 용접부와 비교하여 스테인리스강 용접부에서 초음파 탐상검사(UT)시 어려운 이유를 설명하시오.

41 카이저 효과(Kaiser Effect)와 펠리시티 효과(Felicity Effect)를 비교하여 설명하고, 비파괴 검사(NDE) 방법 중 TOFD(Time of Flight Diffraction)가 일반적인 초음파 탐상검사(UT)와 다른 점을 설명하시오.

42 침투 탐상법에 대하여 설명하시오.

43 염색침투 탐상시험(PT)시 주의해야 할 점과 이 시험의 장·단점을 기술하시오.

44 침투 탐상시험(Liquid Penetrant Testing, PT)의 원리를 설명하고, 검사 절차를 단계별로 설명하시오.

45 침투탐상 검사에서 용접부의 결함관찰을 위하여 형광침투 탐상검사(Fluorescent penetration inspection)와 염색침투 탐상검사(Dye penetration inspection)를 사용한다. 이들에 대한 검사 방법의 차이점을 설명하시오.

46 비파괴 시험 중의 하나인 PT시험의 시험(적용)순서를 기술하시오.

47 용접부 비파괴 검사법 중 PT(liquid penetrant test)법을 순서대로 설명하고 그 과정 중 주의할 점을 써라.

48 수세형 형광 침투 탐상시험의 순서를 나열하고 설명하시오.

49 용접부 표면 결함 평가 방법인 자분 탐상절차(MT)와 침투탐상 검사(PT)의 시험 원리 및 장단점을 비교 설명하시오.

50 설계압력 $12kg_f/cm^2$의 압력용기를 설계하려 한다. 용접부의 누설검사(leak test)에 대하여 답하시오.

가. 수압시험 압력(hydrostatic test pressure)과 공압시험 압력(pneumatic test pressure) 및 유지시간을 각각 얼마로 하여야 하는가?
나. 수압시험과 공압시험의 누수 시험방법을 기술하시오.

51 비파괴 검사 중 와전류 탐상검사의 원리 및 특징에 대하여 설명하시오.

52 용접부의 비파괴 검사 방법 중 복제 현미경 기술(Replica Microscopy Technique)에 대하여 표면 처리, 검사 절차, 장점, 응용 분야, 평가 방법을 열거하고 설명하시오.

53 AE(Acoustic Emission) 시험법에 대하여 쓰시오.

54 음향 방출(A·E, Acoustic Emission)법에 의한 용접부 비파괴 검사에 대한 원리와 응용 예에 대하여 설명하시오.

55 비파괴 검사 중 음향 방출법은 어느 때 어떻게 사용하는지 설명하시오.

56 용접 구조물에서 결함을 검출하기 위한 비파괴 검사방법 중 음향 방출시험(Acoustic emission test)의 장·단점을 설명하시오

57 A.E(Acoustic Emission)의 시험법과 UT(Ultrasonic Test)의 차이점을 간단히 기술하시오.

58 현장에서 대단위 블록을 조립하기 위한 용접작업 중 용접부의 결함 검사 방법과 처리방법에 대하여 설명하시오.

59 건축, 교량의 구조물 용접재료에 많이 사용되는 5가지 구조용 압연강판(KS D3515의 SM490B, SM520C, SM570와 KS D3868의 HSB500, HSB600)의 샤르피(Charpy V-notch) 충격시험온도 및 흡수 에너지 값에 대하여 각각 얼마인지 설명하시오.

60 흔용 강재 용착금속 시험편의 금속재료 충격 시험방법(KSB 081)의 기준치를 선정하고 그 이유를 설명하시오.

61 용접부의 인성을 평가하는 V-노치 샤르피 시험시 시험온도, 흡수 에너지, 천이온도, 취성파면 등을 그림을 그려 상세하게 설명하라.

61-1 V노치 충격 시험을 하는 이유는?

61-2 V샤르피 충격시험에 있어서 시험온도와 흡수 에너지 및 취성 파면율과의 관계를 그리고 그림 중 에너지 천이온도 및 파면 천이온도를 나타내라.

63 용접 시험편에 충격 하중을 가하여 재료의 취성 및 인성을 측정하는 샤르피 충격시험법에서 시험편 파단시의 흡수 에너지를 설명하시오.

64 샤르피 충격시험에 대하여 기술하시고 시험 후 시편의 충격 흡수 에너지를 산출하는 원리를 설명하시오.

65 Charpy 충격시험에 의해 구할 수 있는 천이온도의 정의와, 천이온도를 결정하는 일반적인 2가지 방법을 설명하시오.

66 탄소강재의 아크용접에 대한 V charpy 충격치 변화를 평가할 수 있는 에너지 천이온도와 파면률 천이온도에 대해 도해를 하여 설명하시오.

67 강 용접부의 취성파괴 방지를 위한 피괴인성 평가 방법을 설명하시오.

67-1 강재용접부의 취성파괴 특징과 취화 인자에 대하여 기술하시오.

67-2 연성, 취성재료의 피괴인성 시험법에 대하여 설명하시오.

68 연성 및 취성파괴 현상을 비교 설명하고 이 현상들이 용접부에서 갖는 의미를 설명하라.

68-1 용접부의 취성파괴에 대한 물음에 답하시오

가. 용접부에 나타나는 파괴가 취성파괴임을 알 수 있는 판별기준을 기술하시오.
나. 용접부의 취성파괴가 잘 발생하는 원인을 기술하시오.
다. 취성파괴의 하나인 용접부의 수소취화 현상에 의해서 나타나는 파괴의 특징을 기술하고 이를 방지하기 위한 방법들을 제시하시오.

69 강용접 취성파괴의 특성, 파괴기구, 파단면 및 방지 대책에 대하여 설명하시오.

70 강용접 구조물에서 저온 취성파괴(Brittle fracture)를 발생시키는 주요인자 3가지를 열거하고 그 방지책을 설명하시오.

70-1 강 용접부의 저온 취성파괴에 미치는 각종요인을 들고 기술하시오.

71 노치가 있는 용접시험편을 저온에서 충격시험할 때 나타나는 취성파괴에 대하여 설명하시오.

72 구조물의 취성파괴에 대한 역학적 평가법으로 K값(stress intensity Factor : 응력세기계수)을 이용하고 있다. 이 값을 취성 균열 발생과 전파 정지의 관점에서 설명하여라.

73 Stress Intensity Factor인 K값이 유효한 값이 될 수 있는 기본적인 세가지 조건을 열거하고, 현대의 구조용강에서는 소형 시험편으로 정확한 KIC값을 측정할 수 없는 이유를 설명하라.

74 용접시험편의 파괴시험 수행 후 연성(Ductility)파면의 특징을 설명하시오.

75 용접이음 강도의 파괴시험에서 의존성 파괴시험의 특징에 대하여 설명하라.

76 이음의 강도와 파괴시험 중 균열 개구부의 변위에 대하여 설명하라.

77 용접부의 굽힘시험 방법과 그 판정기준에 대하여 설명하시오.

78 용융용접에 의해 제작되는 압력용기의 내압시험시 주의사항에 대해 설명하시오.

79 용접금속에 용해된 확산성 수소 및 용접직후 이 수소의 분석 방법을 설명하시오.

80 Al 합금의 노치인성 측정법을 쓰시오.

81 용접이음 연성시험의 종류와 특성을 설명하시오.

82 용접 균열 시험법을 3가지 이상 들고 설명하시오.

82-1 용접부 저온 균열 감수성을 평가하는 대표적인 시험방법 중, Y-groove 시험과 CTS (Controlled Termal Severity) 시험의 특징과 차이점에 대하여 기술하시오.

83 **다음 사항을 조사함에 있어 적당한 시험방법을 써라.**

가. 용접이음 강도
나. 용접 열영향부의 노치인성

84 **용접부의 인성을 평가하는 시험법은 크게 파괴역학에 기본을 두는 방법과 그렇지 않는 방법으로 분류할 수 있다. Charpy 충격시험, DWT 시험, NRL 낙중시험, CTOD 시험의 4가지 시험방법 중 파괴역학 개념에 근거하는 시험방법을 택하고, 특징을 설명하시오.**

85 **필릿 용접이음의 파면시험법에 대하여 설명하시오**

86 **보일러용 압력용기에서의 후프응력(Hoop Stress)에 대하여 설명하시오.**

87 **연강의 인장시험시 얻어지는 ε(변형률) - σ (응력)곡선을 그리고 다음을 구체적으로 설명하시오.**

가. 항복강도
나. 인장강도
다. 연신율과 단면수축률
라. 연신율을 구할 때 시편에 표점거리(Gage Length)를 사용한다. 표준 표점거리(예, 50mm)보다 짧게 설정하면 연신율은 어떻게 변화되는지 설명하시오.

88 **T-형 필릿 용접 단면의 형상은 비드 표면의 모양에 따라 볼록 비드, 오목 비드, 편평 비드 등으로 구분할 수 있다. 1) 동하중 구조물에 적합한 용접 단면 형상을 그림을 그려 제시하고, 2) 비드 형상에 따른 각 이음의 평균응력과 최대응력을 응력 분포를 이용하여 비교하고 3) 동하중에 따른 적합한 개선 이음을 그림으로 설명하시오.**

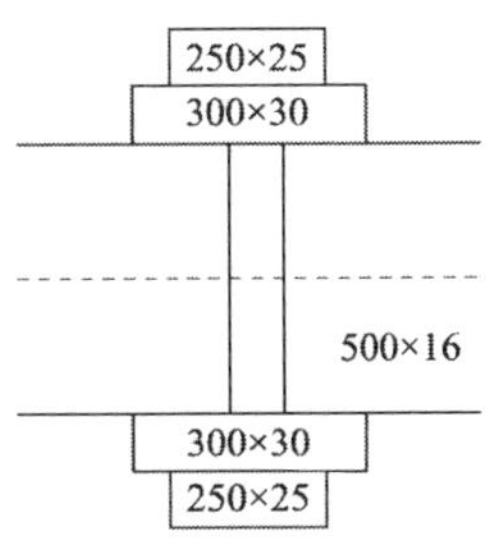

89 **허용 응력 = 140 MPa 인 강재를 다음과 같이 용접하여 하중 P = 500kN을 받을 수 있도록 하고자 한다. 용접부의 허용 전단응력 = 100 MPa일 때 1) 소요 판재의 치수를 제시하고, 2) 필요한 목 두께를 계산하시오.**

부록

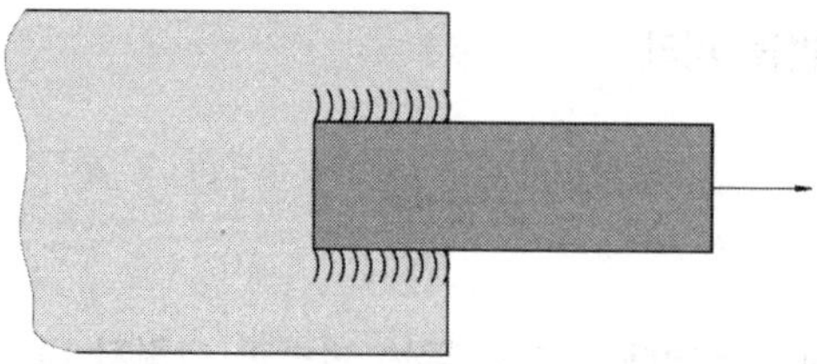

90 용접 단면적 = $60cm^2$, 단면2차모멘트 = $18,000cm^4$, 수직하중 Q = 400kN일 때 용접부의 최대 수직응력 σ_{max}와 최대 평행 전단응력 τ을 구하시오.

91 모든 필릿 용접의 목 두께는 5mm, 빔 상부에서 빔에 수직으로 작용하는 응력 Q=500N일 때

1) 중립축에 대한 관성 모멘트를 구하고,

2) 웹과 플렌지 연결 용접부에 걸리는 응력 값을 구하시오.

92 반복하중을 받는 강 재료의 내구한도 평가 방법을 설명하시오.

93 다음 그림과 같은 리프팅 러그(Lifting Lug)에서 수직하중 P = 51kN이 작용할 때 용접부에 걸리는 응력의 값과 안전율을 구하시오.
(단, 용접부의 허용응력(σ_a = 14kN/㎠, τ_a = 9kN/cm^2이다.)

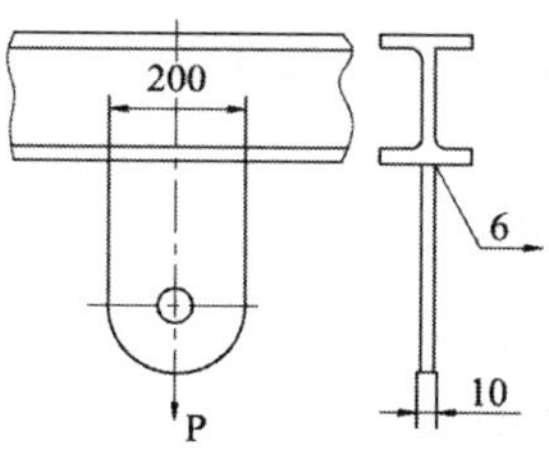

찾아보기

(ㄱ)

가공 경화 79
가단 주철 247
가로(횡) 균열 529
가스 질화법 144
가스 침탄법 142
각변형 462
갈바닉 부식 230
강괴 178
강도 8
강두랄루민 250
강자성체 15
건부식 17
건부식 시험 581
격자 결함 63
격자상수 57
결정 24
결정 성장 속도 380
결정격자 57
결정립 크기 26
결정립 회전 균열 533
결정립계 24, 25
결정체 56
결정핵 24
겹침 용접 균열 시험 615
경금속 7
경년 변화 254
경도 9
경도 시험 574
경화능 109, 111
경화능지수 110
계(system) 183
계단 담금질 107
고규소 주철 245
고로 174
고망간강 204
고사이클(10) 피로 437
고상선 192
고속도강 211
고스트 라인 30
고온 뜨임 120
고온 뜨임 취성 122
고온 탈아연 254
고용체 31, 32
고용체 강화 77
고용화(固溶化) 열처리 485
고장력강 204
고주파 담금질 139
고체 침탄법 141
고탄소강 182
고합금강 201
공간격자 57
공공 42
공구용 특수강 182, 211
공동 30
공석 48
공식 18, 230
공유 결합 54
공정 조직 47
공정점 47, 192
공정형 상태도 47
공진법 597
교호법 466
구너트법 453
구상 흑연 주철 246
구상화 풀림 89
구조상 결함 511
구조용 특수강 182
국부 응력 제거법 446
국부 이완법 453
굽힘 시험 577
규소 청동 257
규소 황동 256
규소강 214
균열 개구변위 시험 621
균질계 183
극저온용강 216
금속 결합 54
금속 용사법 149
금속 침투법 84, 149
금속간 화합물 48
기계적 응력 완화법 447
기공 30, 292, 514
길딩 메탈 255

(ㄴ)

나사 전위 70
내열강 215
냉각 곡선 22
냉각 단계 102
냉각법 466
냉각속도 100
냉각제 103

부록

냉간 균열 537
냉경 주철 246
네이벌 황동 256
노듈러 주철 246
노모 그래프 322
노치 취성(인성) 시험 619
누설 검사 601
니칼로이 258
니크롬 259

(ㄷ)

다결정체 25, 57
다공성 292
다우 메탈 259
다이캐스팅 250
단결정 24
단위격자 57
단위포 57
담금질 83, 96
담금질 균열 115, 116
담금질 기름 104
담금질 시효 290
담금질 효과 108
대기 부식 234
대류 단계 103
대칭법 466
델타 페라이트 236
델타메탈 256
동극 결합 54
동소 변태 185
두랄루민 250
듀리나 메탈 256
듀플럭스 스테인리스강 221
등방질 56
등축정의 생성 361
등축형 수지상정 365
뜨임 83, 117
뜨임 취성 121, 166

(f)

라멜라테어 548
라미네이션 균열 551
란쯔(Lanz process)법 244
레데브라이트 47
레드 브레스 255
로버트슨(Robertson) 시험 620
로엑스 250
로우 브레스 255
로크웰 경도 시험 575
로킹법 484
루트 균열 546
리하이 구속(Lehigh restraint) 균열 시험 615
림드강 179

(ㅁ)

마강판 199
마르에이징강 203
마우러 조직도 242
마이크로 피슈어 533
마찰 부식 20
마퀜칭 133
마텐사이트 39, 408
마텐사이트 변태 407
마텐사이트 변태량408
마텐사이트 포밍 134
마텐사이트계 스테인리스강 219
마템퍼 133
망간 청동 256
매크로 조직 시험 583
면 결합 67
면심입방격자 62
면지수 58
모넬메탈 258
모재 희석률 300
무산소동 253
문쯔메탈 255
미아한(Meehan process)법 244
미하나이트 주철 244
밀러지수 58

(q)

바텔(Battelle) 비드 밑 균열 시험 615
반 데어 발스 힘 55
반데어 비인((Van der Veen) 시험 620
반용융부 384
반주철 242
방사선 투과 검사 592
방전 경화법 140
배빗메탈 267
배위수 61
백동 256
백선화 374
백심 가단 주철 247
백주철 242
버터링법 484
베릴륨 청동 258
베서머법 176
베이나이트 410
베이나이트 변태 410
변태 185
변태점 185
변형 시효 74, 290
보론나이징 150
보통 불림 94
보통 주강 240

부동태 17
부동태 피막 228
부분 해방법 452
부식 15
분사 담금질 107
분산 강화 78
분할형 원주 홈 균열 시험 616
불균질계 183
불림 83
불변강 213
브리넬 경도 시험 575
블로우 홀 514
비금속 4, 52
비녀장법 484
비드 밑 균열 287, 543
비등 단계 102
비석법 466
비열 11
비자성체 15
비철 재료 3
비커스 경도 시험 576
비틀림 변형 462
비파괴 검사 585
비확산성 수소 286

(ㅅ)

사각 탐상법 598
산성 전로법 176
산질화법 145
산화 157
살수법 467
상(phase) 183
상률 184
상부 베이나이트 411
상자성체 15
샤르피 충격 시험 619
샤르피식 580
서멧 214
석출 경화 146
석출 경화형 스테인리스강 221
석출 시효 75
선 결함 66
선(열)팽창 계수 12
선상 조직 287
선철 172
세라다이징 149
세로 굽힘 변형 462
세로(종) 균열 529
세립(미세)부 384
세니 길드강 179
소결 경질 합금 212
소르바이트 116
소성 가공 43
쇼어 경도 시험 577
쇼트 피닝 145
수소 균열 564
수소 시험 581
수소 취성 287, 564
수소 취화 567
수소 침식 564
수압 검사 602
수지상 결정 28
수지상 조직 28, 344
수직 탐상법 598
수축공 30, 515
순철 180
쉐플러 선도 225, 238, 494
슈나트((Schnadt) 시험 619
스터드법 483
스테인리스강 7, 217
스텔라이트 212
스트레인 게이지법453
스프링강 200
슬래그 섞임 513
슬립계 68
습부식 17
습부식 시험 581
시간 담금질 134
시그마상 485
시멘스 마틴법 177
시멘타이트 196
시버츠의 법칙 280
시차 열분석법 186
시효 경화 147, 248
시효 현상 74
신금속 4
실리코나이징 150
실제 입열량 299
실진 청동 257
심랭처리 83, 122

(ㅇ)

아연 당량 255
아이조드식 580
아크 스트라이크 517
안정화 열처리 485
알루멜 259
알루미늄 247
알브락 256
액상선 191
액체 침질법 144
액체 침탄법 141
양은 256
어드벤스 258
억제(구속)법 464
언더컷 511
에드미럴티 황동 255
에멜(Emmel process)법 244
에버듀르 257

엘렉트론 260
엘린바 213
역변형법 465
연 질화법 144
연립 황동 256
연마 결함 162
연삭 균열 168
연속 냉각 변태 130
연속 냉각 변태 시험(CCT 시험) 618
연청동 257
연화 풀림 91
열분석법 186
열영향부의 냉각속도 315
열유동 311
열적 과냉각 345
열적 구속CTS) 균열 시험 615
열전대 187
열전도도 14
열처리 80
열화학적 평형 273
염기도 278
염기성 전로법 176
염료 침투 탐상 589
예열 100, 327
예열온도 318
예열의 효과 331
옐로우 브레스 255
오버랩 512
오스 템퍼링 107
오스테나이트 38, 195
오스테나이트계 489
오스테나이트계 스테인리스강 220
오스테나이트계 주철 245
오스템퍼 132
오스포밍 134
오일리스 베어링 257
와류 탐상 590
완성 검사 571
완전 결정 64
완전 담금질 101
완전 평형 응고 339
완전 풀림 87
외관 검사 586
용광로 174
용선로 178
용융 불량 513
용융 슬래그 277
용융 효율 297
용융열량 298
용융잠열 22
용입 불량 513
용접 균열 514
용접 균열 시험 614
용접 변형 457
용접 변형의 교정법 470
용접 순서 442
용접 열영향부 378
용접 입열 296
용접 효율 299
용접 후열처리 331
용접부 단면 366
용접부 연성 시험 617
용접부 응고 334
용접성 613
용접성 시험 613
용접열 사이클 302
용접화학 야금 271
용질 띠 357
용착금속 384
용체화 처리 248
용해 31
용해도 31
원자 결합 63
원자 공공 64
원질부 384
웜홀 515
유한 요소법 449
육안 검사 586
은점 287
음향 검사 602
응고구간 36
응고점 22
응고조직 27
응력 와니스법 450
응력 제거 풀림 88, 443
응력 측정 603
응력부식 균열 19, 232, 254
응력부식 시험 581
이방질 56
이상 조직 169
이온 결합 53
인공 시효 248
인바 213, 258
인상 담금질 107
인성 9
인장 시험 574
인청동 257
인코넬 259
임계 경도 110
임계 냉각속도 111, 318
임계 직경 110
입계 부식 225
입계부식 18
입상 pearlite부 384

(ㅈ)

자기 변태 186
자분 탐상법 589

자석강 214
자연 시효 241, 248
자유도 184
자유전자 54
작업 검사 570
잔류응력 426
잔류응력 경감 441
잔류응력 발생 기구 429
잔류응력 분포 430
잔류응력 측정법 448
잔류응력의 영향 435
재결정 43
재결정 온도 43
재열 균열 553
재현 열영향부 시험 618
저망간 강 204
저사이클 피로 208
저온 균열 537
저온 뜨임 120
저온 뜨임 취성 121
저온 변형 463
저온 응력 완화법 447
저온 취성 197
저온용강 216
저탄소강 182
저합금 고장력강 6
저합금강 201
적열(고온) 취성 197
적층 결함 67
적층 응고 335
전 해방법 451
전기 전도율 14
전기동 253
전기로 제강법 177
전로 제강법 176
전면부식 229
전위 69
전율 고용체 35
전자 구름 54
점 결함 64
점 수축법 470
정련동 253
제1종 결함 594
제2종 결함 594
제3종 결함 594
제강법 176
제어압연 206
조동 252
조미니 시험법 112
조밀육방격자 62
조성적 과냉각 345
조질 83
조질 열처리 고장력강 6
좌굴 변형 462
주강 239
주상 결정 29
주상 조직 29
주석 황동 255
주조 경질 합금 212
주조 응고 334
주철 182
주철의 성장 241
주철의 용접성 480
준금속 4
중금속 7
중량 백분율 51
중탄소강 182
증기막 단계 102
지렛대 관계 50
직선 수축법 471
진공 열처리 135
질량 작용의 법칙 273
질량 효과 108
질화 84
질화강 145, 210
질화법 143

(ㅊ)

천이온도 34
철강재료 3
청동 256
청열 취성 197, 291
체심입방격자 61
초강인강 203
초경 합금 212
초내열강 216
초두랄루민 250
초심랭처리 125
초음파 596
초음파 탐상 검사 596
초인바 213, 258
최고 온도 방정식 313
충격 시험 580
충격 시험 온도 580
충진율 61
취성 9
취성파괴 439
취화 균열 533
취화부 384
치환형 고용체 33
치환형 원자 65
칠드 주철 246
침입형 기구 41
침입형 원자 65
침탄 84
침탄 질화법 144
침투 탐상 검사 587

(ㅋ)

카안 인열(Kahn tear) 시험 619

부록

카트리지 브레스 255
칼날 전위 69
칼로라이징 149
캐비테이션 19
캐비테이션 부식 19
캡드강 179
컴머셜 브론즈 255
켈밋 257
코머렐(Kommerell) 시험 617
코비탈륨 250
코살리(Corsalli process)법 244
코엘린바 213
코트렐 효과 74
코트렐의 공식 379
콘스탄탄 258
쾌삭강 200
퀜칭유 104
크로마이징 149
크로멜 259
크리프 한도 10
클래드강 214
클래드강 용접 478
킨젤((KinZel) 시험 617
킬드강 178

(ㅌ)

탄소 공구강 182, 200
탄소당량 85
탈산 293
탈산 반응 294
탈산동 253
탈아연 부식 254
탈인 반응 295
탈황 반응 295
템퍼 비드 478
토마스법 176
톰백 254
투과법 597
특수강 200
틈 부식 18
틈새 부식 231
티타늄 260

(ㅍ)

파괴역학 605
파면 시험 583
파텐팅 200
퍼멀로이 259
퍼어멀로이 214
펄라이트 48, 195
펄라이트 가단 주철 247
펄라이트 변태 403
펄라이트 성장속도 406
펄라이트 층간 거리 405
펄스(pulse) 반사법 597
페라이트 38, 194
페라이트계 스테인리스강 219
편석 29
편석 균열 525
편정 반응 49
편정 상태도 49
평로(반사로) 제강법 177
평형 상태도 45
평활조직 343
포정 46
포정 반응 46
폴레티나이트 214
표면 경화 137
풀림 83, 87
프레스 담금질 108
플래티나이트 258
피닝법 448
피로 10
피로 시험 579
피로 파괴 10, 437
피로 한도 10
피로강도 437
피로부식 19
피로부식 균열 233
피아노선재 200
피크의 제1법칙 40
피크의 제2법칙 40
피트 516

(ㅎ)

하드 페이싱 145
하부 베이나이트 411, 412
하이드로날륨 250
하프 비드 478
한율 고용체 37
함유 베어링 267
합금 7, 31
합금 주강 240
항온 냉각 변태 곡선 127
항온 담금질 107
항온 변태 131
항온 열처리 131
항온 풀림 88, 132
해수 부식 233
허큘로이 257
험핑 비드 512
헤어 크랙 287, 546
형광 침투 탐상 588
혼입부 384
혼합 전위 71
화염 경화법 138

화이트 메탈 267
화학 확산 39
화학적 평형 272
확산 39
확산 풀림 88
확산성 수소 286
황동 253
회복 43
회전 변형 461
회주철 242
후퇴법 466
휘스코(Fisco) 균열 시험 616
흑강판 199
흑심 가단 주철 247
희석률 300
히스텔로이 259
힐 크랙 546

(1)
17-4 PH강 221
17-7 PH강 221
1차 조직 27

(2)
2단 담금질 107
2단 불림 94
2중 불림 95
2중 인장 시험 619
2차 조직 27

(4)
45℃ 글리세린 치환법 581
475℃ 취화 485

(5)
5-4-8 합금 213

(A)
A_3 변태 185
A_4 변태 185
accoustic emission test 602
admiralty brass 255
alloy 31
alloy steel 200
ASTM NO. 26

(B)
back step method 466
BCC 61
blow hol 292
blow hole 30
BMC 247
brass 253
Bravis 결정격자 55

(C)
Carburizing 84
cartridge brass 255
cast iron 182
CCT 곡선 130
cementite 196
cermet 214
coelinvar 213
commercial bronze 255
cooling curve 22
cooling method 466
cupola 178

(D)
Delta Ferrite 236, 237
dow metal 259
ductile cast iron 246
Delong 선도 495

(E)
electric copper 253
elinvar 213
equilibrium diagram 45

(F)
FCC 62
Fe-Fe_3C 평형 상태도 191
Frenkel 결함 65
full annealing 87

(G)
Galvanic corrosion 230
ghost line 30
gilding metal 255

(H)
Hall-Petch 관계식 26
HCP 62
heat input 296
hill crack 546
Hume-Rothery 34
humping bead 512

(I)
IIW 최고 경도 시험 618
intermetallic compound 48
invar 213, 258

(K)
killed steel 178

(L)
L/D법 176
lack of fusion 513
lack of penetration 513
leaded brass 256
Leak test 601
Line defect 66
low brass 255

(M)
M_s점 106
magnet steel 214
magnetic transformation 186
marquenching 133
martemper 133
metallic cementation 149
Muntz metal 255

(N)
naval brass 256
NDT 585
Nitriding 84
NM 청동 256
nomo graph 322
Normalizing 83

(P)
peening 448
Penetrant test 587
permalloy 214
Pitting Corrosion 230
platinite 214
Point defect 64
polycrystaline 57
porosity 292

(Q)
Quenching 83

(R)
red brass 255
rimmed steel 179

(S)
SCC 232
SCM 203
semi killed steel 179
shrinkage cavity 515
Sievert′s low 280
silicon bronze 256
silicon steel 214
SKH 211
skip method 466
space lattice 57
special steel 200
SR 균열 554
stainless steel 217
STC 200
Stress corrosion cracking 232
stress relief annealing 88
subzero treatment 122
super invar 213, 258
S곡선 127

(T)
Tempering 83
tempering 117
tin brass 255
TMCP강 205
TOFD 599
tombac 254
tough pitch copper 253
TTT 곡선 127
T형 필릿 균열 시험 614

(U)
under bead crack 543
unit cell 57

(V)
vacaney 64
Visual test 586

(W)
water pressure test 602
WMC 247
work hardening 79
wormhole 515

(X)
X선 회절법 454

(Y)
Y 합금 250
yellow brass 255

(δ)
δ 페라이트 195

참고문헌

1. 용접야금학 박성두 편저, 대광서림
2. 용접물리야금 특론 안희성 저, 국제산업정보시스템
3. 핵심 용접공학 정균호, 나중쇠 저, 도서출판 구민사
4. 금속재료 연윤모 외 3 기전연구사
5. 용접 · 접합공학 편람 일본용접학회 편 이윤경 역
6. 용접접합강도 실험핸드북 한국금속실험기술학회
7. 기계재료 황호만, 한문식 공저, 청문각
8. 그림으로 설명하는 금속재료 이승평 저, 도서출판 청호
9. 금속조직학 김정근 외 2, 도서출판 골드
10. 용접설계시공 한국산업인력공단
11. 용접일반 한국산업인력공단
12. 금속재료 한국산업인력공단
13. 비파괴검사(1) 한국산업인력공단
14. 용접기술사 윤경근 편저, 일진사
15. 기타(인터넷, 철강신문)

부록

저자약력

저자 약력

정균호 전북대학교 대학원 기계공학과 졸업, 기계공학 석사

[現] 기업체 용접기술지도, 컨설팅 프리랜서

[前] 한국폴리텍대학 산업설비학과 교수, daum "용접기술" 카페 카페지기

[E-mail] jungkho2001@hanmail.net

[자격증] 용접기술사, 금속재료기술사, 기계기술지도사, 용접기사, 용접기능장

[저 서]

(구민사) : 핵심 용접공학, 고수열강 용접·특수용접기능사 필기·실기
고수열강 용접산업기사 필기·실기, 고수열강 용접기사 필기
고수열강 용접기능장 필기·실기, 고수열강 용접실습

(산업인력공단) : 용접설계시공, 금속보호가스용접 실기, 불활성가스텅스텐아크 용접 실기, 피복금속아크용접 실기
NCS 피복 아크 용접 실기, NCS CO_2 용접 실기

(삼천포마이스터공고) : 선박재료

나중쇠 [現] 한국폴리텍대학 인천캠퍼스 산업설비자동화과

[E-mail] najs3040@hanmail.net

[자격증] 용접기능장, 용접기사

[저 서] (구민사) : 핵심 용접공학, 용접산업기사 필기 실기
용접·특수용접기능사 필기 실기

(산업인력공단) : 가스용접 실기

박동수 숭실사이버 대학교 소방 방재학과 졸업

[現] 기아자동차 차체1부 근무 중

[E-mail] dongsu4626@naver.com

[자격증] 용접기능장, 용접 산업기사, 산업설비 2급 전문 교사

[저 서] NCS학습모듈 로봇 용접 중 기본 용접 익히기

정봉완 [現] 창원문성대학교 조선해양플랜트과 겸임교수

[자격증] 용접기능장, 판금제관기능장, 배관기능장, 에너지관리기능장

하형규 부경대학교 대학원 생산가공공학과 졸업 공학석사 (용접전공)

[現] 창원문성대학교 조선해양플랜트과 교수

[E-mail] hkha@cmu.ac.kr

[저 서] 용접공학(선학출판사), 특수용접공학(원창출판사)

이유신 조선대학교 대학원 선박해양공학과 졸업, 선박해양공학(생산가공) 박사

[現] 창원문성대학교 조선해양공학과 교수, 학과장

[E-mail] 0172124205@daum.net

[자격증] 용접기능장

[저 서] 용접공학, 용접기능장, 용접산업기사, 기계기초실습 NCS학습모듈-선체조립

핵심 금속·용접야금학개론

초　판 인쇄 | 2016년 6월 10일
초　판 발행 | 2016년 6월 15일
초　판 발행 | 2016년 6월 15일
개정1판 발행 | 2020년 1월 2일

공　저 | 정균호 · 나중쇠 · 박동수 · 정봉완 · 하형규 · 이유신
발행인 | 조규백
발행처 | **도서출판 구민사**
(07293) 서울특별시 영등포구 문래북로 116, 604호(문래동3가 46, 트리플렉스)
전화 (02) 701-7421(~2)
팩스 (02) 3273-9642
홈페이지 www.kuhminsa.co.kr

신고번호 | 제2012-000055호 (1980년 2월 4일)
I S B N | 979-11-5813-768-7 [93550]

값 25,000원

※ 낙장 및 파본은 구입하신 서점에서 바꿔드립니다.
※ 본서를 허락없이 부분 또는 전부를 무단복제, 게재행위는 저작권법에 저촉됩니다.